Springer Collected Works in Mathematics

Hans Grauert 1960

Foto: E. Reidemeister

Hans Grauert

Selected Papers I

Reprint of the 1994 Edition

 Springer

Hans Grauert (1930 Haren, Germany -
  2011 Göttingen, Germany)
University of Göttingen
Germany

ISSN 2194-9875
ISBN 978-3-662-44935-6   (Softcover)
      978-3-642-08176-7   (Hardcover)
DOI 10.1007/978-3-662-44936-3
Springer Heidelberg New York Dordrecht London

Library of Congress Control Number: 2012954381

Mathematics Subject Classification (1991): 01A75, 32-03, 14G05, 32Axx, 32Bxx, 32Cxx, 32Dxx, 32Exx, 32Fxx, 32Gxx, 32Hxx, 32Jxx, 32Lxx, 32Mxx, 32Nxx, 32P05, 32Sxx, 52Cxx, 53C55

Printed on acid-free paper

Springer is part of Springer Science+Business Media (www.springer.com)

HANS GRAUERT

SELECTED PAPERS

VOLUME I

Springer-Verlag
Berlin Heidelberg New York
London Paris Tokyo
Hong Kong Barcelona
Budapest

Professor Dr. Hans Grauert

Universität Göttingen
Mathematisches Institut
Bunsenstrasse 3-5
D-37073 Göttingen, Germany

Mathematics Subject Classification (1991): 01A75, 32-03, 14G05, 32Axx, 32Bxx, 32Cxx, 32Dxx, 32Exx, 32Fxx, 32Gxx, 32Hxx, 32Jxx, 32Lxx, 32Mxx, 32Nxx, 32P05, 32Sxx, 52Cxx, 53C55

ISBN 978-3-642-08176-7
Springer-Verlag Berlin Heidelberg New York

Springer-Verlag New York Berlin Heidelberg

Library of Congress Cataloging-in-Publication Data.
Grauert, Hans, 1930- [Selections. 1994]
Selected papers / Hans Grauert. p. cm. English and German.
Includes bibliographical references and index.
ISBN 3-540-57107-8 (Berlin: set: acid-free). – ISBN 0-387-57107-8 (New York: set: acid-free)
1. Functions of several complex variables. I. Title. QA331.7.G7425   1994   515' .94–dc20   94-29204

Camera ready copy by the author using a Springer T_EX macro package

Foreword

As I wanted to keep the size of this collective reprinting within reasonable limits only a representative selection of the mathematical papers appears here. Monographs, survey articles and essays of a more philosophical nature (see *epistem* in the bibliography) have been omitted completely. The same applies to the field of non-Archimedean function theory (*nonarch*), since I feel that other methods are better than those analogous to complex analysis. Also most of the results on hyperbolic complex spaces have not been included as they are incomplete.

It may be that discrete geometry as proposed by B. Riemann is the only possible way in quantum physics to force wave theory and particle theory into a single consistent logical system (see: *quant*): experiments in the so-called quantum philosophy, which were carried out particularly in the last two decades, show, for instance, that the (Lorentz)distance in the interior of a system of particles can be (practically) zero (this is called "locality"), but of course is positive in the ambient space. This happens automatically in discrete geometry. But nothing was really proved and so all of this has been omitted.

All this means that we have restricted the choice to the area of *Several Complex Variables* (with one exception: the Mordell conjecture over fields of any characteristic). This edition appears in two volumes comprising 8 parts. Both volumes and, indeed, the individual parts may be read independently of one another. However, a historical introduction to complex spaces is to be found in Part I.

More about complex spaces was already collected together in a Russian edition, translated by I. R. Shafarevich and published in 1965 of papers of R. Narasimhan, H. Cartan, A. Andreotti, R. Remmert and myself.

Many of the commentaries have been written by Y. T. Siu, to whom I am much indebted. I have also to thank my colleague S. J. Patterson for improving on my English.

Göttingen, October 1994   *Hans Grauert*

Curriculum vitae

(Calendar written in the European style, SS = summer term, WS = winter term)

born: 8.2.1930 in Haren-Ems (Niedersachsen)

parents: Clemens and Maria Grauert

visited: Volksschule Haren from 1.4.1936–31.3.1941
Mittelschule Haren from 1.4.1941–31.3.1945
Gymnasium Meppen from 1.1.1946–21.2.1949

Reifezeugnis: Gymnasium Meppen on 21.2.1949
studied: University of Mainz SS 1949
mathematics University of Münster WS 1949–WS 1952
and physics: Eidgenössische Technische Hochschule Zürich in spring
1953–SS 1953

doctorate: Münster in mathematics on 30.7.1954

grants: Land Nordrhein-Westfalen WS 1954
Deutsche Forschungsgemeinschaft SS 1955

wissensch. Münster September 1955–30.9.1959
Assistent

in between Institute for Advanced Study, Princeton, N.J.,
WS 1957–WS 1958, thereafter:
Institut des Hautes Études Scientifiques (IHES) in Paris SS 1959

Habilitation: in mathematics in Münster on 8.2.1957

ordentlicher at the University of Göttingen
Professor: from 1.10.1959

honours: invited lectures ICM (International Congress of Mathematiciens):
1958 Edinburgh $\frac{1}{2}$ hour,
1962 Stockholm 1 hour, 1966 Moskau $\frac{1}{2}$ hour jointly with R. Remmert
from 1959: permanently invited Professor at the IHES,
member of Academies of Sciences: Göttingen, Mainz, Leopoldina
Halle, Catania, Europaea London, München
Dr.rer.nat.h.c. at the universities Bayreuth, Bochum, Bonn
von-Staudt-price of the university of Erlangen 1991

visiting Berkeley, University of Chicago, Stanford, Tokyo, Kyoto,
professor: Notre Dame, Yale, Acad. Sin. Peking

Contents Volume I

The number in parentheses following the contribution title indicates the corresponding number in the bibliography.

Contents Volume I

The following abbreviations in italics concern the kind of contents (Inhalt) of the paper concerned: *compl:* complex spaces, sheaf theory; *lev:* Levi problem, convexity, Stein spaces, projective algebraic spaces; *deform:* deformation of complex structures, formal principle, vector bundles; *decomp:* analytic and meromorphic decompositions.

Contents Volume II

Part VIII. Special Results

Part IX. Commentary on the Non-Archimedean Function Theory

Part X. Commentary on Discrete Geometry

The following abbreviations in italics concern the kind of contents (Inhalt) of the paper concerned: *compl:* complex spaces, sheaf theory; *lev:* Levi problem, convexity, Stein spaces, projective algebraic spaces; *deform:* deformation of complex structures, formal principle, vector bundles; *decomp:* analytic and meromorphic decompositions.

Part I

General Theory of Complex Spaces

Commentary

1

Complex spaces were defined by H. Behnke and K. Stein (see: Modifikationen komplexer Mannigfaltigkeiten und Riemannscher Gebiete, Math. Annalen 124, 1–16 (1951)) and also by H. Cartan practically at the same time (see H. Cartan: Séminaire E.N.S. 1953/54, Sec. math. 11 rue P. Curie, Paris). The definition given by Behnke and Stein was more topological than that of Cartan who used the full definition of analytic sets. First it seemed that there were no local holomorphic functions on Behnke-Stein spaces separating the points. In [17] (this symbol refers to the bibliography) Grauert and Remmert proved: *On every analytically branched covering there are locally holomorphic functions which give the prescribed branching.* From this result it follows easily: *The Behnke-Stein spaces are just the normal complex spaces in the sense of Cartan.* So the definition given by Cartan is more general.

Let us consider Cartan's definition. Assume that $D \subset \mathbb{C}^n$ is an open subset and that $A \subset D$ is a subset which is closed in D. We call A an analytic subset of D if for every point $z \in D$ there is an open neighborhood $U(z) \subset G$ together with holomorphic functions $f_1, \ldots, f_k$ such that $U \cap A$ is the set $\{f_1 = \ldots = f_k = 0\}$. We denote by $\mathcal{I}_A$ the analytic sheaf in D given by the system of those local holomorphic functions which vanish on A. By Cartan and Oka we have the following theorem:

The sheaf $\mathcal{I}_A$ is a coherent sheaf in D (for definition of coherence see the book [76]).

The theorem was probably known to Oka in 1948, see K. Oka: Mathematical papers, translated by R. Narasimhan, with comments by H. Cartan. Springer Heidelberg 1984 on p. 106 and also the 8th paper of Oka in this collection. Furthermore see: H. Cartan: Collected works, vol. II, Springer Heidelberg 1979 on p. 631 where 1950 the first proof was given.

Definition. A Hausdorff space X is a $\mathbb{C}$-*ringed space* if X is equipped with a structure sheaf $\mathcal{O}_X$, that is a sheaf of commutative $\mathbb{C}$-algebras with a unit element.

For simplicity we shall always assume that X has a countable topology. – If we denote by $\mathcal{O}$ the sheaf of local holomorphic functions in D and by $\mathcal{O}_A$ the restriction of the quotient sheaf $\mathcal{O}/\mathcal{I}_A$ to A then $\mathcal{O}_A$ is a structure sheaf on A and A itself is a $\mathbb{C}$-ringed space. We call such an A a *typical model of a complex space*.

Definition. A *complex space* X is a $\mathbb{C}$-ringed space which locally is isomorphic to a typical model.

The stalks of the structure sheaf $\mathcal{O}_X$ are always local $\mathbb{C}$-algebras. Hence, their quotient by the maximal ideal always is $\mathbb{C}$. We call a cross section $f \in \mathcal{O}_X(U)$ over U in $\mathcal{O}_X$ a *holomorphic function*. By passing to quotients by the maximal ideals we obtain a continuous complex function $[f]$ over U. The map $f \to [f]$ is injective. So we identify f with $[f]$ and the holomorphic functions on U are special continuous complex functions. A complex space in the sense of H. Cartan therefore always is a Hausdorff space on which the notion of local holomorphic function is known.

2

A complex space X always is a semi-analytic space in the sense of S. Lojasiewics (see his paper: Triangulation for semi analytic sets. Ann. Sc. Norm. Sup. Pisa (3), 18, 1964). Therefore it has a triangulation and it follows: Every point $P \in X$ has arbitrary small (open) neighborhoods which are homotopically equivalent to a point. Hence they are locally connected, simply connected and we have a unique decomposition into connected components which are open subsets of X. Furthermore the notion of dimension is well defined. It always is an even integer $2n \geq 0$. We call n the complex dimension. It may depend on the points $P \in X$.

On an analytic set $A \subset D$ a local complex function is a holomorphic function if it locally can be extended to a local holomorphic function in D (in the ordinary sense). If X is a complex space we have analoguously to D the notion of analytic subsets $A \subset X$. For the local holomorphic functions on A we have the same property.

If X and Y are two complex spaces and $\psi : X \to Y$ is a continuous map then ψ is called a *holomorphic map* if it brings back the local holomorphic functions from Y to X. In this case the inverse image of an analytic set in Y always is an analytic set in X. However, the same is not true for the direct image in Y of analytic sets in X (see: R. Remmert, Holomorphe und meromorphe Abbildungen komplexer Räume. Math. Annalen 133, 328–370(1957)).

3

A complex space X is called *reducible* if it can be written as a (set-theoretic) union of analytic subsets: $X = Y \cup Z$ with $Y \neq X$ and $Z \neq X$. Otherwise X is named *irreducible*. Every irreducible complex space is *pure-dimensional*: It has the same dimension in each of its points P. A point $P \in X$ is called a *smooth point* of X if around P the complex space X is isomorphic to a domain $D \subset \mathbb{C}^n$. The other points are named *singular points* and their set is denoted by $S(X)$ which always is a nowhere dense analytic set in X. If all points of X are smooth then X is called a *complex manifold*. So the rest $X^0 = X - S(X)$ is a complex manifold and X is irreducible if and only if X^0 is connected. There is the following theorem:

If X is a complex space there is a unique sequence X_i, $i = 1, 2, 3, \ldots$ of irreducible analytic subsets of X such that no X_i is contained in any X_j with $i \neq j$ and $X = \cup X_i$.

We call the X_i the *irreducible* components of X. If X is irreducible then X is the only irreducible component of X. If X is not connected the decomposition of X into irreducible components is the union of the decompositions of the connected components. So any irreducible complex space is connected.

If X is a complex space and $P \in X$ is a point there is a system $\mathcal{U}$ of arbitrary small neighborhoods $U = U(P)$ such that U decomposes in irreducible components which all pass through P and for $V, U \in \mathcal{U}$ with $V \subset U$ the intersection of any irreducible component of U with V is an irreducible component of V. Hence, we have the same irreducible components near to P. We call the germs of the irreducible components in P the *irreducible components of X in P* and X is said to be *irreducible in P* if X has only one irreducible component in P. This is the case if and only if the ring $\mathcal{O}_P$ of germs of holomorphic functions in P is a domain of integrity.

4

We always have the multiplicative system M of non zero-divisors in $\mathcal{O}_P$. We call X to be normal in P if $\mathcal{O}_P$ is integrally closed in the quotient ring $\mathcal{O}_P/M$ and X is said to be *normal* if it is normal everywhere. A normal complex space is irreducible in each of its points and if it is connected it also is irreducible. Moreover, locally it is isomorphic to an analytically branched covering over a domain $D \subset \mathbb{C}^n$. Hence, the normal complex spaces are always complex spaces in the sense of Behnke and Stein.

But also the inverse is true. Assume that $\pi : X \to D$ is an analytically branched covering over a domain $D \subset \mathbb{C}^n$. Then outside the branching locus $A \subset D$ the map π is locally topological and the coordinates of D are local holomorphic coordinates on X there. So the notion of holomorphic function is well defined in all unbranched points of X. A local continuous complex function of X is called holomorphic if it is holomorphic in this sense in all unbranched points. By [17] locally there is always a holomorphic function on X which in general has different values in different sheets of X over the same base point in D. Using the normalization of complex spaces we get from this very easily that X always is a normal complex space in the sense of Cartan.

We see, important is the existence of holomorphic functions for given branching. The proof in [17] uses the theory of one complex variable. There were attempts to get it by well known methods of real analysis. Working out an idea of Y.T. Siu and employing the Hörmander theory G.E. Dethloff obtained it in 1988 (see his paper: A new proof of a theorem of Grauert and Remmert by L_2-methods. Math. Annalen 286 (1990), p. 129–142).

5

Cartan's definition of complex space was widely accepted by mathematicians. However, to be able to do certain constructions by methods of formal power series it was not general enough. Today, Cartan spaces are called *reduced complex spaces*. The idea to define even more general complex spaces stems independently from A. Grothendieck and H. Grauert. But Grothendieck employed structure sheaves and this was the much better approach. We shall give a brief idea of his definition here (see also [24]):

Assume that $D \subset \mathbb{C}^N$ is a domain and that $\mathcal{I} \subset \mathcal{O} = \mathcal{O}_D$ is a coherent ideal sheaf on D. The set of points $z \in D$ where the stalks $\mathcal{I}_z$ and $\mathcal{O}_z$ are different is called the zero set of $\mathcal{I}$. It always is an analytic set $A \subset D$. We denote by $\mathcal{O}_A$ the restriction of the quotient sheaf $\mathcal{O}/\mathcal{I}$ to A. Then A becomes a $\mathbb{C}$-ringed space with $\mathcal{O}_A$ for structure sheaf.

The notion of holomorphic function is completely different in this general case from the oridinary notion of complex functions. If $U \subset A$ is an open subset we have the cross-sections $\mathcal{O}_A(U)$ over U in $\mathcal{O}_A$. They are a $\mathbb{C}$-algebra which contains $\mathbb{C}$. Now the holomorphic functions over U are just the cross-sections $f \in \mathcal{O}_A(U)$.

Also $\mathcal{O}_A$ is a sheaf of local $\mathbb{C}$-algebras. By using the maximal ideals we get a homomorphism of $\mathbb{C}$-algebras $f \to [f]$ where $[f]$ is a continuous complex function on U. We can put $f(z) = [f](z)$ for $z \in U$. So f has also complex values. However, the map $f \to [f]$ is not injective, in general. It is injective for all U if and only if A is a reduced complex space, that means that $\mathcal{I} = \mathcal{I}_A$ which is the sheaf of all local holomorphic functions vanishing on A.

In the general case the identity $(A, \mathcal{O}/\mathcal{I}_A|A) \to (A, \mathcal{O}/\mathcal{I}|A)$ is a holomorphic map also. We call $(A, \mathcal{O}/\mathcal{I}|A)$ a *typical model* and $(A, \mathcal{O}/\mathcal{I}_A|A)$ its reduction.

6

General complex spaces are $\mathbb{C}$-ringed (Hausdorff) spaces X which locally are isomorphic to typical models. We may pass over to the reduction of all typical models and we can carry over the reduction to the corresponding $U \subset X$. Then we get a new structure sheaf on X and X becomes a reduced complex space. We denote it by $red\,X$ and call it the *reduction of* X. We have a natural holomorphic map $red\,X \to X$ and by this $red\,X$ is a complex subspace of X, its embedding in X is closed.

If X is a reduced complex space it is also possible to pass over to the *normalization* $X^\wedge$ of X which is a normal complex space. For many purposes, therefore, it is only necessary to have the normal complex spaces. The normalization is a finite 1-sheeted analytic covering of X given by a finite holomorphic map $\pi : X^\wedge \to X$. Outside of the singular locus $S(X) \subset X$ the map π is biholomorphic: $X^\wedge - \pi^{-1}(S(X)) \to X - S(X)$. In a neighborhood of every irreducible point $P \in X$ the map is surjective. If X has m irreducible components at P then the inverse image of P consists just of m points. So the normalization is obtained by replacing the irreducible components at the points of X by different points. If X is irreducible at every point then π is topological but not biholomorphic, in general.

If A is an analytic set in a complex space X we have the notion of the *infinitesimal neighborhoods* $A_{(m)}$ of A of order $m = 0, 1, 2, \ldots$. For $m > 0$ the complex spaces $A_{(m)}$ are not reduced. Their ideal sheaf in X is the m-th power of $\mathcal{I}_A$ and $A_{(0)}$ is the analytic set A with the reduced structure and $A_{(m)}$ always is a complex subspace of $A_{(m+1)}$ and also of X. The projective limit for $m \to \infty$ is a so called *formal complex space*. In algebraic geometry it replaces the topological neighborhoods of A and therefore is called the *formal neighborhood* $A_{(\infty)}$ of A.

Sometimes a construction via the $A_{(m)}$ is necessary. This was done in [24]. Other interesting results were given for instance by M. Artin (On the solutions of analytic equations. Invent. Math. 5, 277–299), by T.M. Peternell (Vektorraumbündel in der Nähe von kompakten komplexen Unterräumen. Math. Annalen 257 (1981), 111–134) and by M. Commichau and H. Grauert [70].

7

The notion of *proper modification* was introduced in [3] and it has become well-known. It consists of two (reduced) complex spaces X and Y and a proper holomorphic map $\pi : X \to Y$ such that π is biholomorphic outside nowhere dense analytic sets in X and in Y. This means that Y is changed by taking out a nowhere dense analytic set and replacing it by another one. By this X is obtained.

Before that the Hopf σ-process was practically the only modification studied in complex analysis (the word "modification" was found by Mrs. Behnke). However, the notion of *monoidal transformation* can be transferred from algebraic geometry (where it was known at least since the twenties) to complex analysis without any difficulty. It is a special proper modification.

Proper modifications have been studied by many mathematicians since then; we name only Hironaka, Mumford, van de Ven. The deepest result is that proved by Hironaka: *Any reduced complex space X can be desingularized*, i.e. transformed to a complex manifold using a sequence of monoidal transformations (see: H. Hironaka: Resolution of singularities of an algebraic variety over a field of characteristic 0. I, II. Ann. Math. 79, 109–326 (1964). The complex analytic case was treated in a preprint by him. As far as I know a complete proof has not yet been published).

8

The formal principle means (in a special case):

Assume that V and W are compact submanifolds of complex manifolds X and Y and that the formal neighborhoods $V_{(\infty)}$ and $W_{(\infty)}$ are isomorphic, then full neighborhoods of V and W are isomorphic.

It is not even true for smooth compact subcurves in 2 dimensional complex manifolds, see an example by V.I. Arnold (Bifurcations of invariant manifolds of differential equations and normal forms in neighborhoods of elliptic curves. Funct. Anal. Appl. 10, 249–259 (1976)).

Here it is assumed that the normal bundle of V has some property of weak positivity. Important is also the case of a compact complex submanifold with negative normal bundle (see: [28] and the stronger result by Hironaka and Rossi: Math. Annalen 156, 313–333 (1964)); and: Th. Peternell: Vektorraumbündel in der Nähe von kompakten komplexen Unterräumen. Math. Annalen 257, 111–134 (1981), Vektorraumbündel in der Nähe von exzeptionellen Unterräumen – das Modulproblem. Journ. reine angewandte Math. 336, 110–123 (1982). Über exzeptionelle Mengen. manuscr. math. 37, 19–26 (1982) and 42, 259–263 (1983)). In the case of a (more or less) positive normal bundle there is also the paper of A. Hirshowitz (On the convergence of formal equivalence between embeddings. Ann. Math. 113, 501–514 (1981)) and the paper written by V. Steinbiß (Das formale Prinzip für reduzierte komplexe Räume mit einer schwachen Positivitätseigenschaft. Math. Annalen 274, 485–502 (1986)).

9

In [7] *plurisubharmonic functions* $p(x)$ in a (normal) complex space are upper semi continuous functions with real values including $-\infty$, whose restriction to any local complex curve is subharmonic. The paper considers the extendability of $p(x)$ into lowerdimensional analytic subsets, mostly.

Papers Reprinted in this Part

(in the same order as in the commentary)

Expressions in italics concern the contents of the paper.

Abbreviations: *compl* = complex spaces, sheaf theory; *deform* = deformation of complex structures, formal principle, vector bundles

[17] (mit R. Remmert) Komplexe Räume. Math. Annalen **136**, 245–318 (1958). *compl*

 [3] (mit R. Remmert) Zur Theorie der Modifikationen. I: Stetige und eigentliche Modifikationen komplexer Räume. Math. Ann. **129**, 274–296 (1955). *compl*

[70] (mit M. Commichau) Das formale Prinzip für kompakte komplexe Untermannigfaltigkeiten mit 1-positivem Normalenbündel. In: *Recent developments in several complex variables,* Proc. Conf., Princeton Univ. 1979, Ann. Math. Studies **100**, 101–126 (1981). *deform*

 [7] (mit R. Remmert) Plurisubharmonische Funktionen in komplexen Räumen. Math. Zeitschr. **65**, 175–194 (1956). *compl*

17.

(mit R. Remmert)

Komplexe Räume[*]

Math. Annalen **136**, 245–318 (1958)

Heinrich Behnke, in Dankbarkeit und Verehrung zum 60. Geburtstag gewidmet

Inhalt

Einleitung

1. In der Funktionentheorie mehrerer komplexer Veränderlichen hat man schon sehr früh mehrdeutige holomorphe Funktionen untersucht. Wie in der klassischen Funktionentheorie ist man jedoch auch hier bald der Idee RIEMANNs gefolgt, die mehrdeutigen Funktionen auf mehrblättrigen Gebieten über dem n-dimensionalen komplexen Zahlenraum C^n zu betrachten. Eine erste Beschreibung dieser sog. Riemannschen Gebiete wurde 1932 von H. CARTAN und P. THULLEN [5] gegeben; jedoch wurden vorerst alle Verzweigungspunkte von der Betrachtung ausgeschlossen. Noch im gleichen Jahr machte C. CARATHÉODORY [4] in seinem Vortrag auf dem Kongreß in Zürich den Vorschlag, ähnlich wie im Fall $n = 1$ eine allgemeine Theorie der holomorphen und meromorphen Funktionen auf abstrakten Riemannschen Gebieten beliebiger Dimension aufzubauen. Die Carathéodorysche Definition des abstrakten Riemannschen Gebietes wurde später von O. TEICHMÜLLER [33] und vor allem

---

    [*] Das Hauptresultat der vorliegenden Arbeit wurde in einer CR-Note der Verff. angekündigt; vgl. [18]

9

von H. Hopf [22] vereinfacht; der so wiederentdeckte Begriff ist heute unter dem Namen „komplexe Mannigfaltigkeit" allgemein bekannt.

Bereits aus den Anfängen der klassischen algebraischen Geometrie weiß man, daß algebraische Mengen sog. nichtuniformisierbare Punkte aufweisen können: es kann Punkte geben, die keine Umgebungen von der analytischen Struktur der Hyperkugel besitzen. Algebraische Mengen sind also im allgemeinen keine komplexen Mannigfaltigkeiten. Die spezielle algebraische Menge $w^2 - z_1 z_2 = 0$, auf der der Nullpunkt ein nichtuniformisierbarer Punkt ist, kann als das natürliche analytische Gebilde der 2-deutigen holomorphen Funktion $\sqrt{z_1 z_2}$ aufgefaßt werden; das zeigt, daß die analytischen Gebilde von holomorphen Funktionen mehrerer Veränderlichen im allgemeinen nicht überall die Struktur einer komplexen Mannigfaltigkeit haben können. Komplexe Mannigfaltigkeiten sind also noch keineswegs die echten höherdimensionalen Analoga der Riemannschen Flächen.

2. Im Jahr 1951 wurden erstmals — und zwar von H. Behnke und K. Stein [1] einerseits und von H. Cartan [7] andererseits — Verallgemeinerungen des Begriffs der komplexen Mannigfaltigkeit gegeben, die den funktionentheoretischen Belangen gerecht werden. Die von den genannten Autoren vorgeschlagenen Begriffe werden heute beide als komplexe Räume bezeichnet (espace analytique). Komplexe Räume im Sinne von H. Behnke und K. Stein besitzen lokal die Struktur einer *analytischen Überlagerung* eines Gebiets im C^n: unter einer analytischen Überlagerung eines Gebietes $G \subset C^n$ wird dabei eine endlich-blättrige und unbegrenzte, aber verzweigte Überlagerung von G verstanden, bei der alle Verzweigungspunkte über einer in G analytischen Menge liegen[1]). Komplexe Räume im Sinne von H. Cartan besitzen lokal die Struktur einer *normalen* analytischen *Menge*[2]); dabei heißt eine analytische Menge normal, wenn in jedem ihrer Punkte der Ring der auf die Menge beschränkten holomorphen Funktionen ganz abgeschlossen in seinem Quotientenring ist.

Der Cartansche Begriff wurde später von J. P. Serre [31] noch verallgemeinert; komplexe Räume im Sinn von Serre können lokal die Struktur einer beliebigen analytischen Menge haben. Solche Serreschen Räume werden in dieser Arbeit kurz β-Räume genannt; die spezielleren Cartanschen Räume nennen wir β_n-Räume. Komplexe Räume im Sinne von H. Behnke und K. Stein bezeichnen wir als α-Räume.

Eine sinnvolle und befriedigende Funktionentheorie konnte bislang nur in β-Räumen entwickelt werden. Unter anderem hat man die allgemeine Theorie der kohärenten analytischen Garben lediglich über β-Räumen auf-

---

[1]) H. Behnke und K. Stein benutzen in ihrer Definition die Terminologie der simplizialen Topologie; sie postulieren insbesondere, daß die analytischen Überlagerungen Pseudomannigfaltigkeiten im Sinne von [29] sind. Inzwischen wurde diese Definition von den Verff. [15] wesentlich vereinfacht; die Charakterisierung der analytischen Überlagerungen geschieht ohne Benutzung der Begriffe der kombinatorischen Topologie.

[2]) Die ursprünglich von H. Cartan gegebene Definition ist etwas anders und macht Gebrauch von der Tatsache, daß es zu jeder analytischen Menge einen sog. Parameterraum gibt.

bauen können. Andererseits treten bei „analytischen Zerlegungen" — selbst von komplexen Mannigfaltigkeiten — als Quotientenräume komplexe α-Räume auf, von denen sich nicht ohne weiteres zeigen läßt, daß sie auch β-Räume sind (vgl. [32], p. 89). Es ist daher wichtig, Beziehungen zwischen α-Räumen und β-Räumen nachzuweisen. Aus dem in [28] hergeleiteten Einbettungssatz ergibt sich zunächst leicht (vgl. Satz 30), daß jeder β_n-Raum ein α-Raum ist; der ursprüngliche Cartansche Begriff des komplexen Raumes subsummiert sich somit unter den Begriff des komplexen Raumes von H. BEHNKE und K. STEIN. Indessen zeigt sich, daß umgekehrt alle α-Räume, die zugleich β-Räume sind, eine spezielle Eigenschaft haben: sie tragen lokal die Struktur von sog. *algebroiden Überlagerungen*. Algebroide Überlagerungen sind solche analytischen Überlagerungen, deren Verzweigungsverhalten im Kleinen durch das Verzweigungsverhalten einer algebroiden, d. h. mehrdeutigen holomorphen Funktion realisiert werden kann[3]). Solche speziellen α-Räume nennen wir α_c-Räume; es folgt wiederum leicht aus einem grundlegenden Satz von K. OKA, daß jeder α_c-Raum ein β_n-Raum ist.

Als Hauptresultat der vorliegenden Arbeit ergibt sich nun:

Jeder α-Raum ist ein α_c-Raum.

Damit wird eine bereits von H. BEHNKE und K. STEIN in [1] aufgeworfene Frage beantwortet (vgl. p. 6); insbesondere folgt, daß die Definitionen des komplexen Raumes, wie sie von H. BEHNKE und K. STEIN sowie von H. CARTAN gegeben wurden, äquivalent sind. Die Klasse der α-Räume ist also eine echte Teilmenge der Klasse der β-Räume.

3. Es sei nun ein kurzer Überblick über den Inhalt und Aufbau der vorliegenden Arbeit gegeben. In § 1 sind die für uns wichtigen Begriffe und Sätze aus der allgemeinen Topologie sowie aus der lokalen Theorie der analytischen Mengen zusammengestellt (Dimension, lokalirreduzibel, Einbettungssatz usw.). Der Begriff der analytischen Überlagerung wird in § 2 definiert; die topologische Struktur solcher Überlagerungen wird weitgehend geklärt. In § 3 sind die Grundlagen der Funktionentheorie auf analytischen Überlagerungen dargestellt; der für die Anwendungen wichtige Riemannsche Fortsetzungssatz wird für holomorphe und meromorphe Funktionen bewiesen. § 4 enthält alsdann die exakte Definition des α-Raumes. α-Räume, versehen mit der Garbe der Keime der holomorphen Funktionen, werden nun als geringte Räume aufgefaßt; § 5 gibt eine Einführung in die Theorie solcher Räume[4]). Insbesondere werden „morphe" Vektorraumbündel über geringten Räumen studiert; weiter werden Bilder und Urbilder von „morphen" Garben bezüglich „morpher" Abbildungen eingeführt[5]). Als spezielle geringte Räume

---

[3]) In [18] wurden solche Überlagerungen Cartansche Überlagerungen genannt. In einigen früheren Arbeiten heißen sie C-Überlagerungen.

[4]) Bereits H. WEYL faßt in seinem 1913 erschienenen Buche „Die Idee der Riemannschen Fläche" Riemannsche Flächen als geringte Räume auf, vgl. insbesondere p. 36. Später hat C. CHEVALLEY [11] die reell-analytischen Mannigfaltigkeiten durch ihre geringte Struktur charakterisiert. Den allgemeinen Begriff des geringten Raumes hat H. CARTAN [10] eingeführt.

[5]) Zu diesen Begriffen vgl. auch [19].

werden sodann in § 6 die β-Räume definiert. β-Räume, deren Strukturgarbe eine Garbe von Integritätsringen ist, nennen wir β_i-Räume; ist jeder Integritätsring ganz abgeschlossen in seinem Quotientenkörper, so ist der β_i-Raum ein β_n-Raum. In § 7 wird die Struktur von β-Räumen näher untersucht, es wird bewiesen:

a) *Für einen β-Raum gilt der Riemannsche Fortsetzungssatz für holomorphe Funktionen genau dann, wenn er ein β_n-Raum ist*[6]).

b) *Zu jedem β-Raum R gibt es einen eindeutig bestimmten β_n-Raum R^*, der durch eine holomorphe, außerhalb einer in R^* nirgends dichten analytischen Menge biholomorphe Abbildung auf R bezogen ist (Normalisierung von R).*

Der Vektorraum $H^0(R, \mathcal{O})$ der Schnittflächen in der Strukturgarbe $\mathcal{O}$ eines β-Raumes R, d. h. der Raum der in R holomorphen Funktionen, wird in § 8 untersucht. Es wird gezeigt:

c) *Der Vektorraum $H^0(R, \mathcal{O})$ ist, versehen mit der Topologie der kompakten Konvergenz, vollständig, d. h. ist f_ν eine Folge von in R holomorphen Funktionen, die kompakt gegen eine Grenzfunktion f konvergiert, so ist f holomorph in R*[7]).

In § 9 wird ein bekannter Satz von F. Hartogs auf β-Räume verallgemeinert. Es gilt:

d) *Eine komplex-wertige Funktion f auf dem cartesischen Produkt $X_1 \times X_2$ zweier β-Räume X_1, X_2 ist bereits dann holomorph auf $X_1 \times X_2$, wenn jede Funktion $f \mid x_1 \times X_2$ und $f \mid X_1 \times x_2$, $x_1 \in X_1, x_2 \in X_2$ beliebig, holomorph ist*[8]).

In § 10 wird gezeigt, daß die Klasse der α_c-Räume mit der Klasse der β_n-Räume übereinstimmt. Die restlichen Paragraphen sind dann dem Hauptanliegen der vorliegenden Arbeit gewidmet; in ihnen wird bewiesen, daß jeder α-Raum ein α_c-Raum ist. In § 11 werden vorbereitend verschiedene Typen von analytischen Überlagerungen untersucht. Unter einer a-Überlagerung verstehen wir spezielle analytische Überlagerungen über Produkten $G^n \times P^1$, wo G^n ein Gebiet im C^n und P^1 die Riemannsche Zahlenkugel ist. Es wird gezeigt, daß man zu jeder a-Überlagerung von $G^n \times P^1$ stets eine in G^n höchstens $(n-2)$-dimensionale analytische Menge A finden kann, so daß die Überlagerung, beschränkt auf $(G^n - A) \times P^1$, lokal äquivalent zu einer sog. b-Überlagerung ist; diese b-Überlagerungen haben, obgleich sie $(n+1)$-dimensional sind, keine „kompliziertere Verzweigungsstruktur" als 2-dimensionale analytische Überlagerungen. Noch einfacher verzweigt als b-Überlagerungen sind die sog. c-Überlagerungen; es wird bewiesen, daß über jeder b-Überlagerung eine analytische Überlagerung existiert, die biholomorph auf eine c-Überlagerung abgebildet werden kann. Es läßt sich nun unter Verwendung des verallgemeinerten σ-Prozesses zeigen, daß jede c-Überlagerung algebroid ist (vgl. § 14). Daraus ergibt sich unmittelbar, daß auch jede b-Überlagerung

---

[6]) Dagegen läßt sich zeigen, daß der Riemannsche Fortsetzungssatz für meromorphe Funktionen in jedem β-Raum gilt.

[7]) Dieser Satz ist für beliebige β-Räume nicht trivial.

[8]) Das cartesische Produkt zweier β-Räume kann in natürlicher Weise wieder als ein β-Raum aufgefaßt werden (vgl. § 6).

algebroid ist (§ 11). Jede a-Überlagerung von $G^n \times P^1$ ist daher über $(G^n - A) \times P^1$ algebroid. In den §§ 12, 13 wird sodann aus diesem Resultat unter Verwendung der Theorie der kohärenten analytischen Garben der allgemeine Satz für a-Überlagerungen abgeleitet. Da aber a-Überlagerungen schon so verzweigt sind wie allgemeine analytische Überlagerungen, folgt hieraus, daß jeder α-Raum ein α_c-Raum ist.

Es sei uns gestattet, an dieser Stelle unseren verehrten Lehrern, den Herren Professoren Dr. HEINRICH BEHNKE und Dr. KARL STEIN, für die Anregungen zu der vorliegenden Untersuchung zu danken. Von ihnen wurden wir auf die Möglichkeit aufmerksam gemacht, unser Hauptproblem durch Untersuchung analytischer Überlagerungen von $G^n \times P^1$ — das sind Scharen kompakter Riemannscher Flächen — zu lösen.

§ 1. Allgemeine Vorbereitungen

1. Wir benötigen in dieser Arbeit ein Kriterium über die Fortsetzbarkeit stetiger Abbildungen. Ist A^* ein überall dichter Teilraum eines topologischen Raumes A und $\tau^* : A^* \to A_1$ eine stetige Abbildung von A^* in einen regulären Hausdorffschen Raum A_1, so ist bekanntlich τ^* genau dann in eindeutiger Weise zu einer stetigen Abbildung $\tau : A \to A_1$ von ganz A in A_1 fortsetzbar, wenn die folgende Bedingung erfüllt ist (vgl. [2], théorème 1, p. 54):

Fortsetzbarkeitsbedingung: Ist $a \in A$ irgendein Punkt und $\mathfrak{U}(a)$ der Nachbarschaftsfilter von a, so konvergiert die τ^*-Bildfilterbasis $\tau^*(\mathfrak{U}_{A^*}(a))$ der Spurenfilterbasis $\mathfrak{U}_{A^*}(a)$ von $\mathfrak{U}(a)$ auf A^* in A_1[9]*.*

Wir geben im folgenden ein einfaches Kriterium dafür an, daß diese Fortsetzbarkeitsbedingung erfüllt ist. Wir definieren zunächst:

Definition 1 (Nicht zerlegende Menge, nirgends zerlegende Menge): Eine nirgends dichte Teilmenge S eines topologischen Raumes A zerlegt A nicht in einem Punkt $a \in A$, wenn jede zusammenhängende Umgebung U von a eine Umgebung V von a enthält, so daß $V - S$ offen und zusammenhängend ist.

S zerlegt A nirgends, wenn S den Raum A in jedem Punkt $a \in A$ nicht zerlegt.

Es folgt sofort: *Zerlegt S den Raum A nirgends und ist $T \subset S$ eine abgeschlossene Menge in A, so zerlegt auch T den Raum A nirgends.*

Wir beweisen nun:

Satz 1: Es sei A ein topologischer, lokal zusammenhängender Raum und S eine A nirgends zerlegende Menge; A_1 sei ein regulärer Hausdorffscher Raum. Dann ist für eine stetige Abbildung $\tau^* : A^* \to A_1$, $A^* := A - S$, die Fortsetzbarkeitsbedingung sicher dann erfüllt, wenn die folgenden beiden Bedingungen statthaben:

α) Für jedes $a \in S$ ist die Menge B_a der Berührungspunkte der Bildfilterbasis $\tau^*(\mathfrak{U}_{A^*}(a))$ diskret in A_1.

---

[9]) In der Terminologie folgen wir, wenn nicht ausdrücklich anders erwähnt, N. BOURBAKI. „Voisinage" ist mit Nachbarschaft übersetzt; eine offene Nachbarschaft wird Umgebung genannt.

β) *Ist $a \in S$ und $A_1' \subset A_1$ so beschaffen, daß die Spurenfilterbasis von $\tau^*(\mathfrak{U}_{A^*}(a))$ auf A_1' existiert, so besitzt dieselbe wenigstens einen Berührungspunkt.*

Beweis: Wegen β) ist keine Menge B_a, wo $a \in S$, leer. Wir wählen zu den Punkten $a_1 \in B_a$ paarweise disjunkte Umgebungen $U(a_1)$ und setzen $V(a_1) := \overset{-1}{\tau}{}^*(U(a_1))$. Dann muß es eine Nachbarschaft V_0 von a geben mit $V_0 \cap \cap A^* \subset \underset{a_1 \in B_a}{\cup} V(a_1)$. Wäre das nämlich nicht der Fall, so wäre keine der Mengen $\tau^*(W \cap A^*) \cap (A_1 - \underset{a_1 \in B_a}{\cup} U(a_1))$, wo $W \in \mathfrak{U}(a)$, leer. Daher existiert die Spurenfilterbasis von $\tau^*(\mathfrak{U}_{A^*}(a))$ auf $A_1 - \underset{a_1 \in B_a}{\cup} U(a_1)$; dieselbe müßte nach β) einen Berührungspunkt $a^* \in A_1$ besitzen. Das ist aber nicht möglich, da notwendig gelten müßte $a^* \in B_a$, was nicht sein kann. Wir können nun V_0 insbesondere so wählen, daß $V_0 \cap A^*$ zusammenhängend ist. Dann liegt $\tau^*(V_0 \cap A^*)$ in genau einer Menge $U(a_1')$, $a_1' \in B_a$. Hieraus folgt aber, daß gilt: $B_a = \{a_1'\}$. Es bleibt zu zeigen, daß $\tau^*(\mathfrak{U}_{A^*}(a))$ gegen a_1' konvergiert. Sei U' irgendeine Umgebung von a_1'. Dann muß wenigstens eine der Mengen $\tau^*(W \cap \cap A^*) \cap (A_1 - U')$, wo $W \in \mathfrak{U}(a)$, leer sein, da sich sonst analog wie oben aus β) ein Widerspruch ergibt. Also gibt es ein $W_0 \in \mathfrak{U}(a)$ mit $\tau^*(W_0 \cap A^*) \subset U'$. Das bedeutet aber, daß $\tau^*(\mathfrak{U}_{A^*}(a))$ gegen a_1' konvergiert, w.z.b.w.

Anmerkung: Die Bedingung β) ist sicher erfüllt, wenn folgendes gilt:

β') *Es gibt zu jedem Punkt $a \in S$ eine Nachbarschaft $U(a)$ und eine in A_1 kompakte Menge K_a, so daß $\tau^*(U(a) \cap A^*) \subset K_a$.*

Eine stetige Abbildung möge *nirgends entartet* genannt werden, wenn die Urbildmenge eines jeden Bildpunktes eine diskrete Menge ist. Dann ergibt sich aus Satz 1 unmittelbar der folgende, bereits von K. Stein (vgl. [32], p. 68) bewiesene

Satz 2: Es sei A ein topologischer, lokal zusammenhängender Raum und S eine A nirgends zerlegende Menge. $\tau^*: A^* \to A_1$, wo $A^* := A - S$, sei eine stetige Abbildung in einen lokal kompakten Raum A_1. Es existiere eine eigentliche nirgends entartete Abbildung $\varphi: A_1 \to A_2$ von A_1 in einen lokal kompakten Raum A_2, so daß $\varphi \circ \tau^*: A^* \to A_2$ zu einer stetigen Abbildung $\psi: A \to A_2$ fortsetzbar ist. Dann ist auch τ^* eindeutig zu einer stetigen Abbildung $\tau: A \to A_1$ fortsetzbar.

Beweis: Da A_1 insbesondere ein regulärer Hausdorffscher Raum ist (vgl. [2], p. 98), genügt es zu zeigen, daß für τ^* die Bedingungen α) und β') erfüllt sind. Es sei $a \in S$ ein beliebiger Punkt. Für jeden Berührungspunkt a_1 von $\tau^*(\mathfrak{U}_{A^*}(a))$ gilt dann $\varphi(a_1) = \psi(a)$, so daß die Menge B_a aller dieser Berührungspunkte in $\overset{-1}{\varphi}(\psi(a))$ enthalten ist. Die Menge $\overset{-1}{\varphi}(\psi(a))$ ist aber diskret (sogar endlich) in A_1, mithin ist auch B_a diskret.

Um β') zu bestätigen, sei K_2 eine kompakte Nachbarschaft von $\psi(a)$. Dann ist $\overset{-1}{\psi}(K_2)$ eine Nachbarschaft von a, weiter ist $\overset{-1}{\varphi}(K_2)$ kompakt in A_1 und es gilt: $\tau^*(\overset{-1}{\psi}(K_2) \cap A^*) \subset \overset{-1}{\varphi}(K_2)$. — Damit ist Satz 2 bewiesen.

2. Wir werden später benötigen

Hilfssatz 1: Es sei $\varphi: A \to A_1$ eine stetige nirgends entartete Abbildung eines lokal kompakten Raumes A in einen lokal kompakten Raum A_1. $a \in A$ sei ein

beliebiger Punkt; U' bzw. V_1' sei eine Nachbarschaft von a bzw. $\varphi(a)$. Dann gibt es Umgebungen U bzw. V_1 von a bzw. $\varphi(a)$ mit $U \subset U'$, $V_1 \subset V_1'$, so daß $\varphi: U \to V_1$ eine eigentliche Abbildung von U in V_1 ist[10]).

Beweis: Es sei $\tilde{U} \subset U'$ eine kompakte Nachbarschaft von a. Da φ nirgends entartet ist, gibt es höchstens endlich viele von a verschiedene Punkte $a^{(1)}, \ldots, a^{(r)}$ in $\tilde{U}$ mit $\varphi(a^{(\varrho)}) = \varphi(a) =: a_1$, $\varrho = 1, \ldots, r$. Man kann dann eine Umgebung W von $\{a^{(1)}, \ldots, a^{(r)}\}$ finden, so daß $U^* := \tilde{U} - W$ eine kompakte Nachbarschaft von a ist. Da $U^* \cap \overset{-1}{\varphi}(\varphi(a)) = a$, so gilt also: $a_1 \notin \varphi(U^* - \overset{\circ}{U}{}^*)$, wenn wir mit $\overset{\circ}{U}{}^*$ den offenen Kern von U^* bezeichnen. $\varphi(U^* - \overset{\circ}{U}{}^*)$ ist als stetiges Bild einer kompakten Menge kompakt und mithin abgeschlossen in A_1. Daher gibt es eine Umgebung V_1 von a_1 mit $V_1 \subset V_1'$, so daß $V_1 \cap \varphi(U^* - \overset{\circ}{U}{}^*)$ leer ist. Wir setzen nun: $U := \overset{-1}{\varphi}(V_1) \cap \overset{\circ}{U}{}^* = \overset{-1}{\varphi}(V_1) \cap U^*$ und behaupten, daß $\varphi \mid U$ eine eigentliche Abbildung von U in V_1 ist.

Sei M kompakt in V_1. Die Menge $N := \overset{-1}{\varphi}(M) \cap U$ ist genau dann kompakt in U, wenn jeder Filter $\mathfrak{F}$ auf N einen Berührungspunkt in N hat. Sicher hat $\mathfrak{F}$ in $U^* \supset N$ einen Berührungspunkt a^*. Der Bildfilter $\varphi(\mathfrak{F})$ von $\mathfrak{F}$ auf M hat dann aus Stetigkeitsgründen den Berührungspunkt $\varphi(a^*)$. Es gilt $\varphi(a^*) \in M$, da M abgeschlossen ist. Es folgt mithin $a^* \in N$, q.e.d.

Eine stetige Abbildung $w: \langle 0,1 \rangle \to A$ des abgeschlossenen Einheitsintervalls $\langle 0,1 \rangle$ der reellen Zahlengeraden in einen topologischen Raum A heißt ein *Weg* in A; $w(0)$ bzw. $w(1)$ heißt der Anfangspunkt bzw. Endpunkt dieses Weges. Ein topologischer Raum A heißt *in bezug auf Wege zusammenhängend* (kurz: *wegzusammenhängend*), wenn es zu 2 beliebigen Punkten $a_0, a_1 \in A$ einen Weg w in A mit $w(0) = a_0$, $w(1) = a_1$ gibt. A heißt *lokal wegzusammenhängend*, wenn jeder Punkt a eine Nachbarschaftsbasis $\{V_\iota\}$ mit wegzusammenhängenden Mengen V_ι besitzt; dann besitzt jeder Punkt a auch eine Umgebungsbasis mit solchen Mengen. — Man beweist leicht:

a) *Jeder wegzusammenhängende Raum A ist zusammenhängend. Ein zusammenhängender, lokal wegzusammenhängender Raum ist wegzusammenhängend.*

Weiter gilt:

a′) *Es sei A ein topologischer Raum; M sei eine abgeschlossene, nirgends dichte Menge in A, so daß $A - M$ lokal wegzusammenhängend ist. Zu jedem Punkt $a \in M$ gebe es eine Umgebungsbasis $\{U_\iota\}$, $\iota \in I_a$, so daß jeder Punkt $\hat{a} \in U_\iota - M$, $\iota \in I_a$, in U_ι mit a durch einen Weg verbindbar ist. Dann ist A lokal wegzusammenhängend.*

Zum Beweis genügt es zu zeigen, daß jede Umgebung U_ι wegzusammenhängend ist. Dazu hat man nur zu zeigen, daß jeder Punkt $a' \in U_\iota$ mit a in U_ι durch einen Weg verbindbar ist. Für Punkte $a' \in U_\iota - M$ ist das nach Voraussetzung richtig. Sei also $a' \in M$. Ist dann $\{V_j\}$, $j \in I_{a'}$, die zu a' gemäß Voraussetzung existierende Umgebungsbasis, so gibt es zu jedem $\iota \in I_a$ ein $j(\iota) \in I_{a'}$, so daß $V_{j(\iota)} \subset U_\iota$. Da nun a' in $V_{j(\iota)} \subset U$ durch einen Weg mit jedem Punkt $\tilde{a}' \in V_{j(\iota)} - M$ verbunden werden kann, läßt sich a' auch mit a selbst in U_ι über ein solches $\tilde{a}'$ durch einen Weg verbinden.

---

[10]) Vgl. auch [32], Hilfssatz 3, wo eine noch allgemeinere Aussage bewiesen wird.

Wir merken noch an:

b) *Eine abgeschlossene nirgends dichte Teilmenge eines lokal wegzusammen-hängenden Raumes A zerlegt A genau dann nirgends, wenn folgendes gilt: Ist $D \subset A$ offen und zusammenhängend, so ist auch $D - S$ zusammenhängend.*

Der Beweis ist trivial und sei dem Leser überlassen.

Eine Abbildung $\varphi: A \to A_1$ eines topologischen Raums A in einen topo-logischen Raum A_1 heißt *offen*, wenn das Bild $\varphi(V)$ einer jeden offenen Menge $V \subset A$ offen in A_1 ist. Wir beweisen das folgende

Lemma: Es seien A, A_1 lokal kompakt, A_1 sei lokal wegzusammenhängend. $\varphi: A \to A_1$ sei stetig und nirgends entartet; es sei $S_1 \subset A_1$ eine A_1 nirgends zer-legende Menge, so daß $\overset{-1}{\varphi}(S_1)$ nirgends dicht in A liegt. Ist dann $\varphi: A - \overset{-1}{\varphi}(S_1) \to A_1 - S_1$ offen, so ist auch $\varphi: A \to A_1$ offen.

Beweis: Es genügt, folgendes zu zeigen: Ist $a \in A$ beliebig, so gibt es zu jeder Umgebung U' von a eine Umgebung W_1 von $\varphi(a)$ mit $\varphi(U') \supset W_1$. Wir wählen zunächst eine in U' enthaltene abgeschlossene Nachbarschaft U^* von a. Es gibt dann nach Hilfssatz 1 eine relativ kompakte Umgebung U von a mit $U \subset U^*$ und eine Umgebung V_1 von $\varphi(a)$, so daß $\varphi \mid U$ eine eigent-liche Abbildung von U in V_1 ist. Wir wählen weiter eine wegzusammen-hängende Umgebung W_1 von $\varphi(a)$ mit $W_1 \subset V_1$ und behaupten: $\varphi(\overline{U}) \supset W_1$. Dann gilt wegen $\overline{U} \subset U^* \subset U'$ erst recht: $\varphi(U') \supset W_1$.

Wir zeigen zunächst: $\varphi(U) \supset W_1 - S_1$. Es sei $\hat{a} \in U - \overset{-1}{\varphi}(S_1)$ irgendein Punkt mit $\varphi(\hat{a}) = \hat{a}_1 \in W_1 - S_1$. Ist dann $a_1 \in W_1 - S_1$ beliebig, so sei $w(t)$, $0 \leq t \leq 1$, ein Weg in $W_1 - S_1$ mit $w(0) = \hat{a}_1$, $w(1) = a_1$: ein solcher Weg existiert, da S_1 den Raum A_1 nirgends zerlegt. Es bezeichne T die Menge aller $\bar{t} \in \langle 0, 1 \rangle$, zu denen es ein $\bar{a} \in U$ mit $\varphi(\bar{a}) = w(\bar{t})$ gibt. Dann gilt $0 \in T$. Da $\overset{-1}{\varphi}(w(\langle 0, 1 \rangle)) \subset A - \overset{-1}{\varphi}(S_1)$ und $\varphi \mid A - \overset{-1}{\varphi}(S_1)$ offen ist, folgt sofort, daß T eine offene Teilmenge von $\langle 0, 1 \rangle$ ist. T ist aber auch abgeschlossen. Es gilt nämlich: $T = \overset{-1}{w}\big(\varphi(\overset{-1}{\varphi}(w\langle 0, 1\rangle) \cap U)\big)$; und da $\overset{-1}{\varphi}(w\langle 0, 1\rangle) \cap U$ wegen der Eigentlichkeit von $\varphi: U \to V_1$ kompakt ist, folgt, daß $\varphi(\overset{-1}{\varphi}(w\langle 0,1\rangle) \cap U)$ und dann auch T abgeschlossen ist. Mithin muß gelten: $T = \langle 0, 1 \rangle$. Daher besitzt auch $a_1 = w(1)$ ein φ-Urbild in U.

Sei nun $a_1' \in W_1$ beliebig. Wir betrachten das Mengensystem $\mathfrak{F}_1 := \{U_1 - S_1\}$, wo U_1 den Nachbarschaftsfilter von a_1' durchläuft. $\mathfrak{F}_1$ ist eine Filterbasis, die gegen a_1' konvergiert. Auf Grund des bereits Bewiesenen ist keine Menge $\overset{-1}{\varphi}(U_1 - S_1) \cap U$ leer. Die Urbildfilterbasis $\overset{-1}{\varphi}(\mathfrak{F}_1)$ existiert also und hat, da U relativ kompakt ist, mindestens einen Berührungspunkt a' in $\overline{U}$. Aus Stetig-keitsgründen ist $\varphi(a')$ ein Berührungspunkt von $\mathfrak{F}_1$. Da $\mathfrak{F}_1$ aber nur a_1' als Berührungspunkt hat, muß gelten: $\varphi(a') = a_1'$. Mithin folgt $\varphi(\overline{U}) \supset W_1$, w.z.b.w.

3. Wir stellen in den weiteren Abschnitten dieses Paragraphen grund-legende Begriffe und Sätze aus der Theorie der analytischen Mengen zusammen, die wir später benötigen[11]). Es bezeichne B stets einen Bereich, d.h. eine

---

[11]) Zur Theorie der analytischen Menge vgl. etwa [26], [28] sowie [9], Exp. VI—IX.

offene nichtleere Menge des komplexen Zahlenraumes C^n der n komplexen Veränderlichen $z_1, \ldots, z_n$; wir setzen abkürzend $z := (z_1, \ldots, z_n)$. Eine Teilmenge M von B heißt bekanntlich analytisch in einem Punkt $z \in B$, wenn es eine Umgebung $U \subset B$ von z gibt, so daß $M \cap U$ die genaue gemeinsame Nullstellenmenge von endlich vielen in U holomorphen Funktionen ist[12]). M heißt eine analytische Menge in B, wenn M in jedem Punkt von B analytisch ist. Ist M analytisch in B, so ist M abgeschlossen in B. Es gilt:

c) *Ist M analytisch in B, so ist M, versehen mit der induzierten Topologie, ein metrisierbarer, lokal kompakter, lokal wegzusammenhängender Raum mit abzählbarer Topologie.*

Ist M analytisch in $z \in B$, so definiert M in natürlicher Weise ein Ideal $\mathfrak{I}_z$ im Integritätsring $\mathcal{O}_z$ der in z analytischen Funktionskeime: $\mathfrak{I}_z$ besteht aus allen Funktionskeimen, die holomorphe Repräsentanten besitzen, die in der Umgebung von z auf M verschwinden. Ist M analytisch in B, so ist die Kollektion $\{\mathfrak{I}_z, z \in B\}$ offensichtlich eine Idealgarbe $\mathfrak{I}$, die eine analytische Untergarbe der Garbe $\mathcal{O}(B)$ der in B holomorphen Funktionskeime ist.

Eine in B analytische Menge M heißt *reduzibel* in B, wenn sie darstellbar ist als Vereinigung von zwei in B analytischen Mengen, die nicht leer und von M verschieden sind. Eine in B nicht reduzible analytische Menge heißt *irreduzibel* in B.

Eine in $z \in C^n$ analytische Menge M erzeugt in z einen (evtl. leeren) Mengenkeim m_z, den wir einen analytischen Mengenkeim nennen. Die Gesamtheit aller in einem Punkt $z \in C^n$ analytischen Mengenkeime bildet einen Verband, die Menge aller analytischen Mengenkeime $\{m_z, z \in B\}$ kann in natürlicher Weise als eine *Garbe $\mathfrak{K}(B)$ von Verbänden über B* aufgefaßt werden. Die Schnittflächen in $\mathfrak{K}(B)$ über einer offenen Menge $B' \subset B$ sind genau die analytischen Mengen in B'.

Ein analytischer Mengenkeim m_z in z heißt ein *analytischer Primkeim*, wenn er nicht als Vereinigung von zwei nichtleeren, von m_z verschiedenen analytischen Mengenkeimen in z darstellbar ist. Eine analytische Menge M in B heißt irreduzibel in $z \in M$, wenn sie in z einen analytischen Primkeim erzeugt. M heißt *lokal irreduzibel* in $z \in M$, wenn es eine Umgebung U von z gibt, so daß M in jedem Punkt $z' \in M \cap U$ irreduzibel ist. Ein in z analytischer Primkeim p_z heißt lokal irreduzibel, wenn er einen in z lokal irreduziblen analytischen Repräsentanten besitzt.

Es gilt nun:

d) *Jeder analytische Mengenkeim m_z, $z \in C^n$, ist (bis auf die Reihenfolge) in eindeutiger Weise als unverkürzbare Vereinigung von endlich vielen verschiedenen in z analytischen Primkeimen darstellbar:*

$$m_z = p_z^{(1)} \cup p_z^{(2)} \cup \cdots \cup p_z^{(r)}.$$

---

[12]) Man braucht nur zu fordern, daß $M \cap U$ die genaue gemeinsame Nullstellenmenge irgendeines Systems in U holomorpher Funktionen ist. Aus dem Rückert-Cartanschen Idealbasissatz (vgl. [6], Appendice I) folgt dann bereits, daß M lokal auch als simultane Nullstellenmenge von endlich vielen holomorphen Funktionen darstellbar ist.

e) *Die folgenden Aussagen für eine in $z \in C^n$ analytische Menge M sind äquivalent:*

1. *M ist irreduzibel in z.*

2. *Das von M in O_z definierte Ideal $\mathfrak{I}_z$ ist ein Primideal.*

3. *Es gibt eine Umgebungsbasis $\{U_1, U_2, \ldots\}$ von z, so daß $M \cap U_\nu$ jeweils eine in U_ν analytische irreduzible Menge ist, $\nu = 1, 2, \ldots$.*

Wir definieren nun für jede offene Menge $B \subset C^n$ den sog. Parameterraum P_B der in B analytischen Primkeime. Die Punkte von P_B sind die analytischen Primkeime p_z, $z \in B$. Eine Topologie wird in P_B durch Angabe einer Basis der offenen Mengen wie folgt eingeführt: Jeder in einer offenen Menge von B analytischen Menge M ordnen wir die Menge $M^* \subset P_B$ aller von M erzeugten analytischen Primkeime zu. Die Familie aller dieser Mengen M^* ist die Basis einer Topologie in P_B. Wir nennen P_B, versehen mit dieser Topologie, den *Parameterraum* der analytischen Primkeime in B. Es gilt:

f) *Der Parameterraum P_B ist lokal kompakt und lokal wegzusammenhängend.*

Die Mengen $M^* \subset P_B$, die oben den in B analytischen Mengen M zugeordnet wurden, sind offene Unterräume von P_B. Man hat eine offensichtlich stetige Projektion $\mu: M^* \to M$ von M^* auf M. Wir definieren nun:

Definition 2 (Normalisierung einer analytischen Menge): Das Paar (M^*, μ) heißt die Normalisierung der in B analytischen Menge M im Parameterraum P_B.

Wichtige Eigenschaften einer in B analytischen Menge M kann man aus ihrer Normalisierung (M^*, μ) in P_B ablesen. So gilt:

g) *M ist genau dann irreduzibel in B, wenn M^* zusammenhängend ist. M ist genau dann lokal irreduzibel in B, wenn $\mu: M^* \to M$ eine topologische Abbildung ist.*

Hieraus folgt leicht:

h) *Jede in B analytische Menge M zerfällt in eindeutiger Weise in höchstens abzählbar unendlich viele in B irreduzible analytische Mengen M_j.* (Diese Mengen M_j heißen die *irreduziblen Komponenten* von M bezüglich B.) *Die Gesamtheit aller M_j bildet eine abgeschlossene, lokal endliche Überdeckung von M, d. h. für jede kompakte Menge K in M ist $M_j \cap K$ für fast alle j leer.*

Die Menge P_B ist offensichtlich eine Teilmenge von $\mathfrak{R}(B)$. Die oben definierte Topologie in P_B stimmt jedoch nicht mit der von $\mathfrak{R}(B)$ in P_B induzierten Topologie überein. Dies ist vielmehr in der Umgebung eines Punktes $p_z \in P_B$ genau dann der Fall, wenn der Primkeim p_z lokal irreduzibel ist.

4. Eine analytische Menge M in einem Bereich $B \subset C^n$ besitzt in jedem Punkt $z \in M$ eine wohlbestimmte topologische Dimension $d'_z(M)$ (zur Def. vgl. [23]). Es zeigt sich, daß $d'_z(M)$ stets eine gerade Zahl ist; wir setzen $d_z(M) := \frac{1}{2} d'_z(M)$ und nennen $d_z(M)$ die *komplexe Dimension* von M in z. Die Zahl

$$d(M) := \max_{z \in M} d_z(M)$$

heißt die komplexe Dimension von M schlechthin; es gilt stets: $d(M) \leqq n$.

Eine analytische Menge M in B heißt reindimensional, wenn für alle $z \in M$ gilt: $d_z(M) = d(M)$. Man kann zeigen (vgl. [28] p. 287):

i) *Eine in B irreduzible analytische Menge ist reindimensional.*

Es ist zweckmäßig, neben der Dimension einer analytischen Menge auch sofort ihre Codimension zu betrachten. Ist M eine analytische Menge in $B \subset C^n$, so heißt die Zahl

$$c_z(M) := n - d_z(M)$$

die *komplexe Codimension* von M in $z \in B$. Die Zahl $c(M) := n - d(M)$ heißt die komplexe Codimension von M in B schlechthin; es gilt: $c(M) = \min_{z \in M} c_z(M)$.

Für die Anwendungen ist der folgende Einbettungssatz bisweilen nützlich (vgl. [28], p. 267 ff., sowie [26], p. 414):

Satz 3 (Einbettungssatz): Es seien G^d bzw. G^{n-d} Gebiete[13] im $C^d(z_1, \ldots, z_d)$ bzw. $C^{n-d}(z_{d+1}, \ldots, z_n)$; G^{n-d} sei relativ kompakt. Im Produktgebiet $G^d \times G^{n-d}$ sei eine rein d-dimensionale analytische Menge M gegeben, derart, daß die abgeschlossene Hülle $\overline{M}$ von M bezüglich $C^n(z)$ mit $G^d \times \partial G^{n-d}$ keinen Punkt gemeinsam hat[14]. Dann gibt es $(n-d)$ Polynome

$$\omega_\delta(z_\delta; z_1, \ldots, z_d) \equiv z_\delta^{m_\delta} + \sum_{\mu=0}^{m_\delta - 1} A_\delta^{(\mu)}(z_1, \ldots, z_d) \cdot z_\delta^{\mu}, \quad \delta = d+1, \ldots, n,$$

mit in G^d holomorphen Koeffizienten $A_\delta^{(\mu)}(z_1, \ldots, z_d)$, $\mu = 0, \ldots, m_\delta - 1$, $\delta = d+1, \ldots, n$, ohne mehrfache Faktoren, so daß M aus der Vereinigung gewisser irreduzibler Komponenten der in $G^d \times G^{n-d}$ analytischen Menge

$$\{z \in G^d \times G^{n-d}, \omega_{d+1}(z) = 0, \ldots, \omega_n(z) = 0\}$$

besteht. Ist M irreduzibel in $G^d \times G^{n-d}$, so können alle $\omega_\delta(z_\delta; z_1, \ldots, z_d)$ als irreduzibel gewählt werden.

Es ist zweckmäßig, einige bequeme Redeweisen einzuführen. M sei eine analytische Menge im Produkt $G^d \times G^{n-d}$ zweier beliebiger Gebiete $G^d \subset C^d$, $G^{n-d} \subset C^{n-d}$.

Wir sagen, *M liegt über G^d*, wenn die natürliche Projektion $\gamma: M \to G^d$ nirgends entartet ist.

Wir sagen, *M liegt über G^d ausgebreitet*, wenn die folgenden beiden Bedingungen erfüllt sind:

a') *M ist rein d-dimensional, $\gamma: M \to G^d$ ist nirgends entartet, eigentlich und surjektiv.*

b') *Es gibt in G^d eine höchstens $(d-1)$-dimensionale analytische Menge A, so daß $\gamma: M - \overset{-1}{\gamma}(A) \to G^d - A$ lokal topologisch ist* $(\overset{-1}{\gamma}(A)$ ist dann eine höchstens $(d-1)$-dimensionale analytische Menge in $M \cap (G^d \times G^{n-d})$.

Es ergibt sich sofort:

---

[13] Unter einem Gebiet werde stets eine offene und zusammenhängende Menge verstanden (vgl. auch [2] p. 115).

[14] Ist G eine offene Teilmenge eines topologischen Raumes R, so sei $\partial G := \overline{G} - G$; ∂G heißt der *Rand* von G in R.

Korollar zu Satz 3: Ist G^{n-d} relativ kompakt in C^{n-d} und M eine rein d-dimensionale analytische Menge in $G^d \times G^{n-d}$, so daß $\overline{M} \cap (G^d \times \partial G^{n-d})$ leer ist, so liegt M ausgebreitet über G^d.

In der Tat! Zunächst ist evident, daß $\gamma : M \to G^d$ eine nirgends entartete, eigentliche Abbildung von M auf G^d ist. Um die Existenz einer Menge A im Sinne von b') zu beweisen, ziehen wir Satz 3 heran und bezeichnen mit $D_\delta(z_1, \ldots, z_d)$ die Diskriminante des Polynoms ω_δ; nach bekannten Sätzen ist D_δ holomorph in G^d und es gilt: $D_\delta \not\equiv 0$, $\delta = d + 1, \ldots, n$. Durch die Gleichung $\prod\limits_{\delta=d+1}^{n} D_\delta(z_1, \ldots, z_d) = 0$ wird daher in G^d eine höchstens $(d-1)$-dimensionale analytische Menge A definiert, die Abbildung $\gamma : M - \overset{-1}{\gamma}(A) \to G^d - A$ ist ersichtlich lokal topologisch.

Für reindimensionale analytische Mengen kann man lokal stets die Situation des Einbettungssatzes herstellen. Dies ergibt sich sofort aus

Satz 4: Ist M eine rein d-dimensionale analytische Menge in $B \subset C^n$, so gibt es durch jeden Punkt $z \in M$ eine d-codimensionale analytische Ebene E, die M in der Nähe von z nur in z schneidet.

Hieraus folgt, daß man in einer Umgebung von z durch eine lineare Koordinatentransformation Koordinaten $z_1', \ldots, z_n'$ so einführen kann, daß in einer genügend kleinen Polyzylinderumgebung

$$Z^d \times Z^{n-d} := \{|z_1'| < a_1, \ldots, |z_d'| < a_d\} \times \{|z_{d+1}'| < a_{d+1}, \ldots, |z_n'| < a_n\} \subset B$$

von z (wir nehmen an, daß z die Koordinaten $(0, \ldots, 0)$ hat) für die in $Z^d \times Z^{n-d}$ analytische Menge $M \cap (Z^d \times Z^{n-d})$ die Voraussetzungen von Satz 3 erfüllt sind und M also insbesondere über Z^d ausgebreitet liegt.

Wir benötigen im folgenden noch:

k) *Es seien M, M' analytische Mengen in B; es gelte $M' \subset M$ und $d_z(M') < d_z(M)$ für alle $z \in M'$. Dann liegt M' nirgends dicht in M.*

k') *Ist B einfach zusammenhängend und M eine mindestens 2-codimensionale analytische Menge in B, so ist auch $B - M$ einfach zusammenhängend.*

Ein Punkt z einer in $B \subset C^n$ analytischen Menge M heißt ein *gewöhnlicher Punkt* von M, wenn M in einer Umgebung $U \subset B$ von z die genaue simultane Nullstellenmenge von k in U holomorphen Funktionen ist, deren Funktionalmatrix in z vom Range $n - k$ ist. Offensichtlich gilt dann $d_z(M) = n - k$. Ist z ein gewöhnlicher Punkt von M, so ist M in z lokal irreduzibel. Man kann beweisen (vgl. [9], Exp. IX):

l) *Die nicht gewöhnlichen Punkte einer in B analytischen Menge M bilden selbst eine in B analytische Menge N; es gilt: $d_z(N) < d_z(M)$ für alle Punkte $z \in N$.*

Weiter gilt (vgl. [28], Satz 10):

m) *Es sei M eine analytische Menge in B und M' eine irreduzible Komponente von M. Dann ist die Menge der auf M' liegenden gewöhnlichen Punkte von M zusammenhängend. Eine in B analytische Menge M ist genau dann irreduzibel in B, wenn die Menge ihrer gewöhnlichen Punkte zusammenhängend ist.*

In [28] wurde bewiesen:

Satz 5: Ist L eine höchstens k-dimensionale analytische Menge in einer offenen Menge B des C^n und M eine rein d-dimensionale analytische Menge in $B - L$ mit $d > k$, so ist die abgeschlossene Hülle $\overline{M}$ von M bezüglich B eine rein d-dimensionale analytische Menge in B.

5. Wir geben in diesem Abschnitt eine einfache, für spätere Anwendungen nützliche Bedingung dafür an, daß eine analytische Menge in einem Punkte irreduzibel bzw. lokal irreduzibel ist. Wir behaupten:

Satz 6: Eine in einer offenen Menge B des C^n analytische Menge M ist genau dann irreduzibel in einem Punkte $z \in M$, wenn die Menge N der nicht gewöhnlichen Punkte von M den Raum M in z nicht zerlegt.

Ist M irreduzibel in z, so zerlegt überdies jede in z analytische Menge $A \subset M$ mit $d_z(A) < d_z(M)$ den Raum M in z nicht.

Beweis: 1. Es sei M irreduzibel in z. Dann gibt es nach e) eine Umgebungsbasis $\{W_j\}, j \in I$, von z, so daß alle Mengen $M \cap W_j$ irreduzibel in W_j sind. Nach i) ist $M \cap W_j$ rein dimensional in $W_j, j \in I$; wir setzen $d(M \cap W_j) = d$. Sei nun $A \subset M$ irgendeine in einer Umgebung $V(z) \subset B$ analytische Menge mit $d_z(A) < d$. Dann ist in der Umgebungsbasis $\{W_j\}, j \in I$, von z eine Umgebungsbasis $\{W_\iota\}$ von z enthalten, wo ι eine Teilmenge von I durchläuft, so daß stets $W_\iota \subset V$ gilt und alle Mengen $A_\iota := W_\iota \cap A$ höchstens $(d-1)$-dimensionale analytische Mengen in W_ι sind. Wir behaupten nun, daß $\{U_\iota\}$, $U_\iota := M \cap W_\iota$, eine Umgebungsbasis von z im Raume M ist, so daß alle Mengen $U_\iota - A$ offen und zusammenhängend sind: sicher ist jede Menge $U_\iota \cap A = W_\iota \cap A$ abgeschlossen in U_ι, weiter liegt nach k) jedes $U_\iota \cap A$ nirgends dicht in U_ι. Um zu zeigen, daß auch jede Menge $U_\iota - A$ zusammenhängend ist, nehmen wir an, daß es ein ι_0 gibt, so daß $U_{\iota_0} - A$ in zwei nicht leere, von $U_{\iota_0} - A$ verschiedene offene Mengen M', M'' zerfällt. Diese Mengen sind dann notwendig rein d-dimensionale analytische Mengen in $W_{\iota_0} - A$. Da A höchstens $(d-1)$-dimensional ist, sind daher nach Satz 5 die abgeschlossenen Hüllen $\overline{M}', \overline{M}''$ von M', M'' bezüglich W_{ι_0} rein d-dimensionale analytische Mengen in W_{ι_0}. Es gilt: $M \cap W_{\iota_0} = \overline{M}' \cup \overline{M}''$. Das aber widerspricht der Voraussetzung, daß $M \cap W_{\iota_0}$ irreduzibel in W_{ι_0} ist.

2. Es sei nun M reduzibel in z. Wir bezeichnen mit N die nichtleere, in B analytische Menge der nicht gewöhnlichen Punkte von M und behaupten, daß N den Raum M in z zerlegt. Es gilt $z \in N, d_z(N) < d_z(M)$; weiter ist N abgeschlossen und nirgends dicht in M. Es kann keine Umgebungsbasis $\{U_j\}, j \in I$, von $z \in M$ geben, so daß alle Mengen $(M \cap U_j) - N$ zusammenhängend sind. Dann wäre nämlich nach m) jede Menge $M \cap U_j$ irreduzibel in U_j und nach e) mithin M selbst irreduzibel in z. Also zerlegt N den Raum M im Punkte z, w.z.b.w.

Wir merken noch an:

Korollar: Eine in B analytische Menge M ist genau dann lokal irreduzibel, wenn die Menge N der nicht gewöhnlichen Punkte von M den Raum M nirgends zerlegt.

Wir können nun die Normalisierung einer analytischen Menge in einfacher Weise charakterisieren. Wir behaupten:

Satz 7: Ist M eine in $B \subset C^n$ analytische Menge und (M^*, μ) ihre Normalisierung im Parameterraum P_B, so gilt:

0. M^* ist lokal kompakt und lokal zusammenhängend; $\mu : M^* \to M$ ist eine stetige nirgends entartete eigentliche Abbildung von M^* auf M.

1. Ist N die Menge der nicht gewöhnlichen Punkte von M, so zerlegt $\overset{-1}{\mu}(N)$ den Raum M^* nirgends. μ bildet $M^* - \overset{-1}{\mu}(N)$ topologisch auf $M - N$ ab.

Ist $('M^*, '\mu)$ irgendein Paar, für das 0. und 1. erfüllt ist, so gibt es eine topologische Abbildung $\tau : 'M^* \to M^*$ von $'M^*$ auf M^* mit $'\mu = \mu \circ \tau$.

Beweis: Es ist klar, daß 0. erfüllt ist. Weiter ist $\mu : M^* - \overset{-1}{\mu}(N) \to M - N$ sicher topologisch, da jeder gewöhnliche Punkt von M lokal irreduzibel ist. Aus Satz 6 folgt leicht, daß $\overset{-1}{\mu}(N)$ den Raum M^* nirgends zerlegt.

Sei nun $('M^*, '\mu)$ ein weiteres Paar, für welches 0. und 1. gilt. Dann ist $\tau^* := \overset{-1}{\mu} \circ '\mu : 'M^* - '\overset{-1}{\mu}(N) \to M^* - \overset{-1}{\mu}(N)$ eine topologische Abbildung. Aus Satz 2, angewandt auf τ^* (mit $S = '\overset{-1}{\mu}(N)$, $\varphi = \mu$), folgt nun, daß τ^* zu einer stetigen Abbildung $\tau : 'M^* \to M^*$ fortsetzbar ist. Ebenso kann man $(\tau^*)^{-1}$ stetig auf M^* fortsetzen. Aus Stetigkeitsgründen ist diese Fortsetzung die Umkehrung von τ; daher ist τ eine topologische Abbildung von $'M^*$ auf M^*. Nach Definition gilt: $'\mu = \mu \circ \tau$. q.e.d.

Anmerkung: Die erste Aussage in 1. gilt für beliebige in B analytische Mengen $A \subset M$, falls nur für alle $z \in A$ gilt: $d_z(A) < d_z(M)$. — Der Beweis ergibt sich wieder unmittelbar aus Satz 6.

§ 2. Analytische Überlagerungen komplexer Mannigfaltigkeiten

1. Der Begriff der komplexen Mannigfaltigkeit ist wohlbekannt: eine topologische Mannigfaltigkeit heißt eine komplexe Mannigfaltigkeit, wenn sie durch Umgebungen mit komplexen Koordinaten überdeckt ist, derart, daß in einander überlappenden Umgebungen die Koordinaten holomorph voneinander abhängen (zur präzisen Beschreibung dieses Begriffes vgl. [22]). Mit X wird in diesem Paragraphen stets eine komplexe Mannigfaltigkeit bezeichnet. Die Grundbegriffe der Funktionentheorie wie holomorphe Funktion, analytische Menge usw. sind für komplexe Mannigfaltigkeiten wohldefiniert und seien als bekannt vorausgesetzt. Beispiele für komplexe Mannigfaltigkeiten sind alle nichtleeren offenen Mengen des C^n, $n \geq 1$, alle Riemannschen Flächen sowie alle komplex-projektiven Räume P^m, $m \geq 1$. Sind X_1, X_2 komplexe Mannigfaltigkeiten, so kann das topologische Produkt $X_1 \times X_2$ in natürlicher Weise als eine komplexe Mannigfaltigkeit angesehen werden. Jede zusammenhängende Komponente einer komplexen Mannigfaltigkeit besitzt eine eindeutig bestimmte komplexe Dimension; das Supremum der Dimensionen aller Komponenten heißt die komplexe Dimension der Mannigfaltigkeit schlechthin. Eine nirgends dichte analytische Menge in einer komplexen Mannigfaltigkeit X zerlegt X nirgends.

Wir führen nun den für diese Arbeit grundlegenden Begriff der analytischen Überlagerung einer komplexen Mannigfaltigkeit ein.

Definition 3 (Analytische Überlagerung): Ein Tripel $\mathfrak{Y} = (Y, \eta, X)$ heißt eine analytische Überlagerung der komplexen Mannigfaltigkeit X, wenn folgendes gilt:

α) Y ist ein lokal kompakter Raum, η ist eine stetige eigentliche nirgends entartete Abbildung von Y auf X.

β) Es gibt eine analytische Menge A in X, so daß $\overset{-1}{\eta}(A)$ den Raum Y nirgends zerlegt und die Menge $Y - \overset{-1}{\eta}(A)$ durch η lokal topologisch auf eine offene Menge in X abgebildet wird.

Eine analytische Überlagerung $\mathfrak{Y} = (Y, \eta, X)$ heißt zusammenhängend, wenn Y zusammenhängend ist.

Ist $\mathfrak{Y} = (Y, \eta, X)$ eine analytische Überlagerung von X, so heißt der Raum Y der *Überlagerungsraum*. Ein Punkt $y \in Y$ heißt über dem Punkt $\eta(y) =: x \in X$ gelegen; $\eta(y)$ heißt der *Grundpunkt von y*. Die Menge A (vgl. Def. 3. β)) nennen wir auch eine *kritische Menge* der Überlagerung, η heißt die *Projektion* von Y auf X.

Die obige Definition der analytischen Überlagerung stimmt für den Fall, daß X der Einheitspolyzylinder in einem Zahlenraum ist, mit der in [15] gegebenen Definition überein. Das einfachste Beispiel einer analytischen Überlagerung von X bildet die triviale Überlagerung (X, ι, X), wo ι die identische Abbildung von X auf sich bezeichnet.

Wir bemerken sofort:

a) *Sind $\mathfrak{Y}_i = (Y_i, \eta_i, X_i)$, $i = 1, 2$, analytische Überlagerungen von komplexen Mannigfaltigkeiten X_1 bzw. X_2, so ist*

$$\mathfrak{Y}_1 \times \mathfrak{Y}_2 := (Y_1 \times Y_2, \eta_1 \times \eta_2, X_1 \times X_2)$$

eine analytische Überlagerung der komplexen Mannigfaltigkeit $X_1 \times X_2$.

Wir führen noch in naheliegender Weise den Begriff der Äquivalenz für analytische Überlagerungen ein.

Definition 4 (Äquivalenz): Zwei analytische Überlagerungen $\mathfrak{Y}_i = (Y_i, \eta_i, X)$ $i = 1, 2$, derselben komplexen Mannigfaltigkeit X heißen äquivalent, wenn es eine topologische Abbildung λ von Y_2 auf Y_1 gibt, so daß gilt: $\eta_2 = \eta_1 \circ \lambda$.

2. In diesem Abschnitt notieren wir einige Eigenschaften des Überlagerungsraumes Y einer analytischen Überlagerung $\mathfrak{Y} = (Y, \eta, X)$. Zunächst gilt:

b) *Die Projektion $\eta : Y \to X$ ist eine offene Abbildung. Ist $A \subset X$ eine kritische Menge von $\mathfrak{Y}$, so ist das Tripel $(Y - \overset{-1}{\eta}(A), \eta, X - A)$ eine unbegrenzte und unverzweigte Überlagerung von $X - A$.*

Die erste Aussage folgt sofort aus dem Lemma in § 1.2; die zweite Aussage ist unmittelbar ersichtlich. (Spezialfall des "covering homotopy theorem".)

Wir zeigen weiter:

c) *Jeder Punkt $y_0 \in Y$ besitzt eine abzählbare Umgebungsbasis $\{U_\nu\}$, $\nu = 1, 2, \ldots$, so daß jedes Tripel (U_ν, η_ν, V_ν), $\eta_\nu := \eta | U_\nu$, $V_\nu := \eta(U_\nu)$, eine analytische Überlagerung der komplexen Mannigfaltigkeit V_ν, $\nu = 1, 2, \ldots$, ist.*

Aus Hilfssatz 1 in § 1 folgt zunächst, daß es Umgebungsfolgen U_ν bzw. V_ν von y_0 bzw. $\eta(y_0)$ gibt, so daß $\eta_\nu := \eta | U_\nu$ jeweils eine eigentliche Abbildung von U_ν in V_ν ist, $\nu = 1,2, \ldots$. Offensichtlich darf man annehmen, daß die $\{V_\nu\}$, $\nu = 1,2, \ldots$ eine Umgebungsbasis von $\eta(y_0)$ bilden, daß jedes V_ν wegzusammenhängend ist und daß gilt: $U_1 \supset U_2 \supset U_3 \supset \ldots$, $U_1 \cap \overset{-1}{\eta}(\eta(y_0)) = y_0$. Da $\eta_\nu : U_\nu \to V_\nu$ offen ist, ist η_ν stets surjektiv. Dann ist aber offensichtlich jedes Tripel (U_ν, η_ν, V_ν) eine analytische Überlagerung der in X offenen Menge V_ν, $\nu = 1,2, \ldots$.

Würden nun die $U_1, U_2, \ldots$ keine Umgebungsbasis von y_0 bilden, so gäbe es eine Umgebung U von y_0 und eine Punktfolge $y_\nu \in U_\nu$, so daß stets gilt: $y_\nu \notin U$. Die Folge $\eta(y_\nu)$ konvergiert gegen $\eta(y_0)$. Da $y_\nu \in U_1$ und $K : = \{\eta(y_0), \eta(y_1), \ldots\}$ eine kompakte Menge in V_1 ist, muß auch $\overset{-1}{\eta}_1(K) \subset U_1$ kompakt sein. Das ist jedoch nicht der Fall, denn dann müßte y_0 notwendig ein Häufungspunkt der Folge $y_1, y_2, \ldots$ sein im Widerspruch zur Voraussetzung. Mithin bilden die $\{U_\nu\}$, $\nu = 1,2, \ldots$ doch eine Umgebungsbasis von y_0, q.e.d.

Es folgt nun:

d) *Ist die komplexe Mannigfaltigkeit X abzählbar im Unendlichen (d. h. Vereinigung von abzählbar unendlich vielen kompakten Mengen), so ist der Überlagerungsraum Y einer jeden analytischen Überlagerung $\mathfrak{Y} = (Y, \eta, X)$ von X parakompakt und metrisierbar.*

Nach Dieudonné (vgl. [12], théorème 3) ist jeder lokal kompakte Raum, der abzählbar im Unendlichen ist, parakompakt. Daher ist Y parakompakt, denn wegen der Eigentlichkeit von η ist klar, daß Y abzählbar im Unendlichen ist. Nunmehr folgt nach [12], théorème 1, daß Y ein normaler Raum ist. Da Y überdies eine abzählbare Topologie besitzt (dies folgt unmittelbar aus der Tatsache, daß Y dem 1. Abzählbarkeitsaxiom genügt und X eine abzählbare Topologie besitzt), so ergibt sich aus dem Urysohnschen Metrisationssatz, daß Y ein metrisierbarer Raum ist, q.e.d.

e) *Der Überlagerungsraum Y jeder analytischen Überlagerung $\mathfrak{Y} = (Y, \eta, X)$ ist lokal wegzusammenhängend. Zerlegt $S \subset X$ den Raum X nirgends, so zerlegt $\overset{-1}{\eta}(S)$ den Raum Y nirgends.*

Beweis: Es sei A eine kritische Menge von $\mathfrak{Y}$. Die erste Aussage wird gemäß §1. a') bewiesen sein, wenn wir zu jedem Punkt $y_0 \in \overset{-1}{\eta}(A)$ eine Umgebungsbasis $\{U_\nu\}$, $\nu = 1,2, \ldots$ mit folgender Eigenschaft angeben: Zu jeder zusammenhängenden Komponente U_ν^* von $U_\nu - A$ gibt es einen Weg $w(t)$, $0 \leq t \leq 1$, in U_ν mit $w(0) \in U_\nu^*$, $w(1) = y_0$. Wir wählen $\{U_\nu\}$ gemäß § 2. c). Jede zusammenhängende Komponente U_ν^* von $U_\nu - A$ ist dann eine unbegrenzte und unverzweigte endlich-blättrige Überlagerung von $\eta(U_\nu) - A$. Wählt man daher in $\eta(U_\nu)$ einen Weg $'w(t), 0 \leq t \leq 1$, mit $'w(t) \notin A$ für $0 \leq t < 1$, $'w(1) = \eta(y_0)$, so kann man den „Weg ohne Endpunkt" $w(t)$, $0 \leq t < 1$, zu einem „Weg ohne Endpunkt" $\tilde{w}(t), 0 \leq t < 1$, nach U_ν^* liften. Setzt man noch $\tilde{w}(1) = y_0$, so ist $\tilde{w}(t), 0 \leq t \leq 1$, ein Weg in U_ν mit der gesuchten Eigenschaft.

Zum Beweis der zweiten Aussage von e) ziehen wir § 1. b) heran. Sicher ist $\overset{-1}{\eta}(S)$ abgeschlossen und nirgends dicht in Y. Sei nun $D \subset Y$ ein Gebiet. Dann ist auch $D - \overset{-1}{\eta}(A)$ ein Gebiet. Da $D - \overset{-1}{\eta}(A)$ vermöge η lokal topologisch abgebildet wird und S nach Voraussetzung X nirgends zerlegt, ist auch $D - \overset{-1}{\eta}(A) - \overset{-1}{\eta}(S) = D - (\overset{-1}{\eta}(A \cup S))$ zusammenhängend. Also zerlegt $\overset{-1}{\eta}(A \cup S)$ und somit erst recht $\overset{-1}{\eta}(S)$ den Raum Y nirgends.

e') Ist $\mathfrak{Y} = (Y, \eta, X)$ eine analytische Überlagerung von X und X' ein Teilgebiet von X, so zerfällt die offene Menge $\overset{-1}{\eta}(X')$ in eindeutiger Weise in endlich viele offene zusammenhängende Komponenten $Y'_1, \ldots, Y'_s$; die Tripel $\mathfrak{Y}'_\sigma = (Y'_\sigma, \eta_\sigma, X')$, wo η_σ jeweils die Beschränkung von η auf Y'_σ bezeichnet, $\sigma = 1, \ldots, s$, sind sämtlich zusammenhängende analytische Überlagerungen von X'.

Anmerkung: Zum Beweis der Aussagen b), c), d) *sowie zum ersten Teil von* e) *wurde nicht benutzt, daß $\overset{-1}{\eta}(A)$ den Raum Y nirgends zerlegt.*

Von besonderer Wichtigkeit ist der folgende Fortsetzungssatz für analytische Überlagerungen.

Satz 8 (Fortsetzungssatz): Es sei X eine komplexe Mannigfaltigkeit und M eine nirgends dichte analytische Menge in X. Es sei $(Y', \eta', X - M)$ eine analytische Überlagerung von $X - M$, derart, daß eine kritische Menge A dieser Überlagerung in jeden Punkt von M hinein analytisch fortsetzbar ist. Dann gibt es bis auf Äquivalenz genau eine analytische Überlagerung (Y, η, X) von X, deren Beschränkung $(\overset{-1}{\eta}(X - M), \eta, X - M)$ auf $X - M$ mit $(Y', \eta', X - M)$ äquivalent ist.

Dieser Satz wurde von den Verff. in [16] angekündigt und auch bereits benutzt; inzwischen hat K. STEIN den Satz bewiesen, falls als kritische Menge A der Überlagerung $(Y', \eta', X - M)$ die leere Menge gewählt werden kann (vgl. [32], Satz 1). Der obige Satz ist eine einfache Folgerung aus dem Resultat von STEIN.

Wir merken noch an:

Ist $\mathfrak{Y} = (Y, \eta, X)$ irgendeine analytische Überlagerung, so besitzt jeder Punkt $y_0 \in Y$ eine Umgebungsbasis $\{U_\nu\}$, so daß für jedes ν sämtliche Homotopiegruppen $\pi_q(U_\nu, y_0)$, $q = 0, 1, 2, \ldots$, verschwinden.

Den Beweis kann man z. B. dadurch führen, daß man eine Umgebungsbasis $\{U_\nu\}$ konstruiert, in der jedes U_ν ein simplizialer Komplex ist.

3. Ist $\mathfrak{Y} = (Y, \eta, X)$ eine analytische Überlagerung von X und A eine kritische Menge von $\mathfrak{Y}$, so gibt es eine natürliche Zahl $b \geq 1$, so daß über jedem Punkt $x \in X - A$ genau b Punkte von Y und über jedem Punkt $x \in A$ höchstens b Punkte von Y liegen. Die Zahl b heißt die Blätterzahl der analytischen Überlagerung $\mathfrak{Y} = (Y, \eta, X)$; wir schreiben durchweg: $b = b(\mathfrak{Y})$.

Wir führen nun den Begriff der Ordnung eines Punktes $y \in Y$ ein:

Definition 5 (Ordnung): Ein Punkt $y \in Y$ des Überlagerungsraumes Y einer analytischen Überlagerung $\mathfrak{Y} = (Y, \eta, X)$ heißt ein Punkt k-ter Ordnung, in Zeichen $o(y) = k$, wenn es eine Umgebungsbasis $\{U_\nu\}$ von y gibt, so daß jeweils $(U_\nu, \eta, \eta(U_\nu))$ eine k-blättrige analytische Überlagerung von $\eta(U_\nu)$ ist.

Offensichtlich ist für jeden Punkt $y \in Y$ die Ordnung $o(y)$ wohldefiniert. Man beweist unmittelbar:

f) Ist $\mathfrak{Y} = (Y, \eta, X)$ eine b-blättrige analytische Überlagerung von X, so gilt für jeden Punkt $x \in X$:

$$\sum_{y \in \overset{-1}{\eta}(x)} o(y) = b(\mathfrak{Y}) \, .$$

Definition 6 (Schlichter Punkt, Verzweigungspunkt): Ein Punkt $y \in Y$ des Überlagerungsraumes Y einer analytischen Überlagerung $\mathfrak{Y} = (Y, \eta, X)$ heißt ein schlichter Punkt, wenn gilt: $o(y) = 1$. Jeder nicht schlichte Punkt $y \in Y$ heißt ein Verzweigungspunkt.

Offensichtlich ist ein Punkt $y \in Y$ genau dann ein Verzweigungspunkt, wenn es keine Umgebung von y gibt, die durch η topologisch in X abgebildet wird.

Die Verzweigungsmenge $V \subset Y$ einer analytischen Überlagerung (Y, η, X) ist die Menge aller Verzweigungspunkte von Y. Es gilt $V \subset \overset{-1}{\eta}(A)$, wenn A irgendeine kritische Menge ist; V ist abgeschlossen in Y und zerlegt Y nirgends.

Man beweist sofort, daß das Tripel $(Y - \hat{V}, \eta, X - \eta(V))$, $\hat{V} := \overset{-1}{\eta}(\eta(V))$, eine unverzweigte und unbegrenzte Überlagerung von $X - \eta(V)$ ist.

Wir zeigen jetzt:

g) *Ist $\mathfrak{Y} = (Y, \eta, X)$ eine analytische Überlagerung von X und A eine kritische Menge, so liegen über jedem Punkt von A, in dem A mindestens 2-codimensional ist, nur schlichte Punkte von Y.*

Beweis: Es sei $x_0 \in A$ ein Punkt, in dem A mindestens 2-codimensional ist. Wir wählen eine zusammenhängende, einfach zusammenhängende Umgebung U von x_0 so klein, daß $U \cap A$ in ganz U mindestens 2-codimensional ist. Dann ist auch $U - A$ nach § 1. k') einfach zusammenhängend. Nun ist nach einem bekannten Satz über Überlagerungen jede zusammenhängende, unbegrenzte und unverzweigte Überlagerung eines zusammenhängenden, lokal zusammenhängenden und einfach zusammenhängenden topologischen Raumes mit der trivialen Überlagerung äquivalent. Ist daher $\hat{\mathfrak{Y}} = (\hat{U}, \eta, U)$ irgendeine zusammenhängende Komponente von $\mathfrak{Y} \mid U$, so ist $\eta : \hat{U} - \overset{-1}{\eta}(A) \to U - A$ eine topologische Abbildung. Alsdann wird aber auch $\hat{U}$ selbst vermöge η topologisch auf U abgebildet. Mithin liegen über $x_0 \in A$ nur schlichte Punkte von Y.

Als kritische Menge A einer analytischen Überlagerung (Y, η, X) kann auf Grund von g) stets eine leere oder rein 1-codimensionale analytische Menge in X gewählt werden; dies soll im folgenden durchweg geschehen.

4. Wir geben in diesem Abschnitt ein Verfahren zur Konstruktion analytischer Überlagerungen aus analytischen Mengen an. Es sei M eine rein dimensionale analytische Menge im Produkt $X_1 \times X_2$ zweier zusammenhängender komplexer Mannigfaltigkeiten X_1, X_2. Es bezeichne $\gamma : M \to X_1$ die natürliche Projektion von M in X_1; weiter sei (M^*, μ) die Normalisierung von M im Parameterraum $P_{X_1 \times X_2}$. Dann gilt:

Satz 9: Liegt M ausgebreitet über X_1, so ist das Tripel $\mathfrak{M} = (M^*, \gamma^*, X_1)$, $\gamma^* := \gamma \circ \mu$, eine analytische Überlagerung von X_1. (M, γ, X_1) is genau dann eine analytische Überlagerung von X_1, wenn M lokal irreduzibel ist.

Beweis: Zunächst ist evident, daß $\gamma^* : M^* \to X_1$ stetig, nirgends entartet, eigentlich und surjektiv ist. Um einzusehen, daß auch Bedingung β) von Def. 3 erfüllt ist, sei A eine niederdimensionale analytische Menge in X_1, so daß $\gamma : M - \overset{-1}{\gamma}(A) \to X_1 - A$ lokal topologisch ist; ein solches A existiert, da M über X_1 ausgebreitet liegt. Da vorausgesetzt werden darf, daß $\overset{-1}{\gamma}(A) \subset M$ alle nicht gewöhnlichen Punkte N von M umfaßt, folgt aus Satz 7, daß $\overset{-1}{\gamma}*(A)$ $= \overset{-1}{\mu}(\overset{-1}{\gamma}(A))$ den Raum $M*$ nirgends zerlegt und $\mu : M* - \overset{-1}{\gamma}*(A) \to M - \overset{-1}{\gamma}(A)$ lokal topologisch ist. Daher ist auch $\gamma* : M* - \overset{-1}{\gamma}*(A) \to X_1 - A$ lokal topologisch und $\mathfrak{M} = (M*, \gamma*, X_1)$ mithin eine analytische Überlagerung von X_1.

Ist M lokal irreduzibel, so ist $\mu : M* \to M$ nach § 1. g) ein Homöomorphismus. Daher ist (M, γ, X_1) eine analytische Überlagerung von X_1. Weiß man andererseits, daß (M, γ, X_1) eine analytische Überlagerung ist, so sei A eine zugehörige kritische Menge. Da $\overset{-1}{\gamma}(A)$ den Raum M nirgends zerlegt und sicher alle nichtgewöhnlichen Punkte von M umfaßt, folgt aus Satz 6, Korollar, daß M lokal irreduzibel ist, q.e.d.

Wir nennen $\mathfrak{M}$ die von M über X_1 erzeugte analytische Überlagerung. Die über M gemachten Voraussetzungen sind für eine mit X_1 gleichdimensionale Menge M sicher dann erfüllt, wenn X_2 ein beschränktes Gebiet G im C^r und $\overline{M} \cap (X_1 \times \partial G)$ leer ist; dies folgt unmittelbar aus Satz 3.

Ein besonders einfacher Fall liegt vor, wenn X_2 die w-Ebene $C^1(w)$ und M die Nullstellenmenge eines Polynoms $\omega(w; x_1) = w^b + a_1(x_1) w^{b-1} + \cdots + a_b(x_1)$ mit in X_1 holomorphen Koeffizienten ist. Dann ist $\mathfrak{M} = (M*, \gamma*, X_1)$ eine b-blättrige analytische Überlagerung; überdies gilt, wie leicht zu zeigen:

h) $\mathfrak{M}$ *ist genau dann zusammenhängend, wenn* $\omega(w; x_1)$ *irreduzibel über* X_1 *ist.*

Wir diskutieren abschließend zwei wichtige Beispiele von analytischen Überlagerungen, die von analytischen Mengen erzeugt werden.

Beispiel 1: X_1 sei ein Polyzylinder $Z : = \{z, |z_1| < r_1, \ldots, |z_n| < r_n\}$, $r_\nu > 0$, im C^n. Die Nullstellenmenge $W_b \subset C^n(z) \times C^1(w)$ des Polynoms $\omega(w; z) : = w^b - z_1$, $b \geq 1$ natürliche Zahl, hat nur gewöhnliche Punkte und ist mithin lokal irreduzibel. Weiter ist W_b zusammenhängend, so daß folgt, wenn $\gamma : W_b \to Z$ die natürliche Projektion bezeichnet:

Das Tripel $\mathfrak{W}_b(Z) : = (W_b, \gamma, Z)$ *ist eine zusammenhängende* b-*blättrige analytische Überlagerung von* Z. *Jeder Punkt* $x \in W_b$, *der nicht über dem analytischen Ebenenstück* $E : = \{z \in Z, z_1 = 0\}$ *liegt, ist ein schlichter Punkt; jeder Punkt* $x \in W_b$ *über* E *ist ein Verzweigungspunkt* b-*ter Ordnung.*

Die Überlagerungen $\mathfrak{W}_b(Z)$ sind die „einfachsten" verzweigten analytischen Überlagerungen von Z. Wir werden sie im folgenden Abschnitt zur Charakterisierung der Verzweigungspunkte einer analytischen Überlagerung heranziehen.

Beispiel 2: X_1 sei ein 2-dimensionaler Polyzylinder $Z : = \{z, |z_1| < r_1, |z_2| < r_2\}$ im C^2; wir setzen $\omega(w; z) : = w^b - z_1^{b_1} z_2^{b_2}$, wo b, b_1, b_2 positive natürliche Zahlen mit $(b_1, b_2, b) = 1$ sind[15]. Es sei $L_b(b_1, b_2) : = \{x \in Z \times C^1(w), \omega(x) = 0\}$ und $(L_b^*(b_1, b_2), \mu)$ die Normalisierung von $L_b(b_1, b_2)$. Bezeichnet weiter λ die natürliche Projektion von $L_b(b_1, b_2)$ auf Z und setzt man: $\lambda* = \lambda \circ \mu$, so gilt:

Das Tripel $\mathfrak{L}_b(b_1, b_2) : = (L_b^*(b_1, b_2), \lambda*, Z)$, $(b, b_1, b_2) = 1$, *ist eine zusammenhängende* b-*blättrige analytische Überlagerung von* Z. *Alle Punkte von* $L_b^*(b_1, b_2)$, *die über keiner Koordinatenachse liegen, sind schlichte Punkte; über dem*

---

[15]) Mit $(a_1, \ldots, a_n)$ sei der größte gemeinsame Teiler von $a_1, \ldots, a_n$ bezeichnet.

Nullpunkt liegt genau ein Verzweigungspunkt b-ter Ordnung. Über jedem Punkt $z \neq 0$ der z_1-Achse (bzw. z_2-Achse) liegen genau (b_2, b) (bzw. (b_1, b)) Verzweigungspunkte der Ordnung $b \cdot (b_2, b)^{-1}$ (bzw. $b \cdot (b_1, b)^{-1}$).

$(L_b(b_1, b_2), \lambda, Z)$ *ist genau dann eine analytische Überlagerung von Z, wenn* $(b_1, b) = (b_2, b) = 1$.

Zum Beweis dieser Aussage betrachte man die durch die Gleichungen

$$z_1 = u^b, \quad z_2 = v^b, \quad w = u^{b_1} v^{b_2}$$

definierte eigentliche holomorphe Abbildung $\tau : T \to Z \times C^1(w)$, wo $T : = \{(u, v), |u| < \sqrt[b]{r_1}, |v| < \sqrt[b]{r_2}\}$. Es gilt $\tau(T) \subset L_b(b_1, b_2)$; man kann ferner leicht zeigen:

Jeder Punkt $'x \in L_b(b_1, b_2)$, $'x = ('z_1, 'z_2, 'w) \neq (0, 0, 0)$ hat genau b Urbildpunkte in T; $L_b(b_1, b_2)$ ist in $(0, 0, 0)$ irreduzibel. Gilt $'w \neq 0$, so ist $'x$ ein gewöhnlicher Punkt von $L_b(b_1, b_2)$ und τ lokal topologisch in der Umgebung aller Urbilder $\overset{-1}{\tau}('x)$. Verschwindet die z_i-Koordinate von $'x \neq (0, 0, 0)$, so erzeugt $L_b(b_1, b_2)$ in $'x$ genau (b_i, b) analytische Primkeime; zu jedem solchen Primkeim $p_{\cdot x}$ gibt es genau $b \cdot (b_i, b)^{-1}$ τ-Urbilder von $'x$, so daß τ in deren Umgebung außerhalb eines analytischen Ebenenstückes eine 1—(b_i, b)-deutige offene Abbildung auf eine in $'x$ analytische Menge ist, die $p_{\cdot x}$ erzeugt, $i = 1, 2$. — Hieraus folgt die obige Behauptung.

5. Spezielle Verzweigungspunkte einer analytischen Überlagerung $\mathfrak{Y} : = (Y, \eta, X)$ sind die Windungspunkte.

Definition 7 (Windungspunkt): Ein Punkt $y_0 \in Y$ heißt ein Windungspunkt b-ter Ordnung, $b \geq 1$, der analytischen Überlagerung $\mathfrak{Y} = (Y, \eta, X)$, wenn es in einer Umgebung U des Punktes $\eta(y_0)$ komplexe Koordinaten $z_1, \ldots, z_n$ gibt mit folgender Eigenschaft:

Bezeichnet V diejenige zusammenhängende Komponente von $\overset{-1}{\eta}(U)$, die y_0 enthält, so ist die analytische Überlagerung $\mathfrak{V} = (V, \eta, U)$ äquivalent zur analytischen Überlagerung $\mathfrak{W}_b(U) = (W_b, \gamma, U)$ (zur Definition von $\mathfrak{W}_b$ vgl. 4., Beispiel 1), U kann offenbar als Polyzylinder vorausgesetzt werden).

Ist $y_0 \in Y$ ein Windungspunkt b-ter Ordnung, so gilt offensichtlich $o(y_0) = b$, wie es sein soll.

Wir beweisen nun:

Satz 10: Ist $\mathfrak{Y} = (Y, \eta, X)$ eine analytische Überlagerung und A eine kritische Menge, so liegen über jedem gewöhnlichen Punkt von A nur Windungspunkte von $\mathfrak{Y}$.

Beweis: Es sei $x_0 \in A$ ein gewöhnlicher Punkt. Wir können in einer geeigneten Umgebung U von x_0 komplexe Koordinaten $z_1, \ldots, z_n$ so einführen, daß U der Einheitspolzylinder $\{|z_1| < 1, \ldots, |z_n| < 1\}$ und $A \cap U$ die analytische Ebene $\{z_1 = 0\}$ ist. Sei nun $y_0 \in Y$ irgendein Punkt über x_0 und V die zusammenhängende Komponente von $\overset{-1}{\eta}(U)$, die y_0 enthält. Ist dann b die Blätterzahl der analytischen Überlagerung $\mathfrak{V} = (V, \eta, U)$, so behaupten wir, daß $\mathfrak{V}$ und $\mathfrak{W}_b = (W_b, \gamma, U)$ äquivalent sind. Das ergibt sich unmittelbar aus nachstehendem

Hilfssatz 2: Ist $\mathfrak{V} = (V, \eta, U)$ eine zusammenhängende b-blättrige analytische Überlagerung des Polyzylinders $U := \{z, |z_1| < 1, \cdots, |z_n| < 1\} \subset C^n$, die höchstens über dem analytischen Ebenenstück $E := \{z \in U, z_1 = 0\}$ verzweigt ist, so ist $\mathfrak{V} = (V, \eta, U)$ zur analytischen Überlagerung $\mathfrak{W}_b = (W_b, \gamma, U)$ äquivalent.

Beweisen wir also diesen Hilfssatz, so ist auch Satz 10 bewiesen. Wir betrachten zunächst die Überlagerungen $(V - \overset{-1}{\eta}(E), \eta, U - E)$ und $(W_b - \gamma(E), \overset{-1}{\gamma}, U - E)$, die beide b-blättrig, zusammenhängend, unbegrenzt und unverzweigt sind. Es sei $z^{(0)} \in U - E$ ein beliebiger Punkt; $w^{(0)} \in W_b$ und $v^{(0)} \in V$ seien beide über $z^{(0)}$ gelegen. Die Fundamentalgruppe $\pi_1(U - E, z^{(0)})$ ist die freie zyklische Gruppe. Die Fundamentalgruppen $\pi_1(V - \overset{-1}{\eta}(E), v^{(0)})$ und $\pi_1(W_b - \overset{-1}{\gamma}(E), w^{(0)})$ lassen sich vermöge der Projektionen η bzw. γ beide als Untergruppen von $\pi_1(U - E, z^{(0)})$ auffassen. Sind G_η bzw. G_γ diese Untergruppen, so müssen sie beide denselben Index b haben. Da $\pi_1(U - E, z^{(0)})$ frei zyklisch ist, gilt folglich: $G_\eta = G_\gamma$. Es ist aber ein wohlbekannter Satz, daß unverzweigte Überlagerungen, die zur gleichen Untergruppe der Fundamentalgruppe des Grundraums Anlaß geben, äquivalent sind. Folglich sind die Überlagerungen $(V - \overset{-1}{\eta}(E), \eta, U - E)$ und $(W_b - \overset{-1}{\gamma}(E), \gamma, U - E)$ äquivalent. Aus dem Fortsetzungssatz 8 für analytische Überlagerungen ergibt sich dann, daß auch $\mathfrak{V} = (V, \eta, U)$ und $\mathfrak{W} = (W_b, \gamma, U)$ äquivalent sind, w.z.b.w.

Es folgt, daß alle Punkte der Überlagerungen $\mathfrak{L}_b^*(b_1, b_2) = (L_b^*(b_1, b_2), \lambda^*, C^2)$, die nicht über dem Nullpunkt des C^2 liegen, Windungspunkte sind, da eine kritische Menge z. B. aus der Vereinigung der beiden Ebenen $\{z_1 = 0\}$ und $\{z_2 = 0\}$ besteht.

Ist S irgendein topologischer Raum, so nennt man einen Punkt $s \in S$ einen *zellularen* Punkt, wenn es eine Umgebung von s gibt, die einem Zahlenraum homöomorph ist. Eine komplexe Mannigfaltigkeit besitzt nur zellulare Punkte; dagegen enthält der Träger Y einer analytischen Überlagerung $\mathfrak{Y}$ im allgemeinen nicht zellulare Punkte. So ist z. B. in Beispiel 2 der über dem Nullpunkt liegende Punkt von $L_b^*(b_1, b_2)$ stets nicht zellular, wenn $b > 1, (b, b_1) = (b, b_2) = 1$. Ein Windungspunkt einer analytischen Überlagerung ist indessen stets zellular.

Wir zeigen nun abschließend in diesem Paragraphen

Satz 11: Ist $\mathfrak{Y} = (Y, \eta, X)$ eine analytische Überlagerung, so ist die Projektion $\eta(V)$ der Verzweigungsmenge V, falls V nicht leer ist, eine rein 1-codimensionale analytische Menge in X.

Beweis: Sei $\eta(V)$ nicht leer; sei A irgendeine kritische Menge von $\mathfrak{Y}$. Dann gilt $\eta(V) \subset A$; nach § 2, g) darf A als rein 1-codimensional angenommen werden. A zerfällt in eindeutiger Weise in irreduzible Komponenten $A_\varkappa, \varkappa \in K$. Wir bezeichnen mit $\tilde{A}_\varkappa$ die Menge der gewöhnlichen Punkte von A in $A_\varkappa$ und mit $\tilde{A}_\varkappa'$ diejenigen Punkte von $\tilde{A}_\varkappa$, über denen ein Verzweigungspunkt von $\mathfrak{Y}$ liegt. $\tilde{A}_\varkappa'$ ist sicher abgeschlossen in $\tilde{A}_\varkappa$. Aus Satz 10 folgt aber, daß $\tilde{A}_\varkappa'$ auch offen in $\tilde{A}_\varkappa$ ist. Mithin ist, da $\tilde{A}_\varkappa$ nach § 1, m) zusammenhängend ist, $\tilde{A}_\varkappa'$ entweder leer oder es gilt: $\tilde{A}_\varkappa' = \tilde{A}_\varkappa$. Hieraus folgt, daß $\eta(V)$ aus der Vereinigung genau derjenigen $A_\varkappa$ besteht, für die gilt: $\breve{A}'_\varkappa = \breve{A}_\varkappa$; diese Menge ist aber ersichtlich analytisch und rein 1-codimensional in X.

Anmerkung: $\eta(V)$ ist offensichtlich die minimale kritische Menge von $\mathfrak{Y}$.

§ 3. Funktionentheorie in analytischen Überlagerungen

1. Die Überlegungen des § 2 betrafen die topologische Struktur analytischer Überlagerungen. Wir führen nun die grundlegenden Begriffe der Funktionentheorie für analytische Überlagerungen ein; mit $\mathfrak{Y} = (Y, \eta, X)$ sei stets eine analytische Überlagerung einer komplexen Mannigfaltigkeit X bezeichnet.

Definition 8 (Holomorphe Funktion): Eine komplex-wertige stetige Funktion f auf einer offenen Menge $W \subset Y$ heißt holomorph in W, wenn es zu jedem schlichten Punkt $y \in W$ eine schlichte Umgebung $U(y) \subset W$ gibt, so daß $f \circ \eta^{-1}$ holomorph in $\eta(U(y))$ ist.

Die Menge $I(Y)$ aller in Y holomorphen Funktionen bildet offensichtlich einen Ring. Ist f holomorph in X, so ist $f \circ \eta$ holomorph in Y, daher induziert $\eta : Y \to X$ in natürlicher Weise einen Isomorphismus $\eta^* : I(X) \to I(Y)$ von $I(X)$ in $I(Y)$. Der Ring $I(X)$ liegt somit im Ring $I(Y)$ eingebettet; wir werden im folgenden $I(Y)$ durchweg als Oberring von $I(X)$ auffassen.

Es gilt:

Satz 12: Eine stetige Funktion $f \mid Y$ auf einer analytischen Überlagerung $\mathfrak{Y} = (Y, \eta, X)$ ist genau dann holomorph in Y, wenn sie ganz algebraisch über $I(X)$ ist. Es gilt dann stets: $(f : I(X)) \leq b(\mathfrak{Y})$[16].

Der Beweis ist einfach. Sei zunächst $f \in I(Y)$. Ist A eine kritische Menge von $\mathfrak{Y}$, so seien mit $w_1(x), \ldots, w_b(x)$ die $b := b(\mathfrak{Y})$ Funktionswerte von f über einem Punkt $x \in X - A$ bezeichnet. Die elementarsymmetrischen Funktionen

$$a'_\beta(x) := w_1(x) \cdot \ldots \cdot w_\beta(x) + \cdots, \quad \beta = 1, \ldots, b, \quad x \in X - A,$$

sind dann holomorph in $X - A$ (sie sind eindeutig in $X - A$, da sich bei Durchlaufen eines geschlossenen Weges in $X - A$ die b möglichen Funktionswerte von f höchstens untereinander permutieren können). Da f stetig ist, bleibt jede Funktion $a'_\beta(x)$ bei Annäherung an A beschränkt, sie kann daher auf Grund eines für komplexe Mannigfaltigkeiten geltenden Satzes von Riemann über hebbare Singularitäten zu einer in ganz X holomorphen Funktion $a_\beta(x)$ fortgesetzt werden, $\beta = 1, \ldots, b$. Nach Konstruktion der $a_1, \ldots, a_b$ ist klar, daß f das Polynom $\omega(w; x) := w^b + a_1(x) \cdot w^{b-1} + \cdots + a_b(x)$ annulliert. Mithin ist f ganz algebraisch über $I(X)$ mit $(f : I(X)) \leq b$.

Ist umgekehrt eine in Y stetige Funktion f ganz algebraisch über $I(X)$, so folgt aus einem bekannten Satz über die „Wurzeln von Pseudopolynomen" sowie aus dem Satz von Riemann über hebbare Singularitäten holomorpher Funktionen in komplexen Mannigfaltigkeiten, daß in einer Umgebung eines jeden schlichten Punktes von Y die Funktion $f \circ \eta^{-1}$ holomorph ist. Damit ist Satz 12 bewiesen.

---

[16] $(f : I(X))$ bezeichnet wie üblich den Grad von f über $I(X)$.

2. Wir führen nun den Begriff der analytischen Menge sowie der dünnen Menge in analytischen Überlagerungen ein[17]).

Definition 9 (Analytische Menge, dünne Menge): Eine Teilmenge $M \subset Y$ einer analytischen Überlagerung $\mathfrak{Y} = (Y, \eta, X)$ heißt analytisch in Y, wenn jeder Punkt $y \in Y$ eine Umgebung U besitzt, so daß $M \cap U$ die genaue simultane Nullstellenmenge von endlich vielen in U holomorphen Funktionen ist.

Eine Teilmenge $D \subset Y$ heißt dünn in Y, wenn D abgeschlossen in Y ist und jeder Punkt $y \in D$ eine Umgebung U besitzt, so daß $D \cap U$ in einer in U nirgends dichten analytischen Menge enthalten ist.

Wir benötigen im folgenden:

Hilfssatz 3: Ist $D \subset Y$ eine dünne Menge in einer analytischen Überlagerung $\mathfrak{Y} = (Y, \eta, X)$, so zerlegt D den Raum Y nirgends. $\eta(D)$ ist eine dünne Menge in X.

Beweis: Es sei $x^* \in \eta(D)$ irgendein Punkt, es seien $y_1^*, \ldots, y_s^*$ die über x^* liegenden Punkte von D. Man kann eine zusammenhängende Umgebung U_σ von y_σ^* und eine in U_σ holomorphe Funktion $f_\sigma \not\equiv 0$ finden, so daß gilt: $D \cap U_\sigma \subset$ $\subset \{y \in U_\sigma, f_\sigma(y) = 0\}$, $\sigma = 1, \ldots, s$. Sei dann U eine zusammenhängende Umgebung von x^*, so daß $\overset{-1}{\eta}(U) \cap U_\sigma \subset U_\sigma$; sei $f_\sigma' := f_\sigma \mid U_\sigma \cap \overset{-1}{\eta}(U)$. Nach Satz 12 annulliert f_σ' ein Polynom $\omega_\sigma(w; x) = w^{b_\sigma} + \sum_{\beta=1}^{b_\sigma} a_\beta^{(\sigma)}(x)\, w^{b_\sigma - \beta}$ mit in U holomorphen Koeffizienten, $\sigma = 1, \ldots, s$. Die Funktion $a_{b_\sigma}^{(\sigma)}(x)$ verschwindet genau dann in einem Punkt $x_0 \in U$, wenn es ein $y_\sigma \in U_\sigma$ über x_0 mit $f_\sigma'(y_\sigma) = 0$ gibt, $\sigma = 1, \ldots, s$. Also ist $\eta(D) \cap U$ im Nullstellengebilde L der in U holomorphen Funktion $a(x) := \prod_{\sigma=1}^{s} a_{b_\sigma}^{(\sigma)}(x)$ enthalten. Daher ist $\eta(D)$ dünn in X, denn $\eta(D)$ ist wegen der Eigentlichkeit von η sicher abgeschlossen in X. Da $a(x) \not\equiv 0$, so zerlegt L den Raum U nirgends. Daher zerlegt auch $\overset{-1}{\eta}(L)$ nach § 2, e) den Raum $\overset{-1}{\eta}(U)$ nirgends. Dann haben aber $D \cap \overset{-1}{\eta}(U) \subset \overset{-1}{\eta}(L)$ und mithin D erst recht diese Eigenschaft, q.e.d.

Wir beweisen nun:

Satz 13 (Riemannscher Fortsetzungssatz): Es sei $\mathfrak{Y} = (Y, \eta, X)$ eine analytische Überlagerung und $D \subset Y$ eine in Y dünne Menge. f^* sei eine in $Y - D$ holomorphe Funktion, jeder Punkt $y_0 \in D$ besitze eine Umgebung U, so daß $f^* \mid U - D$ beschränkt ist. Dann ist f^* in eindeutiger Weise zu einer in ganz Y holomorphen Funktion f fortsetzbar.

Beweis: Es ist nur zu zeigen, daß jeder Punkt $y_0 \in D$ eine Umgebung V besitzt, so daß $f^* \mid V - D$ in ganz V eindeutig holomorph fortsetzbar ist. Wir wählen $V \subset U$ so, daß $(V, \eta, \eta(V))$ eine analytische Überlagerung von $\eta(V)$ ist. $L := \eta(V \cap D)$ ist dann nach Hilfssatz 3 eine dünne Menge in $\eta(V)$. $\overset{-1}{\eta}(L)$ zerlegt

---

[17]) Es ist zur Vereinfachung einiger Beweise zweckmäßig, auch den Begriff der dünnen Menge einzuführen. Dieser Begriff ist jedoch lediglich ein Hilfsbegriff; die für die komplexe Analysis wichtigen Mengen (z. B. Polstellenmengen meromorpher Funktionen usw.) sind nicht nur dünn, sondern stets analytisch.

V nirgends, weiter annulliert $f^* \mid V - \overset{-1}{\eta}(L)$ nach Satz 12 ein Polynom $\omega^*(w; x)$

$$= w^{b^*} + \sum_{\beta=1}^{b^*} a_\beta^*(x) \cdot w^{b^*-\beta} \text{ mit in } \eta(V) - L \text{ holomorphen Koeffizienten } a_\beta^*(x).$$

Wir behaupten nun, daß die Abbildung $f^* \colon V - \overset{-1}{\eta}(L) \to C^1(w)$ eindeutig zu einer stetigen Abbildung $f \colon V \to C^1(w)$ fortsetzbar ist. Dazu ist nur zu zeigen, daß die Bedingungen $\alpha)$ und $\beta')$ von Satz 1 erfüllt sind. $\beta')$ ist trivialerweise erfüllt, denn $f^*(V - \overset{-1}{\eta}(L))$ liegt innerhalb eines hinreichend großen Kreises um den Ursprung der w-Ebene, da $f^* \mid V - \overset{-1}{\eta}(L)$ beschränkt ist. Um $\alpha)$ zu verifizieren, beachten wir, daß man jede Funktion $a_\beta^*(x)$ auf Grund des für komplexe Mannigfaltigkeiten geltenden Riemannschen Fortsetzungssatzes zu einer in ganz $\eta(V)$ holomorphen Funktion $a_\beta(x)$ fortsetzen kann, da $a_\beta^*(x)$ als β-te elementarsymmetrische Funktion von $f^* \mid V - \overset{-1}{\eta}(L)$ bei Annäherung an L stets beschränkt bleibt. Es ist nun evident, daß für jedes $y \in \overset{-1}{\eta}(L)$ die Menge B_y der Berührungspunkte der Bildfilterbasis $f^*(\mathfrak{U}_{V - \overset{-1}{\eta}(L)}(y))$ höchstens aus den

Nullstellen der Gleichung $\omega(w; \eta(y)) = 0$, wo $\omega(w; x) := w^{b^*} + \sum_{\beta=1}^{b^*} a_\beta(x) \times$ $\times w^{b^*-\beta}$, besteht und daher diskret in der w-Ebene liegt. Also ist $f^* \colon V - \overset{-1}{\eta}(L) \to C^1(w)$ nach Satz 1 eindeutig zu einer stetigen Abbildung f von ganz V in die w-Ebene fortsetzbar. Die fortgesetzte Funktion $f \mid V$ ist nach Satz 12 holomorph in V, da sie das Pseudopolynom $\omega(w; x)$ annulliert. Da $f \mid V - D = f^* \mid V - D$, ist somit Satz 13 bewiesen.

3. Wir führen weiter den Begriff der meromorphen Funktion ein.

Definition 10 (Meromorphe Funktion): Unter einer meromorphen Funktion h in einer offenen Menge $W \subset Y$ einer analytischen Überlagerung $\mathfrak{Y} = (Y, \eta, X)$ versteht man eine außerhalb einer in W dünnen Menge Q definierte holomorphe Funktion h mit folgenden Eigenschaften:

$\alpha)$ h ist in keinem Punkt von Q holomorph fortsetzbar.

$\beta)$ Zu jedem Punkt $y_0 \in Q$ gibt es eine zusammenhängende Umgebung $U \subset W$ und eine in U holomorphe Funktion $g \not\equiv 0$, so daß $g \cdot h \mid U - Q$ in ganz U holomorph fortsetzbar ist.

Die Menge Q heißt die *Polstellenmenge* von h; ist Q leer, so ist h holomorph in W. Summe und Produkt zweier in W meromorphen Funktionen h_1, h_2 können in naheliegender Weise definiert werden, sie sind wieder meromorphe Funktionen in W. — Die vorstehende Definition der meromorphen Funktion stimmt, falls $Y = X$ der Träger der trivialen Überlagerung ist, mit der für komplexe Mannigfaltigkeiten geläufigen Definition überein.

Man überlegt (unter Verwendung von Satz 13) sofort:

Es sei $\mathfrak{Y} = (Y, \eta, X)$ eine analytische Überlagerung und h eine in Y außerhalb einer dünnen Menge D holomorphe Funktion. Dann definiert h genau dann (in natürlicher Weise) eine in Y meromorphe Funktion, wenn es zu jedem Punkt $y_0 \in D$ eine zusammenhängende Umgebung U und eine in U holomorphe Funktion $g \not\equiv 0$ gibt, so daß $g \cdot h \mid U - D$ beschränkt ist.

Wir beweisen:

a) *Ist h meromorph in Y mit der Polstellenmenge Q, so gibt es zu jedem Punkt $x_0 \in \eta(Q)$ eine zusammenhängende Umgebung V und eine in V holomorphe Funktion $a(x) \not\equiv 0$, so daß $(a \circ \eta) \cdot h$ in ganz $\overset{-1}{\eta}(V)$ holomorph fortsetzbar ist.*

Wir brauchen nur zu zeigen, daß es zu jedem Punkt $y_0 \in Q$ über x_0 ein V und ein $a(x) \not\equiv 0$ gibt, so daß $(a \circ \eta) \cdot h$ in y_0 hinein holomorph fortsetzbar ist. Nach Voraussetzung gibt es eine zusammenhängende Umgebung U von y_0 und eine in U holomorphe Funktion $g \not\equiv 0$, so daß $g \cdot h | U - Q$ beschränkt ist. Man kann offensichtlich U so wählen, daß (U, η, V), $V := \eta(U)$, eine analytische Überlagerung ist. Dann annulliert $g | U$ ein Polynom

$$\omega(w; x) \equiv w^s + a_1(x) \cdot w^{s-1} + \cdots + a_s(x)$$

mit in V holomorphen Koeffizienten. Der Quotient $p(y) := \dfrac{(a_s \circ \eta)(y)}{g(y)}$ ist außerhalb der Menge $\{y \in U, g(y) = 0\}$ holomorph; überdies ist $p(y)$ in ganz U holomorph fortsetzbar, da $p(y)$ das Polynom

$$\tilde{\omega}(w; x) \equiv w^s + a_{s-1}(x) \cdot w^{s-1} + a_{s-2}(x) a_s(x) \cdot w^{s-2} + \cdots + a_1(x) a_s^{s-2}(x) \cdot w + a_s^{s-1}(x)$$

annulliert. Aus der Gleichung $(a_s \circ \eta) \cdot h = \left(\dfrac{a_s \circ \eta}{g}\right)(g \cdot h)$ folgt dann, daß $V = \eta(U)$ und $a(x) := a_s(x)$ die verlangten Eigenschaften haben.

Der Ring der in Y bzw. X meromorphen Funktionen sei fortan mit $K(Y)$ bzw. $K(X)$ bezeichnet. Es gilt in Analogie zu Satz 12:

Satz 12': Auf einer analytischen Überlagerung $\mathfrak{Y} = (Y, \eta, X)$ sei außerhalb einer in Y dünnen Menge D eine stetige Funktion h gegeben. Dann definiert h genau dann eine in Y meromorphe Funktion mit einer Polstellenmenge $Q \subset D$, wenn h ganz algebraisch über $K(X)$ ist. Es gilt stets: $(h : K(X)) \leqq b(\mathfrak{Y})$.

Beweis: Es werde zunächst angenommen, daß es eine in Y meromorphe Funktion h' mit einer Polstellenmenge $Q \subset D$ gibt, so daß $h' | Y - D = h | Y - D$. Dann ist $h | Y - D$ insbesondere holomorph; analog wie im Beweis von Satz 12 findet man daher Funktionen $a_1(x), \ldots, a_b(x), b = b(\mathfrak{Y})$, die in $X - \eta(D)$ holomorph sind, so daß $h | Y - \overset{-1}{\eta}(\eta(D))$ das Polynom $\omega(w; x) = w^b + a_1(x) w^{b-1} + \cdots + a_b(x)$ annulliert. Es bleibt zu zeigen, daß alle Koeffizienten $a_\beta(x)$ in X meromorph fortsetzbar sind, $\beta = 1, \ldots, b$. Sei $x_0 \in \eta(D)$ ein beliebiger Punkt. Nach a) gibt es eine zusammenhängende Umgebung V von x_0 und eine in V holomorphe Funktion $a(x) \not\equiv 0$, so daß $(a \circ \eta) \cdot h' | \overset{-1}{\eta}(V) - \overset{-1}{\eta}(\eta(D))$ zu einer in ganz $\overset{-1}{\eta}(V)$ holomorphen Funktion h^* fortsetzbar ist. h^* annulliert ersichtlich das Polynom

$$\omega^*(w; x) = w^b + a_1(x) a(x) w^{b-1} + \cdots + a_{b-1}(x) a(x)^{b-1} w + a_b(x) a(x)^b.$$

Da die Koeffizienten desselben die elementarsymmetrischen Funktionen von $h^* | \overset{-1}{\eta}(V)$ sind, folgt, daß alle Funktionen $a_\beta(x) a(x)^\beta$ holomorph in ganz V fortsetzbar sind, $\beta = 1, \ldots, b$. Das bedeutet aber, daß $a_1(x), \ldots, a_b(x)$ in V meromorph fortsetzbar sind. Mithin ist h ganz algebraisch über $K(X)$.

Es sei umgekehrt h ganz algebraisch über $K(X)$; h annulliere etwa das Polynom

$$\omega(w; x) = w^b + a_1(x) w^{b-1} + \cdots + a_b(x), \quad a_\beta(x) \in K(X), \beta = 1, \ldots, b.$$

Dann gibt es eine nirgends dichte analytische Menge S in X, so daß $a_\beta(x)|X - S$ holomorph ist, $\beta = 1, \ldots, b$. Daher gibt die in $Y - D$ stetige Funktion h in natürlicher Weise zu einer in $Y - \overset{-1}{\eta}(S)$ holomorphen Funktion $\check{h}$ Anlaß, die außerhalb $D \cup \overset{-1}{\eta}(S)$ mit h übereinstimmt. Nun gibt es zu jedem Punkt $y_0 \in \overset{-1}{\eta}(S)$ nach Voraussetzung eine zusammenhängende Umgebung V von $\eta(y_0)$ und eine in V holomorphe Funktion $a(x) \not\equiv 0$, so daß jede Funktion $a(x) \cdot a_\beta(x)$ zu einer in ganz V holomorphen Funktion $a_\beta^*(x)$ fortsetzbar ist. Dann bleibt aber $(a \circ \eta) \cdot \check{h}|V - \overset{-1}{\eta}(S)$ bei Annäherung an y_0 beschränkt, da $(a \circ \eta) \cdot \check{h}$ über $V - \overset{-1}{\eta}(S)$ das Polynom

$$\omega^*(w; x) = w^b + \sum_{\beta=1}^{b} \left(a_\beta^*(x) \cdot a(x)^\beta\right) w^{b-\beta}$$

annulliert. Also ist $\check{h}$ und folglich h meromorph in Y, fortsetzbar q.e.d.

Wir werden in § 13 das folgende Fortsetzungslemma für meromorphe Funktionen benutzen:

b) *(Fortsetzungslemma): Es sei* $\mathfrak{Y} = (Y, \eta, X)$ *eine analytische Überlagerung und* $M \subset X$ *eine mindestens 2-codimensionale analytische Menge in* X. *Dann ist jede in* $Y - \overset{-1}{\eta}(M)$ *meromorphe Funktion* h^* *eindeutig zu einer in ganz* Y *meromorphen Funktion* h *fortsetzbar.*

Der Beweis ist trivial: Nach Satz 12′ annulliert h^* ein Polynom

$$\omega^*(w; x) = w^b + a_1(x)\, w^{b-1} + \cdots + a_b(x)$$

mit in $X - M$ meromorphen Koeffizienten. Nach einem klassischen Satz über die Fortsetzbarkeit meromorpher Funktionen in komplexen Mannigfaltigkeiten sind alle Koeffizienten $a_\beta^*(x)$ zu in ganz X meromorphen Funktionen fortsetzbar. Es sei S eine in X nirgends dichte analytische Menge, so daß alle Funktionen $a_\beta^*(x)$ in $X - S$ holomorph sind. Dann gibt h^* in natürlicher Weise zu einer in $Y - \overset{-1}{\eta}(S)$ holomorphen Funktionen h Anlaß. Da h nach dem Vorstehenden ganz algebraisch über $K(X)$ ist, folgt aus Satz 12′, daß h^* in ganz Y meromorph fortsetzbar ist.

4. Ist $\mathfrak{Y} = (Y, \eta, X)$ eine analytische Überlagerung, so ist auf Y die Garbe $\mathcal{O}(Y)$ der holomorphen Funktionskeime ausgezeichnet. In diesem Abschnitt sollen einige Aussagen über die algebraische Struktur der Halme $\mathcal{O}_y$ dieser Garbe bewiesen werden.

Mit $\mathcal{O}(X)$ werde die Garbe der in der komplexen Mannigfaltigkeit X holomorphen Funktionen bezeichnet. Jeder Halm $\mathcal{O}_x, x \in X$, ist zu einem „Potenzreihenring“ (von im Nullpunkt eines Zahlenraumes konvergenten Potenzreihen) isomorph. Daher gilt nach bekannten Sätzen:

c) *Alle Halme* $\mathcal{O}_x, x \in X$, *sind noethersche Integritätsringe, für die der Satz von der eindeutigen Primelementzerlegung gilt. Insbesondere ist* $\mathcal{O}_x$ *ganz abgeschlossen (in seinem Quotientenkörper).*

Jeder Halm $\mathcal{O}_y$ von $\mathcal{O}(Y)$ läßt sich in natürlicher Weise als Oberring von $\mathcal{O}_{\eta(y)} \subset \mathcal{O}(X)$ auffassen; jedes Element von $\mathcal{O}_y$ ist ganz algebraisch über $\mathcal{O}_{\eta(y)}$ höchstens vom Grad $b(\mathfrak{Y})$. Wir behaupten:

Satz 14: Jeder Halm $\mathcal{O}_y$ *ist ein ganz abgeschlossener noetherscher Integritätsring.* $\mathcal{O}_y$ *ist ein endlicher* $\mathcal{O}_{\eta(y)}$*-Modul.*

Beweis: Wir zeigen zunächst, daß $\mathcal{O}_y$ stets nullteilerfrei ist. Es seien $f, g \in \mathcal{O}_y$ mit $f \cdot g = 0 \in \mathcal{O}_y$. Dann gibt es eine zusammenhängende Umgebung U von y und in U holomorphe Repräsentanten $\bar{f}, \bar{g}$ von f, g mit $\bar{f} \cdot \bar{g} = 0|U$. η bildet U mit Ausnahme einer U nirgends zerlegenden Menge N lokal topologisch in X ab. Daher folgt sofort: $\bar{f}|U - N = 0$ oder $\bar{g}|U - N = 0$. Aus Stetigkeitsgründen gilt dann auch: $\bar{f}|U = 0$ oder $\bar{g}|U = 0$. Also ist mindestens einer der beiden Keime f, g der Nullkeim.

Wir zeigen weiter, daß $\mathcal{O}_y$ ganz abgeschlossen ist. Sei $h = \dfrac{f}{g}, f, g \in \mathcal{O}_y$, $g \neq 0$, ein Element des Quotientenkörpers von $\mathcal{O}_y$, welches ein Polynom

$$\Omega(w) = w^r + c_1 w^{r-1} + \cdots + c_r, \quad c_1, \ldots, c_r \in \mathcal{O}_y,$$

annulliert. In einer zusammenhängenden Umgebung U von y gibt es holomorphe Repräsentanten $\bar{f}, \bar{g}, \bar{c}_\varrho$ der Keime $f, g, c_\varrho, \varrho = 1, \ldots, r$, es gilt $\bar{g} \not\equiv 0$. h selbst wird dann von der in U meromorphen Funktion $\bar{h} = \dfrac{\bar{f}}{\bar{g}}$ induziert. Diese Funktion ist außerhalb der in U analytischen Menge $\{y \in U, \bar{g}(y) = 0\}$ holomorph und bleibt bei Annäherung an dieselbe beschränkt, da sie das Polynom

$$\bar{\Omega}(w; y) = w^r + \bar{c}_1(y) w^{r-1} + \cdots + \bar{c}_r(y)$$

annulliert. Also ist $\bar{h}|U - \{y \in U, \bar{g}(y) = 0\}$ nach Satz 12 in ganz U holomorph fortsetzbar. Dann ist aber auch der von $\bar{h}$ in y erzeugte Keim h holomorph, d. h. es gilt: $h \in \mathcal{O}_y$.

Um zu beweisen, daß $\mathcal{O}_y$ noethersch ist, genügt es zu zeigen, da $\mathcal{O}_{\eta(y)}$ nach c) noethersch ist, daß $\mathcal{O}_y$ ein endlicher $\mathcal{O}_{\eta(y)}$-Modul ist. Das aber folgt unmittelbar aus folgendem

Lemma: Es sei Γ ein ganz abgeschlossener noetherscher Integritätsring mit vollkommenem Quotientenkörper. Es sei Δ ein Oberintegritätsring von Γ, es gebe eine natürliche Zahl m, derart, daß jedes Element $\delta \in \Delta$ ganz über Γ höchstens vom Grad m ist. Dann ist Δ ein endlicher Γ-Modul.

Der Beweis dieses Lemmas verläuft analog wie in [34], p. 81. — Die restlichen Aussagen von Satz 14 ergeben sich daher, wenn man setzt: $\Gamma = \mathcal{O}_{\eta(y)}$; $\Delta = \mathcal{O}_y$, $m = b(\mathfrak{Y})$.

Anmerkung: Für die Integritätsringe $\mathcal{O}_y, y \in Y$, gilt im allgemeinen nicht der Satz von der eindeutigen Primelementzerlegung.

5. Analytische Überlagerungen sollen im folgenden Paragraphen zur lokalen Charakterisierung der sog. α-Räume herangezogen werden. Dazu benötigen wir jedoch noch den grundlegenden Begriff der holomorphen Abbildung einer analytischen Überlagerung in eine ebensolche.

Definition 11 (Holomorphe Abbildung): Sind $\mathfrak{Y} = (Y, \eta, X)$ und $\mathfrak{Y}' = (Y', \eta', X')$ zwei analytische Überlagerungen, so heißt eine stetige Abbildung $\tau : W \to Y'$ einer offenen Menge $W \subset Y$ in Y' holomorph, wenn folgendes gilt: Ist f' eine holomorphe Funktion in einer offenen Menge $W' \subset Y'$, so ist $f' \circ \tau$ holomorph in $\overset{-1}{\tau}(W') \subset W$.

Nach dieser Definition sind die holomorphen Funktionen auf $\mathfrak{Y}$ genau die holomorphen Abbildungen von Y in die Zahlenebene C^1.

§ 4. Der Begriff des komplexen α-Raumes

1. Komplexe α-Räume sind Hausdorffsche Räume, die mit einer komplexen α-Struktur versehen sind. Wir führen zunächst den Begriff der α-Karte ein. R bezeichne stets einen Hausdorffschen Raum (vgl. zum folgenden auch [17]).

Definition 12 (α-Karte): Eine α-Karte auf R ist ein Tripel $(U, \psi, \mathfrak{S})$, wo U eine nichtleere offene Menge in R und ψ eine topologische Abbildung von U auf eine analytische Überlagerung $\mathfrak{S} = (Y, \eta, G)$ eines Gebietes G eines komplexen Zahlenraumes C^n ist.

Zwischen α-Karten wird eine „Verträglichkeitsbeziehung" definiert.

Definition 13 (Holomorph verträgliche α-Karten): Zwei α-Karten $(U_i, \psi_i, \mathfrak{S}_i)$, $i = 1,2$, auf R heißen holomorph verträglich, wenn $U_1 \cap U_2$ leer ist oder wenn

$$\psi_2 \circ \psi_1^{-1} : \psi_1(U_1 \cap U_2) \to \psi_2(U_1 \cap U_2)$$

eine biholomorphe (= umkehrbar holomorphe) Abbildung ist.

Holomorph verträgliche α-Karten werden zu α-Atlanten zusammengefaßt.

Definition 14 (α-Atlas): Ein α-Atlas auf R ist eine Kollektion von paarweise miteinander holomorph verträglichen α-Karten $(U_\iota, \psi_\iota, \mathfrak{S}_\iota)$, $\iota \in I$, wobei $\bigcup_{\iota \in I} U_\iota = R$.

Gibt es auf R einen α-Atlas, so ist R im kleinen einer analytischen Überlagerung homöomorph und somit lokal kompakt und lokal wegzusammenhängend. Daher zerfällt R in kanonischer Weise in zusammenhängende Komponenten $R_\varkappa$, $\varkappa \in K$. Jede solche Komponente $R_\varkappa$ besitzt eine wohlbestimmte komplexe Dimension $d(R_\varkappa) < \infty$. Die Dimension von R selbst wird definiert durch $d(R) = \sup_{\varkappa \in K} d(R_\varkappa)$; offensichtlich kann $d(R)$ unendlich sein. Haben alle Komponenten von R die gleiche Dimension d, so nennt man R rein d-dimensional; man schreibt dann auch: $R = R^d$.

Ein α-Atlas auf R heißt *vollständig*, wenn jede α-Karte auf R, die mit allen α-Karten des Atlas holomorph verträglich ist, zu diesem Atlas gehört. Ein vollständiger α-Atlas auf R heißt auch ein *α-Strukturatlas*.

Man zeigt leicht, daß jeder α-Atlas auf R in eindeutiger Weise vervollständigt werden kann.

Definition 15 (α-Raum): Ein Hausdorffscher Raum R, der mit einem vollständigen α-Atlas versehen ist, heißt ein komplexer α-Raum (kurz: α-Raum).

Der Überlagerungsraum Y einer jeden analytischen Überlagerung $\mathfrak{Y} = (Y, \eta, X)$ einer komplexen Mannigfaltigkeit X, insbesondere also X selbst, kann in kanonischer Weise als α-Raum aufgefaßt werden: man gibt sich eine offene Überdeckung $\{U_\iota\}_{\iota \in I}$ von X so vor, daß jedes U_ι durch eine biholomorphe Abbildung ψ_ι auf ein Gebiet in einem Zahlenraum abbildbar ist. Dann ist offensichtlich $\{(\overset{-1}{\eta}(U_\iota), j_\iota, \mathfrak{S}_\iota), \iota \in I\}$, wo $\mathfrak{S}_\iota := (\overset{-1}{\eta}(U_\iota), \psi_\iota \circ \eta, \psi_\iota(U_\iota))$ und j_ι die Identität ist, ein α-Atlas auf Y. Derselbe kann zu einem α-Strukturatlas auf Y vervollständigt werden, der ersichtlich unabhängig von der Wahl der Überdeckung $\{U_\iota\}_{\iota \in I}$ ist.

Definition 16 (Uniformisierbarer Punkt): Ein Punkt r eines α-Raumes R heißt uniformisierbar, wenn es eine α-Karte $(U, \psi, \mathfrak{S})$, $r \in U$, des α-Strukturatlas von R gibt, so daß $\mathfrak{S}$ die triviale Überlagerung eines Gebietes eines Zahlenraumes ist.

Es folgt sofort:

a) *Ein α-Raum R ist genau dann eine komplexe Mannigfaltigkeit, wenn alle Punkte von R uniformisierbar sind.*

Jeder uniformisierbare Punkt ist ein zellularer Punkt; es sind den Verff. keine Beispiele von α-Räumen mit nicht uniformisierbaren Punkten, die zellular sind, bekannt.

Jede nichtleere offene Menge R' eines α-Raumes R ist in natürlicher Weise mit einem α-Strukturatlas versehen und mithin ein α-Raum. Das topologische Produkt zweier α-Räume trägt ebenfalls einen natürlichen α-Strukturatlas (man benutze § 2. a)) und ist daher ein α-Raum.

2. In α-Räumen lassen sich die Grundbegriffe der Funktionentheorie einführen. Mit R werde stets ein α-Raum bezeichnet.

Definition 17 (Holomorphe Funktion): Eine komplex-wertige Funktion f in einer offenen Menge $W \subset R$ heißt holomorph in W, wenn für jede α-Karte $(U, \psi, \mathfrak{Y})$, $U \subset W$, des α-Strukturatlas von R die Funktion $f \circ \psi^{-1}$ in $\psi(U)$ holomorph ist.

Man überlegt sofort: *$f | W$ ist bereits dann holomorph in W, wenn es zu jedem Punkt $r \in W$ eine α-Karte $(U, \psi, \mathfrak{S})$, $r \in U \subset W$, des α-Strukturatlas von R gibt, so daß $f \circ \psi^{-1}$ in $\psi(U)$ holomorph ist.*

Hieraus folgt: *Ist $\mathfrak{Y} = (Y, \eta, X)$ eine analytische Überlagerung, so ist eine in $W \subset Y$ komplex-wertige Funktion f genau dann holomorph in W im Sinne von Def. 17, wenn sie dort holomorph im Sinne von Def. 8 ist.*

Die Garbe der holomorphen Funktionskeime über einem α-Raum sei wieder mit $\mathcal{O}(R)$ bezeichnet. Wir nennen $\mathcal{O}(R)$ die α-*Strukturgarbe* des α-Raumes R. Aus Satz 14 folgt:

b) *Jeder Halm $\mathcal{O}_r$, $r \in R$, der α-Strukturgarbe $\mathcal{O}(R)$ eines α-Raums R ist ein ganz abgeschlossener noetherscher Integritätsring.*

Nachdem der Begriff der holomorphen Funktion für α-Räume erklärt ist, kann man auch den Begriff der holomorphen Abbildung eines α-Raums in einen anderen einführen. Die Definition 11 kann wörtlich übertragen werden.

3. Es sei R ein α-Raum; mit $\mathfrak{M}_r$ sei der Quotientenkörper von $\mathcal{O}_r$, $r \in R$ bezeichnet. Offensichtlich läßt sich die Menge $\{\mathfrak{M}_r, r \in R\}$ in natürlicher Weise als eine $\mathcal{O}$-Garbe über R auffassen. Wir bezeichnen diese Garbe mit $\mathfrak{M}(R)$ und nennen sie die *Garbe der meromorphen Funktionskeime* über R. $\mathcal{O}(R)$ kann in natürlicher Weise als eine Untergarbe von $\mathfrak{M}(R)$ aufgefaßt werden.

Definition 18 (Meromorphe Funktion): Eine meromorphe Funktion h in einem α-Raum R ist eine Schnittfläche in $\mathfrak{M}(R)$, $h \in H^0(R, \mathfrak{M})$.

Es läßt sich leicht zeigen:

Ist $\mathfrak{Y} = (Y, \eta, X)$ eine analytische Überlagerung einer komplexen Mannigfaltigkeit X, so kann jede meromorphe Funktion auf Y im Sinne von Def. 18 *in natürlicher Weise als eine meromorphe Funktion auf Y im Sinne von Def. 10 aufgefaßt werden und umgekehrt.*

Man benötigt wieder den Begriff der analytischen Menge, der analog wie in § 3 hier für α-Räume zu definieren ist. Analytische Mengen in α-Räumen haben lokal dieselbe Struktur wie analytische Mengen in analytischen Überlagerungen; daher gilt insbesondere:

c) *Eine nirgends dichte analytische Menge in einem α-Raum R zerlegt R nirgends.*

§ 5. Geringte Räume

1. Der Begriff des geringten Raumes stellt eine wesentliche Verallgemeinerung des Begriffes des komplexen α-Raumes dar. Wir definieren:

Definition 19 (Geringter Raum): Ein topologischer Raum X heißt ein geringter Raum, wenn X mit einer geringten Struktur versehen ist, d. h. wenn über X eine Untergarbe $\mathfrak{A}$ von Ringen der Garbe der Keime der komplex-wertigen stetigen Funktionen ausgezeichnet ist, die die Garbe Γ der konstanten komplex-wertigen Funktionskeime umfaßt. $\mathfrak{A}$ heißt die Strukturgarbe des geringten Raumes X.

Um anzudeuten, daß X ein geringter Raum mit der Strukturgarbe $\mathfrak{A}$ ist, schreiben wir auch gelegentlich $(X, \mathfrak{A})$ statt X.

Es ist klar, daß jeder α-Raum R zu einem geringten Raum wird, wenn man über R die α-Strukturgarbe $\mathcal{O}$ der Keime der holomorphen Funktionen als geringte Struktur auszeichnet. Wir fassen von nun an jeden α-Raum R als einen geringten Raum, versehen mit seiner α-Strukturgarbe $\mathcal{O}$, auf.

Definition 20 (Morphe Funktion, morpher Funktionskeim): Ist U eine offene Menge in $(X, \mathfrak{A})$, so heißt eine stetige Funktion f in U eine morphe Funktion genau dann, wenn f eine Schnittfläche in $\mathfrak{A}$ über U ist.

Die Elemente eines jeden Halmes $\mathfrak{A}_x$, $x \in X$, heißen morphe Funktionskeime in $x \in X$.

Es folgt sofort:

Die Gesamtheit der in einer offenen Menge U von X morphen Funktionen bildet einen kommutativen Ring mit Einselement.

Wir bezeichnen mit $\mathfrak{M}_x$ den Quotientenring von $\mathfrak{A}_x$ und setzen $\mathfrak{M} := \{\mathfrak{M}_x, x \in X\}$. $\mathfrak{M}$ kann in natürlicher Weise als eine Garbe von Ringen aufgefaßt werden; offensichtlich ist $\mathfrak{A}$ eine Untergarbe von $\mathfrak{M}$.

Definition 21 (Romorphe Funktion, romorpher Funktionskeim): Ist U eine offene Menge in X, so heißt jede Schnittfläche in $\mathfrak{M}$ über U eine romorphe Funktion in U.

Die Elemente eines jeden Halmes $\mathfrak{M}_x$, $x \in X$, heißen romorphe Funktionskeime in $x \in X$, $\mathfrak{M}$ heißt die Garbe der romorphen Funktionskeime über X.

Definition 22 ($\mathfrak{A}$-Menge): Eine abgeschlossene Teilmenge M eines geringten Raumes $(X, \mathfrak{A})$ heißt eine $\mathfrak{A}$-Menge in X, wenn jeder Punkt $x_0 \in X$ eine Umgebung $U(x_0)$ besitzt, so daß $M \cap U(x_0)$ die genaue simultane Nullstellenmenge eines endlichen Systems $\{f_\iota\}$ von in $U(x_0)$ morphen Funktionen f_ι ist.

Die $\mathcal{O}$-Mengen eines komplexen α-Raumes R sind die analytischen Mengen in R.

Zu jeder $\mathfrak{A}$-Menge M eines geringten Raumes $(X, \mathfrak{A})$ gehört eine maximale $\mathfrak{A}$-Idealgarbe $\mathfrak{J}(M) = \mathfrak{J}$; der Halm $\mathfrak{J}_x$, $x \in X$, besteht aus allen morphen Funktionskeimen $f_x \in \mathfrak{A}_x$, die in einer Umgebung $U(x)$ einen Repräsentanten $f_{U(x)} \in H^0(U(x), \mathfrak{A})$ besitzen, der auf $M \cap U(x)$ verschwindet.

2. Mit X, Y, Z seien stets geringte Räume bezeichnet; ihre Strukturgarben seien $\mathfrak{A}, \mathfrak{B}, \mathfrak{C}$. Wir führen den Begriff der morphen Abbildung ein:

Definition 23 (Morphe Abbildung): Eine stetige Abbildung $\tau : X \to Y$ von X in Y heißt eine morphe Abbildung, wenn für jeden Punkt $x \in X$ durch die Zuordnung:

$$b_{\tau(x)} \to b_{\tau(x)} \circ \tau, \quad b_{\tau(x)} \in \mathfrak{B}_{\tau(x)},$$

ein Homomorphismus $\tau_x^* : \mathfrak{B}_{\tau(x)} \to \mathfrak{A}_x$ von $\mathfrak{B}_{\tau(x)}$ in $\mathfrak{A}_x$ definiert wird.

Eine morphe Abbildung $\tau : X \to Y$ heißt bimorph, wenn τ eine topologische Abbildung auf Y und $\tau^{-1} : Y \to X$ eine morphe Abbildung ist.

Es sei sofort angemerkt:

a) *Eine stetige Abbildung $\tau : X \to Y$ ist genau dann morph, wenn folgendes gilt: Ist f irgendeine morphe Funktion in einem Teilbereich V von Y, so ist $f \circ \tau$ eine morphe Funktion im Bereich $\overset{-1}{\tau}(V) \subset X$.*

b) *Sind $\tau : X \to Y$ und $\sigma : Y \to Z$ morphe Abbildungen, so ist auch die zusammengesetzte Abbildung $\sigma \circ \tau : X \to Z$ morph.*

Ist die Strukturgarbe $\mathfrak{B}$ des Raumes Y die konstante Garbe Γ der komplexen Zahlen, so ist offensichtlich jede stetige Abbildung $\tau : X \to Y$ morph.

Wir fassen im folgenden die $\mathfrak{A}$-Mengen von X stets als topologische Unterräume von X, versehen mit der Relativtopologie, auf. Dann gilt:

c) *Auf jeder $\mathfrak{A}$-Menge M in X gibt es eine natürliche geringte Struktur, so daß die Injektion $\iota : M \to X$ eine morphe Abbildung ist.*

Beweis: Wir definieren die Strukturgarbe $\mathfrak{A}'$ über M durch ein Garbendatum $\{A'(U'), r_{V'}^{U'}\}$. Für jede offene Menge U' von M sei $A'(U')$ die Menge aller stetigen Funktionen in U', die als Spur einer morphen Funktion $f \in H^0(U, \mathfrak{A})$ auftreten, wobei U irgendeine offene Menge in X mit $U \cap M = U'$ ist. Man hat natürliche Beschränkungen $r_{V'}^{U'}$ mit den bekannten Eigenschaften. Daher ist die Gesamtheit $\{A'(U'), r_{V'}^{U'}\}$ das Datum einer Garbe $\mathfrak{A}'$ von Ringen über M. Zeichnet man $\mathfrak{A}'$ als Strukturgarbe über M aus, so ist offensichtlich $\iota : M \to X$ eine morphe Abbildung.

Auf Grund von c) nennt man die $\mathfrak{A}$-Mengen eines geringten Raumes X auch geringte Unterräume von X.

Bezeichnen wir mit $\widetilde{\mathfrak{A}}'$ die triviale Fortsetzung der Strukturgarbe $\mathfrak{A}'$ eines geringten Unterraumes M von X auf X (es gilt also: $\widetilde{\mathfrak{A}}'_x = 0$, falls $x \notin M$; $\widetilde{\mathfrak{A}}'_x = \mathfrak{A}'_x$ sonst), und mit $\mathfrak{J}$ die zu M gehörende Idealgarbe, so sieht man unmittelbar, daß $\widetilde{\mathfrak{A}}'$ und $\mathfrak{A}/\mathfrak{J}$ kanonisch isomorph sind.

Auf dem topologischen Produkt $X \times Y$ zweier geringter Räume $(X, \mathfrak{A})$, $(Y, \mathfrak{B})$ kann in naheliegender Weise eine geringte Struktur definiert werden: sind U bzw. V offene Mengen in X bzw. Y, so zeichne man über $U \times V$ alle diejenigen stetigen Funktionen $f(x, y)$ aus, für die bei festem x_0 bzw. y_0 jeweils gilt:

$$f(x_0, y) \in H^0(V, \mathfrak{B}), \quad f(x, y_0) \in H^0(U, \mathfrak{A}).$$

Die Menge dieser Funktionen bildet einen Ring; da das Mengensystem $\{U \times V,\ U \subset X$ offen, $V \subset Y$ offen$\}$ eine Basis der offenen Mengen von $X \times Y$ bildet, wird somit eine geringte Struktur auf $X \times Y$ definiert. Diese Struktur ist jedoch für Anwendungen vielfach ungeeignet; sind z. B. X, Y differenzierbare Mannigfaltigkeiten, so stimmt die natürliche differenzierbare Struktur auf $X \times Y$ nicht mit der soeben definierten Produktstruktur überein (vgl. hierzu jedoch § 9).

Eine für die Anwendungen in der komplexen Analysis besonders wichtige Klasse von geringten Räumen sind die geringten Räume vom Typ F.

Definition 24 (Geringter Raum vom Typ F): Ein geringter Raum $(X, \mathfrak{A})$ heißt vom Typ F, wenn der Riemannsche Fortsetzungssatz für morphe Funktionen gilt, das soll heißen: Ist M irgendeine $\mathfrak{A}$-Menge in einer offenen Menge U von X, die nirgends dicht in U liegt, so ist jede in $U - M$ beschränkte morphe Funktion zu einer in ganz U morphen Funktion fortsetzbar.

Nach Satz 12 ist jeder α-Raum $(R, \mathcal{O})$ vom Typ F.

Wir beweisen:

Satz 15: Eine stetige Abbildung $\tau : X \to Y$ eines geringten Raumes $(X, \mathfrak{A})$ vom Typ F in einen geringten Raum $(Y, \mathfrak{B})$, die außerhalb einer in X nirgends dichten $\mathfrak{A}$-Menge M morph ist, ist morph schlechthin.

In der Tat! Sei g irgendeine morphe Funktion in einer offenen Menge U von Y. Dann ist $g \circ \tau$ nach Voraussetzung in $\overset{-1}{\tau}(U) - M$ morph. Da $g \circ \tau$ in ganz $\overset{-1}{\tau}(U)$ stetig und $(X, \mathfrak{A})$ vom Typ F ist, folgt unmittelbar, daß $g \circ \tau$ in ganz $\overset{-1}{\tau}(U)$ morph ist, q.e.d.

Es folgt nun sofort:

Korollar: $(X, \mathfrak{A})$ und $(Y, \mathfrak{B})$ seien geringte Räume vom Typ F; $\tau : X \to Y$ sei eine topologische Abbildung von X auf Y. Es gebe eine nirgends dichte $\mathfrak{B}$-Menge N in Y, so daß $\tau : X - \overset{-1}{\tau}(N) \to Y - N$ bimorph und $\overset{-1}{\tau}(N)$ eine $\mathfrak{A}$-Menge ist. Dann ist $\tau : X \to Y$ bimorph schlechthin.

3. Über einem geringten Raum $(X, \mathfrak{A})$ kann die Theorie der $\mathfrak{A}$-Garben entwickelt werden[18]) (vgl. [19] sowie [30]). Insbesondere ist der Begriff der kohärenten $\mathfrak{A}$-Garbe wohldefiniert und hat alle aus der analytischen Theorie bekannten elementaren Eigenschaften. Wir definieren nun:

Definition 25 (Freie Garbe): Eine kohärente $\mathfrak{A}$-Garbe $\mathfrak{S}$ über einem geringten Raum $(X, \mathfrak{A})$ heißt frei in einem Punkt $x_0 \in X$, wenn der Halm $\mathfrak{S}_{x_0}$ ein freier $\mathfrak{A}_{x_0}$-Modul ist, d. h. eine (endliche) Basis besitzt. Eine in jedem Punkt $x_0 \in X$ freie Garbe heißt frei schlechthin.

Wir beweisen sofort:

d) *Ist $\mathfrak{A}$ kohärent, so ist eine kohärente $\mathfrak{A}$-Garbe $\mathfrak{S}$ genau dann frei in einem Punkt $x_0 \in X$, wenn es eine Umgebung U von x_0 und eine natürliche Zahl $p \geqq 0$ gibt, so daß $\mathfrak{S}(U)$ und $\mathfrak{A}^p(U) := \overset{p}{\underset{1}{\oplus}} \mathfrak{A}(U)$ $\mathfrak{A}$-isomorph sind.*

Beweis: Es ist klar, daß die angegebene Bedingung die Freiheit von $\mathfrak{S}$ nach sich zieht. Sei umgekehrt $\mathfrak{S}$ frei in x_0, sei $s_{x_0}^{(1)}, \ldots, s_{x_0}^{(p)}$ eine Basis von $\mathfrak{S}_{x_0}$

---

[18]) Statt $\mathfrak{A}$-Garbe sagt man auch „morphe Garbe".

über $\mathfrak{A}_{x_0}$. Es gibt dann über einer Umgebung U' von x_0 Schnittflächen $s^{(1)}, \ldots, s^{(p)}$ in $\mathfrak{S}$ mit $s^{(\pi)}(x_0) = s_{x_0}^{(\pi)}$, $\pi = 1, \ldots, p$[19]). Da $\mathfrak{S}$ kohärent ist, kann U' insbesondere so klein gewählt werden, daß $s^{(1)}, \ldots, s^{(p)}$ ganz $\mathfrak{S}(U')$ erzeugen. Der von den $s^{(1)}, \ldots, s^{(p)}$ erzeugte $\mathfrak{A}$-Homomorphismus $\sigma : \mathfrak{A}^p(U') \to \mathfrak{S}(U')$ ist somit surjektiv. Da $\mathfrak{A}$ kohärent ist, ist auch die Garbe *Kern* σ über U' kohärent. Da $(Kern\ \sigma)_{x_0} = 0$, so folgt aus der Kohärenz, daß es eine Umgebung $U \subset U'$ von x_0 mit $(Kern\ \sigma)(U) = 0$ gibt. Daraus folgt aber $\mathfrak{S}(U) \approx \mathfrak{A}^p(U)/$ *Kern* $\sigma(U) \approx \mathfrak{A}^p(U)$, q.e.d.

Die Gesamtheit der Punkte $x_0 \in X$, in denen $\mathfrak{S}$ frei ist, bildet insbesondere eine offene Menge in X. Die Zahl p heißt der *Rang* von $\mathfrak{S}$ in x_0, p ist eindeutig bestimmt und lokal konstant.

Es seien $(X, \mathfrak{A})$, $(Y, \mathfrak{B})$ geringte Räume und $\tau : X \to Y$ eine stetige Abbildung. Dann ist für jede Garbe $\mathfrak{T}$ (von abelschen Gruppen) über Y die topologische Urbildgarbe $\mathfrak{T}^t$ über X wohldefiniert. Ist τ morph, so existiert zu jeder $\mathfrak{B}$-Garbe $\mathfrak{T}$ über Y sogar eine $\mathfrak{A}$-Urbildgarbe $\tau^*(\mathfrak{T})$. In [19] sind die wichtigsten Eigenschaften der $\mathfrak{A}$-Urbildgarben von $\mathfrak{B}$-Garben zusammengestellt; es zeigte sich insbesondere, daß die Kohärenz von $\mathfrak{T}$ die Kohärenz von $\tau^*(\mathfrak{T})$ zur Folge hat, wenn $\mathfrak{A}$ kohärent ist.

Falls $\tau : X \to Y$ morph ist, kann man auch jeder $\mathfrak{A}$-Garbe $\mathfrak{S}$ über X eine Folge $\tau_q(\mathfrak{S})$ von $\mathfrak{B}$-Garben über Y zuordnen, die man die Bilder von $\mathfrak{S}$ bezüglich τ nennt $q = 0, 1, \ldots$. Die Garbe $\tau_q(\mathfrak{S})$ wird dabei durch das $\mathfrak{B}$-Garbendatum $\{H^q(\overset{-1}{\tau}(U), \mathfrak{S})\}$, wo U alle nichtleeren offenen Mengen von Y durchläuft, definiert. Im Falle $q = 0$ zeigt sich, daß dieses Datum das kanonische Datum von $\tau_0(\mathfrak{S})$ ist; die Gruppen $H^0(X, \mathfrak{S})$ und $H^0(Y, \tau_0(\mathfrak{S}))$ sind also kanonisch operatorisomorph[20]) (vgl. [19], Satz 3). Eine wichtige Eigenschaft der Bildgarben sei hier ohne Beweis notiert (vgl. [19], § 2, m)):

e) *Ist* $0 \to \mathfrak{S}' \to \mathfrak{S} \to \mathfrak{S}'' \to 0$ *eine exakte $\mathfrak{A}$-Sequenz von $\mathfrak{A}$-Garben über einem geringten Raum* $(X, \mathfrak{A})$, *und ist* $\tau : X \to Y$ *eine morphe Abbildung von* $(X, \mathfrak{A})$ *in einen geringten Raum* $(Y, \mathfrak{B})$, *so gibt es eine natürliche exakte $\mathfrak{B}$-Sequenz*

$$0 \to \tau_0(\mathfrak{S}') \to \tau_0(\mathfrak{S}) \to \tau_0(\mathfrak{S}'') \to \tau_1(\mathfrak{S}') \to \tau_1(\mathfrak{S}) \to \tau_1(\mathfrak{S}'') \to \tau_2(\mathfrak{S}') \to \cdots$$

der Bildgarben.

4. Wir führen in diesem Abschnitt den Begriff des $\mathfrak{A}$-Vektorraumbündels über einem geringten Raum $(X, \mathfrak{A})$ ein[21]). Mit $GL(q, C)$ sei wie üblich die Gruppe der linearen Automorphismen des q-dimensionalen komplexen Zahlenvektorraumes C^q bezeichnet; $GL(1, C)$ ist in natürlicher Weise zur multiplikativen Gruppe C^* der von Null verschiedenen komplexen Zahlen isomorph.

Es sei nun $(X, \mathfrak{A})$ ein geringter Raum. Ist U irgendeine offene Menge von X, so betrachten wir alle stetigen Abbildungen $x \to g(x)$, $x \in U$, von U in $GL(q, C)$, bei denen $g(x)$ und $g(x)^{-1}$ morphe Matrizen sind[22]). Die Menge aller dieser

---

[19]) Mit $s^{(\pi)}(x_0)$ werde hier der Wert der Schnittfläche $s^{(\pi)}$ in x_0, also ein Element aus $\mathfrak{S}_{x_0}$, bezeichnet.

[20]) Man beachte, daß $H^0(X, \mathfrak{S})$ ein $H^0(X, \mathfrak{A})$-Modul und $H^0(Y, \tau_0(\mathfrak{S}))$ ein $H^0(Y, \mathfrak{B})$-Modul ist.

[21]) Wir schließen uns weitgehend an die Begriffsbildungen in [20] an.

[22]) Eine Matrix $a(x) = (a_{ik}(x))$ werde morph genannt, wenn alle ihre Elemente $a_{ik}(x)$ morphe Funktionen sind.

Abbildungen bildet eine (für $q > 1$ nichtabelsche) Gruppe; es gibt eine wohlbestimmte Garbe $GL_{\mathfrak{A}}(q, C)$ über X, so daß $H^0(U, GL_{\mathfrak{A}}(q, C))$ genau diese Gruppe ist.

Wir definieren nun:

Definition 26 ((X, C^q)-Karte, $\mathfrak{A}$-verträgliche (X, C^q)-Karten): Eine (X, C^q)-Karte auf einem topologischen Raum W ist ein Tripel $(U, \varphi, V \times C^q)$, wo U eine offene Menge in W, V eine offene Menge in X und $\varphi : U \to V \times C^q$ eine topologische Abbildung von U auf $V \times C^q$ ist.

Zwei (X, C^q)-Karten $(U_i, \varphi_i, V_i \times C^q)$, $i = 1, 2$, auf W heißen $\mathfrak{A}$-verträglich, wenn $\varphi_1(U_1 \cap U_2) = \varphi_2(U_1 \cap U_2) = (V_1 \cap V_2) \times C^q$ und wenn es ein Element $g_{12} \in H^0(V_1 \cap V_2, GL_{\mathfrak{A}}(q, C))$ gibt, so daß gilt:

$$\varphi_1 \circ \varphi_2^{-1}(v \times z) = v \times (g_{12}(v)(z)), \quad v \in V_1 \cap V_2, \; z \in C^q.$$

$\mathfrak{A}$-verträgliche Karten fassen wir zu $(\mathfrak{A}, C^q)$-Atlanten zusammen.

Definition 27 ($(\mathfrak{A}, C^q)$-Atlas): Eine Kollektion $\{(U_i, \varphi_i, V_i \times C^q), i \in I\}$ von (X, C^q)-Karten auf einem topologischen Raum W heißt ein $(\mathfrak{A}, C^q)$-Atlas auf W, wenn $W = \bigcup_{i \in I} U_i$, $X = \bigcup_{i \in I} V_i$, und zwei beliebige Karten aus der Kollektion stets $\mathfrak{A}$-verträglich sind.

Zu jedem $(\mathfrak{A}, C^q)$-Atlas $\{(U_i, \varphi_i, V_i \times C^q), i \in I\}$ auf X gehört offensichtlich ein eindeutig bestimmter Cozyklus $\{g_{ij}\} \in Z^1(\mathfrak{B}, GL_{\mathfrak{A}}(q, C))$ aus der Menge der $\mathfrak{B}$-Cozyklen mit Koeffizienten in $GL_{\mathfrak{A}}(q, C)$, wenn $\mathfrak{B}$ die Überdeckung $\{V_i, i \in I\}$ von X bezeichnet. Man kann umgekehrt zeigen:

f) *Ist $\mathfrak{B} = \{V_i, i \in I\}$ eine offene Überdeckung von X und $\{g_{ij}\} \in Z^1(\mathfrak{B}, GL_{\mathfrak{A}}(q, C))$ irgendein $\mathfrak{B}$-Cozyklus, so gibt es einen topologischen Raum W und einen $(\mathfrak{A}, C^q)$-Atlas auf W, zu dem dieser $\mathfrak{B}$-Cozyklus gehört.*

Ist auf W ein $(\mathfrak{A}, C^q)$-Atlas gegeben, so gibt es eine natürliche stetige Abbildung $\pi : W \to X$ auf X, derart, daß jeder Punkt $x \in X$ eine Umgebung V besitzt, so daß $\overset{-1}{\pi}(V)$ homöomorph dem Produktraum $V \times C^q$ ist. Man definiert π vermöge der (X, C^q)-Karten des gegebenen $(\mathfrak{A}, C^q)$-Atlas; die $\mathfrak{A}$-Verträglichkeit dieser Karten hat zur Konsequenz, daß die Definition von π unabhängig von der Wahl der Karten ist. Wir nennen π die Projektion von W auf X.

Definition 28 ($(\mathfrak{A}, C^q)$-Struktur): Ein $(\mathfrak{A}, C^q)$-Atlas heißt eine $(\mathfrak{A}, C^q)$-Struktur auf W, wenn der gegebene Atlas vollständig ist, d. h. wenn jede (X, C^q)-Karte auf W, die mit allen (X, C^q)-Karten des $(\mathfrak{A}, C^q)$-Atlas $\mathfrak{A}$-verträglich ist, zum $(\mathfrak{A}, C^q)$-Atlas gehört.

Offensichtlich kann jeder $(\mathfrak{A}, C^q)$-Atlas auf W in natürlicher Weise zu einer $(\mathfrak{A}, C^q)$-Struktur auf W vervollständigt werden. Zwei $(\mathfrak{A}, C^q)$-Atlanten auf W definieren genau dann dieselbe $(\mathfrak{A}, C^q)$-Struktur auf W, wenn die zu ihnen gehörenden Cozyklen dasselbe Element aus der 1. Cohomologiemenge $H^1(X, GL_{\mathfrak{A}}(q, C))$ repräsentieren; zu jeder $(\mathfrak{A}, C^q)$-Struktur auf W gehört daher ein eindeutig bestimmtes Element $\xi \in H^1(X, GL_{\mathfrak{A}}(q, C))$. Wir definieren nun:

Definition 29 (q-rangiges $\mathfrak{A}$-Vektorraumbündel): Ein topologischer Raum W, der mit einer $(\mathfrak{A}, C^q)$-Struktur versehen ist, heißt ein q-rangiges $\mathfrak{A}$-Vektorraumbündel über X (genauer: über $(X, \mathfrak{A})$).

Ein 1-rangiges $\mathfrak{A}$-Vektorraumbündel über X heißt auch ein $\mathfrak{A}$-*Geradenbündel* über X.

Nach dem Vorstehenden wird offensichtlich jedes q-rangige $\mathfrak{A}$-Vektorraumbündel über X durch ein wohlbestimmtes Element $\xi \in H^1(X, GL_{\mathfrak{A}}(q, C))$ repräsentiert. Wir nennen zwei q-rangige $\mathfrak{A}$-Vektorraumbündel W und W' über X $\mathfrak{A}$-äquivalent, wenn sie durch dasselbe Element $\xi \in H^1(X, GL_{\mathfrak{A}}(q, C))$ gegeben werden. Man zeigt leicht:

g) *Zwei q-rangige $\mathfrak{A}$-Vektorraumbündel W, W' über $(X, \mathfrak{A})$ mit den $(\mathfrak{A}, C^q)$-Strukturen $\{(U_i, \varphi_i, V_i \times C^q), i \in I\}$, $\{(U'_j, \varphi'_j, V'_j \times C^q), j \in I'\}$ sind genau dann $\mathfrak{A}$-äquivalent, wenn es eine topologische Abbildung $\tau: W \to W'$ von W auf W' gibt, die die $(\mathfrak{A}, C^q)$-Struktur von W auf die $(\mathfrak{A}, C^q)$-Struktur von W' abbildet:*

$$\{(\tau(U_i), \varphi_i \circ \tau^{-1}, V_i \times C^q), i \in I\} = \{(U'_j, \varphi'_j, V'_j \times C^q), j \in I'\}.$$

Da nach f) zu jedem $\xi \in H^1(X, GL_{\mathfrak{A}}(q, C))$ ein q-rangiges $\mathfrak{A}$-Vektorraumbündel über $(X, \mathfrak{A})$ gehört, so gilt also:

h) *Die $\mathfrak{A}$-Äquivalenzklassen der q-rangigen $\mathfrak{A}$-Vektorraumbündel über $(X, \mathfrak{A})$ entsprechen in kanonischer Weise eineindeutig den Elementen der Cohomologiemenge $H^1(X, GL_{\mathfrak{A}}(q, C))$. Das triviale Bündel $X \times C^q$ entspricht dem neutralen Element von $H^1(X, GL_{\mathfrak{A}}(q, C))$.*

Sind W bzw. W' zwei $\mathfrak{A}$-Vektorraumbündel über X vom Rang q bzw. q', so ist ihre Whitneysche Summe $W \oplus W'$ und ihr Tensorprodukt $W \otimes W'$ in natürlicher Weise definiert. Beide Bündel sind wieder $\mathfrak{A}$-Vektorraumbündel; $W \oplus W'$ ist $(q + q')$-rangig, $W \otimes W'$ ist vom Rang qq'.

Insbesondere ist also das Tensorprodukt zweier $\mathfrak{A}$-Geradenbündel F, F' über $(X, \mathfrak{A})$ wieder ein $\mathfrak{A}$-Geradenbündel $F \otimes F'$ über X. Werden F, F' bezüglich einer geeigneten Überdeckung $\mathfrak{V} = \{V_i, i \in I\}$ von X durch Cozyklen $\{g_{ij}\}$, $\{g'_{ij}\}$ gegeben (hier sind alle g_{ij}, g'_{ij} nirgends verschwindende morphe Funktionen in $V_i \cap V_j$, für die auch g_{ij}^{-1} bzw. g'^{-1}_{ij} jeweils morph in $V_i \cap V_j$ ist), so wird $F \otimes F'$ durch den $\mathfrak{V}$-Cozyklus $\{g_{ij} \cdot g'_{ij}\}$ definiert. Da $GL_{\mathfrak{A}}(1, C)$ eine Garbe von abelschen Gruppen ist, so ist $H^1(X, GL_{\mathfrak{A}}(1, C))$ ebenfalls eine abelsche Gruppe; daher gilt:

i) *Die Menge der $\mathfrak{A}$-Äquivalenzklassen von $\mathfrak{A}$-Geradenbündeln über $(X, \mathfrak{A})$ bildet bezüglich des Tensorprodukts $\otimes$ eine abelsche Gruppe, die in natürlicher Weise zur Cohomologiegruppe $H^1(X, GL_{\mathfrak{A}}(1, C))$ isomorph ist.*

Ist W ein q-rangiges $\mathfrak{A}$-Vektorraumbündel über $(X, \mathfrak{A})$ mit der Projektion $\pi: W \to X$, so heißt eine stetige Abbildung σ einer offenen Menge $V \subset X$ in W eine *Schnittfläche* über V in W, wenn $\pi \circ \sigma$ die Identität ist. *Eine Schnittfläche σ über V in W heißt morph*, wenn es zu jedem Punkt $x_0 \in V$ eine (X, C^q)-Karte $(U', \varphi', V' \times C^q)$ aus dem $(\mathfrak{A}, C^q)$-Strukturatlas von W mit $x_0 \in V' \subset V$ gibt, so daß die Abbildung

$$V' \xrightarrow{\varphi' \circ \sigma} V' \times C^q \to C^q$$

durch q in V' morphe Funktionen $f_1, \ldots, f_q$ beschrieben werden kann.

Die Gesamtheit der Keime der morphen Schnittflächen in W bildet eine $\mathfrak{A}$-Garbe $\mathfrak{W}$ über X. Ist $\mathfrak{A}$ kohärent, so ist $\mathfrak{W}$ offensichtlich frei vom Range q, denn jeder Punkt $x \in X$ besitzt eine Umgebung U, so daß $\mathfrak{W}(U)$ zur Garbe $\mathfrak{A}^q(U)$ $\mathfrak{A}$-isomorph ist. Man zeigt nun sofort, daß auch umgekehrt zu jeder über X freien kohärenten $\mathfrak{A}$-Garbe $\mathfrak{W}$ vom Rang q ein q-rangiges $\mathfrak{A}$-Vektorraumbündel W über $(X, \mathfrak{A})$ gehört, so daß $\mathfrak{W}$ $\mathfrak{A}$-isomorph zur Garbe der Keime der morphen Schnittflächen in W ist.

§ 6. Der Begriff des komplexen β-Raumes

1. Jeder Bereich B des C^n ist, versehen mit der Garbe $\mathcal{O}(B)$ der in B holomorphen Funktionskeime, ein geringter Raum. Die analytischen Mengen M in B können nach § 5.2 in natürlicher Weise mit einer Strukturgarbe $\mathcal{O}(M)$ versehen und somit als geringte Unterräume $(M, \mathcal{O}(M))$ von $(B, \mathcal{O}(B))$ aufgefaßt werden; dies soll im folgenden stets geschehen. Man definiert nun:

Definition 30 (β-Raum): Ein geringter Hausdorffscher Raum $(R, \mathcal{O}(R))$ heißt ein komplexer β-Raum (kurz: β-Raum), wenn jeder Punkt $r \in R$ eine Umgebung U besitzt, so daß $(U, \mathcal{O}(U))$ bimorph auf eine analytische Menge $(M, \mathcal{O}(M))$ eines Bereiches eines komplexen Zahlenraumes abbildbar ist.

Die Strukturgarbe $\mathcal{O}(R)$ heißt eine β-Struktur auf R.

Komplexe Mannigfaltigkeiten, versehen mit der Garbe der holomorphen Funktionskeime, sind die einfachsten Beispiele von β-Räumen. Weitere Beispiele sind die analytischen Mengen in einer komplexen Mannigfaltigkeit.

Auf einer lokal irreduziblen analytischen Menge M in einem Polyzylinder $Z := \{|z_1| < a_1, \ldots, |z_n| < a_n\}$, die über $Z^d := \{|z_1| < a_1, \ldots, |z_d| < a_d\}$ ausgebreitet liegt, ist somit neben der in § 4 definierten α-Struktur noch eine β-Struktur definiert. Wir bezeichnen die entsprechenden Strukturgarben mit $\mathcal{O}^{(\alpha)}(M)$ und $\mathcal{O}^{(\beta)}(M)$. Es gilt stets $\mathcal{O}^{(\beta)}(M) \subset \mathcal{O}^{(\alpha)}(M)$; im allgemeinen gilt: $\mathcal{O}^{(\beta)}(M) \neq \mathcal{O}^{(\alpha)}(M)$. Als einfaches Beispiel hierzu betrachten wir im C^2 die durch die Gleichung $z_2^{p_2} - z_1^{p_1} = 0$, $p_1 > 1$, $p_2 > 1$, $(p_2, p_1) = 1$, definierte lokal irreduzible analytische Menge M, die über $C^1(z_1)$ liegt. Der α-Raum $(M, \mathcal{O}^{(\alpha)})$ wird durch die Gleichungen $z_1 = t^{p_2}$, $z_2 = t^{p_1}$ biholomorph auf die komplexe t-Ebene abgebildet. Es gilt: $\mathcal{O}_z^{(\beta)} = \mathcal{O}_z^{(\alpha)}$ für alle $z \neq 0$; dagegen ist $\mathcal{O}_0^{(\beta)}$ echt in $\mathcal{O}_0^{(\alpha)}$ enthalten. Faßt man die Ringe $\mathcal{O}_0^{(\beta)}$ bzw. $\mathcal{O}_0^{(\alpha)}$ als Vektorräume über C auf, so ist leicht zu zeigen, daß der Quotientenvektorraum $\mathcal{O}_0^{(\alpha)}/\mathcal{O}_0^{(\beta)}$ die Dimension $\dfrac{(p_1 - 1)(p_2 - 1)}{2}$ hat[23]).

Wir bezeichnen mit $(R, \mathcal{O}(R))$ im folgenden stets einen β-Raum; statt $(R, \mathcal{O}(R))$ schreiben wir auch kurz wieder R. In β-Räumen sagt man statt morph üblicherweise holomorph, statt romorph meromorph und statt $\mathcal{O}$-Menge analytische Menge. Man beweist unmittelbar, daß jede analytische Menge A in R, versehen mit der induzierten Garbe $\mathcal{O}(A)$, wieder ein β-Raum (genauer: ein β-Unterraum von R) ist. Weiter gilt:

a) *Eine Abbildung $\varphi : R \to C^n$ ist genau dann holomorph, wenn die n Koordinatenfunktionen $z_\nu \circ \varphi$, $\nu = 1, \ldots, n$, holomorph in R sind.*

---

[23]) Eine allgemeine Aussage über die Dimension solcher Quotientenvektorräume für β-Strukturen auf „ebenen Kurven" findet sich in [13].

Wir nennen eine β-Struktur $\mathcal{O}'(R)$ auf R eine *Verfeinerung* einer β-Struktur $\mathcal{O}(R)$, wenn jeder Halm $\mathcal{O}'_r$ ein Oberring von $\mathcal{O}_r$ ist, $r \in R$. Eine β-Struktur heißt *maximal*, wenn sie keine echte Verfeinerung gestattet.

Ist $\mathcal{O}'(R)$ eine Verfeinerung von $\mathcal{O}(R)$, so ist die Identität $i : (R, \mathcal{O}') \to (R, \mathcal{O})$ eine holomorphe Abbildung. Ein bekannter Satz über die holomorphe Umkehrbarkeit von holomorphen Abbildungen zwischen komplexen Mannigfaltigkeiten sagt aus, daß die β-Struktur einer komplexen Mannigfaltigkeit maximal ist.

2. Ein Paar (U, ψ) heißt eine β-*Karte* auf R, wenn U eine offene Menge in R und ψ eine biholomorphe Abbildung von U auf eine in einem Bereich $B \subset C^n$ analytische Menge $\psi(U)$ ist. Laut Definition gestattet R Überdeckungen $\{U_\iota\}$, so daß U_ι jeweils Träger einer β-Karte auf R ist. Man überlegt sofort:

b) *Ist $\{U_\iota\}$ eine offene Überdeckung eines Hausdorffschen Raumes R und ψ_ι eine topologische Abbildung von U_ι auf eine analytische Menge $\psi_\iota(U_\iota)$ eines Bereiches $B_\iota \subset C^{n_\iota}$, derart, daß alle Abbildungen*

$$\psi_{\iota_1} \circ \psi_{\iota_0}^{-1} : \psi_{\iota_0}(U_{\iota_0} \cap U_{\iota_1}) \to \psi_{\iota_1}(U_{\iota_0} \cap U_{\iota_1})$$

biholomorph sind, so gibt es genau eine β-Struktur $\mathcal{O}(R)$ auf R, so daß die Paare (U_ι, ψ_ι) β-Karten sind.

Das topologische Produkt von β-Räumen kann in natürlicher Weise als ein β-Raum aufgefaßt werden. Es gilt nämlich (vgl. [31]):

c) *Sind R_1, R_2 zwei β-Räume, so gibt es auf dem Produktraum $R_1 \times R_2$ genau eine β-Struktur mit folgenden Eigenschaften: Sind (U_i, ψ_i) β-Karten auf R_i, $i = 1, 2$, so ist $(U_1 \times U_2, \psi_1 \times \psi_2)$ eine β-Karte auf $R_1 \times R_2$.*

Es ist klar, daß es höchstens eine solche β-Struktur auf $R_1 \times R_2$ gibt. Die Existenz selbst ergibt sich sofort aus b), da aus a) unmittelbar folgt: *Sind M_i, M_i', $i = 1, 2$, analytische Mengen in Bereichen von Zahlenräumen und $\varphi_i : M_i \to M_i'$, $i = 1, 2$, Abbildungen, so ist $\varphi_1 \times \varphi_2 : M_1 \times M_2 \to M_1' \times M_2'$ genau dann holomorph, wenn φ_1 und φ_2 holomorph sind.*

Ein β-Raum R ist lokal nicht notwendig reindimensional. Aus dem Korollar zu Satz 3 und Satz 4 ergibt sich aber sofort:

d) *Ist R in einer Umgebung eines Punktes $r \in R$ rein d-dimensional, so gibt es eine β-Karte (U, ψ), $r \in U$, auf R, so daß $\psi(U)$ eine analytische Menge in einem Polyzylinder $Z := \{|z_1| < a_1, \ldots, |z_n| < a_n\}$ eines C^n, $n \geqq d$ ist, die über $Z^d := \{|z_1| < a_1, \ldots, |z_d| < a_d\}$ ausgebreitet liegt.*

Eine in R analytische Menge A heißt *niederdimensional*, wenn für alle Punkte $r \in A$ gilt: $d_r(A) < d_r(R)$. Ist A niederdimensional, so liegt A nirgends dicht in R, kann R jedoch zerlegen.

3. Wir nehmen eine erste (grobe) Klassifizierung der Punkte eines β-Raumes R vor.

Definition 31 (Gewöhnlicher Punkt): Ein Punkt $r \in R$ heißt ein gewöhnlicher Punkt von R, wenn es eine Umgebung U von r gibt, so daß $(U, \mathcal{O}(U))$ eine komplexe Mannigfaltigkeit ist.

Wir zeigen zunächst, daß diese Definition des gewöhnlichen Punktes für analytische Mengen $(M, \mathcal{O}(M))$ mit der früher auf $p.\,256$ gegebenen Definition übereinstimmt.

e) *Ist M eine analytische Menge in $B \subset C^n(z)$, so ist ein Punkt $z' \in M$ genau dann ein gewöhnlicher Punkt von M im Sinn der Definition auf $p.\,256$, wenn $(M, \mathcal{O}(M))$ in der Umgebung von z' eine komplexe Mannigfaltigkeit ist.*

Beweis: Sei z' ein gewöhnlicher Punkt von M im Sinn der früheren Definition; es gelte $d_{z'}(M) = m < n$. Dann läßt sich M bei geeigneter Numerierung der $z_1, \ldots, z_n$ in der Umgebung von $z' \in C^n$ durch Gleichungen

$$(*) \qquad z_{m+1} - f_{m+1}(z_1, \ldots, z_m) = 0, \ldots, z_n - f_n(z_1, \ldots, z_m) = 0$$

mit holomorphen Funktionen f_μ darstellen, $\mu = m + 1, \ldots, n$. Die Projektion $z \to (z_1, \ldots, z_m)$ ist, wie ohne weiteres ersichtlich, eine biholomorphe Abbildung einer Umgebung von $z' \in M$ auf eine offene Menge des $C^m(z_1, \ldots, z_m)$.

Sei umgekehrt M in der Umgebung von $z' \in M$ eine komplexe Mannigfaltigkeit. Dann gibt es eine Umgebung W von $z' \in M$ und eine biholomorphe Abbildung φ von W auf eine offene Menge Z eines $C^m(u_1, \ldots, u_m)$. Die Funktion $u_\mu \circ \varphi$ ist in $z' \in M$ holomorph und somit in der Nähe von z' die Beschränkung einer in einer n-dimensionalen Umgebung von $z' \in C^n$ holomorphen Funktion $h_\mu(z_1, \ldots, z_n)$ auf M, $\mu = 1, \ldots, m$. Wird nun $\varphi^{-1} : Z \to W$ durch die n in Z holomorphen Funktionen

$$z_1 = g_1(u_1, \ldots, u_m), \ldots, z_n = g_n(u_1, \ldots, u_m)$$

beschrieben, so ergibt sich für $u_\mu = (u_\mu \circ \varphi) \circ \varphi^{-1}$ in der Umgebung von $\varphi(z')$ die Darstellung

$$u_\mu = h_\mu(g_1(u_1, \ldots, u_m), \ldots, g_n(u_1, \ldots, u_m)), \quad \mu = 1, \ldots, m.$$

Aus den Gleichungen

$$\delta_{\mu j} = \frac{\partial h_\mu}{\partial z_\nu} \cdot \frac{\partial g_\nu}{\partial u_j}, \quad \mu, j = 1, \ldots, m,$$

folgt dann, daß die Funktionalmatrix der Abbildung φ^{-1} im Punkt $\tau(z')$ den Rang m hat. Daher kann man bei geeigneter Numerierung der $z_1, \ldots, z_n$ das Funktionensystem $z_1 = g_1(u_1, \ldots, u_m), \ldots, z_m = g_m(u_1, \ldots, u_m)$ in der Umgebung von $\varphi(z')$ holomorph umkehren. Daraus ergibt sich, daß M in der Umgebung von z' durch Gleichungen der Form (*) darstellbar ist, w.z.b.w.

Man zeigt leicht, daß der Begriff des gewöhnlichen Punktes eines β-Raumes biholomorph invariant ist, genauer: *Sind R, S zwei β-Räume und ist $\tau : R \to S$ eine biholomorphe Abbildung von R auf S, so ist $r \in R$ genau dann ein gewöhnlicher Punkt von R, wenn $\tau(r) \in S$ ein gewöhnlicher Punkt von S ist.*

Wir bezeichnen im folgenden stets mit N die Menge der nicht gewöhnlichen Punkte von R. Dann gilt:

Satz 16: Die Menge N ist eine niederdimensionale analytische Menge in R. Der β-Raum $R - N$ ist eine komplexe Mannigfaltigkeit.

Beweis: Sicher ist N abgeschlossen in R. Wählt man zu jedem Punkt $r \in N$ eine β-Karte (U, ψ), $r \in U$, auf R, so ist $\psi(N \cap U)$ genau die Menge der nicht gewöhnlichen Punkte von $\psi(U)$. Daher folgt die Behauptung des Satzes aus § 6. e) und § 1. l).

4. Ist r ein beliebiger Punkt eines β-Raumes R, so „erzeugt" R in r endlich viele ausgezeichnete Mengenkeime. Ist nämlich (U, ψ), $r \in R$, eine β-Karte auf R, so erzeugt $\psi(U)$ in $\psi(r)$ endlich viele analytische Primkeime, denen Mengenkeime in $r \in R$ entsprechen. Man überzeugt sich leicht, daß diese Mengenkeime unabhängig von der Wahl der β-Karte (U, ψ) definiert sind. Wir nennen sie die Primkeime von R in r; ihre Anzahl heiße die *Keimzahl* von R in r und werde mit $k(r)$ bezeichnet.

Die Menge aller Primkeime von R gibt, analog wie bei analytischen Mengen, wieder Anlaß zur sog. Normalisierung von R. Wir führen diesen für die allgemeine Theorie der β-Räume grundlegenden Begriff axiomatisch ein.

Definition 32 (Normalisierung eines β-Raumes): Es sei R ein β-Raum, N sei die Menge der nicht gewöhnlichen Punkte von R. Ein Paar (R^*, ϱ) heißt eine Normalisierung von R, wenn folgendes gilt:

0) R^* ist ein lokal kompakter, lokal zusammenhängender Raum, $\varrho : R^* \to R$ ist eine stetige nirgends entartete eigentliche Abbildung von R^* auf R.

1) $\overset{-1}{\varrho}(N)$ zerlegt R^* nirgends; $\varrho : R^* - \overset{-1}{\varrho}(N) \to R - N$ ist topologisch.

Wir zeigen sogleich:

Satz 17: Zu jedem β-Raum R existiert eine Normalisierung (R^*, ϱ). Ist $('R^*, '\varrho)$ eine weitere Normalisierung von R, so gibt es eine topologische Abbildung τ von $'R^*$ auf R^* mit $'\varrho = \varrho \circ \tau$.

Beweis: Um die Existenz einer Normalisierung (R^*, ϱ) einzusehen, bezeichnen wir mit R^* die Menge aller Primkeime p_r, $r \in R$. Es gibt eine natürliche Projektion $\varrho : R^* \to R$. Eine Topologie werde in R^* wie folgt eingeführt: Es sei U irgendeine analytische Menge in einer offenen Menge von R; jeder Primkeim p_r^*, den U in irgendeinem Punkt $r \in U$ erzeugt, sei ein Primkeim von R in r. Dann heiße die Menge aller dieser Primkeime $\{p_r^*, r \in U\}$ offen in R^*. Dadurch wird in R^* eine Topologie erzeugt, offensichtlich ist ϱ stetig und nirgends entartet. Da R^* lokal jeweils dem Träger M^* der Normalisierung einer analytischen Menge M in einem Bereich $B \subset C^n$ homöomorph ist, folgt leicht aus § 1 f), daß R^* lokal kompakt und lokal zusammenhängend und ϱ eigentlich ist. Aus Satz 7 ergibt sich weiter, daß $\overset{-1}{\varrho}(N)$ den Raum R^* nirgends zerlegt und $\varrho : R^* - \overset{-1}{\varrho}(N) \to R - N$ topologisch ist.

Die (bis auf Äquivalenz) behauptete Eindeutigkeit von (R^*, ϱ) ergibt sich analog wie im Beweis von Satz 7 aus Satz 2.

Im folgenden bezeichnen wir mit (R^*, ϱ) stets die im Vorstehenden konstruierte Normalisierung von R; wir nennen sie die Normalisierung von R. Es ergibt sich sofort aus § 1 f) und aus der Anmerkung zu Satz 7:

R^* ist lokal wegzusammenhängend, die Menge $\overset{-1}{\varrho}(r)$, $r \in R$, besteht aus genau $k(r)$ Punkten. Ist A eine niederdimensionale analytische Menge in R, so zerlegt $\overset{-1}{\varrho}(A)$ den Raum R^* nirgends.

Der Raum R^* zerfällt insbesondere in natürlicher Weise in zusammenhängende Komponenten $R_\varkappa^*$, $\varkappa \in K$. Wir setzen $R_\varkappa = \varrho(R_\varkappa^*)$ und nennen die Mengen $R_\varkappa$, $\varkappa \in K$, die irreduziblen Komponenten von R. Es gilt:

Satz 18: Jede irreduzible Komponente $R_\varkappa$, $\varkappa \in K$, von R ist ein reindimensionaler β-Unterraum von R. $R_\varkappa - N$ ist eine zusammenhängende komplexe Mannigfaltigkeit. Die Familie $\{R_\varkappa\}$, $\varkappa \in K$, ist eine lokal endliche, abgeschlossene Überdeckung von R.

Der Beweis sei dem Leser überlassen [vgl. auch § 1. h)].

Wir nennen einen β-Raum R *irreduzibel*, wenn jede irreduzible Komponente von R mit R übereinstimmt.

In [27] wurde der folgende Abbildungssatz bewiesen:

Abbildungssatz: Ist $\tau : R_1 \to R_2$ eine eigentliche holomorphe Abbildung eines β-Raumes R_1 in einen β-Raum R_2, so ist $\tau(R_1)$ eine analytische Menge in R_2.

Wir werden diesen Satz im folgenden benutzen für den Fall, daß τ topologisch und holomorph ist.

Ein Spezialfall eines in [27] bewiesenen Satzes sagt aus:

Ist $w = f(r)$ eine holomorphe Funktion auf einen β-Raum R, die in einer Umgebung eines Punktes $r_0 \in R$ nicht konstant ist, so bildet f jede Nachbarschaft von r_0 auf eine Nachbarschaft von $f(r_0) \in C^1(w)$ ab.

In dieser Aussage ist insbesondere das „*Maximumprinzip*" für holomorphe Funktionen auf β-Räumen enthalten.

§ 7. Komplexe β_i-Räume und β_n-Räume

1. Wichtige punktale und lokale Eigenschaften eines β-Raumes R können aus der algebraischen Struktur der Halme $\mathcal{O}_r$ der Strukturgarbe $\mathcal{O}(R)$ abgelesen werden. Wir notieren zunächst:

a) *Jeder Halm $\mathcal{O}_r$, $r \in R$, ist ein Stellenring, d. h. ein noetherscher Ring mit genau einem maximalen Ideal[24]).*

Es ist nur zu zeigen, daß $\mathcal{O}_r$ noethersch ist. Das aber ist trivial, da $\mathcal{O}_r$ homomorphes Bild eines Potenzreihenringes ist.

Wir definieren nun:

Definition 33 (Irreduzibler Punkt, β_i-Raum): Ein Punkt r eines β-Raumes R heißt ein irreduzibler Punkt von R, wenn $\mathcal{O}_r$ ein Integritätsring ist. R heißt ein β_i-Raum, wenn alle Punkte von R irreduzibel sind.

Es gilt:

Satz 19: Der Punkt $r \in R$ ist genau dann irreduzibel, wenn $k(r) = 1$. R ist genau dann ein β_i-Raum, wenn $\varrho : R^* \to R$ topologisch ist.

Beweis: Es sei (U, ψ), $r \in U$, eine β-Karte auf R. Dann ist $\mathcal{O}_r$ in kanonischer Weise zum Ring $\mathcal{O}_{\psi(r)} / \mathfrak{I}_{\psi(r)}$ isomorph, wobei $\mathfrak{I}_{\psi(r)}$ dasjenige Ideal in $\mathcal{O}_{\psi(r)}$ bezeichnet, das durch den von $\psi(U)$ in $\psi(r)$ erzeugten analytischen Mengenkeim definiert wird. Nun ist $\mathcal{O}_{\psi(r)} / \mathfrak{I}_{\psi(r)}$ genau dann nullteilerfrei, wenn $\mathfrak{I}_{\psi(r)}$ ein Primideal ist. Das ist aber nach § 1. e) genau dann der Fall, wenn $\psi(U)$ in $\psi(r)$ irreduzibel ist, d. h. wenn gilt $k(r) = 1$. Die zweite Aussage von Satz 19 ist trivial.

---

[24]) Statt „Stellenring" sagt man auch „lokaler Ring". $\mathcal{O}_x$ ist im übrigen auch eine lokale C-Algebra.

Anmerkung: Eine analytische Menge $(M, \mathcal{O}(M))$ in einem Bereich $B \subset C^n$ ist genau dann ein β_i-Raum, wenn sie lokal irreduzibel ist.

Aus Satz 19 folgt sofort:

b) *Eine niederdimensionale analytische Menge zerlegt einen β_i-Raum nirgends. R ist genau dann ein β_i-Raum, wenn die Menge N der nicht gewöhnlichen Punkte R nirgends zerlegt.*

Man kann sofort eine Klasse von Hausdorffschen Räumen angeben, auf denen jede β-Struktur eine β_i-Struktur ist. Wir zeigen:

Satz 20: Ist R eine topologische Mannigfaltigkeit, so ist jede β-Struktur $\mathcal{O}(R)$ auf R eine β_i-Struktur.

Beweis: Wir dürfen R als zusammenhängend voraussetzen. Sei $2m$ die topologische Dimension von R. Dann ist die Menge N der nicht gewöhnlichen Punkte von $(R, \mathcal{O}(R))$ topologisch höchstens $(2m-2)$-dimensional. Aus einem bekannten Satz aus der Theorie der topologischen Mannigfaltigkeiten folgt daher (vgl. [23], p. 48), daß N den Raum R nirgends zerlegt. Mithin ist $(R, \mathcal{O}(R))$ nach b) ein β_i-Raum.

Weiter gilt:

Ist $\mathcal{O}(R)$ eine β_i-Struktur über einem Hausdorffschen Raum R, so ist jede β-Struktur $\mathcal{O}'(R)$, die $\mathcal{O}(R)$ verfeinert, eine β_i-Struktur.

Beweis: Wir zeigen, daß die Menge N' der nicht gewöhnlichen Punkte von $(R', \mathcal{O}')$ den Raum R nirgends zerlegt. Die Identität $i : (R, \mathcal{O}') \to (R, \mathcal{O})$ ist topologisch und holomorph. Daher ist $N' = i(N')$ eine niederdimensionale analytische Menge in $(R, \mathcal{O})$ nach dem Abbildungssatz. Dieselbe zerlegt aber den β_i-Raum $(R, \mathcal{O})$ nirgends.

2. Wir führen weiter den Begriff des normalen Punktes ein.

Definition 34 (Normaler Punkt, β_n-Raum): Ein Punkt r eines β-Raumes R heißt ein normaler Punkt von R, wenn $\mathcal{O}_r$ ganz abgeschlossen ist. R heißt ein β_n-Raum, wenn alle Punkte von R normal sind.

Offensichtlich ist jede komplexe Mannigfaltigkeit ein β_n-Raum (vgl. § 3. Satz 14).

Wir beweisen zunächst:

Satz 21: Ein normaler Punkt eines β-Raumes ist irreduzibel. Jeder β_n-Raum ist ein β_i-Raum.

Beweis: Angenommen, es gäbe einen normalen Punkt r eines β-Raumes R mit $k(r) > 1$. Dann gibt es eine β-Karte (U, ψ), $r \in U$, auf R, so daß $\psi(U)$ eine in einem Gebiet B eines C^n analytische Menge ist, die in 2 nichtleere verschiedene analytische Mengen M_1, M_2 zerfällt, wobei $\psi(r) \in M_1 \cap M_2$. Es seien f_1 bzw. f_2 in B holomorphe Funktionen mit $f_1(M_1) = 0, f_2(M_2) = 0$, dagegen möge f_1 (bzw. f_2) auf keiner irreduziblen Komponente von M_2 (bzw. M_1) durch $\psi(r)$ identisch verschwinden; solche Funktionen existieren bei geeigneter Wahl von B (d. h. U) stets. Wir bezeichnen mit $\bar{f}_1, \bar{f}_2$ die von f_1, f_2 in $\psi(r)$ auf $\psi(U)$ erzeugten holomorphen Funktionskeime, es gilt $\bar{f}_1 \cdot \bar{f}_2 = 0$. $\bar{f}_1 + \bar{f}_2$ ist nicht Nullteiler in $\mathcal{O}_{\psi(r)}(\psi(U))$, denn die Funktion $f_1 + f_2$ verschwindet auf keiner irreduziblen Komponente von M durch $\psi(r)$ identisch. Daher gehört

$a := \dfrac{\bar{f_1}}{\bar{f_1} + \bar{f_2}}$ zum Quotientenring von $\mathcal{O}_{\psi(r)}(\psi(U))$. a ist ganz algebraisch über $\mathcal{O}_{\psi(r)}(\psi(U))$, da a offensichtlich das Polynom $w^2 - w$ annulliert. Daher folgt: $a \in \mathcal{O}_{\psi(r)}(\psi(U))$. Das ist aber unmöglich, da jeder holomorphe Repräsentant von a in der Nähe von $\psi(r)$ auf M_1 identisch verschwinden und auf M_2 identisch 1 sein müßte.

Wir geben nun eine notwendige und hinreichende analytische Bedingung dafür an, daß ein β-Raum ein β_n-Raum ist:

Satz 22: Ein β-Raum R ist genau dann ein β_n-Raum, wenn R vom Typ F ist.

Beweis: a) Sei zunächst R vom Typ F. Es sei $r \in R$ irgendein Punkt und a_r irgendein Element aus dem Quotientenring von $\mathcal{O}_r$, $a_r = \dfrac{f_r}{g_r}$, welches ganz algebraisch über $\mathcal{O}_r$ ist. Es gibt dann in einer Umgebung U von r holomorphe Funktionen f, g, die in r die Elemente f_r, g_r erzeugen. Es sei P die in U nirgends dichte Nullstellenmenge von g, in $U - P$ ist dann $\dfrac{f}{g}$ holomorph. Da a_r nach Voraussetzung ganz über $\mathcal{O}_r$ ist, gibt es, falls U hinreichend klein gewählt ist, ein Polynom $\omega(w; r) = w^m + \sum\limits_{\mu=1}^{m} a_\mu(r) w^{m-\mu}$ mit in U holomorphen Koeffizienten $a_\mu(r)$, so daß ω in $U - P$ von $\dfrac{f}{g}$ annulliert wird. Dann ist aber $\dfrac{f}{g}$ in der Nähe eines jeden Punktes von P beschränkt und also, da R nach Voraussetzung vom Typ F ist, in ganz U hinein zu einer holomorphen Funktion h fortsetzbar. Aus Stetigkeitsgründen gilt: $f = h \cdot g$ und mithin $f_r = h_r \cdot g_r$. Also gilt bezüglich der algebraischen Struktur des Quotientenringes die Identität $a_r = h_r$. Daraus folgt aber $a_r \in \mathcal{O}_r$, d. h. r ist ein normaler Punkt von R.

b) Sei nun R ein β_n-Raum. Es ist lediglich zu beweisen, daß der Riemannsche Fortsetzungssatz für holomorphe Funktionen, die in einer hinreichend kleinen Umgebung $U(r)$ eines beliebigen Punktes $r \in R$ definiert sind, richtig ist. Es sei $U(r)$ so klein gewählt, daß $U(r)$ durch eine biholomorphe Abbildung τ auf eine analytische Menge M in einem Gebiet G eines Zahlenraums abgebildet werden kann; es sei $\mathcal{O}(M)$ die Strukturgarbe über M. Wegen Satz 21 ist M lokal irreduzibel. Wird $U(r)$ hinreichend klein gewählt, so ist M auch irreduzibel in G und daher rein dimensional; es gelte etwa $d(M) = d$. Man kann $U(r)$ sogar so wählen, daß $G = G^d \times G^{n-d}$ ein Produktgebiet des C^n ist und M über G^d ausgebreitet liegt. Nach Satz 9 ist dann $\mathfrak{M} = (M, \gamma, G^d)$, wo γ die Projektion $M \to G^d$ bezeichnet, eine analytische Überlagerung von G^d.

Wir müssen nun folgendes zeigen: Ist N eine mindestens 1-codimensionale analytische Menge in $(M, \mathcal{O})$ und f eine in $M - N$ holomorphe Funktion, die in einer Umgebung eines jeden Punktes von N beschränkt ist, so ist f zu einer in ganz M holomorphen Funktion $\check{f}$ fortsetzbar. Da N sicher auch eine analytische Menge in der analytischen Überlagerung $\mathfrak{M} = (M, \gamma, G^d)$ ist, folgt aus Satz 13, daß f eindeutig zu einer auf $\mathfrak{M}$ holomorphen Funktion $\check{f}$ fortsetzbar ist. Um nun zu zeigen, daß sogar gilt: $\check{f} \in H^0(M, \mathcal{O}(M))$, genügt es nachzuweisen, daß $\check{f}$ in jedem Punkt $z_0 \in M$ einen Keim $\check{f}_{z_0}$ erzeugt, der zum Quotientenkörper von $\mathcal{O}_{z_\bullet}(M)$ gehört und ganz algebraisch über $\mathcal{O}_{z_\bullet}(M)$ ist. Das letztere ist klar, denn $\check{f}$ selbst annulliert nach Satz 12 ein Pseudopolynom $\omega(w;z) = w^b +$

$$+ \sum_{\beta=1}^{b} a_\beta(z)\, w^{b-\beta}$$

mit in G^d holomorphen Koeffizienten $a_\beta(z)$, und jede Funktion $a_\beta(z)$ erzeugt in $z_0 \in M$ ein Element von $\mathcal{O}_{z_\bullet}(M)$. Die Aussage, daß $\check{f}_{z_\bullet}$ zum Quotientenkörper von $\mathcal{O}_{z_\bullet}(M)$ gehört, ergibt sich sofort aus folgendem

Lemma (Osgood): Es sei M eine rein d-dimensionale analytische Menge in einem Produktgebiet $G = G^d \times G^{n-d}$, die über G^d ausgebreitet ist; es sei $\gamma : M \to G^d$ die natürliche Projektion und (M^*, μ) die Normalisierung von M. Ist dann f^* eine holomorphe Funktion in der analytischen Überlagerung $(M^*, \gamma \circ \mu, G^d)$, so gibt es zwei in G holomorphe Funktionen f_1, f_2, so daß $Q^* := \{z^* \in M^*, f_2 \circ \mu(z^*) = 0\}$ in M^* nirgends dicht ist und in $M^* - Q^*$ gilt: $f^* = \dfrac{f_1 \circ \mu}{f_2 \circ \mu}$.

Zum Beweis vgl. [25], p. 116.

Es sei noch angemerkt:

Satz 23: Eine topologische und holomorphe Abbildung $\tau : R_1 \to R_2$ eines β-Raumes R_1 auf einen β_n-Raum R_2 ist biholomorph.

Beweis: Es ist zu zeigen, daß $\tau^{-1} : R_2 \to R_1$ holomorph ist. Seien N_1 bzw. N_2 die Mengen der nicht gewöhnlichen Punkte von R_1 bzw. R_2. Dann ist $\tau(N_1)$ nach dem Abbildungssatz eine niederdimensionale analytische Menge in R_2, weiter ist $\overset{-1}{\tau}(N_2)$ eine niederdimensionale analytische Menge in R_1. Nun ist $\tau^{-1} : R_2 - (N_2 \cup \tau(N_1)) \to R_1 - (\overset{-1}{\tau}(N_2) \cup N_1)$ als Umkehrabbildung einer holomorphen Abbildung zweier komplexer Mannigfaltigkeiten holomorph. Da R_2 nach Satz 22 vom Typ F ist, ist somit nach Satz 15 die Abbildung τ^{-1} überall holomorph, w.z.b.w.

Es folgt jetzt unmittelbar, daß jede β_n-Struktur $\mathcal{O}$ auf einem Hausdorffschen Raum R maximal ist.

Neben dem bisher benutzten Riemannschen Fortsetzungssatz, der zur Charakterisierung der Räume vom Typ F diente, wird auch noch eine schwächere Formulierung des Fortsetzungssatzes gelegentlich benutzt: *Man sagt, daß in einem β-Raum R die schwache Aussage des Riemannschen Fortsetzungssatzes richtig ist, wenn folgendes gilt: Ist $U \subset R$ irgendeine offene Menge, so ist jede in U stetige Funktion, die außerhalb einer in U mindestens 1-codimensionalen analytischen Menge holomorph ist, überall in U holomorph.*

β-Räume mit dieser Eigenschaft sind nicht notwendig vom Typ F; man überlegt sich leicht, daß der nicht normale Raum $R := \{(z_1, z_2) \in C^2, z_1 z_2 = 0\}$ hierfür ein Beispiel liefert. Indessen gilt:

Ein β_i-Raum R ist genau dann normal, wenn in R die schwache Aussage des Riemannschen Fortsetzungssatzes richtig ist.

Es ist nur zu zeigen, daß aus der gegebenen Bedingung die Normalität von R folgt. Dazu zeigen wir, daß R vom Typ F ist. Sei $U \subset R$ offen und $N \subset U$ eine nirgends dichte analytische Menge in U; sei $f \,|\, U - N$ holomorph und in der Nähe eines jeden Punktes von N beschränkt. Dann ist f offenbar nach Satz 2 stetig und also holomorph in ganz U fortsetzbar, q.e.d.

3. In diesem Abschnitt beweisen wir zunächst:

Satz 24: Ist R ein beliebiger β-Raum und (R^*, ϱ) die Normalisierung von R, so gibt es auf R^* genau eine β_n-Struktur, so daß $\varrho : R^* \to R$ holomorph ist.

Beweis: Zunächst werde die Eindeutigkeit bewiesen. Es seien also $\mathcal{O}(R^*)$, $\mathcal{O}'(R^*)$ zwei solche β_n-Strukturen. Wir bezeichnen mit N die Menge der nicht gewöhnlichen Punkte von R. $\overset{-1}{\varrho}(N)$ ist sowohl eine analytische Menge in $(R^*, \mathcal{O})$ als auch in $(R^*, {}'\mathcal{O})$. Da $R - N$ als komplexe Mannigfaltigkeit ein β_n-Raum ist, folgt aus Satz 23, daß $\varrho : R^* - \overset{-1}{\varrho}(N) \to R - N$ sowohl bezüglich der Struktur $\mathcal{O}(R^* - \overset{-1}{\varrho}(N))$ als auch bezüglich $\mathcal{O}'(R^* - \overset{-1}{\varrho}(N))$ biholomorph ist. Die topologische Abbildung $i : (R^*, \mathcal{O}) \to (R^*, \mathcal{O}')$ ist also außerhalb $\overset{-1}{\varrho}(N)$ biholomorph, da dort gilt: $i = \varrho^{-1} \circ \varrho$. Da $(R^*, \mathcal{O})$ und $(R^*, \mathcal{O}')$ vom Typ F sind, ergibt sich aus Satz 15, Korollar, schließlich die Biholomorphie von i, womit $\mathcal{O}(R^*) = \mathcal{O}'(R^*)$ bewiesen ist.

Um zu zeigen, daß es auf R^* wirklich eine β_n-Struktur $\mathcal{O}(R^*)$ mit der behaupteten Eigenschaft gibt, ziehen wir einen tiefliegenden Satz von Oka heran:

Satz von Oka [25]): Ist M eine analytische Menge in einem Bereich eines komplexen Zahlenraumes und (M^*, μ) die Normalisierung von M, so gibt es zu jedem Punkt $z \in M$ eine Umgebung U und eine topologische Abbildung $\tau : M^* \cap \overset{-1}{\mu}(U) \to \tilde{M}$ von $M^* \cap \overset{-1}{\mu}(U)$ auf eine normale analytische Menge $\tilde{M}$ in einem Bereich eines komplexen Zahlenraumes, so daß $\mu \circ \tau^{-1} : \tilde{M} \to M$ eine holomorphe Abbildung ist.

Aus diesem Okaschen Satz folgt sofort die Existenz einer β_n-Struktur auf R^* mit der behaupteten Eigenschaft, denn sie existiert jeweils lokal; und auf Grund der bereits bewiesenen Eindeutigkeit verschmelzen sich diese Strukturen zu einer einzigen β_n-Struktur auf R^*, so daß $\varrho : R^* \to R$ holomorph ist.

Von nun an denken wir uns die Normalisierung (R^*, ϱ) eines β-Raumes R stets mit der durch Satz 24 beschriebenen natürlichen β_n-Struktur versehen. Es läßt sich die folgende Verallgemeinerung des Osgoodschen Lemmas beweisen:

Satz 25: Ist R ein β-Raum mit der Normalisierung (R^*, ϱ), so gibt es eine nirgends verschwindende kohärente analytische Untergarbe $\mathfrak{U}$ von $\mathcal{O}(R)$, so daß gilt: $\varrho^*(\mathfrak{U}) \subset \varrho^t(\mathcal{O}(R))$ [26]).

Man nennt jedes Element $u_r \in \mathfrak{U}_r$, $u_r \neq 0$, einen *universellen Nenner in r.* Auf den Beweis von Satz 25 sei hier verzichtet.

Es folgt nun unmittelbar:

Satz 26: Jede β_i-Struktur $\mathcal{O}$ auf einem Hausdorffschen Raum R ist in eindeutiger Weise zu einer β_n-Struktur $\mathcal{O}'$ auf R verfeinerbar. Jeder Halm $\mathcal{O}'_r$, $r \in R$, ist die ganz abgeschlossene Hülle von $\mathcal{O}_r$.

---

[25]) Vgl. etwa [24].

[26]) $\varrho^*(\mathfrak{U})$ bezeichnet die analytische Urbildgarbe von $\mathfrak{U}$; $\varrho^t(\mathcal{O}(R))$ dagegen die topologische Urbildgarbe von $\mathcal{O}(R)$ bezüglich der Abbildung ϱ. Beide Garben können, da ϱ nirgends entartet und fast überall biholomorph ist, in natürlicher Weise als Untergarben von $\mathcal{O}(R^*)$ aufgefaßt werden.

§ 8. Folgen holomorpher Funktionen und Grenzfunktionen

1. Es seien zunächst zwei in [19] bewiesene Sätze angegeben. Wir bezeichnen mit R einen β-Raum und mit P^n den n-dimensionalen komplex-projektiven Raum, $\alpha\colon R \times P^n \to R$ sei die natürliche Projektion. P_∞ sei eine ausgezeichnete $(n-1)$-dimensionale analytische Ebene des P^n. Ferner sei F dasjenige komplex-analytische Geradenbündel über $R \times P^n$, das zu dem Divisor $(R \times P_\infty)$ gehört (vgl. [19]). F ist von der Wahl von P_∞ unabhängig und heißt das „ausgezeichnete Geradenbündel" über $R \times P^n$. Mit $\mathfrak{F}$ werde die analytische Garbe der Keime der holomorphen Schnitte in F über $R \times P^n$ bezeichnet. Ist $\mathfrak{S}$ eine analytische Garbe über $R \times P^n$, so werde gesetzt:

$$\mathfrak{S}(k) := \mathfrak{S} \otimes \underbrace{\mathfrak{F} \otimes \cdots \otimes \mathfrak{F}}_{k\text{-mal}},$$

wobei das Tensorprodukt $\otimes$ bezüglich der Garbe $\mathcal{O}$ der holomorphen Funktionskeime über $R \times P^n$ zu bilden ist. Dann gilt (vgl. [19], § 3):

Satz I: Ist $\mathfrak{S}$ eine kohärente analytische Garbe über $R \times P^n$, so sind alle Bildgarben $\alpha_\nu(\mathfrak{S})$, $\nu = 0, 1, 2, \ldots$, kohärente analytische Garben über R.

Satz II: Ist Q^* ein relativ kompakter Teilbereich von R und $\mathfrak{S}$ eine kohärente analytische Garbe über $R \times P^n$, so gilt über Q^* für fast alle k:

$$\alpha_\nu(\mathfrak{S}(k)) = 0, \quad \text{falls } \nu \geq 1.$$

Es ergibt sich sofort als einfache Folgerung:

Satz 27: Ist $\pi\colon R_1 \to R_2$ eine eigentliche nirgends entartete holomorphe Abbildung eines β-Raumes R_1 in einen β-Raum R_2 und ist $\mathfrak{S}$ eine kohärente analytische Garbe über R_1, so ist $\pi_0(\mathfrak{S})$ kohärent und es gilt $\pi_\nu(\mathfrak{S}) = 0$ für alle $\nu \geq 1$.

Beweis: Es sei $r_2' \in R_2$ ein beliebiger Punkt. Da $\overset{-1}{\pi}(r_2')$ diskret und kompakt ist, besteht $\overset{-1}{\pi}(r_2')$ aus endlich vielen Punkten $r_1^{(1)}, \ldots, r_1^{(s)}$. Es gibt nun, da R_1 ein β-Raum ist, eine Umgebung V_0 der Menge $\overset{s}{\underset{\sigma=1}{\bigcup}}\, r_1^{(\sigma)}$, die durch eine biholomorphe Abbildung φ auf eine in einem Gebiet G eines C^m analytische Menge M' bezogen werden kann. Ist nun $U(r_2')$ eine hinreichend kleine Umgebung von r_2', so gilt: $V := \overset{-1}{\pi}(U) \subset V_0$; denn der Urbildfilter des Umgebungsfilters von r_2' kann sich offenbar nur gegen die Punkte $r_1^{(1)}, \ldots, r_1^{(s)}$ von R_1 häufen.

Durch die Zuordnung $r_1 \to (\pi(r_1), \varphi(r_1))$ wird nun eine biholomorphe Abbildung ψ von V auf eine analytische Menge M in $U \times G$ definiert. Faßt man G als Teilgebiet eines P^m auf, so ist M auch in $U \times P^m$ analytisch, da M sich gegen keinen Punkt von $U \times \partial G$ häuft. Die vermöge ψ nach M übertragene Garbe $\mathfrak{S}$ sei mit $\mathfrak{S}_\psi$ bezeichnet, sie läßt sich zu einer über $U \times P^m$ kohärenten analytischen Garbe $'\mathfrak{S}$ trivial fortsetzen: es gilt $'\mathfrak{S} = 0$ über $U \times P^m - M$ und $'\mathfrak{S} = \mathfrak{S}_\psi$ über M. Wie man unmittelbar sieht (vgl. auch [19], § 2), gilt über $U\colon \pi_\nu(\mathfrak{S}) = \alpha_\nu('\mathfrak{S})$, $\nu = 0, 1, 2, \ldots$. Aus Satz I folgt deshalb, daß $\pi_0(\mathfrak{S})$ über U kohärent ist. Da $r_2' \in R_2$ beliebig gewählt war, ist also $\pi_0(\mathfrak{S})$ über ganz R_2 kohärent.

Ist $U(r_2')$ ein holomorph vollständiger Raum (zur Def. vgl. [14]), so ist $V = \overset{-1}{\pi}(U)$ sicher K-vollständig und holomorph konvex und mithin wieder ein holomorph vollständiger Raum. Nach H. Cartan ([8], théorème B) gilt dann: $H^\nu(V, \mathfrak{S}) = 0$, $\nu = 1, 2, \ldots$. Da es beliebig kleine holomorph vollständige Räume $U(r_2')$ um r_2' gibt, folgt aus der Definition der Bilder der Garben, daß gilt: $\pi_\nu(\mathfrak{S}) = 0$ für alle $\nu \geqq 1$. — Damit ist Satz 27 bewiesen.

2. Das Ziel dieses Paragraphen ist der Beweis von

Satz 28: Der Vektorraum $H^0(R, \mathcal{O})$ der in einem β-Raum R holomorphen Funktionen ist, versehen mit der Topologie der kompakten Konvergenz, ein vollständiger topologischer Vektorraum.

Die Topologie der kompakten Konvergenz ist dabei — wie üblich — auf folgende Weise definiert: Ist K eine kompakte Menge in R, $\varepsilon > 0$ eine reelle Zahl und $f \in H^0(R, \mathcal{O})$ eine in R holomorphe Funktion, so ist

$$U(K, \varepsilon, f) := \left\{ g : g \in H^0(X, \mathcal{O}), \ \max_{r \in K} | f(r) - g(r) | < \varepsilon \right\}$$

eine spezielle offene Menge von $H^0(X, \mathcal{O})$. Die Gesamtheit aller $U(K, \varepsilon, f)$ bildet eine Basis der Topologie der kompakten Konvergenz.

Aus der vorstehenden Definition ergibt sich sofort, daß folgende Aussage zu Satz 28 äquivalent ist:

Satz 28': Ist $\{f_\nu\}$, $\nu = 1, 2, 3, \ldots$ eine Folge von in einem β-Raum R holomorphen Funktionen, die auf jeder kompakten Teilmenge von R gleichmäßig konvergiert, so ist die Grenzfunktion wieder eine in R holomorphe Funktion.

Der Beweis von Satz 28' erfordert einige Vorbereitungen. Wir zeigen zunächst:

(1) *Besitzt R eine abzählbare Topologie, so ist $H^0(R, \mathcal{O})$ ein metrisierbarer topologischer Vektorraum.*

Beweis: Da R lokal kompakt ist und eine abzählbare Topologie hat, läßt sich R durch eine Folge kompakter Teilmengen K_ν, $\nu = 1, 2, 3, \ldots$ ausschöpfen. Ist $f \in H^0(R, \mathcal{O})$, so sei $||f|| := \sum_{\nu=1}^{\infty} 2^{-\nu} \operatorname{arctg} \sup |f(K_\nu)|$. Weiter sei

$$\operatorname{dist}(f_1, f_2) := ||f_1 - f_2||$$

die Entfernung zweier Funktionen $f_1, f_2 \in H^0(R, \mathcal{O})$. Offenbar ist $\operatorname{dist}(f_1, f_2)$ eine Metrik und mit der Topologie von $H^0(R, \mathcal{O})$ verträglich, q.e.d.

Es gilt ferner:

(2) *Satz 28' ist für β_n-Räume R richtig.*

Beweis: Nach Satz 16 gibt es eine niederdimensionale analytische Menge $N \subset R$, so daß $R - N$ eine komplexe Mannigfaltigkeit ist. Konvergiert eine Folge in R holomorpher Funktionen f_ν auf jeder kompakten Teilmenge von R gleichmäßig, so ist die Grenzfunktion f in R stetig. Nach bekannten Sätzen ist f in $R - N$ sogar holomorph. Aus dem Riemannschen Fortsetzungssatz (Satz 22) folgt daher, daß f in ganz X holomorph ist.

Wir benötigen weiter ein von H. Cartan hergeleitetes Resultat (vgl. [6] sowie [19]):

(3) *Es sei G ein Gebiet im C^n und $\mathfrak{S}$ eine analytische Untergarbe der Garbe $\mathcal{O}^q$ der Keime von q-tupeln von holomorphen Funktionen über G. (Die Schnittflächen in $\mathfrak{S}$ über G können dann als spezielle q-tupel von in G holomorphen Funktionen*

angesehen werden). Der Vektorraum $H^0(G, \mathfrak{S})$ ist, versehen mit der Topologie der kompakten Konvergenz, ein metrisierbarer vollständiger topologischer Vektorraum [27].

3. In diesem Abschnitt wird Satz 28' bewiesen.

Es sei (R^*, ϱ) die Normalisierung von R; $\mathcal{O}^*$ bezeichne die Garbe der Keime von holomorphen Funktionen über R^*. Da $\varrho : R^* \to R$ eine eigentliche nirgends entartete holomorphe Abbildung ist, folgt aus Satz 27, daß die Garbe $\widetilde{\mathcal{O}} := \varrho_0(\mathcal{O}^*)$ kohärent über R ist. Man kann die Garbe $\mathcal{O}$ der Keime von holomorphen Funktionen über R als analytische Untergarbe von $\widetilde{\mathcal{O}}$ ansehen.

Satz 28' ist lokaler Natur. Man darf deshalb ohne Einschränkung der Allgemeinheit voraussetzen, daß R eine in einem Gebiet $G \subset C^n$ analytische Menge ist und daß es endlich viele Schnittflächen $s^{(1)}, \ldots, s^{(k)}$ in R gibt, die jeden Halm von $\widetilde{\mathcal{O}}$ über $R \subset G$ erzeugen. Überdies dürfen wir annehmen, daß G ein Holomorphiegebiet ist; R ist dann ein holomorph vollständiger Raum. Nach H. Cartan ([8], théorème 5) gilt also: ist s eine Schnittfläche in $\widetilde{\mathcal{O}}$ über R, so gibt es k in R holomorphe Funktionen $f^{(1)}, \ldots, f^{(k)}$, so daß gilt:
$s = \sum\limits_{\varkappa = 1}^{k} f^{(\varkappa)} s^{(\varkappa)}$. Die Funktionen $f^{(1)}, \ldots, f^{(k)}$ lassen sich nach [8], théorème 3, zu in ganz G holomorphen Funktionen $f^{(1)}, \ldots, f^{(k)}$ fortsetzen. Bezeichnet $H^0(G, \mathcal{O}^k)$ den Vektorraum der k-tupel von in G holomorphen Funktionen, so ist also $r : (f^{(1)}, \ldots, f^{(k)}) \to s = \sum\limits_{\varkappa = 1}^{k} f^{(\varkappa)} s^{(\varkappa)}$ eine stetige lineare Abbildung von $H^0(G, \mathcal{O}^k)$ auf $H^0(R, \widetilde{\mathcal{O}}) \approx H^0(R^*, \mathcal{O}^*)$.

Nach § 8.2 sind sowohl $H^0(G, \mathcal{O}^k)$ als auch $H^0(R^*, \mathcal{O}^*)$ metrisierbare und vollständige topologische Vektorräume. Aus einem Satz von Banach (vgl. [3], p. 34) folgt deshalb, daß r eine offene Abbildung ist. Daraus ergibt sich insbesondere:

(a) *Ist G' ein relativ kompaktes Teilgebiet von G, so gibt es zu G' eine reelle Zahl $K > 0$ mit folgender Eigenschaft: ist $s \in H^0(R, \widetilde{\mathcal{O}}) \approx H^0(R^*, \mathcal{O}^*)$ und gilt $|s| < M$ über R, so gibt es k in G holomorphe Funktionen $f^{(1)}, \ldots, f^{(k)}$ mit $s = \sum\limits_{\varkappa = 1}^{k} f^{(\varkappa)} s^{(\varkappa)}$ und $|f^{(\varkappa)}| < K \cdot M$ in G'.*

Wir bezeichnen nun mit $\mathfrak{Q}(R)$ die Quotientengarbe $\widetilde{\mathcal{O}}(R)/\mathcal{O}(R)$; weiter seien $'\mathcal{O}(G)$, $'\widetilde{\mathcal{O}}(G)$, $'\mathfrak{Q}(G)$ die trivialen Fortsetzungen von $\mathcal{O}(R)$, $\widetilde{\mathcal{O}}(R)$, $\mathfrak{Q}(R)$ auf G. Man hat dann über G die exakte Sequenz

$$0 \to {}'\mathcal{O}(G) \to {}'\widetilde{\mathcal{O}}(G) \xrightarrow{\ j\ } {}'\mathfrak{Q}(G) \to 0 \,.$$

Sind $'s^{(\varkappa)}$ die trivialen Fortsetzungen der Schnittflächen $s^{(\varkappa)}$, $\varkappa = 1, \ldots, k$, so wird durch

$$(f_z^{(1)}, \ldots, f_z^{(k)}) \to \sum\limits_{\varkappa = 1}^{k} f_z^{(\varkappa)} \, {}'s_z^{(\varkappa)}, \quad z \in G \,,$$

---

[27] $H^0(G, \mathfrak{S})$ ist sogar ein Fréchetraum, denn er ist offensichtlich lokal konvex.

ein analytischer Homomorphismus $'r: \mathcal{O}^k(G) \to '\widetilde{\mathcal{O}}(G)$ von $\mathcal{O}^k(G)$ auf $'\widetilde{\mathcal{O}}(G)$ definiert. $\Lambda(G) := Kern\,(j \circ 'r)$ ist dann eine analytische Untergarbe von $\mathcal{O}^k(G)$ mit folgender Eigenschaft: Ein Element $s \in H^0(R, \widetilde{\mathcal{O}}) \approx H^0(G, '\widetilde{\mathcal{O}})$ mit $s = \sum_{\varkappa=1}^{k} f^{(\varkappa)} s^{(\varkappa)}$ liegt genau dann in $H^0(R, \mathcal{O})$, wenn gilt: $(f^{(1)}, \ldots, f^{(k)}) \in H^0(G, \Lambda)$.

Es sei nun g_ν eine Folge von in R holomorphen Funktionen, die auf jeder kompakten Teilmenge von R gleichmäßig konvergiert. Wegen der lokalen Natur von Satz 28′ dürfen wir sogar annehmen, daß die g_ν in ganz R gleichmäßig gegen eine Grenzfunktion g konvergieren. Nach § 8.2 (2) ist $g \circ \varrho$ holomorph, also gilt: $g \in H^0(R, \widetilde{\mathcal{O}})$. Da man $|g| < M$ auf R annehmen darf, folgt aus (a) unmittelbar, wenn $G' \subseteq G$ ein beliebiges Teilgebiet von G ist:

(b) *Es gibt eine Folge* $(f_\nu^{(1)}, \ldots, f_\nu^{(k)})$, $\nu = 1, 2, \ldots$ *von k-tupeln in* G *holomorpher Funktionen mit* $g_\nu = \sum_{\varkappa=1}^{k} f_\nu^{(\varkappa)} s^{(\varkappa)}$, *derart, daß die Funktionen* $f_\nu^{(\varkappa)}$, $\nu = 1, 2, \ldots$ *in* G' *gleichmäßig gegen in* G' *holomorphe Grenzfunktionen* $f^{(\varkappa)}$, $\varkappa = 1, \ldots, k$, *konvergieren, so daß über* $R \cap G'$ *gilt*: $g = \sum_{\varkappa=1}^{k} f^{(\varkappa)} s^{(\varkappa)}$.

Nach dem Vorstehenden ist $(f_\nu^{(1)}, \ldots, f_\nu^{(k)})$ eine Schnittfläche in $\Lambda(G)$: $(f_\nu^{(1)}, \ldots, f_\nu^{(k)}) \in H^0(G, \Lambda)$ für alle $\nu = 1, 2, \ldots$. Nach § 8.2 (3) folgt daher: $(f^{(1)}, \ldots, f^{(k)}) \in H^0(G', \Lambda)$. Das bedeutet aber: $g\,|\,R \cap G' \in H^0(R \cap G', \mathcal{O})$. Mithin ist g in $R \cap G'$ holomorph. Da $G' \subseteq G$ beliebig groß gewählt werden kann, ist also g überall in R holomorph. Damit ist Satz 28′ bewiesen.

§ 9. Verallgemeinerung eines Satzes von Hartogs

1. Ein klassischer Satz von F. Hartogs sagt aus, daß jede in einem Gebiet $G \subset C^n$ komplex-wertige Funktion, die in jeder einzelnen Veränderlichen holomorph ist, in G schlechthin holomorph ist, d. h. lokal in eine gleichmäßig konvergente Potenzreihe entwickelt werden kann. Diese Aussage läßt sich offensichtlich, da sie lokaler Natur ist, auch wie folgt formulieren: sind R_1 und R_2 komplexe Mannigfaltigkeiten und ist $f(r_1, r_2)$, $r_1 \in R_1$, $r_2 \in R_2$, eine in $R_1 \times R_2$ komplex-wertige Funktion, die jeweils für festes $r_1 \in R_1$ holomorph in R_2 und für festes $r_2 \in R_2$ holomorph in R_1 ist, so ist f holomorph in $R_1 \times R_2$.

Wir werden nun in diesem Paragraphen zeigen, daß der Satz von Hartogs in dieser Fassung für beliebige β-Räume gilt.

Satz 29 (Hartogs): *Eine im Produkt* $R_1 \times R_2$ *zweier komplexer* β-*Räume* R_1, R_2 *definierte komplex-wertige Funktion* f, *deren Beschränkungen* $f\,|\,r_1 \times R_2$ *bzw.* $f\,|\,R_1 \times r_2$ *für alle festen* $r_1 \in R_1$ *bzw.* $r_2 \in R_2$ *holomorph sind, ist holomorph in* $R_1 \times R_2$.

2. Wir beweisen den Satz in mehreren Schritten. In diesem Abschnitt zeigen wir:

(A): *Unter den in Satz 29 gemachten Voraussetzungen ist* f *stetig in* $R_1 \times R_2$. Wir benutzen folgenden weiter unten bewiesenen

Hilfssatz 4: Ist A eine nirgends dichte analytische Menge in einem β-Raum R, so gibt es zu jeder kompakten Teilmenge $K \subset R$ eine Umgebung U von A und

einen relativ kompakten Bereich $R' \subset R$ mit $R' \supset K$, so daß $R'- U$ nicht leer ist und für jede in R' holomorphe Funktion f gilt:

$$\sup|f(K)| \leqq \sup|f(R'- U)| \; .$$

Es bezeichne N_ν die Menge der nichtgewöhnlichen Punkte von X_ν; N_ν ist eine in X_ν analytische, nirgends dichte Menge, $\nu = 1, 2$ (vgl. § 6). Wir setzen zunächst einen der beiden Räume, etwa R_2, als eine komplexe Mannigfaltigkeit voraus ($N_2 = 0$). Dann ist f sicher in $(R_1 - N_1) \times R_2$ stetig, da für komplexe Mannigfaltigkeiten der Satz von HARTOGS gilt. Sei nun $(r_1', r_2') \in N_1 \times R_2$. Ist $\varepsilon > 0$ vorgegeben, so sei K_1 eine kompakte Nachbarschaft von r_1', so daß gilt: $\sup\limits_{r_1 \in K_1}|f(r_1, r_2') - f(r_1', r_2')| < \dfrac{\varepsilon}{2}$; ein solches K_1 existiert, da $f|\,R_1 \times r_2'$ nach Voraussetzung holomorph ist. Wir bestimmen zu K_1 eine Umgebung U_1 von N_1 und einen relativ kompakten Bereich $R_1' \subset R_1$ mit $K_1 \subset R_1'$ gemäß Hilfssatz 4. Dann gilt also für jedes $r_2 \in R_2$:

$$\sup\limits_{r_1 \in K_1}|f(r_1, r_2) - f(r_1, r_2')| \leqq \sup\limits_{r_1 \in R_1'- U_1}|f(r_1, r_2) - f(r_1, r_2')| \; .$$

Nun liegt $R_1' - U_1$ relativ kompakt in der komplexen Mannigfaltigkeit $R_1 - N_1$. Wegen der Stetigkeit von f auf $(R_1 - N_1) \times R_2$ gibt es daher eine Nachbarschaft K_2 von r_2', so daß gilt: $\sup\limits_{r_2 \in K_2}\,(\sup\limits_{r_1 \in R_1'- U_1}|f(r_1, r_2) - f(r_1, r_2')|) < \dfrac{\varepsilon}{2}$. Aus der Ungleichung

$$|f(r_1, r_2) - f(r_1', r_2')| \leqq |f(r_1, r_2) - f(r_1, r_2')| + |f(r_1, r_2') - f(r_1', r_2')|$$

folgt jetzt, daß für alle $(r_1, r_2) \in K_1 \times K_2$ gilt: $|f(r_1, r_2) - f(r_1', r_2')| < \varepsilon$. Somit ist f in (r_1', r_2') und daher in ganz $R_1 \times R_2$ stetig.

Sei nun auch R_2 beliebig. Wie eben gezeigt, ist f jedenfalls in $R_1 \times (R_2 - N_2)$ stetig, da $R_2 - N_2$ eine komplexe Mannigfaltigkeit ist. Analog wie vorhin folgt daraus die Stetigkeit von f in ganz $R_1 \times R_2$. — Damit ist (A) bewiesen.

Es werde nunmehr Hilfssatz 4 bewiesen. Wir zeigen zunächst:

(1) *Hilfssatz 4 ist für beliebige β-Räume richtig, wenn er für irreduzible β-Räume richtig ist.*

Es seien R_ι, $\iota \in I$, die irreduziblen Komponenten von R. Sei $A_\iota := A \cap R_\iota$, $K_\iota := K \cap R_\iota$; K_ι liegt kompakt in R_ι und ist für fast alle $\iota \in I$ leer. Nach Voraussetzung gibt es zu der in R_ι nirgends dichten analytischen Menge A_ι eine Umgebung U_ι' von A_ι und einen relativ kompakten Bereich $R_\iota' \subset R_\iota$ mit $R_\iota' \supset K_\iota$, so daß $R_\iota' - U_\iota$ nicht leer ist und für jede in R_ι' holomorphe Funktion f_ι gilt: $\sup|f_\iota(K_\iota)| \leqq \sup|f_\iota(R_\iota' - U_\iota)|$. Nun bildet die Familie $\{R_\iota\}_{\iota \in I}$ eine lokal endliche, abgeschlossene Überdeckung von R (vgl. Satz 18). Daher enthält

$\bigcup\limits_{\iota \in I} U_\iota$ eine Umgebung U der Menge $A \subset X$. Ist $I' \subset I$ eine nichtleere endliche Teilmenge von I, so daß alle K_ι, $\iota \in I - I'$, leer sind, so ist weiter $\bigcup\limits_{\iota \in I'} R_\iota'$ in einem relativ kompakten Teilbereich R' von R, der K umfaßt, enthalten. $R'- U$ ist nicht leer, da $(R'- U) \cap R_\iota \supsetneqq R_\iota - U_\iota$, $\iota \in I'$. Offenbar gilt für U, R' die im Hilfssatz 4 behauptete Ungleichung für alle in R' holomorphen Funktionen.

Wir beweisen weiter:

(2) *Ist R ein irreduzibler β-Raum, so gibt es zu jedem Punkt $r_0 \in R$ eine relativ kompakte Umgebung V von r_0 und eine Umgebung U von A, so daß $V - U$ nicht leer ist und für jede in V holomorphe Funktion f gilt:* $\sup|f(V)| = \sup|f(V - U)|$.

Als irreduzibler β-Raum ist R reindimensional; es gelte etwa $d(X) = d$. Dann gibt es zu jedem Punkt $r_0 \in R$ eine β-Karte (V', ψ), $r_0 \in V'$, so daß $\psi(V') =: M'$ eine analytische Menge in einem Polyzylinder $Z := \{z : |z_1| < a_1, \ldots, |z_n| < a_n\}$ des C^n, $n \geq d$ ist, die über $Z^d := \{|z_1| < a_1, \ldots, |z_d| < a_d\}$ ausgebreitet liegt; wir dürfen $\psi(r_0) = O \in C^n$ annehmen (vgl. § 6, d)). Offensichtlich ist nur der Fall $r_0 \in A$ zu behandeln. Man kann durch eine lineare Transformation der $z_1, \ldots, z_d$ allein erreichen, daß die in Z analytische Menge $M^* := \psi(V' \cap A)$ über $Z^{d-1} := \{|z_2| < a_2, \ldots, |z_d| < a_d\}$ liegt (im Falle $d = 1$ besteht M^* nur aus O); man darf sogar annehmen, daß die abgeschlossene Hülle $\overline{M}^*$ von M^* keinen Punkt mit der Menge $T := \{z \in \overline{Z}, |z_1| = a_1, |z_\delta| = a_\delta, \delta = d + 1, \ldots, n\}$ gemeinsam hat. Sei nun $Z^* := \left\{z \in Z, |z_2| < \dfrac{a_2}{2}, \ldots, |z_d| < \dfrac{a_d}{2}\right\}$. Wir setzen $V := \overset{-1}{\psi}(M' \cap Z^*)$ und wählen ein Umgebung U von $A \subset R$ so, daß $U^* := \psi(V \cap U)$ sich nicht gegen T häuft; ein solches U existiert offensichtlich. Dann ist $V - U$ nicht leer; wir behaupten, daß für U und V die Aussage (2) gilt. Dazu genügt es zu zeigen, daß für jede in $M := M' \cap Z^*$ holomorphe Funktion f die Gleichung $\sup|f(M)| = \sup|f(M - U^*)|$ besteht. Wäre das für ein f nicht der Fall, so gäbe es einen Punkt $b = (b_1, \ldots, b_n) \in U^*$ mit $|f(b)| > \sup|f(M - U^*)|$. Wir betrachten dann den Schnitt S von M mit der $(n - d - 1)$-dimensionalen analytischen Ebene $\{z : z_2 = b_2, \ldots, z_d = b_d\}$. S ist eine rein 1-dimensionale analytische Menge in Z; für die in S holomorphe Funktion $f | S$ gilt: $|f(b)| > \sup|f(S - S \cap U^*)|$. Da aber $b \in S \cap U^*$ und $S \cap U^*$ nach Wahl von U^* relativ kompakt in S liegt, widerspricht dies dem Maximum-Prinzip.

Nunmehr läßt sich Hilfssatz 4 einfach beweisen. Wegen (1) dürfen wir R als irreduzibel annehmen. Wir wählen gemäß (2) zu jedem Punkt $r \in K$ eine relativ kompakte Umgebung $V(r)$ und eine Umgebung $U(A)$. K wird als kompakte Menge durch endlich viele Umgebungen $V(r)$, etwa $V_1, \ldots, V_s$, überdeckt. Bezeichnen wir mit $U_1, \ldots, U_s$ die zugehörigen Umgebungen von A, so setzen wir: $R' := \bigcup_{\sigma=1}^{s} V_\sigma$, $U := \bigcap_{\sigma=1}^{s} U_\sigma$. Offensichtlich ist $R' - U$ nicht leer, und es gilt für R' und U die im Hilfssatz behauptete Ungleichung für alle in R' holomorphen Funktionen f.

3. Es ist jetzt möglich, in wenigen Schritten den Satz von Hartogs zu beweisen. Wegen der lokalen Natur des Satzes dürfen wir ohne Einschränkung der Allgemeinheit voraussetzen, daß die Räume R_1 und R_2 eine abzählbare Topologie haben und daß die nach (A) in $R_1 \times R_2$ stetige Funktion f beschränkt in $R_1 \times R_2$ ist. Wir zeigen zunächst:

(a) *Es gibt eine abgeschlossene Nachbarschaft $U_1 \neq R_1$ der Menge N_1 der nicht gewöhnlichen Punkte von R_1, so daß jede Folge $\{g_\nu\}$ von in $R_1 \times S$ holomorphen Funktionen, die in $(R_1 - U_1) \times S$ kompakt konvergiert, auch in $R_1 \times S$ kompakt konvergiert; hierbei ist S irgendein β-Raum* [28]).

Wir schöpfen R_1 durch eine Folge $Q_1, Q_2, \ldots$ von relativ kompakten Teilbereichen aus: $\ldots \subset Q_n \subset Q_{n+1} \subset \ldots$. Wir wählen gemäß Hilfssatz 4 zur kompakten Menge $\overline{Q}_n$ eine Umgebung U_n von N_1 und einen relativ kompakten Bereich $R'_n \subset R$, $R'_n \supset \overline{Q}_n$. Man kann (durch evtl. Fortlassen gewisser Q_ν) erreichen, daß gilt: $Q_{n+1} \supset R'_n$. Dann ist $Q_{n+1} - U_n$ nie leer, und für jede in Q_{n+1} holomorphe Funktion g gilt: $\sup|g(Q_n)| \leq \sup|g(Q_{n+1} - U_n)|$. Setzt man

$$U' := \bigcup_{k=1}^{\infty} (Q_{k+1} \cap U_1 \cap \cdots \cap U_k), \text{ so ist } U' \text{ eine Umgebung von } N_1, \text{ so daß } Q_{n+1} - U'$$

niemals leer ist. Man folgert leicht, daß für jede in R_1 holomorphe Funktion g gilt: $\sup|g(Q_n)| \leq \sup|g(Q_{n+1} - U')|$, $n = 1, 2, \ldots$. Es hat nun jede in U' enthaltene abgeschlossene Nachbarschaft U_1 von N_1, für die $\partial U' \cap U_1$ leer ist, die in (1) behauptete Eigenschaft: Ist nämlich $\{g_\nu\}$ eine Folge in $R_1 \times S$ holomorpher Funktionen, die in $(R_1 - U_1) \times S$ kompakt konvergiert, und ist B irgendeine in $R_1 \times S$ kompakte Menge, so wähle man ein q und eine in S kompakte Menge L so, daß $B \subset Q_q \times L$. Es gilt für jedes $y \in S$ und alle n, m:

$$\sup_{r_1 \in Q_q} |g_n(r_1, y) - g_m(r_1, y)| \leq \sup_{r_1 \in Q_{q+1} - U'} |g_n(r_1, y) - g_m(r_1, y)| \,.$$

Da $Q_{q+1} - U'$ relativ kompakt in $R_1 - U_1$ liegt, kann man nach Voraussetzung zu jedem $\varepsilon > 0$ ein p_0 so finden, daß $|g_n(r_1, y) - g_m(r_1, y)| < \varepsilon$, falls $n, m \geq p_0$ und $(x_1, y) \in (Q_{q+1} - U') \times L$. Mithin gilt erst recht:

$$\sup_{(r_1, y) \in B} |g_n(r_1, y) - g_m(r_1, y)| < \varepsilon \,,$$

falls $n, m \geq p_0$, w.z.b.w.

Nach bekannten Sätzen gibt es in der komplexen Mannigfaltigkeit $R_1 - U_1$ eine Riemannsche Metrik, so daß $R_1 - U_1$ bezüglich des zugehörigen Oberflächenelementes do einen endlichen Inhalt hat. Es bezeichne H den Vektorraum der in R_1 holomorphen Funktionen g, die in $R_1 - U_1$ in bezug auf do quadratintegrierbar sind $\left(\int_{R_1 - U_1} |g|^2 do < \infty \right)$. In H liegen sicher alle in R_1 beschränkten holomorphen Funktionen. Wir führen vermöge der Gleichung $(g_1, g_2) := \int_{R_1 - U_1} g_1 \overline{g}_2 \, do$, $g_1, g_2 \in H$, in H ein Skalarprodukt ein. Ist $\{g_\nu\}$ eine Cauchyfolge in H (d. h. gibt es zu jedem $\varepsilon > 0$ ein n_0, so daß $(g_\nu - g_\mu, g_\nu - g_\mu) < \varepsilon$ für alle $\nu, \mu > n_0$), so konvergiert — wie sich aus geläufigen Abschätzungen ergibt — die Folge $\{g_\nu\}$ kompakt in $R_1 - U_1$ und nach (a) also auch kompakt in R_1. Aus Satz 28 ergibt sich, daß die Grenzfunktion wieder in R_1 holomorph ist. Da sie überdies in $R_1 - U_1$ auch quadratintegrierbar ist, folgt, daß H ein Hilbertraum ist. Man beweist ferner leicht, daß es ein abzählbares vollständiges Orthonormalsystem $\{g_\nu\}$ in H gibt (vgl. [14], p. 245).

---

[28]) In der Terminologie von [14] ist $R_1 \times S$ also die Konvergenzhülle von $(R_1 - U_1) \times S$.

Wir betrachten nun die vorgegebene, in $R_1 \times R_2$ beschränkte Funktion $f(r_1, r_2)$. Für jedes feste r_2 gilt: $f(r_1, r_2) \in H$ und somit:

$$f(r_1, r_2) = \sum_{\nu=1}^{\infty} a_\nu(r_2) \, g_\nu(r_1) \, , \quad a_\nu(r_2) := (f(r_1, r_2) \, , \, g_\nu(r_1)) \, .$$

Jedes Integral $(f(r_1, r_2), g_\nu(r_1))$ läßt sich durch eine Folge $\{s_\nu^{(\varrho)}\}$, $\varrho = 1, 2, \ldots$ Riemannscher Summen approximieren. Da alle $s_\nu^{(\varrho)}$ in R_2 holomorph sind und diese Approximation in jeder kompakten Menge von R_2 gleichmäßig ist, folgt aus Satz 28, daß alle Funktionen $a_\nu(r_2)$ in R_2 holomorph sind. Man zeigt nun leicht, daß auf jeder kompakten Menge $Q \subset R_2$ das Quadratintegral

$$\left(f(r_1, r_2) - \sum_{\nu=1}^{n} a_\nu(r_2) \, g_\nu(r_1) \, , \, f(r_1, r_2) - \sum_{\nu=1}^{n} a_\nu(r_2) \, g_\nu(r_1) \right) = \sum_{\nu=n+1}^{\infty} |a_\nu(r_2)|^2$$

mit wachsendem n beliebig klein wird. Daher konvergiert die Reihe $\sum_{\nu=1}^{\infty} a_\nu(r_2) \, g_\nu(r_1)$ in $(R_1 - U_1) \times R_2$ und mithin nach (a) auch in $R_1 \times R_2$ kompakt. Hieraus folgt durch nochmalige Anwendung von Satz 28 die Holomorphie von f in $R_1 \times R_2$, w.z.b.w.

§ 10. Beziehungen zwischen α- und β-Räumen

1. Wir stellen in diesem Paragraphen eine erste Verbindung her zwischen den Begriffen des α-Raumes und β-Raumes. Wir nennen einen β-Raum R einen α-Raum (bzw. umgekehrt), wenn die β-Strukturgarbe über R eine α-Strukturgarbe über R ist (bzw. umgekehrt). Wir beweisen zunächst:

Satz 30: Jeder β_n-Raum R ist ein α-Raum.

Beweis: Wir brauchen nur zu zeigen, daß jeder Punkt $r \in R$ eine Umgebung U besitzt, so daß die Beschränkung $\mathcal{O}(U)$ der β_n-Strukturgarbe $\mathcal{O}(R)$ von R auf U eine α-Strukturgarbe über U ist. Wir wählen um r eine β_n-Karte (U, ψ) gemäß § 6. d) und setzen $M = \psi(U)$. Bezeichnet $\gamma: M \to Z^d$ die Projektion von M auf Z^d (Bezeichnungen wie in §6. d)), so ist $\mathfrak{M} = (M, \gamma, Z^d)$ eine analytische Überlagerung von Z^d gemäß Satz 9, da M lokal irreduzibel ist. Das Tripel $(U, \psi, \mathfrak{M})$ ist dann eine α-Karte, die auf U eine α-Strukturgarbe $\mathcal{O}'(U)$ definiert. Wir behaupten: $\mathcal{O}'(U) = \mathcal{O}(U)$.

Es sei $A \neq Z^d$ eine analytische Menge in Z^d, über der alle Verzweigungspunkte von $\mathfrak{M}$ liegen. Dann umfaßt $\overset{-1}{\gamma}(A)$ insbesondere die nichtgewöhnlichen Punkte von M. Setzen wir $D := \overset{-1}{\psi}(\overset{-1}{\gamma}(A))$, so ist D eine mindestens 1-codimensionale analytische Menge in U bezüglich der beiden Strukturgarben $\mathcal{O}(U)$ und $\mathcal{O}'(U)$. Wir zeigen nun zunächst: $\mathcal{O}(U - D) = \mathcal{O}'(U - D)$. Die Inklusion $\mathcal{O}(U - D) \subset \mathcal{O}'(U - D)$ ist trivial. Aber auch umgekehrt ist jede in einer offenen Menge W von $M - \overset{-1}{\gamma}(A)$ holomorphe Funktion (im Sinne der Holomorphie auf analytischen Überlagerungen) ein Element aus $H^0(W, \mathcal{O}(W))$, da alle Punkte von W gewöhnliche Punkte von M sind, und somit jede holomorphe Funktion aus $H^0(W, \mathcal{O}'(W))$ lokal als Spur einer holomorphen Funktion aus dem umgebenden Zahlenraum darstellbar ist. Also gilt: $\mathcal{O}(U - D) = \mathcal{O}'(U - D)$.

Die Identität $\iota: U \to U$ bildet somit den β_n-Raum U außerhalb D biholomorph auf den α-Raum U ab. Dann folgt aber aus dem Korollar zu Satz 15, da D sowohl bezüglich $\mathcal{O}(U)$ als auch $\mathcal{O}'(U)$ eine analytische Menge in U ist und beide Räume $(U, \mathcal{O}(U))$, $(U, \mathcal{O}'(U))$ vom Typ F sind, daß $\iota: U \to U$ schlechthin biholomorph ist. Somit ist gezeigt: $\mathcal{O}(U) = \mathcal{O}'(U)$, w.z.b.w.

2. Wir wollen in diesem Abschnitt α-Strukturen, die zugleich β_n-Strukturen sind, durch eine besonders einfache Eigenschaft charakterisieren. Zunächst sei definiert:

Definition 35 (Algebroide Überlagerung): Eine analytische Überlagerung $\mathfrak{Y} = (Y, \eta, X)$ heißt eine algebroide Überlagerung, wenn es zu jedem Punkt $x \in X$ eine Umgebung U gibt, derart, daß in $\overset{-1}{\eta}(U)$ eine holomorphe Funktion f existiert mit $[f : I(U)] = b(\mathfrak{Y})$.

Definition 36 (Komplexer α_c-Raum): Ein α-Raum R heißt ein α_c-Raum, wenn es zu jedem Punkt $r \in R$ eine α-Karte $(U, \psi, \mathfrak{S})$, $r \in U$, aus dem α-Strukturatlas von R gibt, so daß $\mathfrak{S}$ eine algebroide Überlagerung ist. Die Strukturgarbe eines α_c-Raumes R heißt eine α_c-Strukturgarbe über R.

Wir zeigen nun:

Satz 31: Eine geringte Struktur $\mathcal{O}(R)$ auf einem Hausdorffschen Raum R ist genau dann eine β_n-Struktur, wenn sie eine α_c-Struktur ist.

Beweis: Wir zeigen zunächst, daß jede β_n-Struktur $\mathcal{O}(R)$ über R eine α_c-Struktur ist. Nach Satz 30 wissen wir bereits, daß $\mathcal{O}(R)$ eine α-Struktur ist. Sei dann $r_0 \in R$ irgendein Punkt und $(U, \psi, \mathfrak{S})$ eine α-Karte mit $r_0 \in U$. U sei so klein gewählt, daß es eine biholomorphe Abbildung φ von U auf eine in einem Gebiet des $C^n(z_1, \ldots, z_n)$ normale analytische Menge gibt. φ werde durch die holomorphen Funktionen $z_1 = f_1^*(r), \ldots, z_n = f_n^*(r)$, $r \in U$, gegeben. Gilt nun $\mathfrak{S} = (Y, \eta, G)$, so werde gesetzt: $f_\nu(y) := f_\nu^* \circ \psi^{-1}$, $\nu = 1, \ldots, n$, (es ist $\psi: U \to Y$ biholomorph!). Da φ eineindeutig abbildet, gibt es zu zwei verschiedenen Punkten $y_1, y_2 \in Y$ stets ein ν_0, so daß gilt: $f_{\nu_0}(y_1) \neq f_{\nu_0}(y_2)$. Dann gibt es aber auch eine in Y holomorphe Funktion f, die in allen Punkten $y \in \overset{-1}{\eta}(z_0)$, wo $z_0 \in G$ geeignet gewählt ist, paarweise verschiedene Werte besitzt (Satz vom primitiven Element). Offensichtlich gilt mit diesem f die Gleichung: $[f : I(G)] = b(\mathfrak{S})$. Daher ist $\mathfrak{S}$ eine algebroide Überlagerung; es ist bewiesen, daß jede β_n-Struktur über R eine α_c-Struktur ist.

Es bleibt noch zu zeigen, daß auch jede α_c-Struktur $\mathcal{O}(R)$ über R eine β_n-Struktur ist. Es sei wieder $r_0 \in R$ ein beliebiger Punkt; $(U, \psi, \mathfrak{S})$ sei eine α-Karte mit $r_0 \in U$, so daß $\mathfrak{S} = (Y, \eta, G)$ eine algebroide Überlagerung mit der α-Strukturgarbe $\mathcal{O}(Y)$ ist. Es werde G so klein gewählt, daß auf Y eine holomorphe Funktion f existiert mit $[f : I(G)] = b(\mathfrak{S})$. f annuliert ein Polynom $\omega(w; z)$ mit in G holomorphen Koeffizienten. Die holomorphe Produktabbildung $\varphi := \eta \times \{w = f(y)\}$ bildet dann Y auf die in $G \times C^1(w)$ analytische Menge $M := \{\omega(w, z) = 0\}$ ab. Ist $D \subset G$ die Diskriminantenmenge von $\omega(w; z)$, so ist φ eine biholomorphe Abbildung von $Y_0 := Y - \overset{-1}{\eta}(D)$ auf die komplexe Mannigfaltigkeit $M_0 := M - D \times C^1(w)$. Da $D \times C^1(w)$ eine mindestens

1-codimensionale analytische Menge in M ist, φ eigentlich und nirgends entartet abbildet, und jede mindestens 1-codimensionale analytische Menge in einem Teilbereich von Y diesen Teilbereich nirgends zerlegt, so folgt, daß (Y, φ) eine Normalisierung von M ist. Nach Satz 24 gibt es auf Y genau eine β_n-Struktur $\mathcal{O}'(Y)$, so daß $\varphi : (Y, \mathcal{O}'(Y)) \to (M, \mathcal{O}(M))$ holomorph ist. Die Identität $i : (Y, \mathcal{O}'(Y)) \to (Y, \mathcal{O}(Y))$ ist dann, beschränkt auf Y_0, biholomorph. Da β_n-Räume und α_c-Räume vom Typ F sind, ist dann i sogar biholomorph schlechthin. Mithin ist die α_c-Struktur $\mathcal{O}(U)$ über U auch eine β_n-Struktur.

3. Wir werden in den restlichen Paragraphen dieser Arbeit den folgenden Hauptsatz beweisen:

Satz 32: Jeder α-Raum ist ein β_n-Raum.

Hierzu genügt es, auf Grund von Satz 31, folgendes zu zeigen:

Satz 33: Jede analytische Überlagerung $\mathfrak{Y} = (Y, \eta, X)$ einer komplexen Mannigfaltigkeit X ist eine algebroide Überlagerung.

Der Beweis dieser Aussage wird in mehreren Schritten geführt.

§ 11. Typen analytischer Überlagerungen

1. Um eine bequeme Ausdrucksweise zu gewinnen, wollen wir auch analytische Überlagerungen von α-Räumen betrachten.

Definition 37 (Analytische Überlagerung eines α-Raumes): Es sei R ein α-Raum. Ein Tripel $\mathfrak{Y} = (Y, \eta, R)$ heißt eine analytische Überlagerung von R, wenn

1) *Y ein lokal kompakter Raum und $\eta : Y \to R$ eine stetige eigentliche und nirgends entartete Abbildung von Y auf R ist,*

2) *es eine analytische Menge A in R gibt, so daß $\overset{-1}{\eta}(A)$ den Raum Y nirgends zerlegt und $\eta : Y - \overset{-1}{\eta}(A) \to R - A$ lokal topologisch ist.*

Die in § 2 für analytische Überlagerungen komplexer Mannigfaltigkeiten eingeführten Begriffe übertragen sich unmittelbar; insbesondere kann man holomorphe Funktionen in offenen Mengen von Y betrachten und somit die Garbe $\mathcal{O}(Y)$ der Keime von holomorphen Funktionen in Y definieren. Man zeigt leicht:

Der Raum Y ist, versehen mit der Strukturgarbe $\mathcal{O}(Y)$, ein α-Raum, die Abbildung $\eta : Y \to R$ ist holomorph. $\mathcal{O}(Y)$ ist die einzige α-Struktur auf Y, so daß η holomorph ist.

η induziert wieder eine Einbettung von $I(R)$ in den Ring $I(Y)$ der in Y holomorphen Funktionen. Wie in § 2 zeigt man:

$$(I(Y) : I(R)) \leqq b(\mathfrak{Y}) = \text{Blätterzahl von } \mathfrak{Y}\,{}^{29}) \,.$$

2. Mit G werde fortan ein beliebiges einfach zusammenhängendes Gebiet im C^n der komplexen Veränderlichen $z = (z_1, \ldots, z_n)$ bezeichnet. P^1 sei die

---

[29]) Wir setzen: $(I(Y) : I(R)) := \max_{f \in I(Y)} (f : I(R))$.

Riemannsche Zahlenkugel mit der inhomogenen Veränderlichen w; der unendlich ferne Punkt von P^1 heiße p_∞. A sei eine rein n-dimensionale analytische Menge in $B := G \times P^1$; wir wollen stets $A \subset B_1 := G \times \{w, |w| < 1\}$ voraussetzen. Dann gilt, wie leicht einzusehen (vgl. Satz 3):

Es gibt ein Polynom $\omega(w; z) = w^k + a_1(z) w^{k-1} + \cdots + a_k(z)$ mit in G holomorphen Koeffizienten $a_\varkappa(z)$, $\varkappa = 1, \ldots, k$, das keine mehrfachen Faktoren enthält, so daß A die genaue Nullstellenmenge von $\omega(w; z)$ ist.

Es werde definiert:

Definition 38 (a-Überlagerung): Eine analytische Überlagerung von $B = G \times P^1$ heißt eine a-Überlagerung, wenn sie höchstens über einer in $B_1 = G \times \{w, |w| < 1\}$ enthaltenen analytischen Menge A verzweigt ist.

Ist $\mathfrak{P} = (P, \pi, B)$ eine b-blättrige a-Überlagerung von B, so besteht die Beschränkung $\mathfrak{P} | B_2 = (\overset{-1}{\pi}(B_2), \pi, B_2)$ von $\mathfrak{P}$ auf $B_2 := G \times (\{w, |w| > 1\} \cup p_\infty)$ aus genau b schlichten, nicht zusammenhängenden Blättern; denn B_2 ist einfach zusammenhängend.

Der folgende elementare Satz zeigt, daß jede analytische Überlagerung „lokal" als Teil einer a-Überlagerung aufgefaßt werden kann.

Satz 34: Es sei $\mathfrak{Y} = (Y, \eta, X)$ eine analytische Überlagerung einer rein $(n + 1)$-dimensionalen komplexen Mannigfaltigkeit X. Dann gibt es zu jedem Punkt $x_0 \in X$ eine komplexe Karte (U, ψ) mit $x_0 \in U$ und eine a-Überlagerung $\mathfrak{P} = (P, \pi, B)$ eines Gebietes $B = G \times P^1(w)$, $G \subset C^n(z)$ mit folgender Eigenschaft: die Menge $V := \psi(U)$ ist in B enthalten; es gibt eine biholomorphe Abbildung $\Phi : \overset{-1}{\eta}(U) \to \overset{-1}{\pi}(V)$, so daß $\psi \circ \eta = \pi \circ \Phi$.

Beweis: Es sei M eine rein n-dimensionale analytische Menge in X, über der alle Verzweigungspunkte von $\mathfrak{Y}$ liegen. Gilt $x_0 \notin M$, so ist $\mathfrak{Y}$ über x_0 unverzweigt, und die Aussage des Satzes ist trivial. Sei also $x_0 \in M$. Man kann dann eine relativ kompakte Umgebung U von x_0 und eine biholomorphe Abbildung ψ von $\overline{U}$ auf eine Menge V des $C^{n+1}(z_1, \ldots, z_n, w)$ mit $\psi(x_0) = O$ finden, so daß das „Ebenenstück" $\{x \in U, z_\nu \circ \psi(x) = 0, \nu = 1, \ldots, n\}$ die Menge M in x_0 punkthaft schneidet; (U, ψ) ist ersichtlich eine komplexe Karte auf X mit $x_0 \in U$. Offensichtlich kann man U so wählen, daß gilt:

$$V = G \times K, \text{ wo } G := \{z, |z_1| < 1, \ldots, |z_n| < 1\}, \ K := \left\{w, |w| < \frac{1}{2}\right\},$$

und $\psi(M) \cap (G \times \partial K)$ leer ist.

Die Abbildung ψ induziert eine Überlagerung $\mathfrak{P}'$ von V, die über $G \times \partial K$ unverzweigt ist. Wir fassen nun w als inhomogene Koordinate einer Riemannschen Zahlenkugel P^1 auf und ziehen den folgenden, weiter unten bewiesenen Hilfssatz heran:

Hilfssatz 5: Es sei T ein Gebiet des C^n und S ein einfach zusammenhängendes Gebiet mit glattem Rand ∂S in einer Riemannschen Zahlenkugel. Dann läßt sich jede endlich-blättrige, unverzweigte und unbegrenzte Überlagerung von $T \times \partial S$ zu einer analytischen Überlagerung von $T \times \overline{S}$ fortsetzen, die höchstens über einer Ebene $T \times p_0$ verzweigt ist; dabei ist $p_0 \in S$ ein beliebig wählbarer Punkt.

In unserem Falle sei $T := G$, $S := \left(\left\{w, |w| > \frac{1}{2}\right\} \cup p_\infty\right) \subset P^1$, und p_0 der Punkt $w = \frac{2}{3}$. Die Überlagerung $\mathfrak{P}'$ von V kann dann zu einer analytischen Überlagerung $\mathfrak{P} = (P, \pi, B)$ von $B = G \times P^1$ fortgesetzt werden, die höchstens über der analytischen Menge $A := (\psi(M) \cap G \times K) \cup \left(G \times \frac{2}{3}\right) \subset$ $\subset G \times \{w, |w| < 1\}$ verzweigt ist. Mithin ist $\mathfrak{P}$ eine a-Überlagerung, die Existenz einer biholomorphen Abbildung $\Phi : \overset{-1}{\eta}(U) \to \overset{-1}{\pi}(V)$ mit $\psi \circ \eta = \pi \circ \Phi$ ist offensichtlich. Damit ist Satz 34 bewiesen.

Es ist noch der Beweis des Hilfssatzes nachzutragen. Wegen des Riemannschen Abbildungssatzes kann man S als Einheitskreis $\{w, |w| < 1\}$ und p_0 als Nullpunkt $w = 0$ voraussetzen. Durch die Abbildung $\varrho : (t, re^{i\vartheta}) \to (t, e^{i\vartheta})$ wird $T \times (\bar{S} - 0)$ stetig auf $T \times \partial S$ abgebildet. Bezeichnet daher $\mathfrak{Z} = (Z, \zeta, T \times \partial S)$ die vorgelegte Überlagerung von $T \times \partial S$, so ist $\tilde{\mathfrak{Z}} = (Z \times \{r, 0 < < r \leqq 1\}, \tilde{\zeta}, T \times (\bar{S} - 0))$, wo $\tilde{\zeta}(x, r) = (t, r\,e^{i\vartheta})$, falls $\zeta(x) = (t, e^{i\vartheta})$, eine Fortsetzung von $\mathfrak{Z}$ zu einer unverzweigten analytischen Überlagerung von $T \times (\bar{S} - 0)$. Diese Überlagerung läßt sich nach dem Fortsetzungssatz weiter zu einer analytischen Überlagerung von $T \times \bar{S}$ fortsetzen, q.e.d.

Wir werden später zeigen, daß jede a-Überlagerung algebroid ist. Aus dem soeben bewiesenen Satz folgt dann, daß jede analytische Überlagerung einer komplexen Mannigfaltigkeit eine algebroide Überlagerung ist.

3. Der Beweis des Hauptsatzes 33 braucht nur für zusammenhängende Überlagerungen erbracht zu werden. Es gilt nämlich:

Satz 35: Es sei $\mathfrak{Y} = (Y, \eta, X)$ eine beliebige analytische Überlagerung einer zusammenhängenden komplexen Mannigfaltigkeit X. $\mathfrak{Y}$ zerfalle in die zusammenhängenden Komponenten $\mathfrak{Y}_\varkappa = (Y_\varkappa, \eta_\varkappa, X)$, $\varkappa = 1, \ldots, k$. Dann ist $\mathfrak{Y}$ genau dann eine algebroide Überlagerung von X, wenn jedes $\mathfrak{Y}_\varkappa$ eine algebroide Überlagerung von X ist.

Beweis: Gibt es zu jedem Punkt $x_0 \in X$ eine Umgebung U und in $V := \overset{-1}{\eta}(U)$ eine holomorphe Funktion f mit $(f : I(U)) = b(\mathfrak{Y})$, so gilt für die in $V \cap Y_\varkappa$ holomorphe Funktion $f_\varkappa := f \,|\, V \cap Y_\varkappa$ offensichtlich: $(f_\varkappa : I(U)) = b(\mathfrak{Y}_\varkappa)$, $\varkappa = 1, \ldots, k$. Ist also $\mathfrak{Y}$ algebroid, so auch jede Überlagerung $\mathfrak{Y}_\varkappa$, $\varkappa = 1, \ldots, k$. Sei nun umgekehrt jedes $\mathfrak{Y}_\varkappa$ eine algebroide Überlagerung. Dann gibt es zu jedem $x_0 \in X$ eine Umgebung U und in $V_\varkappa =: V \cap Y_\varkappa$, $V := \overset{-1}{\eta}(U)$, eine holomorphe Funktion $f_\varkappa$ mit $(f_\varkappa : I(U)) = b(\mathfrak{Y}_\varkappa)$, $\varkappa = 1, \ldots, k$. Die Funktionen $f_\varkappa$ können offenbar so gewählt werden, daß jeder Durchschnitt $f_{\varkappa_1}(V_{\varkappa_1}) \cap f_{\varkappa_2}(V_{\varkappa_2})$, $\varkappa_1 \neq \varkappa_2$, leer ist. Diese $f_\varkappa$ definieren aber eine holomorphe Funktion f in V mit

$$(f : I(U)) = b(\mathfrak{Y}) = \sum_{\varkappa = 1}^{k} b(\mathfrak{Y}_\varkappa), \text{ w.z.b.w.}$$

Als Corollar zu Satz 35 ergibt sich sofort:

Jede analytische Überlagerung $\mathfrak{Y} = (Y, \eta, X)$, deren Verzweigungspunkte sämtlich Windungspunkte sind, ist eine algebroide Überlagerung.

In der Tat! Zu jedem Punkt $x \in X$ gibt es eine Umgebung U, so daß jede zusammenhängende Komponente $\mathfrak{Y}_\varkappa$ von $\mathfrak{Y} \,|\, U$ äquivalent zu einer Überlagerung $\mathfrak{W}_{b_\varkappa}(U) = (W_{b_\varkappa}, \gamma, U)$ ist, $\varkappa = 1, \ldots, k$ (vgl. § 2. Beispiel 1; U kann so gewählt werden, daß U bezüglich geeigneter holomorpher Koordinaten ein Polyzylinder ist). Jede Überlagerung $\mathfrak{W}_{b_\varkappa}(U)$ ist aber algebroid, da $\sqrt[b_\varkappa]{z_1}$ als holomorphe Funktion auf $W_{b_\varkappa}$ definiert werden kann, die über $I(U)$ den Grad $b_\varkappa$ hat, $\varkappa = 1, \ldots, k$. Mithin ist auch $\mathfrak{Y} \mid U$ und daher $\mathfrak{Y}$ selbst eine algebroide Überlagerung.

4. In den folgenden beiden Abschnitten werden zwei weitere Typen von analytischen Überlagerungen untersucht. X sei eine rein n-dimensionale komplexe Mannigfaltigkeit und M eine rein $(n-1)$-dimensionale analytische Menge in X.

Definition 39 (b-Menge): M heißt eine b-Menge, wenn es zu jedem Punkt $x_0 \in M$ eine Umgebung U mit lokalen Koordinaten $(z_1, \ldots, z_n) = z$ gibt, so daß folgendes gilt:

1) Es gibt ein Pseudopolynom $\omega(z_1; z_2, \ldots, z_n) \equiv z_1^k + \sum\limits_{\varkappa=0}^{k-1} A_\varkappa(z_2, \ldots, z_n) \cdot z_1^\varkappa$

mit in U holomorphen Koeffizienten $A_\varkappa(z_2, \ldots, z_n)$, $\varkappa = 0, \ldots, k-1$, so daß

$$U \cap M = \{z \in U, \ \omega(z) = 0\}.$$

2) Die Menge $U \cap M \cap \{z \in U, \frac{\partial \omega}{\partial z_1}(z) = 0, z_2 \neq 0\}$ ist leer.

Nach dieser Definition ist jede rein 1-dimensionale analytische Menge in einer rein 2-dimensionalen komplexen Mannigfaltigkeit offensichtlich eine b-Menge. Weiter ist im Falle beliebiger Dimension n sicher jede rein $(n-1)$-dimensionale analytische Menge, die nur gewöhnliche Punkte besitzt, eine b-Menge.

Wir definieren nun

Definition 40 (b-Überlagerung): Eine analytische Überlagerung $\mathfrak{Y} = (Y, \eta, X)$ über einer rein dimensionalen komplexen Mannigfaltigkeit X heißt eine b-Überlagerung, wenn es eine b-Menge in X gibt, so daß $\mathfrak{Y}$ höchstens über M verzweigt ist.

Es folgt sofort, daß jede analytische Überlagerung einer rein 2-dimensionalen komplexen Mannigfaltigkeit eine b-Überlagerung ist.

Wir zeigen im folgenden Satz, daß jede a-Überlagerung außerhalb einer speziellen $(n-1)$-dimensionalen analytischen Menge eine b-Überlagerung ist. $\mathfrak{P} = (P, \pi, B)$, $B = G \times P^1$, $G \subset C^n$ sei irgendeine a-Überlagerung; $A \subset G \times \{w, |w| < 1\}$ eine rein n-dimensionale analytische Menge, über der alle Verzweigungspunkte von $\mathfrak{P}$ liegen. $\omega(w; z)$ sei wie früher ein Polynom in w ohne mehrfache Faktoren, dessen genaue Nullstellenmenge A ist. D sei die Diskriminantenmenge von ω, D ist leer oder rein $(n-1)$-dimensional. Wir bezeichnen mit N die höchstens $(n-2)$-dimensionale analytische Menge der nicht gewöhnlichen Punkte von D und behaupten:

Satz 36: Die Überlagerung

$$\mathfrak{P} \mid (G - N) \times P^1 = \left(\overset{-1}{\pi}(G - N) \times P^1, \ \pi, \ (G - N) \times P^1\right)$$

ist eine b-Überlagerung.

Beweis: Es ist zu zeigen, daß $A - (N \times P^1)$ eine b-Menge in $(G \times P^1) - (N \times P^1)$ ist. Bezeichnet K die Menge der nichtgewöhnlichen Punkte von A, so ist, da A in jedem gewöhnlichen Punkt eine b-Menge ist, nur zu zeigen, daß A in jedem Punkt $(w_0, z_0) \in K - N \times P^1$ eine b-Menge ist. Sicher gilt $z_0 \in D$, da zu jedem $z \notin D$ nur gewöhnliche Punkte (w, z) von A gehören. Nach Voraussetzung ist z_0 ein gewöhnlicher Punkt von D; daher gibt es eine Umgebung $V(z_0)$ von z_0, in der sich vermöge einer biholomorphen Transformation so komplexe Koordinaten $\hat{z}_1, \ldots, \hat{z}_n$ einführen lassen, daß V bezüglich der $\hat{z}_1, \ldots, \hat{z}_n$ ein Polyzylinder wird und überdies gilt: $z_0 = (0, \ldots, 0)$, $V \cap D = \{\hat{z} \in V, \hat{z}_1 = 0\}$. Schreiben wir $\omega(w; z)$ über $V \times (P^1 - p_\infty)$ als Polynom $\mu(w, \hat{z})$ in den neuen Koordinaten, so sind für $U := V \times (P^1 - p_\infty)$ und $\mu(w; \hat{z})$ die Forderungen von Definition 39 erfüllt. Mithin ist A auch in allen Punkten $(w_0, z_0) \in K - N \times P^1$ eine b-Menge, w.z.b.w.

Anmerkung: Da alle Verzweigungspunkte von $\mathfrak{P} = (P, \pi, B)$ über A liegen, so ist sogar $\mathfrak{P} \mid (G \times P^1) - A \cap (N \times P^1) = \left(\overset{-1}{\pi}(G \times P^1) - A \cap (N \times P^1), \; \pi, \; (G \times P^1) - A \cap (N \times P^1) \right)$ eine b-Überlagerung. Da $A \cap (N \times P^1)$ höchstens $(n-2)$-dimensional in $G \times P^1$ ist, ist also jede $(n+1)$-dimensionale a-Überlagerung $\mathfrak{P} = (P, \pi, B)$, $B = G \times P^1$, $G \subset C^n$, sogar außerhalb einer $(n-2)$-dimensionalen Menge eine b-Überlagerung.

5. Wir definieren in diesem Abschnitt c-Mengen und c-Überlagerungen. X sei wieder eine rein n-dimensionale komplexe Mannigfaltigkeit und M eine rein $(n-1)$-dimensionale analytische Menge in X.

Definition 41 (c-Menge): M heißt eine c-Menge, wenn jede irreduzible Komponente von M und die Menge K der nichtgewöhnlichen Punkte von M nur aus gewöhnlichen Punkten besteht.

Definition 42 (c-Überlagerung): Eine analytische Überlagerung $\mathfrak{Y} = (Y, \eta, X)$ heißt eine c-Überlagerung, wenn $\mathfrak{Y}$ höchstens über einer c-Menge $M \subset X$ verzweigt ist.

Wir beweisen den wichtigen

Satz 37: Es sei $\mathfrak{Y} = (Y, \eta, X)$ irgendeine b-Überlagerung von X, die höchstens über der b-Menge $M \subset X$ verzweigt ist. Dann gibt es zu jedem Punkt $x \in M$ eine Umgebung $D = D(x)$, eine c-Überlagerung $\mathfrak{Y}^* = (Y^*, \eta^*, D^*)$ eines Gebietes $D^* \subset C^n$ und holomorphe Abbildungen $\hat{\alpha}: Y^* \to V := \overset{-1}{\eta}(D)$, $\alpha: D^* \to D$, so daß folgendes gilt:

1) $\mathfrak{D} = (D^*, \alpha, D)$ ist eine algebroide Überlagerung von D; $\hat{\mathfrak{D}} = (Y^*, \hat{\alpha}, V)$ ist eine analytische Überlagerung von V.

2) $b(\hat{\mathfrak{D}}) = b(\mathfrak{D})$, $b(\mathfrak{Y}^*) = b(\mathfrak{Y})$.

3) $\eta \circ \hat{\alpha} = \alpha \circ \eta^*$.

Anmerkung: Die Mengen D^*, Y^*, tragen zunächst zwei komplexe Strukturen. Die durch die Überlagerung $\mathfrak{D}$ in D^* definierte komplexe Struktur stimmt jedoch mit der komplexen Struktur des Gebietes $D^* \subset C^n$ überein, da α holomorph ist. Ebenso stimmen die in Y^* durch die Überlagerungen $\mathfrak{Y}^*$ und $\hat{\mathfrak{D}}$ definierten komplexen Strukturen überein, da $\alpha \circ \eta^* = \eta \circ \hat{\alpha}$ holomorph ist.

Beweis von Satz 37: Zu jedem Punkt $x \in M$ gibt es nach Voraussetzung eine Umgebung U mit lokalen Koordinaten $z_1, \ldots, z_n$ und ein Pseudopolynom

$$\mu(z_1; z_2, \ldots, z_n) = z_1^k + \sum_{\varkappa = 0}^{k-1} A_\varkappa(z_2, \ldots, z_n) \cdot z_1^\varkappa \text{ mit in } U \text{ holomorphen Koeffi-}$$

zienten, so daß gilt:

$$M \cap U = \{z \in U, \mu(z) = 0\}, \quad M \cap \left\{z \in U, \frac{\partial}{\partial z_1} \mu(z) = 0, z_2 \neq 0\right\} = \text{leer.}$$

Wir dürfen $x = (0, \ldots, 0)$ annehmen. Dann gibt es, da $\mu(z_1; 0, \ldots, 0) \not\equiv 0$, einen in U enthaltenen Polyzylinder
$D := D_1 \times D_2, D_1 := \{z_1, |z_1| < \varepsilon_1\}, D_2 := \{(z_2, \ldots, z_n), |z_2| < \varepsilon_2, \ldots, |z_n| < \varepsilon_n\}$,
so daß $M \cap (\partial D_1 \times D_2)$ leer ist. Die Koeffizienten $A_\varkappa$ von μ sind in D_2 holo-morph, durch evtl. Abspalten eines Faktors von μ läßt sich noch erreichen, daß alle Nullstellen z_1 von μ für einen Punkt $(z_2, \ldots, z_n) \in D_2$ in D_1 liegen.

Wir betrachten nun im $C^n(z_1^*, \ldots, z_n^*)$ den Polyzylinder

$$D^* := D_1^* \times D_2^*, \quad D_1^* := \{z_1^*, |z_1^*| < \varepsilon_1\}, \quad D_2^* := \left\{(z_2^*, \ldots, z_n^*), |z_2^*| < \sqrt[s]{\varepsilon_2}, \right.$$
$$\left. |z_3^*| < \varepsilon_3, \ldots, |z_n^*| < \varepsilon_n\right\},$$

wobei s eine noch zu bestimmende natürliche Zahl ist. Durch die Gleichungen

$$z_1 = z_1^*, \ z_2 = (z_2^*)^s, \ z_3 = z_3^*, \ldots, z_n = z_n^*$$

wird eine holomorphe Abbildung $\alpha : D^* \to D$ vermittelt. Offensichtlich ist das Tripel $\mathfrak{D} = (D^*, \alpha, D)$ eine analytische Überlagerung von D, die überdies als das Existenzgebiet der algebroiden Funktion $\sqrt[s]{z_2}$ eine algebroide Über-lagerung ist.

Das Pseudopolynom $\mu^*(z_1^*; z_2^*, \ldots, z_n^*) = \mu(\alpha(z^*))$ zerfällt bei geeigneter Wahl von s über D_2^* in endlich viele Linearfaktoren $\mu_\varkappa^* = z_1^* - C_\varkappa(z_2^*, \ldots, z_n^*)$, $\varkappa = 1, \ldots, k$; dies folgt, da die Menge $\left\{z, \mu(z) = 0, \frac{\partial}{\partial z_1} \mu(z) = 0\right\}$ in der Ebene $\{z_2 = 0\}$ enthalten ist, sofort aus dem weiter unten angeführten und bewiesenen Hilfssatz 6. Wir denken uns s in dieser Weise gewählt und setzen: $M_\varkappa^* := \{z^* \in D^*, \mu_\varkappa^*(z^*) = 0\}, \varkappa = 1, \ldots, k$. $M_\varkappa^*$ ist stets eine irreduzible analyti-sche Menge in D^*, die nur aus gewöhnlichen Punkten besteht. Der Durch-schnitt $M_{\varkappa_1}^* \cap M_{\varkappa_2}^*$ zweier solcher Mengen ist jeweils leer oder eine rein $(n-2)$-dimensionale singularitätenfreie analytische Menge in D^*; denn die Funktionen $\mu_\varkappa^*(z^*)$ haben höchstens auf der Ebene $\{z_2^* = 0\}$ gemeinsame Nullstellen. Daher ist $M^* := \{z^* \in D^*, \mu^*(z^*) = 0\}$ eine c-Menge in D^*.

Sei nun Y^* die Menge aller Paare $(y, z^*), y \in V := \overset{-1}{\eta}(D), z^* \in \overset{-1}{\alpha}(\eta(y))$. Wir versehen Y^* mit der natürlichen Topologie und bezeichnen mit $\eta^* : Y^* \to D^*$ die Projektion $(y, z^*) \to z^*$ von Y^* auf D^*. Das Tripel $\mathfrak{Y}^* = (Y^*, \eta^*, D^*)$ ist dann offensichtlich eine analytische Überlagerung von D^*, die höchstens über M^* verzweigt und mithin eine c-Überlagerung ist. Bezeichnet weiter $\hat{\alpha} : Y^* \to V$ die ersichtlich holomorphe Projektion $(y, z^*) \to y$ von Y^* auf V, so ist auch $\hat{\mathfrak{D}} = (Y^*, \hat{\alpha}, V)$ eine analytische Überlagerung. Da $\eta \circ \hat{\alpha} = \alpha \circ \eta^*$ und $b(\hat{\mathfrak{D}}) = b(\mathfrak{D}), b(\mathfrak{Y}^*) = b(\mathfrak{Y})$, so ist Satz 37 bewiesen.

Wir formulieren und beweisen nun den benutzten

Hilfssatz 6: Es seien $\omega_\varrho(z_1; z_2, \ldots, z_n)$ Pseudopolynome in z_1 mit im Polyzylinder $D_2 := \{(z_2, \ldots, z_n),\ |z_2| < \varepsilon_2, \ldots, |z_n| < \varepsilon_n\}$ holomorphen Koeffizienten, $\varrho = 1, \ldots, r$. ω_ϱ sei irreduzibel über D_2 und vom Grade k_ϱ in z_1, $\varrho = 1, \ldots, r$; für das Produkt $\omega := \prod\limits_{\varrho=1}^{r} \omega_\varrho$ gelte:

$$\left\{z,\ \omega(z) = 0,\ \frac{\partial \omega}{\partial z_1}(z) = 0\right\} \subset E := \{z,\ z_2 = 0\}.$$

Wird dann die natürliche Zahl s von allen Zahlen $k_1, \ldots, k_r$ geteilt, so zerfällt das Pseudopolynom

$$\omega^*(z_1^*; z_2^*, \ldots, z_n^*) = \omega(\alpha(z^*)),$$

wobei $\alpha : z^* \to z$ die Abbildung $z_1 = z_1^*$, $z_2 = (z_2^*)^s$, $z_3 = z_3^*, \ldots, z_n = z_n^*$ ist, über dem Polyzylinder $D_2^* := \{(z_2^*, \ldots, z_n^*),\ |z_2^*| < \sqrt[s]{\varepsilon_2},\ |z_3^*| < \varepsilon_3, \ldots, |z_n^*| < \varepsilon_n\}$ in Linearfaktoren.

Beweis: Ist der Hilfssatz für ein s richtig, so auch für jedes ganze Vielfache desselben. Wir dürfen daher ohne Einschränkung der Allgemeinheit $\omega(z)$ selbst als irreduzibel über D_2 voraussetzen und $s = k$ annehmen, wenn k der Grad von ω in z_1 ist. Es sei dann $Y' := \{z,\ \omega(z) = 0\}$ und $\eta : Y' \to D_2$ die Projektion $z \to (z_2, \ldots, z_n)$. Das Tripel $\mathfrak{Y}' = (Y' - \overset{-1}{\eta}(E),\ \eta,\ D_2 - E)$ ist eine s-blättrige unverzweigte Überlagerung von $D_2 - E$, die zusammenhängend ist, da ω irreduzibel ist. $\mathfrak{Y} = (Y,\ \eta,\ D_2)$ sei die eindeutig bestimmte Fortsetzung von $\mathfrak{Y}'$ zu einer analytischen Überlagerung von D_2. Die Funktion $z_1 = f(y)\,|\ Y$, die man durch holomorphe Fortsetzung der Funktion $z_1\,|\ Y' - \overset{-1}{\eta}(E)$ erhält, genügt der Gleichung $\omega = 0$. Da $\mathfrak{Y}$ äquivalent zur Windungsüberlagerung $\mathfrak{W}_s$ ist (vgl. § 2), kann f als eindeutige Funktion $f(\sqrt[s]{z_2}, z_3, \ldots, z_n)$ aufgefaßt werden. Die Menge $\{z^* \in D_2^*,\ \omega^*(z^*) = 0\}$ ist daher die Vereinigungsmenge der Graphen der Funktionen $z_1^* = f(\varepsilon^\sigma z_2^*, z_3^*, \ldots, z_n^*)$, $\sigma = 1, \ldots, s$, wobei ε eine primitive s-te Einheitswurzel ist. Somit folgt:

$$\omega^*(z^*) = \prod\limits_{\sigma=1}^{s} (z_1^* - f(\varepsilon^\sigma z_2^*, z_3^*, \ldots, z_n^*)),$$

w.z.b.w.

6. In § 14 werden wir zeigen, daß jede c-Überlagerung eine algebroide Überlagerung ist. Daraus folgt, daß auch jede b-Überlagerung algebroid ist, denn wir zeigen jetzt unter Benutzung des letzten Satzes:

Satz 38: Ist jede c-Überlagerung algebroid, so ist auch jede b-Überlagerung algebroid.

Beweis: Sei $\mathfrak{Y} = (Y,\ \eta,\ X)$ eine b-Überlagerung, die höchstens über der b-Menge $M \subset X$ verzweigt ist. Es ist nur zu zeigen, daß jeder Punkt $x \in M$ eine Umgebung D besitzt, so daß $\mathfrak{Y}\,|\ D$ algebroid ist. D, $\mathfrak{Y}^* = (Y^*,\ \eta,\ D^*)$, $\mathfrak{D} = (D^*,\ \alpha,\ D)$, $\widehat{\mathfrak{D}} = (Y^*,\ \hat{\alpha},\ V)$ seien gemäß Satz 37 gewählt. Nach Voraussetzung ist $\mathfrak{Y}^*$ eine algebroide Überlagerung. Werden D und D^* hinreichend klein gewählt, so gilt sogar:

$$(I(Y^*) : I(D^*)) = b(\mathfrak{Y}^*),\quad (I(D^*) : I(D)) = b(\mathfrak{D})\ (= s).$$

Aus der Gleichung

$$(I(Y^*):I(D)) = (I(Y^*):I(D^*)) \cdot (I(D^*):I(D)) = (I(Y^*):I(V))\,(I(V):I(D))$$

folgt nun wegen $b(\mathfrak{Y}^*) = b(\mathfrak{Y})$ und $b(\hat{\mathfrak{S}}) = b(\mathfrak{S})$:

$$(I(Y^*):I(V)) \cdot (I(V):I(D)) = b(\hat{\mathfrak{S}}) \cdot b(\mathfrak{Y})\,.$$

Da sicher $(I(Y^*):I(V)) \leqq b(\hat{\mathfrak{S}})$, $(I(V):I(D)) \leqq b(\mathfrak{Y})$, so muß gelten: $(I(V):I(D)) = b(\mathfrak{Y})$. Mithin ist $\mathfrak{Y}\,|\,D$ eine algebroide Überlagerung, w.z.b.w.

Aus Satz 38 ergibt sich sofort, wenn man voraussetzt, daß jede c-Überlagerung algebroid ist:

Satz 39: Jede analytische Überlagerung einer rein 2-dimensionalen komplexen Mannigfaltigkeit ist eine algebroide Überlagerung. Ist $\mathfrak{P} = (P, \pi, B)$, $B = G \times P^1$, $G \subset C^n$, eine a-Überlagerung, so gibt es eine $(n-2)$-dimensionale analytische Menge N in G, so daß $\mathfrak{P}\,|\,(G-N) \times P^1 = \left(\overset{-1}{\pi}((G-N) \times P^1),\, \pi,\, (G-N) \times P^1\right)$ eine algebroide Überlagerung ist.

§ 12. Bildgarben

1. Es sei X eine beliebige zusammenhängende komplexe Mannigfaltigkeit, $\mathfrak{S}$ eine kohärente analytische Garbe über X. Wir bezeichnen mit $r_x(\mathfrak{S})$ den Rang (die Dimension) des Moduls $\mathfrak{S}_x$ über $\mathcal{O}_x$, $x \in X$ [30]).

Satz 40: $r_x(\mathfrak{S})$ ist von $x \in X$ unabhängig.

Beweis: Da $\mathfrak{S}$ kohärent ist, gibt es zu jedem Punkt $x_0 \in X$ eine zusammenhängende Umgebung $U(x_0)$, in der eine exakte Sequenz $\mathcal{O}^p \overset{\alpha}{\to} \mathcal{O}^q \overset{\beta}{\to} \mathfrak{S} \to 0$ definiert werden kann. Offensichtlich gilt in jedem Punkte $x \in U$ die Gleichung $r_x(\mathfrak{S}) = q - r_x(\mathfrak{M})$, wobei $\mathfrak{M} \subset \mathcal{O}^q$ die Garbe $\alpha(\mathcal{O}^p)$ bezeichnet. Die Garbe $\mathfrak{M}$ hat aber in jedem Punkte $x \in U$ den gleichen Rang $r_x(\mathfrak{M})$: bezeichnen wir nämlich mit $f_1(x), \ldots, f_p(x)$ die q-tupel holomorpher Funktionen, die vermöge α Bild der p-tupel $(1, 0, \ldots, 0), \ldots, (0, \ldots 0, 1)$ konstanter Funktionen sind, so wird jeder Halm von $\mathfrak{M}$ über U durch die Schnittflächen $f_1(x), \ldots, f_p(x)$ erzeugt, so daß $r_x(\mathfrak{M})$, $x \in U$, immer gleich dem Maximum des Ranges $rg(f_1(x), \ldots, f_p(x))$ der Matrix $(f_1(x), \ldots, f_p(x))$, $x \in U$, ist. Dadurch ist Satz 40 bewiesen.

Definition 43 (Rang): $r(\mathfrak{S}) := r_x(\mathfrak{S})$ heißt der Rang der Garbe $\mathfrak{S}$ über X.
Bei freien Garben ist $r(\mathfrak{S})$ gleich dem in § 5 definierten Rang.

2. Wir betrachten Untergarben der Garbe $\mathcal{O}^q$ der Keime von holomorphen Funktionen.

Definition 44 (Freie Untergarbe): Es sei X eine beliebige komplexe Mannigfaltigkeit und $\mathfrak{S}$ eine Untergarbe von $\mathcal{O}^q$ über X. Dann heißt $\mathfrak{S}$ in einem Punkt $x_0 \in X$ eine freie Untergarbe von $\mathcal{O}^q$, wenn in einer Umgebung $U(x_0)$ die Garbe $\mathfrak{S}$ und die Quotientengarbe $\mathcal{O}^q/\mathfrak{S}$ freie Garben sind. $\mathfrak{S}$ heißt eine freie Untergarbe über X, wenn $\mathfrak{S}$ in jedem Punkte $x \in X$ eine freie Untergarbe ist.

---

[30]) Unter dem Rang von $\mathfrak{S}_x$ über $\mathcal{O}_x$ werde wie üblich die Maximalzahl linear unabhängiger Elemente verstanden.

Es folgt sofort:

Hilfssatz 7: Es sei $\mathfrak{S}$ eine kohärente Untergarbe der Garbe $\mathcal{O}^q$ über einer beliebigen rein n-dimensionalen komplexen Mannigfaltigkeit X. Dann gibt es eine höchstens $(n-1)$-dimensionale analytische Menge $K \subset X$, so daß $\mathfrak{S}$ über $X - K$ eine freie Untergarbe von $\mathcal{O}^q$ ist.

Beweis: Ist $x_0 \in X$ ein beliebiger Punkt, so gibt es eine zusammenhängende Umgebung $U(x_0) \subset X$ und endlich viele q-tupel $f_1, \ldots, f_t$ in U holomorpher Funktionen, die über U jeden Halm der Garbe $\mathfrak{S}$ erzeugen. Es sei $r(\mathfrak{S})$ $= \sup rg(f_1(x), \ldots, f_t(x))$ der Rang von $\mathfrak{S}$. Bekanntlich ist $K(f) := \{x \in U, rg(f_1(x), \ldots, f_t(x)) < r(\mathfrak{S})\}$ eine höchstens $(n-1)$-dimensionale analytische Menge in U, in $U - K(f)$ ist $\mathfrak{S}$ offensichtlich eine freie Untergarbe. Sind $f_1', \ldots, f_t'$ weitere q-tupel von Funktionen, die in einer zusammenhängenden Umgebung $U'(x_0)$ holomorph sind und in U' jeden Halm der Garbe $\mathfrak{S}$ erzeugen, so gelten in der Nähe von x_0 Gleichungen: $f_\nu = \Sigma a'_{\nu\mu} f'_\mu$, $f'_\mu = \Sigma a_{\mu\nu} f_\nu$ mit in x_0 holomorphen Funktionen $a_{\mu\nu}, a'_{\nu\mu}$. Es gilt offensichtlich: $K(f) \cap V(x_0)$ $= K(f') \cap V(x_0)$, wenn $V(x_0) \subset U \cap U'$ eine hinreichend kleine Umgebung von x_0 und $K(f')$ analog wie $K(f)$ definiert ist. Die q-tupel f'_ν definieren also in x_0 den gleichen analytischen Mengenkeim wie die q-tupel f_ν, $\nu = 1, \ldots, t$. Es ist also zu jedem Punkt $x \in X$ ein analytischer Mengenkeim K_x festgelegt. Die K_x definieren eine höchstens $(n-1)$-dimensionale analytische Menge $K \subset X$; in $X - K$ ist $\mathfrak{S}$ eine freie Untergarbe.

3. Es sei eine Folgerung aus Satz 27 angegeben:

Hilfssatz 8: Ist $\mathfrak{Y} = (Y, \varphi, D)$ eine algebroide Überlagerung eines Gebietes $D \subset \mathbb{C}^n$ und $\mathfrak{S}$ eine kohärente analytische Garbe über Y, so ist $\varphi_0(\mathfrak{S})$ kohärent und es gilt $\varphi_\nu(\mathfrak{S}) = 0$, $\nu = 1, 2, \ldots$.

Beweis: Nach § 10 ist Y ein β-Raum, $\varphi: Y \to D$ eine eigentliche nirgends entartete holomorphe Abbildung. Also folgt unser Hilfssatz als Spezialfall von Satz 27.

4. Es sei fortan $\mathfrak{P} = (P, \pi, B)$ eine a-Überlagerung über einer komplexen Mannigfaltigkeit $B = G \times P^1$. Die Zusammensetzung der Projektion $\alpha: G \times$ $\times P^1 \to G$ und $\pi: P \to B$ sei mit τ bezeichnet. Ist $\mathfrak{S}$ eine analytische Garbe über P, so gilt stets $\tau_0(\mathfrak{S}) = \alpha_0(\pi_0(\mathfrak{S}))$. Ist $\mathfrak{P}$ eine algebroide Überlagerung und $\mathfrak{S}$ eine kohärente Garbe, so hat man wegen $\pi_\nu(\mathfrak{S}) = 0$, $\nu > 0$, sogar: $\tau_\nu(\mathfrak{S}) = \alpha_\nu(\pi_0(\mathfrak{S}))$ (vgl. [19], § 2). Nach Satz I sind dann alle $\tau_\nu(\mathfrak{S})$ über G kohärent.

Das ausgezeichnete Geradenbündel F über $G \times P^1$ hat eine holomorphe Schnittfläche h, die genau $G \times p_\infty$ zur Nullstellenfläche 1. Ordnung hat. Wir „liften" F vermöge π nach P und erhalten über P ein komplex-analytisches Geradenbündel $\hat{F} := F \circ \pi$. h nach P geliftet wird zu einer holomorphen Schnittfläche $\hat{h}$ von $\hat{F}$, die genau auf den b n-dimensionalen Flächen $E^{(1)}, \ldots, E^{(b)}$ über $G \times p_\infty$ von 1. Ordnung verschwindet $(b = b(\mathfrak{P}))$. Die Garbe der Keime von holomorphen Schnitten in F bzw. $\hat{F}$ sei mit $\mathfrak{F}$ bzw. $\hat{\mathfrak{F}}$ bezeichnet.

Es sei nun E_ν, $\nu = 0, 1, 2, \ldots$ eine Folge von paarweise verschiedenen $(n-1)$-dimensionalen analytischen Mengen, die durch π topologisch auf paarweise verschiedene Ebenen $G \times w_\nu$, $1 < |w_\nu| < \infty$ abgebildet werden. Es sei H das komplex-analytische Geradenbündel über P, das zu dem Divisor (E_0) gehört. H besitzt eine holomorphe Schnittfläche $\tilde{h}$, die genau auf E_0 in 1. Ordnung verschwindet. Wir betrachten die Tensorprodukte $H_{r,s} := H^r \otimes \hat{F}^s$, $r = 0$, $1, 2, \ldots, s = 0, 1, 2, \ldots$ und bezeichnen mit $\mathfrak{H}_{r,s} := \mathfrak{H}^r \otimes \hat{\mathfrak{F}}^s$ die Garbe der Keime von holomorphen Schnitten in $H_{r,s}$.[31] Die globalen Schnittflächen in der Garbe $\mathfrak{H}_{r,s}$ deuten wir in der üblichen Weise als holomorphe Schnittflächen im Geradenbündel $H_{r,s}$. $H_{r,s}$ besitzt eine kanonische holomorphe Schnittfläche $h_{r,s} := \tilde{h}^r \otimes \hat{h}^s$, die auf E_0 von der Ordnung r, auf $E^{(\beta)}$, $\beta = 1, \ldots, b$, von der Ordnung s und sonst nirgends verschwindet.

5. Es gilt folgender

Hilfssatz 9: Es gibt über G einen Monomorphismus γ von $\tau_0(\mathfrak{H}_{r,s})$ in die freie Garbe $\mathcal{O}^q$ mit $q := r + b\,s + 1$.

Beweis: Es werden zunächst gewissen Schnittflächen in $\mathfrak{H}_{r,s}$ q-tupel holomorpher Funktionen zugeordnet. Ist U ein Teilbereich von G und h eine Schnittfläche in $\mathfrak{H}_{r,s}$ über $V := \overset{-1}{\tau}(U)$, so sei $\hat{\gamma}(h) := (f_1, \ldots, f_q)$. Dabei sind f_ν, $\nu = 1, \ldots, q$, in U holomorphe Funktionen, die wie folgt definiert sind: Der Quotient $\hat{f} := \dfrac{h}{h_{r,s}}$ ist als Quotient zweier Schnittflächen in einem Geradenbündel eine meromorphe Funktion in V. Da $h_{r,s}$ auf keiner Fläche E_ν, $\nu \geq 1$, verschwindet, ist $\hat{f}_\nu := \hat{f}|\,E_\nu$ in E_ν holomorph, $\nu \geq 1$. Wir setzen nun $f_\nu := \hat{f}_\nu \circ \tau_\nu^{-1}$, wobei τ_ν die Beschränkung von τ auf E_ν bezeichnet; ersichtlich ist $\tau_\nu : E_\nu \to G$ biholomorph, $\nu \geq 1$. Die Funktionen $f_1, \ldots, f_q$ sind also in U holomorph; es sei $\hat{\gamma}(h) = (f_1, \ldots, f_q)$.

$\hat{\gamma}$ ist ein Homomorphismus des kanonischen Garbendatums von $\tau_0(\mathfrak{H}_{r,s})$ in das kanonische Garbendatum von $\mathcal{O}^q$. Wir zeigen, daß $\hat{\gamma}$ injektiv ist. Ist nämlich $\hat{\gamma}(h) = 0$, so verschwindet die meromorphe Funktion $\hat{f} = h/h_{r,s}$ auf allen Flächen $\overset{-1}{\tau}(U) \cap E_\nu$, $\nu = 1, \ldots, q$. Andererseits aber hat $\hat{f}$ nur die Flächen E_0 und $\overset{-1}{\pi}(G \times p_\infty)$ zu Polstellenflächen von höchstens der Ordnung r bzw. s. Ist D die Diskriminantenmenge des zu $\mathfrak{P}$ gehörigen Pseudopolynoms $\omega(w;z)$[32] und $z_0 \in G - D$, so gilt nach [16], Hilfssatz 3: $\mathfrak{P}|\,z_0 \times P^1 = (R, \pi, z_0 \times P^1)$ *mit* $R := \overset{-1}{\pi}(z_0 \times P^1)$ *ist eine zusammenhängende kompakte Riemannsche Fläche über* $z_0 \times P^1$. Wählen wir $z_0 \in U - D$, so ist $\hat{f}/R$ eine meromorphe Funktion, die Nullstellen mindestens der Ordnung q, aber Polstellen höchstens der Ordnung $r + bs < q$ hat. Das ist nur möglich, wenn $\hat{f} = 0$, d. h. $h = 0$.

Nun erzeugt jeder Monomorphismus zwischen kanonischen Garbendaten einen Monomorphismus der zugehörigen Garben. Also ist Hilfssatz 9 bewiesen.

---

[31] Die Garbe $\mathfrak{H}_{r,s}$ ist offensichtlich kanonisch isomorph zum Tensorprodukt der Garben der Keime von holomorphen Schnitten in H^r und $\hat{F}^s$.

[32] $\omega(w;z)$ ist gemäß § 11.2 zu bestimmen, D ist als Nullstellenmenge der holomorphen Diskriminante von ω eine analytische Menge in G.

6. Es sei nun $\mathfrak{S} := \gamma(\tau_0(\mathfrak{H}_{r,s}))$ und $N \subset G$ eine höchstens $(n-2)$-dimensionale analytische Menge, so daß $\mathfrak{P}|(G-N) \times P_1$ eine algebroide Überlagerung und mithin $\mathfrak{S}$ über $G-N$ kohärent ist.

Hilfssatz 10: Ist $p := r(\mathfrak{S})$ der Rang der Garbe $\mathfrak{S}$ über $G - N$, so gibt es einen Monomorphismus $\lambda : \mathfrak{S} \to \mathcal{O}^p$.

Beweis: Wir bezeichnen mit $s_z = (s_z^{(1)}, \ldots, s_z^{(q)})$ die Elemente der Garbe $\mathfrak{S}$ über den Punkten $z \in G$ und definieren λ als Abbildung $s_z \to s_z' := (s_z^{(1)}, \ldots, s_z^{(p)}) \in$ $\in \mathcal{O}^p$, wobei die Indexreihenfolge noch bestimmt wird. Offenbar ist λ ein Garbenhomomorphismus. — Da $\mathfrak{S}$ über $G - N$ kohärent ist, gibt es nach Hilfssatz 7 eine höchstens $(n-1)$-dimensionale analytische Menge $K \subset G - N$, so daß $\mathfrak{S}$ über $G' := G - N - K$ eine freie Untergarbe von $\mathcal{O}^q$ ist. Liegt z in G', so lassen sich in z also q Keime $f_1, \ldots, f_q$ von q-tupeln holomorpher Funktionen finden, derart, daß die $f_1, \ldots, f_q$ den Halm der Garbe $\mathcal{O}^q$ und die $f_1, \ldots, f_p$ den Halm der Garbe $\mathfrak{S}$ über z erzeugen: Jedes Element $s_z \in \mathfrak{S}_z$ läßt sich eindeutig als Summe $s_z = \sum\limits_{\nu=1}^{p} a_\nu f_\nu$ darstellen, wobei die a_ν Keime in z holomorpher Funktionen sind. Wir setzen $f_\nu = (f_\nu^{(1)}, \ldots, f_\nu^{(q)})$, $f_\nu' := (f_\nu^{(1)}, \ldots, f_\nu^{(p)})$. Da die Vektoren $f_1(z), \ldots, f_q(z)$ linear unabhängig sind, ist bei geeigneter q-tupel-Numerierung die Determinante $\|f_1', \ldots, f_p'\|$ um z nicht $\equiv 0$. In z ist die Abbildung $\lambda : s_z \to \sum\limits_{\nu=1}^{p} a_\nu f_\nu'$ mithin injektiv. Wählt man an Stelle der q-tupel $f_1, \ldots, f_q$ q andere q-tupel $\widetilde{f}_1, \ldots, \widetilde{f}_r$ mit obigen Eigenschaften, so gilt in $z : \widetilde{f}_\nu = \sum\limits_{\mu=1}^{p} a_{\nu\mu} f_\mu$, $\nu = 1, \ldots, p$, also bei gleicher Numerierung: $\|\widetilde{f_1'}, \ldots, \widetilde{f_p'}\| \not\equiv 0$ um z, wenn $\widetilde{f}_\nu = (\widetilde{f}_\nu^{(1)}, \ldots, \widetilde{f}_\nu^{(q)})$ und $\widetilde{f}_\nu' := (\widetilde{f}_\nu^{(1)}, \ldots, \widetilde{f}_\nu^{(p)})$ gesetzt wird.

Es sei nun die q-tupel-Numerierung der Elemente aus $\mathcal{O}^q$ so festgelegt, daß um einem festen Punkt $z_0 \in G'$ gilt: $\|f_1', \ldots, f_p'\| \not\equiv 0$. Da G' zusammenhängend ist, folgt dann, daß dieses für jeden Punkt $z \in G'$ gilt. Mithin ist λ über G' injektiv. Daraus ergibt sich, weil die $s_z \in \mathfrak{S}$ Keime von q-tupeln stetiger Funktionen sind und die Menge $G - G'$ nirgends dicht in G liegt, daß λ über ganz G ein Monomorphismus ist, q. e. d.

Nach § 12.2 muß $\lambda(\mathfrak{S})$ fast überall mit $\mathcal{O}^p$ übereinstimmen. Es ist also folgender Satz bewiesen:

Satz 41: Zu allen r, s gibt es eine natürliche Zahl $p = r(\tau_0(\mathfrak{H}_{r,s}))$ und einen Monomorphismus λ von $\tau_0(\mathfrak{H}_{r,s})$ auf eine analytische Untergarbe $\mathfrak{S} \subset \mathcal{O}^p$; es gibt eine nirgends dichte Menge $M \subset G$, so daß über $G - M$ gilt: $\mathfrak{S} = \mathcal{O}^p$.

§ 13. Der Beweis des Hauptresultates

1. Wir beweisen nun das Hauptresultat unserer Arbeit, daß jede analytische Überlagerung über einem Gebiet $G \subset C^n$ algebroid ist.

Wegen Satz 34 brauchen wir nur zu zeigen

Satz 42: Jede a-Überlagerung $\mathfrak{P} = (P, \pi, G \times P^1)$ ist eine algebroide Überlagerung.

2. Es sei fortan immer $\lambda = \lambda_{r,s}$ ein Isomorphismus von $\tau_0(\mathfrak{H}_{r,s})$ auf eine Untergarbe $\mathfrak{S}$ von $\mathcal{O}^p$ gemäß Satz 41; es gelte $p = p(r,s) = r(\tau_0(\mathfrak{H}_{r,s}))$ in $G - N$, dabei sei N gemäß Satz 36 gewählt. Wir zeigen zunächst:

Hilfssatz 11: Ist $\mathfrak{P}' = (P', \pi', G' \times P^1)$ eine a-Überlagerung, die zugleich eine algebroide Überlagerung ist, so gibt es zu jeder Schnittfläche f in $\mathcal{O}^p$ genau eine meromorphe Schnittfläche $\hat{f} = (\lambda \circ \tau_0)^{-1}(f)$ in $H_{r,s}$, so daß folgendes gilt:

1) *Die Polstellenmenge S von $\hat{f}$ ist bezüglich τ saturiert, d. h. es ist $\overset{-1}{\tau}(\tau(S)) = S$.*

2) *$\hat{f}\,|\,P' - S$ wird vermöge $\lambda \circ \tau_0$ auf $f\,|\,G' - \tau(S)$ abgebildet.*

Beweis: Da die Zuordnung der Schnittflächen aus $H^0(\overset{-1}{\tau}(U), \mathfrak{H}_{r,s})$ und $H^0(U, \mathfrak{S})$ für alle offenen Mengen $U \subset G'$ eineindeutig ist, folgt zunächst, daß $\hat{f}$ eindeutig bestimmt ist. Wir zeigen die Existenz.

$\mathfrak{S}$ ist wie $\tau_0(\mathfrak{H}_{r,s})$ kohärent. Es gibt daher zu jedem Punkt $z_0 \in G'$ eine Umgebung $U(z_0)$ und endlich viele p-tupel $f_1, \ldots, f_t$ in U holomorpher Funktionen, die über U jeden Halm von $\mathfrak{S}$ erzeugen, $t \geq p$. Bei richtiger Numerierung sind die Vektoren $f_1(z), \ldots, f_p(z)$ fast überall in U linear unabhängig, es ist also die Determinante $\Delta = \|f_1(z), \ldots, f_p(z)\| \not\equiv 0$. Zu den Funktionen $f_\nu(z)$ gehören nach Konstruktion von $\mathfrak{S}$ holomorphe Schnittflächen s_ν in $H_{r,s}$ über $\overset{-1}{\tau}(U)$, die durch $\lambda \circ \tau_0$ auf f_ν abgebildet werden. Ist f ein beliebiges p-tupel in G' holomorpher Funktionen, so gilt, da $\Delta \not\equiv 0$:

$$f = \sum_{\mu=1}^{p} a_\mu f_\mu \text{ mit in } U \text{ meromorphen Funktionen } a_\mu. \; \hat{f} := \sum_{\mu=1}^{p} (a_\mu \circ \tau)\, s_\mu \text{ hat dann}$$

in bezug auf U, $\overset{-1}{\tau}(U)$ die in Hilfssatz 11 verlangten Eigenschaften. Da $\hat{f}$ von der Wahl der $f_1, \ldots, f_p$ unabhängig ist, so kann man diese Konstruktion für jedes $z_0 \in G'$ durchführen und erhält so die Schnittfläche $\hat{f}$ über ganz P' mit den verlangten Eigenschaften.

Korollar: Hilfssatz 11 gilt für jede a-Überlagerung $\mathfrak{P} = (P, \pi, G \times P^1)$.

Beweis: Es sei wieder $N \subset G$ eine höchstens $(n-2)$-dimensionale analytische Menge, so daß $\mathfrak{P}\,|\,(G - N) \times P^1$ eine algebroide Überlagerung ist. Ist dann f ein p-tupel holomorpher Funktionen in G und $f' := f\,|\,G - N$ die Beschränkung von f auf $G - N$, so ist $\hat{f}' := (\lambda \circ \tau_0)^{-1}(f')$ nach Hilfssatz 11 eine meromorphe Schnittfläche über $\overset{-1}{\tau}(G - N)$, deren Polstellenmenge S' bezüglich τ saturiert ist. Nach dem Fortsetzungslemma [§ 3, b)] läßt sich die meromorphe Funktion $\dfrac{\hat{f}'}{h_{r,s}}$ zu einer meromorphen Funktion g über ganz P fortsetzen. $\hat{f} := g \cdot h_{r,s}$ ist eine meromorphe Fortsetzung von $\hat{f}'$. Da die Polstellenmenge S von $\hat{f}$ die abgeschlossene Hülle der Polstellenmenge S' ist, so folgt, daß auch S bezüglich τ saturiert ist. Ebenso hat $\hat{f}$ die Eigenschaft 2) von Hilfssatz 11. Es gilt also Hilfssatz 11 für beliebige a-Überlagerungen, w.z.b.w.— Offenbar ist $(\lambda \circ \tau_0)^{-1}$ ein injektiver Homomorphismus des $I(G)$-Moduls $H^0(G, \mathcal{O}^p)$ in den $I(G)$-Modul der meromorphen Schnittflächen in $H_{r,s}$.

Wir zeigen nun:

Satz 43: Ist G ein Holomorphiegebiet, so gilt: $\dim_{I(G)} H^0(P, \mathfrak{H}_{r,s}) = p(r,s)$.

Beweis: Es werde gesetzt: $f_1 := (1, 0, \ldots, 0)$, $f_2 = (0, 1, \ldots, 0), \ldots, f_p := (0, \ldots, 0, 1)$ und $f_\nu := (\lambda \circ \tau_0)^{-1}(f_\nu)$, $\nu = 1, \ldots, p$. Es bezeichne S die Vereinigung der Polstellenmengen der f_ν, $\nu = 1, \ldots, p$. Da S bezüglich τ saturiert ist, muß $Q := \tau(S) = \tau(S \cap E_0)$ eine rein $(n-1)$-dimensionale analytische Menge in G sein, die — da G Holomorphiegebiet ist — in dem Nullstellengebilde einer in G holomorphen Funktion $g \not\equiv 0$ enthalten ist. Verschwindet g auf den irreduziblen Komponenten von Q hinreichend stark — was man stets erreichen kann —, so ist $(g \circ \tau) \cdot f_\nu =: \tilde{f}_\nu$ eine holomorphe Schnittfläche in $H_{r,s}$, $\nu = 1, \ldots, p$. Da die f_ν über $I(G)$ unabhängig sind und $(\lambda \circ \tau_0)^{-1}$ eine Injektion ist, sind auch die Schnittflächen f_ν und mithin $\tilde{f}_\nu$ über $I(G)$ unabhängig. Also ist $\dim_{I(G)} H^0(P, \mathfrak{H}_{r,s}) \geq p(r,s)$; da $\mathfrak{S}$ eine Untergarbe von $\mathcal{O}^p$ ist, gilt andererseits: $\dim_{I(G)} H^0(P, \mathfrak{H}_{r,s}) = \dim_{I(G)} H^0(G, \mathfrak{S}) \leq p(r,s)$. Somit ist $\dim_{I(G)} H^0(P, \mathfrak{H}_{r,s}) = p(r,s)$, q. e. d.

3. Es seien in diesem Abschnitt die Garben $\mathfrak{H}(k) := \mathfrak{H}_{1,k}$ und $\hat{\mathfrak{F}}^k$ untersucht. Durch die Zuordnung $f_x \to h_{1,0} \otimes f_x$, wo $h_{1,0} = \tilde{h}$, erhält man einen Monomorphismus $\delta: \hat{\mathfrak{F}}^k \to \mathfrak{H}(k)$. δ ist auf $P - E_0$ ein Isomorphismus. Wir bezeichnen mit Q die Beschränkung von $H(k) := H_{1,k}$ auf E_0 und erhalten die exakte Sequenz:

$$(1) \qquad\qquad 0 \to \hat{\mathfrak{F}}^k \xrightarrow{\delta} \mathfrak{H}(k) \to \mathfrak{Q} \to 0,$$

wobei $\mathfrak{Q}$ die triviale Fortsetzung der Garbe der lokalen holomorphen Schnitte in Q bezeichnet. Wie man leicht sieht, ist das Bündel Q analytisch trivial, so daß $\mathfrak{Q}$ also die triviale Fortsetzung der Garbe $\mathcal{O}^1(E_0)$ ist. Man hat deshalb nach § 5, e) die folgende exakte Sequenz der Bilder:

$$(2) \qquad\qquad 0 \to \tau_0(\hat{\mathfrak{F}}^k) \to \tau_0(\mathfrak{H}(k)) \to \mathcal{O}^1 \to \tau_1(\hat{\mathfrak{F}}^k) \to \cdots$$

Wir behaupten nun:

Hilfssatz 12: Ist $\mathfrak{P} = (P, \pi, G \times P^1)$ algebroid, so gilt:

$$\tau_1(\hat{\mathfrak{F}}^k) = \alpha_1(\pi_0(\mathcal{O}(P)) \otimes \mathfrak{F}^k),$$

wenn $\alpha: G \times P^1 \to G$.

Beweis: Nach § 12, 4. gilt: $\tau_1(\hat{\mathfrak{F}}^k) = \alpha_1(\pi_0(\hat{\mathfrak{F}}^k))$. Es ist also nur die Gleichung $\pi_0(\hat{\mathfrak{F}}^k) = \pi_0(\mathcal{O}^1(P)) \otimes \mathfrak{F}^k$ zu verifizieren. Es sei $p \in G \times P^1$ ein beliebiger Punkt und s_p ein beliebiges Element des Halmes der Garbe $\pi_0(\hat{\mathfrak{F}}^k)$ über p. Wir können s_p als einen Keim einer holomorphen Schnittfläche in $\hat{F}^k$ über der endlichen Menge $\overset{-1}{\pi}(p)$ ansehen. s_p wird deshalb durch ein Tensorprodukt $f_p \otimes \hat{g}_p$ gegeben, wobei f_p ein Keim einer holomorphen Funktion in $\overset{-1}{\pi}(p)$ ist und g_p über $\overset{-1}{\pi}(p)$ einen Keim einer holomorphen Schnittfläche in $\hat{F}^k$ bezeichnet, der durch „Liften" eines über p definierten Keims g_p einer holomorphen Schnittfläche in F^k entstanden ist (man beachte, daß man $\hat{F}^k$ durch Liften von F^k erhält). Ordnen wir nun s_p das Produkt $f_p \otimes g_p \in (\pi_0(\mathcal{O}^1(P)) \otimes \mathfrak{F}^k)_p$ zu, so erhalten wir einen natürlichen Isomorphismus $\pi_0(\hat{\mathfrak{F}}^k) \approx \pi_0(\mathcal{O}^1(P)) \otimes \mathfrak{F}^k$, q.e.d.

Nach Satz II gibt es zu jedem relativ kompakten Teilbereich $B \subset G - N$ eine natürliche Zahl k_0, so daß über B gilt: $\alpha_1\big(\pi_0(\mathcal{O}^1(P)) \otimes \mathfrak{F}^k\big) = 0$, falls

$k \geq k_0$. Nach Hilfssatz 12 ist dann in B auch $\tau_1(\widehat{\mathfrak{F}}^k) = 0$, $k \geq k_0$, und man hat dort die exakte Sequenz:

$$(3) \qquad 0 \to \tau_0(\widehat{\mathfrak{F}}^{k_\bullet}) \to \tau_0(\mathfrak{H}(k_0)) \to \mathcal{O}^1 \to 0 \ .$$

Ist $0 \to \mathfrak{S}' \to \mathfrak{S} \to \mathfrak{S}'' \to 0$ eine beliebige exakte Sequenz von kohärenten analytischen Garben, so gilt stets $r(\mathfrak{S}) = r(\mathfrak{S}') + r(\mathfrak{S}'')$. In unserem Falle folgt für B und mithin für $G - N$:

$$r\big(\tau_0(\mathfrak{H}(k_0))\big) = r\big(\tau_0(\widehat{\mathfrak{F}}^{k_\bullet})\big) + 1 \ .$$

4. Da unser Problem lokaler Natur ist und es beliebig kleine Holomorphiegebiete gibt, dürfen wir ohne Einschränkung der Allgemeinheit voraussetzen, daß G ein Holomorphiegebiet ist. Aus Satz 43 folgt also:

$$\dim_{I(G)} H^0(P, \widehat{\mathfrak{F}}^{k_\bullet}) + 1 = \dim_{I(G)} H^0(P, \mathfrak{H}(k_0)) \ ,$$

d. h. es gibt eine holomorphe Schnittfläche s in $H(k_0)$, die in (1) nicht δ-Urbild einer holomorphen Schnittfläche in $\widehat{\mathfrak{F}}^{k_\bullet}$ ist: $\delta^{-1}(s)$ ist daher eine meromorphe Schnittfläche in $\widehat{F}^{k_\bullet}$, die genau E_0 zur Polstellenfläche 1. Ordnung hat. $g := \dfrac{s}{h_{1,k_0}}$ $= \dfrac{\delta^{-1}(s)}{h_{0,k_0}}$ muß mithin eine in P meromorphe Funktion sein, die auf E_0 und evtl. auf der Fläche $E^{(k_0)}$ Polstellen hat. Ist nun P zusammenhängend, so folgt:

Hilfssatz 13: Ist $p \in G \times P^1 - A$, wo $A := \{\omega(w; z) = 0\}$ eine kritische Menge der Überlagerung $\mathfrak{P}$ ist, so hat g in den b verschiedenen Punkten $p_1, \ldots, p_b$ von $\overset{-1}{\pi}(p)$ b verschiedene Funktionselemente, d. h. sind $V_\beta(p_\beta)$ Umgebungen, die durch π biholomorph auf eine Umgebung $U(p)$ abgebildet werden, und bezeichnet π_β^{-1} die Umkehrabbildung von $\pi: V_\beta \to U$, so erzeugen die Funktionen $g_\beta := g \circ \pi_\beta^{-1}$ in p paarweise verschiedene Funktionskeime, $\beta = 1, \ldots, b$.

Beweis: Angenommen, die Aussage wäre für den Punkt p falsch. Bei geeigneter Numerierung hat dann g in p_1 und p_2 gleiche Funktionskeime. Wir verbinden p_1 in $P - \overset{-1}{\pi}(A)$ durch eine Kurve $c(t)$, $0 \leq t \leq 1$, mit einem Punkt $\widetilde{p} \in E_0$ (d. h. $c(0) = p_1$, $c(1) = \widetilde{p}$). Es gibt dann in $P - \overset{-1}{\pi}(A)$ eine Kurve $c^*(t)$, so daß gilt: $c^*(0) = p_2$, $\pi \circ c(t) = \pi \circ c^*(t)$, $0 \leq t \leq 1$ (covering homotopy theorem). Es muß notwendig gelten: $c^*(t) \neq c(t)$ für alle t. Nach dem Identitätssatz für holomorphe Funktionen müssen jedoch die Funktionselemente von g in $c(t)$ und $c^*(t)$ stets gleich sein. Also hätte g auch in $c^*(1) \notin E_0 \cup \cup E^{(\nu)}$ einen Pol im Widerspruch zur Voraussetzung.

Ist $U \subset G \times P^1$ eine offene Menge und g' die Beschränkung von g auf $\overset{-1}{\pi}(U)$, so gilt wegen Hilfssatz 13 stets: $(g' : I(U)) = b$. Da g in $\overset{-1}{\pi}(B_1)$, $B_1 := G \times \{w, |w| < 1\}$, holomorph ist, folgt somit, daß $\mathfrak{P}$ über B_1 eine algebroide Überlagerung ist. Über $\overline{B}_2 := G \times P^1 - B_1$ ist jedoch $\mathfrak{P}$ unverzweigt und mithin erst recht algebroid. Also ist jede zusammenhängende und wegen Satz 35 auch jede beliebige a-Überlagerung algebroid und Satz 42 bewiesen. Wegen Satz 34 ist sogar gezeigt, daß jede analytische Überlagerung über einem Gebiete des C^n algebroid ist. Unser Hauptresultat ist damit bewiesen.

§ 14. Der Hopfsche σ-Prozeß und c-Überlagerungen

1. In diesem Paragraphen soll bewiesen werden, daß jede c-Überlagerung algebroid ist. Der Beweis stützt sich wesentlich auf die Tatsache, daß man „einfache Singularitäten" analytischer Mengen durch Modifikationen auflösen kann. Wir verwenden ausschließlich den verallgemeinerten Hopfschen σ-Prozeß [33]).

Es sei X stets eine rein n-dimensionale komplexe Mannigfaltigkeit und $K \subset X$ eine rein $(n - k)$-dimensionale analytische Menge in X, die nur aus gewöhnlichen Punkten besteht, $2 \leqq k \leqq n$. Durch Anwendung des σ-Prozesses in K läßt sich dann eine komplexe Mannigfaltigkeit $'X$ gewinnen, die durch eine natürliche eigentliche holomorphe Projektion $\pi : 'X \to X$ auf X abgebildet ist und durch folgende Eigenschaften charakterisiert werden kann:

1) $\pi \,|\, 'X - 'K$, wo $'K : = \overset{-1}{\pi}(K)$, *ist eine biholomorphe Abbildung von* $'X - 'K$ *auf* $X - K$.

2) *Zu jedem Punkt* $x_0 \in K$ *gibt es eine Umgebung* U *mit holomorphen Koordinaten* $z_1, \ldots, z_n$, *so daß gilt:*

a) $U \cap K = \{ z \in U, z_1 = \cdots = z_k = 0 \}$,

b) *Es gibt eine biholomorphe Abbildung* ψ *von* $\overset{-1}{\pi}(U)$ *auf die in* $U \times P^{k-1}$ *(singularitätenfreie) analytische Menge* $\sigma(U) : = \{ (z, u_1, \ldots, u_k) \in U \times P^{k-1},$ $z_\varkappa u_\lambda - z_\lambda u_\varkappa = 0, \varkappa, \lambda = 1, \ldots, k \}$ *mit* $\tau \circ \psi = \pi$; *dabei sind* $u_1, \ldots, u_k$ *homogene Koordinaten in* P^{k-1}, *mit* τ *wird die Produktprojektion* $U \times P^{k-1} \to U$ *bezeichnet.*

Man sieht unmittelbar, daß $\overset{-1}{\pi}(x)$, $x \in K$, stets ein $(k - 1)$-dimensionaler komplex-projektiver Raum ist; daher ist $'K$ ein komplex-analytisches Faserbündel über K mit dem P^{k-1} als Faser.

Es gilt nun:

Satz 44: Ist $\mathfrak{S}$ *eine kohärente analytische Garbe über* $'X$, *so sind die Bilder* $\pi_\nu(\mathfrak{S})$, $\nu = 0, 1, 2, \ldots$ *kohärente analytische Garben über* X.

Beweis: Da $\pi : 'X - 'K \to X - K$ biholomorph abbildet, ist $\pi_0(\mathfrak{S}('X - 'K))$ kohärent, und es gilt: $\pi_\nu(\mathfrak{S}('X - 'K)) = 0$ für $\nu \geqq 1$. Sei nun $x_0 \in K$ irgendein Punkt. Wir wählen gemäß 2) eine Umgebung U von x_0 und übertragen $\mathfrak{S}(\overset{-1}{\pi}(U))$ vermöge der biholomorphen Abbildung ψ nach $\sigma(U)$; dadurch erhalten wir die kohärente analytische Garbe $\hat{\mathfrak{S}} : = \psi_0(\mathfrak{S})$ über $\sigma(U)$. Offensichtlich gilt: $\tau_\nu(\hat{\mathfrak{S}}) = \pi_\nu(\mathfrak{S})$ für alle $\nu \geqq 0$. Setzt man $\hat{\mathfrak{S}}$ trivial zu einer kohärenten analytischen Garbe $\hat{\mathfrak{S}}'$ über ganz $U \times P^{k-1}$ fort, so folgt: $\pi_\nu(\mathfrak{S}) = \tau_\nu(\hat{\mathfrak{S}}')$ für alle $\nu \geqq 0$. Nach Satz I ist aber $\tau_\nu(\hat{\mathfrak{S}}')$ stets kohärent über U. Da $x_0 \in K$ beliebig gewählt wurde, ist somit bewiesen, daß alle π-Bilder von $\mathfrak{S}$ kohärent über X sind, w.z.b.w.

In der komplexen Mannigfaltigkeit $'X$, die durch einen σ-Prozeß aus der komplexen Mannigfaltigkeit X erzeugt ist, kann man wiederum auf eine mindestens 2-codimensionale analytische Menge den σ-Prozeß anwenden. Man

---

[33]) Derselbe ist in der algebraischen Geometrie unter dem Namen „monoidale Transformation" bekannt; vgl. hierzu etwa [21].

erhält dann eine komplexe Mannigfaltigkeit $''X$, auf die man wieder den σ-Prozeß anwenden kann usw. Hat man durch q-malige Anwendung des σ-Prozesses die komplexe Mannigfaltigkeit $^{(q)}X$ erhalten, so sagt man, daß $^{(q)}X$ durch einen q-fach iterierten σ-Prozeß aus X entsteht. Bezeichnet man die Projektion $^{(\nu)}X \to {}^{(\nu-1)}X$ mit $\pi^{(\nu)}$, $\nu = 1, \ldots, q$, und setzt man: $\pi := \pi^{(1)} \circ \pi^{(2)} \circ \cdots \circ \pi^{(q)}$, so folgt unmittelbar aus Satz 44:

Satz 45: Ist $\mathfrak{S}$ eine kohärente analytische Garbe über $^{(q)}X$, so ist das Bild $\pi_0(\mathfrak{S})$ eine kohärente analytische Garbe über X.

2. Es sei nun $M \subset X$ irgendeine c-Menge. N bezeichne die Menge der nichtgewöhnlichen Punkte von M. Ist N nicht leer, so ist N eine rein $(n-2)$-dimensionale analytische Menge in X. Wir beweisen zunächst:

Satz 46: Ist $'X$ durch Anwendung des σ-Prozesses in N aus X entstanden, so ist auch $'M := \overset{-1}{\pi}(M)$ eine c-Menge (π bezeichnet die natürliche Projektion $'X \to X$).

Beweis: Es sei $N \neq 0$, es seien M_ν bzw. N_ν, $\nu = 1, 2, 3, \ldots$ die irreduziblen Komponenten von M bzw. N. Zu jedem M_ν gibt es eine irreduzible $(n-1)$-dimensionale Komponente $'M_\nu$ von $'M$, die vermöge π eineindeutig auf M_ν abgebildet wird. Jede Menge $'N_\nu := \overset{-1}{\pi}(N_\nu)$ ist irreduzibel und besteht nur aus gewöhnlichen Punkten: zwei Mengen $'N_\nu$, $'N_\mu$, $\nu \neq \mu$, sind disjunkt. Es gilt: $'M = \bigcup_\nu 'M_\nu \cup 'N$, $'N := \bigcup_\nu 'N_\nu = \overset{-1}{\pi}(N)$. Da alle Punkte von M_ν gewöhnlich sind, ist auch $'M_\nu$ singularitätenfrei.

Man verifiziert alle diese Aussagen leicht, indem man zu jedem Punkt $x_0 \in N$ eine Umgebung $U(x_0)$ mit in U holomorphen Koordinaten $z_1, \ldots, z_n$ so wählt, daß gilt:

$$x_0 = (0, \ldots, 0), \quad U \cap N = \{z \in U, z_1 = z_2 = 0\},$$

$$U \cap M = \left\{z \in U, \prod_{\sigma=1}^{s} (z_1 - f_\sigma(z_2, \ldots, z_n)) = 0\right\};$$

dabei sind $f_1, \ldots, f_s$ in U holomorphe Funktionen in $z_2, \ldots, z_n$ mit $f_\sigma(0, z_3, \ldots, z_n) \equiv 0$, $\sigma = 1, \ldots, s$. Offensichtlich kann man stets Koordinaten $z_1, \ldots, z_n$ mit diesen Eigenschaften finden. Bei geeigneter Numerierung gilt:

$$M_\sigma \cap U = \{z \in U, z_1 = f_\sigma(z_2, \ldots, z_n)\}, \quad \sigma = 1, \ldots, s.$$

Wählt man nun eine inhomogene Koordinate w in P^1, so kann $\overset{-1}{\pi}(U)$ mit der in $U \times P^1$ analytischen Menge $\sigma(U) = \{(w, z), z \in U, z_2 \cdot w - z_1 = 0\}$ identifiziert werden. Alsdann gilt:

$$'M_\sigma \cap \overset{-1}{\pi}(U) = \{(w, z), z \in U, w = g_\sigma(z_2, \ldots, z_n), z_1 = f_\sigma(z_2, \ldots, z_n)\},$$

wo $g_\sigma(z_2, \ldots, z_n) := \overset{-1}{z}_2 \cdot f_\sigma(z_2, \ldots, z_n)$ in $z_2, \ldots, z_n$ holomorph ist. Da $(w, z_2, \ldots, z_n)$ (bzw. $(w^{-1}, z_2, \ldots, z_n)$) holomorphe Koordinaten auf $\sigma(U)$ sind, sieht man sofort, daß $'M_\sigma$ in $\overset{-1}{\pi}(U)$ singularitätenfrei liegt.

Es bleibt noch zu zeigen, daß die Menge $\tilde{K}$ der nichtgewöhnlichen Punkte von $'M$ nur aus gewöhnlichen Punkten besteht. Es gilt:

$$\tilde{K} = \left(\bigcup_{\nu} 'M_{\nu} \right) \cap 'N = \bigcup_{\nu} ('M_{\nu} \cap 'N) \,.$$

Da $'N \cap \overset{-1}{\pi}(U) = (N \cap U) \times P^1$, so folgt:

$$\tilde{K} \cap \overset{-1}{\pi}(U) = \bigcup_{\sigma=1}^{s} K_{\sigma} \,, \quad \text{wo} \quad K_{\sigma} := \bigcup_{\sigma=1}^{s} \{(w, z_2, \ldots, z_n)\,, \ z_2 = 0\,, \ w = g_{\sigma}(0, z_3, \ldots, z_n)\} \,.$$

Jede Menge K_{σ} besteht offensichtlich nur aus gewöhnlichen Punkten. Zwei Mengen K_{σ_1}, K_{σ_2} sind aber stets identisch oder punktfremd; denn jede der in $(N \cap U) \times P^1$ enthaltenen Schnittmengen $'M_{\sigma_1} \cap 'M_{\sigma_2} \cap \overset{-1}{\pi}(U)$ ist leer oder rein $(n-2)$-dimensional, so daß auf $N \cap U$ in der Umgebung eines jeden Punktes gilt:

$$g_{\sigma_1}(0, z_3, \ldots, z_n) = g_{\sigma_2}(0, z_3, \ldots, z_n) \quad \text{oder} \quad g_{\sigma_1}(0, z_3, \ldots, z_n) \neq g_{\sigma_2}(0, z_3, \ldots, z_n)$$

für alle zulässigen $z_3, \ldots, z_n$. Also besteht $\tilde{K} \cap \overset{-1}{\pi}(U)$ nur aus gewöhnlichen Punkten. Mithin ist $'M$ eine c-Menge, w.z.b.w.

3. Es seien M_1, M_2 zwei 1-codimensionale gewöhnliche analytische Mengenkeime in einem Punkt $x_0 \in X$. Es gibt dann einen holomorphen Funktionskeim f_{ν} in x_0, so daß $df_{\nu}(x_0) \neq 0$ und M_{ν} durch die Gleichung $\{f_{\nu}(x) = 0\}$ definiert wird, $\nu = 1, 2$. Die Funktionskeime $f_1 | M_2$ bzw. $f_2 | M_1$ sind beide holomorph in $x_0 \in M_2$ bzw. $x_0 \in M_1$ und verschwinden dort. Ist s_1 bzw. s_2 die Ordnung der Nullstelle von $f_1 | M_2$ bzw. $f_2 | M_1$ in x_0, so zeigt eine leichte Rechnung, daß gilt: $s_1 = s_2$. Die Zahl

$$s(M_1, M_2, x_0) = s_1 = s_2$$

ist ersichtlich invariant (unabhängig von der Wahl der Funktionskeime f_1, f_2) definiert; wir nennen sie die Schnittzahl von M_1 und M_2 in x_0.

Es sei nun auf die Bezeichnungsweise von Satz 46 zurückgegriffen. Da M als c-Menge in jedem Punkt $x_0 \in M$ nur gewöhnliche analytische Mengenkeime erzeugt, und zwar genauso viele wie es irreduzible Komponenten M_{ν} von M durch x_0 gibt, so ist die Zahl

$$s(x_0, M) = (\text{Anzahl } M_{\nu} - 1) \cdot (\max_{\substack{\nu \neq \mu}} s(M_{\nu}, M_{\mu}, x_0))^2$$
$$ \scriptstyle x_0 \in M_{\nu}$$

wohldefiniert, wenn man setzt $s(M_{\nu}, M_{\mu}, x_0) = 0$, falls $x_0 \notin M_{\nu}$ bzw. $x_0 \notin M_{\mu}$. Nun gilt $'M_{\sigma} \cap \overset{-1}{\pi}(U) = \{(w, z_2, \ldots, z_n),\ w = \overset{-1}{z_2} \cdot f_{\sigma}(z_2, \ldots, z_n)\}$, falls $M_{\sigma} \cap U = \{(z_1, \ldots, z_n),\ z_1 = f_{\sigma}(z_2, \ldots, z_n)\}$. Daraus folgt unmittelbar für jeden Punkt $'x_0 \in \overset{-1}{\pi}(x_0) \subset 'M$:

$$s('M_{\nu}, 'M_{\mu}, 'x_0) < s(M_{\nu}, M_{\mu}, x_0)\,, \quad \text{wenn} \quad s(M_{\nu}, M_{\mu}, x_0) \neq 0 \,.$$

Da überdies für alle $'x_0 \in 'M \cap \overset{-1}{\pi}(U \cap N)$ gilt: $s(\overset{-1}{\pi}(U \cap N), 'M_{\nu}, 'x_0) = 1$, so haben wir das

Korollar zu Satz 46: Ist $x_0 \in M$ ein beliebiger Punkt und $'x_0 \in \overset{-1}{\pi}(x_0) \subset 'M$ irgendwie gewählt, so gilt stets: $s('x_0, 'M) < \max(2, s(x_0, M))$.

Es werde nun definiert:

Definition 44 (Primitive c-Menge): Eine c-Menge M in einer komplexen Mannigfaltigkeit X heißt primitiv, wenn für alle Punkte $x \in M$ gilt: $s(x, M) \leq 1$.

Aus dem Vorstehenden ergibt sich unmittelbar:

Satz 47: Ist M eine c-Menge in einer komplexen Mannigfaltigkeit X und gilt: $\sup\limits_{x \in M} s(x, M) < \infty$, so läßt sich X durch einen iterierten σ-Prozeß in eine komplexe Mannigfaltigkeit $'X$ überführen, so daß $'M := \overset{-1}{\pi}(M)$ eine primitive c-Menge ist (π bezeichnet die natürliche Projektion $'X \to X$).

Primitive c-Mengen können in einfacher Weise charakterisiert werden. Wir zeigen:

Satz 48: Eine c-Menge M in X ist genau dann primitiv, wenn es zu jedem nichtgewöhnlichen Punkt $x_0 \in M$ eine Umgebung $U(x_0)$ mit holomorphen Koordinaten $z_1, \ldots, z_n$ gibt, so daß: $M \cap U = \{z \in U, z_1 z_2 = 0\}$.

Beweis: Es sei N die Menge der nichtgewöhnlichen Punkte von M; nach Definition gilt $s(x, M) = 0$ für alle $x \notin N$. Sei also $x \in N$. Ist dann die Bedingung des Satzes erfüllt, so gibt es eine Umgebung $U(x)$ mit holomorphen Koordinaten, so daß $U \cap M = \{z \in U, z_1 z_2 = 0\}$. Dann gilt aber $s(x, M) = 1$, so daß M primitiv ist.

Sei umgekehrt M eine primitive c-Menge. Nur im Fall, daß N nicht leer ist, ist etwas zu beweisen. In jedem Punkt $x \in N$ schneiden sich mindestens zwei Komponenten von M. Daher gilt $s(x, M) \geq 1$ und also sogar $s(x, M) = 1$. Mithin müssen sich genau zwei Komponenten M_1 und M_2 von M in x schneiden; ihre Schnittzahl ist gerade 1. Man kann nun eine Umgebung von x mit holomorphen Koordinaten $z_1, \ldots, z_n$ so wählen, daß $x = (0, \ldots, 0)$, $N \cap U = \{z \in U, z_1 = z_2 = 0\}$, und $M_\nu \cap U = \{z \in U, z_1 = f_\nu(z_2, \ldots, z_n)\}$, dabei sind f_ν in U holomorph, $\nu = 1, 2$. Es gilt notwendig: $f_1(0, z_2, \ldots, z_n) \equiv f_2(0, z_2, \ldots, z_n) \equiv 0$; da $s(M_1, M_2, x) = 1$, so ist $E = \{(z_2, \ldots, z_n), z_2 = 0\}$ eine Nullstellenfläche 1. Ordnung von $f_1 - f_2$. Durch die Gleichungen

$$\begin{aligned}
z_1^* &= z_1 - f_1(z_2, \ldots, z_n) \\
z_2^* &= z_1 - f_2(z_2, \ldots, z_n) \\
z_\nu^* &= z_\nu \qquad\qquad\qquad , \ \nu = 3, \ldots, n
\end{aligned}$$

werden deshalb in einer Umgebung von x neue holomorphe Koordinaten $z_1^*, \ldots, z_n^*$ eingeführt. Da in dieser Umgebung M durch die Gleichung $\{z_1^* \cdot z_2^* = 0\}$ beschrieben wird, ist der Satz bewiesen.

4. Wir untersuchen nun c-Überlagerungen.

Definition 45 (Primitive c-Überlagerung): Eine analytische Überlagerung $\mathfrak{Y} = (Y, \eta, X)$ einer komplexen Mannigfaltigkeit X heißt primitiv, wenn es eine primitive c-Menge $M \subset X$ gibt, so daß $\mathfrak{Y}$ höchstens über M verzweigt ist.

Wir beweisen zunächst:

Satz 49: Jede primitive Überlagerung $\mathfrak{Y} = (Y, \eta, X)$ ist eine algebroide Überlagerung.

Beweis: Es sei M eine primitive c-Menge in X, über der alle Verzweigungspunkte von $\mathfrak{Y}$ liegen, N sei wieder die Menge der nichtgewöhnlichen Punkte von M. Dann besitzt zunächst jeder Punkt $x \notin N$ eine Umgebung U, so daß jede Komponente von $\mathfrak{Y} \mid U$ als Verzweigungspunkte nur Windungspunkte besitzt. Solche Überlagerungen sind aber stets algebroid; daher ist nach Satz 35 auch $\mathfrak{Y} \mid U$ eine algebroide Überlagerung.

Sei nun $x \in N$. Es gibt dann nach Voraussetzung eine Polyzylinderumgebung U von x mit holomorphen Koordinaten $z_1, \ldots, z_n$, so daß $U \cap M = \{z \in U, z_1 z_2 = 0\}$. Wegen Satz 35 dürfen wir $\overset{-1}{\eta}(U)$ als zusammenhängend voraussetzen. Die Beschränkung $\mathfrak{Y}_\nu(c)$ von $\mathfrak{Y}$ auf ein Ebenenstück E_ν: $= \{z \in U, z_\nu = c\}$, $\nu = 1, 2, c \neq 0$, ist dann — wie ohne weiteres ersichtlich — stets eine analytische Überlagerung. Die Anzahl der zusammenhängenden Komponenten von $\mathfrak{Y}_\nu(c)$ sei mit b_ν bezeichnet; offensichtlich ist b_ν unabhängig von c, $\nu = 1, 2$. Setzt man noch $b: = b(\mathfrak{Y} \mid U)$, so zeigt eine einfache Rechnung, daß $f_1: = \overset{b}{\sqrt{z_1^{b_1} z_2^{b_1}}}$ und $f_2: = \overset{b_1}{\sqrt{z_1}}$ als (eindeutige) holomorphe Funktionen auf $\overset{-1}{\eta}(U)$ definiert werden können und daß eine geeignete Linearkombination $f: = a_1 f_1 + a_2 f_2$ über einem geeigneten Punkt $\bar{x} \in U$ sicher b verschiedene Werte und damit den Grad b über $I(U)$ hat. Also ist $\mathfrak{Y}$ über einer Umgebung eines jeden Punkts $x \in X$ algebroid und mithin algebroid schlechthin.

Wir zeigen nun als letzten Satz dieses Paragraphen:

Satz 50: Jede c-Überlagerung $\mathfrak{Y} = (Y, \eta, X)$ einer komplexen Mannigfaltigkeit X ist eine algebroide Überlagerung.

Beweis: Es sei M eine c-Menge in X, über der alle Verzweigungspunkte von $\mathfrak{Y}$ liegen. Da die Aussage des Satzes lokaler Natur und für offene relativ kompakte Mengen U von X der Ausdruck $\sup_{x \in U} s(x, M)$ stets endlich ist, so können wir ohne Einschränkung der Allgemeinheit annehmen: $\sup_{x \in X} s(x, M) < \infty$.

Nach Satz 47 kann man dann durch einen iterierten σ-Prozeß eine komplexe Mannigfaltigkeit $'X$ gewinnen, so daß $'M: = \overset{-1}{\pi}(M)$ primitiv ist (π bezeichne die natürliche Projektion $'X \to X$).

Wir beschränken $\mathfrak{Y}$ auf $X - M$. Die Überlagerung $\mathfrak{Y} \mid X - M$ gibt, da $\pi: 'X - 'M \to X - M$ biholomorph ist, Anlaß zu einer unverzweigten Überlagerung von $'X - 'M$, die nach Satz 8 zu einer analytischen Überlagerung $'\mathfrak{Y} = ('Y, '\eta, 'X)$ von ganz $'X$ fortsetzbar ist. $'\mathfrak{Y}$ ist eine c-Überlagerung; es gibt eine holomorphe Abbildung $\lambda: 'Y \to Y$ mit $\pi \circ '\eta = \eta \circ \lambda$, die $'Y - \overset{-1}{'\eta}('M)$ biholomorph auf $Y - \overset{-1}{\eta}(M)$ abbildet (man benutze Satz 2).

Da $'\mathfrak{Y}$ nach Satz 49 algebroid ist, ist die nullte Bildgarbe $\pi_0\big('\eta_0(\mathcal{O}('Y))\big)$ der Strukturgarbe von $'Y$ bezüglich der Abbildung $\pi \circ '\eta$ nach Satz 27 und Satz 45 eine kohärente analytische Garbe $'\mathfrak{S}$ über X. Wir behaupten nun, daß auch $\mathfrak{S}: = \eta_0(\mathcal{O}(Y))$ über X kohärent ist. Zu dem Zweck genügt es zu zeigen, daß $\mathfrak{S}$ und $'\mathfrak{S}$ kanonisch isomorph sind. Das wird bewiesen sein, wenn man zu jeder offenen Menge $U \subset X$ einen natürlichen Isomorphismus $\lambda^*: H^0(U, \mathfrak{S}) \to H^0(U, '\mathfrak{S})$ angibt. Jede Schnittfläche über U in $'\mathfrak{S}$ bzw. $\mathfrak{S}$ kann als eine holomorphe Funktion in $(\pi \circ '\eta)^{-1}(U)$ bzw. $\overset{-1}{\eta}(U)$ gedeutet werden. Es induziert $\lambda: (\pi \circ '\eta)^{-1}(U) \to \overset{-1}{\eta}(U)$ aber einen Ringhomomorphismus

$\lambda^*: I(\overset{-1}{\eta}(U)) \to I((\pi \circ '\eta)^{-1}(U))$, der sogar ein Isomorphismus ist, da λ außerhalb $'\overset{-1}{\eta}('M)$ biholomorph ist. λ^* gibt Anlaß zum gesuchten Isomorphismus von $H^0(U, \mathfrak{S})$ auf $H^0(U, '\mathfrak{S})$.

Da die Garbe $\mathfrak{S} = \eta_0(\mathcal{O}(Y))$ mithin kohärent ist, besitzt jeder Punkt $x_0 \in X$ eine Umgebung U, so daß endlich viele Schnittflächen $s^{(1)}, \ldots, s^{(r)}$ in $\mathfrak{S}(U)$ alle Halme von $\mathfrak{S}(U)$ erzeugen. Ist also $s_{x_1} \in \mathfrak{S}_{x_1}$, $x_1 \in U - M$, ein beliebiger Keim einer in $\overset{-1}{\eta}(x_1)$ holomorphen Funktion, so gibt es r holomorphe Funktionskeime $g_{x_1}^{(\varrho)}$ in $x_1 \in X$, $\varrho = 1, \ldots, r$, so daß gilt: $s_{x_1} = \sum_{\varrho=1}^{r} g_{x_1}^{(\varrho)} \cdot s_{x_1}^{(\varrho)}$, dabei bezeichnet $s_{x_1}^{(\varrho)}$ den von $s^{(\varrho)}$ in x_1 erzeugten Keim. Wir wählen nun für s_{x_1} insbesondere einen solchen in $\overset{-1}{\eta}(x_1)$ holomorphen Funktionskeim, der in den $b(\mathfrak{Y})$ verschiedenen Punkten von $\overset{-1}{\eta}(x_1)$ paarweise verschiedene Werte hat. Dann hat auch die in $\overset{-1}{\eta}(U)$ holomorphe Funktion $f \equiv \sum_{\varrho=1}^{r} g_{x_1}^{(\varrho)}(x_1) \cdot s^{(\varrho)}$, wo $g_{x_1}^{(\varrho)}(x_1)$ der Zahlenwert des Keimes $g_{x_1}^{(\varrho)}$ in x_1 ist, $\varrho = 1, \ldots, r$, in $\overset{-1}{\eta}(x_1)$ paarweise verschiedene Werte. Also gilt: $(f : I(U)) = b(\mathfrak{Y})$, so daß $\mathfrak{Y}$ eine algebroide Überlagerung ist.

Literatur

[1] Behnke, H., u. K. Stein: Modifikation komplexer Mannigfaltigkeiten und Riemannscher Gebiete. Math. Ann. **124**, 1—16 (1951). — [2] Bourbaki, N.: Topologie Générale. Chap. I, II. Paris: Hermann u. Cie. 1951. — [3] Bourbaki, N.: Espace vectoriels topologiques. Chap. I, II. Paris: Hermann u. Cie. 1953. — [4] Carathéodory, C.: Über die analytischen Abbildungen von mehrdimensionalen Räumen. Verh. int. Math. Congr. Zürich 1932, vol. I, S. 93—101. — [5] Cartan, H., u. P. Thullen: Zur Theorie der Singularitäten der Funktionen mehrerer komplexer Veränderlichen, Regularitäts- und Konvergenzbereiche. Math. Ann. **106**, 617—647 (1932). — [6] Cartan, H.: Idéaux de fonctions analytiques de n variables complexes. Ann. Ecole norm. sup. **61**, 149—197 (1944). — [7] Cartan, H.: Séminaire E. N. S. 1951/52 (hektographiert). — [8] Cartan, H.: Variétés analytiques complexes et cohomologie. Coll. de Bruxelles, 41—55 (1953). — [9] Cartan, H.: Séminaire E. N. S. 1953/54 (hektographiert). — [10] Cartan, H.: Zur Theorie der analytisch vollständigen Räume (Ref. über [14] im Séminaire Bourbaki). Mai 1955. — [11] Chevalley, C.: Theory of Lie groups. Princeton University Press 1946. — [12] Dieudonné, J.: Une généralisation des espaces compacts. J. Math. Pure Appl. **23**, 65—76 (1944). — [13] Gorenstein, D.: An arithmetic theory of adjoint plane curves. Trans. Amer. math. Soc. **72**, 414—436 (1952). — [14] Grauert, H.: Charakterisierung der holomorph-vollständigen komplexen Räume. Math. Ann. **129**, 233—259 (1955). — [15] Grauert, H., u. R. Remmert: Zur Theorie der Modifikationen I. Stetige und eigentliche Modifikationen komplexer Räume. Math. Ann. **129**, 274—296 (1955). — [16] Grauert, H., u. R. Remmert: Plurisubharmonische Funktionen in komplexen Räumen. Math. Z. **65**, 175—194 (1956). — [17] Grauert, H., u. R. Remmert: Singularitäten komplexer Mannigfaltigkeiten und Riemannsche Gebiete. Math. Z. **67**, 103—128 (1957). — [18] Grauert, H., u. R. Remmert: Sur les revêtements analytiques des variétés analytiques. C. R. Acad. Sci. (Paris) **245**, 918—921 (1957). — [19] Grauert, H., u. R. Remmert: Bilder und Urbilder analytischer Garben. Ann. of Math. (1958). — [20] Hirzebruch, F.: Neue topologische Methoden in der algebraischen Geometrie. Erg. Math. Berlin: Springer 1956. — [21] Hodge, W. V. D., and D. Pedoe: Methods of Algebraic Geometry III. Cambridge University Press 1954. — [22] Hopf, H.: Zur Topologie der komplexen Mannigfaltigkeiten. Studies and Essays presented to R. Courant.

New York 1948, p. 167—185. — [23] Hurewicz, W., and H. Wallmann: Dimension Theory. Princeton University Press 1948. — [24] Oka, K.: Sur les fonctions analytiques de plusieurs variables. VIII. Lemme fondamental. J. Math. Soc. Japan 3, 204—214 und 259—278 (1951). — [25] Osgood, W. F.: Lehrbuch der Funktionentheorie II, 1. Berlin und Leipzig: C. G. Teubner 1929. — [26] Remmert, R.: Projektionen analytischer Mengen. Math. Ann. 130, 410—441 (1956). — [27] Remmert, R.: Holomorphe und meromorphe Abbildungen komplexer Räume. Math. Ann. 133, 328—370 (1957). — [28] Remmert, R., u. K. Stein: Über die wesentlichen Singularitäten analytischer Mengen. Math. Ann. 126, 263—306 (1953). — [29] Seifert, H., u. W. Threlfall: Lehrbuch der Topologie. Leipzig und Berlin: C. G. Teubner 1934. — [30] Serre, J. P.: Faisceaux algébriques cohérents. Ann. of Math. 61, 197—278 (1955). — [31] Serre, J. P.: Géométrie algébrique et géométrie analytique. Ann. Inst. Fourier 6, 1—42 (1955/56). — [32] Stein, K.: Analytische Zerlegungen komplexer Räume. Math. Ann. 132, 63—93 (1956). — [33] Teichmüller, O.: Veränderliche Riemannsche Flächen. Dtsch. Math. 1944, 344 bis 359. — [34] Waerden, B. L. van der: Algebra II, 3. Aufl. Berlin: Springer 1955. — [35] Weyl, H.: Die Idee der Riemannschen Fläche. 1. Aufl. Leipzig: C. G. Teubner 1913.

Zusatz bei der Korrektur: Wie wir durch briefliche Mitteilung erfahren, hat inzwischen auch R. Kawai mit völlig anderen Methoden das Hauptresultat der vorliegenden Arbeit (Satz 33) bewiesen. — Im § 9 wurden Methoden von S. Bergman verwandt; vgl. S. Bergman: The Kernel Function and Conformal Mapping, New York 1950.

(Eingegangen am 10. Mai 1958)

3.

(mit R. Remmert)

Zur Theorie der Modifikationen.
I. Stetige und eigentliche Modifikationen komplexer Räume

Math. Annalen **129**, 274–296 (1955)

Einleitung.

In der Funktionentheorie mehrerer komplexer Veränderlichen kennt man seit langem analytisch inäquivalente komplexe Mannigfaltigkeiten, die im Hinblick auf ihre funktionentheoretischen Eigenschaften in vielerlei Hinsicht als nicht wesentlich voneinander verschieden erscheinen. Es gelten z. B. in allen mehrfach-projektiven komplexen Räumen die bekannten Sätze von HURWITZ-WEIERSTRASS[1]) und CHOW[2]), die aussagen, daß in solchen Räumen meromorphe Funktionen stets rationale Funktionen und analytische Mengen stets algebraische Mengen sind. Aus dem Satz von HURWITZ-WEIERSTRASS folgt insbesondere, daß die Körper der meromorphen Funktionen bei allen mehrfach-projektiven Räumen gleicher Dimension isomorph sind. Der Grund für dieses Verhalten kann darin gesehen werden, daß zwei mehrfach-projektive Räume gleicher Dimension durch gewisse Abänderungsprozesse auseinander hervorgehen, unter denen viele funktionentheoretische Eigenschaften invariant sind.

Im Falle zweier komplexer Veränderlichen lassen sich z. B. der Osgoodsche Raum $P^1 \times P^1$ (kartesisches Produkt zweier Riemannscher Zahlenkugeln P^1) und der einfach-projektive Raum P^2 durch folgenden Abänderungsprozeß ineinander überführen: Im Raum $P^1 \times P^1$ wende man im Schnittpunkt s_0 der beiden unendlich fernen komplexen Geraden G_1 und G_2 den von H. HOPF

---

[1]) K. WEIERSTRASS hat den in Rede stehenden Satz für den Fall des Osgoodschen Raumes in der Arbeit: Untersuchungen über die $2r$-fach periodischen Funktionen von r Veränderlichen, Crelles Journal **89**, 1—8 (1880), ohne Beweis ausgesprochen; den ersten Beweis gab A. HURWITZ: Beweis des Satzes, daß eine einwertige Funktion beliebig vieler Variablen, welche überall als Quotient zweier Potenzreihen dargestellt werden kann, eine rationale Funktion ihrer Argumente ist, Crelles Journal **95**, 201—206 (1883).

Für beliebige mehrfach-projektive komplexe Räume wurde der Satz von D. JACKSON bewiesen: Note on rational functions of several complex variables. Crelles Journal **146**, 185—188 (1916).

[2]) W. L. CHOW: On compact analytic varieties. Amer. Journ. of Math. **71**, 893—914. (1949). Wegen weiterer Beweise siehe: H. KNESER: Analytische Mannigfaltigkeiten im komplexen projektiven Raum. Math. Nachr. **4**, 382—391 (1950/51); H. CARTAN: Problèmes globaux dans la théorie des fonctions analytiques de plusieurs variables complexes. Proceed. Intern. Congr. of Math. 1950, vol. 1, S. 152—164; R. REMMERT und K. STEIN: Über die wesentlichen Singularitäten analytischer Mengen. Math. Ann. **126**, 263—306 (1953); H. CARTAN: Séminaire 1953/54, Exp. XIV sowie W. STOLL: Einige Bemerkungen zur Fortsetzbarkeit analytischer Mengen. Math. Z. **60**, 287—304 (1954).

beschriebenen σ-Prozeß[3]) an, d. h. man setze in s_0 in bestimmter Weise eine Riemannsche Zahlenkugel P_0^1 ein. Die unendlich fernen Punkte des entstandenen Raumes X bestehen alsdann aus den drei komplexen Geraden G_1, G_2, P_0^1, von denen G_1 und G_2 unter sich keinen und mit P_0^1 jeweils genau einen Schnittpunkt haben. Andererseits zeigt sich, daß man ebenfalls den Raum X erhält, wenn man in den Schnittpunkten s_1, s_2 der Achsen des einfach-projektiven Raumes P^2 mit der unendlich fernen Geraden P_0^1 den σ-Prozeß anwendet. Die eingesetzten Sphären stimmen dann mit den obigen Geraden G_1 und G_2 überein. — Der Übergang von $P^1 \times P^1$ zu P^2 kann also durch den σ-Prozeß und seine Umkehrung beschrieben werden[4]). Der σ-Prozeß nebst seiner Umkehrung stellt aber, wie man aus der algebraischen Geometrie[5]) weiß, einen Abänderungsprozeß dar, der auf die Funktionentheorie in vielerlei Hinsicht keinen Einfluß hat.

Man kann sich nun die Aufgabe stellen, allgemein solche im Sinne der Funktionentheorie „zulässigen Abänderungsprozesse" zu untersuchen und insbesondere danach trachten, diejenigen Abänderungsprozesse näher zu beschreiben, die die Ringe der holomorphen bzw. die Körper der meromorphen Funktionen invariant lassen. Einen ersten Schritt in dieser Richtung taten H. Behnke und K. Stein[6]). Ausgehend von der Frage nach den möglichen Abschließungen des n-dimensionalen komplexen Zahlenraumes C^n gelangten sie zum Begriff der „Modifikation", der als eine erste Präzisierung des Begriffes der „funktionentheoretisch zulässigen Abänderung" angesehen werden kann.

Sind zwei komplexe Räume X und $'X$ (das sind komplexe Mannigfaltigkeiten mit algebroiden Singularitäten; genaue Definition siehe § 1) vorgegeben und ist N eine abgeschlossene Punktmenge in X, so daß $X - N$ nicht leer und zusammenhängend ist, so heißt nach H. Behnke und K. Stein der komplexe Raum $'X$ eine Modifikation von X in N, wenn $X - N$ Teilgebiet von $'X$ ist, und wenn es zu jeder Umgebung $U(N) \subset X$ und zu jedem Punkt $'x \in 'N = 'X - (X - N)$ eine Umgebung $'U('x) \subset 'X$ gibt, derart, daß $'U('x) \cap (X - N)$ in $U(N) - N$ enthalten ist. — Durch diese Definition wird in der Tat ein Abänderungsprozeß beschrieben: der komplexe Raum X wird durch Ersetzen der Menge $N \subset X$ durch die Punkte einer neuen Menge $'N$ zu einem komplexen Raum $'X$ abgeändert.

---

[3]) H. Hopf: Über komplex-analytische Mannigfaltigkeiten. Rend. Mat. appl. Serie V, 10, 169—182 (1951), sowie H. Hopf: Schlichte Abbildungen und lokale Modifikationen 4-dimensionaler komplexer Mannigfaltigkeiten. Comm. Math. Helv. 29, 132—155 (1955).

[4]) Generell lassen sich zwei mehrfach-projektive komplexe Räume gleicher Dimension durch einen verallgemeinerten σ-Prozeß (monoidale Transformation) und seine Umkehrung ineinander überführen. Vgl. hierzu: E. Kreyszig: Stetige Modifikationen komplexer Mannigfaltigkeiten. Math. Ann. 128, 479—492 (1955); gewisse Resultate der vorliegenden Arbeit sind hier für komplexe Mannigfaltigkeiten bereits angegeben.

[5]) Nach W. V. D. Hodge und D. Pedoe: Methods of Algebraic Geometry III, Cambridge University Press (1954), S. 222 ist ein σ-Prozeß nebst seiner Umkehrung eine birationale Transformation.

[6]) H. Behnke und K. Stein: Modifikation komplexer Mannigfaltigkeiten und Riemannscher Gebiete. Math. Ann. 124, 1—16 (1951).

Der vorliegenden Arbeit liegt ebenfalls der soeben angegebene Modifikationsbegriff zugrunde. Wir fordern allerdings nicht, daß $X - N$ ein Teilgebiet von $'X$ ist, sondern lediglich, daß es ein Teilgebiet $'X - 'N$ von $'X$ gibt, das durch eine holomorphe Abbildung τ auf $X - N$ eineindeutig bezogen ist. Im übrigen setzen wir voraus, daß die abgeschlossene Menge N lokal jeweils in einer von X verschiedenen analytischen Menge enthalten ist (zur genauen Definition vgl. Def. 1, § 1). Einfache Beispiele zeigen nun[7]), daß bei solchen allgemeinen Modifikationen nicht zu erwarten ist, daß funktionentheoretische Invarianzaussagen, wie sie hier interessieren, gelten können. Daher engen wir den allgemeinen Begriff der Modifikation sofort durch eine Zusatzforderung zum Begriff der stetigen Modifikation ein. Wir nennen einen komplexen Raum $'X$ eine stetige Modifikation eines komplexen Raumes X, wenn $'X$ eine Modifikation von X ist und wenn jede Umgebung U eines beliebigen Punktes aus der zu ersetzenden Menge $N \subset X$ bei Ersetzung der in U liegenden Punkte von N durch Punkte von $'N$ in eine Umgebung eines jeden dieser neuen Punkte übergeht (präzise Fassung siehe Def. 3, § 1). Es zeigt sich (Satz 2, § 2), daß eine Modifikation $'X$ eines komplexen Raumes X genau dann eine stetige Modifikation ist, wenn die eineindeutige holomorphe Modifikationsabbildung τ von $'X - 'N$ auf $X - N$ zu einer holomorphen (nicht notwendig eineindeutigen) Abbildung von $'X$ in X fortsetzbar ist. Man könnte daher die Fortsetzbarkeit der Modifikationsabbildung τ direkt zur Definition der stetigen Modifikation erheben. Eine solche Definition scheint den Verff. jedoch nicht angemessen, da sie sich zu sehr von der intuitiven Grundvorstellung der stetigen Modifikation, die rein topologischer Natur ist, entfernen würde.

Bei einer stetigen Modifikation kann die Menge $N \subset X$ stets so klein gewählt werden, daß kein Punkt von N nur durch einen Punkt von $'N$ ersetzt wird (Satz 3, § 2); solche Modifikationen nennen wir wesentliche Modifikationen. Für wesentliche Modifikationen zeigen wir (Satz 4, § 2), daß die Menge $'N$ stets eine analytische Menge in $'X$ ist, die, falls der Raum X eine n-dimensionale komplexe Mannigfaltigkeit ist, entweder leer oder rein $(n - 1)$-dimensional ist.

Bei einer stetigen wesentlichen Modifikation ist die Menge $N \subset X$ im allgemeinen noch keine analytische Menge in X, wie ein Beispiel in § 4 zeigt. Das erreicht man erst, wenn man den Begriff der stetigen Modifikation noch weiter zum Begriff der eigentlichen Modifikation einschränkt (Satz 5, § 3). Unter einer eigentlichen Modifikation $'X$ eines komplexen Raumes X wird dabei eine stetige Modifikation verstanden, bei der die (fortgesetzte) Modifikationsabbildung τ von $'X$ in X eine eigentliche Abbildung im Sinne von N. Bourbaki[8]) ist, d. h. bei der die Urbildmengen kompakter Mengen kompakt sind.

Bei einer eigentlichen wesentlichen Modifikation eines n-dimensionalen komplexen Raumes X ist die Menge N stets eine höchstens $(n - 2)$-dimen-

---

[7]) Vgl. hierzu auch W. Stoll: Über meromorphe Modifikationen. Habilitationsschrift Tübingen 1954, S. 7.

[8]) N. Bourbaki: Topologie Générale, 2. Aufl., Chap. 1, § 10.9.

sionale analytische Menge in X (Satz 7, § 3). Daraus folgt (Satz 8, § 3), daß bei jeder eigentlichen Modifikation die Ringe der holomorphen und die Körper der meromorphen Funktionen der Räume X und $'X$ kanonisch isomorph sind. Eigentliche Modifikationen sind daher „funktionentheoretisch zulässige Abänderungen" im eingangs erwähnten Sinne.

§ 3 enthält ferner noch eine Aussage über den komplexen Raum $'X$ in der Umgebung der eingesetzten Menge $'N$. Wir beweisen, daß in hinreichender Nähe jeder irreduziblen Komponente von $'N$ keine mit dieser Komponente gleichdimensionale analytische Menge liegen kann, die von derselben verschieden ist (Satz 10). Mittels dieses Kriteriums kann gezeigt werden, daß der komplex-projektive Raum P^n nicht durch eine eigentliche wesentliche Modifikation aus einem zu ihm analytisch inäquivalenten komplexen Raum erzeugt werden kann.

§ 4 enthält Beispiele für Modifikationen. Es wird insbesondere eine eigentliche wesentliche Modifikation angegeben, in der die Menge $'N$ nicht von der maximalen Dimension $n - 1$ und mithin der komplexe Raum X keine komplexe Mannigfaltigkeit ist.

§ 1. Der Begriff der Modifikation.

Wir stellen in diesem Paragraphen grundlegende Begriffe zusammen. Es ist zweckmäßig, neben komplexen Mannigfaltigkeiten sogleich komplexe Räume zu betrachten. Zu dem Zwecke führen wir zunächst den Begriff der analytisch-verzweigten Überlagerung ein[9]).

Ein lokal-kompakter Hausdorffscher Raum R heißt eine *analytisch-verzweigte Überlagerung* des n-dimensionalen Einheitspolyzylinders Z^n: $\{|z_1| < 1, \ldots, |z_n| < 1\}$, wenn folgendes gilt:

1. R ist durch eine stetige eigentliche Abbildung Φ auf Z^n bezogen. Der Punkt $r \in R$ heißt über dem Punkt $z = \Phi(r) \in Z^n$ gelegen. Über jedem Punkt $z \in Z^n$ liegen nur endlich viele Punkte von R.

2. Es gibt eine (evtl. leere) analytische Menge M in Z^n, derart, daß $\Phi^{-1}(M)$ in R nirgends dicht liegt und daß $\check{R} = R - \Phi^{-1}(M)$ durch Φ lokal-topologisch auf $Z^n - M$ bezogen ist.

3. Zu jedem Punkt $r \in R$ gibt es beliebig kleine Umgebungen[10]) $U(r)$, derart, daß $U(r) - U(r) \cap \Phi^{-1}(M)$ zusammenhängend ist[10a]).

Die Punkte von R, in denen Φ nicht lokal-topologisch ist, heißen Verzweigungspunkte von R. Unter der Dimension von R wird die komplexe Dimension des Polyzylinders Z^n verstanden.

---

[9]) Wir führen in dieser Arbeit den Begriff des komplexen Raumes im Anschluß an H. Behnke und K. Stein loc. cit.[8]) ein. H. Cartan: Séminaire 1951/52, Exp. XIII und Séminaire 1953/54, Exp. VI gibt eine andere Definition (espace analytique général). Jeder komplexe Raum im Sinne von H. Cartan ist ein komplexer Raum im Sinne von H. Behnke und K. Stein.

[10]) Unter Umgebungen werden im folgenden stets offene Mengen verstanden.

[10a]) Man kann zeigen, daß Φ eine offene Abbildung von R auf Z^n ist; vgl. hierzu die demnächst erscheinende Arbeit der Verff.: Analytisch verzweigte Überlagerungen und komplexe Räume.

In analytisch-verzweigten Überlagerungen R läßt sich der grundlegende Begriff der holomorphen (und damit dann auch der meromorphen) Funktion einführen.

Eine stetige, komplex-wertige Funktion g auf einer offenen Menge $W \subseteq R$ heißt eine holomorphe Funktion auf W, wenn es zu jedem Punkt $r \in \breve{R} \cap W$ eine Umgebung $U(r) \subseteq W$ gibt, die durch Φ topologisch auf $\Phi(U(r)) \subseteq Z^n$ abgebildet wird, derart, daß $g \cdot \Phi^{-1}$ eine holomorphe Funktion in $\Phi(U(r))$ ist.

Eine Abbildung $\Gamma: W \to C^n$ einer offenen Menge $W \subseteq R$ in den C^n werde holomorph genannt, wenn die die Abbildung beschreibenden Funktionen $z_\nu = f_\nu(r)$ $(\nu = 1, \ldots, n; r \in W)$ holomorphe Funktionen auf W sind.

Sind R, R' (mit zugehörigen Projektionsabbildungen Φ, Φ') zwei analytisch-verzweigte Überlagerungen, so heißt eine stetige Abbildung $\Gamma: W \to R'$ einer offenen Menge $W \subseteq R$ in R' eine holomorphe Abbildung, wenn $\Phi' \cdot \Gamma: W \to C^n$ eine holomorphe Abbildung ist. Ist $\Gamma: W \to R'$ eine holomorphe eineindeutige Abbildung von W auf $\Gamma(W)$, so ist die Umkehrabbildung $\Gamma^{-1}: \Gamma(W) \to W$ ebenfalls eine holomorphe Abbildung[10b]).

Unter einer *komplex-analytischen Struktur* auf einem Hausdorffschen Raum X wird folgendes verstanden:

1. X ist mit einer Überdeckung $\mathfrak{U}$ von lokalen Koordinatensystemen (U_j, ψ_j) $(j \in J, J$ eine Indexmenge) versehen. Dabei wird unter einem lokalen Koordinatensystem (U, ψ) eine offene Menge $U \subseteq X$ verstanden, die durch eine fest vorgegebene topologische Abbildung $\psi: U \to W$ auf eine offene Menge W einer analytisch-verzweigten Überlagerung R bezogen ist.

2. Sind (U_i, ψ_i) und (U_j, ψ_j) zwei lokale Koordinatensysteme aus $\mathfrak{U}$ mit nichtleerem Durchschnitt $U_i \cap U_j$, so ist die topologische Abbildung $\psi_j \cdot \psi_i^{-1}$: $\psi_i(U_i \cap U_j) \to \psi_j(U_i \cap U_j)$ eine holomorphe Abbildung. Wir sagen, (U_i, ψ_i) und (U_j, ψ_j) hängen holomorph zusammen.

3. Ist (U, ψ) ein lokales Koordinatensystem, das mit sämtlichen $(U_j, \psi_j) \in \mathfrak{U}$ holomorph zusammenhängt, so gilt $(U, \psi) \in \mathfrak{U}$ (Maximalitätsforderung).

Erfüllt eine vorgegebene Überdeckung $\mathfrak{U}$ zunächst nur die Bedingungen 1. und 2., so kann man $\mathfrak{U}$ durch Maximalisierung zu einer komplex-analytischen Struktur machen.

Einen zusammenhängenden Hausdorffschen Raum X mit einer fest vorgegebenen komplex-analytischen Struktur nennen wir einen *komplexen Raum*. Ihm kommt eine eindeutig bestimmte komplexe Dimension zu (denn alle R_j sind gleichdimensional). Ist X ein n-dimensionaler komplexer Raum, so schreiben wir: $X = X^n$.

Ein Punkt x eines komplexen Raumes X heißt ein *uniformisierbarer Punkt* von X, wenn es ein lokales Koordinatensystem $(U, \psi) \in \mathfrak{U}$ gibt, derart, daß $x \in U$ und ψ die Menge U auf die triviale Überlagerung des Einheitspolyzylinders, d. h. also auf den Einheitspolyzylinder selbst abbildet. Ein komplexer Raum mit lauter uniformisierbaren Punkten heißt eine *komplexe Mannigfaltigkeit*.

In jedem offenen zusammenhängenden Teil X^* eines komplexen Raumes (bzw. einer komplexen Mannigfaltigkeit) X wird in natürlicher Weise durch

---

[10b]) Dies ist nicht völlig trivial. Man hat zum Beweise im wesentlichen zu zeigen, daß Γ eine offene Abbildung ist. Vgl. H. GRAUERT und R. REMMERT loc. cit. [10a]).

die komplex-analytische Struktur von X eine komplex-analytische Struktur induziert, die X^* zu einem komplexen Raum (bzw. einer komplexen Mannigfaltigkeit) macht. Ferner ist das kartesische Produkt zweier komplexer Räume (bzw. zweier komplexer Mannigfaltigkeiten) in natürlicher Weise mit einer komplex-analytischen Struktur versehen und mithin ein komplexer Raum (bzw. eine komplexe Mannigfaltigkeit).

Die Gesamtheit aller uniformisierbaren Punkte eines komplexen Raumes X bildet eine komplexe Mannigfaltigkeit $\breve{X}$, die eine dichte zusammenhängende Teilmenge von X ist.

Die Begriffe der holomorphen und meromorphen Funktion sowie der holomorphen Abbildung von komplexen Räumen ineinander usw. lassen sich nun in bekannter Weise definieren; wir gehen darauf nicht näher ein. Dagegen ist es unzweckmäßig, die analytische Menge als gleichzeitiges Nullstellengebilde von holomorphen Funktionen zu definieren, da es noch unbekannt ist, ob es auf jeder analytisch-verzweigten Überlagerung R eine holomorphe Funktion f gibt, deren Verzweigungsverhalten mit dem von R übereinstimmt. Vielmehr heiße eine Teilmenge M eines komplexen Raumes X eine *analytische Menge* in X, wenn es zu jedem Punkt von X eine Umgebung U gibt, derart, daß $M \cap U$ Bildmenge einer eigentlichen, nirgends entarteten, holomorphen Abbildung λ von endlich vielen komplexen Räumen $'X_1, \ldots, 'X_k$ in U ist. Eine holomorphe Abbildung λ eines komplexen Raumes $'X$ in einen komplexen Raum X heißt dabei nirgends entartet, wenn $\lambda^{-1}(x)$ für $x \in X$ stets aus isolierten Punkten besteht. Unter der Dimension einer analytischen Menge A in einem Punkt $x \in A$ verstehen wir die maximale Dimension der komplexen Räume $'X_1, \ldots, 'X_k$, deren λ-Bild x enthält. Es läßt sich zeigen, daß die Dimension von A unabhängig von der Wahl der $'X_1, \ldots, 'X_k$ definiert ist[10c]).

Man kann zeigen, daß das gleichzeitige Nullstellengebilde von holomorphen Funktionen immer eine analytische Menge ist. Umgekehrt kann man jede analytische Menge einer komplexen Mannigfaltigkeit lokal als gleichzeitiges Nullstellengebilde von holomorphen Funktionen darstellen[11]).

Für analytische Mengen im hier definierten Sinne gelten ähnliche Resultate wie für analytische Mengen in komplexen Mannigfaltigkeiten. Zum Beispiel zerlegt eine niederdimensionale analytische Menge in einem komplexen Raum den Raum nicht und liegt dort nirgends dicht[10c]).

Ist X irgendein komplexer Raum und M irgendeine irreduzible analytische Menge in X, so kann M im allgemeinen nicht als ein komplexer Raum (bzgl. der induzierten Struktur) aufgefaßt werden. Der Menge M läßt sich jedoch ein komplexer Raum Y zuordnen: In jedem Punkt $x \in M$ zerfällt M in endlich viele analytische Primkeime $\mathfrak{p}_x$. Bildet man die Menge aller Paare $(x, \mathfrak{p}_x)$, wo $x \in M$, so läßt sich in $\{(x, \mathfrak{p}_x)\}$ in natürlicher Weise eine Topologie

---

[10c]) Vgl. hierzu wieder H. GRAUERT und R. REMMERT, loc. cit. [10a]), wo grundlegende Aussagen dieser Art exakt bewiesen werden.

[11]) Dieser Satz wurde von R. REMMERT bewiesen: Holomorphe und meromorphe Abbildungen analytischer Mengen, erscheint demnächst in den Math. Ann.; vgl. ferner: K. STEIN: Analytische Abbildungen allgemeiner analytischer Räume. Colloque de Topologie de Strasbourg, Avril 1954.

und eine komplex-analytische Struktur einführen, so daß die Abbildung $(x, \mathfrak{p}_x) \to x$ stetig und holomorph ist. Dadurch wird $\{(x, \mathfrak{p}_x)\}$ zu einem komplexen Raum Y. Wir nennen Y den durch M erzeugten komplexen Raum[11a]. — Ist X eine komplexe Mannigfaltigkeit und hat M nur gewöhnliche Punkte, so ist Y eine zu M analytisch homöomorphe komplexe Mannigfaltigkeit. Ist M nicht irreduzibel, so kann in analoger Weise ein nicht zusammenhängender komplexer Raum Y definiert werden, dessen zusammenhängende Komponenten den irreduziblen Komponenten von M entsprechen.

Nach diesen Vorbereitungen führen wir nun den Begriff der Modifikation ein. Wir folgen mit einer geringfügigen Abweichung der Definition von H. Behnke und K. Stein[12]).

Def. 1: *Ein Quintupel* $('X, 'N, \tau, N, X)$ *heiße eine Modifikation, wenn folgende Bedingungen erfüllt sind:*

1. $'X, X$ sind gleichdimensionale komplexe Räume; $'N$ bzw. N sind abgeschlossene, evtl. leere Mengen in $'X$ bzw. X, die von $'X$ bzw. X verschieden sind.

2. Es gibt zu jedem Punkt $x \in N$ eine zusammenhängende Umgebung $U(x)$ mit einer $N \cap U(x)$ umfassenden analytischen Menge $M \neq U$. (Wir sagen: N ist dünn in X.)

3. $\tau : 'X - 'N \to X - N$ bildet den Raum $'X - 'N$ eineindeutig und holomorph auf den Raum $X - N$ ab.

4. Ist U eine beliebige Umgebung von N, so enthält die Vereinigung von $\tau^{-1}(U - N)$ mit $'N$ stets eine Umgebung von $'N$.

Wir sagen auch: Der komplexe Raum $'X$ ist eine Modifikation des komplexen Raumes X bzw. der komplexe Raum $'X$ geht durch eine Modifikation in der Menge $N \subseteq X$ aus dem komplexen Raum X hervor.

Die Bedingung 4. stimmt mit der Forderung b) bei H. Behnke und K. Stein überein[12]).

Def. 2: *Zwei Modifikationen* $('X_i, 'N_i, \tau_i, N_i, X_i)$ $(i = 1, 2)$ *werden äquivalent genannt, wenn gilt:* $'X_1 = 'X_2$, $X_1 = X_2$ *und* $\tau_1^{-1}(x) = \tau_2^{-1}(x)$ *für jedes* $x \in X_1 - (N_1 \cup N_2)$.

Als Beispiel[13]) einer Modifikation betrachten wir das Quintupel $('X, 'N, \tau, N, X)$, wobei $'X$ bzw. X den zweidimensionalen Osgoodschen Raum mit den Variablen $'z_1, 'z_2$ bzw. z_1, z_2 bezeichnen soll und $'N$ bzw. N die komplexen Geraden $'z_1 = 0$ bzw. $z_1 = 0$ sein sollen. τ sei die durch die Gleichungen

$$z_1 = {'z_1}$$
$$z_2 = {'z_2} \cdot e^{'z_1^{-1}}$$

vermittelte Abbildung. Man überlegt sofort, daß eine Modifikation im Sinne von Definition 1 vorliegt; man sieht ferner, daß die in X meromorphe Funktion z_2 vermöge τ in die Funktion $'z_2 \cdot e^{'z_1^{-1}}$ übergeht, die auf $'N$ wesentlich singulär ist. Ebenso gibt es analytische Mengen in X (z. B. sämtliche Ebenen $z_2 = a$

[11a]) Hinsichtlich der genauen Beschreibung vgl. H. Grauert und R. Remmert, loc. cit. [10a]).

[12]) H. Behnke und K. Stein loc. cit.[6]).

[13]) Siehe W. Stoll, loc. cit.[7]).

mit $a \neq 0$, $a \neq \infty$), deren durch τ vermitteltes Bild in $'X$ auf der Ebene $'z_1 = 0$ wesentliche Singularitäten hat.

Das angegebene Beispiel zeigt, daß der eingeführte Begriff der Modifikation für unsere Belange noch zu weit gefaßt ist. Wir schränken ihn daher durch eine Verschärfung der Bedingung 4., Def. 1 ein.

Def. 3: *Eine Modifikation* $('X, 'N, \tau, N, X)$ *heiße eine stetige Modifikation, wenn sie folgende Bedingung erfüllt:*

4'. Ist (U_j), $j \in J$, eine beliebige offene Überdeckung von N, so enthält jede Menge $\tau^{-1}(U_j - U_j \cap N) \cup 'N$ eine offene Menge V_j, derart, daß die Vereinigung $\underset{j \in J}{\cup} V_j$ eine Umgebung von $'N$ ist.

Diese Definition kann als eine Präzisierung dessen angesehen werden, was man sich intuitiv unter einer zulässigen Einsetzung einer Menge $'N$ in eine Menge N vorstellt. Man möchte jedenfalls erreichen, daß eine jede Umgebung U eines beliebigen Punktes $x \in N$ nach erfolgter Ersetzung der Punkte von $U \cap N$ durch gewisse Punkte von $'N$ in eine Umgebung $'U$ dieser Punkte übergeht. Das aber wird genau durch Definition 3 gewährleistet. Man sieht am obigen Beispiel, daß bei allgemeinen Modifikationen diese Eigenschaft gewissen Umgebungen $U(x)$ nicht zukommt.

§ 2. Eigenschaften stetiger Modifikationen.

Eine grundlegende Eigenschaft stetiger Modifikationen formulieren wir in

Hilfssatz 1: *Ist* $('X, 'N, \tau, N, X)$ *eine stetige Modifikation, so ist die Abbildung* $\tau :'X - 'N \to X - N$ *in jeden Randpunkt von $'N$ stetig fortsetzbar.*

Beweis: Sei $'x \in 'N$ irgendein Randpunkt von $'N$; sei $'x_\nu \in 'X - 'N$ irgendeine gegen $'x$ konvergierende Folge. Um zu zeigen, daß $\tau('x_\nu) \in X - N$ gegen einen Punkt $x \in N$ konvergiert, wählen wir eine offene Überdeckung (U_j) von N durch relativ-kompakte Mengen U_j. Der Punkt $'x$ ist in wenigstens einer der Mengen V_j enthalten, die nach Definition 3 den U_j zugeordnet sind. Da fast alle $'x_\nu$ in der Menge $V_j - V_j \cap 'N$ liegen und dieselbe durch τ in $U_j - U_j \cap N$ abgebildet wird, liegen fast alle $\tau('x_\nu)$ in $U_j - U_j \cap N$. Die Folge $\tau('x_\nu)$ besitzt daher einen Häufungspunkt x auf N. Da die Überdeckung (U_j) von N beliebig fein gewählt werden kann, kann es nicht zwei verschiedene Häufungspunkte geben. Aus diesem Grunde ist x unabhängig von der Wahl der Folge $'x_\nu$ eindeutig durch den Punkt $'x$ bestimmt. Erklärt man nun als τ-Bild von $'x$ den Punkt x, so hat man die gewünschte stetige Fortsetzung von τ.

Aus Hilfssatz 1 folgt

Satz 1: *Ist* $('X, 'N, \tau, N, X)$ *eine stetige Modifikation, so gibt es zu jedem Punkt $'x \in 'N$ eine zusammenhängende Umgebung $'U$ mit einer $'N \cap 'U$ umfassenden analytischen Menge $'M \neq 'U$. ($'N$ ist dünn in $'X$.)*

Den Beweis dieses Satzes stützen wir auf eine Verallgemeinerung eines bekannten Satzes von T. Radó[14]): *Eine in einem komplexen Raum X stetige und außerhalb ihrer Nullstellen holomorphe Funktion ist holomorph in X.*

---

[14]) T. Radó: Über eine nicht fortsetzbare Riemannsche Mannigfaltigkeit. Math. Z. **20**, 1—6 (1924); H. Behnke und K. Stein loc. cit.[6]) und H. Cartan: Sur une extension d'un théorème de Radó. Math. Ann. **125**, 49—50 (1952).

Wir zeigen zunächst: $'N$ ist in einer Umgebung $'U$ eines jeden Randpunktes $'x \in 'N$ dünn. Sei $x = \tau('x)$ das Bild der nach Hilfssatz 1 in $'x$ stetig fortgesetzten Abbildung τ. In einer Umgebung $U(x)$ existiert eine holomorphe, nirgends identisch verschwindende Funktion f, die auf $U \cap N$ verschwindet. Sei $'U$ eine zusammenhängende Umgebung von $'x$, derart, daß alle Punkte von $'U$, die nicht zum offenen Kern von $'N$ gehören, durch die fortgesetzte Abbildung τ in U abgebildet werden. Die Funktion $f \cdot \tau$ ist in $'U - 'N \cap 'U$ holomorph und wird durch die Forderung $f \cdot \tau('N \cap 'U) = 0$ zu einer in ganz $'U$ stetigen Funktion $'f$ fortgesetzt. Nach dem verallgemeinerten Satz von T. Radó ist dann $'f$ in ganz $'U$ holomorph und damit $'N \cap 'U$ im Nullstellengebilde einer in $'U$ holomorphen Funktion enthalten, die nach Konstruktion in $'U$ nicht identisch verschwindet.

Zeigen wir noch: jeder Punkt von $'N$ ist Randpunkt von $'N$, so ist offenbar Satz 1 bewiesen. Angenommen, es gäbe einen inneren Punkt $'x_0 \in 'N$. Sei $'x(t)$ eine $'x_0$ mit einem Randpunkt $'x$ von $'N$ verbindende Kurve. Wegen der Abgeschlossenheit von $'N$ gäbe es von $'x_0$ her einen ersten Randpunkt $'x_1$ von $'N$ auf $'x(t)$. In jeder Umgebung von $'x_1$ lägen dann innere Punkte von $'N$. Das aber ist nach dem bereits bewiesenen unmöglich, denn in einer zusammenhängenden Umgebung $'U('x_1)$ ist $'N$ in einer von $'U$ verschiedenen analytischen Menge enthalten.

Anmerkung: Satz 1 steht in enger Beziehung zu einem von H. Behnke und K. Stein bewiesenen Satz[15]). Die dort gemachte Voraussetzung, daß N im Nullstellengebilde einer in einer vollen Umgebung $U(N)$ definierten, nirgends identisch verschwindenden, holomorphen Funktion enthalten ist, konnte hier durch die schwächere Bedingung 2. der Def. 1 ersetzt werden.

Es schließt sich an:

Satz 2: *Eine Modifikation $('X, 'N, \tau, N, X)$ ist genau dann stetig, wenn die Abbildung $\tau : 'X - 'N \to X - N$ zu einer holomorphen Abbildung $\tau : 'X \to X$ von $'X$ in X fortsetzbar ist.*

Beweis: Ist $\tau : 'X - 'N \to X - N$ zu einer holomorphen und also auch stetigen Abbildung $\tau : 'X \to X$ von $'X$ in X fortsetzbar, so ist die vorgegebene Modifikation, wie man unmittelbar sieht, stetig. Wir beweisen die Umkehrung. Da nach Satz 1 die Menge $'N$ sicher nirgends dicht in $'X$ ist, ist $\tau : 'X - 'N \to X - N$ nach Hilfssatz 1 zu einer stetigen Abbildung von $'X$ in X fortsetzbar. Da ferner $'N$ in der Umgebung $'U$ eines jeden Punktes $'x \in 'N$ in einer analytischen Menge $'M \neq 'U$ enthalten ist, so folgt nach einem bekannten Satz von Riemann über hebbare Singularitäten die Behauptung.

Im folgenden werden ausschließlich stetige Modifikationen betrachtet. Unter τ werde fortan stets die nach Satz 2 fortgesetzte Modifikationsabbildung von $'X$ in X verstanden.

Ist $('X, 'N, \tau, N, X)$ irgendeine stetige Modifikation, so kann man in vielen Fällen eine äquivalente Modifikation $('X, '\hat{N}, \tau, \hat{N}, X)$ finden, bei der die Menge $\hat{N}$ in der Menge N echt enthalten ist. Ein einfaches Beispiel hierzu wird durch die stetige Modifikation $('C^n, '0, \tau, 0, C^n)$ gegeben, wobei $'0$ bzw. 0

---

[15]) H. Behnke und K. Stein loc. cit[8]), Satz 2, S. 14.

den Nullpunkt des n-dimensionalen komplexen Zahlenraumes und τ die identische Abbildung dieses Raumes auf sich bezeichnet. Die angegebene Modifikation ist äquivalent zur trivialen Modifikation $('C^n, 'A, \tau, A, C^n)$, wobei $'A$ bzw. A die leere Menge ist.

Wir betrachten im folgenden Modifikationen, die nicht von dieser Beschaffenheit sind.

Def. 4: *Eine stetige Modifikation $('X, '\dot{N}, \tau, \dot{N}, X)$ heißt eine stetige wesentliche Modifikation, wenn es keine äquivalente stetige Modifikation $('X, '\hat{N}, \tau, \hat{N}, X)$ gibt, derart, daß die Menge $\hat{N}$ echt in der Menge $\dot{N}$ enthalten ist.*

Aus dieser Definition folgt sofort:

Eine stetige Modifikation $('X, '\dot{N}, \tau, \dot{N}, X)$ ist dann und nur dann wesentlich, wenn es keine äquivalente stetige Modifikation $('X, '\hat{N}, \tau, \hat{N}, X)$ gibt, derart, daß die Menge $'\hat{N}$ echt in der Menge $'\dot{N}$ enthalten ist.

Es gilt weiter

Satz 3: *Zu jeder stetigen Modifikation $('X, 'N, \tau, N, X)$ gibt es genau eine äquivalente stetige, wesentliche Modifikation $('X, '\dot{N}, \tau, \dot{N}, X)$. Die Menge $'\dot{N}$ ist eine (evtl. leere) analytische Menge in $'X$, die keine isolierten Punkte enthält.*

Zum Beweise sind größere Vorbereitungen erforderlich. Wir führen zunächst den Begriff des lokalen Ranges einer holomorphen Abbildung ein.

Seien X und $'X$ zwei komplexe Räume (nicht notwendig gleicher Dimension), sei $\tau : 'X \to X$ eine holomorphe Abbildung von $'X$ in X. Ist $x \in X$ irgendein Punkt, so verstehen wir unter der *Fasermenge von τ über x* die in $'X$ analytische (evtl. leere) Menge $\tau^{-1}(x)$[15a].

Unter dem *lokalen Rang r* der Abbildung τ in einem Punkt $'x \in 'X$ verstehen wir die natürliche Zahl $n-k$, wobei n die Dimension von $'X$ und k die Dimension derjenigen analytischen Menge bezeichnet, die aus sämtlichen durch $'x$ laufenden, in $'X$ irreduziblen Komponenten der Fasermenge von τ über $\tau('x)$ besteht.

Es gilt nun der

Satz: *Die Gesamtheit der Punkte $'x \in 'X$, in denen der lokale Rang einer holomorphen Abbildung $\tau : 'X \to X$ kleiner als eine fest vorgegebene natürliche Zahl ist, bildet eine analytische Menge in $'X$*[16].

Nennt man einen Punkt $'x \in 'X$ eine Entartungsstelle der holomorphen Abbildung $\tau : 'X \to X$, wenn der lokale Rang von τ in $'x$ kleiner als die komplexe Dimension von $'X$ ist, so folgt insbesondere:

Die Gesamtheit aller Entartungsstellen einer holomorphen Abbildung $\tau : 'X \to X$ bildet eine analytische Menge in $'X$ (Entartungsmenge der Abbildung τ).

Nun zum Beweis von Satz 3! Es sei $('X, 'N, \tau, N, X)$ die vorgegebene stetige Modifikation. Wir definieren als Menge $'\dot{N}$ die Entartungsmenge der Abbildung τ und als Menge $\dot{N}$ die Menge $X - \tau('X - '\dot{N})$. $'\dot{N}$ ist nach dem

---

[15a]) Daß bei der hier gegebenen Definition der analytischen Menge die Urbilder analytischer Mengen bezüglich holomorpher Abbildungen analytische Mengen sind, ist nicht selbstverständlich, sondern bedarf eines Beweises. Vgl. hierzu H. Grauert und R. Remmert, loc. cit. [10a]).

[16]) Vgl. R. Remmert sowie auch K. Stein, loc. cit.[11]).

vorstehenden eine analytische Menge in $'X$ und nach Definition in $'N$ enthalten; daraus folgt, daß $\dot N$ in N enthalten und mithin dünn in X ist. Es bleibt zu zeigen, daß $\tau : 'X - '\dot N \to X - \dot N$ eine eineindeutige offene Abbildung ist. Wir ziehen folgenden, weiter unten bewiesenen Hilfssatz heran.

Hilfssatz 2: *Es seien X, $'X$ zwei n-dimensionale komplexe Räume; es sei $\tau : 'X \to X$ eine holomorphe Abbildung von $'X$ in X. Dann ist τ eine offene Abbildung in jeder offenen Teilmenge von $'X$, die keine Entartungsstellen von τ enthält).*

Aus diesem Hilfssatz folgt zunächst, daß τ eine offene Abbildung von $'X - '\dot N$ auf $X - \dot N$ ist. Daher ist $\dot N$ eine abgeschlossene Menge in X.

Wäre $\tau : 'X - '\dot N \to X - \dot N$ nicht eineindeutig, so gäbe es zwei verschiedene Punkte $'x_1$, $'x_2$ in $'X - '\dot N$ mit $\tau('x_1) = \tau('x_2) = x$. Nach Hilfssatz 2 existieren punktfremde Umgebungen $'U('x_1)$ und $'U('x_2)$ sowie eine Umgebung $U(x)$, derart, daß jeder Punkt aus $U(x)$ Bild wenigstens eines Punktes aus $'U('x_1)$ und $'U('x_2)$ ist. Da N dünn in X ist, gäbe es also auch einen Punkt $\tilde x \in U(x) - U(x) \cap N$ mit dieser Eigenschaft. Das ist jedoch nicht möglich, da jeder Punkt aus $X - N$ genau ein τ-Urbild hat.

Nach Konstruktion enthält $'\dot N$ keine isolierten Punkte. Weiter ist klar, daß bei jeder zu $('X, '\dot N, \tau, \dot N, X)$ äquivalenten Modifikation $('X, '\hat N, \tau, \hat N, X)$ die Menge $'\hat N$ die Menge $'\dot N$ umfaßt. Damit ist Satz 3 bewiesen.

Beweis von Hilfssatz 2. Da die Behauptung des Hilfssatzes lokaler Natur ist, dürfen wir annehmen, daß $'X$ und X analytisch verzweigte Überlagerungen $'R$ und R mit den zugehörigen Überlagerungsabbildungen $'\Phi$ und Φ sind. Es sei $\tau : 'R \to R$ in $'R$ nirgends entartet. Wir haben zu zeigen, daß es um jeden Punkt $'x \in 'R$ eine beliebig kleine Umgebung $'V('x)$ gibt, derart, daß $\tau('V)$ eine Umgebung von $x = \tau('x)$ überdeckt.

Die Abbildung $\Phi \tau$ ist in $'R$ nirgends entartet. Nach einem Satz über Abbildungen durch holomorphe Funktionen[16a] gibt es daher um $'x$ eine beliebig kleine Umgebung $'V$ und um $\Phi(x)$ eine Hyperkugel H, derart, daß $\Phi\tau$ den Bereich $'V$ eigentlich in H abbildet. $'V$ wird daher durch τ eigentlich in $V = \tau^{-1}(H) \subset R$ abgebildet. $\Phi\tau$ hat als nicht entartete Abbildung in den uniformisierbaren Punkten von $'R$ eine nicht identisch verschwindende Funktionaldeterminante Δ. Die in $'V$ abgeschlossene Hülle der Nullstellenmenge von Δ ist eine analytische Menge $'A_1$ in $'V$[16b]. Wir setzen $'A = 'A_1 \cup '\Phi^{-1}('M)$, wobei $'M$ eine analytische Menge ist, über der alle Verzweigungspunkte von $'R$ liegen. $A = \tau('A)$ ist eine analytische Menge in V; denn A ist Bild einer eigentlichen, nirgends entarteten holomorphen Abbildung des durch $'A$ erzeugten komplexen Raumes $*'A$ in V. A ist eine niederdimensionale analytische Menge in V und liegt deshalb dort nirgends dicht. Ist U ein zusammenhängender Teilbereich von V, so ist offenbar $U - U \cap A$ auch zusammenhängend.

[16a] Vgl. H. Grauert: Charakterisierung der holomorph vollständigen komplexen Räume. Math. Ann. **129**, 223—259 (1955), Satz 1.

[16b] Vgl. R. Remmert, loc. cit.[11]).

Es sei nun $U \subset V$ eine zusammenhängende Umgebung von x. Wir zeigen, daß $\tau('V) \supset U$ gilt. Da τ die Menge $'U - \tau^{-1}(A) \cap 'U$ mit $'U = \tau^{-1}(U) \cap 'V$ eigentlich und lokal-topologisch in $U - U \cap A$ abbildet und $U - U \cap A$ zusammenhängend ist, muß jeder Punkt von $U - U \cap A$ ein Urbild in $'U - -'U \cap \tau^{-1}(A)$ haben. Ferner ist jeder Punkt x_0 von $A \cap U$ Konvergenzpunkt einer gegen x_0 konvergierenden Punktfolge $x_\nu \in U - U \cap A$. $\tau^{-1}(x_\nu)$ hat wenigstens einen Häufungspunkt $'x_0$ in $'U$. Offenbar gilt $\tau('x_0) = \tau(x_0)$. Also ist jeder Punkt von U Bildpunkt von $'U$ und damit von $'V$. Wir haben gezeigt, daß das τ-Bild jeder offenen Menge von $'R$ eine offene Menge in R ist. Damit ist Hilfssatz 2 bewiesen.

Nunmehr beweisen wir einen grundlegenden Satz über stetige wesentliche Modifikationen.

Satz 4: *Ist $('X^n, 'N, \tau, \dot{N}, X^n)$ eine stetige wesentliche Modifikation und ist X^n eine n-dimensionale komplexe Mannigfaltigkeit, so ist die Menge $'N$ eine entweder leere oder rein $(n-1)$-dimensionale analytische Menge in $'X^n$.*

Die Behauptung dieses Satzes folgt unmittelbar aus dem auch an sich interessanten

Hilfssatz 3: *Es sei λ eine holomorphe Abbildung eines n-dimensionalen komplexen Raumes Y^n in eine komplexe Mannigfaltigkeit X^n; es sei M eine höchstens $(n-2)$-dimensionale analytische Menge in Y^n, derart, daß λ in $Y^n - M$ eineindeutig ist. Dann bildet λ den Gesamtraum Y^n eineindeutig in X^n ab. (Y^n ist also insbesondere eine komplexe Mannigfaltigkeit)*[17].

Beweis: Wäre der Hilfssatz falsch, so gäbe es einen komplexen Raum Y^n minimaler Dimension n, für den die Aussage des Satzes nicht richtig ist. Da Hilfssatz 3 eine lokale Eigenschaft ausdrückt, dürfen wir annehmen, daß Y^n einer analytisch-verzweigten Überlagerung R^n des Einheitspolyzylinders Z^n äquivalent ist und daß λ die Überlagerung R^n in den komplexen Zahlenraum C^n abbildet. Die Entartungsmenge K der Abbildung λ ist eine höchstens $(n-2)$-dimensionale analytische Menge in R^n; denn K ist notwendig in M enthalten. Man sieht analog wie im Beweise von Satz 3 (unter Benutzung von Hilfssatz 2), daß λ in $R^n - K$ eineindeutig ist. Wir zeigen, daß jede irreduzible Komponente von K vermöge λ auf genau einen Punkt des C^n abgebildet wird. Wäre das nicht der Fall, so gäbe es eine in R^n irreduzible Komponente K' von K, derart, daß $\lambda(K')$ mindestens zwei verschiedene Punkte enthielte. Es seien etwa die z_1-Koordinaten dieser Punkte voneinander verschieden. Wir betrachten dann in einer Umgebung W eines Punktes $x' \in K'$, in die keine von K' verschiedene Komponente von K eindringt, die durch x' laufende Niveaufläche F der in W holomorphen Funktion $z_1 \cdot \lambda$. F ist eine rein $(n-1)$-dimensionale analytische

---

[17] Es gilt folgende Verallgemeinerung von Hilfssatz 3: *Es sei λ eine holomorphe Abbildung eines n-dimensionalen komplexen Raumes Y^n in eine n-dimensionale komplexe Mannigfaltigkeit X^n; es sei M eine höchstens $(n-2)$-dimensionale analytische Menge in Y^n, derart, daß in jedem uniformisierbaren Punkt von $Y^n - M$ die Funktionalmatrix der Abbildung λ den Rang n hat. Dann ist Y^n eine komplexe Mannigfaltigkeit, und die Funktionalmatrix von λ ist in jedem Punkt von Y^n vom Range n.* — Zum Beweis vgl.: H. GRAUERT und R. REMMERT: Plurisubharmonische Funktionen in komplexen Räumen und Anwendungen auf einen Satz von OKA.

Menge in W und schneidet K' und mithin K in einer höchstens $(n-3)$-dimensionalen analytischen Menge [17a]), da die Funktion $z_1 \cdot \lambda$ auf K' nicht konstant ist.

Die Beschränkung λ^* von λ auf F ist eine Abbildung von F in die $(n-1)$-dimensionale analytische Ebene $\{z_1 = z_1 \cdot \lambda(x')\} \subset C^n$; sie kann daher als eine Abbildung von F in einen C^{n-1} aufgefaßt werden.

Bilden wir nun den durch F erzeugten $(n-1)$-dimensionalen (nicht notwendig zusammenhängenden) komplexen Raum Y^{n-1} (vgl. hierzu § 1) und bezeichnen wir mit λ' die λ^* in kanonischer Weise zugeordnete holomorphe Abbildung von Y^{n-1} in den C^{n-1}, so ist zunächst klar, daß λ' höchstens in derjenigen, nicht höher als $(n-3)$-dimensionalen analytischen Teilmenge von Y^{n-1} entartet ist, die über $F \cap K'$ liegt. (Man beachte, daß alle Punkte von $F - K'$ gewöhnliche Punkte von F sind und mithin bei der Bildung von Y^{n-1} die Menge F in der Nachbarschaft dieser Punkte „nicht geändert" wird.) Weiter gibt es aber auch mindestens eine zusammenhängende Komponente Y_1^{n-1} von Y^{n-1}, derart, daß λ' in gewissen über K' liegenden Punkten von Y_1^{n-1} wirklich entartet ist. In der Tat! Durch den Punkt $x' \in K'$ läuft nach Voraussetzung eine mindestens eindimensionale, in Y^n analytische Menge, die durch λ auf den Punkt $\lambda(x') \in C^n$ abgebildet wird. Diese Menge ist in F und mithin auch in einer der in W irreduziblen Komponenten von F enthalten. Bezeichnen wir mit F_1 eine solche Komponente und mit Y_1^{n-1} den zugehörigen zusammenhängenden komplexen Raum, so hat λ' in Y_1^{n-1} Entartungspunkte.

Somit hat sich ergeben, daß für das Paar Y_1^{n-1}, λ' die Behauptung von Hilfssatz 3 falsch ist. Das widerspricht jedoch der Voraussetzung, daß n minimal sein sollte. Also wird doch jede irreduzible Komponente von K durch λ auf genau einen Punkt des C^n abgebildet.

Sei nun Z_1^n ein ganz im Innern von Z^n gelegener Polyzylinder, sei R_1^n der über Z_1^n gelegene Teil von R^n. In R_1^n zerfällt $K \cap R_1^n$ in höchstens endlich viele irreduzible Komponenten. Bezeichnen wir mit $y_1, \ldots, y_s$ die λ-Bilder dieser Komponenten, so ist $\lambda(R_1^n - K \cap R_1^n)$ ein Gebiet G im C^n mit den Punkten $y_1, \ldots, y_s$ als Randpunkten, denn andernfalls wäre λ in $R_1^n - K \cap R_1^n$ nicht eineindeutig. Da λ den Raum $R^n - K$ eineindeutig abbildet und jeder Randpunkt von $R_1^n - K \cap R_1^n$, der nicht zu K gehört, innerer Punkt von $R^n - K$ ist, ist jedes λ-Bild eines Randpunktes von $R_1^n - K \cap R_1^n$ ein Randpunkt von G. Daher sind $y_1, \ldots, y_s$ keine isolierten Randpunkte von G.

Es gibt um jeden Randpunkt y von G, der von $y_1, \ldots, y_s$ verschieden ist, eine Umgebung $U \subset C^n$, die aus G einen holomorph-konvexen Bereich herausschneidet. Ist nämlich x das eindeutig bestimmte λ-Urbild von y in $R^n - K$, so ist R^n in der Umgebung von x uniformisierbar. Es gibt daher um x in $R^n - K$ eine holomorph-konvexe Umgebung V. Der Durchschnitt derselben mit R_1^n ist wieder holomorph-konvex, da R_1^n holomorph-konvex ist. Das λ-Bild von V ist dann eine gewünschte Umgebung U des Randpunktes y.

[17a]) Der Durchschnitt analytischer Mengen ist eine analytische Menge; vgl. H. Grauert und R. Remmert, loc. cit. [10a]).

Wir benutzen nun den folgenden

Satz: *Es sei G ein Gebiet im C^n; es seien $y_1, \ldots, y_s$ nichtisolierte Randpunkte von G. Um jeden Randpunkt y von G, der von $y_1, \ldots, y_s$ verschieden ist, gebe es eine Umgebung $U(y) \subset C^n$, die aus G einen holomorph-konvexen Bereich herausschneidet. Dann ist in G die Funktion $\varphi(z) = -\ln r(z)$ eine stetige plurisubharmonische Funktion. $(r(z) =$ euklidischer Abstand des Punktes $z \in G$ vom Rande von G.)[18].*

Mittels der durch diesen Satz gegebenen Funktion φ bilden wir nun in $R_1^n - K \cap R_1^n$ die stetige plurisubharmonische Funktion $\varphi^* = \varphi \cdot \lambda$. Dieselbe strebt bei Annäherung an die Punkte von $K \cap R_1^n$ gegen $+ \infty$. Das aber ist nicht möglich, da $K \cap R_1^n$ eine höchstens $(n-2)$-dimensionale analytische Menge in R_1^n ist und allgemein der Satz gilt: *Ist ψ eine plurisubharmonische Funktion in einem n-dimensionalen komplexen Raum X außerhalb einer höchstens $(n-2)$-dimensionalen, in X analytischen Menge, so ist ψ eindeutig zu einer in ganz X plurisubharmonischen Funktion fortsetzbar[18].*

Damit ist Hilfssatz 3 und mithin auch Satz 4 bewiesen.

Anmerkung: Satz 4 ist im allgemeinen falsch, wenn der komplexe Raum X nichtuniformisierbare Punkte enthält. Das zeigt ein in § 4 angegebenes Beispiel.

Wir fügen noch an:

Satz 5: *Ist $('X, 'N, \tau, N, X)$ eine stetige Modifikation, so gibt es einen natürlichen Umkehrhomomorphismus τ^* des Körpers $k(X)$ der auf X meromorphen Funktionen in den Körper $k('X)$ der auf $'X$ meromorphen Funktionen. τ^* bildet den Ring $\mathfrak{J}(X)$ der auf X holomorphen Funktionen in den Ring $\mathfrak{J}('X)$ der auf $'X$ holomorphen Funktionen ab. Es gibt weiter, falls τ den Raum $'X$ auf X abbildet, einen natürlichen Umkehrhomomorphismus $\hat{\tau}$ des Verbandes $V(X)$ der in X analytischen Mengen in den Verband $V('X)$ der in $'X$ analytischen Mengen.*

Dieser Satz ist wegen Satz 2 trivial.

In Satz 5 ist τ^* im allgemeinen kein Isomorphismus von $k(X)$ auf $k('X)$. Die offenbar stetige Modifikation $(E, \Lambda, \tau, z_\infty, P^1)$, wobei E die offene z-Ebene, Λ die leere Menge, τ die identische Abbildung von E in die Riemannsche Zahlenkugel P^1 und z_∞ den unendlich fernen Punkt von P^1 bezeichnet, liefert ein Gegenbeispiel; denn die Funktion $e^z \in k(E)$ hat kein τ^*-Urbild in $k(P^1)$. Ebenfalls ist, wenn τ eine Abbildung von $'X$ auf X ist, $\hat{\tau}$ im allgemeinen kein Isomorphismus von $V(X)$ auf $V('X)$. Hierfür werden wir ein Beispiel im § 4 angeben.

Satz 5 zeigt, daß der Begriff der stetigen Modifikation in gewisser Hinsicht die Eigenschaften der in der Einleitung beschriebenen Abänderungsprozesse hat. Um Modifikationen zu erhalten, unter denen die algebraische Struktur der Ringe der holomorphen bzw. der Körper der meromorphen Funktionen völlig invariant ist, ist es notwendig, den Modifikationsbegriff noch weiter einzuschränken.

---

[18]) Hinsichtlich des Beweises vgl.: H. GRAUERT und R. REMMERT loc. cit.[17]).

§ 3. Eigentliche Modifikationen.

Def. 5: *Eine stetige Modifikation $('X, 'N, \tau, N, X)$ heiße eine eigentliche Modifikation, wenn $\tau : 'X \to X$ eine eigentliche Abbildung von $'X$ in X ist.*

Man überlegt sofort, daß bei einer eigentlichen Modifikation die Abbildung $\tau : 'X \to X$ den Raum $'X$ *auf* den Raum X abbildet.

Es gilt nun

Satz 6: *Ist $('X, 'N, \tau, N, X)$ eine eigentliche Modifikation, so ist das τ-Bild einer jeden in $'X$ analytischen Menge eine analytische Menge in X.*

Dieser Satz ist ein Spezialfall des folgenden, hier nicht zu beweisenden Satzes.

Satz: *Ist $\tau : 'X \to X$ eine eigentliche holomorphe Abbildung des komplexen Raumes $'X$ auf den komplexen Raum X, so ist das τ-Bild M einer jeden in $'X$ analytischen Menge $'M$ eine analytische Menge in X. Ist τ in jedem Punkt von $'M$ entartet, so ist die Dimension von M kleiner als die Dimension von $'M$[19]).*

Nach Satz 3 ist jede stetige Modifikation $('X^n, 'N, \tau, N, X^n)$ äquivalent mit einer stetigen wesentlichen Modifikation $('X^n, '\dot{N}, \tau, \dot{N}, X^n)$, bei der $'\dot{N}$ eine analytische Menge in $'X^n$ und $\dot{N} = X^n - \tau('X^n - '\dot{N})$ ist. Bei eigentlichen Modifikationen gilt $\dot{N} = \tau('\dot{N})$, da τ den Raum $'X^n$ auf X^n abbildet. Mithin ist in einem solchen Fall $\dot{N}$ ebenfalls eine analytische Menge. Ihre Dimension ist nach dem vorstehenden Satz höchstens $n - 2$, da τ nach Konstruktion der höchstens $(n - 1)$-dimensionalen analytischen Menge $'\dot{N}$ in jedem Punkt von $'\dot{N}$ entartet ist. Damit haben wir gewonnen:

Satz 7: *Zu jeder eigentlichen Modifikation $('X^n, 'N, \tau, N, X^n)$ gibt es genau eine äquivalente eigentliche wesentliche Modifikation $('X^n, '\dot{N}, \tau, \dot{N}, X^n)$, bei der $'\dot{N}$ und $\dot{N}$ analytische Mengen sind. $\dot{N}$ ist höchstens $(n - 2)$-dimensional.*

In jeder eigentlichen, wesentlichen Modifikation $('X^n, 'N, \tau, N, X^n)$ werden also, wenn das τ-Bild jeder irreduziblen Komponente von $'N$ eine rein $(n - 1)$-dimensionale analytische Menge ist, die Räume $'X^n$ und X^n vermöge τ eineindeutig und holomorph aufeinander bezogen. Das kann so gedeutet werden, daß in solchen Fällen die Menge nur „durch sich selbst" ersetzt werden kann.

Für den Fall $n = 1$ folgt: *Jede eigentliche Modifikation einer Riemannschen Fläche ist der identischen Modifikation äquivalent.*

Satz 5 verschärft sich bei eigentlichen Modifikationen in folgender Weise:

Satz 8: *Ist $('X, 'N, \tau, N, X)$ eine eigentliche Modifikation, so gibt es einen natürlichen Isomorphismus τ^* des Körpers $k(X)$ der auf X meromorphen Funktionen auf den Körper $k('X)$ der auf $'X$ meromorphen Funktionen. τ^* bildet den Ring $\mathfrak{J}(X)$ der auf X holomorphen Funktionen auf den Ring $\mathfrak{J}('X)$ der auf $'X$ holomorphen Funktionen ab. Die Umkehrung $\hat{\tau}^{-1}$ des natürlichen Umkehrhomomorphismus $\hat{\tau}$ des Verbandes $V(X)$ der in X analytischen Mengen in den Verband $V('X)$ der in $'X$ analytischen Mengen ist zu einem Homomorphismus von $V('X)$ auf $V(X)$ fortsetzbar.*

---

[19]) Vgl. R. Remmert sowie auch K. Stein loc. cit.[11]).

Beweis: Der erste Teil des Satzes ist bewiesen, wenn man gezeigt hat, daß jede meromorphe bzw. holomorphe Funktion $'f$ auf $'X$ das τ^*-Bild einer meromorphen bzw. holomorphen Funktion f auf X ist, d. h. daß es ein $f \in k(X)$ bzw. $f \in \mathfrak{J}(X)$ gibt mit $'f = \tau \cdot f$.

Wir dürfen annehmen, daß die vorgelegte Modifikation wesentlich ist. Wir bilden dann auf $X^n - N$ die meromorphe bzw. holomorphe Funktion $f' \cdot \tau^{-1}$. Diese ist, da N eine höchstens $(n-2)$-dimensionale analytische Menge in X^n ist, nach bekannten Sätzen zu einer meromorphen bzw. holomorphen Funktion f auf X^n fortsetzbar. Es gilt $'f = \tau f$.

Um den zweiten Teil des Satzes zu beweisen, definieren wir einen Homomorphismus $\overset{\circ}{\tau}$ von $V('X)$ auf $V(X)$ durch die τ-Projektion der in $'X$ analytischen Mengen in X. Diese Definition ist wegen Satz 6 sinnvoll. Da $\overset{\circ}{\tau} \cdot \hat{\tau}$ die identische Abbildung von $V(X)$ auf sich vermittelt, ist somit Satz 8 bewiesen.

Den Begriff der eigentlichen Modifikation benutzen wir, um eine Äquivalenzrelation in der Menge aller komplexen Räume einzuführen.

Def. 6: *Zwei komplexe Räume X und Y heißen verwandt, wenn es endlich viele komplexe Räume $X_0, X_1, \ldots, X_r$ mit $X_0 = X$, $X_r = Y$ gibt, derart, daß für alle $\varrho (0 < \varrho \leq r)$ der Raum X_ϱ eine eigentliche Modifikation des Raumes $X_{\varrho-1}$ oder $X_{\varrho-1}$ eine eigentliche Modifikation von X_ϱ ist.*

Aus Satz 8 folgt sofort:

Satz 9: *In verwandten komplexen Räumen sind die Körper der meromorphen Funktionen und die Ringe der holomorphen Funktionen kanonisch isomorph* [20]).

Beispiele verwandter komplexer Räume werden durch die mehrfachprojektiven komplexen Räume gleicher Dimension gegeben [21]).

Wir geben noch eine für gewisse Fragen nützliche Charakterisierung der Menge $'\dot{N}$ einer eigentlichen wesentlichen Modifikation $('X, '\dot{N}, \tau, \dot{N}, X)$ an. Dabei müssen wir allerdings voraussetzen, daß der Raum X (und damit auch $'X$) eine *abzählbare Basis* hat, d. h. daß es abzählbar viele offene Mengen in X gibt, derart, daß jede weitere offene Menge in X als Vereinigung von gewissen dieser Mengen darstellbar ist.

Satz 10: *Sei $('X, '\dot{N}, \tau, \dot{N}, X)$ eine eigentliche wesentliche Modifikation, bei der X und $'X$ komplexe Räume mit abzählbarer Basis sind. Besteht dann $'K$ aus rein k-dimensionalen irreduziblen Komponenten von $'\dot{N}$, so gibt es eine Umgebung $'U('K)$, derart, daß jede in $'X$ analytische, rein k-dimensionale Menge, die in $'U('K)$ enthalten ist, bereits in $'K$ liegt.*

Wir zeigen zunächst:

Hilfssatz 4: *Ist M eine rein k-dimensionale analytische Menge in einem komplexen Raum Y mit abzählbarer Basis, so gibt es eine Umgebung $V(M)$,*

---

[20]) Für die Verbände der analytischen Mengen ist eine entsprechende Aussage nicht so einfach zu formulieren; vgl. hierzu jedoch die demnächst in den Math. Annalen erscheinende Arbeit der Verff.: Zur Theorie der Modifikationen II.

[21]) Vgl. E. KREYSZIG loc. cit.[4]).

in der keine höher als k-dimensionale analytische Menge von Y enthalten ist [21a]).

Beweis: Man konstruiert zunächst leicht unter Verwendung einer abzählbaren Basis der offenen Mengen von Y eine Folge V_ν von Umgebungen von M mit folgenden Eigenschaften:

a) Der Durchschnitt $\bigcap\limits_{\nu=1}^{\infty} V_\nu$ stimmt mit M überein.

b) Ist $A \subset Y$ irgendeine kompakte Menge, so ist $V_{\nu+1} \cap A$ relativ kompakt in $V_\nu \cap A$ enthalten.

Es sei nun B_μ eine Y ausschöpfende Folge von offenen, relativ-kompakten Mengen in Y. Wäre die Aussage des Hilfssatzes falsch, so gäbe es ein μ_0, derart, daß in jedem V_ν eine rein $'k$-dimensionale ($'k > k$), in Y analytische Menge M_ν läge, von der eine irreduzible Komponente in $V_\nu \cap B_{\mu_0}$ eindränge. Denn andernfalls könnte man zu jedem μ ein $\nu(\mu)$ finden, so daß keine $''k$-dimensionale ($''k > k$), in $V_{\nu(\mu)}$ enthaltene analytische Menge von Y Punkte mit B_μ gemeinsam hätte. Alsdann wäre $\bigcup\limits_{\mu=1}^{\infty} V_{\nu(\mu)} \cap B_\mu$ eine Umgebung von M mit der im Hilfssatz behaupteten Eigenschaft.

Aus Forderung b) für die Folge V_ν ergibt sich, daß $\bigcup\limits_{\nu=1}^{\infty} M_\nu \cap (Y - M)$ eine analytische Menge in $Y - M$ ist. Da die Dimension derselben in jedem ihrer Punkte größer als die Dimension von M ist, so folgt aus einem bekannten Satz über die Verteilung der Singularitäten einer analytischen Menge [22]), daß $\bigcup\limits_{\nu=1}^{\infty} M_\nu$ abgeschlossen in Y und dort eine analytische Menge ist. Das aber ist nicht möglich. Nach Konstruktion der M_ν gibt es nämlich eine Folge von Punkten $x_\nu \in M_\nu \cap B_{\mu_0}$, die sich gegen einen Punkt $x \in M$ häuft. In der Umgebung von x kann $\bigcup\limits_{\nu=1}^{\infty} M_\nu$ keine analytische Menge sein; denn dieselbe würde in beliebiger Nähe von x notwendig stets aus abzählbar unendlich vielen irreduziblen Komponenten bestehen, was einem bekannten Zerlegungssatz für analytische Mengen widerspricht. Damit ist Hilfssatz 4 bewiesen.

Zum Beweis von Satz 10 konstruieren wir zunächst eine Umgebung $'V('K)$, die keine irreduzible Komponente von $'N$ enthält, die nicht in $'K$ liegt und

---

[21a]) Die Forderung, daß der Raum Y^n eine abzählbare Basis besitzt, ist für die Gültigkeit von Hilfssatz 4 wesentlich. Ersetzt man nämlich nach H. Hopf loc. cit.[3]), sowie E. Calabi und M. Rosenlicht loc. cit[24]), jeden Punkt x der Ebene $z_1 = 0$ in $P^1 \times P^1$ durch eine Trägersphäre S_x, der der z_2-Richtung entsprechende Punkt fehlt, so erhält man eine komplexe Mannigfaltigkeit Y^2, die dieser Forderung nicht genügt. Die Menge der Punkte auf S_x, die der z_1-Richtung entsprechen, bilden eine nulldimensionale analytische Menge in Y^2. Man zeigt leicht, daß jede Umgebung U dieser Menge aus den Punkten einer vollen Umgebung der Ebene $z_1 = 0$ des $P^1 \times P^1$ besteht. In dieser und damit auch in U liegen aber im Gegensatz zum Hilfssatz 4 überabzählbar viele eindimensionale analytische Mengen $z_1 = c$, $c \neq 0$.

[22]) Vgl. R. Remmert und K. Stein loc. cit[2]) sowie W. Rothstein: Zur Theorie der Singularitäten analytischer Funktionen und Flächen. Math. Ann. **126**, 221—238 (1953); ferner: H. Cartan: Séminaire 1953/54 Exp. XIII u. XIV.

deren Dimension größer oder gleich k ist. Bezeichnet man mit $''K$ die Vereinigung derjenigen irreduziblen Komponenten von $'\dot{N}$, die nicht zu $'K$ gehören, so ist $'K \cap ''K = '\breve{K}$ eine höchstens $(k-1)$-dimensionale analytische Menge in $'X$. Wir wählen nach Hilfssatz 4 eine Umgebung V_1 von $'\breve{K}$, die keine höher als $(k-1)$-dimensionale analytische Menge von $'X$ enthält und weiter eine Umgebung V_2 von $'K - '\breve{K}$, die keinen Punkt mit $'\dot{N} - 'K$ gemeinsam hat. Dann hat $'V = V_1 \cap V_2$ offenbar die oben angegebene Eigenschaft.

Die Menge $K = \tau('K)$ ist eine höchstens $(k-1)$-dimensionale analytische Menge in X, da τ auf $'K$ entartet ist. Nach Hilfssatz 4 gibt es um K eine Umgebung V, in der keine k-dimensionale, in X analytische Menge liegt. Die Menge $'U = \tau^{-1}(V) \cap 'V$ ist dann eine Umgebung von $'K$ mit der in Satz 10 behaupteten Eigenschaft. In der Tat: Sei $'K_1$ irgendeine in $'U$ gelegene, rein k-dimensionale, in $'X$ analytische Menge. Würde $'K_1$ nicht in $'K$ enthalten sein, so wäre wegen der Konstruktion von $'V$ die Abbildung τ nicht überall auf $'K_1$ entartet. Daher müßte $\tau('K_1)$ eine in X analytische Menge von der Dimension k sein. Das ist jedoch wegen $\tau('K_1) \subset V$ nicht möglich. Satz 10 ist mithin bewiesen.

Als Anwendung von Satz 10 merken wir etwa an, daß der einfach-projektive Raum P^n keine eigentliche wesentliche Modifikation eines zu ihm analytisch inäquivalenten komplexen Raumes sein kann, da in beliebiger Nähe einer beliebigen irreduziblen k-dimensionalen algebraischen Menge A gleichdimensionale irreduzible algebraische Mengen liegen, die von A verschieden sind [23]).

§ 4. Beispiele von Modifikationen.

Ein wichtiges Beispiel einer eigentlichen wesentlichen Modifikation stellt der Hopfsche σ-Prozeß dar, der sich wie folgt beschreiben läßt: Faßt man die Gesamtheit der eindimensionalen analytischen Ebenen durch den Nullpunkt 0 des C^n in bekannter Weise als $(n-1)$-dimensionalen komplex-projektiven Raum P^{n-1} auf und ordnet man jedem Punkt $z \in C^n - 0$ die z mit 0 verbindende analytische Ebene zu, so erhält man eine holomorphe Abbildung $\gamma : C^n - 0 \to P^{n-1}$ des $C^n - 0$ auf den P^{n-1}. Der Graph G_0^n von γ ist eine singularitätenfrei in $(C^n - 0) \times P^{n-1}$ liegende n-dimensionale komplexe Mannigfaltigkeit. Gleiches gilt für die abgeschlossene Hülle G^n von G_0^n in $C^n \times P^{n-1}$. Bezeichnet man mit σ die Projektion von G^n in C^n und mit $'\dot{N}$ die über 0 liegende Menge von G^n, so ist $(G^n; '\dot{N}, \sigma, 0, C^n)$ eine eigentliche wesentliche Modifikation, die man den Hopfschen σ-Prozeß nennt. $'\dot{N}$ ist dem P^{n-1} analytisch äquivalent; die komplexe Mannigfaltigkeit G^n entsteht also aus dem C^n durch Einsetzen des $(n-1)$-dimensionalen komplex-projektiven Raumes P^{n-1} in den Nullpunkt 0 des C^n.

Mittels des σ-Prozesses geben wir nun ein nichttriviales Beispiel einer stetigen, nichteigentlichen, wesentlichen Modifikation $('X, 'N, \tau, N, X)$ an. Es sei $X = C^2$, N eine auf der Ebene $z_1 = 0$ liegende, gegen den Nullpunkt 0 konvergierende Punktfolge x_ν, die 0 enthält.

---

[23]) Allgemeine Bedingungen dafür, daß ein komplexer Raum keine eigentliche wesentliche Modifikation eines zu ihm analytisch inäquivalenten komplexen Raumes sein kann, werden in der unter [20]) zitierten Arbeit der Verff. angegeben.

Durch gleichzeitige Anwendung des σ-Prozesses auf jeden der Punkte $x_\nu \neq 0$ und durch Einsetzen einer Trägersphäre in 0, aus der der zur z_2-Richtung gehörende Punkt entfernt ist, erhält man eine komplexe Mannigfaltigkeit $'X$, die in natürlicher Weise durch eine holomorphe Abbildung τ auf X bezogen ist[24]). Bezeichnen wir mit $'N$ die Gesamtheit der für die x_ν eingesetzten Punkte, so ist $('X, 'N, \tau, N, X)$ eine stetige wesentliche Modifikation. Diese Modifikation ist nicht eigentlich, denn die analytische Menge $'N \subset 'X$ wird durch τ auf die nichtanalytische Menge $\left\{ \bigcup_{\nu=1}^{\infty} x_\nu \right\} \subset C^2$ abgebildet. Jedoch bildet τ im Gegensatz zu dem im Anschluß an Satz 5 gegebenen Beispiel den Raum $'X$ auf X ab.

Als zweites Beispiel geben wir eine eigentliche wesentliche Modifikation $('X^{n+1}, 'N, \tau, N, X^{n+1})$ an, bei der $'X^{n+1}$ eine $(n+1)$-dimensionale komplexe Mannigfaltigkeit und $'N$ eine singularitätenfrei in $'X^{n+1}$ liegende Riemannsche Zahlenkugel ist $(n \geq 2)$.

Im $2n$-dimensionalen, n-fach projektiven Raum $Q^{2n} = \mathop{\mathsf{X}}\limits_{\nu=1}^{n} P_\nu^2$ mit den in P_ν^2 jeweils inhomogenen Koordinaten $w_\nu, z_\nu (\nu = 1, \ldots, n)$ bezeichne X^{n+1} die durch die Gleichung

$$\frac{z_1}{w_1} = \frac{z_2}{w_2} = \cdots = \frac{z_n}{w_n}$$

gegebene $(n+1)$-dimensionale analytische Menge $(n \geq 2)$. Jeder vom Nullpunkt 0 verschiedene Punkt $x \in X^{n+1}$ ist ein gewöhnlicher und daher ein uniformisierbarer Punkt von X^{n+1}. Da überdies X^{n+1} irreduzibel ist, ist $X^{n+1} - 0$ eine komplexe Mannigfaltigkeit. X^{n+1} selbst ist ein $(n+1)$-dimensionaler komplexer Raum, da man die Punkte von X^{n+1} in einer geeigneten Umgebung des Nullpunktes $0 \in Q^{2n}$ in naheliegender Weise topologisch und holomorph auf eine analytisch-verzweigte Überlagerung des $(n+1)$-dimensionalen Einheitspolyzylinders abbilden kann.

Auf X^{n+1} existiert eine komplex-eindimensionale Schar $\{E(t)\}$ von n-dimensionalen analytischen Ebenen

$$E(t) : \left\{ \frac{z_1}{w_1} = \cdots = \frac{z_n}{w_n} = t \right\},$$

wobei t die Punkte einer Riemannschen Zahlenkugel P^1 durchläuft. Durch jeden Punkt $x \in X^{n+1} - 0$ läuft genau eine Ebene $E(t)$ der Schar; alle Ebenen $E(t)$ laufen durch 0.

Modifiziert man jede Komponente P_ν^2 von Q^{2n} im Nullpunkt $(w_\nu, z_\nu) = (0,0)$ von P_ν^2 durch den Hopfschen σ-Prozeß zu einer Mannigfaltigkeit $'P_\nu^2$, so ist die Mannigfaltigkeit $'Q^{2n} = \mathop{\mathsf{X}}\limits_{\nu=1}^{n} 'P_\nu^2$ eine eigentliche wesentliche Modifikation von Q^{2n}. Bezeichnet τ' die zugehörige Modifikationsabbildung, so haben die meromorphen Funktionen

$$f_\nu = \frac{z_\nu}{w_\nu} \cdot \tau' \qquad\qquad (\nu = 1, \ldots, n)$$

in $'P_\nu^2$ und mithin auch in $'Q^{2n}$ keine Unbestimmtheitsstellen.

---

[24]) Siehe etwa E. Calabi und M. Rosenlicht: Complex analytic manifolds without countable base, Proceed. Amer. Math. Soc. 4, 335—340 (1952). Das in dieser Arbeit angegebene Beispiel wurde mündlich auch von H. Hopf mitgeteilt; vgl. auch H. Hopf, loc. cit.[3]).

Die den Ebenen $E(t)$ in $'Q^{2n}$ entsprechenden analytischen Mengen $'E(t)$, die durch die Gleichung

$$'E(t): \{f_1 = \cdots = f_n = t\}$$

gegeben werden, sind das kartesische Produkt der in $'P_\nu^2$ analytischen Mengen $\{f_\nu = t\}\,(\nu = 1, \ldots, n)$. Da diese Mengen in $'P_\nu^2$ singularitätenfrei eingelagert und irreduzibel sind, ist auch jede Menge $'E(t)$ irreduzibel und besteht nur aus gewöhnlichen Punkten. Zwei Mengen $'E(t_1)$ und $'E(t_2)$ mit $t_1 \neq t_2$ haben keinen Punkt miteinander gemeinsam. Durch τ' wird jede Menge $'E(t)$ eineindeutig und holomorph auf die Ebene $E(t)$ abgebildet.

Wir behaupten nun: *Die Gesamtheit aller Mengen* $'E(t)$ — *d. i. die durch die Gleichung*

$$f_1 = \cdots = f_n$$

in $'Q^{2n}$ *beschriebene analytische Menge — ist eine* $(n+1)$-*dimensionale, singularitätenfrei in* $'Q^{2n}$ *liegende komplexe Mannigfaltigkeit* $'X^{n+1}$.

Das ergibt sich wie folgt: Bezeichnet $g_\nu('x)$ bzw. $h_\nu('x)$ die in $'Q^{2n}$ meromorphe Funktion $w_\nu \cdot \tau'$ bzw. $z_\nu \cdot \tau'$ $(\nu = 1, \ldots, n)$ und setzt man

$$r_\nu('x) = |g_\nu('x)| + |h_\nu('x)| \qquad (\nu = 1, \ldots, n),$$

so wird, wie unmittelbar ersichtlich, eine hinreichend kleine Umgebung eines jeden Punktes $'x \in\, 'Q^{2n}$ mit $r_\nu('x) \neq 0\,(\nu = 1, \ldots, n)$ durch τ' eineindeutig auf eine Umgebung von $\tau'('x) \in Q^{2n}$ abgebildet. Alle Punkte $'x \in\, 'X^{n+1}$ mit $r_\nu('x) \neq 0\,(\nu = 1, \ldots, n)$ sind daher sicher gewöhnliche Punkte von $'X^{n+1}$.

Sei nun etwa $'x_0 \in\, 'X^{n+1}$ ein Punkt, für den genau $r_1, \ldots, r_k\,(1 \leq k \leq n)$ verschwinden. Wir dürfen annehmen, daß die Funktionen $f_1, \ldots, f_k, g_{k+1}, h_{k+1}, \ldots, g_n, h_n$ in $'x_0$ endlich sind, denn das kann man stets durch Übergang von $f_\varkappa$ zu $f_\varkappa^{-1}$, dem eine Vertauschung von $w_\varkappa$ und $z_\varkappa$ entspricht, und durch Ausübung einer projektiven Transformation auf die $g_\nu, h_\nu\,(\nu = k+1, \ldots, n)$ erreichen. Durch die Funktionen $g_1, \ldots, g_k, f_1, \ldots, f_k, g_{k+1}, h_{k+1}, \ldots, g_n, h_n$ werden alsdann lokale Koordinaten in einer Umgebung von $'x_0 \in\, 'Q^{2n}$ definiert. Durch evtl. Vertauschung der g_ν mit den h_ν erreicht man noch, daß gilt: $g_\nu('x_0) \neq 0\,(\nu = k+1, \ldots, n)$.

In der Funktionalmatrix der Funktionen $f_2 - f_1, \ldots, f_n - f_1$ verschwindet nunmehr die Determinante

$$\frac{\partial(f_2 - f_1, \ldots, f_n - f_1)}{\partial(f_2, \ldots, f_k, h_{k+1}, \ldots, h_n)} = \begin{vmatrix} 1 & & & & & 0 \\ & \ddots & & & & \\ & & 1 & & & \\ & & & g_{k+1}^{-1} & & \\ & & & & \ddots & \\ 0 & & & & & g_n^{-1} \end{vmatrix}$$

im Punkte $'x_0$ nicht. Daher ist $'x_0$ ein gewöhnlicher Punkt von $'X^{n+1}$. Da $'X^{n+1}$ zusammenhängend ist, ist die Behauptung bewiesen.

Jede Menge $'E(t)$ enthält genau einen Punkt $'x(t)$, der vermöge τ' auf den Nullpunkt $0 \in Q^{2n}$ abgebildet wird. Die Menge $'N = \{'x(t)\}$ aller dieser

Punkte ist daher eine singularitätenfrei in $'X^{n+1}$ liegende irreduzible eindimensionale analytische Menge, die durch $\gamma : 'x(t) \to t$ eineindeutig und holomorph auf eine Riemannsche Zahlenkugel P^1 bezogen ist.

Die Beschränkung τ von τ' auf $'X^{n+1}$ bildet $'X^{n+1}{-}'N$ eineindeutig und holomorph auf $X^{n+1}{-}0$ ab. Das Quintupel $('X^{n+1}, 'N, \tau, 0, X^{n+1})$ ist daher eine wesentliche Modifikation, bei der $'X^{n+1}$ eine $(n+1)$-dimensionale komplexe Mannigfaltigkeit und $'N$ die Riemannsche Zahlenkugel ist. $('X^{n+1}, 'N, \tau, 0, X^{n+1})$ ist sogar eine eigentliche Modifikation, da $'X^{n+1}$ und X^{n+1} kompakt sind.

Das Beispiel zeigt, daß im Falle $n+1 \geqq 3$ Satz 4 sogar bei eigentlichen wesentlichen Modifikationen seine Gültigkeit verliert, wenn der komplexe Raum X keine komplexe Mannigfaltigkeit ist. Der hier angegebene Raum X^{n+1} kann mithin keine komplexe Mannigfaltigkeit sein. Der Punkt 0 ist eine nichtuniformisierbare Stelle. Diese Singularität wird durch die angegebene Modifikation „aufgelöst".

$'X^{n+1}$ *ist ein komplex-analytischer Faserraum.* Zunächst wird die Menge $'N$ von jeder Menge $'E(t)$ in genau dem einen Punkt $'x(t)$ geschnitten; daher gibt es eine natürliche Abbildung p von $'X^{n+1}$ auf $'N$. p ist eine holomorphe Abbildung. Weiter gibt es zu jedem Punkt $'x(t_0) \in 'N$ eine Umgebung $'V = \{'x(t), t \in U(t_0)\}$, derart, daß $p^{-1}('V)$ „trivial gefasert" ist. Ist nämlich $'V$ eine beliebige solche Umgebung, so wird $p^{-1}('V)$ durch τ auf die Menge $\{E(t), t \in U(t_0)\} \subset$ $\subset Q^{2n}$ abgebildet. Ist $U(t_0)$ hinreichend klein gewählt, so sieht man, daß jede Ebene $E(t)$ aus dieser Menge durch die holomorphe Abbildung $\Gamma_w : x \to$ $\to (w_1(x), \ldots, w_n(x))$ bzw. $\Gamma_z : x \to (z_1(x), \ldots, z_n(x))$ eineindeutig auf einen Osgoodschen Raum $\underset{\nu=1}{\overset{n}{\times}} P_\nu^1$ mit den Koordinaten $w_1, \ldots, w_n$ bzw. $z_1, \ldots, z_n$ bezogen wird. Die Abbildungen $'\Gamma_w : 'x \to (g_1('x), \ldots, g_n('x))$ bzw. $'\Gamma_z : 'x \to$ $\to (h_1('x), \ldots, h_n('x))$ bilden jede Menge $'E(t) \subset p^{-1}('V)$ eineindeutig und holomorph auf $\underset{\nu=1}{\overset{n}{\times}} P_\nu^1$ ab. Da ferner die Abbildung $\gamma \cdot p$ verschiedene Mengen $'E(t)$ trennt, wird $p^{-1}('V)$ durch $'\Gamma_w \times \gamma \cdot p : 'x \to (g_1('x), \ldots, g_n('x), t)$ bzw. durch die analog zu beschreibende Abbildung $'\Gamma_z \times \gamma \cdot p$ eineindeutig und holomorph auf $\underset{\nu=1}{\overset{n}{\times}} P_\nu^1 \times U(t_0)$ so abgebildet, daß die Menge $'E(t) \subset p^{-1}('V)$ jeweils auf die Menge $\underset{\nu=1}{\overset{n}{\times}} P_\nu^1 \times t$ bezogen ist. Das besagt aber, daß $'X^{n+1}$ ein komplexanalytischer Faserraum mit der Riemannschen Zahlenkugel P^1 als Basis, dem n-dimensionalen Osgoodschen Raum $\underset{\nu=1}{\overset{n}{\times}} P_\nu^1$ als Faser und p als Projektionsabbildung ist. Die im Osgoodschen Raum $\underset{\nu=1}{\overset{n}{\times}} P_\nu^1$ wirkende Fasergruppe stimmt, da evtl. statt der Abbildung Γ_w die Abbildung Γ_z zu wählen ist, der eine Ersetzung der w_ν durch tw_ν entspricht, mit der Gruppe

$$\{w_\nu \to tw_\nu, \ \nu = 1, \ldots, n; \ t \text{ eine beliebige komplexe Zahl } t \neq 0\}$$

überein.

Die angegebene Faserung ist analytisch nicht trivial, denn es gibt außer $'N$ keine analytischen Schnittflächen in $'X^{n+1}$, die in hinreichender Nähe von $'N$ verlaufen. Jede solche würde nämlich durch τ auf eine kompakte eindimensionale analytische Menge in X^{n+1} abgebildet, die in einer endlichen Umgebung des Nullpunktes 0 des Q^{2n} enthalten wäre, was nach einem bekannten Satz über analytische Mengen nicht möglich ist [25]).

Der Raum $'X^{n+1}$ ist im übrigen eine algebraische Mannigfaltigkeit [26]). Zunächst sind nämlich die Räume $'P_\nu^2$ solche Mannigfaltigkeiten, da sie durch Anwendung des σ-Prozesses aus den projektiven Räumen P_ν^2 entstehen. Alsdann ist auch der Raum $'Q^{2n}$ als kartesisches Produkt der $'P_\nu^2$ eine algebraische Mannigfaltigkeit [27]). Da $'X^{n+1}$ in $'Q^{2n}$ singularitätenfrei liegt, hat mithin auch $'X^{n+1}$ diese Eigenschaft; denn durch eine singularitätenfreie Einbettung von $'Q^{2n}$ in einen einfach-projektiven Raum wird auch $'X^{n+1}$ singularitätenfrei in diesen Raum eingelagert.

Dem komplexen Raum X^{n+1} kommt ein Interesse an sich zu. Da er nämlich n-dimensionale analytische Mengen enthält, die sich jeweils nur in einem Punkte schneiden, kann er als Beispiel für die folgenden Aussagen dienen:

a) Es gibt m-dimensionale komplexe Räume, in denen meromorphe Funktionen existieren, deren Unbestimmtheitsstellen isoliert liegen.

b) Es gibt m-dimensionale komplexe Räume, in denen rein $(m-1)$-dimensionale analytische Mengen existieren, die Punkte enthalten, in deren Umgebung die Mengen nicht als Nullstellengebilde von weniger als $(m-1)$ lokal-holomorphen Funktionen darstellbar sind [28]).

Die Beweise sind auf Grund der vorstehenden Ausführungen sehr einfach.

Zu a): Die auf X^{n+1} meromorphe Funktion $t = t(x)$, die jeder Ebene $E(t)$ den Wert t zuordnet, hat den Nullpunkt 0 als einzige Unbestimmtheitsstelle.

---

[25]) Die angegebene Faserung ist auch nicht topologisch trivial. Denn wäre X^{n+1} dem Osgoodschen Raum homöomorph, so müßte das Schnittprodukt $Z_1 \times Z_1 \times Z_2 \times \cdots \times Z_n$ der einen unendlich fernen Ebene Z_1 von $'X^{n+1}$ mit sich selbst und den übrigen unendlich fernen Ebenen $Z_2, \ldots, Z_n$ von $'X^{n+1}$ einem geraden Vielfachen der Nullzelle homolog sein; dagegen zeigt man leicht, daß $Z_1 \times Z_1 \times Z_2 \times \cdots \times Z_n$ der Nullzelle selbst homolog ist.

[26]) Unter einer algebraischen Mannigfaltigkeit wird eine komplexe Mannigfaltigkeit verstanden, die analytisch äquivalent ist zu einer singularitätenfrei in einem einfach-projektiven komplexen Raum liegenden analytischen Menge.

[27]) Das kartesische Produkt zweier algebraischer Mannigfaltigkeiten ist eine algebraische Mannigfaltigkeit, da sich jeder mehrfach-projektive komplexe Raum singularitätenfrei und analytisch in einen genügend hochdimensionalen einfach-projektiven komplexen Raum einbetten läßt. Vgl. etwa W. V. D. Hodge und D. Pedoe: Methods of Algebraic Geometrie II. Cambridge University Press 1952, S. 93—100.

[28]) K. Oka: Sur les fonctions analytiques de plusieurs variables, VIII, Lemme fondamental (suite). Journ. Math. Soc. of Japan 3, 259—278 (1951), hat bereits darauf hingewiesen, daß in m-dimensionalen komplexen Räumen rein $(m-1)$-dimensionale analytische Mengen nicht immer als Nullstellengebilde einer holomorphen Funktion lokal darstellbar sind. — Jedoch sei ausdrücklich angemerkt, daß in einem beliebigen m-dimensionalen komplexen Raum im Sinne von H. Cartan jede analytische Menge lokal stets als gemeinsames Nullstellengebilde von nicht mehr als m holomorphen Funktionen beschrieben werden kann. Vgl. hierzu: H. Grauert: Charakterisierung der Holomorphiegebiete durch vollständige Kählersche Metrik, erscheint demnächst in den Math. Annalen.

Zu b): Würde sich eine Ebene $E(t_0)$ in einer Umgebung U des Nullpunktes als gemeinsames Nullstellengebilde von weniger als n in U holomorphen Funktionen $g_1, \ldots, g_s \, (s < n)$ darstellen, so würden $g_1, \ldots, g_s$ auf allen von $E(t_0)$ verschiedenen Ebenen $E(t)$ in U nur im Nullpunkt gemeinsam verschwinden. Andererseits besitzen aber, da jede Ebene $E(t)$ eine komplexe Mannigfaltigkeit ist, die $g_1, \ldots, g_s$ nach dem zweiten Weierstraßschen Satz in $U \cap E(t)$ mindestens eine $(n - s)$-dimensionale analytische Menge als gemeinsame Nullstellenmenge.

Der im C^{2n} liegende komplexe Raum X^{n+1} hat weiter die bemerkenswerte Eigenschaft, daß es keine Umgebung des Nullpunktes $0 \in C^{2n}$ gibt, derart, daß $U \cap X^{n+1}$ eineindeutig und holomorph auf eine analytische Menge in einer Umgebung des Nullpunktes eines komplexen Zahlenraumes C^r der Dimension $r < 2n$ abbildbar ist. Andernfalls hätten nämlich zwei verschiedene Ebenen $E(t_1)$ und $E(t_2)$ eine mindestens eindimensionale analytische Menge miteinander gemeinsam. — Die analytische Menge X^{n+1} kann also nicht lokal-irreduzibel (und mithin erst recht nicht normal[28a])) in einen C^r mit $r < 2n$ eingebettet werden. Indessen gibt es natürlich bereits im C^{n+2} eine in der Umgebung des Nullpunktes analytische Menge, deren zugehöriger komplexer Raum mit $X^{n+1} \cap U$ übereinstimmt, wo U eine geeignete Umgebung von $0 \in C^{n+2}$ ist.

Im vorstehenden Beispiel wurde ein komplexer Raum X mit einer nicht-uniformisierbaren Stelle durch eine eigentliche wesentliche Modifikation in eine komplexe Mannigfaltigkeit $'X$ übergeführt[29]). Auch das Umgekehrte ist möglich. Bezeichnet man nämlich mit $'X^2$ den Graphen der meromorphen Abbildung $w = z_1^2 \cdot z_2^{-1}$ von C^2 in P^1 und mit τ die Projektion des Graphen $'X^2$ auf C^2 und mit $'N$ die durch diese Projektion in den Nullpunkt des C^2 abgebildete Menge, so zeigt das Beispiel $('X^2, 'N, \tau, 0, C^2)$, daß es auch eigentliche wesentliche Modifikationen gibt, die komplexe Mannigfaltigkeiten in komplexe Räume mit nichtuniformisierbaren Stellen überführen, denn bekanntlich ist die durch die Gleichung $z_1 = \sqrt{z_2 w}$ dargestellte analytische Menge, die mit $'X^2$ übereinstimmt, im Nullpunkt nicht uniformisierbar[30]). Da die Menge $'N$ mit der Riemannschen Zahlenkugel analytisch äquivalent ist, lehrt das Beispiel $('X^2, 'N, \tau, 0, C^2)$ weiter, daß man in den Nullpunkt 0 des C^2 eine Sphäre P^1 auch so einsetzen kann, daß die sich ergebende Modifikation kein σ-Prozeß ist. Dann hat aber nach einem Satz von H. Hopf der Raum $'X^2$ notwendig nicht-uniformisierbare Punkte[31]).

(Eingegangen am 18. Oktober 1954.)

<hr width="25%" align="left">

[28a]) Zur Theorie der normalen Einbettung einer analytischen Menge vgl. H. Grauert loc. cit.[16a]), wo sich weitere Literaturhinweise finden.

[29]) Ein allgemeines Verfahren, zweidimensionale komplexe Räume durch eigentliche Modifikationen in komplexe Mannigfaltigkeiten zu überführen, wurde von F. Hirzebruch angegeben: Über vierdimensionale Riemannsche Flächen mehrdeutiger analytischer Funktionen von zwei komplexen Veränderlichen. Math. Ann. 126, 1—22 (1953). Für dreidimensionale algebraische Mengen wurde ein solches Verfahren von O. Zariski mitgeteilt: Reduction of the singularities of algebraic three dimensional varieties. Ann. of Math. 45, 472—542 (1944). Für den Fall höherer Dimension ist bis heute unbekannt, ob sich algebroide Singularitäten durch eigentliche Modifikationen auflösen lassen.

[30]) Vgl. H. Behnke und K. Stein loc. cit.[6]).

[31]) Siehe H. Hopf loc. cit.[3]).

70.

(mit M. Commichau)

Das formale Prinzip für kompakte komplexe Untermannigfaltigkeiten mit 1-positivem Normalenbündel

Ann. Math. Studies **100**, 101–126 (1981)

Reinhold Remmert gewidmet

Einleitung

Sei X eine n-dimensionale zusammenhängende komplexe Mannigfaltigkeit und A eine d-codimensionale zusammenhängende komplexe Untermannigfaltigkeit von X, $\mathfrak{m}$ die Idealgarbe von A. Der komplexe Unterraum

$$A_{(\nu)} := (A, \mathcal{H}_\nu)$$

von X mit der Strukturgarbe $\mathcal{H}_\nu := \mathcal{O}_X/\mathfrak{m}^{\nu+1}|A$ heisst die ν–te infinitesimale Umgebung von A. Natürlich ist $A_{(0)} = A$ die komplexe Untermannigfaltigkeit selbst.

Wit setzen $\mathcal{H}_\infty = \lim\limits_{\infty \leftarrow \nu} \mathcal{H}_\nu$ und nennen den formalen komplexen Raum $A_{(\infty)} := (A, \mathcal{H}_\infty)$ die formale Umgebung von A in X. Die Frage, zu der diese Arbeit einen Beitrag liefert, heisst: Wann bestimmt die Struktur von $A_{(\infty)}$ die Struktur des Umgebungskeims von A in X?

Bekanntlich ist dies nicht immer der Fall. V. I. Arnol'd [A] konnte 1976 zeigen, dass es im Fall $n = 2$ komplexe Tori A mit topologisch trivialem Normalbündel N gibt, bei denen der Umgebungskeim von A nicht isomorph zum Umgebungskeim der Null-Schnittfläche $\mathfrak{O} \subset N$ ist, obgleich $A_{(\infty)} \cong \mathfrak{O}_{(\infty)}$ gilt. Andererseits ist die Antwort auf unsere

101

Frage positiv — wir sagen: es gilt das formale Prinzip —, wenn das Normalenbundel $N = N(A)$ schwach negativ ist ([GM] oder [HR]).

Für den Fall positiven Normalenbündels wurde die Frage von Nirenberg und Spencer [NS] gestellt. Für den Fall dim $A \geq 3$ und "genügend positiven" Normalenbündels bewies Griffiths [G], dass das formale Prinzip gilt, dann folgten Verschärfungen von Hartshorne [Ha] und Gieseker [Gi]. Im Fall $n \geq 2$ und einer nur schwachen Positivitätseigenschaft des Normalenbündels gab Hirschowitz [Hi] eine bejahende Antwort.

In der vorliegenden Arbeit wird die Gültigkeit des formalen Prinzips nun auch für den Fall nachgewiesen, dass das Normalenbündel $N = N(A)$ 1-positiv ist. Das ist sicher jedenfalls dann der Fall, wenn N eine Hermitesche Form trägt, bei der die Krümmungsform in jedem Punkt von A wenigstens einen positiven Eigenwert hat.

§1. *Die Aufbereitung komplexer Untermannigfaltigkeiten*

1. Sei X eine n-dimensionale zusammenhängende komplexe Mannigfaltigkeit und $A \subset X$ eine kompakte d-codimensionale zusammenhängende komplexe Untermannigfaltigkeit. Unter einem ausgezeichneten Koordinatensystem auf X verstehen wir eine biholomorphe Abbildung

$$F : U \xrightarrow{\sim} G$$

zwischen einer offenen Menge $U \subset\subset X$ und einem Gebiet $G \subset C^n = \{\mathfrak{z} = (z_1, \cdots, z_n)\}$, so dass gilt:

 (i) $U \cap A = F^{-1}(G \cap \{z_1 = \cdots = z_d = 0\})$

 (ii) Es gibt eine Zahl $r > 0$ und ein Gebiet $\underline{G} \subset C^{n-d}$, s.d.

  $G = H_r \times \underline{G}$

  mit $H_r : = \{\mathfrak{z}' = (z_1, \cdots, z_d) \in C^d : |z_\nu| < r \text{ für } 1 \leq \nu \leq d\}$.

Natürlich gibt es um jeden Punkt $x \in A$ ein ausgezeichnetes Koordinatensystem.

Wir wählen nun eine Überdeckung $\mathfrak{W} = \{W_\iota, \iota = 1, \cdots, \iota_*\}$ von A mit ausgezeichneten Koordinatensystemen sowie offene Teilmengen $D_\iota \subset\subset W_\iota$ derart, dass die D_ι mit den Koordinaten von W_ι ebenfalls noch eine

Überdeckung von A mit ausgezeichneten Koordinatensystemen bilden. Diese Wahlen zu A und X seien ein für allemal fest getroffen.

Es gibt nun beliebig feine offene Überdeckungen $\mathfrak{U} = \{U_i, i = 1, \cdots, i_*\}$ von A mit ausgezeichneten Koordinatensystemen, so dass dabei noch Folgendes gilt:

(i) Zu jedem i gibt es ein ι mit $U_i \subset\subset D_\iota$. Ein solches ι sei ausgewählt und mit $\iota(i)$ bezeichnet.

(ii) Das Koordinatensystem auf U_i ist die Einschränkung desjenigen auf $D_{\iota(i)}$.

(iii) Wann immer $U_{ij} := U_i \cap U_j \neq \emptyset$ ist, folgt $U_i \cup U_j \subset\subset W_{\iota(i)}$. In U_{ij} werden wir die durch $F_{\iota(i)}$ gegebenen Koordinaten benutzen.

$\mathfrak{W}(\mathfrak{U}) := \{W_{\iota(i)}, i = 1, \cdots, i_*\}$ ist dann eine Überdeckung von A mit ausgezeichneten Koordinatensystemen. Manche W_ι kommen in $\mathfrak{W}(\mathfrak{U})$ eventuell mehrfach, andere möglicherweise gar nicht vor. Für $W_{\iota(i)}$ schreiben wir fortan einfach W_i.

2. Es sei $\underline{W}_i := W_i \cap A$, $\underline{U}_i := U_i \cap A$, $\underline{U}_{ij} := U_{ij} \cap A$
$\underline{\mathfrak{U}} := \{\underline{U}_i, i = 1, \cdots, i_*\}$ ist eine Überdeckung von A mit Koordinatensystemen. Ist $\mathfrak{z} = (z_1, \cdots, z_n) \in \mathbb{C}^n$, so sei $\mathfrak{z}' := (z_1, \cdots, z_d)$ und $\mathfrak{z}'' := (z_{d+1}, \cdots, z_n)$, also $\mathfrak{z} = (\mathfrak{z}', \mathfrak{z}'')$. Unter einer Produktmenge verstehen wir eine offene Menge $D = H_r \times \underline{D} \subset \mathbb{C}^n$, wo H_r ein d-dimensionaler Polyzylinder ist (s.o.) und $\underline{D} \subset \mathbb{C}^{n-d}$ ein Gebiet. Zu $\mathfrak{U}$ sei nun $\tilde{\mathfrak{U}} = \{\tilde{U}_i, i = 1, \cdots, i_*\}$ eine weitere offene Überdeckung von A mit ausgezeichneten Koordinatensystemen mit

(i) $\tilde{U}_i \subset\subset U_i$, die Koordinaten stimmen überein. Es seien Produktmengen D_i^* gewählt mit $\tilde{U}_i \subset\subset D_i^* \subset\subset U_i$.

(ii) Falls $U_{ij} \neq \emptyset$ ist, seien Produktmengen D_{ij}^* in Bezug auf die W_i-Koordinaten gegeben mit $\tilde{U}_{ij} \subset\subset D_{ij}^* \subset\subset U_{ij}$.

Da man die Überdeckung $\underline{\mathfrak{U}}$ von A schrumpfen lassen kann, ist es klar, dass es ein solches $\tilde{\mathfrak{U}}$ gibt.

3. Die oben gewählten ausgezeichneten Koordinaten in W_ι seien mit $F_\iota : W_\iota \xrightarrow{\sim} G_\iota \subset \mathbb{C}^n$ bezeichnet. Es wird auch die Bezeichnung $F_\iota(x) =: \mathfrak{z}_\iota(x)$ verwendet. In den Durchschnitten $W_{\iota\kappa}$ transformieren sich die Koordinaten wie folgt:

$$\mathfrak{z}_\iota(x) = F_\iota \circ F_\kappa^{-1}(\mathfrak{z}_\kappa(x)) =: \mathfrak{f}_{\iota\kappa}(\mathfrak{z}_\kappa(x)), \quad x \in W_{\iota\kappa}.$$

Dabei ist $\mathfrak{f}_{\iota\kappa} = (f_1^{(\iota,\kappa)}, \cdots, f_n^{(\iota,\kappa)})$ ein n-tupel von in $F_\kappa(W_{\iota\kappa})$ holomorphen Funktionen, $\mathfrak{f}_{\iota\kappa} : F_\kappa(W_{\iota\kappa}) \xrightarrow{\sim} F_\iota(W_{\iota\kappa})$ eine biholomorphe Abbildung. Da die Koordinaten ausgezeichnet sind, gilt

$$(f_1^{(\iota,\kappa)}, \cdots, f_d^{(\iota,\kappa)}) = 0 \quad \text{für} \quad \mathfrak{z}'_\kappa = 0 .$$

In der Nähe von $F_\kappa(\underline{W}_{\iota\kappa})$ gilt daher die Potenzreihenentwicklung

$$f_\nu^{(\iota,\kappa)}(\mathfrak{z}_\kappa) = \sum_{\substack{|\underline{\mu}|=1}}^{\infty} f_{\nu,\underline{\mu}}^{(\iota,\kappa)}(0, \mathfrak{z}''_\kappa) \cdot \frac{1}{\underline{\mu}!} \cdot (\mathfrak{z}'_\kappa)^{\underline{\mu}}$$

für $1 \leq \nu \leq d$; dabei ist $\underline{\mu} = (\mu_1, \cdots, \mu_d)$ ein d-tupel nicht negativer ganzer Zahlen, $|\underline{\mu}| := \mu_1 + \cdots + \mu_d$, $\underline{\mu}! = \mu_1! \cdot \ldots \cdot \mu_d!$ und $(\mathfrak{z}')^{\underline{\mu}} = z_1^{\mu_1} \cdot \ldots \cdot z_d^{\mu_d}$.

Schreibt man für das d-tupel $\underline{\mu} = (0, \cdots, 0, 1, 0, \cdots, 0)$, in dem die 1 an der τ-ten Stelle steht, einfach τ, so sind die längs $\underline{W}_{\iota\kappa}$ definierten holomorphen Matrizen

$$\left((f_{\nu,\tau}^{(\iota,\kappa)}(0, \mathfrak{z}''_\kappa(x)))_{\tau=1,\cdots,d}^{\nu=1,\cdots,d} \right) \in GL(d, \mathbb{C})$$

gerade die Übergangsmatrizen des Normalenbündels $N = N(A)$ von A in X. Unter einer Aufbereitung der komplexen Untermannigfaltigkeit A von X verstehen wir das System

$$(W_i, U_i, \tilde{U}_i, D_i^*, D_{ij}^*, \mathfrak{f}_{ij}) .$$

4. Sei Y eine weitere n-dimensionale zusammenhängende komplexe Mannigfaltigkeit und $B \subset Y$ eine d-codimensionale kompakte zusammenhängende komplexe Untermannigfaltigkeit.

Ist eine Zahl $s \in N_0$ und eine Biholomorphie

$$E_{(s)} : A_{(s)} \overset{\sim}{\longrightarrow} B_{(s)}$$

gegeben, so sind A und B isomorph, und Y kann als eine weitere Umgebung von A angesehen werden oder – genauer ausgedrückt – ergibt einen weiteren Umgebungskeim von A, der mit dem durch $A \subset X$ gegebenen vermöge $E_{(s)}$ bis zur Ordnung s einschliesslich isomorph ist. Man kann diese neue Umgebung von A durch Änderung des Zusammenheftens der Koordinatensysteme U_i realisieren. Dazu sei $\mathfrak{U}$ so fein gewählt, dass jede Menge $E_{(s)}(\overline{U}_i)$ in einem lokalen Koordinatensystem von Y liegt. $E_{(s)}|(\overline{U}_i)_{(s)}$ kann dann zu einer biholomorphen Abbildung $E^i_{(s)} : V \to Y$ fortgesetzt werden, wo $V = V(\overline{U}_i)$ in X offen ist. Nur kann man i.a. nicht erwarten, dass sich die $E^i_{(s)}$ zu einer global definierten holomorphen Abbildung zusammenfügen.

Es sei jetzt U eine zusammenhängende hinreichend kleine offene Umgebung von A in X mit

(i) $U \subset\subset \cup \tilde{U}_i$

(ii)   Falls $\tilde{U}_i = H_r \times \tilde{\underline{U}}_i$, so $\overline{U} \cap (\partial H_r \times \overline{\underline{U}}_i) = \emptyset$,

       d.h. U ragt nirgends bis zum Rand ∂H_r hinaus.

(iii) $E_{(s)}$ lässt sich zu einer biholomorphen Abbildung $E^i_{(s)}$ in eine

       Umgebung von $\overline{U_i \cap U}$ fortsetzen.

(iv) $(E^i_{(s)})^{-1} \circ E^j_{(s)}$ ist noch auf $U_{ij} \cap U$ definiert und bildet

       $U_{ij} \cap U$ nach W_i ab.

Es ist dann $(E^i_{(s)})^{-1} \circ E^j_{(s)}|A_{(s)} = \mathrm{id}$, und daher schreibt sich mit $E^{ij}_{(s)} := (E^i_{(s)})^{-1} \circ E^j_{(s)}$ in den Koordinaten von W_i:

$$F_i \circ E^{ij}_{(s)} \circ F_i^{-1}(\mathfrak{z}) = \mathfrak{z} + g^{ij}_{(s)}(\mathfrak{z})$$

für alle $\mathfrak{z} \in F_i(U_{ij} \cap U)$, wo $g^{ij}_{(s)}$ von der Ordnung $(s+1)$ auf $F_i(A)$ verschwindet.

Verheften wir nun die offenen Mengen

$$[(E^{ij}_{(s)})^{-1}(U_i \cap U)] \cap (U_j \cap U) \quad \text{und}$$

$$(U_i \cap U) \cap E^{ij}_{(s)} (U_j \cap U)$$

vermöge $E^{ij}_{(s)}$ miteinander, so erhalten wir eine komplexe Mannigfaltigkeit $\hat{X} \supset A_{(s)}$, die durch $E^* = \{E^i_{(s)}\}$ biholomorph auf eine Umgebung von B in Y abgebildet wird: $A_{(s)}$ liegt in $\hat{X}$ genauso wie B in Y.

Falls nun $E_{(s)}$ zu einer Umgebungsäquivalenz fortgesetzt werden kann, d.h. dass es eine biholomorphe Abbildung $E : U \xrightarrow{\sim} V = V(B) \subset Y$ gibt mit $E|A_{(s)} = E_{(s)}$, so wählen wir eine Umgebung $\tilde{U} = \tilde{U}(A) \subset\subset U$ so klein, dass stets

$$E(\tilde{U}_j \cap \tilde{U}) \subset E^j_{(s)}(U_j \cap U)$$

$$E(\tilde{U}_{ij} \cap \tilde{U}) \subset E^j_{(s)}(U_{ij} \cap U)$$

gilt. Wir setzen dann $\tilde{E}^i_{(s)} := (E^i_{(s)})^{-1} \circ E|\tilde{U}_i \cap \tilde{U}$ und erhalten

$$(*) \begin{cases} \tilde{E}^i_{(s)} = E^{ij}_{(s)} \circ \tilde{E}^j_{(s)} \quad \text{auf} \quad \tilde{U}_{ij} \cap \tilde{U} \\[2mm] \tilde{E}^i_{(s)} | A_{(s)} = \text{id} \\[2mm] \tilde{E}^i_{(s)}(\tilde{U}_i \cap \tilde{U}) \subset U_i \cap U \\[2mm] \tilde{E}^i_{(s)}(\tilde{U}_{ij} \cap \tilde{U}) \subset U_{ij} \cap U . \end{cases}$$

Sind umgekehrt injektive holomorphe Abbildungen $\tilde{E}^i_{(s)} : \tilde{U}_i \cap \tilde{U} \to U_i$ mit den genannten Eigenschaften gegeben, so setzen sich die Abbildungen $E^i_{(s)} \circ \tilde{E}^i_{(s)} : \tilde{U}_i \cap \tilde{U} \to Y$ zu einer biholomorphen Abbildung $E : \tilde{U}(A) \xrightarrow{\sim} V(B)$ mit $E|A_{(s)} = E_{(s)}$ zusammen.

Die Keime von Umgebungsäquivalenzen $(X, A) \xrightarrow{\sim} (Y, B)$, die Fortsetzungen von $E_{(s)}$ sind, entsprechen also umkehrbar eindeutig den Systemen $\{\tilde{E}^i_{(s)}\}$ mit den Bedingungen $(*)$.

Analog zeigt man:

Ist $\hat{E} : A_{(\infty)} \xrightarrow{\sim} B_{(\infty)}$ ein Isomorphismus, so erhält man durch

$$\hat{E}^i_{(s)} := (E^i_{(s)})^{-1} \circ \hat{E} : \underline{U}_{i(\infty)} \xrightarrow{\sim} \underline{U}_{i(\infty)} .$$

Isomorphismen mit $\hat{E}^i_{(s)} = E^{ij}_{(s)} \circ \hat{E}^j_{(s)}$ in $\underline{U}_{ij(\infty)}$.

In dem W_i-Koordinaten hat man die Darstellung

$$\hat{F}_i \circ \hat{E}^i_{(s)} \circ \hat{F}_i^{-1}(\mathfrak{z}) = \mathfrak{z} + g^i_{(s)}(\mathfrak{z}) \,,$$

wo $g^i_{(s)} = (g^i_{(s),1}, \cdots, g^i_{(s),n})$ auf $F_i(A)$ von der Ordnung $(s+1)$ verschwindet. Man hat die formale Potenzreihenentwicklung

$$g^i_{(s),\nu}(\mathfrak{z}) = \sum_{|\underline{\mu}|=s+1}^{\infty} g^i_{(s),\nu,\underline{\mu}}(\mathfrak{z}'') \cdot \frac{1}{\underline{\mu}!} \cdot (\mathfrak{z}')^{\underline{\mu}}$$

für $1 \leq \nu \leq n$. Die $g^i_{(s),\nu,\underline{\mu}}$ sind dabei holomorphe Funktionen auf $F_i(\underline{U}_i)$, i.a. aber nicht mehr partielle Ableitungen der Funktionen $g^i_{(s),\nu}$, da die Potenzreihe nicht zu konvergieren braucht.

Kann man zeigen, dass die Potenzreihen entlang der $\overline{\underline{U}}_i$ konvergieren, so kann man $\hat{E}$ zu einer Umgebungsäquivalenz fortsetzen.

§2. 1-positive Vektorbündel

1. Sei M eine n-dimensionale komplexe Mannigfaltigkeit und $V \subset\subset M$ ein Teilgebiet mit glattem C^2-Rand. Ist $x_0 \in \partial V$, so gibt es also ein holomorphes Koordinatensystem $U = U(x_0)$ mit Koordinaten $\mathfrak{z} = (z_1, \cdots, z_n)$ und eine C^2-Funktion $\phi : U \to \mathbb{R}$ mit $d\phi(x) \neq 0$ für alle $x \in U$ und

$$U \cap V = \{x \in U : \phi(x) < 0\} \,.$$

In $x \in U$ sei $T_x = \left\{ \xi = \sum_{\nu=1}^{n} \left(a_\nu \frac{\partial}{\partial z_\nu}\Big|_x + \overline{a}_\nu \frac{\partial}{\partial \overline{z}_\nu}\Big|_x \right); \; a_\nu \in \mathbb{C} \right\}$

der reelle Tangentialraum, der vermöge $c \cdot \xi = \Sigma \left(ca_\nu \frac{\partial}{\partial z_\nu} + \overline{ca}_\nu \frac{\partial}{\partial \overline{z}_\nu} \right)$ ein n-dimensionaler komplexer Vektorraum ist, und $T_{\phi,x}$ der $(n-1)$-dimensionale komplexe Untervektorraum $\{\xi \in T_x : \partial\phi(\xi) = 0\}$. Die Leviform

$$L(\phi) = \sum_{\nu,\mu=1}^{n} \phi_{z_\nu \overline{z}_\mu}(x) \, dz_\nu \, d\overline{z}_\mu$$

ist eine Hermitesche Form auf T_x, ihre Beschränkung eine Hermitesche Form auf $T_{\phi,x}$.

V heisst 1-konkav, wenn es zu jedem Punkt $x_0 \in \partial V$ ein (U, ϕ) gibt, so dass $L(\phi)$ auf einem 1-dimensionalen komplexen Untervektorraum von T_{ϕ,x_0} negativ definit ist. $L(\phi)$ und $T_{\phi,x}$ sind koordinaten-invariant festgelegt, also ist die 1-Konkavität unabhängig von den Koordinaten definiert. Sie ist auch unabhängig von der Wahl der Rand-funktion ϕ, denn es gilt bekanntlich der folgende

SATZ 1. *V sei 1-konkav*, $x_0 \in \partial V$, $U = U(x_0)$ *eine Umgebung*, $\psi : U \to R$ *eine C^2-Funktion mit* $d\psi(x) \neq 0 \; \forall x \in U$ *und* $V \cap U = \{x \in U : \psi(x) < 0\}$. *Dann ist* $L(\psi)$ *in jedem* $x \in U \cap \partial V$ *auf einem 1-dimensionalen C-Untervektorraum von* $T_{\psi,x}$ *negativ definit.*

Zum Beweis vgl. [GR], chap. IX, A.

2. Sei nun A eine kompakte $m = (n-d)$-dimensionale komplexe Mannigfaltigkeit und N ein holomorphes Vektorbündel vom Rang d auf A.

DEFINITION 1. N heisst 1-positiv, wenn es eine 1-konkave Umgebung $V = V(\mathfrak{O}) \subset\subset N$ der Nullschnittfläche $\mathfrak{O} \subset N$ mit glattem C^2-Rand ∂V gibt, so dass für jedes $x \in A$ gilt:

(i)   In der Faser N_x ist $V \cap N_x$ sternförmig bzgl. $O_x \in N_x$.

(ii) Jeder Strahl in N_x, der von $O_x \in N_x$ ausgeht, schneidet ∂V transversal.

HILFSSATZ 1. *Sei A eine m-dimensionale kompakte komplexe Mannigfaltigkeit, N ein Geradenbündel auf A. $V = V(\mathfrak{O})$ sei eine 1-konkave Umgebung des Nullschnitts $\mathfrak{O}$ in N mit Eigenschaften wie in Definition 1. $U \subset A$ sei eine offene Teilmenge mit holomorphen Koordinaten $\mathfrak{z}'' = (z_2, \cdots, z_n)$, $n = m+1$. Weiter sei ein Vektorbündel-Isomorphismus $N|U \xrightarrow{\sim} C \times U$ gegeben und damit eine lineare holomorphe Koordinate z_1 auf den Fasern von $N|U$. Es sei noch eine offene Menge $\tilde{U} \subset\subset U$ gegeben.*

Dann gibt es Zahlen $\delta > 0$, $q > 0$ *mit* $\delta < \mathrm{dist}\,(\tilde{U}, \partial U)$ *und zu jedem Punkt* $\mathfrak{z}_0 \in \partial V$ *mit* $\mathfrak{z}_0'' \in \tilde{U}$ *einen Vektor* $\underline{\xi} = (\xi_2, \cdots, \xi_n) \in \mathbb{C}^m$, *der die euklidische Länge 1 hat, und eine holomorphe Funktion*

$$f(t) = z_1^0 + t\xi_1 + t^2 a, \qquad a \in \mathbb{C},$$

so dass für

$$\mathfrak{z}''(t) := (z_2^0 + t\xi_2, \cdots, z_n^0 + t\xi_n) \quad und$$

$$t \in \mathbb{C}, \quad |t| \leq \delta,$$

gilt:

$$(f(t), \mathfrak{z}''(t)) \in (1 - q \cdot |t|^2) \cdot \overline{V}.$$

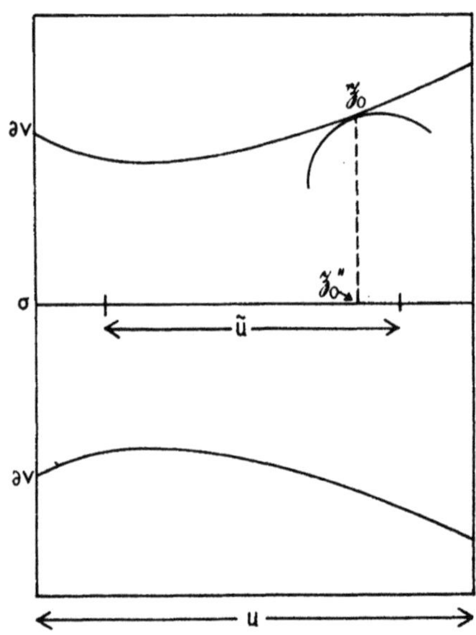

BEMERKUNGEN: 1) Die durch $(f(t), \mathfrak{z}''(t))$ gegebene komplexe Kurve ist also eine holomorphe Stützkurve an ∂V durch $\mathfrak{z}_0$ innerhalb von V. Dabei ist von grosser Bedeutung, dass das durch δ und q gegebene Ausmass, wie weit die Kurve an ihrem Rand $|t| = \delta$ ins Innere von V hereinragt, unabhängig von der Wahl des Randpunktes $\mathfrak{z}_0$ ist.

2) Es hat keinen Sinn, in Hilfssatz 1 mehr als eine lokale Situation zu betrachten, da später (Satz 3) mit einer kompakten Unter-mannigfaltigkeit A in X gearbeitet werden muss, für die es eine holomorphe Faserung von X über A nicht unbedingt zu geben braucht.

Beweis von Hilfssatz 1. Für die z_1-Koordinate verwenden wir Polarkoordinaten: $z_1 = r e^{i\vartheta}$.

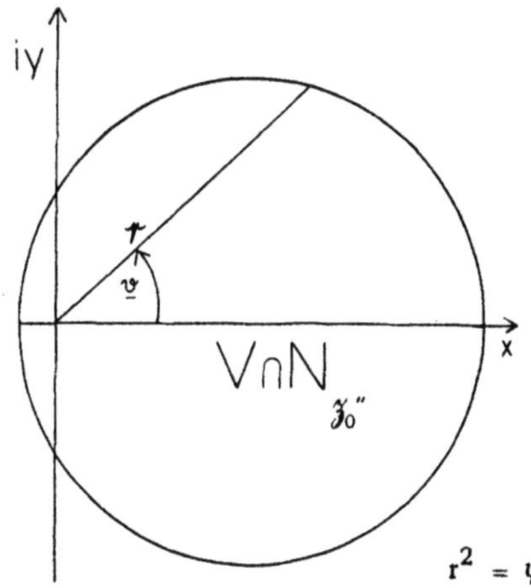

In jeder Faser $N_{\mathfrak{z}_0''}$ des Geradenbündels ist $V \cap N_{\mathfrak{z}_0''}$ gemäss Definition 1 ein C^2-glatt-berandetes bezüglich des Nullpunktes sternförmiges Gebiet in $\mathbb{C}$, dessen Rand von den vom Nullpunkt ausgehenden Strahlen transversal geschnitten wird. Über U lässt sich ∂V durch

$$r^2 = \psi(\vartheta, \mathfrak{z}'')$$

geben, wo ψ eine C^2-Funktion ist, die in ϑ periodisch von der Periode 2π ist. Setzt man

$$a(\mathfrak{z}) := \psi\left(\frac{\log z_1 - \overline{\log z_1}}{2i}, \mathfrak{z}''\right) - z_1\overline{z_1},$$

was wegen der Periodizität von ψ eine wohldefinierte C^2-Funktion auf $N|U \setminus \text{Nullschnitt}$ ist, so wird ∂V über U durch $a = 0$ gegeben. Dabei ist $V \setminus \mathfrak{O} = \{a > 0\}$ und

$$\partial a = \left[\frac{-i}{2z_1} \cdot \psi_\vartheta\left(\frac{\log z_1 - \overline{\log z_1}}{2i}, \mathfrak{z}''\right) - \overline{z_1}\right] dz_1 + \sum_{\nu=2}^{n} \psi_{z_\nu}(\cdots) dz_\nu.$$

Man errechnet leicht, dass $a_{z_1} \neq 0$ in Punkten von ∂V ist. Wenn daher $(\xi_1, \underline{\xi}) \in T_{a,\mathfrak{z}}$ ist (wobei $\mathfrak{z} \in \partial V$), also

$$0 = \xi_1 a_{z_1}(\mathfrak{z}) + \sum_{\nu=2}^{n} \xi_\nu a_{z_\nu}(\mathfrak{z}),$$

folgt $(\xi_1, \underline{\xi}) = 0$ oder $\underline{\xi} \neq 0$.

Entwicklung von a um $\mathfrak{z}_0$ ergibt (wobei $\mathfrak{z}_0 \in \partial V$):

$$a(\mathfrak{z}) = 2\,\mathrm{Re}\left[\sum_{\nu=1}^{n} a_{\nu}(z_{\nu}-z_{\nu}^{0}) + \sum_{\nu,\mu=1}^{n} a_{\nu\mu}(z_{\nu}-z_{\nu}^{0})(z_{\mu}-z_{\mu}^{0})\right.$$

$$\left.+ \sum_{\nu,\mu=1}^{n} b_{\nu\mu}(z_{\nu}-z_{\nu}^{0})(\overline{z}_{\mu}-\overline{z_{\mu}^{0}})\right] + \beta(\mathfrak{z}) \,,$$

wo $a_{\nu} = a_{z_{\nu}}(\mathfrak{z}_{0})$, $a_{\nu\mu} = \frac{1}{2}\,a_{z_{\nu}z_{\mu}}(\mathfrak{z}_{0})$, $b_{\nu\mu} = a_{z_{\nu}\overline{z}_{\mu}}(\mathfrak{z}_{0})$ als Ableitungen

von $a \in C^{2}$ stetig von $\mathfrak{z}_{0}$ abhängen und

$$\lim_{\mathfrak{z}\to\mathfrak{z}_{0}} \frac{\beta(\mathfrak{z})}{\|\mathfrak{z}-\mathfrak{z}_{0}\|^{2}} = 0$$

ist.

V ist 1 konkav, mit Satz 1 folgt daher: Zu jedem $\mathfrak{z} \in \partial V$ mit $\mathfrak{z}'' \in \tilde{U}$ gibt es $(\xi_{1}, \underline{\xi}) \in T_{a,\mathfrak{z}}$ mit $\|\underline{\xi}\| = 1$ und

$$\sum_{\nu,\mu=1}^{n} b_{\nu\mu}\xi_{\nu}\overline{\xi}_{\mu} > K \,. \tag{1}$$

K kann dabei wegen $\tilde{U} \subset\subset U$ unabhängig von $\mathfrak{z}$ gewählt werden.

Zum Beweis von Hilfssatz 1 sind $f(t)$, $\mathfrak{z}''(t)$, q, δ so zu bestimmen, dass gilt

$$(f(t), \mathfrak{z}''(t)) \in (1-q|t|^{2})\overline{V} \,, \quad \text{d.h.}$$

$$|f(t)|^{2} \le (1-q|t|^{2})\psi(\text{arc } f(t), \mathfrak{z}''(t)) \quad \text{für } |t| \le \delta$$

oder

$$q|t|^{2}\,\psi(\text{arc } f(t), \mathfrak{z}''(t)) \le a(f(t), \mathfrak{z}''(t)) \,.$$

Das ist wegen der lokalen Beschränktheit von ψ sicher dann möglich, wenn $K_{2} > 0$, $\delta > 0$ existieren mit

$$a(f(t), \mathfrak{z}''(t)) \ge K_{2}|t|^{2} \quad \text{für } |t| \le \delta$$

bei geeigneter Wahl von f und $\mathfrak{z}''(t)$, weil auch $a = a(\mathfrak{z}_{0})$ beschränkt gewählt werden kann. Geht man mit dem Ansatz

$$f(t) = z^0_1 + \xi_1 t + t^2 a$$

$$\mathfrak{z}''(t) = \mathfrak{z}''_0 + t(\xi_2, \cdots, \xi_n)$$

in die Formel für die Entwicklung von a um $\mathfrak{z}_0$ —dabei sei $(\xi_1, \underline{\xi}) = (\xi_1, \underline{\xi})\,(\mathfrak{z}_0)$ so bestimmt, dass (1) gilt in $\mathfrak{z}_0$ —, so führt dies zu

$$a(f(t), \mathfrak{z}''(t)) = 2|t|^2 \sum_{\nu,\mu=1}^{n} b_{\nu\mu} \xi_\nu \overline{\xi_\mu} +$$

$$+ 2\,\mathrm{Re}\left[t^2 \left(a_1 a + \sum_{\nu,\mu=1}^{n} a_{\nu\mu} \xi_\nu \xi_\mu \right) \right] + o(|t|^2)\ .$$

Da $a_1 = a_{z_1}(\mathfrak{z}_0) \neq 0$ ist, können wir $a = -\dfrac{1}{a_1} \cdot \displaystyle\sum_{\nu,\mu=1}^{n} a_{\nu\mu} \xi_\nu \xi_\mu$ setzen und erhalten damit $[\quad] = 0$, also

$$a(f(t), \mathfrak{z}''(t)) \geq K_2 |t|^2 \ \text{für } t \, \epsilon \, C, |t| \leq \delta\ ,$$

wenn $\delta > 0$ klein genug ist.

Es muss noch gezeigt werden, dass K_2 und δ unabhängig von

$\mathfrak{z}_0 \, \epsilon \, \partial V$ mit $\mathfrak{z}''_0 \, \epsilon \, \tilde{U}$ gefunden werden können: Es ist ja $\|\underline{\xi}\| = 1,\ \displaystyle\sum_{\nu=1}^{n}$

$a_\nu \xi_\nu = 0$, $a_\nu = a_{z_\nu}$, a_1 stetig und ohne Nullstellen, ξ_1 ist also gleich-gradig (für alle $\mathfrak{z}_0$ durch eine einheitliche Konstante) beschränkt. Gleiches ergibt sich für $a(\mathfrak{z}_0)$ aus der obigen Definition. Die gleich-gradige Beschränktheit des Restglieds $\beta(\mathfrak{z})$ und damit der in $o(|t|^2)$ zusammengefassten Terme höherer Ordnung ergibt sich aus dem folgenden Hilfssatz 2. Hilfssatz 1 ist damit bewiesen.

HILFSSATZ 2. *Sei* $U \subset R^n$ *offen,* $f : U \to R$ *eine* C^k-*Funktion,* $\tilde{U} \subset\subset U$. *Dann gibt es eine Konstante* $K > 0$, *eine stetige monoton wachsende Funktion* $H : R^+_0 \to R^+_0$ *mit* $H(0) = 0$, *ausserdem zu jedem Multiindex* $\underline{\lambda} = (\lambda_1, \cdots, \lambda_n)$ *mit* $|\underline{\lambda}| = \lambda_1 + \cdots + \lambda_n = k$ *eine auf* $\tilde{U} \times \tilde{U}$ *definierte Funktion* $R_{\underline{\lambda}}(\mathfrak{p}, \mathfrak{q})$ *mit*

$$|R_{\underline{\lambda}}(\mathfrak{p},\mathfrak{q})| \leq H(\|\mathfrak{p}-\mathfrak{q}\|) ,$$

so dass gilt

$$f(\mathfrak{p}) = \sum_{|\underline{\lambda}|=0}^{k} \frac{f_{,\underline{\lambda}}(\mathfrak{p}_0)}{\underline{\lambda}!}(\mathfrak{p}-\mathfrak{p}_0)^{\underline{\lambda}} + \sum_{|\underline{\lambda}|=k} R_{\underline{\lambda}}(\mathfrak{p},\mathfrak{p}_0)(\mathfrak{p}-\mathfrak{p}_0)^{\underline{\lambda}} .$$

Der Beweis ergibt sich aus [GF].

BEMERKUNG: 1) Die Konstante a in Hilfssatz 1 ergibt sich als holomorphe Funktion in

$$\left(\xi_1, \cdots, \xi_n, \frac{a_{\nu\mu}}{a_1}\right) \epsilon\ C^{n+\frac{n(n+1)}{2}}$$

2) In der Situation des Hilfssatzes 1 sind die $N_x \cap V$ für alle $x \epsilon \overline{U}$ sternförmig bezüglich des Nullpunktes $O_x \epsilon N_x$. Sie kömnen also biholomorph auf den Einheitskreis $E = \{|z| < 1\} \subset C$ so abgebildet werden, dass der Nullpunkt in den Nullpunkt übergeht. Die Menge $N_x \cap (1-q\delta^2)\overline{V}$ geht dabei stets auf eine kompakte Teilmenge von E. Sei nun $e > 0$ die kleinste Zahl, so dass alle diese Mengen noch in $\{|z| \leq e\}$ liegen. Da $N_x \cap V \overset{\sim}{\longrightarrow} E$ stetig von x abhängt (Konstruktion mittels Dirichletschem Prinzip, sie Courant [C], chap. I,7), folgt $e < 1$.

SATZ 2. *Sei* A *eine m-dimensionale kompakte komplexe Mannigfaltigkeit,* N *ein 1-positves,* L *ein beliebiges holomorphes Vektorbündel auf* A. *Dann gibt es eine Zahl* $s \epsilon N$, *so dass* $L \otimes (N^*)^p$, *wo* $(N^*)^p$ *die p-te symmetrische Tensorpotenz des Dualen* N^* *bezeichnet, für* $p \geq s$ *keine Schnittflächen ausser dem Nullschnitt mehr hat.*

Beweis. Wir nehmen zunächst an, dass N ein 1-positives Geradenbündel ist. Wir wählen eine endliche offene Überdeckung $\mathfrak{U} = \{U_i, i=1,\cdots,i_*\}$ von A mit Vektorbündelisomorphismen

$$N|U_i \underset{\phi_i}{\overset{\sim}{\longrightarrow}} C \times U_i, \qquad L|U_i \underset{\psi_i}{\overset{\sim}{\longrightarrow}} C^\ell \times U_i .$$

Vermöge ψ_i ist

$$L \otimes (N^*)^p | U_i = \underbrace{(N^*)^p \oplus \cdots \oplus (N^*)^p}_{\ell\text{-mal}} .$$

Eine Schnittfläche $h \in \Gamma(A, L \otimes (N^*)^p)$ wird über U_i durch ein ℓ-Tupel $\mathfrak{h}^{(i)} = (h_1^{(i)}, \cdots, h_\ell^{(i)})$ von Schnitten in $(N^*)^p$ gegeben. Über U_{ij} gibt es holomorphe nur von L abhängige Matrizen Q_{ij} mit $\mathfrak{h}^{(i)} = Q_{ij} \circ \mathfrak{h}^{(j)}$. Jedes $h_\lambda^{(i)}$ wiederum ist durch eine holomorphe Funktion: $N|U_i \to C$ gegeben, die faserweise in Bezug auf die durch ϕ_i eingeführte lineare Faserkoordinate $z_1 = z_1^{(i)}$ ein homogenes Polynom p-ten Grades ist, also kann man schreiben

$$h_\lambda^{(i)}(\mathfrak{z}'')(z_1) = : h_\lambda^{(i)}(z_1, \mathfrak{z}'') = a_\lambda^{(i)}(\mathfrak{z}'') \cdot z_1^{\,p} .$$

Wir lassen nun $\mathfrak{U}$ zu einer offenen Überdeckung $\tilde{\mathfrak{U}} = \{\tilde{U}_i, i = 1, \cdots, i_*\}$ mit $\tilde{U}_i \subset\subset U_i$ schrumpfen. Wir setzen $|\mathfrak{h}^{(i)}(\mathfrak{z})| : = \max |h_\nu^{(i)}(\mathfrak{z})|$. Es sei $V = V(\mathfrak{O}) \subset\subset N$ gemäss Definition 1 und $\mathfrak{z}_0 \in \partial V$ mit $\mathfrak{z}_0'' \in \tilde{U}_i$ so, dass $|\mathfrak{h}^{(i)}(\mathfrak{z}_0)|$ das Maximum der $|\mathfrak{h}^{(j)}(\mathfrak{z})|$ mit $\mathfrak{z} \in \partial V$, $\mathfrak{z}'' \in \tilde{U}_j$ ist. Ausserdem wählen wir unabhängig von i und p die Zahlen $\delta > 0$, $q > 0$ gemäss Hilfssatz 1.

Die dort gefundene durch $\mathfrak{z}_0$ laufende Kurve sei durch $(f(t), \mathfrak{z}''(t))$, $|t| \leq \delta$, gegeben. $r(t) \geq 1$ sei so bestimmt, dass $(r(t) f(t), \mathfrak{z}''(t))$ in ∂V liegt. Sofern $\mathfrak{z}''(t) \in \tilde{U}_i$ ist, folgt $|\mathfrak{h}^{(i)}(r(t) f(t)), \mathfrak{z}''(t)| \leq |\mathfrak{h}^{(i)}(\mathfrak{z}_0)|$ nach Wahl von i und $\mathfrak{z}_0$. Ist jedoch $\mathfrak{z}''(t) \in \tilde{U}_j \setminus \tilde{U}_i$, so ergibt sich

$$\mathfrak{h}^{(i)}(\mathfrak{z}'') = Q_{ij}(\mathfrak{z}'') \circ \mathfrak{h}^j(\mathfrak{z}'')$$

$$\mathfrak{h}^{(i)}(\mathfrak{z}''), \mathfrak{h}^{(j)}(\mathfrak{z}'') \in ((N^*)^p \oplus \cdots \oplus (N^*)^p)_{\mathfrak{z}''}$$

$$\mathfrak{h}^{(i)}(\mathfrak{z}'')(r(t) f(t)) = Q_{ij}(\mathfrak{z}'') \circ \mathfrak{h}^{(j)}(\mathfrak{z}'')(r(t) f(t))$$

$$|\mathfrak{h}^{(i)}(r(t) f(t), \mathfrak{z}'')| \leq K |\mathfrak{h}^{(j)}(r(t) f(t), \mathfrak{z}'')| \leq K |\mathfrak{h}^{(i)}(\mathfrak{z}_0)|$$

mit einer nur von $\mathfrak{U}, \tilde{\mathfrak{U}}$ und den Q_{ij} abhängigen Konstanten $K \geq 1$. Es folgt für $|t| = \delta$

$$|\mathfrak{h}^{(i)}(f(t), \mathfrak{z}''(t))| \leq K\, e^p |\mathfrak{h}^{(i)}(\mathfrak{z}_0)| \,, \tag{2}$$

wo $e \in (0, 1)$.

Es sei nun s so gross, dass $K\, e^p < 1$ ist für $p \geq s$. Die Ungleichung (2) widerspricht dem Maximumprinzip für die plurisubharmonische Funktion $\gamma(t) = |\mathfrak{h}^{(i)}(f(t), \mathfrak{z}''(t))|$ nur dann nicht, wenn $h = 0$ ist, was zu zeigen war.

Hat N höheren Rang als 1, so bläst man den Nullschnitt $\mathfrak{O} \cong A$ auf und erhält dadurch ein Geradenbündel $\bar{N}$ über dem aufgeblasenen Nullschnitt $\tilde{A}$, dessen Fasern jeweils Geraden durch O_x in einem N_x, $x \in A$, sind. Der Rand einer 1-konkaven Umgebung $V = V(\mathfrak{O}) \subset\subset N$ wird dabei nicht angetastet und bleibt daher 1-konkav. Man überzeugt sich leicht, dass auch die übrigen Bedingungen der Definition 1 erfüllt sind; $\tilde{N}$ ist daher ein 1-positives Geradenbündel über $\tilde{A}$.

Ist $L \to A$ ein beliebiges holomorphes Vektorbündel, so ist $L \times_A \tilde{A} \to \tilde{A}$ eins über $\tilde{A}$ (derselben Faserdimension wie L).

Ist nun $h \in \Gamma(A, L \otimes (N^*)^p)$, so schreibt sich $h(x)$ für $x \in A$ lokal als endliche Summe von Ausdrücken $h(x) = \sum_{i=1}^{r} a_i(x) \otimes p_i(x)$, wo $a_i(x) \in L_x$ und $p_i(x)$ homogene Polynome vom Grad p auf N_x sind und die $a_i(x)$ wie auch die $p_i(x)$ holomorph von x abhängen. Ist nun $y \in \tilde{A}$, etwa $y = g_x$ mit einer Geraden $g_x \subset N_x$, so definiert man durch

$$\tilde{h}(y) = \sum_{i=1}^{r} a_i(x) \otimes (p_i(x)|g_x)$$

einen holomorphen Schnitt

$$\tilde{h} \in \Gamma(\tilde{A}, (L \times_A \tilde{A}) \otimes (N^*)^p) \,.$$

Mit h ist auch $\tilde{h} \neq 0$. Dies ist aber für grosses p unmöglich, also ist die Behauptung von Satz 2 nunmehr vollständig bewiesen.

3. Sei nun wieder X eine n-dimensionale zusammenhängende komplexe Mannigfaltigkeit und $A \subset X$ eine 1-codimensionale kompakte zusammenhängende komplexe Untermannigfaltigkeit mit 1-positivem Normalenbündel N . Es gibt dann eine Umgebung $V = V(\mathfrak{O}) \subset\subset N$ gemäss Definition 1. Die Untermannigfaltigkeit A sei aufbereitet nach §1. In $N|\underline{W}_i$ wird dann ∂V gegeben durch eine C^2-Gleichung

$$|z_1^{(i)}| = \psi_i(\vartheta_i, \mathfrak{z}_i'') .$$

Wir setzen

$$\phi_i(\mathfrak{z}_i): = |z_1^{(i)}|^3 / \psi_i^3(\vartheta_i, \mathfrak{z}_i'') \geq 0 \quad \text{in} \quad N|\underline{W}_i .$$

Die ϕ_i sind C^2-Funktionen, verschwinden genau auf dem Nullschnitt und haben den Wert 1 genau auf ∂V . Für $a \geq 0$ gilt:

$$\phi_i(a z_1, \mathfrak{z}'') = a^3 \phi_i(\mathfrak{z}) .$$

Die Flächen $\{\phi_i(\mathfrak{z}_i) = a^3\}$ sind gleich $a \circ \partial V = \{(a z_1, \mathfrak{z}''), \mathfrak{z} \in \partial V\}$ und deswegen 1-konkave Ränder von $a \circ V$.

Wir wählen zu $\mathfrak{U}$ eine "Teilung der Eins." Das ist hier ein System $\{p_i, i = 1, \cdots, i_*\}$ von reellen C^2-Funktionen auf X mit:

a) $p_i(x) \geq 0 \quad \forall x \in X$

b) $\{p_i(x) \neq 0\} \subset\subset U_i$

c) $\displaystyle\sum_{i=1}^{i_*} p_i(x) \equiv 1$ in einer Umgebung von A .

Das Normalenbündel N wird nach §1 durch die Übergangsfunktionen $f_{1,1}^{(i,j)}$ gegeben (bezüglich der Überdeckung $\mathfrak{W}$ von A).

Um zwischen den Koordinaten von N und denen von X zu unterscheiden, schreiben wir fortan auf N statt $\mathfrak{z}_i = (z_1^{(i)}, \cdots, z_n^{(i)})$ einfach $\hat{\mathfrak{z}}_i = (\hat{z}_1^{(i)}, \cdots, \hat{z}_n^{(i)})$. Es ist also $\hat{\mathfrak{z}}_i'' = \mathfrak{z}_i''$ auf $A \cong \mathfrak{O}$. Über $\underline{W}_{ij}$ hat man die Transformationen $\hat{\mathfrak{z}}_i = \hat{f}_{ij}(\hat{\mathfrak{z}}_j)$ mit

$$\hat{z}_1^{(i)} = f_{1,1}^{(i,j)}(\hat{\partial}_j'') \cdot \hat{z}_1^{(j)} = : f_{ij}(\hat{\partial}_j'') \cdot \hat{z}_1^{(j)}$$

$$\hat{\partial}_i'' = f_{ij}''(0, \hat{\partial}_j'') = : \hat{f}_{ij}''(0, \hat{\partial}_j'') \ ,$$

wo f_{ij}'' (bzw. $\hat{f}_{ij}''$) die letzten $(n-1)$ Komponenten von f_{ij} (bzw. $\hat{f}_{ij}$) bezeichnet. Man rechnet leicht nach, dass sich die ϕ_i zu einer Funktion $\hat{\phi} : N \to R_o^+$ zusammensetzen. Wir transportieren die Funktionen ϕ_i nach X:

$$\tilde{\phi}_i(x) : = \phi_i(\partial_i(x)), \ x \epsilon U_i \subset X \ .$$

Auf X definieren wir in einer Umgebung $U(A)$

$$\phi(x) : = \sum_{i=1}^{i_*} p_i(x)\, \tilde{\phi}_i(x) \geq 0$$

und erhalten damit eine C^2-Funktion, die auf A und — wenn U klein genug — nur auf A verschwindet.

Da die $\hat{f}_{ij}$ umkehrbar sind, kann man über einer Umgebung von $\underline{U}_{ij}$ in W_{ij} schreiben:

$$f_{ij} = \hat{f}_{ij}\,(id + f_{ij}^*) \ ;$$

dabei verschwindet die erste Komponente von f_{ij}^* von 2. Ordnung auf A und die übrigen von 1. Ordnung. Ist nun $U(A)$ klein, so gilt dort $\Sigma p_i \equiv 1$, und die Abbildung $id + f_{ij}^*$ wirft $\overline{U_{ij}} \cap U$ in W_i. Für $x \epsilon U_j \cap U$ gilt

$$\phi(x) = \sum_{i=1}^{i_*} p_i(x)\, \tilde{\phi}_i(x) = \sum_{i=1}^{i_*} p_i(x)\, \phi_i(\partial_i(x))$$

$$= \sum_{i=1}^{i_*} p_i(x) \cdot (\phi_i \circ f_{ij})(\partial_j(x))$$

$$= p_j(x)\, \phi_j(\partial_j(x)) + \sum_{\substack{i=1 \\ i \neq j}}^{i_*} p_i(x) \cdot (\phi_j \circ (id + f_{ij}^*))(\partial_j(x)) \ ,$$

da $\phi_i \circ \hat{f}_{ij} = \phi_j$. Wegen $p_j(x) = 1 - \sum_{i \neq j} p_i(x)$ folgt $\phi(x) = \phi_j(\mathfrak{z}_j(x)) + \sum_{i \neq j}$
$p_i(x)(\phi_j \circ (\mathrm{id} + f^*_{ij}) - \phi_j)(\mathfrak{z}_j(x))$. Für $a \geq 0$ und $\mathfrak{z} = (z_1, \cdots, z_n) \in \mathbb{C}^n$ sei
wieder $a \circ \mathfrak{z} := (az_1, z_2, \cdots, z_n)$. Die Funktion $\frac{1}{a} \circ f^*_{ij}(a \circ \mathfrak{z}_j)$ von $\mathfrak{z}_j$
strebt einschliesslich ihrer Ableitungen für $a \to 0$ auf einer Umgebung
von $\frac{1}{a} \circ (\overline{U_{ij}}) \cap U$ von mindestens 1. Ordnung lokal gleichmässig gegen
0. Es ist

$$\frac{1}{a^3} \phi(\mathfrak{z}_j^{-1}(a \circ \mathfrak{z}_j(x))) = \phi_j(\mathfrak{z}_j(x)) + \sum_{i \neq j} p_i(\mathfrak{z}_j^{-1}(a \circ \mathfrak{z}_j(x)))$$

$$\cdot \frac{1}{a^3} \cdot (\phi_j \circ (\mathrm{id} + f^*_{ij}) - \phi_j)(a \circ \mathfrak{z}_j(x)).$$

Für $a \to 0$ konvergiert

$$p_i(\mathfrak{z}_j^{-1}(a \circ \mathfrak{z}_j(x))) \to p_i(\mathfrak{z}_j^{-1}(0, \mathfrak{z}_j''(x))).$$

Weiter gilt

$$\frac{1}{a^3} (\phi_j \circ (\mathrm{id} + f^*_{ij}) - \phi_j)(a \circ \mathfrak{z}_j(x)) = \phi_j(\mathfrak{z}_j(x) + \frac{1}{a} \circ f^*_{ij} (a \circ \mathfrak{z}_j(x))) - \phi_j(\mathfrak{z}_j(x)).$$

Daher konvergiert für $a \to 0$

$$\frac{1}{a^3} \phi(\mathfrak{z}_j^{-1}(a \circ \mathfrak{z}_j(x))) \to \phi_j(\mathfrak{z}_j(x)) \quad \text{auf} \quad \left(\frac{1}{a} \circ U_j\right) \cap U.$$

Die in den letzten Zeilen erhaltenen Konvergenzen erstrecken sich jeweils
auch noch auf die ersten und zweiten Ableitungen der angegebenen
Funktionen nach den $z_\nu^{(j)}$, und alle Konvergenzen sind lokal gleichmässig.

Für die ϕ_j und $\{x \in U_j : \phi_j(\mathfrak{z}_j(x)) < \epsilon\}$ gilt der Hilfssatz 1, wenn $\epsilon > 0$
klein genug ist. Er gilt wegen der gleichmässigen Konvergenz auch für
$\frac{1}{a^3} \cdot \phi(\mathfrak{z}_j^{-1}(a \circ \mathfrak{z}_j(x)))$, wenn $a > 0$ nur genügend klein gewählt ist, und
damit auch für ϕ selbst. Wir haben also gezeigt:

SATZ 3. *Es sei* X *eine n-dimensionale zusammenhängende komplexe*
Mannigfaltigkeit, $A \subset X$ *eine 1-codimensionale kompakte zusammen-*

*hängende komplexe Untermannigfaltigkeit, deren Normalenbündel 1-positiv
ist. Dann gibt es eine Umgebung* $U = U(A) \subset \cup \tilde{U}_i$ *und eine* C^2*-Funktion*
$\phi : U \to \mathbf{R}_0^+$ *und ein* $\varepsilon_0 > 0$, *so dass gilt*:

1) $\phi(x) > 0$ *für* $x \in U \setminus A$, $\phi(x) = 0$ *für* $x \in A$

2) $\{x \in U : \phi(x) \leq \varepsilon_0\} \subset\subset U$

3) *Ist* $x \in U_i$ *gegeben und* S *irgendein von* 0 *ausgehender Strahl in*
   $\{\mathfrak{z} \in \mathbf{C}^n : \mathfrak{z}'' = \mathfrak{z}''_i(x)\}$, *so schneidet* $\mathfrak{z}_i^{-1}(S)$ *jede Menge* $\{y \in U : \phi(y) = \varepsilon\}$,
   genau einmal, und zwar transversal, sofern $0 < \varepsilon \leq \varepsilon_0$ *ist.*

4) *Es gibt feste Zahlen* $\delta > 0$, $q > 0$ *und zu jedem* $\varepsilon \in (0; \varepsilon_0]$ *und*
   jedem $x_0 \in \tilde{U}_i \cap \partial V_\varepsilon$, *wo* $V_\varepsilon := \{x \in U : \phi(x) < \varepsilon\}$, *einen Vektor*
   $\underline{\xi} = (\xi_2, \cdots, \xi_n) \in \mathbf{C}^{n-1}$ *mit* $\|\underline{\xi}\| = 1$ *und eine holomorphe Funktion*

$$f(t) = z_1^0 + t\xi_1 + t^2 a, \quad wo \quad \mathfrak{z}_0 := \mathfrak{z}_i(x_0),$$

so dass für $\mathfrak{z}''(t) = \mathfrak{z}''_0 + t\underline{\xi}$, $|t| \leq \delta$, *gilt*:

$$\mathfrak{z}''(t) \in \mathfrak{z}_i(\underline{U}_i),\ (f(t), \mathfrak{z}''(t)) \in (1 - q|t|^2) \circ \mathfrak{z}_i(\overline{V}_\varepsilon).$$

BEMERKUNG. Für $x \in \underline{U}_i$ bilden wir $[\varepsilon \leq \varepsilon_0]$

$$R(\varepsilon, x, i) := \sup \{|z_1^{(i)}(y)| : y \in U_i \cap \partial V_\varepsilon,\ \mathfrak{z}''_i(y) = \mathfrak{z}''_i(x)\}$$

$$r(\varepsilon, x, i) := \inf \{|z_1^{(i)}(y)| : y \in U_i \cap \partial V_\varepsilon,\ \mathfrak{z}''_i(y) = \mathfrak{z}''_i(x)\}$$

und

$$R(\varepsilon) := \sup_{x,\,i} R(\varepsilon, x, i), \quad r(\varepsilon) := \inf_{x,\,i} r(\varepsilon, x, i) \quad R_0 := R(\varepsilon_0),\ r_0 := r(\varepsilon_0).$$

Es gilt dann $0 < r(\varepsilon) \leq R(\varepsilon) < \infty$, und $\dfrac{R(\varepsilon)}{r(\varepsilon)}$ ist gleichgradig für alle
$\varepsilon \in (0, \varepsilon_0]$ beschränkt.

§3. *Der Hauptsatz*

In diesem Paragraphen wird das Hauptresultat der Arbeit hergeleitet.

SATZ 4. *Seien* X *und* Y *n-dimensionale zusammenhängende komplexe
Mannigfaltigkeiten;* $A \subset X$, $B \subset Y$ *seien d-codimensionale zusammen-*

hängende kompakte komplexe Untermannigfaltigkeiten. Das Normalen-bündel $N(A)$ *sei 1-positiv und* $\hat{E}: A_{(\infty)} \xrightarrow{\sim} B_{(\infty)}$ *ein Isomorphismus. Dann gibt es Umgebungen* $U(A)$, $V(B)$ *und eine biholomorphe Abbildung* $E: U \xrightarrow{\sim} V$ *mit* $E|A_{(\infty)} = \hat{E}$.

ZUSATZ. *Es gibt eine Zahl* $s \in N$, *so dass* E *schon durch* $\hat{E}|A_{(s)}$ *eindeutig bestimmt ist.*

Beweis. Zunächst soll der Zusatz bewiesen werden. Es gebe ausser E noch $\tilde{E}$ mit $\tilde{E}|A_{(s)} = E|A_{(s)}$. Wir nehmen an, $\tilde{E}$ wäre in jeder Umgebung von A von E verschieden. Es gibt dann eine grösste Zahl $p \geq s$, so dass $E|A_{(p)} = \tilde{E}|A_{(p)}$ gilt. Für $F := \tilde{E}^{-1} \circ E$ gilt dann $F|A_{(p)} = \mathrm{id}$, aber $F|A_{(p+1)} \neq \mathrm{id}$. Es bezeichne $\mathrm{Aut}(p)$ die über A erklärte Garbe der Keime von lokalen Automorphismen von $\underline{V} \cap A_{(p+1)}$, welche auf $\underline{V} \cap A_{(p)}$ die Identität induzieren ($\underline{V} \subset A$ offen). Lokal kann man F zu einer holomorphen Abbildung $\hat{F}_x$ in eine Umgebung $V(x) \subset X$, $x \in A$, fortsetzen. Ist dann g eine holomorphe Funktion in V, die auf A überall von der Ordnung ≥ 1 verschwindet, so ist $g \circ \hat{F}_x = g + h$ in der Nähe von x, wobei h auf A von der Ordnung $\geq p+1$ verschwindet. Die Zuordnung $g \mapsto h$ liefert ein Element von

$$\mathrm{Hom}\,(m/m^2, m^{p+1}/m^{p+2})\,,$$

und dadurch erhält man auch einen Garbenepimorphismus

$$\mathrm{Aut}\,(p) \to \mathrm{Hom}\,(m/m^2, m^{p+1}/m^{p+2})\,.$$

Der Kern ist isomorph zu $\mathrm{Hom}\,(\Omega(A), m^{p+1}/m^{p+2})$, wobei $\Omega(A)$ die Garbe der Keime der Pfaffschen Formen auf A ist. Man hat also eine exakte Sequenz

$$0 \to \Theta \otimes (N^*)^{p+1} \to \mathrm{Aut}\,(p) \to N \otimes (N^*)^{p+1} \to 0\,,$$

wobei Θ die Garbe der Keime holomorpher Vektorfelder auf A bezeichnet [vgl. [GM], §4].

    F liefert einen nicht trivialen Schnitt in $\mathrm{Aut}(p)$. Nach Satz 2 aus §2 existieren aber für grosses p in $\Theta \otimes (N^*)^{p+1}$ wie auch in $N \otimes (N^*)^{p+1}$

keine nicht trivialen Schnitte. Dasselbe gilt wegen der exakten Sequenz auch für $\text{Aut}(p)$. Ist also s gross genug, so folgt aus $E|A_{(s)} = \tilde{E}|A_{(s)}$ schon $E = \tilde{E}$ (als Abbildungen von Umgebungskeimen). Der Zusatz ist bewiesen.

Beweis von Satz 4. Es werde $s \in N$ entsprechend dem Zusatz gewählt. $\hat{E}$ induziert einen Isomorphismus $E_{(s)} : A_{(s)} \xrightarrow{\sim} B_{(s)}$. Dazu seien die $E^i_{(s)}$, $E^{ij}_{(s)}$, $\hat{E}^i_{(s)}$ wie in §1 bestimmt, ebenso die Aufbereitung von $A \hookrightarrow X$. In den W_i-Koordinaten hatten wir die Darstellung

$$\hat{F}_i \circ \hat{E}^i_{(s)} \circ \hat{F}_i^{-1}(\mathfrak{z}) = \mathfrak{z} + \mathfrak{g}^i_{(s)}(\mathfrak{z})$$

gewonnen. Es braucht jetzt nur noch gezeigt zu werden, dass die formalen Potenzreihen $\mathfrak{g}^i_{(s)}$ entlang der $\overline{\tilde{U}}_i$ konvergieren. Dazu wählen wir ein für allemal Mengen $\tilde{\tilde{U}}_i \subset\subset \tilde{U}_i$, die noch A überdecken und mit den Koordinaten von U_i ebenfalls ausgezeichnete Koordinatensysteme bilden. Alle in Zukunft betrachteten Umgebungen U von A seien so klein, dass

$$F_i(U \cap \tilde{\tilde{U}}_i) \cap (F_i(\underline{\tilde{\tilde{U}}}_i) \times \partial H_r) = \emptyset \text{ ist, wobei}$$

$$F_i(\tilde{\tilde{U}}_i) = F_i(\underline{\tilde{\tilde{U}}}_i) \times H_r \ .$$

Wir führen eine Norm ein. Es sei $E_r = \{|z| < r\} \subset C$ und $f(z) = \sum\limits_{\nu=0}^{\infty} a_\nu z^\nu$ eine auf E_r erklärte beschränkte Funktion. Für $z \in E_r$ wird definiert:

$$\|f, z\| := \sum\limits_{\nu=0}^{\infty} |a_\nu| \, |z|^\nu < \infty \ .$$

Es gilt: $|f(z)| \leq \|f, z\|$ für alle $z \in E_r$; ist $z = |z| e^{i\phi}$, so ist $\|f, z\|$ von ϕ unabhängig;

$$\|f, z\| \leq K_\rho \sup \{|f(\tilde{z})|, \tilde{z} \in E_r\} \text{ für } |z| \leq \rho \ ,$$

wobei $0 < \rho < r$ und K_ρ eine nur von $\frac{\rho}{r}$ abhängige Konstante ist. Ist

$$\mathfrak{z} = (z_1, \cdots, z_n) = (z_1, \mathfrak{z}'') \quad \text{und} \quad f = \sum_{\nu=0}^{\infty} a_\nu(\mathfrak{z}'') z_1^\nu, \quad \text{so sei} \quad \|f, \mathfrak{z}\| := \sum_{\nu=0}^{\infty}$$

$|a_\nu(\mathfrak{z}'')| \cdot |z_1|^\nu$. Es gilt eine Produktregel

$$\|f \cdot g, \mathfrak{z}\| \leq \|f, \mathfrak{z}\| \cdot \|g, \mathfrak{z}\| .$$

Ist $\mathfrak{f} = (f_1, \cdots, f_n)$ ein n-tupel holomorpher Funktionen, so sei

$$\|\mathfrak{f}, \mathfrak{z}\| := \max_{\nu=1}^{n} \|f_\nu, \mathfrak{z}\| .$$

Es muss noch erwähnt werden, dass für $\|\ \ \|$ ein Schwarzsches Lemma gilt.

Nach §1 waren die $\mathfrak{g}^{ij}_{(s)}(\mathfrak{z})$ in $F_i(U_{ij} \cap U)$ holomorphe Funktionen. Ist $U = U(A)$ klein genug und $\mathfrak{h}(\mathfrak{z})$ ein n-tupel holomorpher Funktionen, so gilt für

$$\mathfrak{z}, (\mathfrak{z} + \mathfrak{h}(\mathfrak{z})) \in F_i(D^*_{ij} \cap U)$$

die Darstellung

$$\mathfrak{g}^{ij}_{(s)}(\mathfrak{z} + \mathfrak{h}(\mathfrak{z})) = \mathfrak{g}^{ij}_{(s)}(\mathfrak{z}) + \vartheta^{ij}_{(s)}(\mathfrak{z}, \mathfrak{h}(\mathfrak{z})) ,$$

sofern $\|\mathfrak{h}, \mathfrak{z}\| \leq |z_1|$ ist. Da $\mathfrak{g}^{ij}_{(s)}$ auf $\{z_1 = 0\}$ von mindestens (s+1)-ter Ordnung verschwindet, hat man auf $F_i(D^*_{ij} \cap U)$ eine Abschätzung

$$\|\mathfrak{g}^{ij}_{(s)}, \mathfrak{z}\| \leq K_s \cdot |z_1|^{s+1}$$

mit einer von s abhängigen Konstanten K_s. Ebenso erhält man nach Schrumpfung von U —und die sei o.E. schon vorher bei U durchgeführt—:

$$\|\vartheta(\mathfrak{z}, \mathfrak{h}(\mathfrak{z})), \mathfrak{z}\| \leq \|\mathfrak{h}, \mathfrak{z}\| \cdot |z_1|^s \cdot K_s$$

für $\mathfrak{z}, (\mathfrak{z} + \mathfrak{h}(\mathfrak{z})) \in F_i(D^*_{ij} \cap U)$, $\|\mathfrak{h}, \mathfrak{z}\| \leq |z_1|$. Dabei wird ϑ abkürzend für $\vartheta^{ij}_{(s)}$ verwendet.

Im Folgenden sei $f^{(p)}(\mathfrak{z}) := \sum_{\nu=0}^{p} a_\nu(\mathfrak{z}'') z_1^\nu$ der Abschnitt bis zur Ordnung p einer Potenzreihe $f(\mathfrak{z}) = \sum_{\nu=0}^{\infty} a_\nu(\mathfrak{z}'') z_1^\nu$. Rechnet man die Gleichung

$$\hat{E}^i_{(s)} = E^{ij}_{(s)} \circ \hat{E}^j_{(s)} \quad \text{in} \quad \underline{U}_{ij(\infty)}$$

ins W_i-Koordinatensystem um, so erhält man mod $(z_1)^{p+1}$, $p \geq s$, die Kongruenz

$$\mathfrak{z} + (\mathfrak{g}^i_{(s)})^{(p)}(\mathfrak{z}) \equiv \mathfrak{z} + (\mathfrak{h}^j_i)^{(p)}(\mathfrak{z}) + (\mathfrak{g}^{ij}_{(s)})^{(p)}(\mathfrak{z}) + \vartheta(\mathfrak{z}, (\mathfrak{h}^j_i)^{(p)}(\mathfrak{z}))$$

in $F_i(\bar{\tilde{U}}_i \cap \bar{\bar{\tilde{U}}}_j \cap \tilde{U})$. Dabei ist

$$\mathfrak{z} + \mathfrak{h}^j_i(\mathfrak{z}) : = f_{ij} \circ (id + \mathfrak{g}^j_{(s)}) \circ f_{ji}(\mathfrak{z}) \ .$$

Es sei $\tilde{U}$ so klein, dass

$$\|(\mathfrak{g}^j_{(s)})^{(p)}, \mathfrak{z}\| \leq |z_1| \quad \text{in} \quad F_j(\bar{\tilde{U}}_j \cap \tilde{U}) \quad \text{und}$$

$$\|(\mathfrak{h}^j_i)^{(p)}, \mathfrak{z}\| \leq |z_1| \quad \text{in} \quad F_i(\bar{\tilde{U}}_i \cap \bar{\bar{\tilde{U}}}_j \cap \tilde{U})$$

ist. In der obigen Kongruenz enthält höchstens der Term ϑ Glieder von höherer als p-ter Ordnung. Daher folgt

$$\|(\mathfrak{g}^i_{(s)})^{(p)}, \mathfrak{z}\| \leq \|(\mathfrak{h}^j_i)^{(p)}, \mathfrak{z}\| + K_s \cdot |z_1|^{s+1} + K_s \cdot |z_1|^s \cdot \|(\mathfrak{h}^j_i)^{(p)}, \mathfrak{z}\|$$

für $\mathfrak{z} \in F_i(\bar{\tilde{U}}_i \cap \bar{\bar{\tilde{U}}}_j \cap \tilde{U})$.

Es seien nun $\phi : U \to R_o^+$, q, δ gemäss Satz 3 in §2 gewählt. Als $\tilde{U} = \tilde{U}(A) \subset\subset U$ nehmen wir immer ein

$$V_\varepsilon = V_\varepsilon(A) = \{x \in U : \phi(x) < \varepsilon\}$$

mit $\varepsilon \in (0, \varepsilon_o]$. Es soll nun $\|(\mathfrak{h}^j_i)^{(p)}\|$ durch $\|(\mathfrak{g}^j_{(s)})^{(p)}\|$ abgeschätzt werden. Für die Koordinatenwechsel $f_{\iota\kappa}$ kann

$$|f_{\iota\kappa}(x) - f_{\iota\kappa}(y)| \leq K \cdot |x-y|$$

für $x, y \in F_\kappa(W_{\iota\kappa})$ mit einer Konstanten K angenommen werden. Beachtet man die gegenseitige Abschätzbarkeit der Normen $\| \ \|$ und $| \ |$ bei Schrumpfung in z_1-Richtung, so erhält man bei kleinem ε_o:

$$\|(\mathfrak{G}^{j}_{i})^{(p)}, \mathfrak{z}\| \leq K' \cdot \sup\{\|(\mathfrak{g}^{j}_{(s)})^{(p)}, \tilde{\mathfrak{z}}\|, \tilde{\mathfrak{z}} \in F_j(\tilde{U}_j \cap \partial V_\varepsilon)\}$$

für $\mathfrak{z} \in F_i(U_i \cap \tilde{\tilde{U}}_j \cap \overline{V_{\varepsilon_1}})$ mit $\varepsilon_1 = \frac{1}{2}(\varepsilon + (1-q\delta)\varepsilon)$. (Man benutzt dabei, dass $\|f, \mathfrak{z}\|$ vom Winkel ϕ der komplexen Zahl $z_1 = |z_1|e^{i\phi}$ unabhängig ist. Beim Beweis der Abschätzung kann man daher die (ungefähr) ellipsenförmigen Fasern von V_ε jeweils durch die kleinsten diese Fasern umfassenden Kreisscheiben ersetzen. Schliesslich benutzt man noch, dass die Koordinatenwechsel f_{ij} lokal durch C-lineare Abbildungen approximiert werden können, also kleine Kreisscheiben wieder ungefähr in kleine Kreisscheiben abbilden.)

Die Zahl K' ist eine neue Konstante ≥ 1, die von s, p, ε_0, ε unabhängig ist.

Zu jedem $p \geq s$ existieren beliebig kleine Zahlen $\varepsilon \in (0, \varepsilon_0]$, so dass

$$\|(\mathfrak{g}^{j}_{(s)})^{(p)}, \mathfrak{z}\| \leq \frac{1}{K'} \cdot |z_1| \quad \text{in} \quad F_j(\tilde{U}_j \cap V_\varepsilon) \quad \text{für alle } j$$

ist. Daraus ergibt sich

$$\|(\mathfrak{G}^{j}_{i})^{(p)}, \mathfrak{z}\| \leq |z_1| \quad \text{in} \quad F_i(U_i \cap \tilde{\tilde{U}}_j \cap V_{\varepsilon_1}).$$

Wir wählen nun i, $\mathfrak{z}_0 \in F_i(\overline{U}_i \cap \partial V_\varepsilon)$ in Abhängigkeit von s, p, ε so, dass

$$\|(\mathfrak{g}^{i}_{(s)})^{(p)}, \mathfrak{z}_0\| \quad \text{maximal}$$

unter allen

$$\|(\mathfrak{g}^{j}_{(s)})^{(p)}, \mathfrak{z}\| \quad \text{mit} \quad \mathfrak{z} \in F_j(\overline{U}_j \cap \partial V_\varepsilon)$$

ist. Da $U_i \cap \overline{V_{\varepsilon_1}}$ von den Mengen $U_i \cap \tilde{\tilde{U}}_j \cap \overline{V_{\varepsilon_1}}$ überdeckt wird, gilt für alle $\mathfrak{z} \in U_i \cap V_{\varepsilon_1}$

$$\|(\mathfrak{g}^{i}_{(s)})^{(p)}, \mathfrak{z}\| \leq K' \cdot (1+K_s R_o^s) \cdot \|(\mathfrak{g}^{i}_{(s)})^{(p)}, \mathfrak{z}_0\| + K_s R_o^s R(\varepsilon).$$

Wir legen nun die Kurve $\mathfrak{z}(t) = (f(t), \mathfrak{z}''(t))$, $|t| \leq \delta$, durch $F_i(\mathfrak{z}_0)$. Es gilt $F_i^{-1}(\mathfrak{z}(t)) \in U_i$ für $|t| \leq \delta$. Für $|t| = \delta$ erhalten wir

$$\|(\mathfrak{g}^i_{(s)})^{(p)}, \mathfrak{z}(t)\| \leq e^{s+1} \cdot \sup\{\|(\mathfrak{g}^i_{(s)})^{(p)}, \tilde{\mathfrak{z}}\|, \tilde{\mathfrak{z}}'' = \mathfrak{z}''(t), \tilde{\mathfrak{z}} \epsilon F_i(\partial V_{\epsilon_1})\} \ .$$

Dabei ist $e \epsilon (0,1)$ ein von $p, s, \epsilon, \epsilon_0$ unabhängige Konstante. Es gilt also für $|t| = \delta$ die Abschätzung

$$\|(\mathfrak{g}^i_{(s)})^{(p)}, \mathfrak{z}(t)\| \leq e^{s+1}[K'(1+K_s R_o^s) \cdot \|(\mathfrak{g}^i_{(s)})^{(p)}, \mathfrak{z}_o\| + K_s R_o^s R(\epsilon)] \ .$$

Für die Funktion $t \mapsto \|(\mathfrak{g}^i_{(s)})^{(p)}, \mathfrak{z}(t)\|, |t| \leq \delta$, welche als endliche Summe von Beträgen holomorpher Funktionen plurisubharmonisch ist, gilt ein Maximumprinzip. Es ist $\mathfrak{z}_o = \mathfrak{z}(0)$ und daher

$$\|(\mathfrak{g}^i_{(s)})^{(p)}, \mathfrak{z}_o\| \leq \sup_{|t|=\delta} \|(\mathfrak{g}^i_{(s)})^{(p)}, \mathfrak{z}(t)\| \ .$$

Mithin folgt

$$\|(\mathfrak{g}^i_{(s)})^{(p)}, \mathfrak{z}_o\| \leq \frac{e^{s+1}K_s R_o^s R(\epsilon)}{1 - e^{s+1}K'(1+K_s R_o^s)} \ .$$

Die Zahl e ist von $\epsilon, \epsilon_0, s, p$ unabhängig, K' ebenfalls. Es sei nun also $s \epsilon N$ so gewählt, dass $e^{s+1}K' < \frac{1}{2}$ ist, dann $\epsilon_0 > 0$ so klein, dass $e^{s+1}K'(1+K_s R_o^s) < \frac{1}{2}$ und der ganze Bruch $\leq \frac{1}{2K'} \cdot r(\epsilon)$ ist. Es folgt

$$\|(\mathfrak{g}^i_{(s)})^{(p)}, \mathfrak{z}_o\| \leq \frac{1}{2K'} \cdot r(\epsilon) \quad \text{und damit}$$

$$\|(\mathfrak{g}^i_{(s)})^{(p)}, \mathfrak{z}\| \leq \frac{1}{2K'} \cdot |z_1| \quad \text{in } F_j(\tilde{U}_j \cap V_\epsilon) \text{ für alle } j \ .$$

Es sei $\epsilon_p \epsilon (0, \epsilon_0]$ nun maximal mit

$$\|(\mathfrak{g}^j_{(s)})^{(p)}, \mathfrak{z}\| \leq \frac{1}{K'} \cdot |z_1| \quad \text{in } F_j(\tilde{U}_j \cap V_{\epsilon_p}) \text{ für alle } j \ .$$

Die eben erhaltene Ungleichung zeigt, dass $\epsilon_p = \epsilon_0$ sein muss für alle p. Daher gilt

$$\|(\mathfrak{g}^j_{(s)})^{(p)}, \mathfrak{z}\| \leq \frac{1}{2K'} \cdot |z_1| \leq \frac{1}{2K'} \cdot R_o$$

für alle p und $\mathfrak{z} \in F_j(\tilde{U}_j \cap V_{\varepsilon_0})$. Die formalen Potenzreihen $g^j_{(s)}$ konvergieren also in $F_j(\tilde{U}_j \cap V_{\varepsilon_0})$. Das war zu zeigen.

Der Beweis des Satzes für $d = \mathrm{codim}\ (A \hookrightarrow X) > 1$ folgt wieder durch Zurückführung auf den Fall $d = 1$ durch Aufblasen von A.

LITERATUR

[A]   Arnol'd, V. I.: Bifurcations of invariant manifolds of differential equations and normal forms in neighborhoods of elliptic curves. Funct. Anal. and appl. 10 (1976), 249-259.

[C]   Courant, R.: Dirichlet's principle, conformal mapping, and minimal surfaces. 3. Auflage. Interscience Publishers, New York 1967.

[G]   Griffiths, Ph. A.: The Extension Problem in Complex Analysis II; Embeddings with positive normal bundle. Amer. J. Math. 88 (1966), 366-446.

[GF]   Grauert, H. und Fischer, W.: Differential- und Integralrechnung II, 3. Auflage. Springer Heidelberg 1978.

[Gi]   Gieseker, D.: On two theorems of Griffiths about embeddings with ample normal bundle. Amer. J. Math. 99 (1977), 1137-1150.

[GM]   Grauert, H.: Über Modifikationen und exzeptionelle analytische Mengen. Math. Ann. 146 (1962), 331-368.

[GR]   Gunning, R. und Rossi, H.: Analytic functions of several complex variables. Prentice-Hall, Englewood Cliffs, N. J., 1965.

[Ha]   Hartshorne, R.: Cohomological dimension of algebraic varieties. Ann. Math. 88 (1968), 403-450.

[Hi]   Hirschowitz, A.: On the convergence of formal equivalence between embeddings. To appear Ann. of Math.

[HR]   Hironaka, H. und Rossi, H.: On the Equivalence of Inbeddings of Exceptional Complex Spaces. Math. Ann. 156 (1964), 313-333.

[NS]   Nirenberg, L. und Spencer, D. C.: On rigidity of holomorphic imbeddings. In: Contributions to Function Theory. Tata Institute, Bombay 1960, 133-137.

7.

(mit R. Remmert)

Plurisubharmonische Funktionen in komplexen Räumen

Math. Zeitschr. **65**, 175–194 (1956)

Die von K. OKA [*10*] und P. LELONG [*9*] eingeführten plurisubharmonischen Funktionen haben sich als ein unentbehrliches Hilfsmittel in der Theorie der Holomorphiegebiete erwiesen. K. OKA konnte zeigen, daß in jedem unverzweigten, pseudokonvexen RIEMANNschen Gebiet G über dem C^n eine holomorphe Funktion existiert, deren analytisches Gebilde mit G übereinstimmt. Er benutzt in seinem Beweis wesentlich die Eigenschaften der Funktion $-\ln \delta(x)$, die in unverzweigten, pseudokonvexen Gebieten plurisubharmonisch ist. Dabei bezeichnet $\delta(x)$ die euklidische Randdistanzfunktion in G. Es waren also die Untersuchungen über plurisubharmonische Funktionen, die nach langen vergeblichen Versuchen schließlich zu einem Nachweis der Richtigkeit der LEVIschen Vermutung führten.

Man hat gelegentlich vermutet [*8*], daß sich — analog dem Verhalten holomorpher Funktionen — jede in einem unverzweigten RIEMANNschen Gebiete G plurisubharmonische Funktion zu einer in der Holomorphiehülle $\mathfrak{H}(G)$ plurisubharmonischen Funktion fortsetzen läßt. Da $-\ln \delta(x)$ bei Annäherung von x an den Rand von G gegen $+\infty$ strebt und daher sicher nicht fortsetzbar ist, wäre dadurch schon eine Lösung des LEVIschen Problems gegeben worden. Inzwischen wurde aber diese Vermutung widerlegt [*2*]. Jedoch blieb das Problem offen, ob nicht für plurisubharmonische Funktionen ein Analogon zu den bekannten RIEMANNschen Sätzen über hebbare Singularitäten holomorpher Funktionen gilt, was offenbar eine schwächere Aussage ist. Die Sätze von RIEMANN drücken nämlich aus, daß man jede holomorphe Funktion f, die in einer Umgebung einer analytischen Menge $A \neq G$ eines Gebietes G des C^n holomorph ist, in A hinein holomorph fortsetzen kann. Dabei muß man, falls A von der maximalen Dimension $n-1$ ist, noch zusätzlich die Voraussetzung machen, daß $|f|$ in der Nähe jedes Punktes von A beschränkt ist.

Wir werden zeigen[1]:

I. *Ist G ein Gebiet im C^n und $A \neq G$ eine analytische Menge in G, so ist jede in $G-A$ plurisubharmonische Funktion $p(\mathfrak{z})$, die in der Nähe eines jeden Punktes $\mathfrak{z} \in A$ nach oben beschränkt ist, auf genau eine Weise zu einer im gesamten Gebiet G plurisubharmonischen Funktion $\overset{\smile}{p}(\mathfrak{z})$ fortsetzbar.*

---

[1] Die Resultate der vorliegenden Arbeit wurden in einer Comptes-Rendus-Note angekündigt; vgl. [*5*].

132

II. *Ist A eine höchstens $(n-2)$-dimensionale analytische Menge in G, so existiert die plurisubharmonische Fortsetzung von $p(\mathfrak{z})$ in G stets, auch ohne die einschränkende Voraussetzung der Beschränktheit nach oben.*

Diese beiden Aussagen lassen sich sofort verallgemeinern, indem an Stelle analytischer Mengen beliebige dünne Mengen von G zugelassen werden. *Dünne Mengen* sind abgeschlossene Mengen in G, die lokal in analytischen Mengen enthalten sind.

Zur Charakterisierung der Pseudokonvexität abstrakter Gebilde, der sog. *komplexen Räume*, scheint es zweckmäßig, den Begriff der plurisubharmonischen Funktion auch hier zu kennen. In der vorliegenden Arbeit wird eine Definition für plurisubharmonische Funktionen in solchen komplexen Räumen gegeben; es wird bewiesen, daß dieselbe für Gebiete des Zahlenraumes mit der üblichen Definition übereinstimmt.

Die Fortsetzungssätze werden nun gleich für komplexe Räume formuliert und bewiesen; dabei macht die Existenz nichtuniformisierbarer Punkte in diesen Räumen besondere Schwierigkeiten. Es wird der Satz von F. Hirzebruch [7] über die Auflösbarkeit der nichtuniformisierbaren Punkte in zweidimensionalen komplexen Räumen mittels Modifikationen herangezogen; ferner wird der folgende interessante Hilfssatz benutzt:

Ist $\mathfrak{R}$ eine zusammenhängende, endlich-blättrige, analytisch-verzweigte Überlagerung eines Polyzylinders Z im C^n, so ist für fast alle eindimensionalen analytischen Ebenen E die Beschränkung der Überlagerung auf $E \cap Z$ eine zusammenhängende Riemannsche Fläche (hinsichtlich der genauen Formulierung vgl. § 3, Hilfssatz 3).

Die Fortsetzungssätze gestatten Anwendungen auf die Theorie der Modifikationen. Ferner gewinnt man mit ihrer Hilfe eine Verallgemeinerung des Okaschen Satzes über die Äquivalenz der unverzweigten Holomorphiegebiete mit den pseudokonvexen Gebieten. Hierüber soll in einer weiteren Arbeit berichtet werden (vgl. auch [5]).

§ 1. Der Begriff der plurisubharmonischen Funktion
Formulierung der Fortsetzungssätze

1. In Gebieten G des n-dimensionalen komplexen Zahlenraumes C^n kennt man den Begriff der plurisubharmonischen Funktion, den wir hier in leichter Abänderung der Definition von P. Lelong [9] wie folgt fassen:

Def. 1a. Eine Funktion $p(\mathfrak{z})$, $\mathfrak{z} = (z_1, \ldots, z_n)$, in einem Gebiete G des C^n heißt plurisubharmonisch in G, wenn sie den folgenden Bedingungen genügt:

α) *Die Werte von $p(\mathfrak{z})$ sind reelle Zahlen oder $-\infty$.*

β) *$p(\mathfrak{z})$ ist in jedem Punkt $\mathfrak{z}_0 \in G$ halbstetig nach oben:* $\overline{\lim_{\mathfrak{z} \to \mathfrak{z}_0}} p(\mathfrak{z}) \le p(\mathfrak{z}_0)$.

γ) *Ist E irgendeine eindimensionale analytische Ebene im C^n, die G schneidet, so ist die Beschränkung von $p(\mathfrak{z})$ auf $G \cap E$ eine subharmonische Funktion in $G \cap E$.*

Dabei nennt man bekanntlich eine in einer offenen Menge B der komplexen Zahlenebene C definierte Funktion $s(z)$ subharmonisch in B, wenn folgendes gilt:

α') *Die Werte von $s(z)$ sind reelle Zahlen oder $-\infty$.*

β') *$s(z)$ ist in jedem Punkt $z^{(0)} \in B$ halbstetig nach oben:* $\overline{\lim_{z \to z^{(0)}}} s(z) \leq s(z^{(0)})$.

γ') *Ist W ein beliebiges Gebiet in B und $h(z)$ eine beliebige in W harmonische Funktion, so besitzt die Funktion $h(z) + s(z)$, sofern sie nicht in W konstant ist, kein Maximum in W (Maximumprinzip).*

Offensichtlich ist jede harmonische Funktion, da sie dem Maximumprinzip genügt, auch subharmonisch. Ferner ist eine Funktion in einem Gebiete der Zahlenebene genau dann dort plurisubharmonisch, wenn sie dort subharmonisch ist.

2. Wir notieren einige bekannte Eigenschaften plurisubharmonischer Funktionen. Die mindestens zweimal stetig differenzierbaren plurisubharmonischen Funktionen können nach LELONG [9] auch wie folgt charakterisiert werden:

a) *Eine in einem Gebiete G des C^n mindestens zweimal stetig differenzierbare Funktion $p(\mathfrak{z})$ ist genau dann plurisubharmonisch in G, wenn die quadratische Form* $\sum_{i,j} \dfrac{\partial^2 p}{\partial z_i \partial \bar{z}_j} dz_i d\bar{z}_j$ *überall in G positiv semi-definit ist.*

Beliebige plurisubharmonische Funktionen lassen sich nach OKA [10] stets durch differenzierbare plurisubharmonische Funktionen approximieren in folgendem Sinne:

b) *Ist $p(\mathfrak{z})$ irgendeine plurisubharmonische Funktion in einem Gebiete $G \subset C^n$, so gibt es zu jedem relativ-kompakt in G liegenden Gebiet G' eine absteigende Folge von in G' k-mal stetig differenzierbaren plurisubharmonischen Funktionen $p_\nu(\mathfrak{z})$, die in G' gegen $p(\mathfrak{z})$ konvergiert ($k \geq 1$, beliebig).*

Eine Aussage über den Limes einer Folge plurisubharmonischer Funktionen macht (vgl. [8])

c) *Die Grenzfunktion einer absteigenden Folge von plurisubharmonischen Funktionen in einem Gebiete G des C^n ist stets eine in G plurisubharmonische Funktion.*

Ist $P = \{p_\iota(\mathfrak{z}), \iota \in I\}$, I eine Indexmenge, eine Familie von in einem Gebiete G des C^n reellwertigen Funktionen ($-\infty$ sei als Wert zugelassen), die im Innern von G gleichmäßig nach oben beschränkt sind, so verstehen wir unter der *oberen Einhüllenden* $\hat{P}(\mathfrak{z})$ von P die kleinste nach oben halbstetige Funktion, für die gilt: $\hat{P}(\mathfrak{z}) \geq p_\iota(\mathfrak{z})$ für alle $\mathfrak{z} \in G$ und alle $\iota \in I$.

Die obere Einhüllende existiert stets. Es gilt [8]:

d) *Die obere Einhüllende $\hat{P}(\mathfrak{z})$ einer Familie $P = \{p_\iota(\mathfrak{z})\}$ von in einem Gebiete G des C^n plurisubharmonischen, im Innern von G gleichmäßig nach oben beschränkten Funktionen $p_\iota(\mathfrak{z})$ ist eine plurisubharmonische Funktion in G.*

3. In diesem Abschnitt beweisen wir zwei Sätze über plurisubharmonische Funktionen, die wir in dieser Arbeit benötigen.

Die Bedingung γ) in Definition 1a läßt sich wie folgt abschwächen:

Satz 1. Eine in einem Gebiete G des C^n definierte Funktion $p(\mathfrak{z})$, die den Bedingungen α) und β) genügt, ist bereits dann plurisubharmonisch in G, wenn folgendes gilt:

Es gibt im Raum der eindimensionalen analytischen Ebenen durch G eine dichte Menge M, derart, daß die Beschränkung von $p(\mathfrak{z})$ auf jede Ebene $E \in M$ eine subharmonische Funktion in $G \cap E$ ist.

Beweis: Es sei $p(\mathfrak{z})$ eine beliebige Funktion in G, die den Voraussetzungen des Satzes genügt; es sei

$$E_0 : \{z_\nu = a_\nu^{(0)} t + b_\nu^{(0)}, \qquad \nu = 1, \ldots, n\}$$

irgendeine eindimensionale analytische Ebene, die G schneidet. Wir müssen zeigen, daß $p(a_1^{(0)}t + b_1^{(0)}, \ldots, a_n^{(0)}t + b_n^{(0)})$ subharmonisch in $G \cap E_0$ ist. Mit M_ε, $\varepsilon > 0$, werde die Menge aller Ebenen $E_t : \{z_\nu = a_\nu^{(t)}t + b_\nu^{(t)}, \nu = 1, \ldots, n\}$ bezeichnet, die zu M gehören und für die gilt: $|a_\nu^{(t)} - a_\nu^{(0)}| < \varepsilon$, $|b_\nu^{(t)} - b_\nu^{(0)}| < \varepsilon$, $\nu = 1, \ldots, n$. Da M dicht im Raum aller Ebenen liegt, ist M_ε für kein $\varepsilon > 0$ leer.

Wir bilden zu jedem ε die zugehörigen Funktionsmengen

$$P_\varepsilon = \left\{ p_t(t) = p(a_1^{(t)}t + b_1^{(t)}, \ldots, a_n^{(t)}t + b_n^{(t)}) \right\}.$$

Die auftretenden Funktionen sind in ihren Definitionsbereichen sämtlich nach Voraussetzung subharmonisch und offensichtlich im Innern derselben gleichmäßig nach oben beschränkt. Nach 2.d) ist daher die obere Einhüllende $\hat{P}_\varepsilon(t)$ einer jeden Menge P_ε eine in ihrem Definitionsbereich subharmonische Funktion. Wir betrachten insbesondere die Folge $\hat{P}_{1/x}(t)$. Dieselbe ist monoton fallend; daher ist nach 2.c) die Grenzfunktion $\lim\limits_{x \to \infty} \hat{P}_{1/x}(t)$ ebenfalls subharmonisch. Da offensichtlich gilt: $\lim\limits_{x \to \infty} \hat{P}_{1/x}(t) = p(a_1^{(0)} \cdot t + b_1^{(0)}, \ldots, a_n^{(0)} \cdot t + b_n^{(0)})$, ist somit Satz 1 bewiesen.

Um den im folgenden Abschnitt einzuführenden Begriff der plurisubharmonischen Funktion in einem beliebigen komplexen Raum zu motivieren, beweisen wir noch:

Satz 2. Ist p irgendeine in einem Gebiete G des C^n plurisubharmonische Funktion, und ist τ irgendeine holomorphe Abbildung eines Gebietes $W \subset C$ in G, so ist $p \circ \tau$ stets eine subharmonische Funktion in W.

Wir führen den Beweis zunächst für mindestens zweimal stetig differenzierbare plurisubharmonische Funktionen p. Für diese ist nach 2.a) die Form $\sum\limits_{i,j} \dfrac{\partial^2 p}{\partial z_i \partial \bar{z}_j} dz_i\, d\bar{z}_j$ positiv semi-definit. Wird τ durch die in W holomorphen Funktionen

$$z_\nu = f_\nu(z), \qquad \nu = 1, \ldots, n,\ z \in W$$

beschrieben, so ist $p \circ \tau$ in W ebenfalls mindestens zweimal stetig differen-zierbar, und $\dfrac{d^2 p \circ \tau(z)}{dz\, d\bar z} = \sum_{i,j} \dfrac{\partial^2 p}{\partial z_i\, \partial \bar z_j} \dfrac{df_i}{dz} \dfrac{\overline{df_j}}{dz}$ ist in W nicht negativ. Das besagt aber, daß $p \circ \tau$ subharmonisch in W ist.

Es sei nun p irgendeine in G plurisubharmonische Funktion. Es sei G_ν eine Folge von relativ-kompakt in G liegenden Gebieten, die G ausschöpft. Wir können nach 2.b) in jedem G_ν eine absteigende, gegen p konvergierende Folge von in G_ν zweimal stetig differenzierbaren, plurisubharmonischen Funktionen $p_\varkappa$ finden. Aus dem bereits Bewiesenen folgt, daß $p_\varkappa \circ \tau$ stets sub-harmonisch in $W_\nu = \tau^{-1}\bigl(\tau(W) \cap G_\nu\bigr)$ ist; dabei ist W_ν eine offene Menge in W. Nach 2.c) ist daher $p \circ \tau$ selbst subharmonisch in W_ν. Da die W_ν die Menge W ausschöpfen, folgt unmittelbar aus der Definition der subharmonischen Funk-tionen, daß $p \circ \tau$ auch in W selbst subharmonisch ist. — Satz 2 ist bewiesen.

4. Wir führen nun den Begriff der plurisubharmonischen Funktion in be-liebigen komplexen Räumen ein. Ausgehend vom Begriff der endlich-blättrigen analytisch-verzweigten Überlagerung denken wir uns den Begriff des komplexen Raumes wie in [4], [6] definiert. Ebenso seien analytische Mengen sowie holomorphe Abbildungen von komplexen Räumen ineinander wie in [4], [6] erklärt.

Def. 1. Eine Funktion $p(x)$ in einem komplexen Raum X heißt plurisub-harmonisch in X, wenn sie den folgenden Bedingungen genügt:

α) *Die Werte von $p(x)$ sind reelle Zahlen oder $-\infty$.*

β) *$p(x)$ ist in jedem Punkt $x_0 \in X$ halbstetig nach oben: $\varlimsup\limits_{x \to x_0} p(x) \leq p(x_0)$.*

γ) *Ist τ irgendeine holomorphe Abbildung eines Gebietes W der Zahlenebene in den Raum X, so ist $p \circ \tau$ eine in W subharmonische Funktion.*

Offensichtlich ist im Falle, daß X ein Gebiet G des C^n ist, jede nach Def. 1 plurisubharmonische Funktion in G auch nach Def. 1a plurisubharmonisch in G. Aus Satz 2 folgt sofort, daß auch die Umkehrung gilt:

Die Definitionen 1a und 1 sind für Gebiete im C^n äquivalent.

5. Für plurisubharmonische Funktionen in beliebigen komplexen Räumen gelten mutatis mutandis ebenfalls die in 2. gemachten Aussagen a) bis d). Wir notieren einige weitere Eigenschaften. Nützlich für viele Überlegungen ist:

e) *Eine Funktion p in einem komplexen Raum X ist genau dann plurisub-harmonisch in X, wenn sie in jedem Punkte $x \in X$ plurisubharmonisch ist.*

Dabei nennen wir p plurisubharmonisch im Punkte x, wenn es eine Um-gebung U von x gibt, so daß p im komplexen Raum U plurisubharmonisch ist.

Weiter gilt, wie für subharmonische Funktionen:

f) *Sind p und q plurisubharmonische Funktionen in einem komplexen Raum X, so ist auch die Summe $p + q$ eine plurisubharmonische Funktion in X.*

Dagegen ist die Differenz $p - q$ im allgemeinen nicht mehr plurisubhar-monisch in X. Die Gesamtheit aller in einem komplexen Raum X pluri-subharmonischen Funktionen bildet daher bezüglich der Addition eine Halb-gruppe; sie sei gegebenenfalls mit $\Pi(X)$ bezeichnet.

Der Begriff der plurisubharmonischen Funktion ist invariant gegenüber holomorphen Abbildungen in folgendem Sinne:

g) *Ist p eine plurisubharmonische Funktion in einem komplexen Raum X und ist $\tau\colon Y \to X$ eine holomorphe Abbildung eines komplexen Raumes Y in X, so ist $p \circ \tau$ eine plurisubharmonische Funktion in Y.*

Der Abbildung $\tau\colon Y \to X$ entspricht somit in natürlicher Weise ein *Homomorphismus* $\tau^*\colon \Pi(X) \to \Pi(Y)$. Ist τ eine Abbildung auf X, so ist τ^* ein *Isomorphismus in* $\Pi(Y)$. Ist τ außerdem noch umkehrbar, so ist τ^* ein *Isomorphismus auf* $\Pi(Y)$.

Aus dem für subharmonische Funktionen gültigen Maximumprinzip folgt:

h) *Maximumprinzip für plurisubharmonische Funktionen: Nimmt eine in einem (zusammenhängenden) komplexen Raum X plurisubharmonische Funktion ihr Maximum in X an, so ist sie konstant.*

Hieraus erhält man:

i) *Verschärfung von Bedingung β): Ist p eine plurisubharmonische Funktion in einem komplexen Raum X, so gilt in jedem Punkte $x_0 \in X$: $\varlimsup_{x \to x_0} p(x) = p(x_0)$.*

In der Tat! Gäbe es einen Punkt $x_0 \in X$, so daß gelten würde: $\varlimsup_{x \to x_0} p(x) < p(x_0)$, so gäbe es eine zusammenhängende Umgebung U von x_0, derart, daß die Beschränkung $\hat{p}$ von p auf U ihr Maximum in x_0 annähme. Da $\hat{p}$ in U plurisubharmonisch und wegen $\hat{p}(x_0) > \varlimsup_{x \to x_0} \hat{p}(x)$ nicht konstant ist, hat man einen Widerspruch zum Maximumprinzip.

6. Wir wollen uns in dieser Arbeit mit Fortsetzungsfragen für plurisubharmonische Funktionen beschäftigen. Wir definieren:

Def. 2. Es sei X ein komplexer Raum; es sei $N \neq X$ eine abgeschlossene Menge in X. Eine in $X - N$ plurisubharmonische Funktion p heißt plurisubharmonisch fortsetzbar in X, wenn es in X eine plurisubharmonische Funktion $\overset{\smile}{p}$ gibt, die in $X - N$ mit p übereinstimmt.

Ist p in X plurisubharmonisch fortsetzbar, so heißen die Punkte von N *hebbare Singularitäten* von p. Die plurisubharmonische Fortsetzung einer plurisubharmonischen Funktion ist im allgemeinen nicht eindeutig.

Zur Formulierung der Hauptresultate benötigen wir den Begriff der dünnen Menge[2]).

Def. 3. Eine abgeschlossene Teilmenge D eines n-dimensionalen komplexen Raumes X heißt dünn von der Ordnung k $(1 \leq k \leq n)$, wenn es zu jedem Punkt $x \in D$ eine Umgebung $U(x)$ und eine in U analytische, höchstens $(n-k)$-dimensionale Menge M gibt, für die gilt: $D \cap U \subset M$.

Hier bedarf der Begriff der Dimension einer analytischen Menge einer Erläuterung. Im Zahlenraum C^n sowie in komplexen Mannigfaltigkeiten sind mehrere Definitionen geläufig und äquivalent [3], [11]. Hinsichtlich der

---

[2]) Sinngemäßer wäre vielleicht die Bezeichnung analytisch dünne Menge. Der bequemeren Schreibweise halber haben wir das Beiwort „analytisch" unterdrückt.

präzisen Definition dieses Begriffes für komplexe Räume sei auf [6] verwiesen; für die Belange der vorliegenden Arbeit genügt folgende Aussage, die man etwa als Definition auffassen mag:

Eine in einem komplexen Raum X analytische Menge M ist im Punkte $x \in M$ genau dann höchstens s-dimensional, wenn folgendes gilt: Eine Umgebung $U(x) \subset X$ läßt sich durch eine holomorphe Abbildung τ eineindeutig auf eine endlich-blättrige, analytisch-verzweigte Überlagerung (R, Φ, G)[3] eines Gebietes G des C^n abbilden, derart, daß $\Phi \circ \tau (M \cap U)$ in G in einer analytischen Menge von der Dimension $k \leq s$ enthalten ist. — Es ist leicht einzusehen, daß diese Definition unabhängig von (R, Φ, G) und τ ist.

7. In den nachstehenden Paragraphen beweisen wir die folgenden beiden Hauptsätze über hebbare Singularitäten plurisubharmonischer Funktionen.

Satz 3 (Analogon zum ersten RIEMANNschen Satz über hebbare Singularitäten). Es sei D eine dünne Menge der Ordnung 1 in einem komplexen Raum X; es sei p eine in $X - D$ plurisubharmonische Funktion. Zu jedem Punkt $x \in D$ gebe es eine Umgebung U, derart, daß p in $U - U \cap D$ nach oben beschränkt ist. Dann ist p eindeutig zu einer in ganz X plurisubharmonischen Funktion $\breve{p}$ fortsetzbar.

Satz 4 (Analogon zum zweiten RIEMANNschen Satz über hebbare Singularitäten). Ist D eine dünne Menge der Ordnung 2 in einem komplexen Raum X, so ist jede in $X - D$ plurisubharmonische Funktion p eindeutig zu einer in ganz X plurisubharmonischen Funktion $\breve{p}$ fortsetzbar.

Da die nichtuniformisierbaren Punkte eines komplexen Raumes X eine dünne Menge der Ordnung 2 in X sind (vgl. [6]), ergibt sich aus Satz 4 direkt:

Ist die Funktion p in jedem uniformisierbaren Punkt eines komplexen Raumes X plurisubharmonisch, so existiert genau eine plurisubharmonische Fortsetzung von p in ganz X.

Es sei angemerkt, daß P. LELONG mit völlig anderen Methoden als die in dieser Arbeit benutzten eine wesentliche Verallgemeinerung des Satzes 3 für den Fall, daß X eine komplexe Mannigfaltigkeit ist, bewiesen hat[4]).

Die Sätze 3 und 4 lassen sich besonders elegant formulieren, wenn man ihnen eine algebraische Fassung gibt. Ist $N \neq X$ eine abgeschlossene Teilmenge eines komplexen Raumes X, so bezeichne $i^*\colon \Pi(X) \to \Pi(X - N)$ den der Injektion $i\colon X - N \to X$ in kanonischer Weise zugeordneten Homomorphismus der Halbgruppe $\Pi(X)$ der in X plurisubharmonischen Funktionen in die Halbgruppe $\Pi(X - N)$ der in $X - N$ plurisubharmonischen Funktionen. Mit $\Pi^*(X - N)$ werde diejenige Unterhalbgruppe von $\Pi(X - N)$ bezeichnet,

---

[3]) Für analytisch-verzweigte Überlagerungen hat sich die Tripelschreibweise (R, Φ, G) als zweckmäßig erwiesen: R bezeichnet den eigentlichen Überlagerungsraum; G das Gebiet im C^n, über dem der Raum R liegt; und Φ die natürliche Abbildung von R auf G. Hinsichtlich der näheren Beschreibung vgl. [4] und [6].

[4]) Die Arbeit von LELONG wird in den Math. Ann. erscheinen. Vgl. auch C. R. Acad. Paris **242**, 55—57 (1956).

deren Elemente in der Umgebung eines jeden Punktes von N nach oben beschränkt sind. Dann gilt:

Satz 3a: Ist D eine dünne Menge der Ordnung 1 in einem komplexen Raum X, so ist der Homomorphismus $i^*\colon \Pi(X) \to \Pi(X-D)$ ein Isomorphismus von $\Pi(X)$ auf $\Pi^*(X-D)$.

Satz 4 formuliert sich wie folgt:

Satz 4a: Ist D eine dünne Menge der Ordnung 2 in einem komplexen Raum X, so ist der Homomorphismus $i^*\colon \Pi(X) \to \Pi(X-D)$ ein Isomorphismus von $\Pi(X)$ auf $\Pi(X-D)$.

§ 2. Beweis der Fortsetzungssätze für komplexe Mannigfaltigkeiten

1. Grundlegend für den Beweis der Sätze 3 und 4 ist der folgende Fortsetzungssatz für subharmonische Funktionen, der zugleich den Satz 3 für den Fall der Dimension 1 enthält.

Satz 5. Es sei B ein Bereich der z-Ebene; es sei $z^{(0)}$ irgendein Punkt aus B. In $B - z^{(0)}$ sei eine subharmonische Funktion $s(z)$ gegeben, die in einer Umgebung von $z^{(0)}$ nach oben beschränkt ist. Dann ist

$$\overset{\scriptstyle\smile}{s}(z) = \begin{cases} s(z) & \text{für} \quad z \neq z^{(0)}, \\ \overline{\lim_{z \to z^{(0)}}}\, s(z) & \text{für} \quad z = z^{(0)}, \end{cases}$$

die eindeutig bestimmte subharmonische Fortsetzung von $s(z)$ in B[5]).

Beweis. Die Funktion $\overset{\scriptstyle\smile}{s}(z)$ ist wegen der Beschränktheit von $s(z)$ nach oben in der Umgebung von $z^{(0)}$ sinnvoll definiert: es gilt stets $\overset{\scriptstyle\smile}{s}(z) < +\infty$. Da $\overset{\scriptstyle\smile}{s}(z)$ nach Definition halbstetig nach oben ist in jedem Punkt $z \in B$, ist also nur noch zu zeigen, daß auch die Bedingung $\gamma')$ erfüllt ist.

Es werde angenommen, daß dies nicht der Fall ist. Es gibt dann ein Teilgebiet W von B und eine in W harmonische Funktion h, derart, daß die Funktion $\overset{\scriptstyle\smile}{s} + h$ in W nicht konstant ist und ihr Maximum m in einem inneren Punkt $\tilde{z}^{(0)} \in W$ annimmt. Offenbar enthält W dann den Punkt $z^{(0)}$, und es gilt $\tilde{z}^{(0)} = z^{(0)}$; weiter wird der Wert m von $\overset{\scriptstyle\smile}{s} + h$ in keinem von $z^{(0)}$ verschiedenen Punkt aus W angenommen. Wir legen nun um $z^{(0)}$ einen Kreis $K_0\colon \{|z - z^{(0)}| \leq d_0\}$, der in W enthalten ist. Für jeden Punkt $z \in \{|z - z^{(0)}| = d_0\}$ gilt dann: $\overset{\scriptstyle\smile}{s}(z) + h(z) < m$. Da $\overset{\scriptstyle\smile}{s} + h$ halbstetig nach oben in W ist, können wir ein $\varepsilon > 0$ so finden, daß für jeden Punkt von $|z - z^{(0)}| = d_0$ sogar gilt: $\overset{\scriptstyle\smile}{s}(z) + h(z) < m - \varepsilon$.

Wir bilden jetzt im Kreisring $K_d\colon \{d < |z - z^{(0)}| < d_0\}$, $0 < d < d_0$, die harmonische Funktion

$$h_d(z) = \frac{\varepsilon}{\ln \dfrac{d}{d_0}} \cdot \ln\left\{\left(\frac{d}{d_0}\right)^{\tfrac{m}{\varepsilon}} \cdot \frac{|z - z^{(0)}|}{d}\right\}.$$

---

[5]) Dieser Satz wurde im wesentlichen bereits von Brelot [1] im Jahre 1934 bewiesen. Der hier wiedergegebene Beweis stimmt nicht mit dem von Brelot mitgeteilten überein.

Offensichtlich ist:

$$h_d(z) = \begin{cases} m & \text{für } z \in \{|z - z^{(0)}| = d\} \\ m - \varepsilon & \text{für } z \in \{|z - z^{(0)}| = d_0\}. \end{cases}$$

Daher gilt für jeden Punkt $z \in K_d$: $\overset{\circ}{s}(z) + h(z) \leq h_d(z)$.

Wie man leicht nachrechnet, konvergiert die Folge $h_d(z)$ für $d \to 0$ im Innern von $K_0 - z^{(0)}$ gleichmäßig gegen $m - \varepsilon$. Es gilt also in $K_0 - z^{(0)}$:

$$\overset{\circ}{s}(z) + h(z) \leq m - \varepsilon.$$

Das ist jedoch nicht mit der Gleichung $\overset{\circ}{s}(z^{(0)}) + h(z^{(0)}) = m$ verträglich. Mithin ist $\overset{\circ}{s}(z)$ eine in B subharmonische Funktion. Wegen der verschärften Bedingung β) ist klar, daß $\overset{\circ}{s}(z)$ die einzige subharmonische Fortsetzung von $s(z)$ in B ist.

2. Der Beweis des Satzes 3 für komplexe Räume beliebiger Dimension bereitet größere Schwierigkeiten, die durch die Existenz nichtuniformisierbarer Punkte in solchen Räumen bedingt sind. Wir schließen daher zunächst diesen Fall aus und beweisen den folgenden Spezialfall von Satz 3:

Satz 6. Es sei D eine dünne Menge der Ordnung 1 in einer komplexen Mannigfaltigkeit X und $p(x)$ eine in $X - D$ plurisubharmonische Funktion, die in einer Umgebung eines jeden Punktes von D nach oben beschränkt ist. Dann ist

$$\overset{\circ}{p}(x') = \begin{cases} p(x') & \text{für } x' \notin D, \\ \overline{\lim_{x \to x', \, x \in X-D}} \, p(x) & \text{für } x' \in D, \end{cases}$$

die eindeutig bestimmte plurisubharmonische Fortsetzung von $p(x)$ in X.

Anmerkung. Die Redeweise, p ist in einer Umgebung eines jeden Punktes $x \in D$ nach oben beschränkt, soll heißen, daß es eine Umgebung U von x gibt, so daß p in $U - U \cap D$ nach oben beschränkt ist.

Beweis. Die Funktion $\overset{\circ}{p}(x)$ ist wegen der Beschränktheit von $p(x)$ nach oben in der Umgebung eines jeden Punktes von D in ganz X sinnvoll definiert; es gilt stets: $\overset{\circ}{p}(x) < +\infty$. Weiter ist $\overset{\circ}{p}(x)$ in jedem Punkt $x \in X$ halbstetig nach oben. Gäbe es nämlich einen Punkt $x^* \in D$ und eine gegen x^* konvergierende Folge $x_\nu \in X$ mit $\overline{\lim_{x_\nu \to x^*}} \overset{\circ}{p}(x_\nu) > \overset{\circ}{p}(x^*)$, so gäbe es, wie aus der Definition von $\overset{\circ}{p}(x)$ unmittelbar folgt, auch eine Folge $\tilde{x}_\nu \in X - D$ mit derselben Eigenschaft; das widerspricht jedoch der Definition von $\overset{\circ}{p}$ in x^*.

Es bleibt noch die Bedingung γ) zu verifizieren. Da alle Punkte von X uniformisierbar sind, kann man zu jedem Punkt $x \in D$ eine Umgebung U finden, die sich eineindeutig und holomorph auf ein Gebiet G des C^n abbilden läßt. Bezeichnet τ eine solche Abbildung, so ist nach § 1.5.g) die Funktion $\overset{\circ}{p}(x)$ sicher dann plurisubharmonisch in X, wenn $\overset{\circ}{p} \circ \tau^{-1} = (p \overset{\circ}{\circ} \tau^{-1})$ plurisubharmonisch in G ist. Wir brauchen also Satz 6 nur für Gebiete G des C^n zu beweisen. Da wir wegen § 1.5.e) das Gebiet G beliebig klein wählen dürfen, können wir noch annehmen, daß D im Nullstellengebilde F einer in G holomorphen, nicht identisch verschwindenden Funktion f enthalten ist. Es werde nun Satz 6 für diesen Fall bewiesen.

Nach Satz 1 genügt es, im Raum der eindimensionalen analytischen Ebenen durch G eine dichte Menge M anzugeben, derart, daß die Beschränkung von $\overset{\vee}{p}$ auf jede Ebene $E \in M$ subharmonisch ist. Wir wählen für M die offensichtlich dichte Menge aller derjenigen eindimensionalen analytischen Ebenen durch G, die die in G analytische Menge $F \colon \{f = 0\}$ punkthaft schneiden.

Ist nun $\widetilde{E}$ irgendeine Ebene aus M und $\mathfrak{z}_0$ ein isolierter Schnittpunkt von $\widetilde{E}$ mit D (man beachte: $D \subset F$), so ist die Beschränkung von $\overset{\vee}{p}$ auf $\widetilde{E}$ in der Umgebung von $\mathfrak{z}_0$ auf Grund von Satz 5 sicher dann subharmonisch, wenn die Gleichung gilt:

$$\overset{\vee}{p}(\mathfrak{z}_0) = \varlimsup_{\mathfrak{z} \to \mathfrak{z}_0,\, \mathfrak{z} \in \widetilde{E} - \mathfrak{z}_0} p(\mathfrak{z}).$$

Sicher gilt $\varlimsup_{\mathfrak{z} \to \mathfrak{z}_0,\, \mathfrak{z} \in \widetilde{E} - \mathfrak{z}_0} p(\mathfrak{z}) \leq \overset{\vee}{p}(\mathfrak{z}_0)$; wir nehmen zur Erzielung eines Widerspruches an, es würde gelten: $\varlimsup_{\mathfrak{z} \to \mathfrak{z}_0,\, \mathfrak{z} \in \widetilde{E} - \mathfrak{z}_0} p(\mathfrak{z}) < m < \overset{\vee}{p}(\mathfrak{z}_0)$. Es sei dann $\mathfrak{z}_\nu \in G - D$ eine gegen $\mathfrak{z}_0$ konvergierende Punktfolge mit $\lim_{\nu \to \infty} p(\mathfrak{z}_\nu) = \overset{\vee}{p}(\mathfrak{z}_0)$, welche es laut Definition von $\overset{\vee}{p}(\mathfrak{z}_0)$ gibt. Mit E_ν werde diejenige durch $\mathfrak{z}_\nu$ laufende eindimensionale analytische Ebene bezeichnet, die parallel zu $\widetilde{E}$ ist. Die Ebenen E_ν schneiden die Menge D bei hinreichend groß gewähltem Index ν ebenfalls punkthaft.

Bezeichnen wir mit $p_\nu(\mathfrak{z})$ die Beschränkung von $p(\mathfrak{z})$ auf $E_\nu - E_\nu \cap D$, so läßt sich also jede Funktion $p_\nu(\mathfrak{z})$ bei genügend groß gewähltem ν auf Grund von Satz 5 zu einer in ganz E_ν subharmonischen Funktion $\overset{\vee}{p}_\nu(\mathfrak{z})$ fortsetzen [es wird an dieser Stelle nicht behauptet, daß $\overset{\vee}{p}_\nu(\mathfrak{z})$ mit der Beschränkung von $\overset{\vee}{p}(\mathfrak{z})$ auf E_ν übereinstimmt!]. Sei nun $\widetilde{K}$ ein Kreis auf $\widetilde{E}$ um $\mathfrak{z}_0$; seien K_ν Kreise von gleichem Radius r um $\mathfrak{z}_\nu$ auf E_ν. Für hinreichend kleinen Radius r und genügend großes ν haben die Ränder $\partial \widetilde{K}$, ∂K_ν der Kreise $\widetilde{K}$, K_ν mit der Menge D keinen Punkt gemeinsam; man kann erreichen, daß gilt:

$$\overset{\vee}{p}_\nu(\mathfrak{z}) = p(\mathfrak{z}) < m \quad \text{für} \quad \mathfrak{z} \in \partial K_\nu,\ \nu > \nu_0.$$

Bei genügend kleinem r ist nämlich wegen der Annahme $\varlimsup_{\mathfrak{z} \to \mathfrak{z}_0,\, \mathfrak{z} \in \widetilde{E} - \mathfrak{z}_0} p(\mathfrak{z}) < m$ auch $p(\mathfrak{z}) < m$ für $\mathfrak{z} \in \partial \widetilde{K}$. Weil ferner $p(\mathfrak{z})$ halbstetig nach oben ist, gilt das noch in einer ganzen Umgebung von ∂K, also auch auf ∂K_ν, $\nu > \nu_0$. Für hinreichend großes ν ist aber auch

$$\overset{\vee}{p}_\nu(\mathfrak{z}_\nu) > m.$$

Da $\mathfrak{z}_\nu \in K_\nu$, würde also die in K_ν subharmonische Funktion $\overset{\vee}{p}_\nu$ ihr Maximum in K_ν annehmen und nicht konstant sein. Das widerspricht jedoch dem Maximumprinzip. Folglich gilt doch: $\varlimsup_{\mathfrak{z} \to \mathfrak{z}_0,\, \mathfrak{z} \in \widetilde{E} - \mathfrak{z}_0} p(\mathfrak{z}) = \overset{\vee}{p}(\mathfrak{z}_0)$, d.h. $\overset{\vee}{p}(\mathfrak{z})$ ist eine plurisubharmonische Fortsetzung von $p(\mathfrak{z})$ in X.

Es bleibt zu zeigen, daß $\overset{\circ}{p}(\mathfrak{z})$ die einzige plurisubharmonische Fortsetzung von $p(\mathfrak{z})$ in X ist. Zu dem Zwecke sei $\overset{\circ}{p}{}'(\mathfrak{z})$ irgendeine weitere plurisubharmonische Fortsetzung von $p(\mathfrak{z})$ in X. Dann gilt $\overset{\circ}{p}{}'(\mathfrak{z}) = \overset{\circ}{p}(\mathfrak{z}) = p(\mathfrak{z})$ für jeden Punkt $\mathfrak{z} \in X - D$. Ist nun $\mathfrak{z}_0 \in D$ irgendein Punkt, so sei E eine eindimensionale RIEMANNsche Fläche durch $\mathfrak{z}_0$, die D in der Nähe von $\mathfrak{z}_0$ nur in $\mathfrak{z}_0$ schneidet. Da die Beschränkungen von $\overset{\circ}{p}{}'$ und $\overset{\circ}{p}$ auf E subharmonisch sind, folgt aus der verschärften Bedingung β') in beiden Fällen:

$$\varlimsup_{\mathfrak{z} \to \mathfrak{z}_0,\, \mathfrak{z} \in E - \mathfrak{z}_0} p(\mathfrak{z}) = \begin{cases} \overset{\circ}{p}(\mathfrak{z}_0), \\ \overset{\circ}{p}{}'(\mathfrak{z}_0). \end{cases}$$

Daher stimmt $\overset{\circ}{p}{}'$ in jedem Punkt von X mit $\overset{\circ}{p}$ überein. — Satz 6 ist bewiesen.

§ 3. Beweis der Fortsetzungssätze für beliebige komplexe Räume

1. Um den Allgemeinfall des Satzes 3 zu beweisen, sind umfangreiche Vorbereitungen erforderlich. Wir benötigen zunächst einen Fortsetzungssatz für endlich-blättrige, analytisch-verzweigte Überlagerungen (zum Beweise vgl. [6]):

Fortsetzungssatz. Ist A eine höchstens $(n-1)$-dimensionale analytische Menge in einem Gebiete G des C^n, so ist jede endlich-blättrige, analytisch-verzweigte Überlagerung $(R, \Phi, G - A)$ von $G - A$ eindeutig zu einer endlich-blättrigen, analytisch-verzweigten Überlagerung $(\check{R}, \check{\Phi}, G)$ von G fortsetzbar.

Weiter werden wir einen grundlegenden Satz von F. HIRZEBRUCH aus der Theorie der Modifikationen entscheidend verwenden (zur Theorie der Modifikationen vgl. [4]).

Ein komplexer Raum $'X$ heißt eine (eigentliche) Modifikation eines komplexen Raumes X, wenn es eine eigentliche holomorphe Abbildung τ von $'X$ auf X und dünne Mengen $N \subset X$, $'N \subset 'X$ der Ordnung 1 gibt, so daß τ den Raum $'X - 'N$ umkehrbar eindeutig auf $X - N$ abbildet.

F. HIRZEBRUCH hat bewiesen [7]:

Satz. Zu jedem zweidimensionalen komplexen Raum X gibt es eine eigentliche Modifikation $'X$, derart, daß $'X$ eine komplexe Mannigfaltigkeit und $N \subset X$ die Menge der nichtuniformisierbaren Punkte von X ist.

Bekanntlich liegen bei zweidimensionalen komplexen Räumen die nichtuniformisierbaren Punkte isoliert. Offensichtlich ist die Menge $'N_x \subset 'X$, die vermöge der Modifikationsabbildung τ auf einen nichtuniformisierbaren Punkt $x \in X$ abgebildet wird, eine analytische Menge in $'X$. Wir zeigen nun für $n = 2$:

Hilfssatz 1. Die Menge $'N_x$ ist stets zusammenhängend.

Beweis. Wäre die Behauptung falsch, so zerfiele die Menge $'N_x$ für einen gewissen nichtuniformisierbaren Punkt $x \in X$ in zwei in $'X$ analytische Mengen $'N_1$ und $'N_2$, die punktfremd sind. Da $'N_1$ und $'N_2$ abgeschlossen sind, gibt es auch punktfremde zusammenhängende Umgebungen $'U_1('N_1)$ und $'U_2('N_2)$, die keinen weiteren Punkt von $'N$ enthalten. Es ist nun

$$\tau\left\{\left('U_1('N_1) - 'N_1\right) \cup \left('U_2('N_2) - 'N_2\right)\right\} \cup x$$

eine zusammenhängende Umgebung U des Punktes x, wie man sofort einsieht, wenn man beachtet, daß τ eine eigentliche Abbildung ist. Nun ist auch $U - x$ zusammenhängend. Andererseits ist aber $U - x$ die Vereinigung der beiden punktfremden offenen Mengen $\tau('U_1('N_1) - 'N_1)$ und $\tau('U_2('N_2) - 'N_2)$. Widerspruch! Der Hilfssatz ist bewiesen.

2. Es sei nun $\mathfrak{R} = (R, \Phi, Z^2)$ eine endlich-blättrige, analytisch-verzweigte Überlagerung eines zweidimensionalen Polyzylinders Z^2: $\{|z_1 - z_1^{(0)}| < d,$ $|z_2 - z_2^{(0)}| < d\}$; über dem Punkt $\mathfrak{z}_0 = (z_1^{(0)}, z_2^{(0)}) \in Z^2$ liege nur ein Punkt $r_0 \in R$. Die Verzweigungspunkte von $\mathfrak{R}$ seien sämtlich über der in Z^2 analytischen eindimensionalen Menge V gelegen; die Ebene E: $\{z_2 = z_2^{(0)}\}$ schneide V nur im Punkte $\mathfrak{z}_0$. Wir betrachten die analytisch-verzweigte Überlagerung $(\Phi^{-1}(E \cap Z^2 - \mathfrak{z}_0), \Phi, E \cap Z^2 - \mathfrak{z}_0)$. Dieselbe zerfällt in endlich viele zusammenhängende Komponenten $\widetilde{\mathfrak{R}}_\varkappa = (\widetilde{R}_\varkappa, \widetilde{\Phi}_\varkappa, E \cap Z^2 - \mathfrak{z}_0)$, $\varkappa = 1, \ldots, k$; der Punkt r_0 ist Häufungspunkt jeder Menge $\widetilde{R}_\varkappa$. Wir behaupten:

Hilfssatz 2. Ist $p(r)$ eine auf $R - r_0$ plurisubharmonische Funktion, die in der Umgebung des Punktes r_0 nach oben beschränkt ist, so gilt:

$$\overline{\lim_{r \to r_0,\, r \in \widetilde{R}_\varkappa}} p(r) = \overline{\lim_{r \to r_0,\, r \in R - r_0}} p(r) = m \quad \text{für jedes} \quad \varkappa = 1, \ldots, k.$$

Beweis. Sicher existieren sämtliche angeschriebenen limites superiores. Um zu zeigen, daß sie alle übereinstimmen, modifizieren wir nach F. Hirzebruch den zweidimensionalen komplexen Raum R zu einer komplexen Mannigfaltigkeit $'R$. Die Funktion $'p = p \circ \tau$, wo τ die zugehörige Modifikationsabbildung bezeichnet, ist nun in $'R - 'N_{r_0}$, wo $'N_{r_0} = \tau^{-1}(r_0)$, plurisubharmonisch und bleibt in der Umgebung von $'N_{r_0}$ nach oben beschränkt, da p in der Umgebung von r_0 nach oben beschränkt ist. Da $'N_{r_0}$ insbesondere eine dünne Menge der Ordnung 1 in der komplexen Mannigfaltigkeit $'R$ ist, so läßt sich $'p$ nach Satz 6 zu einer in ganz $'R$ plurisubharmonischen Funktion $'\overset{\smallsmile}{p}$ fortsetzen. Die kompakte Menge $'N_{r_0}$ zerfällt in $'R$ in endlich viele algebraische Riemannsche Flächen $'A_1, \ldots, 'A_l$. Aus dem Maximumprinzip für subharmonische Funktionen folgt, daß $'\overset{\smallsmile}{p}$ auf allen kompakten Riemannschen Flächen $'A_1, \ldots, 'A_l$ konstant ist. Nach Hilfssatz 1 ist $'N_{r_0} = \bigcup\limits_{\lambda=1}^{l} 'A_\lambda$ zusammenhängend; daher ist der Wert von $'\overset{\smallsmile}{p}$ auf allen $'A_\lambda$ derselbe und mithin $'\overset{\smallsmile}{p}$ auf $'N_{r_0}$ selbst konstant. Die in $'R - 'N_{r_0}$ analytische Menge $\tau^{-1}(\widetilde{R}_\varkappa)$ ist für jedes $\varkappa$ zu einer in $'R$ irreduziblen Riemannschen Fläche $'\widetilde{R}_\varkappa$ fortsetzbar[6]; dieselbe hat dann mit $'N_{r_0}$ genau einen Punkt $'r_\varkappa$ gemeinsam, der eventuell der einzige nicht gewöhnliche Punkt von $'\widetilde{R}_\varkappa$ ist. Da die Beschränkung von

---

[6]) Die Fortsetzbarkeit jeder Menge $\tau^{-1}(\widetilde{R}_\varkappa)$ zu einer in $'R$ irreduziblen Riemannschen Fläche folgert man am einfachsten aus einem allgemeinen Fortsetzungssatz von analytischen Mengen bei eigentlichen Modifikationen, vgl. [4].

$'\overset{\smile}{p}$ auf $'\widetilde{R}_\varkappa$ eine subharmonische Funktion ist, folgt aus § 1.5.i), daß gilt:

$$\varlimsup_{r \to r_0,\ r \in \widetilde{R}_\varkappa} p(r) = \lim_{'r \to 'r_\varkappa,\ 'r \in '\widetilde{R}_\varkappa - 'r_\varkappa} p \circ \tau('r) = '\overset{\smile}{p}('r_\varkappa), \quad \varkappa = 1, \ldots, k.$$

Da $'r_\varkappa \in 'N_{r_0}$ und $'\overset{\smile}{p}$ auf $'N_{r_0}$ konstant ist, folgt:

$$'\overset{\smile}{p}(r_\varkappa) = \varlimsup_{'r \to 'N_{r_0},\ 'r \in 'R - 'N_{r_0}} '\overset{}{p}('r) = m.$$

Der hier rechts stehende Ausdruck stimmt aber wegen $'p = p \circ \tau$ mit $\varlimsup_{r \to r_0,\ r \in R - r_0} p(r)$ überein. Somit ist Hilfssatz 2 bewiesen.

3. In diesem Abschnitt betrachten wir endlich-blättrige, analytisch-verzweigte Überlagerungen $\mathfrak{R} = (R, \Phi, Z)$ eines n-dimensionalen Polyzylinders Z: $\{|z_1 - z_1^{(0)}| < d, \ldots, |z_n - z_n^{(0)}| < d\}$, $n \geq 2$. Analog wie in Abschnitt 2 werde angenommen, daß über $\mathfrak{z}_0 = (z_1^{(0)}, \ldots, z_n^{(0)})$ nur ein Punkt $r_0 \in R$ liegt; weiter sei V eine in Z analytische, rein $(n-1)$-dimensionale Menge, über der sämtliche Verzweigungspunkte von $\mathfrak{R}$ liegen. Wir setzen voraus, daß V enthalten ist im Polyzylinder Z': $\left\{|z_1 - z_1^{(0)}| < \frac{d}{2}\right\} \times \widehat{Z}$, wobei wir setzen:

$$\widehat{Z} : \{|z_2 - z_2^{(0)}| < d, \ldots, |z_n - z_n^{(0)}| < d\}.$$

Alsdann ist V das Nullstellengebilde eines Pseudopolynoms

$$\omega = z_1^s + A_1(z_2, \ldots, z_n)\, z_1^{s-1} + \cdots + A_s(z_2, \ldots, z_n)$$

mit in $\widehat{Z}$ holomorphen Koeffizienten $A_\sigma(z_2, \ldots, z_n)$; man kann annehmen, daß ω keine mehrfachen Faktoren besitzt. Es bezeichne $\widehat{V}$ die Diskriminantenmenge von ω im $(n-1)$-dimensionalen Polyzylinder $\widehat{Z}$; $\widehat{V}$ ist eine analytische, rein $(n-2)$-dimensionale oder leere Menge in $\widehat{Z}$.

Wir behaupten:

Hilfssatz 3. Ist E^1: $\{z_2 = a_2, \ldots, z_n = a_n\}$ irgendeine eindimensionale analytische Ebene in Z mit $(a_2, \ldots, a_n) \in \widehat{Z} - \widehat{V}$, so ist $\left(\Phi^{-1}(E^1 \cap Z - V), \Phi, E^1 \cap Z - V\right)$ eine zusammenhängende unverzweigte Überlagerung von $E^1 \cap Z - V$.

Beweis. Sicher ist $E^1 \cap Z - V$ und damit auch $\widetilde{R} = \Phi^{-1}(E^1 \cap Z - V)$ nicht leer. Da $\widetilde{R}$ keine Punkte über V besitzt, ist Φ in $\widetilde{R}$ eine lokal-topologische Abbildung; daher ist $(\widetilde{R}, \Phi, E^1 \cap Z - V)$ eine unverzweigte Überlagerung von $E^1 \cap Z - V$. Wäre nun der Raum $\widetilde{R}$ nicht zusammenhängend, so zerfiele er in mindestens zwei zusammenhängende Komponenten; seien $\widetilde{R}_0$ und $\widetilde{R}_1$ solche. Man kann eine Kurve $\{\varphi(t), 0 \leq t \leq 1\}$ in R finden, die einen Punkt aus $\widetilde{R}_0$ mit einem Punkt aus $\widetilde{R}_1$ verbindet, so daß folgendes gilt:

a) $\{\varphi(t), 0 \leq t \leq 1\}$ verläuft in $R - \Phi^{-1}(V)$.

b) Bezeichnet $\{z_1(t), \ldots, z_n(t), 0 \leq t \leq 1\}$ die Kurve $\{\Phi \circ \varphi(t), 0 \leq t \leq 1\}$, so verläuft $\{\widehat{\varphi}(t), 0 \leq t \leq 1\} = \{z_2(t), \ldots, z_n(t), 0 \leq t \leq 1\}$ in $\widehat{Z} - \widehat{V}$.

Wir betrachten nun die Schar $\{E_t^1\}$ der eindimensionalen analytischen Ebenen E_t^1: $\{z_2 = z_2(t), \ldots, z_n = z_n(t)\}$, und bezeichnen mit T den topologischen

Raum der Paare $(\mathfrak{z}, t)$, wo $\mathfrak{z} \in E_t^1 \cap Z - V$ und $0 \leq t \leq 1$. Wir behaupten: *T ist homöomorph dem kartesischen Produkt eines k-fach punktierten Kreises mit dem Einheitsintervall.*

Da laut Voraussetzung die Kurve $\{\hat{\varphi}(t)\}$ keinen Punkt mit der Diskriminantenmenge $\hat{V}$ von V gemeinsam hat, schneidet jede Ebene E_t^1 die Menge V, die sich als eine Überlagerung von $\hat{Z}$ auffassen läßt, stets außerhalb der Verzweigungspunkte von V über $\hat{Z}$. Es gibt folglich endlich viele stetige Funktionen $s_1(t), \ldots, s_k(t)$, derart, daß $s_\varkappa(t) \neq s_\lambda(t)$ für $\varkappa \neq \lambda$ und $\bigcup_{\varkappa=1}^{k} s_\varkappa(t) = E_t^1 \cap V$. Daher besteht T aus allen Paaren $(\mathfrak{z}, t)$ mit $\mathfrak{z} \in E_t^1 \cap Z$, $\mathfrak{z} \neq s_\varkappa(t)$, $\varkappa = 1, \ldots, k$, $0 \leq t \leq 1$. Daraus ergibt sich aber direkt die Behauptung.

Neben dem Raum T betrachten wir weiter den Raum R^* der Paare (r, t), wo $r \in \Phi^{-1}(E_t^1 \cap Z - V)$ und $0 \leq t \leq 1$. Setzt man $\Phi^*((r, t)) = (\Phi(r), t)$, so ist offenbar (R^*, Φ^*, T) eine endlich-blättrige unbegrenzte Überlagerung von T im topologischen Sinne. Dieselbe ist unverzweigt, da Φ^* überall lokal-topologisch ist. Es sei R_0^* diejenige zusammenhängende Komponente von R^*, die die Kurve $\{\varphi^*(t), 0 \leq t \leq 1\} = \{(\varphi(t), t); 0 \leq t \leq 1\}$ enthält. Ferner werde gesetzt: $\tilde{R}_t^* = R_0^* \cap \Phi^{*-1}((E_t^1 \cap Z - V, t))$; wir behaupten, daß $\tilde{R}_t^*$ stets zusammenhängend ist. Da nämlich T homöomorph dem kartesischen Produkt eines k-fach punktierten Kreises mit dem Einheitsintervall ist, läßt sich in T jede geschlossene Kurve stetig in eine Kurve deformieren, die in einer der Ebenen $\left(E_t^1 - \bigcup_{\varkappa=1}^{k} s_\varkappa(t), t\right)$ liegt; dabei darf t zwischen 0 und 1 beliebig gewählt werden.

Aus dieser Eigenschaft von T ergibt sich aber sofort der Zusammenhang jeder Menge $\tilde{R}_t^*$, wenn man beachtet, daß (R_0^*, Φ^*, T) eine zusammenhängende, unbegrenzte, unverzweigte Überlagerung von T ist; denn man überlegt sofort, daß allgemein gilt:

Ist (E, Ψ, F) eine unverzweigte, unbegrenzte, zusammenhängende Überlagerung eines zusammenhängenden, lokal-zusammenhängenden topologischen Raumes F, und $F' \subset F$ eine zusammenhängende und lokal-zusammenhängende Menge in F, derart, daß jede in F verlaufende, geschlossene Kurve stetig deformierbar ist in eine geschlossene Kurve, die in F' verläuft, so ist $(\Psi^{-1}(F'), \Psi, F')$ zusammenhängend.

Der Raum $\tilde{R}_0^*$ enthält den Anfangspunkt und der Raum $\tilde{R}_1^*$ den Endpunkt der Kurve $\{\varphi^*(t)\}$. Bezeichnen wir mit $\pi: (r, t) \to r$ die natürliche, stetige Abbildung von R^* in R, so wird also mindestens ein Punkt aus $\tilde{R}_0^*$ vermöge π in $\tilde{R}_0$ und mindestens ein Punkt von $\tilde{R}_1^*$ in $\tilde{R}_1$ abgebildet. Da aber $\tilde{R}_0^*$ und $\tilde{R}_1^*$ nach dem Vorstehenden zusammenhängend sind und durch π beide in R abgebildet werden, so folgt, daß $\tilde{R}_0^*$ durch π ganz in $\tilde{R}_0$ und $\tilde{R}_1^*$ durch π ganz in $\tilde{R}_1$ abgebildet wird.

Wir betrachten nun die Überlagerung $(\Phi^{-1}(Z - \bar{Z}'), \Phi, Z - \bar{Z}')$ (der Polyzylinder Z' war definiert durch $\left\{|z_1 - z_1^{(0)}| < \dfrac{d}{2}\right\} \times \hat{Z}$; dieselbe ist unverzweigt und unbegrenzt über $Z-\overline{Z}'$ und zerfällt in endlich viele zusammenhängende Komponenten $(B_\lambda, \Phi, Z-\overline{Z}')$, $\lambda=0, 1, \ldots, l$. Da sich überdies jede in $Z-\overline{Z}'$ verlaufende geschlossene Kurve stetig deformieren läßt in eine geschlossene Kurve, die in einer beliebig vorgegebenen, $Z-\overline{Z}'$ schneidenden eindimensionalen analytischen Ebene liegt, folgt analog wie oben, daß das Φ-Urbild einer jeden in $Z-\overline{Z}'$ eindimensionalen analytischen Ebene jeweils eine zusammenhängende Menge in B_λ ist. Daher können $\widetilde{R}_0 \cap \Phi^{-1}(Z-\overline{Z}')$ und $\widetilde{R}_1 \cap \Phi^{-1}(Z-\overline{Z}')$ nicht beide Punkte in derselben Komponente B_λ besitzen; die Numerierung der B_λ kann folglich so gewählt werden, daß $\widetilde{R}_0 \cap \Phi^{-1}(Z-\overline{Z}')$ in der Menge $C = \overset{l_0}{\underset{\lambda=0}{\cup}} B_\lambda$ $(l_0 < l)$ enthalten und $\widetilde{R}_1 \cap C$ leer ist.

Wir betrachten nun denjenigen Teilraum T^* von T, der aus genau den Paaren $(\mathfrak{z}, t)$ besteht, wo $\mathfrak{z} \in E_t^1 \cap (Z-\overline{Z}')$, $0 \leq t \leq 1$. Die Überlagerung $\left(\Phi^{*-1}(T^*), \Phi^*, T^*\right)$ zerfällt in endlich viele Komponenten (B_μ^*, Φ^*, T^*), $\mu = 0, \ldots, m$; es sei die Numerierung so gewählt, daß gilt: $B_0^* \subset R_0^*$. Der Raum B_0^* enthält sowohl Punkte $(r, 0)$ als auch Punkte $(r, 1)$. Jeder Punkt $(r, 0)$ wird nun, da er wegen $B_0^* \subset R_0^*$ in $\widetilde{R}_0^*$ liegt, vermöge π in $\widetilde{R}_0 \cap \Phi^{-1}(Z-\overline{Z}')$ und also in C abgebildet. Dann wird aber, da B_0^* zusammenhängend ist, sogar ganz B_0^* in C abgebildet. Andererseits wird aber jeder Punkt $(r, 1) \in B_0^*$, da er in $\widetilde{R}_1^*$ liegt, durch π in $\widetilde{R}_1$ abgebildet. Da $\widetilde{R}_1 \cap C$ leer ist, hat sich somit ein Widerspruch ergeben. Die Annahme, daß der Raum $\widetilde{R}$ nicht zusammenhängend ist, war also falsch: Hilfssatz 3 ist bewiesen.

Eine einfache Folgerung aus Hilfssatz 3 ist

Hilfssatz 4. Es sei $\widehat{E}$ eine eindimensionale analytische Ebene des $(z_2, \ldots, z_n)$-Raumes durch $(z_2^{(0)}, \ldots, z_n^{(0)}) \in \widehat{Z}$, die die Diskriminantenmenge $\widehat{V}$ von V höchstens in $(z_2^{(0)}, \ldots, z_n^{(0)})$ schneidet. Mit E^2 werde die zweidimensionale analytische Ebene $\{\mathfrak{z} |, (z_2, \ldots, z_n) \in \widehat{E}\}$ bezeichnet. Dann ist $(\Phi^{-1}(E^2 \cap Z - V), \Phi, E^2 \cap Z - V)$ eine zusammenhängende analytisch-verzweigte Überlagerung von $E^2 \cap Z - V$, die sich zu einer analytisch-verzweigten Überlagerung von $E^2 \cap Z$ fortsetzen läßt.

Beweis. Wir haben nur zu zeigen, daß $(\Phi^{-1}(E^2 \cap Z - V), \Phi, E^2 \cap Z - V)$ zusammenhängend ist; die Fortsetzbarkeit ergibt sich direkt aus dem Fortsetzungssatz. Der Zusammenhang ist aber ebenfalls klar, denn nach Hilfssatz 3 ist stets $\Phi^{-1}(E_1^* \cap Z - V)$ zusammenhängend, wo E_*^1 irgendeine eindimensionale analytische Ebene ist, die in der Form $\{\mathfrak{z} |, (z_2, \ldots, z_n) = (z_2^*, \ldots, z_n^*) \in \widehat{E} - (z_2^{(0)}, \ldots, z_n^{(0)})\}$ gegeben werden kann.

4. Unter Verwendung von Hilfssatz 2 und Hilfssatz 4 beweisen wir nun, indem wir die Terminologie des 3. Abschnittes beibehalten, die folgende Verallgemeinerung von Hilfssatz 2:

Hilfssatz 5. Es sei $p(r)$ eine plurisubharmonische Funktion in einer offenen Menge $R - D \supset \Phi^{-1}(Z-V)$, die in der Umgebung eines jeden Punktes von $D \subset \Phi^{-1}(V)$ nach oben beschränkt ist. Es sei $\widetilde{E}^1$ die eindimensionale analytische Ebene $\{z_2 = z_2^{(0)}, \ldots, z_n = z_n^{(0)}\}$. Bezeichnen $\widetilde{R}_1, \ldots, \widetilde{R}_k$ die endlich vielen *zusammenhängenden Komponenten von* $\Phi^{-1}(\tilde{E}^1 - \mathfrak{z}_0)$, $\mathfrak{z}_0 = (z_1^{(0)}, \ldots, z_n^{(0)})$, *so gilt:*

$$\varlimsup_{r \to r_0, \, r \in \tilde{R}_\varkappa} p(r) = \varlimsup_{r \to r_0, \, r \in R-D} p(r) = m, \quad \varkappa = 1, \ldots, k.$$

Beweis. Wir zeigen zunächst, daß gilt:

$$\varlimsup_{r \to r_0, \, r \in \tilde{R}_\varkappa} p(r) = m_0 \quad \text{für jedes } \varkappa = 1, \ldots, k.$$

Zu dem Zwecke legen wir durch den Punkt $(z_2^{(0)}, \ldots, z_n^{(0)})$ eine eindimensionale analytische Ebene $\hat{E}^1$ in $\hat{Z}$, die $\hat{V}$ in der Nähe von $(z_2^{(0)}, \ldots, z_n^{(0)})$ nur in $(z_2^{(0)}, \ldots, z_n^{(0)})$ schneidet. Weiter denken wir uns zu $\hat{E}^1$ die zweidimensionale analytische Ebene E^2 wie in Hilfssatz 4 gewählt. Dann ist $\left(\Phi^{-1}(E^2 \cap Z - V), \Phi, E^2 \cap Z - V\right)$ nach Hilfssatz 4 zu einer *zusammenhängenden* Überlagerung von $E^2 \cap Z$ fortsetzbar. Aus Hilfssatz 2 ergibt sich alsdann unmittelbar die obige Behauptung.

Es bleibt zu zeigen, daß gilt: $m_0 = m$. Sicher gilt $m_0 \leq m$. Angenommen, es wäre $m_0 < m_1 < m$. Wir wählen dann einen Kreis

$$K : \{|z_1 - z_1^{(0)}| \leq \delta, \quad z_2 = z_2^{(0)}, \ldots, z_n = z_n^{(0)}\}, \quad \delta < d,$$

auf $\hat{E}^1$, der mit V nur den Punkt $\mathfrak{z}_0$ gemeinsam hat, derart, daß in $\Phi^{-1}(K - \mathfrak{z}_0)$ gilt: $p(r) < m_1$; letzteres ist offenbar möglich. Es läßt sich weiter eine Umgebung

$$W' : \left\{\frac{\delta}{2} \leq |z_1 - z_1^{(0)}| \leq \delta, \quad |z_2 - z_2^{(0)}| < \varepsilon, \ldots, |z_n - z_n^{(0)}| < \varepsilon\right\}$$

finden, die keinen Punkt mit V gemeinsam hat, so daß für $r \in \Phi^{-1}(W')$ gilt: $p(r) < m_1$. Bezeichnen wir mit W die Umgebung

$$\{|z_1 - z_1^{(0)}| < \delta, \quad |z_\nu - z_\nu^{(0)}| < \varepsilon, \quad \nu = 2, \ldots, n\}$$

des Punktes $\mathfrak{z}_0$ und mit E irgendeine der Ebenen $\{z_2 = a_2, \ldots, z_n = a_n\}$, wo $|a_\nu - z_\nu^{(0)}| < \varepsilon$, $\nu = 2, \ldots, n$, so kann jede der Überlagerungen

$$\left(\Phi^{-1}(E \cap W - V), \Phi, E \cap W - V\right)$$

zu einer Überlagerung $(\tilde{R}, \Phi, E \cap W)$ von ganz $E \cap W$ fortgesetzt werden. Da $\tilde{R}$ stets eine Riemannsche Fläche ist, die durch eine holomorphe Abbildung τ spurpunkttreu in $\Phi^{-1}(E \cap W)$ abgebildet ist, kann man nach Satz 6 die Funktion p auf $\tilde{R} - \tau^{-1}(D)$ zu einer in ganz $\tilde{R}$ subharmonischen Funktion $\tilde{p}$ fortsetzen. Da wegen des Maximumprinzips die Funktion $\tilde{p}(r)$ im Innern von $\tilde{R}$ nicht größer als auf $\Phi^{-1}(\partial(E \cap W))$ sein kann, so gilt für jeden Punkt $r \in \tilde{R} : \tilde{p}(r) < m_1$. Es ist deshalb $p(r) \leq m_1$ in jedem Punkt von $\Phi^{-1}(W) - D$. Dann gilt aber auch $\varlimsup_{r \to r_0, \, r \in R-D} p(r) \leq m_1 < m$ im Widerspruch zur Voraussetzung. Hilfssatz 5 ist bewiesen.

5. Ist $a(r)$ irgendeine nach oben halbstetige Funktion auf einer s-blättrigen, analytisch-verzweigten, zusammenhängenden Überlagerung (R, Φ, G), so ordnen wir derselben eine in G nach oben halbstetige Funktion $b(\mathfrak{z})$ zu,

indem wir setzen: $b(\mathfrak{z}) = \sum\limits_{\sigma=1}^{s} a(r_\sigma)$, wo r_σ die Punkte aus $\Phi^{-1}(\mathfrak{z})$ durchläuft. Dabei komme der Punkt r_σ genau t-mal vor, wenn die Überlagerung R in hinreichend kleiner Umgebung von r_σ stets t Blätter hat. *Wir nennen $b(\mathfrak{z})$ die zu $a(r)$ gehörende elementarsymmetrische Funktion* und beweisen:

Hilfssatz 6. Es sei $\overset{\smallsmile}{p}(r)$ eine in R nach oben halbstetig und in $R-D$, $D \subset \Phi^{-1}(V)$, plurisubharmonische Funktion; für jeden Punkt $r_0 \in D$ gelte: $\overline{\lim\limits_{r \to r_0,\, r \in R-D}} \overset{\smallsmile}{p}(r) = \overset{\smallsmile}{p}(r_0)$. Dann ist die zu $\overset{\smallsmile}{p}(r)$ gehörende elementarsymmetrische Funktion $\overset{\smallsmile}{q}(\mathfrak{z})$ plurisubharmonisch in G.

Beweis. Sei zunächst R eine Überlagerung eines Gebietes G der eindimensionalen Zahlenebene, also eine RIEMANNsche Fläche. Dann besteht D aus isolierten Punkten; da die Aussage des Hilfssatzes lokaler Natur ist, dürfen wir annehmen, daß G ein Kreis und D über dem Mittelpunkt $z^{(0)}$ dieses Kreises liegt und daß R zusammenhängend und nur über $z^{(0)}$ verzweigt ist. Da R im vorliegenden Falle eine RIEMANNsche Fläche ist, folgt aus Satz 5, daß $\overset{\smallsmile}{p}$ in ganz R subharmonisch ist. Es seien nun $\lambda_1, \ldots, \lambda_s$ die Decktransformationen von R. Da dieselben holomorphe Abbildungen sind, folgt unter Verwendung der Eigenschaften f) und g) aus § 1, daß auch die Funktion $\overset{\smallsmile}{q}'(r) = \sum\limits_{\sigma=1}^{s} \overset{\smallsmile}{p} \circ \lambda_\sigma(r)$ subharmonisch in R ist. Offenbar hat $\overset{\smallsmile}{q}'(r)$ in allen Punkten von R, die über demselben Grundpunkt $z \in G$ liegen, den gleichen Wert. Da überdies $\overset{\smallsmile}{q}(z) = \overset{\smallsmile}{q}'(\Phi^{-1}(z))$, so ist also $\overset{\smallsmile}{q}(z)$ subharmonisch in G.

Sei nun (R, Φ, G) irgendeine Überlagerung. Da die Summe plurisubharmonischer Funktionen plurisubharmonisch ist, ist zunächst $q(\mathfrak{z}) = \sum\limits_{1}^{s} \overset{\smallsmile}{p}(r_\sigma)$, $\mathfrak{z} \in G-V$, eine in $G-V$ plurisubharmonische Funktion. Da $q(\mathfrak{z})$ in der Umgebung eines jeden Punktes von V nach oben beschränkt ist, läßt sich $q(\mathfrak{z})$ nach Satz 6 zu einer in ganz G plurisubharmonischen Funktion $\tilde{q}(\mathfrak{z})$ fortsetzen. Wir behaupten: $\tilde{q}(\mathfrak{z}) = \overset{\smallsmile}{q}(\mathfrak{z})$. Zu dem Zwecke genügt es zu zeigen:

$$(*) \qquad \overline{\lim\limits_{\mathfrak{z} \to \mathfrak{z}_0,\, \mathfrak{z} \in G-V}} q(\mathfrak{z}) \geq \overset{\smallsmile}{q}(\mathfrak{z}_0) \qquad \text{für jedes } \mathfrak{z}_0 \in V.$$

Sei daher $\mathfrak{z}_0 \in V$ irgendein Punkt. Man kann um $\mathfrak{z}_0$ einen in G enthaltenen Polyzylinder Z legen, der in bezug auf V die im Hilfssatz 3 geforderten Eigenschaften hat (eventuell ist eine lineare Koordinatentransformation auszuführen). Ohne Einschränkung der Allgemeinheit werde angenommen, daß über $\mathfrak{z}_0$ nur ein Punkt r_0 von R liegt. Es sei wieder die Ebene $\tilde{E}^1$ wie im Hilfssatz 5 gewählt; es bezeichne $(\tilde{R}, \hat{\Phi}, \tilde{E}^1 \cap Z)$ die Fortsetzung der Überlagerung $\left(\Phi^{-1}(\tilde{E}^1 \cap Z - V), \Phi, \tilde{E}^1 \cap Z - V\right)$. Zerfällt nun der Raum $\tilde{R}$ etwa in k zusammenhängende Komponenten $\tilde{R}_\varkappa$, $\varkappa = 1, \ldots, k$, so setzen wir zunächst die Funktion $\overset{\smallsmile}{p}$ aus $\Phi^{-1}(\tilde{E}^1 \cap Z - V)$ in jede Komponente $\tilde{R}_\varkappa$ zu einer dort subharmonischen Funktion $\overset{\smallsmile}{p}_\varkappa$ fort. Unter Verwendung von Hilfssatz 5 folgt: $\overset{\smallsmile}{p}_\varkappa(r) = \overset{\smallsmile}{p}(r_0)$ für $r \in \tilde{\Phi}^{-1}(\mathfrak{z}_0)$. Daher gilt auf $\tilde{E}^1 \cap Z$, wenn $\overset{\smallsmile}{q}_\varkappa$ die zu $\overset{\smallsmile}{p}_\varkappa$

gehörende elementarsymmetrische Funktion bezeichnet:

$$\overset{\scriptscriptstyle\vee}{q}(\mathfrak{z}) = \sum_{\varkappa=1}^{k} \overset{\scriptscriptstyle\vee}{q}_{\varkappa}(\mathfrak{z}).$$

Da nach dem bereits Bewiesenen die Funktionen $\overset{\scriptscriptstyle\vee}{q}_{\varkappa}(\mathfrak{z})$ sämtlich subharmonisch sind, ist also auch $\overset{\scriptscriptstyle\vee}{q}(\mathfrak{z})$ subharmonisch auf $\widetilde{E}^1 \cap Z$. Es gilt daher:

$$\varlimsup_{\mathfrak{z}\to\mathfrak{z}_0,\,\mathfrak{z}\in\widetilde{E}^1\cap Z-\mathfrak{z}_0} q(\mathfrak{z}) = \overset{\scriptscriptstyle\vee}{q}(\mathfrak{z}_0).$$

Dann gilt aber erst recht die Ungleichung (*), w. z. b. w.

6. Wir sind nun in der Lage, Satz 3 für beliebige komplexe Räume X zu beweisen. Da die Aussage des Satzes lokaler Natur ist, dürfen wir ohne Einschränkung der Allgemeinheit voraussetzen, daß der komplexe Raum X eine endlich-blättrige, analytisch-verzweigte Überlagerung (R, Φ, G) eines Gebietes G des C^n ist. Sei also D eine dünne Menge der Ordnung 1 in R und p eine in $R-D$ plurisubharmonische Funktion, die in der Umgebung eines jeden Punktes $r \in D$ nach oben beschränkt ist. Da wir p nach Satz 6 in jeden uniformisierbaren Punkt von R eindeutig plurisubharmonisch fortsetzen können, dürfen wir annehmen, daß D in der Menge $\Phi^{-1}(V)$ enthalten ist.

Wir zeigen zunächst, daß höchstens eine plurisubharmonische Fortsetzung von p aus $R-\Phi^{-1}(V)$ in R möglich ist. Angenommen, es gäbe zwei solche Fortsetzungen $\overset{\scriptscriptstyle\vee}{p}$ und $\overset{\scriptscriptstyle\vee}{p}'$. Dann gilt also $\overset{\scriptscriptstyle\vee}{p}'(r)=\overset{\scriptscriptstyle\vee}{p}(r)$ für jeden Punkt $r \in R - \Phi^{-1}(V)$. Ist nun $r_0 \in \Phi^{-1}(V)$ irgendein Punkt, so legen wir eine eindimensionale analytische Ebene E durch $\mathfrak{z}_0 = \Phi(r_0)$, derart, daß E in der Nähe von $\mathfrak{z}_0$ die Menge V nur in $\mathfrak{z}_0$ schneidet. Es zerfällt $\Phi^{-1}(E - \mathfrak{z}_0)$ in der Umgebung von $\mathfrak{z}_0$ in endlich viele zusammenhängende Riemannsche Flächen; der Punkt r_0 ist Häufungspunkt wenigstens einer derselben, etwa $\widetilde{F}$. Dann folgt, da $\overset{\scriptscriptstyle\vee}{p}$ und $\overset{\scriptscriptstyle\vee}{p}'$ nach Voraussetzung beide plurisubharmonisch in R sind und in $R-\Phi^{-1}(V)$ mit p übereinstimmen, unter Verwendung von Hilfssatz 5:

$$\varlimsup_{r\to r_0,\,r\in\widetilde{F}} p(r) = \begin{cases} \overset{\scriptscriptstyle\vee}{p}(r_0), \\ \overset{\scriptscriptstyle\vee}{p}'(r_0). \end{cases}$$

Daher gilt auch $\overset{\scriptscriptstyle\vee}{p}(r_0)=\overset{\scriptscriptstyle\vee}{p}'(r_0)$; mithin gibt es höchstens eine plurisubharmonische Fortsetzung von p in R.

Wir werden nun zeigen, daß die Funktion

$$\overset{\scriptscriptstyle\vee}{p}(r) = \varlimsup_{r'\to r,\,r'\in R-D} p(r'), \quad D \subset \Phi^{-1}(V),$$

tatsächlich eine plurisubharmonische Fortsetzung von p in R ist.

Zu dem Zwecke sei τ irgendeine holomorphe Abbildung eines Gebietes W der z-Ebene in R; wir dürfen annehmen, daß τ nicht konstant ist. Dann ist die zur Abbildung

$$\Phi \circ \tau: \quad z_1 = f_1(z), \ldots, z_n = f_n(z)$$

gehörende Funktionalmatrix $(f_1'(z), \ldots, f_n'(z))$ bis auf eine in W isoliert liegende Punktmenge S' vom Maximalrang. Es gibt deshalb zu jedem Punkt $z^{(0)} \in W - S'$ eine Umgebung $U'(z^{(0)}) < W - S'$, derart, daß $\Phi \circ \tau (U')$ eine in einer Umgebung U'' von $\mathfrak{z}_0 = \Phi \circ \tau (z^{(0)})$ eindimensionale analytische Menge A ist. Wir ziehen nun folgenden hier nicht zu beweisenden Hilfssatz heran (zum Beweise desselben vgl. [6]).

Hilfssatz 7. Es sei (R'', Φ, U'') eine analytisch-verzweigte Überlagerung; es sei A eine eindimensionale analytische Menge in U''. Dann gibt es eine isolierte Punktmenge S^* in A, so daß $(\Phi^{-1}(A - S^*), \Phi, A - S^*)$ eine unverzweigte Überlagerung ist.

Auf Grund dieses Hilfssatzes gibt es zu jedem Punkt $\mathfrak{z}_1 \in A - S^*$ eine n-dimensionale Umgebung $U^*(\mathfrak{z}_1) < U''$, derart, daß jede zusammenhängende Komponente $R_\varkappa$ von $\Phi^{-1}(U^*)$ über $(A - S^*) \cap U^*$ einblättrig ist. Ist nun $\overset{\smallsmile}{p}_\varkappa$ die Beschränkung von $\overset{\smallsmile}{p}$ auf $R_\varkappa$ und bezeichnet $\overset{\smallsmile}{q}_\varkappa$ die in U^* definierte, zu $\overset{\smallsmile}{p}_\varkappa$ gehörende elementarsymmetrische Funktion, so ist nach Hilfssatz 6 jede dieser Funktionen $\overset{\smallsmile}{q}_\varkappa$ plurisubharmonisch in U^*. Da über jedem Punkt von $(A - S^*) \cap U^*$ jeweils nur ein Punkt von $R_\varkappa$ liegt, stimmt $\overset{\smallsmile}{p}_\varkappa$ auf

$$\Phi^{-1}\big((A - S^*) \cap U^*\big) \cap R_\varkappa$$

mit $\overset{\smallsmile}{q}_\varkappa$ auf $(A - S^*) \cap U^*$ überein. Daraus folgt aber, daß die Beschränkung von $\overset{\smallsmile}{p}$ auf $\Phi^{-1}(A - S^*)$ eine subharmonische Funktion ist. Setzt man nun $S = (\Phi \circ \tau)^{-1}(S^*) \cap U'(z^{(0)})$, so ist S eine isolierte Punktmenge in $U'(z^{(0)})$; da τ die Menge $U' - S$ in $\Phi^{-1}(A - S^*)$ abbildet, ist $\overset{\smallsmile}{p} \circ \tau$ subharmonisch in $U' - S$. Es bleibt zu zeigen, daß $\overset{\smallsmile}{p} \circ \tau$ auch in allen Punkten von S selbst subharmonisch ist; sei also $z^{(1)} \in S$ irgendein Punkt. Wir wählen eine Umgebung $\widehat{U}\big(\Phi \circ \tau (z^{(1)})\big)$ so, daß $\big(\Phi^{-1}(\widehat{U}), \Phi, \widehat{U}\big)$ eine zusammenhängende, s-blättrige Komponente $\widehat{R}$ enthält, die über $\mathfrak{z}_1 = \Phi \circ \tau (z^{(1)})$ nur den einen Punkt $r_1 = \tau(z^{(1)})$ besitzt.

Es sei $\overset{\smallsmile}{p}(r_1) = m$. Wir bilden in $\widehat{U}$ zu der Beschränkung von $\overset{\smallsmile}{p}$ auf $\widehat{R}$ die elementarsymmetrische Funktion $\overset{\smallsmile}{q}(\mathfrak{z})$; dieselbe ist nach Hilfssatz 6 in $\widehat{U}$ plurisubharmonisch. Deshalb ist $\overset{\smallsmile}{q} \circ \Phi \circ \tau$ in der Umgebung von $z^{(1)}$ subharmonisch. Es gilt: $\varlimsup\limits_{z \to z^{(1)}} \dfrac{1}{s} \overset{\smallsmile}{q} \circ \Phi \circ \tau (z) = m$.

Andererseits gilt, falls man $\varlimsup\limits_{z \to z^{(1)}} \overset{\smallsmile}{p} \circ \tau (z) \leq m_1 < m$ annimmt:

$$\frac{1}{s} \varlimsup_{z \to z^{(1)}} \overset{\smallsmile}{q} \circ \Phi \circ \tau (z) = \varlimsup_{z \to z^{(1)}} \frac{1}{s} \Big(\overset{\smallsmile}{p} \circ \tau (z) + \sum_{\substack{r_\sigma \in \Phi^{-1}\Phi\tau(z) \cap \widehat{R} \\ r_\sigma \neq \tau(z)}} \overset{\smallsmile}{p}(r_\sigma) \Big)$$

$$\leq \frac{m_1}{s} + \frac{s-1}{s} m < m.$$

Also muß gelten $\varlimsup\limits_{z \to z^{(1)}} \overset{\smallsmile}{p} \circ \tau (z) = m$; d.h. aber, daß $\overset{\smallsmile}{p} \circ \tau (z^{(1)})$ mit der subharmonischen Fortsetzung von $\overset{\smallsmile}{p} \circ \tau$ in $z^{(1)}$ übereinstimmt. Die Funktion $\overset{\smallsmile}{p} \circ \tau$ ist somit in jedem Punkt von U' subharmonisch. Daraus folgt, daß $\overset{\smallsmile}{p} \circ \tau$ in $W - S'$ subharmonisch ist. Wiederholt man den soeben durchgeführten Schluß für die ebenfalls isoliert liegenden Punkte von S', so ergibt sich, daß $\overset{\smallsmile}{p} \circ \tau$ überall in W subharmonisch ist. Damit ist Satz 3 vollständig bewiesen.

7. Wir beweisen nun abschließend Satz 4, indem wir zeigen, daß unter seinen Voraussetzungen auch die Voraussetzungen von Satz 3 erfüllt sind. Wir können wieder annehmen, daß X eine analytisch-verzweigte Überlagerung (R, Φ, G) ist und dürfen weiter, falls G hinreichend klein gewählt ist, laut Definition der dünnen Menge sogar voraussetzen, daß es eine in G analytische, höchstens $(n-2)$-dimensionale Menge M gibt, so daß gilt: $D \subset \Phi^{-1}(M)$. Wir zeigen, daß $p(r)$ in einer Umgebung eines jeden Punktes aus D nach oben beschränkt ist. Damit ist dann der Satz bewiesen, da eine dünne Menge der Ordnung 2 erst recht dünn von der Ordnung 1 ist. Angenommen, $r' \in D$ sei ein Punkt, in dessen Umgebung p nicht nach oben beschränkt ist. Dann gibt es eine gegen r' konvergierende Punktfolge $r_\nu \in R - \Phi^{-1}(M \cup V)^7)$, so daß gilt: $\lim\limits_{\nu \to \infty} p(r_\nu) = + \infty$. Wir setzen $\mathfrak{z}_\nu = \Phi(r_\nu)$, $\mathfrak{z}' = \Phi(r')$; dann gilt $\lim\limits_{\nu \to \infty} \mathfrak{z}_\nu = \mathfrak{z}'$. Es sei nun E' eine eindimensionale analytische Ebene durch $\mathfrak{z}'$, die $M \cup V$ in einer Hyperkugel $H(\mathfrak{z}') \subset\subset G$ nur in $\mathfrak{z}'$ schneidet. Es gibt dann eine gegen E' konvergierende Folge E_ν von eindimensionalen analytischen Ebenen durch $\mathfrak{z}_\nu$, die $M \cap H$ nirgends und $V \cap H$ nur punkthaft schneiden. Es gibt weiter eine reelle Zahl k, so daß für jeden Punkt $r \in \Phi^{-1}(E' \cap \partial H)$ gilt: $p(r) < k$. Aus der Halbstetigkeit von p nach oben folgt, daß diese Ungleichung auch noch in einer ganzen Umgebung U von $\Phi^{-1}(E' \cap \partial H)$ gilt. Wählt man ν hinreichend groß, so ist $\Phi^{-1}(E_\nu \cap \partial H)$ in U enthalten. Da $\left(\Phi^{-1}(E_\nu \cap H - V),\ \Phi,\ E_\nu \cap H - V\right)$ zu einer Überlagerung von $E_\nu \cap H$ fortsetzbar ist, ergibt das Maximumprinzip, daß $p(r)$ auf $\Phi^{-1}(E_\nu \cap H)$ kleiner als k ist. Deshalb gilt auch $p(r_\nu) \leq k$, da $r_\nu \in \Phi^{-1}(E_\nu \cap H)$. Daraus folgt aber $\lim\limits_{\nu \to \infty} p(r_\nu) \leq k$ im Widerspruch zur Annahme. Satz 4 ist bewiesen.

Literatur

[1] BRELOT, M.: Étude des fonctions sousharmoniques au voisinage d'un point. Act. scient. et ind. 139, II, 5—55 (1934). — [2] BREMERMANN, H.: On the conjecture of the equivalence of the plurisubharmonic functions and the Hartogs functions. Math. Ann. 131, 76—86 (1956). — [3] CARTAN, H.: Séminaire E.N.S. Paris 1951/52 u. 1953/54 (hektographiert). — [4] GRAUERT, H., u. R. REMMERT: Zur Theorie der Modifikationen I. Math. Ann. 129, 274—296 (1955). — [5] GRAUERT, H., et R. REMMERT: Fonctions plurisousharmoniques dans des espaces analytiques. Généralisation d'un théorème d'Oka. C.R. Acad. Sci. Paris 241, 1371—1373 (1955). — [6] GRAUERT, H., u. R. REMMERT: Analytischverzweigte Überlagerungen und komplexe Räume. Erscheint demnächst in den Math. Ann. — [7] HIRZEBRUCH, F.: Über vierdimensionale Riemannsche Flächen mehrdeutiger analytischer Funktionen von zwei komplexen Veränderlichen. Math. Ann. 126, 1—22 (1953). — [8] HITOTUMATU, S.: On some conjectures concerning pseudo-convex domains. J. Math. Soc. Jap. 6, 173—195 (1954). — [9] LELONG, P.: Fonctions plurisousharmoniques; mesures de Radon associées. Applications aux fonctions analytiques. Colloque sur les Fonctions de plusieurs variables, Bruxelles, 21—40, 1953. — [10] OKA, K.: Sur les fonctions analytiques de plusieurs variables. IX: Domaines finis sans point critique intérieur. Jap. J. Math. 23, 97—155 (1953). — [11] REMMERT, R., u. K. STEIN: Über die wesentlichen Singularitäten analytischer Mengen. Math. Ann. 126, 263—306 (1953).

---

7) Das folgt unter Verwendung von Satz 3!

Münster i. W., Mathematisches Institut der Universität
(Eingegangen am 1. Januar 1956)

Part II

Levi Problem and Pseudoconvexity

Commentary

1

The most important papers of this section are [4] and [19]. Holomorphically complete complex spaces (holomorph vollständige komplexe Räume) are called Stein spaces, now. In the case of complex manifolds they were introduced by Karl Stein (see his paper: Analytische Funktionen mehrerer komplexer Veränderlicher zu vorgegebenen Periodizitätsmoduln und das zweite Cousinsche Problem. Math. Annalen 123, 201–222 (1951)). Stein had too many axioms. They had to be simplified so that the following was an immediate consequence: Any (possibly branched) domain over the n-dimensional complex number space $\mathbb{C}^n$, which is holomorphically convex, is a Stein space.

Domains X in $\mathbb{C}^n$ are just Stein spaces if they are domains of holomorphy. This means that there is a holomorphic function f in X, which is singular in all the boundary points of X. In dimensions higher than one this is not always the case. Cartan and P. Thullen proved in the early thirties the existence of f is equivalent, with the fact that X is holomorphically convex (see: H. Cartan and P. Thullen: Regularitäts- und Konvergenzbereiche. Math. Ann. 106, 617–647 (1932)).

In general, a *Stein space* is an arbitrary complex space X, which has the following two additional properties:

1. X is *(holomorphically) spreadable* (= K-vollständig) i.e. for every point $x_0 \in X$ there are holomorphic functions $f_1, \ldots, f_\ell$ on X such that x_0 is an isolated point of the set $\{x \in X : f_1(X) = \ldots = f_\ell(x) = 0\}$.
2. X is holomorphically convex, i.e. for any discrete sequence of points $x_\mu \in X$ there is a holomorphic function f of X such that $f(x_\mu)$ is unbounded.

The proof of the main result in [4] used methods of K. Oka. A much more direct and simpler proof was given in [65].

Since the beginning of this century mathematicians in complex analysis know, that the boundary of a domain of holomorphy has a property of convexity: it is *pseudoconvex*, which is much weaker than the ordinary convexity with respect to the Euclidean geometry. The Levi problem asks whether the converse is true. Finally, this statement was proved by K. Oka for unbranched domains over the $\mathbb{C}^n$ (Sur la théorie des fonctions des plusieurs variables. IX: domains finis sans point critique interieur. Jap. J. Math. 1953).

Oka's methods are very complicated. At first he proved (rather simply) that in any unbranched pseudoconvex domain X there is a continuous strictly plurisubharmonic function $p(x)$ which converges to $+\infty$ as x goes to the (ideal) boundary of X. Then he got the existence of holomorphic functions f from this property. In [19] the existence of the f comes from a theorem of L. Schwartz in functional analysis (topological vector spaces, see: H. Cartan, Séminaire E.N.S. 1953/54, Exposés XVI and XVII). The approach is much simpler, but my predecessor in Göttingen C.L. Siegel nevertheless did not like it: Oka's method is constructive and this one is not!

In [32] there is an example of a 3-dimensional bounded complex manifold (i.e. X together with a boundary is compact) with smooth pseudoconvex boundary, which is strictly pseudoconvex outside a (real) 3-dimensional surface and is not holomorphically convex. However, the following statement is expected to be true: Assume that X is a bounded complex manifold and that the boundary ∂X of X is smooth and pseudoconvex. If $x_0\varepsilon\ \partial X$ is a point where ∂X is strictly pseudoconvex then there is a holomorphic function f in X which converges towards ∞ when we approach x_0. In the eighties Y.T. Siu (A vanishing theorem for semi positive line bundles over non-Kähler manifolds. J. Diff. Geom. 19, 431–454 (1984)) and J.P. Demailly (Champs magnétiques et inégalités de Morse pour la d''-cohomologie. Grenoble 1985) were able to prove the case when X is a tubular neighborhood of the zero section of a holomorphic line bundle over a compact complex manifold.

In [19] the proof is performed for manifolds only. It was proved that every real-analytic manifold (with countable topology) has arbitrary small complexifications, which are Stein manifolds. From this an approximation theorem was derived: Every differentiable map can be approximated by real-analytic ones. Any two real-analytic manifolds, which are diffeomorphic are real-analytically equivalent also, which solved a problem stated by H. Whitney (The self-intersections of a smooth n-manifold in $2n$-space. Ann. of Math. 45, 220–246 (1944)).

Most of the proofs can be transformed to real-analytic spaces, see [91].

The Levi problem was solved in [19] by the "bumping technique". This bumping technique was applied later by Kerzman to get global solutions for the $\bar{\partial}$ equation with estimates from the local solution of $\bar{\partial}$ (N. Kerzman: Hölder and L^p estimates for solution of $\bar{\partial}u = f$ in strongly pseudoconvex domains. Comm. Pure Applied Math. 26 (1971), 301–379). The "bumping technique" was generalized to the case of q-convex and q-concave spaces in [30].

After the solution of the Levi problem, in a joint paper with Docquier [23] the following result on locally Stein sets was proved by using the technique of holomorphic retraction from a Stein tubular neighborhood of a complex submanifold of $\mathbf{C}^n$ to the submanifold. An open subset G of a Stein space X is called locally Stein if for every point x in G there exists an open neighborhood U of x in X such that $U \cap G$ is Stein. The result was that a locally Stein open subset of a Stein manifold is Stein. It was conjectured that the same result should hold for Stein spaces instead of Stein manifolds, but the conjecture is still open. Andreotti and Narasimhan proved the case when the ambient space has only isolated singularities (A. Andreotti and R. Narasimhan: Oka's Heftungslemma and the Levi problem for complex spaces. Trans. Amer. Math. Soc. 111 (1964), 345–366). A paper of A. Hirschowitz shed some light on the difficulty of the case of Stein spaces (A. Hirschowitz: Pseudoconvexité au dessus d'espaces plus ou moins homogènes 26 (1974), 303–322). For $\mathbb{C}^n$ (and therefore also for Stein manifolds by embedding it in $\mathbb{C}^n$ and using the holomorphic retraction), Steinness is a local property because one can consider -log of the Euclidean distance to the boundary. Hirschowitz observed that the Euclidean distance to the boundary can be interpreted as the minimum of exit time out of the subdomain along holomorphic vector fields defined on the ambient manifold. Because of Rossi's result (Ann. of Math.) one knows that at a general singular point there cannot be any local holomorphic vector field nonvanishing at that point.

2

There is a problem related to the Levi problem on which much work was done using the techniques of the Levi problem after the Levi problem was solved. It is the problem of J.-P. Serre (Quelques problèmes globaux relatifs aux variétés de Stein. Colloque sur les fonctions de plusieurs variables, Bruxelles 1953, Georges Thone, Liège; Masson, Paris 1953, pp. 57–68). The problem asked whether a holomorphic bundle whose fiber and base are both Stein is Stein. The case where the bundle space is a topological covering space over the base was proved by K. Stein (Überlagerungen holomorph-vollständiger komplexer Räume, Arch. Math. 7 (1956), 354–361) and there was a later generalization by LeBarz (A propos des revêtements ramifiés d'espaces de Stein. Math. Ann. 222 (1976), 63–69). Y. Matsushima and A. Morimoto proved the case when the structure group is a connected complex Lie group (Sur certains espaces fibrés holomorphes sur une variété de Stein. Bull. Soc. Math. France 88 (1960), 137–155). For the other extreme when the structure group is totally real (for example the case of the automorphism of a bounded Euclidean domain) there are a number partial results by a number of mathematicians:

J. Brun: Sur le problème de Levi dans certains fibrés. manuscripta math. 14 (1974), 217–222. J. Brun: Le problème de Levi dans les fibrés à base de Stein et a fibre une courbe compacte. Ann. Inst. Fourier (Grenoble) 27 (1977), 17–28. G. Fischer: Holomorph-vollständige Faserbündel. Math. Ann. 180 (1969), 341–348. G. Fischer: Fibrés holomorphes au-dessus d'un espace de Stein espaces analytiques. Acad. Rep. Soc. Romains. Bucharest 1971, pp. 57–69. G. Fischer: Hilbert spaces of holomorphic functions on bounded domains. Manuscripta Math. 3 (1970), 305–314. A. Hirschowitz: Sur certains fibrés holomorphes à base et fibre de Stein (corrections), Compte Rendus 278 (1974), série A, 87–91. A. Hirschowitz: Domains de Stein et fonctions holomorphes bornées. Math. Ann. 213 (1975), 185–193. K. Königsberger: Über die Holomorphie-Vollständigkeit lokal trivialer Faserräume. Math. Ann. 189 (1970), 178–184. N. Sibony: Fibrés holmorphes et métrique de Carathéodory. C. R. Acad. Sci. Paris 279 (1974), 261–264. Y.-T. Siu: All plane domains are Banach-Stein, manuscripta math. 14 (1974), 101–105. Y.-T. Siu: Holomorphic fiber bundles whose fibers are bounded Stein domains with zero first Betti number. Math. Ann. 219 (1976), 171–192. J.-L. Stehlé: Fonctions plurisubharmoniques et convexité holomorphe de certain fibrés analytiques. Séminaire P. Lelong (Analyse), 1973–1974, 153–179.

One of the last partial results was that the answer to the Serre problem is affirmative when the fiber is a bounded domain in $\mathbb{C}^n$ whose first Betti number is zero. Then Skoda and later Demailly and Loeb-Coeuré gave counter-examples even with the fiber being a bounded Stein domain in $\mathbb{C}^2$ (H. Skoda: Fibrés holomorphe à base et à fibre de Stein. C. R. Acad. Sci. Paris 284 (1977), 1199–1202. H. Skoda: Fibrés holomorphe à base et à fibre de Stein. Invent. Math. 43 (1977), 97–107. J.-P. Demailly: Un exemple de fibré holomorphe non de Stein à fibre $\mathbb{C}^2$ ayant pour base le disque ou le plan. Invent. Math. 48 (1978), 293–302. J. J. Loeb and G. Coeuré: A counter example to the Serre problem with a bounded domain of $\mathbb{C}^2$ as fiber. Ann. of Math. 122 (1985), 329–334.)

Another result stemming from the Levi problem is the existence of a Stein open neighborhood for a Stein subvariety of an open subset of $\mathbb{C}^n$ (Y. T. Siu: Every Stein subvariety admits a Stein neighborhood. Invent. Math. 38 (1976), 89–100). This result was related to the problem of extension of regular holomorphic maps which H. Royden considered in order to prove the semicontinuity of the infinitesimal Kobayashi metric (Remarks on the Kobayashi metric. Proc. Maryland Conf. on Several Complex Variables. Lecture Notes in Math. Vol. 185, Springer-Verlag. The extension of regular holomorphic maps. Proc. A.M.S. 43 (1974), 306–312).

3

The paper [23] is concerned with unbranched domains over a Stein manifold X. It contains the usual theory (for instance of semi-continuous exhaustion by pseudo convex open subsets), which was known in $\mathbb{C}^n$ before. If $G \Subset X$ is a (weakly) pseudoconvex domain then G can be exhausted by a sequence of strictly pseudoconvex domains $G_\mu \Subset G_{\mu+1} \Subset X$ with $\mu = 1, 2, 3, \ldots$. The proofs of the most important theorems of sheaf theory for pseudoconvex subdomains G use this exhaustion. Therefore, a generalization to the abstract case where X is not a subdomain of a Stein manifold would be desirable. But from the 2-dimensional example of a relatively compact smooth flat pseudoconvex subdomain X of a topologically trivial holomorphic line bundle over a compact Riemann surface of genus $g > 0$ in [32] follows easily that there is a bounded complex manifold with a smooth real-analytic pseudoconvex boundary, which cannot be exhausted in this way.

On the other hand a complex manifold which can be exhausted by a sequence of relatively compact open strongly pseudoconvex open Stein subsets is not necessarily Stein (Fornaess: An increasing sequence of Stein manifolds whose limit is not Stein. Math. Annalen 223, 257–277 (1976), and also: A counterexample for the Levi problem for branched Riemann domains over $\mathbb{C}^n$. Math. Ann. 234, 275–277 (1978)). In the last paper also an example is given of a branched domain X over the $\mathbb{C}^n$, which is pseudo-convex, but is not holomorphically convex. The word "pseudoconvex" means here that every boundary point of X has a neighborhood which is a Stein space (i.e. X is locally Stein).

The paper [9] proves for unbranched domains X over $\mathbb{C}^n$ for instance that it is not necessary to require that X is pseudoconvex in all boundary points in order that X is a domain of holomorphy (see also: K. Diederich and T. Oshawa, A Levi problem on 2-dimensional complex manifolds). An important result is also the fact that in a proper modification $X \to Y$, where X is smooth, the analytic set $A \subset X$ which came in by the modification has codimension 1 everywhere.

In [14] complex manifolds are considered, which are projective complex-algebraic in one direction and are Stein manifolds in the other. They are called analytically complete manifolds. There were very many attemps to get results. One problem is: Assume that X is a projective complex-algebraic manifold and that $X^\wedge$ is the universal covering of X. Is then $X^\wedge$ an analytically complete complex manifold?

Every unbranched pseudoconvex domain over the complex-projective space $\mathbb{P}_n$ can be exhausted again by strictly pseudoconvex subdomains. Moreover it can be proved that it is holomorphically spreadable, which follows from the fact that it does not contain compact analytic subsets of higher dimension. So it is a Stein manifold. We get also that every unbranched domain of holomorphy over the $\mathbb{P}_n$ is a Stein manifold.

4

The solution of the general Levi problem was used in [28] to prove the existence of exceptional analytic sets $A \subset X$. Here X denotes a (reduced) complex space and $A \subset X$ a compact analytic subset, which everywhere has a positive dimension. The set A is called an exceptional analytic set if there exists a complex space Y together with a finite set $D \subset Y$ of points and a proper modification $\pi : X \to Y$ which maps $X - A$ biholomorphically onto $Y - D$. So by the inverse of the modification A is taken out of X and replaced by D. We say that A is blown down. The main result of [28] is:

Assume that A is an analytic subset of a complex space as described before. Then A is exceptional if and only if there is a relatively compact neighborhood U around A with strictly pseudoconvex boundary such that A is the so called maximal compact analytic subset of U.

The last notion means that every compact analytic subset $B \subset U$, which has positive dimension everywhere is contained in A as a subset. A complex analytic vectorbundle V over a compact complex space X (or more general a complex analytic linear space over X) is called *weakly negative* if the zero cross section $O = A$ is exceptional. If V is a weakly negative vectorbundle a symmetric power of the dual V^* is very ample and X is projective algebraic. If a normalspace (= generalized normal bundle) of a compact analytic subset A in a complex space X is weakly negative then A is exceptional (See also Th. Peternell: Über exzeptionelle

Mengen. manuscripta math. 37 (1982), 15–26). By this we get for 2-dimensional complex manifolds X:

Assume that A is a complex-analytic curve in X consisting of the irreducible components A_μ such that the intersection matrix $((A_\mu \cdot A_\lambda))$ is negative definite. Then A is exceptional.

The converse of this result was proved by Mumford.

Finally in [28] a theorem on the formal principle was proved. It was assumed that X is a complex manifold and that A is a smooth compact analytic subset of X, which everywhere has codimension 1. If the normal $N(A)$ is negative (here = weakly negative) the formal principle is valid. Moreover the following stronger statement is true:

Assume that $A_1 \subset X_1$ and $A_2 \subset X_2$ are two copies of this situation. Then there is an integer μ_0 such that for every $\mu > \mu_0$ any isomorphism of infinitesimal neighborhoods $A_{1(\mu)} \simeq A_{2(\mu)}$ can be extended to isomorphisms of full neighborhoods.

As mentioned before this result was generalized by Hironaka and Rossi, see: Section 1, 8.

The method of using a strongly pseudoconvex neighborhood to blow down exceptional subvarieties was later generalized by a number of mathematicians to the parametrized case and more general settings (K. Knorr and M. Schneider: Relativ-exzeptionelle analytische Mengen. Math. Ann. 193 (1971), 238–254. Th. Peternell: Über exzeptionelle Mengen. Th. Peternell: Vektoraumbündel auf exzeptionelle Unterräumen. Arch. d. Math 1982. Th. Peternell: On strongly pseudoconvex Kähler manifolds. Invent. Math. 70 (1982), 157–168. M. Schneider. Familien negativer Vektorbündel und 1-konvexe Abbildungen. Abh. Math. Sem. Univ. Hamburg 47 (1978), 150–170).

5

Assume that X is an n-dimensional connected compact normal complex space and that F is a complex-analytic line bundle on X. We call F positive if the dual F^* is negative (here = weakly negative). In [28] the following theorem was proved:

X is a projective algebraic space if and only if there is a positive line bundle F on X.

In this theorem it is possible to replace X by an arbitrary compact complex space and F by a weakly positive vectorbundle. But in the restricted case a generalization of Kodaira's famous theorem on Hodge manifolds is possible (K. Kodaira: On Kähler varieties of the restricted type. Annals of Math. 60, 28–48 (1954)). Assume that ϱ is a metric on X. Then ϱ is called a Kähler metric in X if for every point $x_0 \in X$ there is a biholomorphic embedding $U(x_0) \to G \subset \mathbb{C}^n$ such that $\varrho|U$ is the restriction of a Kähler metric in G. The metric ϱ is called a *Hodge metric*, if the 2-dimensional periods are integral. In this case it is possible to construct a positive line bundle F from ϱ and it follows that X is projective algebraic. Also the converse is true. The whole theorem is a generalization of the theorem on periods relations for complex tori.

Siu and Demailly obtained a generalization by their main theorem quoted in **1**. A line bundle F on a connected compact normal complex space X is called *almost positive*, if there is a relatively compact neighborhood U around the 0-cross section of the dual F^* with the following properties:

a) The boundary of U is smooth and pseudoconvex,
b) the boundary is strictly pseudoconvex in at least one point.

If X has dimension n then X is called a *Moishezon space* if there are n analytically (here = *algebraically*) independent meromorphic functions on X. The result of Siu and Demailly is:

X is a Moishezon space if and only if there is a almost positive line bundle on X.

This theorem was conjectured in paper [50].

<h1 style="text-align:center">6</h1>

In 1963 I learned by S. Lang at the Hirzebruch Arbeitstagung in Bonn that the Mordell conjecture for complex function fields is of interest and that J. Manin had produced a proof for it, recently (Manin: Rational points of algebraic curves over function fields. Ivz. Akad. Nauk SSSR Ser. mat. 27, 1395–1440 (1963)). I saw that this theorem followed very simply from the ideas of [28]. The method was analytic. But I never published such a proof. Later on, a version of the original method was generalized by D. Riebesehl from hyperbolic curves to the case of certain hyperbolic manifolds X (Riebesehl: Hyperbolische komplexe Räume und die Vermutung von Mordell. Math. Annalen 257, 99–110 (1981)). But I felt already 1963 that the proof should be done in the context of algebraic geometry over ground fields of any characteristic. It was not difficult to transform the old methods. So I got the first algebraic proof, which also worked in this general situation.

The problem has a geometric interpretation: Assume that k is a field of arbitrary characteristic and that X and Y are algebraic manifolds over k and that $\pi : X \to Y$ is a proper regular map whose fibers are purely one dimensional. Assume moreover that the generic fibres over the points of Y are curves of genus $g > 1$, i.e. that they are hyperbolic. Then a rational point over the field K of rational functions on Y is just a rational cross section in the family X over Y. So the question is: Are there only finitely many cross sections? In [38] it is proved using symmetric powers of abelian forms, that the answer is positive if the family $X \to Y$ is not birationally equivalent to a cartesian product (which, of course is also necessary) and the ground field is infinite.

In the case of a finite ground field the theorem is not true, in general. This case was solved in 1966 by P. Samuel (see: Complements a un article de Hans Grauert sur la conjecture de Mordell. Publications math. 29, 55–62 (1966)).

Very lately some people saw that Manin's proof had a gap. But it could be closed by R. Coleman (Manin's proof of the Mordell conjecture over function fields. Enseignement matématiques 36, 339–427 (1990)). Of course, the aim was to solve the original Mordell conjecture for number fields in arithmetic geometry (L.J. Mordell: On the rational solutions of the indeterminate equation of the third and forth degree. Proc. Cambridge Philos. Soc. 21, 179–192 (1922)). It seems to be clear that neither the proof by Manin nor my proof can be transformed to the arithmetic case. In my proof the tangent space was used which does not exist in arithmetic geometry. There are ideas which can be carried over from algebraic geometry to arithmetic geometry, see A. Grothendieck. But in general they are essentially cohomological.

In the case of the number theoretic Mordell conjecture at first A.N. Parshin made preperations proving that the Mordell conjecture is a consequence of the so called Shafarevich conjecture (see: Algebraic curves over function fields. Isv. Akad. Nauk SSSR Ser. Mat. 32 (1968)). After that G. Faltings (Endlichkeitssätze für abelsche Mannigfaltigkeiten über Zahlkörpern. Invent. math. 73, 349–366 (1983)) was able to solve the problem by proving the Sharafervich conjecture via the Tate conjecture. I cannot see any connection with the ideas of my proof for function fields.

In response to a conjecture of S. Lang, the proof of the Mordell conjecture over functions by complex geometry was generalized from a curve of genus at least two to a general compact hyperbolic Kähler manifold by Riebesehl and by Noguchi (Hyperbolic fiber spaces and Mordell's conjecture over function fields. Publ. RIMS 21 (1985), 27–46). Another development in this direction is the result of N. Mok on the function field case of the Mordell-Weil theorem in which a hyperbolic fibers are replaced by an Abelian varieties. (N. Mok: Aspects of Kähler geometry on arithmetic varieties. Am. Math. Soc. Proc. Symp. Pure Math. 52, 335–396 (1991)).

7

The paper [5] was my thesis. It contains (among others) the following results:

1. *A Hermitian metric in a complex manifold is a Kähler metric if and only if all local analytic sets are minimal surfaces.*
2. *If X is an unbranched domain over $\mathbb{C}^n$ with real-analytically smooth boundary, then X is pseudoconvex if and only if X has a complete Kähler metric.*

Of course, the condition on the boundary is very restrictive. But the theorem is not true in general if the boundary of X contains lower dimensional components. As a counterexample, a method was introduced in [5] to construct a complete Kähler metric on the complement of a proper subvariety in a compact projective algebraic manifold.

There are two directions in which further work was done in this problem of characterizing Stein manifolds by complete Kähler metrics. Because of the counter-example, some additional conditions (on the boundary or the curvature of the metric on the interior) are needed to ensure that a complete Kähler manifold is Stein.

In the case of boundary conditons final satisfactory solutions were obtained in the following papers by K. Diederich, J. E. Fornaess, T. Oshawa, and P. Pflug. T. Oshawa: On complete Kähler domains with $\mathbb{C}^1$-boundary. Pub. RIMS Kyoto 16, 929–940 (1980). T. Oshawa: Analyticity of complements of complete Kähler domains. Proc. Jap. Acad. 56, Ser. A, 484–487 (1980). K. Diederich and P. Pflug: Über Gebiete mit vollständiger Kählermetrik. Math. Annalen 257, 191–198 (1981). K. Diederich and J.E. Fornaess: Thin complements of complete Kähler domains. Math. Annalen 259, 331–341 (1982). The article: Diederich-Fornaess: On the nature of thin complements of complete Kähler metrics, Wuppertal, is a survey. The main result reads: *Assume that $G \subset \mathbb{C}^n$ is a domain with a complete Kähler metric. Assume moreover that the boundary points of G in the open kernel of the closure of G have Stein neighborhoods. Then G is a Stein manifold.*

In the case of curvature condition on the interior, any one of the following four conditions is sufficient for a complete Kähler manifold M to be Stein.

(1) M is simply connected and the sectional curvature ≤ 0.
(2) M is noncompact, the sectional curvature ≥ 0 and moreover > 0 outside a compact set.
(3) M is noncompact, the sectional curvature ≥ 0, and the holomorphic bisectional curvature > 0.
(4) M is noncompact, the Ricci curvature > 0, the sectional curvature ≥ 0 and the canoncial line bundle is trivial.

This is the result of R. E. Green and H. Wu (Curvature and complex analysis I, II, III. Bull. Amer. Math. Soc. 77 (1971), 1045–1049; 78 (1972), 866–870; 79 (1973), 606–608. Some function-theoretical properties of noncompact Kähler manifolds. Proc. Symp. Pure Math. 27, Part II, Amer. Math. Soc. Providence, R.I. 1975, pp. 33–41. C^∞-convex functions and manifolds of positive curvature. Acta Math. 137 (1976), 209–244. Analysis on noncompact Kähler manifolds. Proc. Symp. Pure Math. vol 30, part II, Amer. Math. Soc. Providence, R.I. 1977, pp. 69–100.)

For a bounded domain in $\mathbb{C}^n$ N. Mok and S.T. Yau proved that it is Stein if and only if it admits a complete Kähler-Einstein metric (Completeness of the Kähler-Einstein metric on bounded Riemann domains and the characterization of domains of holomorphy by curvature conditions. Proc. Symp. Pure Math. 39 (1983), 41–59).

The method [5] of constructing a complete Kähler metric on the complement of a proper subvariety in a compact projective algebraic manifold was used by Ohsawa for vanishing theorems and to apply L^2 estimates of $\bar\partial$ on complete Kähler manifolds to derive the relation between $L^2-\bar\partial$-cohomology and intersection cohomology (Vanishing theorems on complete Kähler manifolds. Publ. RIMS (1984), 21–38. Hodge spectral sequence on compact Kähler spaces. Publ. RIMS (1987), 265–274. Supplement, Publ. RIMS 27 (1991), 505–507. Hodge spectral sequence and symmetry on compact Kähler spaces. Publ. RIMS (1987), 613–625. An extension of Hodge theory to Kähler spaces with isolated singularities of restricted type. Publ. RIMS 24 (1988), 253–263. Cheeger-Goresky-MacPherson's conjecture for the varieties with isolated singularities. Math. Z. 206 (1991), 219–224. A vanishing theorem on Kähler manifolds with certain stratified structures. In: Complex Analysis, Proceedings of the International Workshop, Wuppertal 1990, ed. K. Diederich, Aspects of Mathematics, Vol. 17, Vieweg Verlag 1991. On the L^2 cohomology groups of isolated singularities, Advanced Studies in Pure Math 22). He could, for example, reprove the following result of L. Saper which Saper proved for algebraic varieties with isolated singularieties (L_2-cohomology and intersection homology of certain algebraic varieties with isolated singularities. Invent. Math. 82 (1985), 207–255): *For any noncompact irreducible Kähler space $\bar{X}$ with isolated singularity, there exists a complete Kähler metric on its nonsingular part X such that the L^2 cohomology group $H^r_{(2)}(X)$ of X is isomorphic to the intersection cohomology group $IH^r(\bar{X})$ of $\bar{X}$ for all r.*

Papers Reprinted in this Part

Expressions in italics concern the contents of the paper.

Abbreviations: *lev* = Levi problem, convexity, Stein spaces, projective algebraic spaces; *deform* = deformation of complex structures, formal principle, vector bundles

[4] Charakterisierung der holomorph vollständigen komplexen Räume. Math. Annalen **129**, 233–259 (1955). *lev*

[19] On Levi's problem and the imbedding of real-analytic manifolds. Annals of Math., II. Ser. **68**, 460–472 (1958). *lev*

[23] (mit Docquier) Levisches Problem und Rungescher Satz für Teilgebiete Steinscher Mannigfaltigkeiten. Math. Annalen **140**, 94–123 (1960). *lev*

[9] (mit R. Remmert) Konvexität in der komplexen Analysis. Comment. Math. Helvetici **31**, 152–183 (1956). *lev*

[14] (avec R. Remmert) Espaces analytiquement complets. C.R. Acad. Sci. Paris **245**, 882–885 (1957). *lev*

[28] Über Modifikationen und exzeptionelle analytische Mengen. Math. Annalen **146**, 331–368 (1962). *deform*

[38] Mordells Vermutung über rationale Punkte auf Algebraischen Kurven und Funktionenkörper. Publ. Math. IHES Paris **25**, 363–381 (1965). *lev*

[5] Charakterisierung der Holomorphiegebiete durch die vollständige Kählersche Metrik. Math. Annalen **131**, 38–75 (1956). *lev*

4.

Charakterisierung
der holomorph vollständigen komplexen Räume

Math. Annalen **129**, 233–259 (1955)

Einleitung. Seit RIEMANN ist sich jeder Kenner der klassischen Funktionentheorie bewußt, daß die mehrdeutigen holomorphen Funktionen gleichzeitig mit den eindeutigen holomorphen Funktionen behandelt werden müssen. Dementsprechend ist die Riemannsche Fläche das allgemeine Gebiet, in dem Funktionentheorie getrieben werden muß. Ein vollendeter Aufbau der Riemannschen Fläche wurde zuerst in HERMANN WEYLs „Idee der Riemannschen Fläche"[1]) gegeben. Doch gab es ein Jahrzehnt später noch durch T. RADÓ[2]) eine wesentliche Änderung der axiomatischen Grundlegung. T. RADÓ zeigte, daß in der Definition der (abstrakten) Riemannschen Fläche das Axiom der abzählbaren Umgebungsbasis überflüssig ist (dessen Erfülltsein vorher durch die Forderung nach Triangulierbarkeit implizit vorausgesetzt worden war).

In der Funktionentheorie mehrerer Veränderlichen hat man sehr viel längere Zeit zur Befriedigung der Forderung von RIEMANN benötigt, die mehrdeutigen holomorphen Funktionen den eindeutigen gegenüber gleichberechtigt behandeln zu können. Erst nachdem in den letzten Jahren die komplexen Mannigfaltigkeiten (und ihre Verallgemeinerung, die komplexen Räume[3])) bekannt geworden sind, ist es möglich geworden, die Funktionentheorie mehrerer komplexer Veränderlichen auf andere Grundlagen zu setzen. Dann aber stellte sich heraus, daß nicht geschlossene komplexe Mannigfaltigkeiten von höherer Dimension als 1 im allgemeinen in keiner Weise Eigenschaften aufweisen, die von den nicht geschlossenen Riemannschen Flächen her bekannt sind. E. CALABI und B. ECKMANN[4]) zeigten in einem Beispiel, daß es sogar komplexe Mannigfaltigkeiten von der topologischen Struktur der Zelle gibt, auf denen der Ring der dort holomorphen Funktionen nur aus den Konstanten besteht. Demgegenüber erkannte K. STEIN[5]), daß komplexe

---

[1]) Vgl. H. WEYL: Die Idee der Riemannschen Fläche, 1913 Teubner Verlag, Neuauflage 1955 Teubner Verlag.

[2]) T. RADÓ: Über den Begriff der Riemannschen Fläche. Acta Szeged **2**, 101—121 (1924).

[3]) Vgl. H. CARTAN: Séminaire, 1953—54, Exposé VI, und H. BEHNKE und K. STEIN: Modifikationen komplexer Mannigfaltigkeiten und Riemannscher Gebiete. Math. Ann. **124**, 1—16 (1951).

[4]) E. CALABI und B. ECKMANN: A class of compact complex manifolds, which are not algebraic. Ann. of Math. **58**, 494—500 (1953).

[5]) Vgl. K. STEIN: Analytische Funktionen mehrerer komplexer Veränderlichen zu vorgegebenen Periodizitätsmoduln und das zweite Cousinsche Problem. Math. Ann. **123**, 201—222 (1951).

Mannigfaltigkeiten, auf denen hinreichend viele holomorphe Funktionen existieren, ein ähnliches Verhalten wie die nicht geschlossenen Riemannschen Flächen zeigen. So entstand der Begriff der holomorph vollständigen Mannigfaltigkeit (in der französischen Literatur: *variété de Stein*[6])).

Eine komplexe Mannigfaltigkeit $\mathfrak{M}$ heißt holomorph vollständig, wenn:

1. $\mathfrak{M}$ eine abzählbare Umgebungsbasis besitzt,

2. zu zwei beliebigen Punkten $x, y \in \mathfrak{M}$, $x \neq y$, immer eine in $\mathfrak{M}$ holomorphe Funktion f, $f(x) \neq f(y)$ existiert,

3. es zu jedem Punkt $x \in \mathfrak{M}$ n holomorphe Funktionen gibt, die in einer Umgebung von x ein lokales Koordinatensystem definieren,

4. $\mathfrak{M}$ holomorph-konvex[7]) ist.

Auf holomorph vollständigen Mannigfaltigkeiten $\mathfrak{M}$ gilt ein Approximationssatz (vgl. Satz 6): *Jede in einem in bezug auf $\mathfrak{M}$ konvexen (vgl. Def. vor Satz 6) Teilbereich $\mathfrak{B}$ von $\mathfrak{M}$ holomorphe Funktion läßt sich im Innern von $\mathfrak{B}$ durch in $\mathfrak{M}$ holomorphe Funktionen gleichmäßig approximieren.* H. Cartan und J. P. Serre gelang die Ausdehnung der Theorie der *analytischen Garben* (faisceaux analytiques) auf holomorph vollständige Mannigfaltigkeiten. Ihre Hauptergebnisse sind in zwei fundamentalen Sätzen[8]) (théorème A und B) über die kohärenten analytischen Garben zusammengefaßt. Ein Spezialfall von théorème B ist die Gültigkeit der Aussage Cousin-I auf holomorph vollständigen Mannigfaltigkeiten (vgl. Satz 5): *Zu beliebig in $\mathfrak{M}$ vorgegebenen Hauptteilen gibt es immer eine in $\mathfrak{M}$ meromorphe Funktion.*

Nachdem sich die holomorph vollständigen Mannigfaltigkeiten in den Vordergrund der heutigen funktionentheoretischen Betrachtung geschoben haben, verdient die Frage Interesse, ob es zur Definition dieser Mannigfaltigkeiten notwendig ist, das Axiom 1 zu fordern[9]). Damit sind wir genau auf das Problem von T. Radó gekommen. Es zeigt sich, daß für holomorph vollständige Mannigfaltigkeiten eine Aussage analog zum Radóschen Satz richtig ist (Satz 8). Das Axiom 1 ist also zu deren Definition überflüssig.

In der vorliegenden Arbeit wird ferner das Problem untersucht, ob sich die Axiome 2, 3, 4 durch der Definition nach schwächere Forderungen ersetzen lassen. In der Tat zeigt sich, daß komplexe Mannigfaltigkeiten schon diesen drei Axiomen und dem Axiom 1 genügen, wenn sie holomorph-konvex und *K-vollständig* sind (vgl. § 4 und § 2). *Dabei heißt eine komplexe Mannigfaltigkeit $\mathfrak{M}$ K-vollständig, wenn es zu jedem Punkt $x \in \mathfrak{M}$ endlich viele in $\mathfrak{M}$*

---

[6]) Vgl. H. Cartan: Variétés analytiques complexes et cohomologie, Brüssel 1953, und H. Cartan: Séminaire E. N. S. 1951—52, exposé IX.

[7]) Vgl. H. Cartan, loc. cit. [6]) (Brüssel), p. 49.

[8]) Vgl. H. Cartan, loc. cit. [6]) (Brüssel), p. 51.

[9]) Bekanntlich haben nicht alle komplexen Mannigfaltigkeiten eine abzählbare Topologie; vgl. E. Calabi und M. Rosenlicht: Complex analytic manifolds without countable base. Proc. Amer. Math. Soc. 4, 335—340 (1953). Unabhängig von dieser Arbeit wurde das in ihr gegebene Beispiel durch mündliche Mitteilungen von H. Hopf bekannt; vgl. übrigens H. Hopf, Schlichte Abbildungen und lokale Modifikationen 4-dimensionaler komplexer Mannigfaltigkeiten. Comment. Math. Helv. 29, 132—156 (1955), insbesondere S. 145—146 mit Fußnote 7.

holomorphe Funktionen gibt, die eine Umgebung von x nirgends entartet in den komplexen Zahlenraum abbilden.

Nun ist bekannt, daß die Menge der komplexen Mannigfaltigkeiten noch nicht die Gesamtheit der analytischen Gebilde von Punkten algebroiden Verhaltens der Funktionen mehrerer komplexer Veränderlichen umfaßt. Aus diesem Grunde muß — wie es auch schon in einzelnen vorangegangenen Arbeiten geschehen ist — ein allgemeinerer Begriff an die Stelle der komplexen Mannigfaltigkeit gesetzt werden. Das soll hier durch den Begriff des komplexen Raumes[10]) geschehen:

Wir nennen einen Hausdorffschen Raum $\Re$ einen komplexen Raum, wenn $\Re$ mit einer Überdeckung $\{U_i\}$ von offenen Mengen U_i versehen ist, die durch topologische Abbildungen Φ_i fest auf analytisch verzweigte Überlagerungen $\mathfrak{A}_i$ von Gebieten des komplexen Zahlenraumes abgebildet sind. Haben U_i, $U_j \in \{U_i\}$ einen nichtleeren Durchschnitt, so ist gefordert, daß die Abbildung $\Phi_j \Phi_i^{-1}$ in $\Phi_i(U_i) \subset \mathfrak{A}_i$ holomorph ist.

Bei der Ausdehnung des Begriffes der holomorph vollständigen Mannigfaltigkeit auf komplexe Räume macht nur das Axiom 3 Schwierigkeiten. Es wird deshalb durch ein Axiom '3 ersetzt:

'3) Zu jedem Punkt $x \in \mathfrak{M}$ gibt es endlich viele in $\mathfrak{M}$ holomorphe Funktionen, die eine Umgebung von x normal einbetten[10a]). (Zur Definition der normalen Einbettung vgl. Def. 4, 5, 6.)

Man zeigt leicht, daß bei komplexen Mannigfaltigkeiten Axiom 3 und '3 äquivalent sind. Komplexe Räume mit den Eigenschaften 1, 2, '3 und 4 heißen *holomorph vollständige Räume.* In holomorph vollständigen Räumen gelten wieder die Aussagen Cousin-I und der Approximationssatz (vgl. Sätze 5 und 6). Wieweit dagegen die Aussage Cousin-II und die Sätze der Garbentheorie ihre Gültigkeit behalten, soll in einer späteren Arbeit des Verf. untersucht werden.

Alle Sätze der vorliegenden Arbeit werden nicht nur für holomorph vollständige Mannigfaltigkeiten, sondern gleich für holomorph vollständige Räume ausgesprochen. Es werden drei Klassen von komplexen Räumen betrachtet:

⟨a⟩ *n-dimensionale komplexe Räume, die den Axiomen 1, 2, '3 genügen,*

⟨b⟩ *n-dimensionale K-vollständige Räume,*

⟨c⟩ *komplexe Räume, die zu Riemannschen Gebieten über dem Raum C^n von n komplexen Veränderlichen analytisch äquivalent sind.*

Offenbar ist ein Raum ⟨a⟩ a fortiori ein Raum ⟨b⟩. Daß sich jeder K-vollständige Raum eindeutig holomorph auf ein Riemannsches Gebiet über dem C^n abbilden läßt und darum eine abzählbare Topologie besitzt, wird in § 3 gezeigt (Satz A). Dagegen ist die Klasse ⟨c⟩ größer als die Klasse ⟨a⟩. Ein in seinem Innern verzweigtes Riemannsches Gebiet $\mathfrak{G}$, dessen Holomorphiehülle schlicht ist[10b]), genügt weder dem Axiom 2 noch dem Axiom '3. In

---

[10]) Wir folgen hier H. BEHNKE und K. STEIN. Vgl. H. BEHNKE und K. STEIN, loc. cit.[3]).

[10a]) Vgl. H. CARTAN: Séminaire, 1953—54, Exposé X, XI und K. OKA: Sur les fonctions analytiques des plusieurs variables. VIII. Lemme fondamental (suite). J. Math. Soc. Japan **3**, 254—278 (1951).

[10b]) H. BEHNKE und P. THULLEN: Theorie der Funktionen mehrerer komplexer Veränderlichen. Erg. d. Math. **3**, 251—371 (1935).

Punkten von $\mathfrak{G}$, die über demselben Grundpunkt liegen, nimmt jede in $\mathfrak{G}$ holomorphe Funktion den gleichen Wert an; zu Verzweigungspunkten $x \in \mathfrak{G}$ gibt es kein System in $\mathfrak{G}$ holomorpher Funktionen $f_1 \ldots f_k$, die eine Umgebung von x eineindeutig abbilden, und darum auch kein Funktionensystem in $\mathfrak{G}$, das eine Umgebung von x normal einbettet (vgl. dazu Def. 4).

Wird jedoch von den komplexen Räumen $\langle a \rangle$, $\langle b \rangle$, $\langle c \rangle$ zusätzlich gefordert, daß sie holomorph-konvex sind, und werden die so gewonnenen Raumklassen mit $\langle 'a \rangle$, $\langle 'b \rangle$, $\langle 'c \rangle$ bezeichnet, so zeigt sich, daß $\langle 'c \rangle$ in $\langle 'a \rangle$ enthalten ist (§ 4, Satz B). Die Klassen $\langle 'a \rangle$, $\langle 'b \rangle$, $\langle 'c \rangle$ stimmen deshalb überein:

$$\langle a \rangle \to \langle b \rangle \xrightarrow{\text{Satz A}} \langle c \rangle$$
$$\text{holomorph-konvex:} \underset{\text{Satz B}}{\overset{\uparrow}{\rule{8em}{0.4pt}}}$$

Damit ist gezeigt:

I. *Die Theorie der holomorph vollständigen Räume ist genau die Theorie der holomorph-konvexen Riemannschen Gebiete über dem C^n.*

II. *Die Axiome des holomorph vollständigen Raumes lassen sich durch die der Definition nach schwächeren Forderungen der K-Vollständigkeit und der Holomorphiekonvexität ersetzen.*

Die beiden letzten Postulate müssen dagegen zur Definition des holomorph vollständigen Raumes gestellt werden. Man erhält leicht durch σ-Modifikation[11]) eines Holomorphiegebietes des C^n eine komplexe Mannigfaltigkeit, die, obgleich sie dem Axiom der Holomorphiekonvexität genügt und n unabhängige holomorphe Funktionen besitzt, nicht K-vollständig und darum nicht holomorph vollständig ist. Daß die K-Vollständigkeit ohne die Holomorphiekonvexität zur Definition der Klasse $\langle a \rangle$ nicht hinreicht, wurde schon gezeigt.

Es sei mir gestattet, Herrn Prof. Dr. H. Behnke, der mir die Anregung zu der vorliegenden Arbeit gab, an dieser Stelle meinen Dank auszusprechen. Herrn Prof. Dr. K. Stein sei für wertvolle Hinweise gedankt.

§ 1. Holomorph vollständige Räume.

Wir stellen in diesem Paragraphen grundlegende Begriffe und Sätze zusammen:

Def. 1. *Ein Paar $\mathfrak{A} = (R, \Phi)$ heißt eine analytisch-verzweigte Überlagerung eines Gebietes G des Raumes C^n von n komplexen Veränderlichen, wenn folgendes gilt:*

1. *R ist ein lokal-kompakter Hausdorffscher Raum, Φ ist eine eigentliche[12]) stetige Abbildung von R auf G. Der Punkt $x \in R$ (wir sagen auch $x \in \mathfrak{A}$) heißt über dem Punkt $\Phi(x) \in G$ gelegen.*

---

[11]) H. Hopf: Über komplex-analytische Mannigfaltigkeiten. Rend. Mat. appl. V, **10**, 169—182 (1951).

[12]) Eine Abbildung zweier lokal-kompakter Hausdorffscher Räume ineinander heißt eigentlich, wenn die Urbildmengen kompakter Mengen kompakt sind. Wir verwenden „kompakt" im Sinne von N. Bourbaki.

2. *Es gibt eine (evtl. leere) analytische Menge A in G, derart, daß $\Phi^{-1}(A)$ in R nirgends dicht liegt und daß $\check{R} = R - \Phi^{-1}(A)$ lokal-topologisch[13]) durch Φ auf $G - A$ bezogen wird und daß über jedem Punkt von G nur endlich viele Punkte von R liegen.*

3. *Zu jedem Punkt $x \in R$ gibt es beliebig kleine Umgebungen[14]), so daß $U - \Phi^{-1}(A)$ zusammenhängend ist.*

Der Begriff des *komplexen Raumes* sowie die Begriffe der *holomorphen Abbildung* von komplexen Räumen ineinander und der *analytischen Menge*[15]) usw. seien wie in $\langle 1 \rangle$[16]) definiert. Doch setzen wir hier nicht voraus, daß ein komplexer Raum $\mathfrak{R}$ zusammenhängend ist. Vielmehr wird nur gefordert, daß $\mathfrak{R}$ aus höchstens abzählbar vielen zusammenhängenden Komponenten besteht. Besitzt $\mathfrak{R}$ eine *abzählbare Umgebungsbasis*, d. h. gibt es ein abzählbares System von offenen Mengen $\{U_j\}$, derart, daß jede offene Menge von $\mathfrak{R}$ Vereinigung von Mengen U_j ist, so *erzeugt* (vgl. $\langle 1 \rangle$) *jede analytische Menge* $A \subset \mathfrak{R}$ in natürlicher Weise *einen komplexen Raum* $*A$, der durch eine holomorphe Abbildung σ auf A abgebildet ist. σ ist in $*A$ nirgends entartet und eine eigentliche Abbildung. Dabei nennen wir eine holomorphe Abbildung σ: $\mathfrak{R} \to '\mathfrak{R}$ eines komplexen Raumes $\mathfrak{R}$ in einen komplexen Raum $'\mathfrak{R}$ *nirgends entartet*, wenn die Fasermenge $\mathfrak{F}_x$: $\{\sigma^{-1}\sigma(x)\}$ für alle $x \in \mathfrak{R}$ aus isolierten Punkten besteht. Eine Abbildung σ heißt *nicht entartet*, wenn wenigstens ein $\mathfrak{F}_x$, $x \in \mathfrak{R}$, nur isolierte Punkte enthält.

Wir sagen: eine analytisch-verzweigte Überlagerung $\mathfrak{A} = (R, \Phi)$ genügt der *C-Bedingung*[17]), wenn es zu zwei beliebigen Punkten $x, y \in \check{R}$, $\Phi(x) = \Phi(y)$ eine auf $\mathfrak{A}$ holomorphe Funktion gibt, die in x und y verschiedene Funktionselemente besitzt.

Def. 2. *Ein komplexer Raum $\mathfrak{R}$ genügt der C-Bedingung, wenn es zu jedem Punkt $x \in \mathfrak{R}$ ein lokales Koordinatensystem $(U, \Psi, \mathfrak{A})$ gibt, bei dem Ψ die offene*

---

[13]) Eine Abbildung τ heißt lokal-topologisch, wenn τ eine Umgebung jedes Punktes topologisch abbildet.

[14]) Unter einer Umgebung einer Menge N sei stets eine offene Menge verstanden, die N enthält.

[15]) Da es unbekannt ist, ob auf jeder analytisch verzweigten Überlagerung $\mathfrak{A}$ holomorphe Funktionen f existieren, derart, daß das Verzweigungsverhalten von $\mathfrak{A}$ dem Verzweigungsverhalten von f entspricht, ist es unzweckmäßig, die analytische Menge als gleichzeitiges Nullstellengebilde von holomorphen Funktionen zu definieren. Vielmehr heiße eine Menge $A \subset \mathfrak{R}$ analytisch, wenn es zu jedem Punkt $x \in \mathfrak{R}$ eine Umgebung $U(x)$, einen komplexen Raum $\mathfrak{S}_x$ und eine eigentliche, nirgends entartete holomorphe Abbildung τ von $\mathfrak{S}_x$ in U gibt, derart, daß $\tau(\mathfrak{S}_x) = U \cap A$ ist. Nach einem Projektionssatz von R. Remmert [loc. cit[19])] ist diese Definition bei komplexen Mannigfaltigkeiten zu der üblichen Definition äquivalent. Ferner läßt sich beweisen, daß das gleichzeitige Nullstellengebilde einer Menge von in $\mathfrak{R}$ holomorphen Funktionen immer eine analytische Menge im Sinne unserer Definition ist.

[16]) $\langle 1 \rangle$ H. Grauert und R. Remmert: Zur Theorie der stetigen und eigentlichen Modifikationen komplexer Räume (erscheint in den Math. Ann.). Die komplexen Räume werden hier im wesentlichen nach H. Behnke und K. Stein [loc. cit.³)] definiert.

[17]) Eine bislang noch nicht bewiesene Vermutung ist, daß jede analytisch-verzweigte Überlagerung eines Polyzylinders der C-Bedingung genügt. Ist diese Vermutung richtig, so erfüllt jeder komplexe Raum die C-Bedingung.

Menge $U \subset \Re$ auf eine offene Menge einer analytisch-verzweigten Überlagerung $\mathfrak{A}$ abbildet, die die C-Bedingung erfüllt.

Eine analytisch-verzweigte Überlagerung, die der C-Bedingung genügt, ist zu einem durch eine in einem Gebiet des C^n analytische Menge A erzeugten komplexen Raum $*A$ analytisch äquivalent. Deshalb sind die komplexen Räume mit C-Bedingung genau die komplexen Räume nach der Definition von H. CARTAN[18]) (espaces analytiques généraux).

Wir definieren nun das konkrete Riemannsche Gebiet über dem C^n:

Def. 3. *Ein Paar $\Re = (R, \Phi)$ heißt ein Riemannsches Gebiet über dem C^n, wenn*

1. R ein Hausdorffscher Raum ist, der aus höchstens abzählbar vielen zusammenhängenden Komponenten besteht und Φ eine offene stetige Abbildung von R in den C^n ist,

2. es zu jedem Punkt $x \in R$ eine Umgebung $U(x) \subset R$ gibt, derart, daß $\mathfrak{A} = (U, \Phi)$ eine analytisch verzweigte Überlagerung von $\Phi(U)$ ist.

Dabei heißt eine Abbildung *offen*, wenn sie offene Mengen auf offene Mengen abbildet. Ein Riemannsches Gebiet ist trivialerweise ein spezieller komplexer Raum. Es gilt nun:

Satz 1. *U sei eine offene Menge eines komplexen Raumes $\Re$, $f_1 \ldots f_k$ seien endlich viele in $\Re$ holomorphe Funktionen, die eine nirgends entartete Abbildung τ von U in den C^k vermitteln. Dann gibt es um jeden Punkt $\tau(x)$, $x \in U$, eine Hyperkugel $H \subset C^k$ und um x eine beliebig kleine Umgebung $V \subset U$, die durch τ eigentlich in H abgebildet wird.*

Beweis. Da τ nicht in x entartet ist, gibt es zu x eine Umgebung $W(x)$, $W \subset U$, derart, daß $\tau(x) \neq \tau(\overline{W} - W)$ ist. Die Menge $\tau(\overline{W} - W)$ ist abgeschlossen. Deshalb kann man um $\tau(x)$ eine Hyperkugel H legen, derart, daß H keinen Punkt von $\tau(\overline{W} - W)$ enthält. Die offene Menge $V = \tau^{-1}(H) \cap W$ wird durch τ eigentlich in H abgebildet, wie man auf folgende Weise zeigen kann: Wir dürfen annehmen, daß W und damit V zu einer offenen Menge einer analytisch verzweigten Überlagerung äquivalent ist. Eine Menge $N \subset V$ ist deshalb genau dann kompakt, wenn jede Folge von Punkten $x_\nu, \nu = 1, 2, 3 \ldots$, aus N in N einen Häufungspunkt hat. Jede beliebige Folge von Punkten $x_\nu \in V$ häuft sich gegen einen Punkt $x \in \overline{W}$. Es gilt sogar $x \in W$, da anderenfalls $\tau(x_\nu) \in H$ gegen $\tau(x) \in \tau(\overline{W} - W)$ konvergieren müßte. Ist nun M eine kompakte Menge aus H und $x_\nu \in N = \tau^{-1}(M) \cap W$, so gilt $\tau(x) \in M$ und damit $x \in N$. Das war zu beweisen.

Da V eigentlich in H abgebildet wird, folgt aus einem Satz von R. REMMERT über Projektionen analytischer Mengen und komplexer Räume[19]), daß

---

[18]) Vgl. H. CARTAN, loc. cit.[3]).

[19]) Vgl. zwei demnächst erscheinende Arbeiten von R. REMMERT in den Math. Ann. über: „Projektionen analytischer Mengen" und „Holomorphe und meromorphe Abbildungen analytischer Mengen." Der Satz von R. REMMERT lautet: Sind $\Re, \mathfrak{S}$ komplexe Räume, wird $\Re$ durch τ eigentlich und holomorph in $\mathfrak{S}$ abgebildet und ist A eine analytische Menge in $\Re$, so ist $\tau(A)$ eine analytische Menge in $\mathfrak{S}$. Natürlich ist dieser Satz bei der in der vorliegenden Arbeit angegebenen Definition der analytischen Menge fast trivial. R. REMMERT beweist eine tieferliegende Aussage: Erfüllt $\mathfrak{S}$ die C-Bedingung, so ist $\tau(A)$ das simultane Nullstellengebilde von endlich vielen lokal-holomorphen Funktionen.

$\tau(V) \cap H$ eine analytische Menge in H ist. Dieser Umstand kann ausgenutzt werden, um die normale Einbettung eines komplexen Raumes zu definieren.

Def. 4. *Endlich viele in $\Re$ holomorphe Funktionen $f_1 \ldots f_k$ betten eine Umgebung eines Punktes $x \in \Re$ genau dann normal ein, wenn es*

1. um x eine Umgebung U gibt, in der $f_1 \ldots f_k$ eine eindeutige und somit nirgends entartete holomorphe Abbildung τ vermitteln,

2. bei hinreichend klein nach Satz 1 gewähltem V $\tau(V) \cap H$ eine in H normal eingebettete analytische Menge ist.

Def. 5. *Eine in einem Gebiet G des C^n analytische Menge A ist normal eingebettet, wenn sie in jedem ihrer Punkte normal eingebettet ist.*

Def. 6. *Eine analytische Menge $A \subset G$ ist in einem Punkt $x \in A$ normal eingebettet, wenn jede in einer Umgebung von x auf A holomorphe Funktion g Spur einer in einer Umgebung $U_g \subset G$ holomorphen Funktion $\underline{g}$ ist.*

Dabei heißt eine Funktion g in einer Umgebung von x auf A holomorph, wenn g in einer Umgebung der Punkte $\sigma^{-1}(x)$ in $*A$ holomorph ist. $*A$ ist der durch A erzeugte komplexe Raum, σ bezeichnet wieder die kanonische Abbildung $*A \to A$. Es wird nicht gefordert, daß g in allen Punkten $\sigma^{-1}(x)$ den gleichen Funktionswert hat.

Wir sagen: Ein *komplexer Raum* $\Re$ wird durch endlich viele in $\Re$ holomorphe Funktionen $f_1 \ldots f_k$ *normal eingebettet*, wenn 1. die $f_1 \ldots f_k$ den Raum in einer Umgebung jedes seiner Punkte normal einbetten und 2. in zwei beliebigen verschiedenen Punkten $x, y \in \Re$ immer für wenigstens ein $\nu = 1 \ldots k$: $f_\nu(x) \neq f_\nu(y)$ ist. Normal eingebettete analytische Mengen A sind lokal irreduzibel eingebettet. Es ist daher dann $*A$ zu A analytisch äquivalent.

Es gilt:

Satz 2. *Zu jedem Punkt x eines komplexen Raumes $\Re$, der der C-Bedingung genügt, gibt es eine Umgebung $U(x) \subset \Re$, derart, daß $U(x)$ durch endlich viele in $U(x)$ holomorphe Funktionen $f_1 \ldots f_k$ normal eingebettet wird.*

Beweis. Da der Satz lokaler Natur ist, dürfen wir annehmen, daß $\Re$ eine analytisch-verzweigte Überlagerung ist, die der C-Bedingung genügt. $\Re$ ist dann zu einem durch eine analytische Menge erzeugten komplexen Raum $*A$ äquivalent. Nach einem Satz von H. CARTAN und K. OKA[20]) läßt sich $*A$ in einer Umgebung U jedes Punktes $x \in *A$ durch in U holomorphe Funktionen normal einbetten. Damit ist Satz 2 bewiesen.

Wir benötigen für spätere Zwecke noch folgenden

Satz 3. *Sind $\Re$ ein komplexer Raum und $f_1 \ldots f_k$ in $\Re$ holomorphe Funktionen, die eine Umgebung U eines Punktes $x \in \Re$ normal einbetten, so gibt es eine positive Zahl ε, derart, daß auch alle in $\Re$ holomorphen Funktionen $'f_1 \ldots 'f_k$, $|'f_\nu - f_\nu| < \varepsilon$ in U, eine Umgebung von x normal einbetten.*

---

[20]) H. CARTAN, loc. cit.[10a]), K. OKA, loc. cit. [10a]). Der hier benutzte Satz lautet: Ist A eine analytische Menge eines Gebietes des C^n, $*A$ der durch A erzeugte komplexe Raum, so gibt es zu jedem Punkt $x \in *A$ endlich viele in x holomorphe Funktionen $f_1 \ldots f_k$, die eine Umgebung von x normal einbetten.

Wir benutzen beim Beweise von Satz 3 einen Satz von H. Cartan und K. Oka[21]):

Cartan-Okascher Fundamentalsatz. *Ist A eine in einem Holomorphiegebiet Z des C^n normal eingebettete analytische Menge und ist h, $|h| < M$, eine auf A (schwach) holomorphe Funktion, so gibt es zu jedem relativ-kompakt in Z enthaltenen Gebiet $'Z$ eine nicht von h abhängende Konstante $K_0 > 0$ derart, daß h auf $A \cap 'Z$ Spur einer in $'Z$ holomorphen Funktion $\underline{h}$, $|\underline{h}| < K_0 M$, ist.*

Beweis von Satz 3. Da die Funktionen $f_1 \ldots f_k$ eine holomorphe Abbildung τ von U in den $z_1 \ldots z_k$-Raum vermitteln, die U normal einbettet, ist τ in U sicher nirgends entartet und dort eineindeutig. Nach Satz 1 gibt es eine Hyperkugel H um $\tau(x)$ und eine Umgebung $V(x) \subset U$, derart, daß τ die Menge V eigentlich in H abbildet. $A = \tau(V)$ ist eine normal eingebettete analytische Menge in H. Sei $'H \subset\subset H$ eine relativ-kompakt, konzentrisch in H enthaltene Hyperkugel. Nach dem Cartan-Okaschen Satz gibt es zu $'H$ eine Konstante K_0, derart, daß sich alle auf A holomorphen Funktionen g, $|g(A)| < \varepsilon$, in $A \cap 'H$ als Spur einer in $'H$ holomorphen Funktion $\underline{g}$, $|\underline{g}('H)| < K_0 \varepsilon$, darstellen lassen. Setzen wir auf A: $g_\nu = f_\nu \tau^{-1}$, $'g_\nu = 'f_\nu \tau^{-1}$ und ist in U: $|'f_\nu - f_\nu| < \varepsilon$, so ist in $'H$: $\underline{g}_\nu = z_\nu$ und $|'\underline{g}_\nu - z_\nu| < K_0 \varepsilon$. Ist ε hinreichend klein gewählt, so gibt es daher eine Umgebung $W(\tau(x)) \subset\subset 'H$, die die Funktionen $'\underline{g}_\nu$ eineindeutig auf ein Gebiet G des $w_1 \ldots w_k$-Raumes abbilden. Bezeichnet λ diese Abbildung, so ist $\lambda(A \cap W)$ eine in G normal eingebettete analytische Menge. Denn eine Fortsetzung einer beliebigen in einem Punkt $w \in \lambda(A \cap W)$ auf $\lambda(A \cap W)$ holomorphen Funktion h in eine Umgebung dieses Punktes $\widetilde{U} \subset G$ erhält man, wenn man $\lambda^{-1} h$ zu $\overline{\lambda^{-1} h}$ in $\lambda^{-1}(\widetilde{U})$ fortsetzt und darauf in $\widetilde{U}$: $\underline{h} = \lambda \, \overline{\lambda^{-1} h}$ bildet. Die Funktionen $'f_\nu$ bilden eine Umgebung von x eineindeutig auf $\lambda(A \cap W)$ ab, betten also in dieser Umgebung $\mathfrak{R}$ normal ein. Das war zu beweisen.

Nach diesen Vorbereitungen ist es uns nun möglich geworden, den Begriff des holomorph vollständigen (komplexen) Raumes zu definieren:

Def. 7. *Ein komplexer Raum $\mathfrak{R}$ heißt holomorph vollständig, wenn folgende Axiome erfüllt sind:*

1. $\mathfrak{R}$ besitzt eine abzählbare Umgebungsbasis.

2. Zu zwei beliebigen Punkten x, $y \in \mathfrak{R}$, $x \neq y$, gibt es immer eine in $\mathfrak{R}$ holomorphe Funktion f, derart, daß $f(x) \neq f(y)$ gilt.

---

[21]) Vgl. H. Cartan: Idéaux et modules des fonctions analytiques des variables complexes. Bull. Soc. Math. France 78, 28—64 (1950). Ferner auch H. Cartan, loc. cit.[6]) (Brüssel), théorème 3. Der Satz, daß jede Funktion, die auf einer in einem Holomorphiegebiet $\mathfrak{G}$ normal eingebetteten analytischen Menge A (schwach) holomorph ist, sich als Spur einer in $\mathfrak{G}$ holomorphen Funktion gewinnen läßt, wurde schon vor mehreren Jahren von H. Cartan bewiesen. Die hier benutzte Verschärfung ergibt sich nach einer mündlichen Mitteilung von H. Cartan aus einem Satz von Banach über lineare Abbildungen vollständiger metrischer Vektorräume aufeinander (vgl. N. Bourbaki XII, Esp. vect. top.). Der Raum der holomorphen Funktionen auf A bzw. $\mathfrak{G}$ ist — versehen mit der Topologie der gleichmäßigen Konvergenz — ein vollständiger metrisierbarer Vektorraum über dem Körper der komplexen Zahlen. Vgl. auch K. Oka: Sur la théorie des fonctions des plusieurs variables. IX: Domaines finis sans point critique interieur. (Jap. J. Math. 1953.)

3. *Zu jedem Punkt $x \in \mathfrak{R}$ gibt es endlich viele in $\mathfrak{R}$ holomorphe Funktionen $f_1 \ldots f_k$, die eine Umgebung von x normal einbetten.*

4. *$\mathfrak{R}$ ist holomorph-konvex* [22].

Ein holomorph vollständiger komplexer Raum ohne nichtuniformisierbare Punkte heißt eine *holomorph vollständige komplexe Mannigfaltigkeit* (variété de STEIN). Wir zeigen:

Satz 4. *Zu jedem Punkt x eines komplexen Raumes $\mathfrak{R}$, der der C-Bedingung genügt, gibt es eine beliebig kleine Umgebung $U(x)$, die ein zusammenhängender, holomorph vollständiger Raum ist.*

Beweis. Da der Satz lokaler Natur ist, dürfen wir annehmen, daß $\mathfrak{R}$ eine analytisch-verzweigte Überlagerung $\mathfrak{A} = (R, \Phi)$ einer Hyperkugel H ist. Zu $x \in \mathfrak{A}$ gibt es nach Satz 2 eine Umgebung V, die durch endlich viele in V holomorphe Funktionen $f_1 \ldots f_k$ normal eingebettet wird. Wählen wir um $\Phi(x)$ eine Hyperkugel $'H \subseteq H$, derart, daß $\Phi^{-1}('H) \cap V \subseteq V$ gilt, so ist $\Phi^{-1}('H) \cap V$ ein holomorph vollständiger Raum. Denn die Axiome 1, 3, 4 von Def. 7 sind trivialerweise erfüllt. Axiom 2 ist erfüllt, da die $f_1 \ldots f_k$ die Umgebung V eineindeutig abbilden.

In den folgenden Paragraphen wird der Definition 7 der Begriff des K-vollständigen Raumes gegenübergestellt.

Def. 8. *Ein komplexer Raum $\mathfrak{R}$ heißt K-vollständig, wenn es zu jedem Punkt $x \in \mathfrak{R}$ endlich viele in $\mathfrak{R}$ holomorphe Funktionen gibt, die eine Umgebung von x nirgends entartet abbilden.*

Jeder holomorph vollständige Raum und jedes Riemannsche Gebiet ist trivialerweise ein K-vollständiger Raum. Doch gibt es sogar offene komplexe Mannigfaltigkeiten, die nicht K-vollständig sind.

Für holomorph vollständige Räume gelten ähnliche Sätze, wie für holomorph vollständige Mannigfaltigkeiten.

Satz 5. (1. Cousinsche Aussage) [23]. *Ist $\{U_j\}$ eine offene Überdeckung von $\mathfrak{R}$, sind in allen U_j meromorphe Funktionen f_j definiert, derart, daß in allen $U_{j_1 j_2} = U_{j_1} \cap U_{j_2} : g_{j_1 j_2} = f_{j_1} - f_{j_2}$ holomorph ist, d. h. ist in $\mathfrak{R}$ eine Cousin-I-Verteilung gegeben, so gibt es eine in $\mathfrak{R}$ meromorphe Funktion f (Lösung der Cousin-I-Verteilung), derart, daß $f - f_j$ in U_j holomorph ist.*

Nennt man einen Bereich $\mathfrak{B} \subset \mathfrak{R}$ konvex in bezug auf $\mathfrak{R}$, wenn $\mathfrak{B}$ in bezug auf die Klasse der in $\mathfrak{R}$ holomorphen Funktionen holomorph-konvex ist, so gilt ferner:

Satz 6. (Approximationssatz) [24]. *Ist $\mathfrak{B}$ ein in bezug auf $\mathfrak{R}$ konvexer Bereich, so läßt sich jede in $\mathfrak{B}$ holomorphe Funktion im Innern von $\mathfrak{B}$ durch eine Folge von in $\mathfrak{R}$ holomorphen Funktionen gleichmäßig approximieren.*

Dabei sagen wir, eine Folge von holomorphen Funktionen f_ν approximiert im Innern von $\mathfrak{B}$ gleichmäßig eine Grenzfunktion f, wenn f_ν auf jedem kompakten Teil von $\mathfrak{B}$ gleichmäßig gegen f konvergiert.

---

[22]) H. CARTAN, loc. cit. [6]) (Brüssel), p. 49.

[23]) Vgl. P. COUSIN: Sur les fonctions des n var. compl. Acta math. **19**, 1—62 (1895) und K. OKA: Sur la théorie des fonctions des plusieurs variables. II: Domaines d'holomorphie. J. Sci. Hiroshima Univ. A **6**, 245—255 (1936).

[24]) Dieser Satz führt in der Literatur auch den Namen RUNGEscher Satz.

Wir zeigen zunächst Satz 6. $\mathfrak{B}$ ist durch eine Folge $\mathfrak{P}_\nu$: $\{x \in \mathfrak{R}, |f_\mu^{(\nu)}(x)| < 1,$ $\mu = 1 \ldots k_\nu,\ f_\mu^{(\nu)}$ holomorph in $\mathfrak{R}\}$ *analytischer Polyeder* von $\mathfrak{R}$ ausschöpfbar, bei der $\mathfrak{P}_\nu$ relativ-kompakt in $\mathfrak{P}_{\nu+1}$ liegt. Zu jedem $\mathfrak{P}_\nu$ gibt es endlich viele in $\mathfrak{R}$ holomorphe Funktionen $f_1^{(\nu)} \ldots f_{k_\nu}^{(\nu)},\ f_{k+1}^{(\nu)} \ldots f_{m_\nu}^{(\nu)},\ |f_{k_\nu+\mu}^{(\nu)}(\mathfrak{P}_\nu)| < 1,\ \mu = 1 \ldots$ $m_\nu - k_\nu$, die eine umkehrbar eindeutige holomorphe Abbildung τ_ν von $\mathfrak{P}_\nu$ in den m_ν-dimensionalen Einheitspolyzylinder Z vermitteln, derart, daß $A = \tau_\nu(\mathfrak{P}_\nu)$ eine in Z normal eingebettete analytische Menge ist. Es sei $'Z_\nu \subset Z$ ein Polyzylinder, der $\tau_\nu(\mathfrak{P}_{\nu-1})$ umfaßt, und h sei eine holomorphe Funktion in $\mathfrak{P}_\nu$. Nach dem Cartan-Okaschen Fundamentalsatz ist dann $\hat{h} = h\,\tau_\nu^{-1}$ auf $A \cap {}'Z_\nu$ Spur einer in $'Z_\nu$ holomorphen Funktion $\hat{\underline{h}}$. Da $\hat{\underline{h}}$ sich in eine Potenzreihe nach den $z_1 \ldots z_{m_\nu}$ entwickeln läßt, kann $\hat{\underline{h}}$ durch (endliche) Potenzsummen $g = \Sigma a_{\mu_1 \ldots \mu_{m_\nu}} z_1^{\mu_1} \ldots z_{m_\nu}^{\mu_{m_\nu}}$ im Innern von $'Z_\nu$ approximiert werden. Deshalb ist h im Innern von $\mathfrak{P}_{\nu-1}$ durch Summen $g = \Sigma a_{\mu_1 \ldots \mu_{m_\nu}} f_1^{(\nu)\mu_1} \ldots f_{m_\nu}^{(\nu)\mu_{m_\nu}}$ approximierbar. Eine gegen eine in $\mathfrak{B}$ holomorphe Funktion g gleichmäßig konvergierende Folge von in $\mathfrak{R}$ holomorphen Funktionen $g_{\nu\nu}$ erhält man, wenn man zunächst g in jedem $\mathfrak{P}_\nu$ durch Funktionen $g_{\nu\mu}$, $|g - g_{\nu\mu}(\mathfrak{P}_{\nu-1})| < \dfrac{1}{\mu}$, $\mu = 1, 2, 3, \ldots$, gleichmäßig approximiert und dann die Diagonalfolge $g_{\nu\nu}$ bildet.

Beweis von Satz 5. Wir schöpfen wieder $\mathfrak{R}$ durch in $\mathfrak{R}$ relativ-kompakte analytische Polyeder $\mathfrak{P}_\nu$: $\{x \in \mathfrak{R},\ |f_\mu^{(\nu)}(x)| < 1,\ \mu = 1 \ldots k_\nu,\ f_\mu^{(\nu)}$ holomorph in $\mathfrak{R}\}$ aus. Können wir zeigen, daß es zu jeder in $\mathfrak{R}$ gegebenen Cousin-I-Verteilung in jedem $\mathfrak{P}_\nu$ eine Lösung f_ν gibt, so ist Satz 5 bewiesen, wie folgende Überlegung zeigt. $g_\nu = f_{\nu+1} - f_\nu$ ist in $\mathfrak{P}_\nu$ holomorph. Nach Satz 6 gibt es in $\mathfrak{R}$ holomorphe Funktionen $'g_\nu$, derart, daß $|g_\nu - {}'g_\nu| < \dfrac{1}{\nu}$ in $\mathfrak{P}_{\nu-1}$ ist. Wir können daher (durch Bildung von $'f_{\nu+1} = f_{\nu+1} - {}'g_\nu$) die f_ν so bestimmen, daß $|f_{\nu+1} - f_\nu| <$ $< \dfrac{1}{\nu}$ in $\mathfrak{P}_{\nu-1}$ ist. $f = \lim f_\nu$ ist dann eine Lösung der Cousin-I-Verteilung in $\mathfrak{R}$.

Wir haben also nur noch zu zeigen, daß jede Cousin-I-Verteilung in $\mathfrak{R}$ eine Lösung in $\mathfrak{P}_\nu$ besitzt. Dazu betten wir $\mathfrak{P}_{\nu+1}$ durch endlich viele in $\mathfrak{R}$ holomorphe Funktionen $f_1^{(\nu+1)} \ldots f_k^{(\nu+1)},\ f_{k+1}^{(\nu+1)} \ldots f_m^{(\nu+1)}$ als analytische Menge A wie beim Beweise von Satz 6 normal in den Einheitspolyzylinder Z ein. Es sei τ die durch diese holomorphen Funktionen beschriebene Abbildung. $\tau(\mathfrak{P}_\nu)$ ist in einem Polyzylinder $'Z: \{|z_\nu| < 1 - \varepsilon,\ 0 < \varepsilon < 1\}$ enthalten. Offenbar können wir den Kreis $'K: \{|z| < 1 - \varepsilon\}$ durch endlich viele offene Umgebungen $V_i \subset K: \{|z| < 1\},\ i = 1 \ldots s$, überdecken, derart, daß die Überdeckung $\{\overline{W}_{i_1 \ldots i_m}\}$ mit $W_{i_1 \ldots i_m} = \tau^{-1}(A \cap (V_{i_1} \times \cdots \times V_{i_m})),\ i_\nu = 1 \ldots s$, eine Verfeinerung der Überdeckung $\{U_i\}$ von $\mathfrak{P}_\nu$ ist. Jedem $(i_1 \ldots i_m)$ kann dann ein $i = \gamma(i_1 \ldots i_m),\ W_{i_1 \ldots i_m} \subset U_i$, zugeordnet werden. Wir erhalten in natürlicher Weise in bezug auf die Überdeckung $\{W_{i_1 \ldots i_m}\}$ eine Cousin-I-Verteilung in $\overline{W} = \bigcup\limits_{i_\nu=1}^{s} \overline{W}_{i_1 \ldots i_m}$, wenn wir in $\overline{W}_{i_1 \ldots i_m}$ die meromorphe Funktion $f_{i_1 \ldots i_m} = f_{\gamma(i_1 \ldots i_m)}$ vorgeben. Jede Lösung der Cousin-I-Verteilung in bezug auf $\{U_i\}$ ist in $\overline{W}$ eine Lösung der zu $\{\overline{W}_{i_1 \ldots i_m}\}$ konstruierten Cousin-I-

Verteilung und umgekehrt. Den weiteren Beweis des Satzes 5 stützen wir auf folgende Aussage:

(1) Es seien Q_1, Q_2, $Q \subset K$ offene Mengen des Einheitskreises K, mit P_i, $i = 1, 2$, sei die Teilmenge $\overline{Q}_i \times \overline{Q} \times \cdots \times \overline{Q}$ von Z bezeichnet, ferner sei $W_i = \tau^{-1}(\overline{P}_i) \cap \mathfrak{P}_{\nu+1}$. Ist dann $g_{1,2}$ in (einer Umgebung von) $W_1 \cap W_2$ holomorph, so gibt es in W_1, W_2 holomorphe Funktionen g_1, g_2, derart, daß $g_{1,2} = g_1 - g_2$ in $W_1 \cap W_2$ ist.

Zum Beweise dieser Behauptung bilden wir $\hat{g}_{1,2} = g_{1,2}\tau^{-1}$ auf $'A = A \cap P_1 \cap \cap \overline{P}_2 \subset Z$. Auf $'A$ ist $\hat{g}_{1,2}$ nach dem Cartan-Okaschen Fundamentalsatz Spur einer in $\overline{P}_1 \cap \overline{P}_2$ holomorphen Funktion $\underline{\hat{g}}_{1,2}$. Nach einem Heftungslemma von Cousin[25]) gibt es in $\overline{P}_1$, $\overline{P}_2$ holomorphe Funktionen $\hat{g}_1$, $\hat{g}_2$, derart, daß $\hat{g}_1 - \hat{g}_2 = \underline{\hat{g}}_{1,2}$ in $\overline{P}_1 \cap \overline{P}_2$ ist. $g_i = \hat{g}_i \tau$ sind dann die gesuchten Funktionen in W_i.

Die Aussage (1) verwenden wir, um eine Lösung der Cousin-I-Verteilung in $\mathfrak{P}_\nu$ zu konstruieren. Sind $g_{i_1\ldots i_{s-1},1}$, $g_{i_1\ldots i_{s-1},2}$ holomorphe Funktionen in $\overline{W}_{i_1\ldots 1}$ bzw. in $\overline{W}_{i_1\ldots 2}$, derart, daß in $\overline{W}_{i_1\ldots 1} \cap \overline{W}_{i_1\ldots 2}$: $g_{i_1\ldots 1} - g_{i_1\ldots 2} = f_{i_1\ldots 1} - f_{i_1\ldots 2}$ gilt, so ist $^*f = f_{i_1\ldots 1} - g_{i_1\ldots 1} = f_{i_1\ldots 2} - g_{i_1\ldots 2}$ eine Lösung der Cousin-I-Verteilung in $\overline{W}_{i_1\ldots 1} \cup \overline{W}_{i_1\ldots 2}$. Durch Heftung in $\overline{W}_{i_1\ldots 1} \cup \overline{W}_{i_1\ldots 2}$ und $\overline{W}_{i_1\ldots 3}$ nach dem gleichen Verfahren erhält man eine Lösung der Cousin-I-Verteilung in $\overline{W}_{i_1\ldots 1} \cup \overline{W}_{i_1\ldots 2} \cup \overline{W}_{i_1\ldots 3}$. Man kann diese Methode zur Konstruktion von Lösungen beliebig fortsetzen. Schließlich erhält man eine in $\overline{W}$ meromorphe Funktion f, die dort eine Cousin-I-Lösung ist. Da $\overline{W} \supset \mathfrak{P}_\nu$ gilt, ist in f eine Funktion für $\mathfrak{P}_\nu$ mit den verlangten Eigenschaften gefunden. Damit ist Satz 5 bewiesen.

Wir zeigen noch folgende Aussage:

Satz 7. *Ist $\mathfrak{R}$ ein holomorph-konvexer Raum mit abzählbarer Umgebungsbasis und gibt es eine $\mathfrak{R}$ ausschöpfende Folge $\mathfrak{B}_\nu$, $\ldots \subset \mathfrak{B}_\nu \subset \mathfrak{B}_{\nu+1} \subset \cdots$ von in bezug auf $\mathfrak{R}$ konvexen Bereichen, die alle holomorph vollständige Räume sind, so ist $\mathfrak{R}$ selbst ein holomorph vollständiger Raum.*

Beweis. Wir müssen zeigen, daß die Axiome 2, 3 des holomorph vollständigen Raumes bei $\mathfrak{R}$ erfüllt sind. Da die $\mathfrak{B}_\nu$ den Raum $\mathfrak{R}$ ausschöpfen, gibt es zu zwei beliebigen Punkten x, $y \in \mathfrak{R}$ ein $\mathfrak{B}_{\nu_0}$, so daß x, $y \in \mathfrak{B}_{\nu_0}$ ist. Gilt $f(x) \neq f(y)$, f holomorph in $\mathfrak{B}_{\nu_0}$, so existiert nach Satz 6 eine Folge von in $\mathfrak{B}_\nu$, $\nu > \nu_0$, holomorphen Funktionen f_ν, die im Innern von $\mathfrak{R}$ gleichmäßig gegen eine Grenzfunktion g konvergiert, derart, daß $|f_{\nu+1}(x) - f_\nu(x)|$, $|f_{\nu+1}(y) - f_\nu(y)| < \varepsilon_\nu$ ist. Sind die ε_ν hinreichend klein gewählt, so ist sicher $g(x) \neq g(y)$. Also ist Axiom 2 in $\mathfrak{R}$ erfüllt. Daß auch Axiom 3 erfüllt ist, folgt mit der gleichen Überlegung unter Verwendung von Satz 3.

§ 2. Abzählbarkeit der Topologie K-vollständiger Räume.

In diesem Paragraphen wird gezeigt, daß ein K-vollständiger Raum $\mathfrak{R}$ eine abzählbare Topologie besitzt (Satz 8). Offenbar ist diese Aussage bewiesen, wenn sie für jede zusammenhängende Komponente von $\mathfrak{R}$ nachgewiesen ist. Wir dürfen darum beim Beweise von Satz 8 voraussetzen, daß $\mathfrak{R}$ zusammenhängend ist.

---

[25]) Vgl. H. Behnke und P. Thullen, loc. cit.[10b]), § 4, Satz 32.

Hilfssatz 1. *Gibt es eine nirgends entartete holomorphe Abbildung τ: $z_1 = f_1(x), \ldots, z_m = f_m(x)$ von $\Re$ in den komplexen Zahlenraum der Veränderlichen $z_1 \ldots z_m$, so besitzt $\Re$ eine abzählbare Umgebungsbasis.*

Beweis. Wir zeigen zunächst, daß es eine abzählbare überall dichte Punktmenge in $\Re$ gibt. Sei n die Dimension von $\Re$. Da τ nirgends entartet abbildet, ist $m \geq n$, und es gibt n Funktionen $f_{i_1} \ldots f_{i_n}$, $i_1 < i_2 < \cdots < i_n$, $i_\nu = 1 \ldots m$, die eine offene Menge $\overset{o}{\Re} \subset \Re$ nirgends entartet abbilden. Nach einem Satz von R. Remmert[26]) ist die Entartungsmenge dieser Abbildung λ eine höchstens $n-1$-dimensionale analytische Menge. $\overset{o}{\Re}$ liegt also überall dicht in $\Re$.

In $\overset{o}{\Re}$ ist die Menge K der nichtuniformisierbaren Punkte *dünn von der Ordnung* 2, d. h. in einer Umgebung U jedes Punktes von $\overset{o}{\Re}$ ist $U \cap K$ in einer höchstens $n-2$-dimensionalen analytischen Menge enthalten. Die Nullstellen der Funktionaldeterminante von λ bilden eine analytische Menge A in $\overset{o}{\Re} - K$. $\overset{\smile}{\Re} = \overset{o}{\Re} - A - K$ liegt dicht in $\overset{o}{\Re}$ und damit auch dicht in $\Re$.

Für jedes $x \in \overset{\smile}{\Re}$ besteht $\lambda^{-1}(\lambda(x)) \cap \overset{\smile}{\Re}$ aus höchstens abzählbar vielen Punkten, wie sich aus folgender Überlegung ergibt. $\overset{\smile}{\Re}$ wird durch λ lokaltopologisch in den C^n abgebildet. Man kann deshalb zwei Punkte $x, y \in \overset{\smile}{\Re}$ stets durch eine Kurve $\mathfrak{C}_x^y \subset \overset{\smile}{\Re}$ verbinden, derart, daß $\lambda(\mathfrak{C}_x^y)$ ein Streckenzug S des C^n ist, dessen Ecken höchstens mit Ausnahme des Anfangs- und Endpunktes von S rationale Koordinaten haben. Ist dann $x \in \overset{\smile}{\Re}$ ein fester Punkt, so ist jeder Punkt $y \in \overset{\smile}{\Re}$, $\lambda(x) = \lambda(y)$, durch einen Streckenzug $\lambda(\mathfrak{C}_x^y)$ eindeutig bestimmt. Da es im C^n nur abzählbar viele solcher Streckenzüge gibt, ist die Menge $\lambda^{-1}(\lambda(x)) \cap \overset{\smile}{\Re}$ abzählbar.

Deshalb ist auch die Menge $T : \{x \in \overset{\smile}{\Re}, \lambda(x) \text{ rational}\}$ abzählbar. Ferner liegt T dicht in $\overset{\smile}{\Re}$ und damit auch dicht in $\Re$.

$\{H_\nu^z\}$, $\nu = 1, 2, 3, \ldots$, sei nun die Menge der Kugeln mit rationalen Radien r_ν um einen beliebigen Punkt $z = (z_1 \ldots z_n) \in C^m$. Es sei V_ν^x die zusammenhängende Komponente von $\tau^{-1}(H_\nu^{\tau(x)})$, die x enthält. Wir zeigen, daß $\{V_\nu^x\}$, $x \in T$ eine Umgebungsbasis von $\Re$ ist. Ist nämlich x ein Punkt einer offenen Menge $G \subset \Re$, so gibt es, da τ in x nicht entartet ist, eine in G relativ kompakte Umgebung $W(x)$, derart, daß $\tau(x) \neq \tau(\overline{W} - W)$ gilt. $\tau(\overline{W} - W)$ hat als abgeschlossene Menge einen endlichen Abstand d von $\tau(x)$. Sei U die x enthaltende zusammenhängende Komponente des Bereiches der Punkte y von W, deren Bildpunkte $\tau(y)$ von $\tau(x)$ einen geringeren Abstand als $\frac{d}{3}$ haben. Ist dann $'x \in U \cap T$ und $V_\nu^{'x}$ eine Umgebung, die zu einer Hyperkugel H_ν^z mit einem Radius $\frac{d}{3} < r_\nu < \frac{d}{2}$ gehört, so gilt $x \in V_\nu^{'x} \subset G$. Jede offene Menge $G \in \Re$ ist also Vereinigung von Umgebungen V_ν^x. Da ferner $\{V_\nu^x\}$ abzählbar ist, ist gezeigt, daß $\{V_\nu^x\}$ eine abzählbare Basis der Topologie von $\Re$ ist.

---

[26]) Vgl. R. Remmert, loc. cit.[19]) und [35]).

Wir zeigen nun zwei an sich interessante Hilfssätze. Zunächst sei jedoch der Begriff der Konvergenzhülle[27]) eingeführt.

Def. 9. *Unter der Konvergenzhülle $\hat{\mathfrak{B}}$ einer zusammenhängenden offenen Menge $\mathfrak{B}$ eines komplexen Raumes $\mathfrak{R}$ sei die Vereinigung aller offenen zusammenhängenden Mengen* $*\mathfrak{B} \supset \mathfrak{B}$ *verstanden, für die folgendes gilt:*

Ist f_ν eine beliebige Folge von in $*\mathfrak{B}$ *holomorphen Funktionen, die im Innern von $\mathfrak{B}$ gleichmäßig gegen eine holomorphe Grenzfunktion f konvergiert, so konvergiert f_ν auch gleichmäßig im Innern von* $*\mathfrak{B}$.

Offenbar ist $\hat{\mathfrak{B}}$ der größte Bereich in $\mathfrak{R}$ mit der Eigenschaft der Gebiete $*\mathfrak{B}$.

Hilfssatz 2. *Sind $\mathfrak{R}$ ein komplexer Raum, $\mathfrak{B} \subset \mathfrak{R}$ eine zusammenhängende offene Menge, die nur uniformisierbare Punkte von $\mathfrak{R}$ enthält und deren Topologie eine abzählbare Basis besitzt, do ein positiv definites Riemannsches Volumenelement in $\mathfrak{B}$ und ferner $\{f\}$ die Familie der in $\hat{\mathfrak{B}}$ holomorphen Funktionen, die in $\mathfrak{B}$ in bezug auf do quadratintegrabel sind $((f,f)_{\mathfrak{B}} = \int_{\mathfrak{B}} f\bar{f}\,do < \infty)$, so gilt:*

1. *Jede Menge von holomorphen Funktionen $f \in \{f\}$, $(f,f)_{\mathfrak{B}} < M$ bildet eine normale Familie in $\hat{\mathfrak{B}}$, deren Grenzfunktionen in $\{f\}$ enthalten sind.*

2. *Es gibt ein Orthonormalsystem $\{g_\nu\}$, $\nu = 1, 2, \ldots,$ $(g_\nu, g_\mu) = \int_{\mathfrak{B}} g_\nu \bar{g}_\mu do = \delta_\nu^\mu$, von Funktionen aus $\{f\}$, derart, daß sich jede Funktion $f \in \{f\}$ in eine im Innern von $\hat{\mathfrak{B}}$ gleichmäßig konvergierende Summe $\Sigma c_\nu g_\nu$ entwickeln läßt.*

Wir nennen ein solches Orthonormalsystem *vollständig.*

Hilfssatz 3. *Zu holomorphen Funktionen $f_1 \ldots f_m$ eines komplexen Raumes $\mathfrak{R}$, die eine Umgebung U eines Punktes $x \in \mathfrak{R}$ nirgends entartet abbilden, gibt es eine positive Zahl ε, derart, daß alle in $\mathfrak{R}$ holomorphen Funktionen $g_1 \ldots g_m$ mit $|f_\nu - g_\nu| < \varepsilon$ in U ebenfalls eine (von g_ν nicht abhängende) Umgebung von x nirgends entartet abbilden.*

Beweis von Hilfssatz 2. Wir zeigen zunächst 1. Sei x ein beliebiger Punkt von $\mathfrak{B}$. Nach Voraussetzung gibt es um x eine Umgebung U, die durch eine eineindeutige Abbildung $\tau : U \to {}'Z$ auf einen Polyzylinder ${}'Z : \{|z_\nu| < 1 + \varepsilon,$ $\nu = 1 \ldots n, \varepsilon > 0\}$ des C^n abbildbar ist. Nach einem Satz von Osgood[28]) hat eine solche Abbildung eine nirgends verschwindende Funktionaldeterminante. Deshalb ist das durch τ in natürlicher Weise nach ${}'Z$ übertragene Volumenelement $do' = do\,\tau^{-1}$ in ${}'Z$ positiv definit. Bezeichnet do^e das euklidische Volumenelement, so gibt es daher eine positive Zahl a, derart, daß im Einheitspolyzylinder $Z : \{\,|z_\nu| < 1\}$:

$$a\,do^e < do'$$

gilt. Ist nun für eine Funktion $f \in \{f\}$ das Quadratintegral $(f,f)_{\mathfrak{B}} < M$, so gilt in Z in bezug auf do^e darum sicher $(f\tau^{-1}, f\tau^{-1})_Z < \dfrac{M}{a}$. Nach einem bekannten Satz aus der Theorie der Orthogonalfunktionen[29]) ist die Familie der in Z

<hr>

[27]) Die Konvergenzhülle eines Gebietes $\mathfrak{G}$ im C^n ist der kleinste $\mathfrak{G}$ umfassende Rungesche Bereich. Vgl. dazu auch den Begriff der K-konvexen Hülle [H. Behnke und P. Thullen, loc. cit.[10b]), S. 76].

[28]) Vgl. Osgood, Lb. II_1, S. 117 (Satz 5).

[29]) Vgl. S. Bergman: The kernel function and conformal mapping. (Amer. Math. Soc. 1950.)

holomorphen Funktionen g, $(g, g)_Z < \dfrac{M}{a}$, normal. Eine einfache Überlegung ergibt daraus sofort, daß die Familie $\mathfrak{F}$ der holomorphen Funktionen $f \in \{f\}$, $(f, f) < M$, in $\mathfrak{B}$ normal ist. Aus Definition 9 entnimmt man dann, daß gleiches auch für $\mathfrak{F}$ in bezug auf $\hat{\mathfrak{B}}$ richtig ist.

Konvergiert eine Folge $f_\nu \in \mathfrak{F}$ in $\hat{\mathfrak{B}}$ gleichmäßig gegen eine Grenzfunktion f, so gilt, wie man unmittelbar sieht, $(f, f)_{\mathfrak{B}} < M$, also $f \in \mathfrak{F}$. Damit ist 1. bewiesen.

Um 2. zu zeigen, beachten wir, daß die Menge O der Orthogonalsysteme von Funktionen $\{f\}$ durch die mengentheoretische Inklusion halbgeordnet wird. Jede durch diese Halbordnung lineargeordnete Teilmenge $\{S_j\} \subset O$ (Kette) besitzt in O eine obere Grenze $S_o = \cup\, S_j$. Damit sind in O die Voraussetzungen des Zornschen Lemmas erfüllt. Nach dem Zornschen Lemma gibt es daher in O ein *maximales Orthonormalsystem* S: Jede Funktion $f \in \{f\}$, die zu allen Funktionen von S orthogonal ist, muß in $\hat{\mathfrak{B}}$ identisch verschwinden. Wir zeigen, daß S nur abzählbar viele holomorphe Funktionen enthält. Sei x_ν, $\nu = 1, 2, 3 \ldots$, eine in einer Umgebung $U \subset \mathfrak{B}$ eines Punktes $x \in \mathfrak{B}$ überall dichte, abzählbare Punktmenge. Wir zeigen, daß die Menge A_ν^k, $k = 1, 2, 3 \ldots$, der holomorphen Funktionen $g \in S$ mit $|g(x_\nu)| \geq \dfrac{1}{k}$ endlich ist. Wäre nämlich g_μ, $\mu = 1, 2, 3 \ldots$, eine unendliche Folge verschiedener Funktionen aus S mit $|g_\mu(x_\nu)| \geq \dfrac{1}{k}$, so würde $\Sigma \dfrac{1}{\mu} e^{i\vartheta_\mu} g_\mu$, $g_\mu(x_\nu)\, e^{i\vartheta_\mu} > 0$, in x_ν nicht konvergieren. Andererseits konvergiert aber $\Sigma \dfrac{1}{\mu} e^{i\vartheta_\mu} g_\mu$ gleichmäßig im Innern von $\mathfrak{B}$, da

$$\left(\Sigma \frac{1}{\mu} e^{i\vartheta_\mu} g_\mu, \ \Sigma \frac{1}{\mu} e^{i\vartheta_\mu} g_\mu \right) < \overset{\infty}{\Sigma} \frac{1}{\mu^2} < \infty \ \text{ist.} \ \underset{k,\,\nu=1}{\overset{\infty}{\cup}} A_\nu^k$$

ist also abzählbar. Da eine holomorphe Funktion, die auf der in U dichten Menge $\{x_\nu\}$ verschwindet, in $\mathfrak{B}$ identisch null sein muß, folgt, daß $\cup\, A_\nu^k$ alle Funktionen von S enthält, und unsere Behauptung ist bewiesen. Bezeichnen wir nun die Funktionen von S mit g_ν, $\nu = 1, 2, 3 \ldots$! Ist dann f eine beliebige Funktion aus $\{f\}$, so ist $\overset{\infty}{\underset{\nu=1}{\Sigma}} c_\nu g_\nu$, $c_\nu = (f, g_\nu)$, eine gleichmäßig konvergierende Entwicklung von f. Damit ist auch die Behauptung 2. bewiesen.

Beweis von Hilfssatz 3. Wäre der Hilfssatz falsch, so gäbe es eine Folge von in $\mathfrak{R}$ holomorphen Funktionen $g_\mu^{(\nu)}$, $\mu = 1 \ldots k$, $\nu = 1, 2, 3, \ldots$, und eine Folge von Umgebungen $V_\nu(x) \subset U$, $V_\nu \subset V_{\nu+1}$, derart, daß

1. die $g_\mu^{(\nu)}$ in U gleichmäßig gegen die f_μ konvergieren,

2. in jedem V_ν ein Punkt x_ν enthalten ist, so daß die Menge $\{y \in \mathfrak{R}, g_\mu^{(\nu)}(y) = g_\mu^{(\nu)}(x_\nu)\}$ eine wenigstens eindimensionale irreduzible Komponente A_ν enthält, die durch x_ν verläuft,

3. $\cap\, V_\nu = x$ ist.

Ist dabei V^1 so klein gewählt, daß V^1 relativ-kompakt im Wirkungsbereich W eines lokalen Koordinatensystems von $\mathfrak{R}$ enthalten ist, so muß A_ν an den Rand von V^1 in W herangehen. $\overline{V}^1 - V^1$ hat deshalb mindestens einen Punkt mit A_ν gemeinsam. Da die $g_\mu^{(\nu)}$ in U gleichmäßig gegen die f_μ und die x_ν gegen x konvergieren, muß auf $\overline{V}^1 - V^1$ auch ein Punkt von $A = \{y \in \mathfrak{R}, f_\mu(y)$

$= f_\mu(x)\}$ liegen. Andererseits ist die Abbildung $z_1 = f_1(y) \ldots z_k = f_k(y)$ in x nicht entartet. V^1 kann also so klein gewählt werden, daß auf $\overline{V^1} - V^1$ kein Punkt von A liegt. Widerspruch!

Die Hilfssätze werden nun benutzt um folgenden allgemeinen Satz zu beweisen:

Satz 8. *Die Topologie eines K-vollständigen Raumes besitzt eine abzählbare Umgebungsbasis.*

Beweis. Wir dürfen annehmen, daß $\Re$ zusammenhängend ist. Es sei n die Dimension von $\Re$. Nach Voraussetzung gibt es in $\Re$ endlich viele holomorphe Funktionen $f_1 \ldots, f_m$, die eine nicht entartete Abbildung τ einer Umgebung eines Punktes von $\Re$ vermitteln. Nach einem Satz von R. Remmert[30] ist dann die Entartungsmenge von τ eine höchstens $n - 1$-dimensionale analytische Menge A in $\Re$. Hilfssatz 1 besagt, daß $\Re - A$ ein Raum mit abzählbarer Umgebungsbasis ist. Die Menge K der nichtuniformisierbaren Punkte von $\Re$ ist abgeschlossen und dünn von der Ordnung 2. $\check{\Re} = \Re - A - K$ ist deshalb eine zusammenhängende komplexe Mannigfaltigkeit mit abzählbarer Umgebungsbasis.

Wir können $\check{\Re}$ durch eine Folge von relativ-kompakten, zusammenhängenden Gebieten $\mathfrak{G}_1 \Subset \mathfrak{G}_2 \Subset \mathfrak{G}_3 \ldots \Subset \check{\Re}$ ausschöpfen. Den weiteren Beweis des Satzes 8 stützen wir auf folgenden später zu beweisenden

Hilfssatz 4. *Die Folge der Gebiete $\hat{\mathfrak{G}}_\nu$ schöpft $\Re$ aus.*

Es werde nun angenommen, daß die Topologie von $\Re$ keine abzählbare Basis hat. Sicher gibt es dann ein $\mathfrak{G}_{\nu_0}$, derart, daß $\hat{\mathfrak{G}}_{\nu_0}$ keine abzählbare Umgebungsbasis besitzt. In $\mathfrak{G}_{\nu_0+1}$ kann nach einem Satz von H. Whitney[31] eine positiv definite Riemannsche Metrik eingeführt werden. Es existiert darum in $\mathfrak{G}_{\nu_0+1}$ ein positiv definites Volumenelement do. $\mathfrak{G}_{\nu_0}$ hat in bezug auf do einen endlichen Inhalt. Alle in $\Re$ holomorphen Funktionen sind in $\overline{\mathfrak{G}}_{\nu_0}$ beschränkt, also sicher dort in bezug auf do quadratintegrabel $\left((f,f) = \int\limits_{\mathfrak{G}_{\nu_0}} f f \, do < \right.$

$< \infty)$. Somit gilt:

(1) *Die Menge $\{f\}$ der in $\mathfrak{G}_{\nu_0}$ quadratintegrablen und der in $\hat{\mathfrak{G}}_{\nu_0}$ holomorphen Funktionen umfaßt die Menge der in $\Re$ holomorphen Funktionen.*

Sei $S : \{g_\nu\}$, $\nu = 1, 2, 3 \ldots$, ein vollständiges Orthonormalsystem für $\{f\}$. Die Gesamtheit der Funktionensysteme $\mathfrak{F}^k : h_\mu = \sum\limits_{\nu=1}^{s} c_\nu^{(\mu)} g_\nu$, $\mu = 1 \ldots k$, $s, k = 1, 2,$ $3 \ldots$, $c_\nu^{(\mu)}$ rational, ist abzählbar. Da sich jedes System von k holomorphen Funktionen aus $\{f\}$ durch Systeme $\mathfrak{F}^k$ in $\hat{\mathfrak{G}}_{\nu_0}$ gleichmäßig approximieren läßt, gilt wegen (1) und Hilfssatz 3:

(2) *Zu jedem Punkt $x \in \hat{\mathfrak{G}}_{\nu_0}$ gibt es ein Funktionensystem $\mathfrak{F}^k$, das eine nirgends entartete Abbildung einer Umgebung von x vermittelt.*

---

[30] Vgl. R. Remmert, loc. cit.[26]).

[31] H. Whithey: Differentiable manifolds in euklidian space. Proc. Acad. USA **21**, 462—464. Die Existenz einer Riemannschen Metrik ergibt sich unmittelbar aus der Einbettbarkeit in den euklidischen Raum.

Wir dürfen annehmen, daß $\widetilde{A} = A \cap \widehat{\mathfrak{S}}_{\nu_0}$ in $\widehat{\mathfrak{S}}_{\nu_0}$ in überabzählbar viele irreduzible Komponenten zerfällt. Anderenfalls gäbe es entweder eine irreduzible Komponente A_1 von $\widetilde{A}$, derart, daß der durch A_1 erzeugte komplexe Raum $*A_1$ keine abzählbare Topologie besitzt, oder $\widetilde{A}$ wäre einem komplexen Raum $*A$ mit abzählbarer Umgebungsbasis zugeordnet. Im ersten Fall könnten wir aus der Negation von Satz 8 für einen komplexen Raum $*A_1$ einen Widerspruch herleiten, dessen Dimension kleiner als n ist. Der zweite Fall kann nicht eintreten, wie sich aus folgender Betrachtung ergibt. Es sei $\{*U_\nu\}$ eine abzählbare Umgebungsbasis von $*A$, die aus relativkompakten Umgebungen $*U_\nu$ von $*A$ besteht. Jedem $*U_\nu \subset *A$ entspricht in umkehrbar eindeutiger Weise eine in $\widetilde{A}$ offene Menge $U_\nu \subset \widetilde{A}$. Alle U_ν sind in bezug auf $\widehat{\mathfrak{S}}_{\nu_0}$ relativ-kompakt. Es gibt deshalb in $\widehat{\mathfrak{S}}_{\nu_0}$ zu jedem U_ν eine relativ-kompakte offene Menge $V^\nu \supset U_\nu$. Sei $\{V^\nu_\mu\}$ eine abzählbare Umgebungsbasis von V^ν. Ist dann $\{W_\mu\}$ eine abzählbare Umgebungsbasis von $\widehat{\mathfrak{S}}_{\nu_0} - \widetilde{A}$, so ist $\{W_\mu\} \cup \cup \{V^\nu_\mu\}$ eine abzählbare Basis der offenen Mengen von $\widehat{\mathfrak{S}}_{\nu_0}$. Das steht aber im Widerspruch zu der Annahme, daß die Topologie von $\widehat{\mathfrak{S}}_{\nu_0}$ überabzählbar ist.

$\widetilde{A}$ zerfällt also in $\widehat{\mathfrak{S}}_{\nu_0}$ in überabzählbar viele irreduzible Bestandteile A_j, $j \in I$ (I eine Indexmenge). Nun ist aber die Menge der $\mathfrak{F}^k$ abzählbar. Es muß also zu jeder Punktmenge $\{x_j\}$, $x_j \in A_j$, $j \in I$, wenigstens ein Funktionensystem $\mathfrak{F}^k$ geben, das eine nirgends entartete Abbildung einer Umgebung $U = \cup\, U_i(x_i)$ (U_i zusammenhängend) einer überabzählbaren Teilmenge $\{x_i\}$, $i \in {}'I \subset I$, der x_j vermittelt. $\widehat{\mathfrak{S}}_{\nu_0}$ ist zusammenhängend. Deshalb können wir jedes x_i mit einem festen Punkt $y \in \mathfrak{S}_{\nu_0}$ durch eine Kurve $\mathfrak{C}_i \subset \widehat{\mathfrak{S}}_{\nu_0}$ verbinden, die mit Ausnahme ihres Endpunktes x_i in $\widehat{\mathfrak{S}}_{\nu_0} - \cup A_j$ enthalten ist. Ist dann $V_i \subset (\widehat{\mathfrak{S}}_{\nu_0} - \cup A_j)$ eine zusammenhängende Umgebung von $\mathfrak{C}_i - U$, so ist $\mathfrak{S} = \cup\, V_j \cup U$ ein zusammenhängender komplexer Raum mit überabzählbarer Topologie, denn $\cup A_j$ zerfällt in $\mathfrak{S}$ in überabzählbar viele irreduzible Komponenten. Das stände mit einem bekannten Satz über die Zerlegung von analytischen Mengen in ihre irreduziblen Bestandteile im Widerspruch, wenn $\mathfrak{S}$ eine abzählbare Umgebungsbasis besäße.

Die durch das Funktionensystem $(\mathfrak{F}^k, f_1 \ldots f_m)$ gegebene Abbildung ist in $\mathfrak{S}$ nirgends entartet. Nach Hilfssatz 1 muß darum $\mathfrak{S}$ eine abzählbare Umgebungsbasis besitzen. Widerspruch! Damit ist Satz 8 bewiesen.

Wir holen nun den Beweis von Hilfssatz 4 nach:

Wir haben zu zeigen, daß es zu jedem Punkt $x \in A \cup K$ ein $\widehat{\mathfrak{S}}_{\nu_0}$, $x \in \widehat{\mathfrak{S}}_{\nu_0}$, gibt. Um x gibt es in $\mathfrak{R}$ eine Umgebung U, die durch eine umkehrbar eindeutige holomorphe Abbildung $\lambda : U \to \mathfrak{A}$ auf eine analytisch-verzweigte Überlagerung $\mathfrak{A} = (R, \Phi)$ der Einheitshyperkugel Z bezogen werden kann. U kann ferner so gewählt werden, daß $(A \cup K) \cap U$ in einer in U analytischen Menge $B \neq U$ enthalten ist. $\Phi\, \lambda(B) = \widetilde{B}$ ist eine höchstens $n-1$-dimensionale analytische Menge in Z. Wir dürfen annehmen, daß $\Phi\, \lambda(x)$ Mittelpunkt von Z ist. Durch geeignete unitäre Drehung erreicht man, daß die komplex eindimensionale Ebene $z_2 = \cdots = z_n = 0$ $\widetilde{B}$ nur in isolierten Punkten schneidet. Es gibt dann Zahlen $0 < \varepsilon$, $0 < {}'\delta < \delta$, derart, daß die Umgebung $\widetilde{V} : \{z_2 \bar{z}_2 + \cdots + z_n \bar{z}_n \leq \varepsilon, {}'\delta \leq |z_1| \leq \delta\}$ in Z liegt und keine Punkte von $\widetilde{B}$ enthält. $V : \{\Phi \lambda(x) \in \widetilde{V}, x \in U\}$ enthält deshalb keinen Punkt von $A \cup K$. Es gibt ein $\mathfrak{G}_{\nu_0} \supset V$. Setzen wir $\widetilde{W} = \{z_2 \bar{z}_2 + \cdots + z_n \bar{z}_n < \varepsilon, |z_1| < \delta\}$ und $W = \{x \in U, \Phi \lambda(x) \in \widetilde{W}\}$, so nimmt jede in W holomorphe Funktion ihr Maximum auf V an[32]). Jede Folge von in $\mathfrak{G}_{\nu_0}$ holomorphen Funktionen, die gleichmäßig auf V konvergiert, konvergiert deshalb auch gleichmäßig im Innern von W. Daher gilt $W \subset \widehat{\mathfrak{G}}_{\nu_0}$ und — da $x \in W$ — $x \in \widehat{\mathfrak{G}}_{\nu_0}$. Damit ist Hilfssatz 4 bewiesen.

§ 3. Äquivalenz der K-vollständigen Räume und der Riemannschen Gebiete über dem C^n.

Wir zeigen, daß jeder K-vollständige Raum zu einem Riemannschen Gebiet über dem C^n analytisch äquivalent ist. Seien zunächst einige Vorbereitungen gemacht! Es werde definiert:

1. $\mathfrak{G}$ sei ein beschränktes Gebiet des projektiven Raumes P^n der inhomogenen Veränderlichen $z_1 \ldots z_n$.

2. $A \neq \mathfrak{G}$ sei eine analytische Menge in $\mathfrak{G}$.

3. P^{n-1} sei der $n - 1$-dimensionale projektive Raum der komplexen Richtungen des $C^n = P^n - \{\infty\}$ ($\{\infty\}$ = unendlichferne Punkte). Jedem $x \in P^{n-1}$ entspricht in umkehrbar eindeutiger Weise eine Schar $\tau(x)$ von parallelen komplexen Geraden im C^n. $\tau_z(x)$ sei die durch $z = (z_1 \ldots z_n)$ verlaufende Gerade dieser Schar.

4. Es sei M die Menge der Punkte $x \in P^{n-1}$, zu denen es einen Bereich $\mathfrak{B} \subset \mathfrak{G}$ und eine Gerade $g \in \tau(x)$ gibt, derart, daß $\mathfrak{B} \cap g$ nicht leer ist und daß $\mathfrak{B} \cap g \subset \mathfrak{B} \cap A$ gilt.

Wir zeigen folgenden für die weiteren Betrachtungen grundlegenden Satz:

Satz 9. *Die Menge $M \subset P^{n-1}$ überdeckt keine offene Menge von P^{n-1}.*

Beweis. Es werde auf folgende Weise eine Menge B im Raume $\mathfrak{G} \times P^{n-1}$ konstruiert:

Ein Punkt (z, x), $z \in \mathfrak{G}$, $x \in P^{n-1}$, liege genau dann in B, wenn es eine Umgebung $U(z) \subset \mathfrak{G}$ gibt, derart, daß $U \cap \tau_z(x) \subset U \cap A$ gilt. Wir zeigen:

(1) *B ist eine analytische Menge in $\mathfrak{G} \times P^{n-1}$.*

Sei (z^0, x^0) ein beliebiger Punkt von $\mathfrak{G} \times P^{n-1}$. Können wir beweisen, daß es immer eine Umgebung $U \times V$ von (z^0, x^0) gibt, in der B das gleichzeitige Nullstellengebilde von holomorphen Funktionen ist, so ist unsere Behauptung bewiesen. Wir wählen für U einen Polyzylinder $|z_\nu - z_\nu^0| < d$ um z^0 und für V eine Umgebung von x^0 in P^{n-1}, die im Wirkungsbereich von Lokalkoordinaten $w_1 \ldots w_{n-1}, \tau_0(w_1 \ldots w_{n-1}) = g : \{z_\nu = w_\nu z_n, \nu = 1 \ldots n-1\}$, $V : \{|w_\nu| < r\}$, bei entsprechender Numerierung der z_ν enthalten ist. U sei ferner so klein gewählt, daß $*U : \{|z_\nu - z_\nu^0| < 2d\}$ relativ kompakt in $\mathfrak{G}$ liegt und daß $A \cap *U$ in $*U$ simultanes Nullstellengebilde von endlich vielen holomorphen Funktionen $f_1 \ldots f_k$ ist. Offenbar liegt ein Punkt $(z, x) \in U \times V$ genau dann in B, wenn $F_\nu(z, w, t) = f_\nu(z_1 + w_1 t, \ldots,$

$z_{n-1} + w_{n-1}t, z_n + t) \equiv 0$ für $v = 1 \ldots k$ und $|t| < \min\left(d, \dfrac{d}{r}\right)$ ist. $B \cap U \times V$ stimmt also mit den gleichzeitigen Nullstellen der holomorphen Funktionen $F_{t_0}^v(z,w) = F_v(z,w,t_0), v = 1 \ldots k, |t_0| < \min\left(d, \dfrac{d}{r}\right)$ von z, w überein. Damit ist (1) bewiesen.

Wir bilden den durch B erzeugten komplexen Raum $*B$. $*B$ ist durch eine holomorphe Abbildung σ in natürlicher Weise auf B abgebildet. Es werde mit λ die Projektionsabbildung von $\mathfrak{G} \times P^{n-1}$ in $\mathfrak{G}$ und mit $\varkappa$ die Projektionsabbildung von $\mathfrak{G} \times P^{n-1}$ in P^{n-1} bezeichnet. Wir verstehen unter der *Fasermenge* $\mathfrak{F}_y$ der Abbildung $\varkappa \sigma$ zu einem Punkt $y \in *B$ die Vereinigung aller irreduziblen Komponenten der analytischen Menge $(\varkappa \sigma)^{-1} \varkappa \sigma(y)$, die durch y verlaufen. Es sei nun m die Dimension einer beliebigen zusammenhängenden Komponenten $*B_1$ von $*B$, und $r(y)$ sei die Dimension von $\mathfrak{F}_y, y \in *B_1$. Wir setzen $d = \min\limits_{y \in *B_1} r(y)$ und bezeichnen mit $\varrho = m - d$ den *Rang der Abbildung* $\varkappa \sigma$ in $*B_1$. Es gilt folgende Aussage:

(2) *Der Rang ϱ der Abbildung $\varkappa \sigma$ von $*B_1$ in P^{n-1} ist kleiner als $n - 1$.*

In der Tat! Angenommen, $*B_1$ wäre eine zusammenhängende Komponente von $*B$, bei der das nicht der Fall ist. Es sei K die Menge der nichtuniformisierbaren Punkte von $*B_1$ und E die in $*B_1 - K$ analytische Menge der Punkte von $*B_1 - K$, in denen die Funktionalmatrix $\varDelta$ der Abbildung $\varkappa \sigma$ einen kleineren Rang als ϱ hat. Wie man leicht sieht, ist E höchstens $m - 1$-dimensional. Sei nun y ein beliebiger Punkt von $*B_1 - K - E$. Man zeigt leicht, da unter unserer Annahme $\varrho = n - 1$ ist, daß sich in einer Umgebung $W(y)$ so lokale Koordinaten $w_1 \ldots w_m$, $\tau_0(\varkappa \sigma(w_1 \ldots w_m)) = g : \{z_v = w_v z_n, v = 1 \ldots n - 1\}$, $W : \{|w_v| < d\}$, einführen lassen, daß genau die Punkte mit gleichem $w_1 \ldots w_{n-1}$ durch $\varkappa \sigma$ in den gleichen Punkt von P^{n-1} geworfen werden. Ferner gibt es in einer Umgebung V von $\varkappa \sigma(y)$-Koordinaten $*w_1 \ldots *w_{n-1}$, $V : \{|w_v^*| < d\}$, derart, daß $\varkappa \sigma(w_1 \ldots w_m) = (w_1 \ldots w_{n-1}) \in P^{n-1}$ ist. Es existiert daher eine holomorphe Abbildung α von V in W, so daß in $V : \varkappa \sigma \alpha$ gleich der Identität ist.

Wir konstruieren nun eine holomorphe Abbildung $\varGamma$ von $V \times P$ in den projektiven Raum P^n der inhomogenen Veränderlichen $z_1 \ldots z_n$. P ist dabei die Riemannsche Zahlenkugel mit der inhomogenen Veränderlichen u. Offenbar wird $\varGamma$ durch die Setzung $\varGamma(x, u) = (z_1 \ldots z_{n-1}, u) \in \tau_{\lambda \sigma \alpha(x)}(x)$ eindeutig definiert. $\varGamma$ hat in $V \times P$ den Rang n, da in den Punkten (x, ∞) von $V \times P$ die Fasermenge $\mathfrak{F}_{(x, \infty)}^{\varGamma}$ von $\varGamma$ nulldimensional ist. Die Entartungsmenge N von $\varGamma$ ist darum höchstens $n - 1$-dimensional[33]. In beliebiger Nähe jedes Punktes von $V \times P$ gibt es also Punkte, in denen $\varGamma$ nicht entartet ist und deshalb offen[33a] abbildet. Das $\varGamma$-Bild der Punkte $(x, u) \in V \times P$, $\lambda \sigma \alpha(x) = (z_1 \ldots z_{n-1}, u)$, ist gleich $(z_1 \ldots z_{n-1}, u) \in A$. Nach Konstruktion der Abbildung $\varGamma$ wird daher eine offene Umgebung U dieser Punkte in A abgebildet. Da es eine offene Teilmenge von U gibt, die auf eine offene Menge des P^n abgebildet wird, haben wir einen Widerspruch zu der Voraussetzung gewonnen,

---

[33]) Vgl. R. REMMERT, loc. cit.[35]).

[33a]) Vgl. H. GRAUERT und R. REMMERT, loc. cit.[16]).

daß A eine höchstens $n-1$-dimensionale analytische Menge in $\mathfrak{S}$ ist. Damit ist (2) bewiesen.

Der Beweis von Satz 9 vervollständigt sich, wenn wir noch folgenden Satz heranziehen:

Satz 10. *$\mathfrak{R}$ sei ein komplexer Raum mit abzählbarer Umgebungsbasis, der durch eine holomorphe Abbildung τ in einen n-dimensionalen komplexen Raum $\mathfrak{S}$ abgebildet wird. Auf jeder zusammenhängenden Komponente $\mathfrak{R}_1$ von $\mathfrak{R}$ sei der Rang von τ kleiner als n. Dann überdeckt $\tau(\mathfrak{R})$ keine offene Menge von $\mathfrak{S}$.*

In der Tat ist Satz 9 bewiesen, wenn wir $\mathfrak{R} = {}^*B, \mathfrak{S} = P^{n-1}$ und $\tau = \varkappa\,\sigma$ setzen, da die Menge M mit der Menge $\varkappa\,\sigma({}^*B)$ in P^{n-1} übereinstimmt.

Beweis von Satz 10. Wir zeigen, daß es eine Umgebung U eines jeden Punktes $x \in \mathfrak{R}$ gibt, derart, daß $\tau(U)$ in $\mathfrak{S}$ nirgends dicht liegt. Für U werde eine relativkompakte offene Menge in einer m-dimensionalen zusammenhängenden Komponente $\mathfrak{R}_1$ von $\mathfrak{S}$ gewählt. $\tau(\overline{U})$ ist dann abgeschlossen in $\mathfrak{S}$. $V \supsetneq U$ sei eine relativkompakte offene Menge von $\mathfrak{R}_1$. Wir dürfen annehmen, daß U, V so klein gewählt sind, daß τ die Menge V in den Wirkungsbereich W eines lokalen Koordinatensystems $(W, \Psi, \mathfrak{A})$ abbildet und daß die Menge K der nichtuniformisierbaren Punkte von V in einer $m-1$-dimensionalen analytischen Menge B_1 von V enthalten ist. Dabei ist $\mathfrak{A} = (R, {}'\Phi)$ eine analytisch-verzweigte Überlagerung eines Gebietes des C^n. Es sei $\Phi = {}'\Phi\,\Psi$. Die Funktionalmatrix $\varDelta$ der Abbildung $\Phi\,\tau$ von $V - K$ in den C^n hat den gleichen maximalen Rang ϱ wie τ. Die Punkte von $V - K$, in denen $\varDelta$ einen kleineren Rang als ϱ hat, bilden eine höchstens $m-1$-dimensionale analytische Menge in $V - K$, die sich nach einem Satz von R. Remmert[34]) zu einer in V analytischen Menge $\breve{B}_2$ fortsetzen läßt. Man kann V deshalb sogar so klein wählen, daß $\breve{B}_2$ in V in einer $m-1$-dimensionalen analytischen Menge B_2 enthalten ist. Der Rang der Abbildung $\tau\,\sigma$ (mit $\sigma: {}^*A \to A$) von dem durch $A = B_1 \cup B_2$ erzeugten komplexen Raum ${}^*A$ in $\mathfrak{S}$ ist sicher kleiner als n. Denn nach einem Satz von R. Remmert[35]) bilden die Punkte von ${}^*A$, in denen der lokale Rang ${}^*\varrho_x$ der Abbildung $\tau\,\sigma$ kleiner als ihr maximaler Rang ${}^*\varrho$ ist, eine niederdimensionale Menge in ${}^*A$. In beliebiger Nähe eines jeden Punktes $y_0 \in {}^*A$ gibt es also wenigstens einen Punkt y, wo ${}^*\varrho_y = {}^*\varrho$ ist. Wählen wir für y_0 dann einen Punkt aus ${}^*A$, dem ein gewöhnlicher Punkt $\sigma(y_0)$ von $A - K$ entspricht, so ist die Fasermenge $\mathfrak{F}_y^{\tau\,\sigma} = \sigma^{-1}(\mathfrak{F}_{\sigma(y)}^{\tau} \cap A)$ von $\tau\,\sigma$ in einer Umgebung von y_0 wenigstens $m-1-\varrho$-dimensional. Somit gilt ${}^*\varrho < n$. Machen wir die Induktionsvoraussetzung, daß unser Satz schon für komplexe Räume ${}^*A$ von kleinerer Dimension als m bewiesen ist, so ist $\tau\,\sigma({}^*A \cap \overline{U})$ eine in $\mathfrak{S}$ nirgends dichte Menge, wenn ${}^*A \cap \overline{U}$ die Menge $\{{}^*x \in {}^*A, \sigma(x) \in \overline{U}\}$ bezeichnet.

Ist nun x ein Punkt aus $V - A$, so gibt es eine Umgebung $W(x) \subseteqq V - A$, in deren Nähe sich Koordinaten $w_1 \ldots w_m$, $W: \{|w_\nu| < d\}$, so einführen lassen,

---

[34]) Vgl. R. Remmert, loc. cit.[19]). Satz über die Nullstellengebilde der Funktional-determinanten holomorpher Abbildungen.

[35]) Vgl. R. Remmert, loc. cit.[19]). Der Satz lautet: Sind $\mathfrak{R}$, $\mathfrak{S}$ komplexe Räume und bildet τ den Raum $\mathfrak{R}$ holomorph in $\mathfrak{S}$ ab, so bilden die Punkte x von $\mathfrak{R}$, in denen der lokale Rang $\varrho_x < k$ (k fest) ist, eine analytische Menge von $\mathfrak{R}$.

daß durch $\Phi\tau$ genau die Punkte mit gleichem $w_1\ldots w_\varrho$ auf denselben Punkt des C^n abgebildet werden. Die komplexe Mannigfaltigkeit $\mathfrak{M}$ der Punkte $w_{\varrho+1}\ldots w_m = 0$ von W wird dann durch $\Phi\tau$ auf eine ϱ-dimensionale analytische Menge B eines Gebietes des C^n eineindeutig abgebildet. $\Phi^{-1}(B)$ ist eine höchstens $n-1$-dimensionale analytische Menge in einer offenen Menge von $\mathfrak{S}$, die die Punkte $\tau(\mathfrak{M})$ enthält. Da $\tau(\mathfrak{M}) = \tau(W)$ gilt, ist in W eine Umgebung von x gefunden, die durch τ auf eine nirgends dichte Menge von $\mathfrak{S}$ abgebildet wird. Da $V-A$ Vereinigung von abzählbar vielen solcher Umgebungen W_ν ist und die Vereinigung von abzählbar vielen nirgends dichten Mengen keine offene Menge überdeckt, enthält $\cup\,\tau(W_\nu)\cup\tau\,\sigma(*A\cap\overline{U})$ keine offene Menge von $\mathfrak{S}$. Das gleiche gilt a fortiori für $\tau(\overline{U})$. Da überdies $\tau(\overline{U})$ abgeschlossen ist, ist $\tau(\overline{U})$ und damit $\tau(U)$ in $\mathfrak{S}$ nirgends dicht.

$\mathfrak{R}$ hat nach Voraussetzung eine abzählbare Umgebungsbasis. Wir können deshalb $\mathfrak{R}$ durch abzählbar viele Umgebungen U_ν ausschöpfen, derart, daß $\tau(U_\nu)$ in $\mathfrak{S}$ nirgends dicht liegt. Das ergibt sofort, daß $\tau(\mathfrak{R})$ keine offene Menge von $\mathfrak{S}$ enthält.

Wir zeigen jetzt eine dem Satz 9 entsprechende Aussage über Abbildungen durch holomorphe Funktionen:

Satz 11. *Es sei $\mathfrak{R}$ ein n-dimensionaler komplexer Raum mit abzählbarer Umgebungsbasis, es seien $f_1\ldots f_k$, $k\geqq n$, endlich viele in $\mathfrak{R}$ holomorphe Funktionen, die eine nirgends entartete Abbildung τ von $\mathfrak{R}$ in den C^k vermitteln. Dann gibt es zu jedem $\varepsilon > 0$ und komplexen Zahlen $a_{\nu\mu}$, $\nu = 1\ldots n$, $\mu = 1\ldots k$, wenigstens eine Matrix $'a_{\nu\mu}$, $|'a_{\nu\mu} - a_{\nu\mu}| < \varepsilon$, derart, daß die Funktionen $\sum\limits_{\mu=1}^{k} 'a_{\nu\mu}f_\mu$ eine nirgends entartete Abbildung von $\mathfrak{R}$ in den C^n vermitteln.*

Beweis. Wir beweisen den Satz durch Induktion über $k\geqq n$. Der Satz ist für $n = k$ richtig. In diesem Falle ist $w_\nu = \Sigma\, 'a_{\nu\mu}f_\mu$, $\nu = 1\ldots n$, genau dann eine nirgends entartete Abbildung, wenn $\|'a_{\nu\mu}\| \neq 0$ ist. Sei Satz 11 für alle $'k < k$ bewiesen. Wir zeigen dann seine Gültigkeit für k.

Da τ den Raum $\mathfrak{R}$ nirgends entartet abbildet, gibt es nach Satz 1 um jeden Punkt $x\in\mathfrak{R}$ eine Umgebung U, die durch τ eigentlich in eine Hyperkugel H um $\tau(x)$ abgebildet wird. $\tau(U)\cap H$ ist deshalb eine analytische Menge in H, deren Dimension dort gleich n ist.

Sicher gibt es zu $a_{\nu\mu}$ eine Matrix $''a_{\nu\mu}$, $|a_{\nu\mu} - ''a_{\nu\mu}| < \frac{\varepsilon}{2}$, bei der $\|''a_{\nu\mu}\| \neq 0$, $\nu,\mu = 1\ldots n$, ist. Die Matrix $b_{\nu\mu} = ''a_{\nu\mu}$, $\nu = 1\ldots n$, $\mu = 1\ldots k$, $b_{n+\varkappa,\mu} = \delta_\varkappa^\mu$, $\varkappa = 1\ldots k-n-1$, ist dann eine Matrix vom Rang $k-1$. Durch $c_\nu = \Sigma\, b_{\nu\mu}w_\mu$, $\nu = 1\ldots k-1$, wird daher eine Schar $S(c_\nu)$ von komplexen Geraden gegeben. Satz 9 besagt, daß es eine Matrix $'b_{\nu\mu}$, $|b_{\nu\mu} - 'b_{\nu\mu}| < \delta$, $\nu = 1\ldots k-1$, vom Rang $k-1$ gibt, derart, daß alle Geraden $'c_\nu = \Sigma\, 'b_{\nu\mu}w_\mu$ die Menge $\tau(U)\cap H$ nur in isolierten Punkten schneiden. Die Abbildung $*\tau: w_\nu = g_\nu = \Sigma\, 'b_{\nu\mu}f_\mu$, $\nu = 1\ldots k-1$, bildet dann U nirgends entartet in den C^{k-1} ab. Nach Induktionsvoraussetzung gibt es Zahlen $\tilde{a}_{\nu\mu}$, $|\tilde{a}_{\nu\mu} - \delta_\nu''^\mu| < \delta$, $\nu = 1\ldots n, \mu = 1\ldots k-1$, derart, daß $\sum\limits_{\mu=1}^{k-1} \tilde{a}_{\nu\mu}g_\mu$ eine nirgends entartete Abbildung von U vermittelt. $w_\nu = \Sigma\, 'a_{\nu\mu}f_\mu$

mit $'a_{\nu\mu}=\sum_\varkappa \tilde{a}_{\nu\varkappa}'b_{\varkappa\mu}$ ist dann die gesuchte Abbildung von U. Es gilt, wenn δ hinreichend klein gewählt ist: $|'a_{\nu\mu}-a_{\nu\mu}|<\varepsilon$.

Aus Hilfssatz 3 folgt unmittelbar, daß *es zu endlich vielen holomorphen Funktionen $h_1\ldots h_k$, die einen komplexen Raum $\mathfrak{S}^n$ nirgends entartet abbilden, und zu einer beliebigen kompakten Teilmenge N von $\mathfrak{S}^n$ immer eine positive Zahl ε gibt, derart, daß alle Systeme von k in $\mathfrak{S}^n$ holomorphen Funktionen $'h_\nu$ mit $|'h_\nu-h_\nu|<\varepsilon$ in $\mathfrak{S}^n$ eine Umgebung von N nirgends entartet abbilden.* Wir können nun in $\mathfrak{R}$ je eine Folge von Umgebungen $U_\varkappa$ und $V_\varkappa$, $V_\varkappa\subseteq U_\varkappa$, so wählen, daß in jedem $U_\varkappa$ Satz 11 für k richtig ist und daß $\bigcup V_\varkappa$ den ganzen Raum $\mathfrak{R}$ überdeckt, und Koeffizienten $a_{\nu\mu}^\varkappa$, $\varkappa=1,2,3\ldots$, so bestimmen, daß

1. $|a_{\nu\mu}^{\varkappa+1}-a_{\nu\mu}^\varkappa|<\varepsilon_\varkappa$, $\sum\varepsilon_\varkappa<\varepsilon$ ist,

2. $\sum a_{\nu\mu}^\varkappa f_\mu$ eine nirgends entartete Abbildung einer Umgebung von $\bigcup\limits_{\varkappa^*=1}^{\varkappa} V_{\varkappa^*}$ definiert,

3. wenn $|a_{\nu\mu}^\varkappa-\tilde{a}_{\nu\mu}|<\varepsilon_\varkappa$ gilt, $z_\nu=\sum\tilde{a}_{\nu\mu}f_\mu$ auch noch eine nirgends entartete Abbildung einer Umgebung von $\bigcup\limits_{\nu=1}^{\varkappa} \bar{V}_\nu$ ist. $'a_{\nu\mu}=\lim\limits_{\varkappa\to\infty} a_{\nu\mu}^\varkappa$ ist eine Koeffizientenmatrix mit den in Satz 11 verlangten Eigenschaften für $\mathfrak{R}$. Die Gültigkeit von Satz 11 ist damit für $\mathfrak{R}$ bewiesen.

Satz 12. *Ist $\mathfrak{R}$ ein n-dimensionaler K-vollständiger Raum, so gibt es in $\mathfrak{R}$ n holomorphe Funktionen $f_1\ldots f_n$, die eine nirgends entartete Abbildung τ von $\mathfrak{R}$ in den C^n vermitteln.*

Beweis. Da $\mathfrak{R}$ nach Satz 8 ein abzählbares Umgebungssystem besitzt, gibt es eine Folge $\mathfrak{B}_\nu$, $\mathfrak{B}_{\nu+1}\supset\mathfrak{B}_\nu$, von relativ kompakt in $\mathfrak{R}$ enthaltenen Bereichen, die $\mathfrak{R}$ ausschöpft. Wegen der K-Vollständigkeit von $\mathfrak{R}$ gibt es zu jedem $\mathfrak{B}_\nu$ endlich viele in $\mathfrak{R}$ holomorphe Funktionen $g_1^{(\nu)}\ldots g_k^{(\nu)}$, die $\mathfrak{B}_\nu$ nirgends entartet in den C^k abbilden. Nach Satz 11 können wir dann in $\mathfrak{B}_2$ n in $\mathfrak{R}$ holomorphe Funktionen $f_1^{(1)}\ldots f_n^{(1)}$ finden, die eine nirgends entartete Abbildung τ^1 von $\mathfrak{B}_2$ in den C^n vermitteln. Aus Hilfssatz 3 ergibt sich, daß zu $\mathfrak{B}_2$ eine positive Zahl ε_1 existiert, derart, daß alle in $\mathfrak{R}$ holomorphen Funktionen $'f_\nu^{(1)}$ mit $|'f_\nu^{(1)}-f_\nu^{(1)}|<\varepsilon_1$ in $\mathfrak{B}_2$ noch $\mathfrak{B}_1$ nirgends entartet abbilden. Die Funktionen $f_1^{(1)}\ldots f_n^{(1)}, g_1^{(3)}\ldots g_k^{(3)}$ vermitteln eine nirgends entartete Abbildung von $\mathfrak{B}_3$. Nach Satz 11 gibt es deshalb n Funktionen $f_\nu^{(2)}=\sum a_{\nu\mu}f_\mu^{(1)}+\sum b_{\nu\mu}g_\mu^{(3)}$, $|f_\nu^{(2)}-f_\nu^{(1)}|<$ $<\operatorname{Min}(\varepsilon_1,\tfrac{1}{2})$ in $\mathfrak{B}_2$, die eine nirgends entartete Abbildung τ^2 von $\mathfrak{B}_3$ definieren. Setzen wir dieses Verfahren zur Konstruktion von Abbildungen $\tau^\mu: z_\nu=f_\nu^{(\mu)}(x)$, $\nu=1\ldots n$, fort, die folgenden Bedingungen genügen:

1. τ^μ ist nirgends entartet in $\mathfrak{B}_{\mu+1}$,

2. $|f_\nu^{(\mu+1)}-f_\nu^{(\mu)}|<\operatorname{Min}\left(\varepsilon_\mu,\dfrac{1}{\mu}\right)$ in $\mathfrak{B}_{\mu+1}$,

3. $\varepsilon_\mu>0$ ist so klein, daß alle Funktionen $'f_\nu$ mit $|'f_\nu-f_\nu^{(\mu)}|\leq\sum\limits_{\nu=\mu}^{\infty}\varepsilon_\nu$ in $\mathfrak{B}_{\mu+1}$

noch eine nirgends entartete Abbildung von $\mathfrak{B}_\mu$ vermitteln, so konvergieren die Folgen $f_\nu^{(\mu)}$ mit wachsendem μ gegen Grenzfunktionen f_ν. Die f_ν bilden nach Konstruktion $\mathfrak{R}$ nirgends entartet ab.

Wir konstruieren nun ein zu $\mathfrak{R}$ analytisch äquivalentes Riemannsches Gebiet über dem C^n.

Satz 13. *Vermitteln die holomorphen Funktionen $f_1 \ldots f_n$ eine nirgends entartete Abbildung Φ von $\mathfrak{R}$ in den C^n, so ist $(\mathfrak{R}, \Phi)$ ein Riemannsches Gebiet über dem C^n.*

Beweis. Wir haben zu zeigen, daß es zu jedem Punkt $x \in \mathfrak{R}$ eine Umgebung U gibt, derart, daß (U, Φ) eine analytisch-verzweigte Überlagerung von $\Phi(U)$ ist. Nach Satz 1 gibt es um x eine relativkompakte Umgebung U und um $\Phi(x)$ eine Hyperkugel H, derart, daß Φ die Umgebung U eigentlich in H abbildet. Sei K die Menge der nichtuniformisierbaren Punkte von U. Da Φ nirgends entartet ist, ist die Funktionaldeterminante Δ der Abbildung Φ in $U - K$ nicht identisch Null. Das Nullstellengebilde von Δ, das rein $n - 1$-dimensional ist, läßt sich nach einem Satz von R. Remmert und K. Stein[36] über die „Fortsetzung von analytischen Mengen" in die Menge K, die dünn von zweiter Ordnung ist, zu einer analytischen Menge $'A$ von U fortsetzen. Es sei U so klein gewählt, daß K in einer in U analytischen Menge $''A$ enthalten ist. Setzen wir noch $A = 'A \cup ''A$, so ist nach einem Projektionssatz von R. Remmert[37] $M = \Phi(A)$ eine analytische Menge in H. Man sieht leicht ein, daß

1. $U - \Phi^{-1}(M)$ lokal topologisch auf $H - M$ abgebildet wird,

2. daß es zu jedem Punkt $x \in U$ eine Umgebung $V \subset U$ gibt, derart, daß $V - \Phi(M)$ zusammenhängend ist.

Ferner sind alle übrigen Forderungen der Definition 1 erfüllt.

Somit ist gezeigt, daß (U, Φ) eine analytisch-verzweigte Überlagerung von H ist. Damit ist Satz 13 bewiesen.

Fassen wir nun die Ergebnisse der beiden letzten Paragraphen in einem Hauptsatz zusammen!

Satz A. *Jeder K-vollständige, n-dimensionale komplexe Raum $\mathfrak{R}$ ist zu einem Riemannschen Gebiet über dem C^n analytisch äquivalent. $\mathfrak{R}$ besitzt deshalb eine abzählbare Umgebungsbasis.*

§ 4. Äquivalenz der holomorph-konvexen Riemannschen Gebiete und der holomorph vollständigen Räume.

Im folgenden wollen wir unter einem Rechteckgebiet R im Raume von n komplexen Veränderlichen $z_\nu = u_\nu + i v_\nu$, $\nu = 1 \ldots n$, ein Gebiet verstehen, das durch Ungleichungen $|u_\nu| < a_\nu$, $|v_\nu| < b_\nu$ gegeben werden kann. Es gelte:

$$0 < ''''a_\nu < '''a_\nu < ''a_\nu < 'a_\nu < a_\nu, \quad 0 < ''''b_\nu < '''b_\nu < ''b_\nu < 'b_\nu < b_\nu,$$

$$0 < ''''\delta < '''\delta < ''\delta < '\delta < \delta < ''''a_1, \quad 0 < '''r < ''r < 'r < r.$$

Wir definieren:

1. Q_1 bzw. Q_2 sei das Gebiet der Punkte $\{(z_1 \ldots z_n) \in R, -a_1 < u_1 < \delta\}$ bzw. der Punkte $\{(z_1 \ldots z_n) \in R, -\delta < u_1 < a_1\}$.

---

[36]) R. Remmert und K. Stein: Über die wesentlichen Singularitäten analytischer Mengen. Math. Ann. **126**, 263—306 (1953).

[37]) Vgl. R. Remmert, loc. cit.[19]).

2. D sei das Gebiet $Q_1 \cap Q_2$.

3. $\Re$ sei ein komplexer Raum, der durch eine eigentliche, nirgends entartete, holomorphe Abbildung $\Phi : \Re \to R$ in R abgebildet ist. Ein Punkt $x \in \Re$ heiße über $\Phi(x)$ gelegen. Unter $\Re \cap D$ sei der Teilraum der Punkte von $\Re$ verstanden, die über D liegen. (Analoges für $\Re \cap Q_i$ u. a.)

Bezeichnet $C : \{|u_\nu| < c_\nu,\ |v_\nu| < d_\nu\}$ ein Rechteckgebiet des C^n, so werden wir unter $'C$ (bzw. $''C$, $'''C$) das Gebiet $\{|u_\nu| < 'c_\nu,\ |v_\nu| < 'd_\nu\}$ (bzw. $\{|u_\nu| < ''c_\nu,\ |v_\nu| < ''d_\nu\}$ usw.) verstehen.

Es gilt nun folgender fundamentaler Satz:

Satz 14. (Okasches Heftungslemma)[38]. *Sind $\Re \cap Q_i$ holomorph vollständige Räume und ist auf $\Re \cap D$ eine holomorphe Funktion g gegeben, so gibt es auf jedem $\Re \cap ''''Q_i$, $i = 1, 2$, eine holomorphe Funktion g_i, derart, daß $g_2 - g_1 \equiv g$ auf $\Re \cap ''''D$ ist. Gilt $|g| < M$ auf $\Re \cap 'D$, so lassen sich die g_i zu jeder kompakten Teilmenge $N_i \subset \Re \cap ''''Q_i$ so bestimmen, daß $|g_i(N_i)| < KM$ gilt. K ist dabei unabhängig von g.*

Beweis. $\Re \cap D$ ist nach Voraussetzung ein holomorph vollständiger Raum. Es gibt deshalb endlich viele holomorphe Funktionen $f_1 \ldots f_k$ in $\Re \cap D$, die $\Re \cap 'D$ normal einbetten und deren Betrag in $\Re \cap 'D$ kleiner als $1 - r$ ist. Im Gebiet $'P : \{(z_1 \ldots z_n) \in 'D,\ |w_\nu| < 1 + 'r\}$ des $z_1 \ldots z_n$, $w_1 \ldots w_k$-Raumes ist deshalb die Menge $B : \{(\Phi(x), f_\nu(x)),\ x \in \Re \cap 'D\}$ eine normal eingebettete analytische Menge. Bezeichne σ die eineindeutige holomorphe Abbildung $(\Phi(x), f_\nu(x)) \to x$ von B auf $\Re \cap 'D$ und sei $\hat{g} = g\,\sigma$! Nach Voraussetzung gilt $|g| < M$ in $\Re \cap 'D$. Daher ist auch $|\hat{g}| < M$ auf B. Wir stützen uns nun auf den von K. Oka und H. Cartan bewiesenen Fundamentalsatz (vgl. § 1). In unserem Falle gilt: Es gibt ein $\underline{\hat{g}}$, $|\underline{\hat{g}}| < K_0 M$, in $''P$, derart, daß $\hat{g} = \underline{\hat{g}}$ auf $B \cap ''P$ ist. Wir führen folgende Bezeichnungen ein:

1. $''U$ sei im $\xi, \omega_1 \ldots \omega_k$-Raum das Gebiet der Punkte $\{|Re\ \xi| < ''\delta,\ |Im\ \xi| < ''b_1,\ 1 - ''r < |\omega_\nu| < 1 + ''r\}$.

2. $'S_1$ bzw. $'S_2$ sei im $z_1 \ldots z_n$, $w_1 \ldots w_k$-Raum das Gebiet $\{-'a_1 < u_1 < -''\delta,\ (z_1 \ldots z_n) \in 'R,\ |w_\nu| < 1 + 'r\}$ bzw. das Gebiet $\{''\delta < u_1 < 'a_1,\ (z_1 \ldots z_n) \in 'R,\ |w_\nu| < 1 + 'r\}$.

Es werde nun im Gebiet $'P \times ''U$ die Funktion:

$$\underline{\lambda} = \frac{1}{2\pi i (\xi - z_1)(\omega_1 - w_1) \ldots (\omega_k - w_k)}$$

betrachtet. $\underline{\lambda}$ hat keine Polstellen auf $(B \cap 'S_i) \times ''U$, da für die Punkte von $B : |w_\nu| < 1 - ''r$ gilt. Daher erhält man eine Cousin-I-Verteilung in $(\Re \cap 'Q_i) \times ''U$, wenn man in $(\Re \cap 'D) \times ''U$ die meromorphe Funktion $\lambda = \underline{\lambda}\,\sigma^{-1}$ und in $(\Re \cap 'Q_i \cap 'S_i) \times ''U$ die identisch verschwindende Funktion vorgibt. γ_1, γ_2 seien je eine Lösung dieser Cousin-I-Verteilung für $(\Re \cap Q_1) \times ''U$ bzw. für $(\Re \cap Q_2) \times ''U$. Es gilt auf $(\Re \cap 'D) \times ''U$, daß $\gamma_i - \lambda$ holomorph ist.

$\Re \cap 'D$ ist konvex in bezug auf $\Re \cap 'Q_i$. Folglich ist auch $(\Re \cap 'D) \times ''U$ konvex in bezug auf $(\Re \cap 'Q_i) \times ''U$. Da $(\Re \cap 'Q_i)$ und damit auch $(\Re \cap 'Q_i) \times ''U$ holomorph vollständige Räume sind, gilt für $(\Re \cap 'D) \times ''U$ in bezug

---

[38]) Vgl. K. Oka, loc. cit[21]). Der hier in besonderer Terminologie bewiesene Satz ist im wesentlichen das dort bewiesene Heftungslemma.

auf $(\Re \cap {}'Q_i) \times {}''U$ der Approximationssatz. Es existieren in $(\Re \cap {}'Q_i) \times {}''U$ holomorphe Funktionen $\alpha_i(x, \xi, \omega_1 \ldots \omega_k)$, derart, daß in $(\Re \cap {}''D) \times {}'''U$:

$$|\gamma_i - \lambda - \alpha_i| < \varepsilon \qquad (\varepsilon \text{ beliebig klein positiv})$$

ist. Setzen wir dann $\lambda_i = \gamma_i - \alpha_i$, so ist $|\lambda_i - \lambda| < \varepsilon$ in $(\Re \cap {}''D) \times {}'''U$ und dort holomorph. Nach dem Cartan-Okaschen Satz gibt es daher unabhängig von der Wahl der Approximationsfunktionen α_i eine Konstante $K_1 > 0$, derart, daß $\hat{\mu}_i = (\lambda_i - \lambda)\,\sigma$ auf $(B \cap {}'''P) \times {}''''U$ Spur einer in $'''P \times {}''''U$ holomorphen Funktion $\hat{\underline{\mu}}_i$, $|\hat{\underline{\mu}}_i| < \varepsilon K_1$, ist. Bilden wir nun in $\Re \cap {}''''Q_i$:

$$g_i^{(1)}(x) =$$
$$\frac{1}{(2\pi i)^k} \int\limits_{\mathfrak{C}_i} d\xi \int \cdots \int\limits_{|\omega_\nu|=1} \lambda_i(x, \xi, \omega_1 \ldots \omega_k)\,\hat{g}(\xi, z_2(x) \ldots z_n(x), \omega_1 \ldots \omega_k)\,d\omega_1 \ldots d\omega_k,$$

wobei wir mit $z_\nu(x)$ die die Abbildung Φ definierenden Funktionen und mit $\mathfrak{C}_i$ eine differenzierbare Kurve in bezug auf einen Punkt $x \in \Re \cap {}''''Q_i$ bezeichnen, die im Rechteck $|u_1| < {}''''\delta$, $|v_1| < {}''''b_1$ den Punkt $z_1 = -i\,{}''''b_1$ mit dem Punkt $z_1 = +i\,{}''''b_1$ verbindet, derart, daß $z_1(x)$ rechts von $\mathfrak{C}_2$ und links von $\mathfrak{C}_1$ liegt. $\mathfrak{C}_i$ sei ferner so orientiert, daß die S_1 links von $\mathfrak{C}_i$ liegt. Es gilt, daß $\mathfrak{C}_1$ homotop zu $\mathfrak{C}_2$ ist.

In $\Re \cap {}''''D$ ist dann:

$$g_2^{(1)}(x) - g_1^{(1)}(x) = \frac{1}{(2\pi i)^k}\left[\int\limits_{\mathfrak{C}_2} d\xi \int \cdots \int \mu_2 \hat{g}\,d\omega - \int\limits_{\mathfrak{C}_1} d\xi \int \cdots \int \mu_1 \hat{g}\,d\omega\right]$$
$$+ \frac{1}{(2\pi i)^k} \int\limits_{\mathfrak{C}_1 + \mathfrak{C}_2^{-1}} d\xi \int \cdots \int \lambda \hat{g}\,d\omega$$
$$(\text{mit } d\omega = d\omega_1 \ldots d\omega_k \text{ und } \mu_i = \lambda_i - \lambda).$$

Der letzte Teil dieser Summe ist gleich g. Setzen wir

$$g^{(1)} = g - (g_2^{(1)} - g_1^{(1)}) = \frac{1}{(2\pi i)^k} \int\limits_{\mathfrak{C}_1} d\xi \int \cdots \int (\mu_1 - \mu_2)\,\hat{g}\,d\omega$$

und $\hat{g}^{(1)} = g^{(1)}\sigma$ in $B \cap {}'''P$, so erhalten wir durch:

$$\hat{\underline{g}}^{(1)} = \frac{1}{(2\pi i)^k} \int\limits_{\mathfrak{C}_1} d\xi \int \cdots \int (\hat{\underline{\mu}}_1 - \hat{\underline{\mu}}_2)\,\hat{g}\,d\omega \text{ eine Funktion in } ''''P, \text{ deren Spur auf}$$

$B \cap {}''''P$ die Funktion $\hat{g}^{(1)}$ ist. In $''''P$ gilt: $|\hat{\underline{g}}^{(1)}| < 4\,K_0 K_1 M \varepsilon\,{}''''b_1 < \frac{1}{2}$, wenn ε hinreichend klein gewählt ist. Wir setzen nun:

$$\hat{\underline{g}}^{(\nu)} = \frac{1}{(2\pi i)^k} \int\limits_{\mathfrak{C}_1} d\xi \int \cdots \int (\hat{\underline{\mu}}_1 - \hat{\underline{\mu}}_2)\hat{\underline{g}}^{(\nu-1)}\,d\omega,$$

$$g^{(\nu)} = \frac{1}{(2\pi i)^k} \int\limits_{\mathfrak{C}_1} d\xi \int \cdots \int (\mu_1 - \mu_2)\,\hat{\underline{g}}^{(\nu-1)}\,d\omega,$$

$$g_i^{(\nu)} = \frac{1}{(2\pi i)^k} \int\limits_{\mathfrak{C}_i} d\xi \int \cdots \int \lambda_i\,\hat{\underline{g}}^{(\nu-1)}\,d\omega \quad \text{und} \quad g^0 = g!$$

$g^{(\nu)}\sigma$ ist immer Spur von $\hat{\underline{g}}^{(\nu)}$ und es gilt $|\hat{\underline{g}}^{(\nu)}| < \frac{1}{2^\nu} M$ in $''''P$. Ferner ist $g_2^{(\nu)} - g_1^{(\nu)}$ $= g^{(\nu-1)} - g^{(\nu)}$ in $\Re \cap ''''D$.

Ist N_i eine beliebige kompakte Teilmenge von $\Re \cap ''''Q_i$, so gibt es, wie man aus der Definition von $g_i^{(\nu)}$ unmittelbar ersieht, eine von g unabhängige Konstante K, derart, daß $|g_i^{(\nu)}(N_i)| < \frac{K}{2^{\nu+1}} M$ ist. $\sum\limits_{\nu=1}^{\infty} g_i^{(\nu)}(x)$ konvergiert also gleichmäßig im Innern von $\Re \cap ''''Q_i$ gegen eine holomorphe Grenzfunktion $g_i(x)$. Es gilt deshalb: $g_2 - g_1 = \Sigma g_2^{(\nu)} - \Sigma g_1^{(\nu)} = \Sigma(g^{(\nu-1)} - g^{(\nu)}) = g$. Auf N_i ist ferner $|g_i(x)| < KM$. g_i und K erfüllen also die in Satz 14 verlangten Bedingungen. Damit ist Satz 14 bewiesen.

Aus Satz 14 folgt, daß $\Re$ selbst ein holomorph vollständiger Raum ist. Wir zeigen:

Satz 15. *Sind $\Re \cap Q_i$ holomorph vollständige Räume, so ist auch $\Re$ ein holomorph vollständiger Raum.*

Beweis. Können wir zeigen, daß $\Re \cap ''''R$ ein holomorph vollständiger Raum ist, so kann $\Re$, da man $|a_\nu - ''''a_\nu|$, $|b_\nu - ''''b_\nu|$ beliebig klein machen kann, durch eine Folge in bezug auf $\Re$ konvexer, holomorph vollständiger Räume ausgeschöpft werden. Nach Satz 7 ist $\Re$ dann selbst ein holomorph vollständiger Raum.

Damit $\Re \cap ''''R$ holomorph vollständig ist, müssen zwei Bedingungen erfüllt sein:

1. Zu jedem Punkt $x \in \Re \cap ''''R$ gibt es eine Umgebung $U(x)$, die durch endlich viele in $\Re \cap ''''R$ holomorphe Funktionen $f_1 \ldots f_k$ normal eingebettet wird.

2. Zu zwei beliebigen Punkten $x, y \in \Re \cap ''''R$ gibt es immer eine in $\Re \cap ''''R$ holomorphe Funktion f, bei der $f(x) \neq f(y)$ gilt.

Wir zeigen zunächst, daß 1. erfüllt ist. Es gelte etwa $x \in \Re \cap ''''Q_1$. Wir legen um x eine Umgebung $\mathfrak{V}$, die relativ kompakt in $\Re \cap ''''Q_1$ enthalten ist. Nach Voraussetzung gibt es nun in $\Re \cap Q_1$ endlich viele holomorphe Funktionen $''f_1 \ldots ''f_k$, die $\mathfrak{V}$ normal einbetten.

$\Re \cap D$ ist konvex in bezug auf $\Re \cap Q_2$. Wir können deshalb in $\Re \cap Q_2$ holomorphe Funktionen $'f_1 \ldots 'f_k$ finden, derart, daß in $\Re \cap 'D : |''f_\nu - 'f_\nu| < \tilde{\varepsilon}$ ist. Setzen wir $g^{(\nu)} = 'f_\nu - ''f_\nu$ und sind $g_i^{(\nu)}$ Funktionen nach Satz 14, derart, daß $g^{(\nu)} = g_2^{(\nu)} - g_1^{(\nu)}$, $|g_i^{(\nu)}| < K\tilde{\varepsilon}$ in $\mathfrak{V}$ ist, so gilt $(''f_\nu - g_1^{(\nu)}) - ('f_\nu - g_2^{(\nu)}) = 0$ in $\Re \cap ''''D$. Es sei $f_\nu = ''f_\nu - g_1 = 'f_\nu - g_2$ in $\Re \cap ''''R$. In $\mathfrak{V} \cap H$ ist dann: $|f_\nu - ''f_\nu| < K\tilde{\varepsilon} = \varepsilon$. Wählen wir ε hinreichend klein, so betten nach Satz 3 die Funktionen f_ν eine Umgebung von x normal ein. Somit ist 1. bewiesen.

Es werde jetzt gezeigt, daß 2. erfüllt ist. Wir unterscheiden zwei Fälle:

a) $\Phi(x)$, $\Phi(y) \in ''''Q_i$, $i = 1$ oder $= 2$,

b) $\Phi(x)$, $\Phi(y) \notin \bar{D}$, $\Phi(x) \in ''''Q_1$, $\Phi(y) \in ''''Q_2$.

Liegt Fall a) nicht vor, so kann man δ immer so klein wählen und die Punkte so bezeichnen, daß Fall b) eintritt.

Im Falle a): $\Phi(x)$, $\Phi(y) \in ''''Q_1$ sei $'f$ eine holomorphe Funktion in $\Re \cap Q_1$, derart, daß $'f(x) \neq 'f(y)$ ist. Nach dem Approximationssatz gibt es in $\Re \cap Q_2$

eine holomorphe Funktion $''f$, so daß auf $\Re \cap {}'D$ die Ungleichung $|''f - 'f| < \varepsilon$ gilt. Sind dann g_1, g_2 Funktionen nach Satz 14 zu $g = ''f - 'f$, so gilt: $(''f - g_2) - ('f - g_1) = 0$ in $\Re \cap ''''D$ und $|g_1(x)|$, $|g_1(y)| < \varepsilon K$. Es ist daher $f(x) \neq f(y)$, wenn wir $f = 'f - g_1 = ''f - g_2$ setzen und ε hinreichend klein gewählt ist.

Im Falle b) legen wir um $\Phi(x)$, $\Phi(y)$ relativ kompakt in $''''R - \bar{D}$ enthaltene Hyperkugeln H_ν, $\nu = 1, 2$. Da die Bereiche H_1 bzw. $D \cup H_2$ konvex in bezug auf Q_1 bzw. Q_2 sind, sind die Bereiche $\Re \cap H_1$ bzw. $\Re \cap (D \cup H_2)$ konvex in bezug auf $\Re \cap Q_1$ bzw. $\Re \cap Q_2$. Nach dem Approximationssatz können wir deshalb in $\Re \cap Q_1$ eine holomorphe Funktion $'f$ und in $\Re \cap Q_2$ eine holomorphe Funktion $''f$ wählen, derart, daß $|'f| < \varepsilon$ in $\Re \cap H_1$, $|''f - 1| < \varepsilon$ in $\Re \cap H_2$ und $|''f - 'f| < \varepsilon$ in $\Re \cap 'D$ gilt. Bilden wir wieder zu $g = ''f - 'f$ die Funktionen g_1, g_2, so ist in $\Re \cap ''''D$: $(''f - g_2) - ('f - g_1) = 0$. Also ist $f = 'f - g_1 = ''f - g_2$ eine holomorphe Funktion in $\Re \cap ''''R$. In x gilt $|f - 'f| < K\varepsilon$, in y: $|f - ''f| < K\varepsilon$. Somit ist sicher $f(x) \neq f(y)$, wenn ε hinreichend klein gewählt ist. Damit ist Satz 15 bewiesen.

Man kann Satz 15 benutzen, von lokalen Eigenschaften eines komplexen Raumes auf globale Eigenschaften zu schließen. Es seien wieder die gleichen Bezeichnungen 1. bis 3. wie bei Satz 14 gewählt.

Satz 16. *Erfüllt $\Re$ die C-Bedingung, so ist $\Re$ ein holomorph vollständiger Raum.*

Beweis. Da $\Re$ der C-Bedingung genügt, gibt es nach Satz 4 um jeden Punkt $x \in \Re$ eine beliebig kleine Umgebung, die ein holomorph vollständiger Raum ist. Da Φ eigentlich und nirgends entartet abbildet, besteht $\{\Phi^{-1}\Phi(x)\}$ aus endlich vielen Punkten $x_1, \ldots, x_s \in \Re$. Sicher existiert in $\Re$ eine Umgebung U von $x_1 \ldots x_s$, die ein holomorph vollständiger Raum ist. Schlagen wir dann um $\Phi(x)$ eine Hyperkugel $H \Subset R$, die so klein ist, daß $\Re \cap H \subset U$ gilt, so ist $\Re \cap H$ ein holomorph vollständiger Raum. Zu jedem Punkt $\Phi(x)$, $x \in \Re$, existiert eine solche Hyperkugel H. Ferner ist die Menge $\{\Phi(x), x \in \Re\}$ abgeschlossen in R. Wir können deshalb Konstanten:

$$\underline{a}_\nu^\mu, \; \tilde{a}_\nu^{\mu+1}, \; \underline{b}_\nu^\mu, \; \tilde{b}_\nu^{\mu+1}, \; \nu = 1 \ldots n, \; \mu = 0 \ldots s,$$

$$-a_\nu < \underline{a}_\nu^0 < \underline{a}_\nu^1 < \tilde{a}_\nu^1 < \underline{a}_\nu^2 < \cdots < \underline{a}_\nu^s < \tilde{a}_\nu^s < \tilde{a}_\nu^{s+1} < a_\nu, \; -b_\nu < \underline{b}_\nu^0 < \underline{b}_\nu^1 < \tilde{b}_\nu^1 <$$

$$< \cdots < \underline{b}_\nu^s < \tilde{b}_\nu^s < \tilde{b}_\nu^{s+1} < b_\nu,$$

so bestimmen, daß $\Re \cap G_{\beta_1 \ldots \beta_n}^{\alpha_1 \ldots \alpha_n}$ holomorph vollständige Räume sind, wobei $G_{\beta_1 \ldots \beta_n}^{\alpha_1 \ldots \alpha_n}$ das Rechteckgebiet $\{\underline{a}_\nu^{\alpha_\nu} < u_\nu < \tilde{a}_\nu^{\alpha_\nu+1}, \underline{b}_\nu^{\beta_\nu} < v_\nu < \tilde{b}_\nu^{\beta_\nu+1}\}$ bezeichnet. Mehrmalige Anwendung des Satzes 15 ergibt sofort, daß $\Re \cap \tilde{R}$, $\tilde{R} : \{\underline{a}_\nu^0 < u_\nu < \tilde{a}_\nu^{s+1}, \underline{b}_\nu^0 < v_\nu < \tilde{b}_\nu^{s+1}\}$ ein holomorph vollständiger Raum ist. Da $|a_\nu + \underline{a}_\nu^0|$, $|a_\nu - \tilde{a}_\nu^{s+1}|$, $|b_\nu + \underline{b}_\nu^0|$, $|b_\nu - \tilde{b}_\nu^{s+1}|$ beliebig klein gemacht werden kann, folgt mit Satz 7 die Behauptung des Satzes 16.

Um zu zeigen, daß jedes die C-Bedingung erfüllende, holomorph-konvexe Riemannsche Gebiet $\mathfrak{G}$ über dem $w_1 \ldots w_m$-Raum ein holomorph vollständiger Raum ist, genügt es wegen Satz 7 zu zeigen, daß jedes analytische Polyeder $\Re$ von $\mathfrak{G}$ ein holomorph vollständiger Raum ist; denn $\mathfrak{G}$ ist durch analytische Polyeder ausschöpfbar.

Sei $\widetilde{R}: \{|u_\nu| < a_\nu, |v_\nu| < b_\nu\}$ ein Rechteckgebiet des $z_1 \ldots z_k$-Raumes, werde $\mathfrak{R}$ durch die Bedingungen $\{x \in \mathfrak{G}, (f_1(x) \ldots f_k(x)) \in \widetilde{R}\}$ ($f_1 \ldots f_k$ holomorph in $\mathfrak{G}$) definiert und sei ferner mit $w_\nu = w_\nu(x)$, $\nu = 1 \ldots m$, die Projektion von $\mathfrak{G}$ auf die Grundpunkte bezeichnet. Auf $\mathfrak{R}$ ist $|w_\nu(x)| < c$. Bezeichnen wir dann mit R das Rechteckgebiet $\{|u_\nu| < a_\nu, |v_\nu| < b_\nu, |u_\mu| < c, |v_\mu| < c, \nu = 1 \ldots k, \mu = k+1 \ldots k+m\}$ des $z_1 \ldots z_{k+m}$-Raumes, so bildet die holomorphe Abbildung
$$\Phi: z_1 = f_1(x) \ldots z_k = f_k(x), z_{k+1} = w_1(x) \ldots z_{k+m} = w_m(x)$$
das Polyeder $\mathfrak{R}$ eigentlich und nirgends entartet in R ab. $(\mathfrak{R}, \Phi)$ genügt den bei den Sätzen 14, 15, 16 gemachten Voraussetzungen. Da $\mathfrak{R}$ ferner wie $\mathfrak{G}$ die C-Bedingung erfüllt, folgt aus Satz 16, daß $\mathfrak{R}$ ein holomorph vollständiger Raum ist. Wir haben damit folgenden allgemeinen Satz gewonnen:

Satz B. *Ein holomorph-konvexes Riemannsches Gebiet über dem C^n, das der C-Bedingung genügt, ist ein holomorph vollständiger Raum.*

(Eingegangen am 1. Dezember 1954.)

19.

On Levi's Problem and the Imbedding
of Real-Analytic Manifolds

Annals of Math., II. Ser. **68**, 460–472 (1958)

Introduction

In 1911 E. E. Levi [18] showed that the boundary of a domain of holomorphy is not arbitrary. It satisfies certain condition of convexity and therefore is called pseudoconvex.[1] The pseudoconvexity is a local property. To prove that a domain with twice differentiable boundary is pseudoconvex it is only necessary to verify that some differential inequalities are satisfied (see [3]).

For more than forty years it was an open problem of the theory of several complex variables whether the Levi conditions are sufficient for the domains of holomorphy. At first the problem was solved for special domains. After refuting a counter-example of Blumenthal, H. Behnke proved that Levi's conjecture is true for (complex) 2-dimensional circular domains [1]. The first general result, however, was not obtained until 1942 by K. Oka [22]. Oka showed : *each pseudoconvex domain G of the 2-dimensional complex number space C^2 is a domain of holomorphy.* The problem was solved for the case of dimension $n > 2$ by K. Oka [23], H. Bremermann [5] and F. Norguet [21] in 1954. K. Oka [22] even proved that every unbranched (not necessarily schlicht) pseudoconvex domain over the n-dimensional complex number space C^n is a (holomorphically convex) domain of holomorphy. For branched domains and domains in the closed C^n, that is, in the n-dimensional complex projective space P^n, the problem is still unsolved.[2]

Using plurisubharmonic functions it can easily be proved that each pseudoconvex domain $G \subset C^n$ can be exhausted by strongly pseudoconvex domains $G_\nu \subset\subset G$ (see [23]). By a theorem of H. Behnke and K. Stein [2], the limit of domains of holomorphy is again a domain of holomorphy. So Levi's conjecture has to be verified only for strongly pseudoconvex domains (for definitions see § 1).

In this short paper relatively compact, *strongly* pseudoconvex subdomains G of complex manifolds $\mathfrak{M}$ are considered (without any assump-

---

[1] There are several definitions of pseudoconvexity. See [17].

[2] K. Oka has announced that the answer is also " yes " for these cases.

tion on $\mathfrak{M}$). It is proved that these domains are holomorphically convex (§ 2, Theorem 1). Because the domains of holomorphy $G \subset C^n$ are exactly the holomorphically convex domains, Theorem 1 solves Levi's problem for complex manifolds. It may be of interest that Theorem 1 is wrong for general pseudoconvex domains $G \subset \subset \mathfrak{M}$ (see the example in [15]).

In § 2 conditions are also given in order that G is a Stein manifold (Theorem 2). In § 3, Theorem 2 is applied to real-analytic manifolds to solve a problem of H. Whitney. This problem arises from the following theorem of Whitney :

If $\mathfrak{R}$ is a real-analytic manifold of dimension n, which has countable topology, then there exists[3] a regularly imbedded n-dimensional real-analytic surface S in a 2n-dimensional euclidean space R^{2n} and an isomorphism $\alpha: \mathfrak{R} \longleftrightarrow S$ which is differentiable of class C^∞.

The open question was : can α be chosen as a real-analytic mapping? As C. B. Morrey [19] proved in September last year, the answer is yes, if $\mathfrak{R}$ is compact. Morrey's proof for this statement uses the theory of partial differential equations and difficult estimates. In § 3 a short proof of the statement is given which, however, is based on deep results of the sheaf theory on Stein manifolds. Moreover, Whitney's conjecture is verified also for non-compact real-analytic manifolds with countable topology. An extension to real-analytic spaces is possible (for definitions see [9]) : Theorems 1 and 2 can be proved *mutatis mutandis* by the same method for complex spaces. This will be done in a subsequent paper by the author (see [15]).

1. Preliminaries

1.1. $\mathfrak{M}$ will always denote a (connected) n-dimensional complex manifold and G will denote an open relatively compact subset of $\mathfrak{M}$ which has *piece-wise twice differentiable boundary*. This means : to each boundary point $x_0 \in \partial G$ there exists a neighborhood T of x_0 and in U finitely many twice continuously differentiable, real-valued functions $\varphi_1, \cdots, \varphi_k$ such that the exterior differentials $d\varphi_\nu$ do not vanish in U and $G \cap U = \{x \in U, \varphi_\nu(x) < 0, \nu = 1, \cdots, k\}$. $\mathfrak{M}$ induces a complex structure in G; therefore G can be considered as a complex manifold. We state the following definitions :

(1) *Let M be a subset of a complex manifold $\mathfrak{M}$. Then the holomorphically convex envelope $\hat{M}$ of M is the set : $\{x \in \mathfrak{M}, |f(x)| \leq \sup |f(M)|$ for all holomorphic functions f in $\mathfrak{M}\}$.*

---

[3] H. Whitney has proved this theorem *mutatis mutandis* also for differentiable manifolds.

$\hat{M}$ is always a closed subset of $\mathfrak{M}$.

(2) *$\mathfrak{M}$ is holomorphically convex if, for every compact subset $M \subset \mathfrak{M}$, the envelope $\hat{M}$ is compact.*

(3) *$\mathfrak{M}$ is K-complete[4] if, to each point $x_0 \in \mathfrak{M}$, there exist finitely many holomorphic functions $f_1, \cdots, f_k$ in $\mathfrak{M}$ such that x_0 is an isolated point of the set $A = \{x \in \mathfrak{M}, f_\nu(x) = f_\nu(x_0), \nu = 1, \cdots, k\}$.*

" K-complete " means that there are many holomorphic functions on $\mathfrak{M}$. A compact complex manifold is never K-complete, but every Riemann domain over the n-dimensional complex number space C^n is K-complete. The number k which appears in (3) cannot be chosen smaller than n.

(4) *$\mathfrak{M}$ is a Stein manifold if $\mathfrak{M}$ is holomorphically convex and K-complete.*

1.2. In [13] it is proved that the definition (4) is equivalent to the old definition of Stein manifolds given by K. Stein and H. Cartan [7]. Therefore we have the following statements ($\mathfrak{M}$ is always a Stein manifold):

(α) *$\mathfrak{M}$ has countable topology.*

(β) *Let $x, y \in \mathfrak{M}$ be distinct points. Then there is always a holomorphic function f in $\mathfrak{M}$ such that $f(x) \neq f(y)$.*

(γ) *To each point $x_0 \in \mathfrak{M}$ there exist holomorphic functions $f_1, \cdots, f_n$ in $\mathfrak{M}$ such that the determinant $\partial(f_1, \cdots, f_n)/\partial(z_1, \cdots, z_n)$ does not vanish in x_0 (where $z_1, \cdots, z_n$ are holomorphic coordinates[5] in a neighborhood of x_0).*

Let us denote by B an arbitrary open subset of $\mathfrak{M}$ (or of a differentiable manifold $\mathfrak{R}$). We call a holomorphic (differentiable) mapping $\alpha : B \to C^k$ regular if α is one-to-one and if the functional matrix $(\partial\alpha/\partial\mathfrak{z})$, $\mathfrak{z} = (z_1, \cdots, z_n)$, (or $(\partial\alpha/\partial\mathfrak{x})$, $\mathfrak{x} = (x_1, \cdots, x_n)$), has the rank n in all points $b \in B$. Then $\alpha(B)$ is an n-dimensional analytic (differentiable) surface S in C^k. S has no " singularities ". From the statements (α)-(γ) follows immediately :

PROPOSITION 1. *If $\mathfrak{M}$ is a Stein manifold and B, relatively compact, is contained in $\mathfrak{M}$ then there exist a natural number k and a regular holomorphic mapping $\alpha: B \to C^k$.*

Far beyond this R. Remmert [24] has proved :

IMBEDDING THEOREM. *Let $\mathfrak{M}$ be an n-dimensional Stein manifold. Then there exist a number $k = k(n)$ and a regular, proper,[6] holomorphic mapping $\alpha: \mathfrak{M} \to C^k$.*

Because α is proper and regular, $\alpha(\mathfrak{M})$ is an n-dimensional (closed) ana-

---

[4] In [3] the definition of K-completeness differs somewhat from (3). R. Remmert has proved that (3) is equivalent to the definition in [13].

[5] By holomorphic (real-analytic, etc.) coordinates, we always understand coordinates which belong to the complex (real-analytic) structure (of $\mathfrak{M}$).

[6] " Proper " in the sense of N. Bourbaki.

lytic subset of C^k. $\alpha(\mathfrak{M})$ contains only regular (= gewöhnliche) points.[7]

1.3. Let $G \subset \subset \mathfrak{M}$ denote the domain of Section 1.1. We define:

(5) *G is pseudoconvex if, to each point $x_0 \in \partial G$, there exist a neighborhood $U(x_0) \subset \mathfrak{M}$ and in U finitely many twice continuously differentiable, real valued functions $\varphi_1, \cdots, \varphi_k$, such that $d\varphi_\kappa \neq 0$, $G \cap U = \{x \in U, \varphi_\kappa(x) < 0,$ $\kappa = 1, \cdots, k\}$, $L(\varphi_\kappa) = \sum (\partial^2 \varphi_\kappa / \partial z_\nu \partial \bar{z}_\mu) a_\nu \bar{a}_\mu \leqq 0$ on $\partial G \cap U$ for all vectors $(a_1, \cdots, a_n)$ which satisfy $\sum (\partial \varphi_\kappa / \partial z_\nu) a_\nu = 0$, $(\kappa = 1, \cdots, k)$. G is called strongly pseudoconvex, if for all $x_0 \in \partial G$, we can find the neighborhood $U(x_0)$ and the functions $\varphi_1, \cdots, \varphi_k$ such that $L(\varphi_\kappa) > 0$ in U for all $(a_1, \cdots, a_n) \neq 0$ with $\sum (\partial \varphi_\kappa / \partial z_\nu) a_\nu = 0$ $(\kappa = 1, \cdots, k)$.*

It is known that the property $L(\varphi_\kappa) \geqq 0$ or $L(\varphi_\kappa) > 0$ does not depend on the choice of the functions $\varphi_1, \cdots, \varphi_k$. It is a local property of the boundary ∂G itself. If G is holomorphically convex, then G is also pseudoconvex (see[3]).

Levi and Krzoska have proved:[8]

(δ) *Let G be strongly pseudoconvex. Then, if $x \in \partial G$ is an arbitrary point and $U(x_0)$ a sufficiently small holomorphically convex neighborhood, $U(x_0) \cap G$ is a domain of holomorphy. If $U \cap G = \{\varphi_\kappa(x) < 0, \kappa = 1, \cdots, k\}$ with φ_κ twice continuously differentiable in (a neighborhood of) $\bar{U}$, $d\varphi_\kappa \neq 0$, and if $h_\kappa(x)$ are twice differentiable functions in $\bar{U}$ whose values and first and second derivatives are sufficiently small, then $U \cap \{\varphi_\kappa - h_\kappa < 0, \kappa = 1, \cdots, k\}$ is again a domain of holomorphy.*

We can assume that $U \cap G$ is contained in a local coordinate system of $\mathfrak{M}$. Because every domain $G^* \subset C^n$ is a Stein manifold if and only if G^* is a domain of holomorphy, we see that $U \cap G$ is a Stein manifold. Another result of Levi and Krzoska is:

(ε) *Let G be strongly pseudoconvex. Then, to each point $x_0 \in \partial G$, there exist a neighborhood $U(x_0)$ and holomorphic function f in (a neighborhood of) $\bar{U}$ with $df \neq 0$ and $\{x \in \bar{U}, f(x) = 0\} \cap \bar{G} = x_0$.*

(ε) is used to prove (δ).

1.4. A twice continuously differentiable real valued function $h(x)$ in $\mathfrak{M}$ is called *plurisubharmonic* if the form $L(h) = \sum (\partial^2 h / \partial z_\nu \partial \bar{z}_\mu) a_\nu \bar{a}_\mu$ is positive semidefinite everywhere in $\mathfrak{M}$. If $L(h)$ is positive definite everywhere in $\mathfrak{M}$, then h is said to be a *strongly plurisubharmonic* function. The following statement can easily be verified:

(*) *Let h be a strongly plurisubharmonic function in $\mathfrak{M}$, $A \subset \mathfrak{M}$ an analytic set of dimension $d > 0$. Then the restriction $h \mid A$ is not constant.*

---

[7] The theory of analytic sets is developed in [25]. See [25] for definitions.

[8] See [3]. In [3] only the first statement of (δ) is proved. But the second statement follows by the same argument.

The concept of a twice differentiable plurisubharmonic function is a special case of the concept of a *general plurisubharmonic function*. General plurisubharmonic functions are not differentiable but only upper semicontinuous. They can also be defined on complex spaces.[9] Plurisubharmonic functions always satisfy the " maximum principle ": if they are not constant, they do not take their maximum in the interior of their existence domains. Every plurisubharmonic function on a connected compact complex space is therefore constant.

Now let $h(x)$ be a strongly plurisubharmonic twice differentiable function in $\mathfrak{M}$, $A \subset \mathfrak{M}$ a compact analytic set of dimension $d > 0$. We take a connected component[10] $A^* \subset A$, which has dimension d. A^* is a connected compact complex space (see [12]) ; the restriction $h^* = h|A$ is again a plurisubharmonic function (see [11, p. 180]). Because A^* is compact, h^* is constant in contradiction to (*). So we have proved the following :

PROPOSITION 2. *If a strongly plurisubharmonic function exists on $\mathfrak{M}$, then $\mathfrak{M}$ contains no compact analytic subsets A of dimension $d \geq 1$.*

2. Levi's problem

In Levi's problem one asks : is every pseudoconvex domain $G \subset C^n$ a domain of holomorphy ? Because the domains of holomorphy are exactly the holomorphically convex domains, one can also ask : is every pseudoconvex domain $G \subset C^n$ holomorphically convex ? In this form the problem can be carried over to complex manifolds. We shall prove :

THEOREM 1. *If $G \subset\subset \mathfrak{M}$ is strongly pseudoconvex, then G is holomorphically convex.*

The proof is divided into several steps.

2.1. Let Ω be the sheaf of germs of holomorphic functions on $\mathfrak{M}$, $G' \supset \supset G$ an open subset of $\mathfrak{M}$. The restriction generates a homomorphism r^* of the cohomology groups $H^\nu(G', \Omega)$ into $H^\nu(G, \Omega)$ ($\nu = 0, 1, 2, \cdots$).

PROPOSITION 3. *If G is strongly pseudoconvex and G', with $G \subset\subset G' \subset\subset \mathfrak{M}$, is sufficiently near to G, then r^* is surjective for $\nu > 0$.*

PROOF. If $\mathfrak{U} = \{U_\iota, \iota = 0, \cdots, i\}$ is a finite open covering of $\overline{G}$, we

---

[9] In [11] plurisubharmonic functions are defined on normal complex spaces. Complex spaces, which occur here, are general complex spaces in the sense of Cartan-Serre (β-spaces; see [12]). The definition of plurisubharmonic functions can be carried over so that the maximum principle is valid.

[10] For the partition of an analytic set A in connected and irreducible components see [25]. The irreducible (and also the connected components) form a closed, locally finite covering of A.

denote by $*U$ the set $U_0 - \overline{\bigcup_{\iota \neq 0} U_\iota}$. Because $\overline{G}$ is compact and the statement (δ) of §1 is valid, there exist finitely many Stein coverings ($=$coverings whose elements are Stein manifolds) $\mathfrak{U}^{(\kappa)} = \{U_\iota^{(\kappa)}, \ \iota = 0, \cdots, i_\kappa\}$, $\kappa = 1, \cdots, k$, of $\overline{G}$, such that $\bigcup_\kappa *U^{(\kappa)} \supset \partial G$ and $W_\iota^{(\kappa)} = U_\iota^{(\kappa)} \cap G$ is a Stein manifold. Furthermore we can assume that all the $U_\iota^{(\kappa)}$ are so small that $U_\iota^{(\kappa)} \cap \partial G$ can be given by twice differentiable equations $\varphi_\nu = 0$ with φ_ν defined in $\overline{U}_\iota^{(\kappa)}$ and that the statement (δ) is valid. From this it follows easily that there exists a sequence $G_\nu \subset\subset \mathfrak{M}$, $\nu = 0, 1, \cdots, k$, of strongly pseudoconvex domains with twice differentiable boundary, such that $G_0 = G$, $G_\kappa \subset G_{\kappa+1}$, $G_{\kappa+1} \cap U_\iota^{(\kappa+1)} = G_\kappa \cap U_\iota^{(\kappa+1)}$ for $\iota \neq 0$, $\partial G_\kappa \cap \partial G_{\kappa+1} \cap *U^{(\kappa+1)} = 0$, $G_\nu \subset \bigcup_\iota U_\iota^{(\kappa)}$ and $W_{\iota\nu}^{(\kappa)} = G_\nu \cap U_\iota^{(\kappa)}$ is always a Stein manifold (see statement (δ)).

Let us denote by $\mathfrak{W}_\nu^{(\kappa)}$ the covering $\{W_{\iota\nu}^{(\kappa)}, \ \iota = 0, \cdots, i_\kappa\}$ of G_ν. We have for the cycles : $Z^\nu(\mathfrak{W}_\kappa^{(\kappa+1)}, \Omega) = Z^\nu(\mathfrak{W}_{\kappa+1}^{(\kappa+1)}, \Omega)$ if $\nu > 0$. Therefore the restriction generates an epimorphism $H^\nu(\mathfrak{W}_{\kappa+1}^{(\kappa+1)}, \Omega) \to H^\nu(\mathfrak{W}_\kappa^{(\kappa+1)}, \Omega)$. By the Leray theorem $H^\nu(\mathfrak{W}_\mu^{(\kappa)}, \Omega) = H^\nu(G_\mu, \Omega)$. Therefore we obtain by restriction an epimorphism $H^\nu(G_{\kappa+1}, \Omega) \to H^\nu(G_\kappa, \Omega)$. This proves that $r^*: H^\nu(G_k, \Omega) \to H^\nu(G, \Omega)$, $\nu > 0$, is surjective. If G' is a domain with $G \subset G' \subset G_k$, then $r^*: H^\nu(G', \Omega) \to H^\nu(G, \Omega)$ also is surjective (if $\nu > 0$). Since $G \subset\subset G_k$, Proposition 3 is proved.

2.2. Let $\{U_\iota, \ \iota = 0, 1, \cdots, k\}$ and $\{U_\iota', \ \iota = 0, 1, \cdots, k\}$ be two Stein coverings of $\overline{G}$ with $U_\iota \subset\subset U_\iota'$ and $W_\iota = U_\iota \cap G$, $U_\iota' \cap G = $ Stein manifolds. If $\{U_\iota'\}$ is sufficiently fine, then as in Section 2.1, we can find a strongly pseudoconvex domain $G' = G_k$, such that $G \subset\subset G'$, $G' \subset \bigcup U_\iota'$ and $W_\iota' = G' \cap U_\iota'$ are Stein manifolds. We denote the Stein covering $\{W_\iota\}$ of G by $\mathfrak{W}$ and the Stein covering $\{W_\iota'\}$ of G' by $\mathfrak{W}'$ and set
$$W_{\iota_0 \cdots \iota_s} = W_{\iota_0} \cap W_{\iota_1} \cap \ldots \cap W_{\iota_s}, \quad W_{\iota_0 \cdots \iota_s}' = W_{\iota_0}' \cap W_{\iota_1}' \cap \ldots \cap W_{\iota_s}'.$$
$\Gamma(W_{\iota_0 \cdots \iota_s}, \Omega) = H^0(W_{\iota_0 \cdots \iota_s}, \Omega)$ and $\Gamma(W_{\iota_0 \cdots \iota_s}', \Omega))$ can be considered as the complex vector spaces of holomorphic functions on $W_{\iota_0 \cdots \iota_s}$ (or on $W_{\iota_0 \cdots \iota_s}'$). Provided with the topology of compact convergence they are Fréchet spaces (with countable topology).[11] Therefore the spaces of cochains $C^s(\mathfrak{W}, \Omega) = \bigoplus \Gamma(W_{\iota_0 \cdots \iota_s}, \Omega)$, and the space of cocycles $Z^s(\mathfrak{W}, \Omega)$, $Z^s(\mathfrak{W}', \Omega)$ are Fréchet spaces. We set $H_1 = Z^s(\mathfrak{W}', \Omega) \oplus C^{s-1}(\mathfrak{W}, \Omega)$, $H_2 = Z^s(\mathfrak{W}, \Omega)$, $s > 0$, and define (continuous and linear) mappings $u: H_1 \to H_2$ and $v: H_1 \to H_2$ by setting $u: z \oplus c \to r(z) + \delta(c)$ and $v: z \oplus c \to -r(z)$. Here $z \in Z^s(\mathfrak{W}', \Omega)$, $c \in C^{s-1}(\mathfrak{W}, \Omega)$, and r denotes the restriction, δ the coboundary operation. Since $H^s(\mathfrak{W}', \Omega) = H^s(G', \Omega)$,

---

[11] The concepts which occur here are taken from [4].

$H^\nu(\mathfrak{W}, \Omega) = H^\nu(G, \Omega)$, the mapping u is an epimorphism by Proposition 3.

Let F_1, F_2 be two Fréchet spaces, α a continuous linear mapping $F_1 \to F_2$. Then α is called completely continuous if a neighborhood $U(0)$, $0 \in F_1$, exists, such that $\alpha(U) \subset F_2$ is relatively compact. Since $W_{\iota_0 \cdots \iota_s} \subset\subset W'_{\iota_0 \cdots \iota_s}$, it follows from the theorem of Montel on normal families that the restriction generates a completely continuous mapping $\Gamma(W'_{\iota_0 \cdots \iota_s}, \Omega) \to \Gamma(W_{\iota_0 \cdots \iota_s}, \Omega)$. Therefore v is also completely continuous.

L. Schwartz has proved the following theorem :[12]

Let F_1, F_2 be two Fréchet spaces (with countable topology), $u : F_1 \to F_2$ a continuous epimorphism, $v : F_1 \to F_2$ a completely continuous linear mapping. Then the vector space $F_2/u + v(F_1)$ has finite dimension.

In our case $F_2/u+v(F_1) = H_2/u+v(H_1)$ is equal to $H^\nu(\mathfrak{W}, \Omega) \cong H^\nu(G, \Omega)$. So we have proved :

PROPOSITION 4. *If $G \subset\subset \mathfrak{M}$ is strongly pseudoconvex, then the complex vector spaces $H^\nu(G, \Omega)$, $\nu > 0$, have finite dimension.*

2.3. Now it is possible to prove Theorem 1. Let $x_0 \in \partial G$ be an arbitrary point, $U(x_0)$ a sufficiently small holomorphically convex neighborhood of x_0. Then by (δ) the open set $U \cap G$ is a Stein manifold ; by (ε) a holomorphic function exists in $\overline{U}$, such that $df \neq 0$, $\overline{G} \cap S = x_0$, where $S = \{x \in \overline{U}, f(x) = 0\}$. As in Sections 1 and 2 we construct a strongly pseudoconvex domain G' with $G \subset\subset G'$, $W' = G' \cap U = $ Stein manifold, such that G' is so near to G that $S' = S \cap G' \cap U$ is a closed subset of G'. S', as a closed analytic submanifold of the Stein manifold W', is a Stein manifold.

S' can be regarded as a positive divisor in G'. Therefore to S' belongs a complex-analytic line bundle F which has a canonical holomorphic cross-section h vanishing only on S' of the first order.[13] Let F^k denote the tensor product $F \otimes \cdots \otimes F$ (k factors) and $\underline{F^k}$ the sheaf of germs of holomorphic sections of the complex-analytic line bundle F^k. We set $\underline{F^0} = \Omega$, $F^k(S') = $ restriction of F^k to S', $\underline{F^k(S')} = $ sheaf of germs of holomorphic sections of $F^k(S')$ over S'. We consider, as usual, cross-sections in $\underline{F^k}$ (and $\underline{F^k(S')}$) as holomorphic cross-sections in F^k (or in $F^k(S')$).

The correspondence $s_x \to s_x \otimes h_x$ defines a sheaf homomorphism

---

[12] See [8], the corollary in Exposé XVI (by Serre). The ideas which occur in this proof are taken from Exposé XVII (by H. Cartan).

[13] For definitions of complex line bundles and their relationship to divisors, see [16, pp. 40–53 and 110–113].

$\alpha_k : \underline{F}^k \to \underline{F}^{k+1}$. The quotient sheaf $\underline{F}^{k+1}/\alpha_k(\underline{F}^k)$ is the trivial extension $^*\underline{F}^{k+1}$ of $\underline{F}^{k+1}(S')$ to G'. We have the exact sequence :

$$0 \to \underline{F}^k \to \underline{F}^{k+1} \to {}^*\underline{F}^{k+1} \to 0$$

to which corresponds an exact cohomology sequence :

$$0 \to H^0(G', \underline{F}^k) \to H^0(G', \underline{F}^{k+1}) \to H^0(G', {}^*\underline{F}^{k+1}) \to H^1(G', \underline{F}^k) \to$$
$$H^1(G', \underline{F}^{k+1}) \to H^1(G', {}^*\underline{F}^{k+1}) \to \cdots .$$

Because $H^\nu(G', {}^*\underline{F}^{k+1}) = H^\nu(S', \underline{F}^{k+1}(S'))$ and $H^1(S', \underline{F}^{k+1}(S')) = 0$ (see [7, Théorème B]), we obtain the exact sequence :

$$H^0(G', \underline{F}^{k+1}) \to H^0(S', \underline{F}^{k+1}(S')) \xrightarrow{\beta_*} H^1(G', \underline{F}^k) \xrightarrow{\alpha_*} H^1(G', \underline{F}^{k+1}) \to 0 .$$

It follows that : $d_{k+1} \leq d_k$, where $d_k = \dim H^1(G', \underline{F}^k)$. By Proposition 4, $d_0 = \dim H^1(G', \Omega)$ is finite. Therefore all the dimensions d_k are finite and, for $k > k_0$, we have $d_{k+1} = d_k$; thus α_* is an isomorphism, and the image of β_* is zero. We obtain the exact sequence :

$$H^0(G', \underline{F}^{k+1}) \xrightarrow{q_*} H^0(S', \underline{F}^{k+1}(S')) \longrightarrow 0 .$$

Because q_* is nothing else but the restriction of the cross-sections of F^{k+1} over G' to cross-sections of F^{k+1} over S', each holomorphic cross-section s of F^{k+1} over S' can be continued to a holomorphic cross-section $\hat{s}$ of F^{k+1} over G'.

By [7, Théorème A], there exists a holomorphic cross-section s in F^{k+1} which does not vanish at x_0. Let $\hat{s}$ be its continuation to G'. F^{k+1} has a canonical holomorphic cross-section h^{k+1} which vanishes exactly on S' of order $k + 1$. The quotient $f = \hat{s}/h^{k+1}$ is a meromorphic function in G'. f has exactly S' for polar surface, is holomorphic in G and does not have at $x_0 \in S'$ a point of indeterminacy : $\lim_{x \to x_0} |f(x)| = +\infty$.

Because we can construct such a function f for each point $x_0 \in \partial G$, the axiom in Definition (2) of § 1 is satisfied : G is holomorphically convex.

2.4. We prove :

PROPOSITION 5. *Let $\mathfrak{M}$ be a holomorphically convex complex manifold. Then $\mathfrak{M}$ is K-complete if and only if $\mathfrak{M}$ contains no compact analytic subsets of dimension greater than zero.*

PROOF. Let B be a compact analytic subset of $\mathfrak{M}$, $\dim B > 0$, and let B^* be a connected component of B, $\dim B^* > 0$. Furthermore, let, $x_0 \in B^*$ be an arbitrary point. Since every holomorphic function f is constant on the compact complex space B^*, every set $A = \{x \in \mathfrak{M}, f_\nu(x) = f_\nu(x_0), \nu = 1, \cdots, k\}$ contains B^*: $\mathfrak{M}$ is not K-complete.

Now let $\mathfrak{M}$ contain no compact analytic sets B, $\dim B > 0$. We denote by $x_0 \in \mathfrak{M}$ an arbitrary point and by M the holomorphically convex envelope $\{\hat{x}_0\}$. Since M is compact, we can find an open subset D with $M \subset\subset D \subset\subset \mathfrak{M}$. To each point $x \in \partial D$ there exists a holomorphic function f in $\mathfrak{M}$ with $|f(x)| > \sup |f(x_0)|$. We can find finitely many holomorphic functions $f_\nu(x)$, $\nu = 1, \cdots, k$, in $\mathfrak{M}$ such that $|f_\nu(x)| > |f_\nu(x_0)|$ for at least one ν in each point $x \in \partial D$. Let A be the analytic set $\{x \in \mathfrak{M}, f_\nu(x) = f_\nu(x_0), \nu = 1, \cdots, k\}$. Then the intersection $A^* = A \cap D$ is contained in D as a relatively compact subset. A^* is a compact analytic set and consists of isolated points, because $\dim A^* = 0$. Therefore x_0 is an isolated point of A^* and also of A: $\mathfrak{M}$ is K-complete.

From Proposition 2 follows :

THEOREM 2. *Let $G \subset\subset \mathfrak{M}$ be a strongly pseudoconvex domain and $p(x)$ a strongly plurisubharmonic function in G. Then G is a Stein manifold.*

If G is strongly pseudoconvex and contains compact analytic subsets, one can prove that G is a modification of a holomorphically complete space. This will be shown in a subsequent paper by the author (see [15]).

3. Real-analytic manifolds

3.1. F. Bruhat and H. Whitney [6] have proved :

(η) *Let $\mathfrak{R}$ be a real-analytic paracompact (connected) manifold of (real) dimension n. Then there exist a paracompact (complex) n-dimensional complex manifold $\mathfrak{M}$, a real-analytic (real) n-dimensional closed surface $\mathfrak{R}' \subset \mathfrak{M}$ and a bi-real-analytic mapping $\pi\colon \mathfrak{R} \to \mathfrak{R}'$. $\mathfrak{M}$ has a covering with local coordinate patches $(U_\iota, z_1^{(\iota)}, \cdots, z_n^{(\iota)})$, $\iota \in I$, such that $U_\iota \cap \mathfrak{R}' = \{\mathfrak{z}^{(\iota)} \in U_\iota, z_\nu^{(\iota)} = real, \nu = 1, \cdots, n\}$, $\iota \in I$.*

Since $\mathfrak{M}$ is paracompact and locally compact, we can assume that the covering $\{U_\iota, \iota \in I\}$ is locally finite and that all $U_\iota \subset \mathfrak{M}$ are contained relatively compact. The paracompact (connected) manifolds are exactly the manifolds with countable topology. Therefore we can also assume that the index set $I = \{0, 1, 2, \cdots\}$. In general, if $\mathfrak{M}$ has no countable topology, the statement (η) is not true. The Alexandroff line, which carries a natural real-analytic structure, provides a counter-example.[14]

3.2. We denote by $p_\iota(x)$ the function $-[(z_1^{(\iota)} - \overline{z_1^{(\iota)}})^2 + \cdots + (z_n^{(\iota)} - \overline{z_n^{(\iota)}})^2]$. $p_\iota(x)$ is strongly plurisubharmonic in U_ι and $p_\iota(x) = 0$, $dp_\iota(x) = 0$, if

---

[14] Lecture of H. Kneser in the conference on complex manifolds in August, 1953, in Oberwolfach, Germany.

$x \in \mathfrak{R}'$; $p_i(x) > 0$ if $x \in U_i - \mathfrak{R}'$.

We call a function $p(x)$, defined in an open subset $U \subset \mathfrak{M}$, a (strong) p-function if $p(x)$ is differentiable of class C^∞ and satisfies the following conditions: (1) $p(x) \geq 0$, (2) $p(x) = dp(x) = 0$ on $U \cap \mathfrak{R}'$, (3) $p(x)$ is (strongly) plurisubharmonic on $U \cap \mathfrak{R}'$ (i.e., satisfies the differential inequalities). As we saw, all the functions $p_i(x)$ are strong p-functions. If $p_1(x)$ and $p_2(x)$ are p-functions and $\alpha(x) > 0$ is a differentiable function of class C^∞ in U, then $\alpha(x) \cdot p_1(x)$, $p(x) = p_1(x) + p_2(x)$ are also p-functions. If $p_1(x)$ is a strong p-function, then $p(x)$ is also a strong p-function. From these properties we obtain immediately, using a partition of unity:

PROPOSITION 6. *Let $r(x)$ be a real twice continuously differentiable function in $\mathfrak{M}$. Then there exists a strong p-function $p(x)$ in $\mathfrak{M}$, such that $p(x) + r(x)$ is strongly plurisubharmonic on $\mathfrak{R}'$.*

3.3. Let $U = U(\mathfrak{R}')$ be an open neighborhood of $\mathfrak{R}'$. Because $\mathfrak{M}$ is regular, we can find coverings $\{V_i, \ \iota = 0, 1, 2, 3, \cdots\}$, $\{W_i, \ \iota = 0, 1, 2, 3, \cdots\}$ of $\mathfrak{M}$ such that $W_i \subset\subset V_i \subset\subset U_i$. Denote by d_i the distance of $\overline{W}_i$ from ∂V_i with respect to the coordinates $z_1^{(i)}, \cdots, z_n^{(i)}$. $\{V_i\}$ is locally finite. Hence there is a neighborhood $V = V(\mathfrak{R}') \subset U$, such that, if $x \in V_i \cap V$, $[(y_1^{(i)})^2 + \cdots + (y_n^{(i)})^2]^{1/2} < 1/2d_i$ (if $x = (z_1^{(i)}, \cdots, z_n^{(i)}) = (x_1^{(i)} + iy_1^{(i)}, ..., x_n^{(i)} + iy_n^{(i)}))$. Let $a = (a_1^{(i)}, \cdots, a_n^{(i)})$ be an arbitrary point of $W_i \cap \mathfrak{R}'$. Then in $U_i \cap V$ the boundary of the cone $K_a^{(i)} = \{ \mathfrak{z}^{(i)} \in V_i \cap V,$ $\tilde{p}_a^{(i)}(x) = 2\sum_\nu |y_\nu^{(i)}|^2 - \sum_\nu |x_\nu^{(i)} - a_\nu^{(i)}|^2 > 0\}$ consists only of the points $\{\mathfrak{z}^{(i)} \in V_i \cap V, \tilde{p}_a^{(i)}(x) = 0\}$. $\tilde{p}_a^{(i)}(x)$ is strongly plurisubharmonic in $K_a^{(i)}$; by setting $p_a^{(i)}(x) = 0$ for $x \notin K_a^{(i)}$, $p_a^{(i)}(x) = \exp[-\tilde{p}_a^{(i)}(x)]$ for $x \in K_a^{(i)}$, we construct a p-function in $V(\mathfrak{R}')$ which is greater than 0 in $K_a^{(i)}$. There exists a sequence of points $a_\nu \in W_{i_\nu} \cap \mathfrak{R}'$, such that $\left\{ K_{a_\nu}^{(i_\nu)} \right\}$ is locally finite and $\partial\left(V - \cup K_{(a_\nu)}^{(i_\nu)} \right) \cap \partial V = 0$, if V is properly chosen. Therefore, if $c_\nu > 0$ are sufficiently large real numbers, $p^*(x) = \sum c_\nu p_{a_\nu}^{(i_\nu)}$ is a p-function in $V(\mathfrak{R}')$ which is strongly plurisubharmonic wherever it is different from 0 and it has the following property: the intersection of the closure of the tube $T = \{x \in V, p^*(x) < 1\}$ with ∂V is empty. We have proved:

PROPOSITION 7. *Let $U = U(\mathfrak{R}')$ be an arbitrary open neighborhood. Then there exists a neighborhood $V = V(\mathfrak{R}') \subset U$ and in V a plurisubharmonic function $p^*(x)$, such that $p^*(x)$ is strongly plurisubharmonic wherever different from 0 and $\partial V \cap \overline{T} = 0$, where $T = \{x \in V, p^*(x) < 1\}$.*

3.4. Since $\mathfrak{M}$ has countable topology, by a partition of unity we can construct a real function $r(x) \geq 0$ in $\mathfrak{M}$ such that, for every real number

$K > 0$, the set $\{x \in \mathfrak{M}, r(x) < K\}$ is relatively compact in $\mathfrak{M}$. Let $p_1(x)$ be a p-function in the sense of Proposition 6. Then $p(x) = r(x) + p_1(x)$ is strongly plurisubharmonic in a neighborhood $U(\mathfrak{R}')$. By Proposition 7 we can find a p-function $p_2(x)$ and a neighborhood $V = V(\mathfrak{R}') \subset U$, such that $\overline{T} \cap \partial V = 0$ where $T = \{x \in V, p_2(x) < 1\}$. We define the function

$$q(x) = p(x) + (1 - p_2(x))^{-1} = p(x) + 1 + p_2(x) + p_2^2(x) + \cdots .$$

Then $q(x)$ is strongly plurisubharmonic, every set $T_\rho = \{x \in T, q(x) < \rho\}$ is contained as a relatively compact subset in T and $\mathfrak{M}$. We have $\cup T_\rho = T$, $T_{\rho_1} \subset\subset T_{\rho_2}$ if $\rho_1 < \rho_2$. By [20], there exists a dense set D of real numbers ρ, $\inf q(x) < \rho$, such that for $\rho \in D$ the tube T_ρ has twice differentiable (smooth) boundary. By Theorem 2 all these T_ρ are Stein manifolds. In [14] the following result is proved by a generalized approximation theorem of Runge (see also [10]):

Let T be a complex manifold, D a dense set of real numbers ρ, $\rho > \rho_0$. T_ρ a continuous family of relatively compact subdomains of T, such that $T_{\rho_1} \subset T_{\rho_2}$ if $\rho_1 < \rho_2$, $\cup T_\rho = T$, and T_ρ is a Stein manifold if $\rho \in D$. Then T itself is a Stein manifold.

So our tube T is a Stein manifold. By the imbedding theorem of Remmert there exists a regular proper holomorphic mapping ψ of T into a complex number space C^k of sufficiently high dimension. Thus $\psi \circ \pi$ is a real-analytic, regular and proper imbedding of $\mathfrak{R}$ into $C^k = R^{2k}$.

THEOREM 3. *Let $\mathfrak{R}$ be a real-analytic n-dimensional manifold with countable topology. Then there exists a real-analytic, regular and proper mapping ψ of $\mathfrak{R}$ into a euclidean space R^k of sufficiently high dimension.*[15]

3.5. Let us denote by G_ν a sequence of domains, which are contained as relatively compact subsets in the euclidean space R^k such that $G_\nu \subset\subset G_{\nu+1}$, $\cup G_\nu = R^k$. If c_ν is any sequence of positive numbers, $r(x)$ an s-times continuously differentiable real function in R^k, then there exists a real-analytic function $y(x) = \sum a_{\nu_1 \ldots \nu_k} x^{\nu_1} \cdot \ldots \cdot x^{\nu_k}$ such that $\sup_{x \in G_{\nu+1} - G_\nu} |r(x) - y(x)| < c_\nu$ and the same inequalities hold for the derivatives up to order s if $s < \infty$ (= Weierstrass approximation theorem).[16] If $\psi \colon \mathfrak{R} \to R^k$ is a real-analytic, regular, proper imbedding of a real-analytic manifold $\mathfrak{R}$, then by a partition of unity it can easily be proved that, to every s-times continuously differentiable function $r(x)$ in $\mathfrak{R}$, there exists an s-times continuously differentiable function $\hat{r}(x)$ in R^k such that $r(x) =$

---

[15] In the case that $\mathfrak{R}$ is compact, it is not necessary to use the imbedding theorem of Remmert and the limit theorem for Stein manifolds. Proposition 1 is enough.

[16] This statement is a stronger form of the Weierstrass approximation theorem.

$\hat{r} \circ \psi(x)$. By the Weierstrass approximation theorem we obtain :

PROPOSITION 8. *Let $\mathfrak{R}$ be a real-analytic manifold with countable topology, $\{U_\iota\}$, $\{V_\iota\}$ open locally finite coverings of $\mathfrak{R}$, such that $V_\iota \subset \subset U_\iota$, and let $^{(\iota)}x_1, \cdots, ^{(\iota)}x_n$ be real-analytic coordinates in U_ι. Then, if $r(x)$ is a real, s-times continuously differentiable function in $\mathfrak{R}$ and c_ι is a sequence of positive numbers, there exists a real-analytic function $y(x)$ in $\mathfrak{R}$ which satisfies the inequalities :*

$$|\partial^\sigma(y(x) - r(x))/\partial^{(\iota)}x_1^{\nu_1} \cdots \partial^{(\iota)}x_n^{\nu_n}| < c_\iota \qquad in\ V_\iota$$

(where $0 \leqq \sigma = \nu_1 + \cdots + \nu_n \leqq s, s < \infty$).

H. Whitney [26] has proved : every n-dimensional real-analytic manifold with countable topology can be differentiably, regularly, locally-properly[17] imbedded in the euclidean space R^{2n}. By Proposition 2 we obtain :

THEOREM 4. *Let $\mathfrak{R}$ be a real-analytic n-dimensional manifold with countable topology, $\psi^*: \mathfrak{R} \to R^k$ a continuously differentiable, regular, locally proper (or proper) mapping. Then there exists a real-analytic, regular, locally proper (or proper) mapping $\psi: \mathfrak{R} \to R^k$. If $k \geqq 2n$, a locally proper mapping ψ exists even if we have not assumed a mapping ψ^*.*

THE INSTITUTE FOR ADVANCED STUDY

BIBLIOGRAPHY

1. H. BEHNKE, *Über analytische Funktionen mehrerer Veränderlicher*, II: *Natürliche Grenzen*, Abh. Hamburg, 5 (1927), 290–312.
2. —— and K. STEIN, *Konvergente Folgen nichtschlichter Regularitätsbereiche*, Ann. Mat. pura. appl., 28 (1949), 317–326.
3. —— and P. THULLEN, Theorie der Funktionen mehrerer komplexer Veränderlichen, Erg. Math., 3, 1934.
4. N. BOURBAKI, Espaces vectoriels topologiques, Paris.
5. H. BREMERMANN, *Über die Äquivalenz der pseudokonvexen Gebiete und der Holomorphiegebiete im Raum von n komplexen Veränderlichen*, Math. Ann., 128 (1954), 63–91.
6. F. BRUHAT and H. WHITNEY, This paper on real-analytic manifolds is in preparation. Probably to appear in Comment. Helvet.
7. H. CARTAN, *Variétés analytiques complexes et cohomologie*, Coll. sur. les fonct. pls. variables, Bruxelles, 1953.
8. ——, Séminaire E.N.S. 1953/54, Exposés XVI and XVII (multigraphed).
9. ——, *Variétés analytiques reeles et variétés analytiques complexes*, Bull. Soc. Math. France, 85 (1957), 77–99.
10. F. DOCQUIER, Dissertation, Münster, 1958.
11. H. GRAUERT and R. REMMERT, *Plurisubharmonische Funktionen in komplexen Räu-*

---

[17] Here the concept "locally proper" is weaker than proper. In the papers of H. Whitney it is called " proper ". See Ann. of Math., 45, (1944), p. 292.

men, Math. Zeit., 65 (1956) 175–194.

12. ——, *Komplexe Räume*, to appear, Math. Ann., 1958.

13. H. GRAUERT, *Charakterisierung der holomorph vollständigen komplexen Räume*, Math. Ann., 129 (1955), 233–259.

14. ——, *Levisches Problem und Rungescher Satz für Teilgebiete Steinscher Mannigfaltigkeiten*, to appear, Math. Ann.

15. ——, *Über das Levische Problem auf komplexen Räumen*, to appear.

16. F. HIRZEBRUCH, Neue topologische Methoden in der algebraischen Geometrie, Erg. Math., 9, 1956.

17. S. HITOTUMATU, *On some conjectures concerning pseudoconvex domains*, J. Math. Soc. Japan, 6, (1954), 173–195.

18. E. E. LEVI, *Studii sui puncti singolari essenziale delle funzioni anal. di due 0 piu var. compl.*, Ann. Mat. pura appl., 3 (1910), 17.

19. C. B. MORREY, *The analytic embedding of abstract real-analytic manifolds*, Multigraphed January, 1958.

20. A. P. MORSE, *The behavior of a function on its critical set*, Ann. of Math., 40 (1939), 62–70.

21. F. NORGUET, *Sur les domaines d'holomorphie des fonctions uniformes de plusieurs variables complexes*, Bull. Soc. Math. France, 82 (1954), 137–159.

22. K. OKA, *Sur les fonctions analytiques de plusieurs variables. VI. Domaines pseudoconvexes*, Tôhoku Math. J. II, Ser. 49 (1942), 19–52.

23. ——, *Sur les fonctions analytiques de plusieurs variables. IX. Domains finis sans point critique interieur*, Jap. J. Math., 23 (1953), 97–155.

24. R. REMMERT, *Einbettung Steinscher Mannigfaltigkeiten und holomorph-vollständiger komplexer Räume*, to appear, Math. Ann. See also R. REMMERT. Habilitationsschrift, Münster, 1957.

25. —— and K. STEIN, *Über die wesentlichen Singularitäten analytischer Mengen*, Math. Ann., 126 (1953), 263–306.

26. H. WHITNEY, *The self-intersections of a smooth n-manifold in 2n-space*, Ann. of Math. 45 (1944), 220–246.

23.

(mit F. Docquier)

Levisches Problem und Rungescher Satz für Teilgebiete Steinscher Mannigfaltigkeiten

Math. Annalen **140**, 94–123 (1960)

Einleitung

1. In der klassischen Funktionentheorie haben einige Konstruktionsverfahren besondere Bedeutung. Ist G ein Teilgebiet der z-Ebene, so kann man z. B. nach MITTAG-LEFFLER zu in G sinnvoll vorgegebenen Hauptteilen eine meromorphe Funktion f mit diesen Hauptteilen konstruieren. Nach dem Verfahren von WEIERSTRASS findet man zu in G sinnvoll vorgegebenen Nullstellen immer eine holomorphe Funktion g mit diesen Nullstellen. Jede in G meromorphe Funktion ist deshalb der Quotient zweier in G holomorpher Funktionen. Die Übertragung der Konstruktion der Funktionen f und g auf die Funktionentheorie mehrerer Veränderlichen gelingt nicht. Man findet vielmehr, daß i. a. nicht einmal die Existenz von f und g gesichert ist: Allgemeine Aussagen gelten nur für die genauen Existenzgebiete von holomorphen Funktionen, die sogenannten *Holomorphiegebiete*.

Die Holomorphiegebiete haben deshalb zu vielen Untersuchungen Anlaß gegeben. Ihre Charakterisierung durch lokale Eigenschaften ist mehrere Jahrzehnte hindurch ein Hauptproblem der komplexen Analysis mehrerer Veränderlichen gewesen. Im Jahre 1911 fand E. E. LEVI [17], daß jedes Holomorphiegebiet G des komplex zweidimensionalen komplexen Zahlenraumes C^2 eine Konvexitätseigenschaft besitzt: Wird der Rand ∂G von G (lokal) durch eine zweimal stetig differenzierbare reelle Gleichung $\varphi(z) = 0$ [mit $z = (z_1, z_2)$] gegeben und gilt $\{\varphi(z) < 0\} \subset G$, so muß auf $\{\varphi(z) = 0\}$ der sogenannte Levische Differentialausdruck

$$L(\varphi) = - \begin{vmatrix} 0 & \varphi_{z_2} & \varphi_{z_1} \\ \varphi_{\bar{z}_2} & \varphi_{z_2 \bar{z}_2} & \varphi_{z_1 \bar{z}_2} \\ \varphi_{\bar{z}_1} & \varphi_{z_2 \bar{z}_1} & \varphi_{z_1 \bar{z}_1} \end{vmatrix} \geqq 0$$

sein. Ist diese Ungleichung für alle Punkte von ∂G erfüllt, so heißt G *pseudokonvex*. In den folgenden Jahren hat man diesen Begriff auf Gebiete mit beliebigem Rand und von höherer Dimension übertragen. Es gibt heute mehrere äquivalente Definitionen (vgl. [15] und vorliegende Arbeit § 3.1).

Man hat gefragt (= Levisches Problem), ob die Levischen Randbedingungen zur Charakterisierung der Holomorphiegebiete hinreichen. LEVI konnte schon 1911 folgendes Resultat herleiten:

Ist $L(\varphi) > 0$ in einem Punkte $z \in \partial G$, so gibt es eine Umgebung $U(z)$, so daß $U(z) \cap G$ ein Holomorphiegebiet ist.

In den folgenden drei Jahrzehnten konnte man dann für spezielle Typen $G \subset C^n$ zeigen, daß die Bedingungen auch „im Großen" hinreichen (vgl. [1], [26]). Das erste allgemeine Resultat wurde aber erst 1942 von K. Oka [20] gewonnen:

(1) *Jedes pseudokonvexe Gebiet $G \subset C^2$ ist ein Holomorphiegebiet.*

Die Übertragung dieses Satzes auf die Funktionentheorie von mehr als zwei Veränderlichen machte einige Schwierigkeiten. 1954 zeigten jedoch H. Bremermann [4] und F. Norguet [19], daß (1) auch für pseudokonvexe Teilgebiete $G \subset C^n$, $n > 2$, richtig ist. Zur gleichen Zeit leitete K. Oka [21] die Aussage (1) für beliebige unverzweigte pseudokonvexe Gebiete über dem C^n her (so daß jetzt das Levische Problem nur noch für verzweigte Gebiete und unendliche Gebiete[1]) ungelöst ist).

2. Seit einigen Jahren führt man funktionentheoretische Untersuchungen auch auf abstrakten Gebilden, den *komplexen Mannigfaltigkeiten* (und den *komplexen Räumen*), durch. Es zeigte sich dabei, daß nicht alle komplexen Mannigfaltigkeiten für eine Funktionentheorie geeignet sind, daß es vielmehr zweckmäßig ist, das Studium auf die Teilklasse K der *Steinschen Mannigfaltigkeiten* zu beschränken[2]). Diese Steinschen Mannigfaltigkeiten sind als die richtigen Verallgemeinerungen der nicht-kompakten Riemannschen Flächen anzusehen. Ferner gilt der Satz: Ein Gebiet $G \subset C^n$ ist genau dann ein Holomorphiegebiet, wenn $G \in K$ ist. Steinsche Mannigfaltigkeiten haben ähnliche Eigenschaften wie die Holomorphiegebiete. Es dürfte deshalb interessieren, Bedingungen zu kennen, unter denen eine komplexe Mannigfaltigkeit zu K gehört.

In der vorliegenden Arbeit wird nun (nachdem im § 1 grundlegende Definitionen und Sätze über Steinsche Mannigfaltigkeiten zusammengestellt sind) der Begriff der Pseudokonvexität für abstrakte komplexe Mannigfaltigkeiten definiert. Im § 3.1 sind mehrere Definitionen zusammengestellt, die man jedoch nur als sinnvoll für unverzweigte Gebiete über Steinschen Mannigfaltigkeiten anzusehen braucht: Eine allgemeingültige Fassung des Begriffes läßt sich bei dem heutigen Stand der Forschung noch nicht vornehmen. Die Äquivalenz der Definitionen aus § 3.1 wird in § 3.6 gezeigt. Als Hauptresultat ergibt sich sodann:

(2) *Jedes unverzweigte pseudokonvexe Gebiet über einer Steinschen Mannigfaltigkeit $\mathfrak{M}$ ist eine Steinsche Mannigfaltigkeit.*

(2) ist eine Verallgemeinerung eines Resultates von K. Stein [28]. Der Beweis wird durch holomorphe Einbettung von $\mathfrak{M}$ in einen komplexen Zahlenraum und unter Verwendung freier analytischer Garben gegeben. Er stützt sich im übrigen auf das Resultat K. Okas über das Levische Problem (s. § 2 und § 3). Es ergibt sich sodann:

---

[1]) Für Gebiete, die gleichzeitig verzweigt und unendlich sind, ist die Levische Vermutung falsch.

[2]) Steinsche Mannigfaltigkeiten wurden in [27] eingeführt. Sie wurden von H. Cartan [6] und J. P. Serre [25] eingehend untersucht.

(3) *Jeder Durchschnitt von unverzweigten Holomorphiegebieten über einer Steinschen Mannigfaltigkeit ist ein Holomorphiegebiet.*

(3) besagt u. a., daß die Theorie der Holomorphiehüllen für unverzweigte Gebiete über Steinschen Mannigfaltigkeiten aufgebaut werden kann.

3. Im § 4 wird mit Hilfe der gleichen Methode (Einbettung, Garbentheorie) der Approximationssatz von Runge-Behnke-Stein auf Teilgebiete Steinscher Mannigfaltigkeiten übertragen. Nach diesem Satz lassen sich unter gewissen Bedingungen holomorphe Funktionen in Gebieten $G \subset C^n$ durch Funktionen approximieren, die noch in größeren Gebieten $\tilde{G}$ holomorph sind. In § 1.5 wird zunächst der bekannte Approximationssatz von Oka-Weil angegeben:

(4) *Es seien $\mathfrak{M}$, $\tilde{\mathfrak{M}}$ Steinsche Mannigfaltigkeiten, $\mathfrak{M}$ sei Teilbereich von $\tilde{\mathfrak{M}}$ und in bezug auf $\tilde{\mathfrak{M}}$ konvex. Dann läßt sich im Innern von $\mathfrak{M}$ jede in $\mathfrak{M}$ holomorphe Funktion f durch in $\tilde{\mathfrak{M}}$ holomorphe Funktionen gleichmäßig approximieren* [3]).

Der Begriff „*konvex in bezug auf* $\mathfrak{M}$" ist eine rein analytische Eigenschaft (zur Definition vgl. § 1.5). Da es nicht immer möglich ist, zu entscheiden, ob $\mathfrak{M}$ in bezug auf $\tilde{\mathfrak{M}}$ konvex ist, dürfte es zweckmäßig sein, diese Bedingung durch eine mehr topologische Eigenschaft zu ersetzen, wie sie die *holomorphe Ausdehnbarkeit* darstellt. Im § 4 werden weitere hinreichende Eigenschaften angegeben (euklidisch holomorphe, holomorphe, halbstetig holomorphe Ausdehnbarkeit). Schließlich erhält man [4]):

(5) *Approximationssatz von* H. Behnke *und* K. Stein. *Es seien $\mathfrak{M}$, $\tilde{\mathfrak{M}}$ Steinsche Mannigfaltigkeiten, $\mathfrak{M}$ sei Teilbereich von $\tilde{\mathfrak{M}}$ und auf $\tilde{\mathfrak{M}}$ halbstetig holomorph oder holomorph ausdehnbar. Dann kann man im Innern von $\mathfrak{M}$ jede in $\mathfrak{M}$ holomorphe Funktion durch in $\tilde{\mathfrak{M}}$ holomorphe Funktionen gleichmäßig approximieren.*

Als Anwendung ergibt sich:

(6) *Es sei $\mathfrak{M}$ eine beliebige komplexe Mannigfaltigkeit, die durch eine halbstetige Schar $\mathfrak{M}(t)$, $0 \leq t \leq 1$, Steinscher Mannigfaltigkeiten ausschöpfbar sei. Dann ist $\mathfrak{M}$ selbst eine Steinsche Mannigfaltigkeit.*

§ 1. Steinsche Mannigfaltigkeiten

1. Die komplexen Mannigfaltigkeiten $\mathfrak{M}$ seien wie in [11] definiert. Es werde nicht vorausgesetzt, daß $\mathfrak{M}$ zusammenhängend ist. Jedoch sei angenommen, daß alle zusammenhängenden Komponenten von $\mathfrak{M}$ gleiche (komplexe) Dimension d haben. $d = d(\mathfrak{M})$ heiße die Dimension von $\mathfrak{M}$. Wie in [11] verstehen wir unter $\hat{B} = \{x \in \mathfrak{M}, |f(x)| \leq \sup|f(B)|$ für alle in $\mathfrak{M}$ holomorphen Funktionen $f\}$ die *holomorphkonvexe Hülle* zu jeder Teilmenge $B \subset \mathfrak{M}$.

Definition 1. $\mathfrak{M}$ *heißt holomorphkonvex, wenn die holomorphkonvexe Hülle jeder kompakten Teilmenge $B \subset \mathfrak{M}$ kompakt ist.*

---

[3]) Das heißt, es gibt eine Folge in $\tilde{\mathfrak{M}}$ holomorpher Funktionen, die auf jeder kompakten Teilmenge von $\mathfrak{M}$ gleichmäßig gegen f konvergiert.

[4]) Vgl. auch [9].

Da z. B. auch jede kompakte komplexe Mannigfaltigkeit holomorphkonvex ist, wird durch die Holomorphiekonvexität noch nicht die Existenz von hinreichend vielen holomorphen Funktionen gesichert, die auf $\mathfrak{M}$ eine holomorphe Funktionentheorie sinnvoll machen. Wir definieren deshalb noch:

Definition 2. *$\mathfrak{M}$ heißt K-vollständig, wenn es zu jedem Punkt $x_0 \in \mathfrak{M}$ endlich viele in $\mathfrak{M}$ holomorphe Funktionen $f_1, \ldots, f_k$ gibt, so daß die Menge $\{x \in \mathfrak{M}, f_\nu(x) = f_\nu(x_0), \nu = 1, \ldots, k\}$ den Punkt x_0 als isolierten Punkt enthält.*

In [10] wurde gezeigt, daß jede zusammenhängende Komponente einer K-vollständigen komplexen Mannigfaltigkeit abzählbare Topologie besitzt.

Definition 3. *Eine komplexe Mannigfaltigkeit, die K-vollständig und holomorphkonvex ist und aus höchstens abzählbar vielen zusammenhängenden Komponenten besteht, heißt eine Steinsche Mannigfaltigkeit.*

In [10] wurde die Äquivalenz dieser Definition mit den Cartanschen und Steinschen Axiomen nachgewiesen. Unter anderem gibt es zu zwei beliebigen verschiedenen Punkten x, y einer Steinschen Mannigfaltigkeit $\mathfrak{M}$ immer eine in $\mathfrak{M}$ holomorphe Funktion f, so daß $f(x) \neq f(y)$. Zu jedem Punkt $x \in \mathfrak{M}$ lassen sich d in $\mathfrak{M}$ holomorphe Funktionen $f_1, \ldots, f_d$ finden, so daß die Funktionaldeterminante $\left| \dfrac{\partial(f_1, \ldots, f_d)}{\partial(z_1, \ldots, z_d)} \right|$ in x nicht verschwindet. Dabei ist $d = d(\mathfrak{M})$, $z_1, \ldots, z_d$ sind holomorphe Koordinaten in einer Umgebung von x.

Unter einem *analytischen Polyeder* $\mathfrak{P}$ in einer komplexen Mannigfaltigkeit $\mathfrak{M}$ versteht man einen relativkompakten Teilbereich, der Vereinigung von zusammenhängenden Komponenten einer Menge $\{x \in \mathfrak{M}, |f_\nu(x)| < 1, \nu = 1, \ldots, k\}$ ist. Hierbei sind $f_1, \ldots, f_k$ endlich viele in ganz $\mathfrak{M}$ holomorphe Funktionen. Ist $\mathfrak{M}$ eine Steinsche Mannigfaltigkeit, so hat $\mathfrak{M}$ abzählbare Topologie. $\mathfrak{M}$ läßt sich dann durch eine Folge relativkompakter Teilbereiche $\mathfrak{B}_\nu$ ausschöpfen. Es folgt: Es gibt eine Folge analytischer Polyeder $\mathfrak{P}_\nu \subseteq \mathfrak{M}$ mit $\mathfrak{P}_\nu \subseteq \mathfrak{P}_{\nu+1}$ und $\bigcup_\nu \mathfrak{P}_\nu = \mathfrak{M}$, $\nu = 1, 2, 3, \ldots$ (vgl. [27], p. 212).

2. Der Begriff der *analytischen Menge* sei wie in [24] definiert. Ein Punkt $z^{(0)}$ einer analytischen Teilmenge A eines Gebietes $G \subset C^d$ heiße ein *gewöhnlicher Punkt* von A, wenn A in einer Umgebung $U(z^{(0)})$ durch holomorphe Gleichungen $f_\nu(z) = 0$, $\nu = 1, \ldots, k$, gegeben werden kann, derart, daß die Funktionalmatrix $\dfrac{\partial(f_1, \ldots, f_k)}{\partial(z_1, \ldots, z_d)}$ in $z^{(0)}$ den Rang d hat. Dabei sind $f_\nu(z)$ k in $U(z^{(0)})$ holomorphe Funktionen. Besteht A nur aus gewöhnlichen Punkten, so heißt A *singularitätenfrei*. Bekanntlich besitzt jede singularitätenfreie analytische Menge $A \subset G$ eine natürliche komplexe Struktur, die A zu einer K-vollständigen komplexen Mannigfaltigkeit macht. Die Identität $i : A \to G$ ist eine holomorphe Abbildung. Ist G ein Holomorphiegebiet, so ist A eine Steinsche Mannigfaltigkeit. R. Remmert hat folgenden Einbettungssatz bewiesen:

Satz a. *Es sei $\mathfrak{M}$ eine d-dimensionale Steinsche Mannigfaltigkeit. Dann gibt es zu d eine natürliche Zahl d', zu $\mathfrak{M}$ eine singularitätenfreie analytische Menge $A \subset C^{d'}$ und eine biholomorphe Abbildung $\pi : \mathfrak{M} \to A$[5]).*

---

[5]) Vgl. R. Remmert, Habilitationsschrift, Münster 1957. Voraussichtlich wird das Remmertsche Resultat in naher Zukunft in den Mathematischen Annalen veröffentlicht werden.

3. Wir werden im folgenden *komplex-analytische Vektorraumbündel* benutzen. Es sei $\mathfrak{M}$ eine komplexe Mannigfaltigkeit. Ein komplex-analytisches Vektorraumbündel V vom Rang $r = r(V)$ über $\mathfrak{M}$ ist ein komplex-analytisches Faserbündel über $\mathfrak{M}$, das den C^r als Faser und die allgemeine komplex-lineare Gruppe $GL(r, C)$ zur Strukturgruppe hat. $\pi : V \to \mathfrak{M}$ bezeichne die Faserprojektion[6]). V ist stets eine komplexe Mannigfaltigkeit, $\pi : V \to \mathfrak{M}$ eine holomorphe Abbildung. Es seien V_1, V_2 zwei komplex-analytische Vektorraumbündel über $\mathfrak{M}$ mit den Faserprojektionen π_1, π_2. Unter einem Homomorphismus $\alpha : V_1 \to V_2$ versteht man eine holomorphe Abbildung $V_1 \to V_2$, die jeden Vektorraum $\pi_1^{-1}(x)$ komplex-linear in $\pi_2^{-1}(x)$ abbildet. Ist die Abbildung $\pi_1^{-1}(x) \to \pi_2^{-1}(x)$ für alle $x \in \mathfrak{M}$ ein Monomorphismus, so heißt α monomorph. Der Quotientenraum $Q_x = \pi_2^{-1}(x)/\alpha(\pi_1^{-1}(x))$ hat dann für alle $x \in \mathfrak{M}$ gleiche Dimension. Die Menge $\{Q_x\}$ trägt eine natürliche Faserstruktur, die $\{Q_x\}$ zu einem komplex-analytischen Vektorraumbündel Q macht. Die Quotientenabbildung $q : V_2 \to Q$ ist ein Homomorphismus. Es besteht die exakte Sequenz: $0 \to V_1 \to V_2 \to Q \to 0$, in der 0 das Vektorraumbündel vom Rang 0 über $\mathfrak{M}$ und $0 \to V_1$, $Q \to 0$ die trivialen Homomorphismen sind. — Wir bezeichnen im folgenden mit $T = T(\mathfrak{M})$ den Raum der kontravarianten Vektoren an $\mathfrak{M}$. T ist ein komplex-analytisches Vektorraumbündel vom Rang $r = d(\mathfrak{M})$ über $\mathfrak{M}$.

In § 2 wird folgender in [25] bewiesener Satz herangezogen:

Satz b. *Es sei $\mathfrak{M}$ eine Steinsche Mannigfaltigkeit, V ein komplex-analytisches Vektorraumbündel über $\mathfrak{M}$. Dann ist auch V eine Steinsche Mannigfaltigkeit.*

Wir werden in § 2 ferner von der Theorie der *kohärenten analytischen Garben* Gebrauch machen. Ist V ein komplex-analytisches Vektorraumbündel über einer komplexen Mannigfaltigkeit $\mathfrak{M}$, so bilden die Keime der lokalen holomorphen Schnitte in V eine spezielle kohärente analytische Garbe über $\mathfrak{M}$, die wir mit $\underline{V}$ bezeichnen wollen. Jeder Homomorphismus $\alpha : V_1 \to V_2$ erzeugt einen Homomorphismus $\underline{\alpha} : \underline{V}_1 \to \underline{V}_2$ der Garbe $\underline{V}_1$ in die Garbe $\underline{V}_2$. Die holomorphen Schnittflächen s in V entsprechen in eineindeutiger Weise den Schnittflächen $\underline{s}$ in $\underline{V}$. Wir werden im folgenden s mit $\underline{s}$ identifizieren.

Es sei nun S eine beliebige kohärente analytische Garbe über $\mathfrak{M}$. Wir bezeichnen mit $H^\nu(\mathfrak{M}, S)$, $\nu = 0, 1, 2, \ldots$, die Čechschen Kohomologiegruppen von $\mathfrak{M}$ mit Koeffizienten in S. Es ist $H^0(\mathfrak{M}, S) = \Gamma(\mathfrak{M}, S)$ die Gruppe der globalen Schnittflächen in S. Ist $0 \to S' \to S \to S'' \to 0$ eine exakte Sequenz von Garbenhomomorphismen über $\mathfrak{M}$ (mit 0 = Nullgarbe), so ist eine exakte Sequenz $0 \to H^0(\mathfrak{M}, S') \to H^0(\mathfrak{M}, S) \to H^0(\mathfrak{M}, S'') \to H^1(\mathfrak{M}, S') \to \cdots$ der Kohomologiegruppen definiert. Wir werden im folgenden von dieser Kohomologiesequenz wesentlichen Gebrauch machen. H. Cartan hat folgende grundlegende Sätze bewiesen:

Satz c. *Es bezeichne $\mathfrak{M}$ eine Steinsche Mannigfaltigkeit, C den Körper der komplexen Zahlen, Ω die Garbe der Keime von lokalen holomorphen Funktionen, S eine kohärente analytische Garbe über $\mathfrak{M}$, $\underline{\Gamma}(\mathfrak{M}, S)$ die (nicht analytische)*

---

[6]) Vgl. F. Hirzebruch [14], p. 40.

Garbe der Keime von globalen Schnittflächen in S. Dann ist das Tensorprodukt:
$\Omega \otimes_C \Gamma(\mathfrak{M}, S) = S.$

Satz d. *Ist $\mathfrak{M}$ eine Steinsche Mannigfaltigkeit und S eine kohärente analytische Garbe über $\mathfrak{M}$, so gilt $H^\nu(\mathfrak{M}, S) = 0$ für $\nu > 0$.*

Wir werden von Satz c nur einen Spezialfall benutzen, der wie folgt angegeben werden kann:

Satz c'. *Es sei $\mathfrak{M}$ eine Steinsche Mannigfaltigkeit, F ein komplex-analytisches Geradenbündel (= Vektorraumbündel vom Rang 1) über $\mathfrak{M}$. Dann gibt es zu jedem Punkt $x \in \mathfrak{M}$ eine holomorphe Schnittfläche in F, die über x von $0 \in F_x$ verschieden ist.*

Die Sätze c, c', d gelten auch für Steinsche Mannigfaltigkeiten mit Singularitäten, d. h. für holomorph-vollständige komplexe Räume.

4. Die Sätze c, d haben eine wichtige Folgerung:

Satz 1. *Ist $\mathfrak{M}$ eine n-dimensionale Steinsche Mannigfaltigkeit, $A \subset \mathfrak{M}$ eine rein $(n-1)$-dimensionale analytische Teilmenge, so ist auch $\mathfrak{M}' = \mathfrak{M} - A$ eine Steinsche Mannigfaltigkeit.*

Beweis: Es sei Ω die Garbe der Keime von lokalen holomorphen Funktionen über $\mathfrak{M}$. Bekanntlich ([14], p. 111) gibt es, da A einen Divisor definiert, zu A ein komplex-analytisches Geradenbündel F, das eine holomorphe Schnittfläche h besitzt, die genau A zur Nullstellenfläche erster Ordnung hat. Durch die Zuordnung der Keime $f_x \to f_x h_x$ wird ein Monomorphismus $i: \Omega \to \underline{F}$ erzeugt. Die Quotientengarbe, $\underline{F}/i(\Omega)$, ist zu der trivialen Fortsetzung der Garbe der Keime von lokalen holomorphen Schnitten in dem Geradenbündel F', welches durch Beschränkung von F auf A entsteht, kanonisch isomorph. Diese triviale Fortsetzung wird im folgenden auch mit $\underline{F}'$ bezeichnet. Es besteht also die exakte Sequenz

$$(1) \qquad\qquad 0 \to \Omega \to \underline{F} \to \underline{F}' \to 0 .$$

Nun gehört zu jeder exakten Sequenz von Garbenhomomorphismen eine exakte Sequenz der zugehörigen Kohomologiegruppen:

$$(2) \qquad 0 \to \Gamma(\mathfrak{M}, \Omega) \to \Gamma(\mathfrak{M}, \underline{F}) \to \Gamma(A, \underline{F}') \to H^1(\mathfrak{M}, \Omega) \to \cdots$$

Da $H^1(\mathfrak{M}, \Omega) = 0$ ist (nach Satz d), hat man die exakte Sequenz:

$$(3) \qquad 0 \to \Gamma(\mathfrak{M}, \Omega) \to \Gamma(\mathfrak{M}, \underline{F}) \xrightarrow{\ \beta\ } \Gamma(A, \underline{F}') \to 0 .$$

A ist eine Steinsche Mannigfaltigkeit oder, wenn A Singularitäten hat, ein holomorph-vollständiger komplexer Raum. Es gibt daher (Satz c') zu jedem Punkt $x \in A$ eine holomorphe Schnittfläche $s' \in \Gamma(A, \underline{F}')$, die in x keine Nullstelle hat. Da β durch die Beschränkungsbildung $F \to F'$ definiert wird, kann s' wegen (3) durch Beschränkung einer über $\mathfrak{M}$ holomorphen Schnittfläche s in F erhalten werden. $f = s/h$ ist eine in $\mathfrak{M}$ meromorphe Funktion, die höchstens auf A Polstellen hat. Da s in x von Null verschieden ist, h dort aber verschwindet, hat f in x eine Polstelle, die nicht Unbestimmtheitsstelle ist. f strebt also bei beliebiger Annäherung an x über alle Grenzen.

Da man zu jedem Punkt $x \in A$ eine solche Funktion finden kann und $\mathfrak{M}$ holomorphkonvex ist, so ist auch $\mathfrak{M} - A = \mathfrak{M}'$ holomorphkonvex. Natürlich ist $\mathfrak{M}'$ auch K-vollständig und somit eine Steinsche Mannigfaltigkeit.

5. Es sei $\mathfrak{M}$ eine beliebige komplexe Mannigfaltigkeit, $\mathfrak{F}$ eine Menge in $\mathfrak{M}$ holomorpher Funktionen. Ist $M \subset \mathfrak{M}$ eine beliebige Teilmenge, so setzen wir $\hat{M}_{\mathfrak{F}} = \{x \in \mathfrak{M}, \; \sup|f(x)| \leqq \sup|f(M)| \; \text{für alle} \; f \in \mathfrak{F}\}$. Offenbar ist $\hat{M}_{\mathfrak{F}} \subset \mathfrak{M}$ abgeschlossen.

Definition 4. *Es seien $\mathfrak{M}$, $\tilde{\mathfrak{M}}$ zwei d-dimensionale komplexe Mannigfaltigkeiten, $\mathfrak{M}$ sei Teilbereich von $\tilde{\mathfrak{M}}$. Ferner bezeichne $\mathfrak{F}$ die Menge der in $\tilde{\mathfrak{M}}$ holomorphen Funktionen. Dann heißt $\mathfrak{M}$ konvex in bezug auf $\tilde{\mathfrak{M}}$, wenn für jede kompakte Teilmenge $M \subset \mathfrak{M}$ der Durchschnitt $\hat{M}_{\mathfrak{F}} \cap \mathfrak{M}$ kompakt ist.*

Es gilt der folgende Approximationssatz von Oka-Weil (vgl. [28], Satz 1.1):

Satz c. *Es seien $\mathfrak{M}$, $\tilde{\mathfrak{M}}$ zwei d-dimensionale Steinsche Mannigfaltigkeiten, $\mathfrak{M}$ sei Teilbereich von $\tilde{\mathfrak{M}}$. Dann und nur dann, wenn $\mathfrak{M}$ in bezug auf $\tilde{\mathfrak{M}}$ konvex ist, gibt es zu jeder in $\mathfrak{M}$ holomorphen Funktion f eine Folge f_ν, $\nu = 1, 2, 3, \ldots$, in $\tilde{\mathfrak{M}}$ holomorpher Funktionen, die im Innern von $\mathfrak{M}$ gleichmäßig gegen f konvergiert.*

Wir werden diesen Satz im Paragraphen 4 verwenden.

6. Zur Definition der Pseudokonvexität werden *plurisubharmonische Funktionen* herangezogen. Diese werden auf folgende Weise definiert:

Definition 5. *Es sei $\mathfrak{M}$ eine komplexe Mannigfaltigkeit. Dann heißt eine Funktion $p(x)$ über $\mathfrak{M}$ plurisubharmonisch, wenn*

1) *die Werte von $p(x)$ reelle Zahlen oder $-\infty$ sind,*

2) *$p(x)$ halbstetig nach oben ist $\left(\varlimsup\limits_{x \to x_0} p(x) \leqq p(x_0)\right)$,*

3) *in jedem lokalen Koordinatensystem von $\mathfrak{M}$ die Beschränkung von $p(x)$ auf jedes eindimensionale analytische Ebenenstück eine subharmonische Funktion ist.*

Es gibt mehrere äquivalente Definitionen der subharmonischen Funktionen (vgl. [2], [12]). Wir werden folgende Fassung des Begriffs verwenden:

Definition 6. *Es sei G ein Gebiet der z-Ebene, $p(z)$ eine Funktion in G, deren Werte reelle Zahlen oder $-\infty$ sind. Dann heißt $p(z)$ eine subharmonische Funktion, wenn*

1) *$p(z)$ halbstetig nach oben ist,*

2) *für jeden abgeschlossenen Kreis $K \subset G$ und für jede in K stetige, in $K - \partial K$[7]) harmonische Funktion $h(z)$ mit $h(z) > p(z)$ auf ∂K gilt: $h(z) > p(z)$ in ganz K.*

P. Lelong hat bewiesen [16]:

Satz f. *Eine zweimal stetig differenzierbare, reellwertige Funktion $p(x)$ über einer komplexen Mannigfaltigkeit $\mathfrak{M}$ ist genau dann plurisubharmonisch, wenn in jedem lokalen Koordinatensystem mit Koordinaten $z_1, \ldots, z_d$ die hermitesche Form*

$$\sum_{\nu,\mu = 1}^{d} \frac{\partial^2 p}{\partial z_\nu \partial \bar{z}_\mu} \, dz_\nu d\bar{z}_\mu$$

positiv semidefinit ist.

---

[7]) Für jede Teilmenge K eines topologischen Raumes E bezeichnen wir mit ∂K den Rand von K, mit $\dot{K}$ den offenen Kern von K in E.

Im [12] wurde gezeigt:

Satz g. *Es sei $\mathfrak{M}$ eine komplexe Mannigfaltigkeit, p eine nach oben halbstetige Funktion in $\mathfrak{M}$, deren Werte die reellen Zahlen und $-\infty$ sind. Dann ist p genau dann plurisubharmonisch, wenn für jede holomorphe Abbildung φ jedes Gebietes K der komplexen z-Ebene in $\mathfrak{M}$ die Funktion $p \circ \varphi(z)$ subharmonisch in K ist.*

Bemerkung: Man kann die holomorphen Funktionen in $\mathfrak{M}$ zur Konstruktion plurisubharmonischer Funktionen benutzen. Sind $f_1, \ldots, f_k$ k in $\mathfrak{M}$ holomorphe Funktionen und $F(x) = \sum\limits_{\varkappa=1}^{k} f_\varkappa \bar{f}_\varkappa$, so gilt offenbar

$$\sum_{\nu,\mu=1}^{d} \frac{\partial^2 F}{\partial z_\nu \partial \bar{z}_\mu}\, dz_\nu d\bar{z}_\mu = \sum_{\varkappa=1}^{k} \left(\sum_{\nu=1}^{d} \frac{\partial f_\varkappa}{\partial z_\nu}\, dz_\nu \right) \cdot \left(\sum_{\mu=1}^{d} \frac{\partial \bar{f}_\varkappa}{\partial \bar{z}_\mu}\, d\bar{z}_\mu \right) \geqq 0 \;.$$

$F(x)$ ist also eine in $\mathfrak{M}$ plurisubharmonische Funktion.

Es sei noch ein im folgenden nicht verwandter, jedoch an sich interessanter lokaler Satz bewiesen:

Satz 2. *Es sei $\mathfrak{M}$ eine komplexe Mannigfaltigkeit. Ist $p(x)$ eine plurisubharmonische Funktion über $\mathfrak{M}$ und gilt $p(x) \geqq 0$, so sind auch die Potenzen $p^s(x)$, $s = 1, 2, \ldots$, plurisubharmonische Funktionen über $\mathfrak{M}$.*

Beweis: Gilt $0 \leqq p(x) < \infty$, so gilt auch $0 \leqq p^s(x) < \infty$. Ferner ist $p^s(x)$ wieder halbstetig nach oben. Es ist also nur zu zeigen, daß in jedem lokalen Koordinatensystem von $\mathfrak{M}$ die Beschränkung von $p(x)$ auf eindimensionale analytische Ebenenstücke subharmonisch ist, d. h. der Satz braucht nur für den Spezialfall subharmonischer Funktionen über Gebieten G der z-Ebene bewiesen zu werden.

Sei also $p(z) \geqq 0$ eine subharmonische Funktion in G, $K \subset G$ ein abgeschlossener Kreis, ∂K der Rand von K, $h(x)$ eine in $K - \partial K$ harmonische, in K stetige Funktion, für die auf ∂K: $h(z) > p^s(z)$ gilt. Es gilt dann auf ∂K: $h(z) > 0$, $\sqrt[s]{h(z)}$ ist eindeutig. Weil $p(z)$ halbstetig nach oben ist, gibt es eine auf ∂K stetige Funktion g^* mit $\sqrt[s]{h(z)} > g^*(z) > p(z)$, und daher kann man durch Lösen des Dirichletschen Problems eine in K stetige, in $K - \partial K$ harmonische Funktion g finden, für die auf ∂K gilt: $\sqrt[s]{h(z)} > g(z) > p(z)$. Da $p(z)$ subharmonisch ist, folgt: $g(z) > p(z) > 0$ in ganz K. Nun gilt in $K - \partial K$:

$$\frac{\partial^2 g^s(z)}{\partial z\, \partial \bar{z}} = s(s-1) g^{s-2} \left| \frac{\partial g(z)}{\partial z} \right|^2 \geqq 0 \;.$$

$g^s(z)$ ist also dort subharmonisch. Mithin ergibt sich aus $h(z) > g^s(z)$ auf ∂K, daß $h(z) > g^s(z)$ in ganz K gilt. Also ist auch $h(z) > p^s(z)$ in ganz K, und $p^s(z)$ ist eine subharmonische Funktion, q. e. d.

§ 2. Analytische Mannigfaltigkeiten über dem C^n

1. Eine holomorphe Abbildung $\mu : \mathfrak{M} \to \mathfrak{M}'$ einer komplexen Mannigfaltigkeit $\mathfrak{M}$ in eine komplexe Mannigfaltigkeit $\mathfrak{M}'$ heißt *nirgends entartet*, wenn für jeden Punkt $x' \in \mathfrak{M}'$ die Urbildmenge $\mu^{-1}(x')$ leer ist oder aus lauter isolierten Punkten besteht. Wir nennen die Abbildung μ *singularitätenfrei*, wenn in bezug auf jedes lokale Koordinatensystem von $\mathfrak{M}$ und $\mathfrak{M}'$ die Funktionalmatrix von μ überall den Rang $d = d(\mathfrak{M}) = $ Dimension von $\mathfrak{M}$ hat. Eine singularitätenfreie Abbildung ist natürlich stets nirgends entartet.

Definition 7. *Ein Paar $(\mathfrak{M}, \mu)$ heißt eine komplexe Mannigfaltigkeit über dem C^n, wenn $\mathfrak{M}$ eine komplexe Mannigfaltigkeit und μ eine nirgends entartete holomorphe Abbildung von $\mathfrak{M}$ in den C^n ist. Wir sagen, $\mathfrak{M}$ liegt singularitätenfrei über dem C^n, wenn $\mu: \mathfrak{M} \to C^n$ eine singularitätenfreie Abbildung ist.*

Es sei nun $\mathfrak{M}$ eine d-dimensionale komplexe Mannigfaltigkeit, die vermöge einer holomorphen Abbildung $\mu: \mathfrak{M} \to C^n$ singularitätenfrei über dem C^n liegt. Bezeichnet T_x den d-dimensionalen komplexen Vektorraum der kontravarianten Vektoren an den Punkt $x \in \mathfrak{M}$, so wird jedem Vektor $\xi \in T_x$ vermöge μ ein Vektor $\tilde{\mu}(\xi) \in T_{\mu(x)}$ zugeordnet ($T_{\mu(x)}$ der n-dimensionale komplexe Vektorraum der kontravarianten Vektoren an den Punkt $\mu(x) \in C^n$). Diese Zuordnung $\tilde{\mu}$ ist monomorph, da die Funktionalmatrix von μ überall den Rang d hat. Da ferner der Vektorraum $T_{\mu(x)}$ dem Vektorraum C^n kanonisch isomorph ist, erhalten wir durch $\tilde{\mu}$ eine Einbettung von T_x in den C^n. Diese Einbettung definiert einen Monomorphismus μ^* des Tangentialbündels T von $\mathfrak{M}$ in das triviale Vektorraumbündel $TC = \mathfrak{M} \times C^n$ über $\mathfrak{M}$. Bezeichnen wir mit N das Quotientenbündel $TC/\mu^*(T)$ und mit q den Quotientenhomomorphismus $q: TC \to N$, so besteht die exakte Sequenz

$$(1) \qquad 0 \longrightarrow T \overset{\mu^*}{\longrightarrow} TC \overset{q}{\longrightarrow} N \longrightarrow 0 .$$

2. Es seien $V^{(1)}$, $V^{(2)}$ zwei komplex-analytische Vektorraumbündel über $\mathfrak{M}$. Wie üblich bezeichnen wir mit $V^{(1)}_x$, $V^{(2)}_x$ die Fasern über $x \in \mathfrak{M}$ und mit $\mathrm{Hom}_x(V^{(1)}, V^{(2)})$ die Menge der Homomorphismen von $V^{(1)}_x$ in $V^{(2)}_x$. Bekanntlich ist $\mathrm{Hom}(V^{(1)}, V^{(2)}) = \{\mathrm{Hom}_x(V^{(1)}, V^{(2)})\}$ auf natürliche Weise ein komplexanalytisches Vektorbündel über $\mathfrak{M}$. Für den Rang gilt: $r(\mathrm{Hom}(V^{(1)}, V^{(2)})) = r(V^{(1)}) \cdot r(V^{(2)})$. Es sei nun $V^{(1)} = N$ und $V^{(2)} = T, TC, N$. Nach [7], p. 110, erhält man aus (1) eine exakte Sequenz:

$$(2) \qquad 0 \to \mathrm{Hom}(N, T) \to \mathrm{Hom}(N, TC) \to \mathrm{Hom}(N, N) \to 0 .$$

Diese Sequenz erzeugt eine exakte Sequenz der Garben der Keime von lokalen holomorphen Schnitten:

$$(2') \qquad 0 \to \underline{\mathrm{Hom}}(N, T) \to \underline{\mathrm{Hom}}(N, TC) \to \underline{\mathrm{Hom}}(N, N) \to 0 .$$

Man hat die zugehörige exakte Kohomologiesequenz:

$$(3) \qquad 0 \to H^0(\mathfrak{M}, \underline{\mathrm{Hom}}(N, T)) \to H^0(\mathfrak{M}, \underline{\mathrm{Hom}}(N, TC)) \overset{q^*}{\longrightarrow}$$
$$H_0(\mathfrak{M}, \underline{\mathrm{Hom}}(N, N)) \to H^1(\mathfrak{M}, \underline{\mathrm{Hom}}(N, T)) \to \cdots$$

Setzen wir nun voraus, daß $\mathfrak{M}$ eine Steinsche Mannigfaltigkeit ist, so ist nach Satz d die Kohomologiegruppe $H^1(\mathfrak{M}, \underline{\mathrm{Hom}}(N, T)) = 0$. Es besteht also die exakte Sequenz

$$(3') \qquad 0 \to \Gamma(\mathfrak{M}, \underline{\mathrm{Hom}}(N, T)) \to \Gamma(\mathfrak{M}, \underline{\mathrm{Hom}}(N, TC)) \overset{q^*}{\longrightarrow}$$
$$\Gamma(\mathfrak{M}, \underline{\mathrm{Hom}}(N, N)) \to 0 .$$

Beachten wir, daß jede Schnittfläche in $\underline{\mathrm{Hom}}(N, TC)$ als ein globaler Homomorphismus von N in TC angesehen werden kann und daß der Homomorphismus q^* in kanonischer Weise von q erzeugt wird, so heißt das insbesondere: Es gibt einen Homomorphismus $\varphi : N \to TC$, so daß $q \circ \varphi : N \to N$ die Identität ist. φ ist daher ein Monomorphismus. Für die Ränge gilt $r(\varphi(N)) = r(N) = n - d$. Die Teilvektorräume $\varphi(N_x)$, $\mu^*(T_x)$ der Faser $TC_x = C^n$ sind von komplementärer Dimension und schneiden sich für jedes $x \in \mathfrak{M}$ genau in $0 \in C^n$ in allgemeiner Lage.

3. Es ist nun möglich, eine holomorphe Abbildung $\Phi : N \to C^n$ zu definieren. Wir bezeichnen mit $+$ die gewöhnliche Addition im Vektorraum C^n, mit π die Projektion $\pi : N \to \mathfrak{M}$ und setzen $\Phi(y) = \mu(\pi(y)) + \varphi^*(y)$. Dabei ist $\varphi^*(y) = z$, wenn $\varphi(y) = (\pi(y), z)$, $z \in C^n$, ist.

Offenbar ist $\mathfrak{M}$ kanonisch isomorph zur Nullschnittfläche in N. Wir identifizieren deshalb $\mathfrak{M}$ mit dieser Schnittfläche und erhalten somit $\mathfrak{M}$ als singularitätenfreie (abgeschlossene) Untermannigfaltigkeit von N. Es gilt $\Phi|\mathfrak{M} = \mu$. Ferner ist $\Phi|N_x = \mu(x) + \varphi^*|N_x$ stets eine eineindeutige lineare Abbildung. Aus $\varphi(N_x) \cap \mu^*(T_x) = 0$ folgt also, daß Φ in jedem Punkt $x \in \mathfrak{M}$ einen Isomorphismus der Tangentialräume an x und $\Phi(x)$ induziert. Folglich hat die Funktionalmatrix $\partial(\Phi)$ von Φ in jedem Punkt $x \in \mathfrak{M}$ den Rang n, und die Determinante $|\partial(\Phi)|$ ist auf $\mathfrak{M}$ von Null verschieden.

Wir bezeichnen mit A die rein $(n-1)$-dimensionale analytische Menge der Nullstellen von $|\partial(\Phi)|$. Nach Satz b ist N und mithin nach Satz 1 auch $G = N - A$ ein Steinsche Mannigfaltigkeit[8]). Da $|\partial(\Phi)| \neq 0$ in G ist, wird G durch Φ lokaltopologisch in den C^n abgebildet. $\mathfrak{G} = (G, \Phi)$ ist also ein unverzweigtes Riemannsches Gebiet. Offenbar gilt $\mathfrak{M} \subset G$. Die Beschränkung der Faserprojektion $\pi : N \to \mathfrak{M}$ auf G ist eine holomorphe Abbildung ϱ, deren Konstanzflächen $\varrho^{-1}(x)$, $x \in \mathfrak{M}$, singularitätenfreie $(n-d)$-dimensionale analytische Mengen F_x sind, die $\mathfrak{M}$ genau in x in allgemeiner Lage schneiden. Wir haben also folgenden Satz bewiesen:

Satz 3. *Es sei $\mathfrak{M}$ eine d-dimensionale Steinsche Mannigfaltigkeit, die vermöge einer holomorphen Abbildung $\mu : \mathfrak{M} \to C^n$ singularitätenfrei über dem C^n liegt. Dann gibt es zu $\mathfrak{M}$ ein unverzweigtes Riemannsches Gebiet $\mathfrak{G} = (G, \Phi)$, dessen Träger G eine Steinsche Mannigfaltigkeit ist, eine biholomorphe Abbildung λ von $\mathfrak{M}$ auf eine singularitätenfreie analytische Menge $H \subset G$, so daß $\mu = \Phi \circ \lambda$, und eine holomorphe Abbildung $\varrho : G \to H$ derart, daß die Flächen $F_x = \varrho^{-1}(x)$, $x \in H$, singularitätenfreie rein $(n-d)$-dimensionale analytische Mengen sind, die H genau in x in allgemeiner Lage schneiden. Die Beschränkung $\varrho|H$ ist die identische Abbildung $H \to H$.*

§ 3. Das Levische Problem

1a. Es seien zunächst einige Definitionen der Pseudokonvexität gegeben, deren Äquivalenz sich später herausstellen wird.

Definition 8. *Eine komplexe Mannigfaltigkeit $\mathfrak{M}$ heißt p_1-konvex, wenn es eine in $\mathfrak{M}$ plurisubharmonische Funktion $p(x)$ gibt, so daß alle offenen Mengen $\{x \in \mathfrak{M}, p(x) < K\}$, K reell, leer sind oder relativkompakt in $\mathfrak{M}$ liegen.*

---

[8]) Satz 1 ist auch richtig, wenn A nicht singularitätenfrei ist.

1b. Ist M eine Teilmenge von $\mathfrak{M}$, so bezeichnen wir mit $\hat{M}$ die *p-Hülle* $\{x \in \mathfrak{M},\, p(x) \leqq \sup p(M)$ für alle in $\mathfrak{M}$ plurisubharmonischen Funktionen $p\}$ von M. Wir definieren:

Definition 9. *Eine komplexe Mannigfaltigkeit $\mathfrak{M}$ heißt p_2-konvex, wenn zu jeder kompakten Teilmenge $M \subset \mathfrak{M}$ der offene Kern $\overset{\circ}{\hat{M}}$ der p-Hülle von M relativkompakt ist.*

Diese Definition der Pseudokonvexität wurde zuerst von P. Lelong [16] gegeben. Eine p_2-konvexe Mannigfaltigkeit heißt bei ihm *p-konvex*.

1c. Es sei B eine relativkompakte offene Teilmenge einer n-dimensionalen komplexen Mannigfaltigkeit $\mathfrak{M}$. Man sagt dann: „*B hat einen k-mal stetig differenzierbaren (reell-analytischen) Rand*", wenn es zu jedem Punkt x der Randmenge ∂B eine Umgebung $U(x)$ und in $U(x)$ eine reellwertige, k-mal stetig differenzierbare (reell-analytische) Funktion φ gibt, so daß $B \cap U = \{x \in U,\, \varphi(x) < 0\}$ und das Differential $d\varphi$ in U von Null verschieden ist (mit $k = 0, 1, 2, \ldots, \infty$). Es habe fortan B einen mindestens zweimal stetig differenzierbaren Rand. Wir nennen B *streng pseudokonvex*, wenn es zu jedem Punkt $x_0 \in \partial B$ eine Umgebung U mit holomorphen Koordinaten $z_1, \ldots, z_n$[9]) und in U eine reellwertige, zweimal stetig differenzierbare Funktion φ mit $d\varphi \neq 0$ gibt, so daß $B \cap U = \{x \in U,\, \varphi < 0\}$ ist und in x_0 die Beziehung

$$\sum_{\nu,\mu=1}^{n} \frac{\partial^2 \varphi}{\partial z_\nu \partial \bar{z}_\mu}\, a_\nu \bar{a}_\mu > 0 \text{ für alle } (a_1, \ldots, a_n) \neq (0, \ldots, 0) \text{ mit } \sum_{\nu=1}^{n} \frac{\partial \varphi}{\partial z_\nu}\, a_\nu = 0 \text{ gilt.}$$

Definition 10. *Eine komplexe Mannigfaltigkeit $\mathfrak{M}$ heißt p_3-konvex, wenn es eine $\mathfrak{M}$ ausschöpfende Folge von relativkompakten offenen Teilmengen $\mathfrak{B}_\nu$ mit $\mathfrak{B}_\nu \subset \mathfrak{B}_{\nu+1}$, $\nu = 1, 2, \ldots$, gibt, in der alle $\mathfrak{B}_\nu$ einen reell-analytischen Rand haben und streng pseudokonvex sind.*

1d. Ein Paar $\mathfrak{G} = (G, \Phi)$ heißt ein (unverzweigtes) *Riemannsches Gebiet* über der komplexen Mannigfaltigkeit $\mathfrak{M}$, wenn G ein Hausdorffscher Raum und $\Phi: G \to \mathfrak{M}$ eine lokaltopologische Abbildung ist. Vermöge Φ übertragen sich die Koordinatensysteme von $\mathfrak{M}$ nach G. G wird dadurch zu einer komplexen Mannigfaltigkeit und Φ zu einer holomorphen Abbildung.

Eine Filterbasis r von offenen, zusammenhängenden Teilmengen von G heißt ein *Randpunkt* von $\mathfrak{G}$, wenn

1) r sich nicht in G häuft,

2) $\Phi(r)$ gegen einen Punkt $x \in \mathfrak{M}$ konvergiert,

3) für jede (offene) zusammenhängende Umgebung $U(x)$ r genau eine zusammenhängende Komponente von $\Phi^{-1}(U)$ enthält und jedes Element von r auf diese Weise erzeugt werden kann.

Wir nennen $\partial G = \{r\}$ den Rand von $\mathfrak{G}$ und setzen $\tilde{G} = G \cup \partial G$, $\tilde{\Phi}(y) = \Phi(y)$ für $y \in G$, $\tilde{\Phi}(r) = x \in \mathfrak{M}$ für $r \in \partial G$, wobei x der Limes von $\Phi(r)$

---

[9]) Ein komplexes Koordinatensystem $z_1, \ldots, z_n$ heißt holomorph, wenn es zur komplexen Struktur von $\mathfrak{M}$ gehört.

ist[10]). An dieser Terminologie halten wir in diesem Paragraphen fest. Wie in [13] kann man in $\tilde{G}$ eine Topologie einführen, die $\tilde{G}$ zu einem regulären (jedoch nicht notwendig lokalkompakten) Hausdorffschen Raum und $\tilde{\Phi}: \tilde{G} \to \mathfrak{M}$ zu einer stetigen Abbildung macht: Man nimmt als Umgebungen der Punkte $x_0 \in G$ die Umgebungen der Topologie von G, als Umgebungen der Punkte $r_0 \in \tilde{\partial} G$ folgende Mengen: $U(r_0) = V \cup \{r \in \tilde{\partial} G$ mit mindestens einem $V' \in r, V' \subset V\}, V \in r_0$.

Definition 11. *Es sei $\mathfrak{M}$ eine Steinsche Mannigfaltigkeit, $\mathfrak{G} = (G, \Phi)$ ein Riemannsches Gebiet über $\mathfrak{M}$. Dann heißt $\mathfrak{G}$ p_4-konvex, wenn es zu jedem Punkt $r \in \tilde{\partial} G$ eine Umgebung $U(r)$ gibt, so daß $U(r) \cap G$ eine Steinsche Mannigfaltigkeit ist.*

Diese Definition stimmt im wesentlichen mit der Cartanschen Definition der Pseudokonvexität überein (vgl. [5]).

1e. Unter einem (eindimensionalen) *analytischen Flächenstück* F in einer komplexen Mannigfaltigkeit $\mathfrak{M}$ verstehen wir im folgenden eine holomorphe Abbildung φ des abgeschlossenen Kreises $K = \{t, |t| \leq 1\}$ der komplexen t-Ebene in $\mathfrak{M}$. $|F| = \varphi(K)$ heiße der Träger von F, $\partial F = \varphi(\partial K)$ der Rand von F.

Definition 12. *Eine komplexe Mannigfaltigkeit $\mathfrak{M}$ heißt p_5-konvex, wenn es keine Folge von analytischen Flächenstücken F_ν, $\nu = 1, 2, \ldots$, in $\mathfrak{M}$ gibt, so daß $\cup \partial F_\nu \subset \subset \mathfrak{M}$, aber nicht $\cup |F_\nu| \subset \subset \mathfrak{M}$ gilt.*

Mit Hilfe des Kontinuitätssatzes läßt sich beweisen, daß jedes Holomorphiegebiet $G \subset C^n$ p_5-konvex ist[11]). p_5-konvex tritt deshalb hier an die Stelle dessen, was in [3] "G genügt dem Kontinuitätssatz" genannt wurde.

1f. Man wird bestrebt sein, die Pseudokonvexität so schwach zu definieren, daß elementar gezeigt werden kann, daß jede p_ν-konvexe komplexe Mannigfaltigkeit nach dieser Definition pseudokonvex ist ($\nu = 1, \ldots, 5$). Im folgenden bezeichnen wir mit $\mathfrak{D} = \mathfrak{D}^n$ den n-dimensionalen (halboffenen) Polyzylinder $\{(z_1, z_2, \ldots, z_n), |z_1| \leq 1, |z_\nu| < 1, \nu = 2, \ldots, n\}$ und mit $\delta \mathfrak{D}$ die Menge $\{(z_1, z_2, \ldots, z_n) \in \mathfrak{D}, |z_1| = 1\}$.

Definition 13. *Eine n-dimensionale komplexe Mannigfaltigkeit $\mathfrak{M}$ heißt p_6-konvex, wenn es keine biholomorphe Abbildung φ (einer offenen Umgebung) von $\mathfrak{D}$ in $\mathfrak{M}$ gibt, bei der $\varphi(\delta \mathfrak{D})$, aber nicht $\varphi(\mathfrak{D})$ relativkompakt in $\mathfrak{M}$ liegt.*

1g. Für Gebiete über Steinschen Mannigfaltigkeiten wird man die Pseudokonvexität durch eine möglichst schwache lokale Randeigenschaft charakterisieren wollen. Wir definieren zunächst:

---

[10]) Ist G ein Teilbereich von $\mathfrak{M}$ und $\Phi: G \to \mathfrak{M}$ die natürliche Injektion, so stimmt die übliche Definition des Randes ∂G von G als der Menge aller nicht zu G gehörenden Häufungspunkte von G in $\mathfrak{M}$ nicht unbedingt mit der unseren überein. Genauer: Die Abbildung $\tilde{\Phi}|\tilde{\partial} G: \tilde{\partial} G \to \partial G$ braucht weder surjektiv noch injektiv zu sein. Die Punkte von $\tilde{\partial} G$ könnte man „erreichbare" Randpunkte nennen; man zeigt nämlich leicht, daß sich jeder Punkt $x \in \tilde{\partial} G$ mit Hilfe eines Weges, der bis auf den Endpunkt x ganz in G verläuft, mit einem inneren Punkt von G verbinden läßt (vgl. [13]).

[11]) Ist G ein Gebiet im C^n und existiert eine Folge F_ν, $\nu + 1, 2, \ldots$, in G mit $\cup \partial F_\nu \subset \subset G$, so folgt aus dem Maximumprinzip, daß $\cup |F_\nu|$ beschränkt ist; man kann sich deshalb nach dem Satz von MONTEL auf eine Folge von Flächenstücken beschränken, die gegen eine Grenzfläche F konvergiert. Durch Transformationen $z_\nu \to z_\nu^{k_\nu}$ kann man ferner erreichen, daß F singularitätenfrei ist. Man kann dann den gewöhnlichen Kontinuitätssatz anwenden.

Definition 14. *Es sei $\mathfrak{G} = (G, \Phi)$ ein (unverzweigtes) Riemannsches Gebiet über einer Steinschen Mannigfaltigkeit $\mathfrak{M}$. Dann heißt eine stetige Abbildung φ des abgeschlossenen Polyzylinders $\bar{\vartheta}$ in $G \cup \delta G$ eine R-Abbildung, wenn folgendes gilt:*

1) $\varphi(\delta\mathfrak{D}) \subseteq G,\ \varphi(\overset{\circ}{\mathfrak{D}}) \subset G$

2) $\varphi(\overline{\mathfrak{D}}) \cap \delta G \neq 0$

3) $\Phi \circ \varphi$ *ist zu einer biholomorphen Abbildung einer vollen Umgebung von $\overline{\mathfrak{D}}$ in $\mathfrak{M}$ fortsetzbar.*

Offenbar ist die Beschränkung jeder R-Abbildung auf $\mathfrak{D}$ eine biholomorphe Abbildung $\mathfrak{D} \to G$. Die folgende Bedingung ist deshalb eine Abschwächung der p_6-Konvexität für Riemannsche Gebiete:

Definition 15. *Ein Riemannsches Gebiet $\mathfrak{G} = (G, \Phi)$ über einer Steinschen Mannigfaltigkeit $\mathfrak{M}$ heißt p_7-konvex, wenn es zu $\mathfrak{G}$ keine R-Abbildung gibt.*

Durch weitere Abschwächung erhält man schließlich eine Definition der Pseudokonvexität, die sich einer lokalen Randeigenschaft bedient:

Definition 16. *Ein Riemannsches Gebiet $\mathfrak{G} = (G, \Phi)$ heißt p_7^*-konvex in einem Punkt $x \in \delta G$, wenn es zu x eine Umgebung $U(x)$ gibt derart, daß keine R-Abbildung mit $\varphi(\overline{\mathfrak{D}}) \subset U(x)$ existiert. $\mathfrak{G}$ heißt schlechthin p_7^*-konvex, wenn $\mathfrak{G}$ in jedem Punkt $x \in \delta G\ p_7^*$-konvex ist.*

2. Es ist manchmal notwendig, stetige Abbildungen, die in einer dichten Menge eines topologischen Raumes B erklärt sind, stetig nach ganz B fortzusetzen. Es sei hier ein Satz angegeben, der dazu häufig gute Dienste leistet, wenn der Bildbereich ein Riemannsches Gebiet ist.

Satz 4. *Es sei B ein lokalzusammenhängender topologischer Raum, N eine nirgends dichte, nirgends zerlegende Teilmenge von B, $\mathfrak{G} = (G, \Phi)$ ein Riemannsches Gebiet über einer komplexen Mannigfaltigkeit $\mathfrak{M}$. $\tau : B - N \to G$ sei eine stetige Abbildung derart, daß $\Phi \circ \tau$ sich stetig nach N fortsetzen läßt. Dann kann man τ eindeutig zu einer stetigen Abbildung $\check{\tau} : B \to G \cup \delta G$ fortsetzen.*

Beweis: Es sei ψ die stetige Fortsetzung von $\Phi \circ \tau$, $x \in N$ ein beliebiger Punkt. Wir setzen $y = \psi(x)$ und wählen eine beliebige zusammenhängende offene Umgebung $U(y)$. Da ψ stetig ist, gibt es eine zusammenhängende Umgebung $V(x)$ mit $\psi(V) \subset U$. Da $\tau(V - N)$ zusammenhängend ist, liegt $\tau(V-N)$ in einer zusammenhängenden Komponente $K(U)$ von $\Phi^{-1}(U)$. $K(U)$ ist von der Wahl von V unabhängig. Durchläuft U alle offenen zusammenhängenden Umgebungen von $y = \psi(x)$, so ist die Menge r_x aller $K(U)$ offenbar eine Filterbasis auf G. Häuft sich r_x nicht in G, so definiert r_x einen Randpunkt von G, also $r_x \in \delta G$. Wir setzen dann $\check{\tau}(x) = r_x$. Im anderen Falle konvergiert r_x gegen einen Punkt $z \in G$; wir setzen dann $\check{\tau}(x) = z$. Ist $x \in B - N$, so sei $\check{\tau}(x) = \tau(x)$. Man sieht leicht ein, daß $\check{\tau}$ eine stetige Abbildung $B \to G \cup \delta G$ ist. Die Eindeutigkeit von $\check{\tau}$ ist trivial, da $G \cup \delta G$ ein Hausdorffscher Raum ist.

Satz 4 kann auf den Fall stetiger Abbildungen zwischen Riemannschen Gebieten angewendet werden. Ist $\mathfrak{G}' = (G', \Phi')$ ein zweites Riemannsches Gebiet über einer komplexen Mannigfaltigkeit $\mathfrak{M}$, so liegt $\delta G'$ nirgends dicht und zerlegt keine zusammenhängende offene Teilmenge von $G' \cup \delta G'$. Weiter kann man Satz 4 dazu benutzen, die Definition der R-Abbildung abzuschwächen. Setzt man $B = \mathfrak{H}$, $N = \partial \mathfrak{H}$ und gibt eine stetige Abbildung $\varphi : \mathfrak{H} \to G$ vor, so sind offenbar die Voraussetzungen unseres Satzes erfüllt. Es genügt also, φ nur auf $\mathfrak{H}$ zu definieren und die Bedingungen 1, 2, 3 von Definition 14 für irgendeine Fortsetzung von φ nach $\mathfrak{H}$ zu verlangen.

3. In den Abschnitten 4 und 5 dieses Paragraphen werden elementare Aussagen über Beziehungen zwischen unseren verschiedenen Pseudokonvexitäts-definitionen hergeleitet, wobei keine tieferen analytischen Mittel verwendet werden. Hier seien zwei vorbereitende Sätze bewiesen.

Satz 5. *Es sei $\mathfrak{M}$ eine n-dimensionale holomorphkonvexe komplexe Mannigfaltigkeit, die aus höchstens abzählbar vielen zusammenhängenden Komponenten besteht. Dann gibt es eine reell-analytische plurisubharmonische Funktion $p(x)$ in $\mathfrak{M}$, so daß alle Mengen $\{x \in \mathfrak{M}, p(x) < K\}$, $K > 0$, relativkompakt in $\mathfrak{M}$ liegen. Ist $\mathfrak{M}$ eine Steinsche Mannigfaltigkeit, so kann man $p(x)$ sogar so wählen, daß in allen Punkten von $\mathfrak{M}$ die Form* $\displaystyle\sum_{\nu,\mu=1}^{n} \frac{\partial^2 p}{\partial z_\nu \, \partial \bar{z}_\mu} \, dz_\nu \, d\bar{z}_\mu$ *positiv definit ist.*

Beweis: Vorerst sei $\mathfrak{M}$ nur holomorphkonvex; wir können annehmen, daß $\mathfrak{M}$ nicht kompakt ist. Da nach [23] jede holomorphkonvexe komplexe Mannigfaltigkeit $\mathfrak{M}$ mit nur abzählbar vielen zusammenhängenden Komponenten abzählbare Topologie hat, gibt es eine Folge $\mathfrak{M}$ ausschöpfender Teilbereiche $\mathfrak{B}_\nu$ mit $\mathfrak{B}_\nu \Subset \mathfrak{B}_{\nu+1}$, $\nu = 1, 2, \ldots$. Wir können ferner $\{\mathfrak{B}_\nu\}$ so wählen, daß die holomorphkonvexe Hülle $\{\hat{\mathfrak{B}}_\nu\}$ stets in $\mathfrak{B}_{\nu+1}$ enthalten ist. Zu jedem Punkt $x_0 \in \overline{\mathfrak{B}_{\nu+2}} - \mathfrak{B}_{\nu+1}$ läßt sich dann eine in $\mathfrak{M}$ holomorphe Funktion $g(x)$ mit $|g(x_0)| > \sup|g(\mathfrak{B}_\nu)|$ finden. Durch Multiplikation mit einer Konstanten erreicht man, daß $|g(x_0)| > 1$, $\sup|g(\mathfrak{B}_\nu)| < 1$ gilt. $|g(x)| > 1$ ist noch in einer ganzen Umgebung $U(x_0)$ richtig. Da $\overline{\mathfrak{B}_{\nu+2}} - \mathfrak{B}_{\nu+1}$ kompakt ist, gibt es endlich viele in $\mathfrak{M}$ holomorphe Funktionen $g_\nu^{(\varkappa)}(x)$, $\varkappa = 1, \ldots, r_\nu$, so daß $\sup|g_\nu^{(\varkappa)}(\mathfrak{B}_\nu)| < 1$, jedoch in jedem Punkt $x \in \overline{\mathfrak{B}_{\nu+2}} - \mathfrak{B}_{\nu+1}$ der Betrag mindestens einer der Funktionen $g_\nu^{(\varkappa)}(x)$ größer als 1 ist ($\varkappa = 1, \ldots, r_\nu$). Wir setzen $p_\nu(x) = \displaystyle\sum_{\varkappa=1}^{r_\nu} |g_\nu^{(\varkappa)}(x)|^{2s_\nu}$, wobei wir für s_ν eine positive ganze Zahl wählen, die so groß ist, daß $\sup|g_\nu^{(\varkappa)}(\mathfrak{B}_\nu)|^{2s_\nu} < r_\nu^{-1} 2^{-\nu}$ und mithin $\sup p_\nu(\mathfrak{B}_\nu) < 2^{-\nu}$ ist und daß $p_\nu(x) > \nu$ in jedem Punkt $x \in \overline{\mathfrak{B}_{\nu+2}} - \mathfrak{B}_{\nu+1}$ gilt. $p(x) = \displaystyle\sum_{\nu=1}^{\infty} p_\nu(x)$ konvergiert gleichmäßig im Innern von $\mathfrak{M}$, und es gilt offensichtlich $\{x \in \mathfrak{M}, p(x) < K\} \Subset \mathfrak{M}$. Alle $p_\nu(x)$ sind nach der Bemerkung im Anschluß an Satz g plurisubharmonische Funktionen.

Wir zeigen nun, daß $p(x)$ reell-analytisch und plurisubharmonisch ist. Ersetzt man die lokalen Koordinatensysteme einer komplexen Mannigfaltigkeit $\mathfrak{M}$ durch die konjugiert komplexen Koordinatensysteme, so erhält man eine neue komplexe Mannigfaltigkeit $\mathfrak{M}^*$. $\mathfrak{M}$ ist in kanonischer Weise als Diagonale D in das kartesische Produkt $\mathfrak{M} \times \mathfrak{M}^*$ (nicht holomorph) eingebettet. Wir schreiben $D \cong \mathfrak{M}$. Jede in $\mathfrak{M}$ komplexwertige Funktion ist genau dann reell-analytisch, wenn sie sich zu einer holomorphen Funktion in eine

Umgebung $U(D) \subset \mathfrak{M} \times \mathfrak{M}^*$ fortsetzen läßt. Die Fortsetzung ist eindeutig bestimmt. Ist g eine in $\mathfrak{M}$ holomorphe Funktion, so kann g nach ganz $\mathfrak{M} \times \mathfrak{M}^*$ holomorph fortgesetzt werden. Die Fortsetzung ist auf den Flächen $x \times \mathfrak{M}^*$, $x \in \mathfrak{M}$, konstant. Analoges gilt für die holomorphe Fortsetzung von $\bar{g}(x)$; diese ist auf allen Flächen $\mathfrak{M} \times x^*$, $x^* \in \mathfrak{M}^*$, konstant. Es bezeichne $\breve{g}_\nu^{(\varkappa)}(x, x^*)$ die holomorphe Fortsetzung der auf $\mathfrak{M}$ holomorphen Funktion $(g_\nu^{(\varkappa)}(x))^{s_\nu}$, $\breve{\bar{g}}_\nu^{(\varkappa)}(x, x^*)$ die holomorphe Fortsetzung der konjugierten Funktion $(\bar{g}_\nu^{(\varkappa)}(x))^{s_\nu}$. Beide Fortsetzungen nehmen nach dem oben Gesagten in $\mathfrak{B}_\nu \times \mathfrak{B}_\nu^*$ keine anderen Werte als in $\mathfrak{B}_\nu$ an. Wenn man $h_\nu^{(\varkappa)}(x, x^*) = \breve{g}_\nu^{(\varkappa)}(x, x^*) \cdot \breve{\bar{g}}_\nu^{\varkappa}(x, x^*)$ und

$$\breve{p}_\nu(x, x^*) = \sum_{\varkappa = 1}^{r_\nu} h_\nu^{(\varkappa)}(x, x^*)$$

setzt, gilt daher in $\mathfrak{B}_\nu \times \mathfrak{B}_\nu^*$: $|h_\nu^{(\varkappa)}(x, x^*)| < r_\nu^{-1} 2^{-\nu}$ und $|\breve{p}_\nu(x, x^*)| < 2^{-\nu}$. Folglich konvergiert die Reihe holomorpher Funktionen $\sum_{\nu = 1}^{\infty} \breve{p}_\nu(x, x^*)$ gleichmäßig im Innern von $\mathfrak{M} \times \mathfrak{M}^*$ gegen eine holomorphe Grenzfunktion $\breve{p}(x, x^*)$. Da sie auf $\mathfrak{M} \cong D$ mit $p(x)$ übereinstimmt, ist $p(x)$ reellanalytisch.

Ist $x_0 \in \mathfrak{M}$ ein beliebiger Punkt und sind $z_1, \ldots, z_n$ holomorphe Koordinaten in einer Umgebung $U(x_0)$, so sind $z_1, \ldots, z_n, \bar{z}_1, \ldots, \bar{z}_n$ — als unabhängig betrachtet — holomorphe Koordinaten in einer Umgebung $U \times U^*$ des zu x_0 gehörigen Punktes $(x_0, x_0) \in D \cong \mathfrak{M}$. Es gilt in x_0 bzw. (x_0, x_0):

$$\frac{\partial^2 p}{\partial z_\nu \partial \bar{z}_\mu} = \frac{\partial^2 \breve{p}}{\partial z_\nu \partial \bar{z}_\mu} = \sum_{\sigma = 1}^{\infty} \frac{\partial^2 \breve{p}_\sigma}{\partial z_\nu \partial \bar{z}_\mu} = \sum_{\sigma = 1}^{\infty} \frac{\partial^2 p_\sigma}{\partial z_\nu \partial \bar{z}_\mu}.$$

Deshalb ist die Form

$$\sum_{\nu, \mu = 1}^{\mu} \frac{\partial^2 p}{\partial z_\nu \partial \bar{z}_\mu} dz_\nu d\bar{z}_\mu$$

in $\mathfrak{M}$ positiv semidefinit und somit $p(x)$ plurisubharmonisch.

Es sei nun $\mathfrak{M}$ eine Steinsche Mannigfaltigkeit. Nach § 1.1 gibt es zu jedem Punkt $x_0 \in \mathfrak{M}$ n in $\mathfrak{M}$ holomorphe Funktionen $f_1, \ldots, f_n$, so daß die Determinante $\left|\left(\frac{\partial f_\nu}{\partial z_\mu}\right)\right| \neq 0$ in x_0 ist. $p_{x_0} = f_1 \bar{f}_1 + \cdots + f_n \bar{f}_n$ ist dann eine in $\mathfrak{M}$ plurisubharmonische Funktion, bei der die Form $\sigma = \sum_{\nu, \mu = 1}^{n} \frac{\partial^2 p_{x_0}(x)}{\partial z_\nu \partial \bar{z}_\mu} dz_\nu d\bar{z}_\mu$ in x_0 positiv definit ist. (σ ist natürlich in ganz $\mathfrak{M}$ positiv semidefinit.) σ ist noch in einer ganzen Umgebung $U(x_0)$ positiv definit. Da $\mathfrak{M}$ abzählbare Topologie hat, gibt es eine abzählbare Überdeckung $\{U_\nu\}$, $\nu = 1, 2, \ldots$, von $\mathfrak{M}$ mit solchen Umgebungen; die zu U_ν gehörige plurisubharmonische Funktion sei $p_\nu' = f_1^{(\nu)} \overline{f_1^{(\nu)}} + \cdots + f_n^{(\nu)} \overline{f_n^{(\nu)}}$. Ist wieder $\mathfrak{B}_\nu$, $\mathfrak{B}_\nu \subset \mathfrak{B}_{\nu+1}$, $\nu = 1, 2, \ldots$, eine $\mathfrak{M}$ ausschöpfende Folge relativkompakter Teilbereiche von $\mathfrak{M}$ und gilt $f_\varkappa^{(\nu)} \overline{f_\varkappa^{(\nu)}} < k_\varkappa^{(\nu)}$ in $\overline{\mathfrak{B}}_\nu$, so setzen wir

$$\sum_{\varkappa = 1}^{n} k_\varkappa^{(\nu)} = k^{(\nu)} \quad \text{und} \quad \varepsilon_\nu = \frac{2^{-\nu}}{k^{(\nu)}}.$$

$p'(x) = \sum_{\nu = 1}^{\infty} \varepsilon_\nu p_\nu'(x)$ konvergiert dann im Innern von $\mathfrak{M}$ gleichmäßig, und man zeigt ähnlich wie im ersten Teil des Beweises, daß $p'(x)$ in $\mathfrak{M}$ reell-analytisch ist. Es gilt

$$\frac{\partial^2 p'}{\partial z_\nu \partial \bar{z}_\mu} = \sum_{\sigma=1}^{\infty} \varepsilon_\sigma \frac{\partial^2 p_\sigma}{\partial z_\nu \partial \bar{z}_\mu} \, ;$$

also ist die Form

$$\sum_{\nu,\,\mu=1}^{n} \frac{\partial^2 p'}{\partial z_\nu \partial \bar{z}_\mu} \, dz_\nu d\bar{z}_\mu$$

in ganz $\mathfrak{M}$ positiv definit. Konstruieren wir nach dem obigen Verfahren eine weitere reell-analytische plurisubharmonische Funktion $p''(x)$, für die $\{x \in \mathfrak{M},$ $p''(x) < K\} \subseteq \mathfrak{M}$ gilt, so gilt dies wegen $p'(x) \geqq 0$ auch für $p(x) = p'(x) + + p''(x)$. Auf Grund ihrer Konstruktion hat die Funktion $p(x)$ auch alle anderen in Satz 5 verlangten Eigenschaften. Satz 5 ist bewiesen.

Weiter benötigen wir den folgenden

Satz 6. *Es sei $\mathfrak{R}$ eine n-mal stetig differenzierbare n-dimensionale reelle Mannigfaltigkeit mit abzählbarer Topologie. $g(x)$ sei eine n-mal stetig differenzierbare reelle Funktion in R und K die Menge der Punkte $x \in \mathfrak{R}$, in denen das Differential dg verschwindet. Dann hat $H = g(K)$ das Lebesguesche Maß Null.*

Beweis: Für den Fall, daß R ein Gebiet des euklidischen Raumes ist, wurde der Satz von A. P. Morse hergeleitet (vgl. [18]). Da $\mathfrak{R}$ abzählbare Topologie hat, gibt es eine Überdeckung von $\mathfrak{R}$ mit offenen Mengen $\mathfrak{B}_\nu$, $\nu = 1, 2, \ldots$, die n-mal stetig differenzierbar auf Gebiete des euklidischen Raums abgebildet werden können. $H_\nu = g(\mathfrak{B}_\nu \cap K)$ hat also das Maß Null. Nach einem bekannten Satze der Maßtheorie ist dann auch $H = g(K) = \cup H_\nu$ eine Nullmenge.

Es sei noch angemerkt, daß die Voraussetzung der n-maligen stetigen Differenzierbarkeit von g wesentlich ist (vgl. [18]). Ferner gibt es reell-analytische Mannigfaltigkeiten $\mathfrak{R}$ mit überabzählbarer Topologie, auf denen für Funktionen, die sogar reell-analytisch sein können, die Aussage von Satz 6 nicht gilt.

Wenn $g(x)$ nicht konstant ist, sagt Satz 6 aus, daß man eine dichte Menge reeller Zahlen y finden kann, so daß die Menge $\{x \in \mathfrak{R}, g(x) = y\}$ leer oder eine $(n-1)$-dimensionale n-mal stetig differenzierbare Fläche ist. Wir werden hiervon Gebrauch machen.

4. Es sei $\mathfrak{M}$ eine beliebige komplexe Mannigfaltigkeit mit abzählbarer Topologie. Wir bezeichnen mit h (bzw. p_ν oder p_7^*) die Aussage, daß $\mathfrak{M}$ holomorphkonvex (bzw. p_ν- oder p_7^*-konvex) ist ($\nu = 1, \ldots, 7$). $\rightarrow$ bedeutet die Implikation zweier Aussagen. Es gilt:

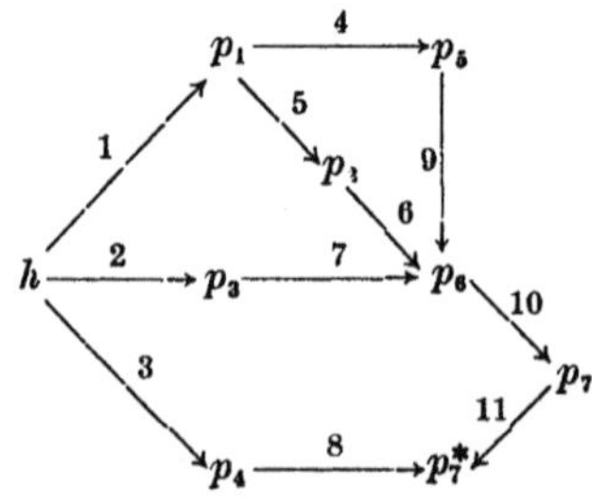

Im Falle der p_4-, p_7- und der p_7^*-Konvexität muß natürlich $\mathfrak{M} = G$ der Träger eines Riemannschen Gebietes $\mathfrak{G} = (G, \Phi)$ über einer Steinschen Mannigfaltigkeit sein. Wir beweisen die Aussagen 1—10:

(1) *Jede holomorphkonvexe komplexe Mannigfaltigkeit, die aus höchstens abzählbar vielen zusammenhängenden Komponenten besteht, ist p_1-konvex.*

Beweis: (1) ist eine unmittelbare Folge von Satz 5.

(2) *Jede holomorphkonvexe komplexe Mannigfaltigkeit, die aus höchstens abzählbar vielen zusammenhängenden Komponenten besteht, ist p_3-konvex.*

Beweis: (2) ist eine unmittelbare Folge von Satz 5 und Satz 6.

Aussage (3) ist trivial (man wähle $G \cup \tilde{\partial} G$ für die in Definition 11 auftretende Umgebung $U(r)$):

(3) *Es sei $\mathfrak{G} = (G, \Phi)$ ein unverzweigtes Riemannsches Gebiet, und G sei holomorphkonvex. Dann ist $\mathfrak{G}$ p_4-konvex.*

Ebenso leicht ergeben sich die Aussagen (5), (9), (10), (11). p_2-konvex ist nämlich eine Abschwächung von p_1-konvex, p_6-konvex eine Abschwächung von p_5-konvex und schließlich p_7(bzw. p_7^*)-konvex eine Abschwächung von p_6(bzw. p_7)-konvex. Wir verzichten darauf, diese Aussagen noch einmal ausführlich zu formulieren.

(4) *Jede p_1-konvexe komplexe Mannigfaltigkeit $\mathfrak{M}$ ist p_5-konvex.*

Beweis: Es sei F_ν, $\nu = 1, 2, \ldots$, in $\mathfrak{M}$ eine Folge eindimensionaler Flächen mit $\bigcup_\nu \partial F_\nu \Subset \mathfrak{M}$. φ_ν bezeichne die zugehörigen holomorphen Abbildungen $K \to \mathfrak{M}$. Ist dann p eine in $\mathfrak{M}$ plurisubharmonische Funktion, so sind die Funktionen $p_\nu = p \circ \varphi_\nu$ in K subharmonisch. Da subharmonische Funktionen dem Maximumprinzip genügen und p auf $\bigcup \partial F_\nu$ als nach oben halbstetige Funktion nach oben beschränkt ist, folgt $p_\nu(x) \leqq \sup(p_\nu(\partial K)) < M$ für $x \in K$. Ist nun jede Menge $\{x \in \mathfrak{M}, p(x) < M\} \Subset \mathfrak{M}$, so folgt $\bigcup |F_\nu| \Subset \mathfrak{M}$: Aus der p_1-Konvexität folgt die p_5-Konvexität.

(6) *Jede p_2-konvexe n-dimensionale komplexe Mannigfaltigkeit $\mathfrak{M}$ ist p_6-konvex.*

Beweis: Es sei φ eine biholomorphe Abbildung einer offenen Umgebung des (halboffenen) Polyzylinders $\mathfrak{D} = \{(z_1, \ldots, z_n); |z_1| \leqq 1, |z_\nu| < 1, \nu = 2, \ldots, n\}$ in $\mathfrak{M}$. Da φ eineindeutig ist, verschwindet die Funktionaldeterminante von φ im Innern $\mathring{\mathfrak{D}}$ von $\mathfrak{D}$ nicht (vgl. [22], p. 149). $\varphi(\mathring{\mathfrak{D}})$ ist also eine offene Teilmenge von $\mathfrak{M}$. Es sei nun $\varphi(\delta \mathfrak{D}) = B$ relativkompakt in $\mathfrak{M}$ enthalten. Da $\mathfrak{M}$ p_2-konvex ist, liegt auch der offene Kern $B^* = \mathring{\tilde{B}}$ der p-Hülle $\tilde{B}$ von B relativkompakt in $\mathfrak{M}$. In $\mathfrak{M} - B^*$ gibt es also eine dichte Menge D (etwa $D = \mathfrak{M} - \tilde{B}$), so daß folgendes gilt: Zu jedem Punkt $x_0 \in D$ existiert eine in $\mathfrak{M}$ plurisubharmonische Funktion $p(x)$ mit $p(x_0) > \sup(p(B))$. Nach dem Maximumprinzip für plurisubharmonische Funktionen muß $\varphi(\mathring{\mathfrak{D}}) \cap D$ leer sein. Da $\varphi(\mathring{\mathfrak{D}})$ offen ist, gilt also $\varphi(\mathring{\mathfrak{D}}) \subset B^*$ und somit $\varphi(\mathfrak{D}) \subset \bar{B}^*$, wobei $\bar{B}^*$ die abgeschlossene Hülle von B^* bezeichnet. Da B^* relativkompakt war, gilt dies also auch für $\varphi(\mathfrak{D})$, und folglich ist $\mathfrak{M}$ p_6-konvex, q. e. d.

Wir zeigen weiter

(7) *Jede p_3-konvexe n-dimensionale komplexe Mannigfaltigkeit $\mathfrak{M}$ ist p_6-konvex.*

Beweis: Es sei wiederum φ eine biholomorphe Abbildung einer offenen Umgebung des (halboffenen) Polyzylinders $\mathfrak{D}$ in $\mathfrak{M}$; $B = \varphi(\delta\mathfrak{D})$ sei relativkompakt. Da $\mathfrak{M}$ p_3-konvex ist, gibt es eine Folge relativkompakter, streng pseudokonvexer Teilbereiche $\mathfrak{B}_\nu$, $\nu = 1, 2, \ldots$, mit $\mathfrak{B}_\nu \subset \mathfrak{B}_{\nu+1}$, $\cup \, \mathfrak{B}_\nu = \mathfrak{M}$. Alle $\mathfrak{B}_\nu$ haben einen reell-analytischen Rand. Bezeichnet $\mathfrak{D}_t$ für jedes $t = (t_2, \ldots, t_n)$, $|t_\nu| < 1$, $\nu = 2, \ldots, n$, das (kompakte) analytische Flächenstück $\{x = \varphi(z_1, t_2, \ldots, t_n)$, $|z_1| \leqq 1\}$, so kann man ein ν_0 so groß finden, daß $B \subset \mathfrak{B}_{\nu_0}$ und $\mathfrak{D}_0 \subset \mathfrak{B}_{\nu_0}$ gilt. Die Vereinigung der $\mathfrak{D}_t$ ist gleich $\varphi(\mathfrak{D})$. Nehmen wir nun an, daß $\varphi(\mathfrak{D})$ nicht in $\mathfrak{B}_{\nu_0}$ enthalten ist, so gibt es ein $t_0 = (t_2^{(0)}, \ldots, t_n^{(0)})$ mit $\mathfrak{D}_{t_0} \cap \partial\mathfrak{B}_{\nu_0} \neq 0$. Es sei t_0 so gewählt, daß $|t_0| = (|t_2^{(0)}|^2 + \cdots + |t_n^{(0)}|^2)^{1/2}$ möglichst klein ist. Zu diesem t_0 läßt sich dann eine Folge $t_\nu \to t_0$ finden, so daß $\mathfrak{D}_{t_\nu} \subset \mathfrak{B}_{\nu_0}$ gilt. Es sei $x_0 \in \mathfrak{D}_{t_0} \cap \partial\mathfrak{B}_{\nu_0}$. Da $\mathfrak{B}_{\nu_0}$ streng pseudokonvex ist, gibt es eine Umgebung $U(x_0)$, eine in U holomorphe Funktion f, so daß $S \cap \overline{\mathfrak{B}_{\nu_0}} = x_0$ ist, wenn $S = \{x \in U, f(x) = 0\}$ gesetzt wird (vgl. dazu [15], p. 181). Die Funktion $\check{f} = f \circ \varphi$ verschwindet auf den Flächen $\check{\mathfrak{D}}_{t_\nu} = \varphi^{-1}(\mathfrak{D}_{t_\nu} \cap U)$ nicht, hat aber auf der Grenzfläche $\varphi^{-1}(\mathfrak{D}_{t_0} \cap U)$ die Nullstelle $\varphi^{-1}(x_0)$, was dem Kontinuitätssatz widerspricht. Also liegt $\varphi(\mathfrak{D})$ in $\mathfrak{B}_{\nu_0}$ und ist somit relativkompakt in $\mathfrak{M}$ enthalten. $\mathfrak{M}$ ist also wie behauptet p_6-konvex.

(8) *Es sei $\mathfrak{G} = (G, \Phi)$ ein unverzweigtes Riemannsches Gebiet über einer Steinschen Mannigfaltigkeit $\mathfrak{M}$. Ist dann $\mathfrak{G}$ p_4-konvex, so ist $\mathfrak{G}$ auch p_7^*-konvex.*

Beweis: Es sei $x_0 \in \tilde{\delta}G$ und $U^* = U(x_0) \cap G$ eine Steinsche Mannigfaltigkeit. Wegen (2), (7) ist U^* p_6-konvex. Daraus entnimmt man unmittelbar, daß es keine R-Abbildung $\varphi \colon \overline{\mathfrak{D}} \to G \cup \tilde{\delta}G$ mit $\varphi(\overline{\mathfrak{D}}) \subset U$ geben kann.

5. Es sei $\mathfrak{G} = (G, \Phi)$ ein unverzweigtes Riemannsches Gebiet über dem C^n. Man erhält in G ein holomorphes Koordinatensystem, wenn man die Koordinaten des C^n vermöge Φ nach G hin überträgt. Es ist deshalb der euklidische Abstand zweier Punkte aus G erklärt. Wir bezeichnen für jeden Punkt $x \in G$ mit $\delta(x)$ den Abstand von x vom Rande $\tilde{\delta}G$. $\delta(x)$ ist eine stetige, positive Funktion; sie kann jedoch auf zusammenhängenden Blättern von G, die vermöge Φ biholomorph auf den C^n abgebildet werden, konstant gleich $+\infty$ sein. Wir beweisen:

Satz 7. *Es sei $\mathfrak{G}$ p_7-konvex. Dann ist $-\ln\delta(x)$ eine in G plurisubharmonische Funktion.*

Beweis: Es sei v ein Einheitsvektor des C^n. $E(v, \mathfrak{z})$ bezeichne die eindimensionale analytische Ebene durch $\mathfrak{z} \in C^n$, die zu v parallel ist, $\hat{E}(v, x)$ das Ebenenstück $\Phi^{-1}(E(v, \mathfrak{z})) \subset G$, $x \in G$, $\mathfrak{z} = \Phi(x)$. Ferner sei $\delta(v, x)$ der Abstand von $x \in G$ und $\tilde{\delta}G$ auf $\hat{E}(v, x)$. $p(v, x) = -\ln\delta(v, x)$ ist offenbar eine in G nach oben halbstetige Funktion. Da $-\ln\delta(x)$ im Falle, daß G ein Gebiet der z-Ebene ist, subharmonisch ist, muß die Beschränkung von $p(v, x)$ auf jedes Ebenenstück $\hat{E}(v, x_0)$ subharmonisch sein. Wir zeigen:

(1) *Ist $\mathfrak{G}$ p_7-konvex, so ist $p(v, x)$ eine plurisubharmonische Funktion.*

Angenommen, $p(v, x)$ ist nicht plurisubharmonisch. Dann gibt es ein Stück E einer eindimensionalen analytischen Ebene in G, so daß $s(x) = p(v, x)|E$ nicht subharmonisch ist. Es lassen sich also ein abgeschlossener Kreis $K \subset E$

und eine in K stetige, in $K - \partial K$ harmonische Funktion h finden, so daß $h(x) > s(x)$ auf ∂K, aber $h(x) \leq s(x)$ in mindestens einem Punkt $\tilde{x}_0 \in \mathring{K}$ gilt. Es sei $K' \subset \mathring{K}$ ein abgeschlossener Kreis mit $\tilde{x}_0 \in \mathring{K}'$ und $h(x) > s(x)$ auf $\partial K'$. Da $h(x)$ noch in einer ganzen Umgebung von K' harmonisch ist, gibt es eine in (einer Umgebung von) K' holomorphe Funktion f mit $|f(x)| = e^{-h(x)}$. Man hat also in $\tilde{x}_0$: $|f(x)| \geq \delta(v, x)$ und auf $\partial K'$: $|f(x)| < \delta(v, x)$. Durch Multiplikation von f mit einer geeigneten Konstanten $k \leq 1$ kann man sogar folgendes erreichen: Es gilt $|f(x)| \leq \delta(v, x)$ in K', $|f(x)| = \delta(v, x)$ in mindestens einem Punkt $x_0 \in \mathring{K}'$ und $|f(x)| < \delta(v, x)$ auf $\partial K'$. — Wir bezeichnen mit λ eine biholomorphe Abbildung des Kreises $\{|t_1| \leq 1\}$ auf K', mit $v_3, \ldots, v_n$ $n-2$ zu v, E und untereinander senkrechte Einheitsvektoren und setzen $\varphi_{c, d}$:
$(t_1, \ldots, t_n) \to \lambda(t_1) + c \cdot f(\lambda(t_1)) \cdot t_2 \cdot v + d t_3 v_3 + \cdots + d t_n v_n$. Für hinreichend kleine $c > 0$ und $d > 0$ erhalten wir so eine holomorphe Abbildung von $\mathfrak{D} = \{(t_1, \ldots, t_n), |t_1| \leq 1, |t_v| < 1, v = 2, \ldots, n\}$ in G, die sogar biholomorph ist, da $e, v, v_2, \ldots, v_n$ linear unabhängig sind (e ein erzeugender Vektor von E). Die Abbildung $\Phi \circ \varphi_{c, d}$ läßt sich in eine ganze Umgebung von $\overline{\mathfrak{D}}$ holomorph fortsetzen. Da $\varphi_{1, 0}(\delta\mathfrak{D}) \subset G$, aber nicht $\varphi_{1, 0}(\mathfrak{D}) \subset G$ ist, kann man offenbar $c, d > 0$ so bestimmen, daß die Abbildung $\varphi_{c, d}$ existiert und auch für sie zwar $\varphi_{c, d}(\delta\mathfrak{D}) \subset G$, aber nicht $\varphi_{c, d}(\mathfrak{D}) \subset G$ gilt. Nach Satz 4 läßt sich $\varphi_{c, d}$ zu einer topologischen Abbildung $\varphi: \overline{\mathfrak{D}} \to G \cup \tilde{\partial} G$ fortsetzen; die Menge $\varphi(\overline{\mathfrak{D}}) \cap \tilde{\partial} G$ ist dann nicht leer. Also ist φ eine R-Abbildung und $\mathfrak{G}$ im Widerspruch zur Voraussetzung nicht p_7-konvex. Damit ist bewiesen, daß $p(v, x)$ eine plurisubharmonische Funktion ist.

Da nun das sup einer Menge plurisubharmonischer Funktionen, falls halbstetig nach oben, wieder plurisubharmonisch ist und $\delta(x) = \inf_v (\delta(v, x))$, also $-\ln \delta(x) = \sup(-\ln \delta(v, x))$ gilt, haben wir Satz 7 bewiesen.

Es gilt weiter:

Satz 8. *Es sei $\mathfrak{G} = (G, \Phi)$ ein Riemannsches Gebiet über dem C^n, das in einem Punkt $x_0 \in \tilde{\partial} G$ p_7^*-konvex sei. Dann gibt es eine Umgebung $U(x_0)$, so daß die Funktion $-\ln \delta(x)$ in $U(x_0) \cap G$ plurisubharmonisch ist.*

Beweis: Wir wählen zunächst eine Umgebung $V(x_0)$, so daß es keine R-Abbildung $\varphi: \overline{\mathfrak{D}} \to G \cup \tilde{\partial} G$ mit $\varphi(\overline{\mathfrak{D}}) \subset V$ gibt. Sodann sei H eine Hyperkugel um $z_0 = \tilde{\Phi}(x_0)$, die so klein ist, daß $W(x_0) = \Phi^{-1}(H) \cap V$ keinen Häufungspunkt auf der Randmenge ∂V von V in $G \cup \tilde{\partial} G$ hat. $W(x_0)$ ist eine Umgebung von x_0. Wir setzen $W^* = W \cap G$ und bezeichnen mit $\mathfrak{W}$ das Riemannsche Gebiet (W^*, Φ^*) über dem C^n, wobei Φ^* die Beschränkung von Φ auf W^* bezeichnet. $\tilde{\Phi}^*$ sei die Fortsetzung von Φ^* nach $W^* \cup \tilde{\partial} W^*$. $\mathfrak{W}$ ist p_7-konvex. Gäbe es nämlich eine R-Abbildung $\varphi^*: \overline{\mathfrak{D}} \to W^* \cup \tilde{\partial} W^*$, so müßte der Durchschnitt $\varphi^*(\overline{\mathfrak{D}}) \cap (\tilde{\partial} W^* \cap \Phi^{*-1}(H))$ leer sein, da sonst φ^* wegen $\tilde{\partial} W^* \cap \tilde{\Phi}^{*-1}(H) = \tilde{\partial} G \cap V \cap \tilde{\Phi}^{*-1}(H)$ eine R-Abbildung von $\overline{\mathfrak{D}}$ in $G \cup \tilde{\partial} G$ mit $\varphi^*(\overline{\mathfrak{D}}) \subset V$ wäre, was der Wahl von V widerspräche. Einen nicht in $\Phi^{*-1}(H)$ liegenden Schnittpunkt von $\varphi^*(\overline{\mathfrak{D}})$ mit $\tilde{\partial} W^*$ kann es aber auch nicht geben; denn andernfalls wäre $\psi^*(\delta\mathfrak{D}) \subset H$, aber nicht $\psi^*(\mathfrak{D}) \subset H$ (ψ^* die biholomorphe Fortsetzung von $\Phi^* \circ \varphi^*$ nach $\overline{\mathfrak{D}}$), was im Widerspruch zur p_6-Konvexität der Hyperkugel H steht. Aus der somit erwiesenen p_7-Konvexität von $\mathfrak{W}$ folgt nach Satz 7, daß die in bezug auf W^* gebildete Funktion $-\ln \delta_{W^*}(x)$ plurisubharmonisch ist. Da aber $\delta_{W^*}(x) = \delta(x)$ in der Nähe von x_0 gilt, ist Satz 8 bewiesen.

Satz 8 hat eine einfache Umkehrung:

Satz 9. *Es sei* $\mathfrak{G} = (G, \Phi)$ *ein Riemannsches Gebiet über einer Steinschen Mannigfaltigkeit. $p(x)$ sei eine nach oben halbstetige Funktion in G, deren Werte die reellen Zahlen und $-\infty$ sind. Für einen Randpunkt $x_0 \in \eth G$ gebe es eine Umgebung $U(x_0)$, so daß $p(x)$ in $U^* = U \cap G$ plurisubharmonisch ist und der Durchschnitt $U \cap \eth G \cap \overline{\{x, p(x) < K\}}$[12]) für beliebige reelle K leer ist. Dann ist $\mathfrak{G}$ in x_0 p_7^*-konvex.*

Beweis: Ist $\varphi : \overline{\mathfrak{D}} \to G \cup \eth G$ eine R-Abbildung mit $\varphi(\overline{\mathfrak{D}}) \subset U$, so ist $p \circ \varphi$ eine plurisubharmonische Funktion in $\mathfrak{D}$, die auf $\delta\mathfrak{D}$ nach oben beschränkt, aber in $\mathfrak{D}$ nach oben unbeschränkt ist. Das ist ein Widerspruch zum Maximumprinzip, angewandt auf eine geeignete Kreisscheibe $\{|z_1| \leq 1, z_\nu = z_\nu^{(0)}, \nu = 2, \ldots, n\} \subset \mathfrak{D}$. Satz 9 ist bewiesen.

6. Wir leiten in diesem Abschnitt das Hauptergebnis dieses Paragraphen her:

Satz 10. *(Lösung des Levischen Problems): Es sei $\mathfrak{M}$ eine n-dimensionale Steinsche Mannigfaltigkeit, $\mathfrak{G} = (G, \Phi)$ ein unverzweigtes Riemannsches Gebiet über $\mathfrak{M}$. Ist dann $\mathfrak{G}$ p_7^*-konvex, so ist G eine Steinsche Mannigfaltigkeit.*

Da jede Steinsche Mannigfaltigkeit holomorphkonvex ist, folgt aus diesem Satz und den Ergebnissen von § 3.4:

Satz 11. *(Äquivalenz der Definitionen der Pseudokonvexität): G ist genau dann p_ν-konvex, wenn G p_μ- oder p_7^*-konvex ist ($\nu, \mu = 1, \ldots, 7$).*

Beweis von Satz 10: Nach dem Einbettungssatz von REMMERT gibt es eine holomorphe Abbildung $\mu : \mathfrak{M} \to C^k$, so daß $(\mathfrak{M}, \mu)$ eine singularitätenfreie komplexe Mannigfaltigkeit über dem C^k ist. Nach Satz 3 können wir deshalb ein unverzweigtes Riemannsches Gebiet $\mathfrak{B} = (B, \pi)$ über dem C^k, eine biholomorphe Abbildung λ von $\mathfrak{M}$ auf eine singularitätenfreie analytische Menge $M \subset B$ und eine holomorphe Abbildung $\varrho : B \to M$ finden, so daß B eine Steinsche Mannigfaltigkeit, $\pi \circ \lambda = \mu$ und $\varrho|M$ die Identität ist. Wir setzen $\alpha = \lambda \circ \Phi$ und definieren die Menge $\breve{G}$ der Paare (x, b) mit $x \in G$, $b \in B$, $\varrho(b) = \alpha(x)$. $\breve{G}$ ist durch die Abbildung $\breve{\varrho} : (x, b) \to x$ in G, durch die Abbildung $\breve{\alpha} : (x, b) \to b$ in B abgebildet. Wir versehen $\breve{G}$ mit der gröbsten Topologie, so daß $\breve{\varrho}$ und $\breve{\alpha}$ stetige Abbildungen sind. Wird $V \subset G$ durch α topologisch in M abgebildet, so $\breve{\varrho}^{-1}(V)$ durch $\breve{\alpha}$ topologisch in B. $\breve{\alpha}$ ist also eine lokaltopologische Abbildung und somit $\breve{\mathfrak{G}} = (\breve{G}, \breve{\alpha})$ ein unverzweigtes Riemannsches Gebiet über B. In bezug auf die durch $(\breve{G}, \breve{\alpha})$ in $\breve{G}$ erzeugte komplexe Struktur sind $\breve{\alpha}$ und $\breve{\varrho}$ holomorphe Abbildungen. Man zeigt leicht:

(1) *Bezeichnet $\eth\breve{G}$ (bzw. $\eth G$) den Rand des Riemannschen Gebietes $(\breve{G}, \breve{\alpha})$ (bzw. (G, Φ)) im Sinne von § 3.1 d, so läßt sich die Abbildung $\breve{\varrho}$ zu einer stetigen Abbildung $\breve{\varrho}^* : \breve{G} \cup \eth\breve{G} \to G \cup \eth G$ fortsetzen. $\breve{\varrho}^*$ bildet $\eth\breve{G}$ in $\eth G$ ab.*

---

[12]) Die abgeschlossene Hülle $\overline{\{x, p(x) < K\}}$ ist in bezug auf $G \cup \eth G$ zu bilden.

Aus (1) ergibt sich:

(2) *Ist $\mathfrak{G} = (G, \Phi)$ p_7^*-konvex, so ist auch $\mathfrak{G} = (\breve{G}, \breve{\alpha})$ p_7^*-konvex.*

Beweis: Es sei r ein beliebiger Punkt aus $\partial \breve{G}$, $r^* \in \partial G$ sei gleich $\breve{\varrho}^*(r)$. Wir wählen eine Umgebung $U^*(r^*)$, so daß $\breve{\Phi}(U^*)$ relativkompakt in einem lokalen Koordinatensystem von $\mathfrak{M}$ enthalten ist. (U^0, Φ), $U^0 = U^* \cap G$, kann dann als Riemannsches Gebiet über dem C^n angesehen werden. Da in der Nähe von r^* $\partial G = \partial U^0$ und $\mathfrak{G}$ in r^* p_7^*-konvex ist, folgt aus Satz 8, daß die Funktion $p^*(x^*) = -\ln \delta(x^*)$ in der Nähe von r^* plurisubharmonisch sein muß. Wir setzen $U = \breve{\varrho}^{*-1}(U^*)$ und $p(x) = p^* \circ \breve{\varrho}^*$. U ist eine Umgebung von r, $p(x)$ in der Nähe von r plurisubharmonisch, und wegen $U^* \cap \partial G \cap \overline{\{x^*, p^*(x^*) < K\}} = 0$ für beliebiges reelles $K > 0$ gilt auch $U \cap \partial \breve{G} \cap \overline{\{x, p(x) < K\}} = 0$. (Die abgeschlossenen Hüllen sind in bezug auf $G \cup \partial G$ bzw. $\breve{G} \cup \partial \breve{G}$ zu bilden.) Aus Satz 9 folgt nun wie behauptet, daß $\check{\mathfrak{G}}$ in r p_7^*-konvex ist.

(3) *Ist $\mathfrak{G} = (\breve{G}, \breve{\alpha})$ p_7^*-konvex, so ist $\check{\mathfrak{G}} = (\breve{G}, \pi \circ \breve{\alpha})$ p_7-konvex.*

Beweis: Es bezeichne $\partial \breve{G}$ den Rand des Riemannschen Gebietes $(\breve{G}, \pi \circ \breve{\alpha})$. Über B gilt offenbar: $\partial \breve{G} = \partial \breve{G}$. In diesen Punkten ist, wie man sofort sieht, mit $\mathfrak{G}$ auch $\check{\mathfrak{G}}$ p_7^*-konvex. Es sei nun $\varphi : \mathfrak{D} \to \breve{G} \cap \partial \breve{G}$ eine R-Abbildung ($\mathfrak{D}$ der halboffene k-dimensionale Polyzylinder). Da B als Steinsche Mannigfaltigkeit p_6-konvex ist, gilt $\breve{\alpha} \circ \varphi(\overline{\mathfrak{D}}) \not\subset B$. Es ist also höchstens $\partial \breve{G} \cap \varphi(\overline{\mathfrak{D}}) \neq 0$. Da $\check{\mathfrak{G}}$ in $\partial \breve{G}$ aber p_7^*-konvex ist, folgt aus Satz 8, daß in der Nähe der Punkte von $\partial \breve{G}$ $\tilde{p}(x) = -\ln \delta(x)$ eine plurisubharmonische Funktion ist. Es gibt dann eine Umgebung $U \subset \overline{\mathfrak{D}}$ der Menge $A = \varphi^{-1}(\partial \breve{G}) \subset \partial \mathfrak{D} - \delta \mathfrak{D}$, so daß $p(x) = \tilde{p} \circ \varphi$ in $\mathring{U} = U \cap \mathring{\mathfrak{D}}$ plurisubharmonisch ist. Das kann jedoch nicht sein, da $p(x)$ in $\mathring{U}$ unbeschränkt, auf dem in $\mathring{\mathfrak{D}}$ enthaltenen Teil des Randes von U jedoch beschränkt ist und somit auf einem geeigneten Flächenstück $\{|z_1| < 1, z_\nu = z_\nu^{(0)}, \nu = 2, \ldots, k\} \cap \mathring{U}$ nicht dem Maximumprinzip genügt. Also ist auch (3) bewiesen.

Aus (2) und (3) ergibt sich, daß $\check{\mathfrak{G}} = (\breve{G}, \pi \circ \breve{\alpha})$ p_7-konvex ist, falls $\mathfrak{G} = (G, \Phi)$ p_7^*-konvex ist. Nach Satz 7 ist in jedem p_7-konvexen Riemannschen Gebiet $\tilde{\mathfrak{G}} = (\breve{G}, \Phi)$ über dem C^k $-\ln \delta(x)$ eine plurisubharmonische Funktion. K. Oka [21] hat gezeigt: Ist $-\ln \delta(x)$ plurisubharmonisch, so ist der Träger $\breve{G}$ von $\mathfrak{G}$ holomorphkonvex. Wir haben also:

(5) *Ist $\mathfrak{G} = (G, \Phi)$ p_7^*-konvex, so ist $\check{\mathfrak{G}}$ holomorphkonvex.*

Nun wird G vermittels der durch $\tilde{\lambda}(x) = (x, \lambda \circ \Phi(x))$ definierten Abbildung $\tilde{\lambda} : G \to \breve{G}$ biholomorph auf die in $\breve{G}$ singularitätenfreie analytische Menge $\tilde{\lambda}(G)$ abgebildet. Wegen der Abgeschlossenheit von $\tilde{\lambda}(G)$ ist $\tilde{\lambda}$ eine eigentliche Abbildung, und daher ist mit $\breve{G}$ auch G holomorphkonvex. Satz 10 ist also bewiesen.

7. Es sei $\mathfrak{M}$ eine n-dimensionale Steinsche Mannigfaltigkeit, $\{\mathfrak{G}_\iota = (G_\iota, \Phi_\iota), \iota \in I\}$, I eine Indexmenge, eine Menge unverzweigter Riemannscher Gebiete über $\mathfrak{M}$. Wir sagen, ein unverzweigtes Riemannsches Gebiet $\mathfrak{G} = (G, \Phi)$ über $\mathfrak{M}$ ist in jedem $\mathfrak{G}_\iota, \iota \in I$, enthalten, wenn es stetige Abbildungen $\tau_\iota : G \to G_\iota$ mit

$\Phi = \Phi_\iota \circ \tau_\iota$ gibt. — Wie man leicht sieht (vgl. auch Satz 4), läßt sich $\tau_\iota : G \to G_\iota$ zu einer stetigen Abbildung $\check\tau_\iota : G \cup \tilde\delta G \to G_\iota \cap \tilde\delta G_\iota$ fortsetzen. Man kann deshalb definieren:

Definition 17. $\mathfrak{G} = (G, \Phi)$ *heißt ein Durchschnitt der Menge* $\{\mathfrak{G}_\iota = (G_\iota, \Phi_\iota),$ $\iota \in I\}$, *wenn es stetige Abbildungen* $\tau_\iota : G \to G_\iota$ *mit* $\Phi = \Phi_\iota \circ \tau_\iota$ *gibt derart, daß sich zu keinem Randpunkt* $x \in \tilde\delta G$ *Umgebungen* $U \subset \mathfrak{M},$ $V_\iota \subset G_\iota$ *finden lassen, so daß für alle* ι x *durch* $\check\tau_\iota$ *in* V_ι *und* V_ι *durch* Φ_ι *topologisch auf* U *abgebildet wird.*

Wir zeigen:

Satz 12. *Es sei* $\{\mathfrak{G}_\iota = (G_\iota, \Phi_\iota), \iota \in I\}$ *eine Menge unverzweigter Riemannscher Gebiete über* $\mathfrak{M},$ *deren Träger* G_ι *Steinsche Mannigfaltigkeiten sind. Ist dann* $\mathfrak{G} = (G, \Phi)$ *ein Durchschnitt der Menge* $\{\mathfrak{G}_\iota\},$ *so ist auch* G *eine Steinsche Mannigfaltigkeit.*

Beweis: Wir zeigen, daß $\mathfrak{G} = (G, \Phi)$ p_7-konvex ist; aus den Sätzen 10 und 11 folgt dann die Behauptung unseres Satzes. Wir gehen indirekt vor und nehmen an, es gäbe eine R-Abbildung φ des abgeschlossenen Polyzylinders $\overline{\mathfrak{D}}$ in $G \cup \tilde\delta G$. Wir bezeichnen für jedes $\varepsilon > 0$ mit $\mathfrak{D}_\varepsilon$ den (halboffenen) Polyzylinder $\mathfrak{D}_\varepsilon$ $= \{\mathfrak{z} = (z_1, \ldots, z_n), |z_1| \leq 1 + \varepsilon, |z_\nu| < 1 + \varepsilon, \nu = 2, \ldots, n\}$ und mit $\delta\mathfrak{D}_\varepsilon$ die Menge $\{\mathfrak{z} \in \mathfrak{D}_\varepsilon, |z_1| = 1 + \varepsilon\}$. Da man $\Phi \circ \varphi$ in eine Umgebung W von $\overline{\mathfrak{D}}$ zu einer biholomorphen Abbildung ψ fortsetzen kann, gibt es ein $\varepsilon^* > 0$ derart, daß folgendes gilt:

(1) ψ ist eine biholomorphe Abbildung von $\overline{\mathfrak{D}}_{\varepsilon^*} \subset W$ in $\mathfrak{M}$.

(2) φ läßt sich zu einer biholomorphen Abbildung $\varphi^* : \mathfrak{D} \cup \left(\bigcup_{0 < \varepsilon \leq \varepsilon^*} \delta\mathfrak{D}_\varepsilon \right) \to G$

fortsetzen, wobei $\varphi^*(\delta\mathfrak{D}_\varepsilon) \not\subset G$ ist.

Ist $\tau_\iota : G \to G_\iota$ die stetige Abbildung mit $\Phi_\iota \circ \tau_\iota = \Phi$, $\check\tau_\iota : G \cup \tilde\delta G \to G_\iota \cup \tilde\delta G_\iota$ ihre stetige Fortsetzung und setzt man $\varphi_\iota = \check\tau_\iota \circ \varphi^*$, so ist daher

(3) $\varphi_\iota(\delta\mathfrak{D}_\varepsilon) \not\subset G_\iota$ für alle $\iota \in I$ und alle ε mit $0 \leq \varepsilon \leq \varepsilon^*$.

Weiter gilt $\varphi_\iota(\overline{\mathfrak{D}}) \not\subset G_\iota$; denn andernfalls wäre φ_ι eine R-Abbildung von $\overline{\mathfrak{D}}$ in $G_\iota \cup \tilde\delta G_\iota$, was der p_7-Konvexität von $\mathfrak{G}_\iota$ widerspräche. Deshalb gibt es zu jedem $\iota \in I$ ein $\varepsilon_\iota, 0 < \varepsilon_\iota \leq \varepsilon^*$, mit folgender Eigenschaft:

(4) φ_ι läßt sich zu einer biholomorphen Abbildung $\varphi_\iota^* : \overline{\mathfrak{D}}_{\varepsilon_\iota} \to G_\iota$ fortsetzen. (Natürlich ist $\varphi_\iota = \varphi_\iota^*$ im gemeinsamen Definitionsbereich.) Man kann $\varepsilon_\iota = \varepsilon^*$ wählen.

Wäre nämlich das letztere nicht möglich, so sei $\bar\varepsilon_\iota, 0 < \bar\varepsilon_\iota \leq \varepsilon^*$, die obere Grenze derjenigen $\bar\varepsilon_\iota$ (für festes ι), für die eine Fortsetzung gemäß (4) noch möglich ist. Dann erhielte man offenbar eine stetige Fortsetzung $\tilde\varphi_\iota : \overline{\mathfrak{D}}_{\bar\varepsilon_\iota} \to$ $\to G_\iota \cup \tilde\delta G_\iota$ von φ_ι mit $\tilde\varphi_\iota(\overline{\mathfrak{D}}_{\bar\varepsilon_\iota}) \cap \tilde\delta G_\iota \neq 0$, die wegen (3) eine R-Abbildung wäre. Eine solche kann es aber nicht geben, da $\mathfrak{G}_\iota$ p_7-konvex ist.

Nun war φ eine R-Abbildung; es gibt also ein $x \in \varphi(\overline{\mathfrak{D}}) \cap \tilde\delta G$, und es gilt $\check\tau_\iota(x) \in \varphi_\iota^*(\overline{\mathfrak{D}}_{\varepsilon^*})$. Die offenen Mengen $V_\iota = \varphi_\iota^*(\overline{\mathfrak{D}}_{\varepsilon^*})$ werden durch Φ_ι topologisch auf $U = \psi(\overline{\mathfrak{D}}_{\varepsilon^*})$ abgebildet. Das widerspricht unserer Voraussetzung, daß $\mathfrak{G}$ ein Durchschnitt der $\mathfrak{G}_\iota$ ist. $\mathfrak{G}$ ist also p_7-konvex.

Man kann nun ein unverzweigtes Riemannsches Gebiet $\mathfrak{G} = (G, \Phi)$ über $\mathfrak{M}$ ein Holomorphiegebiet nennen, wenn $\mathfrak{G}$ das genaue Existenzgebiet einer

holomorphen Funktion ist. Man zeigt leicht, daß jedes Holomorphiegebiet
p_T-konvex ist; der Träger G ist dann eine Steinsche Mannigfaltigkeit.
Umgekehrt kann man mit bekannten Methoden (vgl. [8], p. 631) in jeder
Steinschen Mannigfaltigkeit G, die Träger eines Riemannschen Gebietes über $\mathfrak{M}$
ist, eine holomorphe Funktion konstruieren, die in ∂G singulär wird. $\mathfrak{G} = (G, \Phi)$
ist also genau dann ein Holomorphiegebiet, wenn der Träger G eine Steinsche
Mannigfaltigkeit ist. Daher kann man auf Grund von Satz 12 die Theorie der
Holomorphiehüllen für unverzweigte Riemannsche Gebiete über Steinschen
Mannigfaltigkeiten so aufbauen, wie sie für Gebiete über dem C^n in [2] durchgeführt wurde.

§ 4. Der Rungesche Approximationssatz

1. Es sei $\mathfrak{G} = (G, \Phi)$ ein unverzweigtes Riemannsches Gebiet über dem C^n.
Wir können wieder die Punkte des C^n als Koordinaten in G auffassen. Ist
$x \in G$ ein beliebiger Punkt, so ist daher der Begriff des Polyzylinders um x
wohldefiniert als eine x enthaltende Teilmenge von G, die vermittels Φ topologisch auf einen gewöhnlichen Polyzylinder um $\Phi(x)$ abgebildet wird. Wir
bezeichnen mit $\mathfrak{D}(x, \varepsilon)$, $\varepsilon > 0$, den abgeschlossenen gleichseitigen Polyzylinder
mit dem Radius ε um x. Natürlich existiert $\mathfrak{D}(x, \varepsilon)$ nur dann, wenn $\varepsilon > 0$
hinreichend klein ist. $G^{(\varepsilon)}$ sei die Menge aller Punkte $x \in G$, um die es einen
Polyzylinder $\mathfrak{D}(x, \varepsilon)$ gibt. $G^{(\varepsilon)}$ ist eine offene Teilmenge von G, die aus einer
oder mehreren zusammenhängenden Komponenten $K_\varkappa$ besteht. Ist $M \subset G$ eine
beliebige Menge, so werde mit $G^{(\varepsilon)}(M)$ die Vereinigung derjenigen zusammenhängenden Komponenten $K_\varkappa$ bezeichnet, die wenigstens einen Punkt von M
enthalten. Wir zeigen:

Satz 13. *Es sei $\mathfrak{G} = (G, \Phi)$ ein (nicht notwendig zusammenhängendes)
Holomorphiegebiet über dem C^n und $M \subset G$ eine Teilmenge. Dann ist $G^{(\varepsilon)}(M)$,
$\varepsilon > 0$, in bezug auf G konvex.*

Beweis: Es genügt zu zeigen, daß $G^{(\varepsilon)}$ in bezug auf G konvex ist. Mit $\mathfrak{F}$ bezeichnen wir die Familie der in G holomorphen Funktionen. Ist N eine beliebige
kompakte Teilmenge von $G^{(\varepsilon)}$, so zeigen wir zunächst, daß $\hat{N}_\mathfrak{F} \subset G^{(\varepsilon)}$ ist.
Dazu wählen wir einen relativkompakten Teilbereich $B \Subset G^{(\varepsilon)}$, der N umfaßt.
Ist $\tilde{\varepsilon} > 0$ die größte reelle Zahl, so daß B noch in $G^{(\tilde{\varepsilon})}$ enthalten ist, so gilt
offenbar $\overline{G^{(\tilde{\varepsilon})}} \subset G^{(\varepsilon)}$, und wie in [2], p. 72, folgt aus dem Hauptsatz über die
gleichzeitige Fortsetzbarkeit, daß es zu jedem Punkt $x \in G - \overline{G^{(\tilde{\varepsilon})}}$ eine in G
holomorphe Funktion f gibt mit $|f(x)| > \sup|f(B)| \geqq \sup|f(N)|$, d. h. $\hat{N}_\mathfrak{F} \subset \overline{G^{(\tilde{\varepsilon})}}$,
also $\hat{N}_\mathfrak{F} \subset G^{(\varepsilon)}$. Weiter ergibt sich aus der Tatsache, daß G als Holomorphiegebiet nach K. OKA [21] holomorphkonvex ist, unmittelbar die Kompaktheit
von $\hat{N}_\mathfrak{F}$. Da nach dem Vorigen $\hat{N}_\mathfrak{F} = \hat{N}_\mathfrak{F} \cap G^{(\varepsilon)}$ ist, haben wir Satz 13 bewiesen.

Wir definieren nun:

Definition 18. *Es seien $\mathfrak{G} = (G, \Phi)$, $\breve{\mathfrak{G}} = (\breve{G}, \Phi)$ zwei unverzweigte (nicht
notwendig zusammenhängende) Riemannsche Gebiete über dem C^n. G sei Teil-
bereich von $\breve{G}$. Dann ist $\mathfrak{G}$ auf $\breve{\mathfrak{G}}$ euklidisch holomorph ausdehnbar, wenn es zu
allen kompakten Teilmengen $M \subset G$, $\breve{M} \subset \breve{G}$ und jedem $\varepsilon > 0$ eine Folge $G_0, \ldots, G_r$*

von Teilbereichen von $\breve{G}$ gibt, so daß folgendes gilt:

0) (G_ν, Φ) *ist ein Holomorphiegebiet,* $\nu = 0, \ldots, r$;

1) $M \subset G_0 \subset G$, $\breve{M} \subset G_r \subset \breve{G}$;

2) $M \subset G_\nu$, $G_\nu^{(\varepsilon)}(M) \subset G_{\nu-1}$, $\nu = 1, \ldots, r$.

Man kann die G_ν immer so wählen, daß für hinreichend kleines $\varepsilon > 0$ sogar gilt:

2*) $M \subset G_\nu^{(\varepsilon)}(M) \subset G_{\nu-1}$, $\nu = 1, \ldots, r$.

Um das zu zeigen, nehme man eine offene Teilmenge $B \Subset G$ und ein $\tilde{\varepsilon} > 0$, so daß $M \subset B^{(\tilde{\varepsilon})}$ ist. Dann existiert eine Folge G_ν, $\nu = 0, \ldots, r$, von Teilbereichen von $\breve{G}$ mit $\overline{B} \subset G_0 \subset G$, $\breve{M} \subset G_r \subset \breve{G}$, $\overline{B} \subset G_\nu$, $G_\nu^{(\varepsilon)}(\overline{B}) \subset G_{\nu-1}$ $(\nu = 1, \ldots, r)$ derart, daß auch 0) erfüllt ist. Diese G_ν haben offenbar die Eigenschaft 2*).

Es folgt unmittelbar:

Satz 14. *Es seien* $\mathfrak{G} = (G, \Phi)$, $\breve{\mathfrak{G}} = (\breve{G}, \Phi)$ *zwei (nicht notwendig zusammenhängende) Holomorphiegebiete über dem C^n. G sei offene Teilmenge von $\breve{G}$. Weiter sei $\mathfrak{G}$ auf $\breve{\mathfrak{G}}$ euklidisch holomorph ausdehnbar. Dann ist jede in G holomorphe Funktion gleichmäßig im Innern von G durch in $\breve{G}$ holomorphe Funktionen approximierbar.*

Beweis: Wir haben zu zeigen: Ist f eine in G holomorphe Funktion, so gibt es zu jeder reellen Zahl $\delta > 0$ und jeder kompakten Teilmenge $M \subset G$ eine in $\breve{G}$ holomorphe Funktion $\breve{f}$, so daß in ganz M $|f - \breve{f}| < \delta$ ist. — Nach K. OKA ist $\breve{G}$ holomorphkonvex; daher gibt es ein durch in $\breve{G}$ holomorphe Funktionen beschriebenes analytisches Polyeder $\mathfrak{P}$ mit $M \subset \mathfrak{P} \Subset \breve{G}$. Nun ist G auf $\breve{G}$ euklidisch holomorph ausdehnbar. Es gibt also eine Folge von Holomorphiegebieten G_ν, $G_\nu \subset \breve{G}$ $(\nu = 0, \ldots, r)$, so daß $M \subset G_0 \subset G$, $\overline{\mathfrak{P}} \subset G_r \subset \breve{G}$, $M \subset G_\nu^{(\varepsilon)}(M) \subset G_{\nu-1}$ $(\nu = 1, \ldots, r)$. Dabei ist $\varepsilon > 0$ eine reelle Zahl. Wir setzen nun $f_0 = f$ und wählen dann nacheinander für $\nu = 1, \ldots, r$ eine in G_ν holomorphe Funktion f_ν, die in M die Ungleichung $|f_\nu - f_{\nu-1}| < \dfrac{\delta}{r+1}$ erfüllt. Da $G_\nu^{(\varepsilon)}(M)$ in bezug auf G_ν konvex ist und wegen $M \subset G_\nu^{(\varepsilon)}(M) \subset G_{\nu-1}$ kann man nach dem Approximationssatz von OKA-WEIL [vgl. (4), Einleitung] zu $f_{\nu-1}$ immer eine solche Funktion f_ν finden. Weiter kann man nach dem bekannten Approximationssatz für analytische Polyeder die in G_r holomorphen Funktionen gleichmäßig im Innern von $\mathfrak{P}$ durch in $\breve{G}$ holomorphe Funktionen approximieren; es gibt also eine in $\breve{G}$ holomorphe Funktion $\breve{f}$, für die in M die Ungleichung $|\breve{f} - f_r| < \dfrac{\delta}{r+1}$ gilt.

Addiert man alle $r + 1$ Ungleichungen, so erhält man $|f - \breve{f}| < \delta$ in M, und das ist die Behauptung von Satz 14.

2. Es sei $\mathfrak{M}$ eine beliebige d-dimensionale komplexe Mannigfaltigkeit, ∇ eine beliebige (offene) Umgebung der Diagonalen $D = \{(x, x), x \in \mathfrak{M}\}$ von $\mathfrak{M} \times \mathfrak{M}$. Ist $G \subset \mathfrak{M}$ eine offene Teilmenge, so bezeichne G^∇ den offenen Kern der Menge $\{y \in G, U^\nabla(y) \subset G\}$, wobei $U^\nabla(y)$ die Menge aller Punkte $x \in \mathfrak{M}$ mit $(x, y) \in \nabla$ ist. Für jede Teilmenge $M \subset \mathfrak{M}$ sei $G^\nabla(M)$ die Vereinigung derjenigen zusammenhängenden Komponenten von G^∇, die wenigstens einen Punkt von M enthalten. — Wir nennen eine Menge $\Delta = \{\nabla_\iota, \iota \in I\}$, I eine Indexmenge, von offenen Umgebungen ∇_ι von D eine U-Basis von $\mathfrak{M}$, wenn für jede kompakte

Teilmenge $B \subset \mathfrak{M}$ das System $\{\nabla_i \cap \mathfrak{M} \times B\}$ in $\mathfrak{M} \times B$ eine Umgebungsbasis von $D \cap \mathfrak{M} \times B$ ist. — Man kann nun definieren:

Definition 19. *Es seien* $\mathfrak{M}, \tilde{\mathfrak{M}}$ *komplexe Mannigfaltigkeiten;* $\mathfrak{M}$ *sei offene Teilmenge von* $\tilde{\mathfrak{M}}$. *Dann ist* $\mathfrak{M}$ *holomorph auf* $\tilde{\mathfrak{M}}$ *ausdehnbar, wenn es zu allen kompakten Mengen* $M \subset \mathfrak{M}$, $\check{M} \subset \tilde{\mathfrak{M}}$ *eine U-Basis* $\varDelta$ *von* $\tilde{\mathfrak{M}}$ *und zu jeder Umgebung* $\nabla \in \varDelta$ *eine endliche Folge* $G_0, \ldots, G_r$ *von offenen Teilmengen von* $\tilde{\mathfrak{M}}$ *gibt, so daß folgendes gilt:*

0) G_ν *ist eine Steinsche Mannigfaltigkeit,* $\nu = 0, \ldots, r$;

1) $M \subset G_0 \subset \mathfrak{M}$, $\check{M} \subset G_r \subset \tilde{\mathfrak{M}}$;

2) $M \subset G_\nu$, $G_\nu^\nabla(M) \subset G_{\nu-1}$, $\nu = 1, \ldots, r$.

Falls $\tilde{\mathfrak{M}}$ eine Steinsche (oder auch nur holomorphkonvexe) Mannigfaltigkeit ist, auf die sich $\mathfrak{M}$ holomorph ausdehnen läßt, so kann man die Bedingungen 0), 1), 2) der vorstehenden Definition unabhängig von M und $\check{M}$ durch alle Elemente ∇ jeder beliebigen U-Basis $\varDelta$ erfüllen. Um das zu zeigen, wählen wir ein durch in $\tilde{\mathfrak{M}}$ holomorphe Funktionen definiertes analytisches Polyeder $\mathfrak{P}$ mit $M \cup \check{M} \subset \mathfrak{P} \Subset \tilde{\mathfrak{M}}$. Es existiert dann eine U-Basis $\tilde{\varDelta}$ derart, daß es zu jedem $\tilde{\nabla} \in \tilde{\varDelta}$ eine Folge offener Steinscher Teilmannigfaltigkeiten $\tilde{G}_0, \ldots, \tilde{G}_r$ von $\tilde{\mathfrak{M}}$ gibt mit $M \subset \tilde{G}_0 \subset \mathfrak{M}$, $\overset{\smallsmile}{P} \subset \tilde{G}_r \subset \tilde{\mathfrak{M}}$, $M \subset \tilde{G}_\nu$, $\tilde{G}_\nu^{\tilde{\nabla}}(M) \subset \tilde{G}_{\nu-1}$, $\nu = 1, \ldots, r$. Wird $\nabla \in \varDelta$ beliebig vorgegeben, so kann man, da $\tilde{\varDelta}$ eine U-Basis ist, $\tilde{\nabla}$ so wählen, daß $U^{\tilde{\nabla}}(x) \subset U^\nabla(x)$ für alle $x \in \mathfrak{P}$ gilt. Die Folge $G_\nu = \tilde{G}_\nu \cap \mathfrak{P}$, $\nu = 0, \ldots, r$, erfüllt dann die Bedingungen von Definition 19: 0) und 1) leuchten unmittelbar ein; 2) ergibt sich aus $G_\nu^\nabla(M) = (\tilde{G}_\nu \cap \mathfrak{P})^\nabla(M) \subset (\tilde{G}_\nu \cap \mathfrak{P})^{\tilde{\nabla}}(M) \subset \tilde{G}_\nu^{\tilde{\nabla}}(M) \cap \mathfrak{P}^{\tilde{\nabla}}(M) \subset \tilde{G}_{\nu-1} \cap \mathfrak{P} = G_{\nu-1}$.

Ist $\tilde{\mathfrak{M}}$ der Träger $\check{G}$ eines unverzweigten Riemannschen Gebietes $\tilde{\mathfrak{G}} = (\check{G}, \Phi)$ über dem C^n, so bezeichne ∇_ε, $\varepsilon > 0$, den offenen Kern der Menge $\{(x, y) \in \check{G} \times \check{G}; x \in \mathfrak{H}(y, \varepsilon),$ falls $\mathfrak{D}(y, \varepsilon)$ existiert, sonst beliebig$\}$. Offenbar ist $\varDelta = \{\nabla_\varepsilon, \varepsilon > 0\}$ eine U-Basis von $\check{G}$, und es gilt für jede offene, von $\check{G}$ verschiedene Teilmenge $H \subset \check{G} : H^{\nabla_\varepsilon} = H^{(\varepsilon)}$. Nun kann man, falls $\check{G}$ Holomorphiegebiet ist, in Definition 18 jedes G_ν von $\check{G}$ verschieden wählen, indem man es nötigenfalls durch ein geeignetes analytisches Polyeder ersetzt. Wir haben also insbesondere bewiesen:

Satz 15. *Es seien* $\mathfrak{G} = (G, \Phi)$, $\check{\mathfrak{G}} = (\check{G}, \Phi)$ *zwei unverzweigte Holomorphiegebiete über dem* C^n; G *sei offene Teilmenge von* $\check{G}$. *Dann ist* $\mathfrak{G}$ *genau dann euklidisch holomorph ausdehnbar auf* $\check{\mathfrak{G}}$, *wenn* G *holomorph auf* $\check{G}$ *ausdehnbar ist.*

In Verbindung mit Satz 14 folgt daraus:

Satz 16. *Es seien* $\mathfrak{G} = (G, \Phi)$, $\check{\mathfrak{G}} = (\check{G}, \Phi)$ *zwei unverzweigte Holomorphiegebiete über dem* C^n. G *sei offene Teilmenge von* $\check{G}$. *Läßt sich dann* G *holomorph auf* $\check{G}$ *ausdehnen, so sind alle in* G *holomorphen Funktionen gleichmäßig im Innern von* G *durch in* $\check{G}$ *holomorphe Funktionen approximierbar.*

Für beliebige Steinsche Mannigfaltigkeiten läßt sich ein entsprechender Satz nicht so leicht beweisen, da man dort im allgemeinen keine Metrik zur Verfügung hat, für die wie für die euklidische Metrik des C^n die Aussage von Satz 13 richtig ist. Im vierten Abschnitt dieses Paragraphen wird jedoch gezeigt, wie man auch in diesem allgemeinen Falle einen analogen Approximationssatz gewinnen kann.

3. Es seien wieder $\mathfrak{M}$, $\widetilde{\mathfrak{M}}$ komplexe Mannigfaltigkeiten, und $\mathfrak{M}$ sei ein Teilbereich von $\widetilde{\mathfrak{M}}$. Ferner bezeichne I das Einheitsintervall $\{t, 0 \leq t \leq 1\}$. Wir definieren:

Definition 20. *$\mathfrak{M}$ ist auf $\widetilde{\mathfrak{M}}$ halbstetig holomorph ausdehnbar, wenn es eine Schar $\mathfrak{M}_t$, $t \in I$, von Teilbereichen von $\widetilde{\mathfrak{M}}$ und eine dichte Menge $N \subset I$ gibt, so daß folgendes gilt:*

0) *$\mathfrak{M}_t$ ist eine Steinsche Mannigfaltigkeit für $t \in N$;*

1) *$\mathfrak{M}_0 = \mathfrak{M}, \; \bigcup\limits_{t<1} \mathfrak{M}_t = \widetilde{\mathfrak{M}}$;*

2) *$\mathfrak{M}_{t_1} \subset \mathfrak{M}_{t_2}$, wenn $t_1 < t_2$;*

3) *$\bigcup\limits_{0 \leq t < t_0} \mathfrak{M}_t$ ist Vereinigung von zusammenhängenden Komponenten von $\mathfrak{M}_{t_0}$, $0 < t_0 \leq 1$;*

4) *$\mathfrak{M}_{t_0}$ ist Vereinigung von zusammenhängenden Komponenten des offenen Kerns von $\bigcap\limits_{t_0 < t \leq 1} \mathfrak{M}_t$, $0 \leq t_0 < 1$.*

Wir zeigen:

Satz 17. *Ist $\mathfrak{M}$ auf $\widetilde{\mathfrak{M}}$ halbstetig holomorph ausdehnbar, so ist $\mathfrak{M}$ auf $\widetilde{\mathfrak{M}}$ auch holomorph ausdehnbar.*

Beweis: Ist B eine beliebige kompakte Teilmenge von $\widetilde{\mathfrak{M}}$ und $\widetilde{V}$ eine beliebige offene Umgebung von $D \cap \widetilde{\mathfrak{M}} \times B$ (D die Diagonale von $\widetilde{\mathfrak{M}} \times \widetilde{\mathfrak{M}}$), so setzen wir $V = \widetilde{V} \cup \widetilde{\mathfrak{M}} \times (\widetilde{\mathfrak{M}} - B)$. Die Menge $\varDelta$ aller dieser V bildet offenbar eine U-Basis von $\widetilde{\mathfrak{M}}$. Wir zeigen, daß $\varDelta$ die Bedingungen von Definition 19 erfüllt, womit unser Satz dann bewiesen ist. — Es sei $V \in \varDelta$ wie oben aus vorgegebenen B und $\widetilde{V}$ konstruiert. Für eine beliebige Teilmenge $\mathfrak{R}$ von $\widetilde{\mathfrak{M}}$ setzen wir $\mathfrak{R}^{(V)} = \{x \in \mathfrak{R}, \; U^V(x) \subset \mathfrak{R}\}$; es ist also $\overset{\bullet}{\mathfrak{R}}{}^{(V)} = \mathfrak{R}^V$. Ist $\mathfrak{R}$ eine echte Teilmenge von $\widetilde{\mathfrak{M}}$, so gilt offenbar $\mathfrak{R}^{(V)} \subset B$. Es sei $\mathfrak{M}_t$, $0 \leq t \leq 1$, eine halbstetige holomorphe Ausdehnung von $\mathfrak{M}$ auf $\widetilde{\mathfrak{M}}$; wir können ohne Einschränkung der Allgemeinheit voraussetzen, daß $\mathfrak{M}_t$ für $0 \leq t < 1$ echt in $\widetilde{\mathfrak{M}}$ enthalten ist. Es gilt deshalb stets $\mathfrak{M}_t^{(V)} \subset B$, $0 \leq t < 1$. Daher existiert zu jedem t_0, $0 \leq t_0 < 1$, ein t_0', $t_0 < t_0' \leq 1$, so daß die Bedingung $\overset{\bullet}{\mathfrak{M}}{}^{(V)} \subset \overset{\;\;\circ}{\bigcap\limits_{t > t_0}} \mathfrak{M}_t$ erfüllt ist. Andernfalls gäbe es eine monoton abnehmende Folge t_ν, $\nu = 1, 2, \ldots, t_0 < < t_\nu \leq 1$, mit $\lim t_\nu = t_0$ und zu jedem ν einen Punkt $x_\nu \in \mathfrak{M}_{t_\nu}^{(V)} \subset B$, der nicht in $\overset{\;\;\circ}{\bigcap\limits_{t > t_0}} \mathfrak{M}_t$ liegt. Die Folge x_ν hat in B einen Häufungspunkt x_0. Offenbar gilt $x_0 \in \bigcap \mathfrak{M}_{t_\nu}^{(V)}$, d. h. $U^V(x_0) \subset \mathfrak{M}_{t_\nu}$ für alle ν, also $x_0 \in \overset{\;\;\circ}{\bigcap\limits_{t > t_0}} \mathfrak{M}_{t_\nu} = \overset{\;\;\circ}{\bigcap\limits_{t > t_0}} \mathfrak{M}_t$. Da x_0 Häufungspunkt der x_ν ist, müßten somit unendlich viele x_ν in $\overset{\;\;\circ}{\bigcap\limits_{t > t_0}} \mathfrak{M}_t$ liegen, was der Wahl der x_ν widerspricht. — Da $\mathfrak{M}_t^{(V)}$ abgeschlossen und in der kompakten Menge B enthalten ist, gilt sogar $\mathfrak{M}_t^{(V)} \subset\subset \overset{\;\;\circ}{\bigcap\limits_{t > t_0}} \mathfrak{M}_t$. Hieraus folgt auf Grund von Forderung 4) aus Definition 20 für eine beliebige kompakte Teilmenge $M \subset \mathfrak{M}: \mathfrak{M}_{t_0'}^{\nu}(M) \Subset \mathfrak{M}_{t_0}$, und wegen 3) von Definition 20: $\mathfrak{M}_{t_0'}^{\nu}(M) \Subset \bigcup\limits_{t < t_0} \mathfrak{M}_t$. Es gibt also ein t_0'', $0 \leq t_0'' < t_0$, mit $\mathfrak{M}_{t_0'}^{\nu}(M) \subset \mathfrak{M}_{t_0''}$. Daraus entnimmt man unmittelbar die Existenz eines $\varepsilon > 0$ derart, daß für alle $t_1, t_2 \in I$ mit $0 < t_1 - t_2 < \varepsilon$ die Beziehung $\mathfrak{M}_{t_1}^{\nu}(M) \subset \mathfrak{M}_{t_2}$ gilt. Ist nun $\breve{M} \subset \breve{\mathfrak{M}}$ eine kompakte Teilmenge und t_ν, $0 \leq t_\nu \leq 1$, $\nu = 0, \ldots, r$, eine Folge monoton wachsender Zahlen, so daß $\mathfrak{M}_{t_0} = \mathfrak{M}$, $\mathfrak{M}_{t_r} \supset \breve{M}$, $t_\nu \in N$ und $t_\nu - t_{\nu-1} < \varepsilon$, $\nu = 1, \ldots, r$, gilt, so hat offenbar die Kette $G_\nu = \mathfrak{M}_{t_\nu}$, $\nu = 0, \ldots, r$, die in Definition 19 geforderten Eigenschaften[13]), und Satz 17 ist bewiesen.

Ein Beispiel für eine halbstetige holomorphe Ausdehnung liefert der folgende

Satz 18. *Es sei $\mathfrak{M}$ eine komplexe Mannigfaltigkeit, $\varphi(x)$ eine in $\mathfrak{M}$ definierte reellwertige, nach oben halbstetige Funktion mit $\varphi(x) < 1$ derart, daß in jeder Umgebung jedes beliebigen Punktes $x_0 \in \mathfrak{M}$ Punkte x mit $\varphi(x) < \varphi(x_0)$ liegen. Ferner sei $N \subset I$ eine dichte Teilmenge und $\mathfrak{M}_t = \{x \in \mathfrak{M}, \varphi(x) < t\}$, $0 \leq t \leq 1$, für $t \in N$ eine Steinsche Mannigfaltigkeit. Dann ist $\{\mathfrak{M}_t\}$, $0 \leq t \leq 1$, eine halbstetige holomorphe Ausdehnung von $\mathfrak{M}_0$ auf $\mathfrak{M}$.*

Beweis: Offenbar gilt $\bigcup\limits_{t < 1} \mathfrak{M}_t = \mathfrak{M}$ und $\mathfrak{M}_{t_1} \subset \mathfrak{M}_{t_2}$, wenn $t_1 < t_2$, und auf Grund der an die Funktion $\varphi(x)$ gestellten Forderungen ist stets

$$\bigcup\limits_{0 \leq t < t_0} \mathfrak{M}_t = \overset{\circ}{\bigcap\limits_{t_0 < t \leq 1}} \mathfrak{M}_t = \mathfrak{M}_{t_0}.$$

Wird vorausgesetzt, daß $\mathfrak{M}$ eine Steinsche Mannigfaltigkeit und $\varphi(x)$ eine plurisubharmonische Funktion ist, so sind alle Bereiche $\mathfrak{M}_t$ pseudokonvex[14]) und nach Satz 10 Steinsche Mannigfaltigkeiten. $\{\mathfrak{M}_t\}$ ist dann eine halbstetige holomorphe Ausdehnung, ohne daß wir die Existenz einer Menge N zu fordern brauchen.

4. Es sei $\breve{\mathfrak{M}}$ eine d-dimensionale Steinsche Mannigfaltigkeit. Nach dem Einbettungssatz von Remmert gibt es dann eine holomorphe Abbildung $\mu: \breve{\mathfrak{M}} \to C^n$, so daß $(\breve{\mathfrak{M}}, \mu)$ eine singularitätenfreie komplexe Mannigfaltigkeit über dem C^n ist. Wir wählen zu $(\breve{\mathfrak{M}}, \mu)$ im Sinne von Satz 3 ein Riemannsches Gebiet $\breve{\mathfrak{G}} = (\breve{G}, \Phi)$, dessen Träger $\breve{G}$ eine Steinsche Mannigfaltigkeit ist. λ sei die biholomorphe Abbildung von $\breve{\mathfrak{M}}$ auf die singularitätenfreie analytische Menge $\breve{H} \subset \breve{G}$ (mit $\mu = \Phi \circ \lambda$), ϱ die holomorphe Abbildung $\breve{G} \to \breve{H}$, die $\breve{H}$ identisch auf sich abbildet.

Es sei nun $\mathfrak{M}$ eine Steinsche Mannigfaltigkeit, die ein Teilbereich von $\breve{\mathfrak{M}}$ ist und sich holomorph auf $\breve{\mathfrak{M}}$ ausdehnen läßt. Wir setzen $H = \lambda(\mathfrak{M})$, $G = \varrho^{-1}(H)$. $M^* \subset G$, $\breve{M}^* \subset \breve{G}$ seien beliebige kompakte Teilmengen. Dann sind auch $M = \varrho(M^*) \subset H$, $\breve{M} = \varrho(\breve{M}^*) \subset \breve{H}$ kompakte Teilmengen, und da $\mathfrak{M}$ auf $\breve{\mathfrak{M}}$, also auch H auf $\breve{H}$ holomorph ausdehnbar ist, gibt es eine U-Basis $\varDelta$ von offenen Umgebungen der Diagonalen von $\breve{H} \times \breve{H}$, so daß zu jedem $\nabla \in \varDelta$ eine

---

[13]) Man beachte, daß sich $\overset{\circ}{\bigcap\limits_{t > t_0}} \mathfrak{M}_t$ in natürlicher Weise im Sinne von Definition 17 als Durchschnitt der Steinschen Mannigfaltigkeiten $\mathfrak{M}_t$, $t \in N$, mit $t > t_0$ auffassen läßt und daher auch $\mathfrak{M}_{t_0} = \mathfrak{M}$ nach Satz 12 eine Steinsche Mannigfaltigkeit ist.

[14]) Das heißt, p_ν-konvex, $\nu = 1, \ldots, 7$, im Sinne von § 3.

Kette H_ν, $\nu = 1, \ldots, r$, von Teilbereichen von $\breve{H}$ existiert mit folgenden Eigenschaften: 0) H_ν ist eine Steinsche Mannigfaltigkeit für $\nu = 0, \ldots, r$; 1) $M \subset H_0 \subset H$, $\breve{M} \subset H_r \subset \breve{H}$; 2) $M \subset H_\nu$, $H_\nu^\nabla(M) \subset H_{\nu-1}$, $\nu = 1, \ldots, r$. Wie man leicht sieht, gibt es eine U-Basis $\varDelta^*$ von offenen Umgebungen der Diagonalen von $\breve{G} \times \breve{G}$, so daß zu jedem $\nabla^* \in \varDelta^*$ ein $\nabla \in \varDelta$ existiert mit $U^\nabla(\varrho(y)) = \varrho(U^{\nabla^*}(y))$ für alle $y \in \breve{G}$.

Zu beliebig vorgegebenem $\nabla^* \in \varDelta^*$ werde nun $\nabla \in \varDelta$ in dieser Weise gewählt, und die Teilbereiche $H_\nu \subset \breve{H}$, $\nu = 0, \ldots, r$, mögen die obigen Bedingungen 0), 1), 2) erfüllen. Wir setzen $G_\nu = \varrho^{-1}(H_\nu)$, $\nu = 0, \ldots, r$. Mit H_ν und $\breve{G}$ ist auch G_ν holomorphkonvex und daher eine Steinsche Mannigfaltigkeit. Offenbar gilt $M^* \subset G_0 \subset G$, $\breve{M}^* \subset G_r \subset \breve{G}$, $M^* \subset G_\nu$, $\nu = 1, \ldots, r$, und wegen $H_\nu^\nabla(M) \subset H_{\nu-1}$ und $U^\nabla(\varrho(y)) = \varrho(U^{\nabla^*}(y))$ für alle $y \in \breve{G}$ ist auch $G_\nu^{\nabla^*}(M^*) \subset G_{\nu-1}$. Die Kette $\{G_\nu\}$ hat also die in Definition 19 geforderten Eigenschaften. Wir haben gezeigt:

(*) G ist auf $\breve{G}$ holomorph ausdehnbar.

Ist f eine in $\mathfrak{M}$ holomorphe Funktion, so ist $^*f = f \circ \lambda^{-1} \circ \varrho$ in G holomorph. Nach Satz 16 gibt es eine Folge in $\breve{G}$ holomorpher Funktionen $^*\breve{f}_\nu$, die im Innern von G gleichmäßig gegen $^*f$ konvergiert. Wir setzen $\breve{f}_\nu = {}^*\breve{f}_\nu \circ \lambda$ und erhalten eine Folge in $\breve{\mathfrak{M}}$ holomorpher Funktionen, die im Innern von $\mathfrak{M}$ gleichmäßig gegen f konvergiert. Es gilt also der folgende

Satz 19. *Es seien $\mathfrak{M}$, $\breve{\mathfrak{M}}$ Steinsche Mannigfaltigkeiten. $\mathfrak{M}$ sei Teilbereich von $\breve{\mathfrak{M}}$ und auf $\breve{\mathfrak{M}}$ holomorph ausdehnbar. Dann läßt sich jede in $\mathfrak{M}$ holomorphe Funktion gleichmäßig im Innern von $\mathfrak{M}$ durch in $\breve{\mathfrak{M}}$ holomorphe Funktionen approximieren.*

5. K. STEIN [28] versteht unter einem *Rungeschen Paar* ein Paar komplexer Mannigfaltigkeiten $(\mathfrak{M}, \breve{\mathfrak{M}})$, bei dem $\mathfrak{M}$ offene Teilmenge von $\breve{\mathfrak{M}}$ ist und die Aussage des eben bewiesenen Approximationssatzes gilt. Satz 19 sagt also aus, daß $(\mathfrak{M}, \breve{\mathfrak{M}})$ ein Rungesches Paar ist, wenn $\mathfrak{M}$, $\breve{\mathfrak{M}}$ Steinsche Mannigfaltigkeiten sind und $\mathfrak{M}$ auf $\breve{\mathfrak{M}}$ holomorph ausdehnbar ist. Umgekehrt läßt sich zeigen:

Satz 20. *Es seien $\mathfrak{M}$, $\breve{\mathfrak{M}}$ Steinsche Mannigfaltigkeiten, $(\mathfrak{M}, \breve{\mathfrak{M}})$ sei ein Rungesches Paar. Dann ist $\mathfrak{M}$ auf $\breve{\mathfrak{M}}$ holomorph ausdehnbar.*

Dieser Satz ergibt sich unmittelbar aus dem folgenden

Satz 21. *Es seien $\mathfrak{M}$, $\breve{\mathfrak{M}}$ Steinsche Mannigfaltigkeiten, $(\mathfrak{M}, \breve{\mathfrak{M}})$ sei ein Rungesches Paar. Dann ist jedes analytische Polyeder $\mathfrak{P} \subset \mathfrak{M}$ halbstetig holomorph auf $\breve{\mathfrak{M}}$ ausdehnbar.*

Beweis von Satz 21: Nach Satz e ist $\mathfrak{M}$ in bezug auf $\breve{\mathfrak{M}}$ konvex. Es gibt daher ein analytisches Polyeder $\breve{\mathfrak{P}}$, $\mathfrak{P} \subset \breve{\mathfrak{P}} \subset \mathfrak{M}$, das aus zusammenhängenden Komponenten einer Menge $\{x \in \breve{\mathfrak{M}}; |\breve{f}_\nu(x)| < 1, \nu = 1, \ldots, \breve{k}\}$ besteht; die $\breve{f}_\nu(x)$ sind in $\breve{\mathfrak{M}}$ holomorphe Funktionen. Wir setzen $\breve{\mathfrak{M}}_0 = \breve{\mathfrak{P}}$, $\mathfrak{M}_t = \{x \in \breve{\mathfrak{M}}, |\breve{f}_\nu(x)| < 1 + t\}$, $0 < t$, und erhalten eine halbstetige holomorphe Ausdehnung von $\breve{\mathfrak{P}}$ auf $\breve{\mathfrak{M}}$. $\mathfrak{P}$ besteht aus zusammenhängenden Komponenten einer Menge $\{x \in \mathfrak{M}, |f_\nu(x)| < 1, \nu = 1, \ldots, k\}$, wobei die $f_\nu(x)$ in $\mathfrak{M}$ holomorphe Funktionen sind. $\mathfrak{P}$ kann auf $\breve{\mathfrak{P}}$ halbstetig holomorph ausgedehnt werden, indem man $\mathfrak{M}_0 = \mathfrak{P}$ und $\mathfrak{M}_t = \{x \in \mathfrak{M}, |f_\nu(x)| < 1 + t, \nu = 1, \ldots, k\} \cap \mathfrak{P}, t > 0$, setzt. Beide Ausdehnungen hintereinander ausgeführt ergeben eine halbstetige holomorphe Ausdehnung von $\mathfrak{P}$ auf $\mathfrak{M}$.

Satz 20 erhält man hieraus, wenn man beachtet, daß $\mathfrak{P}$ nach Satz 17 holomorph auf $\mathfrak{M}$ ausdehnbar ist und jede kompakte Menge $M \subset \mathfrak{M}$ in einem analytischen Polyeder $\mathfrak{P} \Subset \mathfrak{M}$ enthalten ist.

Wir zeigen noch als Anwendung:

Satz 22. *Es sei $\mathfrak{M}$ eine komplexe Mannigfaltigkeit und $\mathfrak{M}_t$, $0 \leq t \leq 1$, eine halbstetige holomorphe Ausdehnung von $\mathfrak{M}_0$ auf $\mathfrak{M}$. Dann ist $\mathfrak{M}$ eine Steinsche Mannigfaltigkeit.*

Beweis: Es sei $N \subset I$ eine dichte Menge, so daß $\mathfrak{M}_t$ für $t \in N$ eine Steinsche Mannigfaltigkeit ist. Nach Satz 17 und Satz 19 ist $(\mathfrak{M}_{t_1}, \mathfrak{M}_{t_2})$, $t_1 < t_2$, ein Rungesches Paar, wenn $t_1, t_2 \in N$ gilt. Daher gibt es eine Folge von Steinschen Mannigfaltigkeiten $\mathfrak{M}_\nu$, $\nu = 1, 2, \ldots$, die $\mathfrak{M}$ ausschöpft, derart, daß $(\mathfrak{M}_\nu, \mathfrak{M}_{\nu+1})$ stets ein Rungesches Paar ist. Nach K. Stein [28] ist dann $\mathfrak{M}$ eine Steinsche Mannigfaltigkeit, q. e. d.

Literatur

[1] Behnke, H.: Über analytische Funktionen mehrerer Veränderlicher. II: Natürliche Grenzen. Abh. math. Sem. Hamburg 5, 290—312 (1927). — [2] Behnke, H., u. P. Thullen: Theorie der Funktionen mehrerer komplexer Veränderlicher. Erg. Math. 3 (1934). — [3] Bremermann, H. J.: Die Charakterisierung von Regularitätsgebieten durch pseudokonvexe Funktionen. Schriftenreihe Math. Inst. Univ. Münster 5 (1951). — [4] Bremermann, H. J.: Über die Äquivalenz der pseudokonvexen Gebiete und der Holomorphiegebiete im Raum von n komplexen Veränderlichen. Math. Ann. 128, 63—81 (1954). — [5] Cartan, H.: Sur les domaines d'existence des fonctions de plusieurs variables complexes. Bull. Soc. Math. France 59, 46—69 (1931). — [6] Cartan, H.: Variétés analytiques complexes et cohomologie. Coll. sur les fonct. des plus. var., 41—55, Brüssel (1953).— [7] Cartan, H., u. S. Eilenberg: Homological Algebra. Princeton, N. J. (1956). — [8] Cartan, H., u. P. Thullen: Regularitäts- und Konvergenzbereiche. Math. Ann. 106, 617—647 (1932). — [9] Docquier, F.: Holomorphe Ausdehnung komplexer Mannigfaltigkeiten und Approximation holomorpher Funktionen. Schriftenreihe Math. Inst. Univ. Münster 13 (1958). — [10] Grauert, H.: Charakterisierung der holomorph-vollständigen komplexen Räume. Math. Ann. 129, 233—259 (1955). — [11] Grauert, H.: Charakterisierung der Holomorphiegebiete durch die vollständige Kählersche Metrik. Math. Ann. 131, 38—75 (1956). — [12] Grauert, H., u. R. Remmert: Plurisubharmonische Funktionen in komplexen Räumen. Math. Z. 65, 175—194 (1956). — [13] Grauert, H., u. R. Remmert: Singularitäten komplexer Mannigfaltigkeiten und Riemannsche Gebiete. Math. Z. 67, 103—128 (1957). — [14] Hirzebruch, F.: Neue topologische Methoden in der algebraischen Geometrie. Erg. Math. 9 (1956). — [15] Hitotumatu, S.: On some conjectures concerning pseudo-convex domains. J. Math. Soc. Japan 6, 177—195 (1954). — [16] Lelong, P.: Fonctions plurisousharmoniques; mesures de Radon associées. Applications aux fonctions analytiques. Coll sur les fonct. des plus. var., 21—40, Brüssel (1953).— [17] Levi, E. E.: Studii sui puncti singolari essenziale delle funzioni anal. di dùe o più var. compl. Ann. Mat. pura et app. 3, 17 (1910). — [18] Morse, A. P.: The behavior of a function on its critical set. Ann. Math. 40, 62—70 (1939). — [19] Norguet, F.: Sur les domaines d'holomorphie des functions uniformes des plusieurs variables complexes. Bull. Soc. Math. France 82, 137—159 (1954). — [20] Oka, K.: Sur les fonctions de plusieurs variables. VI. Domaines pseudoconvexes. Tôhoku Math. J. 49, 19—52 (1942). — [21] Oka, K.: Sur la théorie de fonctions des plusieurs variables. IX. Domaines finis sans point critique intérieur.

Jap. J. Math. **23**, 87—155 (1953). — [22] Osgood, W. F.: Lehrbuch der Funktionentheorie II, 1. Leipzig (1929). — [23] Remmert, R.: Sur les espaces analytiques holomorphiquement séparables et holomorphiquement convexes. C. R. Acad. Sci. (Paris) **243**, 118—121 (1956). — [24] Remmert, R., u. K. Stein: Über die wesentlichen Singularitäten analytischer Mengen. Math. Ann. **126**, 263—306 (1953). — [25] Serre, J. P.: Quelques problèmes globaux relatifs aux variétés de Stein. Coll. sur les fonct. des plus. var., 57—68, Brüssel (1953). — [26] Stein, K.: Zur Theorie der Funktionen mehrerer komplexer Veränderlichen. Die Regularitätshüllen niederdimensionaler Mannigfaltigkeiten. Math. Ann. **114**, 543—569 (1937). — [27] Stein, K.: Analytische Funktionen mehrerer komplexer Veränderlichen zu vorgegebenen Periodizitätsmoduln und das zweite Cousinsche Problem. Math. Ann. **123**, 201—222 (1951). — [28] Stein, K.: Überlagerungen holomorph-vollständiger komplexer Räume. Archiv Math. **7**, 354—361 (1956).

(Eingegangen am 12. Oktober 1959)

9.

(mit R. Remmert)

Konvexität in der komplexen Analysis

Nicht-holomorph-konvexe Holomorphgebiete und Anwendungen
auf die Abbildungstheorie*

Comment. Math. Helvetici **31**, 152–183 (1956)

Einleitung

1. Die Charakterisierung der Existenzgebiete holomorpher Funktionen über dem Raum C^n von n komplexen Veränderlichen durch Eigenschaften lokaler Natur ist während der letzten Jahre eines der Hauptanliegen in der Funktionentheorie mehrerer Veränderlichen gewesen. Man verdankt vor allem K. OKA die Lösung des bekannten LEVIschen Problems.[1]) K. OKA zeigte 1942 (vgl. [24]), daß ein Gebiet G im zweidimensionalen Zahlenraum C^2 genau dann ein Holomorphiegebiet ist, wenn G in jedem seiner Randpunkte pseudokonvex[2]) (im Sinne von H. CARTAN [7]) ist, das heißt, wenn es zu jedem Randpunkt $\mathfrak{z}$ von G eine Umgebung $U(\mathfrak{z}) \subset C^n$ gibt, so daß jede zusammenhängende Komponente von $G \cap U(\mathfrak{z})$ ein Holomorphiegebiet ist. Im Jahre 1953 hat K. OKA (vgl. [25]) die Gültigkeit dieses fundamentalen Satzes für beliebige unverzweigte RIEMANNsche Gebiete über einem Zahlenraum C^n beliebiger endlicher Dimension bewiesen und überdies eine weitere Verallgemeinerung für verzweigte RIEMANNsche Gebiete über dem C^n angekündigt; für Gebiete im Zahlenraum haben 1954 H. BREMERMANN [6] und F. NORGUET [22] ebenfalls Beweise für den OKAschen Satz angegeben.

Die grundlegende Bedeutung des Satzes von OKA für die komplexe Analysis läßt die Frage berechtigt erscheinen, ob es bei der LEVI-OKAschen Charakterisierung der Holomorphiegebiete des C^n notwendig ist, die Pseudokonvexität des Gebietes G in *jedem* seiner Randpunkte zu fordern, oder ob es vielleicht genügt, die Pseudokonvexität von G nur in einer „genügend dicht liegenden Randpunktmenge von G" vorauszusetzen. In der vorliegenden Arbeit wird ge-

---

*) Die Resultate der vorliegenden Arbeit wurden zum Teil in einer Comptes Rendus-Note der Verfasser angekündigt; vgl. [12].

[1]) Bereits 1910 hat E. E. LEVI notwendige Bedingungen für Holomorphiegebiete im C^2 mit glattem Rand in Form von Differentialungleichungen angegeben; vgl. [20] sowie auch [5]. Die Frage, ob diese Bedingungen hinreichend sind, bildet den Inhalt des sogenannten LEVIschen Problems.

[2]) Es ist eine bekannte Tatsache in der Funktionentheorie mehrerer Veränderlichen, daß sich Holomorphiegebiete durch Eigenschaften charakterisieren lassen, die in einer gewissen Analogie zu der Elementarkonvexität stehen. Vgl. hierzu etwa die ausführliche Darstellung in [4].

235

zeigt, daß in der Tat Aussagen in dieser Richtung gemacht werden können. *So ist zum Beispiel ein Gebiet G im C^n bereits dann ein Holomorphiegebiet, wenn der Rand von G bis auf eine diskrete Menge nicht isoliert liegender Randpunkte pseudokonvex ist* (vgl. Satz 6).

Um eine möglichst weitgehende Aussage formulieren zu können, führen wir den Begriff der dünnen sowie hebbaren Randpunktmenge ein. Wir nennen in Verallgemeinerung des Begriffes der dünnen Menge (vgl. [14]) eine Randpunktmenge A eines Gebietes G des C^n dünn, wenn es zu jedem Punkt $\mathfrak{z}^* \epsilon A$ eine Umgebung $U \subset C^n$ und eine in $U \cap G$ holomorphe, nirgends identisch verschwindende Funktion f gibt, so daß zu jedem Punkt $\mathfrak{z} \epsilon A \cap U$ eine gegen $\mathfrak{z}$ konvergierende Punktfolge $\mathfrak{z}_\nu \epsilon U \cap G$ existiert, für die gilt: $\lim_{\nu \to \infty} f(\mathfrak{z}_\nu) = 0$.

Weiter heißt ein Punkt $\mathfrak{z}$ des Randes von G ein hebbarer Randpunkt, wenn es eine zusammenhängende Umgebung U von $\mathfrak{z}$ und eine in U analytische Menge $M \neq U$ gibt, so daß jeder Randpunkt von G, der in U liegt, zu M gehört.

Als wichtiges Resultat ergibt sich nun:

I. *Ein Gebiet G im C^n, welches außerhalb einer dünnen, nicht hebbaren Randpunktmenge überall pseudokonvex ist, ist ein Holomorphiegebiet.*

Der Beweis dieses Satzes stützt sich einerseits wesentlich auf den Okaschen Hauptsatz; andererseits auf einen von den Verfassern früher bewiesenen Satz über hebbare Singularitäten plurisubharmonischer Funktionen [14].

2. Für die Untersuchung der nichtschlichten Riemannschen Gebiete über dem C^n hat sich der Pseudokonvexitätsbegriff in der oben angegebenen Form als nicht zweckmäßig erwiesen. Oka legt seinen Untersuchungen daher einen anderen Pseudokonvexitätsbegriff zugrunde; derselbe wird durch die Kontinuitätssätze motiviert (vgl. auch [3]). Bekanntlich ist eine holomorphe Funktion gewiß dann nicht singulär in einem Punkte $\mathfrak{z} \epsilon C^n$, wenn es ein eindimensionales analytisches Flächenstück F durch $\mathfrak{z}$ und eine gegen F konvergierende Schar F_ν von ebensolchen Flächenstücken gibt, derart, daß f auf allen F_ν und auf dem Rande von F holomorph ist (vgl. etwa [3]). In einem schlichten Holomorphiegebiet G kann es daher keine Folge F_ν von eindimensionalen analytischen Flächenstücken geben, die gegen ein analytisches Flächenstück F konvergiert, welches durch einen Randpunkt von G läuft und dessen Rand aus inneren Punkten von G besteht. Diese Eigenschaft eines schlichten Holomorphiegebietes G wird die Pseudokonvexität von G genannt; allgemein nennt man ein Gebiet im C^n pseudokonvex genau dann, wenn es sich gegenüber Scharen von eindimensionalen analytischen Flächenstücken in derselben Weise verhält wie die Holomorphiegebiete. Die Resultate von Oka lehren, daß für

Gebiete im C^n dieser Pseudokonvexitätsbegriff mit dem von CARTAN angegebenen übereinstimmt.

Der Begriff des pseudokonvexen Gebietes läßt sich auf beliebige nichtschlichte RIEMANNsche Gebiete übertragen (vgl. Definition 8), da man auch hier den Begriff des Randpunktes einführen kann. Ebenfalls kann man für beliebige Gebiete über dem C^n den Begriff der dünnen sowie hebbaren Randpunktmenge erklären. Satz I behält dann auch für nichtschlichte unverzweigte RIEMANNsche Gebiete über dem C^n seine Gültigkeit (Satz 4). Der Versuch einer weiteren Ausdehnung dieses Satzes auf beliebige RIEMANNsche Gebiete mit Verzweigungspunkten im Innern scheitert aber. Vielmehr zeigt sich :

Es gibt über dem C^n, $n \geqslant 3$, verzweigte, nicht-pseudokonvexe RIEMANNsche Gebiete, deren Rand bis auf einen nicht-hebbaren Randpunkt überall pseudokonvex ist.

Das zu diesem Zwecke konstruierte Beispiel lehrt darüber hinaus :

II. *Es gibt über dem C^n, $n \geqslant 3$, verzweigte (sogar zweiblättrige) Holomorphiegebiete mit lauter uniformisierbaren Punkten, die weder holomorphkonvex noch pseudokonvex sind.*

Man kann im Anschluß an dieses Beispiel weiter zeigen, daß in verzweigten Holomorphiegebieten nicht mehr alle Aussagen gelten, die von der Funktionentheorie in schlichten Gebieten her bekannt sind (vgl. auch [16]).

3. Man kann Satz I benutzen, um Aussagen über das Entartungsverhalten holomorpher Abbildungen von komplexen Räumen zu gewinnen. So ergibt sich, wenn man überdies noch einen weiteren Satz über hebbare Singularitäten plurisubharmonischer Funktionen heranzieht :

III. *Eine holomorphe Abbildung eines n-dimensionalen komplexen Raumes X in eine n-dimensionale komplexe Mannigfaltigkeit Y, deren Funktionaldeterminante außerhalb der nichtuniformisierbaren Punkte K von X nirgends verschwindet, besitzt keine Entartungsstellen. Ist die Abbildung außerhalb K eineindeutig, so ist sie in ganz X eineindeutig.*

Für die Gültigkeit dieses Satzes ist wesentlich, daß Y nur aus uniformisierbaren Punkten besteht (vgl. hierzu etwa das in [13], pp. 292–294 angegebene Beispiel einer eigentlichen wesentlichen Modifikation). Man kann alle holomorphen Abbildungen von n-dimensionalen komplexen Räumen ineinander, die in höchstens $(n - 2)$-dimensionalen analytischen Mengen entartet sind, zur Konstruktion nicht-holomorph-konvexer Holomorphiegebiete benutzen.

Der Beweis von Satz III ist so angelegt, daß man überdies ein Kriterium für die Existenz nicht-uniformisierbarer Punkte in komplexen Räumen gewinnt :

IV. *Ein n-dimensionaler komplexer Raum X ist im Punkte $x \in X$ genau dann* *nicht-uniformisierbar, wenn es in keiner Umgebung $U(x)$ n holomorphe Funktionen gibt, deren Funktionalmatrix außerhalb einer in $U(x)$ analytischen, höchstens $(n-2)$-dimensionalen Menge vom Maximalrang ist.*

Anwendungen dieses Kriteriums zum Nachweis, daß $x \epsilon X$ ein nicht-uniformisierbarer bzw. uniformisierbarer Punkt ist, sind möglich.

§ 1. Plurisubharmonische Funktionen in komplexen Räumen

1. Wir werden in dieser Arbeit einige Resultate aus der Theorie der plurisubharmonischen Funktionen in komplexen Räumen benutzen. Es sei zunächst an den Begriff des komplexen Raumes erinnert. Zur genauen Definition vgl. [16]: *Unter einem komplexen Raum X wird ein* HAUSDORFF*scher Raum verstanden, der mit einer komplex-analytischen Struktur versehen ist. Eine komplex-analytische Struktur ist ein maximales System von komplexen Karten (U, ψ) in X, die untereinander holomorph verträglich sind.* Komplexe Räume haben also folgende charakteristische Eigenschaft: Zu jedem Punkt $x \epsilon X$ gibt es eine Umgebung U, die sich umkehrbar holomorph auf eine endlich-blättrige analytisch-verzweigte Überlagerung [3]) $\Re = (R, \Phi, G)$ eines Gebietes G des C^n abbilden läßt.

Man kennt in der Theorie der komplexen Räume die Begriffe: holomorphe Funktion, holomorphe Abbildung von komplexen Räumen ineinander, analytische Menge usw. Der Begriff der plurisubharmonischen Funktion in einem komplexen Raum ist von den Verfassern in einer früheren Arbeit eingeführt worden [14]. Es wurde definiert:

Definition 1. *Eine Funktion $p(x)$ in einem komplexen Raum X heißt plurisubharmonisch in X, wenn folgendes gilt:*

α) *Die Werte von $p(x)$ sind reelle Zahlen oder $-\infty$,*

β) *$p(x)$ ist in X halbstetig nach oben:* $\overline{\lim_{x \to x_0}} p(x) \leqslant p(x_0)$,

γ) *Ist τ eine holomorphe Abbildung eines Gebietes W der komplexen Zahlenebene in X, so ist $p \circ \tau$ eine subharmonische Funktion in W* [4]).

2. Es sei $P = \{p_\iota(x), \iota \epsilon J\}$ eine Familie von in einem komplexen Raum X reellwertigen, nach oben halbstetigen Funktionen ($-\infty$ sei als Wert zugelassen),

---

[3]) Zum Begriff der analytisch-verzweigten Überlagerung vgl. auch [13], [15], [16].

[4]) Im komplexen Zahlenraum wurde der Begriff der plurisubharmonischen Funktion von P. LELONG und K. OKA eingeführt. Grundlegende Sätze sowie weitere Literaturhinweise finden sich in [19]. Zur subharmonischen Funktion vgl. [5].

die auf jeder kompakten Teilmenge von X gleichmäßig nach oben beschränkt sind. Unter der oberen Einhüllenden $\hat{P}(x)$ der Menge P versteht man die kleinste, nach oben halbstetige Funktion, für die gilt: $\hat{P}(x) \geqslant p_\iota(x)$ für $x \epsilon X, \iota \epsilon J$. – Plurisubharmonische Funktionen haben folgende Eigenschaft:

a) *Ist* $P = \{p_\iota(x), \iota \epsilon J\}$ *eine Familie von in einem komplexen Raum X plurisubharmonischen Funktionen, die auf jeder kompakten Teilmenge von X gleichmäßig nach oben beschränkt sind, so ist die obere Einhüllende $\hat{P}(x)$ eine in X plurisubharmonische Funktion.* [4a])

Offenbar ist die Grenzfunktion einer absteigenden Folge nach oben halbstetiger Funktionen wieder nach oben halbstetig. Für plurisubharmonische Funktionen gilt sogar:

b) *Die Grenzfunktion einer absteigenden Folge von plurisubharmonischen Funktionen ist eine plurisubharmonische Funktion.*

Wie die subharmonischen Funktionen genügen auch die plurisubharmonischen Funktionen dem Maximumprinzip:

c) *Jede plurisubharmonische Funktion, die im zusammenhängenden komplexen Raum X ihr Maximum annimmt, ist konstant.*

Wir werden weiter den folgenden, wohl zuerst von Oka (vgl. [23], p. 123) bewiesenen Satz über subharmonische Funktionen benutzen:

d) *Ist $s(z)$ eine subharmonische Funktion in einem Gebiet W der Zahlenebene und* $\{z(t), 0 \leqslant t \leqslant 1\}$ *ein Weg in W, so gilt:* $\overline{\lim_{t \to 1}} s(z(t)) = s(z(1))$.

3. Für plurisubharmonische Funktionen gelten zwei Fortsetzungssätze, deren Analoga für holomorphe Funktionen hinreichend bekannt sind. Um diese Sätze im Allgemeinfall formulieren zu können, führen wir den Begriff der dünnen Menge ein (vgl. auch [14]):

Definition 2. *Eine abgeschlossene Teilmenge D eines n-dimensionalen komplexen Raumes X heißt dünn von der Ordnung k, wenn es zu jedem Punkt $x \epsilon X$ eine Umgebung $U(x)$ und eine in $U(x)$ analytische, höchstens $(n - k)$-dimensionale Menge M gibt, so daß gilt:* $U \cap D \subset M$.

In [14] wurde bewiesen:

Satz 1. *Ist D eine dünne Menge der Ordnung 1 in einem komplexen Raum X und ist $p(x)$ eine in $X - D$ plurisubharmonische Funktion, die in einer Umgebung eines jeden Punktes $x \epsilon D$ nach oben beschränkt ist, so existiert genau eine*

[4a]) Der Beweis ergibt sich aus [19] und [14], Satz 3. Die Aussage ist nicht, wie in [14] angenommen, trivial!

plurisubharmonische Fortsetzung $\breve{p}(x)$ von $p(x)$ in ganz X. Die Funktion $\breve{p}(x)$ ist in den Punkten $x' \epsilon D$ wie folgt definiert: $\breve{p}(x') = \overline{\lim_{x \to x', x \epsilon X - D}} p(x)$.

Satz 2. *Ist D eine dünne Menge der Ordnung 2 in einem komplexen Raum X, so ist jede in $X - D$ plurisubharmonische Funktion eindeutig zu einer in ganz X plurisubharmonischen Funktion fortsetzbar.*

§2. Pseudokonvexe RIEMANNsche Gebiete und plurisubharmonische Funktionen

1. Es werden in diesem Paragraphen komplexe Räume untersucht, die in bestimmter Weise dem C^n überlagert sind. Man nennt diese Räume in Analogie zu den RIEMANNschen Flächen auch RIEMANNsche Gebiete.

Definition 3. *Ein Paar $\mathfrak{G} = (G, \Phi)$ heißt ein RIEMANNsches Gebiet über dem C^n, wenn*

1. *G ein HAUSDORFFscher Raum und Φ eine offene, stetige Abbildung von G in den C^n ist,*

2. *es zu jedem Punkt $x \epsilon G$ eine Umgebung $U(x)$ gibt, derart, daß*

$$\mathfrak{A} = (U, \Phi, \Phi(U))$$

eine analytisch-verzweigte, endlich-blättrige Überlagerung[5]) von $\Phi(U)$ ist.

G ist in natürlicher Weise mit einer komplexen Struktur versehen, so daß Φ eine holomorphe Abbildung ist. Wir nennen $\mathfrak{G}$ *unverzweigt*, wenn Φ lokal-topologisch abbildet. Für unsere weiteren Überlegungen benötigen wir den Begriff des (erreichbaren) Randpunktes eines RIEMANNschen Gebietes (vgl. auch [11]).

Definition 4. *Ein (erreichbarer) Randpunkt eines RIEMANNschen Gebietes $\mathfrak{G}$ ist ein Filter[6]) r von offenen, zusammenhängenden Mengen $U \subset G$ mit folgenden Eigenschaften:*

1. *Der Filter der Mengen $\Phi(U)$, $U \epsilon r$, konvergiert gegen einen Punkt $\mathfrak{z}_0 \epsilon C^n$.*

2. *Ist V eine Umgebung von $\mathfrak{z}_0$, so enthält r genau eine zusammenhängende Komponente von $\Phi^{-1}(V)$.*

3. *Der Filter r hat keinen Häufungspunkt in G.*

   Die Menge aller (erreichbaren) Randpunkte von $\mathfrak{G}$ heißt der Rand ∂G von $\mathfrak{G}$.

---

[5]) Zum Begriff der analytisch-verzweigten Überlagerung vgl. auch [13], [15], [16].

[6]) Unter einem Filter F über einer Menge M verstehen wir ein nichtleeres System nichtleerer Teilmengen von M, derart, daß zu zwei Elementen M_1, M_2 aus F stets eine Menge N aus F existiert, für die gilt: $N \subset M_1 \cap M_2$.

Ist $\mathfrak{G} = (G, \iota)$, wo G ein Gebiet des C^n und ι die Injektion bezeichnet, so nennt man bisweilen jeden Punkt $\mathfrak{z} \in C^n - G$, der Häufungspunkt von G ist, einen Randpunkt von G. Diese Definition ist im allgemeinen nicht mit Definition 4 äquivalent. Wird jedoch G von einer stückweise glatten $(2n - 1)$-dimensionalen Fläche berandet (zum Beispiel Hyperkugel oder Polyzylinder), so können offenbar alle Randpunkte von G im Sinne der Definition 4 in eindeutiger Weise durch konkrete Randpunkte – nämlich jeweils durch den Limes des Bildfilters bezüglich ι – repräsentiert werden.

Die Abbildung Φ wird durch die Festsetzung $\check{\Phi}(r) = \mathfrak{z}_0$, $\check{\Phi}(x) = \Phi(x)$, $r \in \partial G$, $x \in G$, zu einer Abbildung $\check{\Phi}$ von $\check{G} = G + \partial G$ in den C^n fortgesetzt[7]. Wir führen in $\check{G}$ eine Topologie ein, indem wir den Randpunkten $r_0 \in \partial G$ Umgebungen zuordnen. Es sei etwa U_0 eine beliebige Menge aus r_0. Unter einer Umgebung $V(r_0)$ verstehen wir die Vereinigung von U_0 mit den Filtern $r \in \partial G$, die wenigstens eine Menge $U \subset U_0$ enthalten.

Offenbar wird $\check{G}$ durch diese Topologie zu einem Hausdorffschen Raum gemacht. $\check{\Phi}$ ist eine stetige Abbildung von $\check{G}$ in den C^n.

Ist B irgendein Teilbereich von G, so ist $\mathfrak{B} = (B, \Phi)$ wieder ein Riemannsches Gebiet über dem C^n. $\check{B}$ kann im allgemeinen nicht als Teilmenge von $\check{G}$ aufgefaßt werden. Jedoch läßt sich die Injektion $\iota : B \to G$ in natürlicher Weise zu einer stetigen Abbildung $\check{\iota}$ von $\check{B}$ in $\check{G}$ fortsetzen. Die Abbildung $\Phi \cdot \check{\iota}$ ist gleich der stetigen Fortsetzung der auf B beschränkten Abbildung Φ in $\check{B}$.

Wir merken noch an:

Zu jedem Punkt $r \in \partial G$ gibt es eine Kurve $\{x(t), 0 \leqslant t \leqslant 1\}$, $x(1) = r$, in $\check{G}$, die für $0 \leqslant t < 1$ in G verläuft.

Um ein späteres Hauptresultat bequem formulieren zu können, definieren wir noch:

Definition 5. *Ein Randpunkt $r \in \partial G$ heißt ein hebbarer Randpunkt von $\mathfrak{G}$, wenn es eine Umgebung $U(r) \subset \check{G}$ gibt, so daß $\mathfrak{G}_1 = (U, \check{\Phi})$ ein schlichtes Riemannsches Gebiet ist, in dem $U \cap \partial G$ eine dünne Menge 1. Ordnung ist.*

Randpunkte, die den Bedingungen dieser Definition nicht genügen, heißen *nicht-hebbare Randpunkte.* – Der Begriff des hebbaren Randpunktes ist hier sehr eingeschränkt, damit die Menge der nicht-hebbaren Randpunkte möglichst groß wird. Das ist für die Anwendungen unseres Hauptsatzes (Satz 4) von Bedeutung.

---

[7]) Man beachte, daß für Gebiete G im C^n die abgeschlossene Hülle $\overline{G}$ von G im allgemeinen nicht mit $\check{G}$ übereinstimmt.

Offenbar ist die Menge der nicht-hebbaren Randpunkte eines RIEMANNschen Gebietes stets *abgeschlossen.*

Der Rand ∂G eines RIEMANNschen Gebietes $\mathfrak{G} = (G, \Phi)$ ist in einer Umgebung jedes hebbaren Randpunktes höchstens $(2n - 2)$-dimensional (im Sinne von K. Menger [21]), da ∂G dort Teilmenge einer analytischen Menge ist, deren reelle Dimension höchstens $2n - 2$ ist. Ist der Rand ∂G in allen Punkten $(2n - 1)$-dimensional, so besteht er also aus lauter nichthebbaren Randpunkten. Wir definieren noch:

Definition 6. *Eine abgeschlossene Menge $D \subset \partial G$ heißt eine dünne Menge, wenn es zu jedem Punkt $r_0 \epsilon D$ eine Umgebung $U(r_0)$ und eine in $U \cap G$ holomorphe, nicht identisch verschwindende Funktion f gibt, so daß zu jedem Punkt $r \epsilon D \cap U$ eine gegen r konvergierende Folge $x_\nu \epsilon U \cap G$ existiert, für die gilt:* $\lim\limits_{\nu \to \infty} f(x_\nu) = 0.$

2. Der Begriff der Pseudokonvexität kann in RIEMANNschen Gebieten auf mannigfache Weise eingeführt werden. Wir ziehen zur Definition spezielle Scharen analytischer Mengen heran.

Definition 7. *Unter einer Schar von k-dimensionalen analytischen Mengen in einem RIEMANNschen Gebiet $\mathfrak{G} = (G, \Phi)$ wird eine nirgends entartete holomorphe Abbildung $\sigma^{(k)}(\mathfrak{w}, t)$ der k-dimensionalen Einheitshyperkugel*

$$K : \{|\mathfrak{w}| = (w_1 \overline{w}_1 + \cdots + w_k \overline{w}_k)^{\frac{1}{2}} \leqslant 1\}$$

des C^k in $\overset{\smile}{G}$ verstanden, die noch stetig von einem reellen Parameter t, $0 \leqslant t \leqslant 1$, abhängt.

Dabei sagen wir, $\sigma^{(k)}(\mathfrak{w}, t)$, $t = t_0$, bildet K holomorph in $\overset{\smile}{G}$ ab, wenn die Abbildung $\overset{\smile}{\Phi} \circ \sigma^{(k)} : K \to C^n$ in (einer Umgebung von) K holomorph ist.

Eine Schar von analytischen Mengen $\sigma^{(k)}(\mathfrak{w}, t)$ in $\mathfrak{G}$ heißt ausgezeichnet, wenn $\sigma^{(k)}(\mathfrak{w}, t)$ für $\mathfrak{w} \epsilon K$, $0 \leqslant t < 1$ und für $\mathfrak{w} \epsilon \partial K$, $0 \leqslant t \leqslant 1$, in G liegt.

Wir merken sofort an: *Es sei $\sigma^{(k)}(\mathfrak{w}, t)$ für $0 \leqslant t < 1$ eine Schar von k-dimensionalen analytischen Mengen in G; $\overset{\smile}{\Phi} \circ \sigma^{(k)}(\mathfrak{w}, t)$ sei stetig fortsetzbar in $t = 1$. Dann gibt es für $0 \leqslant t \leqslant 1$ eine Schar $\overset{\smile}{\sigma}{}^{(k)}(\mathfrak{w}, t)$ von k-dimensionalen analytischen Mengen in $\overset{\smile}{G}$, die für $0 \leqslant t < 1$ mit der Schar $\sigma^{(k)}(\mathfrak{w}, t)$ übereinstimmt.* – Der Beweis ist trivial. Es werde nun definiert:

Definition 8. *Ein RIEMANNsches Gebiet $\mathfrak{G} = (G, \Phi)$ über dem C^n heißt pseudokonvex, wenn für jede ausgezeichnete Schar $\sigma^{(1)}(\mathfrak{w}, t)$ von 1-dimensionalen analytischen Mengen in $\mathfrak{G}$ der Durchschnitt $\{\sigma^{(1)}(\mathfrak{w}, 1)\} \cap \partial G$ leer ist [8]).*

---

[8]) Diesem Pseudokonvexitätsbegriff lassen sich sofort schwächere Pseudokonvexitätsbegriffe an die Seite stellen. So kann man etwa ein Riemannsches Gebiet $\mathfrak{G} = (G, \Phi)$ über dem C^n pseudokonvex vom Grade q nennen (q-pseudokonvex) ($1 \leq q \leq n - 1$), wenn für jede aus-

Es bezeichne $\sigma_\varepsilon^{(k)}(w, t)$ eine Schar k-dimensionaler analytischer Mengen in $\mathfrak{G}$, bei der die Menge $\{\check\Phi \circ \sigma_\varepsilon^{(k)}(w, t)\}$ in einer Hyperkugel vom Radius ε enthalten ist. *Wir nennen $\mathfrak{G}$ pseudokonvex in einem Punkte $r \in \partial G$, wenn es zu r eine Umgebung $U(r)$ und ein $\varepsilon > 0$ gibt, so daß keine ausgezeichnete Schar $\sigma_\varepsilon^{(1)}(w, t)$ eindimensionaler analytischer Mengen in $\mathfrak{G}$ mit $U \cap \partial G$ einen Punkt gemeinsam hat.* – Ein Satz von K. Oka besagt [25]:

Satz A. *Ein unverzweigtes Riemannsches Gebiet $\mathfrak{G} = (G, \Phi)$ über dem C^n ist genau dann pseudokonvex, wenn $-\ln \delta_\mathfrak{G}(x)$ eine in G plurisubharmonische Funktion ist.*

Dabei bezeichnet $\delta_\mathfrak{G}(x)$ den euklidischen Abstand des Punktes $x \in G$ zum Rande ∂G. Es gilt ferner, [11]:

Satz B. *Ist $\mathfrak{G} = (G, \Phi)$ ein unverzweigtes Riemannsches Gebiet über dem C^n, so ist $-\ln \delta_\mathfrak{G}(x)$ genau dann in G plurisubharmonisch, wenn $-\ln \delta_\mathfrak{G}(x)$ in hinreichender Nähe jedes Randpunktes $r \in \partial G$ plurisubharmonisch ist.*

Auf ähnliche Weise wie Satz A zeigt man:

Satz C. *Ein unverzweigtes Riemannsches Gebiet $\mathfrak{G} = (G, \Phi)$ ist genau dann pseudokonvex in einem Randpunkt $r \in \partial G$, wenn $-\ln \delta_\mathfrak{G}(x)$ in einer Umgebung $U(r) \cap G$ plurisubharmonisch ist.*

Unter Verwendung von Satz A und Satz B folgt sofort:

Ein unverzweigtes Riemannsches Gebiet $\mathfrak{G}$ ist genau dann pseudokonvex schlechthin, wenn es in jedem Randpunkt pseudokonvex ist. Das letztere ist sicher dann der Fall, wenn es zu jedem Punkt $r \in \partial G$ eine Umgebung $U(r)$ gibt, so daß $(U(r) \cap G, \Phi)$ ein pseudokonvexes Riemannsches Gebiet ist.

3. Wir entwickeln nun ein Verfahren, das es gestattet, pseudokonvexe Gebiete durch ebensolche auszuschöpfen. Zunächst gilt:

Satz D. *Es sei $p(x)$ eine plurisubharmonische Funktion in einem Riemannschen Gebiet $\mathfrak{G} = (G, \Phi)$ über dem C^n; B sei der Bereich $\{x \in G, p(x) < M\}$. Das Riemannsche Gebiet $\mathfrak{B} = (B, \Phi)$ ist dann in allen Randpunkten r^* pseudokonvex, die über einem inneren Punkt von G liegen.*

Beweis: Wäre ∂B in r^* nicht pseudokonvex, so gäbe es zu jeder Umgebung $U(r^*)$ und zu jedem $\varepsilon > 0$ eine ausgezeichnete Schar $\sigma_\varepsilon^{(1)}(w, t)$ von 1-dimensionalen analytischen Mengen in $\mathfrak{B}$, so daß $\sigma_\varepsilon^{(1)}(w, 1) \cap \partial B \cap U$ nicht leer ist. Sind

---

gezeichnete Schar $\sigma^{(q)}(w, t)$ von q-dimensionalen analytischen Mengen in $\mathfrak{G}$ der Durchschnitt $\{\sigma^{(q)}(w, 1)\} \cap \partial G$ leer ist. Ist $\mathfrak{G}$ pseudokonvex vom Grade q, so erst recht vom Grade $q' > q$. Es sei darauf hingewiesen, daß neuerdings W. Rothstein bei der Untersuchung von Fortsetzungsproblemen analytischer Mengen ebenfalls einen q-Konvexitätsbegriff eingeführt hat (vgl. [31], p. 130); diese Rothsteinsche q-Konvexität steht in Beziehung zu der hier definierten $(n-q)$-Pseudokonvexität.

$U(r)$ und $\varepsilon > 0$ hinreichend klein gewählt, so ist die Menge

$$\{\breve{\iota} \circ \sigma_\varepsilon^{(1)}(\mathfrak{w}, t),\ \mathfrak{w} \epsilon K,\ 0 \leqslant t \leqslant 1\}$$

in G enthalten, da r^* nach Voraussetzung über einem inneren Punkt von G liegen soll. Die Funktion $q(\mathfrak{w}) = p \circ \breve{\iota} \circ \sigma_\varepsilon^{(1)}(\mathfrak{w}, 1)$ ist dann subharmonisch im Einheitskreis K. Es gilt auf $\partial K:\ q(\mathfrak{w}) < M$; in den Punkten

$$\mathfrak{w} \epsilon K \quad \text{mit} \quad \sigma_\varepsilon^{(1)}(\mathfrak{w}, 1) \epsilon \partial B$$

aber hat man $q(\mathfrak{w}) = M$. Da ferner $q(\mathfrak{w}) \leqslant M$ in ganz K ist, haben wir einen Widerspruch zum Maximumprinzip für subharmonische Funktionen gewonnen. Damit ist Satz D bewiesen.

Es ergibt sich nun sofort aus Satz A und Satz D:

Satz D'. *Ist* $\mathfrak{G} = (G, \Phi)$ *ein unverzweigtes pseudokonvexes* Riemann*sches Gebiet über dem* C^n, *so ist* $\mathfrak{G}_K = (G_K, \Phi)$, $G_K = \{x \epsilon G,\ \delta(x) > K\}$, $K > 0$, *eine Schar von pseudokonvexen* Riemann*schen Gebieten, die* G *ausschöpft, wenn* K *gegen* 0 *strebt.*

Dieser Satz ist in folgendem Sinne umkehrbar:

Satz D''. *Es sei* $\mathfrak{G} = (G, \Phi)$ *ein* Riemann*sches Gebiet über dem* C^n; *es sei* G_ν, $G_{\nu+1} \supset G_\nu$, *eine Ausschöpfungsfolge von* G, *in der jedes Gebiet* $\mathfrak{G}_\nu = (G_\nu, \Phi)$ *pseudokonvex ist. Dann ist auch* $\mathfrak{G}$ *pseudokonvex.*

Beweis: Angenommen, $\mathfrak{G}$ wäre nicht pseudokonvex. Dann gibt es in $\mathfrak{G}$ eine ausgezeichnete Schar $S = \{\sigma^{(1)}(\mathfrak{w}, t)\}$ von eindimensionalen analytischen Mengen, bei der $S \cap \partial G$ nicht leer ist. Da

$$N = \{\sigma^{(1)}(e^{i\vartheta}, t),\quad 0 \leqslant t \leqslant 1,\quad -\pi \leqslant \vartheta \leqslant +\pi\} \cup \{\sigma^{(1)}(\mathfrak{w}, 0)\}$$

eine kompakte Teilmenge von G ist, folgt, daß für ein ν_0 gilt: $N \subset G_{\nu_0}$. Man kann nun ein größtes t_1 finden, so daß für $0 \leqslant t < t_1$, $\mathfrak{w} \epsilon K$, die Punkte $\sigma^{(1)}(\mathfrak{w}, t)$ aus G_{ν_0} sind. Die Schar $\{\sigma^{(1)}(\mathfrak{w}, t),\ 0 \leqslant t < t_1\}$ läßt sich zu einer in $\mathfrak{G}_{\nu_0}$ ausgezeichneten Schar $\breve{S} = \{\breve{\sigma}^{(1)}(\mathfrak{w}, t),\ 0 \leqslant t \leqslant t_1\}$ fortsetzen. Offenbar ist $\breve{S} \cap \partial G_{\nu_0}$ nicht leer. Das widerspricht jedoch der Voraussetzung, daß $\mathfrak{G}_{\nu_0}$ pseudokonvex ist.

4. Der Begriff der Pseudokonvexität ist entscheidend für die Charakterisierung der Holomorphiegebiete über dem C^n. Zur Definition dieser speziellen Riemannschen Gebiete ist es zweckmäßig, die folgenden Redeweisen zu verwenden:

Ein Riemann*sches Gebiet* $\mathfrak{G} = (G, \Phi)$ *ist in einem umfassenden* Riemann*schen Gebiet* $\widetilde{\mathfrak{G}} = (\widetilde{G}, \widetilde{\Phi})$ *enthalten, wenn es eine spurpunkttreue, stetige Abbil-*

dung τ von G in $\widetilde{G}$ gibt. Eine in $\widetilde{G}$ holomorphe Funktion $\tilde{f}$ ist eine holomorphe Fortsetzung einer in G holomorphen Funktion f, wenn $f \equiv \tilde{f} \circ \tau$ ist.

Ein Riemannsches Gebiet $\mathfrak{G}$ heißt nun ein *Holomorphiegebiet*, wenn es eine in $\mathfrak{G}$ holomorphe Funktion f gibt, die sich in kein $\mathfrak{G}$ umfassendes Gebiet $\check{\mathfrak{G}} \neq \mathfrak{G}$ holomorph fortsetzen läßt. Zur Charakterisierung dieser Holomorphiegebiete hat K. Oka den folgenden fundamentalen Satz bewiesen [25]:

Satz E. *Ein unverzweigtes Riemannsches Gebiet $\mathfrak{G} = (G, \Phi)$ ist genau dann ein Holomorphiegebiet, wenn $\mathfrak{G}$ pseudokonvex ist* [9]).

Dieser Satz gibt eine weitere Möglichkeit, die Pseudokonvexität zu definieren. Es folgt nämlich unter Verwendung von Satz E:

Satz F. *Ein unverzweigtes Riemannsches Gebiet $\mathfrak{G} = (G, \Phi)$ ist genau dann pseudokonvex, wenn es zu jedem Randpunkt $r \in \partial G$ eine Umgebung $U(r)$ gibt, so daß $(U(r) \cap G, \Phi)$ ein Holomorphiegebiet ist.*

Diese Eigenschaft wurde von H. Cartan zur Definition der Pseudokonvexität verwendet (vgl. [7]).

Bereits H. Cartan und P. Thullen haben den Begriff der Holomorphiekonvexität eingeführt [9]. Wir definieren zunächst den Begriff der holomorphkonvexen Hülle $\hat{K}$ einer Teilmenge $K \subset G$. $\hat{K}$ ist die Menge aller Punkte $x \in G$, für die gilt: $|f(x)| \leqslant \sup |f(K)|$, wobei f alle in G holomorphen Funktionen durchläuft.

Ein Riemannsches Gebiet $\mathfrak{G} = (G, \Phi)$ über dem C^n heißt holomorphkonvex, wenn die holomorphkonvexe Hülle $\hat{K}$ jeder relativ-kompakten Menge $K \subset G$ kompakt ist. – Ein grundlegender Satz ist [25]:

Satz G. *Jedes unverzweigte Holomorphiegebiet ist holomorphkonvex.*

Wir werden später in einem Beispiel zeigen, daß die Aussage von Satz G für verzweigte Riemannsche Gebiete falsch ist. Es gibt (sogar zweiblättrige) Holomorphiegebiete, die nicht holomorphkonvex sind. *Jedoch ist jedes holomorphkonvexe Riemannsche Gebiet ein Holomorphiegebiet* ([2] sowie [10]).

Ein bekannter Satz über die holomorphkonvexen Gebiete läßt sich unter Verwendung von Definition 7 wie folgt formulieren: *Jedes holomorphkonvexe Riemannsche Gebiet $\mathfrak{G} = (G, \Phi)$ über dem C^n besitzt einen dünnen Rand.*

In der Tat! Nach H. Cartan und P. Thullen [9] gibt es eine in G holomorphe, nicht identisch verschwindende Funktion f, deren Nullstellen sich

---

[9]) Aus Satz E und Satz D″ ergibt sich sofort ein bekannter Satz von H. Behnke und K. Stein über konvergente Folgen von Holomorphiegebieten: *Es sei $\mathfrak{G} = (G, \Phi)$ ein unverzweigtes Riemannsches Gebiet über dem C^n, es sei G_ν, $G_{\nu+1} \supset G_\nu$, eine Ausschöpfungsfolge von G, derart, daß jeweils $\mathfrak{G}_\nu = (G_\nu, \Phi)$ ein Holomorphiegebiet ist. Dann ist auch $\mathfrak{G} = (G, \Phi)$ ein Holomorphiegebiet.* Vgl. hierzu H. Behnke und K. Stein, Konvergente Folgen von Regularitätsbereichen und die Meromorphiekonvexität, Math. Ann. 116, 204–216 (1939).

gegen jeden Randpunkt von $\mathfrak{G}$ häufen. Es gibt dann zu jedem Randpunkt $r \epsilon \partial G$ eine gegen r konvergierende Folge von Punkten $x_\nu \epsilon G$, derart, daß $\lim\limits_{\nu \to \infty} f(x_\nu) = f(x_\nu) = 0$ ist.

5. In Anlehnung an eine klassische Definition von F. HARTOGS [17] führen wir in unverzweigten RIEMANNschen Gebieten den Begriff der euklidischen Distanzfunktion bezüglich einer beliebig vorgegebenen komplexen Richtung ein. Es sei etwa E^k eine k-dimensionale analytische Ebene im C^n, $1 \leqslant k \leqslant n$. Durch jeden Punkt $\mathfrak{z} \epsilon C^n$ gibt es dann genau eine k-dimensionale Ebene $E^k(\mathfrak{z})$, die zu E^k parallel ist. Ist nun $\mathfrak{G} = (G, \Phi)$ ein unverzweigtes RIEMANNsches Gebiet über dem C^n und ist $x \epsilon G$ ein Punkt über $\mathfrak{z}$, so gibt es in $\Phi^{-1}(E^k(\mathfrak{z}))$ eine größte k-dimensionale Hyperkugel $H(x, E^k)$ um x. Ihr Radius sei mit $\delta(x, E^k)$ bezeichnet. Offenbar ist $\delta(x, E^k)$ eine nach unten halbstetige Funktion in G. Es gilt $\delta(x, E^n) = \delta_\mathfrak{G}(x)$, wenn E^n der ganze n-dimensionale komplexe Zahlenraum ist.

Definition 9. *Die Funktion $\delta(x, E^k)$ heißt die euklidische Distanzfunktion bezüglich E^k in G.*

Ist $\mathfrak{G}$ das Existenzgebiet der holomorphen Funktion $f(x)$, so nennen wir $\delta(x, E^k)$ auch den *Holomorphieradius* von $f(x)$ in x bezüglich E^k. Es gilt nun der folgende

Satz 3. *Es sei $\mathfrak{G} = (G, \Phi)$ ein unverzweigtes RIEMANNsches Gebiet über dem C^n. Ist dann $\mathfrak{G}$ in allen Punkten von $\partial G - M$, $M = \check{\Phi}^{-1}(E^k(\mathfrak{z}_0))$, $\mathfrak{z}_0 \epsilon C^n$, pseudokonvex, so ist $-\ln \delta(x, E^k)$ stets eine in $G - M$ plurisubharmonische Funktion.*

Beweis: Es sei $E = \{E^1\}$ die Menge der eindimensionalen analytischen Ebenen, die in E^k enthalten sind. Offenbar ist

$$\delta(x, E^k) = \inf_{E^1 \epsilon E} \delta(x, E^1) \ .$$

Nun ist bekannt [5], daß alle Funktionen $-\ln \delta(x, E^1)$ unter unseren Voraussetzungen in $G - M$ plurisubharmonisch sind. Folglich ist $-\ln \delta(x, E^k)$ obere Einhüllende der plurisubharmonischen Funktionen $-\ln \delta(x, E^1)$, $E^1 \epsilon E$, und somit nach § 1.2) in $G - M$ wieder selbst plurisubharmonisch, w. z. b. w.

Anmerkung. Es sei betont, daß die Umkehrung von Satz 3 nicht richtig ist. Es gibt zum Beispiel schlichte HARTOGSsche Gebiete

$$\{\mathfrak{z} \epsilon C^n, (z_2, \ldots, z_n) \epsilon G \subset C^{n-1}, |z_1| < R(z_2, \ldots, z_n)\} \ , \quad n \geqslant 3 \ ,$$

die nicht pseudokonvex sind, obgleich

$$- \ln \delta(\mathfrak{z}, E^1) = - \ln \left(R(z_2, \ldots, z_n) - |z_1| \right) ,$$
$$E^1 = \{\mathfrak{z}, z_2 = z_3 = \ldots = z_n = 0\} ,$$

eine plurisubharmonische Funktion ist. Man braucht für G nur ein Nichtholomorphiegebiet zu wählen.

§ 3. Verallgemeinerung eines Satzes von K. Oka.

1. Wir wollen im folgenden zeigen, daß Riemannsche Gebiete oft dann schon pseudokonvex sind, wenn sie es nur in genügend vielen Randpunkten sind. Als Hauptresultat dieses Paragraphen werden wir erhalten:

Satz 4. *Es sei* $\mathfrak{G} = (G, \Phi)$ *ein unverzweigtes Riemannsches Gebiet über dem* C^n; $A \subset \partial G$ *sei eine dünne Menge von nicht-hebbaren Randpunkten. Ist dann* $\mathfrak{G}$ *pseudokonvex in allen Punkten aus* $\partial G - A$, *so ist* $\mathfrak{G}$ *pseudokonvex schlechthin.*

Bevor wir diesen Satz beweisen, seien einige interessante Folgerungen gezogen. In Verbindung mit Satz E ergibt sich sofort:

Satz 5. *Es sei* $\mathfrak{G} = (G, \Phi)$ *ein unverzweigtes Riemannsches Gebiet über dem* C^n; $A \subset \partial G$ *sei eine dünne Menge von nicht-hebbaren Randpunkten. Gibt es dann zu jedem Punkt* $r \epsilon \partial G - A$ *eine Umgebung* $U(r) \subset \breve{G}$, *so daß* $(U(r) \cap G, \Phi)$ *ein Holomorphiegebiet ist, so ist* $\mathfrak{G}$ *selbst ein Holomorphiegebiet.*

Für wahr! Da $(U \cap G, \Phi)$ nach Satz E pseudokonvex ist, ist $\mathfrak{G}$ in jedem Randpunkt $r \epsilon \partial G - A$ pseudokonvex und damit pseudokonvex schlechthin. Daraus folgt nach K. Oka (Satz E), daß $\mathfrak{G}$ ein Holomorphiegebiet ist, w. z. b. w.

Die Bedingung, daß A aus lauter nicht-hebbaren Randpunkten besteht, ist wesentlich, wenn ∂G Bestandteile von kleinerer reeller Dimension als $2n - 1$ enthält. Ist etwa G^* ein Holomorphiegebiet des $z_1, \ldots, z_n$-Raumes und ist der Nullpunkt O ein Punkt von G^*, so ist auch $G^* - M, M = \{z_1 = 0\}$, ein Holomorphiegebiet. Sicherlich ist aber – wie man aus Definition 8 entnimmt – $G = G^* - M \cup K$ nicht pseudokonvex, wenn $K \subset\subset M \cap G^*$ eine (komplex) $(n-1)$-dimensionale Kugel um O bezeichnet. Also ist G kein Holomorphiegebiet, obgleich $A = \partial G \cap M$ dünn und G in $\partial G - A$ pseudokonvex ist.

Offenbar ist jede diskrete Menge $A \subset \partial G$ eine dünne Randpunktmenge. Dieselbe besitzt aber im allgemeinen hebbare Randpunkte, auch wenn alle Punkte aus A nicht isoliert in ∂G liegen. Dennoch ergibt sich aus Satz 5 der bereits im Spezialfall in [13], p. 287, angegebene

Satz 6. *Es sei* $\mathfrak{G} = (G, \Phi)$ *ein unverzweigtes Riemannsches Gebiet über dem* C^n. *Es sei* A *eine diskrete Menge von nichtisolierten Randpunkten. Ist dann* $\mathfrak{G}$ *pseudokonvex in jedem Punkt* $r \epsilon \partial G - A$, *so ist* $\mathfrak{G}$ *ein Holomorphiegebiet.*

Beweis: Wenn man zeigt, daß $\mathfrak{G}$ in allen hebbaren Randpunkten von A pseudokonvex ist, so ergibt sich die Behauptung direkt aus Satz 5. Sei also $r_0 \in A$ ein hebbarer Randpunkt. Es gibt dann eine Umgebung $U(r_0) \subset \breve{G}$, derart, daß $(U, \breve{\Phi})$ ein schlichtes RIEMANNsches Gebiet ist. Hat man U hinreichend klein gewählt, so enthält U keine weiteren Punkte von A, und es gibt eine rein $(n-1)$-dimensionale analytische Menge M in U, die $\partial G \cap U$ enthält. M kann man wieder so klein machen, daß für jede irreduzible Komponente $M_i \subset M$, $i \in I$, die Menge $(M_i - \underset{j \in I, j \neq i}{\cup} M_j) \cap \partial G$ nicht leer ist. Man braucht dazu nur alle überflüssigen irreduziblen Komponenten aus M fortzulassen. Da ferner nach Voraussetzung r_0 nicht isoliert in ∂G liegt, ist auch

$$\overset{\circ}{M}_i \cap \partial G \quad \text{mit} \quad \overset{\circ}{M}_i = (M_i - \underset{j \neq i}{\cup} M_j - r_0), \quad i \in I;$$

nicht leer. Nun ist – ebenfalls nach Voraussetzung – das RIEMANNsche Gebiet $(\overset{\circ}{U}_i = U_i \cap G, \Phi)$, wo $U_i = U - \underset{j \neq i}{\cup} M_j - r_0$, $i \in I$ in allen Punkten von $U_i \cap \partial G \subset \overset{\circ}{M}_i \cap U_i$ pseudokonvex. U_i kann als ein schlichtes Gebiet des C^n aufgefaßt werden, das $\overset{\circ}{M}_i$ als irreduzible analytische Menge enthält. Daher folgt nach bekannten Sätzen[10]), daß $\overset{\circ}{U}_i = U_i - \overset{\circ}{M}_i$, das heißt $U_i \cap \partial G = \overset{\circ}{M}_i$ ist. Dann gilt aber auch, weil $\overset{\circ}{M}_i$ dicht in M_i liegt, $M_i \subset \partial G \cap U$ und somit $M = \partial G \cap U$. Ein Rand, der eine rein $(n-1)$-dimensionale analytische Menge ist, ist aber in allen Punkten pseudokonvex[10]). Also ist a fortiori $\mathfrak{G}$ in r_0 pseudokonvex, q. e. d.

2. Eine weitere Folgerung aus Satz 4 ist:

Satz 7. *Es sei* $\mathfrak{G} = (G, \Phi)$ *ein unverzweigtes* RIEMANN*sches Gebiet über dem* C^n; $\mathfrak{H}(\mathfrak{G}) = (\widetilde{G}, \widetilde{\Phi})$ *sei die unverzweigte Holomorphiehülle[11]) von* $\mathfrak{G}$. *Es bezeichne* τ *die spurpunkttreue holomorphe Abbildung von* G *in* $\widetilde{G}$. *Ist dann* $\widetilde{M}$ *eine rein* $(n-1)$*-dimensionale analytische Menge in* $\widetilde{G}$ *und bezeichnet* M *die in* G *analytische Menge* $\tau^{-1}(\widetilde{M})$, *so ist auch* $(\widetilde{G} - \widetilde{M}, \widetilde{\Phi})$ *ein Holomorphiegebiet, und*

---

[10]) Es gilt bekanntlich folgender Satz: *Es sei* G *ein Gebiet im* C^n *und* M *eine in* G *irreduzible* $(n-1)$*-dimensionale analytische Menge; es sei* D *eine nichtleere Teilmenge von* M. *Dann ist* $G - D$ *genau dann pseudokonvex in allen Randpunkten* $r \in D$, *wenn gilt* $D = M$. Ein Beweis ergibt sich leicht aus Satz 19 in [5], p. 51.

[11]) Ist $\mathfrak{G} = (G, \Phi)$ irgendein unverzweigtes RIEMANNsches Gebiet, so kann man den Durchschnitt $\mathfrak{H}(\mathfrak{G})$ aller $\mathfrak{G}$ umfassenden Holomorphiegebiete definieren, vgl. [5], p. 70. $\mathfrak{H}(\mathfrak{G})$ ist ein unverzweigtes RIEMANNsches Gebiet, welches $\mathfrak{G}$ enthält; man nennt $\mathfrak{H}(\mathfrak{G})$ die *Holomorphiehülle* von $\mathfrak{G}$. Ist $\mathfrak{H}(\mathfrak{G})$ endlich-blättrig, so folgt aus Untersuchungen von P. THULLEN [32], daß $\mathfrak{H}(\mathfrak{G})$ ein Holomorphiegebiet ist. $\mathfrak{H}(\mathfrak{G})$ ist sogar stets ein Holomorphiegebiet, wie sich aus den Resultaten von K. OKA [25] ergibt.

es gilt:

$$\mathfrak{H}(G - M, \Phi) = (\widetilde{G} - \widetilde{M}, \widetilde{\Phi})^{12}) \ .$$

Beweis: a) Wir zeigen zunächst, daß $(\widetilde{G} - \widetilde{M}, \widetilde{\Phi})$ ein Holomorphiegebiet ist. Da $(\widetilde{G}, \widetilde{\Phi})$ als Holomorphiehülle ein Holomorphiegebiet ist, folgt aus Satz E, daß $(\widetilde{G}, \widetilde{\Phi})$ ein pseudokonvexes RIEMANNsches Gebiet ist. Daher kann eine ausgezeichnete Schar $\sigma^1(w, t)$ in $(\widetilde{G} - \widetilde{M}, \widetilde{\Phi})$ auf $\partial(\widetilde{G} - \widetilde{M})$ höchstens solche Punkte besitzen, die zu $\widetilde{M}$ gehören. Trifft das aber zu, so ist die Schnittzahl von $\sigma^1(w, 1)$ mit $\widetilde{M}$ von null verschieden[13]). Das gilt dann auch noch für die Schnittzahl von $\sigma^1(w, t_0)$, $0 \leqslant t_0 < 1$ mit $\widetilde{M}$. Da aber $\sigma^1(w, t)$ eine ausgezeichnete Schar in $(\widetilde{G} - \widetilde{M}, \widetilde{\Phi})$ ist, so ist $\sigma^1(w, t_0) \cap \widetilde{M}$ leer. Widerspruch! Also ist auch $(\widetilde{G} - \widetilde{M}, \widetilde{\Phi})$ pseudokonvex und mithin nach Satz E ein Holomorphiegebiet, q. e. d.

b) Wir setzen nun $\mathfrak{H}(G - M, \Phi) = \mathfrak{G}' = (G', \Phi')$. Da $\mathfrak{G}'$ als Durchschnitt aller das RIEMANNsche Gebiet $(G - M, \Phi)$ umfassenden Holomorphiegebiete definiert ist und $(G - M, \Phi)$ in $(\widetilde{G} - \widetilde{M}, \widetilde{\Phi})$ enthalten ist, folgt aus dem unter a) Bewiesenen, daß $\mathfrak{G}'$ in $(\widetilde{G} - \widetilde{M}, \widetilde{\Phi})$ enthalten ist. Es bezeichne etwa σ die spurpunkttreue holomorphe Abbildung von G' in $\widetilde{G} - \widetilde{M}$. Die Aussage von Satz 7 bedeutet offenbar, daß σ eine eineindeutige Abbildung von G' auf $\widetilde{G} - \widetilde{M}$ ist. Um das zu beweisen, adjungieren wir zu G' alle Randpunkte $r' \epsilon \partial G'$, zu denen es eine schlichte Umgebung $U(r') \subset \overset{\smallsmile}{G'}$ gibt, so daß $\overset{\smallsmile}{\sigma}(U(r') \cap \partial G')$ in $\widetilde{M}$ enthalten ist. Wir erhalten auf diese Weise eine Menge G^*; die Abbildung Φ' kann zu einer Abbildung Φ^* von G^* in den C^n fortgesetzt werden. Offenbar ist $\mathfrak{G}^* = (G^*, \Phi^*)$ ein unverzweigtes RIEMANNsches Gebiet über dem C^n; die Abbildung $\sigma\colon G' \to \widetilde{G} - \widetilde{M}$ läßt sich spurpunkttreu zu einer stetigen Abbildung σ^* von G^* in $\widetilde{G}$ fortsetzen. Es gilt $\mathfrak{G} \subset \mathfrak{G}^* \subset \mathfrak{H}(\mathfrak{G})$.

Wäre σ keine eineindeutige Abbildung von G' auf $\widetilde{G} - \widetilde{M}$, so wäre $\mathfrak{G}^*$ echt

---

[12]) Für Gebiete im Raum zweier komplexen Veränderlichen wurden Aussagen von ähnlichem Typus bereits von W. ROTHSTEIN gewonnen; vgl. [30], p. 222.

[13]) Zum Begriff der Schnittzahl vgl. etwa [1], p. 410 ff. In einer orientierten Mannigfaltigkeit ist die Schnittzahl $S(F_1, F_2)$ zweier abgeschlossener orientierter Flächen F_1 und F_2 von komplementärer Dimension genau dann definiert, wenn gilt:

$$\partial F_1 \cap F_2 = F_1 \cap \partial F_2 = \text{leer} \qquad \text{(Schnittzahlbedingung)}.$$

Ist die Fläche F_1 zu einer Fläche F_1' vermöge einer stetigen Schar $\{F'(t), 0 \leq t \leq 1\}$ von Flächen homotop und ist für alle Flächenpaare $F'(t)$, F_2 die Schnittzahlbedingung erfüllt, so gilt

$$S(F_1, F_2) = S(F_1', F_2) \ .$$

Nach OSGOOD [27], p. 320 ff. folgt, daß die Schnittzahl zweier analytischer Flächen in bezug auf die durch die komplex-analytische Struktur induzierte Orientierung stets positiv ist, sofern $F_1 \cap F_2$ nicht leer ist; vgl. auch [18], p. 79.

in $\mathfrak{H}(\mathfrak{G})$ enthalten. Da $\mathfrak{H}(\mathfrak{G})$ das kleinste $\mathfrak{G}$ umfassende Holomorphiegebiet ist, wäre alsdann $\mathfrak{G}^*$ kein Holomorphiegebiet und also auch nach Satz E nicht pseudokonvex. Unter Benutzung von Satz 4 sowie eines weiteren Satzes aus der komplexen Analysis läßt sich nun aber zeigen, daß $\mathfrak{G}^*$ pseudokonvex ist.

c) Wir betrachten in G^* die analytische Menge $M^* = \sigma^{*-1}(\tilde{M})$ und setzen: $A = \overline{M}^* \cap \partial G^*$. Offenbar ist $\mathfrak{G}^*$ in jedem Randpunkt, der nicht zu A gehört, pseudokonvex, da in der Nähe eines solchen Punktes der Rand von $\mathfrak{G}^*$ dieselbe Struktur wie der Rand des Holomorphiegebietes $\mathfrak{G}'$ hat. Um die Menge $A \subset \partial G^*$ näher charakterisieren zu können, ziehen wir die CARTANsche Idealtheorie heran. Aus einem tiefliegenden Satz dieser Idealtheorie ergibt sich, daß die im Holomorphiegebiet $\mathfrak{H}(\mathfrak{G})$ analytische Menge $\tilde{M}$ im Nullstellengebilde einer in $\tilde{G}$ holomorphen, nicht identisch verschwindenden Funktion $\tilde{f}$ enthalten ist [14]). Setzen wir $f^* = \tilde{f} \circ \sigma^*$, so ist M^* im Nullstellengebilde von f^* enthalten. Daraus folgt, daß A eine dünne Menge in ∂G^* ist.

Mit A_1 sei nun die Menge der hebbaren Randpunkte von $\partial G^* \cap A$ bezeichnet. Wir wollen beweisen, daß $\mathfrak{G}^*$ in jedem Punkt $r^* \epsilon A_1$ pseudokonvex ist. Nach Definition 5 gibt es eine Umgebung $U = U(r^*) \subset \tilde{G}^*$, so daß $(U, \tilde{\Phi}^*)$ ein schlichtes RIEMANNsches Gebiet und $\partial G^* \cap U$ in einer in U rein $(n-1)$-dimensionalen analytischen Menge N enthalten ist. Die Menge N zerfällt, falls U hinreichend klein gewählt ist, in U in endlich viele irreduzible Komponenten N_σ, $\sigma = 1,\ldots,s$. Wir dürfen annehmen, daß N so beschaffen ist, daß

$$(N_\sigma - \bigcup_{\substack{\nu=1 \\ \nu \neq \sigma}}^{s} N_\nu) \cap \partial G^*$$

für kein σ leer ist. Wir behaupten nun: $\partial G^* \cap U$ ist stets eine rein $(n-1)$-dimensionale analytische Menge in U. Daraus ergibt sich dann in Verbindung mit dem in Fußnote 10 zitierten Satz unmittelbar die Pseudokonvexität von $\mathfrak{G}^*$ in r^*.

Wir unterscheiden zwei Fälle:

α) Der Punkt r^* liegt über einem inneren Punkt von $\tilde{G}$ (bezüglich der Abbildung σ^*).

β) Der Punkt r^* liegt über einem Randpunkt $\tilde{r} \epsilon \partial \tilde{G}$ (bezüglich der Abbildung σ^*).

ad α): In diesem Falle läßt sich, falls U hinreichend klein gewählt ist, die in

---

[14]) Nach [25] sind unverzweigte Holomorphiegebiete sogenannte holomorph-vollständige komplexe Mannigfaltigkeiten (zu diesem Begriff vgl. etwa [10]). In solchen Mannigfaltigkeiten der Dimension n ist aber jede analytische Menge das simultane Nullstellengebilde von höchstens $(n + 1)$ holomorphen Funktionen. Vgl. hierzu [8] sowie [11], Satz 1.

$U - \partial G^*$ analytische Menge $M^* \cap (U - \partial G^*)$ zu der in U analytischen Menge $M^{**} = \overset{\vee}{\sigma}{}^{*-1}(\tilde{M}) \cap U$ fortsetzen. Die Menge $U - (\partial G^* \cup M^{**})$ ist eine offene Menge in G'; da $\partial G^* \cup M^{**}$ in U als Randpunktmenge von $\mathfrak{G}'$ aufgefaßt werden kann und $\mathfrak{G}'$ ein Holomorphiegebiet ist, so folgt, daß $U - (\partial G^* \cup M^{**})$ in allen Punkten von $\partial G^* \cup M^{**}$ pseudokonvex ist. Dann aber ergibt sich analog wie im Beweise von Satz 6, daß $U \cap (\partial G^* \cup M^{**})$ eine rein $(n - 1)$-dimensionale analytische Menge in U ist. Da M^{**} selbst in U eine analytische, rein $(n - 1)$-dimensionale Menge ist, folgt, daß $\partial G^* \cap U$ eine rein $(n - 1)$-dimensionale analytische Menge in U ist.

ad β): In diesem Falle betrachten wir die Menge $U' = U \cap \sigma^{*-1}(\tilde{G})$. Diese Menge umfaßt $U - \partial G^*$ und ist in allen Randpunkten, die innere Punkte von U sind, pseudokonvex, da $\mathfrak{H}(\mathfrak{G}) = (\tilde{G}, \tilde{\Phi})$ ein Holomorphiegebiet ist. Es folgt weiter, daß $U - U'$ eine rein $(n - 1)$-dimensionale analytische Menge in U ist. $\partial G^* \cap U$ umfaßt $U - U'$ und ist andererseits in der rein $(n - 1)$-dimensionalen analytischen Menge N enthalten. Sei nun N_j eine irreduzible Komponente von N in U, die nicht in $U - U'$ enthalten ist. Nach Voraussetzung gibt es einen Randpunkt von $\mathfrak{G}^*$, der zu

$$N_j - \overset{s}{\underset{\substack{\nu=1 \\ \nu \neq j}}{\cup}} N_\nu$$

gehört. Dieser Punkt liegt aber notwendig über einem inneren Punkt von $\tilde{G}$. Da in α) gezeigt wurde, daß $\mathfrak{G}^*$ in allen diesen Punkten pseudokonvex ist, folgt [15]), daß $U \cap \partial G^*$ die Menge N_j umfaßt. Daher gilt $U \cap \partial G^* = N$, das heißt aber, daß $\partial G^* \cap U$ eine rein $(n - 1)$-dimensionale analytische Menge in U ist.

Aus dem bisher bewiesenen ergibt sich, daß das Riemannsche Gebiet $\mathfrak{G}^* = (G^*, \Phi^*)$ in allen Randpunkten außer den Punkten der Menge $A - A_1$ pseudokonvex ist. Nun besteht aber $A - A_1$ nach Definition von A_1 aus lauter nicht-hebbaren Randpunkten. Da überdies $A - A_1$ als Teilmenge von A eine dünne Randpunktmenge ist, folgt aus Satz 4, daß $\mathfrak{G}^*$ pseudokonvex schlechthin ist. – Satz 7 ist bewiesen.

3. Dem Beweise von Satz 4 schicken wir einen Hilfssatz voraus:

Hilfssatz 1. *Es sei $\mathfrak{G} = (G, \Phi)$ ein unverzweigtes Riemannsches Gebiet über dem C^n, das über einem Gebiet $G^* \subset C^n$ liegt (das heißt $\Phi(G) \subset G^*$); M^* sei eine rein k-dimensionale, in G^* singularitätenfrei liegende analytische Menge; ferner sei A eine Menge von nichthebbaren Randpunkten in ∂G mit*

$$\overset{\vee}{\Phi}(A) \cap G^* \subset M^* .$$

---

[15]) Vgl. Fußnote 10.

Ist dann $r \in A$ ein Randpunkt von $\mathfrak{G}$, der über M^* liegt, und ist U eine Umgebung von r, so daß $\mathfrak{G}$ in allen Punkten von $(\partial G \cap U) - A$ pseudokonvex ist, so ist auch ∂G in r pseudokonvex.

Beweis: Offenbar ist die Aussage des Hilfssatzes lokaler Natur. Schlagen wir um $\mathfrak{z} = \check{\Phi}(r)$ eine Hyperkugel $K^* \subset\subset G^*$, so brauchen wir deshalb den Hilfssatz nur für das RIEMANNsche Gebiet $(\Phi^{-1}(K^*) \cap U, \Phi)$ zu beweisen. Ist K^* hinreichend klein, so ist $M^* \cap K^*$ im Nullstellengebilde N einer in K^* holomorphen Funktion

$$f(z_1, \ldots, z_n), \quad df = \sum_{\nu=1}^{n} \frac{\partial f}{\partial z_\nu} dz_\nu \not\equiv 0,$$

enthalten. Da der Begriff der Pseudokonvexität unabhängig von der Wahl der Koordinaten $z_1, \ldots, z_n$ ist, darf man noch auf die $z_1, \ldots, z_n$ eine beliebige Koordinatentransformation anwenden. Durch eine solche Koordinatentransformation in K^* kann man nun erreichen, daß N in bezug auf die neuen Koordinaten in K^* genau die Punkte der Ebene $E^{n-1} : \{\mathfrak{z}, z_1 = 0\}$ ausmacht. Man kann K^* als Gebiet des Raumes der neuen Variablen auffassen. Da wir höchstens mehr beweisen, wenn wir M^* und G^* vergrößern, dürfen wir sogar beim Beweis unseres Hilfssatzes voraussetzen, daß gilt: $G^* = C^n$, $M^* = E^{n-1}$, $G = \Phi^{-1}(K^*) \cap U$. K^* sei so klein gewählt, daß $\check{\Phi}^{-1}(K^*) \cap U \subset\subset U(r)$ und G somit in $\partial G - A$ pseudokonvex ist.

Wir beweisen nun Hilfssatz 1 in zwei Schritten. Zunächst zeigen wir:

1. *Die euklidische Distanzfunktion* $-\ln \delta(x, E^{n-1})$ *bezüglich* E^{n-1} *ist plurisubharmonisch in* G.

Aus Satz 3 folgt, daß die Beschränkung von $-\ln \delta(x, E^{n-1})$ auf $G - M$, $M = \Phi^{-1}(E^{n-1})$, eine plurisubharmonische Funktion $p(x)$ ist. Offenbar ist $p(x)$ in der Umgebung jedes Punktes von M nach oben beschränkt. Daher ist $p(x)$ nach Satz 1 eindeutig zu einer in ganz G plurisubharmonischen Funktion $\check{p}(x)$ fortsetzbar. Wir behaupten, daß in ganz G gilt: $\check{p}(x) \equiv -\ln \delta(x, E^{n-1})$.

Da nach Konstruktion von $\check{p}(x)$ (vgl. Satz 1) für jeden Punkt $x' \in M$ gilt

$$\check{p}(x') = \overline{\lim_{x \to x', x \in G - M}} \; (-\ln \delta(x, E^{n-1}))$$

und ferner $\check{p}(x)$ und $-\ln \delta(x, E^{n-1})$ in ganz G halbstetig nach oben sind, so ist sicher stets $\check{p}(x) \leqslant -\ln \delta(x, E^{n-1})$. Um einen Widerspruch zu bekommen, werde nun angenommen, es gäbe einen Punkt

$$x_0 \in M \quad \text{mit} \quad \check{p}(x_0) < m_1 < -\ln \delta(x_0, E^{n-1}) \; .$$

Dann kann man eine n-dimensionale Hyperkugel $K \subset\subset G$ um x_0 finden, derart, daß für $x \in K - M$ gilt: $-\ln \delta(x, E^{n-1}) < m_1$. Aus diesen beiden Ungleichungen folgt:

$$\delta(x, E^{n-1}) > e^{-m_1} > \delta(x_0, E^{n-1}) , \qquad x \epsilon K - M .$$

Es habe nun $H(x, E^{n-1}) = H_x$ dieselbe Bedeutung wie in § 2.4; dann ist $\underset{x \epsilon K - M}{\cup} H_x = B$ ein Teilgebiet von G, das durch Φ eineindeutig auf ein Gebiet $B^* \subset C^n$ abgebildet wird. Es ist $B^* = \underset{\mathfrak{z} \epsilon \Phi(K) - E^{n-1}}{\cup} H^{n-1}(\mathfrak{z}, \delta(x, E^{n-1}))$; dabei bezeichnet $H^{n-1}(\mathfrak{z}, \delta(x, E^{n-1}))$ die $(n-1)$-dimensionale Hyperkugel um $\mathfrak{z} = \Phi(x)$ in der Ebene $E^{n-1}(\mathfrak{z})$ mit dem Radius $\delta(x, E^{n-1})$. Wir setzen nun

$$\widetilde{B}^* = B^* \cup H^{n-1}(\mathfrak{z}_0, e^{-m_1}) , \qquad \mathfrak{z}_0 = \Phi(x_0) ,$$

und bezeichnen dann mit $\widetilde{B}$ die Menge $\overset{\vee}{\Phi}{}^{-1}(\widetilde{B}^*) \frown \overline{B}$, wobei $\overline{B}$ die abgeschlossene Hülle von B in $\overset{\vee}{G}$ sei. Da die Kugel H_{x_0} einen Radius $\delta < e^{-m_1}$ hat, dagegen alle Kugeln H_x mit $x \epsilon K - M$ einen Radius $\delta(x, E^{n-1}) > e^{-m_1}$ haben, ist $\widetilde{B}^*$ ein Gebiet. Ferner liegt jeder Punkt $r_1 \epsilon \partial H_{x_0} \frown \partial G$ auch in $\widetilde{B}$.

Können wir nun zeigen, daß die fortgesetzte Abbildung $\overset{\vee}{\Phi}$ die Menge $\widetilde{B}$ topologisch auf $\widetilde{B}^*$ abbildet, so folgt offensichtlich, daß jeder Randpunkt $r_1 \epsilon \partial G \frown \widetilde{B}$ hebbar ist; denn dann ist $\mathfrak{B} = (\widetilde{B}, \overset{\vee}{\Phi})$ ein schlichtes Riemannsches Gebiet und $\widetilde{B} \frown \partial G \subset \overset{\vee}{\Phi}{}^{-1}(E^{n-1})$ eine dünne Menge 1. Ordnung.

Zunächst beweist man leicht, daß jeder Punkt $\mathfrak{z} \epsilon \widetilde{B}^*$ als Bildpunkt vorkommt. Die Abbildung ist aber auch umkehrbar. Gäbe es etwa zwei verschiedene Punkte $x_1, x_2 \epsilon \widetilde{B}$ mit $\overset{\vee}{\Phi}(x_1) = \overset{\vee}{\Phi}(x_2) = \mathfrak{z}_1 \epsilon \widetilde{B}^*$, so müßte es nach Definition von $\widetilde{B}$ und der Randpunkte von $\mathfrak{G}$ eine zusammenhängende Umgebung $V^*(\mathfrak{z}_1) \subset \widetilde{B}^*$ geben, deren Urbild $V = \Phi^{-1}(V^*)$ in zwei Teilbereiche V_1, V_2 zerlegt werden kann, die einen nichtleeren Durchschnitt mit B haben. Da Φ das Gebiet B topologisch auf B^* abbildet, ist dann $V^* - E^{n-1}$ Vereinigung der punktfremden offenen Mengen $\Phi(V_1 \frown B)$ und $\Phi(V_2 \frown B)$. Andererseits ist $V - E^{n-1}$ zusammenhängend. Widerspruch!

Es ist also bewiesen, daß $r_1 \epsilon \partial H_{x_0} \frown \partial G$ ein hebbarer Randpunkt ist. Nach Voraussetzung ergibt sich daher: $r_1 \epsilon \partial G - A$. $\mathfrak{G}$ soll in diesen Punkten aber pseudokonvex sein. Das ist jedoch in r_1 nicht der Fall. Denn ist $\{x(t), 0 \leqslant t \leqslant 1\}$ mit $x(1) = r_1$, $x(t) \epsilon H(x_0, E^{n-1})$ für $0 \leqslant t < 1$, eine Kurve und bezeichnet $E(t)$ das 1-dimensionale Ebenenstück in $\widetilde{B}$ senkrecht zu $H(x, E^{n-1})$, $x \epsilon K$, so ist $E(t)$, $0 \leqslant t \leqslant 1$, eine ausgezeichnete Schar 1-dimensionaler analytischer Mengen, die nicht der in Definition 8 gestellten Forderung genügt.

Damit ist bewiesen, daß ein x_0 der bezeichneten Art nicht existiert. Es gilt also: $-\ln \delta(x, E^{n-1}) \equiv \overset{\smile}{p}(x)$, das heißt $-\ln \delta(x, E^{n-1})$ ist in G plurisubharmonisch.

Wir betrachten nun die Folge von RIEMANNschen Gebieten $\mathfrak{G}_\nu = (G_\nu, \Phi)$ mit $G_\nu = \{x \epsilon G, -\ln \delta(x, E^{n-1}) < \nu\}$. $\mathfrak{G}_\nu$ ist auf Grund des unter 1) bewiesenen nach Satz D in allen Punkten $\tilde{r} \epsilon \partial G_\nu$ pseudokonvex, die über einem inneren Punkt von G liegen, für die also gilt: $\overset{\smile}{\iota}_\nu(\tilde{r}) \epsilon G$ ($\iota_\nu : G_\nu \to G$ bezeichne wieder die Injektion). Wir behaupten:

2. $\mathfrak{G}_\nu$ *ist pseudokonvex schlechthin.*

Ist das nicht der Fall, so gibt es eine ausgezeichnete Schar $\sigma_\varepsilon^1(w, t)$, $\varepsilon = \frac{1}{2}e^{-\nu}$, eindimensionaler analytischer Mengen in $\overset{\smile}{G}_\nu$, so daß $T = \{\sigma_\varepsilon^1(w, 1)\} \frown \partial G_\nu$ nicht leer ist [16]).

T enthält notwendig Punkte über ∂G. Anderenfalls wäre nämlich $\mathfrak{G}_\nu$ in jedem Punkt von T pseudokonvex, und die in bezug auf $\mathfrak{G}_\nu$ gebildete Distanzfunktion $-\ln \delta_{\mathfrak{G}_\nu}(x)$ müßte nach Satz C in der Nähe von T plurisubharmonisch in G_ν sein. Dann aber wäre $-\ln \delta(\sigma_\varepsilon^1(w, t))$ für hinreichend großes $t < 1$ jeweils in einer Umgebung W der in der komplexen w-Ebene gelegenen Menge $\{w, \sigma_\varepsilon^1(w, 1) \epsilon \partial G_\nu\}$ subharmonisch und müßte überdies für $t \to 1$ einmal auf ∂W kleiner als in W werden. Das aber ist ein Widerspruch zum Maximumprinzip.

Sei etwa $\tilde{r}_1 = \sigma_\varepsilon^1(\tilde{w}, 1) \epsilon \partial G_\nu$ ein Punkt über ∂G; es gebe also ein $r_1 \epsilon \partial G$ mit $\overset{\smile}{\iota}_\nu(\tilde{r}_1) = r_1$. Der Punkt $\tilde{r}_1$ ist durch die Kurve $x(t) = \sigma_\varepsilon^1(\tilde{w}, t)$, $0 \leqslant t \leqslant 1$, mit dem inneren Punkt $x_0 = \sigma_\varepsilon^1(\tilde{w}, 0) \epsilon G_\nu$ verbunden. Wir legen durch die Punkte $x(t)$, $0 \leqslant t < 1$, jeweils die $(n-1)$-dimensionale Hyperkugel $H(x(t), E^{n-1}) \subset G$. Die Radien derselben sind sämtlich größer als $e^{-\nu}$. Bezeichnet nun $H(t)$ die in $H(x(t), E^{n-1})$ enthaltene, konzentrisch um $x(t)$ liegende $(n-1)$-dimensionale Hyperkugel vom Radius $e^{-\nu}$, so ist $\{H(t)\}$ für $0 \leqslant t < 1$ eine Schar $(n-1)$-dimensionaler analytischer Mengen in G, die durch eine Schar holomorpher Abbildungen $\sigma^{n-1}(w, t)$, $0 \leqslant t < 1$, der Hyperkugel H_0: $\{|w| = (|w_2|^2 + \cdots + |w_n|^2)^{\frac{1}{2}} \leqslant e^{-\nu}\}$ des $w_2, \ldots, w_n$-Raumes in G gegeben werden kann. Bezeichnen $z_1(t), \ldots, z_n(t)$ die Koordinaten von $\Phi \circ x(t)$, so kann man $\sigma^{n-1}(w, t)$ insbesondere so vorgeben, daß gilt:

$$\Phi \circ \sigma^{n-1}(w, t) = (z_1(t), z_2(t) + w_2, \ldots, z_n(t) + w_n) \ .$$

Daraus ersieht man aber (vgl. die Bemerkung § 2, 1), daß die Schar $\sigma^{n-1}(w, t)$ stetig zu einer in $\overset{\smile}{G}$ ausgezeichneten Schar $\overset{\smile}{\sigma}^{n-1}(w, t)$, $0 \leqslant t \leqslant 1$, von $(n-1)$-dimensionalen analytischen Mengen fortgesetzt werden kann.

---

[16]) Vgl. die Bemerkung im Anschluß an Satz C.

Wir benötigen als Zwischenresultat:

a) *Die Menge* $\{\breve{\sigma}^{n-1}(\mathfrak{w}, 1)\}$ *ist in* ∂G *enthalten.*

Wäre das nicht der Fall, so gäbe es einen Punkt $\mathfrak{w}_0 \epsilon H_0$, so daß der Punkt $x_0 = \breve{\sigma}^{n-1}(\mathfrak{w}_0, 1)$ in G liegt und überdies gilt:

$$- \ln \delta(x_0, E^{n-1}) > - \ln (e^{-\nu} - |\mathfrak{w}_0|) \ .$$

Andererseits gilt aber: $\quad \overline{\lim_{x \to x_0,\ x \epsilon \{\sigma^{n-1}(\mathfrak{w}, t);\ 0 \leqslant t < 1\}}} \quad - \ln \delta(x, E^{n-1}) \leqslant - \ln (e^{-\nu} - |\mathfrak{w}_0|) \ ,$

da für alle Punkte $x_0(t) = \sigma^{n-1}(\mathfrak{w}_0, t)$, $0 \leqslant t < 1$, die Ungleichung

$$\delta(x_0(t), E^{n-1}) \geqslant e^{-\nu} - |\mathfrak{w}_0|$$

besteht. Der folgende, weiter unten zu beweisende Hilfssatz gibt nun einen Widerspruch:

Hilfssatz 2. *Ist* $\sigma^{n-1}(\mathfrak{w}, t)$ *eine Schar von singularitätenfrei in einer n-dimensionalen komplexen Mannigfaltigkeit X eingebetteten $(n-1)$-dimensionalen analytischen Mengen, und ist $p(x)$ eine plurisubharmonische Funktion in X, so gilt in jedem Punkt* $x_0 \epsilon \{\sigma^{n-1}(\mathfrak{w}, 1)\}$ *die Gleichung:*

$$\overline{\lim_{x \to x_0,\ x \epsilon S}} \ p(x) = p(x_0) \ , \quad wobei \quad S = \{\sigma^{n-1}(\mathfrak{w}, t) \ , \quad 0 \leqslant t < 1\} \ .$$

Wir benötigen ferner:

b) *Es gibt ein* t_0, $0 \leqslant t_0 < 1$, *so daß für alle t, t' mit $t_0 \leqslant t$, $t' < 1$ die Schnittzahl $S(t, t')$ von $\{\sigma_\varepsilon^1(w, t)\}$ mit $\{\sigma^{n-1}(\mathfrak{w}, t')\}$ in bezug auf die natürliche Orientierung wohldefiniert ist.*

Zum Beweise haben wir zu zeigen (vgl. Fußnote 12), daß ein t_0, $0 \leqslant t_0 < 1$, so gewählt werden kann, daß gilt:

α) Die Menge $\{\sigma_\varepsilon^1(e^{i\vartheta}, t)\}$, $-\pi \leqslant \vartheta \leqslant \pi$, hat keinen Punkt mit der Menge $\{\sigma^{n-1}(\mathfrak{w}, t')\}$ gemeinsam, falls $t_0 \leqslant t$, $t' < 1$.

β) Die Menge $\{\sigma^{n-1}(\partial H_0, t')\}$ hat keinen Punkt mit der Menge $\{\sigma_\varepsilon^1(w, t)\}$ gemeinsam, falls $t_0 \leqslant t$, $t' < 1$.

Da $\sigma_\varepsilon^1(w, t)$ eine ausgezeichnete Schar ist, hat die Menge $\{\sigma_\varepsilon^1(e^{i\vartheta}, t)\}$ einen Abstand $d > 0$ von ∂G. Da nach 2. die Menge $\breve{\sigma}^{n-1}(\mathfrak{w}, 1)$ in ∂G enthalten ist, kann man t_0 so groß wählen, daß jeder Punkt von $\sigma^{n-1}(\mathfrak{w}, t')$ für $t_0 \leqslant t' < 1$ von ∂G höchstens den Abstand $\dfrac{d}{2}$ hat. Bei Wahl dieses t_0 hat dann $\{\sigma_\varepsilon^1(e^{i\vartheta}, t)\}$ keinen Punkt mit $\{\sigma^{n-1}(\mathfrak{w}, t')\}$ für $t_0 \leqslant t, t' < 1$ gemeinsam; α) ist also bewiesen.

Die Behauptung β) ergibt sich ebenso einfach. Die Kugeln $\{\sigma^{n-1}(\mathfrak{w}, t)\}$ haben sämtlich den Radius $e^{-\nu}$. Da aber $\varepsilon = \frac{1}{2} e^{-\nu}$, so ist klar, daß t_0 auch noch so gewählt werden kann, daß β) erfüllt ist.

Nunmehr ergibt sich leicht, daß $\mathfrak{G}_\nu$ pseudokonvex schlechthin ist. Die Schnittzahl $S(t, t')$ von $\{\sigma^1_\varepsilon(\mathfrak{w}, t)\}$ mit $\{\sigma^{n-1}(\mathfrak{w}, t')\}$ ist nach bekannten Sätzen über Schnittzahlen (vgl. Fußnote 12) für alle t, t' mit $t_0 \leqslant t, t' < 1$ stets dieselbe. Ist $t = t' = t_1$, so haben $\{\sigma^1_\varepsilon(\mathfrak{w}, t_1)\}$ und $\{\sigma^{n-1}(\mathfrak{w}, t_1)\}$ den Punkt $x(t_1)$ gemeinsam. Da sich analytische Flächen nur positiv schneiden können (vgl. Fußnote 12), ist $S(t_1, t_1)$ also positiv. Andererseits können wir aber bei vorgegebenen t, $t_0 \leqslant t < 1$, stets ein t' in hinreichender Nähe bei 1 finden, daß $\{\sigma^{n-1}(\mathfrak{w}, t')\}$ keinen Punkt mit $\{\sigma^1_\varepsilon(\mathfrak{w}, t)\}$ gemeinsam hat; ist nämlich $d_1 > 0$ die Randdistanz von $\{\sigma^1_\varepsilon(\mathfrak{w}, t)\}$ zu ∂G, so braucht man t' nur so nahe bei 1 zu wählen, daß kein Punkt von $\{\sigma^{n-1}(\mathfrak{w}, t')\}$ von ∂G eine größere Entfernung als $d_1/2$ hat. (Das ist wegen a) möglich.) Für die so bestimmten Zahlen t, t' ergibt sich dann: $S(t, t') = 0$. Dieser Widerspruch zu $S(t, t') = S(t_1, t_1)$ löst sich nur so, daß $\mathfrak{G}_\nu$ in allen Randpunkten pseudokonvex ist.

Da die G_ν das Gebiet G ausschöpfen, muß nach Satz D'' auch $\mathfrak{G}$ selbst pseudokonvex sein. Damit ist Hilfssatz 1 bewiesen.

Wir holen nun den Beweis von Hilfssatz 2 nach. Wir wählen eine hinreichend kleine Umgebung $U(x_0)$ und eine in U singularitätenfrei eingebettete Riemannsche Fläche F, die $\{\sigma^{n-1}(\mathfrak{w}, 1)\}$ nur in x_0 schneidet und nicht berührt. Es gibt dann ein t_0, $0 \leqslant t_0 < 1$, so daß alle Flächen $\{\sigma^{n-1}(\mathfrak{w}, t)\}$, $t_0 \leqslant t \leqslant 1$, ebenfalls F in genau einem Punkt schneiden, wie man sofort einsieht, wenn man F als Nullstellengebilde von $(n-1)$ holomorphen Funktionen darstellt und diese auf $\sigma^{n-1}(\mathfrak{w}, t)$ beschränkt.

Es sei nun $x(t)$, $t_0 \leqslant t \leqslant 1$, die Kurve $F \frown \sigma^{n-1}(\mathfrak{w}, t)$. Die Beschränkung von $p(x)$ auf F ist subharmonisch. Nach § 1, 2. d) gilt daher

$$p(x_0) = \overline{\lim_{t \to 1}} \, p(x(t)) \; .$$

Daraus folgt a fortiori die Behauptung des Hilfssatzes.

4. Unter Benutzung von Hilfssatz 1 läuft nun der Beweis von Satz 4 wie folgt: Wir haben zu zeigen, daß $\mathfrak{G}$ in allen Punkten aus A pseudokonvex ist. Um einen Widerspruch zu gewinnen, werde angenommen, das sei nicht der Fall. Die Teilmenge $A' \subset A$ derjenigen Randpunkte von $\mathfrak{G}$, in denen $\mathfrak{G}$ nicht pseudokonvex ist, ist dann nicht leer. Sei $r_0 \in A'$ irgendein Punkt! Nach Voraussetzung gibt es eine Umgebung $U(r_0) \subset \breve{G}$ und in $U(r_0) \frown G$ eine nirgends identisch verschwindende holomorphe Funktion f mit der Eigenschaft, daß zu jedem Punkt $r \in U \frown A'$ eine Folge $x_\nu \in U \frown G$ mit $\lim_{\nu \to \infty} f(x_\nu) = 0$ existiert, die gegen r konvergiert.

Wir betrachten nun das Riemannsche Gebiet $\mathfrak{U} = (U \cap G, \Phi)$. $(U \overset{\vee}{\cap} G)$ ist durch die Injektion $\overset{\vee}{\imath}$ in $\overset{\vee}{G}$ abgebildet. $\overset{\vee}{\imath}$ ist eine topologische Abbildung von $U^* = \overset{\vee}{\imath}^{-1}(U)$ auf U. Offenbar ist auch $\tilde{A} = \overset{\vee}{\imath}^{-1}(U \cap A') \subset U^*$ eine in bezug auf f dünne Menge. Das Riemannsche Gebiet $\mathfrak{U}$ ist in keinem Punkt von $\tilde{A}$ pseudokonvex, dagegen aber in allen Punkten von $(\partial(U \cap G) \cap U^*) - \tilde{A}$.

Das Holomorphiegebiet $\mathfrak{G}^* = (G^*, \Phi^*)$ der Funktion $f(x)$ enthält nach Definition das Gebiet $\mathfrak{U}$. Es gibt daher eine spurpunkttreue stetige Abbildung τ von $U \cap G$ in G^*, die sich zu einer stetigen Abbildung $\overset{\vee}{\tau}$ von $(G \overset{\vee}{\cap} U)$ in $\overset{\vee}{G}^*$ fortsetzen läßt. Wir behaupten, daß kein Punkt von $\tilde{A}$ über einem inneren Punkt von G^* liegt.

Dazu sei die Fortsetzung $f^*(x)$ von $f(x)$ in G^* gebildet; M sei das Nullstellengebilde von $f^*(x)$. Es gilt $(\overset{\vee}{\tau}(\tilde{A}) \cap G^*) \subset M$. Wir bezeichnen mit M_1 die Menge der nicht gewöhnlichen Punkte von M, mit M_2 die Menge der nicht gewöhnlichen Punkte von M_1 usw. Nach einem bekannten Satz über die Verteilung der nicht gewöhnlichen Punkte in einer analytischen Menge sind alle Mengen M_k, $k = 1, \ldots, n-1$, analytische Mengen, deren Dimension höchstens gleich $n - k - 1$ ist (vgl. hierzu auch [29], p. 286 sowie [8], Exposé IX). Aus Hilfssatz 1 folgt sofort, daß kein Punkt von $\tilde{A}$ über einem Punkt von $M - M_1$ liegen kann; denn dort ist sicher $\mathfrak{U}$ pseudokonvex. Nochmalige Anwendung desselben Hilfssatzes ergibt, daß $\overset{\vee}{\tau}^{-1}(M_1 - M_2) \cap \tilde{A}$ leer ist. So fortfahrend folgt nach höchstens n Schritten, daß $\overset{\vee}{\tau}^{-1}(M) \cap \tilde{A}$ selbst leer ist.

Zeigen wir nun noch, daß $\overset{\vee}{\tau}(\tilde{A}) \cap M$ nicht leer sein kann, so ist ein Widerspruch gewonnen und Satz 4 bewiesen. Da $\mathfrak{U}$ in den Punkten von $\tilde{A}$ nicht pseudokonvex ist, gibt es in $\mathfrak{U}$ eine ausgezeichnete Schar 1-dimensionaler analytischer Mengen $\sigma^1(w, t)$, so daß $\{\sigma^1(w, 1)\} \cap \partial(G \cap U)$ nicht leer und in $\overset{\vee}{\imath}^{-1}(\partial G) \cap U^*$ enthalten ist. $\{\sigma^1(w, 1)\}$ enthält dann aber auch sicher wenigstens einen Punkt $r_1 \epsilon \tilde{A}$. Denn da $\mathfrak{U}$ in $\partial(G \cap U) \cap \overset{\vee}{\imath}^{-1}(U) - \tilde{A}$ pseudokonvex ist, ist die Funktion $- \ln \delta_{\mathfrak{G}}(x)$ in der Nähe dieser Punkte plurisubharmonisch (Satz C). Die Funktionen $s(w) = - \ln \delta_{\mathfrak{G}}(\sigma^1(w, t))$ sind dann für hinreichend großes t in einer Umgebung W der Menge $S = \sigma^{-1}(\partial(G \cap U), 1)$ subharmonisch. Da dieselbe aber für $t \to 1$ einmal auf dem Rande ∂W kleinere Werte als im Innern von W annehmen muß, steht das im Widerspruch zum Maximumprinzip.

Aus einem bekannten Kontinuitätssatz[17]) folgt nun, daß $f(x)$ in r_1 holomorph ist. Es gilt also $\overset{\vee}{\tau}(r_1) \epsilon G^*$. Daher ist $\overset{\vee}{\tau}(\tilde{A}) \cap G^*$ nicht leer, q. e. d.

---

[17]) Vgl. [3], p. 357.

§4. Verzweigte Holomorphiegebiete

1. Bei der Untersuchung der Existenzgebiete holomorpher Funktionen hat man bisher die Verzweigungspunkte und allgemein die Stellen algebroiden Verhaltens unberücksichtigt gelassen (vgl. [5], [2]). Dieses an sich unnatürliche Vorgehen findet seinen Grund in dem anfangs noch unzureichenden Zustand der Topologie, der eine Definition des verzweigten RIEMANNschen Gebietes ausschloß. Es zeigt sich nun, daß die zu entwickelnde Funktionentheorie in verzweigten RIEMANNschen Gebieten wesentlich von der bekannten Theorie in unverzweigten Gebieten verschieden ist. Wie schon in § 2 angeführt (Satz E), zeigte K. OKA die Äquivalenz der unverzweigten Holomorphiegebiete und der unverzweigten holomorphkonvexen RIEMANNschen Gebiete. Wir werden jedoch nun ein Beispiel eines verzweigten Holomorphiegebietes angeben, das weder holomorphkonvex noch pseudokonvex ist (vgl. auch [16]).

Es seien zunächst $C_\varkappa^2$, $\varkappa = 1, \ldots, k$, k Exemplare $(k \geqslant 2)$ des 2-dimensionalen komplexen Zahlenraumes der Veränderlichen $z_\varkappa$, $w_\varkappa$. Im kartesischen Produkt $C^{2k} = \underset{\varkappa=1}{\overset{k}{\times}} C_\varkappa^2$ werde die rein $(k + 1)$-dimensionale analytische Menge

$$X^{k+1} = \left\{ \frac{z_1}{w_1} = \frac{z_2}{w_2} = \ldots = \frac{z_k}{w_k} \right\}$$

betrachtet. Wie bereits in [13] gezeigt wurde, ist X^{k+1} lokal irreduzibel eingebettet und bildet somit – versehen mit der induzierten komplexen Struktur – einen komplexen Raum. Alle Punkte von $X^{k+1} - O$ $(O = \text{Nullpunkt des } C^{2k})$ sind gewöhnliche Punkte und deshalb uniformisierbar. O selbst besitzt keine uniformisierbare Umgebung.

X^{k+1} wird durch die k-dimensionalen analytischen Ebenen der Schar

$$E(s) = \left\{ \frac{z_1}{w_1} = \frac{z_2}{w_2} = \ldots = \frac{z_k}{w_k} = s \right\}$$

überdeckt, wenn s die Zahlen einer Riemannschen Zahlenkugel durchläuft. Zwei Ebenen $E(s_1)$, $E(s_2)$, $s_1 \neq s_2$ schneiden sich genau im Punkte O.

2. *Durch die lineare holomorphe Abbildung*

$$\Phi : \begin{cases} v_0 = z_1 + \cdots + z_k \, , \\ v_1 = w_1 + \alpha_1 z_1 \, , \\ \vdots \\ v_k = w_k + \alpha_k z_k \, , \end{cases} \quad \begin{aligned} & \alpha_\nu \neq \alpha_\mu \quad \text{für} \quad \nu \neq \mu \, ; \quad |\alpha_\nu| = 1 \, , \\ & \nu, \mu = 1, \ldots, k \, , \end{aligned}$$

wird X^{k+1} nirgends entartet auf den Raum C^n, $n = k + 1$, der Veränderlichen $v_0, v_1, \ldots, v_k$ abgebildet.

Jede Ebene $E(s)$ wird nämlich durch Φ eineindeutig linear auf die $(n-1)$-dimensionale analytische Ebene

$$v_0 \cdot \prod_{\varkappa=1}^{k}(1+\alpha_\varkappa s) - s \sum_{\varkappa=1}^{k} v_\varkappa \cdot \prod_{\substack{\nu=1\\ \nu\neq\varkappa}}^{k}(1+\alpha_\nu s) = 0$$

im C^n bezogen. Daraus folgt, daß jeder Punkt $v = (v_0, v_1, v_2, \ldots, v_k)\epsilon C^n$ in jeder Ebene $E(s)$ höchstens einen Urbildpunkt besitzt. Die Parameter s der Ebenen $E(s)$, in denen ein solcher Urbildpunkt liegt, müssen notwendig das Polynom

$$P(s) = v_0 \prod_{\varkappa=1}^{k}(1+\alpha_\varkappa s) - s \sum_{\varkappa=1}^{k} v_\varkappa \cdot \prod_{\substack{\nu=1\\ \nu\neq\varkappa}}^{k}(1+\alpha_\nu s)$$

annullieren, oder es muß $s =\infty$ sein. Da $P(s)$ nur für $v = O$ identisch verschwindet und im übrigen höchstens vom Grade k ist, besitzt jeder Punkt $v \neq O$ höchstens k verschiedene Urbilder in X^{k+1}. Über $v = O$ liegt aber nur der Punkt $O\epsilon X^{k+1}$. Somit liegen alle Urbildpunkte jedes Punktes $v\epsilon C^n$ isoliert in X^{k+1}, q. e. d.

Es sei nun K ein beliebiger Kreis $\{|s|<d<1\}$ der s-Ebene. Die Menge $G = \{\cup_{s\epsilon K} E(s)\} - O$ ist eine offene, zusammenhängende Teilmenge von $X^{k+1}- O$. Da Φ eine nirgends entartete Abbildung ist, folgt aus [10], Satz 13, daß $\mathfrak{G} = (G, \Phi)$ ein Riemannsches Gebiet über dem C^n ist, das nur aus uniformisierbaren Punkten besteht. Wir notieren einige Eigenschaften von $\mathfrak{G} = (G, \Phi)$.

(1) *G ist analytisch isomorph dem kartesischen Produkt $Y = K \times \{C^k - O\}$.*

Beweis : Die Abbildung

$$\pi: s = \frac{z_1}{w_1} = \frac{z_2}{w_2} = \ldots = \frac{z_k}{w_k}, \quad v_1 = w_1, \ldots, v_k = w_k$$

bildet G eineindeutig auf Y ab.

Wir zeigen weiter :

(2) *Es gibt einen Punkt $v_0 = (v_0^{(0)}, v_1^{(0)}, \ldots, v_k^{(0)})\epsilon C^n$, über dem genau ein Nichtverzweigungspunkt und keine weiteren Punkte von G liegen.*

Beweis : Wir wählen v_0 so, daß $v_\varkappa^{(0)} \neq 0$, $\varkappa = 0, \ldots, k$ und $P(s)$ mit diesen Werten genau eine einfache Nullstelle in einem Punkte $s_0\epsilon K$ besitzt. Das ist möglich, da bei beliebigen $v_\varkappa$ auch die Koeffizienten von $P(s)$ beliebig sind. Zu s_0 gehört genau ein Punkt $x_0\epsilon X^{k+1}$, der über v_0 liegt. Dieser ist in $E(s_0)$ enthalten. Also gilt $x_0\epsilon G$. Die anderen Punkte über v_0, die zu einem s, $P(s) = 0$, $s \neq s_0$, gehören, liegen in einer Ebene $E(s), s\notin K$, und daher nicht in G, q. e. d.

Wir fügen jetzt zu $\mathfrak{G}$ alle erreichbaren Randpunkte r hinzu. Da G ein Teilgebiet von $X^{k+1}-O$ mit glattem Rande ist, kann man ∂G außerhalb O durch die Häufungsmenge von G in $X^{k+1}-O-G$ repräsentieren. Die oben angegebene Abbildung π läßt sich in diese Menge fortsetzen: Zu jedem Punkt $r\,\epsilon\,\partial G$, der nicht über O liegt, gibt es in $X^{k+1}-O$ eine Umgebung $U(r)$, die vermöge π umkehrbar holomorph auf eine Umgebung

$$U^*(r^*) \subset C^n \;, \qquad r^* = \pi(r)\,\epsilon\,\partial K \times \{C^k - O\}$$

abgebildet ist. ∂G hat in der Nähe von r die gleiche (analytische) Struktur wie ∂Y in der Nähe von r^*. Daraus ergibt sich:

(3) *Ist $\tilde{f}$ eine in Y holomorphe Funktion, die in*

$$r^* = \pi(r)\,\epsilon\,\partial Y \;, \qquad r\,\epsilon\,\partial G - \check{\Phi}^{-1}(O)$$

eine Singularität hat, so läßt sich $\tilde{f} = f\circ\pi$ nicht über $r\,\epsilon\,\partial G$ hinaus holomorph fortsetzen.

Wir beweisen ferner:

(4) *Über $O\,\epsilon\,C^n$ liegt genau ein Randpunkt $r_0\,\epsilon\,\partial G$.*

Beweis: Es genügt zu zeigen, daß das Urbild $\Phi^{-1}(U)$ jeder Hyperkugel $U(O) \subset C^n$ eine nichtleere zusammenhängende Menge in G ist. Das aber ist klar, da $\pi\circ\Phi^{-1}(U) = \{(s(v_1 + \cdots + v_k), v_1(1+\alpha_1 s), \ldots, v_k(1+\alpha_k s))\,\epsilon\,U\}$ immer eine zusammenhängende Menge um $K\times O$ in Y ist.

Dem Kontinuum der Randpunkte $K\times O$ von Y entspricht also genau ein Randpunkt von G, während die Punkte von $\partial K \times \{C^k - O\}$ und $\partial G - \Phi^{-1}(O)$ eineindeutig einander zugeordnet sind. Man kann π^{-1} zu einer stetigen Abbildung $\check{\pi}^{-1}$ von $\overline{Y}$ in $\check{G}$ fortsetzen.

3. Wir zeigen nun:

(5) $\mathfrak{G}$ *ist ein Holomorphiegebiet.*

Beweis: $K\times C^k$ ist als Polyzylinder ein Holomorphiegebiet ([5], p. 77). Es gibt also eine holomorphe Funktion $^*f(\mathfrak{z})$, die $K\times C^k$ zum Existenzgebiet hat. Nach (3) ist $f(x) = {}^*f\circ\pi(x)$ eine holomorphe Funktion in G, die in allen Randpunkten $r\,\epsilon\,\partial G - r_0$, $r_0 = \check{\Phi}^{-1}(O)$, singulär ist. r_0 selbst ist aber Häufungspunkt dieser Randpunkte; denn $\check{\pi}^{-1}$ bildet $\overline{Y}$ stetig auf $\check{G}$ ab, wobei jede Umgebung $U \subset \overline{Y}$ von $\overline{K}\times O$ in eine Umgebung von r_0 übergeht. Diese Umgebung enthält stets Bildpunkte von $\partial K\times(C^k - O)$. Es folgt also, daß $f(x)$ auch in r_0 wesentlich singulär wird.

Es sei nun $\mathfrak{G}^* = (G^*, \Phi^*)$ das Existenzgebiet von $f(x)$. $\mathfrak{G}$ ist in $\mathfrak{G}^*$ enthalten, $f(x)$ ist in G^* hinein fortsetzbar. Die Abbildung $\check{\tau} : \check{G} \to \check{G}^*$ (vgl. § 2, 4) bildet keinen Punkt von ∂G in das Innere von G^* ab, da $f(x)$ überall in ∂G singulär ist. Folglich ist $\mathfrak{A} = (G, \tau, G^*)$ eine unbegrenzte Überlagerung von G^*. Da τ außerdem spurpunkttreu abbildet und nach (2) über einem gewissen $v_0 \epsilon C^n$ genau ein Punkt von G liegt, muß $\mathfrak{A}$ einblättrig sein: τ bildet mithin G umkehrbar eindeutig auf G^* ab. G und G^* sind identisch, das heißt $\mathfrak{G}$ ist selbst das Existenzgebiet von $f(x)$ und damit ein Holomorphiegebiet.

Weiter gilt:

(6) *$\mathfrak{G}$ ist in allen Randpunkten $r \neq r_0$ pseudokonvex, jedoch in r_0 nicht, also auch nicht pseudokonvex schlechthin.*

Beweis: Zunächst ist $\mathfrak{G}$ pseudokonvex in jedem Randpunkt $r \neq r_0$, da in der Nähe eines solchen Punktes ∂G die gleiche Struktur hat wie ∂Y in der Nähe von $\pi(r)$. ∂Y ist aber dort der Rand eines Polyzylinders.

Nun ist $C^k - O$ in O nicht pseudokonvex. Es gibt vielmehr zu jedem ε eine in $C^k - O$ ausgezeichnete Schar $*\sigma_\varepsilon^1(w, t)$, die O enthält. Für festes $s_0 \epsilon K$ ist dann $(s_0, *\sigma_\varepsilon^1(w, t))$ eine ausgezeichnete Schar in $Y = K \times (C^k - O)$, deren Durchschnitt mit $K \times O$ nicht leer ist. Die ausgezeichnete Schar

$$\sigma_\delta^1(w, t) = \check{\pi}^{-1}(s_0, *\sigma_\varepsilon^1(w, t))$$

in $\mathfrak{G}$ enthält dann den Punkt r_0. Da δ beliebig klein wird, wenn ε gegen 0 geht, haben wir gezeigt, daß $\mathfrak{G}$ in r_0 nicht pseudokonvex ist.

Die Holomorphiehülle von Y ist $K \times C^k \neq Y$. Daher ist Y sicher nicht holomorphkonvex (vgl. [5], p. 73). Da ferner G und Y analytisch isomorph sind und die Holomorphiekonvexität gegenüber eineindeutigen holomorphen Abbildungen invariant ist, folgt:

(7) *G ist nicht holomorphkonvex.*

Zusammenfassend ist also bewiesen:

Satz 8. *Es gibt über dem C^n, $n \geqslant 3$, endlich-blättrige, verzweigte Holomorphiegebiete, die weder holomorphkonvex noch pseudokonvex sind.*

Dagegen ist natürlich jedes Holomorphiegebiet pseudokonvex im Sinne von H. CARTAN. – Es bleibt offen, ob Satz 8 auch für $n = 2$ richtig ist.

4. Das konstruierte RIEMANNsche Gebiet $\mathfrak{G} = (G, \Phi)$ kann auch benutzt werden, um zu zeigen, daß Satz 4 für verzweigte RIEMANNsche Gebiete nicht mehr gültig ist. Daß r_0 eine dünne Randmenge ist, versteht sich von selbst. Wie wir im Beweise von (5) gesehen hatten, ist r_0 Häufungspunkt von $\partial G - r_0$.

Da ∂G in allen Punkten dieser Menge $(2n-1)$-dimensional ist, folgt auch, daß r_0 ein nicht-hebbarer Randpunkt ist. – $\mathfrak{G}$ *ist also ein Gebiet über dem C^n, das außerhalb einer dünnen Menge nicht-hebbarer Randpunkte pseudokonvex und doch nicht pseudokonvex schlechthin ist.*

Zum Beweise, daß r_0 nicht-hebbar ist, hätte man auch folgenden Hilfssatz heranziehen können:

Hilfssatz 3. *Es sei $\mathfrak{R}' = (R', \varphi, H')$ eine endlich-blättrige, analytisch-verzweigte Überlagerung einer Hyperkugel $H' \subset C^n$. H sei eine Hyperkugel, die relativ-kompakt in H' enthalten ist; $\mathfrak{R} = (R, \varphi, H)$ sei die Beschränkung der Überlagerung $\mathfrak{R}'$ auf H. Ist dann π eine holomorphe Abbildung von R' in den C^n, die genau in einer dünnen (auch leeren) Menge $M' \subset R'$ der Ordnung 1 entartet ist [18], so ist $\mathfrak{G} = (G, \Phi)$, $G = R - M'$, ein RIEMANNsches Gebiet, das nur nicht-hebbare Randpunkte besitzt. Dabei bezeichnet Φ die Beschränkung von π auf $G = R - M'$.*

Beweis: Nach [10], Satz 13, ist $\mathfrak{G} = (G, \Phi)$ ein RIEMANNsches Gebiet, das Teilgebiet des RIEMANNschen Gebietes $\mathfrak{G}' = (R' - M', \pi)$ ist. Es sei r ein Randpunkt von $\mathfrak{G}$, der über einem inneren Punkt x aus $R' - M'$ liegt. r läßt sich auch als ein Randpunkt von (R, φ) über $x \in (R' - M') \cap \varphi^{-1}(\partial H)$ auffassen. Es gilt darum in der Nähe von $x : \partial G = \partial R$. Da aber ∂R rein $(2n-1)$-dimensional ist, hat auch ∂G in einer Umgebung von x die Dimension $2n - 1$. Dann ist r jedoch sicher kein hebbarer Randpunkt.

Sei nun r_0 ein Randpunkt von $\mathfrak{G}$, der über einem Punkt des Randes von $\mathfrak{G}'$ liegt. Wenn wir zeigen, daß es in beliebiger Nähe von r_0 noch Punkte $r \in \partial G$ gibt, die über einem inneren Punkt von $R' - M'$ gelegen sind, so ist auch r_0 kein hebbarer Randpunkt; denn die Menge der nicht-hebbaren Randpunkte ist abgeschlossen.

r_0 ist als Filter von offenen, zusammenhängenden Mengen in $G = R - M'$ definiert. Da die abgeschlossene Hülle $\overline{R}$ der Menge R in R' kompakt ist (zum Beweise beachte man, daß $\mathfrak{R}'$ endlich-blättrig ist), so besitzt der Filter r_0 mindestens einen Berührungspunkt $x_0 \in \overline{R}$. Da r_0 nicht über einem Punkt aus $R' - M'$ liegt, gilt sicher nicht $x_0 \in \overline{R} - M$. Es gilt also: $x_0 \in \overline{R} \cap M'$. Ferner ist $\pi(x_0) = \check{\Phi}(r_0) = \mathfrak{z}_0 \in C^n$; die analytische Menge $M^* = \pi^{-1}(\mathfrak{z}_0)$ enthält somit x_0. Weil π in der Menge M entartet ist, ist dieselbe in x_0 sicher mindestens 1-dimensional. Es sei M_1 die zusammenhängende Komponente von M^* [19], die

---

[18] Es braucht nur gefordert zu werden, daß π nicht überall entartet ist. Nach einem in [28] bewiesenen Satz folgt daraus, daß dann die Entartungsmenge von π eine dünne Menge erster Ordnung ist.

[19] Eine analytische Menge ist stets lokal zusammenhängend und zerfällt deshalb in eindeutiger Weise in zusammenhängende Komponenten.

x_0 enthält. M_1 ist überall mindestens 1-dimensional; und man sieht unmittelbar, daß jeder Punkt von M_1 Häufungspunkt des Filters r_0 ist. Ferner ist M_1 sicher nicht kompakt, da sonst wegen des Maximumprinzips [20]) für holomorphe Funktionen jede der Funktionen $z_\nu \circ \varphi$, $\nu = 1, \ldots, n$, auf M_1 konstant sein müßte und M_1 dann nur über einem Punkt des C^n läge. Es ist also $M_1 \cap (\bar{R} - R)$ nicht leer.

Sei nun $U(r_0)$ eine beliebig kleine Umgebung von r_0. Nach Definition ist $U \cap G$ eine zusammenhängende Komponente einer Menge

$$\Phi^{-1}(V) = \pi^{-1}(V) \cap (R - M') \, ,$$

wobei $V = V(\mathfrak{z}_0)$ eine Umgebung von $\mathfrak{z}_0 = \Phi(r_0)$ ist. Es bezeichne V_1' die zusammenhängende Komponente von $\pi^{-1}(V)$, die $U \cap G$ enthält. Offenbar umschließt V_1' unsere Menge M_1. Ebenso enthält die zusammenhängende Komponente V_1, $V_1 \supset U \cap G$, von $V_1' \cap R$ die Menge $M_1 \cap R$; denn $M_1 \cap R$ ist Häufungsmenge von $U \cap G$. $U \cap G$ ist Komponente von $V_1 - M'$, da M' den komplexen Raum R' nirgends zerlegt. Es folgt: $U \cap G = V_1 - M'$. Ferner gibt es – wie man leicht sieht – in hinreichender Nähe der Punkte $M_1 \cap (\bar{R} - R)$ Punkte $\tilde{x}_1 \epsilon \bar{R} - R - M'$ und Umgebungen $W(\tilde{x}_1)$, so daß $W \cap R \subset V_1$. Ist dann x_1 ein Punkt aus $\check{\iota}^{-1}(\tilde{x}_1) \epsilon \partial R$, so läßt sich, weil ∂G und ∂R in der Nähe von x_1 übereinstimmen, der Punkt x_1 auch als Randpunkt von $\mathfrak{G}$ auffassen. Offenbar gilt $x_1 \epsilon U$. Damit ist gezeigt, daß in beliebiger Nähe von r_0 noch Punkte $x_1 \epsilon \partial R - M'$ liegen. Unser Hilfssatz ist bewiesen.

5. Satz 4 (und Satz 2) gestatten eine weitere interessante Anwendung auf die Abbildungstheorie. Man kann nämlich zeigen (vgl. auch [13], Fußnote 17):

Satz 9. *Es sei X^n ein n-dimensionaler komplexer Raum; D sei eine in X^n dünne Menge 2. Ordnung; K sei die Menge der nichtuniformisierbaren Punkte von X^n. Ist dann π eine holomorphe Abbildung von X in den C^n, deren Funktionaldeterminante außerhalb $D \cup K$ nicht verschwindet, so ist X^n eine komplexe Mannigfaltigkeit. Die Funktionaldeterminante von π verschwindet nirgends.*

Beweis: Zunächst sei bemerkt, daß die Funktionaldeterminante Δ von π außerhalb K nirgends verschwindet. Wäre das nämlich nicht der Fall, so würde sie eine rein $(n-1)$-dimensionale Nullstellenmenge in $X - K$ besitzen. Diese könnte aber nicht in D enthalten sein, da D dünn von 2. Ordnung ist. In $X - K$ ist π also lokal-topologisch.

Es bezeichne nun M die Entartungsmenge der Abbildung π. M ist abge-

---

[20]) Für holomorphe Funktionen auf analytischen Mengen gilt bekanntlich das Maximumprinzip; vgl. etwa [30], [31], [29].

schlossen und in K enthalten. Da K eine dünne Menge 2. Ordnung ist (vgl. [15]), ist auch M dünn von 2. Ordnung.

Offenbar ist die Aussage von Satz 9 lokaler Natur. Wir dürfen daher annehmen, daß es eine holomorphe Abbildung φ von X in eine Hyperkugel H' gibt, so daß $\mathfrak{R}' = (X, \varphi, H')$ eine endlich-blättrige, analytisch-verzweigte Überlagerung von H' ist. Wir können dabei voraussetzen, daß M im Nullstellengebilde einer in X holomorphen, nicht identisch verschwindenden Funktion $f(x)$ enthalten ist. Ferner brauchen wir den Satz nur für jeden komplexen Raum $R \subset\subset X$ zu beweisen, der zu einer analytisch-verzweigten Überlagerung $\mathfrak{R} = (R, \varphi, H)$ gehört, die die Beschränkung von $\mathfrak{R}'$ auf eine Hyperkugel $H \cdot\subset\subset H'$ ist.

Aus Hilfssatz 3 folgt nun, wenn wir dort $R = X$ setzen, daß $\mathfrak{G} = (G, \Phi)$, $G = R - M$, ein RIEMANNsches Gebiet ist, welches nur nicht-hebbare Randpunkte besitzt. Dabei bezeichnet wieder Φ die Beschränkung von π auf G. Wir zeigen, daß $\mathfrak{G}$ unverzweigt ist. Angenommen, es gäbe einen Verzweigungspunkt $x \in G$! Nach Definition des RIEMANNschen Gebietes ist $\mathfrak{G}$ lokal stets eine endlich-blättrige, analytisch-verzweigte Überlagerung eines Gebietes $U \subset C^n$. Solche Überlagerungen besitzen aber, wenn sie überhaupt verzweigt sind, stets sogenannte Windungspunkte (vgl. [15]). Diese sind uniformisierbar. Daher gibt es auch einen Verzweigungspunkt $x_0 \in G - K$. Das aber ist unmöglich, da in einer Umgebung von x_0 die Funktionaldeterminante von $\Phi = \pi$ nicht verschwindet und somit die Abbildung Φ dort lokal-topologisch ist.

Es ist also $\mathfrak{G}$ unverzweigt und mithin $R - M$ eine komplexe Mannigfaltigkeit. Zum Beweise von Satz 9 braucht nur noch gezeigt zu werden, daß M leer ist.

Zunächst ist klar, daß der Rand ∂R von (R, φ) pseudokonvex ist; denn wäre $\sigma^1(\mathfrak{w}, t)$ eine ausgezeichnete Schar in $\mathfrak{R} = (R, \varphi)$ mit nichtleerer Menge $\partial R \cap \{\sigma^1(\mathfrak{w}, 1)\}$, so wäre $\varphi \circ \sigma^1(\mathfrak{w}, t)$ eine ausgezeichnete Schar in $\overline{H}$, und es könnte $\partial H \cap \{\varphi \circ \sigma^1(\mathfrak{w}, 1)\}$ nicht leer sein. Das aber ist unmöglich, da Hyperkugeln stets pseudokonvex sind. Nun kann man $\mathfrak{G}$ als Teilgebiet des RIEMANNschen Gebietes $\mathfrak{G}' = (R' - M, \Phi)$ auffassen. In der Nähe eines Randpunktes r, der über einem inneren Punkt von $R' - M$ liegt, hat ∂G die gleiche Struktur wie ∂R in der Nähe des entsprechenden Randpunktes und ist darum dort pseudokonvex. Die übrigen Randpunkte r von $\mathfrak{G}$ bilden aber eine dünne Randmenge; denn ist $x_\nu \in G$ eine Folge, die gegen r konvergiert, so strebt in R' die Folge x_ν gegen M, und wegen $M \subset \{x, f(x) = 0\}$ gilt $\lim_{\nu \to \infty} f(x_\nu) = 0$.

Da überdies – wie vorne gezeigt – alle Randpunkte von $\mathfrak{G}$ nicht hebbar sind, folgt aus Satz 4, daß $\mathfrak{G}$ pseudokonvex schlechthin ist. Nach Satz E ist deshalb $p(x) = - \ln \delta_{\mathfrak{G}}(x)$ eine in $G = R - M$ plurisubharmonische Funktion.

Diese strebt bei Annäherung an den Rand von $\mathfrak{G}$ gegen $+\infty$. Betrachtet man $p(x)$ in $R - M$, so ist jeder Punkt $x_0 \,\epsilon\, M \cap R$ positive Unendlichkeitsstelle von $p(x)$, da zu x_0 ein Punkt $r_0 \,\epsilon\, \partial G$ gehört. $p(x)$ ist deshalb sicher nicht in M hinein plurisubharmonisch fortsetzbar. Weil aber M eine dünne Menge 2. Ordnung ist, steht das im Widerspruch zu Satz 2. Satz 9 ist bewiesen.

Als Korollar zu Satz 9 ergibt sich:

Ist π eine holomorphe Abbildung von X^n in den C^n, die $X - D$ eineindeutig abbildet, so ist π eine umkehrbar holomorphe Abbildung von X^n auf ein Gebiet des C^n.

In der Tat ! Nach einem Satz von W. F. Osgood (vgl. [26], p. 117, Satz 5) verschwindet die Funktionaldeterminante von π nirgends in $X^n - (D \cup K)$. Satz 9 ergibt also, daß X eine komplexe Mannigfaltigkeit ist und daß die Funktionaldeterminante von π in X nirgends verschwindet. Daher bildet π lokal-topologisch ab. Gäbe es nun zwei verschiedene Punkte $x_1 \,\epsilon\, D$, $x_2 \,\epsilon\, X^n$ mit $\pi(x_1) = \pi(x_2) = \mathfrak{z}_0 \,\epsilon\, C^n$, so gäbe es eine Umgebung $U(\mathfrak{z}_0)$ und um x_1, x_2 punktfremde Umgebungen V_1, V_2, derart, daß π eine eineindeutige, umkehrbar holomorphe Abbildung sowohl von V_1 als auch von V_2 auf U ist. Ist dann D^* die dünne Menge $\pi(D \cap V_1) \cup \pi(D \cap V_2)$ in U, so besitzt jeder Punkt $\mathfrak{z} \,\epsilon\, U - D^*$ wenigstens zwei verschiedene Urbilder in $X - D$. Das widerspricht der Voraussetzung.

Wie in [13] gezeigt wurde, ist das Korollar zu Satz 9 in der Theorie der Modifikationen von Bedeutung. Es wurde in [13] mit Hilfe dieses Korollars bewiesen, daß eine stetige wesentliche Modifikation einer n-dimensionalen komplexen Mannigfaltigkeit immer eine Ersetzung einer dünnen Menge durch eine rein $(n - 1)$-dimensionale analytische Menge ist.

LITERATUR

[1] P. Alexandroff und H. Hopf, *Topologie I*. Springer-Verlag, Berlin 1935.

[2] H. Behnke, *Die analytischen Gebilde von holomorphen Funktionen mehrerer Veränderlichen.* Arch. Math. 6, 353–368 (1955).

[3] H. Behnke und F. Sommer, *Analytische Funktionen mehrerer komplexer Veränderlichen. Über die Voraussetzungen des Kontinuitätssatzes.* Math. Ann. 121, 356–378 (1950).

[4] H. Behnke und K. Stein, *Die Konvexität in der Funktionentheorie mehrerer komplexer Veränderlichen.* Mitt. Math. Ges. Hamburg, Festschrift, Bd. 8, T. 2, 34–81 (1940).

[5] H. Behnke und P. Thullen, Theorie der Funktionen mehrerer komplexer Veränderlichen. Ergeb. Math. 3. Springer-Verlag, Berlin 1934.

[6] H. Bremermann, *Über die Äquivalenz der pseudokonvexen Gebiete und der Holomorphiegebiete im Raum von n komplexen Veränderlichen.* Math. Ann. 128, 63–91 (1954).

[7] H. Cartan, *Sur les domaines d'existence des fonctions de plusieurs variables complexes.* Bull. Soc. Math. France 59, 46–69 (1931).

[8] H. Cartan, Séminaire E. N. S., Paris 1953/54 (hektographiert).

[9] H. Cartan und P. Thullen, *Zur Theorie der Singularitäten der Funktionen mehrerer komplexer Veränderlichen. Regularitäts- und Konvergenzbereiche.* Math. Ann. 106, 617–647 (1932).

[10] H. Grauert, *Charakterisierung der holomorph-vollständigen komplexen Räume.* Math. Ann. 129, 233–259 (1955).

[11] H. Grauert, *Charakterisierung der Holomorphiegebiete durch die Kählersche Metrik.* Math. Ann. 131, 38–75 (1956).

[12] H. Grauert und R. Remmert, *Fonctions plurisousharmoniques dans des espaces analytiques. Généralisation d'un théorème d'Oka.* C. R. Acad. Sci. Paris 241, 1371–1373 (1955).

[13] H. Grauert und R. Remmert, *Zur Theorie der Modifikationen. I. Stetige und eigentliche Modifikationen komplexer Räume.* Math. Ann. 129, 274–296 (1955).

[14] H. Grauert und R. Remmert, *Plurisubharmonische Funktionen in komplexen Räumen.* Math. Zeitschr. 65, 175–194 (1956).

[15] H. Grauert und R. Remmert, *Analytisch-verzweigte Überlagerungen und komplexe Räume.* Erscheint in den Math. Ann.

[16] H. Grauert und R. Remmert, *Singularitäten komplexer Mannigfaltigkeiten und Riemannscher Gebiete.* Math. Zeitschr. (1957).

[17] F. Hartogs, *Zur Theorie der analytischen Funktionen mehrerer unabhängiger Veränderlichen, insbesondere über die Darstellung derselben durch Reihen, welche nach Potenzen einer Veränderlichen fortschreiten.* Math. Ann. 62, 1–88 (1906).

[18] F. Hirzebruch, *Über eine Klasse von einfach-zusammenhängenden komplexen Mannigfaltigkeiten.* Math. Ann. 124, 77–86 (1951).

[19] P. Lelong, *Fonctions plurisousharmoniques; mesures de Radon associées. Applications aux fonctions analytiques; Colloque sur les fonctions de plusieurs variables, Bruxelles,* 21–40 (1953).

[20] E. E. Levi, *Studii sui puncti singolari essenziali delle funzioni analitiche di due o piu variabili complesse.* Ann. Mat. 3, 17, 61–87 (1910).

[21] K. Menger, *Dimensionstheorie.* Teubner-Verlag, Leipzig 1928.

[22] F. Norguet, *Sur les domaines d'holomorphie des fonctions uniformes de plusieurs variables complexes (Passage du local au global).* Bull. Soc. Math. France 82, 137–159 (1954).

[23] K. Oka, *Sur les fonctions analytiques de plusieurs variables. II. – Domaines d'holomorphie.* J. Sci. Hirosima Univ., Ser. A, 7, Nr. 2, 115–130 (1937).

[24] K. Oka, *Sur les fonctions analytiques de plusieurs variables. VI. – Domaines pseudoconvexes.* Tôhoku Math. J. II, Ser. 49, 19–52 (1942).

[25] K. Oka, *Sur les fonctions analytiques de plusieurs variables. IX. – Domaines finis sans point critique intérieur.* Jap. J. Math. 23, 97–155 (1953).

[26] W. F. Osgood, *Lehrbuch der Funktionentheorie II,* 1. Teubner-Verlag, Leipzig 1929.

[27] W. F. Osgood, *Lehrbuch der Funktionentheorie II,* 2. Teubner-Verlag, Leipzig 1932.

[28] R. Remmert, *Holomorphe und meromorphe Abbildungen komplexer Räume.* Math. Ann. 1957.

[29] R. Remmert und K. Stein, *Über die wesentlichen Singularitäten analytischer Mengen.* Math. Ann. 126, 263–306 (1953).

[30] W. Rothstein, *Zur Theorie der Singularitäten analytischer Funktionen und Flächen.* Math. Ann. 126, 221–238 (1953).

[31] W. Rothstein, *Zur Theorie der analytischen Mannigfaltigkeiten im Raume von n komplexen Veränderlichen.* Math. Ann. 129, 96–138 (1955).

[32] P. Thullen, *Zur Theorie der Singularitäten der Funktionen zweier komplexer Veränderlichen. Die Regularitätshüllen.* Math. Ann. 106, 64–76 (1932).

(Eingegangen den 17. März 1956)

14.

(avec R. Remmert)

Espaces analytiquement complets

C.R. Acad. Sci. Paris **245**, 882–885 (1957)

(présentée par M. L. de Broglie)

La notion d'espace analytiquement complet généralise les notions bien connues d'espace holomorphiquement complet et d'espace algébrique. Les théorèmes fondamentaux de la théorie des fonctions de plusieurs variables complexes sont des cas spéciaux de théorèmes valables pour les espaces analytiquement complets. En particulier on a une généralisation du théorème de Riemann-Roch-Hirzebruch.

1. Introduisons d'abord la notion d'espace analytiquement complet.

DÉFINITION 1. — *Un espace analytique* X *est dit analytiquement complet si les conditions suivantes sont remplies :*

a. X *est holomorphiquement convexe;*

b. Pour tout point $x_0 \in X$ *il y a un entier k et une application holomorphe* λ *de* X *dans* P_k (¹), *telle que* x_0 *soit un point isolé de l'ensemble analytique défini par l'équation* $\lambda(x) = \lambda(x_0)$.

Il est évident que tout espace holomorphiquement complet (resp. tout sous-espace algébrique de P_n) est analytiquement complet. Tout revêtement fini analytique (possédant éventuellement des ramifications intérieures) d'un espace analytiquement complet est un espace analytiquement complet.

En utilisant les théorèmes 1 et 2 de notre Note [1] (²), on démontre :

THÉORÈME 1. — *Si* Q *est un polyèdre analytique* (³) *dans un espace analytiquement complet, alors il y a un isomorphisme analytique de* Q *sur un sous-espace analytique d'un* $Z_n \times P_m$ (⁴).

En particulier : *Tout espace compact, analytiquement complet, est un espace algébrique dans un* P_m.

Ce théorème généralise deux théorèmes dus à O. Zariski et J. P. Serre.

2. Soit X un espace analytiquement complet, et soit $\tau : X \to Y$ une application holomorphe et propre de X dans un espace holomorphiquement complet Y. En utilisant le théorème 1, et le fait que tout faisceau analytique cohérent sur un sous-ensemble analytique de $Z_n \times P_m$ peut être prolongé trivialement en un faisceau analytique cohérent sur $Z_n \times P_m$, on obtient à l'aide des théorèmes 1 et 2 de [1] :

267

Théorème 2. — *Pour tout ouvert Q relativement compact de Y il existe un faisceau $\mathfrak{F}$ de germes de sections holomorphes d'un fibré à fibres vectorielles de dimension 1, de base $\tau^{-1}(Q)$, jouissant de la propriété suivante :*

Si $\mathfrak{S}$ est un faisceau analytique cohérent quelconque sur X, il y a un entier $k_0 = k_0(Q, \mathfrak{S})$ tel que tous les faisceaux $\mathfrak{S} \otimes \mathfrak{F}^k(\tau^{-1}(Q))$ (pour $k \geq k_0$) soient simples sur $\tau^{-1}(Q)$ pour l'application $\tau : \tau^{-1}(Q) \to Q$ ([5]).

Théorème 3. — *Si $\mathfrak{S}$ est un faisceau analytique cohérent sur X, alors toutes les images directes analytiques $\tau_q(\mathfrak{S})$ sont des faisceaux analytiques cohérents sur $Y (q \geq 0)$.*

Les théorèmes 2 et 3 s'appliquent notamment au cas où Y est le noyau de X ([6]).

3. D'après K. Oka et H. Cartan ([7]) le faisceau des germes de fonctions holomorphes qui s'annulent sur un ensemble analytique dans un espace analytique X, est cohérent sur X. On déduit alors des théorèmes 2 et 3, en procédant comme dans l'Exposé XIX du Séminaire 1953-1954 de H. Cartan :

Théorème 4. — *Soit Y un espace holomorphiquement complet ; soit A un ensemble analytique dans $Y \times P_n$ ne possédant aucune composante irréductible contenue dans $Y \times P_n^\infty$ ([8]). Alors, pour tout ouvert relativement compact Q de Y, il y a des pseudo-polynomes*

$$w_\varkappa(y, z_1, \ldots, z_n) \equiv \sum_{\alpha_1, \ldots, \alpha_n < \infty} b_{\alpha_1 \ldots \alpha_n}^{(\varkappa)}(y) \, z_1^{\alpha_1} \ldots z_n^{\alpha_n} \qquad (\varkappa = 1, \ldots, k),$$

avec des coefficients $b_{\alpha_1 \ldots \alpha_n}^{(\varkappa)}(y)$ holomorphes dans Q, tels que $A \cap (Q \times P_n)$ soit l'ensemble des $x \in Q \times P_n$ satisfaisant à $w_1(x) = \ldots = w_k(x) = 0$.

Ce théorème généralise un théorème bien connu de W. L. Chow ([9]). W. Thimm a démontré quelques cas particuliers du théorème 4 ([10]).

4. Soit $\tau : X \to Y$ une application holomorphe et propre d'un espace analytiquement complet *sur* un espace holomorphiquement complet et *connexe* Y. Pour tout faisceau analytique $\mathfrak{S}$ sur X, les groupes de cohomologie $H^q(X, \mathfrak{S})$, $q \geq 0$, peuvent être considérés, grâce à l'application τ, comme des modules unitaires sur l'anneau $I(Y)$ des fonctions holomorphes dans Y. Désignons par $\dim_{I(Y)} H^q(X, \mathfrak{S})$ le rang de ce module ; on démontre d'abord :

Proposition 1. — *Si $\mathfrak{S}$ est un faisceau analytique cohérent sur X, les nombres $\dim_{I(Y)} H^q(X, \mathfrak{S})$ pour $q \geq 0$, sont tous finis et sont nuls pour presque tout q.*

Définition 2. — *Soit $\mathfrak{S}$ un faisceau analytique cohérent sur X. Le nombre*

$$\chi_\tau(X, \mathfrak{S}) = \sum_{q=0}^{\infty} (-1)^q \dim_{\iota(Y)} H^q(X, \mathfrak{S})$$

s'appelle la caractéristique d'Euler-Poincaré de $\mathfrak{S}$ pour l'application τ.

Soit $\mathfrak{S}\,|\,\tau^{-1}(y_0)$ l'image réciproque du faisceau $\mathfrak{S}$ sur l'espace analytique $\tau^{-1}(y_0)$, $y_0 \in Y$, par l'injection $\iota : \tau^{-1}(y_0) \to X$; soit $\chi_\tau(\tau^{-1}(y_0), \mathfrak{S})$ la caractéristique d'Euler-Poincaré de $\mathfrak{S}\,|\,\tau^{-1}(y_0)$ pour l'application $\tau : \tau^{-1}(y_0) \to y_0$ [les groupes $H^q(\tau^{-1}(y_0), \mathfrak{S})$ sont alors considérés comme des espaces vectoriels sur le corps C des nombres complexes]. On peut démontrer :

Théorème 5. — *Il existe un ensemble analytique $A \neq Y$ dans Y, tel que pour tout point $y_0 \in Y - A$ on ait l'égalité*

$$\chi_\tau(X, \mathfrak{S}) = \chi_\tau(\tau^{-1}(y_0), \mathfrak{S}).$$

En particulier, soit $\mathfrak{S}$ le faisceau des germes de sections holomorphes d'un espace fibré W à fibres vectorielles de dimension r. S'il existe un ensemble analytique $B \neq Y$ dans Y, tel que les ensembles $\tau^{-1}(y_0)$, $y_0 \in Y - B$, soient des variétés algébriques, la caractéristique d'Euler-Poincaré $\chi_\tau(X, \mathfrak{S}) = \chi_\tau(X, W)$ peut être exprimée par les polynomes de Todd en utilisant la formule de Riemann-Roch démontrée par F. Hirzebruch [11].

Si $\tau^{-1}(y_0)$, $y_0 \in Y - B$, est toujours une surface de Riemann compacte et connexe, plongée sans singularités dans X, on peut démontrer que le premier nombre de Betti $2p$ est le même pour presque toutes les surfaces $\tau^{-1}(y_0)$, $y_0 \in Y - B$. On a donc la formule de A. Weil [12]

$$\chi_\tau(X, W) = r - rp + d,$$

où d désigne le nombre de Chern de $W\,|\,\tau^{-1}(y_0)$.

(*) Séance du 19 août 1957.

(1) Nous désignons par P_k l'espace projectif complexe de dimension k.

(2) Nous désignons par [1] notre Note récente (*Comptes rendus*, 245, 1957, p. 819), dont nous conservons les notations et la terminologie.

(3) Un ensemble Q relativement compact dans un espace analytique X s'appelle un polyèdre analytique si Q est une réunion de composantes connexes d'un ensemble défini par des inégalités $|f_i(x)| < 1$, où les f_i désignent des fonctions holomorphes dans X, en nombre fini.

(4) On désigne par Z_n le polycylindre $\{|z_1| < 1, \ldots, |z_n| < 1\}$ dans l'espace C^n de n variables complexes.

(5) Pour la notion de faisceau analytique simple pour une application holomorphe, voir [1].

(6) Pour la définition du noyau d'un espace holomorphiquement convexe, voir R. Remmert, *Comptes rendus*, 243, 1956, p. 118.

(4)

(⁷) *Voir* H. CARTAN, *Bull. Soc. Math. Fr.*, 78, 1950, p. 28-64; *Séminaire E. N. S.*, 1951-1952.

(⁸) Nous désignons par P_n^∞ l'ensemble des points à l'infini de P_n; $z_1, \ldots, z_n$ désignent des coordonnées non homogènes dans P_n.

(⁹) *Amer. J.*, 71, 1949, p. 893-914.

(¹⁰) *Voir* un travail de W. Thimm à paraître aux *Math. Annalen*.

(¹¹) *Voir* F. HIRZEBRUCH, *Neue topologische Methoden in der algebraischen Geometrie*, Springer-Verlag, Berlin, 1956.

(¹²) *Voir* A. WEIL, *J. Math. pures et appl.*, 17, 1938, p. 47-87.

(Extrait des *Comptes rendus des séances de l'Académie des Sciences*,
t. 245, p. 882-885, séance du 26 août 1957.)

28.

Über Modifikationen
und exzeptionelle analytische Mengen[*]

Math. Annalen **146**, 331–368 (1962)

Der Begriff der Modifikation trat zuerst in einer 1951 erschienenen Publikation [1] von H. Behnke und K. Stein auf. Die beiden Autoren verstehen darunter einen Prozeß, der eine Abänderung eines gegebenen komplexen Raumes gestattet. Ist X ein solcher Raum, $N \subset X$ eine niederdimensionale analytische Menge, so wird N durch eine andere Menge N' ersetzt, so daß die komplexe Struktur in $X - N$ auf den ganzen Raum $X' = (X - N) \cup N'$ ausgedehnt werden kann. Der neu gewonnene komplexe Raum X' heißt eine Modifikation von X.

Wie schon in [1] nachgewiesen wurde, können Modifikationen sehr pathologisch sein. Das Interesse wandte sich deshalb besonders speziellen Klassen zu. H. Hopf betrachtete in einer Arbeit [12] die sog. σ-Prozesse auf n-dimensionalen komplexen Mannigfaltigkeiten M. Diese Abänderungen gestatteten es, einen beliebigen Punkt $x \in M$ durch einen komplex-projektiven Raum P^{n-1} der Dimension $n - 1$ zu ersetzen. Das Resultat ist eine neue singularitätenfreie komplexe Mannigfaltigkeit M'. Es gibt allgemeinere Modifikationen, die die Mannigfaltigkeit M nur in einem Punkt $x \in M$ abändern. Jedoch kann der neu gewonnene Raum jetzt singuläre Punkte enthalten, d. h. er ist nur noch ein komplexer Raum.

Die vorliegende Arbeit behandelt folgende Frage: Es seien X ein komplexer Raum, $A \subset X$ eine kompakte analytische Menge. Wann gibt es dann eine Modifikation Y von X, in der A durch einen Punkt y ersetzt ist, so daß $X - A = Y - y$ gilt?

Existiert Y, so nennt man A eine *exzeptionelle analytische Menge* in X und man sagt, daß A zu einem Punkt „*zusammengeblasen*" werden kann.

Im allgemeinen ist das nicht möglich. Ist X ein komplexer Raum, $A \subset X$ eine zusammenhängende kompakte analytische Menge, so kann man natürlich, mengentheoretisch gesehen, A stets durch einen Punkt y_0 ersetzen. $Y = (X - A) \cup y_0$ trägt eine kanonische topologische Struktur, $Y - y_0 = X - A$ eine komplexe Struktur $\mathfrak{S}$, die Identität $X - A \to X - y_0$ läßt sich zu einer stetigen Abbildung $\lambda : X \to Y$ fortsetzen. λ bildet $X - A$ topologisch (und sogar biholomorph) auf $Y - y_0$ ab und wirft A auf y_0. Kann nun A zu einem Punkt zusammengeblasen werden, so läßt sich $\mathfrak{S}$ auf den ganzen Raum Y fortsetzen; λ wird dabei zu einer holomorphen Abbildung $X \to Y$.

[*] The author was supported by US Air Force Grant No AF-EOAR-61-50.

Es sei noch eine kurze Übersicht über den Inhalt der vorliegenden Arbeit gegeben. Im § 1 werden die Begriffe der *Pseudokonvexität* und der *Holomorphiekonvexität* auf komplexen Räumen behandelt. Die *Reduktionstheorie* von REMMERT führt im § 2 zu dem ersten allgemeinen Theorem über exzeptionelle analytische Mengen $A \subset X$. Um die etwas schwer nachzuweisende Voraussetzung in dem Theorem auf eine einfachere zu reduzieren, betrachten wir im § 3 eine kohärente analytische Garbe $\mathfrak{m}$ von Keimen von holomorphen Funktionen, die auf A verschwinden, so daß A das genaue Nullstellengebilde von $\mathfrak{m}$ ist. Mit Hilfe von $\mathfrak{m}$ wird sodann A ein verallgemeinertes Normalenbündel $N_{\mathfrak{m}}$ zugeordnet. Die Struktur von $N_{\mathfrak{m}}$ ist nun entscheidend: A ist sicher dann exzeptionell, wenn N schwach negativ ist. Der Begriff „negativ" wird dabei in Anlehnung an die Definition von KODAIRA benutzt. Unser Resultat zeigt, daß· er in der algebraischen Geometrie auf rein algebraische Weise definiert werden kann. Im § 3 werden ferner einfache Kriterien für positive (negative) Geradenbündel und Charakterisierungen projektiv algebraischer Räume gewonnen. Der bekannte Satz von KODAIRA, daß jede Hodgesche Mannigfaltigkeit X projektiv algebraisch ist, wird auf den Fall verallgemeinert, daß X ein normaler komplexer Raum ist. Der § 4 handelt über die komplexe Struktur der Umgebung von analytischen Mengen $A \subset X$, die zu einem Punkt zusammengeblasen werden können. Als Hauptresultat dieses Abschnittes erhalten wir, daß die Umgebungen von zwei (speziellen) exzeptionellen analytischen Mengen $A \subset X$, $A' \subset X'$ schon dann analytisch äquivalent sind, wenn sie es nur in einem gewissen formalen Sinne sind. Das bedeutet, daß die komplexe Struktur „berechnet" werden kann. Dadurch gelingt es, eines der Hirzebruchschen Probleme [11] zu lösen und Sätze von ENRIQUES und KODAIRA aus der algebraischen Geometrie auf die komplexe Analysis zu übertragen. — Es sei noch erwähnt, daß mit Hilfe der Hauptresultate in § 4 ein komplexer Raum X mit folgenden Eigenschaften konstruiert wird:

1) X ist zusammenhängend, kompakt und hat die Dimension 2;

2) X ist normal und enthält nur einen nichtregulären Punkt;

3) Auf X existieren 2 analytisch und algebraisch unabhängige meromorphe Funktionen;

4) X ist nicht algebraische Varietät (weder im projektiven noch im allgemeineren Weilschen Sinne)[1]).

Dagegen haben bekanntlich KODAIRA und CHOW [4] gezeigt, daß jede kompakte, 2-dimensionale komplexe Mannigfaltigkeit mit zwei unabhängigen meromorphen Funktionen projektiv algebraisch ist.

---

[1]) Ein Teil der Resultate der vorliegenden Arbeit wurde bereits 1959 gefunden und in [7] angekündigt. Die Note [7] weist jedoch Fehler auf. In Theorem 1 muß es natürlich heißen: "... such that G is strongly pseudoconvex and A is the maximal compact analytic subset of G". Das Kriterium in Theorem 2 ist ferner nur hinreichend. Man vgl. § 3, Abschnitt 8. Das Theorem 3 wird in der vorliegenden Arbeit nur für den Sonderfall bewiesen, daß das Normalenbündel $N(A)$ schwach negativ ist. — Der Verfasser hat auch bereits früher über das Beispiel des komplexen Raumes X mehrmals vorgetragen. Inzwischen wurden von HIRONAKA interessantere Beispiele von komplexen Räumen dieser Art gefunden.

§ 1. Komplexe Räume, Pseudokonvexität

1. Komplexe Räume seien wie in [10] definiert. Wir setzen sie also stets als reduziert voraus: ihre lokalen Ringe enthalten keine nilpotenten Elemente. Ist X ein komplexer Raum, $U = U(x)$ eine Umgebung, $A \subset G \subset C^n$ eine analytische Menge in einem Gebiet G des n-dimensionalen komplexen Zahlenraumes C^n, τ eine biholomorphe Abbildung $U \to A$, so heiße (U, τ, A) eine Karte in X, τ eine biholomorphe Einbettung von U in G.

Wir bezeichnen stets mit $\mathcal{O} = \mathcal{O}(X)$ die Garbe der Keime von lokalen holomorphen Funktionen auf X. Ist $A \subset X$ eine analytische Teilmenge, so sei $\mathfrak{m} = \mathfrak{m}(A) \subset \mathcal{O}$ die Garbe der Keime von lokalen holomorphen Funktionen, die auf A verschwinden. Nach einem Satz von CARTAN ist $\mathfrak{m}$ kohärent. Für jede Untergarbe $\mathfrak{I} \subset \mathcal{O}$ sei $\mathfrak{I}^k$ die Garbe, die von den Funktionskeimen $f_x = f_{1x} \cdot \ldots \cdot f_{kx}$ mit $f_{1x}, \ldots, f_{kx} \in \mathfrak{I}_x$ gebildet wird, $x \in X$, $k = 1, 2, \ldots$.

Es sei[2]) nun $\mathfrak{m} = \mathfrak{m}(x)$, $x \in X$ und $d(x) = \dim_C \mathfrak{m}_x/\mathfrak{m}_x^2$. Ist $\psi : X \to C^n$ eine holomorphe Abbildung, so definiert ψ für jeden Punkt $x \in X$ einen Homomorphismus $\psi_x^* : \mathcal{O}_z(C^n) \to \mathcal{O}_x(X)$. Dieser bildet das maximale Ideal $\mathfrak{m}_z \subset \mathcal{O}_z(C^n)$ ab in das maximale Ideal $\mathfrak{m}_x \subset \mathcal{O}_x(X)$. Ist die induzierte Abbildung: $\mathfrak{m}_z/\mathfrak{m}_z^2 \to \mathfrak{m}_x/\mathfrak{m}_x^2$ surjektiv, so nennt man ψ eine in x *reguläre Abbildung*. Im Falle, daß X eine komplexe Mannigfaltigkeit ist, sieht man, daß $\mathfrak{m}_x/\mathfrak{m}_x^2$ nichts anderes als der kovariante Tangentialraum in X ist. ψ ist dann also in X genau dann regulär, wenn die Funktionalmatrix von ψ dort den Rang $\dim_x X$ hat.

Wir nennen eine Abbildung ψ eine *biholomorphe Abbildung* von X in den C^n, wenn ψ eineindeutig und in jedem Punkte von X regulär ist.

(1) *Es sei x ein Punkt eines komplexen Raumes X. Dann gibt es eine Umgebung $U = U(x)$ und eine Karte (U, τ, A) mit $A \subset G$ und $\dim G = d(x)$. Ist (U, τ, A) irgendeine solche Karte und $\psi : U \to C^n$ eine in x reguläre holomorphe Abbildung, so kann man eine in G offene Umgebung $V = V(z)$, $z = \tau(x)$, und eine biholomorphe Abbildung $\hat\psi : V \to C^n$ finden, derart, daß $\psi | W = \hat\psi \circ \tau$ ist (mit $W = \tau^{-1}(V)$)[3]).*

Natürlich ist dann $\psi | W$ auch biholomorph. Zum Beweise von (1) dürfen wir annehmen, daß X eine analytische Menge in einem Gebiet $D \subset C^m$ ist. Es sei $\hat{\mathfrak{m}}_x$ das maximale Ideal in $\mathcal{O}_x(C^m)$ und $\mathfrak{i}_x \subset \mathcal{O}_x(C^m)$ das Ideal der Keime von holomorphen Funktionen, die auf $X \subset D$ verschwinden. Es sei r die Dimension des Bildes $\mathfrak{F}$ von $\mathfrak{i}_x$ in $\hat{\mathfrak{m}}_x/\hat{\mathfrak{m}}_x^2$ unter dem natürlichen Homomorphismus $\lambda : \mathfrak{i}_x \to \hat{\mathfrak{m}}_x/\hat{\mathfrak{m}}_x^2$. Offenbar gilt $m = r + d(x)$. Wir wählen in einer Umgebung von x holomorphe Funktionen $f_1, \ldots, f_r$ mit $f_{\nu x} \in \mathfrak{i}_x$, so daß die Elemente $\lambda(f_{\nu x})$, $\nu = 1, \ldots, r$ den komplexen Vektorraum $\mathfrak{F}$ aufspannen. Der Rang der Funktionalmatrix von $(f_1, \ldots, f_r)$ in X ist dann gleich r. In einer Umgebung $W = W(x)$ gelten folgende Eigenschaften:

---

[2]) Ein unterer Index x usw. bedeutet bei einer Garbe stets den Halm im Punkte x. Ist s eine Schnittfläche, so bezeichne s_x den Wert dieser Schnittfläche in x. Holomorphe Funktionen und Schnittflächen in $\mathcal{O}$ werden stets als die gleichen Begriffe angesehen. — Ist F ein komplex-analytisches Vektorraumbündel, so wird stets durch $\underline{F}$ die Garbe der Keime von lokalen holomorphen Schnittflächen in F bezeichnet.

[3]) Die Aussage (1) und ihr Beweis wurden mir von A. ANDREOTTI mitgeteilt.

1) Die Funktionen $f_1, \ldots, f_r$ sind in W holomorph und verschwinden auf $X \cap W$

2) $\hat{G} = \{z \in W : f_\nu(z) = 0, \nu = 1, 2, \ldots, r\}$ ist eine $d(x)$-dimensionale, singularitätenfreie analytische Untermenge von W, die sich durch eine biholomorphe Abbildung τ auf ein Gebiet des $C^{d(x)}$ abbilden läßt.

Wir setzen nun $A = \tau(X \cap W)$, $U' = W \cap X$, und erhalten eine Karte (U', τ, A) von der geforderten Art.

Um den zweiten Teil der Aussage (1) zu beweisen, nehmen wir an, daß (U, τ, A) eine Karte mit $A \subset G$ und $\dim G = d(x)$ ist. Wir dürfen voraussetzen, daß $U = A$ und τ die identische Abbildung ist. In diesem Falle ist $\lambda(i_x) = 0$, da $r = 0$ gilt. Sind $f_1, \ldots, f_n$ in U holomorphe Funktionen, die eine in x reguläre holomorphe Abbildung $\psi : U \to C^n$ definieren, und sind $\hat{f}_1, \ldots, \hat{f}_n$ holomorphe Fortsetzungen in eine in G offene Umgebung von x, so ist deshalb der Rang der Funktionalmatrix von $(\hat{f}_1, \ldots, \hat{f}_n)$ in x gleich $d(x) = \dim G$. Es gibt daher eine Umgebung $W = W(x)$, in der $\hat{f}_1, \ldots, \hat{f}_n$ holomorph sind und eine biholomorphe Abbildung $\psi : W \to C^n$ vermitteln, q. e. d.

Nach Definition des komplexen Raumes gibt es also zu jedem Punkt $x \in X$ ein nicht leeres System von Karten (U, τ, A) mit $x \in U$. Wie in diesem Abschnitt gezeigt werden soll, ist es deshalb möglich, den Begriff der strengplurisubharmonischen Funktion auf komplexe Räume zu übertragen.

Ist $G \subset C^n$ ein Gebiet, φ eine reellwertige, zweimal stetig differenzierbare Funktion über G, so heißt bekanntlich φ *plurisubharmonisch* (bzw. *streng plurisubharmonisch*) über G, wenn in jedem Punkte $z \in G$ die Hermitesche

Form $L(\varphi) = \sum\limits_{\nu, \mu = 1}^{n} \dfrac{\partial^2 \varphi}{\partial z_\nu \partial \bar{z}_\mu} \, dz_\nu \, d\bar{z}_\mu$ positiv semidefinit (bzw. positiv definit) ist.

Es gilt:

(2) *Es sei φ streng plurisubharmonisch in G, $K \subset\subset G$ eine kompakte Teilmenge. Dann gibt es eine Zahl $r > 0$, so daß für jeden Punkt $z^* \in K$:*

1) *die Hyperkugel $H = H_r(z^*)$ um z^* vom Radius r ganz in G liegt und*

2) *in H eine holomorphe Funktion f existiert, für die*

$$\{z \in H : f(z) = 0\} \cap \{z \in H : \varphi(z) \leq \varphi(z^*)\} = z^*$$

gilt.

Beweis: Wir setzen $z = (z_1, \ldots, z_n)$, $z^* = (z_1^*, \ldots, z_n^*)$ und

$$\varphi(z) = a(z^*) + \sum (z_\nu - z_\nu^*) \, b_\nu(z^*) + \sum (\bar{z}_\nu - \bar{z}_\nu^*) \, \bar{b}_\nu(z^*)$$
$$+ \sum (z_\nu - z_\nu^*)(z_\mu - z_\mu^*) \, c_{\nu\mu}(z^*) + \sum (\bar{z}_\nu - \bar{z}_\nu^*)(\bar{z}_\mu - \bar{z}_\mu^*) \, \bar{c}_{\nu\mu}(z^*)$$
$$+ \sum (z_\nu - z_\nu^*)(\bar{z}_\mu - \bar{z}_\mu^*) \, c_{\nu\bar{\mu}}(z^*) + \psi(z, z^*)$$

und

$$f(z, z^*) = \sum (z_\nu - z_\nu^*) \, b_\nu(z^*) + \sum (z_\nu - z_\nu^*)(z_\mu - z_\mu^*) \, c_{\nu\mu}(z^*) \, .$$

Man sieht unmittelbar, daß bis zur Ordnung 2 die Ableitungen nach z, $\bar{z}$ der Funktion ψ existieren und stetig von (z, z^*) abhängen. Da sie im Punkte $z = z^*$ verschwinden, die Koeffizienten $c_{\nu\bar{\mu}}(z^*)$ stetig sind und die Form $\sum (z_\nu - z_\nu^*) \times \times (\bar{z}_\mu - \bar{z}_\mu^*) \, c_{\nu\bar{\mu}}(z^*) = L(z, z^*)$ positiv definit ist, kann man eine Zahl $r > 0$ finden, so daß $H_r(z^*) \subset G$, $L(z, z^*) > \psi(z, z^*)$, falls $z^* \in K$, $z \in H_r(z^*) - z^*$.

Weil ferner bis auf $a(z^*)$, $L(z, z^*)$, $\psi(z, z^*)$ alle Glieder unserer Entwicklung von $\varphi(z)$ auf $\{f(z, z^*) = 0\}$ verschwinden, folgt die Behauptung von Aussage 2.

Der Übergang zu komplexen Räumen ist jetzt leicht:

Definition 1: *Eine reellwertige Funktion φ über einem komplexen Raum X heißt in X plurisubharmonisch (streng plurisubharmonisch), wenn es zu jedem Punkt $x \in X$ eine Karte (U, τ, A) mit $x \in U$, $A \subset G$ und eine in G plurisubharmonische (streng plurisubharmonische) Funktion $\hat{\varphi}$ gibt, so daß $\varphi \,|\, U = \hat{\varphi} \circ \tau$ ist.*

Wir benötigen für spätere Zwecke auch den Begriff der differenzierbaren Funktion, der sich auf analoge Weise einführen läßt:

Definition 2: *Eine Funktion $h(x)$ über einem komplexen Raum X heißt k-mal stetig differenzierbar (oder von der Klasse C^k), $k = 0, 1, 2, \ldots, \infty$, wenn es zu jedem Punkt $x \in X$ eine Karte (U, τ, A) mit $x \in U$, $A \subset G$ und eine in G k-mal stetig differenzierbare Funktion $\hat{h}$ gibt, so daß $h \,|\, U = \hat{h} \circ \tau$ gilt.*

Aus (1) folgt sofort:

(3) *Es seien X ein komplexer Raum, φ eine plurisubharmonische (bzw. streng plurisubharmonische, bzw. k-mal stetig differenzierbare) Funktion in X, es seien $x \in X$, $U = U(x)$ eine Umgebung und (U, τ, A), $A \subset G$ eine beliebige Karte. Dann gibt es in einer Umgebung $W = W(\tau(x)) \subset G$ eine plurisubharmonische (bzw. streng plurisubharmonische, bzw. k-mal stetig differenzierbare) Funktion $\hat{\varphi}$, so daß $\varphi \,|\, \tau^{-1}(A \cap W) = \hat{\varphi} \circ \tau$.*

Das bedeutet im wesentlichen, daß die Definitionen 1 und 2 von der Wahl der Karte unabhängig sind.

Die Aussage (2) überträgt sich auf komplexe Räume X, wenn folgende Bezeichnungen eingeführt werden:

1) Es sei ∇ stets eine Umgebung der Diagonalen $X \times X$.

2) Ist $x_0 \in X$ ein beliebiger Punkt, so sei $\nabla(x_0)$ die Menge $\{x \in X : (x_0, x) \in \nabla\}$.

Satz 1: *Es sei X ein komplexer Raum, $K \subset X$ eine kompakte Teilmenge, φ eine streng plurisubharmonische Funktion in X. Dann gibt es eine Umgebung ∇ der Diagonalen $D \subset X \times X$ und in jeder Umgebung $\nabla(x_0)$, $x_0 \in K$, eine holomorphe Funktion $f(x, x_0)$, für die*

$$\{x \in \nabla(x_0) : f(x, x_0) = 0\} \cap \{x : \varphi(x) \leqq \varphi(x_0)\} = x_0$$

ist.

Der Beweis folgt unmittelbar aus der Aussage (2), weil man den Satz 1 nur lokal zu beweisen braucht und man eine Umgebung jedes Punktes $x \in X$ biholomorph in ein Gebiet $G \subset C^n$ einbetten kann.

2. Der Begriff der Pseudokonvexität läßt sich mit Hilfe von plurisubharmonischen Funktionen auf komplexe Räume übertragen. Es sei X ein solcher Raum, $G \subset\subset X$ eine offene relativ-kompakte Teilmenge.

Definition 3: *G heißt streng pseudokonvex, wenn es zu jedem Randpunkt $x_0 \in \partial G$ eine Umgebung $U = U(x_0)$ und eine in U streng plurisubharmonische Funktion φ gibt, so daß $U \cap G = \{x \in U : \varphi(x) < 0\}$.*

Der Begriff der *Holomorphiekonvexität* läßt sich auf gewohnte Weise definieren. Ist $M \subset X$ eine Teilmenge, so bezeichnet man mit $\hat{M}$ die abgeschlossene Menge $\{x \in X : |f(x)| \leqq \sup |f(M)|$ für alle in X holomorphen Funktionen $f\}$ und nennt $\hat{M}$ die holomorph-konvexe Hülle von M.

Definition 4: *X heißt holomorph-konvex, wenn die holomorph konvexe Hülle jeder kompakten Menge kompakt ist.*

Es folgt:

Satz 2: *Es sei $G \Subset X$ streng pseudokonvex. Dann gibt es zu jedem Punkt $x_0 \in \partial G$ eine Umgebung $U = U(x_0)$, so daß $U \cap G$ holomorph-konvex ist.*

Beweis. Wir wählen zunächst eine Umgebung $V = V(x_0)$, in der eine streng plurisubharmonische Funktion φ existiert, so daß $V \cap G = \{x \in V : \varphi(x) < 0\}$ ist, und sodann eine holomorph-konvexe Umgebung $U = U(x_0) \subset V$. Ist U sehr klein gewählt, so kann man wegen Satz 1 zu jedem Punkt $x_1 \in \partial G \cap U$ eine in U holomorphe Funktion $f(x, x_1)$ finden, deren Nullstellengebilde x_1 aber sonst keinen weiteren Punkt aus $\overline{G}$ enthält. Ist $M \subset U \cap G$ eine kompakte Teilmenge, so ist deshalb kein Punkt von $\partial G \cap U$ Häufungspunkt von $\hat{M}$. Ferner gilt $\hat{M} \Subset U$, da U holomorph-konvex ist. Also ist $\hat{M} \Subset U \cap G$ kompakt.

3. Die Methoden, die in [6] angewandt wurden, lassen sich auf den Fall komplexer Räume übertragen[4]). Man erhält deshalb als globale Aussage:

Satz 3. *Es sei X ein komplexer Raum, $G \Subset X$ eine relativ-kompakte, streng pseudokonvexe offene Teilmenge. Dann ist G holomorph-konvex.*

Der Beweis von Satz 3 folgt analog zum Beweis des Satzes 2 aus folgendem Resultat:

Satz 4. *Es sei $G \Subset X$ streng pseudokonvex. Dann gibt es eine (offene) Umgebung $U = U(\overline{G})$ und zu jedem Punkt $x_0 \in \partial G$ eine in U meromorphe Funktion $g(x, x_0)$, derart, daß*

1) x_0 *nicht in der abgeschlossenen Hülle der Nullstellenmenge von $g(x, x_0)$ liegt,*

2) *die abgeschlossene Hülle $\overline{G}$ mit der Polstellenmenge von $g(x, x_0)$ genau den Punkt x_0 gemeinsam hat.*

Beide Sätze sind inzwischen in einer Arbeit von R. NARASIMHAN [16] explizit bewiesen worden. Durch Lösung einer Aufgabe vom Typ Cousin-II läßt sich sogar zeigen:

Satz 4'. *Es sei $G \Subset X$ streng pseudokonvex. Dann gibt es eine Umgebung $U = U(\overline{G})$ und zu jedem Punkt $x_0 \in \partial G$ eine in U holomorphe Funktion $f(x, x_0)$, so daß gilt:*

$$\{x \in U : f(x, x_0) = 0\} \cap \overline{G} = x_0 .$$

Dieser Satz ist das genaue globale Analogon des Satzes 1.

§ 2. Reduktionstheorie

1. Nach einem Satz von REMMERT [17] lassen sich holomorph-konvexe Räume stets zu holomorph-vollständigen Räumen reduzieren. Das Remmertsche Resultat wurde später durch H. CARTAN verschärft [2]. Es sei zunächst an den grundlegenden Begriff erinnert.

---

[4]) Der Beweis der Aussage 3 in [6] enthält eine Lücke. Jedoch läßt er sich wie auf p. 465 durchführen, wenn man voraussetzt, daß der Rand von G zweimal stetig differenzierbar und glatt ist. Nur dieser Fall wird zur Herleitung der Sätze in [6] benutzt. In der Definition (5) auf p. 463 sollte deshalb stets $k = 1$ gesetzt werden. — Im Falle, daß gilt $G \cap U = \{x \in U : p(x) < 0\}$ wobei $U = U(\partial G)$ eine Umgebung und p eine in U streng plurisubharmonische Funktion ist, vereinfacht sich der Beweis noch weiter und überträgt sich dann unmittelbar auf komplexe Räume. Man vgl. § 2, Satz 2.

Definition 1. *Ein komplexer Raum X heißt holomorph-vollständig, wenn er*

1) holomorph-konvex ist,

2) es zu jedem Punkt $x_0 \in X$ endlich viele in X holomorphe Funktionen $f_1, \ldots, f_k$ gibt, so daß x_0 isolierter Punkt der Menge $\{x \in X : f_1(x) = \ldots = f_k(x) = 0\}$ ist.

Wegen der Forderung 2) gibt es holomorph-konvexe Räume, die nicht holomorph-vollständig sind. Beispiele hierfür bilden alle kompakten komplexen Räume. Ein Gebiet im C^n ist dagegen genau dann holomorph-vollständig, wenn es holomorph-konvex ist, und das ist wiederum genau dann der Fall, wenn es ein Holomorphiegebiet ist.

R. Remmert hat unter einigen zusätzlichen Voraussetzungen gezeigt:

Satz 1. *Es sei X ein holomorph-konvexer Raum. Dann gibt es einen holomorph-vollständigen Raum Y und eine surjektive, eigentliche holomorphe Abbildung $\Phi : X \to Y$, die folgende Eigenschaft besitzt:*

Sind $U \subset Y$ eine beliebige offene Teilmenge, $V = \Phi^{-1}(U)$, f eine in V holomorphe Funktion, dann gibt es eine in U holomorphe Funktion g, so daß $f = g \circ \Phi$ ist.

Das Paar (Φ, Y) heißt eine holomorphe Reduktion von X und ist bis auf Äquivalenz eindeutig bestimmt: Ist (Φ_1, Y_1) eine weitere holomorphe Reduktion von X, so gibt es eine biholomorphe, eindeutig bestimmte Abbildung τ von Y auf Y_1, so daß das Diagramm:

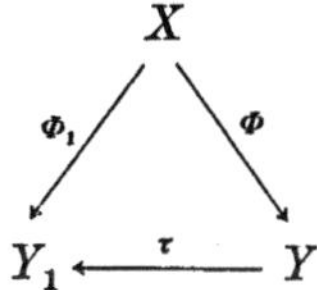

kommutativ ist.

H. Cartan hat nun kürzlich mit Hilfe der analytischen Garbentheorie bewiesen, daß die zusätzlichen Voraussetzungen, die Remmert noch machen mußte, überflüssig sind. Er bewies außerdem, daß die holomorphe Reduktion (Φ, Y) eines beliebigen holomorph konvexen Raumes X folgende wichtige Eigenschaft hat:

1) Die Faser $\Phi^{-1}(y)$ über einem beliebigen Punkt $y \in Y$ ist ein zusammenhängender komplexer Unterraum von X.

Darüber hinaus sieht man sofort ein, wenn man beachtet, daß die holomorphe Reduktion eindeutig bestimmt ist:

2) Es sei $U \subset Y$ eine offene Teilmenge, so daß $\Phi \,|\, V$, $V = \Phi^{-1}(U)$, eineindeutig ist. Dann ist $\Phi \,|\, V$ biholomorph.

Da sich der Begriff „normal" durch eine Fortsetzungseigenschaft holomorpher Funktionen charakterisieren läßt (man vergleiche [10]), folgt außerdem:

3) Wenn X normal ist, dann ist auch Y normal.

2. Wir werden in diesem Paragraphen die Remmertsche Reduktionstheorie auf unsere streng-pseudokonvexen offenen Teilmengen $G \Subset X$ anwenden. Wir benötigen dazu zwei leicht zu beweisende Aussagen. Wir zeigen zunächst:

Satz 2. *Ist $G \Subset X$ streng pseudokonvex, so gibt es eine Umgebung $U = U(\partial G)$ und eine in U streng plurisubharmonische Funktion $\varphi(x)$, so daß*

$$U \cap G = \{x \in U : \varphi(x) < 0\}.$$

Beweis. Da ∂G streng pseudokonvex und kompakt ist, kann man Umgebungen $U_\nu \subset X$, $\nu = 1, \ldots, k$ und in U_ν streng plurisubharmonische Funktionen φ_ν finden, derart, daß gilt:

1) $\bigcup\limits_{\nu=1}^{k} U_\nu \supset \partial G$

2) $U_\nu \cap G = \{x \in U_\nu : \varphi_\nu(x) < 0\}$.

Wir setzen $U = \bigcup U_\nu$. Unter einer „Teilung der Eins" zu der Überdeckung $\mathfrak{U} = \{U_\nu\}$ von U verstehen wir wie üblich ein System von reellwertigen Funktionen h_ν, $\nu = 1, \ldots, k$, das folgende Eigenschaften besitzt:

1) Jede Funktion h_ν ist in U beliebig oft differenzierbar.

2) Es gilt $0 \leq h_\nu(x) \leq 1$.

3) In U ist $\sum\limits_{\nu=1}^{k} h_\nu(x) = 1$.

4) Der Träger $Tr h_\nu$, d. h. die in U abgeschlossene Hülle von $\{x \in U : h_\nu(x) \neq 0\}$, ist in U_ν enthalten.

Da U parakompakt ist, kann man zu unserer Überdeckung sicher eine Teilung der Eins $\{h_\nu\}$ finden. Wir bilden eine Reihe:

$$\varphi(x) = \sum\limits_{\nu=1}^{k} \left(h_\nu^2(x) \cdot \varphi_\nu(x) + \varepsilon_\nu h_\nu(x) \cdot \varphi_\nu^2(x) \right)$$

mit konstanten Koeffizienten $\varepsilon_\nu > 0$. Es sei nun $x \in \partial G$ ein beliebiger Punkt und (V, τ, A) sei eine Karte mit $x \in V \subset U$ und $A \subset G \subset C^n$. Wir setzen $z = \tau(x)$ und setzen, falls $x \in U_\nu$, die Funktionen $h_\nu \circ \tau^{-1}$, $\varphi_\nu \circ \tau^{-1}$ zu in der Nähe von z differenzierbaren, bzw. streng plurisubharmonischen Funktionen h_ν^*, φ_ν^* fort. Es sei $\varphi^* = \sum\limits_{x \in U_\nu} ((h_\nu^*)^2 \varphi_\nu^* + \varepsilon_\nu h_\nu^* (\varphi_\nu^*)^2)$. Wie man leicht nachrechnet, ist die Leviform $L(\varphi^*)$ in z positiv definit, wenn nur die ε_ν hinreichend groß gewählt sind. Die Funktion φ ist dann also in einer ganzen Umgebung von x streng plurisubharmonisch. Da ∂G kompakt ist, kann man die ε_ν so bestimmen, daß das in einer ganzen Umgebung von $U' \subset U$ von ∂G gilt. Da $U' \cap G = \{x \in U' : \varphi(x) < 0\}$, wenn U' hinreichend klein, ist unser Satz bewiesen.

Wir nennen eine analytische Menge A, die keinen isolierten Punkt enthält, eine *nirgends diskrete analytische Menge*. Nach bekannten Sätzen (man vgl. etwa [18]) ist A genau dann nirgends diskret, wenn für jeden Punkt $x \in A$ gilt: $\dim_x A > 0$.

Aus Satz 2 folgt leicht:

Satz 3. *Es sei $G \Subset X$ streng pseudokonvex. Dann gibt es eine kompakte Teilmenge $K \subset G$, so daß jede kompakte nirgends diskrete analytische Menge $A \subset G$ in K enthalten ist.*

Beweis. Wir wählen in einer Umgebung $U = U(\partial G) \subset X$ eine streng plurisubharmonische Funktion $\varphi(x)$, so daß $U \cap G = \{x \in U : \varphi(x) < 0\}$ ist, setzen $U_2 = \{x \in U : -\varepsilon < \varphi(x) < 0\} \cap U_1$ mit $U_1 = U_1(\partial G) \Subset U$. $\varepsilon > 0$ werde so klein angenommen, daß $U_2 \subseteq U_1$ liegt. Es gilt $K = G - U_2 \subseteq G$. Wir nehmen ohne Einschränkung der Allgemeinheit an, daß die zu untersuchende Menge A zusammenhängend ist und zeigen $A \subset K$.

Angenommen, es wäre $A \cap U_2 \neq 0$. Dann wäre $\varphi' = \varphi | A \cap U_2$ eine streng plurisubharmonische Funktion. In einem komplexen Raume ist jedoch jede streng plurisubharmonische Funktion auch plurisubharmonisch im Sinne von [9]. Für diese gilt das Maximumprinzip. Da aber φ' auf jeder zusammenhängenden Komponente von $A \cap U_2$ ihr Maximum annimmt, ist φ' auf diesen Komponenten konstant. Das kann aber nur sein, wenn $A \subset U_2$ und $\varphi(A) = \mathrm{const}$ gilt. Dann könnte jedoch $\varphi | A$ nicht streng plurisubharmonisch sein. Widerspruch! Somit ist Satz 3 bewiesen.

3. Es sei $G \subseteq X$ streng pseudokonvex. Dann ist G nach dem Resultat aus § 1 holomorph konvex. Es gibt also eine holomorphe Reduktion (Φ, Y) von G. Wir nennen, wie üblich, einen Punkt $x \in G$, der nicht isolierter Punkt der Menge $\Phi^{-1} \circ \Phi(x)$ ist, einen *Entartungspunkt* und bezeichnen mit Entartungsmenge die Menge A der Entartungspunkte von Φ. Nach einem Satz von REMMERT ist A eine in G analytische Menge. Nach einem anderen Resultat des gleichen Autors gilt für jede analytische Menge A^*, die keine isolierten Punkte enthält: $\dim_x A^* > 0$ für $x \in A^*$. Das ist insbesondere für unsere Mengen $A_x = \Phi^{-1} \circ \Phi(x)$, $x \in A$ richtig. Nun ist Φ eine eigentliche Abbildung, A_x also kompakt. Wählen wir K im Sinne von Satz 3, so gilt $A_x \subset K$ und mithin $A \subset K$. Die Entartungsmenge A ist also selbst kompakt. Es gilt $\dim_x A > 0$ für $x \in A$.

Es seien $A_1, \ldots, A_s$ die zusammenhängenden Komponenten von A. Nach dem Projektionssatz von REMMERT sind die zusammenhängenden, kompakten Mengen $B_\nu = \Phi(A_\nu)$ analytische Mengen in Y. Da Y ein holomorph-vollständiger Raum ist, muß deshalb jedes B_ν ein einzelner Punkt y_ν sein.

Ist $A' \subset G$ eine zusammenhängende, kompakte analytische Menge, so besteht $\Phi(A')$ aus dem gleichen Grunde nur aus einem Punkt. Das bedeutet: Gilt $\dim_x A' > 0$, so ist Φ in A' entartet. Die Entartungsmenge A enthält also jede kompakte analytische Teilmenge von G, deren Dimension in jedem ihrer Punkte größer als Null ist.

Definition 2. *Eine kompakte analytische Menge A in einem komplexen Raum G heißt maximale kompakte analytische Teilmenge von A, wenn folgendes gilt:*

1) $\dim_x A > 0$, $x \in A$;

2) *ist A' eine nirgends diskrete kompakte analytische Teilmenge von X, so folgt: $A' \subset A$.*

Wir haben gezeigt:

Satz 4. *Die Entartungsmenge A der Abbildung $\Phi : G \to Y$ ist maximale kompakte analytische Teilmenge von G.*

4. Es ist jetzt möglich, das Hauptresultat über exzeptionelle analytische Mengen zu beweisen. Wir definieren zunächst:

Definition 3. *Eine nirgends diskrete kompakte analytische Teilmenge A in einem komplexen Raum X heißt exzeptionell, wenn es einen komplexen Raum Y, eine eigentliche holomorphe Abbildung $\Phi : X \to Y$ gibt, die A auf eine diskrete*

Menge $D \subset Y$ und $X - A$ biholomorph auf $Y - D$ abbildet und außerdem noch folgende Eigenschaft hat:

Zu jeder Umgebung $U = U(D) \subset Y$ und zu jeder in $V = \Phi^{-1}(U)$ holomorphen Funktion g gibt es eine in U holomorphe Funktion f, so daß $g = f \circ \Phi$ ist.

Wählt man für U eine holomorph-vollständige Umgebung, so ist $(\Phi \,|\, V, U)$ holomorphe Reduktion von V. Daraus folgt, daß das Paar (Φ, Y) bis auf Äquivalenz eindeutig zu jeder exzeptionellen Menge $A \subset X$ bestimmt ist. Man kann also analytische Mengen, wenn überhaupt, so nur auf eine Weise zu einem Punkt zusammenblasen.

Wir zeigen:

Satz 5. *Es sei X ein komplexer Raum, $A \subset X$ eine nirgends diskrete, kompakte analytische Menge. Dann ist A genau dann exzeptionell, wenn es eine Umgebung $U = U(A) \subseteq X$ gibt, die streng pseudokonvex ist, derart, daß A maximale, kompakte analytische Teilmenge von U ist.*

Beweis. Es werde zunächst angenommen, daß die Umgebung $U = U(A)$ existiert. Da dann U holomorph-konvex ist, gibt es die holomorphe Reduktion (Φ^*, W) von U. Nach dem Ergebnis des vorigen Abschnittes bildet Φ^* die Menge A auf eine diskrete Menge $D \subset W$ ab, $\Phi^{*\,-1}\Phi^*(x)$, $x \in U - A$, besteht stets nur aus isolierten Punkten. Da das Urbild jedes Punktes $w \in W$ zusammenhängend ist, gilt $A = \Phi^{*\,-1}(D)$ und Φ^* bildet $U - A$ eineindeutig und damit biholomorph auf $W - D$ ab. Wir setzen nun $Y = \{y = (w, x) : w = \Phi^*(x), x \notin A\} \cup D \cup X - U$. Y trägt eine natürliche komplexe Struktur, es gibt eine eigentliche holomorphe Abbildung $\Phi : X \to Y$, so daß alle geforderten Eigenschaften erfüllt sind.

Es sei umgekehrt $A \subset X$ eine kompakte exzeptionelle analytische Menge. Wir wählen ein Paar (Φ, Y), so daß den Forderungen der Definition 3 genügt ist. Da Y ein komplexer Raum ist, gibt es eine Umgebung W der Menge $D = \Phi(A)$, die sich durch eine biholomorphe Abbildung τ in ein Gebiet $G \subset C^n$ einbetten läßt. Wir dürfen annehmen, daß $D = y_0$ und $\tau(y_0) = 0 \in C^n$ ist. Es sei $p(z) = z_1 \bar{z}_1 + \ldots + z_n \bar{z}_n$. $p(z)$ ist in G streng plurisubharmonisch, ist $\varepsilon > 0$ hinreichend klein gewählt, so ist $V = \{z : p(z) < \varepsilon\}$ eine Umgebung von 0, die relativ-kompakt in G enthalten ist. Wir setzen $U = U(A) = \Phi^{-1} \circ \tau^{-1}(V)$ und $\hat{p}(x) = p \circ \tau \circ \Phi$. $\hat{p}(x)$ ist in $\Phi^{-1}(W) - A$ streng plurisubharmonisch, U wird durch die Ungleichung $\{x : \hat{p}(x) - \varepsilon < 0\}$ gegeben und ist mithin streng pseudokonvex. Da $\tau^{-1}(V)$ holomorph-vollständig ist und deshalb wie im Beweis von Satz 4 folgt, daß $A \subset U$ maximale, kompakte analytische Teilmenge von U ist, haben wir unseren Satz vollständig bewiesen.

§ 3. Das Normalenbündel

1. Es seien X eine kompakte komplexe Mannigfaltigkeit, $F \to X$ ein komplex-analytisches Geradenbündel über X. Bekanntlich ist dann zu F eine Kohomologieklasse $c(F) \in H^2(X, Z)$ definiert. $c(F)$ heißt die Chernsche Klasse von F. Nach einer Definition von K. Kodaira nennt man F positiv (bzw.

negativ), wenn das Bild von $c(F)$ in $H^2(X, R)$ durch eine reelle, geschlossene Differentialform $\Omega = i \sum\limits_{\nu,\,\mu\,=\,1}^{n} g_{\nu\bar{\mu}}\, dz_\nu \wedge d\bar{z}_\mu$ gegeben werden kann, bei der die zugehörige Hermitesche Form $\sum\limits_{\nu,\,\mu\,=\,1}^{n} g_{\nu\bar{\mu}}\, dz_\nu\, d\bar{z}_\mu$ überall in X positiv (bzw. negativ) definit ist.

Ist $U = \{U_\iota : \iota = 1, \ldots, \iota^*\}$ eine hinreichend feine offene Überdeckung von X, so kann das Geradenbündel F aus einem Kozyklus $h = \{h_{\iota_1\iota_2} : \iota_1, \iota_2 = 1, \ldots, \iota_*\}$ konstruiert werden. Die "transition functions" $h_{\iota_1\iota_2}$ sind in den Durchschnitten $U_{\iota_1\iota_2} = U_{\iota_1} \cap U_{\iota_2}$ holomorph und von Null verschieden. Auf jeder Faser $F_x = \pi^{-1}(x)$, $x \in U_\iota$, gibt es bezüglich ι eine kanonische Koordinate w_ι. Gilt $x \in U_{\iota_1\iota_2}$, so besteht die Koordinatentransformation $w_{\iota_1} = h_{\iota_1\iota_2}(x) \cdot w_{\iota_2}$.

Kodaira hat mit Hilfe von Methoden der verallgemeinerten Potentialtheorie gezeigt[5]:

Das Geradenbündel F ist positiv (negativ) dann und nur dann, wenn es ein System von reellwertigen, in U_ι zweimal stetig differenzierbaren Funktionen p_ι gibt, so daß in allen Durchschnitten $U_{\iota_1\iota_2}$ die Beziehung $p_{\iota_1} = |h_{\iota_1\iota_2}(x)| \cdot p_{\iota_2}$ gilt, in allen U_ι die Werte $p_\iota(x) \neq 0$ sind und die Hermitesche Form $\sum \dfrac{\partial^2 \lg p_\iota}{\partial z_\nu\, \partial \bar{z}_\mu}\, dz_\nu\, d\bar{z}_\mu$ positiv (negativ) definit ist.

Unter Verwendung dieses Ergebnisses läßt sich zeigen:

Satz 1. *Ein Geradenbündel F über einer komplexen Mannigfaltigkeit X ist genau dann negativ, wenn die Nullschnittfläche $O \subset F$ exzeptionell ist.*

Beweis. Es werde zunächst angenommen, daß F negativ ist. Wir wählen dann eine Überdeckung $U = \{U_\iota\}$, zu der ein Kozyklus h existiert. $\{p_\iota\}$ sei sodann ein System von reellwertigen Funktionen im Sinne des Kodairaschen Satzes. Wir setzen $T_\iota = \{y \in \pi^{-1}(U_\iota) : |w_\iota(y)| < p_\iota(\pi(y))\}$. Offenbar ist $T = \bigcup\limits_\iota T_\iota$ eine Umgebung der Nullschnittfläche $O \subset F$, für die gilt: $T \cap \pi^{-1}(U_\iota) = T_\iota$. T_ι ist ein Hartogsscher Körper. Nun ist ein Hartogsscher Körper $\{|w_\iota| < p_\iota(x)\}$ genau dann streng pseudokonvex, wenn die Funktion $-\lg p_\iota(x)$ streng plurisubharmonisch ist. Also muß T streng pseudokonvex sein.

Nach § 2, Satz 3 gibt es eine kompakte Menge $K \subset T$, so daß jede nirgends diskrete, analytische kompakte Menge $A \subset T$ schon in K enthalten ist. Da jede Faser von F ein (eindimensionaler) komplexer Vektorraum ist, operiert der komplexe Zahlkörper in F: die Multiplikation mit einer komplexen Zahl $c \neq 0$ liefert eine fasertreue biholomorphe Abbildung c von F auf sich selbst.

Ist A nicht in O enthalten, so gilt für ein geeignetes c sicher: $c \cdot A \subset T$, aber nicht $c \cdot A \subset K$. Da $c \cdot A$ ebenfalls eine kompakte analytische Teilmenge ist, erhält man einen Widerspruch.

---

[5]) Man vgl. [19]. Es ist trivial, daß das Kriterium hinreichend ist. Die Notwendigkeit folgt aus den Sätzen, daß jede komplexe Mannigfaltigkeit mit positiven (negativen) Geradenbündel kählersch ist und daß auf einer kählerschen Mannigfaltigkeit sich die Kohomologiegruppe $H^1(X, C)$ zerspaltet in die direkte Summe: $H^1(X, C) \cong H^{1,0}(X) + H^{0,1}(X)$.

Die Nullschnittfläche O ist maximale kompakte analytische Teilmenge von T, O ist exzeptionell.

Es werde umgekehrt $\mathrm{O} \subset F$ als exzeptionell vorausgesetzt. Wie im Beweise des Satzes 5 aus § 2 kann man dann in einer Umgebung $T = T(\mathrm{O})$ eine (reell-analytische) reellwertige Funktion p konstruieren, die folgende Eigenschaften hat:

1) $p(y) \geqq 0$, $\{p(y) = 0\} = \mathrm{O}$.

2) $p(y)$ ist in $T - \mathrm{O}$ streng plurisubharmonisch.

Wir setzen $\tilde{p}(y) = \dfrac{1}{2\pi} \displaystyle\int_0^{2\pi} p(e^{i\vartheta} \cdot y)\, d\vartheta$. $\tilde{p}(y)$ ist in $\tilde{T} = \overset{\scriptscriptstyle\mathrm{o}}{\underset{0 \leq \vartheta \leq 2\pi}{\cap}} e^{i\vartheta} \cdot T$ wohl-definiert, invariant gegenüber Abbildungen $y \to e^{i\vartheta} \cdot y$ und hat in bezug auf $\tilde{T}$ die Eigenschaften 1 und 2. Eine leichte Rechnung zeigt: Für jedes $x \in X$ gilt auf $F_x \cap \tilde{T} : dp_x \neq 0$, wenn $p_x = \tilde{p} \,|\, F_x \cap \tilde{T}$ gesetzt wird. Ist $\varepsilon > 0$ hinreichend klein, so gilt $T_1 = \{x \in \tilde{T} : \tilde{p}(x) < \varepsilon\} \Subset \tilde{T}$. Der Durchschnitt $U_\iota \cap T_1$ kann durch eine Ungleichung $\{|w_\iota| < p_\iota(x)\}$ gegeben werden. Da T_1 streng pseudo-konvex ist, ergibt sich, daß die Form $\sum \dfrac{\partial^2 \lg p_\iota}{\partial z_\nu \partial \bar{z}_\mu} dz_\nu d\bar{z}_\mu$ in ganz U_ι negativ definit ist. Damit folgt für das System $\{p_\iota\}$ das Kriterium des Kodairaschen Satzes. F ist negativ und Satz 1 bewiesen.

Die Kodairasche Definition des positiven (negativen) Geradenbündels wurde von Akizuki und Nakano[6]) auf (komplex-analytische) Vektorraum-bündel V übertragen. Anstelle der Formen $\sum \dfrac{\partial^2 \lg p_\iota}{\partial z_\nu \partial \bar{z}_\mu} dz_\nu d\bar{z}_\mu$ verwenden die beiden Autoren zu ihrer Definition eine Krümmungsform, die von einer (ge-gebenen) Metrik auf X und einer Metrik auf den Fasern von V abhängt. Der neu gewonnene Begriff ist also keine reine Invariante der analytischen Struktur von V.

Wie man leicht durch elementare Rechnung zeigen kann, besitzt bei jedem negativen Vektorraumbündel V die Nullschnittfläche $\mathrm{O} \subset V$ eine streng pseudokonvexe Umgebung. Einfache Beispiele (z. B. das kovariante Tan-gentialbündel über dem P^2) lehren jedoch, daß es auch nicht negative Vektor-raumbündel mit dieser Eigenschaft gibt. Wir definieren deshalb:

Definition 1. *Ein Vektorraumbündel V über einem komplexen Raum X heißt schwach negativ, wenn es eine streng pseudokonvexe Umgebung $T = T(\mathrm{O}) \Subset V$ um die Nullschnittfläche $\mathrm{O} \subset V$ gibt.*

Wie im Beweis von Satz 1 folgt, daß $\mathrm{O} \subset T$ maximal ist. O ist also bei schwach negativen Vektorraumbündeln exzeptionell. Die Umkehrung dieser Aussage gilt natürlich auch.

Definition 2. *Ein Vektorraumbündel V über einem komplexen Raum X heißt schwach positiv, wenn das zu V duale Vektorraumbündel V^* schwach negativ ist.*

---

[6]) Man vgl. [15]. Die Verallgemeinerung wurde auch wohl von Kodaira selbst vor-genommen.

Wir zeigen noch:

(*) Ein Geradenbündel F über einem komplexen Raum X ist genau dann positiv (negativ), wenn eine (Tensor-) Potenz F^k positiv (bzw. negativ) ist, $k = 1, 2, 3, \ldots$.

Beweis. Wie gezeigt, operiert die multiplikative Gruppe der komplexen Zahlen C^* auf F und F^k. F (bzw. F^k) ist daher genau dann negativ, wenn es eine streng pseudokonvexe Umgebung um $O \subset F$ (bzw. $O \subset F^k$) gibt, die gegenüber C^* invariant ist. Nun bildet die durch $\xi \to \underbrace{\xi \otimes \xi \otimes \cdots \otimes \xi}_{k\text{-mal}}$ defi-

nierte holomorphe Abbildung $\tau : F \to F^k$ solche Umgebungen in F auf solche in F^k ab. Analóges gilt für τ^{-1}, woraus sich unmittelbar die Behauptung ergibt.

2. Wir nennen einen kompakten komplexen Raum X projektiv algebraisch, wenn es eine biholomorphe Abbildung ψ von X auf eine kompakte analytische Menge $A \subset P^n$ gibt. Da A nach dem Satz von CHOW eine algebraische Menge ist, trägt jeder projektiv algebraische Raum X eine natürliche algebraische Struktur. Die meromorphen Funktionen in X sind die rationalen Funktionen. Die algebraische Struktur ist also unabhängig von ψ. Bezeichnet E eine $(n-1)$-dimensionale Ebene im P^n und F das Geradenbündel, das zu dem Divisor $(-E)$ gehört, also eine meromorphe Schnittfläche besitzt, die genau E zur Polstellen-fläche 1. Ordnung hat, so ist F ein negatives Geradenbündel über dem P^n. Das gleiche gilt für $F|A$ und für das Urbild $F^* = \psi^*(F|A)$. Es gibt also über jedem projektiv algebraischen Raum X ein negatives Geradenbündel. Wir zeigen umgekehrt:

Satz 2. *Es seien X ein kompakter komplexer Raum, V ein schwach negatives Vektorraumbündel über X. Dann ist X projektiv algebraisch.*

Zum Beweise führen wir zunächst folgende Betrachtung durch. Es bezeichne $O \subset V$ die Nullschnittfläche, $\mathfrak{m}$ die Garbe der Keime von lokalen holomorphen Funktionen, die auf O verschwinden. Jede Garbe $Q_k = \mathfrak{m}^k/\mathfrak{m}^{k+1}|O$ ist eine freie analytische Garbe über $O \cong X$.

Die Fasern V_x von V sind komplexe Vektorräume endlicher Dimension. Der Begriff des homogenen Polynoms in V_x ist also wohldefiniert. Es sei $\mathfrak{P}_k \subset \mathfrak{m}^k$ über V die (nicht-analytische) Garbe der Keime von solchen lokalen holomorphen Funktionen, die auf den Fasern homogene Polynome k-ten Grades sind. Wir haben für jeden Punkt $x \in O$ einen Isomorphismus $q_{kx} : Q_{kx} \overset{\sim}{\to} \overset{\sim}{\to} \Gamma(V_x, \mathfrak{P}_k)$. Die Abbildung q_{kx} hängt stetig von x ab. Wir setzen $q_k = \{q_{kx}\}$. Bezeichnet f_x einen holomorphen Funktionskeim, so läßt sich f_x in eine Potenz-

reihe $f_x = \sum_{k=0}^{\infty} f_{kx}$ mit $f_{kx} \in \Gamma(V_x, \mathfrak{P}_k) \cong Q_{kx}$ entwickeln.

Ist $\mathfrak{S}$ eine kohärente analytische Garbe über X, so bezeichne $\hat{\mathfrak{S}}$ die kohärente analytische Urbildgarbe von $\mathfrak{S}$ bezüglich der Projektion $\pi : V \to X$. Man hat Homomorphismen $\pi_x^* : \mathfrak{S}_x \to \Gamma(V_x, \hat{\mathfrak{S}}_x)$. Die Abbildung $\pi^* = \{\pi_x^*\}$ ist wieder über ganz X stetig. Durch q_k und π^* wird schließlich für jedes ν ein Homomorphismus $\lambda_{\nu k} : H^\nu(X, \mathfrak{S} \otimes Q_k) \to H^\nu(O, \hat{\mathfrak{S}} \cdot \mathfrak{m}^k)$ induziert.

Ist $x \in \mathcal{O}$ und $\sigma \in \hat{\mathfrak{S}}_x$, so besteht eine eindeutig bestimmte Potenzreihenentwicklung $\sigma = \sum\limits_{k=0}^{\infty} \sigma_k$ mit $\sigma_k \in \mathfrak{S}_k \otimes \mathfrak{Q}_{kx}$. Ebenso läßt sich jede Kohomologieklasse $\xi \in H^{\nu}(\mathcal{O}, \hat{\mathfrak{S}})$ in eine Potenzreihe $\xi = \sum\limits_{k=0}^{\infty} \xi_k$ mit $\xi_k \in H^{\nu}(X, \mathfrak{S} \otimes \mathfrak{Q}_k)$ entwickeln. Die Reihe von $\xi = \lambda_{\nu k}(\eta)$, $\eta \in H^{\nu}(X, \mathfrak{S} \otimes \mathfrak{Q}_k)$ enthält ξ an der k-ten Stelle. Alle übrigen Glieder sind null.

Wir zeigen:

Hilfssatz 1. *Zu jeder kohärenten analytischen Garbe $\mathfrak{S}$ über X gibt es eine natürliche Zahl k_0, so daß für $k \geq k_0$ gilt:*

$$H^{\nu}(X, \mathfrak{S} \otimes \mathfrak{Q}_k) = 0, \quad \nu = 1, 2, 3, \ldots .$$

Beweis. Wir wählen eine streng pseudokonvexe Umgebung $T = T(\mathcal{O}) \subset V$ und bezeichnen mit $\sum$ die direkte Summe. Wie unmittelbar aus der Potenzreihenentwicklung ersichtlich, ist die natürliche Abbildung: $\sum\limits_{k} H^{\nu}(X, \mathfrak{S} \otimes \mathfrak{Q}_k) \to$ $\to H^{\nu}(\mathcal{O}, \hat{\mathfrak{S}})$ injektiv. Mithin ist auch $\lambda_{\nu}: \sum\limits_{k} H^{\nu}(X, \mathfrak{S} \otimes \mathfrak{Q}_k) \to H^{\nu}(T, \hat{\mathfrak{S}})$ injektiv. Wäre nun unser Hilfssatz falsch, so müßte $\sum\limits_{k} H^{\nu}(X, \mathfrak{S} \otimes \mathfrak{Q}_k)$ und somit auch der komplexe Vektorraum $H^{\nu}(T, \hat{\mathfrak{S}})$ unendliche Dimension haben. Ein in [6] bewiesener Satz besagt jedoch:

(*) Es seien Y eine komplexe Mannigfaltigkeit, $G \subset X$ ein streng pseudokonvexes Teilgebiet. Dann ist $\dim_C H^{\nu}(G, \mathcal{O}) < \infty$.

Der in [6] angegebene Beweis von (*) bleibt richtig, wenn X durch einen komplexen Raum und $\mathcal{O}$ durch eine beliebige kohärente analytische Garbe ersetzt wird. In unserem Falle ist also auch $\dim H^{\nu}(T, \hat{\mathfrak{S}}) < \infty$. Widerspruch! Damit ist der Hilfssatz bewiesen.

Im Falle, daß $V = F$ ein komplex-analytisches Geradenbündel über X ist, gilt $\mathfrak{Q}_k \approx (\underline{F}^*)^k$, wobei F^* das zu F duale Geradenbündel und $(F^*)^k$ seine k-fache Tensorpotenz bezeichnet. Man hat deshalb zu Hilfssatz 1 folgendes:

Korollar. *Es seien F ein positives Geradenbündel über X, $\mathfrak{S}$ eine über X kohärente analytische Garbe. Dann gibt es eine natürliche Zahl k_0, so daß für $k \geq k_0$ die Kohomologiegruppen $H^{\nu}(X, \mathfrak{S} \otimes \underline{F}^k) = 0$ sind, $\nu = 1, 2, 3, \ldots .$*

Zum Beweise von Satz 2 wählen wir für $\mathfrak{S}$ die Garbe $\mathfrak{S}(x_1, x_2)$ der Keime von lokalen holomorphen Funktionen auf X, die in $x_1, x_2 \in X$ verschwinden. Gilt $x_1 = x_2$, so bestehe $\mathfrak{S}(x_1, x_2)$ aus allen holomorphen Funktionskeimen, die in $x_1 = x_2$ Nullstellen zweiter Ordnung haben, also dort im Quadrat des maximalen Ideals enthalten sind. Es gibt nun ein $k_0 = k_0(x_1, x_2)$, so daß insbesondere $H^1(X, \mathfrak{S}(x_1, x_2) \otimes \mathfrak{Q}_{k_0}) = 0$ gilt. Aus der exakten Sequenz:

$$0 \to \mathfrak{S}(x_1, x_2) \otimes \mathfrak{Q}_{k_0} \to \mathcal{O} \otimes \mathfrak{Q}_{k_0} \to \sigma(x_1, x_2) \otimes \mathfrak{Q}_{k_0} \to 0,$$

in der $\mathcal{O}$ die Garbe der lokalen Ringe und $\sigma(x_1, x_2)$ die Quotientengarbe $\mathcal{O}/\mathfrak{S}(x_1, x_2)$ bezeichnet, erhält man sodann die exakte Sequenz:

$$(*) \qquad \Gamma(X, \mathfrak{Q}_{k_0}) \to \Gamma(X, \sigma(x_1, x_2) \otimes \mathfrak{Q}_{k_0}) \to 0 .$$

Die Garbe $\mathfrak{Q}_{k_\bullet}$ ist über ganz X frei. Es ist also ein Vektorraumbündel $Q_{k_\bullet}$ bestimmt, derart, daß die Garbe der Keime von lokalen holomorphen Schnittflächen in $Q_{k_\bullet}$ zu $\mathfrak{Q}_{k_\bullet}$ isomorph ist. Wie man unmittelbar sieht, ist die Garbe $\sigma(x_1, x_2)$ im Falle $x_1 \neq x_2$ über $X - x_1 - x_2$ die Nullgarbe und hat über x_ν den Halm $Q_{k_\bullet x_\nu}$, $\nu = 1, 2$. Im Falle $x_1 = x_2 = x_0$ ist $\sigma(x_1, x_2)$ in $X - x_0$ identisch Null und besteht über x_0 aus dem Halm $(\mathcal{O}_{x_\bullet}/\mathfrak{m}_{x_\bullet}^2) \otimes Q_{k_\bullet x_\bullet}$, wobei $\mathfrak{m}_{x_\bullet}^2$ das Quadrat des maximalen Ideals in x_0 bezeichnet. Es folgt deshalb:

(1) Es gibt, ob $x_1 = x_2$ oder $x_1 \neq x_2$ ist, stets Umgebungen $U_1 = U(x_1)$ und $U_2 = U(x_2)$, so daß für (x_1', x_2') mit $x_1' \in U_1$, $x_2' \in U_2$ ebenfalls die exakte Sequenz (*) richtig ist.

Die natürliche Abbildung der k_0'-fachen symmetrischen Potenz $\hat{Q}$ des Vektorraumbündels $Q_{k_\bullet}$ in $Q_{k_\bullet k_0'}$ ist surjektiv. Durch Bildung symmetrischer Produkte von Schnittflächen aus $\Gamma(X, \mathfrak{Q}_{k_\bullet})$ erhält man Schnittflächen in $Q_{k_\bullet k_0'}$. Es folgt deshalb:

(2) Besteht für (x_1, x_2) die exakte Sequenz:

$$\Gamma(X, \mathfrak{Q}_{k_\bullet}) \to \Gamma(X, \sigma(x_1, x_2) \otimes \mathfrak{Q}_{k_\bullet}) \to 0 \ ,$$

so ist, falls k_0 die natürliche Zahl k_1 teilt, auch die Sequenz:

$$\Gamma(X, \mathfrak{Q}_{k_1}) \to \Gamma(X, \sigma(x_1, x_2) \otimes \mathfrak{Q}_{k_1}) \to 0$$

exakt. Da X kompakt ist, ergeben (1) und (2) zusammen:

(3) Es gibt eine natürliche Zahl k, so daß für alle Punktpaare (x_1, x_2) mit $x_1 \in X$, $x_2 \in X$ die Sequenz:

(**) $$\Gamma(X, \mathfrak{Q}_k) \to \Gamma(X, \sigma(x_1, x_2) \otimes \mathfrak{Q}_k) \to 0$$

exakt ist.

Es sei nun l die Dimension der Vektorräume Q_{kx}. Aus (**) folgt:

(4) Es gibt zu jedem Punkt $x \in X$ holomorphe Schnittflächen $s_1, \ldots, s_l \in \Gamma(X, \mathfrak{Q}_k)$, so daß die Vektoren $s_1(x), \ldots, s_l(x) \in Q_{kx}$ linear unabhängig sind.

Wir setzen $q = \dim_C \Gamma(X, \mathfrak{Q}_k)$ und $C_{lq} = \underbrace{C^l \times \ldots \times C^l}_{q\text{-mal}}$. Die lineare Gruppe $\mathrm{GL}(l, C)$ operiert in natürlicher Weise auf den Unterraum $C_{lq}^* = \{(z_1, \ldots, z_q) \in C_{lq}, \mathrm{Rang}(z_1, \ldots, z_q) = l\}$. Der Quotientenraum $D = C_{lq}^*/\mathrm{GL}(l, C)$ ist nichts anderes als die Grasmannsche Mannigfaltigkeit $P(q - l, q)$ der $(q - l)$-dimensionalen Ebenen im C^q. D ist also eine kompakte projektiv algebraische Mannigfaltigkeit.

Es seien nun $s_1, \ldots, s_q$ eine Basis von $\Gamma(X, \mathfrak{Q}_k)$. Wegen (4) definieren $s_1, \ldots, s_q$ eine holomorphe Abbildung $\psi : X \to D$. Aus (3) folgt, daß ψ sogar eine biholomorphe Einbettung ist. Denn ψ ist eineindeutig und für jeden Punkt $x \in X$ ist die Abbildung:

$$\mathcal{O}_y \to \mathcal{O}_x \to \mathcal{O}_x/\mathfrak{m}_x^2$$

surjektiv, wenn $y = \psi(x) \in D$ ist und $\mathcal{O}_y$ den lokalen Ring in y, $\mathcal{O}_x$ den lokalen Ring in x und $\mathfrak{m}_x \subset \mathcal{O}_x$ das maximale Ideal bezeichnen. Durch eine biholomorphe Abbildung $D \to P^m$ gelingt es sodann, X in einen komplex projektiven Raum biholomorph einzubetten. X ist also projektiv algebraisch, q. e. d.

3. Wir geben in diesem Abschnitt eine Anwendung von Satz 2. Es sei wieder X ein komplexer Raum, $N \subset X$ bezeichne die Menge der nicht regulären Punkte von X. N ist eine analytische Menge und es gilt überall $\dim_x N < \dim_x X$. Wir nennen eine Hermitesche Metrik $ds^2 = \sum g_{i\bar{k}}\, dz_i\, d\bar{z}_k$ in $X - N$ (mit dort stetigen Koeffizienten $g_{i\bar{k}}$) eine Kählersche Metrik in X, wenn es zu jedem Punkt $x \in X$ eine Umgebung U und eine in U streng plurisubharmonische Funktion p gibt, so daß in $U - N$ gilt: $g_{i\bar{k}} = \dfrac{\partial^2 p}{\partial z_i\, \partial \bar{z}_k}$. p heißt wie üblich eine lokale Potentialfunktion zu ds^2.

Es sei fortan über X eine solche Kählersche Metrik gegeben. Wir überdecken X mit offenen Mengen U_ι, $\iota \in I$, derart, daß in jedem U_ι eine Potentialfunktion p_ι existiert. Die Differenzen $p_{\iota_1} - p_{\iota_1} = h_{\iota_1 \iota_2}$ sind in den Mengen $U_{\iota_1} \cap U_{\iota_2} - N$ pluriharmonisch. Jeder Punkt eines komplexen Raumes besitzt eine (kompakte) Umgebung, die eine reell-analytische Triangulierung gestattet (man vgl. zum Beweis [14]). Es gibt deshalb auch zu jedem Punkt x beliebig kleine triangulierte Umgebungen U, die bezüglich ihrer Triangulierung ein Stern sind. Gilt $U \subset U_{\iota_1 \iota_2}$, so ist in U das Integral $\dfrac{1}{i} \int (d'h_{\iota_1 \iota_2} - d''h_{\iota_1 \iota_2})$ vom Wege unabhängig, da die totale Ableitung des Integranden verschwindet. Das Integral bestimmt also eine in U stetige Funktion $h'_{\iota_1 \iota_2}$. Die Summe $f = h_{\iota_1 \iota_2} + i h'_{\iota_1 \iota_2}$ ist in $U - N$ holomorph. Es wird im allgemeinen nicht möglich sein, die Holomorphie von f in ganz U nachzuweisen. Jedoch ist f sicher in U holomorph, wenn X normal ist, da dann die Fortsetzungssätze von Riemann gelten.

Es gibt nun, da X kompakt und mithin erst recht parakompakt ist, eine Verfeinerung $\mathfrak{V} = \{V_\nu : \nu \in N\}$ von $\mathfrak{U} = \{U_\iota : \iota \in J\}$ und eine Verfeinerungsabbildung $\tau : N \to J$, so daß jeder Durchschnitt $V_{\nu_1 \nu_2} = V_{\nu_1} \cap V_{\nu_2}$ in einer Umgebung $U \subset U_{\iota_1 \iota_2}$ enthalten ist. Wir setzen $h_{\nu_1 \nu_2} = h_{\iota_1 \iota_2} | V_{\nu_1 \nu_2}$ und bestimmen in $V_{\nu_1 \nu_2}$ Funktionen $h'_{\nu_1 \nu_2}$, so daß $f_{\nu_1 \nu_2} = h_{\nu_1 \nu_2} + i h'_{\nu_1 \nu_2}$ in $V_{\nu_1 \nu_2} - N$ holomorph ist. $\xi = \delta \dfrac{-1}{2i} \{f_{\nu_1 \nu_2}\}$ ist ein Kozyklus aus $Z^2(\mathfrak{V}, R)$, wobei R die Garbe konstanter reeller Funktionen bezeichnet. Es ist leicht einzusehen, daß ξ die der reellen geschlossenen Form $\Omega = i \sum g_{i\bar{k}}\, dz_i \wedge d\bar{z}_k$ durch die Auflösung $0 \to R \to \Omega_0 \to \Omega_1 \to \Omega_2$ zugeordnete Kohomologieklasse ξ^* erzeugt, wobei Ω_ν die Garbe der reellen $(2 - \nu)$-mal stetig differenzierbaren Differentialformen bezeichnet, die auf komplexen Räumen analog zur Definition 2 aus § 1 zu erklären sind. Wir nennen deshalb ξ^* die Periodenklasse unserer Kählerschen Metrik. Es gibt eine natürliche Abbildung $H^2(X, Z) \to H^2(X, R)$, wobei Z die konstante Garbe der ganzen Zahlen bezeichnet.

Definition 3. *Eine Kählersche Metrik ds^2 auf einem komplexen Raum X heißt eine Hodgesche Metrik, wenn ihre Periodenklasse ξ im Bild von $H^2(X, Z)$ liegt. Ein kompakter komplexer Raum X mit Hodgescher Metrik wird ein Hodgescher Raum genannt.*

Analog zu einem fundamentalen Satz von Kodaira [13] gilt:

Satz 3. *Jeder normale Hodgesche Raum X ist projektiv algebraisch.*

Beweis. Wir konstruieren zu einer Überdeckung $\mathfrak{V} = \{V_\nu\}$ die Funktionen $p_\nu = p_i\,|\,V_\nu$ und $f_{\nu_1\nu_2}$. Da ξ^* im Bild von $H^2(X, Z)$ liegt, können wir (genauer: nach einer Verfeinerung von $\mathfrak{V}$) die Funktionen $h'_{\nu_1\nu_2}$ so wählen, daß $\delta\,\dfrac{-1}{2i}\,\{f_{\nu_1\nu_2}\} = \xi \in Z^2(\mathfrak{V}, Z)$ gilt. Wir definieren $g_{\nu_1\nu_2} = e^{2\pi f_{\nu_1\nu_2}}$ in allen Durchschnitten $V_{\nu_1\nu_2}$ und setzen $\hat{p}_\nu = e^{-2\pi p_\nu}$. Es gilt $\delta(g_{\nu_1\nu_2}) = 0$ und $\hat{p}_{\nu_1} = g_{\nu_1\nu_2} \cdot \hat{p}_{\nu_2}$. Der Kozyklus $\{g_{\nu_1\nu_2}\}$ definiert also ein Geradenbündel F über X, der Bereich $\{|w_\nu| < \hat{p}_\nu\}$ ist nach § 3.1 eine streng pseudokonvexe Umgebung T um $\mathfrak{O} \subset F$. F ist damit negativ und X projektiv algebraisch.

Wenn X nicht normal ist, so läßt sich das Geradenbündel F nicht konstruieren. In diesem Falle dürfte, wenn man nur fordert, daß die Koeffizienten der Metrik stetig sind, der Satz 3 im allgemeinen falsch sein.

4. Es sei X ein kompakter komplexer Raum und D ein holomorpher Divisor über X. Die Nullstellenmenge von D sei mit A, das durch D definierte Geradenbündel sei mit F bezeichnet.

Satz 4. *Es sei $F\,|\,A$ positiv, $X - A$ enthalte keine nirgends diskreten, kompakten analytischen Teilmengen. Dann ist F über ganz X positiv und $X - A$ trägt eine natürliche affin-algebraische Struktur.*

Wir zeigen zum Beweis von Satz 4 zunächst folgendes wichtige

Lemma. *Ein Geradenbündel F über einem kompakten komplexen Raum X ist positiv, wenn es zu jeder kompakten, irreduziblen nirgends diskreten analytischen Menge $A \subset X$ eine natürliche Zahl k und eine über A holomorphe Schnittfläche s in $F^k\,|\,A$ gibt, die auf A wenigstens eine Nullstelle hat, jedoch dort nicht identisch verschwindet.*

Wir beweisen das Lemma durch vollständige Induktion über $\dim X$. Im Falle $\dim X = 0$ ist das Lemma trivial. Wir brauchen also nur den Induktionsschluß durchzuführen. Es werde zunächst vorausgesetzt, daß X irreduzibel ist.

Nach Voraussetzung gibt es für eine natürliche Zahl k_0 eine nicht identisch verschwindende Schnittfläche $s = s_0 \in \Gamma(X, \underline{F}^{k_0})$, die in X eine nicht leere Nullstellenmenge X_1 besitzt. X_1 ist eine analytische Menge und damit ein komplexer Unterraum von X. Es gilt $\dim X_1 < \dim X$ und nach Induktionsvoraussetzung also auf jeden Fall, daß $F\,|\,X_1$ positiv ist. Der offene Raum $X - X_1 = \overset{*}{X}$ kann keine kompakten nirgends diskreten analytischen Teilmengen A enthalten, da andernfalls $F^{k_0}\,|\,A$ eine nirgends verschwindende holomorphe Schnittfläche besäße und somit trivial wäre. Es gäbe dann über keiner zusammenhängenden Komponente von A eine Schnittfläche von der im Lemma geforderten Art.

Durch die Zuordnung $f_x \to s_x \cdot f_x$ erhält man einen Homomorphismus $\lambda : \mathcal{O}(X) \to \underline{F}^{k_0}$ und mithin eine exakte Sequenz:

$$(*) \qquad\qquad 0 \to \mathcal{O} \to \underline{F}^{k_0} \to \mathfrak{Q} \to 0,$$

wobei $\mathfrak{Q}$ die Quotientengarbe $\underline{F}^{k_0}/\lambda(\mathcal{O})$ bezeichnet. Es sei $\mathfrak{m}$ die Garbe der Keime derjenigen holomorphen Funktionen, die auf X_1 verschwinden. Setzen wir $\mathfrak{Q}_\nu = \mathfrak{m}^\nu \cdot \mathfrak{Q}$, $\nu = 1, 2, 3, \ldots$, $\mathfrak{Q}_0 = \mathfrak{Q}$, so gilt $\mathfrak{Q}_{\nu+1} \subset \mathfrak{Q}_\nu$, $\nu = 0, 1, 2, \ldots$. Da $\mathfrak{Q}$ in $X - X_1$ die Nullgarbe ist, gibt es nach [8] eine natürliche Zahl ν_0, so daß $Q_{\nu_0} = 0$ ist. Jeder Quotient $Q_\nu/Q_{\nu+1}$ kann als analytische Garbe über X_1 aufgefaßt werden. Man hat $Q/Q_1 = \underline{F}_1^{k_0}$, wenn $F_1 = F \,|\, X_1$ gesetzt wird.

F_1 ist nach Induktionsvoraussetzung positiv. Also gilt, wenn k_1 hinreichend groß gewählt ist:

$$H^\mu(X_1, Q_\nu/Q_{\nu+1} \otimes F_1^{k_1}) = 0$$

für $\nu = 0, 1, 2, \ldots$, $\mu = 1, 2, 3, \ldots$. Aus den exakten Sequenzen:

$$0 \to Q_{\nu+1} \otimes \underline{F}^{k_1} \to Q_\nu \otimes \underline{F}^{k_1} \to Q_\nu/Q_{\nu+1} \otimes \underline{F}_1^{k_1} \to 0$$

folgt sodann durch Induktion:

$$H^\mu(X_1, Q_\nu \otimes \underline{F}^{k_1}) = 0, \quad \mu = 1, 2, 3, \ldots .$$

Somit besteht die exakte Sequenz:

$$0 \to \Gamma(X, Q_1 \otimes \underline{F}^{k_1}) \to \Gamma(X, Q \otimes \underline{F}^{k_1}) \to \Gamma(X_1, \underline{F}_1^{k_0+k_1}) \to 0 .$$

Man kann daher jede holomorphe Schnittfläche in $F_1^{k_0+k_1}$ zu einer Schnittfläche aus $\Gamma(X, Q \otimes \underline{F}^{k_1})$ fortsetzen. Ferner ist die zu (*) gehörende Kohomologiesequenz:

$$
(**) \qquad
\begin{aligned}
\Gamma(X, \underline{F}^{k_0+k_1}) &\longrightarrow \Gamma(X, Q \otimes \underline{F}^{k_1}) \to \\
H^1(X, \underline{F}^{k_1}) &\overset{\alpha}{\longrightarrow} H^1(X, \underline{F}^{k_0+k_1}) \to 0
\end{aligned}
$$

exakt. Daraus ergibt sich zunächst, daß $\dim H^1(X, \underline{F}^{k_0+k_1}) \leqq \dim H^1(X, F^{k_1})$ gilt. Da (**) jedoch für jedes große k_1 gilt, die Vektorräume $H^1(X, \underline{F}^{k_1})$ endlich dimensional sind und ihre Dimension sich daher nicht beliebig oft verkleinern kann, folgt:

Ist k_1 hinreichend groß gewählt, so ist α injektiv. Dann ist:

$$\Gamma(X, \underline{F}^{k_0+k_1}) \to \Gamma(X, Q \otimes \underline{F}^{k_1}) \to 0$$

exakt. Wir können also jede Schnittfläche aus $\Gamma(X, Q \otimes F^{k_1})$ weiter zu einer Schnittfläche aus $\Gamma(X, \underline{F}^{k_0+k_1})$ fortsetzen.

Es seien $s_1^*, \ldots, s_l^*$ Schnittflächen aus $\Gamma(X_1, \underline{F}^{k_0+k_1})$, die für diesen Vektorraum eine Basis bilden. Nach dem Beweis von Satz 2 gibt es beliebig große k_1, so daß die $s_1^*, \ldots, s_l^*$ eine biholomorphe Abbildung von X_1 in einen komplex projektiven Raum definieren. $s_1^*, \ldots, s_l^*$ verschwinden also in keinem Punkt von X_1 simultan. Wir setzen $s_1^*, \ldots, s_l^*$ zu Schnittflächen $s_1, \ldots, s_l$ aus $\Gamma(X, \underline{F}^{k_0+k_1})$ fort. Es gibt dann keinen Punkt $x \in X$, in dem $s_\nu(x) = 0$ gilt, für $\nu = 0, 1, \ldots, l$.

Es sei V das zu $F^{k_0+k_1}$ duale Geradenbündel über X. Die Schnittflächen s_ν lassen sich als (entlang den Fasern) lineare holomorphe Funktionen auf V deuten. V ist also holomorph-konvex. Es sei nun $A \subset V$ eine nirgends diskrete zusammenhängende kompakte analytische Menge. Die Funktionen $s_\nu \,|\, A$ sind dann konstant. Bezeichnet π die Projektion $V \to X$, $O \subset V$ die Nullschnittfläche, so gilt deshalb:

$$A \subset \pi^{-1}(X - X_1) - O \quad \text{oder} \quad A \subset \pi^{-1}(X_1) - O \quad \text{oder} \quad A \subset O .$$

Da $V \,|\, X_1$ nach Induktionsvoraussetzung negativ ist, kann A nicht in $\pi^{-1}(X_1) - O$ enthalten sein. Läge A in $\pi^{-1}(X - X_1) - O$, so wäre nach dem

Remmertschen Projektionssatz, das Bild $A^* = \pi(A) \subset X - X_1$ eine kompakte analytische Menge mit $\dim A^* > 0$. Die gibt es, wie gezeigt wurde, jedoch nicht. Also muß $A \subset \mathfrak{O}$ gelten, d. h. $\mathfrak{O}$ ist maximale kompakte analytische Teilmenge von V und damit nach dem Remmertschen Reduktionssatz exzeptionell. V ist negativ und F positiv.

Es sei jetzt X beliebig, X zerfalle in die irreduziblen Komponenten $X_1, \ldots, X_s$. Offenbar haben wir das Lemma vollständig bewiesen, wenn wir folgende Aussage hergeleitet haben:

Die Beschränkungen F_ν des Geradenbündels F auf X_ν, $\nu = 1, \ldots, s$ seien positiv. Dann ist F über ganz X positiv.

Beweis. Wir führen vollständige Induktion nach s und setzen $X' = \overset{s}{\underset{\nu=2}{\bigcup}} X_\nu$ und $F' = F \,|\, X'$. Nach Induktionsvoraussetzung ist F' positiv. Bezeichnet $\mathfrak{m}$ die Idealgarbe von X_1, so kann man $\mathfrak{m}$ auch als analytische Garbe über X' auffassen. Über X besteht die exakte Sequenz:

$$0 \to \mathfrak{m} \to \mathcal{O}(X) \to \mathcal{O}(X_1) \to 0 \, .$$

Durch Tensorierung mit F^k erhält man:

(*) $$0 \to \mathfrak{m} \otimes (\underline{F}')^k \to \underline{F}^k \to \underline{F}_1^k \to 0 \, .$$

Auch (*) ist exakt. Ist k hinreichend groß gewählt, so gilt $H^1(X', \mathfrak{m} \otimes (\underline{F}')^k) = 0$. Man hat dann die exakte Kohomologiesequenz:

(**) $$\Gamma(X, \underline{F}^k) \to \Gamma(X_1, \underline{F}_1^k) \to 0 \, .$$

Jede holomorphe Schnittfläche in F^k über X_1 läßt sich also holomorph nach X fortsetzen. Ist k geeignet gewählt, so gibt es zu jedem Punkt $x \in X_\nu$ eine Schnittfläche $s \in \Gamma(X_\nu, F^k)$, die dort nicht verschwindet. Wegen (**) gibt es auch in $\Gamma(X, \underline{F}^k)$ eine solche Schnittfläche. Wir bilden jetzt wieder das zu F^k duale Geradenbündel V und zeigen wie vorhin, daß die Nullschnittfläche $\mathfrak{O} \subset V$ exzeptionell ist. Damit ist dann wieder gezeigt, daß F positiv ist.

Der Beweis von Satz 4 ergibt sich jetzt sehr leicht. Das Gradenbündel $F = (D)$ besitzt eine natürliche Schnittfläche s, die genau auf A verschwindet. Ist A_1 eine nirgends diskrete irreduzible kompakte analytische Teilmenge von X, so gilt $A_1 \cap A \neq 0$ und $A_1 \cap (X - A) \neq 0$ oder $A_1 \subset A$. Im ersten Falle definiert s eine Schnittfläche in $F \,|\, A$ im Sinne unseres Lemmas, im zweiten Falle ist $F \,|\, A_1$ positiv. Dann existiert erst recht eine nicht identisch verschwindende holomorphe Schnittfläche in $F \,|\, A_1$, die in wenigstens einem Punkte $x_1 \in A_1$ eine Nullstelle hat. Also ist F nach dem Lemma positiv.

Es seien $s_0 = s^k, s_1, \ldots, s_l$ eine Basis von $\Gamma(X, \underline{F}^k)$. Wie zum Beweise von Satz 2 gezeigt wurde, kann man k so wählen, daß durch die Gleichungen $x_0 = s_0$, $x_\nu = s_\nu$, $\nu = 1, \ldots, l$ eine biholomorphe Abbildung ψ von X in den P^l definiert wird, dessen homogene Koordinaten mit $(x_0, \ldots, x_l)$ bezeichnet seien. $X - A$ wird dabei in $P^l - \{x_0 = 0\} \approx C^l$ geworfen, d. h. $\psi(X - A)$ ist eine affin algebraische Menge. Damit ist Satz 4 vollständig bewiesen.

Ist V ein Vektorraumbündel über einem komplexen Raum X (Projektion π), so kann man jede Faser $V_x = \pi^{-1}(x) \approx C^n$ in der üblichen Weise zu einem komplex-projektiven Raum P^n ergänzen. Man erhält dadurch ein kompaktes Bündel $\overline{V}$, das den P^n als typische Faser hat. Es sei nun V schwach negativ. Bläst man $O \subset V$ zu einem Punkt zusammen, so erhält man aus $\overline{V}$ bzw. V komplexe Räume. $\overline{V}'$ bzw. V'. $A = \overline{V}' - V' \approx \overline{V} - V$ definiert einen Divisor D. Bezeichnet F das Geradenbündel (D), so ist $F_1 = F|A$ isomorph zum Normalenbündel von A. Es gibt also eine Umgebung U um die Nullschnittfläche, so daß $\overline{F}_1 - U$ streng pseudokonvex ist. $\overline{F}_1 - U$ kann man aber als eine Umgebung um die Nullschnittfläche von F_1^{-1} auffassen. Da F_1^{-1} das zu F_1 duale Bündel ist, folgt, daß F_1 positiv ist. Da ferner V' keine nirgends diskrete kompakte analytische Menge enthält, folgt aus Satz 4, daß V' affin algebraisch ist. Damit hat sich ergeben:

Satz 5. *Ein Vektorraumbündel V ist genau dann schwach negativ, wenn V durch Niederblasen seiner Nullschnittfläche zu einem affin algebraischen Raum wird.*

5. Es sei $p_n(z) = \bar{z}_1 z_1 + \ldots + z_n \bar{z}_n$ für $z = (z_1, \ldots, z_n) \in C^n$. Die Funktion $p(z)$ ist streng plurisubharmonisch. Ist A ein komplexer Raum, $\psi : A \to C^n$ eine holomorphe Abbildung, die eine Umgebung $U = U(x)$ eines jeden Punktes $x \in A$ biholomorph in den C^n abbildet, so ist deshalb auch $\hat{p}(x) = p_n \circ \psi$ streng plurisubharmonisch.

Es sei nun A analytische Teilmenge eines parakompakten komplexen Raumes X.

Satz 6. *Es gibt eine Umgebung $U = U(A)$ und eine in U streng plurisubharmonische Funktion q, so daß $q|A = \hat{p}$ ist.*

Beweis. Wir bezeichnen mit $\mathfrak{m}$ die Garbe der Keime von lokalen holomorphen Funktionen, die auf A verschwinden. Zu jedem Punkt $x \in A$ gibt es eine Umgebung $U = U(x)$ und holomorphe Funktionen $f_1, \ldots, f_k \in \Gamma(U, \mathfrak{m})$, die in U jeden Halm von $\mathfrak{m}$ erzeugen. Durch $f_1, \ldots, f_k$ wird eine holomorphe Abbildung $\varphi : U \to C^k$ vermittelt. Wir setzen die Abbildung ψ in eine Umgebung von x zu einer holomorphen Abbildung $\hat{\psi}$ fort. Die Produktabbildung $(\hat{\psi}, \varphi)$ ist in einer Umgebung $V = V(x)$ biholomorph. Sie bildet V in den $C^n \times C^k$ ab.

Da außerdem X parakompakt ist, können wir eine in X offene, lokal finite Überdeckung $\mathfrak{V} = \{V_\iota : \iota \in I\}$ von A mit folgender Eigenschaft finden:

Über V_ι existiert eine biholomorphe Abbildung $(\hat{\psi}_\iota, \varphi_\iota) : V_\iota \to C^n \times C^{k_\iota}$ wie oben konstruiert, so daß also insbesondere $\hat{\psi}_\iota|A \cap V_\iota = \psi|A \cap V_\iota$ und $\varphi_\iota(A \cap V_\iota) = 0 \in C^{k_\iota}$ gilt.

Es seien $\hat{p}_\iota = p_n \circ \hat{\psi}_\iota$ und $\{h_\iota\}$ eine beliebig oft stetig differenzierbare Teilung der „Eins" zu der Überdeckung $\mathfrak{V}$ von $\bigcup V_\iota$. Wir bilden die (lokal endliche) Reihe:

$$q = \sum h_\iota \cdot (\hat{p}_\iota + \varrho_\iota \cdot (p_{k_\iota} \circ \varphi_\iota))$$

mit $\varrho_\iota \geq 0$ konstant. Die Funktion q ist dann in $\bigcup V_\iota$ beliebig oft stetig differenzierbar und es gilt $q|A = \hat{p}$. Wenn die Koeffizienten ϱ_ι hinreichend groß gewählt sind, ist q aber auch in jedem Punkt von A und damit in einer ganzen Umgebung von A streng plurisubharmonisch. Es sei etwa $x \in A$ ein beliebiger Punkt. Dann gilt für ein geeignetes $\nu \in I$ die Beziehung $h_\nu(x) \neq 0$. Wir setzen $\underline{x} = (\hat{\psi}_\nu(x), \varphi_\nu(x)) = (\psi(x), 0)$ und bestimmen eine Umgebung $W = W(\underline{x}) \subset C^n \times C^{k_\nu}$, so daß folgendes gilt, falls $x \in V_\iota$:

1) $D \cap (\hat{\psi}_\nu, \varphi_\nu)^{-1}(W) \subset D$ für eine Umgebung $D = D(x) \subset V_\iota$,

2) die Abbildung $(\hat{\psi}_\iota, \varphi_\iota) \circ (\hat{\psi}_\nu, \varphi_\nu)^{-1} : B \to C^n \times C^{k_\iota}$ läßt sich zu einer holomorphen Abbildung $(\psi_\iota, \varphi_\iota) : W \to C^n \times C^{k_\iota}$ fortsetzen, so daß $\psi_\iota | W \cap \cap C^n \times 0$ die Identität und $\varphi_\iota(W \cap C^n \times 0) = 0 \in C^{k_\iota}$ ist (mit $B = W \cap \cap (\hat{\psi}_\nu, \varphi_\nu)(D)$) und $(\psi_\nu, \varphi_\nu) =$ Idendität gilt.

3) Es gibt in W beliebig oft stetig differenzierbare, reellwertige Funktionen $\underline{h}_\iota$, so daß $\underline{h}_\iota | B = h_\iota \circ (\hat{\psi}_\nu, \varphi_\nu)^{-1}$ und $\sum h_\iota = 1$.

Offenbar ist $\underline{q} = \sum\limits_\iota \underline{h}_\iota \cdot (p_n \circ \underline{\psi}_\iota + \varrho_\iota(p_{k_\iota} \circ \underline{\varphi}_\iota))$ eine Fortsetzung von $q \circ (\psi_\nu, \varphi_\nu)^{-1}$ in W. Die Funktion $\underline{q}$ ist in $\underline{x}$, wie man leicht nachrechnet, streng plurisubharmonisch, wenn die ϱ_ι groß gewählt sind. Es ist nämlich $\underline{q} | W \cap C^n \times 0 = p_n$ und $L(\sum \underline{h}_\iota \cdot \varrho_\iota \cdot (p_{k_\iota} \circ \underline{\varphi}_\iota))$ auf $\psi_\nu(x) \times C^{k_\nu}$ positiv definit in $\underline{x}$.

Es ist dem Verfasser nicht bekannt, ob der Fortsetzungssatz auch für beliebige auf A zweimal stetig differenzierbare, streng plurisubharmonische Funktionen gilt. Jedoch darf man einen solchen Satz vermuten.

6. Es seien V, X komplexe Räume, $\pi : V \to X$ eine holomorphe Abbildung. Wir nennen alle Mengen $V_x = \pi^{-1}(x)$, $x \in X$, Fasern über x. Es kann dabei vorkommen, daß gewisse Fasern leere Mengen sind.

Definition 4. *Das Tripel (V, π, X) heißt ein quasilinearer Raum über X, wenn jede Faser V_x zusätzlich die Struktur eines komplexen Vektorraumes trägt, so daß folgende Eigenschaften gelten:*

1) Die durch die Vektoraddition definierte Abbildung $V \oplus X\, V \to V$ ist holomorph.

2) Die durch die Multiplikation definierte Abbildung $C \oplus V \to V$ ist holomorph.

Natürlich kann bei einem quasi-linearen Raum die Dimension der Faser von x abhängen. Es werden nun die üblichen Begriffe erklärt. Sind $\mathfrak{V}' = (V', \pi', X)$, $\mathfrak{V} = (V, \pi, X)$ zwei quasi-lineare Räume über X, so nennt man eine holomorphe Abbildung $f : V' \to V$ einen (linearen) Morphismus, wenn f jede Faser V'_x linear in V_x abbildet, f heißt ein (linearer) Isomorphismus, wenn f eine biholomorphe Abbildung von V' auf V ist und stets V'_x isomorph auf V_x wirft. Ist V' analytische Teilmenge von V, so daß jede Faser V'_x Untervektorraum von V_x ist, so heißt $\mathfrak{V}'$ ein quasi-linearer Unterraum von $\mathfrak{V}$. Selbstverständlich gilt: Ist $U \subset X$ eine offene Menge, so ist $\mathfrak{V} | U = (\pi^{-1}(U), \pi, U)$ ein quasi-linearer Raum über U. Die einfachsten Beispiele quasi-linearer Räume sind die holomorphen Vektorraumbündel und insbesondere das triviale Vektorraumbündel $X \times C^n$.

Definition 5. *Ein quasi-linearer Raum $\mathfrak{V} = (V, \pi, x)$ heißt ein linearer Raum über X, wenn es zu jedem Punkt $x \in X$ eine Umgebung $U = U(x)$ gibt, so daß $V | U$ isomorph zu einem quasi-linearen Unterraum von $U \times C^n$ ist.*

Natürlich sind alle Vektorraumbündel lineare Räume über X. Bei einem linearen Raum ist stets die Abbildung $x \to 0 \in V_x$ holomorph. Wir nennen sie die 0-Schnittfläche in $\mathfrak{V}$. Existiert eine streng pseudokonvexe Umgebung $U = U(\mathfrak{O}) \subsetneq V$ der Nullschnittfläche $\mathfrak{O}$, so heißt $\mathfrak{V}$ schwach negativ. $\mathfrak{O}$ ist dann maximale analytische Teilmenge von U und damit exzeptionell. Es gibt also sicher eine Umgebung $W = W(\mathfrak{O}) \subset U$ und eine holomorphe Abbildung $\psi : W \to C^n$, die in $W - \mathfrak{O}$ biholomorph ist.

Es sei nun $\mathfrak{S}$ eine kohärente analytische Garbe über X. Dann gibt es zu jedem Punkt $x \in X$ eine Umgebung $U = U(x)$, über der eine exakte Sequenz:
(*) $\mathcal{O}^p \xrightarrow{h} \mathcal{O}^q \xrightarrow{a} \mathfrak{S}\,|\,U \to 0$ definiert werden kann. Der Homomorphismus h erzeugt eine Abbildung $h_* : \Gamma(U, \mathcal{O}^p) \to \Gamma(U, \mathcal{O}^q)$. Wir bilden das kartesische Produkt $U \times C^q$ und bezeichnen die Variablen des C^q mit $z_1, \ldots, z_q$. Es sei V das simultane Nullstellengebilde aller in $U \times C^q$ holomorpher Funktionen $z_1 \cdot f_1(x) + \cdots + z_q \cdot f_q(x)$, wobei $(f_1, \ldots, f_q) \in h_*(\Gamma(U, \mathcal{O}^p))$. Ist π die Beschränkung der Produktprojektion $U \times C^q \to U$ auf V, so ist $\mathfrak{V} = (V, \pi, U)$ ein linearer Raum über U. Ist $\sigma \in \mathfrak{S}_y$, $y \in U$, ein Garbenelement, so gibt es ein $f_y = (f_{1y}, \ldots, f_{qy}) \in \mathcal{O}_y^q$ mit $a(f_y) = \sigma$. Die Beschränkung $\hat{\sigma} = \sum f_{\nu y} \cdot z_\nu\,|\,V$ ist dann ein Keim einer holomorphen Funktion entlang V_y. Offenbar ist $\hat{\sigma}$ von der Wahl von f_y unabhängig bestimmt.

Es seien $U' = U'(x)$ eine andere Umgebung, (**): $\mathcal{O}^{p'} \xrightarrow{h'} \mathcal{O}^{q'} \longrightarrow \mathfrak{S}\,|\,U' \longrightarrow 0$ eine andere exakte Sequenz. Man erhält dann einen linearen Raum $\mathfrak{V}' = (V', \pi', U')$. Über jeden Punkt $y \in U \cap U'$ kann man nun Homomorphismen $\alpha_1 : \mathcal{O}_y^{p'} \to \mathcal{O}_y^p$, $\alpha_2 : \mathcal{O}_y^{q'} \to \mathcal{O}_y^q$ definieren, so daß das Diagramm:

$$
\begin{array}{ccccccc}
\mathcal{O}_y^{p'} & \longrightarrow & \mathcal{O}_y^{q'} & \longrightarrow & \mathfrak{S}_y & \longrightarrow & 0 \\
\downarrow{\scriptstyle \alpha_1} & & \downarrow{\scriptstyle \alpha_2} & & \downarrow{\scriptstyle id} & & \\
\mathcal{O}_y^{p} & \longrightarrow & \mathcal{O}_y^{q} & \longrightarrow & \mathfrak{S}_y & \longrightarrow & 0
\end{array}
$$

kommutativ ist. Zwei verschiedene Homomorphismen (α_1, α_2) der Auflösungen von $\mathfrak{S}_y$ sind zueinander homotop (man vgl. [3], p. 75—78).

Der Homomorphismus α_2 definiert nun für eine Umgebung $W = W(y)$ einen Morphismus: $W \times C^{q'} \to W \times C^q$. Der hierzu duale Morphismus $W \times C^q \to W \times C^{q'}$ sei mit α_2^* bezeichnet. α_2^* bildet $V \cap (W \times C^q)$ in $V' \cap \{W \times C^{q'}\}$ ab und $\alpha_2^*\,|\,V \cap (W \times C^q)$ ist von der Wahl von (α_1, α_2) unabhängig. Da es auch einen Homomorphismus der unteren Auflösung in die obere gibt, ist α_2^* sogar ein Isomorphismus von $\mathfrak{V}\,|\,W \cong \mathfrak{V}'\,|\,W$. Die Beschränkungen $\mathfrak{V}\,|\,U \cap U'$, $\mathfrak{V}'\,|\,U \cap U'$ sind also in kanonischer Weise zueinander isomorph. Weiter werden durch α_2^* die einem Garbenelement $\sigma \in S_y$ zugeordneten Funktionskeime $\hat{\sigma}$, $\hat{\sigma}'$ entlang V_y bzw. V'_y aufeinander bezogen. Wir erhalten deshalb als globales Resultat:

Satz 7. *Ist $\mathfrak{S}$ eine kohärente Garbe über einem komplexen Raum X, so gehört zu $\mathfrak{S}$ ein linearer Raum (S^*, π, X). Bezeichnet $U \subset X$ eine offene Menge, $s \in \Gamma(U, \mathfrak{S})$ eine Schnittfläche, so entspricht s eine in $\pi^{-1}(U) \subset S^*$ holomorphe, auf den Fasern lineare Funktion.*

7. Es seien X ein komplexer Raum, $A \subset X$ eine analytische Teilmenge und $\mathfrak{m} \subset \mathcal{O}$ eine kohärente analytische Garbe, deren Nullstellenmenge gleich A

ist. Wir bilden den zugeordneten linearen Raum m^* und setzen $N_m = m^* \,|\, A$. Im Falle, daß X eine komplexe Mannigfaltigkeit, $A \subset X$ singularitätenfreie Untermannigfaltigkeit und m die Idealgarbe von A ist, zeigt man leicht, daß N_m das Normalenbündel von A ist. Wir nennen deshalb allgemein N_m das m-Normalenbündel von A.

Wir betrachten die holomorphe Funktion $f \equiv 1$ über X. Man kann f als Schnittfläche aus $\Gamma(X, \mathcal{O})$ auffassen, über $X - A$ ist f sogar Schnittfläche in m und definiert deshalb eine in $m^* \,|\, X - A$ holomorphe, auf den Fasern lineare Funktion $\tilde{f}$. Natürlich ist, da $m \,|\, X - A = \mathcal{O} \,|\, X - A$ der Raum $m^* \,|\, X - A \cong$ $\cong (X - A) \times C$. Die Menge $s' = \{z \in m^* : \tilde{f}(z) = 1\}$ definiert deshalb eine holomorphe Schnittfläche in $m^* \,|\, X - A$. Sind $x \in A$ ein Punkt, $U = U(x)$ eine Umgebung und $f_1, \ldots, f_q$ holomorphe Funktionen aus $\Gamma(U, m)$, die über U jeden Halm von m erzeugen, und ist schließlich m^* über U wie in Abschnitt 6 in $U \times C^q$ eingebettet, so gilt über $U - A : s'(x) = (f_1(x), \ldots, f_q(x))$. Wir erhalten daher eine Schnittfläche in m^*, wenn wir setzen:

$$s(x) = \begin{cases} s'(x), & x \in X - A \\ 0 \in m_x^*, & x \in A . \end{cases}$$

$s(x)$ ist in X holomorph, über A gleich 0 und über $X - A$ von Null verschieden. Wir nennen s die kanonische Schnittfläche in m^*.

Satz 8. *Es sei $A \subset X$ kompakt und N_m schwach negativ, dann ist A exzeptionell.*

Beweis. Es gibt eine Umgebung $U = U(\mathcal{O})$, $\mathcal{O} \subset N_m$, und eine holomorphe Abbildung $\psi : U \to C^n$ mit $\psi(\mathcal{O}) = 0 \in C^n$, die $U - \mathcal{O}$ biholomorph in $C^n - 0$ abbildet. Wir wählen eine in m^* offene Umgebung $\hat{U}$ von $U - \mathcal{O}$, in die sich $p_n \circ \psi$ zu einer streng plurisubharmonischen Funktion q fortsetzen läßt. Es sei $W = W(\mathcal{O})$ eine in m^* offene Umgebung von $\mathcal{O} \subset N_m$, so daß $W \cap N_m \Subset U$. Ist $\varepsilon > 0$ hinreichend klein gewählt, so gilt auf $\partial W \cap N_m$ die Ungleichung $q(x) > \varepsilon$. Ist weiter $W' \Subset W$ eine sehr kleine Umgebung von $\mathcal{O}$, so hat man auf $\partial W' \cap N_m$ die Beziehung $q(x) < \varepsilon$. Es sei nun $V = V(A) \subset X$ eine so kleine Umgebung, daß $(\overline{W} - W') \cap \pi^{-1}(V) \Subset \hat{U}$ und $q(x) > \varepsilon$ für $x \in \partial W \cap \pi^{-1}(V)$, $q(x) < \varepsilon$ für $x \in \partial W' \cap \pi^{-1}(V)$. Wir wählen eine Zahl $\varrho > 0$ so groß, daß $\varrho \cdot s(\partial V) \cap \overline{W} = \emptyset$. Es sei dann:

$$\hat{V}_\varrho = \{x \in V : \varrho \cdot s(x) \in \overline{W'} \text{ oder } \varrho \cdot s(x) \in W - \overline{W'} \text{ und } q(\varrho \cdot s(x)) < \varepsilon\} .$$

Offenbar ist $\hat{V}_\varrho$ eine streng pseudokonvexe Umgebung von A. Es sei $\tilde{A}$ die maximale kompakte analytische Teilmenge von $\hat{V}_\varrho$. Ist $\tilde{A}$ größer als A, so kann man ein $\hat{V}_{\varrho_1}$ mit $\varrho_1 > \varrho$ wählen, so daß $\tilde{A} \not\subset \hat{V}_{\varrho_1}$. Die maximale kompakte analytische Teilmenge von $\hat{V}_{\varrho_1}$ ist dann kleiner als $\tilde{A}$. Daraus folgt: Es gibt ein $\varrho_0 > 0$, so daß A maximale analytische Teilmenge von $\hat{V}_{\varrho_0}$ ist. Damit ist unser Satz bewiesen.

8. Wenn A exzeptionell ist, braucht für jede kohärente analytische Garbe $m \subset \mathcal{O}$, deren Nullstellenmenge A ist, der Normalenraum N_m nicht notwendig

schwach negativ zu sein. Das ist schon dann nicht der Fall, wenn X eine komplexe Mannigfaltigkeit und $A \subset X$ eine kompakte, singularitätenfreie analytische Untermenge von X der Codimension 1 ist. Der in [7] angegebene Satz ist also in der einen Richtung falsch. Wir geben hierzu ein einfaches Beispiel.

Es bezeichne P^1 die Riemannsche Zahlenkugel, (z_0, z_1) seien homogene Koordinaten auf P^1. Wir setzen $U_\nu = \{z_\nu \neq 0\} \subset P^1$, $\nu = 1, 2$, bilden die kartesischen Produkte $U_0 \times C(w_0)$, $U_1 \times C(w_1)$ und die Verheftungsabbildung

$$w_1 = \left(\frac{z_1}{z_0}\right)^2 \cdot w_0 + t\left(\frac{z_1}{z_0}\right) : U_{01} \times C(w_0) \xrightarrow{\sim} U_{01} \times C(w_1)$$

und erhalten so ein komplex analytisches Faserbündel F_t über P^1. Die typische Faser von F_t ist C, die Strukturgruppe jedoch die volle affine Gruppe in C. Für $t = 0$ ist F_t allerdings ein Geradenbündel. Wir definieren in $U_1 \times C$: $f_{\nu t}(w_1, z_0, z_1)$ $= w_1 \left(\frac{z_0}{z_1}\right)^\nu - t\left(\frac{z_0}{z_1}\right)^{\nu-1}$, $\nu = 1, 2$ und $f_{0t}(w_0, z_0, z_1) = w_1$; in $U_0 \times C$: $f_{\nu t}(w_0, z_0, z_1)$ $= w_0 \left(\frac{z_1}{z_0}\right)^{2-\nu}$, $\nu = 1, 2$ und $f_{0t}(w_0, z_0, z_1) = \left(\frac{z_1}{z_0}\right)^2 \cdot w_0 + t\left(\frac{z_1}{z_0}\right)$ und erhalten 3 holomorphe Funktionen auf F_t. Für $t \neq 0$ wird durch (f_{0t}, f_{1t}, f_{2t}) der ganze Raum F_t eigentlich und biholomorph in den C^3 abgebildet. F_t enthält deshalb keine nirgends diskreten, kompakten analytischen Mengen. Im Falle $t = 0$ bildet (f_{0t}, f_{1t}, f_{2t}) den Teilraum $F_0 - \mathcal{O}$ biholomorph und eigentlich in $C^3 - 0$ ab. Das Bild der Nullschnittfläche $\mathcal{O}$ ist der Nullpunkt des C^3.

Wir schließen nun jede Faser von F_t zur Riemannschen Zahlenkugel ab und erhalten ein kompaktes komplex-analytisches Faserbündel $\overline{F}_t$ über P^1, dessen typische Faser der P^1 ist. Mit Ω_t sei die Menge $\overline{F}_t - F_t$ bezeichnet. Die Menge $\cup \overline{F}_t$ ist bezüglich der natürlichen Topologie und der natürlichen komplex-analytischen Struktur eine komplexe Mannigfaltigkeit $\overline{F}$. Wir setzen $F = \cup F_t \subset \overline{F}$. Die Funktionen $f_\nu = \{f_{\nu t}\}$, $\nu = 0, 1, 2$ sind in $\overline{F}$ meromorph und in F holomorph, $g(x) = t$ ist in ganz $\overline{F}$ holomorph. Es sei $N = N(F_0)$ das Normalenbündel von F_0. N und daher auch $N|\mathcal{O}$ ist trivial, wenn $\mathcal{O} \subset F_0$ die Nullschnittfläche bezeichnet.

Wir blasen nun die singularitätenfreie analytische Menge Ω_0 durch eine monoidale Transformation auf und erhalten eine komplexe Mannigfaltigkeit X. A sei die kleinste analytische Menge, die durch die Modifikationsprojektion auf F_0 abgebildet wird. Natürlich gilt $A \cong F_0$. Die Funktionen g, $t \cdot f_0, \ldots, t \cdot f_2$ werden zu meromorphen Funktionen $\hat{g}, f_0, \ldots, f_2$ auf X. Sie verschwinden auf A. Es gibt eine Umgebung $U = U(A)$, in der sie holomorph sind, so daß sie $U - A$ biholomorph in den C^4 abbilden. A ist also exzeptionell. Andererseits ist $N(A)|\mathcal{O} = N(F_0)|\mathcal{O}$. Das Normalenbündel $N(A)$ kann also nicht schwach negativ sein.

Es bleibt zu vermuten, daß es zu jeder exzeptionellen analytischen Menge $A \subset X$ eine kohärente analytische Garbe $\mathfrak{m} \subset \mathcal{O}$ gibt, so daß $N_\mathfrak{m}$ schwach negativ ist.

Wir behandeln noch einen Fall, in dem das Kriterium notwendig ist. Es sei X eine komplexe Mannigfaltigkeit, $A \subset X$ eine singularitätenfreie, kompakte analytische Teilmenge, die in jedem Punkte die Kodimension 1 hat.

Satz 9. *A habe folgende Eigenschaft: Jedes Geradenbündel über A, das zu einem holomorphen Divisor gehört, ist positiv. Dann ist A genau dann exzeptionell, wenn das Normalenbündel von A schwach negativ ist.*

Beweis. Wir dürfen annehmen, daß A zusammenhängend ist. A sei exzeptionell. Dann gibt es eine Umgebung $U = U(A)$ und eine holomorphe Abbildung $\psi : U \to C^n$, die A auf $0 \in C^n$ und $U - A$ biholomorph abbildet. Ist ν geeignet gewählt, so verschwindet die Funktion $f = z_\nu \circ \psi$ nicht identisch in der Nähe von A. Sie hat deshalb A zur Nullstellenfläche endlicher Ordnung. Wir bezeichnen diese Ordnung mit k. Es sei R die abgeschlossene Hülle von

$$\{x \in U : f(x) = 0\} - A \; .$$

In den Punkten von $A \cap R$ hat dann f eine Nullstelle von höherer Ordnung als k. Die Funktion f definiert in der k-fachen Tensorpotenz $(N^*)^k$ des zu $N = N(A)$ dualen Gradenbündels N^* eine holomorphe Schnittfläche s, da $f \in \Gamma(U, \mathfrak{m}^k)$ und $(N^*)^k = (N^k)^*$, $N^k = N_{\mathfrak{m}^k}$ ist, wenn $\mathfrak{m}$ die Garbe der Keime auf A verschwindender lokaler holomorpher Funktionen bezeichnet. Diese ist nicht überall null, verschwindet aber in $A \cap R$. $(N^*)^k$ und mithin N^* ist positiv, N selbst negativ, q. e. d.

Beispiele von komplexen Mannigfaltigkeiten A, die die geforderte Eigenschaft besitzen, sind die kompakten Riemannschen Flächen, die komplex projektiven Räume usw.

§ 4. Die Umgebungsstruktur von analytischen Mengen

1. Wir bezeichnen mit X eine komplexe Mannigfaltigkeit, $A \subset X$ eine kompakte, singularitätenfreie analytische Teilmenge, die überall die Kodimension 1 hat. Ferner seien $\mathfrak{m}$ die Idealgarbe von A und $\mathfrak{S}$ eine kohärente analytische Garbe über X, derart, daß die Abbildung $\mathfrak{S} \otimes \mathfrak{m} \to \mathfrak{S}$ injektiv ist. Dieses ist z. B. dann der Fall, wenn $\mathfrak{S}$ Untergarbe einer freien Garbe ist. Wir zeigen zunächst:

Satz 1. *Es sei $T = T(A) \subset X$ eine streng pseudokonvexe Umgebung von A, so daß A maximale kompakte analytische Teilmenge von T ist. Dann gibt es eine natürliche Zahl k, derart, daß $H^\nu(T, \mathfrak{S} \cdot \mathfrak{m}^k)$, $\nu = 1, 2, 3, \ldots$ durch die von $i : \mathfrak{S} \cdot \mathfrak{m}^k \to \mathfrak{S}$ erzeugte Abbildung auf $0 \in H^\nu(T, \mathfrak{S})$ abgebildet wird.*

Beweis. Wir wählen Funktionen $f_1, \ldots, f_n \in \Gamma(T, \mathcal{O})$, die genau A als simultanes Nullstellengebilde haben. Es sei $\mathfrak{n}$ die durch $f_1, \ldots, f_n$ erzeugte Untergarbe von $\mathcal{O}$. Man hat $\mathfrak{m} \supset \mathfrak{n}$, umgekehrt gibt es eine Zahl s', so daß $\mathfrak{m}^{s'} \subset \mathfrak{n}$ (nach dem Hilbertschen Nullstellensatz). Ist $x \in T$ und $g_x = (g_{1x}, \ldots, g_{nx}) \in \mathcal{O}^n{}_x$, so sei $\varphi(g_x) = \sum_{\nu=1}^{n} g_{\nu x} \cdot f_{\nu x}$. Der Garbenhomomorphismus $\varphi : \mathcal{O}^n \to \mathfrak{n}$, generiert einen

Garbenhomomorphismus $\varphi^*: \mathfrak{S} \otimes \mathcal{O}^n \to \mathfrak{S} \cdot \mathfrak{n}$. Wir setzen $\mathfrak{R} = \mathrm{Ker}\, \varphi^*$. Offenbar ist die Sequenz:

$$0 \to \mathfrak{R} \to \mathfrak{S} \otimes \mathcal{O}^n \to \mathfrak{S} \cdot \mathfrak{n} \to 0$$

exakt. Durch Multiplikation mit der Idealgarbe $\mathfrak{m}^s$ erhält man die exakte Sequenz:

$$0 \to \mathfrak{R} \cdot \mathfrak{m}^s \to (\mathfrak{S} \otimes \mathcal{O}^n) \cdot \mathfrak{m}^s \to \mathfrak{S} \cdot \mathfrak{n} \cdot \mathfrak{m}^s \to 0 .$$

Es sei k eine natürliche Zahl, die kleiner als s ist. Durch Bildung der Kohomologiesequenzen kommt man zu folgendem kommutativen Diagramm, in dem die Zeilen exakt sind:

$$\begin{array}{ccccc}
H^\nu(T, (\mathfrak{S} \otimes \mathcal{O}^n) \cdot \mathfrak{m}^s) & \longrightarrow & H^\nu(T, \mathfrak{S} \cdot \mathfrak{n} \cdot \mathfrak{m}^s) & \longrightarrow & H^{\nu+1}(T, \mathfrak{R} \cdot \mathfrak{m}^s) \\
\downarrow{\scriptstyle\alpha} & & \downarrow{\scriptstyle\beta} & & \downarrow{\scriptstyle\gamma} \\
H^\nu(T, (\mathfrak{S} \otimes \mathcal{O}^n) \cdot \mathfrak{m}^k) & \longrightarrow & H^\nu(T, \mathfrak{S} \cdot \mathfrak{n} \cdot \mathfrak{m}^k) & \longrightarrow & H^{\nu+1}(T, \mathfrak{R} \cdot \mathfrak{m}^k) .
\end{array}$$

Die strengpseudokonvexe Umgebung T gestattet eine endliche Steinsche Überdeckung. Für großes ν verschwinden deshalb die Kohomologiegruppen. Unser Satz ist dann trivialerweise richtig. Wir können deshalb eine vollständige Induktion nach fallendem ν durchführen und dürfen jetzt die Induktionsvoraussetzung machen, daß Satz 1 schon für den Fall $\nu + 1$ bewiesen ist.

Es sei s in Vergleich zu k hinreichend groß gewählt. Dann ist $\mathrm{Im}\,\gamma = 0$ und mithin folgt: $\beta(H^\nu(T, \mathfrak{S} \cdot \mathfrak{n} \cdot \mathfrak{m}^s) \subset \varphi^*(H^\nu(T, (\mathfrak{S} \otimes \mathcal{O}^n) \cdot \mathfrak{m}^k)$. Bezeichnet Im^* das Bild in $H^\nu(T, \mathfrak{S})$, so gilt bei großem k die Gleichung:

$$\mathrm{Im}^* H^\nu(T, \mathfrak{S} \cdot \mathfrak{n} \cdot \mathfrak{m}^s) = \mathrm{Im}^* H^\nu(T, \mathfrak{S} \cdot \mathfrak{n} \cdot \mathfrak{m}^k) = \mathrm{Im}^* H^\nu(T, \mathfrak{S} \cdot \mathfrak{m}^k) ;$$

denn $\dim \mathrm{Im}^* H^\nu(T, \mathfrak{S} \cdot \mathfrak{m}^k)$ ist endlich, wird bei wachsendem k sicher nicht größer und kann natürlich nicht beliebig oft kleiner werden. Das bedeutet: Sind $\xi_1, \ldots, \xi_r \in \mathrm{Im}^* H^\nu(T, \mathfrak{S} \cdot \mathfrak{m}^k)$ Kohomologieklassen, die eine Basis des endlich dimensionalen komplexen Vektorraums $\mathrm{Im}^* H^\nu(T, \mathfrak{S} \cdot \mathfrak{m}^k)$ bilden, so gibt es komplexe Zahlen $u_{\nu\mu\varkappa}$ mit $\nu, \mu = 1, \ldots, r$ und $\varkappa = 1, \ldots, n$, derart, daß $\xi_\nu = \sum\limits_{\varkappa=1}^{n} f_\varkappa \sum\limits_{\mu=1}^{r} u_{\nu\mu\varkappa} \xi_\mu$. Daraus folgt aber $\xi_\nu = 0$, $\nu = 1, \ldots, r$, q. e. d.[6a]

Anmerkung. Der Satz 1 gilt auch noch, wenn X durch einen komplexen Raum und A durch eine beliebige kompakte analytische Teilmenge ersetzt wird. Er folgt dann aus [8], Hauptsatz II. In dem hier behandelten Spezialfall ist der Beweis jedoch, wie wir gezeigt haben, bedeutend einfacher.

Um eine einfache Folgerung aus Satz 1 zu gewinnen, machen wir die zusätzliche Voraussetzung, daß das Normalenbündel $N = N(A)$ schwach negativ ist.

Es gibt dann nach Hilfssatz 1, § 3, eine natürliche Zahl k, so daß für $\nu \geqq k$ gilt: $H^\mu(A, \mathfrak{S} \otimes \mathfrak{m}^\nu/\mathfrak{m}^{\nu+1}) = 0$, $\mu \geqq 1$.

[6a] Vgl. Zusatz zur Korrektur.

Satz 2. *Es ist $H^\mu(T, \mathfrak{S} \cdot \mathfrak{m}^s) = 0$, für $\mu \geq 1$, wenn $s \geq k$.*

Beweis. Wir wählen ein $k_1 \geq s$, so daß $\mathrm{Im}^* H^\mu(T, \mathfrak{S} \cdot \mathfrak{m}^{k_1}) = 0$, wobei jetzt Im^* das Bild in $H^\mu(T, \mathfrak{S} \cdot \mathfrak{m}^s)$ bezeichne. Die exakten Sequenzen:

$$0 \to \mathfrak{S} \cdot \mathfrak{m}^{\nu+1} \to \mathfrak{S} \cdot \mathfrak{m}^\nu \to \mathfrak{S} \otimes (\mathfrak{m}^\nu/\mathfrak{m}^{\nu+1}) \to 0 \, ,$$

führen zu den exakten Kohomologiesequenzen:

$$H^\mu(T, \mathfrak{S} \cdot \mathfrak{m}^{\nu+1}) \to H^\mu(T, \mathfrak{S} \cdot \mathfrak{m}^\nu) \to H^\mu(T, \mathfrak{S} \otimes (\mathfrak{m}^\nu/\mathfrak{m}^{\nu+1})) \, .$$

Für $\nu \geq s$ hat man: $H^\mu(T, \mathfrak{S} \cdot \mathfrak{m}^{\nu+1}) \to H^\mu(T, \mathfrak{S} \cdot \mathfrak{m}^\nu) \to 0$. Also ist auch die Abbildung $H^\mu(T, \mathfrak{S} \cdot \mathfrak{m}^{k_1}) \to H^\mu(T, \mathfrak{S} \cdot \mathfrak{m}^s)$ surjektiv. Somit folgt $H^\mu(T, \mathfrak{S} \cdot \mathfrak{m}^s) = 0$.

2. Es sei fortan X stets eine komplexe Mannigfaltigkeit. Ferner seien $\mathfrak{m}$ eine kohärente Idealgarbe in X, $A \subset X$ die Nullstellenmenge von $\mathfrak{m}$ und Ω die Garbe von Keimen von holomorphen 1-Formen auf X. Wir definieren eine Untergarbe $\Omega' = \Omega_\mathfrak{m} \subset \Omega$, indem wir setzen: $\omega_x \in \Omega'_x$, wenn $\omega_x = \sum_\nu h_{\nu x} \cdot df_{\nu x} +$

$+ \sum_\nu g_{\nu x} \varphi_{\nu x}$ mit $f_{\nu x}, g_{\nu x} \in m_x$ und $h_{\nu x} \in \mathcal{O}_x(X)$. Natürlich ist für $x \in X - A$ die Gleichheit $\Omega'_x = \Omega_x$ richtig.

Das Paar $A_{(\mathfrak{m})} = (A, \mathcal{O}(X)/\mathfrak{m}|A)$ ist ein sog. komplexer Raum mit nilpotenten Elementen (man vergleiche hierzu [8], § 1 und § 2). Wir nennen $\Omega_\mathfrak{m} =_{\mathrm{Def.}} \Omega/\Omega'|A$ die Garbe der holomorphen 1-Formen auf $A_{(\mathfrak{m})}$. Man sieht leicht, daß $\Omega_\mathfrak{m}$ eine kohärente analytische Garbe über $A_{(\mathfrak{m})}$ ist. Analog zu $\Omega_\mathfrak{m}$ kann man auch die Garben von Keimen von holomorphen Formen höheren Grades auf $A_{(\mathfrak{m})}$ definieren. Wir werden hier jedoch nur die 1-Formen benutzen. Es sei noch angemerkt, daß $\Theta_\mathfrak{m} =_{\mathrm{Def.}} \mathrm{Hom}(\Omega_\mathfrak{m}, \mathcal{O}_\mathfrak{m})$ mit $\mathcal{O}_\mathfrak{m} = \mathcal{O}(X)/\mathfrak{m}|A$ die Tangentialgarbe von $A_\mathfrak{m}$ heißt.

Es sei nun $\mathfrak{n}$ mit $\mathfrak{n} \subset \mathfrak{m}$ eine weitere kohärente analytische Garbe über X, deren Nullstellenmenge A ist. Es gelte $\mathfrak{m}^2 \subset \mathfrak{n}$. Wir definieren einige Garben über A, die nicht notwendig analytisch sind:

1. $\mathrm{Aut}(\mathfrak{n} : \mathfrak{m})$ sei die Garbe der Automorphismen $\mathcal{O}_{\mathfrak{n}x} \to \mathcal{O}_{\mathfrak{n}x}$, die $(\mathfrak{m}/\mathfrak{n})_x$ in sich abbilden und die Identität $\mathcal{O}_{\mathfrak{m}x} \to \mathcal{O}_{\mathfrak{m}x}$ erzeugen.

2. $\mathrm{Aut}(\mathfrak{n}, \mathfrak{m}) \subset \mathrm{Aut}(\mathfrak{n} : \mathfrak{m})$ sei die Untergarbe derjenigen Automorphismen $\mathcal{O}_{\mathfrak{n}x} \to \mathcal{O}_{\mathfrak{n}x}$, die außerdem noch $(\mathfrak{m}/\mathfrak{n})_x$ identisch auf sich abbilden.

3. $\mathrm{An}(\mathfrak{n}, \mathfrak{m})$ sei die Garbe der Abbildungen $(\mathfrak{m}/\mathfrak{n})_x \to (\mathfrak{m}/\mathfrak{n})_x$, die von Automorphismen aus $\mathrm{Aut}(\mathfrak{n} : \mathfrak{m})$ definiert werden.

4. Es sei $\Theta_{\mathfrak{n}, \mathfrak{m}} = \mathrm{Hom}(\Omega_\mathfrak{m}, \mathfrak{m}/\mathfrak{n})$.

Die unter 1.—3. erklärten Garben sind Garben von Gruppen über A, dagegen ist $\Theta_{\mathfrak{n}, \mathfrak{m}}$ eine kohärente analytische Garbe über $A_{(\mathfrak{m})}$. Ist $\xi_x \in \Theta_{\mathfrak{n}, \mathfrak{m}, x}$, so ist jedem Keim $\omega'_x \in \Omega_{\mathfrak{m}x}$ ein Wert $\xi_x(\omega'_x) \in (\mathfrak{m}/\mathfrak{n})_x$ zugeordnet, da aber jedes Element $\omega_x \in \Omega_{\mathfrak{n}x}$ auf $A_{(\mathfrak{m})}$ beschränkt[7]) werden kann, ist auch $\xi_x(\omega_x)$ wohldefiniert.

---

[7]) Wir verstehen unter Beschränkung die sog. analytische Beschränkung auf $A_{(\mathfrak{m})}$, d. i. das analytische Urbild bezüglich der Einbettungsabbildung $A_{(\mathfrak{m})} \to A_{(\mathfrak{n})}$.

Es sei $\xi_x \in \Theta_{n,m,x}$ gegeben. Durch die Setzung $f_x \to f_x + \xi_x(df_x)$ erhält man dann einen Automorphismus $a_x \in \mathrm{Aut}_x(n, m)$. Durch die Zuordnung $\xi_x \to a_x$ wird weiter ein Gruppenhomomorphismus $\lambda: \Theta_{n,m} \to \mathrm{Aut}(n, m)$ definiert. Offenbar ist λ injektiv und surjektiv, also ein Garbenisomorphismus.

Wir wollen die Garben $\Theta_{n,m}$ und $\mathrm{An}(n, m)$ in einem Spezialfall ausrechnen: Es sei $A = A_1 \cup A_2$, die Mengen A_ν seien singularitätenfrei, 1-kodimensional und mögen sich transversal schneiden. Die Menge A_1 darf jedoch auch leer sein. Wir bezeichnen mit $\mathfrak{p}$ bzw. $\mathfrak{q}$ die Idealgarbe von A_1 bzw. A_2 und setzen $\mathfrak{m} = \mathfrak{p}^s \cdot \mathfrak{q}^\nu$, $\mathfrak{n} = \mathfrak{p}^s \cdot \mathfrak{q}^{\nu+1}$, $s = 0, 1, 2, \ldots$, $\nu = 2, 3, \ldots$. Es ist dann $\Theta_{n,m} = \mathrm{Hom}(\Omega_m, \mathfrak{m}/\mathfrak{n}) \cong \mathrm{Hom}(\Omega_{\mathfrak{q}^s}, \mathfrak{m}/\mathfrak{n})$ über A_2 und auf A_1 gleich null. Da $\mathfrak{m}/\mathfrak{n} \cong \mathfrak{p}^s \cdot (\mathfrak{q}^\nu/\mathfrak{q}^{\nu+1})$ gilt weiter $\mathrm{Hom}(\Omega_{\mathfrak{q}^s}, \mathfrak{m}/\mathfrak{n}) \cong \mathfrak{p}^s \cdot (\Theta \otimes (\mathfrak{q}^\nu/\mathfrak{q}^{\nu+1}))$, wobei Θ die analytische Beschränkung der Tangentialgarbe von X auf A_2 bezeichnet. Wir haben also erhalten:

$$(1) \qquad \Theta_{n,m} \cong \mathfrak{p}^s \otimes (\Theta \otimes \mathfrak{q}^\nu/\mathfrak{q}^{\nu+1}) .$$

Im Falle $\nu = 1$ gilt: $\Theta_{n,m} \cong \mathfrak{p}^s \otimes (\Theta_{\mathfrak{q}} \otimes \mathfrak{q}/\mathfrak{q}^2)$.

Bei der Berechnung von $\mathrm{An}(n, m)$ stellen wir zunächst leicht fest, daß $\mathrm{An}(n, m) = 1$ gilt, wenn $\nu \geq 2$ ist. In diesem Fall besteht also jeder Halm nur aus dem neutralen Gruppenelement. Es werde also $\nu = 1$ vorausgesetzt. Man hat dann $\mathfrak{m}/\mathfrak{n} \cong \mathfrak{p}^s(\mathfrak{q}/\mathfrak{q}^2)$. Ist $x \in A$ ein Punkt und sind $z_1, \ldots, z_n$ holomorphe Koordinaten in einer Umgebung $U = U(x)$, so daß $U \cap A_\nu = \{z_\nu = 0\}$ gilt und ist weiter $a \in \mathrm{Aut}_x(n : m)$, so kann a in der Nähe von x in der Form:

$$z_\nu = z_\nu^* + z_1^{*s} \cdot z_2^* \cdot h_\nu(z^*), \quad \nu = 1, \ldots, n$$

gegeben werden. Ein Element $\sigma \in (\mathfrak{p}^s(\mathfrak{q}/\mathfrak{q}^2))_x$ läßt sich stets in der Form: $z_1^s \cdot z_2 \cdot h_x(z)$ schreiben. Der Automorphismus a operiert auf σ in natürlicher Weise. Also ist $\mathrm{An}(n, m) \cong \mathcal{O}_s^*$, wobei $\mathcal{O}_s^* = \mathcal{O}_s^*(A_2)$ auf A_2 die multiplikative Garbe der holomorphen Funktionskeime $(1 + z_1^s \cdot f_x)$ mit $(1 + z_1^s \cdot f_x)(x) \neq 0$ bezeichnet. $\mathcal{O}_s^*$ ist also eine Untergarbe der vollen multiplikativen Garbe $\mathcal{O}^*$ der nicht verschwindenden Keime von holomorphen Funktionen.

$$(2) \qquad \mathrm{An}(n, m) \cong \mathcal{O}_s^* .$$

3. Es seien nun $\hat{X}$ eine weitere komplexe Mannigfaltigkeit, $\tilde{A} \subset \hat{X}$ eine analytische Menge und $\tilde{n} \subset \tilde{m}$ Idealgarben, deren Nullstellenmengen mit $\tilde{A}$ übereinstimmen. Wir bezeichnen mit $\psi: A_{(m)} \to \tilde{A}_{(\tilde{m})}$ eine biholomorphe Abbildung, die sich lokal stets zu einer biholomorphen Abbildung $A_{(n)} \to \tilde{A}_{(\tilde{n})}$ fortsetzen läßt. Zu jedem Punkt $x \in A$ gibt es Umgebungen $U = U(x)$, $\tilde{U} = \tilde{U}(\tilde{x})$, wobei $\tilde{x} = \psi(x)$ und eine biholomorphe Abbildung: $\hat{\psi}: U_{(n)} \to \tilde{U}_{(\tilde{n})}$, derart, daß $\hat{\psi}|U_{(m)} = \psi|U_{(m)}$ ist.

Satz 3. *Gilt $H^1(A, \mathrm{Aut}(n : m)) = 0$, so existiert eine biholomorphe Abbildung $\varphi: A_{(n)} \to \tilde{A}_{(\tilde{n})}$, so daß $\psi = \varphi|A_{(m)}$.*

Wir nennen φ eine Fortsetzung von ψ.

Beweis. Es gibt Überdeckungen $\mathfrak{U} = \{U_\iota\}$ von A und $\widetilde{\mathfrak{U}} = \{\widetilde{U}_\iota\}$ von $\widetilde{A}$ und biholomorphe Abbildungen $\hat{\psi}_\iota \colon U_{\iota(\mathfrak{n})} \to \widetilde{U}_{\iota(\widetilde{\mathfrak{n}})}$, so daß $\hat{\psi}_\iota | U_{\iota(\mathfrak{m})} = \psi | U_{\iota(\mathfrak{m})}$. Die Abbildungen $\hat{\psi}_{\iota_1}^{-1} \circ \hat{\psi}_{\iota_2}$ bilden dann $U_{\iota_1 \iota_2(\mathfrak{n})}$ biholomorph auf sich ab. Ihre Beschränkungen auf $U_{\iota_1 \iota_2(\mathfrak{m})}$ sind die Identitäten. Man kann sie also als eine Schnittfläche aus $\Gamma(U_{\iota_1 \iota_2}, \mathrm{Aut}(\mathfrak{n} : \mathfrak{m}))$ auffassen. Da die Kohomologiegruppe mit Koeffizienten in $\mathrm{Aut}(\mathfrak{n} : \mathfrak{m})$ verschwindet, gibt es biholomorphe Abbildungen $\varphi_\iota \colon U_{\iota(\mathfrak{n})} \to U_{\iota(\mathfrak{n})}$ mit $\varphi_\iota | U_{\iota(\mathfrak{m})} = \mathrm{id}$, so daß $\hat{\psi}_{\iota_1}^{-1} \circ \hat{\psi}_{\iota_2} = \varphi_{\iota_1}^{-1} \circ \varphi_{\iota_2}$. Die Abbildung $\varphi = \hat{\psi}_\iota \circ \varphi_\iota^{-1}$ ist dann unabhängig von ι definiert und liefert die gewünschte Fortsetzung von ψ.

Satz 4. *Wenn $H^1(A, \mathrm{An}(\mathfrak{n}, \mathfrak{m}))$ und $H^1(A, \Theta_{\mathfrak{n}, \mathfrak{m}})$ verschwinden, gilt auch* $H^1(A, \mathrm{Aut}(\mathfrak{n} : \mathfrak{m})) = 0$.

Beweis. Die Sequenz:

$$0 \to \mathrm{Aut}(\mathfrak{n}, \mathfrak{m}) \to \mathrm{Aut}(\mathfrak{n} : \mathfrak{m}) \to \mathrm{An}(\mathfrak{n}, \mathfrak{m}) \to 0$$

ist eine exakte Sequenz von Garben von Gruppen (man vergleiche [5]). Da $\mathrm{Aut}(\mathfrak{n}, \mathfrak{m})$ Normalteiler ist, folgt die exakte Kohomologiesequenz:

$$H^1(A, \mathrm{Aut}(\mathfrak{n}, \mathfrak{m})) \to H^1(A, \mathrm{Aut}(\mathfrak{n} : \mathfrak{m})) \to H^1(A, \mathrm{An}(\mathfrak{n}, \mathfrak{m}))$$

und daraus die Behauptung.

4. Es sei $G \subset C^n$ ein Gebiet, $A \subset G$ eine 1-kodimensionale analytische Menge. Es gebe eine in G holomorphe Funktion h, deren Nullstellenmenge A ist. Wir betrachten k-tupel holomorpher Funktionen $f = (f_1, \ldots, f_k), g = (g_1, \ldots, g_k)$ in G, die auf A von r-ter h-Ordnung übereinstimmen. Es gibt also in G holomorphe Funktionen $\alpha_\nu(z)$, $z = (z_1, \ldots, z_n)$, $\nu = 1, \ldots, k$, so daß $g_\nu - f_\nu = h^r \cdot \alpha_\nu$ ist. Die Flächen $F_1 = \{(z, w) : w = f(z)\}$, $F_2 = \{(z, w) : w = g(z)\}$ sind singularitätenfreie analytische Teilmengen von $G \times C^k$. Wir führen für jeden Punkt $(\tilde{z}, \tilde{w}) \in F_1$ die lineare Koordinatentransformation

$$z_\nu^* = z_\nu - \tilde{z}_\nu, \quad \nu = 1, \ldots, n$$

$$w_\nu^* = w_\nu - \tilde{w}_\nu - \sum_{\varkappa = 1}^{n} f_{\nu\varkappa}(z_\varkappa - \tilde{z}_\varkappa), \quad \nu = 1, \ldots, k$$

mit $f_{\nu\varkappa} = \dfrac{\partial f_\nu}{\partial z_\varkappa}(\tilde{z})$ durch. Die Ebene $\{(z^*, w^*) : w_\nu^* = 0, \nu = 1, \ldots, k\}$ ist dann die Tangentialebene an F_1 im Punkte $(\tilde{z}, \tilde{w})$. Durch die Gleichungen

$$(*) \qquad z_\nu^* + \sum_{\mu = 1}^{k} b_{\nu\mu}(\tilde{z}) w^*, \quad \nu = 1, \ldots, n$$

werde in $(\tilde{z}, \tilde{w})$ eine Normale definiert. Die Koeffizienten $b_{\nu\mu}(\tilde{z})$ seien in G meromorph und in $G - A$ sogar holomorph. Wir erhalten also durch (*) über $F_1 \cap (G - A) \times C^k$ ein reguläres, holomorphes Normalenfeld $N(\tilde{z}, \tilde{w})$.

Satz 5. *Die Zahlen r, s, $r - s$ seine nicht kleiner als 1 und so groß, daß die Funktionen $b_{\nu\mu} \cdot h^{r-1}$, $b_{\nu\mu} \cdot h^s$, $b_{\nu\mu} \cdot h^{r-s}$ in G holomorph sind und auf A ver-*

schwinden. Dann gibt es eine Umgebung $U = U(A) \subset G$ und eine holomorphe Abbildung $z_\mu = \tilde{z}_\mu + h^s(\tilde{z}) \cdot \beta_\mu(\tilde{z})$ von U in G, so daß die Normale $N(\tilde{z}, \tilde{w})$ die Fläche F_2 in $(z, g(z))$ schneidet. Das n-tupel $\beta(\tilde{z}) = (\beta_1, \ldots, \beta_n)$ ist eindeutig bestimmt.

Beweis. Die Normale $N(\tilde{z}, \tilde{w})$ wird durch die Gleichungen:

$$z_\nu - \tilde{z}_\nu + \sum_{\mu=1}^{k} b_{\nu\mu}(\tilde{z}) \cdot \left(w_\mu - \tilde{w}_\mu - \sum_{\varkappa=1}^{n} f_{\mu\varkappa}(\tilde{z})\,(z_\varkappa - \tilde{z}_\varkappa) \right) = 0$$

gegeben. Der Schnitt mit F_2 führt zu den Gleichungen:

$$z_\nu - \tilde{z}_\nu + \sum_{\mu=1}^{k} b_{\nu\mu}(\tilde{z}) \left(g_\mu(z) - f_\mu(\tilde{z}) - \sum_{\varkappa} f_{\mu\varkappa}(\tilde{z})\,(z_\varkappa - \tilde{z}_\varkappa) \right) = 0\,.$$

Setzt man $z_\nu = \tilde{z}_\nu + h^s \cdot \beta_\nu(\tilde{z})$ ein, so folgt:

$$(**) \qquad \beta_\nu(\tilde{z}) + \sum_{\mu=1}^{k} b_{\nu\mu}(\tilde{z})\,(h^{r-s} \cdot \alpha_\mu(\tilde{z}) + h^s\,\gamma_\mu(\tilde{z}, \beta) + h^{r-1}\sigma_\mu(\tilde{z}, \beta)) = 0\,,$$

wobei

$$\gamma_\mu(\tilde{z}, \beta) = h^{-2s} \left(f_\mu(z) - f_\mu(\tilde{z}) - \sum_{\varkappa} f_{\mu\varkappa}(\tilde{z})\,(z_\varkappa - \tilde{z}_\varkappa) \right)$$

und

$$\sigma_\mu(\tilde{z}, \beta) = h^{1-r-s} \cdot (g_\mu(z) - f_\mu(z) - g_\mu(\tilde{z}) + f_\mu(\tilde{z}))$$
$$= h^{1-r-s} \cdot \left(h^r(z)\,\alpha_\mu(z) - h^r(\tilde{z})\,\alpha_\mu(\tilde{z}) \right)\,.$$

Wir wählen nun r, s so, daß $b_{\nu\mu} \cdot h^{r-s}$, $b_{\nu\mu} \cdot h^{r-1}$, $b_{\nu\mu} \cdot h^s$ in ganz G holomorph und auf A null sind. Es gibt dann eine Umgebung $U = U(A) \subset G$, in der das Gleichungssystem $(**)$ eindeutig lösbar ist. Damit ist unser Satz bewiesen.

Anmerkung. Der Satz kann selbstverständlich allgemeiner bewiesen werden. Doch brauchen wir ihn in dieser Arbeit nur in der vorliegenden Form. — Die Abbildung $z_\mu = \tilde{z}_\mu + h^s(\tilde{z}) \cdot \beta_\mu(\tilde{z})$, $w = g(z)$ bildet, wenn $s \geq 2$ eine Umgebung $V(\tilde{A}) \subset F_1$ biholomorph auf eine Umgebung $W(\tilde{A}) \subset F_2$ ab (mit $\tilde{A} = f^{-1}(A) = g^{-1}(A)$).

5. Es seien wieder X eine komplexe Mannigfaltigkeit und $A \subset X$ eine analytische Menge. A sei jedoch jetzt kompakt und singularitätenfrei, die Kodimension sei 1 und das Normalenbündel $N = N(A)$ schwach negativ. Wir setzen $A_{(\nu)} = (A, \mathcal{O}_\nu)$ mit $\mathcal{O}_\nu = \mathcal{O}(X)/\mathfrak{p}^\nu | A$, wobei $\mathfrak{p}$ die Idealgarbe von A bezeichnet. Es sei ferner $A_* = (A, \mathcal{O}|A)$. Wir nennen A_* den Umgebungskeim von A.

Mit $\tilde{X}$ werde eine andere komplexe Mannigfaltigkeit, mit $\tilde{A} \subset \tilde{X}$ eine andere kompakte, singularitätenfreie analytische Menge der Kodimension 1 bezeichnet. Ist $\hat{\psi}$ ein Morphismus des beringten Raumes A_* in den beringten Raum $\tilde{A}_*$, so gibt es Umgebungen $U = U(A) \subset X$, $\tilde{U} = \tilde{U}(\tilde{A}) \subset \tilde{X}$ und eine biholomorphe Abbildung $\psi : U \xrightarrow{\sim} \tilde{U}$, so daß $\psi|A^* = \hat{\psi}$.

Wir zeigen:

Satz 6. *Es gibt ein* v_0, *so daß sich für* $v \geq v_0$ *jeder Isomorphismus* $\psi : A_{(v)} \cong \tilde{A}_{(v)}$ *zu einem Isomorphismus* $\varphi : A_* \cong \tilde{A}_*$ *fortsetzen läßt.*

Beweis. Wir führen vollständige Induktion nach $n = \dim X$. Im Falle $\dim X = 1$ ist der Satz trivialerweise richtig. Es muß also nur der Induktionsschluß durchgeführt werden. Wir dürfen also annehmen, daß der Satz schon für kleinere Dimensionen als n bewiesen ist.

Die natürliche Zahl k werde so groß gewählt, daß für $v \geq k$ die Kohomologiegruppe $H^1(A, \mathfrak{p}^v/\mathfrak{p}^{v+1}) = 0$ ist und die Schnittflächen aus $\Gamma(A, \mathfrak{p}^v/\mathfrak{p}^{v+1})$ eine biholomorphe Abbildung von A in einen komplex-projektiven Raum vermitteln.[8])

Ist q die Quotientenabbildung $\mathfrak{p}^k \to \mathfrak{p}^k/\mathfrak{p}^{k+2}$, so hat man $q_* \Gamma(A, \mathfrak{p}^k) = \Gamma(A, \mathfrak{p}^k/\mathfrak{p}^{k+2})$, weil $H^1(A, \mathfrak{p}^{k+2}) = 0$ gilt. Wir wählen Funktionen $f_0, \ldots, f_m \in \Gamma(A, \mathfrak{p}^k)$, so daß $q_* f_0, \ldots, q_* f_m$ eine Basis des endlich dimensionalen komplexen Vektorraums $\Gamma(A, \mathfrak{p}^k/\mathfrak{p}^{k+2})$ bilden. Die Schnittflächen f_v lassen sich in eine Umgebung von A zu holomorphen Funktionen eindeutig fortsetzen. Die Fortsetzungen seien auch mit $f_0, \ldots, f_m$ bezeichnet. Wie man leicht sieht, wird durch $\gamma : z_v = f_v(x)$, $v = 0, \ldots, m$ eine Umgebung von A biholomorph in den P^m abgebildet, wenn $z_0, \ldots, z_n$ homogene Koordinaten bezeichnen. Nach dem Satz von BERTINI gibt es sodann eine Linearkombination $g = \sum\limits_{v=0}^{m} a_v \cdot f_v$, so daß die Menge $A' = \{x \in A : g/\mathfrak{p}^k(x) = 0\}$ singularitätenfrei ist und $g/\mathfrak{p}^k|A$ auf A' überall von 1. Ordnung verschwindet. Ist $U = U(A) \subset X$ eine hinreichend kleine Umgebung, so sind alle Funktionen f_v in U holomorph und für $X' = \{x \in U : g/\mathfrak{p}^k(x) = 0\}$ gelten analoge Eigenschaften wie für A'. Das Normalenbündel $N' = N(A')$ von A' in bezug auf X' ist wieder negativ. Wir bezeichnen mit $\mathfrak{p}' \subset \mathcal{O}(X')$ die Idealgarbe von A'.

Es wird jetzt eine entsprechende Untersuchung an $\tilde{X}$ durchgeführt. Es sei $\tilde{\mathfrak{p}}$ die Idealgarbe von $\tilde{A}$. Wegen der Isomorphie $A_{(2)} \cong \tilde{A}_{(2)}$ hat man $\tilde{\mathfrak{p}}^v/\tilde{\mathfrak{p}}^{v+1} \cong \cong \mathfrak{p}^v/\mathfrak{p}^{v+1}$. Daher ist $H^1(\tilde{A}, \tilde{\mathfrak{p}}^v/\tilde{\mathfrak{p}}^{v+1}) = 0$ für $v \geq k$. Wir wählen $1 \geq k + 2$ und einen Isomorphismus $\psi : \tilde{A}_{(l)} \to A_{(l)}$. Man kann dann $g \circ \psi$ zu einer Schnittfläche $\tilde{g} \in \Gamma(\tilde{A}, \tilde{\mathfrak{p}}^k)$ fortsetzen. Auch $\tilde{g}$ darf man wieder als eine in einer Umgebung von $\tilde{A}$ holomorphe Funktion auffassen. In einer Umgebung $\tilde{U} = \tilde{U}(\tilde{A}) \subset \tilde{X}$ ist die Menge $\tilde{X}' = \overline{\{x \in \tilde{U} : \tilde{g}(x) = 0\} - \tilde{A}}$ singularitätenfrei, $\tilde{g}/\tilde{\mathfrak{p}}^k$ verschwindet auf ihr überall von erster Ordnung und $\tilde{X}'$ schneidet $\tilde{A}$ transversal in einer kompakten, singularitätenfreien analytischen Menge $\tilde{A}'$. Es seien $\tilde{N}'$, $\tilde{\mathfrak{p}}'$ entsprechend wie bei X definiert. $\tilde{N}' \cong N'$ ist schwach negativ und wir dürfen daher annehmen, daß l so groß gewählt ist, daß für $v \geq l$ gilt:

---

[8]) In § 3 wurde für ein positives Geradenbündel F zwar nur gezeigt, daß es beliebig große Zahlen v gibt, so daß die Schnittflächen aus $\Gamma(A, \underline{F}^v)$ eine biholomorphe Einbettung von A in einen P^m definieren. Es ist aber bekannt, daß $\Gamma(A, \underline{F}^v)$ schon diese Eigenschaft hat, wenn nur v hinreichend groß gewählt ist. Man kann einen Beweis mit den Methoden des Beweises von Satz 2, § 3 gewinnen.

$H^1(\tilde{A}', (\tilde{\mathfrak{p}}')^\nu/(\tilde{\mathfrak{p}}')^{\nu+1} \otimes \Theta) = 0$, wobei Θ die analytische Beschränkung der Tangentialgarbe von $\tilde{X}'$ auf $\tilde{A}'$ bezeichnet. Nach Satz 3 kann man deshalb den Isomorphismus: $\psi|\tilde{A}'_{(l)} : \tilde{A}'_{(l)} \overset{\sim}{\to} A'_{(l)}$ zunächst nach $\tilde{A}'_{(l+1)}$, von dort nach $\tilde{A}'_{(l+2)}$ und so schrittweise beliebig weit fortsetzen. Nach Induktionsvoraussetzung gibt es sogar eine Fortsetzung von $\psi|\tilde{A}'_{(l)}$ zu einem Isomorphismus $\hat{\phi} : \tilde{A}'_* \to A'_*$ mit $A'_* = (A', \mathcal{O}(X')|A')$, $\tilde{A}'_* = (\tilde{A}', \mathcal{O}(\tilde{X}')|\tilde{A}')$. Wir können, sofern wir $\tilde{U}$ hinreichend klein und U geeignet gewählt haben, $\hat{\phi}$ als eine biholomorphe Abbildung $\tilde{X}' \to X'$ ansehen.

Es seien $\mathfrak{q}$ bzw. $\tilde{\mathfrak{q}}$ die Garbe der Keime von holomorphen Funktionen, die auf X' bzw. $\tilde{X}'$ verschwinden. Wir setzen $D = A \cup X'$, $\tilde{D} = \tilde{A} \cup \tilde{X}'$, $\mathcal{O}_\nu^+ = \mathcal{O}(U)/\mathfrak{p}^l \cdot \mathfrak{q}^\nu|D$, $\tilde{\mathcal{O}}_\nu^+ = \mathcal{O}(\tilde{U})/\tilde{\mathfrak{p}}^l \cdot \tilde{\mathfrak{q}}^\nu|\tilde{D}$, schließlich $D_{(\nu)} = (D, \mathcal{O}_\nu^+)$ und $\tilde{D}_{(\nu)} = (\tilde{D}, \tilde{\mathcal{O}}_\nu^+)$. Die Abbildungen ψ und $\hat{\phi}$ ergeben zusammen einen Isomorphismus $\varphi : \tilde{D}_{(1)} \overset{\sim}{\to} D_{(1)}$. Nun ist $\Theta_{n,m} = \tilde{\mathfrak{p}}^l \otimes \tilde{\Theta} \otimes (\tilde{\mathfrak{q}}^{\nu+1}/\tilde{\mathfrak{q}}_\nu)$ und $\mathrm{An}(\mathfrak{n}, \mathfrak{m}) = 0$ für $\nu > 1$ und für $\nu = 1$ isomorph zu $\mathcal{O}_l^*$, wenn $\mathfrak{n} = \mathfrak{p}^l \cdot \mathfrak{q}^{\nu+1}$, $\mathfrak{m} = \mathfrak{p}^l \cdot \mathfrak{q}^\nu$. Wir nehmen ohne Beschränkung der Allgemeinheit an, daß $\tilde{U}$ streng pseudokonvex ist und $\tilde{A}$ als maximale kompakte analytische Teilmenge enthält. Sodann werde eine feste natürliche Zahl s und l so groß gewählt, daß für $\nu \leq s$ die Kohomologiegruppe $H^1(\tilde{U}, \Theta_{n,m}) = 0$ ist. Wegen der exakten Sequenz : $0 \to (\tilde{\mathfrak{p}}')^l \overset{\exp}{\to} \mathcal{O}_l^* \to Z' \to 0$, wobei Z' die triviale Fortsetzung von Z und Z über $X' - \tilde{A}'$ die konstante Garbe der natürlichen Zahlen bezeichnet, verschwindet für l sogar die Kohomologie mit Koeffizienten in $\mathcal{O}_l^*$. Wir können dann nach Satz 3 die biholomorphe Abbildung φ schrittweise zu einem Isomorphismus $\tilde{\varphi} : \tilde{D}_{(s)} \to D_{(s)}$ fortsetzen. Es sei $f_\nu' = f_\nu \circ \tilde{\varphi} \in \Gamma(\tilde{D}_{(s)}, \tilde{\mathcal{O}}_s^+)$. Ist l genügend groß gewählt, so gilt $H^1(\tilde{U}, \tilde{\mathfrak{p}}^l \cdot \tilde{\mathfrak{q}}^s) = 0$. Man kann dann die Funktionen f_ν' zu in $\tilde{U}$ holomorphen Funktionen $\tilde{f}_\nu$ fortsetzen. Durch $z_\nu = \tilde{f}_\nu(\tilde{x})$, $\nu = 0, \ldots, m$ wird eine biholomorphe Abbildung $\tilde{\gamma}$ einer Umgebung von $\tilde{A}$ in den P^m definiert. Wir dürfen annehmen, daß $\tilde{\gamma}$ bereits in $\tilde{U}$ biholomorph ist.

Es sei $\underline{D} = \gamma(D) = \tilde{\gamma}(\tilde{D})$. Die analytischen Flächen $\gamma(U) = \underline{U}$ und $\tilde{\gamma}(\tilde{U}) = \underline{\tilde{U}}$ sind singularitätenfrei und schneiden sich auf $\underline{D}$ von einer Ordnung, die mit wachsendem l und s beliebig groß wird.

Wir dürfen nun annehmen, daß U und mithin $\underline{U}$ streng pseudokonvex sind und daß $A \subset U$ maximale kompakte analytische Untermenge ist. Wir konstruieren zu $\underline{U}$ eine meromorphe Normalenschar, die in $\underline{U} - \underline{D}$ holomorph und regulär ist. Es sei T' das Tangentialbündel von $\underline{U}$, T das auf $\underline{U}$ beschränkte Tangentialbündel des P^m und N das Normalenbündel von $\underline{U}$. Man hat über $\underline{U}$ die exakte Sequenz:

$$0 \to \underline{T}' \to \underline{T} \to \underline{N} \to 0 \,.$$

Daraus folgt, daß

$$0 \to \mathrm{Hom}(\underline{N}, \underline{T}') \to \mathrm{Hom}(\underline{N}, \underline{T}) \to \mathrm{Hom}(\underline{N}, \underline{N}) \to 0$$

exakt ist. Als exakte Kohomologiesequenz erhält man:

$$\cdots \to \Gamma(\underline{U}, \mathrm{Hom}(\underline{N}, \underline{T})) \to \Gamma(\underline{U}, \mathrm{Hom}(\underline{N}, \underline{N})) \overset{\delta}{\longrightarrow} H^1(\underline{U}, \mathrm{Hom}(\underline{N}, \underline{T}')) \to \cdots$$

Ein Element $\xi \in \Gamma(\underline{U}, \text{Hom}(\underline{N}, \underline{T}))$ kann man als eine holomorphe Ebenenschar auffassen, die jedoch Singularitäten haben kann (dort wo ξ nicht N bijektiv in T abbildet). Es sei $i \in \Gamma(\underline{U}, \text{Hom}(\underline{N}, \underline{N}))$ die Schnittfläche, die jedem Punkt $x \in \underline{U}$ die Identität $i_x \in \text{Hom}(N, N)$ zuordnet. Wir setzen $j = \delta(i)$. Es ist $(g^p \circ \gamma^{-1}) \cdot j = 0$, wenn nur p hinreichend groß gewählt ist.

Es gibt also ein ξ, das auf $(g^p \circ \gamma^{-1}) \cdot i$ abgebildet wird. Offenbar ist ξ in $\underline{U} - \underline{D}$ regulär und dort eine holomorphe Normalenschar. Ist nun s hinreichend groß, so erhalten wir in der Nähe von $\underline{D}$ nach Satz 5 eine biholomorphe Abbildung von $\underline{U}$ auf $\underline{\hat{U}}$. Damit ist gezeigt, daß die Umgebungskeime von A und $\tilde{A}$ zueinander isomorph sind, q. e. d.

6. Es seien wieder $X, \tilde{X}$ komplexe Mannigfaltigkeiten, $A \subset X$ und $\tilde{A} \subset \tilde{X}$ singularitätenfreie, kompakte analytische Mengen der Kodimension 1. Ferner seien Θ die analytische Beschränkung der Tangentialgarbe von X auf A und Θ' die Tangentialgarbe von A. Es gilt $\Theta' \subset \Theta$.

Ist nun $l \geqq 2$ und ψ ein Isomorphismus $A_{(l)} \to \tilde{A}_{(l)}$, so kann man ψ zu einem Isomorphismus $A_{(s)} \to \tilde{A}_{(s)}$, s beliebig groß, fortsetzen, wenn $H^1(A, \Theta \otimes (\underline{N}^*)^\nu) = 0$, $\nu = l, l+1, \ldots$ gilt. N^* bezeichnet dabei das zu N duale Geradenbündel. Es besteht die exakte Sequenz: $0 \to \Theta' \to \Theta \to \underline{N} \to 0$. Daher ist $H^1(A, \Theta \otimes (\underline{N}^*)^\nu)$ sicher dann gleich null, wenn $H^1(A, \Theta' \otimes (\underline{N}^*)^\nu) = 0$ und $H^1(A, (\underline{N}^*)^{\nu-1}) = 0$ sind. Ist weiter $N(A)$ negativ, so folgt:

Satz 7. *Es sei* $\psi: A_{(l)} \to \tilde{A}_{(l)}$, $l \geqq 2$ *ein Isomorphismus. Es gelte* $H^1(A, \Theta' \otimes (\underline{N}^*)^\nu) = 0$, $H^1(A, (\underline{N}^*)^{\nu-1}) = 0$, $\nu = l, l+1, \ldots$ *Dann kann man* ψ *zu einer biholomorphen Abbildung* $\varphi: A_* \to \tilde{A}_*$ *der Umgebungskeime fortsetzen.*

Corollar. Sind $H^1(A, \Theta' \otimes (\underline{N}^*)^\nu) = 0$, $H^1(A, (\underline{N}^*)^\nu) = 0$, $\nu \geqq 1$, so ist A_* isomorph zu $\mathcal{O}_*$, wobei $\mathcal{O}$ die Nullschnittfläche in N bezeichnet.

Sind $A, \tilde{A}$ wie oben, jedoch von höherer Kodimension als 1, so kann man durch eine monoidale Transformation A bzw. $\tilde{A}$ zu 1-kodimensionalen, singularitätenfreien analytischen Mengen A^*, $\tilde{A}^*$ aufblasen. Das Normalenbündel $N(A^*)$ ist dann auch schwach negativ. Jedem Isomorphismus $\psi: A_{(l)} \to \tilde{A}_{(l)}$, $l \geqq 2$ entspricht ein Isomorphismus $\psi^*: A_{(l)}^* \to \tilde{A}_{(l)}^*$. Umgekehrt gehört für großes l die Abbildung $\psi^*: A_{(l)}^* \cong \tilde{A}_{(l)}^*$ genau dann zu einem Isomorphismus ψ, wenn $\psi^*|A_{(2)}^*$ von einem Isomorphismus $A_{(2)} \cong \tilde{A}_{(2)}$ herkommt. Dieses gilt auch noch, wenn (l) durch $*$ ersetzt wird. Das Hinderniselement für die Fortsetzung eines Isomorphismus $\psi: A_{(\nu)} \overset{\sim}{\to} \tilde{A}_{(\nu)}$ zu einem Isomorphismus $\varphi: A_{(\nu+1)} \to \tilde{A}_{(\nu+1)}$ ist in $H^1(A, \Theta' \otimes (\underline{N}^*)^\nu)$ und $H^1(A, (\underline{N}^*)^\nu \otimes \underline{N})$, wobei jetzt $(N^*)^l$ die l-te symmetrische Potenz von N^* bezeichnet. Unser Satz gilt also mutatis mutandis auch, wenn die Kodimension von A größer als eins ist.

7. Es sei X eine kompakte, projektiv-algebraische Mannigfaltigkeit, $A \subset X$ eine exzeptionelle singularitätenfreie analytische Menge von der Kodimension 1. Wir bezeichnen mit X' den komplexen Raum, der durch Niederblasen von A erhalten wird. Wie in Abschnitt 8 gezeigt wird, braucht X' nicht immer ein algebraischer Raum zu sein. Wir zeigen deshalb:

Satz 8. *Es sei* $N = N(A)$ *negativ, es gelte* $H^1(A, (\underline{N}^*)^\nu) = 0$, $\nu = 0, 1, 2, \ldots$ *und* $\dim_C H^{1,1}(A, C) = 1$. *Dann ist* X' *projektiv algebraisch.*

Beweis. Nach Voraussetzung gibt es über X ein positives Gradenbündel F. Die Chernschen Klassen $c(F|A)$ bzw. $c(N^*)$ sind Kohomologieklassen aus $H^2(A, Z)$, die vermöge der Projektion $H^2(A, Z) \to H^2(A, C)$ in $H^{1,1}(A, C) \subset H^2(A, C)$ abgebildet werden (man vergleiche [19]). Es gilt $H^2(A, Z) = B^2(A, Z) \oplus T^2(A, Z)$ und $H^2(A, \mathcal{O}) = H^2(A, Z) \otimes C$, wenn $B^2(A, Z)$ die zweite Bettische Gruppe von A mit Koeffizienten in Z und dementsprechend $T^2(A, Z)$ die zweite Torsionsgruppe bezeichnet. Für geeignete gewählte natürliche Zahlen k, s gilt deshalb: $c(F^k|A) = k \cdot c(F|A) = s \cdot c(N^*) = c((N^*)^s)$. Das bedeutet: $F^k|A$ und $(N^*)^s$ sind topologisch äquivalent. Unter Verwendung der Voraussetzung $H^1(A, \mathcal{O}(A)) = 0$ (es ist $\mathcal{O}(A) = (N^*)^0$) folgt, daß $F^k|A$ und $(N^*)^s$ auch analytisch äquivalent sind.

Das Normalenbündel N läßt sich auf X in natürlicher Weise zu einem Geradenbündel G fortsetzen. Es gilt $G = (A)$. Das Bündel $G|X - A$ ist also analytisch trivial. Wir setzen: $\hat{F} = F^k \otimes G^s$. Die Beschränkung $\hat{F}|A$ ist dann das triviale Geradenbündel. Es gibt eine nirgends verschwindende Schnittfläche $s \in \Gamma(A, \hat{F}|A)$. Da $H^1(A, (\underline{N}^*)^\nu) = 0$ ist, kann man diese Schnittfläche in eine Umgebung $U = U(A)$ fortsetzen. $\hat{F}$ ist also sogar über U trivial.

Bläst man A zu einem Punkt herunter, so erhält man eine holomorphe Abbildung $\pi : X \to X'$. Es gilt $F = F' \circ \pi$, wobei F' ein komplex analytisches Geradenbündel über X' ist. Es folgt sofort aus dem Lemma in § 3, daß F' positiv ist. Damit ist X' projektiv algebraisch, q. e. d.

8. Wir geben einige Anwendungen der in diesem und in dem vorigen Paragraphen gewonnenen Sätze.

a) Es seien X eine n-dimensionale komplexe Mannigfaltigkeit, $A \subset X$ eine kompakte, singularitätenfreie analytische Menge, die zum P^{n-1} analytisch isomorph ist. E bezeichne eine $(n-2)$-dimensionale analytische Hyperebene in A und $U = U(A)$ eine Umgebung, die auf A stetig zusammengezogen werden kann. Der Selbstschnitt (A, A) ist eine Homologieklasse aus $H_{2n-4}(U, Z)$, die durch die Deformationsprojektion $U \to A$ auf eine Homologieklasse $\xi \in H_{2n-4}(A, Z)$ abgebildet wird. Wir setzen voraus, daß ξ von dem Zyklus $-E$ erzeugt wird. Man zeigt, daß deshalb das Normalenbündel N von A zu dem Geradenbündel, das zu dem Divisor $(-E)$ gehört, isomorph ist. N ist daher negativ.

Es sind die Voraussetzungen des Corollars von Satz 7 erfüllt. Es gibt also Umgebungen von A und der Nullschnittfläche $\mathsf{O} \subset N$, die zueinander isomorph sind. Durch Niederblasen von O erhält man nun einen komplexen Raum N', dessen einzige mögliche Singularität der O entsprechende Punkt O' ist. Da N^* n holomorphe Schnittflächen $s_1, \ldots, s_n$ besitzt, derart, daß stets aus $(s_1(x), \ldots, s_n(x)) = \lambda(s_1(x'), \ldots, s_n(x'))$ für $x, x' \in A$ folgt $x = x'$, so gibt es auf N bezüglich der kanonischen Koordinaten auf den Fasern lineare Funktionen $f_1, \ldots, f_n$, die auf O gemeinsam verschwinden und $N - \mathsf{O}$ eineindeutig und biholomorph auf

$C^n - 0$ abbilden, wobei $0 \in C^n$ den Nullpunkt bezeichnet. Vermöge der Projektion $N \to N'$ erhält man aus $f_1, \ldots, f_n$ holomorphe Funktionen $f_1', \ldots, f_n'$ auf N', die N' biholomorph auf den C^n abbilden. Also gilt $N' \approx C^n$, das heißt der Punkt $\mathfrak{O}'$ ist regulär.

Es werde nun A niedergeblasen. Man erhält einen komplexen Raum X' und einen Punkt $\underline{P}_0 \in X'$, auf den A abgebildet wird. Da $U(A) \approx U(\mathfrak{O})$ gilt, ist $\underline{P}_0$ regulär und damit ganz X' eine komplexe Mannigfaltigkeit. Ferner sind die Voraussetzungen von Satz 8 erfüllt. Ist X kompakt und projektiv algebraisch, so muß deshalb auch X' projektiv algebraisch sein[9]).

Anmerkung. Man kann in einer Umgebung $U(A) \subset X$ leicht holomorphe Funktionen $f_1, \ldots, f_n$ konstruieren, die A auf $0 \in C^n$ und $U - A$ biholomorph auf eine offene Menge in $C^n - 0$ abbilden. Unser Ergebnis läßt sich deshalb einfacher ohne Verwendung von Satz 7 herleiten.

b) Es sei jetzt X zweidimensional und $A \approx P^1$. Die Selbstschnittzahl von A sei $-k$, $k = 1, 2, 3, \ldots$. Es sind wieder die Voraussetzungen des Corollars von Satz 7 erfüllt. Bläst man A und $\mathfrak{O} \subset N$ zu einem Punkt zusammen, so erhält man also die gleichen Singularitäten. Aus N wird jedoch ein komplexer Raum N', der sich in den C^{k+1} biholomorph einbetten läßt und dort die Parameterdarstellung hat:

$$\begin{aligned} z_0 &= u^k \\ z_1 &= u^{k-1} v \\ \vdots \quad &\quad \vdots \qquad \text{mit } (u, v) \in C^2 \\ z_k &= v^k \end{aligned}$$

Diese Aussage löst ein Hirzebruchsches Problem. Man vergleiche [11]. Satz 8 läßt sich auch in diesem Fall anwenden. Ist X kompakt und projektiv algebraisch, so muß deshalb auch X' ein projektiv algebraischer Raum sein.

c) Ist A ein Torus mit negativem Selbstschnitt, so folgt ebenfalls aus Satz 7 die Äquivalenz der Singularitäten. Da jedoch jetzt alle Geradenbündel von einem Parameter komplex-analytisch abhängen, erhält man durch Niederblasen von A eine Singularität, die „deformiert" werden kann, ohne daß dabei ihr topologischer Charakter geändert wird.

d) Es sei R eine kompakte Riemannsche Fläche vom Geschlecht 2, F ein komplex analytisches Geradenbündel über R, dessen Chernsche Zahl gleich $+1$ ist. F ist dann positiv, es gilt ferner $H^1(R, \underline{F}) \neq 0$. Wir wählen eine Überdeckung $U = \{U_\iota, \iota = 1, \ldots, \iota^*\}$ von R und einen Kozyklus $\xi = \{\xi_{\iota_1 \iota_2}\} \in Z^1(U, \underline{F})$, der eine nicht verschwindende Kohomologieklasse erzeugt. π sei die Faserprojektion $F \to R$. Wir bilden die Mengen $V_\iota = \{(\iota, j) : \pi(j) \in U_\iota\}$, die wir über den Durchschnitten $U_{\iota_1 \iota_2}$ durch folgende Vorschrift verheften:

$$(\iota_1, j) = (\iota_2, j + \xi_{\iota_1 \iota_2}(x)), \quad x = \pi(j).$$

---

[9]) Die Aussage wurde im Falle einer projektiv algebraischen Mannigfaltigkeit X mit $\dim X = 2$ zuerst von ENRIQUES und, wenn $\dim X > 2$, von KODAIRA hergeleitet.

Wir erhalten dadurch ein komplex-analytisches Faserbündel F^+ über R, dessen typische Faser noch C, dessen Strukturgruppe jedoch die Gruppe der komplex-affinen Transformationen der komplexen Zahlenebene ist. Durch Hinzunahme des unendlich fernen Punktes ∞ zu jeder Faser $F_x^+ \approx C$ schließt man F^+ zu einer kompakten komplexen Mannigfaltigkeit $\overline{F}^+$ ab. $\overline{F}^+$ ist projektiv algebraisch, da R und die typische Faser es sind und P^1 einfach zusammenhängt.

Es sei A die Menge der unendlich fernen Punkte in $\overline{F}^+$. $A \cong R$ ist eine kompakte singularitätenfreie analytische Menge in $\overline{F}^+$, dessen Normalenbündel zu F^* isomorph ist. A ist deshalb exzeptionell. Blasen wir A zu einem Punkt zusammen, so erhalten wir einen normalen 2-dimensionalen komplexen Raum X mit folgenden Eigenschaften:

1) X enthält nur einen singulären Punkt P_0.

2) Es gibt auf X zwei unabhängige meromorphe Funktionen.

Die Eigenschaft 2) ergibt sich, weil $f_1 \circ \pi^{-1}$, $f_2 \circ \pi^{-1}$ unabhängige meromorphe Funktionen auf X sind, wenn f_1, f_2 unabhängige meromorphe Funktionen auf $\overline{F}^+$ und $\pi : \overline{F}^+ \to X$ die Modifikationsprojektion bezeichnet. X ist aber keine algebraische Mannigfaltigkeit. Anderenfalls gäbe es eine überall zweidimensionale in X analytische Menge $B \subset X - P_0$ mit $P_0 = \pi(A)$. $\hat{B} = \pi^{-1}(B)$ wäre dann eine kompakte analytische Menge gleicher Art in F^+. $\hat{B}$ schneidet jede Faser $F_x^+ \cong C$ in endlich viele Punkte $s_1(x), \ldots, s_p(x)$. Dabei seien Schnittpunkte der Ordnung k auch k-mal aufgezählt. Die Zahl p hängt deshalb nicht von x ab. Da F_x^+ eine wohldefinierte affine Struktur trägt, können wir den Schwerpunkt $s(x) = \dfrac{1}{p} \sum\limits_{\nu=1}^{p} s_\nu(x)$ bilden. $s(x)$ ist dann eine analytische Schnittfläche in F^+, die jedoch nicht existieren kann, da ξ nicht kohomolog null ist. Widerspruch!

Es ist dem Verf. unbekannt, ob man bereits durch Niederblasen eines Torus gewisse projektiv algebraische Mannigfaltigkeiten in nicht-algebraische Räume überführen kann.

e) Es sei X eine zweidimensionale komplexe Mannigfaltigkeit, $A \subset X$ eine kompakte, nirgends diskrete analytische Teilmenge. Die irreduziblen Komponenten von A seien mit A_ν bezeichnet, $\nu = 1, \ldots, k$. Da X eine komplexe Mannigfaltigkeit ist, sind die Schnittzahlen $c_{\nu\mu} = (A_\nu, A_\mu)$ wohldefiniert. Wir setzen $\mathfrak{p}_\nu$ für die Idealgarbe von A_ν und $\mathfrak{m} = \mathfrak{p}_1^{r_1} \cdot \ldots \cdot \mathfrak{p}_k^{r_k}$, wobei $r_1, \ldots, r_k$ irgendwelche natürlichen Zahlen sind. Das Normalenbündel $N_\mathfrak{m}$ ist dann isomorph zur Beschränkung des Geradenbündels $F = \left(\sum\limits_{\nu=1}^{k} r_\nu A_\nu \right)$ auf A. Die Chernsche Klasse $c(N_\mathfrak{m}|A_\nu)$ ist gleich $\sum\limits_{\mu=1}^{k} r_\mu c_{\nu\mu}$. $N_\mathfrak{m}|A_\nu$ ist daher genau dann negativ, wenn diese Summe kleiner als Null ist. Aus dem Lemma in § 3 folgt dann sofort, daß $N_\mathfrak{m}$ negativ ist, dann und nur dann, wenn $\Sigma r_\mu c_{\nu\mu} < 0$ für $\nu = 1, \ldots, k$ gilt. Wenn $N_\mathfrak{m}$ negativ ist, so ist A natürlich exzeptionell.

Es werde umgekehrt vorausgesetzt, daß A exzeptionell ist. Wir bestimmen dann Punkte $x_\nu \in A_\nu$, $\nu = 1, \ldots, k$, die gewöhnliche Punkte von A sind, eine Umgebung $U = U(A)$ und eindimensionale analytische Mengen $R_\nu \subset U$, so daß $R_\nu \cap A = x_\nu$, $\nu = 1, \ldots, k$. Da A exzeptionell ist, kann man sicher in einer Umgebung von A eine holomorphe, nirgends identisch verschwindende Funktion f finden, die auf $A \cup \cup R_\nu$ null ist. Es sei r_ν die Ordnung, mit der f auf A_ν verschwindet. Dann definiert f in $N_\mathfrak{m}^*$ eine Schnittfläche, die jedoch in x_ν Nullstellen hat, aber kein A_ν ganz als Nullstellenmenge besitzt. Aus dem Lemma folgt wieder, daß $N_\mathfrak{m}^*$ positiv und $N_\mathfrak{m}$ negativ ist.

Die Schnittmatrix $(c_{\nu\mu})$ ist symmetrisch, es gilt $c_{\nu\mu} \geqq 0$, wenn $\nu \neq \mu$. Ein Satz der Matrizentheorie besagt nun, daß eine solche Matrix genau dann negativ definit ist, wenn es einen Vektor $(r_1, \ldots, r_k)$ mit $r_\nu > 0$ gibt, so daß $\Sigma r_\mu c_{\nu\mu} < 0$ für $\nu = 1, \ldots, k$ gilt. Wir haben demnach bewiesen:

A ist genau dann exzeptionell, wenn die Schnittmatrix $(c_{\nu\mu})$ negativ definit ist.

Dieser Satz verallgemeinert ein Resultat von MUMFORD.

Zusatz zur Korrektur. Es folgt zunächst nur $\xi_\nu = 0$ in der Nähe von A. Bläst man A herunter, so wird T zu einem holomorph vollständigen Raum T'. Die Aussage ergibt sich sofort, wenn über T' das 0-te direkte Bild von S oder einer Untergarbe $\mathfrak{S}' \subset \mathfrak{S}$ mit $\mathfrak{S}' \mid T - A = \mathfrak{S} \mid T - A$ kohärent ist. Das ist nach [8] der Fall, für die beim Beweis von Satz 6 benutzten Garben jedoch unmittelbar einsichtig. — Übrigens wird in diesem Beweis wesentlich nur benutzt, daß $H^\nu(A, \mathfrak{S} \cdot \mathfrak{m}^k) \to H^\nu(A, \mathfrak{S})$ eine Nullabbildung ist. Diese Aussage läßt sich sehr einfach ohne die Kohärenz der direkten Bilder beweisen.

Zusatz II. Im Beweis von Satz 8, § 4 wird an Stelle von $\dim_C H^{1,1}(X, C) = 1$ nur ausgenutzt, daß das Bild der Gruppe von NERON-SEVERI in $H^{1,1}(X, C)$ eindimensional ist. — Die Untersuchungen in den Abschnitten 2 und 3 aus § 4 wurden im Falle der der algebraischen Geometrie zuerst von A. GROTHENDIECK durchgeführt. Vgl. dazu seine Exposes, Institut des Hautes Etudes Scientifiques Paris.

Literatur

[1] BEHNKE, H., u. K. STEIN: Modifikationen komplexer Mannigfaltigkeiten und Riemannscher Gebiete. Math. Ann. **124**, 1—16 (1951).

[2] CARTAN, H.: Quotients of complex spaces. Contributions to Function Theory, p. 1—16. Tata Inst. Fund. Res. Bombay 1960.

[3] CARTAN, H., and S. EILENBERG: Homological Algebra. Princeton University Press 1956.

[4] CHOW, W. L., and K. KODAIRA: On analytic surfaces with two independent meromorphic functions. Proc. Nat. Acad. Sci. U.S.A. **38**, 319—325 (1952).

[5] FRENKEL, J.: Cohomologie non abélienne et espaces fibrés. Bull. soc. math. France **85**, 135—218 (1957).

[6] GRAUERT, H.: On Levi's problem and the imbedding of real-analytic manifolds. Ann. Math. **68**, 460—472 (1958).

[7] GRAUERT, H.: On point modifications. Contributions to Function Theory, p. 139—142. Tata Inst. Fund. Res. Bombay 1960.

[8] GRAUERT, H.: Ein Theorem der analytischen Garbentheorie und die Modulräume komplexer Strukturen. Pub. Math. **5**, 233—292 (1960).

[9] GRAUERT, H., u. R. REMMERT: Plurisubharmonische Funktionen in komplexen Räumen. Math. Z. **65**, 175—194 (1956).

[10] GRAUERT, H., u. R. REMMERT: Komplexe Räume. Math. Ann. **136**, 245—318 (1958).

[11] HIRZEBRUCH, F.: Some problems on differentiable and complex manifolds. Ann. Math. **60**, 213—236 (1954).

[12] HOPF, H.: Schlichte Abbildungen und lokale Modifikation 4-dimensionaler komplexer Mannigfaltigkeiten. Comment. Math. Helv. **29**, 132—156 (1955).

[13] KODAIRA, K.: On Kähler Varieties of restricted type. Ann. Math. **60**, 28—48 (1954).

[14] KOOPMAN, B. O., and A. B. BROWN: On the covering of analytic loci by complexes. Trans. Am. Math. Soc. **34**, 231—251 (1931).

[15] NAKANO, S.: On complex analytic vector bundles. J. Math. Soc. Japan **7**, 1—12 (1955).

[16] NARASIMHAN, R.: The Levi problem for complex spaces. Math. Ann. **142**, 355—365 (1961).

[17] REMMERT, R.: Sur les espaces analytiques holomorphiquement séparables et holomorphiquement convexes. C. R. Acad. Sci. (Paris) **243**, 118—121 (1956).

[18] REMMERT, R., u. K. STEIN: Über die wesentlichen Singularitäten analytischer Mengen. Math. Ann. **126**, 263—306 (1953).

[19] WEIL, A.: Introduction à l'étude des varietés kaehleriénnes. Paris: Hermann 1958.

(Eingegangen am 15. September 1961)

38.

Mordells Vermutung über rationale Punkte
auf Algebraischen Kurven und Funktionenkörper

Pub. Math. IHES Paris **25**, 131–149 (1965)

EINLEITUNG

Es seien $P^n = P^n(C)$ der n-dimensionale komplex-projektive Raum, $\mathfrak{X} \subset P^n$ eine singularitätenfreie, irreduzible Kurve über dem Körper der rationalen Zahlen. Das (homogene) Ideal von $\mathfrak{X}$ in P^n wird also von Polynomen aufgespannt, deren Koeffizienten rationale Zahlen sind. M o r d e l l hat vermutet : *Ist das Geschlecht von $\mathfrak{X}$ größer als 1, so enthält $\mathfrak{X}$ höchstens endlich viele Punkte mit rationalen Koordinaten.* Diese Vermutung ist bis jetzt nur in Spezialfällen bestätigt worden [1].

Vor kurzem ist nun von M a n i n [2] gezeigt worden, daß das Analogon für Funktionenkörper mit den komplexen Zahlen als Konstantenkörper richtig ist. M a n i n benutzt für seinen Beweis schwierige Methoden aus der Funktionentheorie. Seine Mittel sind also transzendenter Natur ; sie lassen sich nicht auf Funktionenkörper einer von o verschiedenen Charakteristik übertragen. In der vorliegenden Arbeit soll jedoch ein algebraischer Beweis geliefert werden, der dann im Falle beliebiger Charakteristik gilt.

Es sei fortan k ein algebraisch abgeschlossener Körper, $\mathfrak{R}$ ein Funktionenkörper über k von endlichem Transzendenzgrad, $\hat{\mathfrak{R}}$ der algebraische Abschluß von $\mathfrak{R}$. Mit $\mathfrak{X} \subset P^n(\hat{\mathfrak{R}})$ werde eine singularitätenfreie [3], irreduzible (projektiv-algebraische) Kurve über $\mathfrak{R}$ bezeichnet. Es sei $\mathrm{ch}(\mathfrak{X})$ die Chernsche Zahl des kanonischen Bündels von $\mathfrak{X}$. Unter dem Geschlecht $g = g(\mathfrak{X})$ versteht man sodann die ganze Zahl $\frac{1}{2a}\mathrm{ch}(\mathfrak{X}) + 1$, wobei a die $\mathfrak{R}$-Dimension des Vektorraumes der regulären Funktionen auf $\mathfrak{X}$ ist. $\mathfrak{X}$ heißt trivial, wenn $\mathfrak{X}$ bereits über k definiert werden kann [4], und ein rationaler Punkt auf $\mathfrak{X}$ ist ein Punkt mit Koordinaten in $\mathfrak{R}$. Wie man unmittelbar sieht, ist ein Punkt x

---

[1] Man vgl. etwa Siegel [4].
[2] Manin, Moskau, ist ein Schüler von Šafarevič. Man vgl. [2].
[3] Unter « singularitätenfrei » wird stets « absolut singularitätenfrei » verstanden.
[4] Das heißt, daß $\mathfrak{X}$ zu einer Kurve über k $\mathfrak{R}$-isomorph ist.

genau dann rational, wenn jede (über $\mathfrak{R}$ definierte) rationale in x reguläre Funktion auf $\mathfrak{X}$ in x einen Wert in $\mathfrak{R}$ hat. Jedes triviale $\mathfrak{X}$ enthält natürlich unendlich viele rationale Punkte. Als Hauptresultat in der vorliegenden Arbeit wird gezeigt :

SATZ. — *Es sei die Charakteristik von k,* char $k = 0$. *Es sei* $g(\mathfrak{X}) \geq 2$ *und $\mathfrak{X}$ nicht trivial. Dann gibt es höchstens endlich viele rationale Punkte auf $\mathfrak{X}$.*

Im Falle von char $k = p \neq 0$ liefert der Beweis dieses Satzes ein *etwas schwächeres Resultat.* Wie ein Beispiel lehrt, kann es durchaus nichttriviale $\mathfrak{X}$ geben, die unendlich viele rationale Punkte besitzen. — Das Hauptergebnis der Arbeit dürfte übrigens im Falle beliebiger Charakteristik auch gelten, wenn k nicht algebraisch abgeschlossen ist. Zum Beweise brauchte man nur die Methoden aus § 4 zu verallgemeinern. Die hierzu notwendigen Mittel scheinen jedoch in der Literatur (noch nicht) explizit vorhanden zu sein.

Die Aussage des Satzes kann geometrisch-anschaulich gedeutet werden. Es sei R eine irreduzible singularitätenfreie (nicht notwendig vollständige) algebraische Mannigfaltigkeit über k, die ein Modell von $\mathfrak{R}$ ist. $\mathfrak{X}$ kann dann als eine $(1 + \dim R)$-dimensionale algebraische Teilmenge X in $P^n(k) \times R$ gedeutet werden. Da $\mathfrak{X}$ über $\mathfrak{R}$ singularitätenfrei ist, kann man R so (klein) wählen, daß $X \subset P^n(k) \times R$ singularitätenfrei ist und daß die Beschränkung π der Projektion $P^n(k) \times R \to R$ auf X in jedem Punkte einfach ist, daß also die Funktionalmatrix von π in jedem Punkt $x \in X$ den Rang $\dim R$ hat.

Die Projektion π ist eine eigentliche, surjektive reguläre Abbildung. Die Fasern $X_t = \pi^{-1}(t)$, $t \in R$ liegen alle singularitätenfrei und sind Vereinigung a vollständiger Kurven vom Geschlecht $g = g(\mathfrak{X}) > 1$. Ein rationaler Punkt in $\mathfrak{X}$ ist eine rationale Schnittfläche in der Familie (X, π, R). Wir haben also zu zeigen, daß es nur endlich viele solcher Schnittflächen in (X, π, R) gibt.

Abschließend möchte ich besonders S. Lang danken, der mir in einem 1963 in Bonn gehaltenen Vortrag das Problem zugetragen hat. Ferner danke ich P. Samuel für verschiedene Hinweise.

§ 1. KURVEN ÜBER ALGEBRAISCHEN MANNIGFALTIGKEITEN

1. Es sei k ein algebraisch abgeschlossener Körper beliebiger Charakteristik, X und R seien (singularitätenfreie) irreduzible projektiv-algebraische Mannigfaltigkeiten über k, ferner sei $\pi : X \to R$ eine eigentliche, surjektive, reguläre und darüber hinaus einfache Abbildung : Die Funktionalmatrix von π habe also überall den Rang $n = \dim R$. Die Mannigfaltigkeit X sei $(n + 1)$-dimensional. Die Fasern $X_t = \pi^{-1}(t)$, $t \in R$ sind daher vollständige, singularitätenfreie algebraische Kurven, die in endlich viele irreduzible Komponenten $X_{t\nu}$, $\nu = 1, \ldots, e$ zerfallen. Das Geschlecht der $X_{t\nu}$ ist von t und ν unabhängig und sei mit g bezeichnet. Wir setzen fortan $g \geq 2$ voraus.

Es bezeichne $T(X)$, $T(R)$, $T_t = T(X_t)$ das kontravariante Tangentialbündel von X bzw. R oder X_l. Das Bündel [1] T_l ist offenbar ein Untervektorraumbündel von $T(X)|X_l$. Durch die Projektion π wird $T(R)$ nach X geliftet. Das so über R erhaltene reguläre Vektorraumbündel sei mit $\widetilde{T}(R)$ bezeichnet. Da π auch eine Projektion von Vektoren definiert, hat man einen Epimorphismus $\alpha : T(X) \to \widetilde{T}(R)$. Wir bezeichnen mit F das affine Unterbündel derjenigen Homomorphismen $\eta \in \mathrm{Hom}(\widetilde{T}(R), T(X))$ mit $\alpha \circ \eta = \mathrm{id}$. F ist ein reguläres Faserbündel über X und damit eine algebraische Mannigfaltigkeit, die typische Faser von F ist der k^n, die Strukturgruppe i.a. die volle Gruppe der affinen Transformationen des k^n. Man kann F als das *Bündel der infinitesimalen Schnitte* in der Faserung X ansehen. — Wir wollen die Faserprojektion $F \to X$ mit p bezeichnen.

Indem man jede Faser $F_x = p^{-1}(x) \approx k^n$ zum projektiven Raum $P^n = P^n(k)$ abschließt, erhält man ein Bündel $\hat{F}$ über X mit projektiver Faser, jedoch gleicher Strukturgruppe und gleichen Übergangsfunktionen. Die Projektion $\hat{F} \to X$ sei ebenfalls mit p bezeichnet. $F_\infty = \hat{F} - F$ ist eine 1-codimensionale, singularitätenfreie Teilmenge der algebraischen Mannigfaltigkeit $\hat{F}$. Wir setzen $\hat{F}_l = \hat{F}|X_l$, $F_l = F|X_l$, $F_{\infty l} = F_\infty \cap \hat{F}_l$. Die Menge $F_{\infty l}$ ist ebenfalls singularitätenfrei und 1-codimensional.

2. Es seien $t_0 \in R$ und $(F_{\infty l_0})$ das zu dem Divisor $F_{\infty l_0}$ gehörende reguläre Geradenbündel über $\hat{F}_{l_0}$ und $N_{l_0} = (F_{\infty l_0})|F_{\infty l_0}$. Es sei $V = T_{l_0}(R)$ der Tangentialvektorraum im Punkte $t_0 \in R$. Wir dürfen schreiben $\widetilde{T}_x(R) = V$, $x \in X_{l_0}$ und $V = k^n$. S sei sodann das reguläre Vektorraumbündel $\mathrm{Hom}(\widetilde{T}(R)|X_{l_0}, T_{l_0})$. Wegen der genannten Identitäten gilt : $S = \mathrm{Hom}(k^n, T_{l_0}) = \overset{n}{\underset{1}{\oplus}} T_{l_0}$.

Es werde nun eine affine Überdeckung $\mathfrak{U} = \{U_\iota : \iota = 1, \ldots, \iota_0\}$ von X_{l_0} gewählt, derart, daß es über U_ι stets eine reguläre Schnittfläche β_ι in F_{l_0} gibt. Jedem Element $\eta \in F_x$, $x \in U_\iota$ kann man dann die Differenz $\eta - \beta_\iota(x) \in S_x$ zuordnen. Man erhält auf diese Weise einen Isomorphismus von affinen Bündeln $\Phi_\iota : F_{l_0}|U_\iota \to S|U_\iota$. Die Übergangsabbildungen $\Phi_{\iota_1 \iota_2} = \Phi_{\iota_1} \circ \Phi_{\iota_2}^{-1} : S|U_{\iota_1} \cap U_{\iota_2} \to S|U_{\iota_1} \cap U_{\iota_2}$ sind von der Gestalt $y \to y + a(x)$ mit $y \in S_x$ und $a(x) = \beta_2(x) - \beta_1(x)$. a ist also eine reguläre Schnittfläche in S über $U_{\iota_1} \cap U_{\iota_2}$.

Entsprechend der Konstruktion bei F schließen wir jede Faser von S projektiv ab und erhalten ein reguläres projektives Bündel $\hat{S}$ über X_{l_0}. Die Abbildungen Φ_ι setzen sich zu Isomorphismen $\hat{\Phi}_\iota : \hat{F}_{l_0}|U_\iota \to \hat{S}|U_\iota$ fort und die Übergangsabbildungen $\hat{\Phi}_{\iota_1 \iota_2} = \hat{\Phi}_{\iota_1} \circ \hat{\Phi}_{\iota_2}^{-1}$ werden in der gleichen Gestalt wie $\Phi_{\iota_1 \iota_2}$ mit dem gleichen $a(x)$ gegeben. Man kann F_{l_0} bzw. $\hat{F}_{l_0}$ erhalten, indem man die $S|U_\iota$ bzw. $\hat{S}|U_\iota$ mittels $\Phi_{\iota_1 \iota_2}$ bzw. $\hat{\Phi}_{\iota_1 \iota_2}$ verheftet.

Es sei $S_\infty = \hat{S} - S$. Es gilt dann $F_{\infty l_0} = S_\infty = X_{l_0} \times P^{n-1}$ und $(S_\infty)|(X_{l_0} \times P^{n-1}) = N_{l_0}$, da die Übergangsabbildungen $\hat{\Phi}_{\iota_1 \iota_2}$ auf S_∞ von zweiter Ordnung konstant sind. Die

---

[1] Bündel werden stets als lokal-trivial vorausgesetzt.

Identifizierungen $S_\infty = X_{l_0} \times P^{n-1}$ und $(S_\infty)|(X_{l_0} \times P^{n-1}) = N_{l_0}$ werden dabei auf folgende Weise vorgenommen. Besteht über einer offenen Teilmenge $U \subset X_{l_0}$ ein Isomorphismus von Geradenbündeln $\gamma : T_{l_0}|U \overset{\sim}{\to} U \times k$, so wird wegen $S = \overset{n}{\underset{1}{\oplus}} T_{l_0}$ auch ein Isomorphismus $\hat{\gamma} : \hat{S}|U \to U \times P^n$ definiert. $\hat{\gamma}|(S_\infty \cap (\hat{S}|U))$ ist von der Wahl von γ unabhängig und bildet $S_\infty \cap (\hat{S}|U)$ biregulär auf $U \times P^{n-1}$ ab. Durch Zusammenheften erhält man den kanonischen Isomorphismus $S_\infty \overset{\sim}{\to} X_{l_0} \times P^{n-1}$. — Um $(S_\infty)|(X_{l_0} \times P^{n-1}) = N_{l_0}$ zu zeigen, braucht man nur die kanonische Isomorphie der Garben M_1 bzw. M_2 der Keime lokaler regulärer Schnittflächen in beiden Bündeln zu zeigen. Das ist aber klar, da M_1 bzw. M_2 der Quotient der Garbe der rationalen Funktionskeime zu dem Divisor S_∞ auf $\hat{S}$ bzw. zu dem Divisor $F_{\infty l_0}$ auf $\hat{F}_{l_0}$ nach den Garben der Keime lokaler regulärer Funktionen ist. Die Transformationen $\hat{\Phi}_{l_0 l_0}$ wirken nämlich auf der Quotienten-Garbe M_1 trivial.

Mit M werde das reguläre Geradenbündel $(P^{n-1})|P^{n-1}$ bezeichnet, wobei P^{n-1} als 1-codimensionale Ebene in P^n anzusehen ist. M ist ample. Durch die Produktprojektionen $X_{l_0} \times P^{n-1} \to X_{l_0}$ bzw. $\to P^{n-1}$ werde sodann $T_{l_0}^*$ bzw. M nach $X_{l_0} \times P^{n-1}$ geliftet. Man erhält reguläre Geradenbündel $\hat{T}_{l_0}^*$ bzw. $\hat{M}$ auf $X_{l_0} \times P^{n-1}$.

Satz 1. — *Das Geradenbündel N_{l_0} ist regulär-äquivalent mit $\hat{T}_{l_0}^* \otimes \hat{M}$.*

Beweis. — Wir brauchen nur zu zeigen, daß $(S_\infty)|(X_{l_0} \times P^{n-1})$ und $\hat{T}_{l_0}^* \otimes \hat{M}$ rationale, nicht identisch verschwindende Schnittflächen s_1 bzw. s_2 besitzen, die in jedem Punkte Null- und Polstellen gleicher Ordnung haben. Es sei s eine rationale, nicht identisch verschwindende Schnittfläche in $T^*(X_{l_0})$. s kann als eine auf der algebraischen Mannigfaltigkeit $T(X_{l_0})$ rationale, auf den Fasern von $T(X_{l_0})$ homogen-lineare Funktion gedeutet werden. Wir bezeichnen die Punkte von $\overset{n}{\underset{1}{\oplus}} T(X_{l_0})$ mit $y = (y_1, \ldots, y_n)$. Man kann dann die rationale Funktion $\hat{f}(y) = s(y_1)$ als rationale Schnittfläche in (S_∞) auf $\hat{S}$ ansehen. $\hat{f}$ hat die Fläche $\{y_1 = 0\} \subset \hat{S}$ zur Nullstellenfläche 1. Ordnung, außerdem die Flächen $\overset{n}{\underset{1}{\oplus}} T_{l_0}|P$, $P \in X_{l_0}$ zu Pol- und Nullstellenflächen in der gleichen Ordnung wie s in P einen Pol bzw. eine Nullstelle hat.

Es sei $E \subset P^{n-1}$ eine Ebene, so daß $P \times E = \{y_1 = 0\} \cap S_\infty \cap (\hat{S}|P)$ für $P \in X_{l_0}$. Es gibt eine reguläre Schnittfläche g in M, die genau E zur Nullstellenfläche 1. Ordnung hat. Die nach $\hat{M}$ geliftete Schnittfläche g ist eine reguläre Schnittfläche $\hat{g}$ in $\hat{M}$ und verschwindet genau auf $S_\infty \cap \{y_1 = 0\}$ von 1. Ordnung. $\hat{s}$ sei die durch Liften von s nach $\hat{T}_{l_0}^*$ erhaltene reguläre Schnittfläche. $s_1 = \hat{f}|S_\infty$ und $s_2 = \hat{s} \otimes \hat{g}$ haben also überall auf S_∞ die gleichen Null- und Polstellen, q.e.d.

3. Ein Geradenbündel G über einem vollständigen algebraischen Raum Y heißt *ample*, wenn es eine positive Tensorpotenz G^r von G und reguläre Schnittflächen $s_0, \ldots, s_l \in \Gamma(Y, G^r)$ gibt, so daß durch die Gleichungen $z_0 = s_0(y), \ldots, z_l = s_l(y)$ mit $y \in Y$, $(z_0, \ldots, z_l) \in P^l$ (homogene Koordinaten), eine bireguläre Einbettung von Y in den P^l definiert wird. Auf einer vollständigen Kurve ist ein Geradenbündel genau dann ample, wenn seine Chernsche Zahl größer als Null ist. Da wir $g(X) > 1$ vorausgesetzt haben, ist also $T^*(X_{l_0})$ ample. Ebenso ist dann $\hat{T}^*_{l_0} \otimes \hat{M} = N_{l_0}$ ample.

Es sei $N = (F_\infty) | F_\infty$. Man hat dann $N | F_{\infty l_0} = N_{l_0}$. Da N_{l_0} ample ist, gilt für $l \geq l_0$ das « Vanishing theorem ». Es ist $H^\nu(F_{\infty l_0}, N^l_{l_0}) = 0$ für $\nu = 1, 2, 3, \ldots$. Wir können deshalb folgenden Satz [1] aus der algebraischen Geometrie anwenden :

Es seien Y, R *algebraische Mannigfaltigkeiten,* W *ein algebraisches Vektorraumbündel über* Y. *Ferner sei* $\varphi : Y \to R$ *eine eigentliche, surjektive, einfache, reguläre Abbildung. Gilt dann für ein* $t_0 \in R : H^1(Y_{l_0}, W_{l_0}) = 0$ *mit* $Y_{l_0} = \varphi^{-1}(t_0)$, $W_{l_0} = W | Y_{l_0}$, *so läßt sich jede Schnittfläche aus* $\Gamma(Y_{l_0}, W_{l_0})$ *in eine Umgebung von* Y_{l_0} *regulär fortsetzen. Ferner hat die* 1. *Bildgarbe* $\varphi_1(W)$ *in* t_0 *den Nullhalm.*

Fortan sei $l \geq l_0$ und so groß gewählt, daß es Schnittflächen $s'_1, \ldots, s'_r \in \Gamma(F_{\infty l_0}, N^l_{l_0})$ gibt, die eine bireguläre Einbettung in einen P^{r-1} vermitteln. Wir setzen $s'_1, \ldots, s'_r$ zu Schnittflächen $s_1, \ldots, s_r \in \Gamma(F_{\infty 1}, N^l)$ in eine Umgebung $F_{\infty 1} = p^{-1}\pi^{-1}(R_1) \cap F_\infty$ von $F_{\infty l_0}$ fort. Dabei ist $R_1 = R_1(t_0) \subset R$ eine Umgebung von t_0. Sie sei so klein gewählt, daß $s_1 | F_{\infty t}, \ldots, s_r | F_{\infty t}$ für jedes $t \in R_1$ noch eine bireguläre Einbettung von $F_{\infty t}$ definieren.

Als nächstes sollen $s_1, \ldots, s_r$ weiter fortgesetzt werden zu regulären Schnittflächen in dem Bündel $(F_\infty)^l = (l . F_\infty)$. Wir haben über $\hat{F}$ die exakten Sequenzen :

$$0 \to ((l-1) . F_\infty) \to (l . F_\infty) \to N^l \to 0$$

und über t_0 die Bildsequenzen :

$$\ldots \to (\pi p)_0((lF_\infty))_{t_0} \to (\pi p)_0(N^l)_{t_0} \to (\pi p)_1(((l-1)F_\infty))_{t_0} \xrightarrow{\gamma} (\pi p)_1((lF_\infty))_{t_0} \to 0.$$

γ ist also surjektiv und der Halm $(\pi p)_1((lF_\infty))_{t_0}$ Quotientenmodul von $(\pi p)_1(((l-1)F_\infty))_{t_0}$. Da die untersuchten Moduln wegen der Kohärenz der Bildgarben noethersch sind, folgt für $l \geq l_1$, daß γ ein Isomorphismus ist. Dann ist aber

$$\ldots \to (\pi p)_0((lF_\infty))_{t_0} \to (\pi p)_0(N^l)_{t_0} \to 0$$

exakt und das bedeutet :

Es gibt eine Umgebung $R_2 = R_2(t_0) \subset R_1$, so daß sich

$$s_1 | (F_\infty \cap (\pi p)^{-1}(R_2)), \ldots, s_r | (F_\infty \cap (\pi p)^{-1}(R_2))$$

zu Schnittflächen $\hat{s}_1, \ldots, \hat{s}_r \in \Gamma((\pi p)^{-1}(R_2), (lF_\infty))$ fortsetzen lassen.

4. Wir fassen die konstante Funktion $f \equiv 1 \in k$ auf $\hat{F}$ als reguläre Schnittfläche $\hat{s}_0$ in (lF_∞) auf. $\hat{s}_0$ hat dann F_∞ zur Nullstellenfläche l-ter Ordnung und verschwindet sonst nirgends. $\hat{s}_0, \ldots, \hat{s}_r$ ergeben deshalb eine reguläre Abbildung $\hat{\Phi} : \hat{F} | R_2 \to P^r$.

---

[1] Der Satz ist ein Spezialfall eines viel allgemeiner von A. GROTHENDIECK gewonnenen Resultates. Man vgl. [1]. — Für die weiteren Mittel, die wir aus der algebraischen Geometrie übernehmen müssen, vgl. SERRE [3] und GROTHENDIECK [1].

Offenbar bildet $\hat{\Phi}$ die Menge $F_\infty|R_2$ in P^{r-1} ab und $F|R_2$ in $k^r = P^r - P^{r-1}$. Die reguläre Abbildung $\pi p \times \widetilde{\Phi}$ mit $\widetilde{\Phi} = \hat{\Phi}|(F|R_2)$ ist also eine eigentliche, reguläre, fasertreue Abbildung $(F|R_2) \to R_2 \times k^r$.

Sind Y, Z algebraische Räume, $\varphi : Y \to Z$ eine reguläre Abbildung, so heißt die Menge aller $y \in Y$, in denen $\dim_y \varphi^{-1}(\varphi(y)) > 0$ die Entartungsmenge $E = E(\varphi)$. Nach einem bekannten Satz [1] ist $E(\varphi)$ stets eine algebraische Teilmenge von Y. Nach Definition gilt in jedem Punkte $y \in E$ die Ungleichung $\dim_y E \geq 1$.

Fortan sei $E \subset (F|R_2)$ die Entartungsmenge von $\pi p \times \widetilde{\Phi}$. Die Durchschnitte $E_t = E \cap F_t$, $t \in R_2$ sind dann die Entartungsmengen von $\widetilde{\Phi}_t = \widetilde{\Phi}|F_t$. Man hat also $\dim_y E_t \geq 1$, wenn $y \in E_t$. Da E_t auch die Entartungsmenge von $\hat{\Phi}|\hat{F}_t$ ist, muß E_t vollständig sein. Die Projektion $p|E : E \to X$ ist eigentlich.

$\widetilde{\Phi}_t : F_t \to k^r$ ist stets eigentlich. Bei eigentlichen Abbildungen sind Bildmengen algebraischer Teilmengen wieder algebraisch. $D_t = \widetilde{\Phi}_t(E_t)$ ist also einerseits algebraische Teilmenge des k^r, andererseits vollständig und mithin endlich. Ist $A \subset F_t$ eine vollständige algebraische Teilmenge von F_t mit $\dim_y A > 0$ für $y \in A$, so gilt $A \subset E_t$, da $\widetilde{\Phi}_t(A)$ wieder endlich ist.

Bildgarben kohärenter Garben sind bei eigentlichen regulären Abbildungen wieder kohärent. Es bezeichne $\mathcal{O}$ die Garbe der lokalen Ringe auf $F|R_2$. Die Garbe $(\pi p \times \widetilde{\Phi})_0(\mathcal{O})$ wird also über $R_3 \times k^r$, mit $R_3 = R_3(t_0) \subset R_2$ eine Umgebung, durch endlich viele Schnitte $a_1, \ldots, a_s$ erzeugt. Es gibt reguläre Funktionen $f_1, \ldots, f_s \in \Gamma(F|R_3, \mathcal{O})$, so daß $(\pi p)_0(f_\nu) = a_\nu$. Es sei f die durch $f_1, \ldots, f_s$ vermittelte reguläre Abbildung $F_3 = F|R_3 \to k^s$ und $\Phi = \widetilde{\Phi} \times f : F_3 \to k^m$, $m = r + s$. Das kartesische Produkt $\pi p \times \Phi : F_3 \to R_3 \times k^m$ ist dann wiederum eigentlich. Die Entartungsmenge hat sich nicht geändert. Es gelten jetzt jedoch außerdem noch folgende Eigenschaften :

1) $(\pi p \times \Phi)(E) \cap (\pi p \times \Phi)(F_3 - E) = \emptyset$;

2) $(\pi p \times \Phi)|(F_3 - E)$ ist biregulär.

Beweis. — Wäre 1) falsch, so gäbe es Punkte $y_1 \in F_t - E_t$ und $y_2 \in E_t$ mit $\Phi(y_1) = \Phi(y_2)$, $t \in R_3$. Es sei $z = \widetilde{\Phi}(y_1) = \widetilde{\Phi}(y_2)$. Die konstanten Funktionen $g_1 \equiv 1$ bzw. $g_2 \equiv 0$ erzeugen formale Keime [2] g_1^*, g_2^* regulärer Funktionen entlang $\widetilde{\Phi}^{-1}(z) - E_t$ bzw. E_t. Man kann (g_1^*, g_2^*) nach einem bekannten Satz von Grothendieck als ein Element aus der formalen Abschließung von $(\pi p \times \hat{\Phi})_0(\mathcal{O})_{(t, z)}$ auffassen! (g_1^*, g_2^*) ist deshalb Linearkombination von $a_{1(t, z)}, \ldots, a_{s(t, z)}$ über dem Ring der formalen Keime von regulären Funktionen in (t, z). Die gleiche Linearkombination muß für die Keime g_1^*, g_2^*

[1] Das Resultat findet sich etwa bei O. ZARISKI [5].
[2] Es seien Y ein algebraischer Raum, $A \subset Y$ eine algebraische Teilmenge, S eine kohärente Garbe über Y. Wir bezeichnen mit m die Idealgarbe von A. Die formale Abschließung von $S|A$ ist dann der projektive Limes $S_{\infty A} = \lim_{\infty \leftarrow \nu} S/S.m^\nu$. Unter dem formalen Keim einer regulären Schnittfläche $s \in \Gamma(U, S)$, $U = U(A)$ eine Umgebung, versteht man dann das Blid von s in $\Gamma(A, S_{\infty A})$. — Nach GROTHENDIECK gilt bei einer eigentlichen, regulären Abbildung $\varphi : Y \to Z$ stets für die direkten Bildgarben $\varphi_0(S_{\infty A}) = (\varphi_0(S))_{\infty t}$, wenn $A = Y_t = \varphi^{-1}(t)$.

in $\widetilde{\Phi}^{-1}(z) - E_t$ bzw. E_t gelten. Damit würde folgen : $g_1^*(y_1) = g_2^*(y_2)$ Widerspruch !

Die analoge Schlußfolgerung gilt, wenn $y_1 \neq y_2$ und $y_1, y_2 \in F_t - E_t$. Somit ist auch $(\pi p \times \Phi) | (F_3 - E)$ injektiv. Wie man sieht, vermittelt $(\pi p \times \Phi)_0$ eine bijektive Abbildung der Keime regulärer Funktionen auf $F_3 - E$ auf die entsprechenden Funktionskeime von $(\pi p \times \Phi)(F_3 - E)$. Also ist $(\pi p \times \Phi) | (F_3 - E)$ sogar biregulär ([1]).

In den folgenden Paragraphen dürfen wir voraussetzen, daß $R_3 = R$ ist. Wir werden dieses auch tun.

5. Es sei $s : R \to X$ eine rationale Abbildung mit $\pi \circ s = \mathrm{id} : R \to R$. Wir nennen s eine rationale Schnittfläche in X. Die Menge der Unbestimmtheitsstellen $K = K(s)$ ist eine wenigstens zwei-codimensionale algebraische Teilmenge von R und in $R - K$ ist s regulär ([2]).

Für jeden Punkt $t \in R - K$ definiert s einen Homomorphismus $\eta : T_t(R) \to T_x(X)$ mit $\alpha \circ \eta = \mathrm{id} : T_t(R) \to T_t(R)$ (für α siehe Abschnitt 1). Die Zuordnung $t \to \eta$ ist eine reguläre Abbildung $s' : R - K \to F | R - K$ mit $\pi s' = \mathrm{id}$, die sich zu einer rationalen Schnittfläche $\widetilde{s}$ in F über R fortsetzt. Es gilt $p \circ \widetilde{s} = s$ und $\widetilde{s}(R)$ ist eine irreduzible algebraische Teilmenge von F der Dimension n.

§ 2. MAXIMALE VOLLSTÄNDIGE ALGEBRAISCHE TEILMENGEN IN AFFINEN BÜNDELN

1. Es sei Y ein algebraischer Raum, $A \subset Y$ eine vollständige algebraische Teilmenge mit $\dim_y A > 0$ für $y \in A$. Enthält A jede weitere vollständige algebraische Teilmenge $B \subset Y$ mit $\dim_y B > 0$, $y \in B$, so heißt A maximale vollständige algebraische Teilmenge von Y. Wenn eine maximale vollständige algebraische Teilmenge in Y überhaupt existiert, so ist sie natürlich eindeutig bestimmt. Wie wir gezeigt haben, ist E_t in F_t die maximale vollständige algebraische Teilmenge.

Es sei Z ein vollständiger algebraischer Raum und V ein reguläres Vektorraumbündel über Z vom Range n. Man definiert : V heißt *negativ*, wenn es eine eigentliche, reguläre, birationale Transformation $\varphi : V \to V'$ von V auf einen affin-algebraischen Raum V' gibt, die die Nullschnittfläche $\mathfrak{O}$ auf einen Punkt $v_0 \in V'$ und $V - \mathfrak{O}$ biregulär auf $V' - v_0$ abbildet, so daß das direkte Bild der Strukturgarbe von V die Strukturgarbe von V' ist. $\mathfrak{O} \subset V$ ist dann also die Entartungsmenge von φ und damit auch maximale vollständige algebraische Teilmenge von V. Wie bekannt, ist ein Vektorraumbündel V genau dann negativ, wenn das zu V duale Vektorraumbündel V^* ample ist ([3]).

([1]) Die Eigenschaften 1) und 2) sind direkte Folgerungen des « Main Theorem » von Zariski.

([2]) Unter den Unbestimmtheitsstellen einer rationalen Funktion f verstehen wir die Stellen, wo f nicht regulär ist. Die Menge der Unbestimmtheitsstellen von Funktionen auf normalen algebraischen Räumen R ist stets eine mindestens 2-codimensionale algebraische Teilmenge (diese seien stets abgeschlossen !).

([3]) Man vgl. A. GROTHENDIECK [1], II, p. 182. Analog zu den Geradenbündeln heißt ein Vektorraumbündel W über Z ample, wenn es eine symmetrische Potenz W^l von W und Schnittflächen $s_1, \ldots, s_l \in \Gamma(Z, W^l)$ gibt, die eine bireguläre Einbettung von Z in eine Graßmannsche Mannigfaltigkeit definieren.

Im Falle $V = S$ und $Z = X_t$ gilt $V^* = \overset{n}{\underset{1}{\bigoplus}} T_t^*$. Da jedes T_t^* ample ist, ist auch V^* ample und $V = S$ ist negativ.

Es sei $\mathfrak{U} = \{U_\iota : \iota = 1, \ldots, \iota_*\}$ eine offene Überdeckung von Z und $\xi = \{\xi_{\iota_1 \iota_2}\}$ ein Kozyklus aus $Z^1(\mathfrak{U}, V)$. Über den Durchschnitten $U_{\iota_1 \iota_2} = U_{\iota_1} \cap U_{\iota_2}$ haben wir dann die Übergangsabbildungen $\Phi_{\iota_1 \iota_2} : y \to y + \xi_{\iota_1 \iota_2}(z)$ mit $y \in V_z$, die $V | U_{\iota_1 \iota_2}$ biregulär und fasertreu auf sich abbilden. Verheften wir $V | U_{\iota_1}$ stets mit $V | U_{\iota_2}$ mittels $\Phi_{\iota_1 \iota_2}$, so erhalten wir ein affines Bündel $G = G(V) = G(V, \{\Phi_{\iota_1 \iota_2}\})$ über Z. Man weiß : G ist genau dann (affin) isomorph zu V, wenn G eine reguläre Schnittfläche besitzt.

2. W werde fortan als negativ vorausgesetzt und G besitze die maximale vollständige algebraische Teilmenge A. Es sei ψ die Bündelprojektion $G \to Z$. Wir setzen weiter voraus, daß Z eine irreduzible, vollständige, singularitätenfreie Kurve ist. Gilt $A \neq \emptyset$, so folgt $\psi(A) = Z$.

Wir liften G vermöge ψ nach A und erhalten über A ein reguläres affines Bündel $\breve{G} = G \circ \psi = \breve{G}(V \circ \psi)$. Es sei $\breve{\psi}$ die kanonische Projektion $\breve{G} \to G$. Man hat das kommutative Diagramm :

$$
\begin{array}{ccc}
\breve{G} & \overset{\breve{\psi}}{\longrightarrow} & G \\
\downarrow & & \downarrow \\
A & \overset{\psi}{\longrightarrow} & Z
\end{array}
$$

Das durch Liften nach A erhaltene Vektorraumbündel $V \circ \psi$ ist negativ. Ferner hat $\breve{G}$ die reguläre Schnittfläche $\breve{\mathfrak{D}}$, die jedem Punkt $a \in A$ den Punkt $\breve{G}_a \cap \breve{\psi}^{-1}(a)$ zuordnet. Es gilt also $\breve{G} \approx V \circ \psi$. Bei dieser Isomorphie geht $\breve{\mathfrak{D}}$ in die Nullschnittfläche von $V \circ \psi$ über, $\breve{\mathfrak{D}}$ ist also maximale vollständige algebraische Teilmenge von $\breve{G}$ und daher gilt $\breve{\psi}^{-1}(A) = \breve{\mathfrak{D}}$. Das bedeutet aber : $G_a \cap A$ besteht stets aus genau einem Punkt.

Es sei $U \subset Z$ eine offene Teilmenge, derart, daß es einen (affinen) Bündelisomorphismus $\Psi : G | U \to U \times k^n$ gibt. Es seien $y_1, \ldots, y_n$ Koordinaten des k^n. Die Menge $\breve{A} = \Psi(A \cap (G | U))$ wird durch die Produktprojektion $U \times k^n \to U$ eigentlich auf U abgebildet. Es gibt deshalb irreduzible Polynome über U von der Gestalt $\omega_\nu(y_\nu, z) = y_\nu^{b_\nu} + a_{\nu 1} y_\nu^{b_\nu - 1} + \ldots + a_{\nu b_\nu}$ mit über U regulären Funktionen $a_{\nu \mu}$, $\nu = 1, \ldots, n$, so daß $\breve{A} = \{\omega_\nu(y_\nu, z) = 0, \nu = 1, \ldots, n\}$. Da die $\omega_\nu(y_\nu, z)$ über jedem Punkt z genau eine Nullstelle haben, sind sie vollständig insepariert. Im Falle, daß die Charakteristik von k gleich Null ist, folgt also $b_\nu = 1$ für $\nu = 1, \ldots, n$. Im Falle, daß die Charakteristik von k gleich $p \neq 0$, hat ω_ν stets die Gestalt $y_\nu^{p^{\alpha_\nu}} + b_\nu(z)$.

3. Wir untersuchen die Situation von § 1. Es sei also $Z = X_t$, $V = S$ und $G = F_t$, ferner $A = E_t$. Wir setzen voraus, daß $E_t \neq \emptyset$ für jedes $t \in R$. Über jedem Punkt von X liegt dann genau ein Punkt von E. Da $p : E \to X$ eigentlich ist, folgt wieder :

Ist $U \subset X$ eine irreduzible offene Teilmenge und $\Psi : F | U \to U \times k^n$ ein Bündelisomorphismus, so wird die Menge $\check{E} = \Psi(E \cap F|U) \subset U \times k^n$ durch irreduzible Gleichungen gegeben :

$$y_\nu + b_\nu(x) = 0 \qquad \text{im Falle, daß die Charakteristik von } k \text{ gleich } 0,$$

bzw.

$$y_\nu^{p^\alpha} + b_\nu(x) = 0 \qquad \text{im Falle, daß die Charakteristik von } k \text{ gleich } p \neq 0 \text{ ist.}$$

Im Falle der Charakteristik 0 ist also $p : E \to X$ biregulär. Wir behaupten, daß dieses auch im Falle der Charakteristik $\neq 0$ gilt, falls es unendlich viele rationale Schnittflächen s in X gibt mit $\tilde{s}(R) \subset E$. Wir zeigen $\alpha_\nu = 0$ für $\nu = 1, \ldots, n$.

Es sei $x_0 \in U$ beliebig. Wir wählen eine Umgebung $W = W(t_0)$, $t_0 = \pi(x_0)$, so daß über W n reguläre, überall linear unabhängige Vektorfelder $\xi_1, \ldots, \xi_n$ existieren. Die auf U regulären Funktionen $b_1, \ldots, b_n$ definieren nun n^2 reguläre, in y inhomogenlineare Funktionen auf $\hat{B} = B \times k^n$ mit $B = U \cap \pi^{-1}(W)$. Es sei etwa $y \in \hat{B}$ ein Punkt über x und t. Dann ist $\Psi^{-1}(y)$ ein Homomorphismus von $T_t(R)$ nach $T_x(X)$, den wir mit $\tilde{y}$ bezeichnen wollen. Es sei db_ν die totale Ableitung von b_ν. Wir setzen $f_{\nu\mu}(y) = (db_\nu) \cdot (\tilde{y}(\xi_\mu(t)))$. Offenbar ist $f_{\nu\mu}$ regulär in $\hat{B}$.

Angenommen nun, nicht alle α_ν sind gleich 0. Es sei etwa $\alpha_1 \neq 0$. Wir bezeichnen dann mit A die algebraische Menge $\{f_{11} = f_{12} = \ldots = f_{1n} = 0\}$ in $\hat{B}$. Es ist $db_1 \not\equiv 0$ über U und damit auch über B. Anderenfalls wäre nämlich $a = b_1^{1/p}$ regulär und $y_1^{p^{\alpha_1}} + b_1 = (y_1^{p^{\alpha_1 - 1}} + a)^p$ nicht irreduzibel.

Es sei $T(X/R) = \bigcup_t T_t$ das Bündel der Vektoren auf X in Richtung der Fasern. Man hat also $T(X/R)|X_t = T_t$. Bezeichnet U' die nicht leere offene Menge $\{db_1 \neq 0\} \cap B$ und U'' die Menge $U' \cap \{db_1 . T(X/R) \neq 0\}$, so hat A über jedem Punkt von U'' genau einen Punkt und die Abbildung $A'' \to U''$ ist biregulär (mit $A'' = A \cap (U'' \times k^n)$), wie man unter Benutzung der Linearität von $f_{11}, \ldots, f_{1n}$ auf den Fasern $x \times k^n$ von $\hat{B}$ sofort einsieht.

Es sei s eine Schnittfläche in X mit $\tilde{s}(R) \subset E$. Auf $\Psi(\tilde{s}(R))$ ist das Polynom $\omega = y_1^{p^{\alpha_1}} + b_1$ identisch Null. Also gilt $d(\omega \circ \Psi \tilde{s}) \equiv 0 \equiv d(b_1 \circ s)$ und deshalb

$$\Psi(\tilde{s}(R) \cap (F|U'')) \subset A''.$$

Es sei $K \subset R$ die Unbestimmtheitsmenge von s. Man hat dann $U' \cap s(R - K) \subset U''$. Daher muß $A = \Psi(E)$ sein über allen Punkten aus $U'' \cap s(R)$. Gibt es nun unendlich viele Schnittflächen über R mit $\tilde{s}(R)$ in E, so dringen auch unendlich viele $s(R)$ in U' ein. $X - U'$ ist nämlich höchstens n-dimensional und kann daher höchstens endlich viele n-dimensionale algebraische Teilmengen enthalten. Es folgt : auch U'' ist nicht leer. Und wiederum dringen unendlich viele $s(R)$ in U'' ein. Die kleinste algebraische Teilmenge, die $U'' \cap \bigcup s(R)$ umfaßt, ist aber gleich U''. Also folgt $A = \Psi(E)$ über U''. Damit ist die Abbildung $\Psi(E \cap (F|U'')) \to U''$ biregulär. Also $\alpha_1 = 0$, weil auch $\omega|U''$ irreduzibel ist.

Wir haben also gezeigt :

SATZ. — *Es sei* $E_t \neq \emptyset$ *für jedes* $t \in R$ *und es gebe unendlich viele rationale Schnittflächen s in* X *mit* $\widetilde{s}(R) \subset E$. *Dann ist* E *eine reguläre Schnittfläche in* F *über* X.

Wir nennen ein solches E ein reguläres Feld von infinitesimalen Schnitten in X.

§ 3. SCHNITTFLÄCHEN MIT $\widetilde{s}(R) \not\subset E$

1. Zu jeder rationalen Schnittfläche $s : R \to X$ werde $\widetilde{s} : R \to F$ wie in § 1, Abschnitt 5 definiert.

Wir setzen $s^* = \Phi \circ \widetilde{s}$ und erhalten ein m-tupel von rationalen Funktionen auf R, die zunächst nur in $R - K$ regulär sind. Da aber K wenigstens 2-codimensional ist, folgt die Regularität von s^* auf ganz R $(^1)$.

Es werde der algebraische Grad von s^* untersucht. Wir vervollständigen dazu R auf irgendeine Weise zu einem normalen, irreduziblen, vollständigen (projektiv) algebraischen Raum $\overline{R}$. $\overline{R}_\infty = \overline{R} - R$ ist dann wenigstens 1-codimensional, die Menge der nicht-gewöhnlichen (= nicht regulären) Punkte $M = M(\overline{R}) \subset \overline{R}_\infty$ mindestens 2-codimensional.

Zunächst werde zusätzlich vorausgesetzt, daß R eine Kurve ist. $\overline{R}$ ist dann singularitätenfrei. Da X projektiv, können wir X in $P^N \times R$ so singularitätenfrei einbetten, daß π die Beschränkung der Projektion $\hat{\pi} : P^N \times R \to R$ auf X ist. Jede rationale Schnittfläche s in X ist nun überall regulär. Man kann sie als reine reguläre Schnittfläche in $P^N \times R$ über R auffassen. Sie setzt sich zu einer regulären Schnittfläche $\overline{s}$ über $\overline{R}$ in $P^N \times \overline{R}$ fort.

Wie bei dem Paar (X, R) in § 1, Abschnitt 1 bilden wir bei $(P^N \times \overline{R}, \overline{R})$ das Bündel der Homomorphismen η. Es sei mit $\overline{G}$ bezeichnet. F ist ein affines Unterbündel von $G = \overline{G} | X$. Wir betrachten nun die abgeschlossene Hülle $\overline{F}$ von F in $\overline{G}$. Jede Schnittfläche $\widetilde{s}$ setzt sich zu einer regulären Schnittfläche $\overline{\widetilde{s}}$ in $\overline{G}$ fort. Es gilt aber $\overline{\widetilde{s}}(\overline{R}) \subset \overline{F}$, $\overline{\widetilde{s}}$ ist also eine reguläre Schnittfläche in $\overline{F}$. Ferner kann man $\Phi : F \to k^m$ zu einer rationalen Abbildung $\overline{\Phi} : \overline{F} \to k^m$ fortsetzen. Es gibt in einer Umgebung U von $\overline{R}_\infty$ eine nirgends identisch verschwindende reguläre Funktion h, so daß die Funktionen des m-tupels $h \cdot \overline{\Phi}$ über $\overline{F} | U$ regulär sind.

Die Fortsetzung $\overline{s^*}$ von s^* nach $\overline{R}$ ist gleich $\overline{\Phi} \circ \overline{\widetilde{s}}$. $h\overline{s^*} = (h \cdot \overline{\Phi}) \circ \overline{\widetilde{s}}$ ist daher in U regulär. Bezeichnet l_1 die Anzahl der Punkte von $\overline{R}_\infty$ und l_2 die maximale Ordnung der Nullstellen von h in den Punkten von $\overline{R}_\infty$, so hat zunächst $\overline{s^*}$ in allen Punkten von $\overline{R}_\infty$ einen Pol, dessen Ordnung nicht größer als l_2 ist. Der Vektorraum der m-tupel von rationalen Funktionen auf $\overline{R}$, die in R regulär sind und in keinem Punkt von $\overline{R}_\infty$ einen

---

$(^1)$ Es gilt folgender Satz. Es sei Z ein normaler algebraischer Raum, $K \subset Z$ eine mindestens 2-codimensionale algebraische Teilmenge, f eine in $Z - K$ reguläre Funktion. Dann läßt sich f eindeutig zu einer regulären Funktion auf Z fortsetzen.

Pol einer größeren Ordnung als l_2 haben, ist dann höchstens $m.l_1.l_2$-dimensional. Er sei fortan mit $\mathfrak{B}$ bezeichnet. Es gilt also stets $s^{\bullet}\in\mathfrak{B}$.

Es sei nun R höherdimensional. In diesem Falle kommen wir zum Ziele, indem wir analoge Betrachtungen für $\overline{R}-M$ anstellen. Für $U\subset\overline{R}-M$ wählen wir eine offene Teilmenge, die mit keiner irreduziblen Komponente von $\overline{R}_{\infty}$ einen leeren Durchschnitt hat. Ist U hinreichend klein gewählt, so gibt es eine in U reguläre Funktion h, so daß $h.\overline{\Phi}$ über $\overline{F}\,|\,U$ regulär ist. l_1 ist nun die Anzahl der irreduziblen Komponenten von $\overline{R}_{\infty}$ und l_2 die maximale Ordnung der Nullstellen von h auf diesen irreduziblen Komponenten. $\widetilde{s}$ ist regulär über $\overline{R}-K_1$ mit codim $K_1\geq 2$, das Produkt $h.\widetilde{s}$ deshalb sicher regulär über U. Der Vektorraum $\mathfrak{B}$ ist daher wieder endlich dimensional und es gilt stets $s^{\bullet}\in\mathfrak{B}$.

2. Es sei Q ein (reduzierter) algebraischer Raum. Eine rationale Abbildung $\varphi : R\times Q\to X$ (oder $\to F$) heißt eine gut-rationale Abbildung, wenn 1) $\pi\circ\varphi$ (bzw. $\pi p\circ\varphi$) die Produkprojektion $R\times Q\to R$ ist, 2) die Menge der Unbestimmtheitsstellen von φ kein ganzes Produkt $R\times\tau$, $\tau\in Q$ enthält. Für festes $\tau\in Q$ ist φ also eine rationale Schnittfläche in X (oder F).

Es sei nun Q eine affine, irreduzible, singularitätenfreie algebraische Kurve. Wir vervollständigen Q zu einer vollständigen singularitätenfreien Kurve $\overline{Q}$. $s=s(t,\tau)$ sei eine gut-rationale Abbildung $R\times Q\to X$. Man kann s zu einer rationalen Abbildung $\overline{s}=\overline{s}(t,\tau) : R\times\overline{Q}\to X$ fortsetzen. $\overline{s}$ ist dann auch gut-rational. Für festes τ sind also $s_{\tau}=s(t,\tau)$ und $\overline{s}_{\tau}=\overline{s}(t,\tau)$ rationale Schnittflächen in X.

SATZ 1. — $s^{\bullet}_{\tau}$ *ist konstant in* τ.

Beweis. — $s^{\bullet}_{\tau}$ ist ein m-tupel regulärer Funktionen auf $R\times\overline{Q}$. Da $\overline{Q}$ vollständig ist, können diese nicht von τ abhängen.

3. Wir lassen s alle rationalen Schnittflächen in X durchlaufen und bezeichnen mit $\mathfrak{B}'$ die Menge $\{s^{\bullet}\}\subset\mathfrak{B}$.

SATZ 2. — $\mathfrak{B}'$ *ist eine algebraische Teilmenge von* $\mathfrak{B}$ *oder gleich* $A-\sigma_0$, *wobei A eine algebraische Teilmenge von* $\mathfrak{B}$ *und* $\sigma_0\in\mathfrak{B}$ *ein Punkt ist.*

Beweis. — Wir betrachten in $F\times\mathfrak{B}$ die algebraische Teilmenge

$$B=\{(y,\sigma) : y\in F, \sigma\in\mathfrak{B}, \Phi(y)=\sigma(\pi p(y))\}.$$

Wir projizieren B durch die reguläre Abbildung $\pi p\times\text{id} : F\times\mathfrak{B}\to R\times\mathfrak{B}$ nach $R\times\mathfrak{B}$. Da B auch gleich

$$\{(y,\sigma) : y\in\hat{F}, \sigma\in\mathfrak{B}, \hat{\Phi}(y)=\sigma\pi p(y)\},$$

ist $(\pi p\times\text{id})\,|\,B$ eigentlich und mithin $\underline{B}=(\pi p\times\text{id})(B)$ eine algebraische Teilmenge von $R\times\mathfrak{B}$. Wir setzen $\mathfrak{B}''=\{\sigma\in\mathfrak{B} : R\times\sigma\subset\underline{B}\}$. $\mathfrak{B}''$ ist dann eine algebraische Teilmenge von $\mathfrak{B}$.

Da jedes E_l vollständig und irreduzibel ist, muß jede Beschränkung $\Phi\,|\,E_l$ konstant und die Abbildung $t \to \Phi(E_t)$, wenn $\Phi(E) = R$, ein m-tupel von Funktionen über R sein. Eventuell ist es sogar aus $\mathfrak{B}$. In diesem Falle sei es mit σ_0 bezeichnet, im andern Falle sei σ_0 die leere Menge. Gibt es eine rationale Schnittfläche s in X mit $\widetilde{s}(R) \subset E$, so gilt natürlich $s^* = \sigma_0$.

Wir betrachten die algebraische Menge $A_\sigma = \{y \in F : \Phi(y) = \sigma p \pi(y)\}$ für $\sigma \in V'' - \sigma_0$. Über den Punkten von $R' = \{t : \sigma(t) \neq \Phi(E_t)\}$ ist, da $(\pi p \times \Phi)|(F - E)$ biregulär ist, A_σ eine reguläre Schnittfläche in F. Sie setzt sich zu einer rationalen Schnittfläche $\widetilde{\sigma}$ mit $\widetilde{\sigma}(R) \subset A_\sigma$ auf R fort. Die Abbildung $\sigma \to \widetilde{\sigma}$ ist eine gut-rationale Abbildung β mit $\beta(t, \sigma) = (\pi p \times \Phi)^{-1}(t, \sigma(t))$ für $\sigma(t) \neq \Phi(E_t)$ von $R \times (\mathfrak{B}'' - \sigma_0)$ in F.

Wir setzen $s = \pi \circ \widetilde{\sigma}$ und erhalten eine gut-rationale Abbildung $\gamma : R \times (\mathfrak{B}'' - \sigma_0) \to X$. Die Gleichung $\widetilde{s} = \widetilde{\sigma}$ definiert sodann eine algebraische Teilmenge $D \subset \mathfrak{B}'' - \sigma_0$. Es gilt $\mathfrak{B}' = D$, wenn es keine rationale Schnittfläche s in X gibt mit $\widetilde{s}(X) \subset E$ und anderenfalls $\mathfrak{B}' = D \cup \sigma_0$. Die Menge $D \cup \sigma_0$ ist dann eine algebraische Teilmenge von $\mathfrak{B}''$.

4. Satz 3. — *Die Menge $\mathfrak{B}' \subset \mathfrak{B}$ ist endlich.*

Beweis. — Wäre $\mathfrak{B}'$ nicht endlich, so gäbe es eine singularitätenfreie irreduzible affine Kurve R und eine reguläre Abbildung $\varphi : Q \to \mathfrak{B}'$, bei der die Fasern $\varphi^{-1}\varphi(\tau)$, $\tau \in Q$ stets endliche Mengen sind. $s = \gamma \circ \tau$ ist nun eine gut-rationale Abbildung $R \times Q \to X$ mit $\pi \circ s =$ Produktprojektion $R \times Q \to R$. Also ist $s^* = \varphi$ konstant in τ. Widerspruch !

Den Elementen $\sigma \in \mathfrak{B}' - \sigma_0$ sind also bijektiv zugeordnet die rationalen Schnittflächen s in X mit $\widetilde{s}(R) \not\subset E$. Es folgt also :

Satz 4. — *Es gibt nur endlich viele rationale Schnittflächen s in X mit $\widetilde{s}(R) \not\subset E$.*

§ 4. ALGEBRAISCHE KURVEN ÜBER R MIT REGULÄREN SCHNITTFELDERN

1. Wir werden in diesem Paragraphen das Hauptresultat der Arbeit herleiten. Ist char $k = p \neq 0$, so verstehen wir unter der *Frobeniustransformierten* $R^{(\lambda)}$ von R für $\lambda = 0, 1, 2, \ldots$, diejenige algebraische Mannigfaltigkeit über k, die wir erhalten, indem wir die lokalen Ringe L von R durch L^{p^λ} ersetzen. Es ist also $R^{(0)} = R$ und die Identität ist eine eigentliche reguläre Abbildung $R \to R^{(\lambda)}$. Die lokalen Ringe von $R^{(\lambda)}$ sind Unterringe der entsprechenden lokalen Ringe von $R^{(\lambda-1)}$. Mit wachsendem λ werden die lokalen Ringe von $R^{(\lambda)}$ immer dünner. Im Falle char $k = 0$ verstehen wir deshalb unter $R^{(0)}$ die Mannigfaltigkeit R und unter $R^{(\lambda)}$, $\lambda > 0$ den Raum R versehen mit der Garbe der konstanten Funktionskeime mit Werten in k.

Definition. — *Die Faserung (X, π, R) heißt quasitrivial, wenn es eine bireguläre abgeschlossene Einbettung $(X, \psi, \mathbf{X})$ von X in $R \times P^N$ gibt, derart, daß die Beschränkung der Produktprojektion $R \times P^N \to R$ auf $\mathbf{X}$ die Projektion $\pi \circ \psi^{-1}$ ist und weiter folgendes gilt :*

Zu jeder natürlichen Zahl λ gibt es eine offene Teilmenge $R^+ \subset R$ und eine reguläre Abbildung $C : R^+ \to PL(N, k)$, so daß $C \circ \mathbf{X} \subset R^+ \times P^N$ über $(R^+)^{(\lambda)}$ definierbar ist.

Dabei bezeichnet $C \circ \mathbf{X}$ die algebraische Mannigfaltigkeit $\bigcup_{t \in \mathbf{R}^+} C(t) \circ (\mathbf{X}_t)$. Im Falle char $k = 0$ ist also die Faserung (X, π, R) über einer offenen Teilmenge von R genau dann quasitrivial, wenn sie über einer offenen Teilmenge $R^+ \subset R$ isomorph zu einem kartesischen Produkt ist.

Hauptsatz. — *Die Faserung (X, π, R) ist quasitrivial über einer Umgebung jedes Punktes von R oder es gibt nur endlich viele rationale Schnittflächen in X.*

Angenommen, es gibt unendlich viele rationale Schnittflächen in X. Dann gibt es nach dem Ergebnis des vorigen Paragraphen auch unendlich viele Schnittflächen s mit $\widetilde{s}(R) \subset E$ und nach § 2 ist E eine reguläre Schnittfläche über X in F. Wir brauchen also nur noch zu zeigen, daß dann X lokal quasitrivial sein muß. Das folgt durch mehrfache Anwendung des im nächsten Abschnitt angegebenen Satzes 1.

2. Es werde fortan vorausgesetzt, daß E ein reguläres infinitesimales Schnittfeld in X ist, und daß es unendlich viele rationale Schnittflächen s in X gibt mit $\widetilde{s}(R) \subset E$.

Es sei $t_0 \in R$ ein beliebiger Punkt und $K_0 = T^*(X_{t_0})$. Da K_0 ample ist, gibt es eine Tensorpotenz K_0^l und eine Basis $\xi_0', \ldots, \xi_N'$ von $\Gamma(X_t, K_0^l)$ so daß durch $z_0 = \xi_0', \ldots, z_N = \xi_N'$ eine bireguläre Einbettung von X_{t_0} in den P^N definiert wird. Die natürliche Zahl l sei ferner so groß gewählt, daß $H^1(X_{t_0}, K_0^l) = 0$ ist. Man kann dann eine Umgebung $R' = R'(t_0)$ finden und $\xi_0', \ldots, \xi_N'$ zu regulären Schnittflächen $\xi_0, \ldots, \xi_N \in \Gamma(X', K^l)$ fortsetzen (mit $X' = \pi^{-1}(R')$, $K = T^*(X/R)$). Ist R' hinreichend klein gewählt, so kann man sogar erreichen, daß $\xi_0, \ldots, \xi_N$ keine gemeinsamen Nullstellen auf X' haben und daß die durch $z_0 = \xi_0, \ldots, z_N = \xi_N$ vermittelte reguläre Abbildung $\psi' : X' \to P^N$ jede Faser X_t, $t \in R'$ biregulär in den P^N einbettet. Bei kleinem R' sind für $t \in R'$ die Beschränkungen $\xi_0 | X_t, \ldots, \xi_N | X_t$ noch linear unabhängig und bilden eine Basis von $\Gamma(X_t, K_t^l)$ mit $K_t = T_t^*$. Die Kurve $\psi'(X_t)$, $t \in R'$ liegt dann auf keiner niederdimensionalen Ebene des P^N ganz.

Wir wollen zeigen, daß (X', π, R') in bezug auf die Einbettung ψ' quasitrivial ist. Zu diesem Zwecke beweisen wir zunächst :

Satz 1. — *Es gibt eine offene Teilmenge $R^+ \subset R'$ und eine reguläre Abbildung $C : R^+ \to PL(N, k)$, so daß $C \circ X'$ über $(R^+)^{(1)}$ definierbar ist. Für jede rationale Schnittfläche s in X' mit $\widetilde{s}(R') \subset E$ ist $C \circ s$ eine rationale Schnittfläche in $C \circ X'$ über $(R^+)^{(1)}$.*

Beweis. — Es gibt sicher einen Punkt $t_1 \in R'$ und rationale Schnittflächen $s_0, \ldots, s_{N+1}$ in X mit $\widetilde{s}_0(R) \subset E, \ldots, \widetilde{s}_{N+1}(R) \subset E$, derart, daß $s_0, \ldots, s_{N+1}$ in t_1 regulär und je $N+1$ der Punkte $\psi' \circ s_0(t_1), \ldots, \psi' \circ s_{N+1}(t_1) \in P^N$ linear unabhängig sind. Anderenfalls gäbe es über einer offenen Teilmenge $U \subset R'$ eine algebraische Teilmenge $A \subset U \times P^N$, so daß $A \cap (t \times P^N)$, $t \in U$ stets eine niederdimensionale Ebene des P^N ist und daß stets $(\pi \times \psi') \circ s(U) \subset A$ für s mit $\widetilde{s}(R) \subset E$. Dann wäre aber auch $(\pi \times \psi')(\pi^{-1}(U)) \subset A$. Widerspruch !

Wir können nun eine Umgebung $R^+ = R^+(t_1) \subset R'$ finden, so daß je $N+1$ der $s_0(t), \ldots, s_{N+1}(t)$ für alle $t \in R^+$ linear unabhängig sind. Wir bezeichnen dann mit $C(t)$ diejenige projektive lineare Transformation $P^N \to P^N$, die $\psi' s_0(t), \ldots, \psi' s_{N+1}(t)$ in die

Punkte $\mathfrak{n}_0 = \psi' s_0(t_1), \ldots, \mathfrak{n}_{N+1} = \psi' s_{N+1}(t_1) \in P^N$ abbildet und setzen $\psi = C \circ \psi'$. Das Produkt $\pi \times \psi$ ist dann eine reguläre, fasertreue Einbettung $X | R^+ \to R^+ \times \mathbf{P}^N$. Die Schnittflächen $s_0, \ldots, s_{N+1}$ gehen dabei in die konstanten Schnittflächen $R \times \psi s_0(t_1), \ldots, R \times \psi s_{N+1}(t_1)$ über.

Wir beweisen, daß $\mathbf{X} = (\pi \times \psi)(X | R^+)$ und alle rationalen Schnittflächen s mit $\widetilde{s}(R) \subset E$ über $(R^+)^{(1)}$ definierbar sind. Es sei $\mathbf{E}$ das Bild des Schnittfeldes E in $\mathbf{X}$. Wir zeigen, daß $\mathbf{E}$ die Beschränkung des Produktschnittfeldes von $R^+ \times P^N$ auf $\mathbf{X}$ ist. Wir benötigen dazu « algebraische Räume mit nilpotenten Elementen ». Es sei $m(t)$ auf R^+ die Garbe der Keime regulärer Funktionen, die in t verschwinden, $\hat{m}(t)$ bezeichne auf $X | R^+$ die Garbe der Keime regulärer Funktionen, die auf X_t null sind und H bzw. $\hat{H}$ seien die Strukturgarben von R bzw. X. Wir versehen t bzw. X_t mit den Strukturgarben $H/m^2(t)$ bzw. $\hat{H}/\hat{m}^2(t)$. Die so erhaltenen algebraischen Räume seien mit R_t^* bzw. X_t^* bezeichnet. Die Projektion $\pi^* = \pi | X_t^*$ ist wieder eine reguläre Abbildung $\pi^* : X_t^* \to R_t^*$. Die Existenz des Schnittfeldes E_t bedeutet nun gerade, daß die Faserung (X_t^*, π^*, R_t^*) isomorph zum kartesischen Produkt $R_t^* \times X_t$ ist. Die Isomorphie wird gerade so definiert, daß E_t in das Produktschnittfeld übergeht. $(K^1 | (R_t^* \times X_t))$ ist natürlich in t konstant. Wird die Abbildung ψ durch die Gleichungen $z_0 = \xi_0, \ldots, z_N = \xi_N$ mit $\xi_\nu \in \Gamma(X^+, K^1)$, $X^+ = X | R^+$ gegeben, so ist $\xi_\nu | R_t^* \times s_\mu(t)$ konstant und mithin $\xi_0 | R_t^* \times X_t, \ldots, \xi_N | R_t^* \times X_t$ und $\psi | R_t^* \times X_t$ von t unabhängig. Das Bild $(\pi \times \psi)(X_t^*)$ ist also gleich $R_t^* \times \mathbf{X}_t$, wobei $\mathbf{X}_t = \psi(X_t) \subset P^N$, und E_t geht durch $\pi \times \psi$ in das Produktschnittfeld über, q.e.d.

Es sei s eine rationale Schnittfläche in X mit $\widetilde{s}(R) \subset E$. Für das Bild in $\mathbf{X}$ gilt dann $\psi \circ \widetilde{s}(R^+) \subset \mathbf{E}$. Da $\mathbf{E}$ das Produktschnittfeld ist, verschwinden die Ableitungen von $\psi \circ s$ nach beliebigen Vektoren auf R^+. Wir sagen, daß $\psi \circ s$ über R^+ stationär ist. Das bedeutet aber, daß $\psi \circ s : R^+ \to P^N$ eine reguläre Abbildung bereits über $(R^+)^{(1)}$ sein muß.

Es sei $q : P^N \to P^2$ eine lineare Abbildung. Die algebraische Bildmenge $(\pi \times q)(\mathbf{X})$ ist dann das Nullstellengebilde eines Polynoms ω vom minimalen Grad über R^+. Bei geeigneter Normierung der Koeffizienten von ω folgt wieder, daß ω eindeutig bestimmt ist und daß daher die Koeffizienten von ω über R^+ stationär sind, d.h. ω ist sogar ein Polynom über $(R^+)^{(1)}$. Nun wird das Ideal von $\mathbf{X}$ von Funktionen $\omega \circ q$ aufgespannt. $\mathbf{X}$ ist also projektiv über $(R^+)^{(1)}$, q.e.d.

Im Falle $\operatorname{char} k = 0$ ist der Hauptsatz damit bewiesen : (X^+, π, R^+) ist trivial. Im Falle $\operatorname{char} k = p \neq 0$ enthält $(X^+, \pi, (R^+)^{(1)})$ wieder unendlich viele rationale Schnittflächen. Es gibt also wieder ein reguläres Schnittfeld E und man kann das ganze Verfahren unter Benutzung der gleichen Einbettung ψ' noch einmal anwenden und so fortfahren. Es folgt also wieder das Hauptresultat.

Gibt es eine rationale Schnittfläche s in X, so ist jede Faser X_t natürlich irreduzibel. Anderenfalls würde ja X_1, die Vereinigung der irreduziblen Komponenten $X_{1t} \subset X_t$ mit $s(t) \cap X_{1t} \neq 0$ eine von X verschiedene irreduzible Komponente von X bilden, und X wäre nicht irreduzibel.

3. Es sei char $k = p \neq 0$. Es seien R und $X \subset R \times P^N$ irreduzible algebraische Mannigfaltigkeiten. X liege abgeschlossen in $R \times P^N$ und die Beschränkung π der Produktprojektion $R \times P^N \to R$ auf X sei eine einfache reguläre Abbildung. Zu jeder der Fasern $X_t = \pi^{-1}(t) \subset t \times P^N = P^N$, $t \in R$, die ebenfalls irreduzibel sein mögen, gebe es höchstens endlich viele projektive Transformationen, die X_t auf sich abbilden. Die Faserung (X, π, R) sei ferner quasitrivial in bezug auf $R' = R$ und die vorgegebene Einbettung. Zu jedem $\lambda > 0$ gibt es also eine offene Menge $R_\lambda \subset R$ und eine reguläre Abbildung $C_\lambda : R_\lambda \to L = PL(N, k)$, so daß $X_\lambda = C_\lambda \circ X \subset R_\lambda \times P^N$ über $R_\lambda^{(\lambda)}$ definierbar ist.

SATZ 2. — *Es gibt eine irreduzible, unverzweigte, eigentliche, Galoissche algebraische Überlagerung $(\hat{R}, \tau, R)$, so daß $(\hat{X}, \hat{\pi}, \hat{R}) \approx \hat{R} \times X_0$. Dabei bezeichnet $\hat{X} \subset \hat{R} \times P^N$ die vermöge τ nach $\hat{R}$ geliftete Faserung X, $\hat{\pi}$ die geliftete Abbildung π und $X_0 \subset P^N$ eine vollständige algebraische Mannigfaltigkeit ([1]).*

Eine Folgerung ist :

Der Isomorphismus $\hat{X} \approx \hat{R} \times X_0 \subset \hat{R} \times P^N$ wird durch eine reguläre Abbildung $C : \hat{R} \to L$ gegeben. $\hat{X}$ und damit $\hat{R} \times X_0$ ist eine eigentliche, unverzweigte Überlagerung von X. Die Galoisgruppe von $\hat{R} \times X_0$ über X besteht naturgemäß aus regulären Abbildungen $\hat{R} \to L$. Diese sind jedoch auf $\hat{R}$ konstant.

Beweis. — Es seien $r = (N+1)^2 - 1 = \dim L$, $t_0 \in R$ ein beliebiger Punkt und $X_0 = X_{t_0}$. Wir wählen r verschiedene Punkte $Q_1, \ldots, Q_r \in X_0$ und Ebenen $E_1, \ldots, E_r$ von der Dimension $N - \dim X_0 - 1$, derart, daß E_ν die Mannigfaltigkeit X_0 in Q_ν isoliert schneidet. Es sei h_ν die Idealgarbe von E_ν. Bekanntlich kann man Q_ν, E_ν so wählen, daß es nur endlich viele Transformationen $l \in L$ gibt mit $l(X_0) \cap E_\nu \neq \emptyset$ für $\nu = 1, \ldots, r$.

Das kartesische Produkt $L \times X \subset L \times R \times P^N$ ist vermöge der Projektion $\tilde{\pi} = \mathrm{id} \times \pi$ eine Faserung über $L \times R$. Es bezeichne $q : L \times X \to P^N$ diejenige reguläre Abbildung, die das Tripel (l, t, z) auf $l(z) \in P^N$ wirft. Wir bringen die Garben h_ν vermöge q nach $L \times X$ und setzen $\tilde{E}_\nu = \{h_\nu \circ q = 0\}$ und versehen $\tilde{E}_\nu$ mit der durch die Idealgarbe $h_\nu \circ q$ definierten Strukturgarbe. $\tilde{E}_\nu$ ist ein algebraischer Unterraum von $L \times X$. Es sei $\tilde{Q}_\nu = (1, t_0, Q_\nu)$; $\tilde{Q}_\nu$ liegt in $\tilde{E}_\nu$. Die Abbildung $\tilde{\pi} | \tilde{E}_\nu$ ist in $\tilde{Q}_\nu$ endlich. Man hat :
$$\dim \tilde{E}_\nu \geq \dim X + \dim L - \mathrm{codim}\, E_\nu = \dim L + \dim R - 1.$$

Wir setzen ([2]) $\tilde{E} = \tilde{E}_1 \oplus_{\tilde{\pi}} \ldots \oplus_{\tilde{\pi}} \tilde{E}_r$ und $\tilde{Q} = \tilde{Q}_1 \oplus \ldots \oplus \tilde{Q}_r \in \tilde{E}$. In einer Umgebung von $\tilde{Q}$ ist, weil $\tilde{\pi} | \tilde{E}_\nu$ in $\tilde{Q}_\nu$ immer endlich ist, die Dimension von $\tilde{E}$ nicht kleiner als $\dim R = \dim L + \dim R - r$. Es sei $\tilde{\tilde{\pi}}$ die reguläre Abbildung $\tilde{E} \to L \times R \to R$, $\tilde{C}$ bezeichne

---

([1]) Der Satz gilt mit seiner Folgerung (am Ende des Abschnitts) auch im Falle char $k = 0$. Der Beweis überträgt sich *mutatis mutandis* und vereinfacht sich etwas, da jetzt $C : \hat{R} \to L$ wegen $X | R_1 = R_1 \times X_0$ rational ist. Man kann deshalb auch $\hat{R} = (R, \mathrm{id}, R) = R$ wählen.

([2]) $\tilde{E}_1 \oplus \ldots \oplus_{\tilde{\pi}} \tilde{E}_r$ bezeichnet das kartesische Produkt über $L \times R$.

die Projektion $\widetilde{E} \to L \times R \to L$. Man hat $\widetilde{\widetilde{\pi}}(\widetilde{Q}) = t_0$ und $\widetilde{C}(\widetilde{Q}) = 1 \in L$. Offenbar verläuft $\widetilde{C}(y) \circ X_{\widetilde{\pi}(y)}$ für $y \in \widetilde{E}$ stets durch $E_1, \ldots, E_r$. $\widetilde{E}$ hat also über $L \times t_0$ $\widetilde{Q}$ als isolierten Punkt; deshalb ist $\widetilde{\widetilde{\pi}}$ in $\widetilde{Q}$ endlich und in einer Umgebung von $\widetilde{Q}$ ist die Dimension gleich $\dim R$; weiter : $\widetilde{\widetilde{\pi}}$ ist in $\widetilde{Q}$ offen.

Es sei $\widetilde{E}' \subset \widetilde{E}$ die offene Teilmenge der Punkte, in denen $\widetilde{\widetilde{\pi}}$ endlich ist. $\widetilde{E}'$ ist also R (begrenzt) überlagert und hat deshalb einen algebraischen Grad $\mathrm{grd}_R \widetilde{E}' = \mathrm{grd}\, \widetilde{E}'$. Es gibt eine offene Teilmenge $U \subset R$, über der $\widetilde{E}'$ eigentlich liegt. Wir bezeichnen mit H die Strukturgarbe von $\widetilde{E}'$ und mit $m(t)$ die Idealgarbe des Punktes $t \in R$. Es gilt dann $\mathrm{grd}\, \widetilde{E}' = \min_{t \in U} \dim_k H/m(t) \circ \widetilde{\widetilde{\pi}}$. Das Minimum wird in jeder offenen Teilmenge von U angenommen.

Nach Voraussetzung gibt es zu jeder ganzen Zahl $\lambda \geq 0$ über einer offenen Teilmenge $R_\lambda \subset R \cap U$ eine reguläre Abbildung $C_\lambda : R_\lambda \to L$, so daß $X_\lambda = C_\lambda \circ X \subset R_\lambda \times P^N$ bereits über $R_\lambda^{(\lambda)}$ definiert ist. Es bezeichne C_λ^* die Abbildung $(l, t, z) \to (l \circ C_\lambda^{-1}(t), t, C_\lambda(t, z))$, die $L \times (X|R_\lambda)$ biregulär auf $L \times X_\lambda$ abbildet. Man hat analog zu q, $\widetilde{E}_\nu$, $\widetilde{E}$, $\widetilde{E}'$, $\widetilde{\widetilde{\pi}}$, $\widetilde{C}$ Abbildungen bzw. Räume q_λ, $\widetilde{E}_{\nu\lambda}$, $\widetilde{E}_\lambda$, $\widetilde{E}'_\lambda$, $\widetilde{\widetilde{\pi}}_\lambda$, $\widetilde{C}_\lambda = (\widetilde{C} \circ C_\lambda^{-1})(C_\lambda^{**-1})$, die jedoch jetzt alle über $R_\lambda^{(\lambda)}$ definierbar sind. C_λ^* bildet $\widetilde{E}_\nu | R_\lambda$ stets bijektiv auf $\widetilde{E}_{\nu\lambda}$ ab. C_λ^{**} bezeichnet die induzierte, reguläre bijektive Abbildung $\widetilde{E} \to \widetilde{E}_\lambda$. Es seien $\mathcal{O}$ bzw. $\mathcal{O}_\lambda$ die Strukturgarben von R bzw. $R_\lambda^{(\lambda)}$ und H_λ die Strukturgarben von $\widetilde{E}'_\lambda$ und $m_\lambda(t)$ die Idealgarben der Punkte $t \in R_\lambda^{(\lambda)}$ auf $R_\lambda^{(\lambda)}$. Die Überlagerungen $\widetilde{E}' | R_\lambda$ und $\overline{\widetilde{E}'_\lambda}$ sind über R_λ in kanonischer Weise zueinander isomorph, wenn $\overline{\widetilde{E}'_\lambda}$ die Überlagerung $\widetilde{E}'_\lambda$, versehen mit der Strukturgarbe $H_\lambda \otimes_{\mathcal{O}_\lambda} \mathcal{O}$, bezeichnet. Es ist deshalb stets $\dim_k H/m(t) \circ \widetilde{\widetilde{\pi}} = \dim_k H_\lambda/m_\lambda(t) \circ \widetilde{\widetilde{\pi}}_\lambda$ und deshalb $\mathrm{grd}_R \widetilde{E}' = \mathrm{grd}_{R^{(\lambda)}} \widetilde{E}'_\lambda$.

Wir wählen eine irreduzible Komponente A der algebraischen Menge $\widetilde{E}'$ durch $\widetilde{Q}$ und bezeichnen mit $\widehat{\mathfrak{R}} = (\widehat{R}, \tau, R)$ das Regularitätsgebiet von $\widetilde{C}|A$. $\widehat{\mathfrak{R}}$ ist also die maximale (begrenzte) minimalblättrige irreduzible, algebraische Überlagerung von R, auf der $\widetilde{C}|A$ noch definiert werden kann, d.h. es gibt eine reguläre Überlagerungsabbildung $\mu : A \to \widehat{R}$ und eine reguläre Abbildung $C = \widehat{R} \to L$, so daß $\widetilde{C} = C \circ \mu$. Es gilt $\mathrm{grd}_R \widehat{R} = \mathrm{grd}_R C \leq \mathrm{grd}\, \widetilde{E}'$. Führen wir die Betrachtungen für X_λ über R_λ durch, so folgt $\mathrm{grd}_{R^{(\lambda)}} C \circ C_\lambda^{-1} \leq \mathrm{grd}_{R^{(\lambda)}} \widetilde{E}'_\lambda = \mathrm{grd}\, \widetilde{E}'$. Das Produkt $C \circ C_\lambda^{-1}$ ist also algebraisch über $R^{(\lambda)}$ von einem Grad, der in λ beschränkt ist. Das bedeutet zunächst einmal, daß $\widehat{\mathfrak{R}}$ separabel ist. Die Abbildungen $C_1 \circ C_2^{-1}$, wobei C_1 und C_2 Konjugierte von C sind, aus der Galoisgruppe von C sind regulär auf der Galoischen Überlagerung $\widehat{\widehat{\mathfrak{R}}}$ zu $\widehat{\mathfrak{R}}$ über jedem $R^{(\lambda)}$. Sie müssen deshalb konstant, also aus L sein. Das ergibt unmittelbar : $\widehat{\mathfrak{R}}$ ist eine unverzweigte eigentliche Galoissche Überlagerung einer offenen Teilmenge $R^+ \subset R$ mit $t_0 \in R^+$, $\widehat{t}_0 = \mu(\widetilde{Q}) \in \widehat{R}$ und $C(\widehat{t}_0) = 1 \in L$.

Wir liften die Faserung (X, π, R) vermöge τ nach $\hat{R}$ und erhalten eine Faserung $(\hat{X}, \hat{\pi}, \hat{R})$ über $\hat{R}$. Es sei dim $X_t = \dim \hat{X}_{\hat{t}} = m$ und $\varphi : P^N \to P^{m+1}$ eine lineare, auf $\hat{X}_{\hat{t}_1}$ reguläre Abbildung, $\hat{t}_1 \in \hat{R}$. Es gibt ein Polynom ω minimalen Grades in P^{m+1} über einer Umgebung $U = U(\hat{t}_1) \subset \hat{R}$, so daß $(\hat{\pi} \times \varphi)(\bar{X} | U) = \{\omega = 0\}$ mit $\bar{X} = C \circ \hat{X}$. Durch Normierung eines Koeffizienten werde ω eindeutig bestimmt. Der Koeffizient sei über U konstant. Da $\bar{X} = (C \circ C_\lambda^{-1}) \circ (C_\lambda \hat{X})$ schon über $\hat{R}^{(\lambda)} | R_\lambda$ definierbar ist, folgt dann, daß auch ω über U konstant ist, d.h. wir haben zunächst $\bar{X} | W = W \times X_0$, wobei $W \subset U$ eine hinreichend kleine Umgebung von $\hat{t}_1$ ist. Das Ideal von $\bar{X} | W \subset U \times P^N$ wird nämlich von Polynomen $\omega \circ \varphi$ aufgespannt. Es folgt nun natürlich sofort $\bar{X} = \hat{R} \times X_0$.

Es ist $X_t = X_0$ in R^+ und da man unsere Überlegungen in jedem $t_0 \in R$ ausführen kann, muß schlechthin $X_t = X_0$ gelten. Zu $X_{t_1} \subset P^N$, $X_{t_2} \subset P^N$ gibt es weiter stets eine Transformation $C_{t_1 t_2}$ aus L, die X_{t_1} auf X_{t_2} abbildet. Ist $t_1 \in R$ beliebig, so führen wir unsere Überlegungen für das gleiche System E_ν, Q_ν aber in t_1 für die Familie $C_{t_1 t_0} \circ X = X_1$ aus. Man erhält über einer Umgebung R_1^+ von t_1 eine eigentliche, unverzweigte Überlagerung $\hat{R}_1$ mit $C_1 : \hat{R}_1 \to L$. C und $C_0 \circ C_1 \circ C_{t_1 t_0}$ (mit $C_0 \in L$ eine geeignete Transformation, für die $C_0 \circ X_0 = X_0$) lassen sich nun (auf einer geeigneten Überlagerung) zu einer einzigen regulären Abbildung $\hat{C}$ zusammenheften. Da C bereits maximal fortgesetzt ist, folgt $C = \hat{C}$, d.h. $t_1 \in R^+$ und $R^+ = R$, q.e.d.

In dem in Abschnitt 1 und 2 betrachteten Fall ist für $t \in R'$ jedes X_t so in P^N eingebettet, daß es in keiner niederdimensionalen Ebene liegt. Durch Anwendung von § 3 auf die Familie $X_t \times X_t \to X_t$ folgt ferner, daß X_t nur endlich viele bireguläre Selbstabbildungen besitzt. Also ist auch die Menge der $l \in L$ mit $l(X_t) = X_t$ endlich und Satz 2 auf unseren Fall anwendbar. Durch Zusammenheften von Abbildungen $\hat{X} \to \hat{R} \times X_0$ über verschiedenen R' kann man sogar erreichen, daß $\hat{R}$ nicht nur über R', sondern über ganz R definiert ist. Es gibt also eine unverzweigte eigentliche Galoissche Überlagerung $\hat{R}$ von R, so daß X nach Liften nach $\hat{R}$ trivial wird.

4. Es seien X_0 eine vollständige projektiv algebraische Mannigfaltigkeit, R eine algebraische Mannigfaltigkeit und $\hat{R} = (\hat{R}, \tau, R)$ eine eigentliche, irreduzible, unverzweigte Galoissche algebraische Überlagerung über R. Mit $\mathrm{Aut}(X_0)$ werde die Gruppe der biregulären Abbildungen $X_0 \to X_0$ bezeichnet. Die Galoisgruppe $G = G(\hat{R})$ sei treu in $\mathrm{Aut}(X_0)$ dargestellt, in Zeichen $G \subset \mathrm{Aut}(X_0)$.

SATZ 3. — *Die algebraische Mannigfaltigkeit $(\hat{R} \times X_0)/G$ ist eine (eigentliche, einfache, reguläre) Faserung über R, die quasitrivial über einer Umgebung jedes Punktes ist.*

Beweis. — Es sei F ein amples Geradenbündel über X_0. Wir setzen $K = \bigotimes_{g \in G} F \circ g$. K ist dann ebenfalls ample, darüber hinaus gegenüber G invariant. Wir wählen r so groß, daß die Schnittflächen aus $\Gamma(X_0, K^r)$ eine bireguläre Einbettung von X_0 in einen P^N vermitteln und daß $H^1(X_0, K^r) = 0$ gilt. Die (triviale) Faserung $\hat{R} \times X_0$ kann als Faserung $(\hat{X}, \hat{\pi}, R)$ über R gedacht werden. Es gilt $\hat{X}_t = X_{1t} \cup \ldots \cup X_{bt}$, wobei b

die Blätterzahl von $\hat{\mathfrak{R}}$ und die $X_{\nu t} = \hat{t}_\nu \times X_0 = X_0$ sind, $\nu = 1, \ldots, b$. Es sei $t_0 \in R$ beliebig und $\xi'_0, \ldots, \xi'_N \in \Gamma(X_{1t}, K')$ eine Basis. Wir definieren

$$\xi''_\nu = \begin{cases} \xi'_\nu & \text{auf} \quad X_{1t_0} \\ 0 & \text{auf} \quad X_{2t_0}, \ldots, X_{bt_0} \end{cases}$$

und wählen eine Umgebung $U = U(t_0)$, derart, daß wir $\xi''_0, \ldots, \xi''_N$ zu regulären Schnittflächen $\widetilde{\xi}_0, \ldots, \widetilde{\xi}_N$ in $\hat{\pi}^{-1}(U)$ fortsetzen können. Es sei dann $\xi_\nu = \sum_{g_\mu \in G} \widetilde{\xi}_\nu \circ g_\mu$, $\nu = 0, \ldots, b$. Dabei bezeichnet $g_\mu \in G$ diejenige Transformation, die $\hat{t}_{01}$ auf $\hat{t}_{0\mu}$ abbildet, die wir uns deshalb als fasertreue Transformation $\hat{X} \to \hat{X}$ mit $X_{1t_0} \to X_{\mu t_0}$ denken. Es ist $\xi_\nu | X_{\mu t_0} = \xi'_\nu \circ g_\mu^{-1}$. Es gibt daher eine Umgebung $V = V(t_0) \subset U$, so daß $\xi_0, \ldots, \xi_N$ über $\hat{\pi}^{-1}(V)$ keine gemeinsamen Nullstellen haben, auf jeder Faser $X_{\mu t}$, $t \in \mathfrak{B}$ noch eine Basis bilden und die durch $\xi_0, \ldots, \xi_N$ vermittelte reguläre Abbildung $\psi : \hat{X}' = \hat{\pi}^{-1}(V) \to P^N$ jede Faser $X_{\mu t}$ biregulär in den P^N einbettet. Es gilt aber $\psi(X_{1t}) = \ldots = \psi(X_{bt})$. $X = (\mathrm{id} \times \psi)(\hat{X}')$ ist eine abgeschlossene algebraische Untermannigfaltigkeit von $V \times P^N$. Ändert man die Basis $\xi'_0, \ldots, \xi'_N$ oder die Fortsetzungen $\widetilde{\xi}_0, \ldots, \widetilde{\xi}_N$, so erhält man natürlich eine andere Einbettung X_1. Es gibt dann jedoch eine wohlbestimmte reguläre Abbildung $C : V \to PL(N, k)$, so daß $X_1 = C \circ X$.

Man kann nun die Konstruktion der $\widetilde{\xi}_0, \ldots, \widetilde{\xi}_N$ über jedem $R^{(\lambda)}$ durchführen, d.h. X ist in bezug auf seine Einbettung quasitrivial. Durch (wohlbestimmtes) Zusammenheften von X, die zu verschiedenen Punkten $t_0 \in R$ konstruiert sind, vermöge Abbildungen C kann man schließlich die algebraische Faserung $(X, \pi, R) = (\hat{R} \times X_0)/G$ konstruieren.

Es werde jetzt ein Beispiel einer Faserung (X, π, R) von vollständigen singularitätenfreien Kurven X_t vom Geschlecht $g \geq 2$ angegeben, die über keiner offenen Teilmenge von R trivial ist und doch unendlich viele rationale Schnittflächen besitzt. Es sei k ein algebraisch-abgeschlossener Körper der Charakteristik 3 und X_0 die irreduzible singularitätenfreie Kurve $\{x^4 + y^4 = 1\} \subset P^2$. Es sei G die Gruppe der beiden Transformationen : id und $(x, y) \to (-x, -y)$. G bildet X_0 biregulär auf sich ab und X_0/G ist isomorph zu der singularitätenfreien algebraischen Kurve $\{x^2 + y^2 = 1, z^2 = xy\} \subset P^3$.

Wir setzen $R = X'_0/G$, $\hat{R} = X'_0$ und τ sei die Quotientenprojektion $\hat{R} \to R$ (mit $X'_0 = X_0 \cap k^2$). $\hat{\mathfrak{R}} = (\hat{R}, \pi, R)$ ist eine unverzweigte Galoissche Überlagerung von R. Wir definieren $X = (\hat{R} \times X_0)/G$ und (X, π, R).

Die Abbildungen $\hat{s}_\nu : x^* = x^{3\nu}, y^* = y^{3\nu}$ sind reguläre Abbildungen $\hat{R} \to X_0$ mit $\hat{s}_\nu \circ l = l \circ \hat{s}_\nu$, $l \in G$. Wir fassen $\hat{s}_\nu$ als reguläre Schnittflächen in $\hat{R} \times X_0$ auf. Unter der Projektion $\hat{R} \times X_0 \to X$ werden dann die $\hat{s}_\nu$ zu regulären Schnittflächen s_ν in X. Die Faserung (X, π, R) besitzt also unendlich viele rationale Schnittflächen.

Es dürfte für einen Algebraiker nicht zu schwer sein, die nicht-trivialen, regulären Familien (X, π, R) von singularitätenfreien, vollständigen Kurven vom Geschlecht $g \geq 2$ weitgehend zu klassifizieren.

LITERATUR

[1] A. GROTHENDIECK, *Éléments de géométrie algébrique* (rédigés avec la collaboration de J. DIEUDONNÉ) :

I. Le langage des schémas, *Publ. Math.*, I.H.E.S., n° 4, Paris, 1960;

II. Étude globale élémentaire de quelques classes de morphismes, *Publ. Math.*, I.H.E.S., n° 8, Paris, 1961;

III. Étude cohomologique des faisceaux cohérents (Première Partie), *Publ. Math.*, I.H.E.S., n° 11, Paris, 1961;

III. Étude cohomologique des faisceaux cohérents (Seconde Partie), *Publ. Math.*, I.H.E.S., n° 17, 1963;

IV. Étude locale des schémas et des morphismes de schémas (Première Partie), *Publ. Math.*, I.H.E.S., n° 20, 1964.

[2] I. MANIN, Beweis eines Analogons der Mordellschen Vermutung für algebraische Kurven über Funktionenkörpern, *Dokl. Akad. Nauk. SSSR*, 152 (1963), 1061-1063, Engl. Übersetzung in *Soviet Mathematics*, 4 (1963), 1505-1507.

[3] J.-P. SERRE, Faisceaux algébriques cohérents, *Ann. Math.*, 61 (1955), 197-278.

[4] C. L. SIEGEL, Über einige Anwendungen Diophantischer Approximationen, *Abh. Preuss. Akad. Wiss., Phys.-Math. Klasse*, 1929, 1-69.

[5] O. ZARISKI, The problem of minimal models in the theory of algebraic surfaces, *Am. Journal Math.*, 80 (1958), 146-194, bes. p. 150.

Reçu le 15 novembre 1964.

5.

Charakterisierung der Holomorphiegebiete durch die vollständige Kählersche Metrik*)

Math. Annalen **131**, 38–75 (1956)

Einleitung

Schon die ersten Untersuchungen in der Funktionentheorie mehrerer Veränderlichen zeigten, daß im Gegensatz zur klassischen Theorie nicht jedes Teilgebiet des n-dimensionalen komplexen Zahlenraumes C^n als analytisches Gebilde einer holomorphen Funktion auftritt[1]). Die analytischen Gebilde $\mathfrak{G}$ zeichnen sich den übrigen Gebieten des C^n gegenüber dadurch aus, daß in ihnen mindestens eine holomorphe Funktion existiert, die nicht über den Rand von $\mathfrak{G}$ hinaus fortsetzbar ist. Es ist darum nicht verwunderlich, wenn die Charakterisierung der Existenzgebiete von holomorphen Funktionen (Holomorphiegebiete) in den letzten beiden Jahrzehnten eine der Hauptaufgaben der Funktionentheorie mehrerer Veränderlichen gewesen ist. Zunächst zeigten 1932 P. Thullen und H. Cartan[2]), daß ein endliches Gebiet des C^n genau dann Holomorphiegebiet ist, wenn es holomorph konvex ist. Wir verdanken dann K. Oka die wesentliche Einsicht, daß die Existenzgebiete von holomorphen Funktionen auch durch *lokale Randeigenschaften* charakterisiert werden können[3]). Ein Beispiel einer solchen lokalen Randeigenschaft ist die Pseudokonvexität des Randes nach Levi-Krzoska (vgl. Def. vor Satz 18).

P. Lelong benutzt zur Erforschung der Holomorphiegebiete plurisubharmonische Funktionen (vgl. Def. nach Satz 4). Er konnte nachweisen, daß ein Gebiet $\mathfrak{G}$ des C^n stets dann die Okaschen Randeigenschaften hat, wenn in ihm eine plurisubharmonische Funktion existiert, die bei Annäherung an den Rand von $\mathfrak{G}$ gegen $+\infty$ strebt[4]). Ferner bewies P. Lelong, daß eine

---

[1]) Vgl. H. Behnke und P. Thullen: Theorie der Funktionen mehrerer komplexer Veränderlichen. Erg. d. Math. 3, Neuauflage: Chelsea Publ. Comp. New York 1948. Siehe hier besonders p. 70 und die dort angegebene Literatur.

[2]) H. Behnke und P. Thullen, loc. cit.[1]), p. 73; ferner H. Cartan und P. Thullen, Regularitäts- und Konvergenzbereiche. Math. Ann. **106**, 617—647 (1932).

[3]) K. Oka: Sur la théorie des fonctions de plusieurs variables. VI: Domaines pseudoconvexes. Tôhoku Math. J. II., Ser. **49**, 19—52 (1942).

[4]) P. Lelong: Domaines convexes par rapport aux fonctions plurisousharmoniques, J. d'Analyse Math. 2, 170—208 (1952); ferner: P. Lelong: Fonctions plurisousharmoniques; mesures de Radon associées. Applications aux fonctions analytiques. Colloque Brüssel 1953, pp. 21—40.

*) Die Resultate wurden in einer C.R.-Note angekündigt. Vgl. H. Grauert, Métrique kaehlérienne et domaines d'holomorphie. C.R. Acad. Sci. Paris **238**, 2048–2050 (1954).

in $\mathfrak{S}$ nach oben halbstetige Funktion R dann und nur dann plurisubharmonisch ist, wenn die Form $\sum\limits_{\nu,\,\mu\,=\,1}^{n} \dfrac{\partial^2 R}{\partial z_\nu\,\partial \bar{z}_\mu}\,dz_\nu\,d\bar{z}_\mu$ in jedem Punkt von $\mathfrak{S}$ positiv semidefinit ist[5]). Die Ableitungen $\dfrac{\partial^2 R}{\partial z_\nu\,\partial \bar{z}_\mu}$ sind dabei im Sinne der Theorie der „distribution" nach LAURENT SCHWARZ gebildet. Zweimalig stetig differenzierbare plurisubharmonische Funktionen R sind also Potentialfunktionen (positiv semidefiniter) Kählerscher Metriken[6]) $ds^2 = \sum \dfrac{\partial^2 R}{\partial z_\nu\,\partial \bar{z}_\mu}\,dz_\nu\,d\bar{z}_\mu$ (vgl. § 2).

Durch diese Forschungsergebnisse wird die Vermutung nahegelegt, daß es auch eine Eigenschaft der Kählerschen Metrik gibt, mit der sich die Holomorphiegebiete charakterisieren lassen. Eine Bestätigung der Vermutung dürfte — von einem geometrischen Standpunkt aus betrachtet — einiges Interesse verdienen.

In der vorliegenden Arbeit wird gezeigt, daß in der *Vollständigkeit* der Kählerschen Metrik eine solche Eigenschaft gefunden ist. Dabei heißt eine in einem zusammenhängenden topologischen Raum $\mathfrak{X}$ definierte Metrik *vollständig, wenn es einen Punkt* $0 \in \mathfrak{X}$ *gibt, derart, daß die Entfernung von* 0 *und der Punkte* x_n *jeder beliebigen, sich in* $\mathfrak{X}$ *nicht häufenden Punktfolge mit wachsendem n gegen unendlich strebt.*

Wir legen unseren Untersuchungen komplexe Mannigfaltigkeiten[7]) zugrunde. Die Definition dieses Begriffes wird in § 1 gegeben. Im § 1 werden ferner einige bekannte Aussagen der Theorie der komplexen Mannigfaltigkeiten zusammengestellt. Darüber hinaus wird gezeigt, daß in den von K. STEIN[8]) in die Literatur eingeführten *holomorph vollständigen Mannigfaltigkeiten* $\mathfrak{V}$ *jede analytische Menge als simultanes Nullstellengebilde von höchstens $n+1$ in* $\mathfrak{V}$ *holomorphen Funktionen auftritt* (Satz 2). Der § 2 ist dann der Kählerschen Metrik und deren wichtigsten Eigenschaften gewidmet. Im § 3 wird für holomorph-konvexe[9]) komplexe Mannigfaltigkeiten $\mathfrak{M}$ folgender Satz bewiesen:

$\mathfrak{M}$ *trägt eine vollständige Kählersche Metrik, sofern in* $\mathfrak{M}$ *überhaupt eine Kählersche Metrik existiert.*

---

[5]) Vgl. P. LELONG, loc. cit.[4]) Brüssel, p. 26.

[6]) Vgl. die grundlegende Arbeit von E. KÄHLER: Über eine bemerkenswerte Hermitesche Metrik. Hamb. Sem. Abh. **9**, 173—180 (1933).

[7]) Soweit bekannt ist, verwendet C. CARATHEODORY in seinem Züricher Kongreßvortrag 1932 den Begriff der komplexen Mannigfaltigkeit zum ersten Male. Umfangreiche Untersuchungen der komplexen Mannigfaltigkeiten sind dann von B. ECKMANN, CH. EHRESMANN, H. HOPF, S. CHERN, W. WU, J. P. SERRE, K. KODAIRA, D. C. SPENCER u. a. durchgeführt worden.

[8]) Vgl. K. STEIN: Analytische Funktionen mehrerer komplexer Veränderlichen und das zweite Cousinsche Problem. Math. Ann. **123**, 201—222 (1951) und die Arbeiten von H. CARTAN: Seminaire 1951—52, Exposé IX; Variétés analytiques complexes et cohomologie, Colloque Brüssel (1953); ferner: J. P. SERRE, Quelques problèmes globaux relatifs aux variétés de Stein. Colloque Brüssel 1953. In der französischen Literatur heißen holomorph vollständige Mannigfaltigkeiten: variétés de Stein.

[9]) Zur Definition der Holomorphiekonvexität von komplexen Mannigfaltigkeiten vgl. H. CARTAN, loc. cit.[8]) Brüssel, p. 49.

Beispiele von komplexen Mannigfaltigkeiten, in denen eine vollständige Kählersche Metrik definiert werden kann, sind die holomorph vollständigen Mannigfaltigkeiten (Satz 7).

Im folgenden prüfen wir, *ob umgekehrt eine komplexe Mannigfaltigkeit mit vollständiger Kählerscher Metrik holomorph konvex ist.* Es zeigt sich leicht, daß das nicht immer richtig ist. So existiert selbst noch in jeder komplexen Mannigfaltigkeit $\mathfrak{M}^n$, die aus einer n-dimensionalen holomorphvollständigen Mannigfaltigkeit $\mathfrak{V}^n$ durch Herausnahme einer analytischen Menge[10] $A \neq \mathfrak{V}^n$ entstanden ist, eine vollständige Kählersche Metrik (Satz A). $\mathfrak{M}^n$ ist, wenn A einen irreduziblen Bestandteil der (komplexen) Dimension $k \leqq n - 2$ enthält, nicht mehr holomorph-konvex[11].

Jedoch sind Gebiete über dem C^n, deren Ränder glatt sind, holomorph-konvex, wenn in ihnen eine vollständige Kählersche Metrik gegeben ist. In dieser Gebietsklasse werden also die Holomorphiegebiete durch die Existenz einer vollständigen Kählerschen Metrik charakterisiert. Es gilt hier allgemein:

Ein Gebiet $\mathfrak{G}$ über dem C^n (mit glattem Rande) ist dann und nur dann holomorph-konvexes Holomorphiegebiet[12], wenn in $\mathfrak{G}$ eine vollständige Kählersche Metrik definiert werden kann (vgl. Satz C).

Um zu diesem Resultat zu gelangen, wird zuerst eine Untersuchung an Reinhardtschen Körpern[13] durchgeführt (§ 4). Dabei ergibt sich, daß ein Reinhardtscher Körper mit vollständiger Kählerscher Metrik aus einem Holomorphiegebiet durch Herausnahme von Achsen $\{z_{i_1} = z_{i_2} = \cdots = z_{i_s} = 0\}$, $i_\nu = 1, \ldots, n$, entstanden ist (Satz B). Zur Behandlung allgemeinerer Fälle zeigen wir dann, daß alle Gebiete des C^n mit vollständiger Kählerscher Metrik einem Kontinuitätssatz genügen müssen (§ 5, Satz 13). Dieser Kontinuitätssatz steht in enger Beziehung zu einer charakteristischen Eigenschaft der Kählerschen Metrik:

Ein Hermitesche Metrik Λ in einem Gebiet $\mathfrak{G} \subset C^n$ ist dann und nur dann Kählersch, wenn in bezug auf Λ alle in $\mathfrak{G}$ analytischen Mengen Minimalflächengebilde sind (Satz 14)[14].

---

[10]) Vgl. zum Begriff der analytischen Menge: R. Remmert und K. Stein: Über die wesentlichen Singularitäten analytischer Mengen. Math. Ann. **126**, 263—306 (1953).

[11]) Nach einem bekannten Fortsetzungssatz läßt sich jede außerhalb einer höchstens $(n - 2)$-dimensionalen analytischen Menge $A \subset \mathfrak{V}^n$ holomorphe Funktion in die Punkte von A holomorph fortsetzen. $\mathfrak{V}^n - A$ ist deshalb sicher nicht holomorphkonvex. Vgl. dazu: H. Behnke und P. Thullen, loc. cit.[1]), p. 73, Satz 37.

[12]) Es ist keineswegs leicht einzusehen, ob jedes Holomorphiegebiet über dem C^n holomorphkonvex ist. Während das Problem schon 1932 von H. Behnke und P. Thullen für schlichte und endlichblättrige Gebiete gelöst wurde, konnte erst K. Oka 1953 zeigen, daß jedes unverzweigte Holomorphiegebiet über dem C^n holomorphkonvex ist. Vgl. K. Oka: Sur les fonctions analytiques de plusieurs variables. IX.-Domaines finis sans point critique intérieur. Japanese J. Math. 1953.

[13]) Vgl. Behnke-Thullen, loc. cit.[1]), p. 33.

[14]) Schon 1905 zeigte K. Kommerell, daß alle analytischen Flächen im C^2 in bezug auf die euklidische Metrik Minimalflächen sind. Vgl. K. Kommerell, Riemannsche Flächen im ebenen Raum von vier Dimensionen. Math. Ann. **60**, 548—596 (1905), insbesondere pp. 586 ff.

Satz 13 wird nun auf Hartogssche Körper[15]) angewendet (§ 6). Es zeigt sich, daß diese unter gewissen zusätzlichen Voraussetzungen Holomorphie-gebiete sind, wenn in ihnen eine vollständige Kählersche Metrik existiert (Satz 17).

Im allgemeinen Fall von Gebieten $\mathfrak{G}$ über dem C^n kommt man durch lokale Approximation mit Hartogsschen Körpern zum Ziele. Es gelingt auf diese Weise, aus der Existenz einer vollständigen Kählerschen Metrik in $\mathfrak{G}$ auf die Pseudokonvexität des Randes von $\mathfrak{G}$ (im Sinne von LEVI-KRZOSKA) zu schließen. Nach Satz 18 ist dann in $\mathfrak{G}$ die reellwertige Funktion $-\ln d_{\mathfrak{G}}$ pluri-subharmonisch, wobei $d_{\mathfrak{G}}$ den (euklidischen) Abstand der Punkte von $\mathfrak{G}$ vom Rande bezeichnet. Aus neueren Untersuchungen von K. OKA[16]) folgt nun, daß $\mathfrak{G}$ Holomorphiegebiet ist, und damit der vorhin zitierte Satz C.

Es sei mir gestattet, an dieser Stelle den Herren Professoren Dr. H. BEHNKE und Dr. B. ECKMANN für das stete Wohlwollen, mit dem sie meine Arbeit gefördert haben, meinen Dank auszusprechen. Herrn Dozenten Dr. F. SOM-MER sei für viele wertvolle Hinweise gedankt.

§ 1. Komplexe Mannigfaltigkeiten

Wir stellen in diesem Paragraphen grundlegende Begriffe zusammen. Es ist zweckmäßig, unseren Betrachtungen *komplexe Mannigfaltigkeiten* zugrunde zu legen. Zu dem Zweck führen wir zunächst den Begriff der *komplex-analyti-schen Struktur* auf 2 n-dimensionalen topologischen Mannigfaltigkeiten $\mathfrak{Q}^n$ ein.

Es sei $\{\mathfrak{U}_j\}$ ($j\,\varepsilon\,I$, I eine Indexmenge) ein überdeckendes System von offenen Mengen in $\mathfrak{Q}^n$, die durch topologische Abbildungen $\Psi_j : \mathfrak{U}_j \to \mathfrak{G}_j$ auf Gebiete $\mathfrak{G}_j$ des komplexen Zahlenraumes mit den Veränderlichen $z_1 \ldots z_n$ bezogen sind. Ein Paar $(\mathfrak{U}_j, \Psi_j)$ heiße ein *lokales Koordinatensystem* in $\mathfrak{Q}$. Ist der Durch-schnitt $\mathfrak{U}_i \cap \mathfrak{U}_j$ zweier Umgebungen $\mathfrak{U}_i, \mathfrak{U}_j (i, j\,\varepsilon\,I)$ nicht leer, so sei die Ab-bildung $\Psi_i \Psi_j^{-1} : \Psi_j(\mathfrak{U}_i \cap \mathfrak{U}_j) \to \Psi_i(\mathfrak{U}_i \cap \mathfrak{U}_j)$ ferner holomorph. Wir sagen, zwei lokale Koordinatensysteme *hängen holomorph zusammen*.

Wir können nun zeigen, daß sich eine solche Menge von lokalen Koordi-natensystemen zu einer maximalen Menge ergänzen läßt. Durch die $(\mathfrak{U}_j, \Psi_j)$ wird auf $\mathfrak{Q}^n$ der Begriff der holomorphen Funktion und damit der Begriff der holomorphen Abbildung in den C^n definiert. Ist daher $\mathfrak{U}$ eine beliebige offene Menge von $\mathfrak{Q}^n$ und Ψ eine topologische holomorphe Abbildung von $\mathfrak{U}$ auf ein Gebiet $\mathfrak{G}$ des C^n, so ist $(\mathfrak{U}, \Psi)$ ein lokales Koordinatensystem, das mit allen $(\mathfrak{U}_j, \Psi_j)$, $(j\,\varepsilon\,I)$ durch holomorphe Abbildungen $\Psi \Psi_j^{-1}$ zusammenhängt. Indem wir dann alle so konstruierten Koordinatensysteme zu der Menge $\{(\mathfrak{U}_j, \Psi_j)\}$ hinzunehmen, erhalten wir Maximalität.

---

[15]) Vgl. BEHNKE-THULLEN, loc. cit.[1]), p. 35.

[16]) K. OKA, loc. cit.[12]). Vgl. ferner H. BREMERMANN: Über die Äquivalenz der pseudo-konvexen Gebiete und der Holomorphiegebiete im Raum von n komplexen Veränderlichen. Math. Ann. 128, 63—91 (1954). F. NORGUET: Sur les domaines d'holomorphie des fonc-tions uniformes des plusieurs variables complexes. Bull. Soc. Math. France 82, 137—159 (1954).

Def. 1. *Eine komplex-analytische Struktur auf Q^n ist ein maximales System von holomorph zusammenhängenden lokalen Koordinatensystemen $(\mathfrak{U}_j,\ \Psi_j)$, $j\ \varepsilon\ I$, wobei die $\mathfrak{U}_j$ die Mannigfaltigkeit Q^n überdecken.*

Def. 2. *Eine komplexe Mannigfaltigkeit $\mathfrak{M}^n$ ist eine $2n$-dimensionale topologische Mannigfaltigkeit mit einer komplex-analytischen Struktur.*

Ist $\{(\mathfrak{U}_j,\ \Psi_j)\}$, $j\ \varepsilon\ I$, eine komplex-analytische Struktur in Q^n und bezeichnet $\overline{\Psi}_j$ das konjugiert Komplexe der Abbildung Ψ_j, so hängen offenbar auch alle Koordinatensysteme $(\mathfrak{U}_j,\ \overline{\Psi}_j)$ holomorph zusammen. Wir erhalten auf diese Weise eine neue komplex-analytische Struktur in Q^n, die wir die zu $\{(\mathfrak{U}_j,\ \Psi_j)\}$ *konjugiert komplexe Struktur* nennen wollen. Die mit dieser Struktur versehene Mannigfaltigkeit Q^n heiße die zu $\mathfrak{M}^n$ *konjugiert komplexe Mannigfaltigkeit* $*\mathfrak{M}^n$.

Die Begriffe der holomorphen Abbildung von komplexen Mannigfaltigkeiten ineinander, der analytischen Menge, deren Dimension usw. lassen sich nun in bekannter Weise definieren[17]). Angemerkt sei hier nur, daß eine irreduzible analytische Menge in $\mathfrak{M}^n$, die nur aus gewöhnlichen Punkten besteht, in natürlicher Weise eine komplex-analytische Mannigfaltigkeit ist.

Wir wollen fortan immer voraussetzen, daß bei jeder hier betrachteten komplexen Mannigfaltigkeit das System der offenen Mengen eine abzählbare Basis[18]) besitzt. Für diese Mannigfaltigkeiten definieren wir den Begriff der *Holomorphiekonvexität.* Ist B eine beliebige Menge in $\mathfrak{M}^n$, so bilden die Punkte $x\ \varepsilon\ \mathfrak{M}^n$, in denen für alle in $\mathfrak{M}^n$ holomorphen Funktionen $f(x)$ die Ungleichung $|f(x)| \leqq \max |f(B)|$ gilt, eine abgeschlossene Menge $\hat{B}$, die die *holomorphkonvexe Hülle* von B genannt werde.

Def. 3. *Eine komplexe Mannigfaltigkeit $\mathfrak{M}^n$ heißt holomorphkonvex, wenn die holomorph-konvexe Hülle $\hat{B}$ jeder relativkompakten Menge $B \subset \mathfrak{M}^n$ kompakt ist.*

Sind nun $f_1 \ldots f_k$ endlich viele in $\mathfrak{M}^n$ holomorphe Funktionen, so bilden die Punkte $x \in \mathfrak{M}^n$ mit $|f_\nu(x)| < 1$, $\nu = 1 \ldots k$, einen evtl. leeren Bereich. Jede relativkompakte zusammenhängende Komponente dieses Bereiches nennen wir ein *analytisches Polyeder* $\mathfrak{P}$. Die Funktionen $f_1 \ldots f_k$ heißen die *definierenden Funktionen* von $\mathfrak{P}$. Man zeigt in bekannter Weise leicht unter Verwendung einer abzählbaren Basis für die offenen Mengen von $\mathfrak{M}^n$:

Satz 1. *Eine holomorph-konvexe Mannigfaltigkeit $\mathfrak{M}^n$ ist durch eine Folge analytischer Polyeder $\mathfrak{P}_\nu$, $\nu = 1, 2, 3 \ldots$, ausschöpfbar, bei der die $\mathfrak{P}_\nu$ relativkompakt in den $\mathfrak{P}_{\nu+1}$ enthalten sind (in Zeichen $\mathfrak{P}_\nu \Subset \mathfrak{P}_{\nu+1}$).*

In den §§ 4, 6 und 7 der vorliegenden Arbeit werden *komplexe Mannigfaltigkeiten (= Gebiete) über dem Raum C^n* von n komplexen Veränderlichen betrachtet. Dabei heißt eine komplexe Mannigfaltigkeit $\mathfrak{M}^n$ über dem C^n *liegend*, wenn in ihr n holomorphe Funktionen $p_1 \ldots p_n$ gegeben sind, die eine Umgebung eines jeden Punktes $x \in \mathfrak{M}^n$ eineindeutig in den C^n abbilden. Wir nennen $p_1 \ldots p_n$ die $\mathfrak{M}^n$ dem C^n *überlagernden Funktionen,* die durch $p_1 \ldots p_n$ definierte Abbildung die *Projektion Φ* von $\mathfrak{M}^n$ *auf die Grundpunkte.*

---

[17]) Vgl. R. Remmert und K. Stein, loc. cit.[10]).

[18]) Dieser Begriff bedeutet, daß ein abzählbares System S von offenen Mengen in $\mathfrak{M}^n$ existiert, derart, daß jede offene Menge von $\mathfrak{M}^n$ Vereinigung von gewissen Mengen aus S ist.

Für die Klasse der holomorph-konvexen Mannigfaltigkeiten über dem C^n gelten Sätze, die an Eigenschaften der offenen Riemannschen Flächen erinnern. Unter anderem ist dort die erste Aussage von Cousin richtig[19]. Ferner läßt sich jede analytische Menge als Nullstellengebilde einer Menge auf ganz $\mathfrak{M}^n$ definierter holomorpher Funktionen darstellen. Bei abstrakten komplexen Mannigfaltigkeiten, das sind komplexe Mannigfaltigkeiten, die nicht über dem C^n liegen, ist vieles ganz anders. Wendet man im Nullpunkt des Raumes C^2 der Veränderlichen z_1, z_2 den von H. Hopf angegebenen σ-Prozeß[20] an, so erhält man eine holomorph-konvexe Mannigfaltigkeit $\mathfrak{M}^2$, in der eine analytische Menge A konstruiert werden kann, die nicht gleichzeitiges Nullstellengebilde von in $\mathfrak{M}^2$ holomorphen Funktionen ist. Nach H. Hopf kann nämlich $\mathfrak{M}^2$ als Fläche $w = \dfrac{z_1}{z_2}$ im kartesischen Produkt des C^2 mit der Riemannschen Zahlenkugel der Veränderlichen w aufgefaßt werden. Diese Fläche ist in natürlicher Weise durch die holomorphe Abbildung $\alpha(w, z_1, z_2) = (z_1, z_2)$ auf den C^2 bezogen. Das Nullstellengebilde der in $\mathfrak{M}^2$ holomorphen Funktionen $z_1 \alpha$ enthält außer der durch α auf den Nullpunkt des C^2 abgebildeten eindimensionalen analytischen Menge A_1 noch eine irreduzible analytische Menge A_2, die durch α eineindeutig auf die Ebene $z_1 = 0$ im C^2 bezogen wird. Jede in $\mathfrak{M}^2$ holomorphe Funktion f, die auf A_2 verschwindet, hat auch auf A_1 keine von Null verschiedenen Werte, da $f \alpha^{-1}$ im C^2 holomorph ist und dort im Nullpunkt verschwindet. $A = A_2$ ist also eine analytische Menge mit der verlangten Eigenschaft.

Damit auf einer abstrakten Mannigfaltigkeit $\mathfrak{M}^n$ ähnliche Sätze wie auf Mannigfaltigkeiten über dem C^n gelten, hat K. Stein[21] die Existenz von hinreichend vielen holomorphen Funktionen auf $\mathfrak{M}^n$ gefordert. Nach ihm heißt eine komplexe Mannigfaltigkeit $\mathfrak{V}^n$ *holomorph vollständig*, wenn folgendes gilt:

1. *Zu zwei beliebigen Punkten $x, y \in \mathfrak{V}^n$ gibt es immer eine auf $\mathfrak{V}^n$ holomorphe Funktion, so daß $f(x) \neq f(y)$ ist,*

2. *zu jedem Punkt $x \in \mathfrak{V}^n$ gibt es n holomorphe Funktionen, die eine Umgebung von x eineindeutig in den C^n abbilden,*

3. *$\mathfrak{V}^n$ ist holomorph-konvex,*

4. *das System der offenen Mengen von $\mathfrak{V}^n$ hat eine abzählbare Basis.*

Beispiele von holomorph vollständigen Mannigfaltigkeiten sind die unverzweigten Holomorphiegebiete über dem C^n[22].

Wir betrachten eine beliebige analytische Menge A in einer holomorph vollständigen Mannigfaltigkeit $\mathfrak{V}^n$. In jedem Punkt $x \in \mathfrak{V}^n$ bilden die in x holomorphen und auf A verschwindenden Funktionen ein Ideal I_x im Ring der in x holomorphen Funktionen. Nach H. Cartan und K. Oka ist diese

---

[19] Vgl. H. Cartan, loc. cit.[8] Brüssel, hier p. 51.

[20] H. Hopf: Über komplex-analytische Mannigfaltigkeiten. Rend. Math. appl. Serie V, 10, 169—182 (1951), sowie H. Hopf: Schlichte Abbildungen und lokale Modifikationen 4-dimensionaler komplexer Mannigfaltigkeiten. Comm. Math. Helvet. 29, 132 —155 (1955).

[21] K. Stein, loc. cit.[8].

[22] Das ergibt sich unmittelbar aus den Ergebnissen einer Arbeit von K. Oka, loc. cit.[12].

Verteilung von Idealen eine *kohärente analytische Garbe*[23]) (faisceau analytique) über $\mathfrak{B}^n$. Es folgt deshalb aus einem sehr allgemein gehaltenen Satz von H. CARTAN als Spezialfall[24]):

Das Ideal I der auf A verschwindenden Funktionen im Ringe der in $\mathfrak{B}^n$ holomorphen Funktionen erzeugt in jedem Punkte $x \in \mathfrak{B}^n$ das Ideal I_x.

Das bedeutet aber auch, daß A das simultane Nullstellengebilde der Funktionen aus I ist. Diese Aussage läßt sich verschärfen:

Satz 2. *A stimmt mit den gleichzeitigen Nullstellen von höchstens $n + 1$ Funktionen $f_0 \ldots f_n$ aus I überein[25]).*

Wir zeigen zunächst:

Hilfssatz 1. *Ist x_ν, $\nu = 1, 2, 3 \ldots$, eine beliebige Punktfolge aus $\mathfrak{B}^n - A$, so gibt es eine holomorphe Funktion $g \in I$ derart, daß $f(x_\nu) \neq 0$ ist.*

Beweis. Man wähle eine $\mathfrak{B}^n$ ausschöpfende Folge von Bereichen B_ν, $\nu = 1, 2, 3 \ldots$, bei der $B_\nu \Subset B_{\nu+1}$ liegt, man setze $g = \lim g_\nu$ und wähle für g_1 eine Funktion aus I mit $g_1(x_1) \neq 0$. Ferner sei $g_{\nu+1} = g_\nu$, falls $g_\nu(x_{\nu+1}) \neq 0$ ist. Gilt $g_\nu(x_{\nu+1}) = 0$, so werde $g_{\nu+1} = g_\nu + h_\nu$ gesetzt, wobei h_ν eine Funktion aus I mit folgenden Eigenschaften ist:

1. $h_\nu(x_{\nu+1}) \neq 0$,
2. $\sup |h_\nu(B_\nu)| < 2^{-\nu}$,
3. $\max\limits_{\mu = 1 \ldots \nu} |h_\nu(x_\mu)| < 3^{-\nu} \min\limits_{\mu = 1 \ldots \nu} |g_\nu(x_\mu)|$.

Nach Konstruktion konvergiert die Folge g_ν gleichmäßig im Innern von $\mathfrak{B}^n$ gegen eine Funktion g, die auf allen x_ν nicht verschwindet. Da ein durch eine analytische Menge erzeugtes Ideal abgeschlossen ist, gehört g zu I.

Nun zum Beweis von Satz 2! Wir wählen für f_0 eine nicht identisch verschwindende Funktion aus I, sofern nicht der triviale Fall vorliegt, daß A mit $\mathfrak{B}^n$ übereinstimmt. Das Nullstellengebilde von f_0 zerfällt in (evtl. endlich viele) $n - 1$-dimensionale, irreduzible Komponenten $K_\mu^{(1)}$, $\mu = 1, 2, 3 \ldots$ Wir konstruieren nun — falls noch $A \neq \cup K_\mu^{(1)}$ — eine Folge x_ν so, daß $x_\nu \in \mathfrak{B}^n - A$ und jede Komponente $K_\nu^{(1)}$, die nicht ganz zu A gehört, wenigstens ein x_ν enthält. Wird dann nach Hilfssatz 1 g konstruiert und $f_1 = g$ gesetzt und zerfällt das simultane Nullstellengebilde von f_0, f_1 in die irreduziblen Komponenten $K_\mu^{(2)}$, $\mu = 1, 2, 3 \ldots$, so liegen höchstens $n - 2$-dimensionale $K_\mu^{(2)}$ nicht ganz in A. Zu diesen kann man wieder eine Funktion g konstruieren. Das gleichzeitige Nullstellengebilde von $f_0, f_1, f_2 = g$ enthält dann höchstens $n - 3$-dimensionale Komponenten, die nicht ganz zu A gehören. Nach höchstens n Schritten hat man Funktionen $f_0 \ldots f_n$ erhalten, so daß durch die Gleichungen $f_0 = \ldots f_n = 0$ genau A beschrieben wird.

§ 2. Metriken

Wir nennen eine Metrik $\varLambda$ in einer komplexen Mannigfaltigkeit $\mathfrak{M}^n$ *vollständig*, wenn es einen Punkt $x_0 \in \mathfrak{M}^n$ gibt, derart, daß die Entfernungen

---

[23]) Vgl. H. CARTAN: Idéaux et modules des fonctions analytiques des variables complexes. Bull. Soc. Math. France 78, 28—64 (1950).

[24]) Vgl. H. CARTAN, loc. cit.[9]) Brüssel, théorème A.

[25]) Der Satz läßt sich wahrscheinlich auf n holomorphe Funktionen verschärfen.

von x_0 und der Punkte x_ν, $\nu = 1, 2, 3 \ldots$, jeder beliebigen sich in $\mathfrak{M}^n$ nicht häufenden Punktfolge aus $\mathfrak{M}^n$ mit wachsendem ν gegen unendlich streben. Man sieht leicht ein, daß diese Eigenschaft einer Metrik in $\mathfrak{M}^n$ nicht von der Wahl des Punktes $x_0 \in \mathfrak{M}^n$ abhängt. Ist $\mathfrak{M}^n$ ein Gebiet über dem C^n und ist $y \in C^n$ ein Randpunkt[26]) von $\mathfrak{M}^n$, so heißt y in bezug auf $\varLambda$ ein *unendlichferner Randpunkt*, wenn die Entfernungen eines Punktes $x_0 \in \mathfrak{M}^n$ und der Punkte x_ν, $\nu = 1, 2, 3 \ldots$, jeder in $\mathfrak{M}^n$ gegen y konvergierenden Punktfolge mit wachsendem ν unbeschränkt groß werden. In einem beschränkten Gebiet des C^n ist eine Metrik genau dann vollständig, wenn alle Randpunkte des Gebietes unendlich fern sind.

In den folgenden Paragraphen der Arbeit treten vor allem *Hermitesche* und *Kählersche Metriken* auf. Durch eine in $\mathfrak{M}^n$ gegebene Hermitesche Metrik

$$ds^2 = \sum_{\nu,\mu = 1}^{n} g_{\nu\bar{\mu}} dz_\nu d\bar{z}_\mu$$

wird in bekannter Weise die Länge einer differenzierbaren Kurve in $\mathfrak{M}^n$ definiert. Unter der Entfernung zweier Punkte $x, y \in \mathfrak{M}^n$ verstehen wir dann die untere Grenze der Längen aller differenzierbaren Kurven, die x mit y verbinden. Es sei fortan — sofern es nicht ausdrücklich anders gefordert wird — von allen Hermiteschen Metriken vorausgesetzt, daß die $g_{\nu\bar{\mu}}$ reell-analytisch von den Koordinaten jedes lokalen Koordinatensystems $(\mathfrak{U}_j, \varPsi_j)$, $j \in I$, von $\mathfrak{M}^n$ abhängen und somit ein reell-analytisches, zweifach kovariantes, Hermitesches Tensorfeld in $\mathfrak{M}^n$ bilden. Ferner sei die Form $\Sigma\, g_{\nu\bar{\mu}}\, dz_\nu d\bar{z}_\mu$ — sofern nicht anders behauptet — in jedem Punkte von $\mathfrak{M}^n$ positiv definit. Einer Hermiteschen Metrik $\varLambda$: $ds^2 = \Sigma\, g_{\nu\bar{\mu}} dz_\nu d\bar{z}_\mu$ läßt sich die alternierende Differentialform $\varOmega = i \sum g_{\nu\bar{\mu}} dz_\nu \wedge d\bar{z}_\mu$ koordinateninvariant zuordnen. Offenbar drückt $d\varOmega = 0$ eine besondere Eigenschaft von $\varLambda$ aus. Hermitesche Metriken mit dieser Eigenschaft heißen Kählersche Metriken. Nach E. Kähler[27]) sind folgende drei Aussagen äquivalent:

1. *$\varOmega$ ist geschlossen (in Zeichen $d\,\varOmega = 0$)*,

2. *Es ist in jedem $(\mathfrak{U}_j, \varPsi_j)$, $j \in I$:*

$$\frac{\partial g_{\nu\bar{\mu}}}{\partial z_\lambda^{(j)}} = \frac{\partial g_{\lambda\bar{\mu}}}{\partial z_\nu^{(j)}} \quad und \quad \frac{\partial g_{\nu\bar{\mu}}}{\partial \bar{z}_\lambda^{(j)}} = \frac{\partial g_{\nu\bar{\lambda}}}{\partial \bar{z}_\mu^{(j)}}, \qquad \lambda, \mu, \nu = 1 \ldots n,$$

(Kählersche Bedingungen)

3. *Es gibt zu jedem Punkt $x \in \mathfrak{M}^n$ ein lokales Koordinatensystem $(\mathfrak{U}_j, \varPsi_j)$ und in $\mathfrak{U}_j$ eine reell-analytische Funktion R (Potential), so daß*

$$\frac{\partial^2 R}{\partial z_\nu^{(j)} \partial \bar{z}_\mu^{(j)}} = g_{\nu\bar{\mu}}$$

gilt.

Dabei sind die Koordinaten von $(\mathfrak{U}_j, \varPsi_j)$ mit $z_1^{(j)} \ldots z_n^{(j)}$ bezeichnet. $\dfrac{\partial^2 D}{\partial z_\nu^{(j)} \partial z_\mu^{(j)}}$; $D = R, g_{\nu\bar{\mu}} \ldots$; ist eine abkürzende Schreibweise für $\dfrac{\partial^2 (D\varPsi_j^{-1})}{\partial z_\nu^{(j)} \partial \bar{z}_\mu^{(j)}} \circ \varPsi_j$. Wir werden fortan immer von dieser Schreibweise Gebrauch machen.

---

[26]) Zur Def. vgl. die ersten Zeilen von § 7.
[27]) Vgl. E. Kähler, loc. cit.[6]).

Es gilt nun folgender Satz:

Satz 3. *Ist R eine 2mal stetig differenzierbare, reellwertige Funktion in $\mathfrak{M}^n$, so ist dort $\alpha = \Sigma\, g_{\nu\overline{\mu}}\, dz_\nu\, d\overline{z}_\mu$ mit $g_{\nu\overline{\mu}} = \dfrac{\partial^2 R}{\partial z_\nu^{(j)}\, \partial \overline{z}_\mu^{(j)}}$ in jedem $(\mathfrak{U}_j,\, \Psi_j)$, $j \in I$, eine koordinateninvariante Hermitesche Form. $\Omega = i\, \Sigma\, g_{\nu\overline{\mu}}\, dz_\nu \wedge d\overline{z}_\mu$ ist eine geschlossene Differentialform.*

Dabei nennen wir eine Hermitesche Form α koordinateninvariant, wenn $g_{\nu\overline{\mu}}$ ein zweifach kovariantes Tensorfeld ist. Ist α positiv definit für alle Punkte von $\mathfrak{M}^n$, so ist $ds^2 = \Sigma\, g_{\nu\overline{\mu}}\, dz_\nu d\overline{z}_\mu$ eine Kählersche Metrik in $\mathfrak{M}^n$ (nicht notwendig reell-analytisch).

Beim Beweis von Satz 3 ist zu zeigen, daß $g_{\nu\overline{\mu}}$ ein kovariantes Tensorfeld ist und daß $d\,\Omega = 0$ gilt. Beide Behauptungen ergeben sich durch simple Rechnungen. Es sei darum hier auf eine Ausführung des Beweises verzichtet. α heißt die *durch R erzeugte Hermitesche Form* und $ds^2 = \alpha$, wenn α positiv definit ist, die *durch R erzeugte Kählersche Metrik*. Es interessiert die Frage, wann α positiv definit ist. Wir zeigen:

Satz 4. *Eine 2mal stetig differenzierbare Funktion R in $\mathfrak{M}^n$ ist genau dann plurisubharmonisch, wenn die durch R erzeugte Form α in allen Punkten von $\mathfrak{M}^n$ positiv semidefinit ist.*

Zunächst sei an die Definition der plurisubharmonischen Funktion erinnert. Eine reellwertige, *nach oben halbstetige* ($\overline{\lim\limits_{x \to x_0}}\, R(x) \leqq R(x_0)$) *Funktion R in $\mathfrak{M}^n$ heißt plurisubharmonisch, wenn die Funktion $R\,\tau$ im offenen Einheitskreis K der z-Ebene immer subharmonisch*[28]) *ist*. Dabei ist τ eine beliebige holomorphe Abbildung von K in $\mathfrak{M}^n$. Ist R nun plurisubharmonisch, 2mal stetig differenzierbar in $\mathfrak{M}^n$ und bildet τ den Einheitskreis K in ein $\mathfrak{U}_j$, $j \in I$, ab, so gilt:

$$\frac{\partial^2 (R\tau)}{\partial z\, \partial \overline{z}} = \Sigma\, \frac{\partial^2 R}{\partial z_\nu^{(j)} \partial \overline{z}_\mu^{(j)}}\, \frac{\partial z_\nu^{(j)}}{\partial z}\, \frac{\partial \overline{z}_\mu^{(j)}}{\partial \overline{z}} \geqq 0\,,$$

wenn durch $z_1^{(j)} \ldots z_n^{(j)}$ die Koordinaten von $(\mathfrak{U}_j,\, \Psi_j)$ bezeichnet werden und wenn $z_\lambda^{(j)}(z)$, $\lambda = 1 \ldots n$, die Abbildung $\Psi_j\tau$ von K in den C^n beschreibt. Da τ und damit die Ableitungen $\dfrac{\partial z_\lambda^{(j)}}{\partial z}$ beliebig gewählt werden können, ist die durch R erzeugte Hermitesche Form α positiv semidefinit. Die Umkehrung unserer Beweisschritte zeigt die Gültigkeit von Satz 4 in der anderen Richtung.

In den folgenden Paragraphen betrachten wir des öfteren das Verhalten von Kählerschen Metriken unter holomorphen Abbildungen. Zu dem Zwecke beweisen wir:

Satz 5. *Seien $\mathfrak{M}^n$, $'\mathfrak{M}'^n$ zwei komplexe Mannigfaltigkeiten, $\tau \colon \mathfrak{M}^n \to '\mathfrak{M}'^n$ eine holomorphe Abbildung von $\mathfrak{M}^n$ in $'\mathfrak{M}'^n$ und $'\Lambda \colon ds^2 = \Sigma\, g_{\nu\overline{\mu}}\, dz_\nu\, d\overline{z}_\mu$ eine Kählersche Metrik in $'\mathfrak{M}'^n$. Dann gibt es in $\mathfrak{M}^n$ eine eindeutig bestimmte positiv semidefinite Kählersche Metrik $\Lambda = '\Lambda \circ \tau$, derart, daß τ in bezug auf Λ, $'\Lambda$ (punktal) isometrisch ist. Ist ferner $'R$ ein Potential von $'\Lambda$ in $'\mathfrak{M}'^n$, so ist $R = 'R\,\tau$ ein Potential von Λ.*

---

[28]) Eine Definition der subharmonischen Funktion findet sich bei H. Behnke und P. Thullen, loc. cit.[1]), p. 47.

Wir nennen Λ die *durch τ nach $\mathfrak{M}^n$ übertragene Metrik* $'\Lambda$.

Beweis von Satz 5. Die (lokale) Maßbestimmung von $'\mathfrak{M}'^n$ wird in natürlicher Weise nach $\mathfrak{M}^n$ übertragen, so daß τ in bezug auf $'\Lambda$ und die so in $\mathfrak{M}^n$ gewonnene Metrik Λ eine isometrische Abbildung ist. Λ ist in $\mathfrak{M}^n$ Hermitesch, wie folgende Betrachtung lehrt:

Es sei $(\mathfrak{U}_j, \Psi_j)$, $j \in I$, ein lokales Koordinatensystem von $\mathfrak{M}^n$, das durch τ in die offene Menge $'\mathfrak{U}_k$ eines lokalen Koordinatensystems $('\mathfrak{U}_k, '\Psi_k)$, $k \in 'I$, von $'\mathfrak{M}'^n$ abgebildet wird. Die Abbildung $'\Psi_k \tau \Psi_j^{-1} : \mathfrak{G}_j \to '\mathfrak{G}_k$ des Gebietes $\mathfrak{G}_j = \Psi_j(\mathfrak{U}_j)$ des Raumes der Veränderlichen $z_1 \ldots z_n$ in das Gebiet $'\mathfrak{G}_k = '\Psi_k('\mathfrak{U}_k)$ des Raumes der Veränderlichen $'z_1 \ldots 'z_n$ werde durch $'z_\lambda = f_\lambda(z_1 \ldots z_n)$, $\lambda = 1 \ldots 'n$, beschrieben. In $\mathfrak{U}_j$ wird dann Λ durch die positiv semidefinite Hermitesche Form $ds^2 = \Sigma\, g_{\nu\bar\mu}\, dz_\nu\, d\bar z_\mu$ mit

$$g_{\nu\bar\mu} = \Sigma\, 'g_{\gamma\bar\delta}\,(\tau)\, \frac{\partial 'z_\gamma}{\partial z_\nu}\, \frac{\partial '\bar z_\delta}{\partial \bar z_\mu}$$

gegeben. Da jeder Punkt von $\mathfrak{M}^n$ in einer Umgebung $\mathfrak{U}_j$ mit den verlangten Eigenschaften enthalten ist, ist Λ Hermitesch auf ganz $\mathfrak{M}^n$. Die übrigen Aussagen des Satzes 5, daß Λ Kählersch ist und daß R ein Potential von Λ ist, kann man durch eine simple Rechnung beweisen. Auf eine Durchführung sei hier verzichtet.

§ 3. Komplexe Mannigfaltigkeiten mit vollständiger Kählerscher Metrik

Man kann auf einer komplexen Mannigfaltigkeit $\mathfrak{M}^n$ die Existenz von holomorphen Funktionen zur Konstruktion einer Kählerschen Metrik ausnutzen. Ist f eine in $\mathfrak{M}^n$ holomorphe Funktion, so ist dort bekanntlich $f\bar f$ plurisubharmonisch und erzeugt darum nach Satz 4 in $\mathfrak{M}^n$ eine positiv semidefinite Form $\alpha = \Sigma\, g_{\nu\bar\mu}\, dz_\nu\, d\bar z_\mu$. Ferner ergibt sich aus Satz 3, $ds^2 = \Sigma\, g_{\nu\bar\mu}\, dz_\nu\, d\bar z_\mu$ ist eine positiv semidefinite Kählersche Metrik. Wir beweisen nun folgenden

Hilfssatz 2. *Sei in $\mathfrak{M}^n$ eine Folge von holomorphen Funktionen $f_\varkappa$, $\varkappa = 1, 2$ $3, \ldots$, gegeben, derart, daß in bezug auf jede relativ kompakte Teilmenge $B \subset \mathfrak{M}^n$ die Summe $\sum\limits_{\varkappa=1}^{\infty} \sup f_\varkappa(B)\, \overline{f_\varkappa(B)}$ konvergiert. Dann strebt $\Sigma\, f_\varkappa(x)\, \overline{f_\varkappa(x)}$ im Innern von $\mathfrak{M}^n$ gleichmäßig gegen eine reell-analytische Grenzfunktion R_0. Die Summe der durch die $f_\varkappa \bar f_\varkappa$ in $\mathfrak{M}^n$ erzeugten Hermiteschen Formen $\alpha_\varkappa = \Sigma\, g_{\nu\bar\mu}^{(\varkappa)}\, dz_\nu\, d\bar z_\mu$ konvergiert im Innern von $\mathfrak{M}^n$ gleichmäßig gegen die durch R_0 erzeugte Hermitesche Form $\alpha_0 = \Sigma\, g_{\nu\bar\mu}\, dz_\nu\, d\bar z_\mu$. Diese ist positiv semidefinit.*

Dabei sagen wir, eine Folge von Funktionen $R_\varkappa$ konvergiert im Innern von $\mathfrak{M}^n$ gleichmäßig gegen eine Grenzfunktion R_0, wenn $R_\varkappa$ auf jeder kompakten Teilmenge von $\mathfrak{M}^n$ gleichmäßig konvergiert. Es bedeutet ferner, die Summe der Hermiteschen Formen $\alpha_\varkappa$ konvergiert im Innern von $\mathfrak{M}^n$ gleichmäßig gegen α_0, daß im Innern von jedem lokalen Koordinatensystem $(\mathfrak{U}_j, \Psi_j)$, $j \in I$, die Summe $\Sigma\, g_{\nu\bar\mu}^{(\varkappa)}$ gleichmäßig gegen $g_{\nu\bar\mu}$ strebt.

Beweis von Hilfssatz 2. Das Konjugiert-Komplexe einer in $\mathfrak{M}^n$ holomorphen Funktion ist in bezug auf die zur komplex-analytischen Struktur von $\mathfrak{M}^n$ konjugiert-komplexe Struktur holomorph. Wir erhalten daher im kartesischen Produkt $\mathfrak{M}^n \times {}^*\mathfrak{M}^n$ von $\mathfrak{M}^n$ mit der zu $\mathfrak{M}^n$ konjugiert-komplexen Mannigfaltigkeit ${}^*\mathfrak{M}^n$ eine Folge holomorpher Funktionen $'R_\varkappa$, wenn wir dort $'R_\varkappa(x, {}^*x) = f_\varkappa(x) \overline{f_\varkappa({}^*x)}$ setzen. Nach den Voraussetzungen des Hilfssatzes konvergiert im Innern von $\mathfrak{M}^n \times {}^*\mathfrak{M}^n$ die Summe $\Sigma \, 'R_\varkappa$ gleichmäßig. Ist $(\mathfrak{U}_j, \Psi_j)$, $j \in I$, ein beliebiges Koordinatensystem von $\mathfrak{M}^n$ und bezeichnet $\mathfrak{U}_j \times \mathfrak{U}_j$ das topologische Produkt von $\mathfrak{U}_j$ mit sich selbst und $\Psi_j \times \overline{\Psi}_j$ das kartesische Produkt der Abbildung Ψ_j mit der konjugiert-komplexen Abbildung $\overline{\Psi}_j$, so ist $(\mathfrak{U}_j \times \mathfrak{U}_j, \; \Psi_j \times \overline{\Psi}_j)$ ein lokales Koordinatensystem von $\mathfrak{M}^n \times {}^*\mathfrak{M}^n$. Die Koordinaten von $(\mathfrak{U}_j, \Psi_j)$ seien mit $z_1 \ldots z_n$, die von $(\mathfrak{U}_j, \overline{\Psi}_j)$ mit $w_1 \ldots w_n$ und dementsprechend die Koordinaten von $(\mathfrak{U}_j \times \mathfrak{U}_j, \; \Psi_j \times \overline{\Psi}_j)$ mit $z_1 \ldots z_n, \; w_1 \ldots w_n$ bezeichnet. Da $\Sigma \, 'R_\varkappa$ im Innern von $\mathfrak{U}_j \times \mathfrak{U}_j$ gleichmäßig konvergiert, folgt

$$\frac{\partial^2 \sum\limits_{\varkappa=1}^{\infty} 'R_\varkappa}{\partial z_\nu \partial w_\mu} = \sum_{\varkappa=1}^{\infty} \frac{\partial^2 \, 'R_\varkappa}{\partial z_\nu \partial w_\mu} \, .$$

Die Summe $\Sigma \dfrac{\partial^2 \, 'R_\varkappa}{\partial z_\nu \partial w_\mu}$ konvergiert gleichmäßig im Innern von $\mathfrak{U}_j \times \mathfrak{U}_j$. Bekanntlich erhält man eine Reihenentwicklung der Funktionen $R_0 = \Sigma \, f_\varkappa \overline{f}_\varkappa$ bzw. $R_\varkappa = f_\varkappa \overline{f}_\varkappa$ um jeden Punkt $(z_1^0, \ldots, z_n^0) \in \mathfrak{U}_j$ nach Potenzen von $z_\lambda, \bar{z}_\lambda$, wenn man $'R = \Sigma \, 'R_\varkappa$ bzw. $'R_\varkappa$ in $U_j \times U_j$ nach Potenzen von z_λ, w_λ entwickelt und nachher die w_λ durch die $\bar{z}_\lambda$ ersetzt. Daher gilt:

1. R_0 ist reell-analytisch in $\mathfrak{U}_j$,

2. $\dfrac{\partial R_0}{\partial z_\nu \partial \bar{z}_\mu} = \Sigma \, \dfrac{\partial^2 R_\varkappa}{\partial z_\nu \partial \bar{z}_\mu}$,

3. $\Sigma \, \dfrac{\partial^2 R_\varkappa}{\partial z_\nu \partial \bar{z}_\mu} = \sum\limits_{\varkappa=1}^{\infty} g_{\nu\mu}^{(\varkappa)}$ konvergiert gleichmäßig im Innern von $\mathfrak{U}_j$. Da diese drei Aussagen für jedes lokale Koordinatensystem von $\mathfrak{M}^n$ gelten, sind sie auch für $\mathfrak{M}^n$ richtig. Damit ist Hilfssatz 2 bewiesen.

Nunmehr geben wir für holomorph vollständige Mannigfaltigkeiten $\mathfrak{V}^n$ eine Konstruktion einer positiv definiten Kählerschen Metrik $'\Lambda$ an. Aus dem Axiom 2 und 4 der holomorph vollständigen Mannigfaltigkeit (s. § 1) folgt unmittelbar: $\mathfrak{V}^n$ ist durch eine abzählbare Folge von offenen Mengen $\mathfrak{U}_{j_\varkappa}$, $j_\varkappa \in I$, $\varkappa = 1, 2, 3 \ldots$, überdeckbar, derart, daß es zu jedem $\mathfrak{U}_{j_\varkappa}$ n in $\mathfrak{V}^n$ holomorphe Funktionen $f_1^{(\varkappa)} \ldots f_n^{(\varkappa)}$ gibt, die $\mathfrak{U}_{j_\varkappa}$ eineindeutig in den C^n abbilden. Ist nun $d_\varkappa$ eine Folge hinreichend kleiner positiver Zahlen, so daß

$$\sum_{\varkappa=1}^{\infty} \sum_{\lambda=1}^{n} \sup d_\varkappa \, f_\lambda^{(\varkappa)}(B) \cdot d_\varkappa \overline{f}_\lambda^{(\varkappa)}(B) \text{ für jede relativ kompakte Teilmenge } B \Subset$$

$\Subset \mathfrak{V}^n$ konvergiert, so erfüllt $\sum\limits_{\varkappa=1}^{\infty} \sum\limits_{\lambda=1}^{n} d_\varkappa \, f_\lambda^{(\varkappa)} \, d_\varkappa \overline{f}_\lambda^{(\varkappa)}$ die Voraussetzungen des Hilfssatzes 2. Nach einem Satz von W. F. Osgood [29]) über eineindeutige Abbildungen durch holomorphe Funktionen ist die Funktionalmatrix der Funktionen $f_1^{(\varkappa)} \ldots f_n^{(\varkappa)}$ in $U_{j_\varkappa}$ von null verschieden. Eine leichte Rechnung zeigt, daß deshalb die durch $d_\varkappa^2 \, (f_1^{(\varkappa)} \overline{f}_1^{(\varkappa)} + \cdots + f_n^{(\varkappa)} \overline{f}_n^{(\varkappa)})$ erzeugte Hermitesche Form in $\mathfrak{U}_{j_\varkappa}$ positiv definit ist. Da ferner die durch $'R_0 = \Sigma \Sigma \, d_\varkappa^2 \, f^{(\varkappa)} \overline{f}^{(\varkappa)}$ erzeugte Hermitesche Form $'\alpha_0 = \Sigma \, 'g_{\nu\overline{\mu}} \, dz_\nu \, d\bar{z}_\mu$ gleichmäßig konvergierende Summe der durch

---

[29]) W. F. Osgood, Lb. II$_1$, p. 117 (Satz 5).

$d_\varkappa^2 f_\lambda^{(\varkappa)} \overline{f}_\lambda^{(\varkappa)}$ erzeugten, in $\mathfrak{V}^n$ positiv semidefiniten Formen ist, muß $'\alpha_0$ in ganz $\mathfrak{V}^n$ positiv definit sein. Aus Satz 3 folgt dann, daß $\Lambda : ds^2 = \Sigma\, 'g_{\nu\bar\mu}\, dz_\nu\, d\bar z_\mu$ eine Kählersche Metrik in $\mathfrak{V}^n$ ist. Es gilt also:

Satz 6. *In jeder holomorph vollständigen Mannigfaltigkeit $\mathfrak{V}^n$ gibt es eine (positiv definite) Kählersche Metrik $'\Lambda$ mit einem globalen Potential $'R_0$.*

Die Aussage dieses Satzes läßt sich verschärfen:

Satz 7. *In jeder holomorph vollständigen Mannigfaltigkeit $\mathfrak{V}^n$ existiert eine vollständige Kählersche Metrik Λ mit einem globalen Potential R_0.*

Beweis. Es sei $\mathfrak{P}_\varkappa$, $\varkappa = 1, 2, 3 \ldots$, eine $\mathfrak{V}^n$ ausschöpfende Folge von analytischen Polyedern, bei der die $\mathfrak{P}_\varkappa \subset \mathfrak{P}_{\varkappa+1}$ liegen. $f_1^{(\varkappa)} \ldots f_{r_\varkappa}^{(\varkappa)}$ seien die definierenden Funktionen von $\mathfrak{P}_\varkappa$. In $\mathfrak{P}_{\varkappa-1}$ ist dann der Betrag der $f_\lambda^{(\varkappa)}$, $\lambda = 1 \ldots r_\varkappa$, kleiner als 1. Bilden wir $g_\lambda^{(\varkappa)} = \varkappa (f_\lambda^{(\varkappa)})^k$ mit genügend großem k, so ist daher $|g_\lambda^{(\varkappa)}|^2$ in $\mathfrak{P}_{\varkappa-1}$ kleiner als $\dfrac{2-\varkappa}{r_\varkappa}$. Die Summe $\sum\limits_{\varkappa=1}^{\infty} \sum\limits_{\lambda=1}^{r_\varkappa} g_\lambda^{(\varkappa)} \overline{g}_\lambda^{(\varkappa)}$ genügt also den Voraussetzungen des Hilfssatzes 2. Darum ist die durch $''R_0 = \sum\limits_\varkappa \sum\limits_\lambda g_\lambda^{(\varkappa)}\, \overline{g}_\lambda^{(\varkappa)}$ erzeugte Hermitesche Form $''\alpha_0 = \Sigma\, ''g_{\nu\bar\mu} dz_\nu\, d\bar z_\mu$ positiv semidefinit. Zeigen wir noch, daß die positiv semidefinite Kählersche Metrik $''\Lambda : ds^2 = \Sigma\, ''g_{\nu\bar\mu} dz_\nu\, d\bar z_\mu$ vollständig ist und addieren wir zu $''\Lambda$ die beim Beweis von Satz 6 konstruierte positiv definite Kählersche Metrik $'\Lambda : ds^2 = \Sigma\, 'g_{\nu\bar\mu} dz_\nu\, d\bar z_{\bar\mu}$ von $\mathfrak{V}^n$ hinzu, so ist $\Lambda : ds^2 = \Sigma\, g_{\nu\bar\mu} dz_\nu\, d\bar z_\mu$ mit $g_{\nu\bar\mu} = \, 'g_{\nu\bar\mu} + ''g_{\nu\bar\mu}$ eine positiv definite, vollständige Kählersche Metrik in $\mathfrak{V}^n$. Offenbar ist $R_0 = \, 'R_0 + ''R_0$ ein Potential von Λ, wobei $'R_0$ das Potential von $'\Lambda$ bezeichnet. Wir haben auf diese Weise eine Kählersche Metrik mit den in Satz 7 geforderten Eigenschaften gefunden.

Es werde nun der Beweis für die Vollständigkeit der Metrik $''\Lambda$ nachgeholt. x_0 sei ein Punkt aus $\mathfrak{P}_1$, der Punkt $y \in \mathfrak{V}^n$ liege außerhalb des Polyeders $\mathfrak{P}_\varkappa$, $\varkappa > 1$, ferner verbinde die differenzierbare Kurve K in $\mathfrak{V}^n$ die Punkte x_0 und y. Der Rand von $\mathfrak{P}_\varkappa$ wird von K in einem Punkt x_1 geschnitten. In x_1 gilt für eine der $\mathfrak{P}_\varkappa$ definierenden Funktionen $|f_{\lambda_1}^{(\varkappa)}| = 1$. Daher ist dort $|g_{\lambda_1}^{(\varkappa)}| = \varkappa$. Durch $z = g_{\lambda_1}^{(\varkappa)}$ wird eine holomorphe Abbildung von $\mathfrak{V}^n$ in die komplexe Zahlenebene der Veränderlichen z vermittelt. x_0 wird dabei auf einen Punkt $\bar x_0$ im Kreise $|z| < \sqrt{\dfrac{2-\varkappa}{r_\varkappa}} \leq 2^{-\frac{\varkappa}{2}}$ bezogen, der Bildpunkt $\bar x_1$ von x_1 liegt auf $|z| = \varkappa$, und das Bild $\bar K$ von K ist eine differenzierbare Kurve in der z-Ebene, die durch $\bar x_0$ und $\bar x_1$ verläuft. Bezeichnet $\Sigma\, {}^*g_{\nu\bar\mu} dz_\nu\, d\bar z_\mu$ die durch $g_{\lambda_1}^{(\varkappa)} \overline{g}_{\lambda_1}^{(\varkappa)}$ erzeugte Hermitesche Form, so besteht in jedem lokalen Koordinatensystem $(\mathfrak{U}_j, \Psi_j)$, $j \in I$, mit den Koordinaten $z_1 \ldots z_n$ die Beziehung:

$$ {}^*g_{\nu\bar\mu} = \frac{\partial g_{\lambda_1}^{(\varkappa)}}{\partial \bar z_\nu}\, \frac{\partial \overline{g}_{\lambda_1}^{(\varkappa)}}{\partial \bar z_\mu}\,. $$

Daher ist $\int\limits_K ds = \int\limits_{\bar K} |dz|$, wenn $ds^2 = \Sigma\, {}^*g_{\nu\bar\mu} dz_\nu\, d\bar z_\mu$ gesetzt wird. Nun gilt

$$ \int\limits_{\bar K} |dz| \geqq \left| \int\limits_{\bar x_0}^{\bar x_1} dz \right| > \varkappa - 2^{-\frac{\varkappa}{2}}\,. $$

Da diese Abschätzung für jede Kurve richtig ist, die x_0 mit y verbindet, ist die Entfernung von x_0 und y in bezug auf die Metrik ${}^*\Lambda : ds^2 = \Sigma\, {}^*g_{\nu\bar\mu} dz_\nu\, d\bar z_\mu$ größer als $\varkappa - 2^{-\frac{\varkappa}{2}}$. Das Gleiche gilt für die Entfernung in bezug auf $''\varLambda$, da $''\varLambda$ aus $*\varLambda$ durch Addition einer positiv semidefiniten Metrik entsteht. In jedem $P_\varkappa$ können nur endlich viele Punkte einer beliebigen sich in $\mathfrak{V}^n$ nicht häufenden Punktfolge $x_\varrho \in \mathfrak{V}^n$, $\varrho = 1, 2, 3, \ldots$, liegen. Somit wird der Abstand der x_ϱ von x_0 mit wachsendem ϱ unbeschränkt groß, q.e.d.

Fragen wir nun, ob jede Mannigfaltigkeit mit vollständiger Kählerscher Metrik holomorph-konvex ist, so zeigt sich, daß das nicht immer richtig ist. Es wird hier eine Konstruktion einer vollständigen Kählerschen Metrik im Raume $C^n - 0$ angegeben. $C^n - 0$ ist dabei die komplexe Mannigfaltigkeit, die aus dem Raum C^n der Veränderlichen $z_1 \ldots z_n$ durch Entfernung des Nullpunktes erhalten ist. Bekanntlich ist $C^n - 0$ für $n > 1$ nicht mehr holomorph-konvex[30]).

$g(w)$ sei für $w > 0$ eine reell-analytische Funktion mit folgenden drei Eigenschaften:

$$1.\ g(w) > 0,$$

$$2.\ \int_0^1 w\, g^2\, dw = d \text{ (endlich)},$$

$$3.\ \int_0^1 g\, dw = \infty.$$

Wir wählen etwa für $g(w)$ die Funktion $\dfrac{w-1}{w \ln w}$, die — wie man leicht nachrechnet — diese drei Eigenschaften hat. Setzt man nun $f(w) = \int_0^w wg^2 dw$ und $*U(w) = \int \dfrac{f}{w}\, dw$, so erzeugt $*U(z_1 \bar z_1 + \cdots + z_n \bar z_n)$ in $C^n - 0$ eine positiv semidefinite Hermitesche Form $\alpha_0 = \sum g_{\nu\bar\mu} dz_\nu d\bar z_\mu$. Es gilt nämlich:

$$g_{\nu\bar\nu} = *U' + *U'' z_\nu \bar z_\nu,\quad g_{\nu\bar\mu} = *U'' z_\mu \bar z_\nu,\ \text{wenn}\ \nu \neq \mu\ \text{und}\ *U' = \frac{\partial *U}{\partial w},\ *U'' = \frac{\partial^2 *U}{\partial w^2}$$

ist. Auf der komplex eindimensionalen Ebene $z_2 = z_3 = \cdots = z_n = 0$ ist daher:

$$\alpha_0 = \sum_\nu *U' dz_\nu d\bar z_\nu + *U'' z_1 \bar z_1\, dz_1\, d\bar z_1 \geqq (*U' + *U'' z_1 \bar z_1)\, dz_1\, d\bar z_1 =$$

$$= g^2 w\, dz_1\, d\bar z_1 \geqq w\, (g\, d\, r)^2,$$

wenn $w = z_1 \bar z_1 + \cdots + z_n \bar z_n$ und $r = \sqrt{w}$ gesetzt wird. α_0 ist durch ein Potential im $C^n - 0$ erzeugt, das nur vom euklidischen Abstand der Punkte vom Nullpunkt des C^n abhängt. Aus Satz 5 folgt deshalb, daß α_0 gegenüber unitären Drehungen invariant ist. Das Gleiche ist in natürlicher Weise für $w(g\,dr)^2$ richtig. Somit gilt allgemein im $C^n - 0$:

$$\alpha_0 \geqq w(g\,dr)^2.$$

Das hat zur Folge:

1. α_0 ist positiv semidefinit,

2. unter der darum positiv semidefiniten Kählerschen Metrik $*\varLambda : ds^2 = \sum g_{\nu\bar\mu} dz_\nu d\bar z_\mu$ ist der Nullpunkt 0 unendlich fern.

In der Tat! Ist x_0 ein Punkt aus $C^n - 0$ und konvergiert $x_\varkappa \in C^n - 0$, $\varkappa = 1, 2 \ldots$, gegen 0, sind w_0, $w_\varkappa$ die zugehörigen Abstandsquadrate von 0 und

---

[30]) Vgl. loc. cit.[11]).

verbindet die differenzierbare Kurve $K_\varkappa$ den Punkt x_0 mit $x_\varkappa$, so gilt:

$$\int\limits_{K_\varkappa} ds \geq \left| \int\limits_{K_\varkappa} r g\, dr \right| \geq 1/2 \left| \int\limits_{w_\varkappa}^{w_0} g\, dw \right| .$$

Aus Eigenschaft 3 von g ist ersichtlich, daß die Entfernungen von x_0 und $x_\varkappa$ in bezug auf $*\varLambda$ mit wachsendem $\varkappa$ gegen unendlich streben. Addieren wir noch zu $*\varLambda$ die euklidische Metrik $ds^2 = dz_1 d\bar{z}_1 + \cdots dz_n d\bar{z}_n$ hinzu, so erhalten wir im $C^n - 0$ eine vollständige (positiv-definite) Kählersche Metrik $\varLambda_n$, zu der $U_n = *U + z_1 \bar{z}_1 + \cdots + z_n \bar{z}_n$ ein Potential ist.

Dieses Resultat läßt sich ausnutzen, um Satz 7 zu verallgemeinern. Wir formulieren als Hauptsatz dieses Paragraphen:

Satz A. *Ist eine komplexe Mannigfaltigkeit $\mathfrak{M}^n$ aus einer holomorph vollständigen Mannigfaltigkeit $\mathfrak{V}^n$ durch Herausnahme einer beliebigen analytischen Menge A entstanden, so existiert in $\mathfrak{M}^n$ eine vollständige Kählersche Metrik.*

Beweis. A ist simultanes Nullstellengebilde von holomorphen Funktionen $f_0 \ldots f_n$ (vgl. Satz 2). $U = U_{n+1} \circ \tau$ ist Potential der durch die holomorphe Abbildung $\tau : z_0 = f_0 \ldots z_n = f_n$ nach $\mathfrak{V}^n - A$ übertragenen Kählerschen Metrik $\varLambda_{n+1}$. In bezug auf diese (in $\mathfrak{V}^n - A$ positiv semidefinite) Metrik sind die Punkte von A unendlich fern. Addiert man noch eine in V^n vollständige Kählersche Metrik hinzu, so erhält man eine in $M^n = V^n - A$ vollständige (positiv definite) Kählersche Metrik.

§ 4. Vollständige Kählersche Metrik in Reinhardtschen Körpern

Zunächst werde folgender Hilfssatz bewiesen:

Hilfssatz 3. *Sei $\mathfrak{M}^n$ eine komplexe Mannigfaltigkeit über dem Raume C^n der Veränderlichen $z_1 \ldots z_n$, die als Automorphismen die Drehungen $\tau(\vartheta_1 \ldots \vartheta_k)$: $z_\nu \rightarrow z_\nu e^{i\vartheta_\nu}$, $z_\mu \rightarrow z_\mu$, $\nu = 1 \ldots k$, $\mu = k + 1 \ldots n$, ϑ_ν reell, zuläßt. Sei $\tau(\vartheta_1 \ldots \vartheta_{\nu-1}, 2\pi, \vartheta_{\nu+1} \ldots \vartheta_k) = \tau(\vartheta_1 \ldots \vartheta_{\nu-1}, 0, \vartheta_{\nu+1} \ldots \vartheta_k)$ für $\nu = 1 \ldots k$. Ist dann $\varLambda$ eine Kählersche Metrik in $\mathfrak{M}^n$, so läßt sich aus $\varLambda$ eine Kählersche Metrik $\overset{\circ}{\varLambda}$ in $\mathfrak{M}^n$ konstruieren, derart, daß in bezug auf $\overset{\circ}{\varLambda}$ die Drehungen $\tau(\vartheta_1 \ldots \vartheta_k)$ isometrische Abbildungen sind. Ist $\varLambda$ in $\mathfrak{M}^n$ vollständig, so gilt Gleiches für $\overset{\circ}{\varLambda}$. Enthält eine Randpunktmenge $\{x\}_\tau^k$ von $\mathfrak{M}^n$ in bezug auf $\varLambda$ nur unendlichferne Punkte, so ist x in bezug auf $\overset{\circ}{\varLambda}$ ein unendlichferner Randpunkt[31]).*

Dabei ist $\{x\}_\tau^k$ eine einem Punkt oder Randpunkt x von $\mathfrak{M}^n$ in folgender Weise zugeordnete Menge:

Hat x die Koordinaten $z_1^{(0)} \ldots z_n^{(0)}$, so gibt es einen x enthaltenden k-fachen Torus von Punkten bzw. Randpunkten von $\mathfrak{M}^n$, die die Koordinaten $z_1^{(0)} e^{i\vartheta_1} \ldots z_k^{(0)} e^{i\vartheta_k}$, $z_{k+1}^{(0)} \ldots z_n^{(0)}$ besitzen. $\{x\}_\tau^k$ stimme mit den Punkten dieses Torus überein.

Beweis von Hilfssatz 3. Ist $\varLambda$ eine Metrik $ds^2 = \sum g_{\nu\bar{\mu}} dz_\nu d\bar{z}_\mu$, so bilde man $\overset{\circ}{\varLambda} : d\overset{\circ}{s}{}^2 = \sum \overset{\circ}{g}_{\nu\bar{\mu}} dz_\nu d\bar{z}_\mu$ mit den Koeffizienten:

$$\overset{\circ}{g}_{\nu\bar{\mu}}(z_1 \ldots z_n, \bar{z}_1 \ldots \bar{z}_n)$$

$$= \frac{1}{(2\pi)^k} \int\limits_0^{2\pi} \cdots \int\limits_0^{2\pi} d\vartheta_1 \ldots d\vartheta_k\, g(z_1 e^{i\vartheta_1} \ldots z_k e^{i\vartheta_k}, z_{k+1} \ldots z_n; \ldots) e^{i(\vartheta_\nu \sigma_\nu^k - \vartheta_\mu \sigma_\mu^k)}$$

$$(\sigma_\nu^k = 1 \text{ für } \nu \leq k, \ \sigma_\nu^k = 0 \text{ für } \nu > k).$$

____

[31]) Vgl. loc. cit. [26]).

Da die angegebene Konstruktion eine Mittelwertbildung über die Gruppe der $\tau(\vartheta_1 \ldots \vartheta_k)$ darstellt, ist $\overset{\circ}{\varLambda}$ Hermitesch, Kählersch, positiv definit und in bezug auf $\overset{\circ}{\varLambda}$ sind die $\tau(\vartheta_1 \ldots \vartheta_k)$ isometrische Abbildungen. Ferner sind die Koeffizienten $\overset{\circ}{g}_{\nu\bar\mu}$, wie man leicht sieht, reell-analytisch in $\mathfrak{M}^n$. Es bleiben also nur noch die beiden letzten Behauptungen des Hilfssatzes 3 zu zeigen.

Es seien x_0, x zwei beliebige Punkte von $\mathfrak{M}^n$, die durch eine differenzierbare Kurve $K : \{z_\varkappa(t), 0 \leq t \leq 1, \varkappa = 1 \ldots n\}$ in $\mathfrak{M}^n$ verbunden seien. Nach der Schwarzschen Ungleichung gilt für eine reelle, nicht negative Funktion $h(\vartheta_1 \ldots \vartheta_k)$, $0 \leq \vartheta_\nu \leq 2\pi$:

$$\sqrt{\frac{1}{(2\pi)^k} \int\limits_0^{2\pi} \cdots \int\limits_0^{2\pi} h\, d\vartheta_1 \ldots d\vartheta_k} \geq \frac{1}{(2\pi)^k} \int\limits_0^{2\pi} \cdots \int\limits_0^{2\pi} \sqrt{h}\, d\vartheta_1 \ldots d\vartheta_k.$$

Daraus ergibt sich:

$$\int\limits_K d\overset{\circ}{s} = \int\limits_0^1 \sqrt{\Sigma \overset{\circ}{g}_{\nu\bar\mu} \frac{dz_\nu}{dt} \frac{d\bar z_\mu}{dt}}\, dt \geq$$

$$\geq \frac{1}{(2\pi)^k} \int\limits_0^{2\pi} \cdots \int\limits_0^{2\pi} d\vartheta_1 \ldots d\vartheta_k \left(\int\limits_0^1 \sqrt{\Sigma g_{\nu\bar\mu}\, e^{i(\vartheta_\nu \sigma_\nu^k - \vartheta_\mu \sigma_\mu^k)} \frac{dz_\nu}{dt} \frac{d\bar z_\mu}{dt}}\, dt \right)$$

$$= \frac{1}{(2\pi)^k} \int\limits_0^{2\pi} \cdots \int\limits_0^{2\pi} d\vartheta_1 \ldots d\vartheta_k \int\limits_{K(\vartheta_1 \ldots \vartheta_k)} ds,$$

wenn $K(\vartheta_1 \ldots \vartheta_k)$ die Kurve der Punkte $z_1(t)\, e^{i\vartheta_1} \ldots z_k(t)\, e^{i\vartheta_k}$, $z_{k+1}(t) \ldots z_n(t)$ bezeichnet. $K(\vartheta_1 \ldots \vartheta_k)$ verbindet einen Punkt von $\{x_0\}_\tau^k$ mit einem Punkt von $\{x\}_\tau^k$. Darum ist $\int\limits_K d\overset{\circ}{s}$ größer als die Entfernung $E(\{x_0\}_\tau^k, \{x\}_\tau^k)$ von $\{x_0\}_\tau^k$ und $\{x\}_\tau^k$ in bezug auf $\varLambda$. Da die Entfernung von x_0 und x untere Grenze der Längen der Kurven ist, die x_0 mit x verbinden, gilt ferner, daß x_0 und x in bezug auf $\overset{\circ}{\varLambda}$ einen höchstens größeren Abstand $\overset{\circ}{E}(x_0, x)$ haben als $\{x_0\}_\tau^k$ und $\{x\}_\tau^k$ in bezug auf $\varLambda$. Ist $x_\nu \in M^n$ eine sich in M^n nicht häufende beliebige Punktfolge, so strebt, wenn $\varLambda$ vollständig ist, $E(\{x_0\}_\tau^k, \{x_\nu\}_\tau^k)$ mit wachsendem ν gegen unendlich. Denn anderenfalls gäbe es im Gegensatz zur Vollständigkeit von $\varLambda$ eine sich in $\mathfrak{M}^n$ nicht häufende Punktfolge $y_\nu \in \{x_\nu\}_\tau^k$, $\nu = 1, 2, 3, \ldots$, derart, daß die Entfernungen von x_0 und der Punkte einer unendlichen Teilmenge der y_ν in bezug auf $\varLambda$ beschränkt wären. Nach den vorangegangenen Überlegungen konvergiert nun auch $\overset{\circ}{E}(x_0, x_\nu)$ gegen unendlich. Das bedeutet, daß $\overset{\circ}{\varLambda}$ vollständig ist.

Ist $\{x\}_\tau^k$ eine Menge in bezug auf $\varLambda$ unendlich ferner Randpunkte, so ergeben ähnliche Überlegungen, daß x in bezug auf $\overset{\circ}{\varLambda}$ unendlich fern ist. Auf die Durchführung eines Beweises sei hier verzichtet.

Nachdem nun Hilfssatz 3 bewiesen ist, sei die Frage untersucht, ob die Vollständigkeit der Kählerschen Metrik nicht doch bei gewissen Mannigfaltigkeiten die Holomorphiekonvexität charakterisiert. Satz A zeigte nur, daß der Rand von $\mathfrak{M}^n$ keine niederdimensionalen Bestandteile enthalten darf. Es ist zweckmäßig, zuerst Untersuchungen an Reinhardtschen Körpern anzustellen.

Unter einem Reinhardtschen Körper $\mathfrak{K}^n$ wird bekanntlich eine Mannigfaltigkeit (Gebiet) über dem C^n verstanden, die als Automorphismen die Drehungen $\tau(\vartheta_1 \ldots \vartheta_n), \tau(\vartheta_1 \ldots \vartheta_{\nu-1}, 2\pi, \vartheta_{\nu+1} \ldots \vartheta_n) = \tau(\vartheta_1 \ldots \vartheta_{\nu-1}, 0, \vartheta_{\nu+1} \ldots \vartheta_n)$, $\nu = 1 \ldots n$, in sich zuläßt. Nennen wir eine Punktmenge $A_{i_1 \ldots i_s} = \{(z_1 \ldots z_n) \mid z_{i_1} = z_{i_2} = \cdots = z_{i_s} = 0\}$, $i_1 < i_2 < \cdots < i_s$, im C^n eine *n-s-dimensionale Achse* und bezeichnet $\overset{\smile}{\mathfrak{K}}{}^n$ den Reinhardtschen Körper, der aus $\mathfrak{K}^n$ durch Herausnahme der Punkte über den Achsen A_i, $i = 1 \ldots n$, entstanden ist, so sind $\ln z_i$, $i = 1 \ldots n$, mehrdeutige holomorphe Funktionen in $\overset{\smile}{\mathfrak{K}}{}^n$. Die durch $w_i = \ln z_i$ vermittelte (mehrdeutige) holomorphe Abbildung Γ von $\overset{\smile}{\mathfrak{K}}{}^n$ in den Raum $C^n(w)$ der Veränderlichen $w_1 \ldots w_n$ kann als eine holomorphe Abbildung von $\overset{\smile}{\mathfrak{K}}{}^n$ auf eine Mannigfaltigkeit $\mathfrak{T}^n$ über dem Raum $C^n(w)$ aufgefaßt werden. Da Γ in $\overset{\smile}{\mathfrak{K}}{}^n$ lokal-topologisch ist, folgt unmittelbar, daß Γ^{-1} die Mannigfaltigkeit $\mathfrak{T}^n$ eindeutig auf $\overset{\smile}{\mathfrak{K}}{}^n$ abbildet. Das Paar $(\mathfrak{T}^n, \Gamma^{-1})$ stellt also eine (unbegrenzte, unverzweigte) Überlagerung von $\overset{\smile}{\mathfrak{K}}{}^n$ dar. Der Gruppe $\tau(\vartheta_1 \ldots \vartheta_n)$ entspricht in $\mathfrak{T}^n$ die Automorphismengruppe $\Gamma \tau(\vartheta_1 \ldots \vartheta_n) \Gamma^{-1} = \sigma(\vartheta_1 \ldots \vartheta_n) : w_j \to w_j + i\vartheta_j, j = 1 \ldots n$. Nach S. Bochner heißen Mannigfaltigkeiten über dem C^n, die eine solche Automorphismengruppe besitzen, Tuben[32]). Setzt man $w_j = u_j + i v_j, j = 1 \ldots n$, so bilden die Punkte von $\mathfrak{T}^n$ mit reellen Koordinaten ein Gebiet $\mathfrak{L}$ über dem Raume der reellen Veränderlichen $u_1 \ldots u_n$. Man nennt nun $\mathfrak{K}^n$ *logarithmisch konvex*, wenn $\mathfrak{L}$ konvex im Sinne der Elementargeometrie ist. Wir beweisen folgenden

Satz 8. *Ein Reinhardtscher Körper $\mathfrak{K}^n$ mit vollständiger Kählerscher Metrik Λ ist logarithmisch konvex.*

Beweis. Nach Hilfssatz 3 ist $\overset{\circ}{\Lambda}$ in $\mathfrak{K}^n$ vollständig. Da $(\mathfrak{T}^n, \Gamma^{-1})$ eine Überlagerung von $\mathfrak{K}^n$ ist, ist jeder (im Endlichen gelegene) Randpunkt von $\mathfrak{T}^n$ in bezug auf die durch Γ^{-1} nach $\mathfrak{T}^n$ übertragene Kählersche Metrik $\overset{\circ}{\Lambda}$ unendlich fern. Es werde diese Metrik in $\mathfrak{T}^n$ mit $*\Lambda : ds^2 = \Sigma g_{\nu\overline{\mu}} dw_\nu d\overline{w}_\mu$ bezeichnet. Da die $\tau(\vartheta_1 \ldots \vartheta_n)$ in bezug auf $\overset{\circ}{\Lambda}$ isometrische Abbildungen von $\mathfrak{K}^n$ sind, müssen die $\sigma(\vartheta_1 \ldots \vartheta_n) : w_j \to w_j + i\vartheta_j$ in $\mathfrak{T}^n$ in bezug auf $*\Lambda$ isometrisch sein. Das bedeutet nichts anderes, als daß alle $g_{\nu\overline{\mu}}$ reine Funktionen der $u_1 \ldots u_n$ sind. Die Kählerschen Bedingungen

$$\frac{\partial g_{\nu\overline{\mu}}}{\partial w_\varkappa} = \frac{\partial g_{\varkappa\overline{\mu}}}{\partial w_\nu}, \qquad \frac{\partial g_{\nu\overline{\mu}}}{\partial \overline{w}_\varkappa} = \frac{\partial g_{\nu\varkappa}}{\partial \overline{w}_\mu}$$

ergeben darum nach Wirtinger[33]) die Beziehungen:

$$\frac{\partial g_{\nu\overline{\mu}}}{\partial u_\varkappa} = \frac{\partial g_{\varkappa\overline{\mu}}}{\partial u_\nu}.$$

---

[32]) S. Bochner und W. T. Martin: Several Complex Variables, p. 90. Princeton 1948.

[33]) Nach Wirtinger ist: $\dfrac{\partial f(z)}{\partial z} = \dfrac{1}{2}\left(\dfrac{\partial f}{\partial x} + \dfrac{1}{i} \dfrac{\partial f}{\partial y}\right)$, $\dfrac{\partial f(z)}{\partial \overline{z}} = \dfrac{1}{2}\left(\dfrac{\partial f}{\partial x} - \dfrac{1}{i} \dfrac{\partial f}{\partial y}\right)$.

$\alpha_\mu = \Sigma g_{\nu\bar\mu} du_\nu$ sind daher geschlossene Pfaffsche Formen in $\mathfrak{T}^n$, die auch als in $\mathfrak{L}$ gegeben betrachtet werden können. Wäre nun $\mathfrak{L}$ nicht konvex, so gäbe es zwei Punkte $x, y \in \mathfrak{L}$, deren Verbindungsstrecke $\overline{xy}$ nicht ganz in $\mathfrak{L}$ läge. Ist dann C ein differenzierbares Kurvenstück in $\mathfrak{L}$, das x mit y verbindet, so gibt es von x her einen ersten Punkt $x_0 \in C$, dessen Verbindungsstrecke $\overline{xx_0}$ mit x nicht ganz in $\mathfrak{L}$ liegt. Wir bezeichnen mit (a_i), $\Sigma a_i^2 \neq 0$, den Richtungsvektor von $\overrightarrow{xx_0}$. Ist $'x$ der erste Punkt auf $\overline{xx_0}$ von x her, der nicht zu $\mathfrak{L}$ gehört, so gilt:

$$\int\limits_{\overrightarrow{x'x}} \Sigma a_\mu \alpha_\mu = \int\limits_{t=0}^{t_1} \Sigma g_{\nu\bar\mu}(u_1^0 + a_1 t, \ldots, u_n^0 + a_n t)\, a_\nu a_\mu \, dt \geq \int\limits_{\overrightarrow{x'x}} ds - t_1 = +\infty\,,$$

weil $\Sigma g_{\nu\bar\mu} a_\nu a_\mu > 0$ und $'x$ ein unendlich ferner Randpunkt von $\mathfrak{T}^n$ und damit von $\mathfrak{L}$ ist. Dabei bezeichnen (u_ν^0) die Koordinaten von x und t_1 ist so bestimmt, daß $u_\nu^0 + a_\nu t_1$ mit den Koordinaten von $'x$ übereinstimmt. $x_\varkappa \in \mathfrak{L}$ sei eine Folge von Punkten, die auf C von x her gegen x_0 konvergiert. Seien nun die Richtungsvektoren der Strecken $\overrightarrow{xx_\varkappa}$ mit $(a_\mu^{(\varkappa)})$ bezeichnet! Da $\Sigma g_{\nu\bar\mu} a_\nu^{(\varkappa)} \overline{a}_\mu^{(\varkappa)} > 0$ in L ist, gilt dann aus Stetigkeitsgründen: $\lim\limits_{\varkappa\to\infty} \int\limits_{\overline{xx}_\varkappa} a_\mu^{(\varkappa)} \alpha_\mu = +\infty$. Andererseits ist aber $\overline{xx}_\varkappa$ homotop zu der Teilkurve $C_\varkappa$ von C, die aus den Punkten zwischen x und $x_\varkappa$ besteht. Es gilt daher nach Stokes:

$$\int\limits_{\overline{xx}_\varkappa} \Sigma a_\mu^{(\varkappa)} \alpha_\mu = \int\limits_{C_\varkappa} \Sigma a_\mu^{(\varkappa)} \alpha_\mu \leq \int\limits_C |\Sigma a_\mu^{(\varkappa)} \alpha_\mu| < M\,,$$

wobei M eine positive Zahl ist, die nicht von $\varkappa$ abhängt. Widerspruch! Damit ist Satz 8 bewiesen.

Wir merken noch an, daß ein konvexes Gebiet über dem Raum der Veränderlichen $u_1 \ldots u_n$ notwendig schlicht ist. Offenbar ist L genau dann schlicht, wenn $\mathfrak{T}^n$ bzw. $\mathfrak{R}^n$ schlicht ist. Ein *logarithmisch-konvexer Reinhardtscher Körper ist also schlicht*, d. h. ein Gebiet des C^n.

Im folgenden werden die Achsenbestandteile von Reinhardtschen Körpern mit vollständiger Kählerscher Metrik untersucht. Zunächst sei definiert:

1. *Die Punkte einer Achse* $A_{i_1 \ldots i_s}$, *die nicht auf einer Achse* $A_{j_1 \ldots j_{\tilde{s}}}$ *kleinerer Dimension* $(\tilde{s} > s)$ *liegen, heißen eigentliche Punkte von* $A_{i_1 \ldots i_s}$.

2. $A_{i_1 \ldots i_s}$ *heißt eine $\mathfrak{R}$-Achse in bezug auf einen Reinhardtschen Körper* $\mathfrak{R}^n \subset C^n$, *wenn wenigstens ein Punkt von* $A_{i_1 \ldots i_s}$ *zu* $\mathfrak{R}^n$ *gehört.*

3. *Unter der Projektion* L_i *einer Menge* $M \subset C^n$ *auf die Achse* A_i *wird die Menge* N *der Punkte* $(z_1 \ldots z_{i-1}, 0, z_{i+1}, \ldots, z_n) \in A_i$ *verstanden, zu denen wenigstens ein Punkt* $(z_1 \ldots z_{i-1}, z_i, z_{i+1} \ldots z_n)$ *zu* M *gehört.*

Offenbar ist ein Punkt $(z_1 \ldots z_n) \in A_{i_1 \ldots i_s}$ genau dann ein eigentlicher Punkt der Achse, wenn alle seine Koordinaten z_j, $j \neq i_\nu$, $\nu = 1 \ldots s$, von null verschieden sind.

Wir zeigen:

Hilfssatz 4. *Ist ein Reinhardtscher Körper* $\mathfrak{R}^n \subset C^n$ *logarithmisch konvex und ist* A_i *eine $\mathfrak{R}$-Achse, so schneidet jede Ebene* $E : \{(z_1 \ldots z_n) \,|\, z_j = a_j \neq 0$ *für* $j = 1 \ldots i-1,\ i+1 \ldots n\}$ *aus ihm einen im Mittelpunkt punktierten Kreis oder einen Vollkreis heraus, sofern sie überhaupt einen Punkt von* $\mathfrak{R}^n$ *trifft.*

Beweis. Wir konstruieren wieder — wie beim Beweise von Satz 8 — zu $\mathfrak{R}^n$ das (jetzt schlichte) Gebiet $\mathfrak{L}$ des $u_1 \ldots u_n$-Raumes. Offenbar ist die Behauptung des Hilfssatzes 4 mit folgender Aussage äquivalent:

Jede Gerade $D : \{(u_1 \ldots u_n) \mid u_j = \ln |a_j|, \ j = 1 \ldots i-1, \ i+1 \ldots n\}$, die wenigstens einen Punkt mit $\mathfrak{L}$ gemeinsam hat, schneidet aus $\mathfrak{L}$ eine Halbgerade $H : \{(u_1 \ldots u_n) \mid u_j = \ln|a_j|, \ j \neq i, \ |u_i| < r\}$ heraus.

A_i enthält als $\mathfrak{R}$-Achse wenigstens einen Punkt $(z_1^{(0)} \ldots z_{i-1}^{(0)}, 0, z_{i+1}^{(0)} \ldots z_n^{(0)}) \in$ $\in \mathfrak{R}^n$ mit $z_j \neq 0$ für $j \neq i$. Das bedeutet, daß der unendlichferne Punkt $(u_1^{(0)} \ldots u_{i-1}^{(0)}, -\infty, u_{i+1}^{(0)} \ldots u_n^{(0)})$, $u_j^{(0)} = \ln |z_j^{(0)}|$ für $j \neq i$, ein Randpunkt von $\mathfrak{L}$ ist. Da $\mathfrak{L}$ überdies konvex ist, muß die Verbindungsstrecke $H : \{(u_1 \ldots u_n) \mid u_j = b_j$ für $j \neq i, u_i < b_i\}$ von jeden Punkt $(b_1 \ldots b_n) \in \mathfrak{L}$ mit $(u_1^{(0)} \ldots -\infty \ldots u_n^{(0)})$ ganz zu $\mathfrak{L}$ gehören. Das ergibt sofort, daß jede Gerade D aus $\mathfrak{L}$ eine Halbgerade herausschneidet.

Wir zeigen nun einen weiteren Hilfssatz, der wesentlich die Existenz einer vollständigen Kählerschen Metrik voraussetzt:

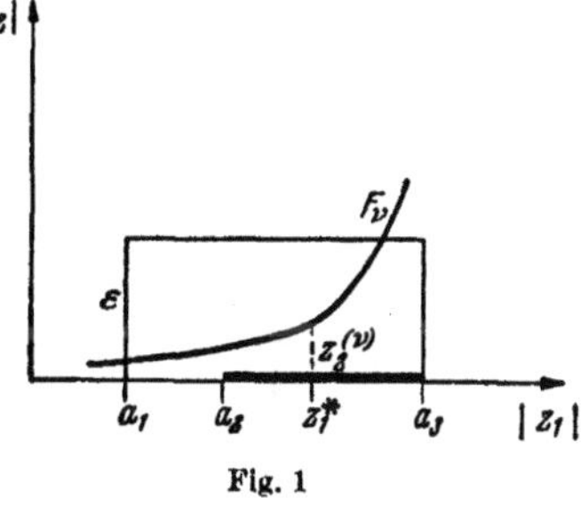

Fig. 1

Hilfssatz 5. *Es seien* $0 < a_1 < a_2 < a_3$, $\varepsilon > 0$, $\mathfrak{G}_1$ *sei im* z_1, z_2-*Raum das Gebiet* $\{(z_1, z_2) \mid a_1 < |z_1| < a_2, |z_2| < \varepsilon\}$ *und* $\mathfrak{G}_2$ *das Gebiet:* $\{(z_1, z_2) \mid a_1 < |z_1| < a_3, 0 < |z_2| < \varepsilon\}$. *Ist dann in* $\mathfrak{G} = \mathfrak{G}_1 \cup \mathfrak{G}_2$ *eine beliebige Kählersche Metrik* Λ *gegeben, so enthält die Randpunktmenge* $\{(z_1, z_2) \mid |z_1| = a_2, z_2 = 0\}$ *von* $\mathfrak{G}$ *sicher auch endlich ferne Randpunkte.*

Beweis. Angenommen Λ wäre eine Kählersche Metrik in $\mathfrak{G}$, in bezug auf die die Punkte $\{(z_1, z_2) \mid |z_1| = a_2, z_2 = 0\}$ unendlich fern sind. Wir bilden nach Hilfssatz 3 aus Λ die Metrik $\overset{\circ}{\Lambda} : d\overset{\circ}{s}{}^2 = \Sigma g_{\nu\bar\mu} dz_\nu d\bar z_\mu$, unter der die Drehungen $\tau(\vartheta_1 \ldots \vartheta_n)$ isometrische Abbildungen sind. Es gilt:

(1) $\overset{\circ}{\Lambda}$ *besitzt in* $\mathfrak{G}$ *ein reell-analytisches Potential* $U(|z_1|, |z_2|)$.

Zum Beweise von (1) bilden wir $\mathfrak{G} - A_2$ durch die Transformation $w_i = \ln z_i$, $i = 1, 2$, auf eine Tube $\mathfrak{T} : \{(w_1, w_2) \mid \ln a_1 < u_1 < \ln a_3, u_2 < \ln \varepsilon, w_1 = u_1 + iv_1, w_2 = u_2 + iv_2\}$ ab. Die dabei nach $\mathfrak{T}$ übertragene Kählersche Metrik $\overset{\circ}{\Lambda}$ sei mit $*\Lambda : ds^2 = \Sigma g_{\nu\bar\mu} dw_\nu d\bar w_\mu$ bezeichnet. Die $g_{\nu\bar\mu}$ sind — wie beim Beweis von Satz 8 — vom Imaginärteil der w_i unabhängig. Deshalb folgt aus den Kählerschen Bedingungen für die Beschränkung $'\Lambda$ von $*\Lambda$ auf $\mathfrak{L}$, daß $\omega_\nu = \Sigma g_{\nu\bar\mu} du_\mu$ und $\alpha = du_1 \int \omega_1 + du_2 \int \omega_2$ geschlossene Differentialformen sind. In $'\mathfrak{G} : \left\{(z_1, z_2) \mid 'a_1 < |z_1| < 'a_2, |z_2| < \dfrac{\varepsilon}{2}\right\}$ mit $a_1 < 'a_1 < 'a_2 < a_2$ ist $|\overset{\circ}{g}_{\nu\bar\mu}| < M$, wenn M hinreichend groß gewählt ist. Daher gilt in $'\mathfrak{L} : \left\{(u_1, u_2) \mid \ln 'a_1 < u_1 < \ln 'a_2, u_2 < \ln \dfrac{\varepsilon}{2}\right\}$ die Ungleichung: $|g_{22}| < M e^{2u}$. Das ergibt, daß

$$*U = \int\limits_{(u^0, -\infty)}^{(u_1, u_2)} \left(du_1 \int\limits_{(u_1^\circ, -\infty)} \omega_1 + du_2 \int\limits_{(u_1^\circ, -\infty)} \omega_2 \right)$$

eine in $'\mathfrak{L}$ beschränkte Funktion ist. Ferner wird $*U$ durch obiges Integral in ganz $\mathfrak{L}$ definiert, und es gilt dort: $g_{\nu\overline{\mu}} = \dfrac{\partial^2 \, {}^*U}{\partial u_\nu \, \partial u_\mu}$. Setzen wir in $\mathfrak{T}$: $\widetilde{U}(w_1, w_2)$ $= 4\,{}^*U(u_1, u_2)$, so ist $\dfrac{\partial^2 \widetilde{U}}{\partial w_\nu \, \partial \overline{w}_\mu} = \dfrac{\partial^2 \, {}^*U}{\partial u_\nu \partial u_\mu} = g_{\nu\overline{\mu}}$. $\widetilde{U}$ ist also in T Potential von ${}^*\varLambda$.

Satz 5 ergibt, daß $U(|z_1|, |z_2|) = \widetilde{U}(\ln z_1, \ln z_2)$ ein Potential von $\mathring{\varLambda}$ in $\mathfrak{G} - A_2$ ist. In $'\mathfrak{G}$ gilt ferner, $|U(|z_1|, |z_2|)| < N$, wenn N hinreichend groß gewählt ist.

Nun gibt es nach einem Satz von E. Kähler[34]) in einer Umgebung $\mathfrak{V}(P)$ jedes Punktes $P \in \mathfrak{G}$ ein Potential U_P von $\mathring{\varLambda}$. Insbesondere gilt das für $P \, \varepsilon \, A_2 \cap '\mathfrak{G}$. Da U in einer Umgebung eines jeden dieser Punkte beschränkt ist, ist auch $U - U_P$ in der Nähe von P beschränkt. Ferner ist $U - U_P$ in $\mathfrak{V}(P) - A_2$ biharmonisch. Ein bekannter Satz über die Singularitäten biharmonischer Funktionen sagt aus, daß sich $U - U_P$ zu $H(z_1, z_2)$ biharmonisch in P fortsetzen läßt[34a]). $H(z_1, z_2) + U_P$ ist dann eine eindeutig bestimmte reellanalytische Fortsetzung von U in P. Wir können also durch Fortsetzung von U in jeden Punkt $P \in A_2 \cap \mathfrak{G}$ unsere Potentialfunktion U in ganz $\mathfrak{G}$ definieren. Aus Stetigkeitsgründen ist U überall in $\mathfrak{G}$ Potential von $\mathring{\varLambda}$.

Wir untersuchen nun das Verhalten von $U(|z_1|, |z_2|)$ in der Nähe des Randes von $\mathfrak{G}$. Es gilt:

(2) $U(|z_1|, |z_2|)$ *ist in der Umgebung jedes Randpunktes*: $({}^*z_1, 0)$, $a_2 < |{}^*z_1| < a_3$, *nach oben hin unbeschränkt.*

In der Tat! Bilden wir ${}^*U(u, |z_2|) = U(e^u, |z_2|)$, so gilt: $\dfrac{\partial^2 \, {}^*U}{\partial u^2} = {}^4g_{11} > 0$ und daher für $\ln a_1 < u^0 < \ln a_2$:

$$(\lambda) \qquad\qquad {}^*U(u, |z_2|) \geqq \frac{\partial^* U(u^0, |z_2|)}{\partial u}(u - u^0) + {}^*U(u^0, |z_2|).$$

Ferner ist

$$\frac{\partial^* U(u,0)}{\partial u} = \frac{\partial^* U(b,0)}{\partial u} + \int_b^u \frac{\partial^2 \, {}^*U(u,0)}{\partial u^2}\, du \geqq$$

$$\geqq \int_b^u \sqrt{\frac{\partial^2 \, {}^*U}{\partial u^2}}\, du - |u - b| - \left| \frac{\partial^* U(b,0)}{\partial u} \right|$$

für $a_1 < b < a_2$. Da die Punkte $\{(z_1, z_2) \mid |z_1| = a_2,\ z_2 = 0\}$ in bezug auf $\varLambda$ und damit nach Hilfssatz 3 auch in bezug auf $\mathring{\varLambda}$ unendlich fern sind und $\sqrt{\dfrac{\partial^2 U}{\partial u^2}}\, du = 4\, d\mathring{s}$ ist, folgt, daß $\dfrac{\partial^* U(u,0)}{\partial u}$ für $u \to \ln a_2$ gegen $+\infty$ strebt. Aus Stetigkeitsgründen gibt es deshalb auch eine Folge von Punkten $(u^{(\nu)}, z_2^{(\nu)}) \to$ $\to (\ln a_2, 0)$ mit $\ln a_1 < u^{(\nu)} < \ln a_2$, $0 < |z_2^{(\nu)}| < \varepsilon$, derart, daß $\lim\limits_{\nu \to \infty} \dfrac{\partial^* U\big(u^{(\nu)}, |z_2^{(\nu)}|\big)}{\partial u}$ $= + \infty$ ist. Es gilt nach (λ) für ${}^*u = \ln |{}^*z_1|$:

$$U(|{}^*z_1|, |z_2^{(\nu)}|) = {}^*U({}^*u, |z_2^{(\nu)}|) \geqq \frac{\partial^* U\big(u^{(\nu)}, |z_2^{(\nu)}|\big)}{\partial u}({}^*u - u^{(\nu)}) + {}^*U(u^{(\nu)}, |z_2^{(\nu)}|).$$

---

[34]) E. Kähler, loc. cit.[6]).

[34a]) Vgl. H. Grauert und R. Remmert, Plurisubharmonische Funktionen in komplexen Räumen. Math. Z. 1956.

Ferner ergibt unsere Ungleichung (λ), da auf einer Fläche $\left\{(u, z_2) \mid u = c, |z_2| < \dfrac{\varepsilon}{2}\right\}$ mit $\ln a_1 < c < \ln a_2$ sowohl $*U$ als auch $\dfrac{\partial *U}{\partial u}$ beschränkt ist, daß $*U$ in einer Umgebung von $(\ln a_2, 0)$ sicher nach unten hin beschränkt ist $(*U > M)$. Daher gilt

$$U(|*z_1|, |z_2^{(\nu)}|) \geqq \frac{\partial *U\big(u^{(\nu)}, |z_2^{(\nu)}|\big)}{\partial u} (*u - u^{(\nu)}) + M.$$

Somit ist $\lim_{\nu \to \infty} U(|*z_1|, |z_2^{(\nu)}|) = +\infty$, d. h. U ist in der Nähe von $(*z_1, 0)$ nach oben hin unbeschränkt, q.e.d.

Der Beweis von (2) zeigte, daß es eine Folge von Punkten $(*z_1, z_2^{(\nu)}) \to (*z_1, 0)$ gibt, derart, daß die Folge $U(|*z_1|, |z_2^{(\nu)}|)$ gegen $+\infty$ strebt. Sind dann $\widetilde{\mathfrak{S}}$ ein Gebiet: $\left\{b < |z_1| < c, |z_2| < \dfrac{\varepsilon}{2}\right\}$, $a_1 < b < a_2 < |z_1^*| < c < a_3$ und F_ν eine Folge von analytischen Flächen $z_2 = z_2^{(\nu)} \left(\dfrac{z_1}{*z_1}\right)^{k_\nu}$ mit so großen k_ν, daß jedes F_ν nur mit dem Teilrand $B: \left\{(z_1, z_2) \in rd \, \widetilde{\mathfrak{S}} \mid |z_2| = \dfrac{\varepsilon}{2}\right\} \cup \{(z_1, z_2) \in rd \, \widetilde{\mathfrak{S}}, |z_1| = b\}$ des Randes $rd \, \widetilde{\mathfrak{S}}$ von $\widetilde{\mathfrak{S}}$ Punkte gemeinsam hat, so gilt auf $rd \, F_\nu = F_\nu \cap B$ für ein von ν unabhängiges M die Ungleichung $|U| < M$. Die Beschränkung $'U_\nu$ von U auf $F_\nu \cap \widetilde{\mathfrak{S}}$ wird daher bei hinreichend großem ν in $(*z_1, z_2^{(\nu)})$ größer als auf $rd \, F_\nu$ und nimmt im Innern von $F_\nu \cap \widetilde{\mathfrak{S}}$ ihr Maximum an. Andererseits ist U in $\mathfrak{S}$ eine bisubharmonische Funktion. $'U_\nu$ ist deshalb auf F_ν subharmonisch[35]). Ein bekannter Satz über subharmonische Funktionen sagt aber aus, daß eine subharmonische, nicht konstante Funktion im Innern von F_ν ihr Maximum nicht annehmen kann. Widerspruch! Damit ist Hilfssatz 5 bewiesen.

Die beiden Hilfssätze werden verwendet, um einen für die weiteren Betrachtungen dieses Paragraphen grundlegenden Satz zu beweisen:

Satz 9. *Ist $\mathfrak{K}^n \subset C^n$ ein (schlichter) Reinhardtscher Körper mit vollständiger Kählerscher Metrik und ist A_i eine K-Achse von $\mathfrak{K}^n$, so liegen die eigentlichen Punkte der L_i-Projektion von $\mathfrak{K}^n$ auf A_i in $\mathfrak{K}^n$.*

Beweis. Es sei $\breve{A}_i$ die Menge der eigentlichen Punkte von A_i. Sicher gilt $\mathfrak{D} = \breve{A}_i \cap \mathfrak{K}^n \subset \breve{A}_i \cap L_i(\mathfrak{K}^n)$. Da ferner $\breve{A}_i \cap L_i(\mathfrak{K}^n)$ ein zusammenhängendes Gebiet in $\breve{A}_i$ ist, stimmt $\mathfrak{D}$ dann und nur dann mit $\breve{A}_i \cap L_i(\mathfrak{K}^n)$ überein, wenn $\breve{A}_i \cap L_i(\mathfrak{K}^n)$ keinen Randpunkt von $\mathfrak{D}$ enthält. Angenommen $P(z_1^0 \ldots z_n^0) \in \breve{A}_i \cap L_i(\mathfrak{K}^n)$ wäre ein solcher Randpunkt von $\mathfrak{D}$. Nach Hilfssatz 4 schneidet dann, wenn d so klein gewählt ist, daß $\mathfrak{B}: \{(z_1 \ldots z_n) \in A_i, |z_j - z_j^0| < d, j = 1 \ldots n\} \subset\subset \breve{A}_i \cap L_i(\mathfrak{K}^n)$ gilt, jede eindimensionale Ebene $E_{(b_j)}: \{(z_1 \ldots z_n) \mid z_j = b_j \text{ für } j \neq i\}$, $(b_1 \ldots b_n) \in \mathfrak{B}$ aus $\mathfrak{K}^n$ einen Vollkreis oder einen im Mittelpunkt punktierten Kreis heraus. Es gibt deshalb ein $\varepsilon > 0$, so daß $*\mathfrak{S}: \{(z_1 \ldots z_n) \mid L_i(z_1 \ldots z_n) \in \mathfrak{B}, 0 < |z_i| < \varepsilon\}$ in $\mathfrak{K}^n$ enthalten ist. Da ferner P Randpunkt von $\mathfrak{D}$ ist, können wir reelle Konstanten $a_1 > 0, a_3 > 0, \nu_1 \ldots \nu_n$, so bestimmen,

---

daß die eindimensionale Fläche $F(t):\{(z_1\ldots z_n)\,|\,z_j=z_j^0\,t^{\nu j},z_i=0,j\neq i,a_1\leqq|t|\leqq$ $\leqq a_3\}$ in $\mathfrak{B}$ enthalten ist und daß die Punkte von $F(t)$, $|t|=a_1$, zu $\mathfrak{D}$ gehören. Die Punkte von $F(t)$ mit $|t|=1$ sind Randpunkte von $\mathfrak{D}$. Wir können deshalb eine reelle Zahl $a_2>a_1$, $a_2\leqq 1$ so wählen, daß die Menge $\{(z_1\ldots z_n)\,|\,|z_j|$ $=|z_j^0|\cdot|a_2|^{\nu j},\ z_i=0\}$ Randpunktmenge von $\mathfrak{D}$ ist und daß $\{(z_1\ldots z_n)\,|\,z_j$ $=z_j^0\,t^{\nu j},\ z_i=0,\ a_1<|t|<a_2\}$ ganz zu D gehört. Sind dann $\mathfrak{G}_1$ der Reinhardtsche Körper $\{(t,z_i)\,|\,a_1<|t|<a_2,\ |z_i|<\varepsilon\}$ und $\mathfrak{G}_2$ der Reinhardtsche Körper $\{(t,z_i)\,|\,a_1<|t|<a_3,\ 0<|z_i|<\varepsilon\}$, und ist $*\Lambda$ die durch die Abbildung $z_j=z_j^0\,t^{\nu j}$, $z_i=z_i$ nach $\mathfrak{G}=\mathfrak{G}_1\cup\mathfrak{G}_2$ übertragene Kählersche Metrik Λ, so sind in bezug auf $*\Lambda$ die Randpunkte $\{(t,z_i)\,|\,|t|=a_2,z_i=0\}$ von $\mathfrak{G}$ unendlich fern. Da außerdem $\mathfrak{G}$ den weiteren Voraussetzungen des Hilfssatzes 5 genügt, ergibt dieser Hilfssatz dazu einen Widerspruch. Damit ist Satz 9 bewiesen.

Wir werden nun zeigen, daß man einen Reinhardtschen Körper mit vollständiger Kählerscher Metrik durch Zufügen von Achsenpunkten zu einem Holomorphiegebiet ergänzen kann. Zu dem Zwecke beweisen wir die Hilfssätze 6_s, $s=1\ldots n$, und 7.

Hilfssatz 6_s. *Eine $\mathfrak{R}$-Achse $A_{i_1\cdots i_k\cdots i_s}$, $k=1\ldots s$, schneidet aus einem Reinhardtschen Körper $\mathfrak{R}^n$ mit vollständiger Kählerscher Metrik Λ einen zusammenhängenden Reinhardtschen Körper $\widetilde{\mathfrak{R}}^{n-s}$ im Raume der Veränderlichen $z_{j_1}\ldots z_{j_{n-s}}$, $j_1<j_2<\ldots j_{n-s}$, $i_\varrho\neq j_\varkappa$, $\varrho=1\ldots s$, $\varkappa=1\ldots n-s$, heraus. Die eigentlichen Punkte von $A_{i_1\ldots i_s}$, die zu der L_{i_k}-Projektion von $\mathfrak{R}^n$ gehören, liegen in $\widetilde{\mathfrak{R}}^{n-s}$.*

Der Beweis ergibt sich durch Induktion:

a) 6_1: Da nach Voraussetzung $\widetilde{\mathfrak{R}}^{n-1}=\mathfrak{R}^n\cap A_i$ nicht leer ist, ist $\mathfrak{R}^n\cap A_i$ aus Symmetriegründen ein Reinhardtscher Bereich. Wenn $\breve{A}_i$ die Menge der eigentlichen Punkte von A_i bezeichnet, folgt aus Satz 9: $\mathfrak{R}^n\cap\breve{A}_i=L_i(\mathfrak{R}^n)\cap\breve{A}_i$, also der zweite Teil der Behauptung von Hilfssatz 6_1. Da ferner $\mathfrak{R}^n$ zusammenhängend ist, muß auch $\widetilde{\widetilde{\mathfrak{R}}}^{n-1}=\mathfrak{R}_n\cap\breve{A}_i=L_i(\mathfrak{R}^n)\cap\breve{A}_i$ zusammenhängend und damit $\widetilde{\mathfrak{R}}^{n-1}$ ein Reinhardtscher Körper sein.

b) Aus 6_s folgt 6_{s+1}:

Eine $\mathfrak{R}$-Achse $A_{i_1\cdots i_k\cdots i_{s+1}}$ liegt in der $\mathfrak{R}$-Achse $A_{i_1\cdots i_{k-1}i_{k+1}\cdots i_{s+1}}$. Diese schneidet nach Induktionsvoraussetzung aus $\mathfrak{R}^n$ einen Reinhardtschen Körper $\widetilde{\mathfrak{R}}^{n-s}$ mit den Koordinaten $z_{j_1}\ldots z_{j_{n-s-1}}$, z_{i_k}, $j_\varrho\neq i_\nu$, heraus. Die Beschränkung von Λ auf $\widetilde{\mathfrak{R}}^{n-s}$ ist in $\widetilde{\mathfrak{R}}^{n-s}$ eine vollständige Kählersche Metrik, die $\widetilde{A}_{i_k}$-Achse des $(z_{j_1}\ldots z_{j_{n-s-1}},z_{i_k})$-Raumes $*C^{n-s}$ entspricht der $A_{i_1\cdots i_{s+1}}$-Achse des C^n, die $\widetilde{L}_{i_k}$-Projektion im $*C^{n-s}$ ist gleich der Beschränkung der L_{i_k}-Projektion. Damit tritt Fall a) ein.

Nun sei unter einer a-*Achse* eine Achse des C^n verstanden, die keine Punkte von $\mathfrak{R}^n$ enthält. Es ergibt sich:

Hilfssatz 7. *Ist $\mathfrak{R}^n\subset C^n$ ein Reinhardtscher Körper mit vollständiger Kählerscher Metrik, M Vereinigung von null oder mehreren Achsen des C^n, liegt $P\in C^n$ nicht auf einer a-Achse und gibt es ferner eine Umgebung $\mathfrak{U}(P)$, so daß $\mathfrak{U}-M\subset\mathfrak{R}^n$ ist, so gehört P zu $\mathfrak{R}^n$.*

Zum Beweise kann $\mathfrak{U}$ so klein gewählt werden, daß $\mathfrak{U}$ keinen Punkt mit einer a-Achse gemeinsam hat. Es sei dann M^* die kleinstmögliche Vereinigungsmenge von null oder mehreren $\mathfrak{K}$-Achsen, derart, daß noch $\mathfrak{U} - M^* \subset \mathfrak{K}^n$ gilt. Sofern M^* nicht leer ist, gibt es in M^* eine Achse $A_{i_1} \ldots {}_{i_s}$ maximaler Dimension. $A_{i_1} \ldots {}_{i_s}$ enthält sicher einen eigentlichen Punkt $Q \in \mathfrak{U}$, der nicht in $\mathfrak{K}^n$ liegt. Um Q gibt es eine Umgebung $\mathfrak{V} \subset \mathfrak{U}$, in der nur Punkte von M^* liegen, die zu den eigentlichen Punkten von $A_{i_1} \ldots {}_{i_s}$ gehören. Es gilt also $\mathfrak{V} - A_{i_1} \ldots {}_{i_s} \subset \mathfrak{K}^n$. Hilfssatz 6 ergibt: $\mathfrak{V} \cap A_{i_1} \ldots {}_{i_s} \cap \mathfrak{K}^n = A_{i_1} \ldots {}_{i_s} \cap \cap L_i(\mathfrak{K}^n) \cap \mathfrak{V}$. Da $\mathfrak{V} - A_{i_1} \ldots {}_{i_s}$ und damit $\mathfrak{K}^n$ die Menge $\mathfrak{V} \cap A_{i_1} \ldots {}_{i_s}$ ganz umschließt, folgt: $\mathfrak{V} \cap A_{i_1} \ldots {}_{i_s} \subset \mathfrak{K}^n$, also auch $Q \in \mathfrak{K}^n$. Der so zu $Q \notin \mathfrak{K}^n$ gewonnene Widerspruch löst sich nur so, daß M^* leer ist, daß $\mathfrak{U}$ und damit P in $\mathfrak{K}^n$ enthalten sind. Das war zu beweisen.

Wir bezeichnen jetzt mit M die Vereinigung aller a-Achsen der Dimension $n - s < n - 1$. Ein Punkt $P \in M$ heiße ein $\mathfrak{K}$-Punkt, wenn es eine Umgebung $\mathfrak{U}$, $\mathfrak{U} - M \subset \mathfrak{K}^n$ von P gibt. Fügt man alle $\mathfrak{K}$-Punkte zu $\mathfrak{K}^n$ hinzu, so entsteht ein Gebiet ${}^*\mathfrak{K}^n$, das aus Symmetriegründen sogar ein Reinhardtscher Körper ist.

Satz 10. *Existiert in $\mathfrak{K}^n$ eine vollständige Kählersche Metrik, so ist ${}^*\mathfrak{K}^n$ relativ vollständig.*

Diese in Satz 10 behauptete Eigenschaft bedeutet, daß $L_i({}^*\mathfrak{K}^n) = {}^*\mathfrak{K}^n \cap A_i$ für jede ${}^*\mathfrak{K}$-Achse A_i ist. Ein von K. STEIN und S. HITOTUMATU bewiesener Satz sagt aus, daß jeder logarithmisch konvexe relativ vollständige Reinhardtsche Körper holomorphkonvex, also ein Holomorphiegebiet ist[36]). Mit Satz 8 und Satz 10 ergibt das:

Satz 11. *Existiert in $\mathfrak{K}^n$ eine vollständige Kählersche Metrik, so ist ${}^*\mathfrak{K}^n$ holomorphkonvex.*

Wir beweisen nun den Satz 10. Liegt ein Punkt $\overline{P}(z_1^0 \ldots z_{i-1}^0, 0, z_{i+1}^0, \ldots z_n^0) \in {}\in L_i({}^*\mathfrak{K}^n)$ einer ${}^*\mathfrak{K}$-Achse A_i nicht in ${}^*\mathfrak{K}^n$, so ist $\overline{P}$ wegen Hilfssatz 6 notwendig eigentlicher Punkt einer a-Achse von $\mathfrak{K}^n$. N' sei die Vereinigung aller in A_i enthaltenen a-Achsen und N die Menge der Punkte des C^n, die durch L_i auf N' abgebildet werden. N ist wieder Vereinigung von Achsen und enthält M, die Vereinigungsmenge aller a-Achsen.

Nach Voraussetzung gibt es einen Punkt $P(z_1^0 \ldots z_i^0, \ldots z_n^0) \in {}^*\mathfrak{K}^n$, $z_i^0 \neq 0$, der durch L_i auf $\overline{P}$ abgebildet wird. Um diesen Punkt legen wir eine Umgebung $\widetilde{\mathfrak{U}} : \{(z_1 \ldots z_n) \mid a < |z_i| < b, \ (z_1 \ldots z_{i-1}, 0, z_{i+1}, \ldots z_n) \in \mathfrak{V}\}$, derart, daß $\widetilde{\mathfrak{U}} - M \subset \mathfrak{K}^n$ und damit $\widetilde{\mathfrak{U}} - N \subset \mathfrak{K}^n$ gilt. Dabei ist $0 < a < b$ und $\mathfrak{V}$ eine Umgebung von $\overline{P}$ innerhalb von A_i. Da N' die Vereinigungsmenge der a-Achsen in A_i ist, ist jeder Punkt von $\mathfrak{V} - N'$ eigentlicher Punkt einer $\mathfrak{K}$-Achse. Nach Hilfssatz 6 gilt daher $\mathfrak{V} - N' \subset \mathfrak{K}^n$. Aus Hilfssatz 4 ergibt sich ferner unmittelbar, daß $\mathfrak{U} - N$ mit $\mathfrak{U} : \{(z_1 \ldots z_n) \mid L_i(z_1 \ldots z_n) \in \mathfrak{V}, |z_i| < b\}$ in $\mathfrak{K}^n$ enthalten ist. Hilfssatz 7 ergibt dann, daß auch alle Punkte von $N \cap \mathfrak{U}$ zu $\mathfrak{K}^n$ gehören, die nicht auf einer a-Achse liegen. Also gilt $\mathfrak{U} - M \subset \mathfrak{K}^n$ und damit,

[36]) K. STEIN: Zur Theorie der Funktionen mehrerer komplexer Veränderlichen. Die Regularitätshüllen niederdimensionaler Mannigfaltigkeiten. Math. Ann. 114, 543—569 (1937), hier bes. S. 557, Hilfssatz 1. Vgl. ferner S. HITOTUMATU: Note on the Envelope of Regularity of a Tube Domain. Proc. of the Jap. Acad. 26, 7, 21—25 (1950).

da $\mathfrak{U}$ eine Umgebung von $\overline{P}$ ist, $\overline{P} \in {}^{*}\mathfrak{K}^n$. Widerspruch. Es muß $L_i({}^{*}\mathfrak{K}^n)$ $= {}^{*}\mathfrak{K}^n \cap A_i$ sein, q.e.d.

Wir fassen nun Satz 11 und Satz A zu dem Hauptsatz dieses Paragraphen zusammen. Dabei ist zu beachten, daß ein holomorphkonvexer Reinhardtscher Körper eine spezielle holomorph vollständige Mannigfaltigkeit ist.

Satz B. *In einem Reinhardtschen Körper $\mathfrak{K}^n$ existiert dann und nur dann eine vollständige Kählersche Metrik mit reellanalytischen Koeffizienten, wenn $\mathfrak{K}^n$ durch Herausnahme von Achsen der Dimension $k \leq n - 2$ aus einem holomorphkonvexen Reinhardtschen Körper entstanden ist.*

§ 5. Ein Kontinuitätssatz für Gebiete mit vollständiger Kählerscher Metrik. Minimalflächen

Unter einer *Schar eindimensionaler analytischer Flächen $F(t)$* im Raume C^n von n komplexen Veränderlichen $z_1 \ldots z_n$ werde im folgenden eine noch von einem reellen Parameter t, $0 \leq t \leq 1$, abhängende holomorphe Abbildung $z_\nu = f_\nu(z, t)$, $\nu = 1 \ldots n$, (einer Umgebung) eines Kreises $K: |z| \leq d$ in den C^n verstanden. Dabei sei vorausgesetzt, daß die $f_\nu(z, t)$ in allen Variablen wenigstens einmal stetig differenzierbar sind. Es folgt folgender

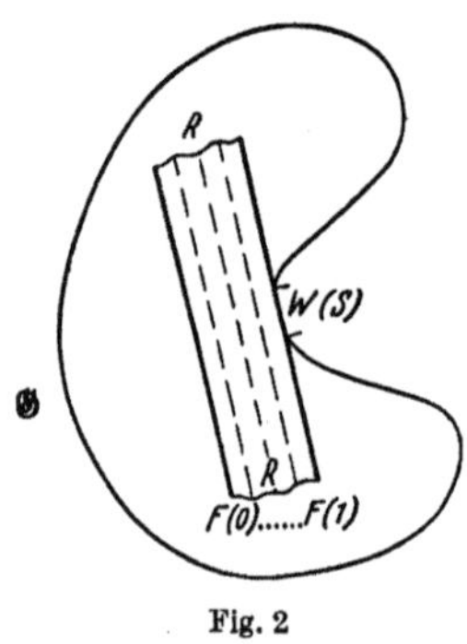

Fig. 2

Satz 12. *Ist zu einem Gebiet $\mathfrak{G} \subset C^n$ eine Schar analytischer Flächen $F(t)$, $0 \leq t \leq 1$, definiert, derart, daß*

a) die Menge $R: \{(z_1 \ldots z_n) \mid z_\nu = f_\nu(de^{i\vartheta}, t), \vartheta \text{ reell}, 0 \leq t \leq 1\}$ in $\mathfrak{G}$ enthalten ist,

b) $F(t)$ für $0 \leq t < 1$ in $\mathfrak{G}$ liegt,

c) $F(1)$ mit dem Rande von $\mathfrak{G}$ einen echten Weg $W(s): \{(z_1 \ldots z_n) \mid z_\nu = f_\nu(z(s), 1), 0 \leq s \leq 1\}$ mit $z(0) \neq z(1)$ gemeinsam hat, so sind in bezug auf eine beliebige in $\mathfrak{G}$ definierte Kählersche Metrik Λ niemals alle Punkte von $W(s)$ unendlich fern.

Wir setzen in Satz 12 nicht voraus, daß Λ reellanalytische Koeffizienten besitzt. Vielmehr wird *nur gefordert, daß in einer Umgebung eines jeden Punktes von $\mathfrak{G}$ eine zweimal stetig differenzierbare Potentialfunktion von Λ existiert.*

Beweis von Satz 12. Wir bilden zunächst die Λ in kanonischer Weise zugeordnete äußere Differentialform $\Omega = i \sum g_{\nu\overline{\mu}} dz_\nu d\overline{z}_\mu$. Nach Voraussetzung gibt es zu Λ in einer Umgebung $\mathfrak{V}(P)$ eines jeden Punktes $P \in \mathfrak{G}$ ein Potential U. Es ist in $\mathfrak{V}: \dfrac{\partial^2 U}{\partial z_\nu \partial \overline{z}_\mu} = g_{\nu\overline{\mu}}$ und deshalb, wenn wir $\omega = - i \sum \dfrac{\partial U}{\partial z_\nu} dz_\nu$ setzen, dort $\Omega = d\,\omega$ (d = äußere Ableitung einer Differentialform).

Es werde mit $A(t_1, t_2)$, $0 \leq t_1 < t_2 < 1$, die zweidimensionale Fläche $\{(z_1, \ldots, z_n) \mid z_\nu = f_\nu(de^{i\vartheta}, t), \vartheta \text{ reell}, t_1 \leq t \leq t_2\} \subset \mathfrak{G}$ bezeichnet. $A(t_1, t_2)$ werde durch die Festsetzung orientiert, daß der Übergang von der positiven ϑ-Richtung in die positive t-Richtung eine positive Drehung sein soll. Wir zerlegen nun den Kreis $K: \{|z| \leq d\}$ in endlich viele Teilgebiete $K_1, \ldots, K_k$ mit stückweise stetig differenzierbarem Rande und ebenso das Intervall $t_1 \leq t \leq t_2$ in Teilintervalle $I_\nu: \{t \mid t^{(\nu-1)} \leq t \leq t^{(\nu)}\}$, $\nu = 1, \ldots, m$, $t_1 = t^{(0)} < t^{(1)} < \cdots < t^{(m)} = t_2$. Diese

Zerlegung kann so fein gewählt werden, daß die Flächen $F_{\nu\mu} = \{(z_1 \ldots z_n) \mid z_\varkappa = f_\varkappa(z, t), z \in K_\nu, t \in I_\mu\}$, $\nu = 1, \ldots, k$, $\mu = 1, \ldots, m$ in Umgebungen $\mathfrak{B}_{\nu\mu}$ enthalten sind, in denen $\Omega = d\,\omega_{\nu\mu}$ ist. Nach dem Stokeschen Satz gilt:

$$\int\limits_{A(t_1, t_2) + F(t_2) - F(t_1)} \Omega = \sum_{\nu, \mu} \int\limits_{r\,d\,F_{\nu\mu}} \Omega = \sum \int\limits_{r\,d\,r\,d\,F_{\nu\mu}} \omega_{\nu\mu} = 0,$$

da die doppelte Anwendung des Randoperators $r\,d$ auf $F_{\nu\mu}$ null ergibt. Somit wird, wenn wir $q(t) = \int\limits_{F(t)} \Omega$ setzen, $|q(t_2) - q(t_1)| = |\int\limits_{A(t_1, t_2)} \Omega|$. $A(0, 1)$ liegt ganz im Innern von $\mathfrak{G}$; Ω ist also in einer Umgebung von $A(0, 1)$ beschränkt. Es gibt daher ein $M > 0$, derart, daß $|\int\limits_{A(t_1, t_2)} \Omega| < M$ für $0 \leqq |t_\nu| \leqq 1$, $\nu = 1, 2$ ist. Daraus folgt sofort, daß $q(t)$ für $t \to 1$ beschränkt sein muß.

Andererseits können wir zeigen, daß $q(t)$ mit $t \to 1$ über alle Grenzen wächst, wenn $F(1)$ mit $r\,d\,\mathfrak{G}$ einen echten unendlichfernen Weg $W(S) = \{(z_1, \ldots, z_n) \mid z_\nu = f_\nu(z(s), 1), 0 \leqq s \leqq 1\}$ gemeinsam hat. Da der Rand des Kreises K durch $z_\nu = f_\nu(z, 1)$ in das Innere des Gebietes $\mathfrak{G}$ abgebildet wird, ist die Menge $N = \{z \mid (f_1(z, 1), \ldots, f_n(z, 1)) \in r\,d\,\mathfrak{G}\}$ eine kompakte Teilmenge von $\overset{\circ}{K}$. Der Weg $\overline{W}(s) = \{z \mid z = z(s), 0 \leqq s \leqq 1\}$ ist in N enthalten. Da nach Voraussetzung $z(0) \neq z(1)$ ist, dürfen wir ohne Einschränkung der Allgemeinheit annehmen, daß $x(0) \neq x(1)$ ist, wenn wir $z(s) = x(s) + i\,y(s)$ setzen. Es gibt dann eine Strecke $\overline{S} = \{(x, y) \mid x(0) \leqq a_1 \leqq x \leqq a_2 \leqq x(1), y = b\} \subset K - N$ (mit $z = x + i\,y$ und $a_1 < a_2$), derart, daß alle Strecken $\{(x, y) \mid x = a, b \leqq y \leqq + \sqrt{d^2 - a^2}\}$ mit $a_1 \leqq a \leqq a_2$ nicht durch $\overline{W}(s)$ verlaufen. Daraus folgt, daß jede Strecke $\{(x, y) \mid x = a, b \geqq y \geqq -\sqrt{d^2 - a^2}\}$, $a_1 \leqq a \leqq a_2$, den Weg $\overline{W}(S)$ in einem ersten Punkt $y = d(a)$ trifft. Es ist für $0 \leqq t < 1$:

$$q(t) = \int\limits_{F(t)} \Omega = 2 \int\limits_{|z| \leqq d} g(x, y; t)\,dx\,dy \geqq \left[\min_{a_1 \leqq x \leqq a_2} \int\limits_{d(x)}^{b} g\,dy\right](a_2 - a_1),$$

wenn $g(x, y; t) = \sum g_{\nu\overline{\mu}} \dfrac{\partial f_\nu(z, t)}{\partial z} \dfrac{\partial \overline{f}_\mu(z, t)}{\partial \overline{z}}$ gesetzt wird. Da $\sum g_{\nu\overline{\mu}}\,dz_\nu\,d\overline{z}_\mu$ in $\mathfrak{G}$ positiv definit und daher in $K : g$ nirgends negativ ist, folgt:

$$\min \int\limits_{d(x)}^{b} g\,dy \geqq \min \int\limits_{d(x)}^{b} \sqrt{g}\,dy - 2d\,.$$

Offenbar ist $\sqrt{g}\,dy = ds$. Das ergibt:

$$\min \int\limits_{d(x)}^{b} g(t)\,dy \geqq E(S(t, s), W(t, s)) - 2d,$$

wenn E bei festem t die Entfernung in G der Wege: $S(t, s) = \{(z_1 \ldots z_n) \mid z_\nu = f_\nu(z, t), z = s + ib, a_1 \leqq s \leqq a_2\}$ und $W(t, s) = \{(z_1 \ldots z_n) \mid z_\nu = f_\nu(z(s), t), 0 \leqq s \leqq 1\}$ bezeichnet. Die Vereinigungsmenge $\bigcup\limits_{t=0}^{1} S(t, s) = \{(z_1 \ldots z_n) \mid z_\nu = f_\nu(s + ib, t), a_1 \leqq s \leqq a_2, 0 \leqq t \leqq 1\}$ liegt kompakt in $\mathfrak{G}$, da $z_\nu = f_\nu(z, 1)$ die Strecke $\overline{S}$ in das Innere von $\mathfrak{G}$ abbildet. Nach Voraussetzung sind alle Punkte des Weges $W(s) = W(1, s)$ unendlich ferne Randpunkte von $\mathfrak{G}$. Deshalb strebt die Entfernung $E(\bigcup\limits_{t} S(t, s), W(t, s))$ des Weges $W(t, s)$ von $\bigcup S(t, s)$ mit $t \to 1$ gegen

$+\infty$. Da $E\left(S(t, s), W(t, s)\right) \geqq E(\bigcup_t S(t, s), W(t, s))$ ist, gilt auch $\lim\limits_{t \to 1} E(S(t, s),$
$W(t, s)) = \infty$ und folglich ist $q(t)$ für $t \to 1$ unbeschränkt. Dieser Widerspruch
löst sich nur so, daß es Punkte von $W(S)$ gibt, die nicht unendlich fern sind.
Das aber wurde in Satz 12 behauptet.

Unter der Annahme, daß die analytische Fläche F mit dem Rande von $\mathfrak{G}$
nur einen Punkt, also nicht einen echten Weg gemeinsam hat, gilt die Aussage
von Satz 12 nicht immer. $\mathfrak{G}$ sei etwa der $\dot{C}^2 = \{(z_1 z_2) \mid (z_1 z_2) \neq (0, 0)\}$, in dem
die vollständige Kählersche Metrik Λ_2 (vgl. den Beweis von Satz A) vor-
gegeben ist; $F(t)$ sei die Flächenschar $\{(z_1 z_2) \mid z_1 = z,\ z_2 = 1 - t,\ |z| \leqq 1\}$. $F(t)$
genügt mit der angegebenen Ausnahme den Voraussetzungen des Satzes 12.
Andererseits hat $F(1)$ mit $rd\ \dot{C}^2$ den unendlichfernen Punkt $(0,0)$ und damit
einen unechten unendlichfernen Weg gemeinsam, dessen Punkte alle unendlichfern sind.

Aus Satz 12 ergibt sich unmittelbar, daß Gebiete mit vollständiger Kählerscher Metrik einem Kontinuitätssatz[37]) genügen müssen:

Satz 13. *Zu jedem Gebiet $\mathfrak{G} \subset C^n$ mit vollständiger Kählerscher Metrik gibt
es keine Schar analytischer Flächen $F(t): z_\nu = f_\nu(z, t)$, derart, daß die Menge
$\{(z_1 \ldots z_n) \mid z_\nu = f(de^{i\vartheta}, t),\ \vartheta\ \text{reell},\ 0 \leqq t \leqq 1\}$ in $\mathfrak{G}$ liegt, $F(t)$ für $0 \leqq t < 1$ in $\mathfrak{G}$
enthalten ist, $F(1)$ aber mit dem Rande von $\mathfrak{G}$ ein Kontinuum gemeinsam hat.*

Mit Satz 12 eng verknüpft ist eine Betrachtung des Flächeninhaltes von
analytischen Mengen N in komplexen Mannigfaltigkeiten mit Kählerscher
Maßbestimmung.

Es sei definiert:

Ein Punkt $P \in N$ heißt *gewöhnlicher Punkt der (komplexen) Dimension s*
von N, wenn es ein lokales Koordinatensystem $\mathfrak{U}(z_1 \ldots z_n) \in \{\mathfrak{U}_j\}$ um P gibt,
in dem $n - s$ genau auf $N \cap \mathfrak{U}$ simultan verschwindende holomorphe Funk-
tionen $f_1 \ldots f_{n-s}$ existieren, deren Funktionalmatrix $\left(\left(\dfrac{\partial f_i}{\partial z_k}\right)\right)$ in P den Rang
$n - s$ hat.

Ferner werde N *rein von der Dimension s* genannt, wenn alle gewöhnlichen
Punkte $P \in N$ die Dimension s besitzen.

In einem gewöhnlichen Punkt P der Dimension s läßt sich das Gleichungs-
system $f_1 = \cdots = f_{n-s} = 0$ nach $n - s$ Variablen auflösen. Ist etwa $\dfrac{\partial(f_1 \ldots f_{n-s})}{\partial(z_{s+1} \ldots z_n)} \neq 0$
in P, so wird N in einer Umgebung $\mathfrak{U}^*(P) \subset \mathfrak{U}$, die in den Koordinaten von $\mathfrak{U}$
die Gestalt eines Polyzylinders $|z_\nu - z_\nu^0| < d_\nu$ erhält, durch ein Gleichungssystem
$z_{s+\lambda} = g_\lambda(z_1 \ldots z_s)$, $\lambda = 1 \ldots n - s$, dargestellt. Dabei sind die g_λ in U^* holomorphe Funktionen.

In dem Polyzylinder $\mathfrak{U}^*$ stellt bekanntlich $d s^2 = \sum\limits_{\alpha, \rho = 1}^{2n} h_{\alpha\beta} d z^\alpha d z^\beta$ mit $h_{\alpha\beta}$
$= h_{\beta\alpha}$, $d z^\nu = d z_\nu$, $d z^{n+\nu} = d\bar{z}_\nu$, genau dann eine reelle Riemannsche Metrik in

---

[37]) K. Oka (loc. cit.[12])) konnte zeigen, daß ein Gebiet $\mathfrak{G}$ genau dann Holomorphiegebiet ist, wenn $F(1)$ mit dem Rande $rd\ \mathfrak{G}$ von $\mathfrak{G}$ keinen Punkt gemeinsam haben kann.
Im Gegensatz dazu können wir nur zeigen, daß $F(1)$ mit $rd\ \mathfrak{G}$ kein Kontinuum gemeinsam
hat.

komplexer Schreibweise dar, wenn $h_{v,\mu} = \overline{h}_{n+v,\,n+\mu}$ und die $h_{v,\,n+\mu} = \overline{h}_{\mu,\,n+v}$, $v,\mu = 1\ldots n$, sind. Da das Raumelement einer solchen Metrik durch den Ausdruck $do = \pm \sqrt{\|\overline{h_{\alpha\beta}}\|}\,dz^1\ldots dz^{2n}$ gegeben wird, der formal (bis auf einen konstanten Faktor) mit dem Ausdruck für das Raumelement einer reell geschriebenen Metrik übereinstimmt, und da ferner die verallgemeinerten Eulerschen Gleichungen eines Variationsproblems im Komplexen dieselbe Gestalt wie im Reellen haben, besitzen auch die Minimalflächengleichungen im Komplexen die gleiche Gestalt wie im Reellen[38]). Deshalb gilt, wenn $\mathfrak{M}^n$ eine komplexe Mannigfaltigkeit mit einer Riemannschen Metrik $\varLambda : ds^2 = \Sigma h_{\alpha\beta}\,dz^\alpha\,dz^\beta$ ist, wenn $F : \{z_\mu = f_\mu(w_1\ldots w_s,\ \overline{w}_1\ldots\overline{w}_s),\ |w_v| \leqq d_v,\ v = 1\ldots s,\ \mu = 1\ldots n\}$ eine zweimal stetig differenzierbare Fläche in $\mathfrak{M}^n$ ist und wir ferner mit $\varLambda^*$ die durch $z_\mu = f_\mu(w_1\ldots w_s,\ \overline{w}_1\ldots\overline{w}_s)$ nach $\mathfrak{Z} : \{|w_v| < d_v,\ v = 1\ldots s\}$ übertragene Metrik $\varLambda$ bezeichnen:

F ist dann und nur dann Minimalfläche, wenn in $\mathfrak{Z}$ die Gleichungen:

$$\sum_{\alpha,\,\beta,\,v,\,\mu}^{2n} g^{\alpha\beta}(z^\tau_{,\alpha,\beta} + (\varGamma^\tau_{\mu v})_h\, z^\mu_{,\alpha}\, z^v_{,\beta}) = 0, \qquad \tau = 1\ldots 2n$$

erfüllt sind, in denen $g^{\alpha\beta}$ die kontravarianten Komponenten des Fundamentaltensors von $\varLambda^*$ in bezug auf $w_1\ldots w_s$; $z^\tau_{,\alpha,\beta},\, z^\mu_{,\alpha},\, z^v_{,\beta}$ die kovarianten Ableitungen der Funktionen $z^\tau = f_\tau$ (mit $f_{n+v} = \overline{f}_v,\ v = 1\ldots n$) in bezug auf $\varLambda^*$ und $(\varGamma^\tau_{\mu v})_h$ den affinen Zusammenhang der Metrik $\varLambda$ bedeuten. Bei einer Hermiteschen Metrik $ds^2 = \Sigma h_{v\overline{\mu}}\,dz_v\,d\overline{z}_\mu$ (wobei $h_{v\overline{\mu}} = h_{v,\,n+\mu}$), ergibt sich daraus als Minimalflächengleichung für die analytische Fläche $F : \{(z_1\ldots z_n)\ |\ z_\mu = w_\mu,\ z_{s+\lambda} = g_\lambda(w_1\ldots w_s),\ |w_\mu| < d_v,\ \mu = 1\ldots s,\ \lambda = 1\ldots n-s\} \subset \mathfrak{U}^*$ die Beziehung:

$$\sum_{v,\,\mu,\,\varkappa,\,\lambda}^{n} g^{v,\,s+\mu}(z^\tau_{,v,\,n+\mu} + (\varGamma^\tau_{\varkappa,\,n+\lambda})_h\, z^\varkappa_{,v}\, \overline{z^\lambda_{,\mu}}) = 0, \qquad \tau = 1\ldots 2n$$

oder ausgerechnet:

$$\sum_{\substack{v,\,\mu,\,\varkappa,\,\lambda \\ \gamma = 1\ldots 2n}}^{n} g^{v,\,s+\mu}(- z^\tau_{,\gamma}\,(\varGamma^\gamma_{v,\,s+\mu})_g + (\varGamma^\tau_{\varkappa,\,n+\lambda})_h\, z^\varkappa_{,v},\, \overline{z^\lambda_{,\mu}}) = 0,$$

wenn $(\varGamma^\gamma_{v,\,s+\mu})_g$ Komponenten des affinen Zusammenhangs der Metrik $\varLambda^*$ bedeuten. Wie man leicht errechnet[39]) ist eine Hermitesche Metrik $ds^2 = \Sigma h_{v\overline{\mu}}\,dz_v\,d\overline{z}_\mu$ in $\mathfrak{M}^n$ dann und nur dann Kählersch, wenn mit Ausnahme von $(\varGamma^\varkappa_{v\mu})_h$ und $(\varGamma^{n+\varkappa}_{n+v,\,n+\mu})_h$ $v,\mu,\varkappa = 1\ldots n$, alle Komponenten ihres affinen Zusammenhangs verschwinden. Ist $\varLambda$ nun in $\mathfrak{M}^n$ Kählersch, so ist auch $\varLambda^*$ eine Kählersche Metrik. Daraus folgt, daß dann für eine analytische Menge in jedem gewöhnlichen Punkt die Minimalflächengleichung erfüllt ist. Analytische Mengen mit solcher Eigenschaft seien *Minimalflächengebilde* genannt.

Ist andererseits in einem Gebiet $\mathfrak{G}$ des C^n jede rein 1-dimensionale analytische Menge $N \subset \mathfrak{G}$ in bezug auf eine in $\mathfrak{G}$ definierte Hermitesche Metrik

---

[38]) Vgl. Eisenhart, Riemannian Geometry, Princeton 1949, hier besonders pp. 176—178.

[39]) Vgl. auch H. Guggenheimer: Über komplex-analytische Mannigfaltigkeiten mit Kählerscher Metrik. Com. Math. Helvet. **25**, 257—297 (1951).

$\Lambda : ds^2 = \Sigma\, h_{\nu\bar\mu}\, dz_\nu\, d\bar z_\mu$ Minimalflächengebilde, so muß für jede eindimensionale Ebene $z_\varkappa = a_\varkappa t + b_\varkappa$, $\varkappa = 1 \ldots n$ (t komplex), durch einen Punkt von $\mathfrak{G}$

$$\Sigma\, g^{1,\,2}\,(\Gamma^\tau_{\nu,\,n+\mu})_h\, a_\nu\, \bar a_\mu = 0 \qquad\qquad \text{für } \tau = 1 \ldots 2n$$

sein. Da $g^{1,\,2} \neq 0$ und die a_ν beliebig gewählt werden können, folgt $(\Gamma^\tau_{\nu,\,n+\mu})_h = 0$. Man errechnet ferner, daß die Komponenten $\Gamma^{n+\varkappa}_{\nu,\,\mu}$ und $\Gamma^\varkappa_{n+\nu,\,n+\mu}$; $\nu, \mu,$ $\varkappa = 1 \ldots n, \tau = 1 \ldots 2n$, bei jeder Hermiteschen Metrik verschwinden. Somit sind nur die $\Gamma^\varkappa_{\nu,\,\mu}$ und die $\Gamma^{n+\varkappa}_{n+\nu,\,n+\mu}$ von null verschieden, d. h. Λ ist Kählersch.

Es gilt also der

Satz 14. *In jeder Kählermannigfaltigkeit sind die analytischen Mengen Minimalflächengebilde. Sind in einem Gebiet $\mathfrak{G}$ des C^n mit Hermitescher Metrik Λ alle eindimensionalen analytischen Mengen Minimalflächengebilde, so ist Λ eine Kählersche Metrik.*

Dieser Satz gibt den tieferen Grund für die Gültigkeit von Satz 12. In einem Gebiet $\mathfrak{G}$ des Raumes von n komplexen Veränderlichen $z_1 \ldots z_n$ gilt auf einer eindimensionalen analytischen Fläche $F : \{z_k = f_k(w),\ k = 1 \ldots n\}$ für das Flächenelement do in bezug auf eine in $\mathfrak{G}$ gegebene Kählersche Metrik $ds^2 = \Sigma\, h_{\nu\bar\mu}\, dz_\nu\, d\bar z_\mu$:

$$do = i \Sigma\, h_{\nu\bar\mu}\, \frac{\partial f_\nu}{\partial w}\, \frac{\partial \bar f_\mu}{\partial \bar w}\, dw\, d\bar w = \Omega .$$

Also ist $\int \Omega = I$, dem Inhalt von F. Könnte sich nun eine analytische Fläche F so an den Rand von $\mathfrak{G}$ anschmiegen, daß sie mit $rd\,\mathfrak{G}$ ein Kontinuum gemeinsam hat und ihr Inhalt daher unendlich wird, so kann I auf allen in hinreichender Nähe von F in $\mathfrak{G}$ gelegenen analytischen Flächen nicht stationär sein.

§ 6. Hartogssche Körper mit vollständiger Kählerscher Metrik

Unter einem *Hartogsschen Körper* im Raume von n komplexen Veränderlichen $z_1 \ldots z_n$ sei ein Gebiet $H^n \subset C^n$ verstanden, das als Automorphismen die Drehungen $\tau(\vartheta) : z_1 \to z_1 e^{i\vartheta}$, $z_2 \to z_2 \ldots z_n \to z_n$ zuläßt. Zunächst seien Hartogssche Körper $H^2 \subset C^2$ betrachtet, die durch eine Ungleichung $R_1(z_2, \bar z_2) < < |z_1| < R_2(z_2, \bar z_2)$, $z_2 \in \mathfrak{G}$, gegeben werden können. Dabei seien $\mathfrak{G}$ ein Gebiet der z_2-Ebene, R_1, R_2 in $\mathfrak{G}$ zweimal stetig differenzierbare, reellwertige Funktionen, und überall in $\mathfrak{G}$ gelte $0 < R_1 < R_2$. In H^2 sei eine positive definite Kählersche Metrik $\Lambda : ds^2 = \sum_{\nu,\,\mu=1}^{2} g_{\nu\bar\mu} dz_\nu dz_\mu$ definiert. Ist unter Λ eine Randpunktmenge $\{z^{(0)}\}_1^\tau$ (vgl. Hilfssatz 3) von H^2 unendlich fern, so gilt nach Hilfssatz 3 Gleiches in bezug auf die aus Λ gebildete Kählersche Metrik $\mathring\Lambda : ds^2 = \Sigma\, \mathring g_{\nu\bar\mu} dz_\nu d\bar z_\mu$. H^2 werde durch die (nicht eindeutige, aber eindeutig umkehrbare) Transformation $L : w_1 = \ln z_1$, $w_2 = z_2$ auf die *Halbtube* $\mathfrak{T} : \{(w_1, w_2) \mid \ln R_1 < < u < \ln R_2,\ w_2 \in \mathfrak{G}\}$, $w_1 = u + iv$, abgebildet. Es sei $\Lambda_T : ds^2 = \Sigma\, h_{\nu\bar\mu} dw_\nu d\bar w_\mu$ die durch L nach $\mathfrak{T}$ übertragene Metrik $\mathring\Lambda$. Da alle Abbildungen $\tau(\vartheta)$ in bezug auf $\mathring\Lambda$ isometrisch sind, sind die Automorphismen $\sigma(\vartheta) : w_1 \to w_1 + i\vartheta$, $w_2 \to w_2$ isometrische Abbildungen von $\mathfrak{T}$. Das bedeutet aber, daß die $h_{\nu\bar\mu}$ nicht vom

Imaginärteil v von w_1 abhängen. Ist $\{z^{(0)}\}_\tau^1$ eine unendlichferne Randpunktmenge, so sind offenbar unter Λ_T alle Randpunkte $\{w^{(0)}\}_\sigma^{\cdot} = L(\{z^{(0)}\}_\tau^1)$, $w^{(0)} = L(z^{(0)})$ unendlichfern. Wie man unmittelbar sieht, ist $\{w^{(0)}\}_\sigma$ eine Punktmenge, die in der Form $\{(w_1, w_2) \mid u = u^0,\ w_2 = w_2^{(0)}\}$, $w^{(0)} = (w_1^{(0)}, w_2^{(0)})$, gegeben werden kann. Wir zeigen:

(1) *Λ_T besitzt in $\mathfrak{T}$ ein globales Potential $U(u; w_2, \overline{w}_2)$.*

Beweis. Aus den Kählerschen Bedingungen für Λ_T ergibt sich unmittelbar, daß die alternierende Differentialform $\varphi = 2h_{1,\overline{1}}\,du + h_{2,\overline{1}}\,dw_2 + h_{1,\overline{2}}\,d\overline{w}_2$ geschlossen ist (in Zeichen $d\varphi = 0$). $U^* = \int_{w^{(1)}}^{(w_1, w_2)} \varphi + C$ mit $w^{(1)} \in \mathfrak{T}$ stellt deshalb eine Funktion in $\mathfrak{T}$ dar. U^* hängt nicht von v ab und ist reell, wenn wir für C eine reelle Zahl gewählt haben. Ist dann $\widetilde{U}(u; w_2, \overline{w}_2)$ eine reelle Funktion in $\mathfrak{T}$ mit $\dfrac{\partial \widetilde{U}}{\partial u} = 2U^*$, so gilt:

$$\frac{\partial^2 \widetilde{U}}{\partial w_1\,\partial \overline{w}_1} = \frac{1}{4}\,\widetilde{U}'' = h_{1,\overline{1}}\,; \qquad \frac{\partial^2 \widetilde{U}}{\partial w_1\,\partial \overline{w}_2} = \frac{1}{2}\,\frac{\partial \widetilde{U}'}{\partial \overline{w}_2} = h_{1,\overline{2}}\,; \qquad \frac{\partial^2 \widetilde{U}}{\partial w_2\,\partial \overline{w}_1} = \frac{1}{2}\,\frac{\partial \widetilde{U}'}{\partial w_2} = h_{2,\overline{1}}$$

und ferner

$$\left(\frac{\partial^2 \widetilde{U}}{\partial w_2\,\partial \overline{w}_2} - h_{2,\overline{2}}\right)' = 2\left(\frac{\partial h_{1,\overline{2}}}{\partial w_2} - \frac{\partial h_{2,\overline{2}}}{\partial w_1}\right) = 0 \qquad \left(\text{mit } \widetilde{U}' = \frac{\partial \widetilde{U}}{\partial u}\,;\quad \widetilde{U}'' = \frac{\partial^2 \widetilde{U}}{\partial u^2}\right)$$

Somit ist $f^* = \dfrac{\partial^2 \widetilde{U}}{\partial w_2\,\partial \overline{w}_2} - h_{2,\overline{2}}$ eine reine Funktion in w_2 und $\overline{w}_2$. Es gibt nun eine reellwertige Funktion f in $\mathfrak{G}$, für die dort $\dfrac{\partial^2 f}{\partial w_2\,\partial \overline{w}_2} = f^*$ ist. Setzen wir noch $U = \widetilde{U} - f$, so ist offenbar U ein in (1) gefordertes Potential von Λ_T.

(2) *Eine reellwertige, stetige Funktion $R(w_2, \overline{w}_2) > 0$ sei in $\mathfrak{G}$ so gewählt, daß dort $\ln R_1 < R < \ln R_2$ gilt. Liegt dann ein Gebiet $\breve{\mathfrak{G}}$ (mit glattem Rande) relativ kompakt in $\mathfrak{G}$, so kann man $C > 0$ so bestimmen, daß $\dfrac{\partial U}{\partial u} = U' > 0$ ist in $\breve{\mathfrak{T}} : \{(w_1, w_2) \mid \ln R(w_2, \overline{w}_2) < u < \ln R_2(w_2, \overline{w}_2),\ w_2 \in \breve{\mathfrak{G}}\}.$*

Beweis. Es ist $U'(u^{(0)}; w_2^{(0)}, \overline{w}_2^{(0)}) = 2 \int_{w^{(1)}}^{\left(\ln R\left(w_2^{(0)}, \overline{w}_2^{(0)}\right),\, w_2^{(0)}\right)} \varphi + 4 \int_{\mathfrak{L}} h_{1,\overline{1}}\,du + C,$

wenn $\mathfrak{L}$ die Strecke $\{(u, w_2) \mid \ln R(w_2^{(0)}, \overline{w}_2^{(0)}) < u < u^{(0)},\ w_2 = w_2^{(0)}\}$ bezeichnet. Der erste Term τ der vorstehenden Gleichung ist auf $\{(u, w_2) \mid u = \ln R(w_2, \overline{w}_2), w_2 \in \breve{\mathfrak{G}}\}$ beschränkt. Es ist also dort $\tau + C > 0$, wenn $C > 0$ hinreichend groß gewählt ist. Da ferner Λ_T positiv definit ist, und damit $h_{1,\overline{1}} > 0$ gilt, folgt, daß für ein solches C die Ungleichung $U' > 0$ in $\mathfrak{T}$ gilt.

Durch eine zweimal stetig differenzierbare, reellwertige Funktion $r(w_2, \overline{w}_2)$ in $\mathfrak{G}$ wird Λ_T eine (nicht notwendig positiv definite) Kählersche Metrik $r \circ \Lambda$: $ds^2 = \sum \widehat{h}_{\nu, \overline{\mu}}\,dw_\nu\,d\overline{w}_\mu$ in der Halbtube $r \circ \breve{\mathfrak{T}} : \{(w_1, w_2) \mid \ln R - r < u < \ln R_2 - r,\ w_2 \in \breve{\mathfrak{G}}\}$ zugeordnet, wenn man fordert, daß die Funktion $\widehat{U}(u; w_2, \overline{w}_2) = U(u + r; w_2, \overline{w}_2)$ Potential von $r \circ \Lambda$ sein soll. Da $\widehat{U}$ sicher zweimal stetig differenzierbar ist, folgt, daß alle $\widehat{h}_{\nu, \overline{\mu}}$ stetige Funktionen sind. Wie eine kurze Rechnung zeigt, gilt:

$$\hat{h}_{\nu\overline{\mu}} = \Sigma\, h_{\lambda\overline{\varkappa}}(u + r;\, w_2, \overline{w}_2)\, \gamma_{\lambda\nu}\, \overline{\gamma}_{\varkappa\mu} + \eta_{\nu\overline{\mu}}\, U',$$

wobei

$$(\gamma_{\varkappa\lambda}) = \begin{pmatrix} 1 & 2\,\dfrac{\partial r}{\partial w_2} \\ 0 & 1 \end{pmatrix} \quad \text{und} \quad (\eta_{\nu\overline{\mu}}) = \begin{pmatrix} 0 & 0 \\ 0 & \dfrac{\partial^2 r}{\partial w_2\,\partial \overline{w}_2} \end{pmatrix}$$

ist. Setzen wir noch $h^*_{\nu\overline{\mu}} = \Sigma\, h_{\lambda\overline{\varkappa}}\, \gamma_{\lambda\nu}\, \overline{\gamma}_{\varkappa\mu}$, so ist offenbar die Metrik $\Lambda^*: ds^2 = \Sigma\, h^*_{\nu\overline{\mu}}\, dw_\nu\, d\overline{w}_\mu$ positiv definit. $r \circ \Lambda_T$ hat folgende Eigenschaften:

1. *$r \circ \Lambda_T$ ist in $r \circ \breve{\mathfrak{T}}$ sicher dann positiv definit, wenn $\dfrac{\partial^2 r}{\partial w_2\, \partial \overline{w}_2} \geqq 0$ in $\breve{\mathfrak{G}}$ ist.*

2. *Ist eine Randpunktmenge $\{w^{(0)}\}_\sigma : \{(w_1, w_2) \mid u = u_0,\, w_2 = w_2^0\}$ von $\breve{\mathfrak{T}}$ unendlichfern in bezug auf Λ_T, so ist $\{\hat{w}^{(0)}\}_\sigma = \{(w_1, w_2) \mid u = u_0 - r,\, w_2 = w_2^0\} \subset rd\, r \circ \breve{\mathfrak{T}}$ unter der Maßbestimmung $r \circ \Lambda_T$ unendlichfern, wenn $\dfrac{\partial^2 r}{\partial w_2\, \partial \overline{w}_2} \geqq 0$ in $\breve{\mathfrak{G}}$ ist.*

Beweis. Da Λ^* positiv definit ist, folgt 1. unmittelbar, wenn man beobachtet, daß U' in $\breve{\mathfrak{T}}$ positiv ist. Zum Beweise von 2. ordne man jeder stetig differenzierbaren Kurve $\hat{\mathfrak{L}}: \{(\hat{w}_1(t), \hat{w}_2(t)) \mid 0 \leqq t \leqq 1\} \subset r \circ \breve{\mathfrak{T}}$ die stetig differenzierbare Kurve $\mathfrak{L}: \left\{(w_1, w_2) \mid w_1 = \hat{w}_1(t) + r(\hat{w}_2(t), \overline{\hat{w}}_2(t)) + \displaystyle\int_0^t \left(\dfrac{\partial r}{\partial w_2} \dfrac{d\hat{w}_2}{dt} - \dfrac{\partial r}{\partial \overline{w}_2} \dfrac{d\overline{\hat{w}}_2}{dt} \right) dt,\, w_2 = \hat{w}_2(t) \right\}$ zu. $\mathfrak{L}$ liegt in $\breve{\mathfrak{T}}$, da der Integralausdruck in der Definition von $\mathfrak{L}$ rein imaginär ist. Es gilt: $\dfrac{dw_1}{dt} = \dfrac{d\hat{w}_1}{dt} + 2\,\dfrac{\partial r}{\partial w_2} \cdot \dfrac{d\hat{w}_2}{dt}$; $\dfrac{dw_2}{dt} = \dfrac{d\hat{w}_2}{dt}$ und daher: $\dfrac{dw_\nu}{dt} = \displaystyle\sum_{\mu=1}^{2} \gamma_{\nu\mu}\, \dfrac{d\hat{w}_\mu}{dt}$. $\hat{\mathfrak{L}}$ hat also in bezug auf Λ^* die gleiche Länge wie $\mathfrak{L}$ in bezug auf Λ_T und, falls $\dfrac{\partial^2 r}{\partial w_2\, \partial \overline{w}_2} \geqq 0$, in bezug auf $r \circ \Lambda_T$ höchstens eine größere Länge als $\mathfrak{L}$. Enthielte nun $\{\hat{w}^{(0)}\}_\sigma$ einen endlichfernen Punkt $\hat{w}^{(1)}$, so könnte man eine Punktfolge $\hat{w}^{(\nu)} \in r \circ \breve{\mathfrak{T}}$, $\nu = 2, 3 \ldots$, finden, die gegen $\hat{w}^{(1)}$ konvergiert, derart, daß man alle $\hat{w}^{(\nu)}$ mit einem inneren Punkt $0 \in r \circ \breve{\mathfrak{T}}$ durch stetig differenzierbare Kurven $\hat{\mathfrak{L}}_\nu: \{\hat{w}_1^{(\nu)}(t), \hat{w}_2^{(\nu)}(t)\} \subset r \circ \breve{\mathfrak{T}}$ verbinden kann, deren Längen in bezug auf $r \circ \Lambda_T$ beschränkt sind. Da man ferner dabei, weil die Ränder von $\breve{\mathfrak{G}}$ und $\breve{\mathfrak{T}}$ glatt sind, voraussetzen darf, daß $\left| \dfrac{dw_2^{(\nu)}}{dt} \right|$ eine von ν, t unabhängige Schranke besitzt, ist der Integralausdruck τ in der Definition der zu den $\hat{\mathfrak{L}}_\nu$ konstruierten Kurven $\mathfrak{L}_\nu$ (unabhängig von ν) beschränkt. Die $\mathfrak{L}_\nu$ enden daher in Punkten $w^{(\nu)} \in \breve{\mathfrak{T}}$, die sich gegen mindestens einen Randpunkt $w^{(1)} \in \{w^{(0)}\}_\sigma$ häufen. Die Längen der $\mathfrak{L}_\nu$ sind beschränkt. $w^{(1)}$ ist also im Gegensatz zu unserer Voraussetzung endlichfern. Damit ist auch 2. bewiesen.

Satz 15. *Ist $z_2(s) \subset \mathfrak{G}$, $0 \leqq s \leqq 1$, ein echter Weg und ist die Randpunktmenge $D: \{(z_1, z_2) \mid |z_1| = R_\nu[z_2(s), z_2(s)],\, z_2 = z_2(s),\, 0 \leqq s \leqq 1\}$ von $\mathfrak{H}^2$ unter Λ unendlichfern, so gilt für alle $z_2 \in \{z_2(s)\}$ die Ungleichung $(-1)^\nu \dfrac{\partial^2 \ln R_\nu(z_2, \overline{z}_2)}{\partial z_2\, \partial \overline{z}_2} \leqq 0$.*

Beweis. Es sei $\nu = 2$. Wir setzen $z(s) = (R_2[z_2(s), \bar{z}_2(s)], z_2(s))$. Nach Definition (vgl. Hilfssatz 3) ist $D = \bigcup\limits_{0 \leq s \leq 1} \{z(s)\}_r^1$. Es folgt, daß unter Λ_T die Randpunktmenge $\bigcup \{w(s)\}_\sigma = \{(w_1, w_2), u = \ln R_2[z_2(s), \bar{z}_2(s)], w_2 = z_2(s), 0 \leq \leq s \leq 1\}$ von $\mathfrak{T}$ unendlich fern ist. Wir nehmen nun an, Satz 15 wäre falsch. Es gibt dann einen Punkt $z_2^0 \in \{z_2(s)\}$ und einen Kreis $K : \{z_2 \,|\, |z_2 - z_2^0| < \varepsilon\} \subset \mathfrak{G}$, in dem $\dfrac{\partial \ln R_2}{\partial z_2 \partial \bar{z}_2} > 0$ gilt. Es sei q eine beliebig oft stetig differenzierbare, reellwertige Funktion in K, die in $K^* : \left\{z_2 \,\middle|\, |z_2 - z_2^0| \leq \dfrac{\varepsilon}{2}\right\}$ identisch 1 und in $K - K^*$ kleiner als 1 ist. Setzen wir $r(z_2, \bar{z}_2) = q \cdot \ln R_2(z_2, \bar{z}_2)$, so gilt in einer offenen Umgebung $\breve{\mathfrak{G}} \subset K$ von K^* noch $\dfrac{\partial r}{\partial z_2 \partial \bar{z}_2} > 0$. In K^* ist $r \equiv \ln R_2$, in $K - K^* : r < < \ln R_2$. Es werde in $\mathfrak{G}$ die Funktion R so gewählt, daß dort $\ln R_1 < \ln R < \ln R_2$ gilt. Gehen wir nun von der Halbtube $\mathfrak{T}$ zu $r \circ \mathfrak{T} : \{(w_1, w_2) \,|\, \ln R - r < u < < \ln R_2 - r, w_2 \in \breve{\mathfrak{G}}\}$ über, so sind in bezug auf $r \circ \Lambda_T$ die Randpunkte $\bigcup\limits_{z_2(s) \in \breve{\mathfrak{G}}} \{w(s)\}_\sigma$ unendlichfern. $r \circ \Lambda_T$ ist eine positiv definite Kählersche Metrik. Sind $\delta > 0$, $d > \dfrac{\varepsilon}{2}$ hinreichend klein gewählt, so liegt die Schar $F(t) = \{(w_1, w_2) \,|\, w_1 = \delta(t-1), w_2 = w + z_2^0, |w| \leq d\}$ für $0 \leq t \leq 1$ in $r \circ \mathfrak{T}$ und genügt den übrigen Voraussetzungen des Satzes 12. Da ferner $F(1)$ mit dem Rande von $r \circ \mathfrak{T}$ den echten unendlichfernen Weg $\{(w_1, w_2) \,|\, w_1 = 0, w_2 = z_2(s), w_2 \in K^*\}$ gemeinsam hat, hat man zu der Aussage dieses Satzes einen Widerspruch. Damit ist Satz 15 für den Fall, daß D auf dem Rande $|z_1| = R_2$ liegt, bewiesen. Der Beweis für den Fall $D \subset \{u = R_1\}$ ergibt sich unmittelbar, wenn man auf $\mathfrak{H}^2$ die Transformation $z_1 \to \dfrac{1}{z_1}$, $z_2 \to z_2$ anwendet.

Wir wenden nun Satz 15 auf Hartogssche Körper mit vollständiger Kählerscher Metrik an.

Satz 16. *Es bezeichne $\mathfrak{G}$ ein Gebiet des C^{n-1} und R eine zweimal stetig differenzierbare reellwertige Funktion in $\mathfrak{G}$. Ist dann $\mathfrak{H}^n : \{(z_1 \ldots z_n) \,|\, |z_1| < < R(z_2 \ldots z_n, \bar{z}_2 \ldots \bar{z}_n), (z_2 \ldots z_n) \in \mathfrak{G}\}$ ein Hartogsscher Körper, in dem eine vollständige Kählersche Metrik Λ definiert ist, so ist $-\ln R$ überall in $\mathfrak{G}$ plurisubharmonisch.*

Beweis: Nach Satz 4 ist zu zeigen, daß die Form $\varphi = - \sum \dfrac{\partial^2 \ln R}{\partial z_\nu \partial \bar{z}_\mu} d z_\nu d\bar{z}_\mu$ in jedem Punkt $z^0 = (z_2^0 \ldots z_n^0) \in \mathfrak{G}$ positiv semidefinit ist. Es sei $E : \{z_\nu = z_\nu^0 + + a_\nu w, \nu = 2 \ldots n\}$ eine beliebige analytische Ebene durch z^0. Die Beschränkung von Λ auf den Hartogsschen Körper $\mathfrak{H}^2 : \{(z_1, w) \,|\, |z_1| < R(z_\nu^0 + a_\nu w, \bar{z}_\nu^0 + \bar{a}_\nu \bar{w}), (z_\nu^0 + a_\nu w) \in E \cap \mathfrak{G}\}$ ist dann eine vollständige Kählersche Metrik in $\mathfrak{H}^2$, unter der insbesondere alle Randpunkte $|z_1| = R$ von $\mathfrak{H}^2$ unendlichfern sind. Aus Satz 15 folgt deshalb unmittelbar, daß in $z^0 : \dfrac{\partial^2 \ln R}{\partial w \partial \bar{w}} = \sum \dfrac{\partial \ln R}{\partial z_\nu \partial \bar{z}_\mu} a_\nu \bar{a}_\mu \leq 0$ gilt. Das bedeutet aber, daß φ positiv semidefinit ist, q.e.d.

Für $n = 2$ ist $\mathfrak{H}^n$ genau dann ein Holomorphiegebiet, wenn $-\ln R$ in $\mathfrak{G}$ plurisubharmonisch ist[40]). Deshalb gilt unter gleichen Voraussetzungen wie in Satz 16:

---

[40]) Vgl. etwa H. Behnke und P. Thullen loc. cit.[1]), Satz 16 und p. 55.

Satz 17. *Ein Hartogsscher Körper* $\mathfrak{H}^2 \colon \{(z_1, z_2) \mid |z_1| < R(z_2, \bar{z}_2),\ z_2 \in \mathfrak{G}\}$ *mit vollständiger Kählerscher Metrik ist Holomorphiegebiet.*

§ 7. Vollständige Kählersche Metrik in Gebieten über dem C^n

Es sei $\mathfrak{G}$ ein beliebiges, unverzweigtes Gebiet (= Mannigfaltigkeit) über dem komplexen Zahlenraum; es werde mit Φ die Abbildung von $\mathfrak{G}$ auf seine Grundpunkte bezeichnet. Unter einem Randpunkt r von $\mathfrak{G}$ (in Zeichen $r \in rd\,\mathfrak{G}$) verstehen wir ein Filter $\{M_i,\ i \in I\}$ (I eine Indexmenge) von offenen Teilmengen aus $\mathfrak{G}$ mit folgenden Eigenschaften:

1. $\{M_i\}$ konvergiert gegen keinen Punkt aus $\mathfrak{G}$.
2. Das Filter $\{\Phi(M_i)\}$ konvergiert gegen einen Punkt $z \in C^n$.
3. $\{M_i\}$ enthält vom Φ-Urbild jeder Umgebung von z genau eine zusammenhängende Komponente und keine weiteren Mengen.

Man erhält eine Fortsetzung von Φ zu Φ^* in die Randpunkte r von $\mathfrak{G}$, wenn man $\Phi^*(r) = z$ setzt. Wir führen nun zu den so definierten Randpunkten einen Umgebungsbegriff ein. Eine Umgebung eines Randpunktes $r = \{M_i\}$ ist die Vereinigung einer Menge $M \in \{M_i\}$ und der Randpunkte $r_j = \{M_i^{(j)}\}$ von $\mathfrak{G}$, bei denen wenigstens ein $M_i^{(j)}$ in M enthalten ist. Offenbar wird durch diese Definition $\mathfrak{G} + rd\,\mathfrak{G} = \overline{\mathfrak{G}}$ zu einem Hausdorffschen Raum gemacht. Φ^* bildet $\overline{\mathfrak{G}}$ stetig in den C^n ab.

Wir sagen, $\mathfrak{G}$ besitzt einen k-mal stetig differenzierbaren (reell-analytischen) Rand, wenn es zu jedem $r \in rd\,\mathfrak{G}$ eine Umgebung $\mathfrak{V}$ gibt, die durch Φ^* umkehrbar eindeutig in eine Umgebung $\mathfrak{U}(\Phi(r)) \in C^n$ abgebildet wird, und ferner in $\mathfrak{U}$ eine k-mal stetig differenzierbare (reell-analytische), reellwertige Funktion φ, $d\,\varphi \neq 0$, so gegeben werden kann, daß $\Phi(\mathfrak{V} \cap \mathfrak{G}) = \{z \in \mathfrak{U} \mid \varphi(z) < 0\}$ ist.

Im folgenden wird zur Charakterisierung der Pseudokonvexität die Bedingung von Levi-Krzoska verwendet. Eine 2mal stetig differenzierbare, reellwertige Funktion φ, $d\,\varphi \neq 0$, in einem Gebiet $\mathfrak{U} \subset C^n$ heißt eine *LK*-Funktion (im strengen Sinne), wenn für alle $z \in \mathfrak{U}$ und a_ν mit $\Sigma \frac{\partial \varphi}{\partial z_\nu} a_\nu = 0$,

$(a_1 \ldots a_n) \neq (0 \ldots 0)$, die Form $L(\varphi) = \Sigma \frac{\partial^2 \varphi}{\partial z_\nu \, \partial \bar{z}_\mu} a_\nu \, \bar{a}_\mu \geqq 0$ (bzw. > 0) ist. Wir nennen nun $\mathfrak{G}$ pseudokonvex, wenn der Rand von $\mathfrak{G}$ zweimal stetig differenzierbar ist und zu jedem $r \in rd\,\mathfrak{G}$ bei geeigneter Vorgabe der Umgebungen $\mathfrak{V}$ und $\mathfrak{U}$ die Funktion φ als *LK*-Funktion gewählt werden kann. Bezeichnet $d_{\mathfrak{G}}(x)$ den euklidischen Abstand eines Punktes $x \in \mathfrak{G}$ von $rd\,\mathfrak{G}$, so gilt folgender Satz:

Satz 18. *Ist $\mathfrak{G}$ pseudokonvex, so ist $-\ln d_{\mathfrak{G}}$ eine in $\mathfrak{G}$ plurisubharmonische Funktion.*

Aus Darstellungsgründen ist es zweckmäßig, dem Beweise von Satz 18 drei Hilfssätze vorauszuschicken:

Hilfssatz 8. *Es sei $\mathfrak{G}$ ein beliebiges Gebiet über dem C^n. Gibt es dann zu jedem Randpunkt r von $\mathfrak{G}$ eine Umgebung $\mathfrak{V}$ derart, daß $-\ln d_{\mathfrak{G}}$ in $\mathfrak{V} - rd\,\mathfrak{G}$ plurisubharmonisch ist, so ist $-\ln d_{\mathfrak{G}}$ in ganz $\mathfrak{G}$ plurisubharmonisch.*

Beweis. Angenommen, $-\ln d_{\mathfrak{G}}$ wäre in $\mathfrak{G}$ nicht überall plurisubharmonisch. Es gibt dann ein 1-dimensionales analytisches Flächenstück $F_0 \colon \{g(t) \in \mathfrak{G} \mid$

$t \in \widetilde{\mathfrak{S}} \subset C^1$, $\Phi\, g(t) = ((f_\nu(t)))\}$ in $\mathfrak{S}$, so daß die Beschränkung von $-\ln d_\mathfrak{S}$ auf F_0 nicht subharmonisch ist. Man kann daher in einer Umgebung eines Kreises $K: \{z \mid |z - z_0| \leq d\} \subset \widetilde{\mathfrak{S}}$ eine harmonische Funktion $h_1(z, \bar{z})$ so bestimmen, daß folgendes gilt:

1. $h_1(z, \bar{z}) \geq q(t, \bar{t}) = {}_{Def.}\ (-\ln d_\mathfrak{S}) \circ g(t)$ in K.

2. $h_1(z, \bar{z}) > q(t, \bar{t})$ auf $rd\, K$.

3. $h_1(z, \bar{z}) = q(t, \bar{t})$ in einer gewissen Punktmenge P von K.

Ferner gibt es eine in K harmonische Funktion $h_2(z, \bar{z})$, derart, daß $f^* = h_1 + + i h_2$ dort holomorph ist. Setzen wir $f = e^{-f^*}$, so wird $|f| \leq d_\mathfrak{S} \circ g(t)$ in K, $|f| < d_\mathfrak{S} \circ g(t)$ auf $rd\, K$ und $|f| = d_\mathfrak{S} \circ g(t)$ in P. Es sei $p_0 \in P$. Der Punkt $g_0 = g(p_0)$ hat von $rd\,\mathfrak{S}$ einen endlichen Abstand d_0 (falls wir den trivialen Fall $\mathfrak{S} = C^n$ von unserer Betrachtung ausschließen). Der Rand der Hyperkugel H mit dem Radius d_0 um g_0 liegt deshalb nicht mehr ganz in $\mathfrak{S}$, wohl aber noch das Innere von H. Man kann daraus leicht zeigen, daß $H + rd\, H$ kompakt in $\mathfrak{S}$ enthalten ist. $B = rd\, H \cap rd\, \mathfrak{S}$ ist also nicht leer. Es sei nun ein Punkt $r_0 \in B$ gewählt; ferner n-tupel a_ν, b_ν, $\nu = 1 \ldots n$, so daß für die Ebene $E(t) = \{(z_1 \ldots z_n) \mid z_\nu = a_\nu + b_\nu t,\ \nu = 1 \ldots n\}\ E(0) = \Phi(g_0)$ und $\Phi(r_0) = E(1)$ ist. In $\mathfrak{S}$ gibt es genau eine Schar analytischer Flächen $F(t; \tau)$:
$$\left\{ g \in \mathfrak{S} \mid g = g(t, \tau),\ \Phi \circ g(t, \tau) = \left(\left(f_\nu(t) + b_\nu \tau \frac{f(t)}{f(p_0)} \right) \right),\ t \in K,\ 0 \leq \tau < 1 \right\}, \text{ bei der}$$
$F(t; 0)$ in F_0 enthalten ist. Offenbar wird $d_\mathfrak{S}$ in den Punkten $F(p_0, \tau)$ für $\tau \to 1$ beliebig klein. Die Menge $\{g \mid g = g(t, \tau),\ |t| = d,\ 0 \leq \tau < 1\}$ liegt relativ kompakt in $\mathfrak{S}$. Es gibt daher ein $0 \leq \tau_0 < 1$, so daß für $\tau_0 \leq \tau < 1$ die Beschränkung $q_\tau(t)$ von $-\ln d_\mathfrak{S}$ auf $F(t; \tau)$ ihr Maximum im Innern von $F(t; \tau)$ in einem Punkt $g(\tau)$ annimmt. Wir können ferner $g(\tau)$ so wählen, daß $q_\tau(t)$ in der Nähe von $g(\tau)$ nicht konstant ist. $q_\tau(t)$ kann dann in keiner Umgebung von $g(\tau)$ subharmonisch sein. Es folgt nun, daß $-\ln d_\mathfrak{S}$ in $g(\tau)$ sicher nicht plurisubharmonisch ist. Andererseits kann man leicht zeigen, daß sich die Punkte $g(\tau)$ gegen einen Randpunkt $r \in rd\,\mathfrak{S}$ häufen. Dieser besitzt also keine Umgebung $\mathfrak{V}$, derart, daß in $\mathfrak{V} - rd\,\mathfrak{S}$ unsere Funktion $-\ln d_\mathfrak{S}$ plurisubharmonisch ist. Das widerspricht den Voraussetzungen des Hilfssatzes.

Hilfssatz 9. *Es gibt zu jeder Umgebung* $\mathfrak{U}(r)$, $r \in rd\,\mathfrak{S}$, *eine kleinere Umgebung* $\mathfrak{V}(r) \subset \mathfrak{U}(r)$, *so daß in* $\mathfrak{V} \cap \mathfrak{S}\ -\ln d_\mathfrak{S} = -\ln d_\mathfrak{U}$ *ist.*

Beweis. Es bezeichne *dist* (A, B) *die (euklidische) Entfernung zweier Mengen A und B.* Wählen wir dann $\mathfrak{V}(r)$ so, daß für die Punkte $g \in \mathfrak{V}$ gilt: dist $(g, \mathfrak{V} \cap rd\,\mathfrak{S}) <$ dist $(g, \overline{\mathfrak{S}} - \mathfrak{U})$, so hat $\mathfrak{V}$ die verlangte Eigenschaft.

Hilfssatz 10. *Ist φ eine LK-Funktion in einer Umgebung $\mathfrak{U}$ eines Punktes $z^{(0)} \in C^n$, so gibt es einen Polyzylinder $\mathfrak{Z} \subset \mathfrak{U}$ um $z^{(0)}$, so daß für $0 < t \leq 1$ die Funktion $\Psi = \varphi + t \sum |z_\nu - z_\nu^{(0)}|^2$ in $\mathfrak{Z}$ eine LK-Funktion im strengen Sinne ist.*

Beweis. Es ist $\Psi_{i,\bar{k}} = \varphi_{i,\bar{k}} + t\,\delta_i^k$ und $\Psi_i = \varphi_i + t\,(\bar{z}_i - \bar{z}_i^{(0)})$ $\left(\text{mit } \varphi_{i,\bar{k}} = \dfrac{\partial^2 \varphi}{\partial z_i\, \partial \bar{z}_k},\right.$ $\Psi_{i,\bar{k}} = \dfrac{\partial^2 \psi}{\partial z_i\, \partial \bar{z}_k},\ \varphi_i = \dfrac{\partial \varphi}{\partial z_i},\ \Psi_i = \left.\dfrac{\partial \psi}{\partial z_i}\right)$. Wir dürfen ohne Einschränkung der Allgemeinheit annehmen, daß $\varphi_1 \neq 0$ gilt. Es sei $\sum \Psi_i a_i = 0$. Setzen wir $b_1 = a_1 + ct;\ b_\nu = a_\nu,\ \nu = 2 \ldots n,$ und $c = \dfrac{\sum a_\nu (\bar{z}_\nu - \bar{z}_\nu^{(0)})}{\varphi_1}$, so ist $\sum \varphi_\nu b_\nu = 0$. Es gilt

$\Sigma \varphi_{\nu,\bar\mu} b_\nu \bar b_\mu \geqq 0$, also $\Sigma\ \varphi_{\nu,\bar\mu} a_\nu \bar a_\mu + t c\,\gamma + t\,\bar c\,\bar\gamma + \bar c c t t\ \varphi_{1,\bar 1} \geqq 0$, wenn $\gamma = \varphi_{1,\bar\mu} \bar a_\mu$ gesetzt wird. Daher ist: $\Sigma\ \Psi_{\nu,\bar\mu} a_\nu \bar a_\mu \geqq t\left[\Sigma\, a_\nu \bar a_\nu - c\,\gamma - \bar c\,\bar\gamma - c\bar c t\ \varphi_{1,\bar 1}\right]$. Offenbar brauchen wir den Hilfssatz nur für Einheitsvektoren a_ν zu beweisen. Für solche gilt: $\Sigma\ \Psi_{\nu,\bar\mu}\, a_\nu \bar a_\mu \geqq t\,[1 - 2\ \max\limits_{a_\nu,\,\delta} |c| \cdot |\gamma| - \max\limits_{a_\nu,\,\delta} c\bar c\, |\varphi_{1,\bar 1}|]$. Da $\max |c|$ mit δ beliebig klein wird, kann man δ so bestimmen, daß der Ausdruck in der letzten eckigen Klammer immer größer als $\frac{1}{2}$ ist. Ψ ist dann für jedes $0 < t \leqq$ $\leqq 1$ eine LK-Funktion im strengen Sinne.

Nun zum eigentlichen Beweis von Satz 18! Angenommen, $-\ln d_{\mathfrak{G}}$ ist in $\mathfrak{G}$ nicht überall plurisubharmonisch. Es sei r ein Randpunkt von $\mathfrak{G}$ im Sinne von Hilfssatz 8. Da $r d\,\mathfrak{G}$ zweimal stetig differenzierbar ist, gibt es eine Umgebung $\mathfrak{V}(r)$, die durch Φ eineindeutig in eine Umgebung $\mathfrak{U}(z^{(0)})$, $z^{(0)} = \Phi(r)$, abgebildet wird. Es sei $\mathfrak{B}$ der Bereich der Punkte $\{z\,|\,z \in \mathfrak{U},\ \varphi(z) < 0\}$. Nach Hilfssatz 9 stimmt $-\ln d_{\mathfrak{B}}$ in hinreichender Nähe von r mit $-\ln d_{\mathfrak{G}}$ überein und ist deshalb in keiner Umgebung von r plurisubharmonisch. Da $d_{\mathfrak{B}} \circ \Phi^{-1} = d_{\mathfrak{B}}$ ist, gilt das Gleiche für $-\ln d_{\mathfrak{B}}$ in bezug auf alle Umgebungen von $z^{(0)}$. Sei nun $\mathfrak{Z}$ ein Polyzylinder um $z^{(0)}$ im Sinne von Hilfssatz 10. Aus Hilfssatz 9 folgt wieder, daß $-\ln d_{\mathfrak{B}_0}$ in $\mathfrak{B}_0 = \mathfrak{B} \cap \mathfrak{Z} = \{z \,|\, z \in \mathfrak{Z},\ \varphi(z) < 0\}$ nicht plurisubharmonisch sein kann. Andererseits sind nach einem bekannten Satz[41] alle Funktionen $-\ln d_{\mathfrak{B}_t}$ in $\mathfrak{B}_t = \{z \,|\, z \in \mathfrak{Z},\ \varphi(z) + t \sum\limits_{\nu=1}^{n} |z_\nu - z_\nu^{(0)}|^2 < 0\}$, $0 < t \leqq$ $\leqq 1$, plurisubharmonisch. Es gilt $\lim\limits_{t\to 0} \mathfrak{B}_t = \mathfrak{B}_0$, $-\ln d_{\mathfrak{B}_t} \leqq -\ln d_{\mathfrak{B}_{t'}}$, für $t \leqq t'$ und $\lim\limits_{t\to 0} -\ln d_{\mathfrak{B}_t} = -\ln d_{\mathfrak{B}_0}$. $-\ln d_{\mathfrak{B}_0}$ ist also Grenzwert einer absteigenden Folge plurisubharmonischer Funktionen und deshalb wieder plurisubharmonisch[42]. Widerspruch! Damit ist Satz 18 bewiesen.

Wir untersuchen nun Gebiete mit vollständiger Kählerscher Metrik. Es gilt folgender Satz:

Satz 19. *Es sei $\mathfrak{G}$ ein (unverzweigtes) Gebiet über dem C^n; der Rand von $\mathfrak{G}$ sei reell-analytisch. Ist dann ferner in $\mathfrak{G}$ eine vollständige Kählersche Metrik Λ definiert, so ist $\mathfrak{G}$ pseudokonvex.*

Aus Satz 18 ergibt sich, daß unter den Voraussetzungen von Satz 19 $-\ln d_{\mathfrak{G}}$ in $\mathfrak{G}$ plurisubharmonisch ist. Wir ziehen jetzt einen grundlegenden Satz von K. Oka heran:

Satz. *Ein verzweigtes Gebiet $\mathfrak{G}$ über dem C^n, in dem $-\ln d_{\mathfrak{G}}$ eine plurisubharmonische Funktion ist, ist ein holomorphkonvexes Holomorphiegebiet[43].*

Es folgt nun unmittelbar:

Satz C. *Jedes (unverzweigte) Gebiet über dem $\mathfrak{C}^n$ mit reell-analytischem Rand und vollständiger Kählerscher Metrik ist ein holomorphkonvexes Holomorphiegebiet.*

---

[41]) Vgl. S. Hitotumatu: On some conjectures concerning pseudoconvex domaines. J. Math. Soc. Japan 6, 177—195 (1954); hier besonders p. 187.

[42]) Vgl. S. Hitomatu, loc. cit.[41]), p. 179, Propos. 2.

[43]) Vgl. K. Oka, loc. cit.[12]).

Die folgenden Seiten werden nur noch verwendet, um Satz 19 zu beweisen. Es sei r ein beliebiger Randpunkt von $\mathfrak{S}$. Da $rd\,\mathfrak{S}$ als reell-analytisch vorausgesetzt ist, gibt es eine Umgebung $\mathfrak{V}(r)$, die durch Φ eineindeutig in eine Umgebung $\mathfrak{U}(z^{(0)})$, $z^{(0)} = \Phi(r)$, abgebildet wird. In $\mathfrak{U}$ gilt $d\,\varphi \neq 0$, wenn φ wie auf p. 68 gewählt ist. Durch eine geeignete affin-lineare Koordinatentransformation kann man erreichen, daß $\varphi_1 = \dfrac{\partial \varphi}{\partial z_1} \neq 0$, $\varphi_\nu = \dfrac{\partial \varphi}{\partial z_\nu} = 0$, $\nu = 2 \ldots n$, in $z^{(0)}$ gilt. Da ferner die Klasse der LK-Funktionen gegenüber holomorphen Transformationen invariant ist, dürfen wir ohne Einschränkung der Allgemeinheit annehmen, daß in $z^{(0)}$ dieser Fall vorliegt und sogar, daß dort $\dfrac{\partial {}^*\varphi}{\partial u} > 0$ ist, wenn wir ${}^*\varphi(u, v; z_2,$ $\bar{z}_2; \ldots; z_n \bar{z}_n) \equiv \varphi(u + iv, u - iv; z_2, \bar{z}_2; \ldots; z_n, \bar{z}_n)$ setzen. Wir können ebenso $z^{(0)} = (0, \ldots, 0) = 0$ voraussetzen. Durch eine quadratische Transformation $z_\nu \to z_\nu + \Sigma\, a_{\nu, \varkappa \mu}\, z_\varkappa\, z_\mu$ in einer Umgebung $\widetilde{\mathfrak{U}}(0) \subset \mathfrak{U}$ kann man weiter erreichen[44], daß in 0 auch noch $\dfrac{\partial^2 \varphi}{\partial z_\nu \partial z_\mu} = 0$, $\nu, \mu = 1 \ldots n$, gilt. Es gibt nun ein Gebiet $\mathfrak{D} : \{(z_1 \ldots z_n) \mid |u| < d,\ |v| < d,\ |z_\nu| < d_\nu, \nu = 2 \ldots n\} \subset \widetilde{\mathfrak{U}}$ um $z^{(0)} = 0$, in dem die Gleichung ${}^*\varphi = 0$ nach u auflösbar ist: Man kann in $\mathfrak{D}' : \{(v, z_2 \ldots z_n) \mid |v| < d,\ |z_\nu| < d_\nu\}$ eine reell-analytische Funktion $h(v; z_2, \bar{z}_2, \ldots z_n, \bar{z}_n)$, $|h| < d$, finden, derart, daß $\mathfrak{V}^* = \mathfrak{D} \cap \mathfrak{V} = \{(z_1 \ldots z_n) \in \mathfrak{D} \mid u < h(v; z_2, \bar{z}_2 \ldots z_n, \bar{z}_n)\}$ ist $(\mathfrak{V} = \{(z_1 \ldots z_n) \in \mathfrak{U}) \mid \varphi(z_1 \ldots z_n) < 0\})$. Es gilt $h(0; 0, 0, \ldots, 0, 0) = 0$, $\dfrac{\partial h}{\partial z_\nu} = 0$, $\dfrac{\partial^2 h}{\partial z_\nu \partial z_\mu} = 0$, $\nu, \mu = 2 \ldots n$, in 0. In $\mathfrak{V}^*$ ist $\varLambda^* = \varLambda \circ \Phi^{-1}$ eine Kählersche Metrik, unter der die Randpunkte $u = h$ von $\mathfrak{V}^*$ unendlichfern sind. Es ist $\mathfrak{V}^* = \Phi^{-1}(\mathfrak{D})$ eine Umgebung von r. $\mathfrak{V}^* - rd\,\mathfrak{S}$ wird durch Φ eineindeutig in $\mathfrak{D}$ auf $\mathfrak{V}^*$ abgebildet. Wir nennen nun eine *reellwertige Funktion* Ψ, $\Psi(0) = 0$, *eine LK-Funktion in* 0, *wenn* Ψ *in einer Umgebung* $W(0)$ *zweimal stetig differenzierbar ist, dort* $d\,\Psi \neq 0$ *gilt und in* 0 *die Ungleichung* $\Sigma\, \dfrac{\partial^2 \varphi}{\partial z_\nu \partial \bar{z}_\mu}\, a_\nu\, \bar{a}_\mu \geqq 0$ *für alle* a_ν, $\Sigma\, \dfrac{\partial \varphi}{\partial z_\nu}\, a_\nu = 0$ *erfüllt ist.* Ist Ψ_1 eine weitere zweimal stetig differenzierbare reellwertige Funktion mit $d\,\Psi_1 \neq 0$ in W und stimmen dort die Mengen $\Psi = 0$ und $\Psi_1 = 0$ und die Seiten $\Psi < 0$, $\Psi_1 < 0$ überein, so ist auch Ψ_1 eine LK-Funktion in 0, wie man leicht durch Rechnung zeigen kann[44]. *Ob* Ψ *in* 0 *LK-Funktion ist oder nicht, hängt also nur von der Fläche* $\Psi = 0$ *ab.* Können wir zeigen, daß $u - h$ eine LK-Funktion in 0 ist, so ist deshalb $u - h$ auch sicher eine LK-Funktion in jedem Punkte $u = h$ aus $\mathfrak{D}$; denn da $r \in rd\,\mathfrak{S}$ beliebig gewählt ist, ist kein Punkt von $u = h$ ausgezeichnet. $u - h$ ist auch eine LK-Funktion in ganz $\mathfrak{D}$, was man gleich einsieht, wenn man beachtet, daß h nicht von u abhängt. Satz 19 folgt also unmittelbar aus folgendem:

Hilfssatz 11. *Es sei* $u = h(v; z_2, \bar{z}_2 \ldots z_n, \bar{z}_n)$ *eine in* $\mathfrak{D}'$ *reell-analytische, reellwertige Funktion mit folgenden Eigenschaften:*

1. $|h| < d$ *in* $\mathfrak{D}'$.

2. $h = 0$, $\dfrac{\partial h}{\partial z_\nu} = 0$, $\dfrac{\partial^2 h}{\partial z_\nu \partial z_\mu} = 0$, $\nu, \mu = 2 \ldots n$, *in* 0.

---

[44] Vgl. H. Behnke und P. Thullen, loc. cit.[1], p. 54.

Ist dann in $\mathfrak{B}^* = \{(z_1 \ldots z_n) \in \mathfrak{D} \mid u < h\}$ eine Kählersche Metrik Λ^* definiert, unter der die Randpunkte $u = h$ von $\mathfrak{B}^*$ unendlich fern sind, so ist $u - h$ eine LK-Funktion in 0.

$u - h$ werde als Funktion von $z_1 \ldots z_n$ betrachtet. Gilt in 0: $\sum \dfrac{\partial(u-h)}{\partial z_\nu}\, a_\nu = 0$, $(a_1 \ldots a_n) \neq (0, \ldots, 0)$, so sind die Vektoren $\mathfrak{e}_1 = (1, 0, \ldots, 0)$, $\mathfrak{e}_2 = (0, a_2, \ldots, a_n)$ sicher linear unabhängig. E sei die durch $\mathfrak{e}_1$ und $\mathfrak{e}_2$ in 0 aufgespannte zweidimensionale komplexe Ebene. Jeder Punkt von E ist eine Linearkombination $\hat{z}_1 \mathfrak{e}_1 + \hat{z}_2 \mathfrak{e}_2$ von $\mathfrak{e}_1$, $\mathfrak{e}_2$. $\hat{z}_1, \hat{z}_2$ können als komplexe Koordinaten auf E aufgefaßt werden. Offenbar ist $\hat{\mathfrak{D}} = \mathfrak{D} \cap E$ ein Gebiet, das durch eine Formel $\{(\hat{z}_1, \hat{z}_2) \mid |\hat{u}| < d,\ |\hat{v}| < d,\ |\hat{z}_2| < \hat{d}\}$, $\hat{z}_1 = \hat{u} + i\hat{v}$ gegeben werden kann. Bezeichnet $\hat{h}$ die Beschränkung von h auf E und $\hat{\mathfrak{B}}$ das Gebiet $\{(\hat{z}_1, \hat{z}_2) \in E \mid \hat{u} < \hat{h}\} = \mathfrak{B}^* \cap E$, so ist die Beschränkung $\hat{\Lambda}$ von Λ^* auf $\hat{\mathfrak{B}}$ eine Kählersche Metrik in $\hat{\mathfrak{B}}$, unter der die Randpunkte $\hat{u} = \hat{h}$ unendlich fern sind. Gilt nun Hilfssatz 11 für $n = 2$, so ist in

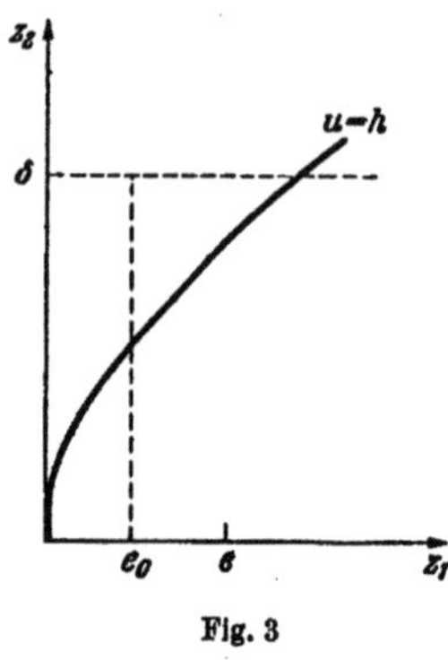

Fig. 3

$(0, 0) \in E: \gamma = \sum \dfrac{\partial^2(\hat{u}-\hat{h})}{\partial \hat{z}_\nu\, \partial \hat{\bar{z}}_\mu}\, b_\nu \bar{b}_\mu \geqq 0$, für $(b_1, b_2) = (a_1, 1)$, da $\sum \dfrac{\partial(\hat{u}-\hat{h})}{\partial \hat{z}_\nu}\, b_\nu = \sum \dfrac{\partial(u-h)}{\partial z_\nu}\, a_\nu = 0$ gilt. γ ist aber gleich $\sum \dfrac{\partial^2(u-h)}{\partial z_\nu\, \partial \bar{z}_\mu}\, a_\nu \bar{a}_\mu$. Hilfssatz 11 gilt also sicher, wenn er für $n = 2$ richtig ist.

Beweis des Hilfssatzes für $n = 2$. Da nach Voraussetzung $\dfrac{\partial(u-h)}{\partial z_2} = 0$ in 0 gilt, genügt ein Vektor (a_1, a_2) genau dann dort der Gleichung $\sum \dfrac{\partial(u-h)}{\partial z_\nu}\, a_\nu = 0$, wenn $a_1 = 0$ ist. Nehmen wir nun an, $u - h$ wäre keine LK-Funktion in 0, so ist deshalb $\dfrac{\partial^2 h}{\partial z_2\, \partial \bar{z}_2} > 0$ für $v = 0, z_2 = 0$. Daraus folgt, wenn man beachtet, daß $\dfrac{\partial^2 h}{\partial z_2\, \partial z_2} = \dfrac{\partial^2 h}{\partial \bar{z}_2\, \partial \bar{z}_2} = 0$ vorausgesetzt wurde, daß in 0: $\left(\dfrac{\partial^2 h}{\partial \varrho^2}\right)_\vartheta = Df. \dfrac{\partial^2 h(0,\, \varrho\, e^{i\vartheta},\, \varrho\, e^{-i\vartheta})}{\partial \varrho^2} > 0$ gilt. $(\varrho = |z_2|,\ \vartheta = \arg z_2)$. Es gibt darum einen punktierten Kreis $K = \{z_2 \mid 0 < |z_2| < \delta\} \subset\subset \mathfrak{D}'$ der z_2-Ebene, in dem $\left(\dfrac{\partial h}{\partial \varrho}\right)_\vartheta = Df. \dfrac{\partial h(0,\, \varrho\, e^{i\vartheta},\, e^{-i\vartheta})}{\partial \varrho} > 0$ ist. In K gilt $h > 0$, auf $|z_2| = \delta$ sogar: $0 < e < h$. Insbesondere ist in den Punkten $\{(z_1, z_2) \mid z_1 = e_0 = \dfrac{e}{2},\ |z_2| < \delta,\ u = h\}$ auf der Ebene $z_1 = e_0$ die Ableitung $\left(\dfrac{\partial(u-h)}{\partial \varrho}\right)_\vartheta \neq 0$. Das Gleiche gilt auch noch in einer vollen (komplex) zweidimensionalen Umgebung dieser Punkte. $u - h = 0$ ist dort nach ϱ auflösbar: In einem Gebiet $\mathfrak{D}_0: \{(z_1, z_2) \mid |u - e_0| < \varepsilon,\ |v| < \varepsilon,\ |z_2| < \delta\}$, $0 < \varepsilon < e_0$, wird die Fläche $u = h$ durch eine reell-analytische Gleichung $\varrho = \eta(\vartheta; u, v)$ gegeben. $\mathfrak{B} = \mathfrak{B}^* \cap \mathfrak{D}_0$ ist gleich $\{(z_1, z_2) \in \mathfrak{D}_0 \mid \varrho > \eta\}$. Wurde e_0 hinreichend klein gewählt, so ist $(u - h)$ wie auch $(\eta - \varrho)$ in keinem Punkt von $F: \{(z_1, z_2) \in \mathfrak{D}_0 \mid \varrho = \eta\}$ eine LK-Funktion. Es bezeichne nun E die Fläche $\{(z_1^{(1)}, z_2^{(1)}) \mid u_1 = e_0,\ |v_1| < \varepsilon,\ |z_2^{(1)}| = 1\}$ und E_1 die Fläche $\{(z_1^{(1)},$

$z_2^{(1)}) \mid u_1 = e_0, \ |v_1| < \varepsilon_1, \ |z_2^{(1)}| = 1\}$ mit $\varepsilon_1 < \varepsilon$ im Raume der Veränderlichen $z_1^{(1)}$ $= u_1 + i v_1, \ z_2^{(1)} = \varrho_1 e^{i \vartheta_1}$. Für E gilt folgender, am Schluß der Arbeit bewiesene

Hilfssatz 12. *Ist* $\hat{\tau}_1 : z_\nu = \hat{f}_\nu(\vartheta_1, v_1)$, $\nu = 1, 2$, *eine reell-analytische, einein-deutige Abbildung von* E *auf* $\hat{\tau}_1(E)$ *und ist ferner überall auf* E *die Determinante*

$$\frac{\partial(\hat{f}_1, \hat{f}_2)}{\partial(\vartheta_1, v_1)} \neq 0, \quad \text{so ist } \hat{\tau}_1 \text{ eindeutig zu einer umkehrbar eindeutigen, holomorphen}$$

Abbildung $\tau_1 : z_\nu = f_\nu(z_1^{(1)}, z_2^{(1)})$ *einer vollen Umgebung* $\mathfrak{D}_1 : \{(z_1^{(1)}, z_2^{(1)}) \mid |u_1 - e_0| < \varepsilon_1,$ $|v_1| < \varepsilon_1, 1 - \delta_1 < |z_2| < 1 + \delta_1\}$ *von* E_1 *auf eine Umgebung von* $\hat{\tau}(E_1)$ *fortsetzbar.*

In $\mathfrak{D}_1$ *gilt:* $\dfrac{\partial(f_1, f_2)}{\partial(z_1^{(1)}, z_2^{(1)})} \neq 0$.

Wir setzen auf E die Funktion $\hat{f}_1(\vartheta_1, v_1) \equiv i v_1, \ \hat{f}_2(\vartheta_1, v_1) \equiv \eta(\vartheta_1; e_0, v_1) e^{i \vartheta_1}$. Die Fortsetzung τ_1 ist dann von der Form: $z_1 = f_1 \equiv z_1^{(1)}; \ z_2 = f_2(z_1^{(1)}, z_2^{(1)})$. $\mathfrak{D}_1$ sei so klein, daß $\mathfrak{D}_0$ die Menge $\tau_1(\mathfrak{D}_1)$ enthält. Bezeichnet ϱ_1 den $|z_2^{(1)}|$, so gilt für $u_1 = e_0, \ v_1 = 0, \ \varrho_1 = 1, \ \vartheta_1$ reell: $\left(\dfrac{\partial(\eta - \varrho) \circ \tau_1}{\partial \varrho_1}\right)_{\vartheta_1} \neq 0$, wie man leicht errechnet. Das Gleiche gilt auch noch in einer ganzen Umgebung dieser Punkte. Hat man ε_1 hinreichend klein gewählt, so kann man darum die Fläche $F_1 : (\varrho - \eta) \circ \tau_1 = 0$ in $\mathfrak{D}_1$ durch eine reell-analytische Gleichung $\varrho_1 = \eta_1(\vartheta_1, u_1, v_1)$ geben. Es ist: $\eta_1(\vartheta_1; e_0, v_1) \equiv 1$ und natürlich $\eta_1(\vartheta_1 + 2 n \pi, u_1, v_1) = \eta_1(\vartheta_1, u_1, v_1)$. τ_1 bildet F_1 in F ab und den Bereich $\mathfrak{B}_1 : \{(z_1^{(1)}, z_2^{(1)}) \in \mathfrak{D}_1 \mid \varrho_1 > \eta_1\}$ in $\mathfrak{B}$. $\eta_1 - \varrho_1$ ist wie $(\eta - \varrho) \circ \tau_1$ keine LK-Funktion auf F_1.

Wir konstruieren nun eine umkehrbar eindeutige holomorphe Abbildung τ_2 eines Teilgebietes $\mathfrak{D}_1^* \subset \mathfrak{D}_1$, das aus Punkten $(z_1^{(1)}, z_2^{(1)})$ mit $|u_1 - e_0| < \varepsilon_2, \ |v_1| < \varepsilon_2$ besteht, auf ein Gebiet $\mathfrak{D}_2 : \{(z_1^{(2)}, z_2^{(2)}) \mid |u_2 - e_0| < \varepsilon_2, \ |v_2| < \varepsilon_2, \ 1 - \delta_2 < |z_2^{(2)}| < 1 + \delta_2\}$, $0 < \varepsilon_2 < \varepsilon_1, \ 0 < \delta_2 < \delta_1$. τ_2 habe folgende Eigenschaften:

1. τ_2 kann durch Gleichungen $z_1^{(2)} = z_1^{(1)}; \ z_2^{(2)} = \dfrac{z_2^{(1)}}{g(u_1, v_1; \varrho_1, \vartheta_1)}$ gegeben werden.

2. Es gilt in $\mathfrak{D}_1^*$:

a) $g(u_1, v_1, \varrho_1, \vartheta_1 + 2 n \pi) = g(u_1, v_1, \varrho_1, \vartheta_1)$,

b) $|g(e_0, v_1, 1, \vartheta_1)| \equiv 1$,

c) $\dfrac{\partial |g(e_0, v_1, 1, \vartheta_1)|}{\partial u_1} + k(v_1, \vartheta_1) \dfrac{\partial |g(e_0, v_1, 1, \vartheta_1)|}{\partial \varrho_1} \equiv k(v_1, \vartheta_1)$,

d) arc $g(e_0, 0, 1, \vartheta_1) \equiv 0$.

Dabei ist $k(v_1, \vartheta_1) = \dfrac{\partial \eta_1(\vartheta_1; e_0, v_1)}{\partial u_1}$ gesetzt. c) braucht nur auf $E_1 \cap \mathfrak{D}_1^*$ zu gelten. Da dort $\varrho = 1, |g| = 1$ gilt, ist c) offenbar erfüllt, wenn $g = e^q$ ist und q den Gleichungen c') : $\dfrac{\partial Re\, q(e_0, v_1, 1, \vartheta_1)}{\partial u_1} + k(v_1, \vartheta_1) \dfrac{\partial Re\, q(e_0, v_1, 1, \vartheta_1)}{\partial \ln \varrho_1} = k(v_1, \vartheta_1)$ und $Re\, q(e_0, v_1, 1, \vartheta_1) = 0$ genügt. q muß dabei holomorph in den Variablen $z_1^{(1)} = u_1 + i v_1, \ w = \ln \varrho_1 + i \vartheta_1$ sein. Die Cauchy-Riemannschen Differential-gleichungen ergeben, daß c') mit c'') $\dfrac{\partial p(v_1, \vartheta_1)}{\partial v_1} + k(v_1, \vartheta_1) \dfrac{\partial p(v_1, \vartheta_1)}{\partial \vartheta_1} = k(v_1, \vartheta_1)$ äquivalent ist $(p(v_1, \vartheta_1) = Im\, q(e_0, v_1, 1, \vartheta_1))$. c'') stellt eine lineare partielle Differentialgleichung dar, die sich mit der Nebenbedingung d): $p(0, \vartheta_1) = \mathrm{arc}\, g(e_0, 0, 1, \vartheta_1) \equiv 0$ in $\{(v_1, \vartheta_1) \mid |v_1| < \varepsilon_1, \vartheta_1 \text{ reell}\}$ eindeutig lösen läßt. Die Lösung ist wie $k(v_1, \vartheta_1)$ periodisch in ϑ_1: $p(v_1, \vartheta_1) = p(v_1, \vartheta_1 + 2 n \pi)$. Setzen wir noch $Re\ q(e_0, v_1, 1, \vartheta_1) = 0$ und $g(e_0, v_1, 1, \vartheta_1) = e^q$, so erhalten wir eine eindeutige, reell-analytische Funktion g auf E_1. Die Abbildung $\hat{\tau}_2: z_1^{(2)} = z_1^{(1)}$, $z_2^{(2)} = \dfrac{z_2^{(1)}}{g}$ ist eine reell-analytische Abbildung von E_1 in den C^2. Ist $\widetilde{\varepsilon}_2$ hinreichend klein gewählt, so gilt auf $E_1^* = \{(z_1^{(1)}, z_2^{(1)}) \in E_1 \mid |v_1| < \widetilde{\varepsilon}_2\}$:

$$\frac{\partial \arc z_2^{(2)}}{\partial \vartheta_1} = \frac{\partial(\vartheta_1 - \arc g)}{\partial \vartheta_1} = 1 - \frac{\partial p(v_1, \vartheta_1)}{\partial \vartheta_1} \neq 0, \quad \text{da} \quad \frac{\partial p(0, \vartheta_1)}{\partial \vartheta_1} \equiv 0 \quad \text{ist.}$$

$\arc z_2^{(2)}$ ist dann in ϑ_1 monoton; $z_2^{(2)} = \dfrac{z_2^{(1)}}{g}$ für jedes feste v_1, $|v_1| < \widetilde{\varepsilon}_2$, eine eineindeutige Abbildung des Einheitskreisrandes in der z_2-Ebene auf sich und daher $\hat{\tau}_2$ eine eineindeutige Abbildung von E_1^* auf sich. Ferner ist: $\left| \dfrac{\partial(z_1^{(2)}, z_2^{(2)})}{\partial(v_1, \vartheta_1)} \right| \leqq 1 - \left| \dfrac{\partial p(v_1, \vartheta_1)}{\partial \vartheta_1} \right| \neq 0$ be hinreichend kleinem $\widetilde{\varepsilon}_2$ auf E_1^*. Nach Hilfssatz 12 können wir $\hat{\tau}_2$ zu einer eineindeutigen Abbildung τ_2 einer Umgebung von $E_2^*: \{(z_1^{(1)}, z_2^{(1)}) \in E_1 \mid |v_1| < \varepsilon_2\}$ fortsetzen. Sind $\mathfrak{D}_1^*$ und $\varepsilon_2 < \widetilde{\varepsilon}_2 < \varepsilon_1$ geeignet gewählt, so ist τ_2 sogar eine solche Abbildung von $\mathfrak{D}_1^*$ auf ein Gebiet $\mathfrak{D}_2$: $\{(z_1^{(2)}, z_2^{(2)}) \mid |u_2 - e_0| < \varepsilon_2, |v_2| < \varepsilon_2, 1 - \delta_2 < |z_2^{(2)}| < 1 + \delta_2\}$. τ_2 hat die verlangten Eigenschaften.

Es sei E_2 die Fläche $\{(z_1^{(2)}, z_2^{(2)}) \mid u_2 = e_0, |v_2| < \varepsilon_2, |z_2^{(2)}| = 1\} \subset \mathfrak{D}_2$. τ_2^{-1} bildet E_2 eineindeutig in E_1 ab. Da $g(e_0, 0, 1, \vartheta_1) \equiv 1$ ist, gilt für die Fortsetzung auch $g(e_0, 0, \varrho_1, \vartheta_1) \equiv 1$. In allen Punkten $z_1^{(2)} = e_0, z_2^{(2)} = \varrho_2 e^{i\vartheta_2}$ ist daher $\dfrac{\partial([\varrho_1 - \eta_1] \circ \tau_2^{-1})}{\partial \varrho_2} = \dfrac{\partial(\varrho_1 - \eta_1)}{\partial \varrho_1} = 1$. Werden ε_2, δ_2 hinreichend klein gewählt, so ist diese Ableitung noch in $\mathfrak{D}_2$ von Null verschieden: In einem geeigneten D_2 kann also die Fläche $(\eta_1 - \varrho_1) \circ \tau^{-1} = 0$ in der Form $\{(z_1^{(2)}, z_2^{(2)}) \in \mathfrak{D}_2 \mid \eta_2 = \varrho_2\}$ gegeben werden. Man errechnet leicht unter Verwendung der Eigenschaften a, b, c, d von g, daß für $\eta_2(\vartheta_2; u_2, v_2)$ folgendes gilt:

1. $\eta_2(\vartheta_2 + 2 n \pi; u_2, v_2) \equiv \eta_2(\vartheta_2, u_2, v_2)$,
2. $\eta_2(\vartheta_2; e_0, v_2) \equiv 1$,
3. $\dfrac{\partial \eta_2(\vartheta_2; e_0, v_2)}{\partial u_2} \equiv 0$.

Ferner ist $\eta_2 - \varrho_2$ wie $(\eta_1 - \varrho_1) \circ \tau_2^{-1}$ LK-Funktion in keinem Punkt von $\eta_2 - \varrho_2 = 0$. Das Gebiet $\mathfrak{B}_2: \{(z_1^{(2)}, z_2^{(2)}) \in \mathfrak{D}_2 \mid \varrho_2 > \eta_2\}$ wird durch τ_2^{-1} eineindeutig holomorph in $\mathfrak{B}_1$ abgebildet.

Aus 2. und 3. folgt, daß $\dfrac{\partial(\eta_2 - \varrho_2)}{\partial z_1^{(2)}} = 0$ gilt auf E_2. Da ferner $\eta_2 - \varrho_2$ dort keine LK-Funktion ist, muß $\gamma = \dfrac{\partial^2 \eta_2(\vartheta_2, e_0, v_2)}{\partial z_1^{(2)} \partial \bar{z}_1^{(2)}} = \dfrac{1}{4} \dfrac{\partial^2 \eta_2(\vartheta_2, e_0, v_2)}{\partial u_2^2} < 0$ sein. Ist $0 < \varepsilon_3 < \varepsilon_2$, so gilt für $|v_2| < \varepsilon_3, -\infty < \vartheta_2 < +\infty$, sogar $\gamma(\vartheta_1, v_2) < r < 0$. Wurde ε_3 hinreichend klein gewählt, so ist daher $R_1(u_2, v_2) =_{Df.} 1 + r(u_2 - e_0)^2 \geqq \eta_2$ für $|u_2 - e_0| < \varepsilon_3, |v_2| < \varepsilon_3, -\infty < \vartheta_2 < +\infty$, und es gilt für diesen Argumentbereich $0 < R_1 < 1 + \delta_2$. Der Rand des Hartogsschen Körpers $\mathfrak{H}^2$: $\{(z_1^{(2)}, z_2^{(2)}) \mid |u_2 - e_0| < \varepsilon_3, |v_2| < \varepsilon_3, R_1 < |z_2^{(2)}| < R_2 = 1 + \delta_2\}$ hat mit $F_2: \{\varrho_2 = \eta_2\}$ das (reell) zweidimensionale Flächenstück $E_3: \{(z_1^{(2)}, z_2^{(2)}) \mid z_1^{(2)} = e_0 + i v_2, |z_2^{(2)}| = R_1(e_0, v_2) = 1, -\varepsilon_3 < v_2 < \varepsilon_3\}$ gemeinsam. Da $\tau_1 \circ \tau_2^{-1}$ das Gebiet $\mathfrak{B}_2$ eineindeutig holomorph in $\mathfrak{B}$ abbildet und dabei F_2 auf $u = h$ wirft, sind in $\mathfrak{B}_2$

alte Randpunkte $\varrho_2 = \eta_2$ unter der Kählerschen Metrik $\Lambda = \Lambda^* \circ (\tau_1 \tau_2^{-1})$ unendlich fern. Also ist erst recht in $\mathfrak{H}^2$, das ja in $\mathfrak{B}_2$ enthalten ist, die Fläche E_3 unendlich fern. Nach Satz 15 muß für $z_1^{(2)} = e_0 + i v_2$ gelten: $\dfrac{\partial^2 \ln R_1}{\partial z_1^{(2)} \partial \bar{z}_1^{(2)}} \geqq 0$. Das ist aber, wie man errechnet, nicht der Fall. Damit haben wir einen Widerspruch durch unsere Annahme gewonnen, daß $u - h$ nicht LK-Funktion in 0 ist. Hilfssatz 11 ist also richtig.

Wir holen nun noch den Beweis von Hilfssatz 12 nach. Da die Funktionen $\hat{f}_\nu(v_1, \vartheta_1)$ auf E reell-analytisch sind, kann man f_ν um jeden Punkt $p = (v_1^0, \vartheta_1^0) \in E_1$ in eine Potenzreihe $\sum a_{n,m}^{(\nu)} (v_1 - v_1^0)^n \cdot (\delta_1 - \vartheta_1^0)^n$ entwickeln. Die Reihe $f_\nu^*(z_1^{(1)}, w) = \sum a_{n,m}^{(\nu)} i^{-(n+m)} (z_1^{(1)} - i v_1^0)^n \cdot (w - i\vartheta_1^0)^m$ konvergiert noch in einer (komplex) zweidimensionalen Umgebung von $(i v_1^0, i \vartheta_1^0)$, im $(z^{(1)}, w)$-Raum. Die $f_\nu^*(z_1^{(1)}, w)$ sind dort holomorphe Funktionen. Offenbar ist $f_\nu(z_1^{(1)}, z_2^{(1)}) = f_\nu^*(z_1^{(1)}, \ln z_2^{(1)})$ eine holomorphe Fortsetzung von $\hat{f}_\nu$ in eine volldimensionale Umgebung von p. Wie man unmittelbar aus der Konstruktion entnimmt, ist f_ν die einzig mögliche holomorphe Fortsetzung. Im Punkte p gilt $\dfrac{\partial f_\nu}{\partial z_1^{(1)}} = i^{-1} a_{1,0}^{(\nu)} = \dfrac{1}{i} \dfrac{\partial \hat{f}_\nu}{\partial v_1}$;

$\dfrac{\partial f_\nu}{\partial z_2^{(1)}} = i^{-1} a_{0,1}^{(\nu)} e^{-i\vartheta_1^0} = \dfrac{1}{i} \dfrac{\partial \hat{f}_\nu}{\partial \vartheta_1} e^{-i\vartheta_1^0}$ und somit $\dfrac{\partial(f_1, f_2)}{\partial(z_1^{(1)}, z_2^{(1)})} = - \dfrac{\partial(\hat{f}_1, \hat{f}_2)}{\partial(v_1, \vartheta_1)} \cdot e^{-i\vartheta^0} \neq 0$. $z_1 = f_1$, $z_2 = f_2$ bildet also eine Umgebung von p eindeutig ab.

Wir erhalten nun eine Fortsetzung $f_\nu(z_1^{(1)}, z_2^{(1)})$ von $\hat{f}_\nu$ in eine volle Umgebung $\mathfrak{U}$ von E_1, wenn wir f_ν in jedem Punkt $p \in \overline{E}_1$ fortsetzen. Ist $\mathfrak{U}$ hinreichend klein gewählt, so gilt dort $\dfrac{\partial(f_1, f_2)}{\partial(z_1^{(1)}, z_2^{(1)})} \neq 0$. Gäbe es keine Umgebung $\mathfrak{D}_1$ von E_1, in der $\tau_1: z_\nu = f_\nu$ eineindeutig ist, so gäbe es in $\mathfrak{U}$ zwei Folgen $p_\nu^{(1)}$ und $p_\nu^{(2)}$ von Punkten $p_\nu^{(1)} \neq p_\nu^{(2)}$, die gegen einen Punkt $p_0^{(1)}$ bzw. $p_0^{(2)}$ aus E_1 konvergieren, derart, daß $\tau_1(p_\nu^{(1)}) = \tau_1(p_\nu^{(2)})$ ist. Dann gilt auch $\tau_1(p_1^{(1)}) = \tau_1(p_0^{(2)})$ und da auf E_1: $\tau_1 = \hat{\tau}_1$ eineindeutig ist, $p_0^{(1)} = p_0^{(2)} = p_0$. Das kann aber nicht sein, da τ_1 wie vorhin gezeigt, eine Umgebung von p_0 umkehrbar abbildet. Damit ist Hilfssatz 12 bewiesen.

(Eingegangen am 28. Juli 1955)

Part III

Fibre Bundles

Commentary

1

Assume that Y is a reduced complex space, that L is a complex Lie group, that F is another reduced complex space and that X is a Hausdorff space, which is mapped continuously onto Y, $\pi : X \to Y$. We moreover assume that L operates holomorphically and faithfully on F: We denote by $aut(F)$ the so called automorphism group of F, that is the group of biholomorphic mappings of F onto itself. The word "operates" means that we have an injective group homomorphism $L \to aut(F)$. If $l \in L$ is an element and $v \in F$ is a point we denote by $\ell(v)$ the image of v in F under the automorphism in $aut(F)$, which is the image of ℓ.

Now take any open subset $U \subset Y$. A *fiber chart* Φ in X then is a topological map Φ of $F \times U$ onto an open subset of X such that $\pi \circ \Phi$ is the identity $U \simeq U$, i.e. $\pi \circ \Phi$ is independent of the points of F. A *fiber atlas* E in X is a collection $(\Phi_\mu : \mu \in M)$ of fiber charts in X such that the open sets U_μ cover X and the coordinate transforms $\Phi_\mu \circ \Phi_\nu^{-1}$ can be given in the form $(v, y) \to (\Phi_{\mu\nu}(v), y)$, where $\Phi_{\mu\nu}$ is a continuous map of the intersection $U_{\mu\nu} = U_\mu \cap U_\nu$ into L. The maps $\Phi_{\mu\nu}$ are uniquely determined. We call them the *transition functions*. Their collection $\Phi_{\mu\nu}$ is a so called cocycle with coefficients in L. That means over the intersections $U_{\mu\lambda\nu} = U_\mu \cap U_\lambda \cap U_\nu$ we have the equation: $\Phi_{\mu\lambda} \circ \Phi_{\lambda\nu} = \Phi_{\mu\nu}$.

Since all $\Phi_{\mu\nu}$ are continuous also the coordinate transformations $\Phi_\mu \circ \Phi_\nu^{-1}$ are topological maps. We call E a *holomorphic atlas* if all transition functions are holomorphic. In this case the coordinate transformations are biholomorphic maps. Then the atlas E gives a complex structure to X and X becomes a (reduced) complex space. The map π is holomorphic then and also the coordinate maps Φ_μ are biholomorphic. The space X together with a continuous fiber atlas E is called a *topological fiber bundle* over Y. If E is holomorphic X is a *complex-analytic fiber bundle* over Y. The complex space Y always is called the base space, L is the structure group and F the typical fibre, π the fiber projection.

The notion of isomorphism of fiber bundles is obvious. There are *topological* and *holomorphic isomorphisms*. Naturally, the cartesian product $F \times Y$ is a complex analytic fiber bundle. Any fiber bundle which is topologically (holomorphically) isomorphic to $F \times Y$ is called *topologically (holomorphically) trivial*. In general, there are much more complicated fiber bundles on Y.

An important special case of a fiber bundle is given by the class of *(complex) vector space bundles*. Here the typical fiber F is the complex number space $\mathbb{C}^n$

and the structure group L is the general complex linear group $GL(n, \mathbb{C})$, which operates on $\mathbb{C}^n$, naturally. There is a simpler definition:

Assume that Y is a complex space and that $\pi : X \to Y$ is a topological (complex) space over Y, π is a continuous (holomorphic) mapping. Then a *local continuous (holomorphic) cross section* in X is just a continuous (holomorphic) map $s : U \to X$ with $\pi \circ s = id$, where $U \subset X$ is open. We denote by $X_y = \pi^{-1}(y) \subset X$ the *fiber over* $y \in Y$. We assume that through every point of any fiber X_y runs a local continuous (holomorphic) cross section and that all the fibres X_y carry the structure of the n-dimensional complex vector space $\mathbb{C}^n$ (which is compatible with the topological resp. complex-analytic structure of X_y). The addition and the scalar multiplication give fiber preserving maps $X \times_Y X \to X$ and $\mathbb{C} \times X \to X$. We assume that they are continuous (holomorphic) (here $X \times_Y X$ denotes the fibred product, which is the inverse image of the diagonal of $Y \times Y$ under the map $X \times X \to Y \times Y$). From these simple properties it follows directly that X has an atlas E of the desired kind, which is determined up to isomorphy, such that X becomes a topological (complex-analytic) fiber bundle.

2

The first main result is an approximation theorem (see [11]). Assume that Y is a Stein space and that $G \subset Y$ is an open subset, which also is a Stein space. We call G a *Runge domain* if G is holomorphically convex with respect to the complex functions, which are holomorphic in Y. If L is a complex Lie group and $f : G \to L$ a holomorphic map, which can be deformed via continuous maps to the neutral map $E : G \to e \in L$, where e denotes the neutral element of L, then there is a sequence $f_\mu : Y \to L$ of holomorphic maps, which converges uniformly on every compact subset $K \subset G$ against f. We say that f can be *approximated in the interior* of G by holomorphic maps defined in Y.

Essential is a generalization of this approximation theorem. We replace L by a complex-analytic fiber bundle $L(Y, \hat{L}*)$, whose typical fiber is L and whose structure group is the group $\hat{L}*$ of interior transformations of L. Moreover one uses the so called (e, h)-functions $f(y, t)$ which depend holomorphically on y but only continuously on t, where t runs in a certain topological space. The whole proof is done by deformation of these functions $f(y, t)$.

The paper [12] contains the main step in the proof of the two leading results for any (here reduced) Stein space, which are stated in [16]:

Theorem I. *Assume that X_1 and X_2 are two complex-analytic fiber bundles over Y with the same typical fiber F and the same structure group L. Assume that X_1 and X_2 are topologically equivalent. Then they are holomorphically equivalent, too.*

Theorem II. *Assume that X is a topological fiber bundle over Y. Then there is a topologically equivalent complex-analytic fiber bundle X_a over Y.*

H. Cartan gave a talk on this theory at a (international) congress in Mexico-city in 1956. He published a very interesting paper on this theory (Espaces fibrés analytiques. Symposium International de Topologia Algebraica, Mexico, 97–121 (1958). H. Cartan, Oeuvres, Collected Works, vol. II, 752–776. Springer Heidelberg 1979). A part of the theory was known before, already. Namely, the case where L is abelian or (more general) resolvable (J.P. Serre: Application de la théorie générale à divers problèmes globaux. Séminaire H. Cartan 1951–52, exposé II. – J. Frenkel: Sur une classe d'espaces fibrés. C.R. Acad. Sci. Paris 236, 40–41 (1953). Sur les espaces fibrés analytiques complexes de fiber résoluble, ibid. 241, 16–18, (1955)).

In [16] some applications of the main theorem were given. We assume always that Y is a Stein space. If Y is deformable to a point, then every complex-analytic fiber bundle on Y is trivial. – If L is connected and Y a non compact connected Riemann surface then every X is trivial. – If $L' \subset L$ is a complex Lie subgroup such that L/L' is deformable to a point, then the structure group L of every complex-analytic fiber bundle X on Y can be reduced (holomorphically) to L'. – If Y is a topologically parallizable Stein manifold, then Y is also holomorphically parallizable.

3

If the complex space Y is not a Stein space, the situation is completely different. Let us assume that Y is a (reduced) compact complex space and that X is a vector bundle over X. We call the dimension of the typical fiber $F = \mathbb{C}^r$ the *rank* $rk(X)$ of the vector bundle. If $rk(X) = 1$ then X is called a *line bundle*. The line bundles on Y form an abelian group under the tensor product. This is the so called *Picard group $Pic(Y)$*. The connected component P^0 of $Pic(Y)$, which contains the neutral element, is a complex torus of dimension d, which is equal to the dimension of the first cohomology group of Y with coefficients in the structure sheaf $\mathcal{O}$.

From now on let us always assume that Y is the n-dimensional complex projective space $\mathbb{P}_n$. Then all line bundles over Y are (positive or negative) tensor power of the *hyperplane section bundle H*, which is characterized by the following property: H has a holomorphic cross section s with $s(z) = 0 \in H_z$ for $z \in$ a hyperplane $D \subset \mathbb{P}_n$, precisely. The section s vanishes on D of first order. Another simple result is known for vector bundles V of rank r over the $\mathbb{P}_1$. These are the direct sum (= *fibered* product over $\mathbb{P}_1$) of r line line bundles, which are determined up to isomorphism. This is an old theorem, which was stated in another form during the last century, already. For proof see [59].

Next complex-analytic vector bundles V of rank 2 over $\mathbb{P}_n$ were considered. Since every fiber V_z, $z \in \mathbb{P}_n$ is a complex vector space the multiplicative group $\mathbb{C}^*$ operates as group of homotheties on V. If the group of (holomorphic) endo-morphisms of V is not bigger the vector bundle V is called stable. In the case

$n = 2$ or 3 it is easy to construct unstable and stable vector bundles on $\mathbb{P}_n$ (see for instance [58]). Some of them are topologically but not holomorphically trivial.

If V is such a vector bundle on $\mathbb{P}_n$ and $L \subset \mathbb{P}_n$ a complex line then $V|L$ is the direct sum $F \oplus G$ of two line bundles, which have Chern classes $c(L)$ and $c'(L)$ with $c(L) \geq c'(L)$. We put $d = d(V) = \min\{c(L)\} - \max\{c'(L)\}$. Since the first Chern class $c_1(V) = c(L) + c'(L)$ always we have $c_1(V) = 2 \cdot \min\{c(L)\} - d(V)$. So the generic splitting behavior is given by d. For stable bundles the so called Grauert-Mülich theorem is valid: *If $c_1(V)$ is even then $d = 0$, if $c_1(V)$ is odd then $d = 1$* (see also the addenda to [58] in manuscripta math. 18). There is also the theorem by W. Barth for the case $n = 2$: *The set of lines L, where the splitting of $V|L$ is not generic, is a curve in the dual projective plane $\mathbb{P}_2^*$.*

On $\mathbb{P}_4$ we have the Horrocks-Mumford bundle, which is a stable rank 2 vector bundle, which does not split into line bundles. In [63] M. Schneider and I myself tried to prove that all unstable rank 2 bundles on $\mathbb{P}_n$ with $n \geq 4$ split into line bundles. Unfortunately the proof had a gap and it seems to be that an easy proof on $\mathbb{P}_4$ is not possible. Meanwhile, it seems that the theorem can be proved only in the case $n \geq 5$. But all the attemps failed even in this situation.

4

Another important case is that Y is not a complex space but a (set theoretic) real-analytic space. Then via complexification to a Stein space similar results are true (see: [91]). Another possibility is the infinite dimensional case. Here L is a Banach-analytic Lie group (L. Bungert: Holomorphic functions with values in locally convex spaces and applications to integral forms. Trans. Am. math. Soc. 111 (1964). And: On analytic fiber bundles. Topology 7 (1968). See also U. Grauert-Peternell: Banach-analytische Faserbündel auf nicht-kompakten Riemannschen Flächen. Schriftenreihe Math. Inst. Univ. Münster 28, Ser. 2 (1983).

5

The equivalence of continuous and holomorphic vector bundles is part of the general Oka principle which loosely asserts that in the context of Stein spaces what can be done topologically can also be done holomorphically. The techniques of approximation developed to establish the equivalence of continuous and holomorphic vector bundles were later used in a number of papers with results in diverse areas including function algebra, approximation results, Oka principle in more general settings, and the bound on the number of holomorphic functions needed to define a subvariety in the Euclidean space, and a bound on the dimension of the Euclidean space needed to immerse or embed a Stein manifold in.The papers are listed below:

R. Arens: To what extent does the space of maximal ideals determine the algebra? Function Algebras, edited by F.T. Bartel. pp. 164–168. Chicago, Scott-Foresman

1966. F. Docquier: Holomorphe Ausdehnung komplexer Mannifaltigkeiten und Approximation holomorpher Funktionen. Schriftenreihe Math. Inst. Univ. Münster 13 (1958). O. Forster: Prolongements des variétés de Stein. Comm. Math. Helv. 45 (1970), 170–184. O. Forster and K.J. Ramspott: Über die Darstellung analytischer Mengen. Sb. Bayer. Akad. Wiss. Math.-Nat. Kl. 1963 (1984), 89–99. O. Forster and K.J. Ramspott: Okasche Paare von Garben nicht-abelscher Gruppen. Invent. Math. 1 (1966), 260–286. O. Forster and K.J. Ramspott: Aanlytische Modulgarben und Endromisbündel. Invent. Math. 2 (1966), 145–170. H. Grauert and H. Kerner [33]. H. Holmann: Abbildungtheorie n-dimensionaler holomorph-vollständiger Mannifaltigkeiten. Schriftenreihe Math. Inst. Univ. Münster 10 (1956). K.J. Ramspott: Stetige und holomorphe Schnitte in Bündeln mit homogener Faser. Math. Z. 89 (1965), 234–246. K.J. Ramspott and K. Stein: Über Rungesche Paare komplexer Mannifaltigkeiten. Math. Ann. 145 (1962), 444–463. H. Röhrl: Das Riemann-Hilbertsche Problem der Theorie der linearen Differentialgleichungen. Math. Ann. 133 (1957), 1–25. M. Schneider: Vollständige, fast-vollständige und mengen-theoretische-vollständige Durchschnitte in Stein Mannifaltigkeiten. Math. Ann. 260 (1982), 151–174.

For the question of number of defining equations Forster and Ramspott proved that a submanifold of a Stein manifold whose dimension is strictly less than half of that of the ambient space is a complete intersection (Analytische Modulgarben und Endromisbündel. Invent. math. 2 (1966), 145–170). M. Schneider proved that a locally complete intersection of a Stein space whose dimension is precisely half of that of the ambient space is a global complete intersection if and only if its normal bundle is trivial and topological class defined by it is trivial (Vollständige, fast-vollständige und mengen-theoretische-vollständige Durchschnitte in Stein Mannifaltigkeiten. Math. Ann. 260 (1982), 151-174).

For the question of imbedding and immersion dimensions, Forster proved that a Stein manifold X of dimension n can be embedded in $2n - k$ for $n \geq 6$ and k being the integral part of $(n - 2)/3$ and can be immersed into $\mathbb{C}^{2n-1}$. The embedding result sharpened the theorem of Remmert-Narasimhan-Bishop which asserts embedding into $\mathbb{C}^{2n+1}$ (R. Remmert: Habilitationsschrift, Münster 1956. E. Bishop: Mappings of partially analytic spaces. Amer. J. Math. 83 (1961), 209–242. R. Narasimhan: Imbedding of holomorphically complete complex spaces. Amer. J. Math. 82 (1960), 917–934). The immersion result generalized that of R. Gunning and Narasimhan for Riemann surfaces (Immersion of open Riemann surfaces. Math. Ann. 174 (1967), 103–108). The general conjecture on the immersion of parallelizable Stein manifold of dimension n into $\mathbb{C}^n$ remains unsolved. The best results in this direction are those of M. Gromov and J. Eliasberg (M. Gromov and J. Eliasberg: Nonsingular maps of Stein manifolds. Func. Anal. & Applications 5 (1971), 82–83. M. Gromov: Partial Differential Relations. Springer Verlag 1986). Their results are the following. *If $2q > 3n+1$, then every n-dimensional Stein manifold V admits a proper holomorphic immersion into $\mathbb{C}^q$. Every parallelizable Stein manifold of dimension n can be immersed into $\mathbb{C}^{n+1}$.*

Papers Reprinted in this Part

Expressions in italics concern the contents of the paper.

Abbreviations: *lev* = Levi problem, convexity, Stein spaces, projective algebraic spaces

[11] Approximationssätze für holomorphe Funktionen mit Werten in komplexen Räumen. Math. Annalen **133**, 139–159 (1957). *lev*

[12] Holomorphe Funktionen mit Werten in komplexen Lieschen Gruppen. Math. Annalen **133**, 450–472 (1957). *lev*

[16] Analytische Faserungen über holomorph-vollständigen Räumen. Math. Annalen **135**, 263–273 (1958). *lev*

11.

Approximationssätze für holomorphe Funktionen mit Werten in komplexen Räumen*)

Math. Annalen **133**, 139–159 (1957)

Einleitung

In der klassischen Funktionentheorie kennt man seit langem Sätze, die Aussagen über die Approximierbarkeit von holomorphen Funktionen durch einfachere spezielle Funktionen machen. Nach dem Rungeschen Satz kann man z. B. jede holomorphe Funktion f in einem schlichten Gebiet G der z-Ebene beliebig stark durch rationale Funktionen annähern, die ihre Polstellen außerhalb von G haben. Ist G einfach zusammenhängend, so genügen zur Approximation von f sogar die Polynome.

Es war von ausschlaggebender Bedeutung für den Aufbau der Funktionentheorie mehrerer Veränderlichen, den Rungeschen Satz auf höhere Dimensionen zu übertragen. Da die Gebiete maximaler gleichmäßiger Konvergenz Holomorphiegebiete sein müssen, zeigte sich zunächst, daß er sicher nicht für Gebiete des n-dimensionalen komplexen Zahlenraumes C^n richtig ist, deren Holomorphiehüllen nicht schlicht sind[1]). A. Weil [24] erkannte dann 1935, daß die eingeschränkte Aussage der Approximation durch Polynome genau in den polynomkonvexen Gebieten gilt.

1939 griffen H. Behnke und K. Stein [5] die Fragestellung auf. Sie sahen, daß der wesentliche Inhalt des Rungeschen Satzes die Aussage ist, daß man in gewissen schlichten Gebieten holomorphe Funktionen durch Funktionen approximieren kann, die noch in einem größeren Gebiet holomorph sind. Da es sich ferner als zweckmäßig erwies, bei dem vorliegenden Problem nur die Holomorphiegebiete zu untersuchen, ergab sich folgender Satz:

(A) *Es seien $\mathfrak{R}$, $\check{\mathfrak{R}}$ unverzweigte Holomorphiegebiete über dem C^n, $\mathfrak{R}$ sei Teilbereich von $\check{\mathfrak{R}}$. Dann ist jede in $\mathfrak{R}$ holomorphe Funktion genau dann durch in $\check{\mathfrak{R}}$ holomorphe Funktionen approximierbar, wenn $\mathfrak{R}$ in bezug auf $\check{\mathfrak{R}}$ konvex ist (vgl. Def. 4).*

---

*) Die Resultate wurden z. T. in einer C. r.-Note [15] angekündigt. Bei der vorliegenden Publikation handelt es sich um den ersten Teil der Habilitationsschrift des Verf., die in 3 Teilen erscheint (vgl. [16], [17]). Einige Beweise sind jedoch nach Vorschlägen von H. Cartan abgeändert worden. Ich möchte Herrn Professor Cartan an dieser Stelle für die freundliche Mitteilung seiner Ideen meinen Dank aussprechen. — Die eckigen Klammern beziehen sich auf das Literaturverzeichnis am Ende der Arbeit.

[1]) P. Thullen hat 1932 ein Beispiel eines solchen Gebietes angegeben. Vgl. [23].

Die analytische Bedingung, daß $\mathfrak{R}$ in bezug auf $\check{\mathfrak{R}}$ konvex sein muß, läßt sich im Falle $n = 1$ durch eine rein topologische Bedingung (den relativ-einfachen Zusammenhang, vgl. § 2.2) ersetzen. Im Falle $n > 1$ kann man nur zu einer topologisch-analytischen Eigenschaft gelangen (holomorphe Ausdehnbarkeit, vgl. § 1.3).

In den folgenden Jahren ging man dazu über, auch Funktionentheorie auf abstrakten Gebilden, den sog. komplexen Räumen[2]), zu treiben. (A) konnte auf diesen Fall verallgemeinert werden (vgl. z. B. [2]). Eine noch weitergehende Verallgemeinerung des Rungeschen Satzes für komplexwertige Funktionen scheint damit ausgeschlossen zu sein.

In der vorliegenden Arbeit werden nun Funktionen $F(r)$ mit Werten in beliebigen komplexen Räumen $\mathfrak{W}$ untersucht. Es wird vorausgesetzt, daß die Argumenträume $\mathfrak{R}, \check{\mathfrak{R}}$ für die Funktionentheorie sinnvolle komplexe holomorph-vollständige Räume sind[3]), ferner, daß $\mathfrak{R}$ Teilbereich von $\check{\mathfrak{R}}$ und auf $\check{\mathfrak{R}}$ holomorph ausdehnbar ist. Das Hauptproblem ist dann das folgende:

Wann kann man im Innern von $\mathfrak{R}$ jede dort holomorphe Funktion mit Werten in $\mathfrak{W}$ durch in $\check{\mathfrak{R}}$ holomorphe Funktionen $\check{\mathfrak{R}} \to \mathfrak{W}$ beliebig stark approximieren?

Im § 2 wird dieses Problem in dem Fall untersucht, daß $\mathfrak{W}$ eine Riemannsche Fläche ist. Es werden befriedigende Lösungen angegeben (Sätze 3, 4, 5). Die Paragraphen 3 und 4 sind dann den Funktionen mit Werten in komplexen Lieschen Gruppen L gewidmet. Als Hauptresultat ergibt sich:

(B) *Ist $F(r): \mathfrak{R} \to L$ eine in $\mathfrak{R}$ holomorphe Funktion, die über lauter in $\mathfrak{R}$ holomorphe Funktionen $F(r, t)$, $0 \leq t \leq 1$, stetig auf die Funktion $E(r) \equiv 1 \in L$ deformiert werden kann, so gibt es eine Folge in $\check{\mathfrak{R}}$ holomorpher Funktionen $\check{F}_\nu(r): \check{\mathfrak{R}} \to L$, die im Innern von $\mathfrak{R}$ gleichmäßig gegen $F(r)$ strebt (vgl. Satz 11).*

Wie sich in [16, 17] zeigt, ist der Satz (B) für die Theorie der analytischen Faserbündel von ausschlaggebender Bedeutung. Er wird deshalb in der vorliegenden Arbeit in der Allgemeinheit hergeleitet, wie er in [16, 17] gebraucht wird. Es wird zugelassen, daß L den Punkten von $\check{\mathfrak{R}}$ angeheftet ist. Das bedeutet, daß $F(r)$ seine Werte in einem Faserbündel[4]) über $\check{\mathfrak{R}}$ mit L als Faser hat. Sodann darf $F(r)$ noch von einem Parameter t aus einem kompakten Raum $\mathfrak{T}$ abhängen [(e, h)-Funktionen]. Diese Funktionen $F(r, t)$, $r \in \mathfrak{R}, t \in \mathfrak{T}$, werden im § 3 eingehend untersucht. Es wird mit Hilfe eines im Anhang bewiesenen Satzes über Frécheträume[5]) eine an sich interessante Aussage über die Darstellung der Funktionen $F(r, t)$ als Linearkombination von gewissen Funktionen $H_\nu(r)$ bewiesen (Satz 7). Diese Aussage wird zum Beweis von (B) herangezogen.

---

[2]) Man vergleiche etwa [3]. Komplexe Räume wurden fast gleichzeitig von Behnke-Stein [7] und Cartan [11] in die Literatur eingeführt.

[3]) Zur Definition vgl. § 1.2. Es gibt komplexe Räume, in denen so wenige holomorphe Funktionen existieren, daß in ihnen eine Funktionentheorie nicht sinnvoll ist. Vgl. etwa [10].

[4]) Zu Einführung in die Theorie der Faserbündel siehe [22].

[5]) Fréchet-Räume sind spezielle topologische Vektorräume (vgl. [9]).

Die in (B) auftretende analytische Bedingung, daß $F(r)$ über lauter holomorphe Funktionen auf $E(r)$ deformierbar ist, werden wir in [16] durch eine rein topologische Bedingung ersetzen. Außerdem werden wir dort eine notwendige und hinreichende Bedingung für die Approximierbarkeit der Funktionen $F(r)$ durch Funktionen $\check{F}_\nu(r)$ angeben können.

§ 1. Verallgemeinerungen des Rungeschen Satzes

1. Wir stützen uns in unseren Untersuchungen auf den Begriff des *komplexen Raumes* $\mathfrak{R}$, wie er in [18, 19] eingeführt worden ist. Wir setzen jedoch immer voraus, daß $\mathfrak{R}$ der C-Bedingung genügt und aus höchstens abzählbar vielen zusammenhängenden Komponenten besteht. Unsere komplexen Räume haben deshalb folgende charakteristische Eigenschaft:

Zu jedem Punkt $r \in \mathfrak{R}$ gibt es eine Umgebung U, die sich umkehrbar eindeutig und holomorph auf eine analytisch-verzweigte C-Überlagerung $\mathfrak{A} = (R, \Phi)$ eines Gebietes $\mathfrak{G} \subset C^n$ abbilden läßt.

Kann man für $\mathfrak{A}$ das Gebiet $\mathfrak{G}$ selbst — also die triviale Überlagerung von $\mathfrak{G}$ — wählen, so heißt r ein uniformisierbarer Punkt von $\mathfrak{R}$. Ein komplexer Raum, der nur aus uniformisierbaren Punkten besteht, ist eine *komplexe Mannigfaltigkeit*.

Es läßt sich wie in [19] in jedem komplexen Raum der Begriff der *holomorphen Funktion*, sowie der *holomorphen Abbildung* von komplexen Räumen ineinander einführen. Unter einem *analytischen Polyeder* in $\mathfrak{R}$ sei hier ein (zusammenhängendes) relativ-kompaktes Teilgebiet von $\mathfrak{R}$ verstanden, das eine zusammenhängende Komponente eines Bereiches $\{r \in \mathfrak{R}, |f_\nu(r)| < 1,$ $\nu = 1 \ldots k\}$ ist. Dabei sind die f_ν komplexwertige, in ganz $\mathfrak{R}$ holomorphe Funktionen. Wir bezeichnen ferner mit $\hat{M}_\mathfrak{F}$ die *holomorph-konvexen Hüllen* der Teilmengen $M \subset \mathfrak{R}$ in bezug auf eine Familie $\mathfrak{F}$ von in $\mathfrak{R}$ holomorphen Funktionen. $\hat{M}_\mathfrak{F}$ besteht genau aus den Punkten $r \in \mathfrak{R}$, in denen $|f(r)| \leq$ $\leq \sup |f(M)|$ für alle $f \in \mathfrak{F}$ ist. Offenbar ist $\hat{M}_\mathfrak{F}$ abgeschlossen und enthält M. Ist $\mathfrak{F}$ die Familie aller in $\mathfrak{R}$ holomorphen Funktionen, so setzen wir für $\hat{M}_\mathfrak{F}$ auch einfach $\hat{M}$.

Def. 1. $\mathfrak{R}$ *ist holomorph-konvex, wenn zu jeder relativ-kompakten Teilmenge $M \subset \mathfrak{R}$ immer $\hat{M}$ kompakt ist.*

Holomorph-konvexe komplexe Räume, deren Topologie eine abzählbare Basis[6]) hat, sind durch analytische Polyeder ausschöpfbar. Wir sagen, endlich viele in $\mathfrak{R}$ holomorphe Funktionen $f_1 \ldots f_k$ vermitteln eine *nirgends entartete Abbildung* τ eines Teilbereiches $\mathfrak{B} \subset \mathfrak{R}$ in den C^k, wenn für jedes $\mathfrak{z} \in C^k$ immer $\tau^{-1}(\mathfrak{z}) \cap \mathfrak{B}$ aus isolierten Punkten besteht.

---

[6]) Unter einer abzählbaren Basis der Topologie von $\mathfrak{R}$ wird ein abzählbares System von offenen Teilmengen U_ν von $\mathfrak{R}$ verstanden, derart, daß jede offene Teilmenge von $\mathfrak{R}$ Vereinigung von Mengen U_ν ist. Eine Topologie, die eine abzählbare Basis hat, nennen wir auch eine abzählbare Topologie.

Beispiele komplexer Räume sind die Riemannschen C-Gebiete[7]) über dem
C^n und die in Gebieten $\mathfrak{G}$ des komplexen Zahlenraumes lokal irreduziblen
analytischen Mengen[8]). Dabei heißt eine analytische Menge A in $\mathfrak{G}$ *lokal
irreduzibel*, wenn es zu jedem Punkt $\mathfrak{z} \in \mathfrak{G}$ beliebig kleine Umgebungen $U(\mathfrak{z})$
gibt, in denen $U \cap A$ nicht Vereinigung zweier von A verschiedenen analyti-
schen Mengen A_1 und A_2 ist.

2. Es ist nun möglich, die holomorph-vollständigen Räume einzuführen.

Def. 2. *Ein komplexer C-Raum $\mathfrak{R}$ heißt holomorph-vollständig, wenn er
noch zusätzlich den folgenden beiden Bedingungen genügt:*

a) *er ist holomorph-konvex,*

b) *zu jedem Punkt $r \in \mathfrak{R}$ gibt es endlich viele in $\mathfrak{R}$ holomorphe Funktionen
$f_1 \ldots f_k$, die eine nirgends entartete Abbildung τ einer Umgebung $U(r)$ in den C^k
vermitteln.*

Beispiele holomorph-vollständiger Räume sind natürlich alle (beliebig verzweigten) holomorph-konvexen Riemannschen C-Gebiete über dem C^n. Ebenso
ist jeder holomorph-konvexe Teilbereich eines holomorph-vollständigen
Raumes wieder ein holomorph-vollständiger Raum. Es gelten folgende Aussagen über holomorph-vollständige Räume $\mathfrak{R}$:

A) *Es gibt eine abzählbare Basis der offenen Mengen von $\mathfrak{R}$.*

B) *Zu zwei Punkten r_1, $r_2 \in \mathfrak{R}$ gibt es immer eine in $\mathfrak{R}$ holomorphe Funktion f,
die in r_1 und r_2 verschiedene Funktionswerte annimmt.*

C) *Zu jedem Punkt $r \in \mathfrak{R}$ gibt es endlich viele in $\mathfrak{R}$ holomorphe Funktionen
$f_1 \ldots f_k$, $k \geqq n$, die eine eineindeutige holomorphe Abbildung einer Umgebung
$U(r)$ auf eine in einem Gebiet $\mathfrak{G} \subset C^k$ normal eingebettete analytische Menge A
vermitteln[9]).*

Dabei heißt eine in $\mathfrak{G}$ analytische Menge A in einem Punkt $\mathfrak{z} \in A$ *normal
eingebettet*, wenn:

1) $A \cap U$ in einer Umgebung $U(\mathfrak{z}) \subset \mathfrak{G}$ lokal irreduzibel ist,

2) jede in $\mathfrak{z}$ auf $A \cap U$ holomorphe Funktion f die Spur einer in einer
k-dimensionalen Umgebung von $\mathfrak{z}$ holomorphen Funktion f ist.

A heißt *schlechthin* in $\mathfrak{G}$ *normal eingebettet*, wenn A in jedem Punkte $\mathfrak{z} \in A$ normal
eingebettet ist. Gilt $A = \mathfrak{G}$, so ist nach unserer Definition A immer eine normal
eingebettete analytische Menge in $\mathfrak{G}$.

3. Wir werden nun eine Verallgemeinerung des Rungeschen Satzes diskutieren, die von H. Behnke und K. Stein vorgenommen wurde. Dazu
werde der Begriff der holomorphen Ausdehnung eingeführt. Es sei zunächst $\mathfrak{R}$
ein Teilbereich eines komplexen Raumes $\breve{\mathfrak{R}}$, $\varDelta$ sei eine beliebige Umgebung
der Diagonale $D = \{(r, r)\}$ des kartesischen Produktes $\breve{\mathfrak{R}} \times \breve{\mathfrak{R}}$ von $\breve{\mathfrak{R}}$ mit sich
selbst. Ferner werde mit $U^V(r_0)$ die Menge derjenigen Punkte $r \in \breve{\mathfrak{R}}$ bezeichnet,
für die $(r_0, r) \in V$ gilt. $\mathfrak{R}^V$ sei dann der Bereich $\{r \in \mathfrak{R}, U^V(r) \subset \mathfrak{R}\}$.

Def. 3. *Ein holomorph-konvexer Teilbereich $\mathfrak{R}$ eines holomorph-vollständigen
Raumes $\breve{\mathfrak{R}}$ ist auf $\breve{\mathfrak{R}}$ holomorph ausdehnbar, wenn es zu allen kompakten Mengen*

---

[7]) Zur Def. siehe [14].

[8]) Vgl. [19].

[9]) Der Beweis der Aussagen A—C findet sich in [14].

$M \subset \mathfrak{R}$, $\breve{M} \subset \breve{\mathfrak{R}}$ *und zu jedem V eine Folge von holomorph-konvexen Teilbereichen* $\mathfrak{R}_\nu \subset \breve{\mathfrak{R}}$, $\nu = 0 \ldots t$, *gibt, derart, daß folgende Eigenschaften gelten*:

1) $M \subset \mathfrak{R}_0 \subset \mathfrak{R}$; $\breve{M} \subset \mathfrak{R}_t \subset \breve{\mathfrak{R}}$;
2) $\mathfrak{R}_{\nu-1} \subset \mathfrak{R}_\nu$, $\nu = 1 \ldots t$;
3) $\hat{\mathfrak{R}}_\nu^V \subset \mathfrak{R}_{\nu-1}$, $\nu = 1 \ldots t$[10]).

Nach H. BEHNKE, K. STEIN, H. WILL [2, 5, 25] gilt in holomorph-vollständigen Mannigfaltigkeiten der folgende verallgemeinerte Rungesche Satz[11]):

Satz 1a. *Es seien $\mathfrak{R}$, $\breve{\mathfrak{R}}$ holomorph-vollständige Mannigfaltigkeiten. $\mathfrak{R}$ sei Teilbereich von $\breve{\mathfrak{R}}$ und auf $\breve{\mathfrak{R}}$ holomorph ausdehnbar. Ist dann f eine in $\mathfrak{R}$ holomorphe Funktion, so gibt es immer eine Folge in $\breve{\mathfrak{R}}$ holomorpher Funktionen $\breve{f}_\nu$, $\nu = 1, 2, 3, \ldots$, die auf jeder kompakten Teilmenge von $\mathfrak{R}$ gleichmäßig gegen f konvergiert.*

H. BEHNKE und K. STEIN konnten auch zeigen, daß es notwendig ist, die holomorphe Ausdehnbarkeit von $\mathfrak{R}$ auf $\breve{\mathfrak{R}}$ zu fordern. Ist $\mathfrak{R}$ nicht auf $\breve{\mathfrak{R}}$ holomorph ausdehnbar, so gibt es stets eine in $\mathfrak{R}$ holomorphe Funktion f, die dort nicht durch Funktionen $\breve{f}_\nu$ approximiert werden kann. Wir sagen, wenn eine Folge von Funktionen $\breve{f}_\nu$ auf jeder kompakten Teilmenge von $\mathfrak{R}$ gleichmäßig gegen eine Funktion f konvergiert, daß die $\breve{f}_\nu$ dann *gleichmäßig im Innern von $\mathfrak{R}$ gegen f konvergieren.*

Der Willsche Beweis von Satz 1a läßt sich nun auf komplexe Räume unmittelbar übertragen. Es gilt also:

Satz 1. *Es seien $\mathfrak{R}$, $\breve{\mathfrak{R}}$ holomorph-vollständige Räume; $\mathfrak{R}$ sei Teilbereich von $\breve{\mathfrak{R}}$ und auf $\breve{\mathfrak{R}}$ holomorph ausdehnbar. Ist dann f eine in $\mathfrak{R}$ holomorphe Funktion, so gibt es eine Folge $\breve{f}_\nu$, $\nu = 1, 2, \ldots$, von in ganz $\breve{\mathfrak{R}}$ holomorphen Funktionen, die im Innern von $\mathfrak{R}$ gleichmäßig gegen f konvergiert.*

Man kann die Forderung, daß $\mathfrak{R}$ auf $\breve{\mathfrak{R}}$ holomorph ausdehnbar ist, durch eine gleichwertige rein funktionentheoretische Bedingung ersetzen. Wir bezeichnen mit $\mathfrak{F}$ die Familie der in $\breve{\mathfrak{R}}$ holomorphen Funktionen. $\hat{M}_\mathfrak{F}$ sei wieder die holomorph-konvexe Hülle in bezug auf $\mathfrak{F}$.

Def. 4. *Ein Teilbereich $\mathfrak{R}$ eines komplexen Raumes $\breve{\mathfrak{R}}$ ist in bezug auf $\breve{\mathfrak{R}}$ konvex, wenn für jede in $\mathfrak{R}$ relativ-kompakte Menge M gilt, daß $\hat{M}_\mathfrak{F}$ kompakt und in $\mathfrak{R}$ enthalten ist.*

Man kann nun zeigen:

Satz 2. *Ein holomorph-vollständiger Raum $\mathfrak{R}$, Teilbereich eines holomorph-vollständigen Raumes $\breve{\mathfrak{R}}$, ist genau dann auf $\breve{\mathfrak{R}}$ holomorph ausdehnbar, wenn $\mathfrak{R}$ in bezug auf $\breve{\mathfrak{R}}$ konvex ist.*

---

[10]) $\breve{\mathfrak{R}}_\nu^V$ ist dabei in bezug auf die in $\mathfrak{R}_\nu$ holomorphen Funktionen gebildet. Ist $\breve{\mathfrak{R}}$ ein unverzweigtes Holomorphiegebiet über dem C^n, so haben $\mathfrak{R}$, $\breve{\mathfrak{R}}$ schon die Eigenschaften 1), 2), 3), wenn man Folgen $\mathfrak{R}_\nu$ mit 1), 2) und $\mathfrak{R}_\nu^V \subset \mathfrak{R}_{\nu-1}$ finden kann (vgl. [5]). Ob dieses Resultat auch für beliebige holomorph-vollständige Räume gilt, ist unbekannt.

[11]) Die kleinen Inkorrektheiten der Willschen Arbeit lassen sich leicht beheben, wenn man die holomorphe Ausdehnbarkeit nach Def. 3 definiert.

Ein Beweis dieses Satzes für holomorph-vollständige Mannigfaltigkeiten wurde ebenfalls von H. Will [25] durchgeführt. Der Beweis läßt sich auf komplexe Räume übertragen. Auf eine Durchführung sei hier verzichtet.

4. Der Zweck dieser Arbeit ist eine Verallgemeinerung des Rungeschen Satzes auf Funktionen F, deren Wertebereich nicht unbedingt der Körper der komplexen Zahlen ist. Wir nehmen zunächst den allgemeinsten Fall an, daß die Werte von F aus einem komplexen Raum $\mathfrak{W}$ genommen sind. *Eine solche Funktion F in einem komplexen Raum $\mathfrak{R}$ nennen wir holomorph*, wenn F eine holomorphe Abbildung von $\mathfrak{R}$ in $\mathfrak{W}$ vermittelt.

Es seien nun $F, F_\nu, \nu = 1, 2, \ldots$, in einem topologischen Raum $\mathfrak{T}$ definierte Funktionen mit Werten in $\mathfrak{W}$. Es sei V eine beliebige Umgebung der Diagonalen von $\mathfrak{W} \times \mathfrak{W}$. Wir definieren:

Def. 5. *F_ν konvergiert im Innern von $\mathfrak{T}$ gleichmäßig gegen F, wenn es zu jeder kompakten Teilmenge $M \subset \mathfrak{T}$ und zu jedem V ein ν_0 gibt, so daß für $\nu \geqq \nu_0$ und $t \in M$:*

$$(F(t),\ F_\nu(t)) \in V$$

gilt.

Man sieht unmittelbar, daß im Falle $\mathfrak{W} = C^k$, d. h., wo die Werte von F k-tupel komplexer Zahlen sind, Def. 5 mit der sonst üblichen Definition der gleichmäßigen Konvergenz übereinstimmt. F_ν konvergiert dann gleichmäßig im Innern von $\mathfrak{T}$ gegen F, wenn in bezug auf jedes M und $\varepsilon > 0$ bei hinreichend großem ν gilt, daß der euklidische Abstand von $F(t)$ und $F_\nu(t)$, $t \in M$, kleiner als ε ist.

Es ist nun möglich, das Hauptproblem der vorliegenden Arbeit zu formulieren:

Problem: *Es seien $\mathfrak{R}, \breve{\mathfrak{R}}$ holomorph-vollständige Räume; $\mathfrak{R}$ sei Teilbereich von $\breve{\mathfrak{R}}$ und auf $\breve{\mathfrak{R}}$ holomorph ausdehnbar; ferner möge F eine in $\mathfrak{R}$ holomorphe Funktion mit Werten in einem komplexen Raum $\mathfrak{W}$ bezeichnen. Unter welchen Bedingungen gibt es eine Folge in $\breve{\mathfrak{R}}$ holomorpher Funktionen $\breve{F}_\nu$, $\breve{F}_\nu(r) \in \mathfrak{W}$, die im Innern von $\mathfrak{R}$ gleichmäßig gegen F konvergiert?*

Im folgenden werden wir dieses Problem zunächst für den Fall, daß $\mathfrak{W}$ eine Riemannsche Fläche ist, diskutieren, um dann später für holomorphe Funktionen mit Werten in einer komplexen Lieschen Gruppe auch in höheren komplexen Dimensionen eine befriedigende Lösung anzugeben.

§ 2. Funktionen mit Werten in Riemannschen Flächen

1. Es sei also $\mathfrak{W}$ eine beliebige (abstrakte) Riemannsche Fläche. Je nachdem, ob sich die universelle Überlagerungsfläche von $\mathfrak{W}$ auf den Einheitskreis, die offene Zahlenebene oder die Riemannsche Zahlenkugel holomorph eineindeutig abbilden läßt, sprechen wir vom hyperbolischen, parabolischen oder elliptischen Typus der Fläche $\mathfrak{W}$. Es werde zunächst angenommen, $\mathfrak{W}$ habe hyperbolischen Typus.

Es bezeichne $\mathfrak{R}$ den Einheitskreis der z-Ebene, $\breve{\mathfrak{R}}$ sei die offene komplexe Zahlenebene selbst. Da jede Riemannsche Fläche holomorph-konvex [3] ist, sind $\Re$, $\check{\Re}$ holomorph-vollständige Räume. Ferner läßt sich $\Re$ auf $\check{\Re}$ holomorph ausdehnen. Damit sind für $\Re$ und $\check{\Re}$ die Voraussetzungen unseres Hauptproblems erfüllt.

Wir bezeichnen nun mit $\mathfrak{F}$ die Familie der holomorphen Funktionen der z-Ebene C, deren Wertebereich $\mathfrak{W}$ ist. Nach bekannten Sätzen der klassischen Funktionentheorie ist $\mathfrak{F}$ eine normale Familie[12]): Jede Folge von Funktionen $F_\nu \in \mathfrak{F}$ enthält eine Teilfolge F_{ν_μ}, die im Innern von C gleichmäßig gegen eine Grenzfunktion $F \in \mathfrak{F}$ oder gegen den idealen Rand von $\mathfrak{W}$ konvergiert. Dabei sagen wir, F_{ν_μ} *konvergiert im Innern von C gleichmäßig gegen den idealen Rand* von $\mathfrak{W}$, wenn es zu allen kompakten Mengen $M \subset C$, $W \subset \mathfrak{W}$ ein μ_0 gibt, so daß für $\mu \geqq \mu_0$ gilt: $F_{\nu_\mu}(M) \subset \mathfrak{W} - W$.

Es sei nun λ eine umkehrbar eindeutige, holomorphe Abbildung von $\Re$ auf die universelle Überlagerungsfläche $\hat{\mathfrak{W}}$ von $\mathfrak{W}$; φ sei die Projektion von $\hat{\mathfrak{W}}$ auf $\mathfrak{W}$. Da auch φ holomorph ist, folgt, daß $F \equiv \varphi \circ \lambda$ eine in $\Re$ holomorphe Funktion mit Werten in $\mathfrak{W}$ ist.

Wir nehmen nun an, daß es eine Folge von Funktionen $\check{F}_\nu \in \mathfrak{F}$ gibt, die im Innern von $\Re$ gleichmäßig gegen F konvergiert. Da $\mathfrak{F}$ eine normale Familie ist, enthält $\check{F}_\nu$ eine Teilfolge $\check{F}_{\nu_\mu}$, die sogar im Innern von C gleichmäßig konvergiert. Die Grenzfunktion $\check{F}$ von $\check{F}_{\nu_\mu}$ ist dann eine Fortsetzung von F in C.

Da $\hat{\mathfrak{W}}$ eine unbegrenzte und unverzweigte Überlagerung von $\mathfrak{W}$ und ferner C einfach zusammenhängend ist, gibt es eine holomorphe Abbildung $\check{\lambda}$ von C in $\hat{\mathfrak{W}}$, so daß $\check{F} \equiv \varphi \cdot \check{\lambda}$ ist. Bei geeigneter Wahl von $\check{\lambda}$ gilt in $\Re$: $\lambda \equiv \check{\lambda}$. $\lambda^{-1} \circ \check{\lambda}$ bildet deshalb C holomorph in den Einheitskreis $\Re$ ab und ist in $\Re$ die Identität. Eine solche holomorphe Abbildung der z-Ebene gibt es aber nach Sätzen der klassischen Funktionentheorie nicht (vgl. Identitätssatz für holomorphe Funktionen, Satz von LIOUVILLE usw.). Wir haben damit einen Widerspruch zu unserer Annahme gefunden, daß F durch Funktionen aus $\mathfrak{F}$ approximiert werden kann. Es gilt also:

Satz 3. *Es sei $\mathfrak{W}$ eine Riemannsche Fläche vom hyperbolischen Typus. Selbst unter der einfachsten Voraussetzung, daß $\Re$ der Einheitskreis und $\check{\Re}$ die offene Zahlenebene ist, gibt es immer eine in $\Re$ holomorphe Funktion F mit Werten in $\mathfrak{W}$, die im Innern von $\Re$ nicht durch eine gleichmäßig konvergierende Folge in ganz $\check{\Re}$ holomorpher Funktionen $\check{F}_\nu (\check{F}_\nu(r) \in \mathfrak{W}$ für $r \in \check{\Re})$ approximiert werden kann.*

Damit hat in diesem Fall die Lösung unseres Hauptproblems zu einer negativen Antwort geführt.

2. Es sei nun $\mathfrak{W}$ eine nicht-elliptische Riemannsche Fläche vom parabolischen Typus. Bekanntlich gibt es in dieser Klasse nur Paare Riemannscher Flächen, die nicht zueinander konform äquivalent sind. Ein solches Paar ist die offene z-Ebene C und die in ihrem Nullpunkt punktierte z-Ebene $\dot{C} = C - 0$.

---

[12]) Das gilt, weil die universelle Überlagerungsfläche von $\mathfrak{W}$ zum Einheitskreis analytisch äquivalent ist. Man vgl. [4].

Da alle anderen nicht-elliptischen Flächen von parabolischem Typus sich auf C oder $\dot C$ umkehrbar konform abbilden lassen, dürfen wir in diesem Abschnitt immer annehmen, daß $\mathfrak{W} = C$ oder $\mathfrak{W} = \dot C$ ist.

Es sei zunächst $\mathfrak{W} = C$. In diesem Falle sind alle Funktionen $F(r)$ mit Werten in $\mathfrak{W}$ gewöhnliche, komplexwertige Funktionen. Deshalb gibt hier Satz 1 eine befriedigende Antwort auf unser Hauptproblem.

Im Falle $\mathfrak{W} = \dot C$ läßt sich eine Lösung etwas schwieriger finden. Setzen wir jedoch voraus, daß die Argumenträume $\mathfrak{R}$, $\check{\mathfrak{R}}$ Riemannsche Flächen sind, so zeigt sich, daß auch hier uneingeschränkt ein Approximationssatz gilt.

Wir übernehmen zunächst aus der klassischen Funktionentheorie folgende Sätze:

1) *Jede nicht-kompakte Riemannsche Fläche ist ein holomorph-vollständiger Raum* (vgl. [3]).

2) *Ein Teilbereich $\mathfrak{R}$ einer nicht-kompakten Riemannschen Fläche $\check{\mathfrak{R}}$ ist genau dann auf $\check{\mathfrak{R}}$ holomorph ausdehnbar, wenn $\mathfrak{R}$ in bezug auf $\check{\mathfrak{R}}$ relativ einfachzusammenhängend ist* (vgl. [6]).

Dabei heißt $\mathfrak{R}$ *relativ einfachzusammenhängend* in bezug auf $\check{\mathfrak{R}}$, wenn der natürliche Homomorphismus ι (die Injektion) der ersten ganzzahligen Homologiegruppe $\mathfrak{H}^1(\mathfrak{R})$ in die erste ganzzahlige Homologiegruppe $\mathfrak{H}^1(\check{\mathfrak{R}})$ ein Isomorphismus-in ist.

Beachtet man noch, daß die Klasse der Funktionen mit Werten in $\mathfrak{W} = \dot C$ genau aus den komplex-wertigen, nirgends verschwindenden Funktionen besteht, so ergibt sich eine Analogie von Satz 1 zu folgendem Satz:

Satz 4. *Es seien $\mathfrak{R}, \check{\mathfrak{R}}, \mathfrak{R} \subset \check{\mathfrak{R}}$ nicht-kompakte Riemannsche Flächen. $\mathfrak{R}$ sei relativ einfachzusammenhängend in bezug auf $\check{\mathfrak{R}}$. Ist dann f eine von Null verschiedene, in $\mathfrak{R}$ holomorphe, komplexwertige Funktion, so gibt es eine Folge von in $\check{\mathfrak{R}}$ holomorphen Funktionen $\tilde f_\nu$, $\tilde f_\nu(r) \neq 0$ für $r \in \check{\mathfrak{R}}$, die im Innern von $\mathfrak{R}$ gleichmäßig gegen f konvergiert.*

Zum Beweise ziehen wir folgendes Resultat der Topologie heran:

Ist $\mathfrak{M}$ eine (reell) 2-dimensionale, orientierbare Mannigfaltigkeit mit abzählbarer Topologie, so gibt es eine $\mathfrak{M}$ ausschöpfende Folge von in bezug auf $\mathfrak{M}$ relativ-einfach zusammenhängenden Teilbereichen $\mathfrak{B}_\nu$, $\mathfrak{B}_\nu \subseteq \mathfrak{B}_{\nu+1}$, $\nu = 1, 2 \ldots$, die von endlich vielen disjunkten Jordankurven berandet werden [6].

Aus diesem Satz folgt leicht[13]) unter Verwendung einer $\mathfrak{M}$ ausschöpfenden Folge $\mathfrak{B}_\nu$ und einer $\check{\mathfrak{M}}$ ausschöpfenden Folge $\check{\mathfrak{B}}_\nu$ mit $\partial \mathfrak{B}_\nu \cap \partial \check{\mathfrak{B}}_\mu = 0$:

Ist $\mathfrak{M}$ ein Teilbereich einer 2-dimensionalen, orientierbaren, abzählbar topologisierten Mannigfaltigkeit $\check{\mathfrak{M}}$, der in bezug auf $\check{\mathfrak{M}}$ relativ-einfach zusammenhängend ist, so ist $\iota \mathfrak{H}^1(\mathfrak{M})$ direkter Summand von $\mathfrak{H}^1(\check{\mathfrak{M}})$. Dabei bezeichnet ι wieder die Injektion $\mathfrak{H}^1(\mathfrak{M}) \to \mathfrak{H}^1(\check{\mathfrak{M}})$.

---

[13]) Zum Beweis beachte man, daß $\mathfrak{H}^1(\mathfrak{B}_\nu)$, $\mathfrak{H}^1(\check{\mathfrak{B}}_\nu)$ von den Randzyklen von $\mathfrak{B}_\nu$, bzw. von $\check{\mathfrak{B}}_\nu$ erzeugt werden.

Auf einen Beweis sei hier verzichtet. Da nach T. Radó [21] jede Riemannsche Fläche eine abzählbare Basis ihrer offenen Mengen besitzt, folgt, daß diese Aussage für $\check{\mathfrak{M}} = \check{\mathfrak{R}}$, $\mathfrak{M} = \mathfrak{R}$ gilt. Es ist also $\mathfrak{H}^1(\check{\mathfrak{R}}) = \iota\,\mathfrak{H}^1(\mathfrak{R}) + \Omega$, wobei Ω eine Untergruppe von $\mathfrak{H}^1(\check{\mathfrak{R}})$ bezeichnet. Der Homomorphismus $\xi(\mathfrak{h}) = \dfrac{1}{2\pi i} \displaystyle\int_{\mathfrak{h}} d\ln f$, $\mathfrak{h} \in \iota\,\mathfrak{H}^1(\mathfrak{R})$, von $\iota\,\mathfrak{H}^1(\mathfrak{R})$ in die additive Gruppe Γ der ganzen Zahlen wird deshalb zu einem Homomorphismus $\check{\xi}$ von $\mathfrak{H}^1(\check{\mathfrak{R}})$ in Γ fortgesetzt, wenn man $\check{\xi}(\mathfrak{h}) = 0$ für $\mathfrak{h} \in \Omega$ fordert. Wir benützen nun noch einen weiteren Satz der klassischen Funktionentheorie:

Ist $\check{\xi}$ ein Homomorphismus von $\mathfrak{H}^1(\check{\mathfrak{R}})$ in die additive Gruppe der komplexen Zahlen, so gibt es eine in $\check{\mathfrak{R}}$ holomorphe Pfaffsche Form $\varphi = a\,dz$, derart, daß $\check{\xi}(\mathfrak{h}) = \dfrac{1}{2\pi i} \displaystyle\int_{\mathfrak{h}} \varphi$ für alle Homologieklassen $\mathfrak{h} \in \mathfrak{H}^1(\check{\mathfrak{R}})$ ist (vgl. [4], p. 522 ff.).

Diese Aussage, auf unseren Fall angewandt, ergibt, daß für eine in $\check{\mathfrak{R}}$ holomorphe Pfaffsche Form φ und für alle $\mathfrak{h} \in \mathfrak{H}^1(\mathfrak{R})$ gilt: $\dfrac{1}{2\pi i} \displaystyle\int_{\mathfrak{h}} (d\ln f - \varphi) = 0$.

Es ist also $f^* = \dfrac{1}{2\pi i} \displaystyle\int (d\ln f - \varphi)$ eine in $\mathfrak{R}$ eindeutige, holomorphe Funktion. Nach Satz 1 gibt es eine Folge in $\check{\mathfrak{R}}$ holomorpher Funktionen $\check{f}_\nu^*$, die im Innern von $\mathfrak{R}$ gleichmäßig gegen f^* konvergiert. Setzen wir $\check{f}_\nu = e^{2\pi i \check{f}_\nu^* + \int \varphi}$, so konvergieren die $\check{f}_\nu$ offenbar im Innern von $\mathfrak{R}$ gleichmäßig gegen $e^{2\pi i f^* + \int \varphi} = f(r)$. Damit ist Satz 4 bewiesen.

3. Im Falle, daß $\mathfrak{R}, \check{\mathfrak{R}}$ höherdimensionale holomorph-vollständige Räume sind, gilt dagegen ein Approximationssatz für Funktionen mit Werten in $\mathfrak{W} = \dot{C}$ nicht ohne Einschränkung. Es sei etwa $\mathfrak{R}$ das Gebiet $\{(z_1, z_2),\ |z_1 z_2 - 1| < \tfrac{1}{2}\}$ im Raum C^2 der komplexen Zahlenpaare (z_1, z_2). Offenbar ist $\mathfrak{R}$ holomorph-konvex und damit holomorph-vollständig. Ferner ist $\mathfrak{R}$ konvex in bezug auf den C^2. $\mathfrak{R}$ kann daher auf den komplexen Zahlenraum holomorph ausgedehnt werden. Für $\mathfrak{R}$ und $\check{\mathfrak{R}} = C^2$ sind also die Voraussetzungen unseres Hauptproblems erfüllt.

Andererseits ist $\varphi = \dfrac{1}{2\pi i} \dfrac{dz_1}{z_1}$ eine geschlossene Pfaffsche Form in $\mathfrak{R}$, für die gilt $\displaystyle\int_{\mathfrak{h}} \varphi = 1$, wenn $\mathfrak{h}$ die von der Kurve $\{e^{it}, e^{-it}, 0 \leq t \leq 2\pi\} \subset \mathfrak{R}$ erzeugte Homologieklasse bezeichnet. Setzen wir noch $f(z_1, z_2) = e^{2\pi i \int \varphi}$, so ist f eindeutig, es gilt $f \neq 0$ in $\mathfrak{R}$ und $\displaystyle\int_{\mathfrak{h}} d\ln f \neq 0$. Gäbe es nun eine Folge von 0 verschiedenen holomorphen Funktionen $\check{f}_\nu$ in $\mathfrak{R}$, die im Innern von $\mathfrak{R}$ gleichmäßig gegen f konvergiert, so müßte für hinreichend große ν gelten $\displaystyle\int_{\mathfrak{h}} d\ln \check{f}_\nu \neq 0$. Das aber ist nicht möglich, da $\ln \check{f}_\nu$ in $\check{\mathfrak{R}} = C^2$ eindeutig ist. Damit ist gezeigt:

Es gibt in $\mathfrak{R}$ holomorphe Funktionen f mit Werten in $\dot{C}$, gegen die im Innern von $\mathfrak{R}$ keine Folge von in $\check{\mathfrak{R}}$ holomorphen Funktionen $\check{f}_\nu \neq 0$ konvergiert.

Dagegen ist als Spezialfall von [16], Satz 4 folgende Aussage richtig:

Satz 5. *Es seien $\mathfrak{R}$, $\check{\mathfrak{R}}$, holomorph-vollständige Räume. $\mathfrak{R}$ sei Teilbereich von $\check{\mathfrak{R}}$ und auf $\check{\mathfrak{R}}$ holomorph ausdehnbar. Ist dann f eine in $\mathfrak{R}$ holomorphe Funktion mit Werten in $\overset{.}{C}$, gegen die im Innern von $\mathfrak{R}$ eine Folge in ganz $\check{\mathfrak{R}}$ stetiger Funktionen $\check{g}_\nu$ gleichmäßig konvergiert, so gibt es auch eine Folge von in ganz $\check{\mathfrak{R}}$ holomorphen Funktionen $\check{f}_\nu$, die im Innern von $\mathfrak{R}$ gleichmäßig gegen f konvergiert.*

Eine notwendige und hinreichende Bedingung für die Approximierbarkeit von f durch holomorphe Funktionen ist also die Approximierbarkeit durch stetige Funktionen. Ein Ziel der weiteren Untersuchung kann es nun sein, diese Bedingung durch eine Relation zwischen $\xi(\mathfrak{h}) = \dfrac{1}{2\pi i}\int d\ln f$, $\mathfrak{H}^1(\mathfrak{R})$, $\mathfrak{H}^1(\check{\mathfrak{R}})$ zu ersetzen. Eine exakte Durchführung muß jedoch über den Rahmen dieser Arbeit hinausführen. Man sieht aber leicht ein, wenn man beachtet, daß ein komplexer Raum lokal einfachzusammenhängend ist, daß man f höchstens dann durch in $\check{\mathfrak{R}}$ holomorphe Funktionen $\check{f}_\nu$ approximieren kann, wenn folgende Bedingung erfüllt ist:

Ist Z ein beliebiger eindimensionaler Zyklus in $\mathfrak{R}$, der in $\check{\mathfrak{R}}$ nullhomolog ist, so gilt $\int\limits_{Z} d\ln f = 0$.

4. Als nächstes wäre der Fall zu behandeln, daß der Wertebereich $\mathfrak{W}$ eine Riemannsche Fläche vom elliptischen Typus ist[13a]). Da man jedoch — wie es scheint — dieses Problem nicht mit einfachen Mitteln behandeln kann und auch eine Lösung augenblicklich nicht von größerem Interesse ist, verzichten wir hier auf eine nähere Untersuchung.

Auch eine Durchdenkung unseres Hauptproblems für den allgemeinen Fall, daß $\mathfrak{W}$ ein beliebiger n-dimensionaler komplexer Raum ist, dürfte zu keinem nennenswerten Resultat führen. Wir beschränken uns daher auf den Beweis eines Approximationssatzes für Funktionen mit Werten in speziellen Faserräumen, deren Fasern komplexe Liesche Gruppen sind. Ein solcher Approximationssatz ist funktionentheoretisch von Interesse, da er — wie sich in [17] zeigt — eine Anwendung auf die Theorie der analytischen Faserräume gestattet.

§ 3. Funktionen mit Werten in analytischen Faserräumen $V(\mathfrak{R})$ und $L(\mathfrak{R}, L^*)$

1. Es seien zunächst einige bekannte Tatsachen über die komplexen Lieschen Gruppen zusammengestellt.

Def. 6. *Eine komplexe Liesche Gruppe ist eine (nicht notwendig zusammenhängende) m-dimensionale komplexe Mannigfaltigkeit L^m, zwischen deren Punkten l eine Operation $l_3 = l_1 \circ l_2$ definiert ist, derart, daß folgendes gilt:*

1) die Menge der Punkte $l \in L^m$ bildet mit der Operation $\circ$ eine Gruppe;

2) die Abbildung $(l, l') \to l \circ l'^{-1}$ ist eine holomorphe Abbildung des kartesischen Produktes $L^m \times L^m$ auf L^m.

[13a]) Im Falle $\mathfrak{W}$ = elliptische Fläche gelten m. m. die Sätze 4 und 5!

Dabei bezeichnet l^{-1} das Inverse der Punkte $l \in L^m$. Da die Punktmenge von L^m eine Gruppe ist, gibt es genau einen Punkt $e \in L^m$, der neutrales Element dieser Gruppe ist. Wir nennen diesen Punkt den neutralen Punkt von L^m.

Aus der Lieschen Gruppentheorie ist bekannt, daß man in einer (hinreichend kleinen) Umgebung $U(e)$ sog. *Normalkoordinaten* $z_1 \ldots z_m$ einführen kann[14]. In einem solchen Koordinatensystem kommt dem neutralen Punkt e immer das m-tupel $(0, \ldots, 0)$ zu. Sind $l = (z_1, \ldots, z_m)$, $l' = (az_1, \ldots, az_m)$ zwei Punkte aus U und bezeichnet $l + l'$ — falls vorhanden — den Punkt $(z_1 + az_2, \ldots, z_m + az_m)$, so gilt für l, l' stets, wenn $l \circ l'$ ebenfalls in U liegt: $l \circ l' = l + l'$. Durch diese beiden Eigenschaften sind die Normalkoordinaten bis auf eine affin-lineare Transformation $z_\nu \to \sum_{\mu=1}^{m} a_{\nu\mu} z_\mu$ eindeutig bestimmt. Ist $l \to \varphi(l)$ ein (holomorpher) Gruppenautomorphismus von L^m, so muß daher $l^* = \varphi(l)$ in den Koordinaten von $U(e)$ eine lineare Transformation $z_\nu^* = \sum a_{\nu\mu} z_\mu$ sein, wobei $z_1, \ldots, z_m$ bzw. $z_1^*, \ldots, z_m^*$ die Koordinaten von l, l^* bezeichnen. Beispiele solcher Gruppenautomorphismen sind die inneren Abbildungen $l \to \varphi(l, l^*) =_{Def.} l^* \circ l \circ l^{*-1}$.

Wir werden in Zukunft immer davon Gebrauch machen, daß in einer Umgebung $U(e)$ ein Normalkoordinatensystem definiert ist; U sei in bezug auf die Koordinaten dieses Systems stets eine Hyperkugel.

In den folgenden Abschnitten werden des öfteren Liesche Gruppen L^* vorkommen, deren Punkte gleichzeitig Gruppenautomorphismen einer weiteren Lieschen Gruppe L sind. Wir definieren deshalb:

Def. 7. *Eine komplexe Liesche Gruppe L^* wirkt in einer komplexen Lieschen Gruppe L automorph, wenn folgendes gilt:*

a) Den Punkten von L^* entsprechen eindeutig holomorphe Gruppenautomorphismen von L.

b) $\circ$ in L^* entspricht die natürliche Verknüpfung dieser Automorphismen.

c) Die Abbildung $(l^*, l) \to l^*(l)$ von $L^* \times L$ auf L ist holomorph.

Offenbar wirkt L automorph in sich selbst, wenn man den Punkten $l^* \varepsilon L$ die Automorphismen $l \to \varphi(l, l^*)$ zuordnet.

2. Es sei nun $\Re$ ein komplexer Raum, L^* sei eine komplexe Liesche Gruppe, die in einer komplexen Lieschen Gruppe L automorph wirkt. Wir denken uns $\Re$ durch eine Menge $\{W_\iota, \iota \in I\}$ offener Umgebungen überdeckt. In den Durchschnitten $W_{\iota_1 \iota_2} = W_{\iota_1} \cap W_{\iota_2}$ bestehe jeweils eine holomorphe Abbildung $\Phi_{\iota_1 \iota_2}$ von $W_{\iota_1 \iota_2}$ in L^*. Die Verteilung der $\Phi_{\iota_1 \iota_2}$ genüge der Verträglichkeitsbedingung:

$$\Phi_{\iota_1 \iota_2}(r) \circ \Phi_{\iota_2 \iota_3}(r) = \Phi_{\iota_1 \iota_3}(r); \quad \iota_1, \iota_2, \iota_3 \in I, \; r \in W_{\iota_1 \iota_2 \iota_3} = W_{\iota_1} \cap W_{\iota_2} \cap W_{\iota_3}.$$

Wir bilden nun die kartesischen Produkte $B_\iota = W_\iota \times L$ und die Tripel (ι, r, l), $r \in \dot{W}_\iota, l \in L$. Ist $r \in W_{\iota_1 \iota_2}$, so werde $(\iota_1, r, \Phi_{\iota_1 \iota_2}(r) \square l) = (\iota_2, r, l)$ gesetzt, wobei $\square$ die Anwendung der Abbildung $\Phi_{\iota_1 \iota_2}(r)$ auf l bezeichne. Offenbar ist die Gesamtheit der Tripel (ι, r, l) mit dieser Identifizierungsvorschrift und

---

[14] Die Normalkoordinaten werden in [13] mit "*canonical coordinates*" bezeichnet. Die Existenz kann man für komplexe wie für reelle Liesche Gruppen nachweisen.

natürlicher topologischer und komplex-analytischer Struktur versehen ein
komplexer Raum, den wir $L(\Re, L^*)$ nennen wollen. Die Projektion $\pi : (\iota, r, l) \to r$
bildet $L(\Re, L^*)$ holomorph auf $\Re$ ab. $L(\Re, L^*)$ heißt darum auch ein analytischer Faserraum über $\Re$[15].

Unter einer in $\Re$ *holomorphen (stetigen) Funktion* $F(r)$ *mit Werten in* $L(\Re, L^*)$
werde hier eine holomorphe (stetige) Abbildung von $\Re$ in $L(\Re, L^*)$ verstanden,
für die $\pi \circ F(r) = i(r)$, die Identität $\Re \to \Re$ ist. Über jedes W_ι ist $F(r) = (\iota, r,$
$\widetilde{F}(r))$, wobei $\widetilde{F}(r) : W_\iota \to L^m$ eine in W_ι holomorphe (stetige) Funktion bezeichnet. Sind $F_1(r)$, $F_2(r)$ zwei in $\Re$ holomorphe (stetige) Funktionen mit Werten
in $L(\Re, L^*)$, so kann man daher über jedes $W_\iota : F_1(r) \circ F_2(r) = (\iota, r, \widetilde{F}_1(r) \circ \widetilde{F}_2(r))$
bilden. Da $\Phi_{\iota_1 \iota_2}(r)$ für jeden festen Punkt $r \in W_{\iota_1 \iota_2}$ ein Automorphismus von
L^m ist, folgt, daß diese Produktbildung unabhängig von ι ist.

Die Gesamtheit der in $\Re$ holomorphen (stetigen) Funktionen mit Werten
in $L(\Re, L^*)$ enthält genau eine *neutrale Funktion* $E(r)$, die dadurch definiert
ist, daß in allen W_ι gesetzt wird: $E(r) \equiv (\iota, r, e)$. Dieser Funktion wird in
den folgenden Untersuchungen eine besondere Bedeutung zukommen. Ein
weiterer, oft verwendeter Begriff ist die Umgebung $U(E)$ der Fläche $x = E(r)$,
$x \in L(\Re, L^*)$. Unter $U(E)$ verstehen wir die Menge $\bigcup_{\iota \in I, r \in W_\iota, l \in U(e)} (\iota, r, l)$.

Ist L der m-dimensionale komplexe Zahlenraum C^m, den wir jetzt als
Vektorgruppe auffassen, und ist L^* die Gruppe der komplexen homogen-
linearen Transformationen des C^m, so heißt $L(\Re, L^*)$ *ein m-dimensionales
Vektorraumbündel*[16]. Wir bezeichnen in diesem Falle $L(\Re, L^*)$ mit $V(\Re)$,
die Gruppenoperation mit $+$ und zeigen, daß jedem Faserraum $L(\Re, L^*)$ in
kanonischer Weise ein solches Vektorraumbündel zugeordnet ist. Wir bilden
dazu wieder die kartesischen Produkte $W_\iota \times C^m$ und die Tripel $(\iota, r, \mathfrak{w})$, $r \in W_\iota$, $\mathfrak{w} \in C^m$.
Da die Abbildungen $\Phi_{\iota_1 \iota_2}(r) \square l$ in den Normalkoordinaten $\mathfrak{w}$ von $U(e)$ linear
sind, läßt sich $l^* = \Phi_{\iota_1 \iota_2}(r) \square l$ in diesen Koordinaten durch eine Gleichung
$\mathfrak{w}^* = \alpha_{\iota_1 \iota_2} \circ \mathfrak{w}$ beschreiben, in der $\alpha_{\iota_1 \iota_2}(r) = \left((\alpha_{\nu \mu}^{(\iota_1 \iota_2)}(r)) \right)$ eine nichtsinguläre
komplexe Matrix ist, die holomorph von $r \in W_{\iota_1 \iota_2}$ abhängt. Offenbar gilt:

$$(1) \qquad \alpha_{\iota_1 \iota_2}(r) \circ \alpha_{\iota_2 \iota_3}(r) = \alpha_{\iota_1 \iota_3}(r).$$

Ist nun $r \in W_{\iota_1 \iota_2}$, so identifizieren wir die Tripel $(\iota_1, r, \alpha_{\iota_1 \iota_2}(r) \circ \mathfrak{w})$ und
$(\iota_2, r, \mathfrak{w})$. Die Gesamtheit $\{(\iota, r, \mathfrak{w})\}$ dieser Tripel bildet mit der wegen (1)
widerspruchsfreien Identifizierungsvorschrift ein Vektorraumbündel über $\Re$,
sofern $\{(\iota, r, \mathfrak{w})\}$ mit der natürlichen topologischen und komplexen Struktur
versehen wird. Wir bezeichnen dieses Vektorraumbündel mit $V_L(\Re)$.

Es sei nun $[l]$ für die Koordinaten der Punkte $l \in U(e)$ gesetzt. Offenbar
wird durch die Abbildung $\varrho : (\iota, r, [l]) \to (\iota, r, l)$ die Umgebung $U(O)$
$= \bigcup_{\iota \in I, r \in W_\iota, \mathfrak{w} = [l], l \in U(e)} (\iota, r, \mathfrak{w})$ der Fläche $O = \bigcup_{\iota \in I, r \in W_\iota} (\iota, r, 0) \subset V_L(\Re)$ umkehrbar
holomorph auf $U(E) \subset L(\Re, L^*)$ abgebildet. Sind x_1, x_2 zwei Punkte aus $U(O)$
mit $\pi(x_1) = \pi(x_2)$, $x_1 + x_2 \in U(O)$ und $x_1 = \lambda \cdot x_2$, so gilt: $\varrho(x_1 + x_2) = \varrho(x_1) \circ$

---

[15]) Unter einem Faserraum verstehen wir hier stets ein Faserbündel im Sinne von [22].
Zu den analytischen Faserräumen vgl. [17].
[16]) Zur Definition siehe auch [20].

$\circ\, \varrho(x_2)$. Durch die Setzung $\varrho(x) = \lim\limits_{\nu \to \infty} \left(\varrho\left(x \cdot \frac{1}{\nu}\right)\right)^{\nu}$ wird deshalb ϱ zu einer holomorphen Abbildung $\check{\varrho} : V_L(\mathfrak{R}) \to L(\mathfrak{R}, L^*)$ fortgesetzt. Es ist allgemein $\check{\varrho}\,(x + \lambda\, x) = \check{\varrho}\,(x) \circ \check{\varrho}\,(\lambda\, x)$. Wir werden im folgenden von dieser Eigenschaft Gebrauch machen.

3. Es sei nun $V(\mathfrak{R})$ ein beliebiges Vektorraumbündel über einem komplexen Raum $\mathfrak{R}$. Wie in § 3.1 bewiesen, kann man die Summe zweier Funktionen mit Werten in $V(\mathfrak{R})$ bilden. Da die Strukturgruppe linear ist, kann man darüber hinaus jede in $\mathfrak{R}$ gegebene Funktion, die ihre Werte in $V(\mathfrak{R})$ hat, mit jeder in $\mathfrak{R}$ komplexwertigen Funktion multiplizieren. Insbesondere kann man das Produkt der Punkte $x \in V(\mathfrak{R})$ mit den komplexen Zahlen bilden.

Es sei fortan $\mathfrak{R}$ mit abzählbarer Basis vorausgesetzt. Nach bekannten Sätzen kann man in jedem $W_\iota \times C^m$ eine beliebig oft stetig differenzierbare, positiv definite Hermitesche Form $|\mathfrak{w}|_\iota = \sum\limits_{\nu,\,\mu = 1}^{m} g_{\nu\bar{\mu}}^{(\iota)}(r)\, w_\nu \bar{w}_\mu$ konstruieren, so daß in allen $W_{\iota_1\iota_2}$ gilt: (1) $g_{\nu\bar{\mu}}^{(\iota_1)} = \sum g_{\varkappa\bar{\lambda}}^{(\iota_2)}(r) \cdot \alpha_{\varkappa\nu}^{(\iota_1\iota_2)} \cdot \bar{\alpha}_{\lambda\mu}^{(\iota_1\iota_2)}$. Dabei hängen die Koeffizienten $g_{\nu\bar{\mu}}^{(\iota)}(r)$ nur von $r \in W_\iota$ ab und sind beliebig oft stetig differenzierbar. Offenbar bedeutet (1), daß durch $|x| = |\mathfrak{w}|_\iota$ den Punkten $x = (\iota, r, \mathfrak{w}) \in V(\mathfrak{R})$ unabhängig von ι eine Norm $|x|$ zugeordnet wird. Für diese sind die folgenden Rechenregeln richtig, falls $\pi(x) = \pi(y)$ und a eine beliebige komplexe Zahl ist:
$$|x + y| \leq |x| + |y|, \quad |a\,x| = |a| \cdot |x|\,.$$
Wir benutzen nun die Norm $|x|$, um folgenden Satz zu zeigen:

Satz 6. *Ist $\mathfrak{R}$ ein komplexer Raum mit abzählbarer Basis und ist $H^a(\mathfrak{R})$ (bzw. $H^s(\mathfrak{R})$) der komplexe Vektorraum der holomorphen (stetigen) Funktionen auf $\mathfrak{R}$ mit Werten in einem Vektorraumbündel $V(\mathfrak{R})$, so ist $H^a(\mathfrak{R})$ (bzw. $H^s(\mathfrak{R})$) ein Fréchetraum[17]), wenn $H^a(\mathfrak{R})$ (bzw. $H^s(\mathfrak{R})$) mit der Topologie der kompakten Konvergenz versehen ist.*

Beweis. Da $\mathfrak{R}$ als komplexer Raum lokalkompakt ist und nach Voraussetzung eine abzählbare Topologie hat, kann man $\mathfrak{R}$ durch eine aufsteigende Folge von relativ-kompakten Teilbereichen $\mathfrak{B}_\nu$, $\nu = 1, 2, \ldots$, ausschöpfen. Wir setzen $\|F(r)\| = \sum\limits_{\nu = 1}^{\infty} 2^{-\nu} \operatorname{arctg} \sup |F(\mathfrak{B}_\nu)|$ und dist $(F_1, F_2) = \|F_1 - F_2\|$. Offenbar werden durch diese Metrik $H^a(\mathfrak{R})$ und $H^s(\mathfrak{R})$ zu metrisch vollständigen Vektorräumen gemacht. Die durch die Metrik induzierte Topologie ist die Topologie der kompakten Konvergenz. Ferner sind — wie man leicht sieht — $H^a(\mathfrak{R})$ und $H^s(\mathfrak{R})$ lokal konvex. Ein topologischer Vektorraum, der metrisch, vollständig und lokal konvex ist, heißt aber ein Fréchetraum.

Es sei nun $\mathfrak{R}$ ein holomorph-vollständiger Raum, $V(\mathfrak{R})$ ein beliebiges m-dimensionales Vektorraumbündel über $\mathfrak{R}$. Ferner sei $\mathfrak{R}^*$ ein relativ-kompakter, holomorph-konvexer Teilbereich von $\mathfrak{R}$. Wir zeigen folgenden Darstellungssatz:

---

[17]) Wir verwenden den Begriff des Fréchetraumes und der kompakten Konvergenz wie in [9]. Eine Funktionsfolge aus $H^a(\mathfrak{R})$ (bzw. aus $H^s(\mathfrak{R})$) konvergiert im Innern von $\mathfrak{R}$ genau dann gleichmäßig, wenn sie in $H^a(\mathfrak{R})$ [bzw. $H^s(\mathfrak{R})$] als Punktfolge aufgefaßt konvergiert.

Satz 7a. *Es gibt in $\Re$ endlich viele holomorphe Funktionen $H_\nu(r)$, $\nu = 1 \ldots q$, mit Werten in $V(\Re)$, derart, daß sich jede in $\Re^*$ holomorphe (stetige) Funktion mit Werten in $V(\Re)$ durch eine Linearkombination $F(r) = \sum\limits_{\nu=1}^{q} f_\nu(r) \cdot H_\nu(r)$ darstellen läßt. Dabei sind die $f_\nu(r)$ in $\Re^*$ holomorphe (stetige) komplexwertige Funktionen.*

Beweis. Die Menge $\cup\, S_r$, $S_r = \{(r, F(r))\}$ der Keime $(r, F(r))$ von in $r \in \Re$ holomorphen Funktionen mit Werten in $V(\Re)$ bildet — versehen mit der bekannten Keimtopologie — eine analytische Garbe $\mathfrak{S}$ (faisceau analytique)[18] über $\Re$. $\mathfrak{S}$ ist eine freie kohärente Garbe, da $V(\Re)$ lokal stets das kartesische Produkt einer Umgebung $U(r)$, $r \in \Re$, mit dem C^m ist. Nach einem Satz von H. Cartan ([12], théorème A) kann man deshalb zu jedem Punkt $r_0 \in \Re$ endlich viele in $\Re$ holomorphe Funktionen $\widetilde{H}_1(r), \ldots, \widetilde{H}_{\tilde{q}}(r)$ mit Werten in $V(\Re)$ finden, die über dem Ring O_{r_0} der in r_0 holomorphen komplexwertigen Funktionen S_{r_0} aufspannen. Die $\widetilde{H}_\nu(r)$ sind sicher in r_0 und mithin in einer ganzen Umgebung von r_0 linear unabhängig. Da $\Re^* \Subset \Re$, folgt, daß es in $\Re$ endlich viele Funktionen $H_1(r), \ldots, H_q(r)$ gibt, von denen in jedem Punkte $r \in \Re^*$ m linear unabhängig sind. Die $H_\nu(r)$ spannen deshalb über O_r stets ganz S_r auf $(r \in \Re^*)$. Daher folgt nach einem weiteren Satz von H. Cartan (vgl. [12], Satz 5), daß man jede in $\Re^*$ holomorphe Funktion $F(r)$ durch eine Reihe $F(r) = \sum\limits_{\nu=1}^{q} f_\nu(r) \cdot H_\nu(r)$ mit holomorphen $f_\nu(r)$ darstellen kann.

Ist $F(r)$ eine in $\Re^*$ nur stetige Funktion, so hat man folgendermaßen vorzugehen. Man überdeckt zunächst $\overline{\Re}^*$ mit endlich vielen Umgebungen $U_1, \ldots, U_k$, derart, daß es zu $U_\varkappa$, $\varkappa = 1, \ldots, k$, stets m der Funktionen $H_\nu(r)$ gibt, die überall in $U_\varkappa$ linear unabhängig sind. Solche Funktionen seien $H_{\varkappa_1}(r), \ldots, H_{\varkappa_m}(r)$, $0 \leq \varkappa_1 < \varkappa_2 \ldots < \varkappa_m \leq q$. Man stellt dann $F(r)$ in $U_\varkappa \cap \Re^*$ durch die eindeutig bestimmte Linearkombination $F(r) = \sum\limits_{\mu=1}^{m} g_{\varkappa_\mu}^{(\varkappa)} H_{\varkappa_\mu}(r)$ dar. Setzt man $g_\mu^{(\varkappa)}(r) = 0$ für $\mu \notin \{\varkappa_\mu\}$, so folgt: $F(r) = \sum\limits_{\mu=1}^{q} g_\mu^{(\varkappa)} H_\mu(r)$. Nun gibt es zu $\{U_\varkappa\}$ nach bekannten Sätzen [8] eine „Teilung der Eins"[19]: Man kann in $\cup\, U_\varkappa \supset \Re^*$ k stetige Funktionen φ_ν, $0 \leq \varphi_\nu \leq 1$, finden, so daß $\overline{\{r \in \cup U_\varkappa, \varphi_\nu(r) \neq 0\}} \cap \cup U_\varkappa \subset U_\nu$, und $\sum\limits_{\nu=1}^{k} \varphi_\nu = 1$ ist. Mit $f_\nu(r) = \sum \varphi_\varkappa g_\nu^{(\varkappa)}(r)$ gilt offenbar die Gleichung: $F(r) = \sum\limits_{\nu=1}^{q} f_\nu(r) \cdot H_\nu(r)$, q.e.d.

4. Um topologische Bedingungen für die Gültigkeit eines Approximationssatzes zu erhalten, ist es zweckmäßig, gleich allgemeinere als nur holomorphe

---

[18]) Zum Begriff der analytischen und der kohärenten Garbe vgl. [12]. Eine analytische Garbe heißt frei, wenn sie lokal zu der Garbe der Keime von holomorphen Abbildungen in den C^m isomorph ist. Freie Garben sind stets kohärent.

[19]) Eine Teilung der Eins zu einer Überdeckung $\{U_\varkappa\}$ eines topologischen Raumes $\mathfrak{T}$ ist eine Menge von in $\mathfrak{T}$ *stetigen* Funktionen $\varphi_\varkappa$, derart, daß 1) $0 \leq \varphi_\varkappa(t) \leq 1$, $t \in \mathfrak{T}$, 2) $V_\varkappa = \overline{\{t, \varphi_\varkappa(t) \neq 0\}} \subset U_\varkappa$, 3) $\{V_\varkappa\}$ lokal-finit ist, 4) $\sum\limits_{\varkappa} \varphi_\varkappa = 1$ gilt.

Funktionen zu untersuchen. Es werden deshalb folgende Bezeichnungen eingeführt:

1) $\mathfrak{T}$ *sei ein kompakter (also normaler) Hausdorffraum.*

2) $\mathfrak{E} \subset \mathfrak{H}$ *seien abgeschlossene (also kompakte) Teilmengen von* $\mathfrak{T}$.

Wir definieren ferner:

Def. 8. *Eine (e, h)-Funktion $F(r, t)$, $r \in \mathfrak{R}$, $t \in \mathfrak{T}$ in einem komplexen Raum $\mathfrak{R}$[20]) ist eine stetige Abbildung des kartesischen Produktes $\mathfrak{R} \times \mathfrak{T}$ in einen Faserraum $L(\mathfrak{R}, L^*)$, die noch folgenden Bedingungen genügt:*

0) $\pi \circ F(r, t) = r$,

1) *ist $t_0 \in \mathfrak{H}$, so ist die Funktion $F(r, t_0)$ in $\mathfrak{R}$ holomorph,*

2) *gehört t_0 der Menge $\mathfrak{E}$ an, so gilt sogar in $\mathfrak{R}$: $F(r, t_0) \equiv E(r)$.*

Ist $L(\mathfrak{R}, L^*) = V(\mathfrak{R})$ ein Vektorraumbündel, so läßt sich jede (e, h)-Funktion mit Werten in $V(\mathfrak{R})$ auch als stetige Abbildung von $\mathfrak{T}$ in $H^s(\mathfrak{R})$ auffassen. Das Bild der Punkte $t \in \mathfrak{H}$ liegt dabei in $H^a(\mathfrak{R})$. Den Punkten $t \in \mathfrak{E}$ wird das Nullelement von $H^s(\mathfrak{R})$ zugeordnet. Umgekehrt ist jede stetige Abbildung $\mathfrak{T} \to H^s(\mathfrak{R})$ mit diesen Eigenschaften eine (e, h)-Funktion im Sinne von Def. 8.

Man kann (e, h)-Funktionen in gewissen Fällen auf die Funktion $E(r, t) = E(r)$ deformieren. Wir sagen, eine (e, h)-Funktion $F(r, t)$ ist (e, h)-*homotop* E *in* $\mathfrak{R}$ bzw. *im Innern von* $\mathfrak{R}$, wenn es in $\mathfrak{R}$ bzw. auf jeder kompakten Teilmenge von $\mathfrak{R}$ eine stetige Schar von (e, h)-Funktionen $F(r, t; t)$, $0 \leq t \leq 1$, gibt, derart, daß $F(r, t, 0) \equiv E$ und $F(r, t, 1) \equiv F$ ist. Neben dieser Relation gibt es noch eine schwächere Homotopiebeziehung. Eine (e, h)-Funktion $F(r, t)$ *ist e-homotop* E *in* $\mathfrak{R}$ *bzw. im Innern von* $\mathfrak{R}$, wenn es in $\mathfrak{R}$ bzw. auf jeder kompakten Teilmenge von $\mathfrak{R}$ eine stetige Schar von e-Funktionen $F(r, t; t)$ gibt, bei der $F(r, t, 0) \equiv E$ und $F(r, t; 1) \equiv F(r, t)$ ist. Dabei heißt eine in $\mathfrak{R} \times \mathfrak{T}$ stetige Abbildung $F(r, t): \mathfrak{R} \times \mathfrak{T} \to L(\mathfrak{R}, L^*)$ mit $\pi \circ F(r, t) = r$ eine e-Funktion, wenn für jedes feste $t_0 \in E$ gilt: $F(r, t_0) \equiv E$.

Natürlich ist eine Deformation $F(r, t; t)$, $r \in \mathfrak{R}$, $t \in \mathfrak{T}$, $0 \leq t \leq 1$, wieder eine (e, h)-Funktion in $\mathfrak{R}$ in bezug auf den Parameterraum $\mathfrak{T}^* = \mathfrak{T} \times I$, $I = \{0 \leq t \leq 1\}$ und Mengen $\mathfrak{E}^*$, $\mathfrak{H}^*$ mit $\mathfrak{E}^* \subset \mathfrak{H}^* \subset \mathfrak{T}^*$. Ist $F(r, t, t)$ eine (e, h)-Deformation, so wird $\mathfrak{E}^* = (\mathfrak{E} \times I) \cup (\mathfrak{T} \times 0)$, $\mathfrak{H}^* = (\mathfrak{H} \times I) \cup (\mathfrak{T} \times 0)$ gesetzt. Im Falle, daß $F(r, t, t)$ nur eine e-Deformation ist, muß man in $\mathfrak{T}^*$ die Teilmengen $\mathfrak{E}^* = (\mathfrak{E} \times I) \cup (\mathfrak{T} \times 0)$, $\mathfrak{H}^* = (\mathfrak{H} \times 1) \cup (\mathfrak{H} \times 0)$ auszeichnen.

5. Wir können nun Satz 7a auf (e, h)-Funktionen übertragen:

Satz 7. *Es seien $\mathfrak{R}$ ein holomorph-vollständiger Raum, $V(\mathfrak{R})$ ein m-dimensionales Vektorraumbündel über $\mathfrak{R}$, $\mathfrak{R}^*$ ein relativ-kompakter, holomorph-konvexer Teilbereich von $\mathfrak{R}$. Es gibt dann endlich viele in $\mathfrak{R}$ holomorphe Funktionen $H_1(r), \ldots, H_q(r)$ mit Werten in $V(\mathfrak{R})$, derart, daß sich in $\mathfrak{R}^* \times \mathfrak{T}$ jede dort definierte (e, h)-Funktion mit Werten in $V(\mathfrak{R})$ durch eine Linearkombination*

$$F(r, t) = \sum_{\nu = 1}^{q} f_\nu(r, t) \cdot H_\nu(r) \text{ darstellen läßt. Dabei sind die } f_\nu(r, t) \text{ komplexwertige}$$

(e, h)-*Funktionen in* $\mathfrak{R}^* \times \mathfrak{T}$.

---

[20]) Genauer wäre die Redeweise: (e, h)-Funktion in $\mathfrak{R} \times \mathfrak{T}$. Wir werden im folgenden jedoch immer von (e, h)-Funktionen in $\mathfrak{R}$ sprechen, wenn das nicht zu Mißverständnissen führt.

Wir ziehen zum Beweis einen von H. CARTAN aufgestellten Satz der Theorie der topologischen Vektorräume heran (vgl. die Herleitung im Anhang).

Satz 8. *Es seien* F, $\check{F}$ *Frécheträume.* φ *sei eine lineare, stetige Abbildung von* $\check{F}$ *auf* F. *Ferner seien* τ *bzw.* $\check{\tau}$ *stetige Abbildungen eines kompakten, regulären Raumes* $\mathfrak{T}$ *in* F *bzw. einer abgeschlossenen Teilmenge* $B \subset \mathfrak{T}$ *in* $\check{F}$. *Gilt dann* $\tau = \varphi \circ \check{\tau}$ *in* B, *so gibt es eine stetige Fortsetzung* $\check{\tau}^*$ *von* $\check{\tau}$ *in ganz* $\mathfrak{T}$, *so daß überall* $\varphi \circ \check{\tau}^* = \tau$ *ist.*

In unserem Fall wird durch die Abbildung $\varphi_1 : (f_1(r), \ldots, f_q(r)) \to \sum_{\nu=1}^{q} f_\nu(r) \cdot H_\nu(r)$ der Fréchetraum $\check{F}_1$ der q-tupel der in $\mathfrak{R}^*$ holomorphen komplex-wertigen Funktionen auf $H^a(\mathfrak{R}^*)$ abgebildet. Nach Satz 8 ist deshalb die Abbildung $\check{\tau}_1(t) = (0, \ldots, 0), t \in \mathfrak{E}$, zu einer Abbildung $\check{\tau}_1^* : \mathfrak{S} \to \check{F}_1$ fortsetzbar, für die $\varphi_1 \circ \check{\tau}_1^* = \tau$ ist (mit $\tau : t \to F(r, t)$). Durch Anwendung des gleichen Verfahrens auf $H^s(\mathfrak{R}^*)$, den Fréchetraum $\check{F}_2$ der q-tupel von in $\mathfrak{R}^*$ stetigen komplexwertigen Funktionen und auf die Abbildung $\varphi_2 : (f_1, \ldots, f_q) \to \sum f_\nu H_\nu$ mit stetigen f_ν erhält man sodann eine stetige Fortsetzung $\check{\tau}_2^*$ von $\check{\tau}_1^*$ in ganz $\mathfrak{T}$, so daß $\varphi_2 \circ \check{\tau}_2^* = \tau$ gilt. Bezeichnet man die q-tupel $\check{\tau}_2^*(t)$ mit $(f_1(r, t), \ldots, f_q(r, t))$, so sind offenbar $f_\nu(r, t)$ (e, h)-Funktionen, und es gilt $\sum f_\nu(r, t) \cdot H_\nu(r) = F(r, t)$, q.e.d.

§ 4. Approximationssätze für Funktionen mit Werten in analytischen Faserräumen $L(\mathfrak{R}, L)$

1. In diesem Abschnitt wird Satz 1 auf (e, h)-Funktionen mit Werten in einem Vektorraumbündel $V(\mathfrak{R})$ übertragen. Wir zeigen:

Satz 9. *Es seien* $\mathfrak{R}$, $\check{\mathfrak{R}}$ *holomorph-vollständige Räume,* $\mathfrak{R}$ *sei Teilbereich von* $\check{\mathfrak{R}}$ *und auf* $\check{\mathfrak{R}}$ *holomorph ausdehnbar. Ferner sei* $\mathfrak{R}_1$ *ein relativ-kompakter Teilbereich von* $\mathfrak{R}$ *und* $V(\check{\mathfrak{R}})$ *ein Vektorraumbündel über* $\check{\mathfrak{R}}$. *Ist dann* $\varepsilon > 0$ *beliebig, so gibt es zu jeder* (e, h)-*Funktion* $F(r, t)$ *in* $\mathfrak{R} \times \mathfrak{T}$ *eine* (e, h)-*Funktion* $\check{F}(r, t)$ *in* $\check{\mathfrak{R}} \times \mathfrak{T}$, *für die in* $\mathfrak{R}_1 \times \mathfrak{T}$ *gilt:* $|F(r, t) - \check{F}(r, t)| < \varepsilon$.

Beweis. Da $\mathfrak{R}$ nach Satz 2 in bezug auf $\check{\mathfrak{R}}$ konvex ist, können wir ein analytisches Polyeder $\mathfrak{P}$ so bestimmen, daß $\mathfrak{R}_1 \subset \mathfrak{P} \subset \mathfrak{R}$ und daß die definierenden Funktionen von $\mathfrak{P}$ in ganz $\check{\mathfrak{R}}$ holomorph sind. $\mathfrak{P}$ ist deshalb in bezug auf $\check{\mathfrak{R}}$ konvex.

Nach Satz 7[21]) gibt es in $\check{\mathfrak{R}}$ endlich viele holomorphe Funktionen $H_\nu(r)$ mit Werten in $V(\mathfrak{R})$, mit denen wir $F(r, t)$ in $\mathfrak{P}$ in der Form $F(r, t) = \sum_{\nu=1}^{q} f(r, t) \cdot H_\nu(r)$ darstellen können. Da die Multiplikation der Funktionen mit Werten in $V(\mathfrak{R})$ und der komplexwertigen Funktionen stetig ist, folgt bei hinreichend kleinem $\delta > 0$:

---

[21]) Der Beweis läßt sich auch direkt ohne Verwendung von Satz 7 führen. Satz 7 wird jedoch in [16] wesentlich herangezogen.

Gilt für in $\check{\mathfrak{R}} \times \mathfrak{T}$ definierte komplexwertige (e, h)-Funktionen $\check{f}_\nu(r, t)$ in $\mathfrak{R}_1 \times \mathfrak{T}$ die Ungleichung $|f_\nu - \check{f}_\nu| < \delta$, so ist dort sicher $|F - \check{F}| < \varepsilon$, wenn $\check{F}(r, t) = \sum_{\nu=1}^{q} f_\nu \cdot H_\nu$ gesetzt wird.

Es müssen also zum Beweise von Satz 9 nur noch die Funktionen $\check{f}_\nu(r, t)$ bestimmt werden. Dazu überdecken wir zunächst $\mathfrak{T}$ mit so kleinen Umgebungen $U_\varkappa, \varkappa = 1, \ldots, k$, daß für $t_1, t_2 \in U_\varkappa, r \in \mathfrak{R}_1$ die Ungleichung $|f_\nu(r, t_1) - f_\nu(r, t_2)| < \dfrac{\delta}{2}$ richtig ist. Wir wählen dann einen festen Punkt $t_\varkappa \in U_\varkappa$. $t_\varkappa$ sei aus $U_\varkappa \cap \mathfrak{E}$, wenn $U_\varkappa \cap \mathfrak{E} \neq 0$. Ist $U_\varkappa \cap \mathfrak{E} = 0$, so nehmen wir $t_\varkappa \in U_\varkappa \cap \mathfrak{H}$, im Falle $U_\varkappa \cap \mathfrak{H} = 0$ einfach aus $U_\varkappa$. Wir approximieren nun $f_\nu(r, t_\varkappa)$ durch in $\check{\mathfrak{R}}$ definierte komplexwertige Funktionen $g_\nu^{(\varkappa)}(r)$, so daß in $\mathfrak{R}_1 : |f_\nu(r, t_\varkappa) - g_\nu^{(\varkappa)}(r)| < \dfrac{\delta}{2}$ gilt. Ist $t_\varkappa \in \mathfrak{E}$, so werde $g_\nu^{(\varkappa)}(r) \equiv E(r)$ gesetzt, gehört $t_\varkappa$ der Menge $\mathfrak{H}$ an, so sei $g_\nu^{(\varkappa)}$ holomorph. Die Existenz folgt dann aus Satz 1. Gilt $t_\varkappa \notin \mathfrak{H}$, so existiert nach dem Tietzeschen Fortsetzungssatz ([1], p. 73) eine stetige Funktion $g_\nu^{(\varkappa)}(r)$: Da $\check{\mathfrak{R}}$ als holomorph-vollständiger Raum normal[22] ist, läßt sich $f_\nu(r, t_\varkappa)$ von $\overline{\mathfrak{R}}_1$ in ganz $\check{\mathfrak{R}}$ fortsetzen. Ist nun $\{\varphi_\varkappa(t)\}$ eine Teilung der Eins zu $\{U_\varkappa\}$, so ist offenbar $\check{f}_\nu(r, t) = \sum_{\varkappa=1}^{k} \varphi_\varkappa(t) \cdot g_\nu^{(\varkappa)}(r)$ eine (e, h)-Funktion in $\check{\mathfrak{R}} \times \mathfrak{T}$, und es gilt in $\mathfrak{R}_1 \times \mathfrak{T} : |f_\nu - \check{f}_\nu| < \delta$, q.e.d.

2. Wir untersuchen nun beliebige (e, h)-Funktionen mit Werten in einem Faserraum $L(\mathfrak{R}, L^*)$. Es gilt folgender:

Satz 10. *Es seien $\mathfrak{R}, \check{\mathfrak{R}}$ holomorph vollständige Räume. $\mathfrak{R}$ sei Teilbereich von $\check{\mathfrak{R}}$ und auf $\check{\mathfrak{R}}$ holomorph ausdehnbar. Ferner sei $F(r, t)$, $r \in \mathfrak{R}$, $t \in \mathfrak{T}$, eine (e, h)-Funktion in $\mathfrak{R}$ mit Werten in einem Faserraum $L(\mathfrak{R}, L^*)$. Ist dann $F(r, t)$ (e, h) homotop E im Innern von $\mathfrak{R}$, so gibt es eine Folge von (e, h)-Funktionen $\check{F}_\nu(r, t)$ in $\check{\mathfrak{R}}$, die im Innern von $\mathfrak{R} \times \mathfrak{T}$ gleichmäßig gegen $F(r, t)$ konvergiert. Dabei kann man die $\check{F}_\nu(r, t)$ so wählen, daß sie in $\check{\mathfrak{R}}$ (e, h)-homotop E sind.*

Zum Beweise zeigen wir zunächst:

Hilfssatz 1. *Es gibt unter den Voraussetzungen von Satz 7 zu jedem relativkompakten Teilbereich $\mathfrak{R}_1 \Subset \mathfrak{R}$ endlich viele (e, h)-Funktionen $F^{(\nu)}(r, t)$, $\nu = 1 \ldots s$, in $\mathfrak{R}$, derart, daß $F(r, t) \equiv \prod_{\nu=1}^{s} F^{(\nu)}(r, t)$ und $F^{(\nu)}(r, t) \in U(E)$, $\nu = 1 \ldots s$, für $r \in \mathfrak{R}_1$ und $t \in \mathfrak{T}$ ist.*

Beweis. Es sei $F(r, t, \iota)$, $0 \leqq \iota \leqq 1$, eine (e, h)-Deformation von $F(r, t)$ auf $E(r)$. Aus Stetigkeitsgründen können wir dann eine Folge reeller Zahlen $t_\varkappa$, $\varkappa = 0, \ldots, k$, mit $0 = t_0 < t_1 < \cdots < t_k = 1$ so bestimmen, daß für $r \in \mathfrak{R}_1, t \in \mathfrak{T}$ gilt: $F^{(\nu)}(r, t) = {}_{\text{Def.}} F(r, t, t_\nu) \circ F^{-1}(r, t, t_{\nu-1}) \in U(E)$. Es ist $\prod_{\nu=1}^{s} F^{(\nu)}(r, t) = F(r, t)$ und damit Hilfssatz 1 bewiesen.

---

[22] Man zeigt leicht, daß jeder komplexe Raum mit abzählbarer Topologie metrisierbar ist. Ein metrischer Raum ist aber normal. Vgl. [8].

Wir konstruieren nun Folgen $\breve{F}^{(\nu)}_\mu(r,t)$ von (e,h)-Funktionen in $\breve{\mathfrak{R}}$, die im Innern von $\mathfrak{R}_1 \times \mathfrak{T}$ gleichmäßig gegen $F^{(\nu)}(r,t)$ konvergieren und in $\breve{\mathfrak{R}} \times \mathfrak{T}$ (e,h)-homotop E sind. Aus der Stetigkeit der Lieschen Gruppenoperation folgt dann sofort, daß die Folge $\breve{F}_\mu(r,t) = \prod\limits_{\nu=1}^{s} \breve{F}^{(\nu)}_\mu(r,t)$ im Innern von $\mathfrak{R}_1 \times \mathfrak{T}$ gleichmäßig gegen $F(r,t)$ strebt. Die $\breve{F}_\mu$ sind in $\breve{\mathfrak{R}} \times \mathfrak{T}$ (e,h)-homotop E.

Aus diesen Überlegungen ergibt sich, daß man zum Beweis von Satz 10 nur die Existenz der Funktionen $\breve{F}^{(\nu)}_\mu(r,t)$ nachzuweisen braucht für den Fall, daß $\mathfrak{R}_1$ ein beliebiges analytisches Polyeder in $\mathfrak{R}$ ist, das durch in $\breve{\mathfrak{R}}$ holomorphe Funktionen gegeben werden kann. Ist nämlich $\mathfrak{R}_1^{(\varkappa)}$, $\mathfrak{R}_1^{(\varkappa)} \subset \mathfrak{R}_1^{(\varkappa+1)} \subset \mathfrak{R}$, $\varkappa = 1$, $2, \ldots$, eine $\mathfrak{R}$ ausschöpfende Folge von relativ-kompakten Teilbereichen und kann man nach dem angegebenen Verfahren zu jedem $\mathfrak{R}_1^{(\varkappa)}$ Folgen $\breve{F}_{\varkappa,\mu}$ finden, die im Innern von $\mathfrak{R}_1^{(\varkappa)} \times \mathfrak{T}$ gleichmäßig gegen $F(r,t)$ konvergieren, so strebt im Innern von $\mathfrak{R} \times \mathfrak{T}$ die Folge $\breve{F}_{\varkappa,\mu_\varkappa}$ gleichmäßig gegen $F(r,t)$, wenn $\mu_\varkappa > \varkappa$ hinreichend groß gewählt ist. Wir können nun für die $\mathfrak{R}_1^{(\varkappa)}$ analytische Polyeder nehmen, die aus einer oder mehreren zusammenhängenden Komponenten einer Menge $\{r \in \breve{\mathfrak{R}},\ |\breve{f}_\mu(r)| < 1,\ \mu = 1 \ldots l\}$ bestehen, wobei die $\breve{f}_\nu(r)$ in $\breve{\mathfrak{R}}$ holomorphe, komplex-wertige Funktionen sind. Denn, da $\mathfrak{R}$ nach Voraussetzung auf $\breve{\mathfrak{R}}$ holomorph ausdehnbar und somit auch in bezug auf $\breve{\mathfrak{R}}$ konvex ist, kann man $\mathfrak{R}$ durch solche Polyeder ausschöpfen. Somit ist Satz 10 bewiesen, wenn man die Richtigkeit folgenden Hilfssatzes gezeigt hat:

Hilfssatz 2. *Es sei $\mathfrak{P} \subset \mathfrak{R}$ ein analytisches Polyeder in $\mathfrak{R}$, das aus zusammenhängenden Komponenten einer Menge $\{r \in \breve{\mathfrak{R}},\ |\breve{f}_\mu(r)| < 1,\ \mu = 1 \ldots d\}$ besteht. Die $\breve{f}_\mu(r)$ seien endlich viele in $\breve{\mathfrak{R}}$ holomorphe, komplexwertige Funktionen. Ist dann $F^*(r,t)$ eine (e,h)-Funktion in $\mathfrak{P}$ mit Werten aus $U(E)$, so gibt es eine Folge $\breve{F}^*_\nu(r,t)$ von (e,h)-Funktionen in $\breve{\mathfrak{R}}$, die im Innern von $\mathfrak{P} \times \mathfrak{T}$ gleichmäßig gegen $F^*(r,t)$ konvergiert. Dabei kann man die $\breve{F}^*_\nu(r,t)$ so bestimmen, daß sie in $\breve{\mathfrak{R}}$ (e,h)-homotop E sind.*

Zum Beweise benutzen wir die in § 3,2 eingeführte Abbildung $\varrho : U(O) \to U(E)$ und setzen $*F(r,t) = \varrho^{-1} \circ F^*(r,t)$. Da $\mathfrak{P}$ in bezug auf $\breve{\mathfrak{R}}$ konvex ist, gibt es nach Satz 9 Folgen $*\breve{F}_\mu(r,t) : \breve{\mathfrak{R}} \times \mathfrak{T} \to V_L(\breve{\mathfrak{R}})$ von (e,h)-Funktionen in $\breve{\mathfrak{R}} \times \mathfrak{T}$, die im Innern von $\mathfrak{P} \times \mathfrak{T}$ gleichmäßig gegen $*F(r,t)$ konvergieren. Setzen wir noch $\breve{F}^*_\mu(r,t) = \breve{\varrho} \circ *\breve{F}_\mu(r,t)$, so strebt $\breve{F}^*_\mu$ im Innern von $\mathfrak{P} \times \mathfrak{T}$ gleichmäßig gegen $F^*(r,t)$. Da die $\breve{F}^*_\mu$ (e,h)-homotop E sind, ist Hilfssatz 2 bewiesen.

5. Wir untersuchen in diesem Abschnitt (e,h)-Funktionen mit Werten in $L(\breve{\mathfrak{R}}, L^*)$, bei denen der Parameterraum $\mathfrak{T}$ ein Punkt und gleichzeitig die Menge $\mathfrak{H}$ ist. Diese Funktionen $F(r)$ stimmen natürlich mit den gewöhnlichen holomorphen Funktionen, deren Werte in $L(\breve{\mathfrak{R}}, L^*)$ liegen, überein. Wir nennen $F(r)$ *holomorph homotop E* im Innern von $\mathfrak{R}$ (bzw. *holomorph retraktibel*), wenn man in jeder kompakten Teilmenge von $\mathfrak{R}$ $F(r)$ über lauter

holomorphe Funktionen $F(r, t)$ auf $E(r)$ deformieren kann. Offenbar deckt sich diese Eigenschaft von F damit, daß $F(r)$ (e, h)-homotop E ist. Dementsprechend sagen wir, $F(r)$ ist *homotop* E, wenn $F(r)$ e-homotop E ist. $F(r)$ läßt sich dann über stetige Funktionen $F(r, t)$ auf $E(r)$ deformieren. Als Spezialfall von Satz 10 gilt nun:

Satz 11. *Es seien $\Re, \breve{\Re}$ holomorph-vollständige Räume, $\Re$ sei Teilbereich von $\breve{\Re}$ und auf $\breve{\Re}$ holomorph ausdehnbar. Ist dann $F(r)$ eine in $\Re$ holomorphe Funktion mit Werten in einem analytischen Faserraum $L(\breve{\Re}, L^*)$ und ist $F(r)$ holomorph homotop E im Innern von $\Re$, so gibt es eine Folge in $\breve{\Re}$ holomorpher Funktionen $\breve{F}_\nu(r)$ mit Werten in $L(\breve{\Re}, L^*)$, die im Innern von $\Re$ gleichmäßig gegen $F(r)$ konvergiert.*

Es seien jetzt einige Fälle betrachtet, in denen $F(r)$ immer holomorph retraktibel ist. Wir setzen dabei voraus, daß $L(\breve{\Re}, L^*)$ mit dem kartesischen Produkt $\breve{\Re} \times L^m$ übereinstimmt. Die Funktionen $F(r)$ mit Werten in $L(\breve{\Re}, L^*)$ kann man dann als holomorphe Abbildungen von $\Re$ bzw. $\breve{\Re}$ in L^m auffassen: Wir nennen daher $F(r)$ eine *Funktion mit Werten in L^m*.

Def. 9. *Ein komplexer Raum $\Re$ heißt holomorph retrahierbar, wenn es eine Schar holomorpher Abbildungen $\tau(r, t)$, $0 \leqq t \leqq 1$, von $\Re$ in sich gibt, so daß $\tau(r, 1) \equiv r$ und $\tau(r, 0) \equiv r_0 \in \Re$ für alle $r \in \Re$ ist.*

Es ergibt sich sofort folgende Aussage:

Satz 12. *Ist ein komplexer Raum $\Re$ holomorph retrahierbar, so ist jede in $\Re$ holomorphe Funktion $F(r)$ mit Werten in einer zusammenhängenden komplexen Lieschen Gruppe L^m holomorph retraktibel.*

In der Tat! Setzt man $F(r, t) = F(\tau(r, t))$, so hat man eine holomorphe Deformation von $F(r)$ auf $F(r, 0) = F(r_0)$. Da L^m zusammenhängend ist, kann man $F(r, 0)$ als konstante Funktion weiter auf $E(r) \equiv e$ deformieren.

In Verbindung mit Satz 11 folgt nun:

Satz 13. *Es seien $\Re, \breve{\Re}$ holomorph-vollständige Räume, $\Re$ sei Teilbereich von $\breve{\Re}$, holomorph retraktibel und auf $\breve{\Re}$ holomorph ausdehnbar. Ist dann $F(r)$ eine in $\Re$ holomorphe Funktion mit Werten in einer komplexen Lieschen Gruppe, so gibt es stets eine Folge in $\breve{\Re}$ holomorpher Funktionen $\breve{F}_\nu(r): \breve{\Re} \to L^m$, die im Innern von $\Re$ gleichmäßig gegen $F(r)$ konvergiert.*

Beweis. Da $\Re$ retrahierbar ist, ist $\Re$ zusammenhängend. Ist $r_0 \in \Re$ ein beliebiger Punkt, so hat deshalb $F(r) \circ F^{-1}(r_0)$ nur Werte in der zusammenhängenden Komponente L_0 von L^m, die das neutrale Element e enthält. Nun ist L_0 wieder eine komplexe Liesche Gruppe und $F(r) \circ F^{-1}(r_0)$ nach Satz 11 und Satz 12 Grenzfunktion einer Folge $\breve{F}_\nu^{(0)}$ von in $\breve{\Re}$ holomorphen Funktionen mit Werten in L_0. Setzt man noch $\breve{F}_\nu = \breve{F}_\nu^{(0)} \circ F(r_0)$, so ist Satz 13 bewiesen.

Als Beispiele von holomorph retrahierbaren komplexen Räumen seien die Sterngebiete (Polyzylinder, Hyperkugel etc.) des C^n angeführt. Diese lassen sich durch eine Transformationsschar $\mathfrak{z} - \mathfrak{z}_0 \to t(\mathfrak{z} - \mathfrak{z}_0)$ zusammenziehen.

Natürlich ist $F(r)$ auch immer dann holomorph homotop E, wenn der Wertebereich L^m holomorph retrahierbar ist, wie z. B. im Falle, daß L^m mit der additiven Gruppe der komplexen Zahlen übereinstimmt. Im Satz 11 ist deshalb der klassische Rungesche Satz enthalten.

Anhang

Herleitung des Satzes 8 (nach H. Cartan): Wie aus einem Satz von Banach ([9], Satz 1, Kap. 1, § 3) folgt, ist die Abbildung $\varphi : \check{F} \to F$ eine offene Abbildung. Insbesondere werden stets Umgebungen des Nullpunktes $\check{O} \in \check{F}$ auf Umgebungen von $O \in F$ abgebildet. Da ferner $F, \check{F}$ lokal-konvex und metrisch sind, kann man Umgebungsfolgen $\check{V}_\nu$ bzw. V_ν, $\nu = 1, 2, \ldots$, von $\check{O} \in \check{F}$ bzw. $O \in F$ finden, so daß folgendes gilt:

1) $V_{\nu-1} \supset V_\nu$, $\check{V}_{\nu-1} \supset \check{V}_\nu$,

2) ist V eine Umgebung von O bzw. $\check{O}$, so hat man für $\nu \geq \nu_0$: $V_\nu \subset V$ bzw. $\check{V}_\nu \subset V$,

3) die Mengen $V_\nu \subset F$, $\check{V}_\nu \subset \check{F}$ sind konvex,

4) es ist $\varphi(\check{V}_\nu) \supset V_\nu$.

In $\mathfrak{T}$ gibt es (vgl. [8], p. 65) zu jeder offenen Überdeckung eine Teilung der Eins. Das gleiche ist auch für jede offene Überdeckung jeder Teilmenge von $\mathfrak{T}$ richtig. Wir können deshalb in $\mathfrak{T}$ ein System von nicht identisch verschwindenden stetigen Funktionen $a_\nu^{(\varkappa)}(t)$, $\varkappa \in J_\nu = \{1 \ldots k_\nu\}$, $\nu = 1, 2, \ldots$, bestimmen, das folgende Eigenschaften hat:

a) es ist $0 \leq a_\nu^{(\varkappa)}(t) \leq 1, t \in \mathfrak{T}$,

b) es gilt $\sum\limits_{\varkappa=1}^{k_\nu} a_\nu^{(\varkappa)}(t) = 1$,

c) ist $a_\nu^{(\varkappa)}(t_1) \neq 0$, $a_\nu^{(\varkappa)}(t_2) \neq 0$, so hat man $\tau(t_1) - \tau(t_2) \in V_\nu$, wenn $t_1, t_2 \in B$, sogar: $\check{\tau}(t_1) - \check{\tau}(t_2) \in \check{V}_\nu$,

d) es gibt eine Abbildung $\pi : J_{\nu+1} \to J_\nu$, so daß $a_\nu^{(\varkappa)} = \sum\limits_{\pi(\mu)=\varkappa} a_{\nu+1}^{(\mu)}$ ist.

$t_\nu^{(\varkappa)} \in \mathfrak{T}$ sei nun ein fester Punkt mit $a_\nu^{(\varkappa)}(t_\nu^{(\varkappa)}) \neq 0$. Ist $\{a_\nu^{(\varkappa)}(t) \neq 0\} \cap B \neq 0$, so sei $t_\nu^{(\varkappa)} \in B$ gewählt. Nach Eigenschaft c), d) der Menge $\{a_\nu^{(\varkappa)}\}$ ist dann für die Folge von Punkten $y_\nu^{(\varkappa)} = \tau(t_\nu^{(\varkappa)})$ die Differenz $y_{\nu+1}^{(\varkappa)} - y_\nu^{(\pi(\varkappa))} \in V_\nu$. Ferner gibt es nach Eigenschaft 4) der Umgebungsfolgen V_ν, $\check{V}_\nu$ in $\check{F}$ Punkte $x_\nu^{(\varkappa)}$ mit $\varphi(x_\nu^{(\varkappa)}) = y_\nu^{(\varkappa)}$, $x_\nu^{(\varkappa)} = \tau(t_\nu^{(\varkappa)})$, wenn $t_\nu^{(\varkappa)} \in B$ und $x_{\nu+1}^{(\varkappa)} - x_\nu^{(\pi(\varkappa))} \in \check{V}_\nu$.

Wir setzen $h_\nu(t) = \sum\limits_{\varkappa=0}^{k_\nu} a_\nu^{(\varkappa)}(t)\, y_\nu^{(\varkappa)}$, $g_\nu(t) = \sum\limits_{\varkappa=0}^{k_\nu} a_\nu^{(\varkappa)}(t)\, x_\nu^{(\varkappa)}$. Offenbar ist stets $h_\nu(t) = \varphi \circ g_\nu(t)$. Es gelten die Abschätzungen: $\tau(t) - h_\nu(t) \in V_\nu$, $\check{\tau}(t) - g_\nu(t) \in \check{V}_\nu$ für $t \in B$, $g_{\nu+1}(t) - g_\nu(t) \in \check{V}_\nu$; denn da V_ν, $\check{V}_\nu$ konvex sind, gilt: sind $q_1, \ldots, q_k$ Punkte aus V_ν (bzw. $\check{V}_\nu$) und sind $a_\varkappa$, $\varkappa = 1 \ldots k$, nicht-negative reelle Zahlen, so daß $\sum\limits_{\varkappa=1}^{k} a_\varkappa \leq 1$, so liegt auch der Punkt $q = \sum\limits_{\varkappa=1}^{k} a_\varkappa q_\varkappa$ in V_ν bzw. $\check{V}_\nu$. Weil die

V_ν, $\check{V}_\nu$ nach Voraussetzung mit wachsendem ν beliebig klein werden, konvergieren nun gleichmäßig die Funktionen $h_\nu(t)$ gegen $\tau(t)$, die Funktionen $g_\nu(t)$ in B gegen $\check{\tau}(t)$ und in $\mathfrak{T}$ gegen eine Grenzfunktion $\check{\tau}^*(t)$, für die $\varphi \circ \check{\tau}^*(t) = \tau(t)$ ist.

Literatur

[1] ALEXANDROFF, P., u. H. HOPF: Topologie. Berlin 1935. — [2] BEHNKE, H.: Généralisation du théorème de Runge pour les fonctions multiformes des variables complexes. Coll. sur les fonct. des plus. var. Brüssel 1953. — [3] BEHNKE, H.: Funktionentheorie auf komplexen Mannigfaltigkeiten. Bd. III, p. 45—57, Proc. IMC Amsterdam 1954. — [4] BEHNKE, H., u. F. SOMMER: Theorie der analytischen Funktionen einer komplexen Veränderlichen. Springer 1955. — [5] BEHNKE, H., u. K. STEIN: Approximation analytischer Funktionen in vorgegebenen Gebieten des Raumes von n komplexen Veränderlichen. Nachr. Ges. Wiss. Göttingen 1, 15 (1939). — [6] BEHNKE, H., u. K. STEIN: Entwicklung analytischer Funktionen auf Riemannschen Flächen. Math. Ann. 120, 430 bis 461 (1948). — [7] BEHNKE, H., u. K. STEIN: Modifikationen komplexer Mannigfaltigkeiten und Riemannscher Gebiete. Math. Ann. 124, 1—16 (1951). — [8] BOURBAKI, N.: Topologie générale 9, Paris 1948. — [9] BOURBAKI, N.: XII Esp. vect. top. — [10] CALABI, E., and B. ECKMANN: A class of compact complex manifolds which are not algebraic. Ann. Math. 58, 494—500 (1953). — [11] CARTAN, H.: Séminaire E. N. S. 1951 bis 1952, Exposé XIII. — [12] CARTAN, H.: Variétés analytiques complexes et cohomologie. Coll. sur les fonct. des plus. var. Brüssel 1953. — [13] CHEVALLEY, C.: Theory of Lie Groups, Princeton 1946. — [14] GRAUERT, H.: Charakterisierung der holomorph-vollständigen komplexen Räume. Math. Ann. 129, 233—259 (1955). — [15] GRAUERT, H.: Généralisation d'un théorème de Runge et application à la théorie des espaces fibrés analytiques. C. r. Acad. Sci. (Paris) 242, 603—605 (1956). — [16] GRAUERT, H.: Holomorphe Funktionen mit Werten in komplexen Lieschen Gruppen. Erscheint in den Math. Annalen 1957. — [17] GRAUERT, H.: Analytische Faserungen über holomorph-vollständigen Räumen. Erscheint in den Math. Annalen 1957/58. — [18] GRAUERT, H., u. R. REMMERT: Zur Theorie der Modifikationen. I. Stetige und eigentliche Modifikationen komplexer Räume. Math. Ann. 129, 274—296 (1955). — [19] GRAUERT, H., u. R. REMMERT: Singularitäten komplexer Mannigfaltigkeiten und Riemannsche Gebiete. Math. Z. 67, 103—128 (1957). — [20] HIRZEBRUCH, F.: Neue topologische Methoden in der algebraischen Geometrie. Erg. d. Math. 9 (1956). — [21] RADÓ, T.: Über den Begriff der Riemannschen Fläche. Acta Szeged 2, 101—121 (1924). — [22] STEENROD, N.: The Topology of Fibre Bundles. Princeton 1951. — [23] THULLEN, P.: Die Regularitätshüllen. Math. Ann. 106, 64—76 (1932). — [24] WEIL, A.: L'intégrale de Cauchy et les fonctions des plusieurs variables. Math. Ann. 111, 178—182 (1935). — [25] WILL, H.: Approximation regulärer Funktionen mehrerer Veränderlicher in komplexen Mannigfaltigkeiten. Diss. Münster (Westf.) 1952.

(Eingegangen am 25. Oktober 1956)

12.

Holomorphe Funktionen
mit Werten in komplexen Lieschen Gruppen*)

Math. Annalen **133**, 450–472 (1957)

Einleitung

In der Funktionentheorie mehrerer Veränderlichen ist man seit einigen
Jahren bestrebt, sich die topologische Theorie der Faserräume für die Lösung
von analytischen Problemen nutzbar zu machen. Um eine Verbindung von
Topologie und Analysis herzustellen, wurde zunächst der Begriff des analytischen Faserraumes eingeführt. H. Cartan [5] zeigte dann 1950, daß sich die
bekannten Cousinschen Probleme in der Sprache dieser analytischen Faserräume formulieren lassen. F. Hirzebruch [15] hat 1955 spezielle analytische
Geradenbündel dazu benutzt, den klassischen Satz von Riemann-Roch auf
algebraische Mannigfaltigkeiten höherer Dimension zu übertragen. Weitere
umfangreiche Untersuchungen sind von Kodaira, Spencer, Serre ange-
stellt worden.

Bei der Konstruktion von analytischen Faserräumen werden komplexe
Liesche Gruppen als Strukturgruppen verwendet. Die Lösung gewisser
Probleme der Faserraumtheorie erfordert deshalb die Kenntnis der Eigen-
schaften von holomorphen Funktionen (holomorphen Abbildungen) mit
Werten in komplexen Lieschen Gruppen L.

In der vorliegenden Arbeit werden nun diese Funktionen eingehend untersucht. Als Argumenträume werden alle holomorph-vollständigen Räume $\mathfrak{R}^1$)
zugelassen. Diese Klasse besteht aus den für die Funktionentheorie sinnvollen, nicht kompakten komplexen Räumen. Als erstes wesentliches Resultat ergibt sich:

(1) *Jede in $\mathfrak{R}$ holomorphe Funktion $F(r)$ mit Werten in L ist genau dann
in $\mathfrak{R}$ über eine Schar von holomorphen Funktionen $F(r,t): \mathfrak{R} \to L,\ 0 \leqq t \leqq 1,$*

---

*) Bei der vorliegenden Publikation handelt es sich um den zweiten Teil der Habi-
litationsschrift des Verf., die in drei Teilarbeiten in den Math. Annalen erscheint (vgl. [13,
14]). Einige Resultate wurden bereits in einer C. r.-Note angekündigt (vgl. [12]). — Ich
möchte an dieser Stelle Herrn Prof. Cartan meinen Dank für wertvolle Ratschläge aussprechen. Er hat auf dem internationalen Symposium 1956 in Mexiko über die vorliegende Arbeit (und über [13, 14]) vorgetragen (vgl. [8]).

¹) Die holomorph vollständigen Räume bilden unter den nicht kompakten kom-
plexen Räumen die Klasse K der für die Funktionentheorie sinnvollen komplexen Räume.
In K sind alle nicht kompakten Riemannschen Flächen und die Holomorphiegebiete
des C^n enthalten. Ferner sind die variétés de Stein (vgl. [7], p. 50) eine Teilklasse von K.

auf die Funktion $E(r) = 1 \in L$ deformierbar, wenn sie dort über lauter stetige Funktionen $S(r,t): \Re \to L$, $0 \leq t \leq 1$, auf $E(r)$ deformierbar ist (vgl. Satz 3).

In diesem Satz wird also behauptet: die analytische Eigenschaft, daß man $F(r)$ über lauter holomorphe Funktionen auf $E(r)$ deformieren kann, ist zu der rein topologischen Eigenschaft äquivalent, daß $F(r)$ über stetige Funktionen auf $E(r)$ deformierbar ist. Der Satz (1) schwächt deshalb die Voraussetzung von [13], Satz 11 ab.

Um eine Isomorphie zwischen den Deformationsklassen von holomorphen und stetigen Funktionen herzustellen, wird sodann bewiesen:

(2) *Jede stetige Funktion $S(r): \Re \to L$ ist auf eine holomorphe Funktion $F(r): \Re \to L$ deformierbar.*

Nennt man einen holomorph-vollständigen Raum $\Re$ auf einen holomorph-vollständigen Raum $\check{\Re}$ holomorph ausdehnbar[2]), wenn $\Re$ Teilbereich von $\check{\Re}$ und über lauter holomorph-vollständige Räume stetig auf $\check{\Re}$ ausdehnbar ist, so folgt schließlich der Approximationssatz:

(3) *Es seien $\Re$, $\check{\Re}$ holomorph-vollständige Räume, $\Re$ sei auf $\check{\Re}$ holomorph ausdehnbar. Dann ist jede in $\Re$ holomorphe Funktion $F(r): \Re \to L$, die im Innern von $\Re$ durch in $\check{\Re}$ stetige Funktionen beliebig stark angenähert werden kann, dort auch durch holomorphe Funktionen beliebig stark approximierbar (vgl. § 1, Satz 4).*

Der Beweis der Resultate (1)—(3) erfordert sehr tiefliegende Aussagen der Theorie analytischer Garben. Ferner ist es notwendig, sogleich Funktionen zu untersuchen, die noch von einem Parameter $t \in \mathfrak{T}$ ($\mathfrak{T}$ ein kompakter Raum) abhängen. Der Beweis wird in den Paragraphen 1—3 durchgeführt.

In § 4 wird die Garbe $\mathfrak{S}^s$ bzw. $\mathfrak{S}^a$ der Keime von stetigen bzw. holomorphen Funktionen mit Werten in L untersucht. Bezeichnet man mit H^s bzw. H^a die 1. Kohomologiemenge von $\Re$ mit Koeffizienten in $\mathfrak{S}^s$ bzw. $\mathfrak{S}^a$ und mit i die Injektion $\mathfrak{S}^a \to \mathfrak{S}^s$, so gilt:

(4) i *erzeugt einen Isomorphismus i^* von H^a auf H^s (vgl. die Sätze 11 a, 12).*

In [14] werden wir zeigen, daß dieses Resultat gleichzeitig eine Aussage über die Klasse $\mathfrak{K}$ der topologischen Faserräume über $\Re$ mit L als Strukturgruppe enthält: *die Theorie der analytischen Faserräume aus $\mathfrak{K}$ ist zu der Theorie der topologischen Faserräume aus $\mathfrak{K}$ isomorph* (vgl. auch [9, 10]).

Um den Satz (4) herzuleiten, ist es notwendig, daß die Sätze (1)—(3) gleich allgemeiner als hier angegeben bewiesen werden. Es wird deshalb zugelassen, daß L den Punkten von $\Re$ angeheftet ist, d. h. es werden Funktionen $F(r)$ mit Werten in analytischen Faserräumen $L(\Re, L^*)$ betrachtet, deren Basis $\Re$, deren Faser L und deren Strukturgruppe L^* eine komplexe Automorphismengruppe von L ist. Dabei ist immer gefordert, daß der Funktionswert $F(r)$ in der Faser über r liegt. Offenbar darf man deshalb im Falle

---

[2]) Man vergleiche zur Definition [2] und [13].

$L(\mathfrak{R}, L^*) = \mathfrak{R} \times L$ die Funktion $F(r)$ als Abbildung von $\mathfrak{R}$ in L ansehen und erhält damit den vorhin diskutierten Fall als Spezialfall zurück.

Die Funktionen $F(r)$ lassen sich als Schnittflächen in der (nicht abelschen) Garbe $\mathfrak{S}$ der Keime von lokalen Schnitten in $L(\mathfrak{R}, L^*)$ deuten. Es ist deshalb noch eine wesentliche Verallgemeinerung der Resultate (1)—(4) möglich: in einer späteren Arbeit beabsichtigt der Verf., nicht notwendig abelsche, analytische Garben Ω zu definieren, derart, daß unter diesen Begriff die Cartanschen abelschen analytischen Garben und die Garben $\mathfrak{S}$ fallen. Für die Schnitte in Ω gelten dann wieder die Aussagen (1)—(4).

§ 1. Topologische Bedingungen

1. Wir verstehen wie in [13] unter L, L^* komplexe Liesche Gruppen. L^* wirke in L *automorph*, d. h. es ist jedem Punkt $l^* \in L^*$ ein holomorpher Gruppenautomorphismus $\psi(l^*)$ von L zugeordnet, derart, daß folgendes gilt:

1) $\psi(l^*)$ ist ein Homomorphismus von L^* in die Gruppe der Automorphismen von L,

2) die Abbildung $L^* \times L \to L : (l^*, l) \to \psi(l^*) \,\square\, l$ ist holomorph. Dabei bezeichnet $\square$ die Anwendung des Automorphismus $\psi(l^*)$ auf die Punkte $l \in L$. Wir werden im folgenden für $\psi(l^*)$ abkürzend einfach l^* setzen.

Es seien fortan immer — wie in [13] — $\mathfrak{R}$ ein beliebiger komplexer Raum und $L(\mathfrak{R}, L^*)$ ein komplex analytisches Faserbündel[3]) über $\mathfrak{R}$, dessen Faser L und dessen Strukturgruppe L^* ist. π sei die Projektion von $L(\mathfrak{R}, L^*)$ auf $\mathfrak{R}$. Da die Strukturgruppe von $L(\mathfrak{R}, L^*)$ automorph in L wirkt, besitzt jede Faser $\pi^{-1}(r)$, $r \in \mathfrak{R}$, die Gruppenstruktur von L. Man kann deshalb die Punkte $x_1, x_2 \in \pi^{-1}(r)$ im Sinne der Gruppenoperation $\circ$ miteinander multiplizieren $(x_1 \circ x_2)$. Ebenso läßt sich das Produkt zweier stetiger Schnittflächen[4]) $F_1(r)$, $F_2(r)$ über $\mathfrak{R}$ bilden. Die holomorphe Schnittfläche, die jedem Punkt $r \in \mathfrak{R}$ das neutrale Element von $\pi^{-1}(r)$ zuordnet, sei mit $E(r)$ bezeichnet. Ferner sei $U(E)$ die in [13], § 3 eingeführte kanonische Umgebung der Fläche $x = E(r)$.

Ist $L = C^q$, $L^* = GL(q, C)$ die Gruppe der q-reihigen nichtsingulären Matrizen, so heißt $L(\mathfrak{R}, L^*)$ ein *q-dimensionales Vektorraumbündel* über $\mathfrak{R}$. Wir setzen in diesem Falle $L(\mathfrak{R}, L^*) = V(\mathfrak{R})$ und bezeichnen die Gruppenoperation $\circ$ mit $+$; dementsprechend werde für $E(r)$ der Term $O(r)$ gewählt. Wie in [13] gezeigt, gibt es zu jedem Faserraum $L(\mathfrak{R}, L^*)$ ein kanonisch zugeordnetes Vektorraumbündel $V_L(\mathfrak{R})$, das durch eine holomorphe, fasertreue Abbildung ϱ mit $\varrho(x + \lambda x) = \varrho(x) \circ \varrho(\lambda x)$ auf $L(\mathfrak{R}, L^*)$ bezogen ist (λ komplex). ϱ bildet dabei $U(0) \subset V_L(\mathfrak{R})$ umkehrbar holomorph auf $U(E) \subset L(\mathfrak{R}, L^*)$ ab.

Nach [13] darf man sich in jedem Vektorraumbündel $V(\mathfrak{R})$, bei dem $\mathfrak{R}$ abzählbare Topologie hat, eine stetige Funktion $|x| : V(\mathfrak{R}) \to \{t, 0 \leq t < \infty\}$

---

[3]) Wir sagen statt Faserbündel auch Faserraum (vgl. [14]).

[4]) Die Schnittflächen $F(r)$ über $\mathfrak{R}$ werden im folgenden auch Funktionen in $\mathfrak{R}$ mit Werten in $L(\mathfrak{R}, L^*)$ genannt.

definiert denken, die in jedem Vektorraum $\pi^{-1}(r)$ den Axiomen einer Norm genügt. Ist $L(\Re, L^*)$ beliebig und $y \in U(E)$, so werde $|y|$ für $|\varrho^{-1}(y)|$ gesetzt.

Es sei nun $\mathfrak{T}$ ein kompakter[5]) Raum, in dem abgeschlossene Untermengen $\mathfrak{E}$, $\mathfrak{H}$ mit $\mathfrak{E} \subset \mathfrak{H}$ ausgezeichnet sind. Unter einer (e, h)-*Funktion* in $\Re \times \mathfrak{T}$ mit Werten in $L(\Re, L^*)$ verstehen wir dann eine stetige Abbildung $F(r,t)$, $r \in \Re$, $t \in \mathfrak{T}$ von $\Re \times \mathfrak{T}$ in $L(\Re, L^*)$, die folgende Eigenschaften hat:

    1) $\pi \circ F(r,t) = r$,

    2) ist $t_0 \in \mathfrak{H}$, so ist $F(r,t_0)$ in $\Re$ holomorph,

    3) liegt t_0 in der Menge $\mathfrak{E}$, so gilt $F(r,t_0) = E(r)$.

Genügt eine Funktion $F(r,t)$ den Axiomen 1) und 3), so heißt sie eine *e-Funktion* in $\Re \times \mathfrak{T}$. Offenbar ist das Produkt zweier e- bzw. zweier (e,h)-Funktionen stets wieder eine e- bzw. (e,h)-Funktion in $\Re \times \mathfrak{T}$. Eine (e,h)-Funktion *heißt in (im Innern von)* $\Re \times \mathfrak{T}$ (e,h)-*homotop* E, wenn sie in $\Re \times \mathfrak{T}$ (in jeder kompakten Teilmenge von $\Re \times \mathfrak{T}$) über lauter (e,h)-Funktionen auf die Funktion $E(r,t) = E(r)$ deformiert werden kann. Ist $F(r,t)$ eine e-Funktion, die in (auf jeder kompakten Teilmenge von)$\Re \times \mathfrak{T}$ über e-Funktionen auf $E(r,t)$ deformiert werden kann, so werde $F(r,t)$ in $\Re$ (im Innern von $\Re$) *e-homotop E* genannt. Im folgenden werden wir eine Deformation $F(r,t,t)$, $0 \leqq t \leqq 1$, mit (e,h)-*Deformation* bezeichnen, wenn $F(r,t,t_0)$, $0 \leqq t_0 \leqq 1$, immer (e,h)-Funktion ist. Im Falle, wo $F(r,t,t_0)$ für gewisse t_0 nur e-Funktion ist, werde $F(r,t,t)$ eine *e-Deformation* genannt.

Es sei nun immer $\mathfrak{T}$ ein kompakter Raum, in dem Mengen $\mathfrak{E}$ und $\mathfrak{H}$ ausgezeichnet sind. Für in bezug auf $\mathfrak{T}$ definierte (e,h)-Funktionen wurden in [13] folgende Sätze bewiesen:

Satz 1. *Es seien* $\Re, \check{\Re}$ *holomorph-vollständige Räume*[6]), $\Re$ *sei Teilbereich von* $\check{\Re}$ *und in bezug auf* $\check{\Re}$ *konvex. Ist dann* $F(r, t)$ *eine* (e,h)-*Funktion in* $\Re \times \mathfrak{T}$ *mit Werten in einem Faserraum* $L(\Re, L^*)$, *die im Innern von* $\Re \times \mathfrak{T}$ (e,h)-*homotop* E *ist, so gibt es eine Folge von in* $\check{\Re} \times \mathfrak{T}$ *definierten* (e,h)-*Funktionen* $\check{F}_\nu(r,t)$, *die im Innern von* $\Re \times \mathfrak{T}$ *gleichmäßig gegen* $F(r,t)$ *konvergiert. Dabei können die* $\check{F}_\nu$ *so bestimmt werden, daß sie in* $\check{\Re} \times \mathfrak{T}$ (e,h)-*homotop* E *sind.*

Satz 2. *Es sei* $\Re$ *ein holomorph-vollständiger Raum,* $V(\Re)$ *ein n-dimensionales komplex-analytisches Vektorraumbündel über* $\Re$, $\Re_1$ *ein relativ-kompakter holomorph-konvexer Teilbereich von* $\Re$. *Es gibt dann in* $V(\Re)$ *über* $\Re$ *endlich viele holomorphe Schnittflächen* $H_1(r), \ldots, H_q(r)$, *derart, daß sich in* $\Re_1 \times \mathfrak{T}$ *jede dort definierte* (e,h)-*Funktion mit Werten in* $V(\Re)$ *durch eine Linearkombination*

$$F(r,t) = \sum_{\nu=1}^{q} f_\nu(r,t) \cdot H_\nu(r) \quad \text{darstellen läßt. Dabei sind die } f_\nu(r,t) \text{ komplex-wertige}$$

(e,h)-*Funktionen in* $\Re_1 \times \mathfrak{T}$.

2. Man wird danach trachten, die analytische Bedingung für die Gültigkeit des Approximationssatzes 1, daß $F(r,t)$ (e,h)-homotop E ist, durch eine rein topologische Bedingung zu ersetzen. In der Tat gilt:

---

[5]) Dieser ist nach Definition stets ein normaler Hausdorffscher Raum.
[6]) Zur Definition vgl. [11] und [13].

Satz 3. *Es sei $\Re$ ein holomorph-vollständiger Raum und $F(r,t)$ eine (e,h)-Funktion in $\Re \times \mathfrak{T}$ mit Werten in einem Faserraum $L(\Re, L^*)$. Ist dann $F(r,t)$ e-homotop E (in $\Re \times \mathfrak{T}$ oder im Innern von $\Re \times \mathfrak{T}$), so ist $F(r,t)$ sogar (e,h)-homotop E (in $\Re \times \mathfrak{T}$ oder im Innern von $\Re \times \mathfrak{T}$)[7].*

Da man $\Re$ nach [13], § 1.1 durch analytische Polyeder B ausschöpfen kann und diese nach [13], § 1.2 wieder holomorph-vollständige Räume sind, folgt, daß man zu Satz 3 nur zu beweisen braucht, daß $F(r,t)$ in $\Re \times \mathfrak{T}$ (e,h)-homotop E ist, falls $F(r,t)$ dort e-homotop E ist.

Unter Verwendung von Satz 3 läßt sich schließlich folgender allgemeiner Satz herleiten:

Satz 4. *Es seien $\Re, \check{\Re}$ holomorph-vollständige Räume, $\Re$ sei Teilbereich von $\check{\Re}$ und auf $\check{\Re}$ holomorph ausdehnbar, ferner sei $F(r,t)$ eine (e,h)-Funktion in $\Re \times \mathfrak{T}$ mit Werten in einem Faserraum $L(\check{\Re}, L^*)$. Gibt es dann in $\check{\Re} \times \mathfrak{T}$ eine Folge von e-Funktionen $\check{S}_\nu(r,t)$ mit Werten in $L(\check{\Re}, L^*)$, die im Innern von $\Re \times \mathfrak{T}$ gleichmäßig gegen $F(r,t)$ strebt, so konvergiert auch eine Folge von in $\check{\Re} \times \mathfrak{T}$ definierten (e,h)-Funktionen $\check{F}_\nu(r,t)$ im Innern von $\Re \times \mathfrak{T}$ gleichmäßig gegen $F(r,t)$.*

Als Spezialfall ist in Satz 4 enthalten, daß man eine holomorphe Funktion $F(r)$ über $\Re$ ($=$ holomorphe Schnittfläche) mit Werten in $L(\check{\Re}, L^*)$ genau dann durch in $\check{\Re}$ holomorphe Funktionen $\check{F}_\nu(r)$ im Innern von $\Re$ gleichmäßig approximieren kann, wenn $F(r)$ dort durch eine Folge in $\check{\Re}$ stetiger Funktionen gleichmäßig angenähert werden kann. Dadurch werden die Voraussetzungen von [13], Satz 11 vereinfacht.

Wir führen in den folgenden Abschnitten dieses Paragraphen die Sätze 3 und 4 auf einfachere Aussagen (Satz 5, Satz 7) zurück. Ihr vollständiger Beweis wird erst in dem Paragraphen 3 erbracht werden können.

3. Es sei $\mathfrak{T}^*$ ein beliebiger kompakter Raum, $\mathfrak{T}_1$ sei der kompakte Raum $\mathfrak{T}^* \times \{t, 0 \leq t \leq 1\}$. Ferner seien in $\mathfrak{T}_1$ abgeschlossene Mengen $\mathfrak{E}_1, \mathfrak{H}_1$ mit $\mathfrak{E}_1 \subset \mathfrak{H}_1$ ausgezeichnet. Wir setzen voraus, daß $\mathfrak{E}_1 \cap \mathfrak{T}^* \times \{t, 0 < t < 1\} = \mathfrak{E}^* \times \{t, 0 < t < 1\}$, $\mathfrak{H}_1 \cap \mathfrak{T}^* \times \{t, 0 < t < 1\} = \mathfrak{H}^* \times \{t, 0 < t < 1\}$ ist, wobei $\mathfrak{E}^*$ bzw. $\mathfrak{H}^*$ abgeschlossene Teilmengen von $\mathfrak{T}^*$ bezeichnen. Unter $\mathfrak{H}_1^0$ verstehen wir schließlich die Menge $\mathfrak{H}_1 \cup \{t, (t,1) \in \mathfrak{H}_1\} \times \{t\} \cup \mathfrak{T}^* \times 0$. Die (e,h)-Funktionen $F(r,t,t)$ in Räumen $\Re \times \mathfrak{T}_1$ denken wir uns fortan in bezug auf die Mengen $\mathfrak{E}_1, \mathfrak{H}_1$ definiert[8]. Ist $F(r,t,t)$ sogar für $(t,t) \in \mathfrak{H}_1^0$ holomorph, so heiße

---

7) „Im Innern von $\Re \times \mathfrak{T}$" bedeutet „auf jeder kompakten Teilmenge von $\Re \times \mathfrak{T}$". — Ist L eine komplexe Liesche Gruppe, deren universeller Überlagerungsraum dem C^m analytisch äquivalent ist (z. B. eine abelsche oder auflösbare Gruppe), so gilt Satz 3 — wenigstens wenn $L(\Re, L^*) = \Re \times L$ ist — in bezug auf beliebige komplexe Räume $\Re$. In diesem Falle läßt sich seine Aussage mit elementaren Mitteln herleiten. Andererseits kann man schon holomorphe Abbildungen von Nichtholomorphiegebieten des C^3 in die Gruppe $GL(2,C)$ der 2reihigen, nichtsingulären komplexen Matrizen angeben, die zwar stetig, jedoch nicht holomorph auf $E(r)$ deformierbar sind. Die zum Beweis von Satz 3 benutzten Methoden dürften deshalb der Problemstellung angemessen sein.

8) Unter der $\mathfrak{E}$- und der $\mathfrak{H}$-Menge seien fortan die Mengen verstanden, die zur Definition der (e,h)-Funktionen verwendet werden.

$F(r,t,t)$ eine (e,h^0)-*Funktion* in $\Re \times \mathfrak{T}_1$. Für (e,h)-Funktionen in $\Re \times \mathfrak{T}_1$ definieren wir eine weitere Homotopiebeziehung, indem wir zunächst noch in $\mathfrak{T}_1$ die Menge $\mathfrak{C}_1 = \mathfrak{T}^* \times 1$ auszeichnen, die im folgenden mit $\mathfrak{C}$-Menge bezeichnet wird. Wir sagen dann: zwei (e,h)-Funktionen $F_1(r,t,t)$ und $F_2(r,t,t)$ sind in $\Re \times \mathfrak{T}_1$ (e,h,c)-*homotop*, wenn es eine (e,h)-Deformation $F(r,t,t,s)$, $0 \leq s \leq 1$, von F_1 auf F_2 mit folgenden Eigenschaften gibt:

a) $F(r,t,t,1) = F_1(r,t,t)$, $F(r,t,t,0) = F_2(r,t,t)$

b) $F(r,t,1,s) = F_1(r,t,1) = F_2(r,t,1)$.

(e, h, c)-homotope (e,h)-Funktionen müssen also notwendig auf $\Re \times \mathfrak{C}_1$ übereinstimmen.

Als grundlegender Satz gilt nun:

Satz 5. *Ist $\Re$ ein holomorph-vollständiger Raum, so gibt es zu jeder in $\Re \times \mathfrak{T}_1$ definierten (e,h)-Funktion mit Werten in einem Faserraum $L(\Re, L^*)$ eine (e,h,c)-homotope (e,h^0)-Funktion.*

Wir werden diesen Satz in späteren Abschnitten weiter auf ein einfacheres Resultat zurückführen. Es sei hier nur noch gezeigt, wie man aus Satz 5 die Sätze 3 und 4 leicht gewinnen kann.

Zum Beweise von Satz 3 bilden wir das kartesische Produkt $\mathfrak{T}_1$ des Raumes $\mathfrak{T}$ mit $I = \{t, 0 \leq t \leq 1\}$ und zeichnen in $\mathfrak{T}_1$ als Mengen $\mathfrak{C}_1$ bzw. $\mathfrak{H}_1$ die Mengen $\mathfrak{C} \times I \cup \mathfrak{T} \times 0$ bzw. $\mathfrak{C}_1 \cup \mathfrak{H} \times 1$ aus. Ist nun $F(r,t,t)$ eine e-Deformation von $F(r,t)$ auf $E(r,t)$ mit $F(r,t,1) = F(r,t)$, $F(r,t,0) = E(r,t)$, so ist die nach Satz 5 existierende, zu $F(r,t,t)$ (e,h,c)-homotope (e,h^0)-Funktion $F^0(r,t,t)$ eine (e,h)-Deformation von $F(r,t)$ auf $E(r,t)$.

Um Satz 4 zu beweisen, zeigen wir zunächst:

Satz 6. *Ist $\Re$ ein holomorph-vollständiger Raum, so gibt es zu jeder in $\Re \times \mathfrak{T}$ definierten e-Funktion $S(r,t)$ mit Werten in einem Faserraum $L(\Re, L^*)$ eine e-homotope[9] (e,h)-Funktion $F(r,t)$.*

In der Tat! Wir definieren den Raum $\mathfrak{T}_1 = \mathfrak{T} \times I$ und setzen $\mathfrak{H}_1 = \mathfrak{C}_1 = \mathfrak{C} \times I$. $F(r,t,t) = S(r,t)$ ist dann eine (e,h)-Funktion in bezug auf $\mathfrak{T}_1$. Bezeichnet $F^0(r,t,t)$ eine zu $F(r,t,t)$ (e,h,c)-homotope (e,h^0)-Funktion, so läßt sich F^0 als e-Deformation von $S(r,t)$ auf die Funktion $F^0(r,t) = F^0(r,t,0)$ deuten. Diese ist für festes t holomorph und damit eine (e,h)-Funktion in $\Re \times \mathfrak{T}$.

Wir erbringen nun den eigentlichen Beweis von Satz 4. Wir haben zu zeigen: Zu jeder kompakten Menge $M \subset \Re$ und zu jedem $\varepsilon > 0$ existiert eine in $\check{\Re} \times \mathfrak{T}$ definierte (e,h)-Funktion $\check{F}(r,t)$, so daß in $M \times \mathfrak{T}$ gilt: $F(r,t) \circ \circ \check{F}^{-1}(r,t) \in U(E)$, $|F(r,t) \circ \check{F}^{-1}(r,t)| < \varepsilon$. Da man $\Re$ durch analytische Polyeder $\mathfrak{P} = \mathfrak{p}\,\{r \in \Re, \; |f_\mu(r)| < 1, \; \mu = 1 \ldots s\}$ ausschöpfen kann, ist M immer in einem solchen Polyeder enthalten. Weil ferner $\Re$ in bezug auf $\check{\Re}$ konvex ist, darf man dabei sogar annehmen, daß alle f_μ in ganz $\check{\Re}$ holomorph sind ($\mathfrak{p}\,\{\}$ bezeichnet die Vereinigung einer oder mehrerer zusammenhängender Komponenten der Menge $\{\}$).

Nach Voraussetzung gibt es in $\check{\Re} \times \mathfrak{T}$ eine Folge von e-Funktionen $S_\nu(r,t)$, die im Innern von $\Re \times \mathfrak{T}$ gleichmäßig gegen $F(r,t)$ konvergiert. Wir wählen ν_0

---

[9]) $F(r,t)$ ist also über lauter e-Funktionen auf $S(r,t)$ deformierbar.

so groß, daß $F(r,t) \circ S_{v_\bullet}^{-1}(r,t) \in U(E)$ für $r \in \mathfrak{P}, t \in \mathfrak{T}$ ist. Setzen wir $t \cdot x = \varrho \circ (t \cdot \varrho^{-1} \circ x)$, wenn $x \in U(E)$, $|t| \leqq 1$, so ist dann $t \cdot F(r,t) \circ S_{v_\bullet}^{-1}(r,t)$ eine e-Deformation von $F \circ S_{v_\bullet}^{-1}$ auf $E(r,t)$ in $\mathfrak{P} \times \mathfrak{T}$. In $\check{\mathfrak{R}} \times \mathfrak{T}$ gibt es nach Satz 6 eine dort zu $S_{v_\bullet}$ e-homotope (e,h)-Funktion $'F(r,t)$. Das Produkt $F \circ {'F}^{-1}$ ist in $\mathfrak{P} \times \mathfrak{T}$ e-homotop E, nach Satz 3 dort sogar (e,h)-homotop E. Aus Satz 1 folgt deshalb, wenn man beachtet, daß $\mathfrak{P}$ in bezug auf $\check{\mathfrak{R}}$ konvex ist: es gibt in $\check{\mathfrak{R}} \times \mathfrak{T}$ eine (e,h)-Funktion $''F(r,t)$, so daß in $M \times \mathfrak{T}$ gilt: $F \circ {'F}^{-1} \circ {''F}^{-1} \in U(E)$, $|F \circ {'F}^{-1} \circ {''F}^{-1}| < \varepsilon$. Setzen wir noch $\check{F}(r,t) = {''F}(r,t) \circ {'F}(r,t)$, so ist Satz 4 bewiesen.

4. Es sei auf die in [13], § 1.2 definierte normal eingebettete analytische Menge verwiesen. Mit Hilfe dieses Begriffes formulieren wir:

Satz 7. *Es sei* $\mathfrak{Z}^n = \{\mathfrak{z} = (z_1, \ldots, z_n) \in C^n, |x_v| \leqq a_v, |y_v| \leqq b_v, z_v = x_v + i y_v, v = 1 \ldots n\}$ *ein abgeschlossenes Pflaster, A sei eine in (einer offenen Umgebung von) $\mathfrak{Z}^n$ normal eingebettete analytische Menge. Ist dann $\mathfrak{T}_1 = \mathfrak{T}^* \times I$ ein kompakter Raum, an dem — wie in § 1.3 — Mengen $\mathfrak{E}_1, \mathfrak{H}_1$ ausgezeichnet sind, und ist $F(\mathfrak{z}, t, t)$ eine (e,h)-Funktion in $A \times \mathfrak{T}_1$[10]), so gibt es in $A \times \mathfrak{T}_1$ eine zu F (e,h,c)-homotope (e,h^0)-Funktion $F^0(\mathfrak{z},t,t)$.*

Aus diesem Satz, den wir im § 3 beweisen werden, läßt sich unser Satz 5 leicht herleiten. Da $\mathfrak{R}$ holomorph-konvex ist, können wir zunächst $\mathfrak{R}$ durch eine aufsteigende Folge analytischer Polyeder $\mathfrak{P}_v = \mathfrak{p} \{r \in \mathfrak{R}, |\mathrm{Re}\, f_\mu(r)| < 1, |\mathrm{Im}\, f_\mu(r)| < 1, \mu = 1 \ldots p_v\}$ ausschöpfen, so daß $\mathfrak{P}_v \Subset \mathfrak{P}_{v+1}$ gilt. Dabei sind die f_v in $\mathfrak{R}$ holomorphe komplexwertige Funktionen. Nach bekannten Sätzen [11] existiert zu jedem $\mathfrak{P}_v$ eine in einem Pflaster $\mathfrak{Z}^n$ normal eingebettete analytische Menge A, die als komplexer Raum aufgefaßt zu $\mathfrak{P}_v$ analytisch äquivalent ist[11]). Die Aussage von Satz 7 bleibt deshalb richtig, wenn man A durch $\mathfrak{P}_v$ ersetzt.

Nach Satz 7 gibt es also in den Produkten $\mathfrak{P}_v \times \mathfrak{T}_1$ (e,h^0)-Funktionen $^0\widetilde{F}_v(r,t,t)$, die dort vermöge (e,h,c)-Deformationen $\widetilde{H}_v(r,t,t,s)$ zu $F(r,t,t)$ (e,h,c)-homotop sind. Der Parameter s werde dabei so gewählt, daß gilt: $\widetilde{H}_v(r,t,t,1) = {^0\widetilde{F}_v}(r,t,t)$, $\widetilde{H}_v(r,t,t,0) = F(r,t,t)$. Wir zeichnen nun in $\mathfrak{T}_2 = \mathfrak{T}_1 \times \{s, 0 \leqq s \leqq 1\}$ als $\mathfrak{E}$-Menge die Menge $\mathfrak{E}_2 = \mathfrak{E}_1 \times \{s\} \cup \mathfrak{T}_1 \times 0 \cup \mathfrak{T} \times 1 \times \{s\}$

---

[10]) In exakter Ausdrucksweise muß A als den durch $\mathfrak{Z}^n$ erzeugten Keim einer in einer Umgebung von $\mathfrak{Z}^n$ normal eingebetteten analytischen Menge definiert werden. Dementsprechend sind F, F^0 als Keime von Funktionen anzusehen. Es sei deshalb folgende Verabredung getroffen: Tritt eine Menge M als Teilmenge eines komplexen Raumes auf (wie hier $\mathfrak{Z}^n$), so wird unter einer Funktion (analytischen Menge) in M stets eine Funktion (analytische Menge) verstanden, die in einer offenen Umgebung $U(M)$ definiert ist. Eine oder mehrere Funktionen (analytische Mengen) haben in M eine Eigenschaft „a", wenn sie in einer offenen Umgebung von M diese Eigenschaft haben (z. B. Identität, normale Einbettung). Ist dagegen M Teilmenge eines nichtkomplexen Raumes (wie hier die Mengen $\mathfrak{E}$ und $\mathfrak{H}$), so wird die übliche Terminologie verwendet. Im Falle, daß M kartesisches Produkt einer Teilmenge M_1 eines komplexen Raumes und einer Teilmenge M_2 eines nichtkomplexen Raumes ist, sind die Eigenschaften der Funktionen in den Mengen $U(M_1) \times M_2$ zu untersuchen. Eine normaleingebettete analytische Menge ist stets als selbständiger komplexer Raum anzusehen.

[11]) Das ist genau dann der Fall, wenn es eine umkehrbar holomorphe Abbildung α von $\mathfrak{P}_v$ auf die Punkte von A gibt, die in $\mathfrak{Z}^n$ liegen. Diese muß nach Fußnote 10) noch in einer Umgebung von $\mathfrak{P}_v$ erklärt und dort umkehrbar holomorph sein.

und als $\mathfrak{H}$-Menge die Menge $\mathfrak{H}_2 = \mathfrak{H}_1 \times \{s\} \cup \mathfrak{T}_1 \times 0 \cup \mathfrak{T} \times 1 \times \{s\} \cup \mathfrak{H}_1^0 \times 1$ aus. Ferner denken wir uns in $\mathfrak{T}_2$ die $\mathfrak{C}$-Menge $\mathfrak{C}_2 = \mathfrak{T}_1 \times 1$ und die $\mathfrak{H}^0$-Menge $\mathfrak{H}_2^0$ definiert. In $\mathfrak{P}_1 \times \mathfrak{T}_2$ ist dann $G_1(r,t,t,s) = \tilde{H}_1^{-1} \circ \tilde{H}_2$ eine (e,h)-Funktion, die nach Satz 7 in $\mathfrak{P}_1 \times \mathfrak{T}_2$ zu einer (e,h^0)-Funktion $^0G_1$ (e,h,c)-homotop ist. Offenbar ist $\mathfrak{H}_2^0 - \mathfrak{T}_1 \times 0 = \mathfrak{H}_1^0 \times \{s, 0 < s \leq 1\}$, ebenso ist $\mathfrak{C}_2 - \mathfrak{T}_1 \times 0$ in der Form $M \times \{s, 0 < s \leq 1\}$ darstellbar. Deshalb ist $^0G_1(r,t,t,s,u) = {}^0G_1(r,t,t,u \cdot s)$ eine (e,h^0)- und damit eine (e,h)-Deformation von $^0G_1$ auf $E(r)$. G_1 ist aber (e,h)-homotop $^0G_1$. Also ist auch G_1 in $\mathfrak{P}_1 \times \mathfrak{T}_2$ (e,h)-homotop E. Da nun eine geeignete beliebig kleine Umgebung jedes analytischen Polyeders $\mathfrak{P}$ in $\mathfrak{R}$ ein in bezug auf $\mathfrak{R}$ konvexer holomorph-vollständiger Raum ist, ergibt Satz 1: es gibt in $\mathfrak{R} \times \mathfrak{T}_2$ eine (e,h)-Funktion $\check{G}_1(r,t,t,s)$, so daß in $\mathfrak{P}_1 \times \mathfrak{T}_2$ gilt: $\check{G}_1 \circ G_1^{-1} \in$ $\in U(E) \subset L(\mathfrak{R}, L^*)$ und $|\check{G}_1 \circ G_1^{-1}| < \varepsilon_1$ $(\varepsilon_1 > 0$ beliebig klein vorgegeben).

Wir definieren in $\mathfrak{P}_2 \times \mathfrak{T}_2$: $H_2(r,t,t,s) = \tilde{H}_2(r,t,t,s) \circ \check{G}_1^{-1}(r,t,t,s)$. Es ist in $\mathfrak{P}_1 \times \mathfrak{T}_2$: $|H_2^{-1} \circ \tilde{H}_1| < \varepsilon_1$. Ferner gilt: $H_2(r,t,t,0) = \tilde{H}_2(r,t,t,0) = F(r,t,t)$, $H_2(r,t,1,s) = F(r,t,1)$, $H_2(r,t,t,1)$ ist in $\mathfrak{P}_2 \times \mathfrak{T}_1$ eine (e,h^0)-Funktion.

Das gleiche Verfahren, das wir auf $H_1 = \tilde{H}_1$, $\tilde{H}_2$ angewandt haben, wenden wir nun auf H_2, $\tilde{H}_3$ an und konstruieren in $\mathfrak{P}_3 \times \mathfrak{T}_2$ die (e,h)-Funktion $H_3(r,t,t,s)$, für die in $\mathfrak{P}_2 \times \mathfrak{T}_2$ gilt: $|H_3^{-1} \circ H_2| < \varepsilon_2$. Wir setzen dieses Verfahren beliebig fort und erhalten eine Folge von (e,h)-Funktionen $H_\nu(r,t,t,s)$. Immer ist $H_\nu(r,t,t,0) = \tilde{H}_\nu(r,t,t,0) = F(r,t,t)$, $H_\nu(r,t,1,s) = F(r,t,1)$; $H_\nu(r,t,t,1)$ ist in $\mathfrak{P}_\nu \times \mathfrak{T}_1$ eine (e,h^0)-Funktion. Gilt $\varepsilon_\nu \leq 2^{-\nu}$, so konvergiert $H_\nu(r,t,t,s)$ im Innern von $\mathfrak{R} \times \mathfrak{T}_2$ gleichmäßig gegen eine Grenzfunktion $H(r,t,t,s)$. Man hat in $\mathfrak{R} \times \mathfrak{T}_1$: $H(r,t,t,0) = F(r,t,t)$. Da ferner dort $^0F(r,t,t) = H(r,t,t,1)$ eine (e,h^0)-Funktion ist und $H(r,t,1,s) = F(r,t,1)$ gilt, folgt, daß H eine (e,h,c)-Deformation von F auf eine (e,h^0)-Funktion ^0F ist. Damit ist Satz 5 bewiesen.

§ 2. Die Laurenttrennung für (e,h)-Funktionen mit Werten in komplexen Lieschen Gruppen

1. Der Beweis von Satz 7 erfordert größere Vorbereitungen. Wir übertragen in diesem Paragraphen einen Satz von H. CARTAN auf (e,h)-Funktionen $F(r,t)$ mit Werten in trivialen Faserräumen $L(\mathfrak{R}, L) = \mathfrak{R} \times L$. Da man diese Funktionen als holomorphe Abbildungen $\mathfrak{R} \to L$ auffassen darf, heiße $F(r,t)$ eine (e,h)-Funktion mit Werten in L.

Es seien in einer Umgebung $U(e)$ des neutralen Elementes $e \in L$ sog. Normalkoordinaten $w_1, \ldots, w_m$ eingeführt. In einem solchen Koordinatensystem kommt e das m-tupel $(0, \ldots, 0)$ zu. Bezeichnen wir die Koordinaten der Punkte $l \in U(e)$ mit $[l]$ und sind l_1, l_2 Punkte aus $U(e)$ mit $[l_1] = \mathfrak{w}$ $= (w_1, \ldots, w_m)$, $[l_2] = (\lambda w_1, \ldots, \lambda w_m)$ (λ komplex), so gilt, falls $l_1 \circ l_2 \in$ $\in U(e)$: $[l_1 \circ l_2] = (w_1 + \lambda w_1, \ldots, w_m + \lambda w_m)$. $U(e)$ habe in bezug auf $w_1, \ldots, w_m$ stets die Gestalt einer Hyperkugel. Wir setzen ferner $|l| = |[l]| = \max_{\nu = 1 \ldots m} |w_\nu|$ für $l \in U(e)$, $[l] = (w_1, \ldots, w_m)$.

Es bezeichne — wie in § 1 — $\mathfrak{Z}$ immer ein abgeschlossenes Pflaster $\{\mathfrak{z} = (z_1 \ldots z_n), |x_\nu| \leq a_\nu, |y_\nu| \leq b_\nu, z_\nu = x_\nu + i y_\nu, \nu = 1 \ldots n\}, 0 \leq a_\nu, 0 \leq b_\nu$, des

Raumes von n-komplexen Veränderlichen $z_1 \ldots z_n$; $\mathfrak{Z}_1$ bzw. $\mathfrak{Z}_2$ sei das Gebiet $\{\mathfrak{z} \in \mathfrak{Z}, \; -a_1 \leq x_1 \leq 0\}$ bzw. $\{\mathfrak{z} \in \mathfrak{Z}, \; 0 \leq x_1 \leq a_1\}$. Der Satz von H. Cartan lautet nun unter Verwendung dieser Symbolik:

Ist $F(\mathfrak{z})$ eine in (einer Umgebung von) $\mathfrak{Z}_0 = \mathfrak{Z}_1 \cap \mathfrak{Z}_2$ holomorphe Funktion mit Werten in einer komplexen Lieschen Gruppe L^m, so gibt es in $\mathfrak{Z}_1, \mathfrak{Z}_2$ je eine holomorphe Funktion $F_1(\mathfrak{z})$ bzw. $F_2(\mathfrak{z})$ mit Werten in L^m, so daß in $\mathfrak{Z}_0$ gilt: $F(\mathfrak{z})$ $= F_1(\mathfrak{z}) \circ F_2^{-1}(\mathfrak{z})$ (vgl. [4, 6]).

Um die Aussage dieses Satzes auf (e,h)-Funktionen auszudehnen, ist zunächst eine Verschärfung zweckmäßig. Wir zeigen:

Hilfssatz 1. *Es sei $\mathfrak{H}$ ein topologischer Raum; V sei eine Umgebung von $\mathfrak{Z}_0$, und $F(\mathfrak{z},\mathfrak{t})$ sei eine in $V \times \mathfrak{H}$ stetige, für festes $\mathfrak{t} \in \mathfrak{H}$ holomorphe Funktion mit Werten in $U(e)$. Besteht dann in $V \times \mathfrak{H}$ die Ungleichung $|F(\mathfrak{z},\mathfrak{t})| < \varepsilon$, so gibt es, wenn $\varepsilon > 0$ hinreichend klein, in $\mathfrak{Z}_1 \times \mathfrak{H}$, $\mathfrak{Z}_2 \times \mathfrak{H}$ je eine stetige, in $\mathfrak{z}$ holomorphe Funktion $F_1(\mathfrak{z},\mathfrak{t})$ bzw. $F_2(\mathfrak{z},\mathfrak{t})$ mit Werten in $U(e)$, so daß in $\mathfrak{Z}_0 \times \mathfrak{H}$ gilt: $F_1(\mathfrak{z},\mathfrak{t}) \circ \circ F_2^{-1}(\mathfrak{z},\mathfrak{t}) = F(\mathfrak{z},\mathfrak{t})$. Ist für ein $\mathfrak{t}_0 \in \mathfrak{H}$ die Gleichung $F(\mathfrak{z},\mathfrak{t}_0) \equiv e$ richtig, so gilt auch $F_1(\mathfrak{z},\mathfrak{t}_0) = F_2(\mathfrak{z},\mathfrak{t}_0) \equiv e$.*

Beweis[12]). Wir bestimmen reelle Zahlen $a_\nu^{(0)}$, $b_\nu^{(0)}$, $\delta_0 > 0$, $d > 0$, so daß gilt $a_\nu^{(0)} - d > a_\nu$, $b_\nu^{(0)} - d > b_\nu$, $\delta_0 - d > 0$ und definieren durch die Setzung $a_\nu^{(\mu+1)} = a_\nu^{(\mu)} - 2^{-\mu-1} \cdot d$, $b_\nu^{(\mu+1)} = b_\nu^{(\mu)} - 2^{-\mu-1} \cdot d$, $\delta_{\mu+1} = \delta_\mu - 2^{-\mu-1} \cdot d$ absteigende Folgen ($\nu = 1 \ldots n$, $\mu = 0, 1, 2, \ldots$), für die $\lim\limits_{\mu \to \infty} a_\nu^{(\mu)} = a_\nu^{(0)} - d$, $\lim\limits_{\mu \to \infty} b_\nu^{(\mu)}$ $= b^{(0)} - d$, $\lim\limits_{\mu \to \infty} \delta_\mu = \delta_0 - d$ ist. Wir bezeichnen ferner mit $\mathfrak{Z}^{(\mu)}$ den Kasten $\{\mathfrak{z}, |x_\nu| \leq a_\nu^{(\mu)}, |y_\nu| \leq b_\nu^{(\mu)}, \nu = 1 \ldots n\}$, mit $\mathfrak{Z}_1^{(\mu)}$ bzw. $\mathfrak{Z}_2^{(\mu)}$ die Kästen $\{\mathfrak{z} \in \mathfrak{Z}^{(\mu)}$ $- a_1^{(\mu)} \leq x_1 \leq \delta_\mu\}$ bzw. $\{\mathfrak{z} \in \mathfrak{Z}^{(\mu)}, -\delta_\mu \leq x_1 \leq a_1^{(\mu)}\}$ und denken uns die Zahlen $a_\nu^{(0)}$, $b_\nu^{(0)}$, δ_0 so klein gewählt, daß jedes Gebiet $\mathfrak{D}_\mu = \mathfrak{Z}_1^{(\mu)} \cap \mathfrak{Z}_2^{(\mu)}$ relativ-kompakt in V enthalten ist. Da jedes $\mathfrak{D}_{\mu+1}$ relativ-kompakt in $\mathfrak{D}_\mu$ liegt, hat $\mathfrak{D}_{\mu+1}$ von $\partial \mathfrak{D}_\mu$ einen endlichen Abstand. Dieser ist gleich $2^{-\mu-1}d$. $\mathfrak{C}_\varkappa^{(\mu)}(z_2^0, \ldots, z_n^0)$, $\varkappa = 1, 2$ sei in $\mathfrak{D}_\mu$ der Streckenzug:

$$\left\{ \mathfrak{z} \in \mathfrak{D}_\mu, \; z_\nu = z_\nu^0, \left(x_1 = -(-1)^\varkappa \frac{\delta_\mu + \delta_{\mu+1}}{2}, \; |y_1| \leq \frac{a_1^{(\mu)} + a_1^{(\mu+1)}}{2} \right) \text{ oder} \right.$$
$$\left. \left(0 \leq -(-1)^\varkappa x_1 \leq \frac{\delta_\mu + \delta_{\mu+1}}{2}, \; |y_1| = \frac{a_1^{(\mu)} + a_1^{(\mu+1)}}{2} \right), \; \nu = 2 \ldots n \right\},$$

der durch die positive y_1-Richtung orientiert sei.

Ist nun $f^{(\mu)}$ eine komplexwertige, in $\mathfrak{D}_\mu \times \mathfrak{H}$ stetige und für festes $\mathfrak{t} \in \mathfrak{H}$ holomorphe Funktion, so können wir durch Laurenttrennung[13]) zwei in $\mathfrak{Z}_1^{(\mu+1)} \times \mathfrak{H}$ bzw. $\mathfrak{Z}_2^{(\mu+1)} \times \mathfrak{H}$ stetige für $\mathfrak{t} \in \mathfrak{H}$ holomorphe Funktionen $f_1^{(\mu+1)}$ bzw. $f_2^{(\mu+1)}$ konstruieren, für die in $\mathfrak{D}_{\mu+1} \times \mathfrak{H}$ gilt: $f_1^{(\mu+1)} - f_2^{(\mu+1)} = f^{(\mu)}$. Wir haben dazu:

$$f_\varkappa^{(\mu+1)} = \frac{1}{2\pi i} \int\limits_{\mathfrak{C}_\varkappa^{(\mu)}(z_2, \ldots, z_n)} \frac{f^{(\mu)}(\xi, z_2, \ldots, z_n, \mathfrak{t})}{\xi - z_1} \, d\xi$$

zu setzen. Eine einfache Abschätzung ergibt, falls $|f^{(\mu)}| < \varepsilon_\mu$ in $\mathfrak{D}_\mu \times \mathfrak{H}$ ist, daß in $\mathfrak{Z}_\varkappa^{(\mu+1)} \times \mathfrak{H}$ der Betrag $|f_\varkappa^{(\mu+1)}| < \varepsilon_\mu \, 2^{\mu+1} K_0$ ist $\left(K_0 = 1 + \dfrac{2}{\pi d} (a_1^{(0)} + \delta_0) \right)$.

---

12) Wir schließen uns direkt dem Beweisgedanken in [6] an.

13) Das Wort „Laurenttrennung“ entstammt der Arbeit [18].

Ist $f^{(\mu)}(\mathfrak{z},t_0) \equiv 0$ für ein $t_0 \in \mathfrak{H}$, so gilt auch $f_1^{(\mu+1)}(\mathfrak{z},t_0) = f_2^{(\mu+1)}(\mathfrak{z},t_0) \equiv 0$. Diese Überlegung ist auch für holomorphe Funktionen richtig, deren Werte m-tupel komplexer Zahlen sind. Wir haben also erhalten:

(1) *Es gibt eine Konstante $K_0 > 1$ und zu jeder in $\mathfrak{D}_\mu \times \mathfrak{H}$ stetigen, für $t \in \mathfrak{H}$ holomorphen Funktion $*F^{(\mu)}(\mathfrak{z},t)$, $|*F^{(\mu)}(\mathfrak{z},t)| < \varepsilon_\mu$, deren Werte m-tupel komplexer Zahlen sind, zwei in $\mathfrak{Z}_\varkappa^{(\mu+1)} \times \mathfrak{H}$ stetige, für $t \in \mathfrak{H}$ holomorphe Funktionen $*F_\varkappa^{(\mu+1)}(\mathfrak{z},t)$, $|*F_\varkappa^{(\mu+1)}| < \varepsilon_\mu \, 2^{\mu+1} K_0$, $\varkappa = 1, 2$, für die $*F_1^{(\mu+1)} - *F_2^{(\mu+1)} = *F^{(\mu)}$ in $\mathfrak{D}_{\mu+1} \times \mathfrak{H}$ ist. Gilt für ein $t_0 \in \mathfrak{H}: *F^{(\mu)}(\mathfrak{z},t_0) \equiv 0$, so ist auch $*F_1^{(\mu+1)}(\mathfrak{z},t_0) = *F_2^{(\mu+1)}(\mathfrak{z},t_0) \equiv 0$.*

Wir untersuchen jetzt die Gruppenverknüpfung in $U(e)$. Ist $\varepsilon > 0$ hinreichend klein, so gilt für $l', l'' \in U(e)$ mit $|l'| < \varepsilon$, $|l''| < \varepsilon$ zunächst $\{l', |l'| < \varepsilon\} \subset \; \subset U(e)$, $l = l' \circ l'' \in U(e)$ und ferner eine Beziehung ($[l'] = \mathfrak{w}'$, $[l''] = \mathfrak{w}''$, $[l] = \mathfrak{w}$):

$$\mathfrak{w} = \left\{ \begin{array}{l} w_1' + w_1'' + \Sigma A_{1ij}\, w_i' w_j'' \\ \;\;\vdots \\ w_m' + w_m'' + \Sigma A_{mij}\, w_i' w_j'' \end{array} \right\} + \text{höhere Glieder} \, .$$

Es gibt daher eine Zahl $K_1 > 0$, so daß gilt: $|w_\nu - w_\nu' - w_\nu''| < K_1 \cdot r^2$, $\nu = 1 \ldots m$, wobei $r = \max(|l'|, |l''|)$. Ebenso erhält man für eine 3 fache Verknüpfung $l = l' \circ l'' \circ l'''$ die Abschätzung $|w_\nu - w_\nu' - w_\nu'' - w_\nu'''| < K_2 \cdot r^2$, $r = \max(|l'|, |l''|, |l'''|)$.

Unsere in $V \times \mathfrak{H}$ gegebene Funktion $F(\mathfrak{z},t)$ mit Werten in $U(e)$ können wir uns nun als Abbildung von $V \times \mathfrak{H}$ in den C^m denken. Durch Laurenttrennung von $F^{(0)} = F(\mathfrak{z},t)$ gewinnt man in $\mathfrak{Z}_\varkappa^{(1)}$ die Funktion $F_\varkappa^{(1)}(\mathfrak{z},t)$. Da in $\mathfrak{D}_0 \subset V$ gilt $|F^{(0)}| < \varepsilon$, hat man $|F_\varkappa^{(1)}| < \varepsilon \, 2 \, K_0$. Setzen wir in $\mathfrak{D}_1 : F^{(1)} = F_1^{(1)-1} \circ F^{(0)} \circ F_2^{(1)}$, so gilt dort $|F^{(1)}| < K_2(\varepsilon \, 2 \, K_0)^2$. Bestimmt man $\varepsilon > 0$ so klein, daß $4\varepsilon \, K_0^2 \cdot K_2 < \; < 1/4$, so wird sogar $|F^{(1)}| < \varepsilon/4$. Wir konstruieren nun wieder durch Laurenttrennung in $\mathfrak{Z}_\varkappa^{(2)} \times \mathfrak{H}$ die Funktion $F_\varkappa^{(2)}(\mathfrak{z},t)$, für die dort $|F_\varkappa^{(2)}| < \varepsilon \, K_0$ ist. Für $F^{(2)} = F_1^{(2)-1} \circ F^{(1)} \circ F_2^{(2)}$ in $\mathfrak{D}_2 \times \mathfrak{H}$ ist dann $|F^{(2)}| < \varepsilon/4^2$. Durch Fortsetzung des Verfahrens erhält man in $\mathfrak{Z}_\varkappa^{(\mu)} \times \mathfrak{H}$ Funktionen $F_\varkappa^{(\mu)}$ mit $|F_\varkappa^{(\mu)}| < 2^{2-\mu} \varepsilon K_0$ und in $\mathfrak{D}_\mu$ Funktionen $F^{(\mu)} = F_1^{(\mu)-1} \circ F^{(\mu-1)} \circ F_2^{(\mu)}$ mit $|F^{(\mu)}| < \varepsilon/4^\mu$. Wie man leicht nachrechnet, konvergiert bei genügend kleinem $\varepsilon > 0$ das Produkt $\overset{\infty}{\underset{\mu=1}{\text{O}}}\, F_\varkappa^{(\mu)}$ in $\mathfrak{Z}_\varkappa' \times \mathfrak{H}$, $\mathfrak{Z}_\varkappa' = \underset{\mu \to \infty}{\lim} \mathfrak{Z}_\varkappa^{(\mu)}$, gleichmäßig gegen eine Funktion $F_\varkappa$ mit Werten in $U(e)$, und es ist in $\mathfrak{D}' \times \mathfrak{H}$, $\mathfrak{D}' = \underset{\mu \to \infty}{\lim} \mathfrak{D}_\mu : F_1^{-1} \circ F \circ F_2 = \underset{\mu \to \infty}{\lim} F^{(\mu)} = 0 = e$. Also ist $F_1 \circ F_2^{-1} \equiv F$, $F_1(\mathfrak{z},t)$, $F_2(\mathfrak{z},t)$ sind stetige, für festes $t \in \mathfrak{H}$ in $\mathfrak{Z}_1'$ bzw. $\mathfrak{Z}_2'$ holomorphe Funktionen. Gilt für $t_0 \in \mathfrak{H}$ die Gleichung $F(\mathfrak{z},t_0) \equiv 0 = e$, so ist das auch für $F_\varkappa^{(\mu)}(\mathfrak{z},t_0)$, $F^{(\mu)}(\mathfrak{z},t_0)$ richtig. Daher ist dann auch $F_\varkappa(\mathfrak{z},t_0) \equiv e$, $\varkappa = 1, 2$. Da $\mathfrak{Z}_\varkappa' \supset \mathfrak{Z}_\varkappa$, ist unser Hilfssatz bewiesen.

2. Wir werden nun Hilfssatz 1 benutzen, den Cartanschen Satz auf beliebige (e,h)-Funktionen mit Werten in einer komplexen Lieschen Gruppe zu übertragen. Zunächst folgt:

Hilfssatz 2. *Es sei $\mathfrak{T}$ ein kompakter Raum, an dem eine $\mathfrak{E}$- und eine $\mathfrak{H}$-Menge ausgezeichnet seien; V sei eine Umgebung von $\mathfrak{Z}_0$ und $F(\mathfrak{z},t)$ in $V \times \mathfrak{T}$ eine (e,h)-Funktion mit Werten in $U(e) \subset L^m$. Ferner gelte $|F(\mathfrak{z},t)| < \varepsilon$ für $\mathfrak{z} \in V$,*

$t \in \mathfrak{T}$. *Ist dann $\varepsilon > 0$ hinreichend klein, so gibt es in $\mathfrak{Z}_1 \times \mathfrak{T}$, $\mathfrak{Z}_2 \times \mathfrak{T}$ (e,h)-Funktionen $F_1(\mathfrak{z},t)$, $F_2(\mathfrak{z},t)$ mit Werten aus $U(e)$, so daß in $\mathfrak{Z}_0 \times \mathfrak{T}$ die Gleichung $F = F_1 \circ F_2^{-1}$ richtig ist.*

Beweis. Nach Hilfssatz 1 gibt es in $\mathfrak{Z}_1 \times \mathfrak{H}$ bzw. $\mathfrak{Z}_2 \times \mathfrak{H}$ je eine stetige, in $\mathfrak{z}$ holomorphe Funktion $\hat{F}_1(\mathfrak{z},t)$ bzw. $\hat{F}_2(\mathfrak{z},t)$ mit Werten in $U(e)$, für die in $\mathfrak{Z}_0 \times \mathfrak{H}$ gilt: $\hat{F}_1 \circ \hat{F}_2^{-1} = F$ und in $\mathfrak{Z}_\varkappa$ ist: $\hat{F}_\varkappa(\mathfrak{z},t_0) \equiv e$, falls t_0 $\mathfrak{E}$ angehört. Nun ist Hilfssatz 1 für beliebig kleine $U(e)$ richtig. Ist $\varepsilon > 0$ hinreichend klein, so lassen sich daher die $\hat{F}_\varkappa$ auch so bestimmen, daß ihre Werte in einer beliebig vorgegebenen Hyperkugel $\hat{U}(e) = \{l \in U(e), |l| < \delta\} \subset U(e)$ liegen. Da $\mathfrak{Z}_2 \times \mathfrak{T}$ ein normaler Raum und $\hat{U}(e)$ ein *solider* Raum ist (zur Def. vgl. [16], p. 54), kann man dann $\hat{F}_2(\mathfrak{z},t)$ zu einer (e,h)-Funktion $F_2(\mathfrak{z},t)$ in $\mathfrak{Z}_2 \times \mathfrak{T}$ stetig fortsetzen, so daß überall $|F_2(\mathfrak{z},t)| < \delta$ ist. Setzen wir:

$$F_1^0(\mathfrak{z},t) = \begin{cases} F(\mathfrak{z},t) \circ F_2(\mathfrak{z},t) & \text{für} \quad \mathfrak{z} \in \mathfrak{Z}_0, \ t \in \mathfrak{T}, \\ F_1(\mathfrak{z},t) & \text{für} \quad \mathfrak{z} \in \mathfrak{Z}_1, \ t \in \mathfrak{H}, \end{cases}$$

so erhalten wir eine in $\mathfrak{Z}_0 \times \mathfrak{T} \cup \mathfrak{Z}_1 \times \mathfrak{H}$ stetige Funktion. Haben wir $\delta > 0$ hinreichend klein gewählt, so gilt sicher noch $H = \{|l| < 3\,\delta\} \subset U(e)$ und $|F_1^0(\mathfrak{z},t)| < 3\,\delta$. Man kann deshalb — nach dem schon benutzten Fortsetzungssatz — auch $F_1(\mathfrak{z},t)$ zu einer (e,h)-Funktion $F_1(\mathfrak{z},t)$ in $\mathfrak{Z}_1 \times \mathfrak{T}$ fortsetzen, die nur Werte aus H annimmt. Es ist $F_1(\mathfrak{z},t) \circ F_2^{-1}(\mathfrak{z},t) = F(\mathfrak{z},t)$ für $\mathfrak{z} \in \mathfrak{Z}_0, t \in \mathfrak{T}$. Damit ist Hilfssatz 2 bewiesen.

3. Es sei nun A eine in $\mathfrak{Z}$ normal eingebettete analytische Menge. Wir setzen $A_\nu = A \cap \mathfrak{Z}_\nu$, $\nu = 0, 1, 2$ und denken uns auf A_0 eine komplexwertige (e,h)-Funktion $f_0(\mathfrak{z},t)$ gegeben. Dieselbe ist nach Voraussetzung in einer Umgebung $V(A_0) \times \mathfrak{T} \subset A \times \mathfrak{T}$ definiert. A selbst ist in einer Umgebung $W(\mathfrak{Z})$ normal eingebettet. Wählen wir $\delta > 0$ hinreichend klein, so gilt $\mathfrak{D} = \{\mathfrak{z}, |x_1| < \delta, |x_\nu| < a_\nu + \delta, |y_\mu| < b_\mu + \delta, \nu = 2 \ldots n, \mu = 1 \ldots n\} \subset W(\mathfrak{Z})$ und $A_0^* = A \cap \mathfrak{D} \subset V(A_0)$. Wir bezeichnen mit H^a, H^s, $(*H^a, *H^s)$ die mit der Topologie der kompakten Konvergenz[14]) versehenen Vektorräume der in $\mathfrak{D}$ holomorphen, stetigen, (der in A_0^* holomorphen, stetigen) komplexwertigen Funktionen. Nach [13], Satz 6 sind H^a, H^s, $*H^a$, $*H^s$ Frecheträume. H^a wird durch die Beschränkung φ_1 der in $\mathfrak{D}$ holomorphen Funktionen stetig linear in $*H^a$ abgebildet. Nach einem Satz von H. Cartan (vgl. [7], Satz 3) ist φ_1 sogar eine Abbildung von H^a auf $*H^a$. Da man nach dem Fortsetzungssatz von Tietze [1] jede auf A_0^* stetige komplexwertige Funktion in $\mathfrak{D}$ hinein fortsetzen kann, ist auch die Beschränkungsabbildung $\varphi_2 : H^s \to *H^s$ eine lineare stetige Abbildung von H^s auf $*H^s$.

Die (e,h)-Funktion $f_0(\mathfrak{z},t)$ kann man nun als stetige Abbildung $\tau : t \to f_0(\mathfrak{z},t)$ von $\mathfrak{T}$ in $*H^s$ auffassen. Die Menge $\mathfrak{E} \subset \mathfrak{T}$ wird dabei auf den Nullpunkt $0 \in *H^s$ geworfen, $\mathfrak{H} \subset \mathfrak{T}$ wird in $*H^a$ abgebildet. Nach [13], Satz 8 läßt sich deshalb die Abbildung $\check{\tau} : \mathfrak{E} \to 0 \in H^a$ zu einer stetigen Abbildung $\check{\tau}_1 : \mathfrak{H} \to H^a$ fortsetzen, so daß überall in $\mathfrak{H}$ gilt: $\varphi_1 \circ \check{\tau}_1 = \tau$. $\check{\tau}_1$ läßt sich dann weiter zu einer stetigen Abbildung $\check{\tau}_2 : \mathfrak{T} \to \mathfrak{H}^s$ fortsetzen. Für geeignetes $\check{\tau}_2$ hat man:

---

[14]) Wir schließen uns den Definitionen in [3] an.

$\varphi_2 \circ \breve{\tau}_2 = \tau$. Schreibt man die Abbildung $\breve{\tau}_2$ in der Form $t \to \underline{f}_0(\mathfrak{z},t)$, so ist $\underline{f}_0(\mathfrak{z},t)$ eine (e,h)-Funktion in $\mathfrak{D} \times \mathfrak{T}$, deren Beschränkung auf $\overline{A_0^*} \times \mathfrak{T}$ die Funktion $f_0(\mathfrak{z},t)$ liefert. Wir haben also folgenden Hilfssatz bewiesen:

Hilfssatz 3. *Jede in $A_0^* \times \mathfrak{T}$ gegebene komplexwertige (e,h)-Funktion läßt sich als (e,h)-Funktion nach $\mathfrak{D} \times \mathfrak{T}$ fortsetzen.*

Wir zeigen nun:

Hilfssatz 4. *Es gibt eine Konstante $K > 1$, so daß für jede in $A_0^* \times \mathfrak{T}$ definierte (e,h)-Funktion $f(\mathfrak{z},t)$, $|f(\mathfrak{z},t)| < M$, eine (e,h)-Funktion $\underline{f}(\mathfrak{z},t)$, $\sup_{V(\mathfrak{z}_\bullet) \times \mathfrak{T}} |\underline{f}(\mathfrak{z},t)| < KM$, in $\mathfrak{D} \times \mathfrak{T}$ existiert, die eine Fortsetzung von $f(\mathfrak{z},t)$ ist. Dabei bezeichnet $V(\mathfrak{z}_0) \subset \mathfrak{D}$ eine Umgebung von $\mathfrak{z}_0$.*

Beweis. Die Menge der (e,h)-Funktionen in $A_0^* \times \mathfrak{T}$ (bzw. in $\mathfrak{D} \times \mathfrak{T}$) bildet, versehen mit der Topologie der kompakten Konvergenz, einen Frechetraum (vgl. [13]), den wir mit $^*H^e$ bzw. H^e bezeichnen wollen. Nach Hilfssatz 3 bildet die Beschränkung φ der (e,h)-Funktionen in $\mathfrak{D} \times \mathfrak{T}$ auf $A_0^* \times \mathfrak{T}$ den Raum H^e stetig linear auf $^*H^e$ ab. Aus einem Satz von BANACH ([3], Kap. I, § 3.3, Satz 1) folgt deshalb, daß φ eine offene Abbildung ist. Insbesondere wird durch φ die offene Menge $\{\underline{f}(\mathfrak{z},t) \in H^e,\ \sup_{V(\mathfrak{z}_\bullet) \times \mathfrak{T}} |\underline{f}(\mathfrak{z},t)| < 1\}$ auf eine Umgebung von $0 \in {}^*H^e$ abgebildet. Dieselbe enthält, wenn $K > 1$ hinreichend groß, alle (e,h)-Funktionen $f(\mathfrak{z},t) \in {}^*H^e$, für die in $A_0^* \times \mathfrak{T}$ gilt: $|f(\mathfrak{z},t)| < \dfrac{1}{K}$. Ist $f(\mathfrak{z},t)$, $\sup |f(\mathfrak{z},t)| < M$, eine beliebige (e,h)-Funktion in $A_0^* \times \mathfrak{T}$, so gibt es daher eine Fortsetzung von $\dfrac{1}{KM} f$ zu einer (e,h)-Funktion $\dfrac{1}{KM} \underline{f}(\mathfrak{z},t)$ in $\mathfrak{D} \times \mathfrak{T}$, für die in $\mathfrak{z}_0 \times \mathfrak{T}$: $\left|\dfrac{1}{KM} \underline{f}(\mathfrak{z},t)\right| < 1$ ist. Da $\underline{f}$ eine Fortsetzung von f ist und man $|\underline{f}(\mathfrak{z},t)| < KM$ für $\mathfrak{z} \in V(\mathfrak{z}_0)$, $t \in \mathfrak{T}$ hat, ist Hilfssatz 4 bewiesen.

4. Wir behalten die Terminologie von § 2.3 bei und zeigen die Richtigkeit folgenden Satzes:

Satz 8. *Es sei $F(\mathfrak{z},t)$ in $A_0^* \times \mathfrak{T}$ eine (e,h)-Funktion mit Werten in $U(e) \subset L$. In $A_0^* \times \mathfrak{T}$ gelte $|F(\mathfrak{z},t)| < \varepsilon$. Ist $\varepsilon > 0$ hinreichend klein, so gibt es in $A_\nu \times \mathfrak{T}$ (e,h)-Funktionen $F_\nu(\mathfrak{z},t)$, $\nu = 1, 2,$ so daß auf $A_0 \times \mathfrak{T}$ gilt: $F(\mathfrak{z},t) = F_1(\mathfrak{z},t) \circ \circ F_2^{-1}(\mathfrak{z},t)$.*

Beweis. Da $F(\mathfrak{z},t)$ seine Werte aus $U(e)$ hat, können wir $F(\mathfrak{z},t)$ als Abbildung in den $(w_1, \dots w_m)$-Raum auffassen. $F(\mathfrak{z},t)$ wird deshalb durch ein m-tupel $(f_1(\mathfrak{z},t), \dots, f_m(\mathfrak{z},t))$ gegeben. Offenbar sind die $f_\nu(\mathfrak{z},t)$ komplexwertige (e,h)-Funktionen mit $|f_\nu(\mathfrak{z},t)| < \varepsilon$. Nach Hilfssatz 4 existiert eine Fortsetzung $\underline{f}_\nu(\mathfrak{z},t)$ von $f_\nu(\mathfrak{z},t)$ in $\mathfrak{D} \times \mathfrak{T}$ mit $\sup_{V(\mathfrak{z}_\bullet) \times \mathfrak{T}} |\underline{f}_\nu(\mathfrak{z},t)| < K\varepsilon$. Ist $\varepsilon > 0$ hinreichend klein, so entspricht $(\underline{f}_1(\mathfrak{z},t), \dots, \underline{f}_m(\mathfrak{z},t))$ für festes $(\mathfrak{z},t)$ aus der Umgebung $V(\mathfrak{z}_0) \times \mathfrak{T}$ von $\mathfrak{z}_0 \times \mathfrak{T}$ einem Punkt $\underline{F}(\mathfrak{z},t) \in U(e)$. $\underline{F}(\mathfrak{z},t)$ ist eine (e,h)-Funktion und eine Fortsetzung von $F(\mathfrak{z},t)$ in $V(\mathfrak{z}_0) \times \mathfrak{T}$. Nach Hilfssatz 2 gilt, falls ε und damit $|\underline{F}|$ hinreichend klein: $\underline{F}(\mathfrak{z},t) = \underline{F}_1(\mathfrak{z},t) \circ \underline{F}_2^{-1}(\mathfrak{z},t)$, wobei die $\underline{F}_\nu(\mathfrak{z},t)$ (e,h)-Funktionen in $\mathfrak{z}_\nu \times \mathfrak{T}$ sind. Beschränkt man $\underline{F}_\nu(\mathfrak{z},t)$ auf $A_\nu \times \mathfrak{T}$, so gilt: $F(\mathfrak{z},t) = F_1(\mathfrak{z},t) \circ F_2^{-1}(\mathfrak{z},t)$. Damit ist Satz 8 bewiesen.

§ 3. Der Beweis von Satz 7

1. Wir werden in diesem Paragraphen zunächst den Satz 8 auf (e,h)-Funktionen mit Werten in Faserräumen $L(A,L^*)$ verallgemeinern und dann einen vollständigen Beweis von Satz 7 angeben.

Wir greifen auf die Terminologie von § 2 zurück. $V(A)$ sei ein m-dimensionales Vektorraumbündel über A. Wir setzen $V(A_0) = \pi^{-1}(A_0^*)$ und denken uns eine stetige Abbildung $(x,t) \to \lambda(x,t)$ von $V(A_0^*) \times \mathfrak{T}$ auf $V(A_0^*)$ gegeben. Es gelte $\pi \circ \lambda(x,t) = \pi(x)$, $\lambda(x,t_0)$, $t_0 \in \mathfrak{T}$, bilde die Vektorräume $\pi^{-1}(\mathfrak{z}) \subset V(A_0^*)$ homogen komplex-linear auf sich ab. Für $t_0 \in \mathfrak{H}$ sei $\lambda(x,t_0)$ holomorph, für $t_0 \in \mathfrak{E}$ gelte sogar $\lambda(x,t_0) = x$. — Wir nennen jede Abbildung $\lambda(x,t)$ mit diesen Eigenschaften eine (e,h)-Abbildung von $V(A_0^*) \times \mathfrak{T}$ auf $V(A_0^*)$. Setzen wir noch $\|\lambda(x,t)\| = \sup\limits_{x \in V(A_0^*),\,|x|=1,\,t \in \mathfrak{T}} |x - \lambda(x,t)|$ und $\lambda(t) = \{x \to \lambda(x,t)\}$, so ist es möglich, folgenden Satz zu formulieren:

Satz 9. *Ist $F(r,t)$ eine (e,h)-Funktion in $A_0^* \times \mathfrak{T}$ mit Werten in $V(A)$, ist $\lambda(x,t)$ eine (e,h)-Abbildung von $V(A_0^*) \times \mathfrak{T}$ auf $V(A_0^*)$, so gibt es, wenn $\|\lambda\|$ hinreichend klein ist, in $A_\nu \times \mathfrak{T}$, $A_\nu = A \cap \mathfrak{Z}_\nu$, stets (e,h)-Funktionen $F_\nu(\mathfrak{z},t)$, $\nu = 1, 2$, so daß in $A_0 \times \mathfrak{T}$ gilt: $F_1(\mathfrak{z},t) - \lambda(t) \,\square\, F_2(\mathfrak{z},t) = F(\mathfrak{z},t)$.*

Beweis. A ist nach Voraussetzung in einer Umgebung von $\mathfrak{Z}$ definiert. Wir dürfen deshalb annehmen, daß $A_0^* \subseteq A$ liegt. Sind dann $H_\mu(\mathfrak{z})$ im Sinne von Satz 2 Funktionen in A mit Werten in $V(A)$, so ist $\widetilde{H}_\mu(\mathfrak{z},t) = \lambda(t) \,\square\, H_\mu(\mathfrak{z}) - H_\mu(\mathfrak{z})$ in $A_0^* \times \mathfrak{T}$ durch eine Linearkombination $\widetilde{H}_\mu(\mathfrak{z},t) = \Sigma\, \widetilde{g}_{\nu\mu}(\mathfrak{z},t) \cdot H_\nu(\mathfrak{z})$ darstellbar, wobei die $\widetilde{g}_{\nu\mu}(\mathfrak{z},t)$ komplexwertige (e,h)-Funktionen in $A_0^* \times \mathfrak{T}$ sind. Nun sind die $H_\mu(\mathfrak{z})$ in A_0^* beschränkt $(|H_\mu| < M)$. Wenn $\|\lambda\| < \varepsilon$ ist, gilt $\sup\limits_{A_0^* \times \mathfrak{T}} |\widetilde{H}_\nu| < \varepsilon\, M$. Da sich ferner jede (e,h)-Funktion in $A_0^* \times \mathfrak{T}$ durch eine Linearkombination der H_μ darstellen läßt, folgt nach der Schlußweise von Hilfssatz 4 aus dem Satz von Banach, daß die $\widetilde{g}_{\nu\mu}$ so gewählt werden können, daß gilt: $\sup\limits_{U(A_0) \times \mathfrak{T}} |\widetilde{g}_{\nu\mu}(\mathfrak{z},t)| < \varepsilon\, K M$. Dabei ist $K > 1$ eine nicht von λ abhängende Konstante. Es sei nun ε hinreichend klein. Dann ist in $U(A_0) \times \mathfrak{T}$: $|G(\mathfrak{z},t)| \neq 0$, wenn $g_{\nu\mu} = \widetilde{g}_{\nu\mu} + \delta_{\nu\mu}$, $G(\mathfrak{z},t) = ((g_{\nu\mu}))$ gesetzt wird. $G(\mathfrak{z},t)$ ist eine (e,h)-Funktion mit Werten in $GL(q,C)$, die in der Umgebung $U \times \mathfrak{T}$ von $A_0 \times \mathfrak{T}$ im Sinne von Satz 8 hinreichend wenig von der Matrixfunktion $E(r,t) = ((\delta_{\nu\mu}))$ verschieden ist. Es gibt daher in $A_1 \times \mathfrak{T}$, $A_2 \times \mathfrak{T}$ (e,h)-Funktionen $G_1(\mathfrak{z},t)$, $G_2(\mathfrak{z},t)$, so daß in $A_0 \times \mathfrak{T}$ gilt $G = G_1 \circ G_2^{-1}$.

Wir stellen nun nach Satz 2 $F(\mathfrak{z},t)$ durch eine Linearkombination $F(\mathfrak{z},t) = \Sigma\, f^{(\varkappa)}(\mathfrak{z},t) \cdot H_\varkappa(\mathfrak{z})$ dar und bezeichnen mit $(f^{(\varkappa)})$ das q-tupel der Funktionen $f^{(\varkappa)}$. Ferner werde $(h^{(\varkappa)}(\mathfrak{z},t)) = G_1^{-1} \circ (f^{(\varkappa)}(\mathfrak{z},t))$ gesetzt. Sicher läßt sich eine Umgebung $A_0^{**} = A \cap \{\mathfrak{z},\, |x_1| < \delta^*,\, |x_\nu| < a_\nu + \delta^*,\, |y_\mu| < b_\mu + \delta^*,\, \nu = 2 \ldots n,\, \mu = 1 \ldots n\}$ von A_0 finden derart, daß die $h^{(\varkappa)}(\mathfrak{z},t)$ noch in $\overline{A}_0^{**} \times \mathfrak{T}$ definiert und dort (e,h)-Funktionen sind. Da es beliebig kleine in bezug auf A konvexe Umgebungen von $\overline{A}_0^{**}$ gibt, kann man nach Satz 1 in $A \times \mathfrak{T}$ (e,h)-Funktionen $\breve{h}^{(\varkappa)}(\mathfrak{z},t)$ finden, mit denen in $A_0^{**} \times \mathfrak{T}$ gilt: $|\breve{h}^{(\varkappa)}(\mathfrak{z},t) - h^{(\varkappa)}(\mathfrak{z},t)| < \varepsilon^*$ (ε^* hinreichend klein im Sinne von Satz 8). Es folgt also, daß in $\mathfrak{Z}_1, \mathfrak{Z}_2$ (e,h)-Funktionen

$h_1^{(\varkappa)}(\mathfrak{z},\mathfrak{t})$, $h_2^{(\varkappa)}(\mathfrak{z},\mathfrak{t})$ existieren, für die $h_1^{(\varkappa)}(\mathfrak{z},\mathfrak{t}) - h_2^{(\varkappa)}(\mathfrak{z},\mathfrak{t}) = h^{(\varkappa)}(\mathfrak{z},\mathfrak{t}) - \breve{h}^{(\varkappa)}(\mathfrak{z},\mathfrak{t})$ ist. Setzen wir noch $(f_1^{(\varkappa)}(\mathfrak{z},\mathfrak{t})) = G_1 \circ (h_1^{(\varkappa)} + \breve{h}^{(\varkappa)})$ und $(f_2^{(\varkappa)}(\mathfrak{z},\mathfrak{t})) = G_2^{-1} \circ (h_2^{(\varkappa)}(\mathfrak{z},\mathfrak{t}))$, so folgt, daß $(f_1^{(\varkappa)}) - G \circ (f_2^{(\varkappa)}) = (f^{(\varkappa)})$ ist. Für die Linearkombination: $F_\nu(\mathfrak{z},\mathfrak{t}) = \sum\limits_{\varkappa=1}^{q} f_\nu^{(\varkappa)} \cdot H_\varkappa$, $\nu = 1, 2$, gilt daher: $F_1(\mathfrak{z},\mathfrak{t}) - \lambda(\mathfrak{t}) \square F_2(\mathfrak{z},\mathfrak{t})$ $= F(\mathfrak{z},\mathfrak{t})$. Damit ist Satz 9 bewiesen.

2. Wir definieren den analytischen Faserraum $L(A,L^*)$ und die Abbildung $\varrho(x) \colon V_L(A) \to L(A,L^*)$ wie in § 1.1 und zeigen, indem wir die Bezeichnungen von § 3.1 beibehalten:

Hilfssatz 5. *Ist $F(\mathfrak{z},\mathfrak{t})$ mit $F(\mathfrak{z},\mathfrak{t}) \in U(E)$ und $|F(\mathfrak{z},\mathfrak{t})| < \varepsilon$ in $A_0^* \times \mathfrak{T}$ eine (e,h)-Funktion mit Werten in $L(A,L^*)$, so gibt es, falls $\varepsilon > 0$ zu A, A_0^*, $L(A,L^*)$ hinreichend klein gewählt ist, in $A_\nu \times \mathfrak{T}$ (e,h)-Funktionen $F_\nu(\mathfrak{z},\mathfrak{t})$ mit Werten in $L(A,L^*)$, die in $A_\nu \times \mathfrak{T}$ (e,h)-homotop E sind, so daß in $A_0 \times \mathfrak{T}$ gilt: $F_1(\mathfrak{z},\mathfrak{t}) \circ F_2^{-1}(\mathfrak{z},\mathfrak{t}) = F(\mathfrak{z},\mathfrak{t})$.*

Beweis. Wir setzen $s \cdot F(\mathfrak{z},\mathfrak{t})$ für $\varrho(s \cdot \varrho^{-1} \circ F(\mathfrak{z},\mathfrak{t}))$, $0 \leq s \leq 1$. Offenbar ist $F(\mathfrak{z},\mathfrak{t},s) = s \cdot F(\mathfrak{z},\mathfrak{t})$ eine (e,h)-Deformation von $F(\mathfrak{z},\mathfrak{t})$ auf E. Es ist $F(\mathfrak{z},\mathfrak{t},1)$ $= F(\mathfrak{z},\mathfrak{t})$ und $F(\mathfrak{z},\mathfrak{t},0) = E(\mathfrak{z})$. Bezeichnet man mit $\mathfrak{T}_0$ den Raum $\mathfrak{T} \times \{s\}$ und zeichnet man in $\mathfrak{T}_0$ als $\mathfrak{H}$-Menge die Menge $\mathfrak{H} \times \{s\}$ und als $\mathfrak{E}$-Menge die Menge $\mathfrak{E} \times \{s\}$ aus, so folgt, daß $F(\mathfrak{z},\mathfrak{t},s)$ eine (e,h)-Funktion in $A_0 \times \mathfrak{T}_0$ ist. Daher ist Hilfssatz 5 bewiesen, wenn es gelingt in $A_1 \times \mathfrak{T}_0$, $A_2 \times \mathfrak{T}_0$ (e,h)-Funktionen $F_1(\mathfrak{z},\mathfrak{t},s)$, $F_2(\mathfrak{z},\mathfrak{t},s)$ so zu bestimmen, daß gilt:

$$(1) \qquad \begin{aligned} F_1(\mathfrak{z},\mathfrak{t},s) \circ F_2^{-1}(\mathfrak{z},\mathfrak{t},s) &= F(\mathfrak{z},\mathfrak{t},s) \quad \text{auf} \quad A_0 \times \mathfrak{T}_0, \\ F_\nu(\mathfrak{z},\mathfrak{t},0) &= E(\mathfrak{z}) \quad \text{auf} \quad A_\nu \times \mathfrak{T}, \; \nu = 1, 2. \end{aligned}$$

Die Aussage von Hilfssatz 5 folgt, wenn wir $s = 1$ setzen.

Offenbar ist (vgl. § 3.1) $\lambda(\mathfrak{t},s) = \{\lambda(x,\mathfrak{t},s)\}\colon \{x \to \varrho^{-1}(F(\pi(x),\mathfrak{t},s) \circ \varrho(x) \circ \circ F^{-1}(\pi(x),\mathfrak{t},s))\}$ in bezug auf $\mathfrak{T}_0$ eine lineare (e,h)-Abbildung von $(U(0) \cap \cap V_L(A_0^*)) \times \mathfrak{T}_0$ in $V_L(A_0^*)$. Da λ linear ist, dürfen wir annehmen, daß $\lambda(\mathfrak{t},s)$ sogar ganz $V_L(A_0^*) \times \mathfrak{T}_0$ auf $V_L(A_0^*)$ abbildet. Läßt man $\sup|F(\mathfrak{z},\mathfrak{t})|$ gegen 0 gehen, so wird auch $|F(\mathfrak{z},\mathfrak{t},s)|$ und damit $\|\lambda(\mathfrak{t},s)\|$ beliebig klein. Wir können deshalb voraussetzen, daß $\|\lambda(\mathfrak{t},s)\|$ hinreichend klein im Sinne von Satz 9 ist.

Es sei nun $^*F_\nu(\mathfrak{z},\mathfrak{t},s)$ eine (e,h)-Funktion in $A_\nu \times \mathfrak{T}_0$, die ihre Werte in $V_L(A)$ annimmt. Durch Integration zeigt man leicht, daß man zu $^*F_\nu$ in $A_\nu \times \mathfrak{T}_0$ eine (e,h)-Funktion $F_\nu(\mathfrak{z},\mathfrak{t},s)$, $F_\nu(\mathfrak{z},\mathfrak{t},0) \equiv E$, mit Werten in $L(A, L^*)$ bestimmen kann, für die $\lim\limits_{s' \to s} \dfrac{1}{s' - s} \varrho^{-1}(F_\nu(\mathfrak{z}, \mathfrak{t}, s') \circ F_\nu^{-1}(\mathfrak{z}, \mathfrak{t}, s)) = {}^*F_\nu(\mathfrak{z}, \mathfrak{t}, s)$ ist. Beachtet man noch, daß (1) zu

$$(2) \qquad \begin{aligned} F(\mathfrak{z},\mathfrak{t},s') \circ F^{-1}(\mathfrak{z},\mathfrak{t},s) &= [F(\mathfrak{z},\mathfrak{t},s') \circ (F_2(\mathfrak{z},\mathfrak{t},s') \circ F_2^{-1}(\mathfrak{z},\mathfrak{t},s))^{-1} \circ F^{-1}(\mathfrak{z},\mathfrak{t},s')] \circ \\ &\qquad \circ (F_1(\mathfrak{z},\mathfrak{t},s') \circ F_1^{-1}(\mathfrak{z},\mathfrak{t},s)) \\ &\text{auf} \quad A_0 \times \mathfrak{T}, \, 0 \leq s \leq s' \leq 1; \; s' - s < \varepsilon^* \quad \text{beliebig klein;} \\ F_\nu(\mathfrak{z},\mathfrak{t},0) &\equiv E \quad \text{auf} \quad A_\nu \times \mathfrak{T}, \; \nu = 1, 2, \end{aligned}$$

äquivalent ist, so folgt, daß man zur Konstruktion der Funktionen $F_\nu(\mathfrak{z},\mathfrak{t},s)$ in (1) nur (e,h)-Funktionen $^*F_\nu(\mathfrak{z},\mathfrak{t},s)$ in $A_\nu \times \mathfrak{T}_0$ zu bestimmen braucht, für die gilt:

$$(3) \qquad {}^*F_1(\mathfrak{z},t,s) - \lambda(t,s)\,\square\,{}^*F_2(\mathfrak{z},t,s) = {}^*F(\mathfrak{z},t,s)\,.$$

Dabei bezeichnet ${}^*F(\mathfrak{z},t,s)$ die (e,h)-Funktion $\lim\limits_{s'\to s}\dfrac{1}{s'-s}\,\varrho^{-1}(F(\mathfrak{z},t,s')\circ F^{-1}(\mathfrak{z},t,s)) = \varrho^{-1}\circ F(\mathfrak{z},t)$. Die Existenz der Funktionen ${}^*F_\nu(\mathfrak{z},t,s)$ ist aber auf Grund von Satz 9 gewährleistet. — Somit ist Hilfssatz 5 bewiesen.

Als Endergebnis unserer Untersuchungen in den Abschnitten § 2.1 bis 4., § 3. 1 und 2 zeigen wir nun:

Satz 10. *Es sei $^p\mathfrak{B}$ ein abgeschlossenes Pflaster: $\{\mathfrak{z} \in C^n,\ |x_\nu| \le a_\nu,\ b - a \le \le x_p \le b + a^*,\ x_\mu = b_\mu,\ z_\varkappa = x_{2\varkappa} + i\,x_{2\varkappa},\ \nu = 1 \ldots p-1,\ \mu = p+1 \ldots 2n,\ \varkappa = 1 \ldots n\};\ \mathfrak{B}_1$ sei das Pflaster $\{\mathfrak{z} \in {}^p\mathfrak{B},\ b-a \le x_p \le b\}$, $\mathfrak{B}_2$ das Pflaster $\{\mathfrak{z} \in {}^p\mathfrak{B}, b \le x_p \le b + a^*\}$. Es gelte $a_\nu \ge 0$, $a^* > 0$, $a > 0$, b, b_μ reell. Ferner seien A eine in (einer Umgebung von) $^p\mathfrak{B}$ normal eingebettete analytische Menge und $\mathfrak{T}$ ein kompakter Raum, an dem eine $\mathfrak{E}$- und eine $\mathfrak{H}$-Menge ausgezeichnet sind. Es werde $\mathfrak{B}_0 = \mathfrak{B}_1 \cap \mathfrak{B}_2$, $A_0 = A \cap \mathfrak{B}_0$ $A_1 = A \cap \mathfrak{B}_1$, $A_2 = A \cap \mathfrak{B}_2$ gesetzt. Ist dann $F(\mathfrak{z},t)$ eine in $A_0 \times \mathfrak{T}$ holomorph-retraktible*[15]) (e,h)-Funktion mit Werten in einem Faserraum $L(A, L^*)$, so gibt es in $A_1 \times \mathfrak{T}$, $A_2 \times \mathfrak{T}$ holomorph-retraktible (e,h)-Funktionen $F_1(\mathfrak{z},t)$, $F_2(\mathfrak{z},t)$, so daß in $A_0 \times \mathfrak{T}$ gilt: $F_1 \circ F_2^{-1} \equiv F$.*

Beweis. Offenbar brauchen wir Satz 10 nur für den Sonderfall zu beweisen, wo $a = a^*$, $b = b_\mu = 0$ für $\mu = p+1, \ldots, 2n$ ist. Es sei also angenommen, daß dieser Fall vorliege. A ist nach Voraussetzung in einer Umgebung $U(^p\mathfrak{B})$ normal eingebettet. Da wir für U eine holomorph-konvexe Umgebung wählen können, dürfen wir annehmen, daß A ein holomorph vollständiger Raum ist. Da es ferner beliebig kleine Umgebungen $V(A_0) \subset A$ gibt, die in bezug auf A konvex sind, existiert nach Satz 1 eine in $A \times \mathfrak{T}$ holomorph retraktible (e,h)-Funktion $\hat{F}(\mathfrak{z},t)$, so daß in einer Umgebung $A_0^* \times \mathfrak{T}$ von $A_0 \times \mathfrak{T}$ gilt: $'F(\mathfrak{z},t) = \hat{F}^{-1}(\mathfrak{z},t) \circ F(\mathfrak{z},t) \in U(E),\ |\,'F(\mathfrak{z},t)| < \varepsilon$ (ε hinreichend klein im Sinne von Hilfssatz 5). Aus Hilfssatz 5 folgt dann, daß in A_1, A_2 (e,h)-Funktionen $\widetilde{F}_1$, $\widetilde{F}_2$ existieren, mit denen $'F = \widetilde{F}_1 \circ \widetilde{F}_2^{-1}$ ist. Setzt man noch $F_1(\mathfrak{z},t) = \hat{F}_1 \circ \widetilde{F}_1$, $F_2(\mathfrak{z},t) = \widetilde{F}_2$, so gilt $F_1 \circ F_2^{-1} = F$. Damit ist Satz 10 bewiesen.

3. Es ist nun möglich, Satz 7 ziemlich schnell zu beweisen. Wir führen den Beweis durch vollständige Induktion, indem wir die Richtigkeit einer Folge von Hilfssätzen zeigen; Satz 7 wird sich als Spezialfall dieser Hilfssätze erweisen.

Es sei $\mathfrak{B}^p = \{\mathfrak{z} = (z_1 \ldots z_n),\ |x_\nu| \le a_\nu,\ x_\mu = b_\mu,\ z_\varkappa = x_{2\varkappa-1} + i\,x_{2\varkappa},\ \nu = 1 \ldots p,\ \mu = p+1 \ldots n,\ \varkappa = 1 \ldots n\}$ ein beliebiges abgeschlossenes Pflaster im C^n. A sei eine in (einer Umgebung von) $\mathfrak{B}^p$ normal eingebettete analytische Menge, $L(A, L^*)$ ein analytischer Faserraum über A im Sinne von § 1,1. Mit $\mathfrak{T}_1 = \mathfrak{T} \times \times \{t\}$ werde wieder ein kompakter Raum bezeichnet, an dem eine $\mathfrak{E}$- und eine $\mathfrak{H}$-Menge ($\mathfrak{E}_1$ bzw. $\mathfrak{H}_1$) ausgezeichnet sind. Die $\mathfrak{E}$-Menge und die $\mathfrak{H}^0$-Menge von $\mathfrak{T}_1$ seien wie in § 1,3 definiert. Wir zeigen:

---

[15]) Eine (e,h)-Funktion $F(r,t)$ heißt holomorph retraktibel, wenn sie (e,h)-homotop E ist.

Hilfssatz 6$_p$, $p = 0, 1, 2, \ldots$: *Zu jeder (e,h)-Funktion $F(\mathfrak{z},t,t)$ in $A \times \mathfrak{T}_1$ mit Werten in $L(A, L^*)$ gibt es in $A \times \mathfrak{T}_1$ eine (e,h^0)-Funktion ${}^0F(\mathfrak{z},t,t)$, die dort zu $F(\mathfrak{z},t,t)$ (e,h,c)-homotop ist.*

Offenbar erhält man Satz 7 aus den Hilfssätzen 6$_p$, wenn man $p = 2n$ setzt. Wir führen unsere Induktion nun so, daß wir zunächst zeigen, daß Hilfssatz 6$_0$ richtig ist; dann beweisen wir, daß aus Hilfssatz 6$_p$ der Hilfssatz 6$_{p+1}$ folgt.

Für $p = 0$ ist $\mathfrak{Z}^p$ ein Punkt $\mathfrak{z}_0 \in C^n$. Wir dürfen ohne Einschränkung der Allgemeinheit annehmen, daß A diesen Punkt enthält. Anderfalls wäre die Aussage von Hilfssatz 6$_0$ leer. Ferner dürfen wir voraussetzen, daß $L(A, L^*) = A \times L$ ist, und somit F als Abbildung $A \times \mathfrak{T}_1 \to L$ auffassen.

Sei also $\mathfrak{z}_0 \in A$! Wir bezeichnen mit $\varphi(t,s)$ eine Deformation in $0 \leq t \leq 1$ der Funktion $\varphi(t,1) \equiv t$ auf eine nirgends negative Funktion $\varphi(t) = \varphi(t,0)$. Es sei überall $0 \leq \varphi(t,s) \leq 1$, $\varphi(0,s) = 0$, $\varphi(1,s) = 1$, für $\frac{1}{2} \leq t \leq 1$ gelte $\varphi(t) = 1$. Setzen wir $F_1(\mathfrak{z},t,t,s) = F(\mathfrak{z},t,\varphi(t,s))$, so ist F_1 eine (e,h,c)-Deformation von $F(\mathfrak{z},t,t)$ auf eine (e,h)-Funktion $\widetilde{F}(\mathfrak{z},t,t) = F_1(\mathfrak{z},t,t,0)$. Es bezeichne weiter $\psi(t,s)$ eine Deformation in $0 \leq t \leq 1$ der Funktion $\psi(t,1) \equiv 1$ auf eine reelle stetige Funktion $\psi(t) = \psi(t,0)$, für die $\psi(t) = 0$, $0 \leq t \leq \frac{1}{2}$ und $\psi(1) = 1$ gilt. Es sei überall $0 \leq \psi(t,s) \leq 1$, $\psi(1,s) = 1$. In hinreichender Nähe von $\mathfrak{z}_0 \times \mathfrak{T}_1$ gilt: $H(\mathfrak{z},t,t) =_{Def} \widetilde{F}(\mathfrak{z},t,t) \circ \widetilde{F}^{-1}(\mathfrak{z}_0,t,t) \in U(e) \subset L$. Es läßt sich deshalb die (e,h,c)-Deformation $H(\mathfrak{z},t,t,s) = \psi(t,s) \cdot H(\mathfrak{z},t,t)$ von $H(\mathfrak{z},t,t)$ auf die (e,h^0)-Funktion ${}^0H(\mathfrak{z},t,t) = H(\mathfrak{z},t,t,0)$ konstruieren. Setzen wir $F_2(\mathfrak{z},t,t,s) = H(\mathfrak{z},t,t,s) \circ \widetilde{F}(\mathfrak{z}_0,t,t)$, so erhalten wir eine (e,h,c)-Deformation von $\widetilde{F}(\mathfrak{z},t,t)$ auf die (e,h^0)-Funktion ${}^0F(\mathfrak{z},t,t) = F_2(\mathfrak{z},t,t,0)$. Die beiden Deformationen F_1, F_2 hintereinander ausgeführt, ergeben eine (e,h,c)-Deformation von F auf ${}^0F$. Also ist F zu der (e,h^0)-Funktion ${}^0F$ (e,h,c)-homotop, q.e.d.

Wir zeigen nun, daß aus Hilfssatz 6$_p$ der Hilfssatz 6$_{p+1}$ folgt. Sei also $F(\mathfrak{z},t,t)$ eine (e,h)-Funktion in $A \times \mathfrak{T}_1$, wobei A eine in einer Umgebung $U(\mathfrak{Z}^{p+1})$ normal eingebettete analytische Menge ist. Wir ordnen $\mathfrak{Z}^{p+1}$ die Kasten-mengen $D_b = \{\mathfrak{z}, |x_\nu| \leq a_\nu, x_{p+1} = b, x_\mu = b_\mu, \nu = 1 \ldots p, \mu = p+2 \ldots 2n\}$ zu ($|b| \leq a_{p+1}$). Nach Hilfssatz 6$_p$ kann man zu D_b Umgebungen $U'_b(D_b) \subset U$ und in $A_b \times \mathfrak{T}_1$, $A_b = A \cap U'_b$, (e,h^0)-Funktionen ${}^0F_b(\mathfrak{z},t,t)$ finden, die dort zu $F(\mathfrak{z},t,t)$ (e,h,c)-homotop sind. Daraus folgt nach HEINE-BOREL: es gibt eine Folge reeller Zahlen $b_\mu, \mu = 0, 1, 2 \ldots q$, mit $b_0 = -a_{p+1}$, $b_q = a_{p+1}$, $b_{\mu+1} \geq b_\mu$, derart, daß folgende Aussage richtig ist:

Zu den Kastenmengen $\widetilde{\mathfrak{Z}}^{(\varkappa)} = \{\mathfrak{z}, |x_\nu| \leq a_\nu, b_{\varkappa-1} \leq x_{p+1} \leq b_\varkappa, x_\mu = b_\mu, \nu = 1 \ldots p, \mu = p+2 \ldots 2n\}$ existieren in $\widetilde{\mathfrak{Z}}^{(\varkappa)} \times \mathfrak{T}_1$ (e,h^0)-Funktionen ${}^0\widetilde{F}_\varkappa(\mathfrak{z},t,t)$, die dort vermöge (e,h,c)-Deformationen $\widetilde{F}_\varkappa(\mathfrak{z},t,t,s)$ zu $F(\mathfrak{z},t,t)$ homotop sind.

Dabei werde s so normiert, daß $\widetilde{F}_\varkappa(\mathfrak{z},t,t,1) = {}^0\widetilde{F}_\varkappa(\mathfrak{z},t,t)$, $\widetilde{F}_\varkappa(\mathfrak{z},t,t,0) = F(\mathfrak{z},t,t)$ ist.

Wir setzen jetzt $\mathfrak{T}_2 = \mathfrak{T}_1 \times \{s\}$ und zeichnen wie in § 1,4 in $\mathfrak{T}_2$ als $\mathfrak{E}$-Menge die Menge $\mathfrak{E}_2 = \mathfrak{T}_1 \times 0 \cup \mathfrak{T} \times 1 \times \{s\} \cup \mathfrak{T}_1 \times \{s\}$ und als $\mathfrak{H}$-Menge die Menge

$\mathfrak{H}_2 = \mathfrak{T}_1 \times 0 \cup \mathfrak{T} \times 1 \times \{s\} \cup \mathfrak{H}_1 \times \{s\} \cup \mathfrak{H}_1^0 \times 1$ aus. Es seien folgende Bezeichnungen eingeführt:

1)
$$\mathfrak{Z}_1^{(\varkappa)} = \bigcup_{\nu=1\ldots\varkappa} \tilde{\mathfrak{Z}}^{(\nu)}, \quad \mathfrak{Z}_2^{(\varkappa)} = \tilde{\mathfrak{Z}}^{(\varkappa+1)};$$

2)
$$\mathfrak{D}^{(\varkappa)} = \mathfrak{Z}_1^{(\varkappa)} \cap \mathfrak{Z}_2^{(\varkappa)}$$

3)
$$A_0^{(\varkappa)} = A \cap \mathfrak{D}^{(\varkappa)}, \quad A_1^{(\varkappa)} = A \cap \mathfrak{Z}_1^{(\varkappa)}, \quad A_2^{(\varkappa)} = A \cap \mathfrak{Z}_2^{(\varkappa)}.$$

Setzen wir nun $H_1^{(1)}(\mathfrak{z},t,t,s) = \tilde{F}_1$, $H_2^{(1)}(\mathfrak{z},t,t,s) = \tilde{F}_2$, so läßt sich in $A_0^{(1)} \times \mathfrak{T}_2$ $H_0^{(1)}(\mathfrak{z},t,t,s) = H_1^{(1)} \circ H_2^{(1)-1}$ als (e,h)-Funktion auffassen. $H_0^{(1)}$ ist nach Hilfssatz 6_p in $A_0^{(1)} \times \mathfrak{T}_2$ zu einer (e,h^0)-Funktion ${}^0H_0^{(1)}(\mathfrak{z},t,t,s)$ (e,h,c)-homotop. Da in $\mathfrak{T}_2$ die Menge $*\mathfrak{H} = \mathfrak{H}_2^0 \cap \mathfrak{T}_1 \times \{s, 0 < s \leq 1\}$ in der Form $*\mathfrak{H} = '\mathfrak{H} \times \{s, 0 \leq s \leq 1\}$ gegeben werden kann und analoges für die $\mathfrak{E}$-Menge $\mathfrak{E}_2$ gilt, ist $G(\mathfrak{z},t,t,s,t') = {}^0H_0^{(1)}(\mathfrak{z},t,t,s \cdot t')$ eine (e,h^0)-, also erst recht eine (e,h)-Deformation von ${}^0H_0^{(1)}$ auf E. Da ferner $H_0^{(1)}$, ${}^0H_0^{(1)}$ (e,h)-homotop sind, ist auch $H_0^{(1)}$ in $A_0^{(1)} \times \mathfrak{T}_2$ auf E (e,h)-deformierbar.

Aus Satz 10 folgt daher: es gibt in $A_1^{(1)} \times \mathfrak{T}_2$, $A_2^{(1)} \times \mathfrak{T}_2$ (e,h)-Funktionen $\tilde{H}_1^{(1)}(\mathfrak{z},t,t,s)$, $\tilde{H}_2^{(1)}(\mathfrak{z},t,t,s)$, so daß in $A_0^{(1)} \times \mathfrak{T}_2$ gilt: $\tilde{H}_1^{(1)} \circ \tilde{H}_2^{(1)-1} = H_0^{(1)}$. Offenbar ist in $A_0^{(1)} \times \mathfrak{T}_2$: $\tilde{H}_1^{(1)-1} \circ H_1^{(1)} = \tilde{H}_2^{(1)-1} \circ H_2^{(1)}$. Wir dürfen deshalb in $A_1^{(2)} \times \mathfrak{T}_2$, $A_1^{(2)} = A_1^{(1)} \cup A_2^{(1)}$, setzen: $H_1^{(2)}(\mathfrak{z},t,t,s) = \tilde{H}_1^{(1)-1} \circ H_1^{(1)} = \tilde{H}_2^{(1)-1} \circ H_2^{(1)}$. $H_1^{(2)}$ ist in $A_1^{(2)} \times \mathfrak{T}_2$ eine (e,h,c)-Deformation der (e,h^0)-Funktion ${}^0F^{(2)}(\mathfrak{z},t,t) = H_1^{(2)}(\mathfrak{z},t,t,1)$ auf $F(\mathfrak{z},t,t) = H_1^{(2)}(\mathfrak{z},t,t,0)$.

Wir definieren nun in $A_2^{(2)} \times \mathfrak{T}_2$ eine Funktion $H_2^{(2)}(\mathfrak{z},t,t,s)$, indem wir dort $H_2^{(2)} = \tilde{F}_3$ setzen, und erhalten durch Anwendung des vorhin beschriebenen Verfahrens auf $H_1^{(2)}, H_2^{(2)}, A_1^{(2)}, A_2^{(2)}$ in $A_1^{(3)} \times \mathfrak{T}_1$ eine (e,h,c)-Deformation $H_1^{(3)}(\mathfrak{z},t,t,s)$ einer (e,h^0)-Funktion ${}^0F^{(3)}(\mathfrak{z},t,t) = H_1^{(3)}(\mathfrak{z},t,t,1)$ auf $F(\mathfrak{z},t,t) = H_1^{(3)}(\mathfrak{z},t,t,0)$. Wir setzen darauf $H_2^{(3)}(\mathfrak{z},t,t,s) = \tilde{F}_4$, wenden wieder unser Verfahren an und fahren so beliebig fort. Nach $(q-1)$ Schritten haben wir schließlich in $A_1^{(q)} \times \mathfrak{T}_1$ eine (e,h,c)-Deformation $F(\mathfrak{z},t,t,s) = H_1^{(q)}(\mathfrak{z},t,t,s)$ einer (e,h^0)-Funktion ${}^0F(\mathfrak{z},t,t) = F(\mathfrak{z},t,t,1)$ auf $F(\mathfrak{z},t,t) = F(\mathfrak{z},t,t,0)$ erhalten. Nun ist $\mathfrak{Z}_1^{(q)} = \mathfrak{Z}^{p+1}$, $A_1^{(q)}$ also gleich A. $F(\mathfrak{z},t,t)$ ist also in $A \cdot \mathfrak{T}_1$ zu einer (e,h^0)-Funktion ${}^0F(\mathfrak{z},t,t)$ (e,h,c)-homotop, q.e.d.

§ 4. Lokale Schnitte in $L(\mathfrak{R}, L^*)$

1. Wir untersuchen in diesem Paragraphen die Garbe der lokalen holomorphen Schnitte in $L(\mathfrak{R}, L^*)$. Es sei wieder $\mathfrak{Z}$ ein abgeschlossenes Pflaster $\{\mathfrak{z}, |x_\nu| \leq a_\nu, |y_\nu| \leq b_\nu, \nu = 1 \ldots n\} \subset C^n, a_\nu \geq 0, b_\nu \geq 0$. Wir setzen $a_\nu^{(\varkappa)} = -a_\nu + \varkappa \dfrac{2a_\nu}{j_\nu}$, $b_\nu^{(\lambda)} = -b_\nu + \lambda \dfrac{2b_\nu}{k_\nu}$, $\varkappa = 0, 1, \ldots, j_\nu, \lambda = 0, 1, \ldots, k_\nu$. Offenbar ist $a_\nu^{(0)} = -a_\nu, a_\nu^{(j_\nu)} = a_\nu, b_\nu^{(0)} = -b_\nu, b_\nu^{(k_\nu)} = b_\nu$. Mit $T^{jk}(\mathfrak{Z})$ bezeichnen wir dann die Gesamtheit der Kästen $\{\mathfrak{z}, a_\nu^{(\varkappa_\nu - 1)} \leq x_\nu \leq a_\nu^{(\varkappa_\nu)}, b_\nu^{(\lambda_\nu - 1)} \leq y_\nu \leq b_\nu^{(\lambda_\nu)}\}, \varkappa_\nu = 1 \ldots j_\nu$, $\lambda_\nu = 1 \ldots k_\nu, \nu = 1 \ldots n$. $\mathfrak{Z}_\lambda, \lambda = 1 \ldots \Pi j_\nu \cdot \Pi k_\nu = jk$, sei eine Durchnumerierung dieser Pflaster. Ferner sei A eine in (einer Umgebung von) $\mathfrak{Z}$ normal eingebettete analytische Menge und $L(A, L^*)$ ein Faserraum über A im Sinne von § 1.1. Wir zeigen:

Hilfssatz 7. *In allen Durchschnitten* $A_{\nu\mu}= A \cap \mathfrak{Z}_\nu \cap \mathfrak{Z}_\mu$, $\nu, \mu = 1 \ldots jk$, *seien holomorphe Funktionen* $F_{\nu\mu}(\mathfrak{z})$ *mit Werten in* $L(A,L^*)$ *gegeben, in den* $A_\nu = A \cap \mathfrak{Z}_\nu$ *gebe es ferner stetige Funktionen* $S_\nu(\mathfrak{z})$ *mit Werten in* $L(A,L^*)$, *so daß in allen* $A_{\nu\mu}$ *gilt:* $F_{\nu\mu}(\mathfrak{z}) = S_\nu(\mathfrak{z}) \circ S_\mu^{-1}(\mathfrak{z})$. *Dann kann man in* A_ν *auch holomorphe Funktionen* $F_\nu(\mathfrak{z})$ *mit* $F_\nu(\mathfrak{z}) \circ F_\mu^{-1}(\mathfrak{z}) = F_{\nu\mu}(\mathfrak{z})$ *finden.*

Wir beweisen Hilfssatz 7 durch einen Induktionsschluß. Offenbar ist im Falle $jk = 1$ die in ihm enthaltene Aussage leer und deshalb richtig. Zum Beweis des allgemeinen Falles ist also nur noch zu zeigen, daß der Hilfssatz 7 sich für $jk = j^{(0)} \cdot k^{(0)}$ ergibt, wenn er für $jk < j^{(0)} \cdot k^{(0)}$ bewiesen ist.

Sei also Hilfssatz 7 für $jk < j^{(0)} k^{(0)}$ (mit $j^{(0)} k^{(0)} > 1$) richtig. Ohne Einschränkung der Allgemeinheit dürfen wir dann annehmen, daß die Koordinaten z_ν des C^n so gewählt und durchnumeriert sind, daß $j_1^{(0)} > 1$ ist (mit $j^{(0)} = j_1^{(0)} \cdot \ldots \cdot j_n^{(0)}$). Wir bezeichnen mit $\mathfrak{Z}^{(1)}$ das Kastengebiet $\{\mathfrak{z} \in \mathfrak{Z},\ x_1 \leq \leq a_1^{(j_1^{(0)}-1)}\}$ und setzen $\mathfrak{Z}^{(2)} = \{\mathfrak{z} \in \mathfrak{Z},\ x_1 \geq a_1^{(j_1^{(0)}-1)}\}$. Wir denken uns die Menge der Kästen aus $T^{j^{(0)}k^{(0)}}$ in der Weise durchnumeriert, daß gilt $\mathfrak{Z}_\lambda \subset \mathfrak{Z}^{(1)}$, falls $\lambda \in X_1 = \{1, \ldots, r_0 = j^{(0)} k^{(0)} \dfrac{j_1^{(0)}-1}{j_1^{(0)}}$, und $\mathfrak{Z}_\lambda \subset \mathfrak{Z}^{(2)}$ für $\lambda \in X_2 = \{r_0 + 1, \ldots, j^{(0)} k^{(0)}\}$. Da $\mathfrak{Z}^{(1)}$, $\mathfrak{Z}^{(2)}$ weniger Kästen als $\mathfrak{Z}$ enthalten, gibt es nach Induktionsvoraussetzung in A_λ holomorphe Funktionen $\widetilde{F}_\lambda(\mathfrak{z})$, so daß $F_{\varkappa\lambda}(\mathfrak{z}) = \widetilde{F}_\varkappa(\mathfrak{z}) \circ \circ \widetilde{F}_\lambda^{-1}(\mathfrak{z})$ ist, wenn $\varkappa, \lambda$ simultan X_1 oder X_2 angehören. Man zeigt leicht, daß durch die Setzung $\widetilde{F}(\mathfrak{z}) = \widetilde{F}_\varkappa^{-1}(\mathfrak{z}) \circ F_{\varkappa\lambda}(\mathfrak{z}) \circ \widetilde{F}_\lambda(\mathfrak{z})$, $\varkappa \in X_1, \lambda \in X_2$ in $A^{(0)} = A \cap \mathfrak{Z}^{(1)} \cap \mathfrak{Z}^{(2)}$ unabhängig von $\varkappa, \lambda$ eine holomorphe Funktion $\widetilde{F}(\mathfrak{z})$ festgelegt ist. Ebenso sind $S^{(\nu)}(\mathfrak{z}) = \widetilde{F}_\lambda^{-1}(\mathfrak{z}) \circ S_\lambda(\mathfrak{z})$, $\lambda \in X_\nu$, in $A^{(\nu)} = A \cap \mathfrak{Z}^{(\nu)}$ eindeutig definierte stetige Funktionen. In $A^{(0)}$ gilt $S^{(1)}(\mathfrak{z}) \circ (S^{(2)}(\mathfrak{z}))^{-1} = \widetilde{F}(\mathfrak{z})$. Da nun die $A^{(\nu)}$ beliebig kleine holomorph-vollständige Umgebungen $U_\nu \subset A$ besitzen, gibt es nach Satz 6 in $A^{(\nu)}$ holomorphe Funktionen $\widetilde{F}^{(\nu)}(\mathfrak{z})$ mit Werten in $L(\mathfrak{R},L^*)$, die dort auf $S^{(\nu)}(\mathfrak{z})$ deformierbar sind. $*F(\mathfrak{z}) = (\widetilde{F}^{(1)})^{-1} \circ \widetilde{F} \circ \widetilde{F}^{(2)}$ ist dann auf $E(\mathfrak{z})$ stetig, nach Satz 3 sogar über lauter holomorphe Funktionen deformierbar. Aus Satz 10 folgt, daß in $A^{(\nu)}$ holomorphe Funktionen $*F^{(\nu)}(\mathfrak{z})$ existieren, so daß in $A^{(0)}: *F(\mathfrak{z}) = *F^{(1)}(\mathfrak{z}) \circ (*F^{(2)}(\mathfrak{z}))^{-1}$ ist. Offenbar gilt: $F^{(1)}(\mathfrak{z}) \circ (F^{(2)}(\mathfrak{z}))^{-1} = \widetilde{F}(\mathfrak{z})$ für $F^{(\nu)}(\mathfrak{z}) = \widetilde{F}^{(\nu)}(\mathfrak{z}) \circ *F^{(\nu)}(\mathfrak{z})$ und mithin $F_\lambda(\mathfrak{z}) \circ \circ F_\varkappa^{-1}(\mathfrak{z}) = F_{\lambda\varkappa}(\mathfrak{z})$, wenn $\lambda, \varkappa \in X_1 \cup X_2$ und $F_\mu(\mathfrak{z}) = \widetilde{F}_\mu(\mathfrak{z}) \circ F^{(\nu)}(\mathfrak{z})$ ist. Hierbei ist, falls $\mu \in X_1$, der Index $\nu = 1$, falls $\mu \in X_2$, gleich 2 zu nehmen. Hilfssatz 7 ist damit bewiesen.

2. Wir verwenden Hilfssatz 7, um folgenden Satz zu zeigen:

Satz 11. *Es sei* $\mathfrak{R}$ *ein holomorph vollständiger Raum,* $\{W_\iota, \iota \in I\}$ *sei eine offene Überdeckung von* $\mathfrak{R}$, *ferner sei* $L(\mathfrak{R},L^*)$ *ein analytischer Faserraum im Sinne von* § 1.1, $F_{\iota_1\iota_2}(r)$ *seien in den Durchschnitten* $W_{\iota_1\iota_2} = W_{\iota_1} \cap W_{\iota_2}$ *definierte holomorphe Funktionen mit Werten in* $L(\mathfrak{R},L^*)$. *Gibt es dann in den* W_ι *stetige Funktionen* $S_\iota(r)$, *für die in* $W_{\iota_1\iota_2}$ *stets* $S_{\iota_1} \circ S_{\iota_2}^{-1} = F_{\iota_1\iota_2}$ *ist, so existieren in* W_ι *sogar holomorphe Funktionen* $F_\iota(r)$ *mit Werten in* $L(\mathfrak{R},L^*)$, *so daß in allen* $W_{\iota_1\iota_2}$ *gilt:* $F_{\iota_1}(r) \circ F_{\iota_2}^{-1}(r) = F_{\iota_1\iota_2}(r)$.

Beweis. Da $\Re$ ein holomorph vollständiger Raum ist, kann man $\Re$ durch eine aufsteigende Folge analytischer Polyeder $\mathfrak{P}_\nu = \mathfrak{p}\,\{r \in \Re,\ |\mathrm{Re}f_\mu(r)| < 1,\ |\mathrm{Im}f_\mu(r)| < 1,\ \mu = 1 \ldots p\} \subset \Re$ ausschöpfen. Dabei bezeichnet $\mathfrak{p}$ die Vereinigung einer oder mehrerer zusammenhängender Komponenten des Bereiches $\{\}$, die $f_\mu(r)$ sind endlich viele in $\Re$ holomorphe, komplexwertige Funktionen. Es gelte $\mathfrak{P}_\nu \subset \mathfrak{P}_{\nu+1}$, $\nu = 1, 2, \ldots$. Nach bekannten Sätzen ist $\mathfrak{P}_\nu$ zu einer analytischen Menge A analytisch äquivalent[16]), die in einem Pflaster $\mathfrak{Z}$ normal eingebettet ist. Die Punkte von A und $\mathfrak{P}_\nu$ wollen wir als identisch ansehen. Wählen wir die in § 4.1 besprochene Unterteilung T^{jk} von $\mathfrak{Z}$ in Kästen $\mathfrak{Z}_\lambda$ hinreichend fein, so ist $\{A_\lambda\}$, $A_\lambda = A \cap \mathfrak{Z}_\lambda$, in $\mathfrak{P}_\nu$ eine Verfeinerung von $\{W_\iota\}$. Es gibt eine Zuordnung $\tau : \{\lambda\} \to I$, so daß $A_\lambda \subset W_{\tau(\lambda)}$. In A_λ setzen wir $\widetilde{S}_\lambda(r) = S_{\tau(\lambda)}(r)$ und in $A_{\varkappa\lambda} = A_\varkappa \cap A_\lambda$ stets $\widetilde{F}_{\varkappa\lambda} = F_{\tau(\varkappa)\,\tau(\lambda)}$. Offenbar ist $\widetilde{S}_\varkappa(r) \circ \widetilde{S}_\lambda^{-1}(r) = \widetilde{F}_{\varkappa\lambda}(r)$ in $A_{\varkappa\lambda}$. Nach Hilfssatz 7 gibt es also in den A_λ holomorphe Funktionen $\widetilde{F}_\lambda(r)$ mit Werten in $L(\Re, L^*)$, für die gilt: $\widetilde{F}_\varkappa(r) \circ \widetilde{F}_\lambda^{-1}(r) = \widetilde{F}_{\varkappa\lambda}(r)$. Man errechnet leicht, daß durch die Setzung $^*F_\iota^{(\nu)}(r) = F_{\iota\,\tau(\lambda)} \circ \widetilde{F}_\lambda$ für $\lambda \in X_1 \cup X_2$ unabhängig von λ in $W_\iota^{(\nu)} = W_\iota \cap \mathfrak{P}_\nu$ holomorphe Funktionen definiert werden, derart, daß in $W_{\iota_1\iota_2}^{(\nu)} = W_{\iota_1}^{(\nu)} \cap W_{\iota_2}^{(\nu)}$ stets gilt: $^*F_{\iota_1}^{(\nu)} \circ (^*F_{\iota_2}^{(\nu)})^{-1} = F_{\iota_1\iota_2}(r)$.

Da $\mathfrak{P}_\nu$ holomorph vollständig ist, gibt es nach Satz 6 zu der eindeutigen Funktion $^*S^{(\nu)}(r) = S_\iota^{-1} \circ {}^*F_\iota^{(\nu)}$ eine homotope holomorphe Funktion $^*F^{(\nu)}(r)$. Offenbar gilt für $F_\iota^{(\nu)} = {}^*F_\iota^{(\nu)} \circ (^*F^{(\nu)})^{-1} : F_{\iota_1}^{(\nu)} \circ (F_{\iota_2}^{(\nu)})^{-1} = F_{\iota_1\iota_2}$ in $W_{\iota_1\iota_2}^{(\nu)}$ und $S^{(\nu)}(r) = S_\iota^{-1} \circ F_\iota^{(\nu)}$ ist in $\mathfrak{P}_\nu$ auf $E(r)$ deformierbar.

Wir halten dieses Zwischenergebnis in einem Hilfssatz fest.

Hilfssatz 8. *Sind* $F_{\iota_1\iota_2}(r)$ *in* $W_{\iota_1\iota_2}$ *definierte holomorphe Funktionen mit Werten in* $L(\Re, L^*)$ *und gibt es in* W_ι *stetige Funktionen* $S_\iota(r)$, *so daß in* $W_{\iota_1\iota_2}$ *stets* $S_{\iota_1}(r) \circ S_{\iota_2}^{-1}(r) = F_{\iota_1\iota_2}(r)$ *ist, so existieren in* $W_\iota^{(\nu)}$, $W_\iota^{(\nu)} = W_\nu \cap \mathfrak{P}_\nu$, *holomorphe Funktionen* $F_\iota^{(\nu)}(r)$ *mit Werten in* $L(\Re, L^*)$, *so daß gilt:*

a) $F_{\iota_1}^{(\nu)}(r) \circ (F_{\iota_2}^{(\nu)}(r))^{-1} = F_{\iota_1\iota_2}(r)$ *in* $W_{\iota_1\iota_2}^{(\nu)}$,

b) $S^{(\nu)}(r) = S_\iota^{-1} \circ F_\iota^{(\nu)}(r)$ *ist in* $\mathfrak{P}_\nu$ *auf* $E(r)$ *deformierbar.*

Es werde jetzt der Beweis von Satz 11 fortgeführt. Offenbar ist $F^{(\nu)}(r) = (F_\iota^{(\nu+1)})^{-1} \circ F_\iota^{(\nu)}$ in $\mathfrak{P}_\nu$ eindeutig holomorph und dort stetig — nach Satz 3 sogar über lauter holomorphe Funktionen auf $E(r)$ deformierbar. Nach Satz 1 gibt es deshalb zu $F^{(\nu)}(r)$ eine in $\Re$ holomorphe Funktion $\breve{F}^{(\nu)}(r)$, so daß $(\breve{F}^{(\nu)}(r))^{-1} \circ F^{(\nu)}(r) \in U(E)$, $|(\breve{F}^{(\nu)}(r))^{-1} \circ F^{(\nu)}(r)| < 2^{-\nu}$ für $r \in \mathfrak{P}_{\nu-1}$ gilt. Mit $\breve{F}_\iota^{(\nu+1)} = F_\iota^{(\nu+1)} \circ \breve{F}^{(\nu)}$ hat man dann in $W_{\iota_1\iota_2}^{(\nu+1)} : \breve{F}_{\iota_1}^{(\nu+1)} \circ (\breve{F}_{\iota_2}^{(\nu+1)})^{-1} = F_{\iota_1\iota_2}$ und in $\mathfrak{P}_{\nu-1} : (\breve{F}_\iota^{(\nu+1)})^{-1} \circ F_\iota^{(\nu)} \in U(E)$, $|(\breve{F}_\iota^{(\nu+1)})^{-1} \circ F_\iota^{(\nu)}| < 2^{-\nu}$. Man kann also zu vorgegebenen $F_\iota^{(\nu)}$ die $F_\iota^{(\nu+1)}$ so bestimmen, daß sie sich in $\mathfrak{P}_{\nu-1}$ um weniger als $2^{-\nu}$ von den $F_\iota^{(\nu)}$ unterscheiden. Ist das der Fall, so konvergiert $F_\iota^{(\nu)}$ in W_ι gegen eine Grenzfunktion F_ι.[17]). Mit diesen F_ι gilt in allen $W_{\iota_1\iota_2} : F_{\iota_1} \circ F_{\iota_2}^{-1} = F_{\iota_1\iota_2}$. Damit ist Satz 11 bewiesen.

---

[16]) Man vgl. Fußnote 11.

[17]) Das folgt leicht aus der Abschätzung in § 2.1.

3. Wir greifen nun auf die Bezeichnungen von § 4.1 zurück und zeigen folgenden Hilfssatz:

Hilfssatz 9. *Sind in allen $A_{\nu\mu}$ stetige Funktionen $S_{\nu\mu}(\mathfrak{z})$ mit Werten in einem Faserraum $L(A, L^*)$ gegeben und genügt die Verteilung $\{S_{\nu\mu}(\mathfrak{z})\}$ der Verträglichkeitsbedingung $S_{\lambda\nu}(\mathfrak{z}) \circ S_{\nu\mu}(\mathfrak{z}) = S_{\lambda\mu}(\mathfrak{z})$ in $A_\lambda \cap A_\nu \cap A_\mu$, so gibt es in den A_ν stetige Funktionen $S_\nu(\mathfrak{z})$ mit Werten in $L(A, L^*)$, so daß $F_{\nu\mu}(\mathfrak{z}) = S_\nu \circ S_{\nu\mu} \circ S_\mu^{-1}$ in $A_{\nu\mu}$ holomorph ist.*

Wir beweisen den Hilfssatz 9 durch vollständige Induktion. Offenbar ist seine Aussage für $jk = 1$ inhaltsleer und deshalb richtig. Es ist also nur noch zu zeigen, daß Hilfssatz 9 im Falle $jk = j^{(0)} k^{(0)}$ folgt, wenn er für $jk < j^{(0)} \cdot k^{(0)}$ bewiesen ist.

Sei also Hilfssatz 9 für $jk < j^{(0)} k^{(0)}$ (mit $j^{(0)} k^{(0)} > 1$) richtig. Ohne Einschränkung der Allgemeinheit dürfen wir dann wieder annehmen, daß die Koordinaten z_ν des C^n so gewählt und durchnumeriert sind, daß $j_1^{(0)} > 1$ ist. Wir bezeichnen mit $\mathfrak{Z}^{(1)}$ das Kastengebiet $\{\mathfrak{z} \in \mathfrak{Z}, x_1 \leq a_1^{(j_1^{(0)}-1)}\}$, setzen $\mathfrak{Z}^{(2)} = \{\mathfrak{z} \in \mathfrak{Z}, x_1 \geq a_1^{(j_1^{(0)}-1)}\}$ und denken uns $T^{j^{(0)} k^{(0)}}$ wie in § 4.1 durchnumeriert. Da $\mathfrak{Z}^{(1)}, \mathfrak{Z}^{(2)}$ weniger Kästen als $\mathfrak{Z}$ enthält, gibt es nach Induktionsvoraussetzung in A_λ stetige Funktionen $\widetilde{S}_\lambda(\mathfrak{z})$, für die $F_{\lambda_1\lambda_2}(\mathfrak{z}) = \widetilde{S}_{\lambda_1} \circ S_{\lambda_1\lambda_2} \circ \widetilde{S}_{\lambda_2}^{-1}$ holomorph ist, wenn λ_1, λ_2 simultan X_1 oder X_2 angehören. Wir definieren $^*\mathfrak{Z} = \mathfrak{Z}^{(1)} \cap \mathfrak{Z}^{(2)}$ und $^*A = A \cap {}^*\mathfrak{Z}$. Die Durchschnitte $^*A_{\varkappa\lambda} = A_{\varkappa\lambda}$, $\varkappa \in X_1$, $\lambda \in X_2$ sind eine Überdeckung von $^*A$. Wir setzen $^*S_{\varkappa\lambda} = \widetilde{S}_\varkappa \circ S_{\varkappa\lambda} \circ \widetilde{S}_\lambda^{-1}$ in $^*A_{\varkappa\lambda}$. Offenbar ist in $^*A_{\varkappa_1\lambda_1, \varkappa_2\lambda_2} = {}^*A_{\varkappa_1\lambda_1} \cap {}^*A_{\varkappa_2\lambda_2}$ stets $^*S_{\varkappa_1\lambda_1} \circ F_{\lambda_1\lambda_2} \circ {}^*S_{\varkappa_2\lambda_2}^{-1} = F_{\varkappa_1\varkappa_2}$.

Wir bilden nun die Paare (λ, y), $\lambda \in X_2$, $y \in \pi^{-1}(A_\lambda)$. Ist $\pi(y) \in A_{\lambda_1\lambda_2}$, so werde $\big((\lambda_1, F_{\lambda_1\lambda_2}(\pi(y)) \circ y \circ F_{\lambda_1\lambda_2}^{-1}(\pi(y))\big) \cong (\lambda_2, y)$ gesetzt. Da $F_{\lambda_1\lambda_2}$ holomorph und die Verteilung F der $F_{\lambda_1\lambda_2}$ verträglich ist, ist $\cong$ eine analytische Äquivalenzrelation[18]). Die Menge der Äquivalenzklassen der Menge $\{(\lambda, y)\}$ bildet mit natürlicher topologischer und komplexer Struktur versehen einen analytischen Faserraum $\mathfrak{F} = L(A^{(2)}, L^* \times L)$ über einer Umgebung $V(A^{(2)}) \subset A$, die wir als holomorph vollständig wählen können. Es ist $(\lambda_1, {}^*S_{\varkappa_1\lambda_1}) \circ (\lambda_2, {}^*S_{\varkappa_2\lambda_2})^{-1} = (\lambda_1, F_{\varkappa_1\varkappa_2} \circ F_{\lambda_1\lambda_2}^{-1})$. Beachtet man noch, daß es beliebig kleine Umgebungen $U(^*A) \subset V(A^{(2)})$ gibt, die analytische Polyeder in $V(A^{(2)})$ sind, so folgt aus Hilfssatz 8:

Es gibt in $^*A_{\varkappa\lambda}$ holomorphe Funktionen $^*F_{\varkappa\lambda}(\mathfrak{z})$ mit Werten in $L(A, L^*)$, so daß in $^*A_{\varkappa_1\lambda_1, \varkappa_2\lambda_2}$ stets $(\lambda_1, {}^*F_{\varkappa_1\lambda_1}(\mathfrak{z})) \circ (\lambda_2, {}^*F_{\varkappa_2\lambda_2}(\mathfrak{z}))^{-1} = (\lambda_1, F_{\varkappa_1\varkappa_2} \circ F_{\lambda_1\lambda_2}^{-1})$ und die in $^*A$ eindeutige Funktion $(\lambda, {}^*S_{\varkappa\lambda}^{-1}(\mathfrak{z}) \circ {}^*F_{\varkappa\lambda}(\mathfrak{z})) = \mathfrak{S}(\mathfrak{z})$ in $^*A$ auf die neutrale Funktion $\mathfrak{E}(\mathfrak{z})$ mit Werten in $\mathfrak{F}$ deformierbar ist.

Nach bekannten Sätzen[19]) gibt es deshalb in $A^{(2)}$ eine stetige Funktion $\mathfrak{S}_1(\mathfrak{z}) = (\lambda, G_\lambda(\mathfrak{z}))$ mit Werten in $\mathfrak{F}$, die in der Nähe von $^*A$ mit $\mathfrak{S}(\mathfrak{z})$ überein-

---

[18]) Man vgl. [17].

[19]) Ist F ein Faserbündel über einem normalen Raum X, das eine Schnittfläche S besitzt, und ist S' eine Schnittfläche über einer Umgebung U einer abgeschlossenen Teilmenge $B \subset X$, die über U auf S deformierbar ist, so läßt sich S'/B stets zu einer Schnittfläche über X fortsetzen. Man vgl. [16].

stimmt. In $A_{\lambda_1\lambda_2}$, λ_1, $\lambda_2 \in X_2$ ist stets $G_{\lambda_1} \circ F_{\lambda_1\lambda_2} \circ G_{\lambda_2}^{-1} = F_{\lambda_1\lambda_2}$. Wir setzen $S_\varkappa(\mathfrak{z}) = \widetilde{S}_\varkappa(\mathfrak{z})$, $S_\lambda(\mathfrak{z}) = G_\lambda^{-1}(\mathfrak{z}) \circ \widetilde{S}_\lambda(\mathfrak{z})$, $\varkappa \in X_1$, $\lambda \in X_2$ und erhalten die Gleichungen: $F_{\varkappa_1\varkappa_2} = S_{\varkappa_1} \circ S_{\varkappa_1\varkappa_2} \circ S_{\varkappa_2}^{-1}$, $F_{\lambda_1\lambda_2} = S_{\lambda_1} \circ S_{\lambda_1\lambda_2} \circ S_{\lambda_2}^{-1}$ für $\varkappa_1, \varkappa_2 \in X_1$ und $\lambda_1, \lambda_2 \in X_2$. Ferner ist $F_{\varkappa\lambda} =_{Def} S_\varkappa \circ S_{\varkappa\lambda} \circ S_\lambda^{-1} = {}^*S_{\varkappa\lambda} \circ G_\lambda = {}^*F_{\varkappa\lambda}(\mathfrak{z})$ holomorph ($\varkappa \in X_1$, $\lambda \in X_2$). Damit ist Hilfssatz 9 bewiesen.

4. Wir zeigen:

Satz 12. *Es sei $\mathfrak{R}$ ein holomorph vollständiger Raum, über dem ein Faserraum $L(\mathfrak{R}, L^*)$ definiert ist. $\{W_\iota, \iota \in I\}$ sei eine Überdeckung von $\mathfrak{R}$ mit holomorph-konvexen Teilbereichen W_ι. Ferner seien in allen Durchschnitten $W_{\iota_1\iota_2}$ stetige Funktionen $S_{\iota_1\iota_2}$ mit Werten in $L(\mathfrak{R}, L^*)$ gegeben. Genügt dann die Verteilung der $S_{\iota_1\iota_2}$ der Verträglichkeitsbedingung, so gibt es in W_ι stetige Funktionen S_ι mit Werten in $L(\mathfrak{R}, L^*)$, so daß in allen $W_{\iota_1\iota_2}$ die Funktionen $F_{\iota_1\iota_2} = S_{\iota_1} \circ S_{\iota_1\iota_2} \circ S_{\iota_2}^{-1}$ holomorph sind.*

Zum Beweise nehmen wir zunächst an, daß $\{W_\iota\}$ lokal finit ist und daß alle W_ι relativ kompakt in $\mathfrak{R}$ liegen. Da $\mathfrak{R}$ ein holomorph vollständiger Raum ist, kann man $\mathfrak{R}$ durch eine aufsteigende Folge analytischer Polyeder $\mathfrak{P}_\nu = \mathfrak{p}\{r \in \mathfrak{R}, \ |\mathrm{Re}f_\mu(r)| < 1, |\mathrm{Im}f_\mu(r)| < 1, \ \mu = 1 \dots p\} \Subset \mathfrak{R}$ ausschöpfen. Dabei sind die $f_\mu(r)$ endlich viele in $\mathfrak{R}$ holomorphe Funktionen. Die Folge $\mathfrak{P}_\nu$ sei so gewählt, daß gilt: $\mathfrak{P}_\nu \Subset \mathfrak{P}_{\nu+1}$ und $W_\iota \subset \mathfrak{P}_{\nu+1}$, wenn $W_\iota \cap \mathfrak{P}_\nu \neq 0$ ist ($\nu = 1, 2 \dots$). Wie in § 4.2 ist $\mathfrak{P}_\nu$ zu einer analytischen Menge A analytisch äquivalent, die in einem Pflaster $\mathfrak{Z}$ normal eingebettet ist. Wir sehen wieder die Punkte von A und $\mathfrak{P}_\nu$ als identisch an. Wählen wir die in § 4.1 definierte Unterteilung $T^{jk}(\mathfrak{Z})$ von $\mathfrak{Z}$ in Kästen $\mathfrak{Z}_\lambda$ hinreichend fein, so ist $\{A_\lambda\}$, $A_\lambda = A \cap \mathfrak{Z}_\lambda$, in $\mathfrak{P}_\nu$ eine Verfeinerung von W_ι. Es gibt also eine Zuordnung $\{\lambda\} \to I$, so daß $A_\lambda \subset W_{\tau(\lambda)}$. In $A_{\varkappa\lambda} = A_\varkappa \cap A_\lambda$ setzen wir $\widetilde{S}_{\varkappa\lambda}(x) = S_{\tau(\varkappa),\,\tau(\lambda)}(x)$. Offenbar ist für $\{\widetilde{S}_{\varkappa\lambda}\}$ die Verträglichkeitsbedingung erfüllt. Nach Hilfssatz 9 gibt es deshalb in A_λ stetige Funktionen $\widetilde{S}_\lambda(x)$ mit Werten in $L(\mathfrak{R}, L^*)$, so daß $\widetilde{F}_{\varkappa\lambda}(x) = \widetilde{S}_\varkappa \circ \widetilde{S}_{\varkappa\lambda} \circ \widetilde{S}_\lambda^{-1}$ in $A_{\varkappa\lambda}$ stets holomorph ist.

$W_\iota^{(\nu)} = W_\iota \cap \mathfrak{P}_\nu$ ist als Durchschnitt zweier holomorph-konvexer Bereiche wieder holomorph-konvex und damit ein holomorph-vollständiger Raum. Wir setzen in $V_\lambda^{(\iota)} = W_\iota^{(\nu)} \cap A_\lambda : \ \widehat{S}_\lambda(x) = \widetilde{S}_\lambda \circ S_{\iota\tau(\lambda)}^{-1}$. In $V_{\lambda_1\lambda_2}^{(\iota)} = V_{\lambda_1}^{(\iota)} \cap V_{\lambda_2}^{(\iota)}$ gilt: $\widehat{S}_{\lambda_1} \circ \widehat{S}_{\lambda_2}^{-1} = \widetilde{F}_{\lambda_1\lambda_2}(x)$. Es gibt deshalb nach Satz 11 in $V_\lambda^{(\iota)}$ holomorphe Funktionen $F_\lambda^{(\iota)}$ mit $F_{\lambda_1}^{(\iota)} \circ F_{\lambda_2}^{(\iota)-1} = \widetilde{F}_{\lambda_1\lambda_2}$. Durch die Setzung $S_\iota^{(\nu)}(x) = F_\lambda^{(\iota)-1} \circ \widetilde{S}_\lambda \circ S_{\iota\tau(\lambda)}^{-1}$ ist also unabhängig von λ in $W_\iota^{(\nu)}$ eine stetige Funktion definiert. Offenbar ist $F_{\iota_1\iota_2}^{(\nu)}(x) =_{Def} S_{\iota_1}^{(\nu)} \circ S_{\iota_1\iota_2} \circ (S_{\iota_2}^{(\nu)})^{-1} = (F_\lambda^{(\iota_1)})^{-1} \circ F_\lambda^{(\iota_2)}$ in $W_{\iota_1\iota_2}^{(\nu)}$ stets holomorph.

Wir bilden nun in $W_\iota^{(\nu)}$ die stetigen Funktionen $T_\iota^{(\nu)}(x) = S_\iota^{(\nu)}(x) \circ (S_\iota^{(\nu+1)}(x))^{-1}$. Es gilt: $F_{\iota_1\iota_2}^{(\nu)}(x) = T_{\iota_1}^{(\nu)}(x) \circ F_{\iota_1\iota_2}^{(\nu+1)} \circ (T_{\iota_2}^{(\nu)}(x))^{-1}$. Man kann zu der Verteilung $F_{\iota_1\iota_2}^{(\nu+1)}$ wie in § 4.3 einen Faserraum $\mathfrak{F} = \{(\iota, y), \ y \in \pi^{-1}(W_\iota^{(\nu+1)})\}$ konstruieren. Aus Hilfssatz 8 folgt deshalb, daß in $W_\iota^{(\nu)}$ holomorphe Funktionen $(\iota, {}^*T_\iota^{(\nu)}(r))$ existieren, so daß $(\iota_1, {}^*T_{\iota_1}^{(\nu)}) \circ (\iota_2, {}^*T_{\iota_2}^{(\nu)})^{-1} = (\iota_1, F_{\iota_1\iota_2}^{(\nu)} \circ (F_{\iota_1\iota_2}^{(\nu+1)})^{-1})$ und $\mathfrak{S}(r) = (\iota, (T_\iota^{(\nu)})^{-1} \circ {}^*T_\iota^{(\nu)})$ in $\mathfrak{P}_\nu$ auf $\mathfrak{E}(r)$ deformierbar ist. Es gibt daher eine Funktion $\mathfrak{S}_1(r) = (\iota, H_\iota(r))$ in $\mathfrak{P}_\nu$ mit Werten in $\mathfrak{F}$, die in $\mathfrak{P}_\nu - \mathfrak{P}_{\nu-1}$ mit $\mathfrak{S}(r)$ übereinstimmt und in $\mathfrak{P}_{\nu-2}$ identisch $\mathfrak{E}(r)$ ist[20]). Setzen wir

$$*S_\iota^{(\nu+1)}(r) = \begin{cases} T_\iota^{(\nu)}(r) \circ H_\iota(r) \circ S_\iota^{(\nu+1)}(r), & \text{falls} \quad W_\iota \cap \mathfrak{P}_{\nu-1} \neq 0 \\ S_\iota^{(\nu+1)}(r), & \text{wenn} \quad W_\iota \cap \mathfrak{P}_{\nu-1} = 0, \end{cases}$$

so ist in $W_{\iota_1\iota_2}^{(\nu+1)}$ stets $*F_{\iota_1\iota_2}^{(\nu+1)}(r) = *S_{\iota_1}^{(\nu+1)} \circ S_{\iota_1\iota_2} \circ (*S_{\iota_2}^{(\nu+1)})^{-1}$ holomorph. In $W_\iota^{(\nu-2)}$ hat man $*S_\iota^{(\nu+1)}(r) = S_\iota^{(\nu)}(r)$.

Ist die Verteilung $\{S_\iota^{(\nu)}(x)\}$ vorgegeben, so kann man also die $S_\iota^{(\nu+1)}(x)$ so bestimmen, daß in $\mathfrak{P}_{\nu-2}$ gilt: $S_\iota^{(\nu)}(x) = S_\iota^{(\nu+1)}(x)$. Wir dürfen deshalb annehmen, daß unsere Folge $\{S_\iota^{(\nu)}(x)\}$, $\nu = 1, 2, \ldots$, diese Eigenschaft hat. Setzt man noch $S_\iota(x) = \lim_{\nu \to \infty} S_\iota^{(\nu)}(x)$, so sind die $S_\iota(x)$ in ganz W_ι definiert und stetig. In allen $W_{\iota_1\iota_2}$ ist $F_{\iota_1\iota_2}(x) =_{Def} S_{\iota_1} \circ S_{\iota_1\iota_2} \circ S_{\iota_2}^{-1}$ holomorph. Damit ist Satz 12 für den untersuchten Sonderfall bewiesen.

Es sei nun $\{W_\iota, \iota \in I\}$ eine beliebige offene Überdeckung von $\mathfrak{R}$. Da $\mathfrak{R}$ als komplexer Raum lokal die Struktur einer analytisch-verzweigten Überlagerung hat, besitzt jeder Punkt $x \in \mathfrak{R}$ beliebig kleine Umgebungen, die holomorph-konvex sind. Ferner ist $\mathfrak{R}$ lokal kompakt und hat als holomorph-vollständiger Raum abzählbare Topologie. Es folgt also, daß $\mathfrak{R}$ parakompakt ist. Man kann daher eine Verfeinerung $\{V_\lambda, \lambda = 1, 2 \ldots\}$ von $\{W_\iota\}$ finden, die lokal-finit ist und aus lauter relativ-kompakten holomorph-konvexen Bereichen V_λ besteht. Wie vorhin gezeigt, gibt es in V_λ stetige Funktionen $\widetilde{S}_\lambda$, so daß $\widetilde{F}_{\lambda_1\lambda_2}(x) = \widetilde{S}_{\lambda_1} \circ S_{\tau(\lambda_1),\tau(\lambda_2)} \circ \widetilde{S}_{\lambda_2}^{-1}$ in $V_{\lambda_1} \cap V_{\lambda_2}$ holomorph ist. Wir setzen jetzt wie in Satz 12 voraus, daß jedes W_ι holomorph-konvex und somit ein holomorph-vollständiger Raum ist. Wie im Falle des analytischen Polyeders $\mathfrak{P}_\nu$ in bezug auf die Überdeckungen $\{A_\lambda\}$, $\{W_\iota^{(\nu)}\}$ beschrieben, kann man in W_ι aus den $\widetilde{S}_\lambda(x)$ stetige Funktionen $S_\iota(x)$ mit Werten in $L(\mathfrak{R}, L^*)$ konstruieren, so daß in $W_{\iota_1\iota_2}$ stets: $F_{\iota_1\iota_2}(x) = S_{\iota_1} \circ S_{\iota_1\iota_2} \circ S_{\iota_2}^{-1}$ holomorph ist. Damit ist Satz 12 auch im allgemeinen Falle bewiesen.

5. In diesem Abschnitt bezeichne $\mathfrak{R}$ einen holomorph vollständigen Raum, $L(\mathfrak{R}, L^*)$ ein analytisches Faserbündel im Sinne von § 1.1 über $\mathfrak{R}$. Satz 11 läßt sich leicht zu folgender Aussage umformulieren:

Satz 11 a. *Es sei $\{W_\iota, \iota \in I\}$ eine offene Überdeckung von $\mathfrak{R}$. In den $W_{\iota_1\iota_2}$ seien holomorphe Funktionen $F_{\iota_1\iota_2}$, $'F_{\iota_1\iota_2}$ mit Werten in $L(\mathfrak{R}, L^*)$ gegeben. Genügt dann die Verteilung der $'F_{\iota_1\iota_2}$ der Verträglichkeitsbedingung und gibt es in den W_ι stetige Funktionen S_ι mit $S_{\iota_1} \circ 'F_{\iota_1\iota_2} \circ S_{\iota_2}^{-1} = F_{\iota_1\iota_2}$, so gibt es in W_ι auch holomorphe Funktionen F_ι mit $F_{\iota_1} \circ 'F_{\iota_1\iota_2} \circ F_{\iota_2}^{-1} = F_{\iota_1\iota_2}$.*

Beweis. Wir bilden wie in Abschnitt 3 zu der Verteilung $'F_{\iota_1\iota_2}$ den Faserraum $\mathfrak{F} = \{(\iota, y), \iota \in I, y \in \pi^{-1}(W_\iota)\}$. Es gilt dann in allen $W_{\iota_1\iota_2}$: $(\iota_1, S_{\iota_1}) \circ (\iota_2, S_{\iota_2})^{-1} = (\iota_1, F_{\iota_1\iota_2} \circ 'F_{\iota_1\iota_2}^{-1})$. Nach Satz 11 existieren dann in W_ι holomorphe Funktionen (ι, F_ι) mit $(\iota_1, F_{\iota_1}) \circ (\iota_2, F_{\iota_2})^{-1} = (\iota_1, F_{\iota_1} \circ 'F_{\iota_1}^{-1})$ d.h. mit $F_{\iota_1} \circ 'F_{\iota_1\iota_2} \circ F_{\iota_2}^{-1} = F_{\iota_1\iota_2}$.

---

[20]) Vgl. Fußnote 19.

Wir bezeichnen nun mit $\mathfrak{S}^a$ bzw. $\mathfrak{S}^s$ die Garbe der holomorphen bzw. stetigen Schnitte in $L(\mathfrak{R}, L^*)$. $H(\mathfrak{R}, \mathfrak{S}^a)$ bzw. $H(\mathfrak{R}, \mathfrak{S}^s)$ sei die 1. Kohomologie-menge von $\mathfrak{R}$ mit Koeffizienten in $\mathfrak{S}^a$ bzw. $\mathfrak{S}^s$. Die Sätze 11a und 12 besagen dann insbesondere, daß der natürliche Homomorphismus von $H(\mathfrak{R}, \mathfrak{S}^a)$ in $H(\mathfrak{R}, \mathfrak{S}^s)$ ein Isomorphismus-auf ist. Wir werden in [14] zeigen, daß sich daraus wichtige Resultate für die Theorie der analytischen Faserräume ergeben.

Literatur

[1] Alexandroff, P., u. H. Hopf: Topologie. Berlin 1935. — [2] Behnke, H.: Généralisation du théorème de Runge pour les fonctions multiformes des variables complexes. Coll. sur les fonct. des pls. var. Brüssel 1953. — [3] Bourbaki, N.: XII, Esp. vect. top. — [4] Cartan, H.: Sur les matrices holomorphes de n variables complexes. J. Math. 19, 1—26 (1940). — [5] Cartan, H.: Espaces fibrés analytiques complexes, Séminaire Bourbaki (1950). — [6] Cartan, H.: Séminaire E.N.S. 1951—1952, Exposé XVII. — [7] Cartan, H.: Variétés analytiques complexes et cohomologie. Coll. sur les fonct. des pls. var. Brüssel 1953. — [8] Cartan, H.: Espaces fibrés analytiques (vol. consacré au Symposium internat. de Mexico de 1956). — [9] Frenkel, J.: Sur une classe d'espaces fibrés analytiques. C. r. Acad. Sci. (Paris) 236, 40—41 (1953).—[10] Frenkel, J.: Sur les espaces fibrés analytiques complexes de fibre résoluble. C. r. Acad. Sci. (Paris)241, 16—18 (1955). — [11] Grauert, H.: Charakterisierung der holomorph voll-ständigen komplexen Räume. Math. Ann. 129, 233—259 (1955). — [12] Grauert, H.: Généralisation d'un théorème de Runge et application à la théorie des espaces fibrés analytiques. C. r. Acad. Sci. (Paris) 242, 603—605 (1956). — [13] Grauert, H.: Approxi-mationssätze für holomorphe Funktionen mit Werten in komplexen Räumen. Math. Ann. 133, 139—159 (1957). — [14] Grauert, H.: Analytische Faserungen über holo-morph-vollständigen Räumen. Erscheint in den Math. Ann. 1957/58. —[15] Hirze-bruch, F.: Neue topologische Methoden in der algebraischen Geometrie. Erg. Math. 9 (1956). — [16] Steenrod, N.: The Topologie of Fibre Bundles. Princeton 1951. — [17] Stein, K.: Analytische Zerlegungen komplexer Räume. Math. Ann. 132, 63—93(1956). [18] Tietz, H.: Laurent-Trennung und zweifach unendliche Fabersysteme. Math. Ann. 129, 431—450 (1955).

(Eingegangen am 4. Februar 1957)

16.

Analytische Faserungen
über holomorph-vollständigen Räumen*)

Math. Annalen **135**, 263–273 (1958)

Einleitung

Die Faserbündel tauchten in der mathematischen Literatur zum ersten Male vor etwa 20 Jahren auf. Ihre erste hinreichend allgemein gehaltene Definition wurde von H. WHITNEY gegeben. In dem darauf folgenden Jahrzehnt hat dieser neu eingeführte Begriff zu immer neuen Untersuchungen Anlaß gegeben. Die dadurch gewonnenen Methoden sind heute aus der Topologie nicht mehr fortzudenken.

Da enge Beziehungen zwischen der Topologie und der komplexen Analysis bestehen, liegt der Gedanke nahe, auch die Faserbündel für die Funktionentheorie mehrerer Veränderlichen zu verwenden. Einen ersten Schritt tat H. CARTAN [2], als er 1950 zeigte, daß sich die bekannten Cousinschen Probleme in der Sprache dieser neuen Theorie formulieren lassen. Dann hat F. HIRZEBRUCH spezielle komplexe Geradenbündel benutzt, den Satz von RIEMANN-ROCH auf algebraische Mannigfaltigkeiten höherer Dimension zu übertragen. Ferner sind umfangreiche Untersuchungen über den Problemkreis von ATIYAH, KODAIRA, SPENCER, SERRE, FRENKEL u. a. durchgeführt worden.

Bei allen diesen Betrachtungen ging es im wesentlichen darum, analytische Eigenschaften als Folgerungen von topologischen Daten auszudrücken. So ist das II. Cousinsche Problem (vgl. [17, 19]) in Holomorphiegebieten genau dann lösbar, wenn eine gewisse Kohomologiebedingung erfüllt ist. Die Anzahl der im Satz von RIEMANN-ROCH zu einem vorgegebenen Divisor gehörenden, linear unabhängigen meromorphen Funktionen wird mit einer algebraischen Kombination von Chernschen Klassen in Beziehung gesetzt. In dieser Arbeit wird gezeigt, *daß die sog. analytischen Faserbündel schon durch ihre topologischen Eigenschaften bestimmt sind*, wenn ihre Basis ein nicht-kompakter, für die Funktionentheorie sinnvoller, komplexer Raum ist (vgl. die Sätze I und II in § 2.4)[1]).

---

*) Bei der vorliegenden Arbeit handelt es sich im wesentlichen um den 3. Teil der Habilitationsschrift des Verf. (vgl. [10, 11, 12]). — Die eckigen Klammern beziehen sich auf das Literaturverzeichnis am Ende der Arbeit.

[1]) Das heißt, es wird vorausgesetzt, daß die Basis ein holomorph-vollständiger Raum ist. Diese Räume, die eine echte Teilklasse K der komplexen Räume bilden, sind als die richtigen Verallgemeinerungen der nicht-kompakten Riemannschen Flächen anzusehen. Die Holomorphiegebiete des C^n und die viel untersuchten „variétés de STEIN" (zur Def. vgl. [3], p. 49) gehören zu K. Die Sätze I und II wurden schon 1953 von F. FRENKEL hergeleitet für den Sonderfall, daß die Faserbündel auflösbare Strukturgruppen haben (vgl. [6, 7]).

419

Das hat zur Folge, daß die Theorie der topologischen Faserbündel auf die analytischen Faserbündel anwendbar wird. Es ergibt sich eine Anzahl von Aussagen, von der in § 3 eine Auswahl zusammengestellt ist, u. a. folgt, daß jedes analytische Faserbündel $\mathfrak{R}$ über einem holomorph-vollständigen Raum $\mathfrak{B}$ stets dann analytisch trivial ist, wenn $\mathfrak{B}$ stetig in sich auf einen Punkt zusammenziehbar ist (Satz 6). Ist $\mathfrak{B}$ eine nicht-kompakte Riemannsche Fläche, so ist jedes analytische Faserbündel über $\mathfrak{B}$ analytisch trivial, das eine zusammenhängende Strukturgruppe L hat (Satz 7). Ferner werden Aussagen über die Möglichkeit bewiesen, die Strukturgruppen von Faserbündeln $\mathfrak{R}$ auf Untergruppen zu beschränken (Sätze 4 und 5). Alle diese Aussagen können in der Funktionentheorie mehrerer Veränderlichen erfolgreich verwendet werden (vgl. die Untersuchungen von H. Röhrl [16] über das Riemann-Hilbertsche Problem, die Untersuchungen von H. Holmann [14] über Abbildungstheorie und die Sätze in § 4).

Es sei noch eine kurze Übersicht über den Inhalt der einzelnen Paragraphen der vorliegenden Arbeit gegeben: Im § 1 werden die Begriffe der komplexen Lieschen Gruppe, des analytischen Faserbündels, der Äquivalenz von Faserbündeln usw. definiert. Der § 2 bringt sodann den Zusammenhang mit der Garbentheorie. Es werden hier auch die Hauptresultate angegeben und hergeleitet. Die Paragraphen 3 und 4 befassen sich schließlich, wie schon gesagt, mit den Folgerungen, die sich aus der Anwendung von Sätzen der Theorie der topologischen Faserbündel ergeben.

§ 1. Faserbündel

1. Es sei in diesem Paragraphen eine kurze Übersicht über einige Definitionen und Sätze gegeben. Unter einer *komplexen Lieschen Gruppe* L^m versteht man eine (nicht notwendig zusammenhängende) *m-dimensionale komplexe Mannigfaltigkeit*, die noch zusätzlich folgende Eigenschaften hat:

1) *Zwischen den Punkten* $l \in L^m$ *ist eine Gruppenoperation* $\bigcirc$ *definiert.*

2) *Bezeichnet* l^{-1} *das Inverse der Punkte* $l \in L^m$, *so ist* $(l_1, l_2) \to l_1 \bigcirc l_2^{-1}$ *eine holomorphe Abbildung von* $L^m \times L^m$ *auf* L^m.

Die Punkte einer komplexen Lieschen Gruppe können gleichzeitig holomorphe Automorphismen eines *komplexen Raumes*[2]) sein. Wir sagen:

Eine komplexe Liesche Gruppe L^m *wirkt in einem komplexen Raum* $\mathfrak{F}$ *holomorph, wenn:*

1) *ein Gruppenautomorphismus* ω *der Gruppe* L^m *in die Gruppe* G *der holomorphen Automorphismen von* $\mathfrak{F}$ *definiert ist,*

2) *die Abbildung der Paare* $(l, x) \to \omega(l) \ \square \ x : L^m \times \mathfrak{F} \to \mathfrak{F}$ *holomorph ist.*

Dabei bezeichnet $\square$ die Anwendung des Automorphismus $\omega(l)$ auf x. Wir werden in Zukunft statt $\omega(l)$ einfach l setzen. Wenn ω ein Monomorphismus von L^m in G ist, so sagen wir, daß L^m in $\mathfrak{F}$ effektiv wirkt.

---

[2]) Komplexe Räume in dieser Arbeit seien stets C-Räume (vgl. [8, 9 und 11]). C-Räume heißen nach H. Cartan „normale komplexe Räume" (vgl. [4], p. 96). Die Resultate sind jedoch für beliebige komplexe Räume im Sinne von Cartan-Serre gültig (vgl. [5]).

2. Um den Begriff des komplexen Faserbündels zu definieren, seien zunächst einige Bezeichnungen eingeführt. Wir denken uns komplexe Räume $\mathfrak{B}$ und $\mathfrak{F}$ gegeben, L sei eine komplexe Liesche Gruppe, die in $\mathfrak{F}$ effektiv holomorph wirkt, ferner sei $\mathfrak{R}$ ein Hausdorffscher Raum.

Definition 1. *Eine $(\mathfrak{B}, \mathfrak{F})$-Karte in $\mathfrak{R}$ ist ein Tripel $(U, \psi, W \times \mathfrak{F})$, bei dem U eine offene Menge in $\mathfrak{R}$, W eine offene Menge in $\mathfrak{B}$ und ψ eine topologische Abbildung von U auf $W \times \mathfrak{F}$ ist. Zwei $(\mathfrak{B}, \mathfrak{F})$-Karten $K_1 = (U_1, \psi_1, W_1 \times \mathfrak{F})$ und $K_2 = (U_2, \psi_2, W_2 \times \mathfrak{F})$ sind miteinander stetig (holomorph) verträglich, wenn folgendes gilt:*

a) *Es ist $\psi_1(U_1 \cap U_2) = \psi_2(U_1 \cap U_2) = (W_1 \cap W_2) \times \mathfrak{F}$.*

b) *Die Abbildung $\psi_1 \circ \psi_2^{-1}$ läßt sich in der Form $(x, y) \to (x, \Phi(x) \,\square\, y)$ geben.*

c) *Die Abbildung $\Phi(x): W_1 \cap W_2 \to L$ ist stetig (bzw. holomorph).*

Offenbar besagt b) u. a., daß $\psi_1 \circ \psi_2^{-1}$ „fasertreu" abbildet. Ist $\Phi(x)$ holomorph, so sind auch $\psi_2 \circ \psi_1^{-1}$ und $\psi_1 \circ \psi_2^{-1}$ holomorphe Abbildungen. Die in $U_1 \cap U_2$ durch K_ν, $\nu = 1, 2$ induzierten komplexen Strukturen sind dann identisch. — $(\mathfrak{B}, \mathfrak{F})$-Karten werden zu Faseratlanten vereinigt:

Definition 2. *Ein stetiger (holomorpher) $(\mathfrak{B}, \mathfrak{F})$-Atlas in $\mathfrak{R}$ ist ein System $\{(U_\iota, \psi_\iota, W_\iota \times \mathfrak{H}), \iota \in I\}$ von paarweise stetig (holomorph) verträglichen $(\mathfrak{B}, \mathfrak{F})$-Karten in $\mathfrak{R}$, bei dem $\bigcup_{\iota \in I} U_\iota = \mathfrak{R}$, $\bigcup_{\iota \in I} W_\iota = \mathfrak{B}$ ist.*

Wir nennen einen stetigen (holomorphen) $(\mathfrak{B}, \mathfrak{F})$-Atlas $\mathfrak{A} = \{K_\iota, \iota \in I\}$ vollständig, wenn jede $(\mathfrak{B}, \mathfrak{F})$-Karte in $\mathfrak{R}$, die mit allen K_ι, $\iota \in I$ stetig (holomorph) verträglich ist, zu $\mathfrak{A}$ gehört. Ein unvollständiger $(\mathfrak{B}, \mathfrak{F})$-Atlas läßt sich stets (eindeutig) vervollständigen. Einen vollständigen $(\mathfrak{B}, \mathfrak{F})$-Atlas nennen wir eine *topologische (analytische) Faserstruktur*. Da alle $\psi_{\iota_1} \circ \psi_{\iota_2}^{-1}$ fasertreu sind, wird $\mathfrak{R}$ durch jede Faserstruktur in natürlicher Weise „gefasert".

Definition 3. *Ein komplex-topologisches (-analytisches) Faserbündel ist ein Hausdorffscher Raum $\mathfrak{R}$ mit einer topologischen (analytischen) Faserstruktur.*

Jedes komplex-analytische Faserbündel ist natürlich auch ein komplexer Raum. Die komplexe Struktur wird ihm durch die Karten seiner Faserstruktur aufgeprägt. — Es sei noch auf folgende Bezeichnungen hingewiesen:

$\mathfrak{F}$ heißt die *Faser* von $\mathfrak{R}$, $\mathfrak{B}$ die *Basis* von $\mathfrak{R}$, L die *Strukturgruppe* von $\mathfrak{R}$. Die natürliche Zerlegungsabbildung $\pi: \mathfrak{R} \to \mathfrak{B} \approx \mathfrak{R}/\mathfrak{F}$ heißt die *Faserprojektion*.

3. Wir wollen nun zwei Faserbündel, die gleich strukturiert sind, als äquivalent ansehen:

Definition 4. *Es seien $\mathfrak{R}_1, \mathfrak{R}_2$ komplex-topologische (-analytische) Faserbündel mit gleicher Basis $\mathfrak{B}$, gleicher Faser $\mathfrak{F}$ und gleicher Strukturgruppe L. $\{(U_\iota, \psi_\iota, W_\iota \times \mathfrak{F}), \iota \in I\}$ bzw. $\{(U_\iota', \psi_\iota', W_\iota' \times \mathfrak{F}), \iota \in I'\}$ sei die topologische (analytische) Faserstruktur von $\mathfrak{R}_1$ bzw. $\mathfrak{R}_2$, π_1 bzw. π_2 sei die zugehörige Faserprojektion. Dann heißen $\mathfrak{R}_1$ und $\mathfrak{R}_2$ topologisch (analytisch) äquivalent, wenn es eine topologische Abbildung α von $\mathfrak{R}_1$ auf $\mathfrak{R}_2$ gibt, so daß gilt:*

1) α *ist fasertreu:* $\pi_1 = \pi_2 \circ \alpha$.

2) *Es ist* $\{(\alpha^{-1}(U_\iota'), \psi_\iota' \circ \alpha, W_\iota' \times \mathfrak{F}), \iota \in I'\} = \{(U_\iota, \psi_\iota, W_\iota \times \mathfrak{F}), \iota \in I\}$ *und mithin* $\{(U_\iota', \psi_\iota', W_\iota' \times \mathfrak{F}), \iota \in I'\} = \{(\alpha(U_\iota), \psi_\iota \circ \alpha^{-1}, W_\iota \times \mathfrak{F}), \iota \in I\}$.

Es sei noch angemerkt: Sind $\mathfrak{R}_1$, $\mathfrak{R}_2$ analytische Faserbündel[3]), die vermöge α zueinander analytisch äquivalent sind, so ist α eine umkehrbar holomorphe Abbildung des komplexen Raumes $\mathfrak{R}_1$ auf den komplexen Raum $\mathfrak{R}_2$. Ferner wird jedes analytische Faserbündel $\mathfrak{R}$ zu einem topologischen Faserbündel, wenn man die analytische Faserstruktur von $\mathfrak{R}$ zu einer topologischen vervollständigt. Wir sagen, *man kann $\mathfrak{R}$ auch als ein topologisches Faserbündel auffassen*. Zwei beliebige Faserbündel heißen topologisch äquivalent, wenn sie als topologische Faserbündel aufgefaßt topologisch äquivalent sind.

Das kartesische Produkt $\mathfrak{B} \times \mathfrak{F}$ trägt den 1-elementigen Atlas $\mathfrak{A} = \{(\mathfrak{B} \times \mathfrak{F}, i, \mathfrak{B} \times \mathfrak{F})\}$, wobei i die Identität $\mathfrak{B} \times \mathfrak{F} \to \mathfrak{B} \times \mathfrak{F}$ bezeichnet. $\mathfrak{A}$ vervollständigt macht $\mathfrak{B} \times \mathfrak{F}$ zu einem analytischen Faserbündel. Komplexe Faserbündel, die zu $\mathfrak{B} \times \mathfrak{F}$ topologisch (analytisch) äquivalent sind, werden *topologisch (analytisch) trivial* genannt.

§ 2. Die adjungierte Strukturgarbe. Hauptresultate

1. Es sei nun L irgendeine komplexe Liesche Gruppe. $\mathfrak{B}$ sei ein komplexer Raum und $\mathfrak{L}^c$ bzw. $\mathfrak{L}^a$ über $\mathfrak{B}$ die Garbe der Keime von stetigen bzw. holomorphen Abbildungen in L. $\mathfrak{L}^c$ und $\mathfrak{L}^a$ sind Garben von Gruppen, die nur dann abelsch sind, wenn L eine abelsche Liesche Gruppe ist. Offenbar ist $\mathfrak{L}^a$ eine Untergarbe von $\mathfrak{L}^c$.

Obgleich im allgemeinen eine Kohomologietheorie mit Koeffizienten in $\mathfrak{L}^c$ (oder $\mathfrak{L}^a$) unmöglich ist, sind 1. Kohomologiemengen von $\mathfrak{B}$ mit Koeffizienten in $\mathfrak{L}^c$ und $\mathfrak{L}^a$ definiert (vgl. [13], p. 40). Diese seien mit $H^1(\mathfrak{B}, \mathfrak{L}^c)$ bzw. $H^1(\mathfrak{B}, \mathfrak{L}^a)$ bezeichnet. $H^1(\mathfrak{B}, \mathfrak{L}^c)$ und $H^1(\mathfrak{B}, \mathfrak{L}^a)$ tragen keine Gruppenstruktur. Es gibt aber ein wohlbestimmtes *neutrales Element* $e \in H^1(\mathfrak{B}, \mathfrak{L}^c)$ und $e \in H^1(\mathfrak{B}, \mathfrak{L}^a)$.

$H^1(\mathfrak{B}, \mathfrak{L}^c)$ und $H^1(\mathfrak{B}, \mathfrak{L}^a)$ sind als *induktiver Limes* von Kohomologiemengen $H^1(\mathfrak{W}, \mathfrak{L}^c)$ bzw. $H^1(\mathfrak{W}, \mathfrak{L}^a)$ erklärt, die jeder offenen Überdeckung $\mathfrak{W}$ von $\mathfrak{B}$ zugeordnet sind. Es gibt daher einen kanonischen Monomorphismus [4]) $\tau_c : H^1(\mathfrak{W}, \mathfrak{L}^c) \to H^1(\mathfrak{B}, \mathfrak{L}^c)$ und $\tau_a : H^1(\mathfrak{W}, \mathfrak{L}^a) \to H^1(\mathfrak{B}, \mathfrak{L}^a)$.

Wir führen nun die Konstruktion der Mengen $H^1(\mathfrak{W}, \mathfrak{L})$ durch ($\mathfrak{L} = \mathfrak{L}^c$ oder $= \mathfrak{L}^a$). Es seien $\mathfrak{W} = \{W_\iota, \iota \in I\}$, $W_{\iota_1 \iota_2} = W_{\iota_1} \cap W_{\iota_2}$, $s_{\iota_1 \iota_2}$ eine Schnittfläche über $W_{\iota_1 \iota_2}$ in $\mathfrak{L}$. Wir bezeichnen mit s eine Kollektion $\{s_{\iota_1 \iota_2}, \iota_1 \in I, \iota_2 \in I\}$ von Schnittflächen und mit $C(\mathfrak{W}, \mathfrak{L})$ die Menge der s. Es werde $e_0 = \{s_{\iota_1 \iota_2} \equiv 1 \in \mathfrak{L}, \iota_1, \iota_2 \in I\}$ gesetzt. Ferner heiße s ein Kozyklus, wenn für alle $\iota_1, \iota_2, \iota_3$ in $W_{\iota_1 \iota_2 \iota_3} =_{\text{Def.}} W_{\iota_1} \cap W_{\iota_2} \cap W_{\iota_3}$ gilt: $s_{\iota_1 \iota_2} \bigcirc s_{\iota_2 \iota_3} = s_{\iota_1 \iota_3}$ (wobei $\bigcirc$ die Gruppenoperation in $\mathfrak{L}$ bezeichnet).

In der Menge $Z(\mathfrak{W}, \mathfrak{L})$ der Kozyklen wird nun eine Äquivalenzrelation eingeführt: $s_1 = \{s_{\iota_1 \iota_2}^{(1)}\} \in Z(\mathfrak{W}, \mathfrak{L})$ und $s_2 = \{s_{\iota_1 \iota_2}^{(2)}\} \in Z(\mathfrak{W}, \mathfrak{L})$ heißen äquivalent, wenn es eine Kollektion $\{s_\iota, \iota \in I\}$ von Schnittflächen s_ι über W_ι gibt, derart,

---

[3]) Wir lassen im folgenden das Wort komplex in „komplex-analytisch" usw. häufig aus.

[4]) Ein Monomorphismus (Homomorphismus, Isomorphismus, usw.) sei stets eine eineindeutige (eindeutige, usw.) Abbildung, die mit den betrachteten Strukturen verträglich ist. In dem vorliegenden Falle bilden τ_c und τ_a das neutrale Element auf das neutrale Element ab.

daß in $W_{\iota_1\iota_2}$ stets gilt: $s_{\iota_1} \bigcirc s^{(2)}_{\iota_1\iota_2} \bigcirc s^{-1}_{\iota_2} = s^{(1)}_{\iota_1\iota_2}$. $H^1(\mathfrak{W}, \mathfrak{L})$ ist dann die Menge der Äquivalenzklassen von $Z(\mathfrak{W}, \mathfrak{L})$, $e \in H^1(\mathfrak{W}, \mathfrak{L})$ die von $e_0 \in Z(\mathfrak{W}, \mathfrak{L})$ erzeugte Äquivalenzklasse.

2. Es werde nun vorausgesetzt, daß L in einem komplexen Raum $\mathfrak{F}$ effektiv holomorph wirkt. $\mathfrak{R}$ sei ein topologisches (analytisches) Faserbündel, das L als Strukturgruppe, $\mathfrak{F}$ als Faser und $\mathfrak{B}$ zur Basis hat. Da je zwei Karten der Faserstruktur $\{(U_\iota, \psi_\iota, W_\iota \times \mathfrak{F}), \iota \in I\}$ von $\mathfrak{R}$ stetig (holomorph) verträglich sind, werden die Abbildungen $\psi_{\iota_1} \bigcirc \psi_{\iota_2}^{-1}: W_{\iota_1\iota_2} \times \mathfrak{F} \to W_{\iota_2\iota_1} \times \mathfrak{F}$ durch Formeln $(x, y) \to (x, \Phi_{\iota_1\iota_2}(x) \square y)$ gegeben, wobei $\Phi_{\iota_1\iota_2}(x)$ stetige (holomorphe) Abbildungen $W_{\iota_1\iota_2} \to L$ sind. Man hat in allen $W_{\iota_1\iota_2\iota_3}$ die Beziehung $\Phi_{\iota_1\iota_2}(x) \bigcirc \bigcirc \Phi_{\iota_2\iota_3}(x) = \Phi_{\iota_1\iota_3}(x)$. Faßt man $\Phi_{\iota_1\iota_2}(x)$ als Schnittfläche in $\mathfrak{L}^c$ (bzw. $\mathfrak{L}^a$) auf, so ist daher $\{\Phi_{\iota_1\iota_2}(x), \iota_1, \iota_2 \in I\}$ ein Element aus $Z(\mathfrak{W}, \mathfrak{L}^c)$ (bzw. aus $Z(\mathfrak{W}, \mathfrak{L}^a)$) und erzeugt ein Element aus $H^1(\mathfrak{W}, \mathfrak{L}^c)$ (aus $H^1(\mathfrak{W}, \mathfrak{L}^a)$). Jedem topologischen (analytischen) Faserbündel $\mathfrak{R}$ ist also ein Element $\xi_c(\mathfrak{R}) \in H^1(\mathfrak{W}, \mathfrak{L}^c)$ bzw. $\xi_a(\mathfrak{R}) \in H^1(\mathfrak{W}, \mathfrak{L}^a)$ zugeordnet. Ist $\mathfrak{R} = \mathfrak{B} \times \mathfrak{F}$, so folgt $\xi_a(\mathfrak{R}) = e$.

Nach [13], p. 44 gilt der elementare Satz:

Satz 1. *Es sei $\mathfrak{K}^c$ bzw. $\mathfrak{K}^a$ die Menge der topologischen bzw. der analytischen Faserbündel mit $\mathfrak{B}$ als Basis, $\mathfrak{F}$ als Faser und L als Strukturgruppe. Dann wird das System der topologischen bzw. der analytischen Äquivalenzklassen von $\mathfrak{K}^c$ bzw. $\mathfrak{K}^a$ durch die Abbildung $h_c: \mathfrak{R} \to \tau_c(\xi_c(\mathfrak{R}))$ bzw. $h_a: \mathfrak{R} \to \tau_a(\xi_a(\mathfrak{R}))$ isomorph auf $H^1(\mathfrak{B}, \mathfrak{L}^c)$ bzw. $H^1(\mathfrak{B}, \mathfrak{L}^a)$ abgebildet.*

3. Die Injektion $i: \mathfrak{L}^a \to \mathfrak{L}^c$ erzeugt einen Homomorphismus $H^1(\mathfrak{W}, \mathfrak{L}^a) \to \to H^1(\mathfrak{W}, \mathfrak{L}^c)$ und dadurch einen Homomorphismus i^* der induktiven Limiten: $H^1(\mathfrak{B}, \mathfrak{L}^a) \to H^1(\mathfrak{B}, \mathfrak{L}^c)$. Es ist leicht einzusehen, daß ξ und $i^*(\xi)$, $\xi \in H^1(\mathfrak{W}, \mathfrak{L}^a)$, im Sinne von Satz 1 stets topologisch äquivalenten Faserbündeln zugeordnet sind. In [12] konnte der folgende Satz bewiesen werden:

Satz 2. *Ist $\mathfrak{B}$ ein holomorph-vollständiger Raum, so ist i^* ein Isomorphismus von $H^1(\mathfrak{B}, \mathfrak{L}^a)$ auf $H^1(\mathfrak{B}, \mathfrak{L}^c)$.*

Dabei ist der Begriff des holomorph-vollständigen Raumes wie folgt zu definieren:

Definition 5. *Ein komplexer Raum $\mathfrak{B}$ heißt holomorph-vollständig, wenn er noch zusätzlich zwei Eigenschaften hat:*

1) *Er ist holomorph-konvex:* ist M eine kompakte Teilmenge von $\mathfrak{B}$, so ist auch die Menge $\hat{M} = \{x \in \mathfrak{B}, |f(x)| \leq \sup |f(M)|$ für $f \in H\}$ kompakt ($H =$ Menge der in $\mathfrak{B}$ holomorphen Funktionen).

2) *Er ist K-vollständig:* zu jedem Punkt $x \in \mathfrak{B}$ gibt es eine Umgebung $U(x)$ und eine holomorphe Abbildung ϱ von $\mathfrak{B}$ in einen komplexen Zahlenraum C^k, die $U(x)$ nirgends entartet abbildet.

„Nirgends entartet" heißt, daß die Menge $\varrho^{-1}(\mathfrak{z}) \cap U(x)$ für jedes $\mathfrak{z} \in C^k$ in U diskret liegt. Die K-Vollständigkeit von $\mathfrak{B}$ bedeutet deshalb nichts anderes, als daß in $\mathfrak{B}$ hinreichend viele holomorphe Funktionen existieren, die dort eine komplexe Funktionentheorie sinnvoll machen.

4. Jedes analytische Faserbündel aus $\mathfrak{K}^a$ läßt sich nach § 1.3 auch als ein topologisches Faserbündel aus $\mathfrak{K}^c$ auffassen. Die dadurch definierte Abbildung $j: \mathfrak{K}^a \to \mathfrak{K}^c$ erzeugt offenbar einen Homomorphismus j^* des Systems S^a der

analytischen Äquivalenzklassen von $\Re^a$ in das System S^c der topologischen Äquivalenzklassen von $\Re^c$. Aus Satz 1 und Satz 2 ergibt sich sofort, da das Diagramm:

$$S^a \overset{j^*}{\dashrightarrow} S^c$$
$$h_a \downarrow \qquad \downarrow h_c$$
$$H^1(\mathfrak{B}, \mathfrak{L}^a) \overset{i^*}{\dashrightarrow} H^1(\mathfrak{B}, \mathfrak{L}^c)$$

kommutativ ist (d. h.: $i^* h_a = h_c j^*$):

Satz 3. *Ist $\mathfrak{B}$ ein holomorph-vollständiger Raum, so ist j^* ein Isomorphismus von S^a auf S^c.*

In anderen Worten heißt das:

Satz I. *Es sei $\mathfrak{B}$ ein holomorph-vollständiger Raum. Dann sind zwei analytische topologisch äquivalente Faserbündel über $\mathfrak{B}$, die gleiche Faser und Strukturgruppe haben, auch stets analytisch äquivalent.*

Satz II. *Ist $\mathfrak{B}$ ein holomorph-vollständiger Raum, so gibt es zu jedem komplex-topologischen Faserbündel über $\mathfrak{B}$ ein topologisch äquivalentes komplex-analytisches Faserbündel mit gleicher Faser und Strukturgruppe.*

5. Wie der Verf. in einer späteren Arbeit zu zeigen beabsichtigt, kann der Cartan-Serresche Begriff der analytischen Garbe von abelschen Gruppen so verallgemeinert werden, daß unter ihn auch die Garben $\mathfrak{L}^a$ fallen. Diesem neu-aufgestellten Begriff möge der Name „*allgemeine analytische Garbe*" gegeben werden. Es zeigt sich, daß jede allgemeine analytische Garbe $\mathfrak{S}^a$ Untergarbe einer Garbe $\mathfrak{S}^c$ ist, die ähnliche Eigenschaften wie $\mathfrak{L}^c$ hat. Damit interessante Sätze gelten, muß wie bei den Cartanschen Garben eine Kohärenzbedingung erfüllt sein. Ist das der Fall, so gilt in Analogie zu Satz 2:

Satz 2a. *Ist $\mathfrak{B}$ ein holomorph-vollständiger Raum, so erzeugt die Injektion i: $\mathfrak{S}^a \to \mathfrak{S}^c$ einen Isomorphismus von $H^1(\mathfrak{B}, \mathfrak{S}^a)$ auf $H^1(\mathfrak{B}, \mathfrak{S}^c)$.*

§ 3. Folgerungen

Durch die Sätze I und II in § 2.4 wird die Theorie der topologischen Faserbündel, wie sie etwa in dem Buch von Steenrod [18] entwickelt ist, auf unsere komplex-analytischen Faserbündel anwendbar. Es ergibt sich eine Anzahl von Folgerungen, von denen hier einige zusammengestellt seien.

1. Es sei L eine komplexe Liesche Gruppe, L_1 sei eine abgeschlossene, komplexe Liesche Untergruppe von L. Ferner bezeichne L/L_1 die Menge der Rechtsrestklassen von L nach L_1. Da jede zusammenhängende Komponente von L/L_1 eine Mannigfaltigkeit (mit abzählbarer Topologie) ist[5], gilt: L/L_1 ist genau dann „solid", wenn L/L_1 in sich zusammenziehbar ist (man vgl. [18], p. 54). Dabei heißt ein topologischer Raum S in sich zusammenziehbar, wenn es eine stetige Abbildung $\varrho(x, t): S \times \{t, 0 \leqq t \leqq 1\} \to S$ gibt, für die $\varrho(x, 1) = x$, $\varrho(x, 0) \equiv x_0 \in S$ ist.

Es sei nun $\Re$ ein (analytisches) topologisches Faserbündel mit L als Strukturgruppe. Man sagt dann, daß man die Strukturgruppe L von $\Re$ (ana-

---

[5]) Wir setzen im folgenden immer voraus, daß alle Mannigfaltigkeiten abzählbare Topologie haben.

lytisch) stetig auf L_1 beschränken kann, wenn es zu $\Re$ ein (analytisches) topologisches Faserbündel $\Re_1$ mit Strukturgruppe L_1 gibt, das als Faserbündel mit Strukturgruppe L aufgefaßt zu $\Re$ (analytisch) topologisch äquivalent ist. Da nun nach [18], p. 56 bei topologischen Faserbündeln diese Beschränkung immer möglich ist, wenn L/L_1 solid ist, so folgt aus Satz I und Satz II:

Satz 4. *Es sei $\mathfrak{B}$ ein holomorph-vollständiger Raum, $\Re$ sei ein komplexanalytisches Faserbündel über $\mathfrak{B}$, das L zur Strukturgruppe hat. Ist dann L/L_1 zusammenziehbar, so läßt sich die Strukturgruppe L von $\Re$ auf L_1 analytisch beschränken.*

Dieser Satz kann auch in der Abbildungstheorie mit Erfolg verwendet werden. Man vgl. [14], Kap. III, Satz 2.

2. Es sei nun $\Re$ ein analytisches Hauptfaserbündel über $\mathfrak{B}$ mit Strukturgruppe L. Die Faser von $\Re$ ist also gleich L, die Strukturgruppe L wirkt in der Faser L als Linkstranslation: $l \to l_0 \circ l$. Es ist deshalb ein Produkt $y \circ l_0$ der Punkte $y \in \Re$ mit $l_0 \in L$ definiert: hat y in einer Karte $(U, \psi, W \times L)$ die Koordinaten $\psi(y) = (x, l)$, so hat $y \circ l_0$ in derselben Karte die Koordinaten $(x, l \circ l_0)$. Nennen wir zwei Punkte $y_1, y_2 \in \Re$ äquivalent, wenn $y_1 = y_2 \circ l$ für ein l aus der Untergruppe L_1 ist, so zerlegt die dadurch definierte Äquivalenzrelation den Raum $\Re$ analytisch[6]). Der Quotientenraum $Q = \Re/L_1$ ist ein analytisches Faserbündel über $\mathfrak{B}$, das die komplexe Mannigfaltigkeit der Rechtsrestklassen L/L_1 zur Faser hat. Setzt man $L_1^* = \{l \in L_1, l_0^{-1} \circ l \circ l_0 \in L_1$ für alle $l_0 \in L\}$, so ist L_1^* Normalteiler von L und die Liesche Gruppe $L^* = L/L_1^*$ die in L/L_1 effektiv wirkende Strukturgruppe von $Q = \Re/L_1$. Es gilt:

Satz 5. *Ist L_1 in sich zusammenziehbar, so ist jedes analytische Hauptfaserbündel $\Re$ über einem holomorph-vollständigen Raum $\mathfrak{B}$, das L zur Faser hat, genau dann analytisch trivial, wenn $Q = \Re/L_1$ eine stetige Schnittfläche besitzt.*

Beweis. Ist $\Re$ trivial, so ist auch Q trivial und besitzt mithin eine stetige Schnittfläche. Es ist also nur noch zu zeigen, daß unser Kriterium für die Trivialität von $\Re$ hinreichend ist.

Bekanntlich ist L ein analytisches Hauptfaserbündel über L/L_1. Man kann deshalb auch $\Re$ als analytisches Hauptfaserbündel über $Q = \Re/L_1$ auffassen (Faser: L_1). Da L_1 zusammenziehbar ist, folgt aus [18], daß $\Re$ über Q topologisch trivial ist. Man kann also $\Re = Q \times L_1$ setzen. Es sei nun s eine stetige Schnittfläche in Q über $\mathfrak{B}$. Dann ist $\hat{s} = s \times 1$, $1 \in L_1$, eine stetige Schnittfläche von $Q \times L_1 = \Re$. Ein Hauptfaserbündel mit Schnittfläche ist jedoch topologisch trivial ([*18*]), p. 36). Also folgt aus Satz I, daß $\Re$ auch analytisch trivial ist, q.e.d.

Nach bekannten Sätzen gehört zu jedem analytischen Faserbündel $\Re$ über $\mathfrak{B}$ ein adjungiertes analytisches Hauptfaserbündel $\overset{\circ}{\Re}$ über $\mathfrak{B}$, das gleiche Strukturgruppe wie $\Re$ hat[7]). $\Re$ ist genau dann analytisch trivial, wenn $\overset{\circ}{\Re}$ es ist. Satz 5 liefert also ein Kriterium für die Trivialität von analytischen Faserbündeln. Dazu sei ein einfaches Beispiel betrachtet:

---

[6]) K. STEIN hat solche Äquivalenzrelationen allgemein untersucht (vgl. [20]).
[7]) Vgl. [18], p. 35 ff.

Die komplexe Liesche Gruppe L wirke effektiv in einer komplexen Mannigfaltigkeit $\mathfrak{F}$[8]), jeder Automorphismus $l \in L$ von $\mathfrak{F}$ lasse einen von l unabhängigen Punkt $x_0 \in \mathfrak{F}$ fest. Sind dann $z_1, \ldots, z_n$ komplexe Koordinaten der komplexen Struktur von $\mathfrak{F}$ in einer Umgebung $U(x_0)$ und ist $x_0 = (0, \ldots, 0)$, so hat jeder Automorphismus $l \in L$ in x_0 eine Entwicklung:

$$z_\nu^* = \sum_{\mu=1}^{n} a_{\nu\mu}(l) \cdot z_\mu + \text{höhere Glieder}, \quad \nu = 1, \ldots, n .$$

Wir setzen $A(l) = ((a_{\nu\mu}(l)))$, es ist $|A(l)| \neq 0$. — Es sei nun L_1 die Untergruppe derjenigen $l \in L$, für die $A(l) = E$, die Einheitsmatrix ist. In diesem Falle ist L_1 sogar ein Normalteiler von $L: L/L_1$ ist kanonisch isomorph zur linearen Gruppe der $A(l)$. Wir setzen voraus, daß L_1 zusammenhängend ist und bezeichnen mit L_k, $k = 1, 2, 3, \ldots$ die abgeschlossene Untergruppe derjenigen Automorphismen $l \in L_1$, die in x_0 eine Entwicklung $z_\nu^* = z_\nu +$
$+ \sum_{\mu_1 + \ldots + \mu_n = k+1} a_{\nu\mu_1 \ldots \mu_n}(l) z_1^{\mu_1} \ldots z_n^{\mu_n} +$ höhere Glieder haben. Es ist stets L_m ein Normalteiler von L_k, $m \geq k$. L_k/L_{k+1} ist kanonisch isomorph zu der abgeschlossenen additiven abelschen Gruppe der Koeffizientenschemata $\{a_{\nu\mu_1 \ldots \mu_n}(l)\}$[9]), also zu einer abgeschlossenen Untergruppe eines C^q. Ist nun L_k zusammenhängend, so ist auch $C_k \approx L_k/L_{k+1}$ zusammenhängend und mithin ein Teilvektorraum des C^q. C_k ist deshalb in sich zusammenziehbar. Nach [18] gilt: Topologisch ist $L_k = L_k/L_{k+1} \times L_{k+1}$. Es folgt, daß L_{k+1} zusammenhängt. Durch vollständige Induktion ergibt sich schließlich, weil L_1 als zusammenhängend vorausgesetzt ist, daß alle L_k nur aus einer zusammenhängenden Komponente bestehen und daß topologisch immer gilt: $L_k = L_k/L_{k+1} \times L_{k+1}$. L ist endlich dimensional. Es gibt daher ein k_0, so daß für $k > k_0$ die Gruppe $L_k = 0$ ist. Man hat somit: $L_1 = L_1/L_2 \times L_2/L_3 \times \cdots \times L_{k_0+1}/L_{k_0} \times L_{k_0}$. Da in diesem Produkt jeder Faktor in sich zusammenziehbar ist, muß L_1 in sich zusammenziehbar sein. Es folgt also aus Satz 5, daß für die Trivialität jedes analytischen Faserbündels mit $\mathfrak{F}$ als Faser, L als Strukturgruppe und einem holomorph-vollständigen Raum $\mathfrak{B}$ als Basis nur die Gruppe $A(l)$ — das Verhalten von L in x_0 — entscheidend ist.

3. Wir betrachten nun den Fall, daß $\mathfrak{B}$ ein holomorph-vollständiger Raum ist, den man in sich (stetig) zusammenziehen kann. Nach einem bekannten Satze ([18], p. 53, 11.6) ist jedes Faserbündel mit einer solchen Basis topologisch trivial. Satz I ergibt:

Satz 6. *Jedes analytische Faserbündel $\mathfrak{R}$, das einen zusammenziehbaren, holomorph-vollständigen Raum $\mathfrak{B}$ zur Basis hat, ist analytisch trivial.*

Ein ähnliches Resultat kann man für den Fall gewinnen, daß $\mathfrak{B}$ eine nichtkompakte (zusammenhängende) Riemannsche Fläche ist. Hier gilt der leicht mit der Obstruktionstheorie zu beweisende topologische Satz[10]):

---

8) Eine komplexe Mannigfaltigkeit ist ein komplexer Raum, der nur aus uniformisierbaren Punkten besteht (vgl. [8]).

9) $\{L_\nu, \nu = 1, 2, \ldots\}$ ist also eine Auflösung von L_1.

10) Vgl. [18], p. 148 ff. Der behauptete Satz ergibt sich, da die zweite Kohomologiegruppe mit Koeffizienten in einer beliebigen abelschen Gruppe auf jeder (nicht-kompakten zusammenhängenden) Riemannschen Fläche verschwindet.

Jedes Faserbündel über $\mathfrak{B}$, dessen Strukturgruppe eine zusammenhängende Liesche Gruppe ist, ist topologisch trivial.

Da $\mathfrak{B}$ nach [1] ein holomorph-vollständiger Raum ist, folgt aus Satz I wieder:

Satz 7[11]). *Es sei $\mathfrak{R}$ ein analytisches Faserbündel über einer nicht-kompakten Riemannschen Fläche $\mathfrak{B}$. Die Strukturgruppe von $\mathfrak{R}$ sei eine zusammenhängende komplexe Liesche Gruppe. Dann ist $\mathfrak{R}$ analytisch trivial.*

§ 4. Anwendungen

1. In den Sätzen I und II sind einige klassische Existenzsätze enthalten. Aus Satz 4 ergibt sich z. B. unmittelbar die Lösung des 1. Cousinschen Problems. Es sei $\mathfrak{B}$ ein komplexer Raum, $\{W_\iota, \iota \in I\}$ sei eine offene Überdeckung von $\mathfrak{B}$, $f_\iota(x)$ seien meromorphe Funktionen in den W_ι, in den Durchschnitten $W_{\iota_1} \cap W_{\iota_2}$ sei $f_{\iota_1}(x) - f_{\iota_2}(x)$ holomorph. Das I. Cousinsche Problem fragt nun, ob man in $\mathfrak{B}$ eine meromorphe Funktion $f(x)$ so bestimmen kann, daß in allen W_ι die Differenz $f(x) - f_\iota(x)$ holomorph ist, d. h., daß f, f_ι stets die gleichen Hauptteile haben. H. CARTAN [2] hat elementar gezeigt, daß zu der Cousin-I-Verteilung $\{f_\iota(x)\}$ ein analytisches Faserbündel $\mathfrak{R}$ über $\mathfrak{B}$ mit der z-Ebene als Faser und der additiven Gruppe C der komplexen Zahlen als Strukturgruppe gehört. $\mathfrak{R}$ ist genau dann analytisch trivial, wenn das I. Cousinsche Problem für $\{f_\iota(x)\}$ lösbar ist. Da C in sich zusammenziehbar ist, folgt aus Satz 4, daß man zu jeder Verteilung $\{f_\iota(x)\}$ stets die Funktion $f(x)$ finden kann, wenn $\mathfrak{B}$ ein holomorph-vollständiger Raum ist.

Ähnlich ist der Fall beim II. Cousinschen Problem gelagert. Es seien nun in den W_ι holomorphe Funktionen $f_\iota(x)$ vorgegeben, in den Durchschnitten $W_{\iota_1} \cap W_{\iota_2}$ sei $\dfrac{f_{\iota_1}(x)}{f_{\iota_2}(x)}$ holomorph und von null verschieden. Gesucht wird eine in $\mathfrak{B}$ holomorphe Funktion $f(x)$, derart, daß in W_ι stets $\dfrac{f_\iota(x)}{f(x)} \neq 0$ und holomorph ist. K. OKA [15] hat 1937 für Holomorphiegebiete — das sind spezielle holomorph-vollständige Räume — gezeigt, daß dort eine solche Funktion f genau dann existiert, wenn man eine stetige Funktion g finden kann, bei der $\dfrac{f_\nu(x)}{g(x)}$ in W_ι stetig und von null verschieden ist. Nun gehört zu der Cousin-II-Verteilung wieder ein analytischer Faserraum $\mathfrak{R}$, dessen Basis $\mathfrak{B}$, dessen Faser die z-Ebene, dessen Strukturgruppe die multiplikative Gruppe der komplexen Zahlen ist [2]. Die Funktion f existiert genau dann, wenn $\mathfrak{R}$ analytisch trivial ist, die Funktion g genau dann, wenn $\mathfrak{R}$ topologisch trivial ist. Das Okasche Resultat folgt somit aus Satz I.

2. Es sei nun $\mathfrak{M}^q$ eine q-dimensionale komplexe Mannigfaltigkeit. Wir bezeichnen die kontravarianten Vektoren an einen Punkt $x \in \mathfrak{M}^q$ mit $\xi(x)$. Die Menge aller kontravarianten Vektoren an einen festen Punkt $x \in \mathfrak{M}^q$ bildet einen q-dimensionalen komplexen Vektorraum $\mathfrak{T}_x$, die Menge aller $\xi(x)$, $x \in \mathfrak{M}^q$, ein analytisches Faserbündel $\mathfrak{T}$ über $\mathfrak{M}^q$, dessen Strukturgruppe L

---

[11]) Dieser Satz wurde zuerst von H. RÖHRL bewiesen (vgl. [16]).

die q^2-dimensionale Gruppe $GL(q, C)$ der nicht-singulären, homogenen, komplex-linearen Transformationen des C^q ist. Wir nennen $\mathfrak{T}$ den *Tangentialraum* von $\mathfrak{M}^q$. $\mathfrak{T}$ hat als Faser den C^q, als Basis $\mathfrak{M}^q$. Man zeigt leicht:

$\mathfrak{T}$ ist genau dann analytisch (topologisch) trivial, wenn es in $\mathfrak{M}^q$ q holomorphe (stetige) Felder $\xi_\nu(x)$, $\nu = 1, \ldots, q$, von kontravarianten Vektoren gibt, derart, daß in jedem Punkt $x \in \mathfrak{M}^q$ die Vektoren $\xi_1(x), \ldots, \xi_q(x)$ komplexlinear unabhängig sind.

Wir nennen $\mathfrak{M}^q$, wenn auf $\mathfrak{M}^q$ q holomorphe (stetige) Felder dieser Art existieren, *analytisch (stetig) parallelisierbar*. Es ist offenbar dann möglich, zu jedem Vektor an einem beliebigen Punkt $x \in \mathfrak{M}^q$ einen parallelen Vektor an einem beliebigen anderen Punkt $y \in \mathfrak{M}^q$ zu definieren. Satz I ergibt unmittelbar:

Satz 8. *Jede holomorph-vollständige Mannigfaltigkeit[12]) (variété de Stein) ist genau dann analytisch parallelisierbar, wenn sie stetig parallelisierbar ist.*

3. Wir betrachten nun das zu $\mathfrak{T}$ assoziierte Hauptfaserbündel $L_\mathfrak{T}$ (mit $L = GL(q, C)$). Die Punkte von $L_\mathfrak{T}$ über x sind die homogen-linearen Abbildungen des C^q in die Faser $\mathfrak{T}_x$. Die Faser von $L_\mathfrak{T}$ ist deshalb mit L identisch. Die Strukturgruppe von $L_\mathfrak{T}$ besteht aus den Linkstranslationen $l \to l_0 \circ l$, $l_0 \in L$, von L. Sie ist zu L kanonisch isomorph. — Wir bezeichnen mit L_1 die Untergruppe der Transformationen $l \in L = GL(q, C)$, die im C^q die Punkte $\mathfrak{e}_1 = (1, 0, \ldots, 0)$, $\mathfrak{e}_2 = (0, 1, \ldots, 0), \ldots, \mathfrak{e}_r = (0, \ldots, 0, 1, 0, \ldots, 0)$ festlassen und bilden durch Rechtsrestklassenbildung das Faserbündel $\mathfrak{R} = L_\mathfrak{T}/L_1$ über $\mathfrak{M}^q$ (mit der Strukturgruppe: $L^* = L/L_1^*$, $L_1^* = \{l \in L_1, l_0^{-1} \circ l \circ l_0 \in L_1$ für $l_0 \in L\}$). Die Punkte von $\mathfrak{R}$ über $x \in \mathfrak{M}^q$ sind die Klassen der homogen-linearen Abbildungen des C^q auf $\mathfrak{T}_x$, die $\mathfrak{e}_1, \ldots, \mathfrak{e}_r$ in feste, der Klasse zugeordnete linear unabhängige Vektoren $\xi_1(x), \ldots, \xi_r(x)$ überführen. Die Punkte von $\mathfrak{R}$ und die r-tupel linear unabhängiger Vektoren $\xi_1(x), \ldots, \xi_r(x)$ entsprechen sich also in umkehrbar eindeutiger Weise. Es gilt, wie man leicht zeigt:

Die Strukturgruppe L^* von $L_\mathfrak{T}/L_1$ läßt sich genau dann stetig (analytisch) auf L_1/L_1^* beschränken, wenn $L_\mathfrak{T}/L_1$ eine stetige (holomorphe) Schnittfläche über $\mathfrak{M}^q$ besitzt.

Ist $\mathfrak{M}^q$ eine holomorph-vollständige Mannigfaltigkeit, so ergibt sich aus Satz 4:

Es gibt genau dann eine holomorphe Schnittfläche über $\mathfrak{M}^q$ in $\mathfrak{R}$, wenn es in $L_\mathfrak{T}/L_1$ eine stetige Schnittfläche gibt.

Da man die Punkte von $\mathfrak{R}$ als r-tupel von linear unabhängigen kontravarianten Vektoren auffassen darf, so folgt:

Satz 9. *Ist $\mathfrak{M}$ eine holomorph-vollständige Mannigfaltigkeit, so gibt es in $\mathfrak{M}$ genau dann r holomorphe Felder überall komplex-linear unabhängiger Vektoren, wenn es in $\mathfrak{M}$ r stetige Felder dieser Art gibt.*

Da auf jeder (zusammenhängenden) nicht-kompakten differenzierbaren Mannigfaltigkeit stets ein Vektorfeld existiert[13]), dessen Vektoren nirgends

---

[12]) Eine holomorph-vollständige Mannigfaltigkeit ist ein holomorph-vollständiger Raum, der gleichzeitig eine komplexe Mannigfaltigkeit ist.

[13]) Das ist gleichbedeutend damit, daß die erste charakteristische Klasse jeder nichtkompakten differenzierbaren Mannigfaltigkeit verschwindet.

verschwinden, so ergibt sich aus Satz 9, daß man *auf jeder holomorph-voll-ständigen Mannigfaltigkeit ein holomorphes Feld nirgends verschwindender, kontravarianter Vektoren definieren kann.* Ähnliche Resultate sind für die kovarianten Vektoren usw. richtig.

Neben den hier diskutierten Fällen sind noch weitere Anwendungen mög-lich. Unter anderem konnte z. B. H. Röhrl das sog. Riemann-Hilbertsche Problem in einer verschärften Form mit Hilfe von Satz 7 lösen. H. Röhrl beweist Satz 7 mit Methoden der klassischen Funktionentheorie (vgl. [16]).

Literatur

[1] Behnke, H., u. F. Sommer: Theorie der analytischen Funktionen einer kom-plexen Veränderlichen. Berlin-Göttingen-Heidelberg: Springer 1955. — [2] Cartan, H.: Espaces fibrés analytiques complexes. Séminaire Bourbaki 1950. — [3] Cartan, H.: Variétés analytiques complexes et cohomologie. Coll. sur les fonct. pls. var. Brüssel 1953. [4] Cartan, H.: Quotient d'un espace analytique par un groupe d'automorphismes. Algebraic geometry and topology. p. 91—102. Princeton University Press. — [5] Car-tan, H.: Espaces fibrés analytiques (vol. consacré au Symposium internat. de Mexico 1956). — [6] Frenkel, J.: Sur une classe d'espaces fibrés analytiques. C. R. Acad. Sci. Paris 236, 40—41 (1953). — [7] Frenkel, J.: Sur les espaces fibrés analytiques com-plexes de fibre résoluble. C. R. Acad. Sci. Paris 241, 16—18 (1955). — [8] Grauert, H., u. R. Remmert: Zur Theorie der Modifikation. I. Math. Ann. 129, 274—296 (1955). — [9] Grauert, H.: Charakterisierung der holomorph-vollständigen komplexen Räume. Math. Ann. 129, 233—259 (1955). — [10] Grauert, H.: Généralisation d'un théorème de Runge et application à la théorie des espaces fibrés analytiques. C. R. Acad. Sci. Paris 242, 603—605 (1956). — [11] Grauert, H.: Approximationssätze für holomorphe Funktionen mit Werten in komplexen Räumen. Math. Ann. 133, 139—159 (1957). — [12] Grauert, H.: Holomorphe Funktionen mit Werten in komplexen Lieschen Gruppen. Math. Ann. 133, 450—472 (1957). — [13] Hirzebruch, F.: Neue topologische Methoden in der algebraischen Geometrie. Ergebn. Math. 9, 1—165 (1956). — [14] Holman, H.: Ab-bildungstheorie n-dimensionaler holomorph-vollständiger Mannigfaltigkeiten. Schriften-reihe Math. Inst. Univ. Münster 10 (1956). — [15] Oka, K.: Sur les fonct. anal. pls. var. III. Deuxième problème de Cousin. J. Sci. Hiroshima Univ., Ser. A, 19, 7—19. [16] Röhrl, H.: Das Riemann-Hilbertsche Problem der Theorie der linearen Differential-gleichungen. Math. Ann. 133, 1—25 (1957). — [17] Serre, J. P.: Quelques problèmes globaux relatifs aux variétés de Stein. Colloque sur les fonct. pls. var. Brüssel 1953. — [18] Steenrod, N.: The Topology of Fibre Bundles. Princeton 1951. — [19] Stein, K.: Topologische Bedingungen für die Existenz analytischer Funktionen komplexer Ver-änderlichen zu vorgegebenen Nullstellen. Math. Ann. 117, 727—757 (1940—1941). — [20] Stein, K.: Analytische Zerlegungen komplexer Räume. Math. Ann. 132, 63—93 (1956).

(Eingegangen am 27. Januar 1958)

Bibliography

Expressions in italics concern the contents of the paper, the subdivision of the 2 volumes into Parts relates to the mathematical methods used; * always means "included in these Selected Papers".

Abbreviations: *mono* = monograph; *compl** = complex spaces, sheaf theory; *lev** = Levi problem, convexity, Stein spaces, projective algebraic spaces; *hyp* = hyperbolic complex spaces; *nonarch* = non-Archimedean function theory; *deform** = deformation of complex structures, formal principle, vector bundles; *quant* = discrete mathematical structures for quantum physics; *decomp** = analytic and meromorphic decompositions; *epistem* = epistemological history especially of mathematics, general essays

1. Métrique kaehlerienne et domaines d'holomorphie. C.R. Acad. Sci., Paris **238**, 2048–2050 (1954). *lev* Zbl. 56, 78

2. Charakterisierung der Holomorphiekonvexität durch die Kählersche Metrik. Proc. ICM Amsterdam 1954, **II**, 113–114, Groningen and Amsterdam (1954). *lev*

3.* (mit R. Remmert) Zur Theorie der Modifikationen. I: Stetige und eigentliche Modifikationen komplexer Räume. Math. Annalen **129**, 274–296 (1955). *compl* Zbl. 64, 81   I, 83–105

4.* Charakterisierung der holomorph vollständigen komplexen Räume. Math. Annalen **129**, 233–259 (1955). *lev* Zbl. 64, 326   I, 165–191

5.* Charakterisierung der Holomorphiegebiete durch die vollständige Kählersche Metrik. Math. Annalen **131**, 38–75 (1956). *lev* Zbl. 73, 302   I, 328–365

6. (avec R. Remmert) Fonctions plurisubharmoniques dans des espaces analytiques. Généralisation d'un théorème d'Oka. C.R. Acad. Sci., Paris **241**, 1371–1373 (1955). *lev* Zbl. 66, 61

7.* (mit R. Remmert) Plurisubharmonische Funktionen in komplexen Räumen. Math. Zeitschr. **65**, 175–194 (1956). *comp* Zbl. 70, 304   I, 132–151

8. Généralisation d'un théorème de Runge et application à la théorie des espaces fibrés analytiques. C.R. Acad. Sci., Paris **242**, 603–605 (1956). *lev* Zbl. 70, 183

9.* (mit R. Remmert) Konvexität in der komplexen Analysis. Comment. Math. Helvetici **31**, 152–183 (1956). *lev* Zbl. 73, 303   I, 235–266

10. (mit R. Remmert) Singularitäten komplexer Mannigfaltigkeiten und Riemannsche Gebiete. Math. Zeitschr. **67**, 103–128 (1957). *compl* Zbl. 77, 289

11.* Approximationssätze für holomorphe Funktionen mit Werten in komplexen Räumen. Math. Annalen **133**, 139–159 (1957). *lev* Zbl. 80, 292   I, 375–395

12.* Holomorphe Funktionen mit Werten in komplexen Lieschen Gruppen. Math. Annalen **133**, 450–472 (1957). *lev* Zbl. 80, 292   I, 396–418

13. (avec R. Remmert) Faisceaux analytiques cohérents sur le produit d'un espace analytique et d'un espace projectif. C.R. Acad. Sci., Paris **245**, 819–822 (1957). *lev* Zbl. 83, 306

14.* (avec R. Remmert) Espaces analytiquement complets. C.R. Acad. Sci., Paris **245**, 882–885 (1957). *lev* Zbl. 83, 307   I, 267–270

15. (avec R. Remmert) Sur les revêtements analytiques des variétés analytiques. C.R. Acad. Sci., Paris **245**, 918–921 (1957). *compl* Zbl. 83, 307

16.* Analytische Faserungen über holomorph-vollständigen Räumen. Math. Annalen **135**, 263–273 (1958). *lev* Zbl. 81, 74. Engl. transl.: Sem. analytic Functions **1**, 80–102 (1958), Zbl. 94, 281   I, 419–429

17.* (mit R. Remmert) Komplexe Räume. Math. Annalen **136**, 245–318 (1958). *compl* Zbl. 87, 290   I, 9–82

18.* (mit R. Remmert) Bilder und Urbilder analytischer Garben. Annals of Math., II. Ser. **68**, 393–443 (1958). *lev* Zbl. 89, 60   II, 461–511

19.* On Levi's problem and the imbedding of real-analytic manifolds. Annals of Math., II. Ser. **68**, 460–472 (1958). *lev* Zbl. 108, 78   I, 192–204

20. Une notion de dimension cohomologique dans la théorie des espaces complexes. Colloques intern. Centre nat. Rech. sci. **89**, 341–350 (1960), Zbl. 109, 308 et Bull. Soc. Math. France **87**, 341–350 (1959). *compl* Zbl. 192, 184

21. (with H. Behnke) Analysis in non-compact complex spaces. Princeton Math. Series **24**, 11–44 (1960). *compl* Zbl. 100, 290

22. Die Riemannschen Flächen der Funktionentheorie mehrerer Veränderlichen. Proc. ICM 1958 Edinburgh, invited 1/2-hour talk, 362–375 (1960). *comp* Zbl. 122, 318

23.* (mit Docquier) Levisches Problem und Rungescher Satz für Teilgebiete Steinscher Mannigfaltigkeiten. Math. Annalen **140**, 94–123 (1960). *lev* Zbl. 95, 280   I, 205–234

24.* Ein Theorem der analytischen Garbentheorie und die Modul-
     räume komplexer Strukturen. Publ. Math. IHES **5**, 233–292
     (1960). *compl* Zbl. 100, 80 Berichtigung: Publ. Math.
     IHES **16**, 131–132 (1963) Zbl. 113, 291. Russ. Übers.: Kom-
     pleks. Prostranstva 205–299 (1965) Zbl. 158, 329   II, 512–573

25. On the number of moduli of complex structures. Contrib.
     Funktion Theory, internat. Colloqu. Tata Inst. Fund. Re-
     search, Bombay 63–78 (1960). *compl* Zbl. 103, 51

26. On point modifications. Contrib. Funktion Theory, inter-
     nat. Colloqu. Tata Inst. Fund. Research, Bombay 139–141
     (1960). *compl* Zbl. 103, 52

27.* (mit A. Andreotti) Algebraische Körper von automorphen
     Funktionen. Nachr. Akad. Wiss. Göttingen, II. Math.-Phys.
     Kl. **3**, 39–48 (1961). *compl* Zbl. 96, 280. Russ. Übers.:
     Kompleks. Prostranstva 300–312 (1965) Zbl. 154, 336   II, 451–460

28.* Über Modifikationen und exzeptionelle analytische Mengen.
     Math. Annalen **146**, 331–368 (1962). *deform*   I, 271–308

29. (mit H. Behnke) Die unendlich fernen Punkte. Grundzüg.
     Math., zweite Auflage: Göttingen **III**, 270–298 (1968).
     compl

30.* (avec A. Andreotti) Théorèmes de finitude pour la coho-
     mologie des espaces complexes. Bull. Soc. Math. France
     90, 193–259 (1962). *lev* Zbl. 106, 55   II, 585–651

31.* (mit R. Remmert) Über kompakte homogene komplexe Man-
     nigfaltigkeiten, Arch. Math. **XIII, 6**, 498–507 (1962). *lev*
     Zbl. 118, 374   II, 835–844

32.* Bemerkenswerte pseudokonvexe Mannigfaltigkeiten. Math.
     Zeitschr. **81**, 377–391 (1963). *compl* Zbl. 151, 97   II, 845–859

33. (mit H. Kerner) Approximation von holomorphen Schnitt-
     flächen in Faserbündeln mit homogener Faser. Arch. Math.
     XIV, 4/5, 328–333 (1963). *lev* Zbl. 113, 291

34. Die Bedeutung des Levischen Problems für die analytische
     und algebraische Geometrie. Proc. ICM 1962 Stockholm,
     invited 1-hour talk, 86–101 (1963). *lev* Zbl. 116, 62

35. (mit H. Kerner) Deformationen von Singularitäten komplexer
     Räume. Math. Annalen **153**, 236–260 (1964).
     deform Zbl. 118, 304

36. Mordells Vermutung über rationale Punkte auf algebra-
     ischen Kurven und Funktionenkörper. Kurznachr. Akad.
     Wiss. Göttingen **1**, Nr. 2, 3 S. (1965). *lev* Zbl. 161, 184

37.* (mit W. Fischer) Lokal-triviale Familien kompakter kom-
     plexer Mannigfaltigkeiten. Nachr. Akad. Wiss. Göttingen, II.
     Math.-Phys. Kl. **6**, 89–94 (1965). *deform* Zbl. 135, 126 II, 733–738

38.* Mordells Vermutung über rationale Punkte auf Algebraischen Kurven und Funktionenkörper. Publ. Math. IHES **25**, 363–381 (1965). *lev* Zbl. 137, 405   I, 309–327

39.* (mit H. Reckziegel) Hermitesche Metriken und normale Familien holomorpher Abbildungen. Math. Zeitschr. **89**, 108–125 (1965). *hyp* Zbl. 135, 125   II, 860–877

40. (mit R. Remmert) Nichtarchimedische Funktionentheorie. Weierstrassfestband Akad. Wiss. Düsseldorf, Wiss. Abh. Arbeitsgemeinschaft Nordrhein-Westfalen **33**, 393–476, Westdeut. Verl. Köln (1966). *nonarch* Zbl. 146, 315

41. (mit R. Remmert) Über die Methode der diskret bewerteten Ringe in der nicht-archimedischen Analysis. Invent. Math. **2**, 87–133 (1966). *nonarch* Zbl. 148, 324

42. (mit I. Lieb) Differential- und Integralrechnung. I: Funktionen einer reellen Veränderlichen. Vier Auflagen: Heidelberger Taschenbücher Bd. 26, X, 200 S., Berlin-Heidelberg-New York: Springer-Verlag (1967) Zbl. 152, 243. 4., verbess. Aufl. 1976. Zbl. 308.26001. *mono*

43. (mit R. Remmert) Über nicht-archimedische Analysis. Proc. ICM 1966 Moskau, invited 1/2-hour talk, 49–51, Moskau (1966). *nonarch*

44. (mit W. Fischer) Differential- und Integralrechnung. II: Differentialrechnung in mehreren Veränderlichen, Differentialgleichungen. Drei Auflagen: Heidelberger Taschenbücher Bd. 36, XII, 216 S., Berlin-Heidelberg-New York: Springer-Verlag (1968). Zbl. 157, 106. 3., verbess. Aufl. 1978, Zbl. 364.26002. *mono*

45. (mit I. Lieb) Differential- und Integralrechnung. III: Integrationstheorie. Kurven- und Flächenintegrale. Zwei Auflagen: Heidelberger Taschenbücher Bd. 43, X, 177 S., Berlin-Heidelberg-New York: Springer-Verlag (1968). Zbl. 167, 325 (2nd, completely revised and enlarged ed.: see 64.). Joint Russian translation of parts I, II, III (42., 44., 45.) MIR, Moskau 1971. *mono*

46. Affinoide Überdeckungen eindimensionaler affinoider Räume. Publ. Math. IHES **34**, 5–35 (1968). *nonarch* Zbl. 197, 173

47. The coherence of direct images. Enseignement mathématique, II. Sér. 14, 99–119 (1968). *compl* Zbl. 164, 95

48. (mit O. Riemenschneider) Verschwindungssätze für analytische Kohomologiegruppen auf komplexen Räumen. Sev. Compl. Var. I. Maryland 1970. Proc. of the ICM 1970 College Park. Lecture Notes Math. **155**, 97–109, Berlin-Heidelberg-New York: Springer-Verlag (1970). *compl* Zbl. 202, 78

49. (mit L. Gerritzen) Die Azyklizität der affinoiden Überdeckungen. Global Analysis, Papers in Honor of K. Kodaira, 159–184, University of Tokyo – Princeton University Press (1970). *nonarch*   Zbl. 197, 173

50.* (mit O. Riemenschneider) Verschwindungssätze für analytische Kohomologiegruppen auf komplexen Räumen. Invent. Math. **11**, 263–292 (1970). *compl*   Zbl. 202, 76   II, 660–689

51.* (mit I. Lieb) Das Ramirezsche Integral und die Lösung der Gleichung $\bar{\partial} f = \alpha$ im Bereich der beschränkten Formen. Talk by H. Grauert at a meeting at Rice University March 1969, Rice University Studies **56**, Nr. 2, 29–50 (1970). *lev*   Zbl. 217, 392   II, 878–899

52. (mit O. Riemenschneider) Kählersche Mannigfaltigkeiten mit hyper-q-konvexem Rand. Probl. Analysis, Sympos. in Honor of Salomon Bochner, Princeton Univ. 1969, 61–79, Princeton Univ. Press (1970). *compl*   Zbl. 211, 103

53.* Über die Deformation isolierter Singularitäten analytischer Mengen. Invent. Math. **15**, 171-198 (1972). *deform*   Zbl. 257.32011   II, 739–766

54. (mit R. Remmert) Analytische Stellenalgebren. Unter Mitarbeit von O. Riemenschneider. Grundlehren der mathematischen Wissenschaften Bd. 176, IX, 240 S., Berlin-Heidelberg-New York: Springer-Verlag (1971). Zbl. 231.32001 Russian translation 1988. *mono*

55. Deformation kompakter komplexer Räume. Classif. algebr. varieties compact complex manifolds, Mannheimer Arbeitstagung. Lecture Notes Math. **412**, 70–74, Berlin-Heidelberg-New York: Springer-Verlag (1974). *deform*   Zbl. 299.32014

56.* Der Satz von Kuranishi für kompakte komplexe Räume. Invent. Math. **25**, 107–142 (1974). *deform*   Zbl. 286.32015   II, 697–732

57. (mit K. Fritzsche) Einführung in der Funktionentheorie mehrerer Veränderlicher. Hochschultext, VI, 213 S., Berlin-Heidelberg-New York: Springer-Verlag (1974). Zbl. 285.32001. English translation: Graduate Texts in Mathematics **38**, New York-Heidelberg-Berlin: Springer-Verlag (1976). *mono*   Zbl. 381.32001

58. (mit Mülich) Vektorbündel vom Rang 2 über dem n-dimensionalen komplex-projektiven Raum. Manuscr. Math. **16**, 75–100 (1975). *deform*   Zbl. 318.32027. Ergänzung: Manuscr. Math. **18**, 213–214 (1976) Zbl. 318.32028

59. (mit R. Remmert) Zur Spaltung lokal-freier Garben über Riemannschen Flächen. Math. Zeitschr. **144**, 35–43 (1975). *deform*   Zbl. 312.32017

60. Über die Deformation von Pseudogruppenstrukturen. Soc. Math. France, Astérisque 32–33, 141–150 (1976). *deform* Zbl. 332.32015

61. Statistical geometry and spacetime. Commun. Math. Phys. **49**, 155–160 (1976). *quant* Zbl. 331.50005

62. Statistische Geometrie. Ein Versuch zur geometrischen Deutung physikalischer Felder. Nachr. Akad. Wiss. Göttingen, II. Math.-Phys. Kl. **2**, 13–32 (1976). *quant* Zbl. 328.53020

63. (mit M. Schneider) Komplexe Unterräume und holomorphe Vektorbündel vom Rang 2. Math. Ann. **230**, 75–90 (1977). *deform* Zbl. 412.32014

64. (mit I. Lieb) Differential- und Integralrechnung. III: Integrationstheorie. Kurven- und Flächenintegrale, Vektoranalysis. 2nd, completely revised and enlarged edition. Heidelberger Taschenbücher Bd. 43, XIV, 210 S., Berlin-Heidelberg-New York: Springer-Verlag (1977). *mono* Zbl. 354.26003 (1st ed. see 45.)

65. (mit R. Remmert) Theorie der Steinschen Räume. Grundlehren der mathematischen Wissenschaften Bd. 227, XX, 249 S., Berlin-Heidelberg-New York: Springer-Verlag (1977) Zbl. 379.32001. Engl. Transl. (by A. Huckleberry): Grundlehren der mathematischen Wissenschaften Bd. 236, Berlin-Heidelberg-New York: Springer-Verlag (1979) Zbl. 433.32007. Russian Transl. (by D.N. Akhiezer), Nauka, Moskau (1989). *mono*

66. Deformation komplexer Strukturen. In: *Komplexe Analysis und ihre Anwendung auf partielle Differentialgleichungen.* Kongress- und Tagungsberichte der Univers. Halle, 24–27 (1977). *deform*

67. Complex Morse singularities. In: *Journées complexes Nancy 80*, Institut E. Cartan, Univ. Nancy I, 3, 87–92 (1981). *compl* Zbl. 485.32008

68. (with R. Remmert) In Memoriam Heinrich Behnke. Math. Annalen **225**, 1–4 (1981). *epistem* Zbl. 449.01007

69. (mit S. Leykum) Die pseudoeuklidische Geometrie als statistisches Gleichgewicht. Math. Annalen **255**, 273–285 (1981). *quant* Zbl. 438.51022 (Zbl. 451.5198)

70.* (mit M. Commichau) Das formale Prinzip für kompakte komplexe Untermannigfaltigkeiten mit 1-positivem Normalenbündel. In: *Recent developments in several complex variables*, Proc. Conf., Princeton Univ. 1979, Ann. Math. Studies **100**, 101–126 (1981). *deform* Zbl. 485.32005   I, 106–131

71. Kantenkohomologie. Compos. Math. **44**, 79–101 (1981). *compl* Zbl. 512.32011

72.   Gedanken zur Angewandten und Reinen Mathematik und zur komplexen Analysis. In: *DFG, Forschung in der Bundesrepublik Deutschland*, 471–479, Verlag Chemie Weinheim (1983). *epistem*

73.   Woraus die Welt gemacht ist? unitas (Würzburg) **123**, 83–85 (1983). *epistem*

74.* Kontinuitätssatz und Hüllen bei speziellen Hartogsschen Körpern. Abh. Math. Semin. Univ. Hamb. **52**, 179–186 (1982). *lev* Zbl. 493.32015 (Zbl. 506.32001)   II, 652–659

75.* Set theoretic complex equivalence relations. Math. Annalen **265**, 137–148 (1983). *decomp* Zbl. 504.32007 (Zbl. 514.32005)   II, 775–786

76.   (with R. Remmert) Coherent Analytic Sheaves. Grundlehren der mathematischen Wissenschaften Bd. 265, XVIII, 249 S., Berlin-Heidelberg-New York: Springer-Verlag (1984). *mono* Zbl. 537.32001

77.* On meromorphic equivalence relations. In: *Contributions to several complex variables (dedicated to W. Stoll)*, Proc. Conf. Complex Analysis, Notre Dame/Indiana 1984, Aspects Math. **E9**, 115–147 (1986). *decomp* Zbl. 592.32008   II, 787–819

78.   (with Ulrike Peternell) Hyperbolicity of the complement of plane curves. Manuscr. Math. **50**, 429–441 (1985). *hyp* Zbl. 581.32031

79.* Meromorphe Äquivalenzrelationen: Anwendungen, Beispiele, Ergänzungen. Math. Annalen **278**, 175–183 (1987). *decomp* Zbl. 651.32008   II, 820–828

80.   Was erforschen die Mathematiker? Abh. Math.-Nat. Klasse, Akad. Wiss. Lit. 1986, **Nr. 3**, 1–17 (1986). *epistem* Zbl. 608.00021

81.   (with G. Harder and R. Remmert) Curriculum vitae mathematicae. Math. Annalen **278** (dedicated to F. Hirzebruch), V-VIII (1987). *epistem*

82.   (with G. Dethloff) On the infinitesimal deformation of simply connected domains in one complex variable. In: Intern. Sympos. in Memory of Hua Loo Keng (Peking 1988). Vol. II Analysis (Eds. Gong Sheng et al.), 57–88, Berlin-Heidelberg-New York: Springer-Verlag (1991). *hyp*

83.   The methods of the theory of functions of several complex variables. In: *Miscellanea mathematica*, dedicated to H. Götze (Eds.: P. Hilton, F. Hirzebruch, R. Remmert), 129–143, Berlin-Heidelberg-New York: Springer-Verlag (1991). *compl* Zbl. 737.32001

84.   Jetmetriken und hyperbolische Geometrie. Math. Zeitschr. **200**, 149–168 (1989). *hyp* Zbl. 664.32020

85. (with G. Dethloff) Deformation of compact Riemann surfaces Y of genus p with distinguished points $P_1, \ldots, P_n \in Y$. Complex geometry and analysis, Proc. Int. Symp. in Honor of E. Vesentini, Pisa/Italy 1988. Lecture Notes Math. **1422**, 37–44, Berlin-Heidelberg-New York: Springer-Verlag (1990). *hyp* Zbl. 702.32020

86. Der Urgrund mathematischen Denkens. Atti Accad. Medit. Scie. Catania 1–9, Anno VI, I, 1; 63–71 (1991). *epistem*

87. Die Unendlichkeit in der Mathematik. Math. Semesterber. **37**, 153–156 (1990). *epistem*

88. C.F. Gauß oder der Geist der alten Mathematik in Göttingen. Erlanger Universitätsreden (aus Anlaß der Verleihung des von-Staudt-Preises), 3. Folge, **38**, 39–51 (1992). *epistem*

89. (with R. Remmert and Th. Peternell) Several Complex Variables VII. Encylopaedia of Mathematical Sciences Vol. 74, VIII, 369 pp., Berlin-Heidelberg-New York: Springer-Verlag (1994). *mono*

90. Analytische und meromorphe Zerlegungen und der reelle Fall. Jahr. Ber. DMV **95**, No. 4, 181–189 (1993). *decomp* Zbl. 787.32014

91. Bernhard Riemann and his ideas in philosophy of nature. Volume dedicated to B. Riemann, edited by Th.M. Rassias and H.M. Srivastava, to appear 1995. *epistem*

92. Wie Gauß die alte Göttinger Mathematik schuf. Proceedings Gauß-Symposium, München 1993, to appear. A slightly modified version also in: Naturwissenschaftliche Rundschau 6/1994, 211–219 (1994). *epistem*

Selected lecture notes (currently by: Mathematisches Institut, Bunsenstr. 3/5, 37073 Göttingen):

1. Einführung in die Theorie der elliptischen Differentialoperatoren. Summer term, 1970, Notes by W. Alt.

2. Funktionentheorie I. Summer term 1979. Notes by R. Wardelmann, Ulrike Grauert.

3. Analytische Geometrie und lineare Algebra I. Winter term 1987/88. Notes by H.C. Grunau.

4. Analytische Geometrie und lineare Algebra II. Summer term 1988. Notes by F. Jonas.

5. Differential- und Integralrechnung I. Winter term 1991/92. Notes by F. Rambo.

6. Differential- und Integralrechnung II. Summer term 1992. Notes by F. Rambo.

Acknowledgements

We would like to thank the original publishers of Hans Grauert's papers for granting permission to reprint them here.

The numbers following each source correspond to the numbering of the article in the bibliography.

Reprinted from *Abh. Math. Semin. Univ. Hamburg.* Vandenhoeck & Ruprecht, Göttingen. © Mathematisches Seminar der Universität Hamburg: II. 74

Reprinted from *Annals of Math., II Ser.* © Princeton University and the Institute for Advanced Study. Princeton University Press, Princeton, NJ: I. 19, II. 18

Reprinted from *Ann. Math. Studies.* © Princeton University Press and University of Tokyo Press, Princeton, NJ: I. 70

Reprinted from *Arch. Math.* © Birkhäuser Verlag, Basel: II. 31

Reprinted from *Bull. Soc. Math. France.* © Société Mathématique de France, Paris: II. 30

Reprinted from *C. R. Acad. Sci., Paris, Sér. I. Mathématique* © Gauthier-Villars, Paris: I. 14

Reprinted from *Comment. Math. Helvetici.* © Birkhäuser Verlag, Basel: I. 9

Reprinted from *Contributions to several complex variables (dedicated to W. Stoll), Proc. Conf. Complex Analysis, Notre Dame/Indiana 1984, Aspects of Mathematics E9.* © Vieweg Verlag, Braunschweig: II. 77

Reprinted from *Nachr. Akad. Wiss. Göttingen, II. Math.-Phys. Klasse.* Vandenhoeck & Ruprecht, Göttingen. © Akademie der Wissenschaften Göttingen: II. 27, II. 37

Reprinted from *Publ. Math. IHES.* Presses Universitaires de France, Paris; Springer-Verlag, New York. © Institut des Hautes Etudes Scientifiques, Bures-sur-Yvette: I. 38, II. 24

Reprinted from *Rice University Studies.* © William Marsh Rice University, Houston, TX: II. 51